Alois M. J. Goiser

Handbuch der
Spread-Spectrum Technik

SpringerWienNewYork

Ass.-Prof. Dipl.-Ing. Dr. Alois M. J. Goiser
Institut für Allgemeine Elektrotechnik und Elektronik,
Technische Universität Wien, Österreich

ISBN-13: 978-3-7091-7413-5   e-ISBN-13: 978-3-7091-6818-9
DOI: 10.1007/978-3-7091-6818-9

© 1998 Springer-Verlag/Wien
Softcover reprint of the hardcover 1st edition 1998

Satz: Reproduktionsfertige Vorlage des Autors

Graphisches Konzept: Ecke Bonk

Gedruckt auf säurefreiem, chlorfrei gebleichtem Papier – TCF

SPIN: 10635912

Mit 303 Abbildungen

Die Deutsche Bibliothek – CIP-Einheitsaufnahme

Goiser, Alois M. J.:
Handbuch der Spread-Spectrum Technik / Alois M. J. Goiser. – Wien ;
New York : Springer, 1998

ISBN-13: 978-3-7091-7413-5

ISBN-13: 978-3-7091-7413-5

*In Dankbarkeit
meinem Meister
Prof. Franz Seifert
gewidmet sowie
zur Erinnerung an
Prof. Hans Pötzl.*

Wir müssen ständig bemüht sein,

mehr zurückzugeben

als wir empfangen haben.

.... Albert Einstein

Vorwort

Bis vor wenigen Jahren waren Bandspreizverfahren, die international mit Spread-Spectrum bezeichnet werden zur stör- und abhörfesten drahtlosen Datenübertragung fast ausschließlich im militärischen Bereich eingesetzt. In letzter Zeit aber finden ihre speziellen Eigenschaften u.a. zur besseren Ausnützung von stark echobehafteten, gestörten und auch von anderen Benutzern teilweise gefüllten Radiokanälen rasant zunehmende Anwendungen. Einsatzgebiete sind hier der Mobilfunk in allen Größen von Funkzellen, beispielsweise im Schnurlostelefon, den zellularen Funknetzen auf der ganzen Welt, Satellitenfunksystemen für niedrige (LEO, low earth orbit) oder hohe geostationäre Umlaufbahnen aber auch Datenübertragung über in Häusern zur Energieversorgung installierte Leitungsnetze. Durch die Aufweitung des Sendespektrums mit bestimmten Modulationssignalen und die korrelative Kompression des Signals im Empfänger kann für solche Übertragungskanäle der Einfluß von Echos unterdrückt bzw. ausgenützt, Störer und Mitbenutzer unterdrückt sowie die Abhörbarkeit erschwert werden.

Das Ziel dieses Textes ist es, dem interessierten Informationstechniker die Spread-Spectrum Technik näher zu bringen. Sämtliche Ergebnisse in diesem Buch sind in eigenständiger Arbeit theoretisch ermittelt und mit Simulationen sowie schaltungstechnischen Aufbauten kontrolliert worden. Die experimentelle Überprüfung wird im Text nicht mehr erwähnt, ebenso die unzähligen Simulationen, welche notwendig waren, um neue Konzepte zu bestätigen. Sehr interessante numerische Probleme sind im Zusammenhang mit statistischen Berechnungen aufgetreten. Deren Darlegung würde ein eigenes Buch füllen und wird aus diesem Grund hier nicht behandelt. Es soll lediglich darauf hingewiesen werden, daß die Verifikation der analytischen Lösungen mit numerischen Methoden sehr sorgfältig durchgeführt werden muß. Viele Bitfehlerraten wurden mit Hilfe von Monte-Carlo Simulationen überprüft. Dazu ist anzumerken, daß man trotz trickreicher Programmierung (z.B. 'importance sampling'),

vii

die leistungsfähigsten Rechner für mittlere Modellkomplexität tagelang beschäftigen kann.

Im vorliegende Text werden nach der Einleitung die bestimmenden Teile einer Spread-Spectrum Übertragung behandelt. Die meisten Kapitel sind ohne dem Wissen aus anderen Kapiteln eigenständig lesbar. Die in Abb.V.1 dargestellte Pyramide erleichtert die Erarbeitung der Spread-Spectrum Technik. Die untere Ebene vermittelt, von links nach rechts gelesen, die Grundlagen der Spread-Spectrum Technik. Diese können übersprungen werden, wenn man mit der Spread-Spectrum Technik vertraut ist. Die Grundlagen umfassen die Einleitung, den Korrelationsempfänger, die einzelnen Spread-Spectrum Techniken mit dem Schwergewicht auf der Direct-Sequence Technik und in aufzählender Weise die Störsignale und Spread-Spectrum Signale (Codes). Die zweite Ebene geht einen Schritt weiter als die erste Ebene, indem die idealen Annahmen, wie die perfekte Spread-Spectrum Synchronisation, aufgegeben werden. Weiters wird auf die die Leistungsfähigkeit jedes Spread-Spectrum Systems bestimmenden Spread-Spectrum Signale gründlicher eingegangen. Die nächste Ebene in der Lernpyramide vertieft das Spread-Spectrum Wissen, indem sie die Erkenntnisse aus den darunterliegenden Ebenen zu einem nur in der Spread-Spectrum Technik existierenden Mehrbenutzersystem zusammenfaßt (**CDMA**). Die vorletzte Stufe in der Pyramide enthält die durch breites Interesse ausgezeichneten Anwendungen: Global Positioning System (GPS) und Power-Line-Carrier (PLC) Übertragung. Diese Ebene ist weitgehend ohne die darunterliegenden Ebenen lesbar. Die Spitze der Pyramide bilden die auf kommerziellen Einsatz getrimmten digitalen Direct-Sequence Spread-Spectrum Empfänger mit integrierter Störungsreduktion (**LCD**). Im Text werden wichtige Gleichungen, Erkenntnisse und Schlüsselaussagen umrahmt dargestellt, sodaß der Text als Nachschlagewerk verwendet werden kann.

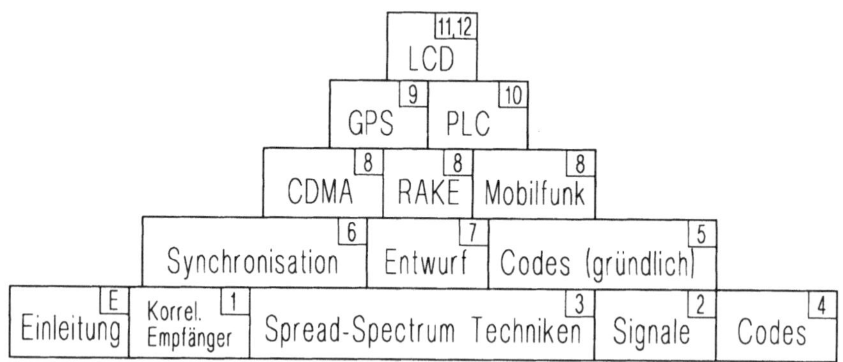

Abbildung V.1: Lernpyramide: Die Zahl, in der rechten oberen Ecke einer jeden Lerneinheit, gibt das Kapitel an in der der Lehrstoff vermittelt wird.

In der unteren Ebene wurde besonderes Augenmerk auf eine einfache Darstellung gelegt, sodaß diese Ebene als Einführungskurs in die Spread-Spectrum Technik angesehen werden kann. In dieser Form ist sie zum Unterricht an technischen Schulen

(Zweig: Nachrichtentechnik) und an Fachhochschulen (Zweig: Telekommunikation) geeignet. Ein zukunftsorientierter Lehrer würde noch die Blöcke: Synchronisation, Entwurf, CDMA, RAKE, Mobilfunk und GPS vortragen. Vortragenden an Fachhochschulen wird empfohlen auch die Blöcke: Codes (gründlich) und PLC durchzuarbeiten. Der Block - Codes (gründlich) - ist auch Grundlage für die verwandten Wissensgebiete: Codierung und Kryptographie. Projektmanager, welche nur an der Idee und den Anwendungsmöglichkeiten der Spread-Spectrum Technik interessiert sind, werden mit der ersten Ebene das Auslangen finden. Den Studenten nachrichtentechnischer Fächer wird der gesamte Text empfohlen.

Zum Schluß noch eine Aufzählung, was in keinem anderen Spread-Spectrum Buch zu finden ist. Dazu gehören:

- die digitalen Direct-Sequence Spread-Spectrum Empfänger mit integrierter Störungsreduktion (LCD-Empfänger),

- ein schnelles Synchronisationskonzept für analoge und digitale Direct-Sequence Spread-Spectrum Empfänger (auch für nicht LCD-Empfänger),

- ein einfaches und damit schnelles und kaum rechenintensives Verfahren zur Berechnung von periodischen Autokorrelationsfunktionen für p-näre m-Folgen,

- eine PAM (Pulsamplitudenmodulation) Darstellung des Direct-Sequence Signals und

- ein auf digitalen Korrelatoren aufbauendes Direct-Sequence PLC Spread-Spectrum System.

- Die Definition eines allgemeinen Prozeßgewinns erlaubt eine kompakte Darstellung der Leistungsanalyse für lineare und nichtlineare Spread-Spectrum Verfahren.

An dieser Stelle möchte ich meiner Familie danken für die Geduld die aufzubringen war um dieses Buch zu schreiben. Besonderer Dank gebührt meiner Frau Brigitte, welche mich ermutigte durchzuhalten. Weiters bedanke ich mich bei meinen Töchtern: Barbara, Marie-Therese und Helene, welche beim Ausdrucken des Manuskripts sehr hilfreich waren. Ein besonderes Dankeschön gilt meinen Eltern Alois und Eleonore Goiser, welche mir das Studium der Elektrotechnik ermöglicht haben.

Zu besonderem Dank bin ich Prof. Franz Seifert verpflichtet. Er hat mein Interesse an Wahrscheinlichkeitstheorie für Spread-Spectrum Systeme gefördert und meine Begabungen entfalten lassen. Einen herzlichen Dank möchte ich auch meinem Freund, Herrn Dipl.Ing. Albert Nill aussprechen, der in mühsamer Kleinarbeit den Text auf Fehler kontrollierte. Weiters danke ich Herrn Dr. Manfred Sust, Dipl.Ing. Gerald Berger und Dipl.Ing. Helmut Safer für die anregenden fachlichen Diskussionen. Nicht zuletzt möchte ich meinen Studenten danken, welche durch ihre kritische Hinterfragung des Stoffgebietes zum vorliegenden Text beigetragen haben.

Nicht zuletzt möchte ich mich beim Springer-Verlag für die ausgezeichnete Zusammenarbeit bedanken.

St.Pölten, den 21. Oktober 1997

Alois M.J. Goiser

5 Theoretische Grundlagen der Spread-Spectrum Codefolgen   161

Tabellenverzeichnis

Liste der verwendeten Symbole und Abkürzungen

Die folgende Liste an Symbolen und Abkürzungen ist, falls es lokal nicht anders definiert wird, während des vollständigen Textes gültig. Spezielle Definitionen, betreffend das GPS-System, findet man aus Seite 465. Jene für CDMA-Systeme sind auf Seite 422 angegeben.

Operatoren und Definitionen

$\{\dots\}$	$\dots$	Menge.
$[\dots]$	$\dots$	Anordnungsschema (Folge) oder Vektor.
$\circ\!\!-\!\!\bullet$	$\dots$	Korrespondenzsymbol.
$\boldsymbol{x} = [x_1, x_2, \dots, x_n]$	$\dots$	Vektor.
$\boldsymbol{A} = [\boldsymbol{x}_1^T, \boldsymbol{x}_2^T, \dots, \boldsymbol{x}_m^T]$	$\dots$	Matrix.
$\boldsymbol{A}^T$	$\dots$	Transponierte Matrix.
$\boldsymbol{I}$	$\dots$	Einheitsmatrix.
$x_i^{(k)}$	$\dots$	Ist das i-te Element der k-ten Anordnung (Die i-te Komponente des k-ten Vektors aus einer Menge $M > k$).
$\overline{x}^t$	$\dots$	Zeitinverse Folge zur Folge x.
$\overline{x}^a$	$\dots$	Amplitudeninverse Folge zur Folge x. Wenn keine Verwechslungsgefahr besteht ist folgende Schreibweise erlaubt: $\overline{x} = \overline{x}^a$.
$\underline{Z}$	$\dots$	Komplexe Größe: $\underline{Z} = |\underline{Z}|e^{j\angle Z} = \Re\{\underline{Z}\} + j\Im\{\underline{Z}\}$.
$*$	$\dots$	Faltungsoperator.
$\underline{z}(t)$	$\dots$	Komplexe Funktion.
$\mathbf{L_q}\{\text{Bedingung}\}$	$\dots$	Quantisierungsoperator. Definiert in (12.1).
$\mathbf{L_a}\{s(t) \downarrow kT_s\}$	$\dots$	Abtastoperator.

Statistik

$\mathbf{Pr}[X]$	$\dots$	Wahrscheinlichkeit für das Ereignis X.
$p_x(X)$	$\dots$	Wahrscheinlichkeitsdichte für X.
$\mathbf{E}[X]$	$\dots$	Erwartungswert von X.
$\mathbf{Var}[X]$	$\dots$	Varianz von X.
$\mathbf{Cov}[X]$	$\dots$	Kovarianz von X.
$\mathbf{C}_X(j\omega)$	$\dots$	Charakteristische Funktion der Zufallsvariablen X.
$\mathbf{G}_X(z)$	$\dots$	Wahrscheinlichkeitserzeugende Funktion der

	...	Zufallsvariablen X.
P_D	...	Detektionswahrscheinlichkeit.
H	...	Hypothesensymbol.

Funktionen

$Q(x)$	...	Marcumfunktion.
$\Gamma(x)$	...	Gammafunktion.
$\mathcal{J}_o(x)$	...	Besselfunktion 0-ter Ordnung.
$J_n(x)$	...	Besselfunktion n-ter Ordnung.
$I_n(x)$	...	Modifizierte Besselfunktion n-ter Ordnung.
$_1F_1[x]$	...	Konfluente hypergeometrische Funktion.
$\varphi_E[x]$	...	Eulerfunktion.

Zahlentheorie & Folgen

$\mathbb{N}_0$	...	Natürliche Zahlen inklusive der Null.
$\mathbb{N}$	...	Natürliche Zahlen ohne der Null.
$\mathbb{Z}$	...	Ganzen Zahlen.
$\mathbb{Q}$	...	Rationalen Zahlen.
$\mathbb{R}$	...	Reellen Zahlen.
$\mathbb{C}$	...	Komplexen Zahlen.
$\mathbf{ggT}\{a,b\}$	...	Größter gemeinsamer Teiler der Zahlen a und b.
$\mathbf{ggV}\{a,b\}$	...	Größtes gemeinsames Vielfaches der Zahlen a und b.
$(\mod x)$	...	Modulo Operation.
$\oplus$	...	Addition modulo 2.
$\oplus_p$	...	Addition modulo p.
$\ominus$	...	Subtraktion modulo 2.
$\ominus_p$	...	Subtraktion modulo p.
$\otimes$	...	Multiplikation modulo 2.
$\otimes_p$	...	Multiplikation modulo p.
$a \equiv b \pmod{m}$	...	Kongruenz.
α	...	Element eines Galois-Feldes.
$\boldsymbol{Z}_m$	...	kommutativer Restklassenring.
$\boldsymbol{Z}_m^*$	...	Gruppe der Einheiten in $\boldsymbol{Z}_m$.
$\boldsymbol{R}_p$	...	Restklassenkörper modulo p; p=prim.
$\boldsymbol{R}_p^*$	...	Gruppe der Einheiten in $\boldsymbol{R}_p$.
$\boldsymbol{R}$	...	Basiskörper, Basisring, Integritätsbereich.
$\mathbf{GF}(p)$	...	Einfaches Galois-Feld.
$\mathbf{GF}(q)$	...	Erweitertes Galois-Feld.
$\mathbf{GF}^*(p)$	...	Gruppe der Einheiten im Galois-Feld.
$\mathbf{GF}(p)_{[x]}$	...	Polynomring mit Basiskörper $\mathbf{GF}(p)$.
$deg(f(x))$	...	Grad des Polynoms $f(x)$.
$ord(f(x))$	...	Ordnung des Polynoms $f(x)$.
$\left[\frac{a}{b}\right]$	...	Legendresymbol.
$\tilde{s}$	...	Periodische Folge.

$\mathcal{A}$	...	Zyklische Gruppe.
NHV_x	...	Neben/Hauptmaximumverhältnis der Folge x.
HNV	...	Haupt/Nebenmaximumverhältnis.
MF	...	Meritfaktor oder Matched-Filter.
M	...	Umfang einer Folgenfamilie.
D	...	Verschiebeoperator.
e	...	Anfangszustand eines Schieberegisters.
n	...	Schieberegisterlänge oder Laufindex.
L	...	Folgenlänge.
L_p	...	Periode einer p-nären Folge.
L_{pu}	...	Periode einer Teilfolge einer p-nären Folge.
m_s	...	Mittelwert der Folge $s(n)$.

Signale & Kennwerte

$c(t)$	...	Spread-Spectrum Modulationssignal (Code).
$d(t)$	...	Datensignal.
$g(t)$	...	Mit den Daten moduliertes Spread-Spectrum Signal.
$s_T(t)$	...	Gesendetes Signal.
$r(t)$	...	Empfangenes Signal.
C_k	...	k-tes Chip innerhalb eines DAtenbits $(C_k \in \{\pm 1\})$. C_k ist eine Bernoulli-Zufallsvariable.
D_n	...	n-tes Datenbit einer (un)endlichen Folge $(D_n \in \{\pm 1\})$. D_n ist eine Bernoulli-Zufallsvariable. Gelegentlich repräsentiert D_0 das Datenbit "0" und D_1 das Datenbit "1".
$\hat{D}_n$	...	n-tes Datenbitentscheidung.
Z	...	Entscheidungsvariable (Zufallszahl).
$G_x(f) = \mathcal{F}\{x(t)\}$	...	Amplitudenspektrum von x(t).
$\Phi_x(f) = \lvert G_x(f) \rvert^2$	...	Leistungsdichtespektrum von x(t).
$x[k] = x(t = k\,T_s) = x_k$	...	k-te Abtastwert von x(t) and der Stelle $t = k\,T_s$.
$G_x(z) = G_x(e^{j\omega T}) = $ $= \mathcal{F}\{x_k\}$	...	Amplitudendichtespektrum von x_k.
$\phi_{xx}(\tau)$	...	Periodische Autokorrelation des Signals $x(t)$ für Verschiebung τ.
$\phi_{xy}(\tau)$	...	Periodische Kreuzkorrelation des Signals $x(t)$ mit Signal $y(t)$ für Verschiebung τ.
$\underline{\phi}_{xx}(\tau)$	...	Aperiodische Autokorrelation des Signals $x(t)$ für Verschiebung τ.
$\underline{\phi}_{xy}(\tau)$	...	Aperiodische Kreuzkorrelation des Signals $x(t)$ mit Signal $y(t)$ für Verschiebung τ.
$\check{\phi}_{xy}$	...	Diskrete PKKF des Signals x_k mit Signal y_k (als Vektor geschrieben (Verschiebung $k = 0$)).
$\check{\phi}_{xx}(k)$	...	Nebenwert der PAKF von x_n für die k-te Verschiebung (k sortiert nach Auftreten).

$\check{\phi}_{xx}[k]$	...	k-ter Nebenwert der PAKF von x_n (k sortiert nach Größe).
$\check{\phi}_{xx}$	...	Größter Nebenwert der PAKF von x_n.
$\check{\phi}$	...	Korrelationsschranke einer Folgenfamilie.
$\hat{\phi}_{xx}$	...	Hauptwert der PAKF von x_n.
$\left|\check{\phi}_{xy}[1]\right|$	...	Korrelationsschranke der beiden Folgen x und y.
$\mathcal{E}_x$	...	Energie des Signales x(t).
$\mathcal{E}_D$	...	Energie eines Datenbitimpulses.
$\mathcal{E}_c$	...	Energie eines Chipimpulses.
$\mathcal{P}_x$	...	Leistung des Signales x(t).
$c^{(k)}(t)$	...	Signal des k-ten mobilen Teilnehmers in einem Mehrbenutzersystem.

Zeiten, Raten und Bandbreiten

T_c	...	Chipdauer.
T_D	...	Datenbitdauer.
T_h	...	Hoppdauer.
T_F	...	Framedauer.
T_s	...	Zeitintervall zwischen zwei Abtastwerten.
R_c	...	Chiprate.
R_D	...	Datenrate.
B_c	...	Chipbandbreite.
B_D	...	Datenbandbreite.
B_T	...	Kanalbandbreite.
B_{ss}	...	Spread-Spectrum Bandbreite.
P_e	...	Bitfehlerrate.
P_{ce}	...	Chipfehlerrate.

Sonst

$\ddot{u}$	...	Übereinstimmung zweier Zustände.
A	...	Amplitude.
$\mathcal{A}$	...	Summe an Übereinstimmungen.
$\mathcal{D}$	...	Euklidsche Distanz oder Summe an Nichtübereinstimmungen.
f_0	...	Trägerfrequenz.
f_j	...	Jammerfrequenz (Frequenz des Sinusstörers).
$\mathcal{P}_N$	...	Störleistung welche unbeabsichtigt auftritt.
F	...	Störleistung welche unbeabsichtigt auftritt, aber strukturiert ist.
$\mathcal{P}_I$	...	Störleistung welche beabsichtigt auftritt.
K	...	Anzahl der aktiven Teilnehmer in einer Zelle.
K_F	...	Frequenzvervielfachung.

M	...	Anzahl der Codes in einem Familie.
N_0	...	Einseitige Rauschleistungsdichte.
G_p	...	Prozeßgewinn.
η	...	Schwelle.
τ	...	Zeitverzögerung.
T_l	...	Laufzeit.
c	...	Lichtgeschwindigkeit.
N_c	...	Anzahl der Unsicherheitszellen welche durchsucht werden.
n_c	...	Anzahl der Unsicherheitszellen pro Chip.
λ	...	$0 \geq \lambda \leq 1$.

Abkürzungen

AAKF	...	Aperiodische Autokorrelationsfunktion.
ADC$^{(1)}$	...	1-Bit Analog/Digital Wandler.
ADC$^{(2A)}$	...	Adaptiver 2-Bit Analog/Digital Wandler.
ADC$^{(m)}$	...	m-Bit Analog/Digital Wandler.
AF	...	Grobsynchronisation abgeschlossen (acquisition finished).
AGC	...	Automatic Gain Control.
AIR	...	Adaptive Interference Reduction. AIR-Empfänger.
AKKF	...	Aperiodische Kreuzkorrelationsfunktion.
AMF	...	Analoges Matched Filter.
AWGN	...	Mittelwertfreies additives, weißes gaußsches Rauschen.
BCH (n, k)	...	Bose-Chadhuri-Hocquenghem Codierung.
BER	...	Bitfehlerrate.
BPF	...	Bandpaßfilter.
BPSK	...	Binäre Phasenumtastung (Binary Phase Shift Keying).
BS	...	Basisstation.
BSC	...	Symmetrischer Binärkanal.
CDMA	...	Codemulitplex (Code Division Multiple Access).
CSK	...	Code Shift Keying.
CTDMA	...	Codezeitmultiplex (Code Time Division Multiple Access).
CW	...	Sinusstörung (Continuous Wave).
CT	...	Cordless Telefon.
DDS	...	Digitale Direct Sequence Übertragung.
DFS	...	Digital Frequency Synthesizer.
DLL	...	Delay Locked Loop.
DMF	...	Digitales Matched-Filter.
DS	...	Direct-Sequence.
DS/CDMA	...	Direct-Sequence Code Division Multiple Access.
ECM	...	Electronic Countermeasure.

ECCM	...	Electronic Counter-Countermeasure.
EDS	...	Energiedichtespektrum.
FDMA	...	Frequenzmultiplex.
FH	...	Frequency Hopping.
GPS	...	Global Positioning System.
FZC	...	Frank-Zadoff-Chu Folgen.
HL	...	Hard-Limiter.
IB	...	Innere Grenze des Eindeutigkeitsintervalls.
KKF	...	Kreuzkorrelationsfunktion.
LCD	...	Low Complexity Digital. LCD-Empfänger.
LCP	...	Schwellwertproblem (Level Crossing Problem).
LDS	...	Leistungsdichtespektrum.
LFSR	...	Linear rückgekoppeltes Schieberegister.
LMS	...	Least Mean Square.
LPI	...	Low Probability of Intercept (Geringe Signalentdeckungswahrscheinlichkeit).
MF	...	Signalangepaßtes Filter (Matched-Filter).
MIP	...	Mehrwege Intensitäts Profil (multipath intensity profile).
ML	...	Maximum Likelihood.
MSI	...	Eigenstörungen oder Mehrwegeselbststörung (multiple self interference).
MSRG	...	Modular rückgekoppelte Schieberegister.
MT	...	Mobiler Teilnehmer in einem Mehrbenutzersystem.
MUI	...	Mehrbenutzerstörung (multiple user interference).
MWU	...	Mehrwegeunterdrückung (MWU-Empfänger).
OB	...	Äußere Grenze des Eindeutigkeitsintervalls.
PAKF	...	Periodische Autokorrelationsfunktion.
PAM	...	Puls Amplituden Modulation.
PCN	...	Personal Communication Networks.
PEG	...	Postdetection Equal Gain.
PLC	...	Power-Line-Carrier Communication (Informationsübertragung über Netzleitungen).
PN	...	Pseudorauschen.
PKKF	...	Periodische Kreuzkorrelationsfunktion.
PSD	...	Postdetection Selective Diversity.
QPSK	...	Quaternäre Phasenumtastung (Quaternary Phase Shift Keying).
RASE	...	Rapid Acquisition by Sequential Estimation.
RAKE	...	RAKE-Empfänger.
RIR	...	Robust Interference Reduction. RIR-Empfänger.
SHM	...	Samples at High Magnitude. Abtastwerte außerhalb des Schwellenfensters ($|s_k| > \Delta$).
SLM	...	Samples at Low Magnitude. Abtastwerte innerhalb des Schwellenfensters ($|s_k| \leq \Delta$).
SNR	...	Signal/Störabstand (Störung: AWGN).

SIR	...	Signal/Störabstand (Störung: CW).
SINR	...	Signal/Störabstand (Störung: AWGN + CW).
N/I	...	Stör/Störabstand (AWGN zu CW Verhältnis).
SS	...	Spread-Spectrum.
SSRG	...	Einfach rückgekoppeltes Schieberegister.
SSS	...	Spread-Spectrum System.
TDMA	...	Zeitmultiplex.
TH	...	Time Hopping.
TL	...	Feinsynchronisation verloren (tracking lost).
UAI	...	Eindeutigkeitsintervall.
WA	...	Gewichtungsintervall.
WSS	...	Wide Sense Stationary.
WSSUS	...	Wide Sense Stationary Uncorrelated Scatter.

Einleitung

Die Einleitung beginnt mit Argumenten für die Spread-Spectrum Technik und geht über in die Erklärung des Spread-Spectrum Prinzips mit den dazu notwendigen elementaren Definitionen. Die Einleitung klingt mit einer komprimierten Darstellung der Bitfehlerraten konventioneller digitaler Modulationsverfahren aus. Diese werden als Referenz des öfteren im Text benötigt.

E.1 Motivation

Die Motivation sich der Spread-Spectrum Technik zu bedienen, wird von der Notwendigkeit getragen, daß es ohne diese Übertragungstechnik keinen Ausweg geben wird, das dramatisch ansteigende Funkverkehrsaufkommen zu bewältigen. Der steigende Bedarf an mobiler Kommunikation ist der Nährboden der Spread-Spectrum Verbreitung. Es muß jedoch ein Umdenken von der klassischen Spread-Spectrum Technik zur kommerziellen Spread-Spectrum Technik derart stattfinden, daß die Wettbewerbssituation im zivilen Bereich durch den Preis bestimmt wird. Man muß Lösungen finden, welche den wirtschaftlichen Einsatz der Spread-Spectrum Übertragung ermöglichen. Eine interessante Lösung findet sich in der zweiten Hälfte dieses Buches in Form der digitalen Direct-Sequence Spread-Spectrum Empfänger geringer Komplexität.

Die Spread-Spectrum Technik bedient sich im Sender der Spread-Spectrum Modulation zur Aufweitung der Übertragungsbandbreite, um so die Störfestigkeit der Übertragung zu erhöhen. Der Spread-Spectrum Empfänger macht die Spread-Spectrum Modulation rückgängig, indem er die Daten korrelativ wiedergewinnt. Als Vorstellungshilfe kann eine einfache Analogie zu einer sogenannten Flüstergallerie hergestellt werden. Bei dieser werden, durch die räumliche Situation bedingt, die Echos der Sprache an einem bestimmten Ort konstruktiv zusammengesetzt und die gesprochenen Worte sind verständlich, während sie an allen anderen Punkten des Raumes unverständlich bleiben.

Ursprünglich wurde (und wird) die Spread-Spectrum Technik, wegen ihrer Robustheit in stark gestörten Übertragungskanälen, zur militärischen Nachrichtenübertragung eingesetzt [Scholtz82]. Wegen des hohen Aufkommens an Funkübertragungsverbindungen wird diese Eigenschaft auch im zivilen (kommerziellen und privaten) Funkverkehr [Baier95, Qual92, Rupprecht92, Schilling91/1] geschätzt. Im Mobilfunk wird das natürliche Diversitätsverhalten zur Echounterdrückung genutzt. Die Pionierarbeit zur Kommerzialisierung der Spread-Spectrum Technik wurde von Prof. Andrew Viterbi geleistet. Der kommerzielle Trend wird durch die geschichtliche Entwicklung, welche in Tab.E.1 zusammengefaßt ist, bestätigt.

Die Eigenschaften der Spread-Spectrum Technik bestimmen deren Einsatz. Die Tabel-

Geschichtliche Entwicklung der Spread-Spectrum Technik

1942	*Markey* und *Antheil* patentieren das erste Spread-Spectrum System (U.S. Patent 2 292 387).
1948	*Shannon* publiziert die mathematische Theorie der Nachrichtenübertragung.
1949	*Pierce* schlägt ein asynchrones Mehrbenutzersystem nach dem Zeitsprungverfahren vor.
1950	*De Rosa* und *Rogoff* publizieren die ersten Ideen über Direct-Sequence Spread-Spectrum Multiplexübertragung. Die Unterscheidung der Teilnehmer erfolgte durch aufgenommene Rauschsignale. Sie stellen die erste Gleichung für den Prozeßgewinn auf.
1952	Am MIT wird das NOMAC System entwickelt.
1954	Die ersten Feldversuche der F9C Direct-Sequence Spread-Spectrum Übertragung finden statt.
1956	*Price* und *Green* reichen das erste Patent eines RAKE-Empfängers ein.
1961	Das erste mit Halbleitern ausgestattete Direct-Sequence System (ARC-50) geht in Produktion.
1962	Das erste Frequenzsprung-Spread-Spectrum System (BLADES) wird getestet.
1973	Das Global Positioning System wird entwickelt.
1980	Das erste kabellose Inhaus Funksystem wird von HP vorgestellt.
1985	Die rechtliche Grundlage (FCC Part 15) zu Spread-Spectrum Experimenten wurde geschaffen.
1993	Für zellulare Spread-Spectrum Systeme wird der Standard IS-95 geschaffen.
1994	Die erste Basistation einer zellularen Spread-Spectrum Versuchszelle wird in Betrieb genommen.

Tabelle E.1:   Geschichtliche   Entwicklung   der   Spread-Spectrum   Technik [Scholtz94].

le E.2 gibt einen unvollständigen Überblick, über den sinnvollen Einsatz der Spread-Spectrum Technik. Ein in Zukunft wichtiger Aspekt für den Einsatz von Spread-Spectrum Systemen wird die Eigenschaft sein, daß es damit sehr einfach möglich ist die spektrale Leistungsdichte des gesendeten Signals zu verringern. Damit kann man gesetzliche Bestimmungen zur Einhaltung von Grenzwerten, in Bezug auf die verursachte Störstrahlung, wesentlich leichter einhalten.

Beispiele für heute eingesetzte Spread-Spectrum Systeme sind in Tabelle E.3 angegeben.

Die Spread-Spectrum Technik ist sinnvoll eingesetzt, wenn

1 in stark gestörten Kanälen der Einfluß der Störung reduziert werden muß.
2 die Übertragung geheimgehalten werden soll.
3 die spektrale Leistungsdichte reduziert werden muß um (inter)nationale Gesetze zu erfüllen.
4 die Übertragung schwierig zu entdecken sein soll.
5 der Übertragungskanal durch Mehrfachzugriff genutzt werden soll.
6 in einem Mehrbenutzersystem die Teilnehmer selektiv angesprochen werden sollen.
7 eine hochgenaue Positionsbestimmung notwendig ist.
8 eine hochgenaue Zeitbestimmung notwendig ist.

Tabelle E.2: Anwendung der Spread-Spectrum Technik.

Als Österreicher kann man eine gewisse historische Verpflichtung ableiten, wenn man sich mit der Spread-Spectrum Technik beschäftigt. Die in Wien geborene Filmschauspielerin *Hedy Lamarr* hieß mit bürgerlichem Namen Heidi Kiesler und wurde in Hollywood als Hauptdarstellerin im Film *Ekstase* zum Filmstar. Sie patentierte mit dem Komponisten *George Antheil* in [Markey42] das erste Frequenzsprung-Spread-Spectrum System.[1] Eine detailiertere Darstellung findet man in [Berger97, Simon85].

E.2 Spread-Spectrum Prinzip

DEFINITION E.1 (SPREAD-SPECTRUM TECHNIK) *Die Spread-Spectrum Technik benutzt zur Übertragung der Information eine Bandbreite, welche unabhängig von der Information und wesentlich größer ist, als die zur Übertragung der Information minimal erforderliche. Die Spread-Spectrum Modulation verteilt ein relativ niederdimen-*

---

[1]Hedy Lamarr war zu diesem Zeitpunkt das zweite mal verheiratet und hieß Hedy Markey.

Beispiele eingesetzter Spread-Spectrum Systeme

1	GPS (Global Positioning System)	DS	militärisch/zivil
2	Sincgars (Single Channel Ground-Airborne Radio System)	FH	militärisch
3	JTIDS (Joint Tactical Information Distribution System)	FH/DS	militärisch
4	TDRSS (Tracking and Data Relay Satellite System)	DS	militärisch/zivil
5	Personal Cellular Networks (Qualcomm-Probebetrieb)	DS	zivil

Tabelle E.3: Beispiele für eingesetzte Spread-Spectrum Systeme (FH=Frequenzsprung-Spread-Spectrum System, DS=Direct-Sequence Spread-Spectrum System).

sionales Informationssignal in einen hochdimensionalen Signalraum. Das Signal wird im Signalraum versteckt.

Die Abb.E.1 zeigt den prinzipiellen Aufbau einer Spread-Spectrum Übertragung. Es kommt zu einem konventionellen digitalen Modulationsblock die Spread-Spectrum Modulation hinzu[2].

> Die Spread-Spectrum Modulation bewirkt im Sender eine Aufweitung des Datenspektrums und im Empfänger die Komprimierung auf die Datenbandbreite.

Die Grundlage der Spread-Spectrum Technik stellt die Kanalkapazität nach C.E. Shannon [Shannon48] dar. Vergleichende informationstheoretische Untersuchungen von Spread-Spectrum Systeme mit konventionellen digitalen Übertragungsverfahren findet man in [Massey94].

DEFINITION E.2 (KANALKAPAZITÄT) *Die Kanalkapazität liefert die maximale Datenrate $R_D \leq C$ für die Beziehung zwischen dem SNR im Übertragungskanal und der Übertragungsbandbreite B_{ss} für fehlerfreie Übertragung in einem AWGN-Kanal. C.Shannon verknüpfte Größen der Datenquelle $(R_D, \mathcal{P}_s)$ mit Größen des Kanals $(C, \mathcal{P}_n, \mathcal{P}_j)$.*

---

[2]Die Reihenfolge im Signalweg darf vertauscht werden.

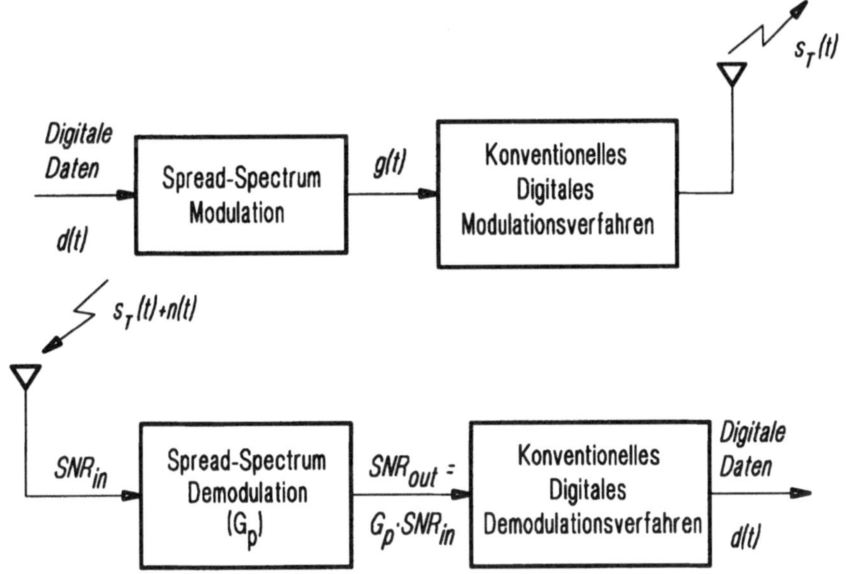

Abbildung E.1: Spread-Spectrum Übertragung.

$$
\begin{aligned}
C &= \int_{f=0}^{B_{ss}} \mathrm{ld}\left(1 + \frac{\Phi_s(f)}{\Phi_n(f) + \Phi_j(f)}\right) df = \\
&= B_{ss} \cdot \mathrm{ld}\left(1 + \frac{\mathcal{P}_s}{B_{ss}N_0 + \mathcal{P}_j}\right) = \\
&= B_{ss} \cdot \mathrm{ld}\left(1 + SNR\right) \qquad [\text{Bit/sec}]
\end{aligned}
\tag{E.1}
$$

Die Kanalkapazität besagt, daß man in elektromagnetisch gestörter Umgebung fehlerfrei übertragen kann, wenn die benutzte Bandbreite B_{ss} soweit vergrößert wird, daß der AWGN-Term ($B_{ss}N_0$, N_0=const.) über dem Störterm ($\mathcal{P}_j$=const.) dominiert. Der Störterm ist dadurch vernachlässigbar geworden. Dies wird in (E.2) zusammengefaßt.

$$
\boxed{\,C = B_{ss} \cdot \mathrm{ld}\left(1 + \frac{\mathcal{P}_s}{B_{ss}N_0 + \mathcal{P}_j}\right) \xrightarrow[B_{ss}N_0 \gg \mathcal{P}_j]{\text{Annahme}} C \approx B_{ss} \cdot \mathrm{ld}\left(1 + \frac{\mathcal{P}_s}{B_{ss}N_0}\right)\,}
\tag{E.2}
$$

Damit das SNR eine aussagekräftige Größe wird, muß man die verwendete Bandbreitendefinition festlegen. Diese ist in Spread-Spectrum Systemen üblicherweise die Nullstellenbandbreite. Sie wird, wenn nicht anders angegeben, auch in diesem Text

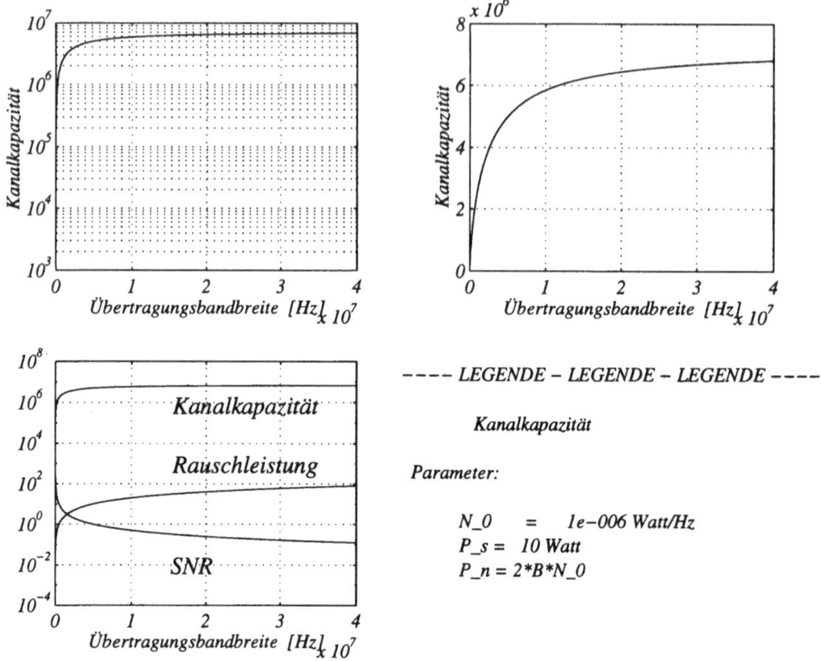

Abbildung E.2: Kanalkapazität in $\mathtt{AWGN}$ als Funktion von B_{ss}.

verwendet. Mit dem für Spread-Spectrum Systeme typisch kleinen SNR folgt[3] (E.3).

$$
\frac{C}{B_{ss}} = \frac{1}{\ln(2)} \cdot \ln(1 + SNR)
$$

$$
\frac{C}{B_{ss}} \approx 1,44 \cdot SNR
$$

$$
\longrightarrow B_{ss} \approx \frac{C}{1,44 \cdot SNR} \geq \frac{R_D}{1,44 \cdot SNR} \tag{E.3}
$$

Die Gleichung E.3 besagt, daß bei noch so kleinem SNR und vorgegebener Datenrate durch Vergrößerung der Übertragungsbandbreite in einem $\mathtt{AWGN}$-Kanal eine fehlerfreie Datenübertragung erreicht werden kann. Die Abb.E.2 zeigt, daß mit zunehmender Bandbreite die Rauschleistung zunimmt und damit das SNR abnimmt, aber die Kanalkapazität trotzdem kontinuierlich ansteigt.

---

[3] Näherung: $\ln(1 + x) = x - \frac{x^2}{2} + \frac{x^3}{3} \pm \ldots$ für sehr kleine x folgt: $\longrightarrow \ln(1 + x) \approx x$. Weiters wurde der $\mathrm{ld}(x) = \frac{\ln(x)}{\ln(2)} = 1,44 \cdot \ln(x)$ umgeschrieben.

BEISPIEL E.1 (KANALKAPAZITÄT) *Es sei die Rauschleistung 1000-mal größer als die Signalleistung. Die gewünschte Datenrate sei 9,6 kbit/sec. Für welche Bandbreite läßt sich im AWGN-Kanal eine fehlerfreie Übertragung erreichen ?*

$$\longrightarrow\ B_{ss} \geq \frac{9600 \cdot 1000}{1,44} \approx 6,7\ \text{MHz}$$

Die Effizienz, eines Spread-Spectrum Systems wird durch den Parameter - *Prozeßgewinn G_p* - bewertet. Er ist die charakteristische Größe eines Spread-Spectrum Systems und hängt von der Art und Leistung der Störung sowie der verwendeten Filtercharakteristik ab.

DEFINITION E.3 (PROZESSGEWINN) *Der Prozeßgewinn setzt das SNR_{out} am Ausgang des Spread-Spectrum Demodulators zum SNR_{in} am Eingang ins Verhältnis und wird mit G_p bezeichnet. Er kann auch als Verhältnis der Übertragungsbandbreite $(B_T = B_{ss})$ und der Informationsbandbreite (B_D) dargestellt werden.*

$$G_p \stackrel{\text{def}}{=} \frac{B_{ss}}{B_D} \ \circ\!\!-\!\!\bullet\ \frac{SNR_{out}}{SNR_{in}} \tag{E.4}$$

Für ein lineares Filter ergibt sich die in (E.4) angeschriebene Äquivalenz zwischen dem Verhältnis von spektralen Signalgrößen (B_{ss}, B_D) und dem Verhältnis von detektorbezogenen Größen, den Signal/Störabständen (SNR_{out}, SNR_{in}). Der Signal/Störabstand vor der Datenentscheidung ist das G_p-fache des Signal/Störabstands vor der Spread-Spectrum Demodulation. Dies wird im nächsten Kapitel mit Gleichung (1.38) bestätigt.

Für ein lineares Filter, entspricht das
Zeit-Bandbreite-Produkt $B_{ss}T_D = G_p$ dem *Prozeßgewinn*.

Treten, außer AWGN, auch andere Formen der Störung auf, so wird der Prozeßgewinn von der Art der Störung beeinflußt. Die Störformen werden charakterisiert durch:

- *Signalform*: Welche Signalform hat die Störung ? (Determiniert: Sinus, Zufällig: Rauschen, Pseudozufällig: PN-Folge einer anderen Spread-Spectrum Übertragung).

- *Zeitbereich*: Permanentes oder gepulstes Auftreten ? Die Signalparameter der Störung bleiben konstant oder sind zeitvariant.

- *Frequenzbereich*: Wie ist die Leistung der Störung über der Frequenz verteilt ? (breitbandig, schmalbandig, verteilt).

- *Beabsichtigt*: Durch die beabsichte Störung kommt eine gewisse Intelligenz in den Störmechanismus (schmalbandig, breitbandig).

- *Unbeabsichtigt*: Diese ist in den meisten Fällen das immer vorhandene additive Rauschen, welches von seiner Natur her breitbandig ist. Beim *Code Division Multiple Access* (CDMA) kommt eine gewisse Struktur (determiniert) in diesen Störmechanismus.

Die Abb.E.3 zeigt stark vereinfacht die Bandbreitenverhältnisse an markanten Stellen der Spread-Spectrum Übertragung.[4] Aus ihr entnimmt man, wie das Spread-Spectrum Prinzip den Einfluß des Störsignals verringert. Der *Störungsreduktions-mechanismus* basiert auf der zweimaligen Multiplikation des Spread-Spectrum Signals $c(t)$ mit dem Datensignal $d(t)$, bevor die Datendetektion stattfindet. Die zweite Multiplikation des Spread-Spectrum Signals mit dem Datensignal akkumuliert die Energie des Spread-Spectrum Signals innerhalb der Datenbandbreite (Das Spread-Spectrum Signal erfährt eine *Komprimierung*), während das Störsignal $j(t)$ erst das erste Mal mit dem Spread-Spectrum Signal multipliziert wird und daher die Energie des Störsignals auf die Spread-Spectrum Bandbreite verteilt wird (Das Störsignal erfährt eine *Spreizung*). Ein ideales Filter berücksichtigt nur die Energie innerhalb der Datenbandbreite und schneidet wesentliche Anteile an Störenergie weg, wodurch die störungsreduzierende Wirkung des Spread-Spectrum Konzeptes anschaulich in Erscheinung tritt.

Die Definition des Prozeßgewinns für lineare Filter läßt sich, durch eine kleine Modifikation auch auf Empfänger mit nichtlinearer Charakteristik erweitern. In diesem Fall gilt nur mehr das Verhältnis der Signal/Störabstände, welches als allgemeine Definition des Prozeßgewinns anzusehen ist.

DEFINITION E.4 (ALLGEMEINER PROZESSGEWINN) *Der allgemeine Prozeßgewinn setzt das SNR am Ausgang des Spread-Spectrum Demodulators zum SNR am Eingang ins Verhältnis und wird mit G'_p bezeichnet.*

$$G'_p \stackrel{\text{def}}{=} G_p \cdot G_c = \frac{SNR_{out}}{SNR_{in}} \tag{E.5}$$

In der Definition des allgemeinen Prozeßgewinns gibt der Faktor G_c die Leistungsfähigkeit einer nichtlinearen Operation als Vielfaches der linearen Operation an. Die Größe G_c wird als *Konversionsgewinn* bezeichnet und kann als *SNR*-Verbesserungsfaktor angesehen werden. Üblicherweise verringern nichtlineare Effekte den allgemeinen Prozeßgewinn ($G_c < 1$). Es ist aber auch möglich, mit Hilfe von Nichtlinearitäten, die Leistung der Störung zu reduzieren, welches sich in einem Konversionsgewinn $G_c > 1$ äußert. Dies ist der Ansatz für die Entwicklung der LCD-Empfänger in Kapitel 11 und 12.

---

[4]Die folgende Erklärung ist idealisiert und berücksichtigt nur die Hauptkeule der Signalspektren $G_x(f)$.

Eine weitere signifikante Größe, in einem Spread-Spectrum System, ist der *Störabstand*. Er ist in Definition E.5 gegeben und ein Beispiel dazu findet sich in Beispiel E.2.

DEFINITION E.5 (STÖRABSTAND) *Der Störabstand M_j gibt an wie stark die Störung in einem AWGN-Kanal werden darf, ohne daß ein minimales SNR unterschritten wird.*

$$M_j = G_p - [SNR_{out} + \textit{Implementierungsverluste}] \tag{E.6}$$

BEISPIEL E.2 (STÖRABSTAND) *Das SNR welches der konventionelle Demodulator (BPSK für eine Bitfehlerrate von 10^{-5}) benötigt sei 9 dB und die Implementierungsverluste 3 dB. Das Spread-Spectrum System ist für einen Prozeßgewinn von 31 dB ausgelegt. Um wieviel größer als die Signalleistung darf die Störleistung werden ?*

$$M_j = 31 - [9 + 3] = 17 \ dB$$

Die Störleistung darf das 50-fache der Leistung des Spread-Spectrum Signals sein.

E.3 Grundstruktur des Spread-Spectrum Systems

Die Abb.E.4 zeigt ein für alle Spread-Spectrum Übertragungssysteme gültiges Blockschaltbild. Dieses wird zu Beginn jedes Kapitels, mit grau unterlegten Blöcken, erscheinen. Die grau unterlegten Blöcke sind jene Funktionsgruppen, welche im jeweiligen Kapitel behandelt werden.

E.4 Modulationsebenen

Aus Abb.E.1 ist ersichtlich, daß zwei Modulationen stattfinden, wodurch eine Unterscheidung in eine Modulation in der Datenbit- und Chipebene notwendig wird. Dies muß in der Berechnung der Bitfehlerrate eines Spread-Spectrum Systems berücksichtigt werden (vergleiche Abb.3.4 auf Seite 78).

E.4.1 Modulation in der Datenebene

Als Modulation in der Datenbitebene (Basisbandoperation) bezeichnet man die *Spread-Spectrum Modulation*, welche die Funktion nach der Definition (Aufweitung des Spektrums) ausführt. Eine zusätzliche Chipformung gehört auch zur Spread-Spectrum Modulation.

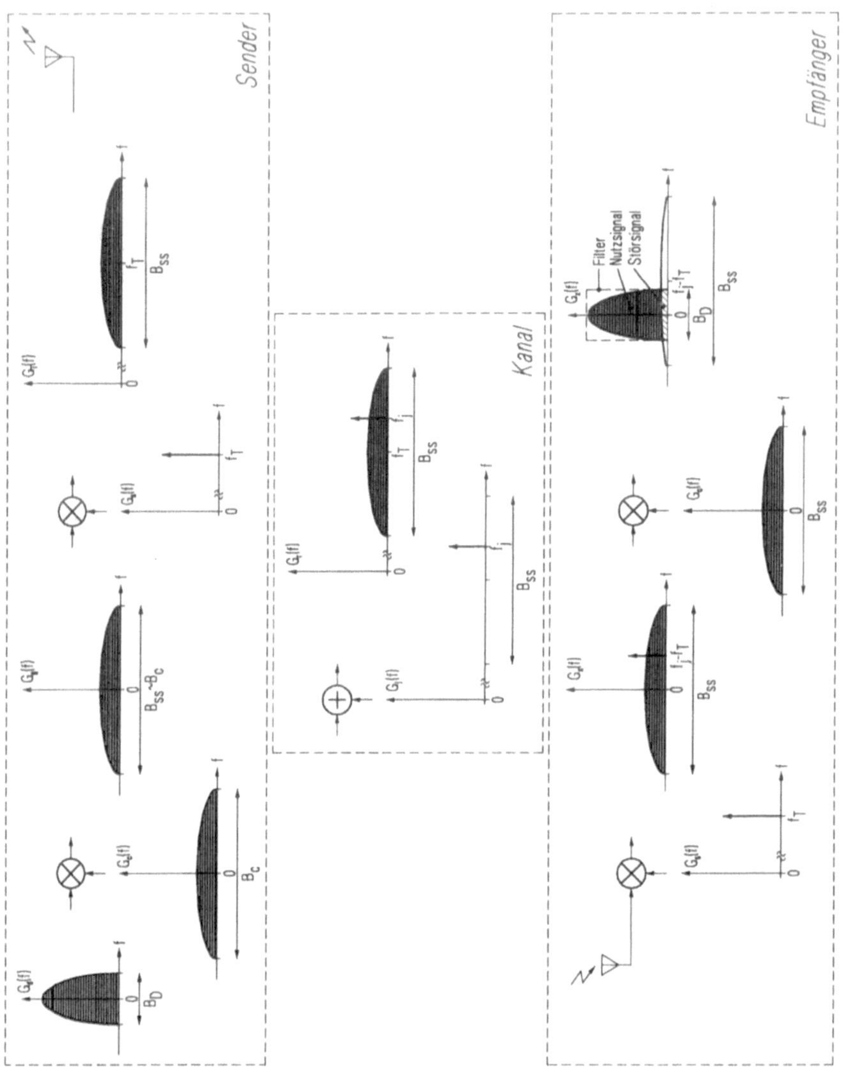

Abbildung E.3: Bandbreitenverhältnisse in einem Direct-Sequence Spread-Spectrum Übertragungssystem.

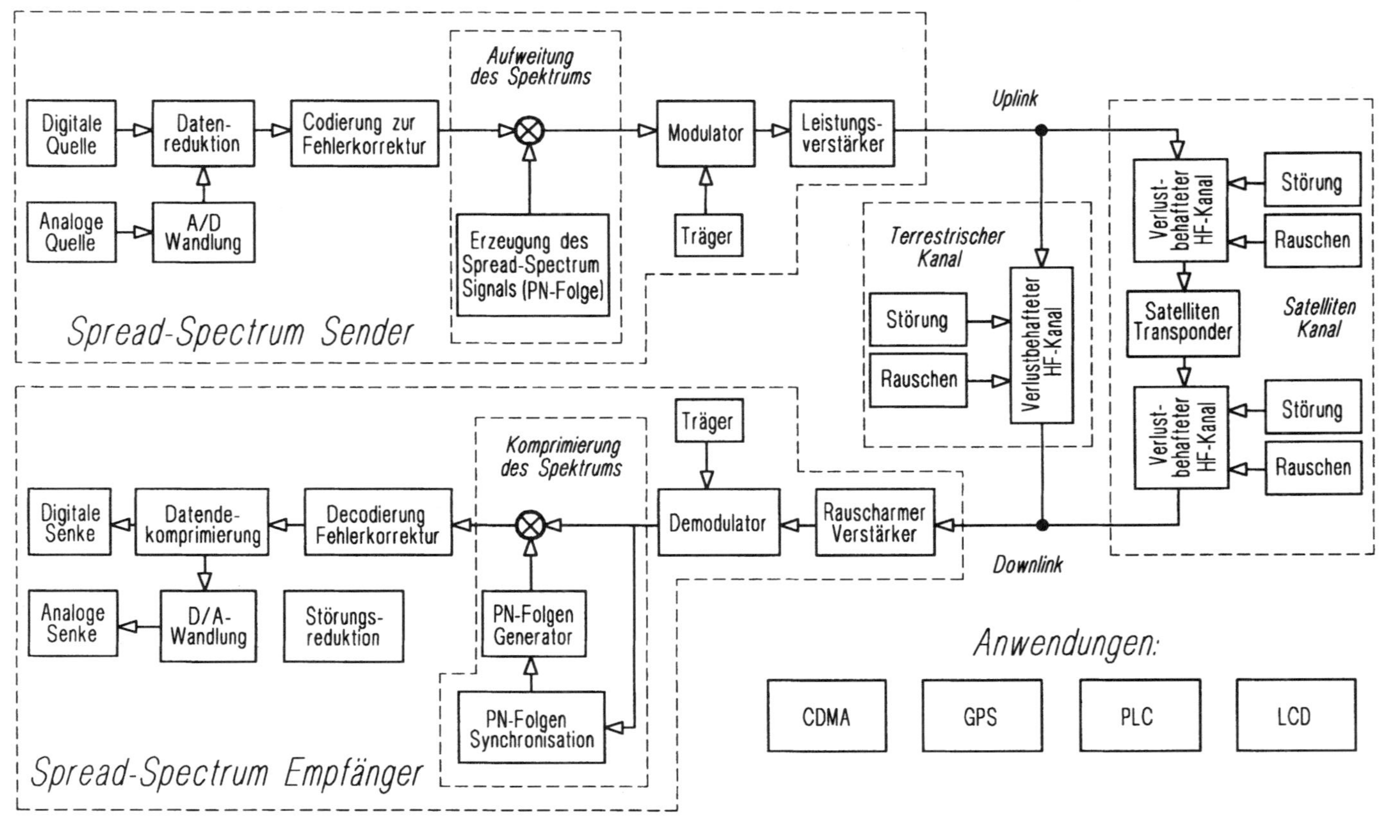

Abbildung E.4: Grundstruktur des Spread-Spectrum Systems.

E.4.2 Modulation in der Chipebene

Zur Modulation in der Chipebene gehören alle konventionellen digitalen Modulationsverfahren (OOK, BPSK, ...).

E.5 Bitfehlerraten konventioneller digitaler Modulationsverfahren

Die Leistungsanalyse für digitale Übertragungsverfahren erfolgt mit der Bitfehlerrate[5] (P_e). Sie ist nicht das einzige aber ein sehr gebräuchliches Gütekriterium zur Beurteilung von digitalen Übertragungsverfahren. Es werden die Bitfehlerraten für die etablierten Übertragungsverfahren angegeben (unipolar, bipolar, orthogonal). Diese werden in den folgenden Kapiteln benötigt, um auf Spread-Spectrum Systeme überzuleiten.

Die Bitfehlerrate wird durch die *Entscheidungsvariable* $z(t)$ zum Zeitpunkt $t = T_D$ am Detektoreingang, die *Detektorcharakteristik* und die *Statistik der Datenquelle* bestimmt. Vorausgesetzt ist perfekte Synchronisation.

Entscheidungsvariable

Es wird eine BPSK-Übertragung über einen `AWGN`-Kanal angenommen.

- *Signalformen:*
    - Datenbit $d_1(t)$ wird durch die Kurvenform $s_1 = A\cos(\omega_0 t)$ repräsentiert ($A = \sqrt{\frac{2\mathcal{E}_D}{T_D}} \ldots$, $\mathcal{E}_D$=Bit-Energie).
    - Datenbit $d_0(t)$ wird durch die Kurvenform $s_0 = -A\cos(\omega_0 t)$ repräsentiert.
    - Allgemein: $s_T(t) = D_i \cdot A\cos(\omega_0 t)$ <u>mit</u>: $D \in \{\pm 1\}, p(D_1 = 1) = p(D_0 = -1) = \frac{1}{2}$

- *Störung:*
  Die Störung wird durch die Gaußsche Zufallsvariable $n(t)$ mit Standardabweichung σ_n berücksichtigt.

Mit obigen Annahmen folgt für die Entscheidungsvariable[6] $Z = z(T_D)$ zum Zeitpunkt $t = T_D$ am Detektoreingang[7] in (E.7) welche ebenfalls eine Gaußsche Zufallsvariable[8] mit Mittelwert A, der Signalamplitude ist.

---

[5] Es ist auch Bitfehlerwahrscheinlichkeit gebräuchlich.

[6] Die Entscheidungsvariable $z(t)$ entspricht für Korrelationsempfänger der Korrelation $\phi(t)$.

[7] Wenn Verwechslungen ausgeschlossen sind, wird der Einfachheit wegen oft $Z = z(t = kT_D)$ für beliebiges k verwendet.

[8] Die Teststatistik ist ein Gaußprozeß. Die Teststatistik am Ausgang des digitalen Korrelators ist ein Binomialprozeß.

$$Z = Z_s + Z_n = s_i(T_D) + n(T_D) \tag{E.7}$$

Der Erwartungswert der Entscheidungsvariablen ist in (E.8) gegeben.

$$\mathbf{E}\,[\,Z\,] = \mathbf{E}\,[\,s_i(T_D)\,] + \underbrace{\mathbf{E}\,[\,n(T_D)\,]}_{\longrightarrow 0} = \pm A. \tag{E.8}$$

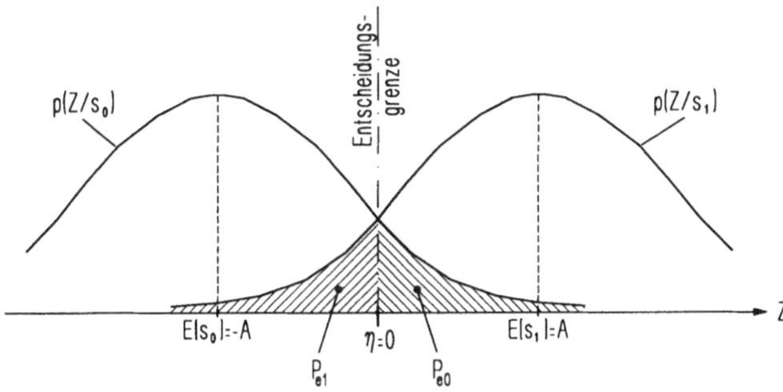

Abbildung E.5: Wahrscheinlichkeitsdichtefunktionen für s_1 und s_0.

In Abb.E.5 ist die Entscheidungsgrenze für Maximum-Likelihood Detektion eingetragen.

Detektorcharakteristik - Schwellwertentscheidung

Der *Maximum Likelihood Detektor* entscheidet sich für Signal s_1, wenn $p(Z|s_1) > p(Z|s_0)$. Die Entscheidungsschwelle η zeigt (E.9).

$$\eta = \frac{1}{2}\Big(\mathbf{E}\,[\,s_1\,] + \mathbf{E}\,[\,s_0\,]\Big) \tag{E.9}$$

Für bipolare Signale gleicher Energie (konstante Einhüllende - BPSK) ist die Amplitude $\pm A$ und die Entscheidungsschwelle $\eta = 0$. Die entsprechenden Entscheidungshypothesen $\mathbf{H}_1$ und $\mathbf{H}_0$ sind in (E.10) gegeben.

$$\mathbf{H}_1 : \eta > 0 \longrightarrow \hat{D} = D_1 \tag{E.10a}$$
$$\mathbf{H}_0 : \eta \leq 0 \longrightarrow \hat{D} = D_0 \tag{E.10b}$$

Modulation	Erwartungswert	Bitfehlerrate
BPSK (bipolar)	$\mathbf{E}[s_1] = A$ $\mathbf{E}[s_0] = -A$	$P_e = Q\left(\frac{A}{\sigma_n}\right) = Q\left(\sqrt{\frac{2\mathcal{E}_b}{N_0}}\right) = Q\left(\sqrt{SNR}\right)$ $= \frac{1}{2}\mathrm{erfc}\left(\sqrt{\frac{SNR}{2}}\right)$
BPSK (orthogonal)	$\mathbf{E}[s_1] = A$ $\mathbf{E}[s_0] = jA$	$P_e = Q\left(\frac{|A+jA|}{2\sigma_n}\right) = Q\left(\frac{\sqrt{2}A}{2\sigma_n}\right) = Q\left(\sqrt{\frac{\mathcal{E}_b}{N_0}}\right) =$ $= Q\left(\sqrt{\frac{SNR}{2}}\right) = \frac{1}{2}\mathrm{erfc}\left(\sqrt{\frac{SNR}{2}}\right)$
OOK (unipolar)	$\mathbf{E}[s_1] = A$ $\mathbf{E}[s_0] = 0$	$P_e = Q\left(\frac{A}{2\sigma_n}\right) = Q\left(\sqrt{\frac{\mathcal{E}_b}{2N_0}}\right) = Q\left(\sqrt{\frac{SNR}{4}}\right)$ $= \frac{1}{2}\mathrm{erfc}\left(\sqrt{\frac{SNR}{8}}\right)$

Tabelle E.4: Bitfehlerraten für bipolare-, orthogonale und unipolare Übertragung.

Bitfehlerrate

Die $Q(x)$-Funktion wird in Abschnitt C.2.6 definiert. Der Maximum-Likelihood Detektor liefert einen Bitfehler (trifft falsche Bitentscheidung), wenn er sich für ein Datenbit D_0 entscheidet aber D_1 gesendet wurde. Die Wahrscheinlichkeit dafür ist

$$P_{e1} = \mathbf{Pr}[\eta < 0|D_1] = \mathbf{Pr}\left[\hat{D} = D_0|D_1\right] = \int_{-\infty}^{\eta} p(Z|s_1)dZ \qquad (E.11)$$

$$P_{e0} = \mathbf{Pr}[\eta > 0|D_0] = \mathbf{Pr}\left[\hat{D} = D_1|D_0\right] = \int_{\eta}^{\infty} p(Z|s_0)dZ \qquad (E.12)$$

Die resultierende Bitfehlerrate P_e des Übertragungssystems (E.13) hängt davon ab, wie häufig D_1 und D_0 während der Übertragung vorkommen.

$$P_e = \sum_{i=0}^{1} p_i P_{ei} = p_0 P_{e0} + p_1 P_{e1} \qquad (E.13)$$

Nimmt man eine weiße Datenquelle[9] an, von der D_1 und D_0 gleich oft gesendet werden und weiters, daß die Signale gleiche Energie haben ($P_{e1} = P_{e0}$), so folgt die Bitfehlerrate in (E.14).

$$P_e = \frac{1}{2}2P_{e1} = P_{e1} \qquad (E.14)$$

---

[9]Diese Annahme ist näherungsweise bei langen Übertragungen (viele D_i's gesendet) erfüllt.

Die getroffenen Annahmen entsprechen dem Modell des *symmetrischen binären Über-tragungskanals* (BSC)[10]. Damit folgt, daß es sich um eine Übertragung über einen Gaußkanal handelt und damit die Entscheidungsvariable ebenfalls eine mittelwertbehaftete Gaußvariable mit der Wahrscheinlichkeitsdichte in (E.15) ist.

$$p(Z|s_0) = \frac{1}{\sqrt{2\pi}\sigma_n} \; e^{-\frac{1}{2}\left(\frac{Z-\mathbf{E}[s_0]}{\sigma_n}\right)^2} \tag{E.15}$$

Setzt man (E.15) und (E.11) in (E.14) ein, so folgt (E.16).

$$P_e = \int\limits_{\eta}^{\infty} p(Z|s_0)dZ = \int\limits_{\eta}^{\infty} \frac{1}{\sqrt{2\pi}\sigma_n} \; e^{-\frac{1}{2}\left(\frac{Z-\mathbf{E}[s_0]}{\sigma_n}\right)^2} dZ \tag{E.16}$$

Die Bitfehlerrate in (E.16) ist in (E.18) und (E.19) mit Hilfe der Marcum-Q-Funktion[11] $Q(x)$ und der komplementären Fehlerfunktion *erfc* (x). Dies wurde durch folgende Umformung erreicht: Substituiert man das zu quadrierende Argument der Exponentialfunktion in (E.16), so folgt $\xi = \frac{Z-\mathbf{E}[s_0]}{\sigma_n}$ und $\frac{d\xi}{dZ} = \frac{1}{\sigma_n} \to dZ = \sigma_n d\xi$. Mit der Entscheidungsschwelle nach (E.9) wird $\xi_0 = \frac{\eta-\mathbf{E}[s_0]}{\sigma_n} = \frac{\mathbf{E}[s_1]+\mathbf{E}[s_0]-2\mathbf{E}[s_0]}{2\sigma_n}$. Der Zusammenhang zwischen $Q(x)$ und *erfc* (x) ist in (E.17) gegeben.

$$Q(x) = \frac{1}{\sqrt{2\pi}} \int\limits_{x}^{\infty} e^{-\frac{\xi^2}{2}} d\xi = \frac{1}{2}\mathrm{erfc}\left(\frac{x}{\sqrt{2}}\right) \tag{E.17}$$

$$P_e = \frac{1}{\sqrt{2\pi}} \int\limits_{\xi_0}^{\infty} e^{-\frac{\xi^2}{2}} d\xi = Q(\xi_0) = \frac{1}{2}\mathrm{erfc}\left(\frac{\xi_0}{\sqrt{2}}\right) = \frac{1}{2}\mathrm{erfc}\left(\frac{\eta-\mathbf{E}[s_0]}{\sqrt{2}\sigma_n}\right) \tag{E.18}$$

$$\boxed{\begin{aligned} P_e \;&=\; Q\left(\frac{|\mathbf{E}[s_1]-\mathbf{E}[s_0]|}{2\sigma_n}\right) = \\ &=\; Q\left(\frac{D}{2\sigma_n}\right) = \\ &=\; \tfrac{1}{2}\mathrm{erfc}\left(\frac{D}{\sqrt{2}\sigma_n}\right) \end{aligned}} \tag{E.19}$$

---

[10]BSC - binary symmetric channel.
[11]Im Anhang auf Seite 652 wird die Marcum-Q-Funktion etwas ausführlicher behandelt.

In (E.19) ist durch $\mathcal{D}$ die euklidsche Distanz der beiden Signale im Signalraum angegeben. In Tab.E.4 ist (E.19) für verschiedene Modulationsverfahren ausgewertet.[12]

Mit dem Begriff des Signal- zu Störleistungsverhältnisses (Signal/Störabstand, SNR, engl: Signal to Noise Ratio) in (E.20) läßt sich die Bitfehlerrate ebenfalls ausdrücken.

$$SNR = \frac{\text{Signalleistung}}{\text{Störleistung}} = \frac{A^2}{\sigma_n{}^2} \tag{E.20}$$

---

[12]Mit $A = \sqrt{\frac{2\mathcal{E}_b}{T_D}}$ und $\sigma_n = \sqrt{N_0 B_D}$.

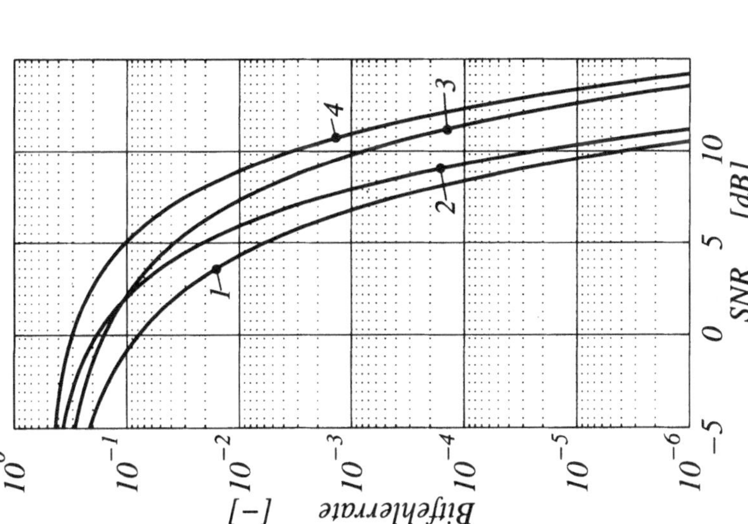

Abbildung E.6: Bitfehlerraten digitaler Modulationsverfahren.

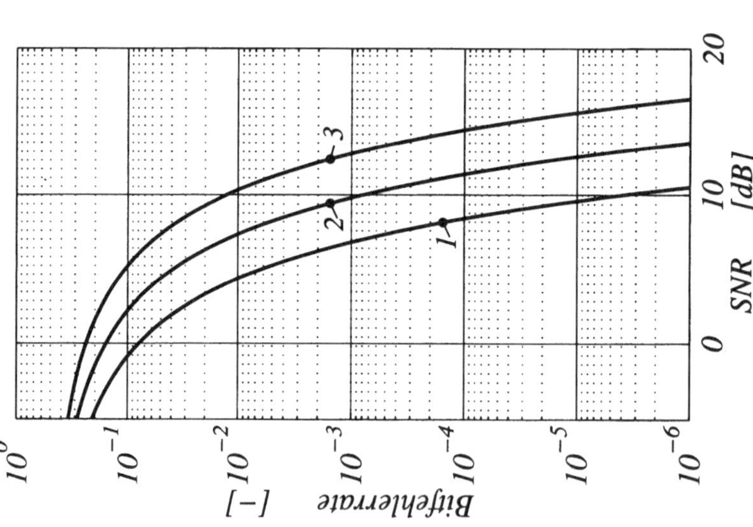

Abbildung E.7: Bitfehlerraten digitaler Modulationsverfahren.

Kapitel 1
Korrelationsempfänger

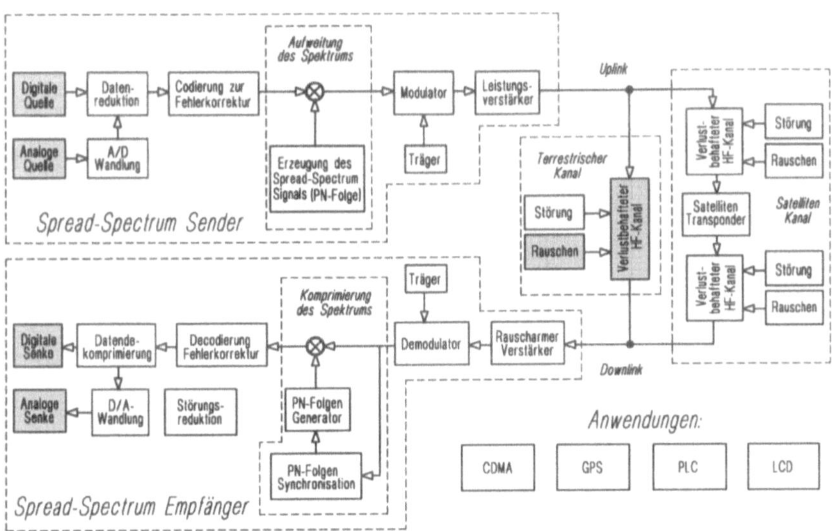

Abbildung 1.1: Grundstruktur des Spread-Spectrum Systems.

Die Spread-Spectrum Technik bedient sich zur Rückgewinnung der Daten des Korrelationsprinzips. Empfänger dieser Bauart werden als *Korrelationsempfänger* bezeichnet. Er besteht funktional aus zwei Teilen:

1. **Demodulation:** *Signalumsetzung* Die Aufgabe des Demodulators ist die Abbildung des empfangenen Signals in einen L-dimensionalen orthogonalen Signalraum.

$$r(t) \longrightarrow \boldsymbol{z} = [Z_1, Z_2, \ldots, Z_k, \ldots, Z_{L-1}, Z_L] \tag{1.1}$$

2. **Datenentscheidung:** *Detektion* Die Aufgabe der Detektion ist es, aus der Beobachtung des Demodulatorausgangssignals $p(\boldsymbol{z})$ die Datenentscheidung $\hat{D}$ zu treffen.

$$p(\boldsymbol{z}) \longrightarrow \hat{D} \tag{1.2}$$

Man kann die Demodulation als die Bestimmung der Kennwerte des Empfangssignals ansehen und die Detektion als die Rückgewinnung des Nutzsignals aus diesen Kennwerten. Als optimaler Detektor wird jener bezeichnet, dessen Detektionsalgorithmus die Bitfehlerrate minimiert. Eine minimale Bitfehlerrate bedeutet, daß das *SNR* vor der Datenentscheidung ein Maximum werden muß.

Im folgenden wird die Herleitung des optimalen Detektors für Direct-Sequence Signale vorgenommen.

1.1 Optimale Empfängerstruktur für Direct-Sequence Signale in AWGN

Die Aufgabe, welche hier zu lösen ist, besteht darin, daß ein Direct-Sequence Signal $c(t)$, von der in Abb.2.6 gezeigten Struktur, mit dem Maximum an Detektionswahrscheinlichkeit, erkannt werden soll. Als Störung überlagert sich, im Kanal, additives weißes gaußsches Rauschen (AWGN) $n(t)$, sodaß beim Empfänger das in (1.3) angegebene Signal eintrifft.

$$r(t) = c(t) + n(t) = \sum_{k=1}^{L} C_k \cdot p(t - k\,T_c) + n(t) \qquad \text{mit: } C_k \in \{\pm 1\} \tag{1.3}$$

Das Direct-Sequence Signal hat die Dimension L und wird in einem L-dimensionalen Signalraum gesucht[1].

Als optimaler Detektionsalgorithmus für das Direct-Sequence Signal wird das *Least Mean Square* (LMS) Optimierungskriterium in (1.4) herangezogen.

$$\int_{0}^{T_D} \left[r(t) - c(t) \right]^2 dt \ \longrightarrow\ \text{Minimum} \tag{1.4}$$

Wendet man das Optimierungskriterium (1.4) auf das empfangene Signal (1.3) an, so folgt (1.5).

$$\int_{0}^{T_D} \left[r(t) - c(t) \right]^2 dt \ \longrightarrow\ 0 \tag{1.5a}$$

$$\int_{0}^{T_D} r^2(t)\,dt - 2\int_{0}^{T_D} r(t)c(t)\,dt + \int_{0}^{T_D} c^2(t)\,dt \ \longrightarrow\ 0 \tag{1.5b}$$

$$\longrightarrow\ r(t) \equiv c(t) \qquad \ldots \quad \text{innerhalb } T_D \tag{1.5c}$$

---

[1]Siehe Abschnitt 2.2.1

Aus (1.5), erkennt man, daß der LMS-Algorithmus nur dann den minimalen Wert Null liefert, wenn der in (1.5*b*) in der Mitte stehende Korrelationsterm maximal wird und die beiden äußeren Terme kompensiert. Dies wird dann erreicht, wenn vollständige Identität zwischen empfangenem und gesuchtem Signal[2] herrscht. Der in (1.5*b*) in der Mitte stehende Term entspricht der Korrelation des empfangenen Signals mit dem gesuchten Signal. Daher wird das Optimierungskriterium um so besser erfüllt, je höher die Korrelation zwischen empfangenem und gesuchtem Signal ist. Weicht das empfangene Signal wegen additiver Störungen im Übertragungskanal von dem zu suchenden ab, so entscheidet sich der Detektor für die Aussage: *Direct-Sequence Signal empfangen*, wenn eine vorgegebene Ähnlichkeit zwischen empfangenem und gesuchtem Signal überschritten wird (Schwellwertentscheidung).

Erweitert man die Aufgabenstellung auf ein Mehrbenutzersystem, so hat der Empfänger eine bestimmt Anzahl von gesuchten Signalen vorrätig. Er muß dann die Entscheidung treffen, welches von den gesuchten Signalen im empfangenen Signal steckt. Etwas formaler definiert: Der Empfänger muß aus einer Vielzahl von möglichen Kurvenformen und deren Überlagerungen das gesendete Signal bestimmen. Jedes Signal hat die Dimension L und wird im gleichen L-dimensionalen Signalraum gesucht.

Signal	Vektorsignal	Zeitsignal	Mathematisch
gewünscht	$r \equiv c_m$	$\displaystyle\int_0^{T_D} r(t)\,c_m(t)\,dt = \int_0^{T_D} c_m^2(t)\,dt = \mathcal{E}_c$	*Identität.*
unerwünscht	$r \perp c_n$	$\displaystyle\int_0^{T_D} r(t)\,c_n(t)\,dt = 0$	*Orthogonalität.*

Der Detektor entscheidet sich für jenes Signal $c(t)$, welches dem empfangenen am ähnlichsten ist $\rightarrow$ *Maximum-Likelihood* (ML) Entscheidung.

Die Folgerung aus der LMS-Optimierung (1.5*a*) ist die ML-Entscheidung. Es muß das empfangene Signal mit dem zu suchenden Signal möglichst ähnlich (*identisch, korreliert*) sein. Die nicht gewünschten Signale sollen möglichst wenig Ähnlichkeit (*orthogonal, unkorreliert*) mit dem zu suchenden Signal aufweisen. Der Korrelationsempfänger arbeitet in dieser Weise optimal. Er wertet die Gleichung (1.6) für $\tau = 0$ aus.

---

[2]In Vektorschreibweise lautet das LMS-Kriterium: $|r|^2 - 2r \cdot c_m + |c_m|^2 \rightarrow 0$

$$Z = z(T_D) = \int\limits_{0}^{T_D} r(t)\, c(t + \tau)\, dt \qquad (1.6)$$

In (1.6) wird Z als Entscheidungsvariable bezeichnet. Mathematisch gesehen ist dies ein Funktional.[3]

Aus dem optimalen Detektionsalgorithmus folgt die optimale Empfängerstruktur für Direct-Sequence Signale. Das Direct-Sequence Signal ist ein digitales Signal, sodaß man die Schlußfolgerung verallgemeinern kann:

Der optimale Empfänger für digitale Signale in AWGN ist der

Korrelationsempfänger.

(LMS-Optimierungskriterium $\longrightarrow$ ML-Entscheidung $\longrightarrow$ Korrelationsempfänger)

Im folgenden werden Realsierungen des Korrelationsempfängers aufgezeigt. Vorerst wird streng nach dem Korrelationsprinzip vorgegangen und die Struktur des Empfängers entwickelt. Anschließend wird gezeigt, daß das Funktional (1.6) das gleiche Ergebnis liefert wie ein Matched-Filter Empfänger.

1.1.1 Demodulation mit Korrelator

Der Korrelationsdemodulator zerlegt das verrauschte Empfangssignal in einen L-dimensionalen Vektor. Vergleiche im Anhang: Kap.A.1 auf Seite 635. Vom Störsignal (AWGN) sind nur jene Signalkomponenten relevant, welche in Richtung der orthonormierten Basisfunktionen $\Psi_k(t)$ liegen.[4] Die Korrelation des Eingangssignals $r(t) = c(t) + n(t)$ mit den Basisfunktionen $\Psi_k(t)$ liefert die Projektionen Z_k in (1.7).

---

[3] Ein Funktional weist durch Integraltransformation einer (Zeit)funktion einen festen Wert zu.
[4] Vergleiche Abb.2.7.

$$Z_k = \int\limits_{t=0}^{T_D} r(t)\,\Psi_k(t)\,dt = \int\limits_{t=0}^{T_D} \Big[c(t) + n(t)\Big] \cdot \Psi_k(t)\,dt =$$

$$= \int\limits_{t=0}^{T_D} c(t)\,\Psi_k(t)\,dt + \int\limits_{t=0}^{T_D} n(t)\,\Psi_k(t)\,dt = \tag{1.7}$$

$$= A_c\,C_k + N_k \qquad k = 1,\dots,L \tag{1.8}$$

des Empfangssignals in die L Basisfunktionen. Das Nutzsignal $c(t)$ ist durch den Vektor $\boldsymbol{c}$ mit den Komponenten $A_c\,C_k$ repräsentiert.[5]

Die **AWGN**-Störung ist ein mittelwertfreier Gaußscher Zufallsprozeß $n(t)$ mit zweiseitiger spektraler Leistungsdichte $\Phi_n(f) = N_0/2$. Die Projektionen dieses Zufallsprozesses auf die orthogonalen Koordinaten des Signalraumes werden durch die mittelwertfreien Gaußschen Zufallsvariablen N_k in (1.8) repräsentiert. Zu diesem mathematischen Modell gehört das physikalische Modell einer Bank von L Korrelatoren, welche die Kreuzkorrelation des Eingangssignals mit den Basisfunktionen nach Abb.1.2 bilden (Parallele Verarbeitung der Basisfunktionen). Der Erwartungswert von N_k ($k = 1,\dots,L$) ist, unter Berücksichtigung, daß es sich um einen mittelwertfreien Zufallsprozeß handelt, in (1.9) gegeben und die Kovarianz in (1.10).

$$\mathbf{E}\,[\,N_k\,] = \mathbf{E}\left[\int\limits_0^{T_D} n(t)\,\Psi_k(t)\,dt\right] = \int\limits_0^{T_D} \underbrace{\mathbf{E}\,[\,n(t)\,]}_{\substack{\text{mittel-}\\\text{wert-}\\\text{frei}}}\,\Psi_k(t)\,dt = 0 \tag{1.9}$$

$$\mathbf{Cov}\,[\,N_k\,N_m\,] = \mathbf{Var}\,[\,N_k\,N_m\,] = \int\limits_0^{T_D}\int\limits_0^{T_D} \overbrace{\mathbf{E}\,[\,n(t)n(\tau)\,]}^{\frac{N_0}{2}\cdot\delta(t-\tau)}\,\Psi_k(t)\Psi_m(\tau)\,dt\,d\tau = \tag{1.10}$$

$$= \frac{N_0}{2}\int\limits_0^{T_D}\int\limits_0^{T_D} \delta(t-\tau)\Psi_k(t)\Psi_m(\tau)\,dt\,d\tau = \tag{1.11}$$

$$= \frac{N_0}{2}\int\limits_0^{T_D} \Psi_k(t)\Psi_m(t)\,dt = \frac{N_0}{2}\,\delta_{mk} \tag{1.12}$$

In (1.12) repräsentiert δ_{mk} die Kronekerfunktion. Damit folgt zusammenfassend, daß die L Rauschkomponenten mittelwertfreie und unkorrelierte Gaußsche Zufallsvariablen mit gleichen Varianzen $\sigma_n^2 = \frac{N_0}{2}$ sind. Damit folgt weiters, daß die Komponenten

---

[5] Das Nutzsignal ist ein determiniertes Signal $\rightarrow \mathbf{E}\,[\,A_c\,C_k\,] = A_c\,C_k$. Da eine orthonormierte Funktionenbasis vorausgesetzt wurde, entsprechen die C_k den k-ten Einheitsvektoren.

Z_k des Korrelatorausgangsvektors $\boldsymbol{z}$ mittelwertbehaftete Gaußsche Zufallsvariablen mit gleichen Varianzen σ_n^2 sind. Die Erwartungswerte entsprechen den Komponenten des Signalvektors.

$$\mathbf{E}\,[\,Z_k\,] = \mathbf{E}\,[\,A_c C_k + N_k\,] = A_c \mathbf{E}\,[\,C_k\,] + \overbrace{\mathbf{E}\,[\,N_k\,]}^{=0} = A_c C_k \tag{1.13a}$$

$$\mathbf{Cov}\,[\,Z_k\,Z_m\,] = \mathbf{Var}\,[\,N_k\,N_m\,] = \sigma_z^2 = \sigma_n^2 = \frac{N_0}{2} \tag{1.13b}$$

Da die Gaußschen Zufallsvariablen Z_k unkorreliert sind, sind sie auch statistisch unabhängig und es folgt der Signal/Störabstand in (1.14).

$$SNR_{out} = \frac{\mathcal{P}_s}{\mathcal{P}_n} = \frac{\sum\limits_{k=1}^{L}(\mathbf{E}\,[\,Z_k\,])^2}{\mathbf{Var}\,[\,N_k\,N_m\,]} = \frac{A_c^2\sum\limits_{k=1}^{L}C_k^2}{N_0/2} = \frac{\mathcal{E}_c}{N_0/2} = \frac{2\mathcal{E}_c}{N_0} \tag{1.14}$$

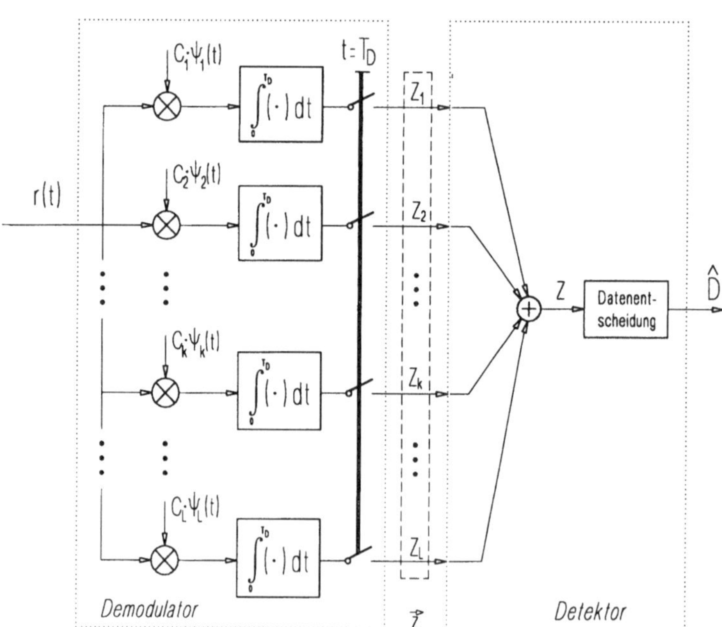

Abbildung 1.2: Modell des Korrelatordemodulators: Parallele Verarbeitung der Basisfunktionen ($\vec{z} \equiv \boldsymbol{z}$). Vergleiche Abb.2.7.

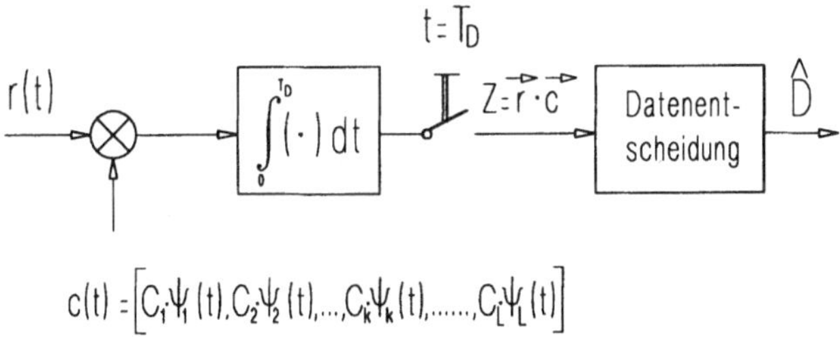

Abbildung 1.3: Modell des Korrelatordemodulators: Serielle Verarbeitung der Basisfunktionen mit Summation ($\vec{z} \equiv \boldsymbol{z}$). Vergleiche Abb.2.7.

1.1.2 Datenentscheidung

Die Datenentscheidung für den Korrelationsdemodulator beruht auf der Statistik des Signals am Korrelatorausgang. Die Entscheidungsvariable wird durch aufsummieren der Korrelatorausgangssignale zum Zeitpunkt $t = T_D$ gefunden. Prinzipiell ist zu sagen:

- Die Z_k sind durch die Verwendung des orthonormierten Basissystems $\Psi_k(t)$ unkorreliert.

- Mathematisch entspricht die Summation von (unabhängigen) Zufallsvariablen einem *diskreten Funktional* mit Kern $1/L$. Es wird eine diskrete Zufallsfunktion $[Z_1, Z_2, \ldots, Z_L]$ in eine Zufallsvariable Z abgebildet.

$$Z = \sum_{k=1}^{L} Z_k \qquad \textit{Entscheidungsvariable} \qquad (1.15)$$

Der Wert der Entscheidungsvariable entspricht der innerhalb der Zeitspanne T_D empfangenen *Energie*. Wird als Störung $n(t)$, ein im weitesten Sinne stationärer Zufallsprozeß angenommen, so liefert jeder Korrelatorausgang eine mittelwertbehaftete Gaußsche Zufallsvariable gleicher Standardabweichung ($\sigma_z = \sigma_n = $ Konstant). Der Erwartungswert der Z_k entspricht, wie bereits festgestellt, der Chipamplitude A_c.

Sind die Z_k keine Gaußschen Zufallsvariablen, so tendiert trotzdem deren Summe nach dem *Zentralen Grenzwertsatz* rasch zu einer Gaußstatistik.

$$\mathbf{E}\left[\, Z = \sum_{k=1}^{L} Z_k \,\right] = \frac{1}{L}\sum_{k=1}^{L}\overbrace{\underbrace{\mathbf{E}\,[\,A_c\,C_k\,]}_{A_c}}^{L\,A_c} = A_c \qquad (1.16a)$$

$$\mathbf{Var}\left[\, Z = \sum_{k=1}^{L} Z_k \,\right] = \frac{1}{L^2}\sum_{k=1}^{L}\overbrace{\underbrace{\mathbf{Var}\,[\,N_k\,]}}^{\sigma_n^2} = \frac{\sigma_n^2}{L} \qquad (1.16b)$$
$$\underbrace{\qquad\qquad\qquad}_{L\,\sigma_n^2}$$

$$\boxed{\; SNR_{out} = \frac{\mathbf{E}^2\,[\,Z\,]}{\mathbf{Var}\,[\,Z\,]} = \frac{L\cdot A_c^2}{\sigma_n^2} = L\cdot SNR_{in} \;} \qquad (1.17)$$

Aus (1.16b) erkennt man, daß mit zunehmendem L (Folgenlänge, Korrelatorlänge, Anzahl der Dimensionen des gesuchten Signals) die Varianz der Entscheidungsvariable Z abnimmt und damit, die mit der Entscheidungsvariable verbundene Hypothese (1.18a-Erfolgsereignis), immer sicherer vorhersagbar wird. Dies ist gleichbedeutend mit der in (1.17) angeschriebenen Aussage über das Signal/Störverhältnis. Sie besagt, daß der Signal/Störabstand vor der Datenentscheidung um das L-fache verbessert werden konnte im Vergleich zum empfangenen Signal/Störverhältnis (*SNR*-Anreicherung). Dies ist statistisch gleichbedeutend mit dem Umstand, daß der geschätzte Signalmittelwert dem erwarteten Signalmittelwert immer näher kommt und die Zufälligkeit abnimmt[6].

> *Die Datenentscheidung ist ein Schätzwertproblem:* Der Vorteil der Spread-Spectrum Technik beruht auf der Tatsache, daß mehrere unabhängige Werte zur Schätzung des Parameters *Mittelwert* zur Verfügung stehen und damit diese Schätzung immer sicherer wird.

Praktisch ausgeführte Korrelatoren beinhalten bereits die Summation. Da jede Basisfunktion nur innerhalb eines bestimmten Chips der Dauer T_c (Abb.1.2) von Null verschieden ist, wird der Demodulator als ein Korrelator nach Abb.1.3 ausgeführt (Serielle Verarbeitung der Basisfunktionen mit Summenbildung).

---

[6]Vergleiche Abb.3.4 und die dort niedergeschriebene Argumentation über das Rückgängigmachen der Polaritätswechsel.

Die mit der vor der Entscheidungsstufe vorhandenen Statistik gebildete Schwellwertentscheidung beruht auf den Hypothesen:

$$\mathbf{H}_1 : Z > \eta_D \ \longrightarrow\ \hat{D} = D_1 \tag{1.18a}$$

$$\mathbf{H}_0 : Z \leq \eta_D \ \longrightarrow\ \hat{D} = D_0 \tag{1.18b}$$

Die vorgegebene Schwelle η_D hat für bipolare Signale den Wert Null.

1.1.3   Demodulation mit Matched-Filter

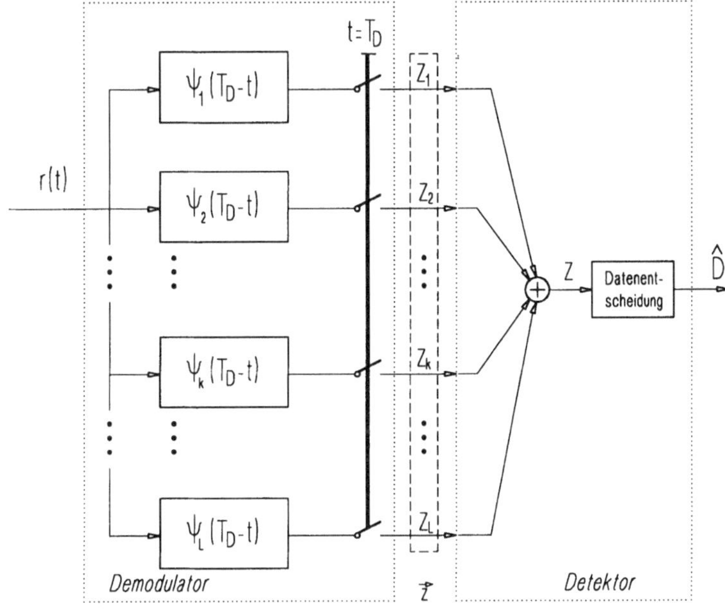

Abbildung 1.4: Modell des Matched-Filter Demodulators: Parallele Verarbeitung der Basisfunktionen $(\vec{z} \equiv \boldsymbol{z})$.

Die exakt gleichen L Zufallsvariablen Z_k aus (1.15) können auch durch Abtasten von Ausgangssignalen linearer Filter zum Zeitpunkt $t = T_D$ erzeugt werden. Die Impulsantworten (1.19) dieser Filter sind die Basisfunktionen des Signalraumes. Mit den Impulsantworten werden die Ausgangssignale der Filter zum Zeitpunkt $t = T_D$ die Zufallsvariablen Z_k in (1.20).

$$h_k(t) = \Psi_k(T_D - t) \qquad \text{Definitionsbereich:}\ \ 0 \leq t \leq T_D \tag{1.19}$$

$$Z_k = \int\limits_{\tau=0}^{T_D} r(\tau)\,\Psi_k(\tau)\,d\tau \qquad k = 1, 2, \ldots, L \qquad (1.20)$$

Ein signalangepaßtes Filter (engl: Matched-Filter)[7] ist ein Filter mit der auf das Zeitintervall $0 \le t \le T_D$ beschränkten Impulsantwort $h(t) = s(T_D - t)$. Diese entspricht der Korrelationszeitfunktion mit der gesuchten zeitinversen (gespiegelten) Signalfunktion $c(t)$.

$$z(t) = \int\limits_{\tau=0}^{T'} c(t)\,c(T_D - t + \tau)\,d\tau \qquad (1.21)$$

Dies bedeutet, daß der Matched-Filter Demodulator aus L, an die Basissignale $\Psi_k(t)$ angepaßten Filtern besteht (Abb.1.4).

1.1.4   Eigenschaften des Matched-Filters

DEFINITION 1.1 (MATCHED-FILTER) *Ein Matched-Filter ist ein lineares Filter mit einer solchen Impulsantwort $h(t)$, daß in **AWGN** der Signal/Störabstand (SNR) am Ausgang des Filters für ein vorgegebenes Signal $c(t)$ maximiert wird.*

Vorausgesetzt ist ein **AWGN** gestörtes Empfangssignal $r(t) = c(t) + n(t)$. Das **AWGN**-Signal $n(t)$ sei mittelwertfrei und habe die spektrale Leistungsdichte $\Phi_n(f) = \frac{N_0}{2}$ [W/Hz]. Gesucht ist die Impulsantwort $h(t)$ für $t = T_D$.

$$\begin{aligned} Z &= \int\limits_{\tau=0}^{T_D} r(\tau)\,h(T_D - \tau)\,d\tau = \\[2ex] &= \int\limits_{\tau=0}^{T_D} c(\tau)\,h(T_D - \tau)\,d\tau + \int\limits_{\tau=0}^{T_D} n(\tau)\,h(T_D - \tau)\,d\tau = \\[2ex] &= z_d(T_D) + z_n(T_D) = Z_d + Z_n \qquad (1.22) \end{aligned}$$

Das Ausgangssignal des Filters setzt sich zum Zeitpunkt $t = T_D$ aus einer Signalkomponente Z_d und einer Störkomponente Z_n zusammen. Die Aufgabe, aus dem Filter ein Matched-Filter zu machen ist, den Signal/Störabstand zu maximieren (Optimierungsaufgabe).

---

[7]In der Literatur ist die englische Bezeichnung häufiger anzutreffen und wird aus diesem Grund auch in diesem Text verwendet.

$$SNR_{out} = \frac{Z_d^2}{\mathbf{E}\left[\,Z_n^2\,\right]} = \frac{Z_d^2}{\mathbf{Var}\left[\,Z_n\,\right]} \quad \rightarrow \text{Maximum} \tag{1.23}$$

Die Varianz der Störkomponente (**AWGN**) berechnet sich zu:

$$
\begin{aligned}
\mathbf{Var}\left[\,Z_n\,\right] &= \int\limits_{t=0}^{T_D}\int\limits_{\tau=0}^{T_D} \mathbf{E}\left[\,n(t)\,n(\tau)\,\right]h(T_D - t)\,h(T_D - \tau)\,dt\,d\tau = \\
&= \frac{N_0}{2}\int\limits_{t=0}^{T_D}\int\limits_{\tau=0}^{T_D} \delta(t - \tau)\,h(T_D - t)\,h(T_D - \tau)\,dt\,d\tau = \\
&= \frac{N_0}{2}\int\limits_{t=0}^{T_D} h^2(T_D - t)\,dt
\end{aligned}
\tag{1.24}
$$

Die Gleichung (1.24) besagt, daß die Varianz der Rauschkomponente von der spektralen Rauschleistungsdichte und der Energie in der Impulsantwort abhängt. Weil die Rauschleistungsdichte konstant ist, kann zur Maximierung des SNR_{out} nur an der Impulsantwort gedreht werden [$(1.24) \rightarrow (1.23)$].

$$\max\left\{SNR_{out}\right\} = \frac{\max\left\{\left[\int\limits_{\tau=0}^{T_D} c(\tau)\,h(T_D - \tau)\,d\tau\right]^2\right\}}{\dfrac{N_0}{2}\int\limits_{t=0}^{T_D} h^2(T_D - t)\,dt} \tag{1.25}$$

Die Optimierungsaufgabe besteht nun darin, den Zähler zu maximieren, während der Nenner konstant gehalten wird. Dazu zieht man die Dreiecksungleichung (Cauchy-Schwarz Ungleichung) heran.

$$\left[\int\limits_{-\infty}^{\infty} g_1(t)\,g_2(t)\,dt\right]^2 \leq \int\limits_{-\infty}^{\infty} g_1^2(t)\,dt \cdot \int\limits_{-\infty}^{\infty} g_2^2(t)\,dt \tag{1.26}$$

Das Maximum der Dreiecksungleichung ergibt sich, wenn das Gleichheitszeichen gilt. Dies bedeutet, daß $g_1(t)$ bis auf einen Skalierungsfaktor K mit $g_2(t)$ übereinstimmt[8] $(g_2(t) = K\,g_1(t))$.

---

[8]Übereinstimmung bis auf einen Skalierungsfaktor heißt, das die Kurvenformen übereinstimmen. Sie haben gleiche Nullstellen, die Maxima treten an der gleichen Stelle auf, die Minima treten an der gleichen Stelle auf, die Wendepunkte treten an der gleichen Stelle auf usw.

$$\left[K \int_{-\infty}^{\infty} g_1(t)\, g_1(t)\, dt \right]^2 \;=\; K^2 \int_{-\infty}^{\infty} g_1^2(t)\, dt \int_{-\infty}^{\infty} g_1^2(t)\, dt$$

$$K^2 \int_{-\infty}^{\infty} g_1^4(t)\, dt \;=\; K^2 \int_{-\infty}^{\infty} g_1^4(t)\, dt \qquad \text{q.e.d.} \tag{1.27}$$

Setzt man

$$\begin{aligned} g_1(t) &= c(\tau) \qquad \text{und} \\ g_2(t) &= h(T_D - \tau) \end{aligned} \tag{1.28}$$

in (1.26) für das Gleichheitszeichen und das Ergebnis in (1.25) ein so folgt (1.29).

$$\max\left\{ SNR_{out} \right\} = \frac{\displaystyle\int_{\tau=0}^{T_D} c^2(\tau)\, dt \cdot \int_{\tau=0}^{T_D} h^2(T_D - \tau)\, d\tau}{\dfrac{N_0}{2} \displaystyle\int_{t=0}^{T_D} h^2(T_D - t)\, dt} = \frac{2\,\mathcal{E}_c}{N_0} \tag{1.29}$$

Aus (1.29) erkennt man, daß der Signal/Störabstand am Ausgang des Matched-Filter *nur* von der Energie $\mathcal{E}_c$ des gesuchten Signals $c(t)$ abhängig ist und *nicht* von speziellen Eigenschaften des Signals.

1.1.5 Darstellung des Matched-Filters im Frequenzbereich

Die Fouriertransformierte der Impulsantwort $h(t) = c(T_D - t)$ liefert die Übertragungsfunktion

$$\begin{aligned} H(f) &= \mathcal{F}\{h(t)\} = \mathcal{F}\{c(T_D - t)\} = \int_{t=0}^{T_D} c(T_D - t)\, e^{-j2\pi ft}\, dt = \\[2mm] &= \int_{t=0}^{T_D} c(\tau)\, e^{-j2\pi f(T_D - \tau)}\, dt = \int_{t=0}^{T_D} \left[c(\tau)\, e^{j2\pi f\tau} \right] e^{-j2\pi fT_D}\, dt = \\[2mm] &= G_c^*(f)\, e^{-j2\pi fT_D} \end{aligned} \tag{1.30}$$

In (1.30) wurde der Zeitverschiebungssatz der Fouriertransformation angewendet. Weiters zeigt sie, daß für die Übertragungsfunktion eines Matched-Filters

$$|H(f)| = |G_c(f)| \quad \text{und} \quad \varphi_h(f) = -\varphi_c(f) \tag{1.31}$$

gilt. Das Amplitudenspektrum $G_c(f)$ des Ausgangssignals $z_d(t)$ des Matched-Filters ist

$$
\begin{aligned}
z_d(t) &= \mathcal{F}^{-1}\{G_{z_d}(f)\} = \mathcal{F}^{-1}\left\{|G_c(f)|^2\, e^{-j2\pi f T_D}\right\} = \\
&= \int_{-\infty}^{\infty} |G_c(f)|^2\, e^{-j2\pi f T_D}\, e^{j2\pi f t}\, df \tag{1.32}
\end{aligned}
$$

$$\to z_d(t = T_D) = Z_d = \int_{-\infty}^{\infty} |G_c(f)|^2\, df = \int_{t=0}^{T_D} c^2(t)\, dt = \mathcal{E}_c \tag{1.33}$$

$$\to \mathcal{P}_c = Z_d^2 = \mathcal{E}_c^2 \tag{1.34}$$

Wird das Matched-Filter zum Zeitpunkt $t = T_D$ abgetastet, so folgt aus (1.32) unter Anwendung des Parseval-Theorems (1.33). Die Signalleistung zum Abtastzeitpunkt $t = T_D$ ist in (1.34) angegeben.

Die spektrale Rauschleistungsdichte sowie die Rauschleistung am Matched-Filter Ausgang zufolge der konstanten Rauschleistungsdichte am Eingang ($\Phi_{n,in}(f) = N_0/2$) ist

$$\Phi_{n,out}(f) = \frac{N_0}{2} |H(f)|^2 \tag{1.35}$$

$$\to \mathcal{P}_n = \int_{-\infty}^{\infty} \Phi_{n,out}(f)\, df = \frac{N_0}{2} \int_{-\infty}^{\infty} |G_c(f)|^2\, df = \frac{\mathcal{E}_c N_0}{2} \tag{1.36}$$

Der Signal/Störabstand am Ausgang des Matched-Filters zum Abtastzeitpunkt $t = T_D$ wird mit (1.34) und (1.36)

$$\boxed{SNR_{out} = \frac{\mathcal{P}_c}{\mathcal{P}_n} = \frac{\mathcal{E}_c^2}{\mathcal{E}_c N_0/2} = \frac{2\mathcal{E}_c}{N_0}} \tag{1.37}$$

Die Signal/Störabstände für Matched-Filter Demodulation (1.37) stimmt mit seinem Maximum in (1.29) sowie mit dem für Korrelator Demodulation (1.14) überein.

1.2 Zusammenfassung

Sowohl der Korrelationsdemodulator als auch der Matched-Filter Demodulator liefern zum Zeitpunkt $t = T_D$ das gleiche Ergebnis. Schreibt man das Verhältnis von Signalenergie zu spektraler Rauschleistungsdichte so an, daß man das SNR_{in} am Demodulatoreingang erkennt, so ergibt sich (1.38).

$$SNR_{out} = \frac{2\mathcal{E}_c}{N_0} = 2\,T_D B_T \underbrace{\frac{\mathcal{E}_c/T_D}{N_0\,B_T}}_{SNR_{in}} = 2 \cdot T_D B_T \cdot SNR_{in}$$

$$\longrightarrow\ G_p = \frac{SNR_{out}}{SNR_{in}} = 2\,T_D B_T \tag{1.38}$$

Die Gleichung (1.38) zeigt, daß das SNR am Eingang des Detektors durch das Produkt aus Signaldauer T_D und Rauschbandbreite[9] B_n verbessert werden kann. Die Gleichung (1.38) gibt nicht vor, wie das Produkt zustande kommt.

> Es ist daher für eine gute Signalerkennung wünschenswert, Signale mit großem Zeit/Bandbreite-Produkt $T_D B_T$ zu benutzen. Dies führt direkt zur Spread-Spectrum Technik.

In Spread-Spectrum Systemen wird die Übertragungsbandbreite B_T mit B_{ss} bezeichnet.

---

[9]Die Rauschbandbreite wird durch das Filter am Empfängereingang festgelegt. Dessen Bandbreite richtet sich aber nach der Bandbreite des gesuchten Signals.

Kapitel 2

Signale

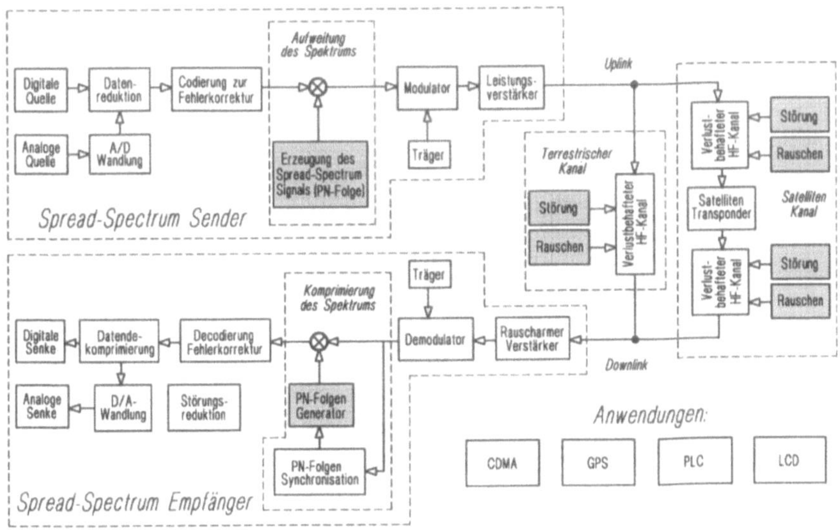

Abbildung 2.1: Grundstruktur des Spread-Spectrum Systems.

Die Aufgabe des Spread-Spectrum Signals ist es, die Dauer T_D und die Bandbreite B_{ss} des zu sendenden Signals auf einfache Art und Weise aufzuweiten und im Empfänger zu komprimieren.

Weiters ist im Hinblick auf die Spread-Spectrum Synchronisation und Datendetektion eine nur zweiwertige Autokorrelationsfunktion (Abb.2.9) günstig. Für die weiteren Betrachtungen sind folgende Definitionen notwendig:

DEFINITION 2.1 (CHIP) *Der Fundamentalimpuls des Direct-Sequence Spread-Spectrum Signals wird zur besseren Unterscheidung vom Datenimpuls als* Chip *bezeichnet. Wenn keine Chipformung vorgenommen wird kennt er nur zwei Signalzustände $\{\pm A_c\}$ und hat die kleinste Signaldauer T_c.*

DEFINITION 2.2 (SUBCHIP) *Ist ein zweiwertiger Signalzustand der kleinsten Signaldauer $\frac{T_c}{m}$, wobei m die Anzahl der Subchip innerhalb der Chipdauer T_c angibt.*

Die Definition 2.1 ist in Abb.3.2 dargestellt. In diesem Kapitel werden die in Spread-Spectrum Systemen vorkommenden Signale und deren Eigenschaften angegeben. Ausgehend vom idealen Spread-Spectrum Signal wird auf ein einfach zu erzeugendes Spread-Spectrum Signal übergeleitet. Die Unterteilung erfolgt in Nutz- und Störsignale.

2.1 Ideales Spread-Spectrum Signal

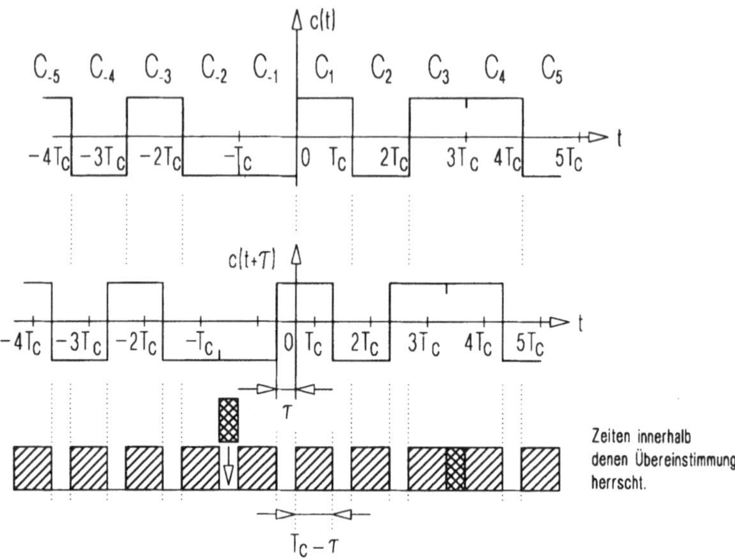

Abbildung 2.2: Ideales Direct-Sequence Spread-Spectrum Signal: Musterfunktion eines binären Zufallsprozesses.

Das ideale Spread-Spectrum Signal ist[1] ein binärer Zufallsprozeß, dessen Autokorrelationsfunktion in (2.1) gegeben ist.

$$\phi_{cc}(t, \tau) = \mathbf{E}\left[\, c(t)\, c(t + \tau)\,\right] \tag{2.1}$$

In Abb.2.2 ist die Musterfunktion eines idealen binären Zufallsprozesses und sein um τ verschobenes Ebenbild dargestellt. Man erkennt sehr leicht, wenn die Signalzustände C_k der Elementarimpulse der Dauer T_c unabhängige und gleichverteilte Zufallsvariablen sind, daß die Übereinstimmung (Ähnlichkeit) innerhalb $|\tau| < T_c$ mit zunehmendem τ linear abnimmt. Die karierten Blöcke in der Abbildung, kommen für "1"- *Runs*[2] und "0"-Runs gleich oft vor und gleichen sich daher aus.

$$
\begin{aligned}
\phi_{cc}(t, \tau) = \quad &\mathbf{Pr}\left[\, c(t + \tau) = 1 \mid c(t) = 1\,\right] \cdot \mathbf{Pr}\left[\, c(t) = 1\,\right] + \\
+ \; &\mathbf{Pr}\left[\, c(t + \tau) = -1 \mid c(t) = -1\,\right] \cdot \mathbf{Pr}\left[\, c(t) = -1\,\right] - \\
- \; &\mathbf{Pr}\left[\, c(t + \tau) = 1 \mid c(t) = -1\,\right] \cdot \mathbf{Pr}\left[\, c(t) = -1\,\right] - \\
- \; &\mathbf{Pr}\left[\, c(t + \tau) = -1 \mid c(t) = 1\,\right] \cdot \mathbf{Pr}\left[\, c(t) = 1\,\right]
\end{aligned} \tag{2.2}
$$

---

[1]Es hat früher Spread-Spectrum Systeme gegeben, welche einen Rauschprozeß (quantisiert) aufgezeichnet haben und als Spread-Spectrum Signal verwendeten. Einfacher wird dies durch binäre Pseudozufallsfolgen mit linear rückgekoppelten Schieberegistern erzeugt.

[2]Ein *Run* wird aus gleichartigen Fundamentalimpulsen (lauter "1" oder "0") gebildet.

Die ersten beiden Terme in (2.2) ergeben die totale Wahrscheinlichkeit:

$$\mathbf{Pr}\left[\,c(t+\tau)=k \mid c(t)=k\,\right] + \mathbf{Pr}\left[\,c(t+\tau)=-k \mid c(t)=k\,\right] = 1 \quad k \in \{\pm 1\}$$

Weiters ist $\mathbf{Pr}\left[\,c(t)=k\,\right] = \frac{1}{2}$ für $k \in \{\pm 1\}$. D.h. jeder Zustandswechsel ist gleichwahrscheinlich (keiner ist ausgezeichnet).

$$\begin{aligned}
\mathbf{Pr}\left[\,\text{Zustandswechsel}\,\right] &= \mathbf{Pr}\left[\,c(t+\tau)=1 \mid c(t)=-1\,\right] = \\
&= \mathbf{Pr}\left[\,c(t+\tau)=-1 \mid c(t)=1\,\right]
\end{aligned} \tag{2.3}$$

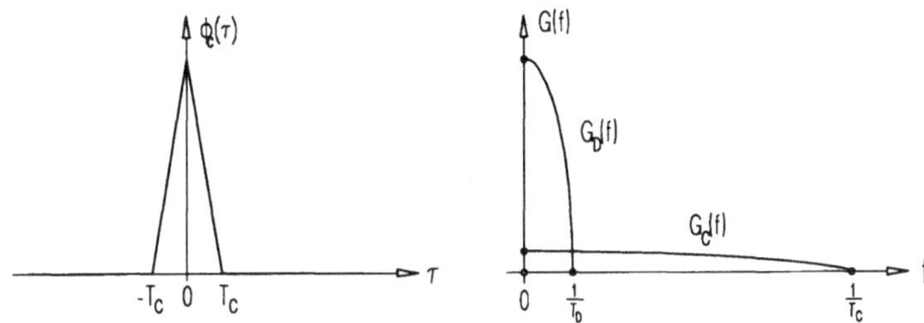

Abbildung 2.3: PAKF einer idealen Spreizfunktion und Amplitudenspektrum (nur Hauptkeule gezeichnet) für ideale Datenfolge und ideale Spreizfunktion.

Dieser Sachverhalt ist in den beiden letzten Termen von (2.2) enthalten. Er kann damit umgeschrieben werden zu:

$$\phi_{cc}\,(t,\tau) = 1 - 2\,\mathbf{Pr}\left[\,\text{Zustandswechsel}\,\right] \tag{2.4}$$

Jetzt muß man zwei Fälle unterscheiden (Vergleiche Abb.2.2):

1) $|\tau| \geq T_c$

    $\longrightarrow$ $c(t)$ und $c(t+\tau)$ sind unabhängige Zufallsvariablen, weil sie in unterschiedlichen Chips auftreten. $\Rightarrow$ Aus (2.3) wird $\mathbf{Pr}\left[\,\text{Zustandswechsel}\,\right] = \frac{1}{2}$ und damit wird (2.4)

$$\longrightarrow \phi_{cc}\,(t,\tau) = 1 - 2 \cdot \frac{1}{2} = 0$$

2) $|\tau| < T_c$

    $\longrightarrow$ $c(t)$ und $c(t+\tau)$ sind nur dann unabhängige Zufallsvariablen, wenn innerhalb des Zeitintervalls $I_0 = [t, t+\tau[$ ein Zustandswechsel auftritt. Nimmt man ein zweites Zeitintervall der festen Dauer $I_1 = [t, t+T_c]$, so erfolgt in ihm genau ein Zustandswechsel.

- Die Wahrscheinlichkeit, daß der Zustandswechsel von I_1 auch in I_0 erfolgt ist $\frac{|\tau|}{T_c}$.

- Tritt der Zustandswechsel in I_0 auf, so sind $c(t)$ und $c(t + \tau)$ sicher unabhängig und unterscheiden sich mit der Wahrscheinlichkeit $\frac{1}{2}$.

- Tritt der Zustandswechsel nicht in I_0 auf, so sind $c(t)$ und $c(t + \tau)$ ident.

$$\longrightarrow \ \mathbf{Pr}\left[\, c(t + \tau) = 1 \mid c(t) = -1 \,\right] = \frac{|\tau|}{2T_c} \qquad \ldots |\tau| < T_c$$

Damit wird aus (2.4):

$$\boxed{\phi_{cc}\,(t, \tau) = \phi_c\,(\tau) = \Lambda\left(\frac{\tau}{T_c}\right)} \qquad\qquad (2.5)$$

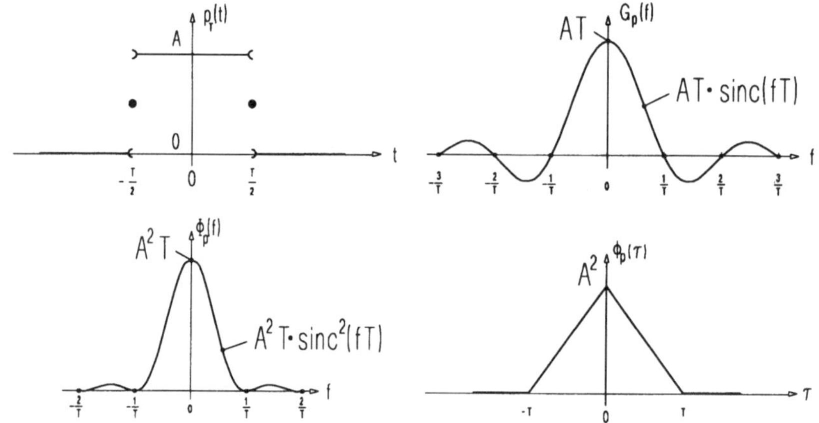

Abbildung 2.4: Rechteckimpuls: Zeitverlauf, Amplitudenspektrum, Korrelationsfunktion und Leistungsdichtespektrum.

Mit (2.5) und $\mathbf{E}\,[\,c(t)\,] = 0$ erkennt man, daß der binäre Zufallsprozeß im weitesten Sinne stationär (WSS) ist und die PAKF auch durch den Zeitmittelwert berechnet werden kann $\mathbf{E}\,[\,c(t)\,c(t + \tau)\,]$. In (2.6) ist die Korrelation des Direct-Sequence Signals mit Chipamplitude A_c gezeigt.

$$\phi_c\,(\tau) = \mathbf{E}\,[\,c(t)\cdot c(t + \tau)\,] = A_c^2 \cdot \Lambda(\tau) \qquad\qquad (2.6)$$

In (2.5) und (2.6) wurde der Dreieckimpuls aus (2.7) verwendet.

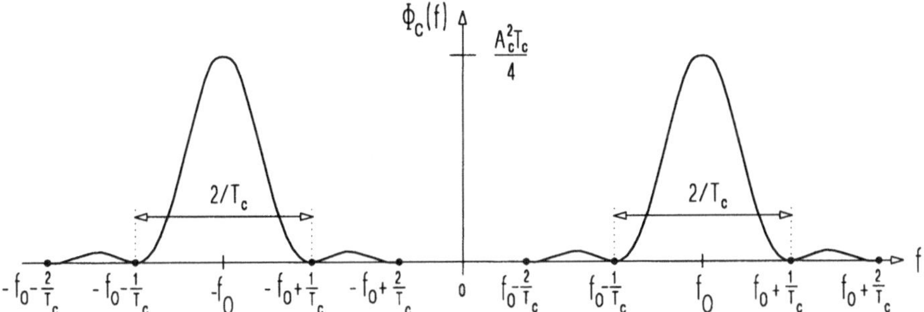

Abbildung 2.5: Leistungsdichtespektrum eines BPSK-modulierten Direct-Sequence Signals.

$$\Lambda(\tau) = \begin{cases} 1 - \frac{\tau}{T_c} & |\tau| \leq T_c \\ 0 & \text{sonst} \end{cases} \tag{2.7}$$

Mit Hilfe der Fouriertransformation des Dreieckimpulses in (2.8) folgt das Leistungsdichtespektrum des Direct-Sequence Signals als die Fouriertransformierte der Korrelationsfunktion in (2.9). Die mittlere Leistung des Direct-Sequence Signals zeigt (2.10).

$$\mathcal{F}\{\Lambda(\tau)\} = T_c \cdot \text{sinc}^2\left(f \cdot T_c\right) \tag{2.8}$$

$$\Phi_c(f) = \mathcal{F}\{\phi_c(\tau)\} = A_c^2 \cdot T_c \cdot \text{sinc}^2\left(f \cdot T_c\right) \tag{2.9}$$

$$\mathcal{P}_c = \phi_c(0) = \int_{-\infty}^{\infty} \Phi_c(f)\, df = A_c^2 \tag{2.10}$$

Die Abb.2.3 zeigt die PAKF (Periodische Autokorrelationsfunktion) und die Hauptkeule des kontinuierlichen Amplitudenspektrums $G_c(f)$ eines idealen Direct-Sequence Spread-Spectrum Signals.

Die Abb.2.4 zeigt für einen einmaligen Rechteckimpuls $p(t)$ mit Amplitude A und Dauer T das Amplitudenspektrum $G_p(f)$, die Korrelationsfunktion $\phi_p(\tau)$ und das Leistungsdichtespektrum $\Phi_p(f)$.

Für ein BPSK-moduliertes Direct-Sequence Signal $s_T(t)$ in (2.11), mit f_0 als Trägerfrequenz und φ gleichverteilt in $[0, 2\pi]$ folgt die Korrelationsfunktion in (2.12) und das Leistungsdichtespektrum in (2.13).

$$s_T(t) = c(t) \cdot \cos\left(2\pi f_0 + \varphi\right) \tag{2.11}$$

$$\phi_{s_T}(\tau) = \frac{1}{2} \cdot \phi_c(\tau) \cdot \cos\left(2\pi f_0\right) = \frac{A_c^2}{2} \cdot \Lambda(\tau) \cdot \cos\left(2\pi f_0\right) \tag{2.12}$$

$$\Phi_{s_T}(f) = \mathcal{F}\left\{\phi_{s_T}(\tau)\right\} = \frac{1}{4}\left[\Phi_c(f - f_0) + \Phi_c(f + f_0)\right] = \tag{2.13}$$

$$= \frac{A_c^2 T_c}{4}\left[sinc^2\left((f - f_0)\, T_c\right) + sinc^2\left((f + f_0)\, T_c\right)\right]$$

Die Abb.2.5 zeigt das Leistungsdichtespektrum eines BPSK-modulierten Direct-Sequence Signals.

2.2 Reale Spread-Spectrum Signale

Reale Spread-Spectrum Signale, unterscheiden sich von idealen Spread-Spectrum Signalen dadurch, daß ihre Periode nicht unendlich ist, sondern auf L-Chips beschränkt bleibt.

2.2.1 Direct-Sequence Signal

Der Direct-Sequence Impuls erstreckt sich über eine Datenbitdauer T_D. Er setzt sich aus L Fundamentalimpulsen, den *Chips* zusammen, welche innerhalb der Chipdauer T_c nur zwei Signalzustände $\{+A_c, -A_c\}$ annehmen. Gesucht ist die Dimension D_Ψ des Direct-Sequence Signals[3].

Der Signalzustand kann immer nur nach Ablauf der Dauer T_c geändert werden. Das Direct-Sequence Signal moduliert direkt einen sinusförmigen Träger (daher der Name) und stellt daher die Basisbandzustände der BPSK-Modulation dar (Abb.2.6). Eine alternative Darstellung des Direct-Sequence Signals zeigt die Abb.2.7 mit Hilfe von Einschaltfunktionen $\Psi_i(t)$ (Basisfunktionen).

$$c(t) = A_c \cdot \sum_{i=1}^{L} C_i \cdot \Psi(t - iT_c) = A_c \cdot \sum_{i=1}^{L} C_i \cdot \Psi_i(t) \tag{2.14}$$

---

[3]Vergleiche das Dimensionstheorem im Anhang auf Seite 641.

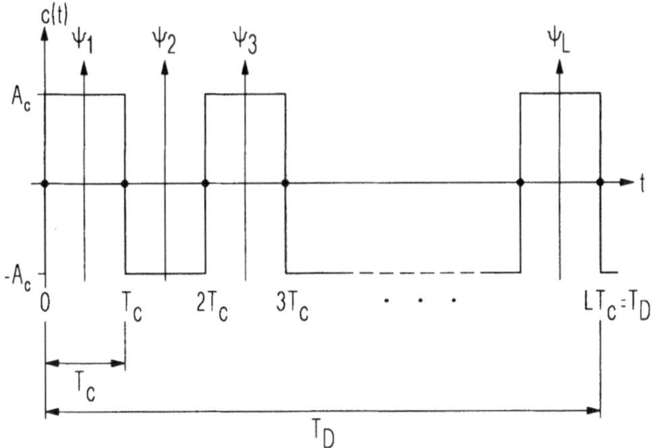

Abbildung 2.6: Direct-Sequence Spread-Spectrum Impuls.

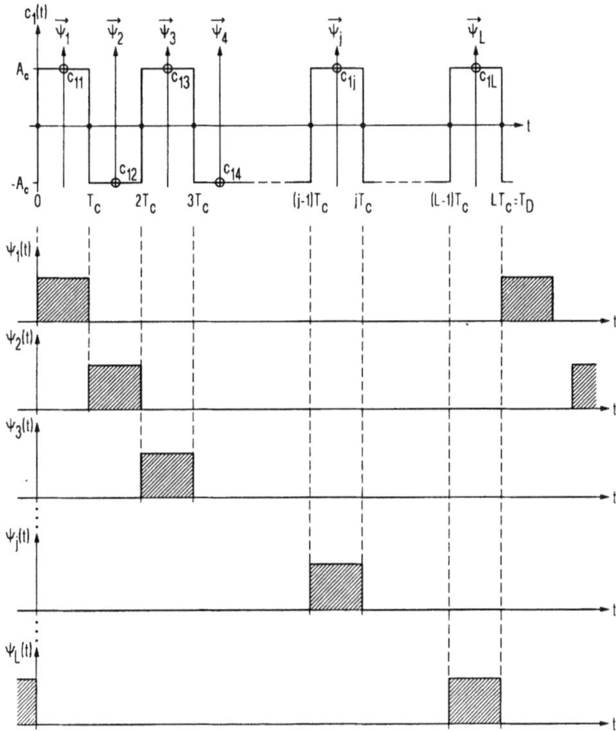

Abbildung 2.7: Darstellung des Direct-Sequence Spread-Spectrum Impulses
mit Hilfe von Einschaltfunktionen.

In (2.14) ist das Direct-Sequence Signal im Zeitbereich beschrieben und läßt sich nach (2.15) als Vektor interpretieren.

$$A_c \cdot \boldsymbol{c} = A_c \cdot [C_1, C_2, \ldots, C_L] = A_c \cdot [C_i] \qquad C_i \epsilon \{\pm 1\} \qquad (2.15)$$

Ein Vergleich der Amplitudenspektren von Daten- und Spread-Spectrum Signal zeigt, daß die Bandbreite des Direct-Sequence Signals B_{ss}, L-mal die Datenbandbreite enthält.

$$B_{ss} = LB_D \longrightarrow T_D = LT_c \qquad (2.16)$$

Die Nullstellenbandbreite (Abb.2.3) liefert das *Zeit-Bandbreite Produkt*. Für einen einzelnen Chipimpuls liefert es den Wert Eins (2.17), aber für den Spread-Spectrum Impuls wird es sehr viel größer als Eins. Damit entspricht die Dimension des Spread-Spectrum Impulses Signals dem Prozeßgewinn (2.19).

$$B_{ss} = \frac{1}{T_c} \longrightarrow B_{ss}T_c = 1 \qquad (2.17)$$

$$B_{ss}T_D \gg 1. \qquad (2.18)$$

$$D_\Psi = B_{ss}T_D = LT_c\frac{1}{T_c} = L = G_p \qquad (2.19)$$

BEISPIEL 2.1 (D3-SIGNAL) *Darstellung eines dreidimensionalen Signals als Vektor.*

$$\boldsymbol{c}_1 = A_c \cdot [1, \text{-}1, 1]$$

m-Folge

Das ideale Spread-Spectrum Signal (2.5) wird durch die sogenannten pseudozufälligen Binärfolgen (Pseudo Rauschsignal (PN)) angenähert, welche eine periodische Autokorrelationsfunktion haben. Eine Musterfunktion zeigt die Abb.3.2. Die Erzeugung der PN/DS-Signale, sowie deren Signaleigenschaften werden im Kapitel 4.2 ausführlich behandelt. Die Periode ist endlich (L) und damit die Korrelationsfunktion periodisch und das Spectrum diskret.

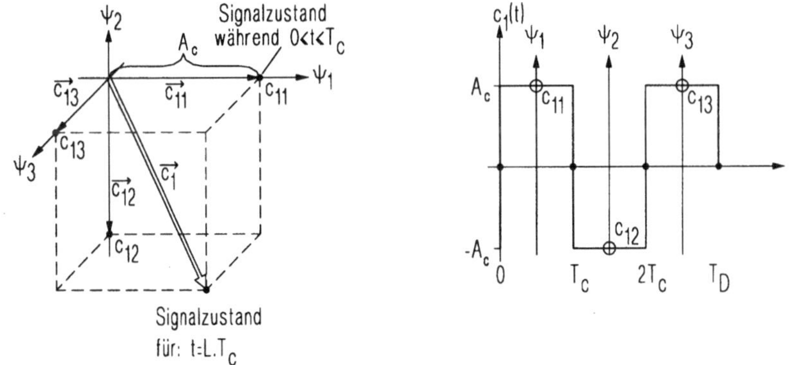

Abbildung 2.8: Beispiel: 3D-Signal.

Zeitverlauf

$$c(t) = \sum_{i=1}^{L} C_i \cdot \Psi(t - iT_c) \quad 0 \le t \le LT_c \quad C_i \in \{\pm 1\} \tag{2.20}$$

Das Zeitsignal einer m-Folge ist in (2.20) gegeben, in der die C_i's Zufallszahlen entsprechend eines abgetasteten und quantisierten weißen Rauschsignals sind und $\Psi(t)$ die Chipform ($0 \le t \le T_c$) kennzeichnet. Die am einfachsten und daher am meisten verwendete Chipform ist der Rechteckimpuls, welcher in (2.21) definiert ist.

$$\Psi(t) = p(t) = \begin{cases} 1 & \dots & 0 \le t \le T_c \\ 0 & \dots & \text{sonst} \end{cases} \tag{2.21}$$

Periodische Autokorrelationsfunktion

Die Autokorrelationsfunktion $\phi_{cc}(\tau)$ einer periodischen Funktion ist innerhalb der Periode gegeben durch (2.22).

$$\phi_{cc}(\tau) = \frac{1}{LT_c} \cdot \int_{-LT_c/2}^{LT_c/2} c(t)c(t + \tau)\, dt \tag{2.22}$$

Für die Berechnung der PAKF wiederholt man die m-Folge periodisch und erzeugt eine um k Chips verschobene Kopie dieser Folge. Tastet man in der Mitte eines jeden Chipimpulses ab und vergleicht die Chips, welche sich in der verschobenen und in

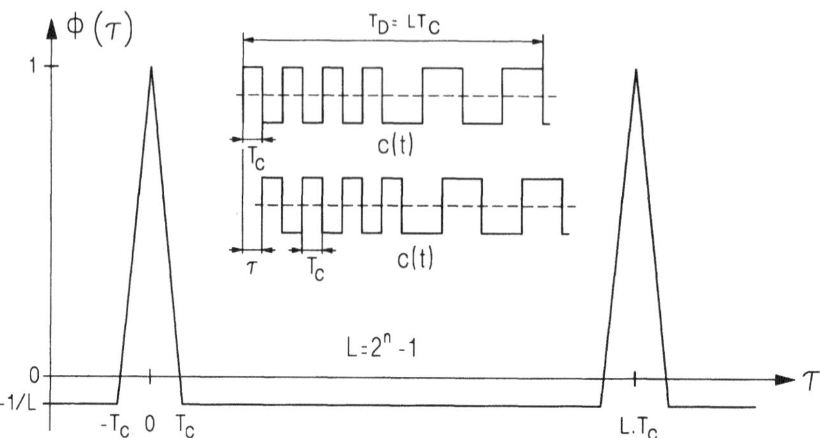

Abbildung 2.9: Periodische PN-Autokorrelationsfunktion.

der periodisch wiederholenden m-Folge gegenüberstehen, so kommt man zu (2.23). Kennzeichnet man in der chipweisen Gegenüberstellung eine Übereinstimmung mit $\ddot{u}$ und eine die Nichtübereinstimmung mit $\overline{\ddot{u}}$, dann berechnet sich die PAKF als Summe an Übereinstimmungen ($\mathcal{A}$) minus der Summe an Nichtübereinstimmungen ($\mathcal{D}$).

$$\phi_c\left(kT_c\right) = \frac{1}{L}\sum_{i=1}^{L} C_i \cdot C_{i+k} = \frac{1}{L}\sum_{i=1}^{L}\overbrace{(C_i \equiv C_{i+k})}^{\ddot{u}_i} - \sum_{i=1}^{L}\overbrace{(C_i \not\equiv C_{i+k})}^{\overline{\ddot{u}}_i} = \frac{1}{L}(\mathcal{A} - \mathcal{D}) \tag{2.23}$$

$$\phi_c\left(\tau + nLT_c\right) = \begin{cases} 1 - \left(\frac{L+1}{L} \cdot \frac{|\tau|}{T_c}\right) & \cdots \quad |\tau| \leq T_c \\ -\frac{1}{L} & \cdots \quad |\tau| > T_c \end{cases} \quad n \in \mathbb{N}_0 \tag{2.24}$$

$$\boxed{\phi_c\left(\tau\right) = -\frac{1}{L} + \frac{L+1}{L} \cdot \sum_{i=-\infty}^{\infty} \Lambda\left(\frac{\tau - iLT_c}{T_c}\right)} \tag{2.25}$$

Leistungsdichtespektrum

$$\Phi_c(f) = \mathcal{F}\left\{\phi_c\left(\tau\right)\right\} = \mathcal{F}\left\{\sum_{n=-\infty}^{\infty} r_n \cdot e^{jn\frac{2\pi}{LT_c}t}\right\} = \mathcal{F}\left\{\sum_{n=-\infty}^{\infty} r_n \delta(f - \frac{n}{LT_c})\right\} \tag{2.26}$$

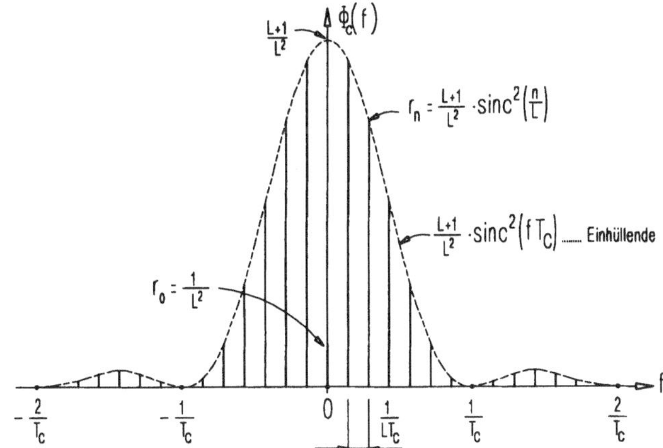

Abbildung 2.10: Leistungsdichtespektrum einer m-Folge.

In (2.26) sind die r_n's die Fourierkoeffizienten nach (2.27).

$$r_n = \begin{cases} \frac{1}{L^2} & \dots \ n = 0 \\ \frac{L+1}{L^2} \cdot \text{sinc}^2\left(\frac{n}{L}\right) & \dots \ n \neq 0 \end{cases} \tag{2.27}$$

$$\boxed{\Phi_c(f) = \frac{1}{L^2} \cdot \delta(f) + \frac{L+1}{L^2} \sum_{\substack{i=-\infty \\ i \neq 0}}^{\infty} \text{sinc}^2\left(\frac{1}{L}\right) \cdot \delta\left(f - \frac{i}{LT_c}\right)} \tag{2.28}$$

Das Leistungsdichtespektrum der m-Folge ist in (2.28) gegeben und in Abb.2.10 gezeichnet. Die Abb.2.11 zeigt, sehr anschaulich, wie mit zunehmender Folgenlänge das Linienspektrum dichter wird und die spektrale Intensität abnimmt. Im rechten unteren Teilbild erkennt man die Verbreiterung des Spektrums bei gleichbleibender Leistung, wenn die Anzahl der Chips innerhalb des Direct-Sequence Impulses zunimmt.

2.2.2 Modellierung des Direct-Sequence Signals als Zufallsprozeß

Berücksichtigt man die statistischen Eigenschaften der Datenquelle und modelliert das datenmodulierte Direct-Sequence Signal $g(t)$ als Zufallsprozeß, so erhält man die Möglichkeit, auf die Chipform Einfluß zu nehmen.

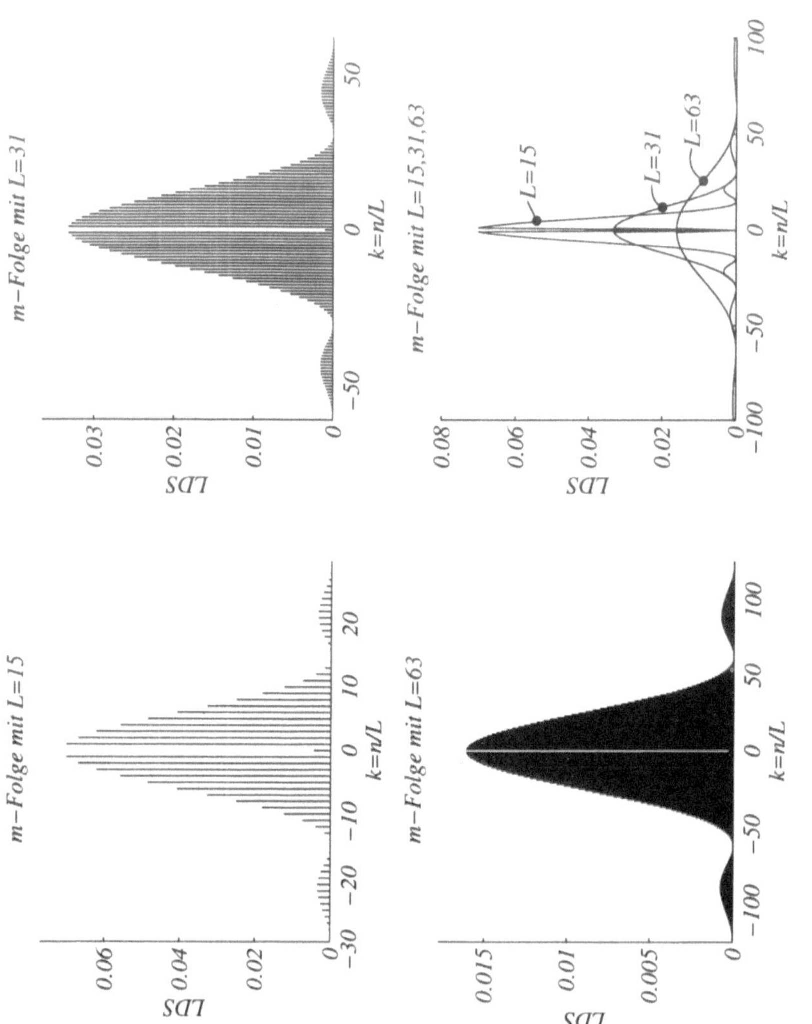

Abbildung 2.11: Leistungsdichtespektrum von m-Folgen.

Es soll $[D_i]$ eine binäre Folge von Datenbits einer digitalen Datenquelle sein. Bei Polaritätsumtastung nehmen die D_i Werte von $\{\pm 1\}$ an und bei OOK-Modulation $\{0,1\}$. Diese Folge wird als zeit- und wertdiskreter sowie im weiteren Sinne stationärer Zufallsprozeß (Kovarianzstationärer Zufallsprozeß) mit Mittelwert $\mathbf{E}\,[\,D_i\,]$ und Autokorrelationsfunktion $\phi_D\,(n) = \mathbf{E}\,[\,D_i D_{i+n}\,]$ behandelt. Weiters sei $[C_k]$ eine *Pseudozufallsfolge maximaler Länge* mit Periode L, wobei $L = 2^n - 1$ ist. Die C_k können Werte von ± 1 annehmen. Der Mittelwert und die Autokorrelationsfunktion von C_k sind:

$$\mathbf{E}\,[\,C_k\,] \;=\; \frac{1}{L} \tag{2.29}$$

$$\phi_c\,(l) \;=\; \mathbf{E}\,[\,C_k C_{k+l}\,] = \begin{cases} 1 & l = nL, \quad n = 0, \pm 1, \pm 2, \dots \\ -\frac{1}{L} & nL < l < (n+1)L \end{cases} \tag{2.30}$$

Die Folge $[C_k]$ liefert ein determiniertes, periodisches, zeit- und wertdiskretes Signal. Daraus folgt, daß der Operator Erwartungswert $\mathbf{E}\,[\dots]$ einer *Zeitmittelung* aus dem Produkt zweier Abtastwerte entspricht, welche l Zeiteinheiten voneinander entfernt sind. Weiters sei $g(t)$ ein einzelner Spread-Spectrum modulierter Datenimpuls der Dauer $T_D = LT_c$, wobei T_c die Dauer eines einzelnen Chipimpulses ist. Der Chipimpuls $\Psi\,(t)$ der Dauer T_c ist in (2.21) definiert. Damit ergibt sich der Direct-Sequence Impuls in (2.31).

$$c(t) = \sum_{k=0}^{L-1} C_k\, \Psi\,(t - kT_c) \qquad 0 \le t \le T_D \tag{2.31}$$

In (2.32) ist der m-te Datenbitimpuls dargestellt.

$$d_m(t) = D_m\, \Psi(t - mT_D) \qquad m\,T_D \le t \le (m+1)\,T_D \tag{2.32}$$

Ein einzelner, mit Daten amplitudenmodulierter Direct-Sequence Impuls ist in (2.33) angegeben.

$$g_m(t) = d_m(t) \cdot c(t) \qquad m\,T_D \le t \le (m+1)\,T_D \tag{2.33}$$

Setzt man in (2.33), (2.32) und (2.31) ein, so folgt das Basisband *Puls-Amplituden-Modulierte* (PAM)-Signal in (2.34).

$$g(t) = \sum_{m=-\infty}^{\infty} g_m(t) = \sum_{m=-\infty}^{\infty} D_m \sum_{k=0}^{L-1} C_k\, \Psi\,(t - kT_c - mT_D) \tag{2.34}$$

Für eine PAM-Darstellung von $g(t)$, ist der fundamentale Übertragungsimpuls das Chip mit seiner Kurvenform $\Psi(t)$. Um $g(t)$ einfach darstellen zu können, definiert man eine Folge $\{A'_k\}$.

$$A'_k = D_{m=k\,\mathrm{div}\,L} \quad \Longrightarrow \quad A'_{mL} = D_m \tag{2.35}$$

Die A'_k können als eine mit der Chiprate $1/T_c$ abgetastete binäre Kurvenform einer Datenquelle, mit den Amplituden D_m und der Dauer T_D, aufgefaßt werden. Dies erlaubt eine alternative Darstellung von $g(t)$ als

$$g(t) = \sum_{k=-\infty}^{\infty} A'_k C_k \, \Psi\left(t - kT_c\right) = \sum_{k=-\infty}^{\infty} B_k \, \Psi\left(t - kT_c\right). \tag{2.36}$$

Wenn der zeitdiskrete Zufallsprozeß $\{B_k\}$, $B_k = A'_k C_k$, stationär mit der Autokorrelationsfunktion $\phi_B(l)$ ist, wird nach [Lee94] [4] das Leistungsdichtespektrum $\Phi_g(j\omega)$ des Basisband-PAM Signals $g(t)$ in (2.36) zu

$$\Phi_g(j\omega) = \frac{1}{T_c}\Phi_B(e^{j\omega T_c})|C(j\omega)|^2. \tag{2.37}$$

In (2.37) ist $\Phi_B(e^{j\omega T_c})$ das Leistungsdichtespektrum von $\{B(k)\}$, welches man durch Fouriertransformation der Autokorrelationsfunktion $\phi_B(l)$ erhält, und $|C(j\omega)|^2$ ist die spektrale Energiedichte des Chipimpulses $c(t)$.

Obwohl $\{B_k\}$ nicht stationär ist, kann man einen entsprechenden stationären Prozeß erhalten. Der Mittelwert von $\{B_k\}$ ist unabhängig von k,

$$\mathbf{E}\left[B_k\right] = \mathbf{E}\left[A'_k C_k\right] = \mathbf{E}\left[A'_k\right]\mathbf{E}\left[C_k\right] = \mathbf{E}\left[D_m\right]\mathbf{E}\left[C_k\right]. \tag{2.38}$$

Die Autokorrelationsfunktion kann man in ein Produkt mit zwei Termen aufspalten:

$$\begin{aligned}
\phi_B(l,k) &= \mathbf{E}\left[B_k B_{k+l}\right] = \mathbf{E}\left[A'_k A'_{k+l} C_k C_{k+l}\right] = \mathbf{E}\left[A'_k A'_{k+l}\right]\mathbf{E}\left[C_k C_{k+l}\right] = \\
&= \phi_{A'}(l,k) \cdot \phi_c(l)
\end{aligned} \tag{2.39}$$

$\phi_c(l)$ ist in (2.29) definiert und unabhängig von k. Die Autokorrelation der Folge der $\{A'_k\}$ ist unabhängig von k: [5]

---

[4]Um genau zu sein, ist in (2.37) das Leistungsdichtespektrum eines stationären Signals $g'(t + \theta)$ mit θ als Zufallsvariable mit konstanter Wahrscheinlichkeitsdichtefunktion $1/T_c$ im Intervall T_c und außerhalb 0 (Zufallsphase). Dieser Trick ist notwendig damit $g(t)$ stationär wird und dadurch $\phi_g(\tau,t)$ als Zeitmittelwert über eine Periode T_c berechnet werden kann.

[5]div bedeutet ganzzahlige Division.

$$\phi_{A'}(l,k) = \begin{cases} \mathbf{E}\left[D_{k\,\mathrm{div}\,L}D_{k\,\mathrm{div}\,L}\right] = \phi_D(0) & k\,\mathrm{div}\,L = (k+l)\,\mathrm{div}\,L \\[4pt] \qquad \ldots \text{Verschiebung } l \text{ innerhalb eines Datenbits} \\[10pt] \mathbf{E}\left[D_{k\,\mathrm{div}\,L}D_{(k+l)\,\mathrm{div}\,L}\right] & k\,\mathrm{div}\,L \neq (k+l)\,\mathrm{div}\,L \\[4pt] \quad = \phi_D\left((k+l)\,\mathrm{div}\,L - k\,\mathrm{div}\,L\right) \\[4pt] \qquad \ldots \text{Verschiebung } l \text{ über mehrere Datenbits} \end{cases} \tag{2.40}$$

$\phi_{A'}(l,k) = \mathbf{E}\left[A'_k A'_{k+l}\right]$ wird durch die Korrelationseigenschaften von aufeinanderfolgenden Symbolen des stationären Prozesses $[D_m]$ gefunden. Weil $[D_m]$ stationär ist, ist $\phi_{A'}(l,k)$ für jedes feste l periodisch in k mit der Periode L. Daher ist $[A'_k]$ ein (im weiteren Sinne) zyklostationärer Prozeß, und die Autokorrelationsfunktion $\phi_{A'}(l) = \mathbf{E}\left[\phi_{A'}(l,k)\right]$ kann so wie in (2.37) als Zeitmittelwert über die Periode L berechnet werden.

$$\phi_{A'}(l) = \frac{1}{L}\sum_{k=0}^{L-1} \mathbf{E}\left[A'_k A'_{k+l}\right] \tag{2.41}$$

$$\phi_{A'}(l) = \frac{1}{L}\left\{(L - |l|\bmod L)\,\phi_D\left(|l|\,\mathrm{div}\,L\right) + (|l|\bmod L)\,\phi_D\left([\,|l|\,\mathrm{div}\,L] + 1\right)\right\} \tag{2.42}$$

Die Gleichung 2.42 ist in Tab.2.1 für etliche Werte von l und $L = 5$ ausgewertet worden.

Mit $\phi_{A'}(l)$ aus (2.39) ergibt sich für die zeitgemittelte Autokorrelationsfunktion ein Ausdruck in geschlossener Form,

$$\phi_B(l) = \mathbf{E}\left[\phi_B(l,k)\right] = \mathbf{E}\left[\phi_{A'}(l,k)\right]\cdot\phi_c(l) = \phi_{A'}(l)\cdot\phi_c(l) \tag{2.43}$$

welchem ein Leistungsdichtespektrum $\phi_B\left(e^{j\omega T_c}\right) = \mathcal{F}\left\{\phi_B(l)\right\}$ der Zufallsfolge $\{B_k\}$ zugeordnet werden kann.

Um einen analytischen Ausdruck des Leistungsdichtespektrums $\Phi_g(j\omega)$ des Direct-Sequence PAM Signals aus (2.37) zu erhalten, sind einige Voraussetzungen über die statistischen Eigenschaften des Datensignals $[D_m]$ zu machen.

Erstens sollen die Werte D_m vollkommen unkorreliert sein, sodaß gilt:

$$\phi_D(n) = \mathbf{E}\left[D_m D_{m+n}\right] = \begin{cases} \mathbf{Var}\left[D\right] + \mathbf{E}^2\left[D\right] = \left(\phi_D(0)\right)^2 & n = 0 \\[4pt] \mathbf{E}^2\left[D\right] & n \neq 0 \end{cases} \tag{2.44}$$

$l \operatorname{div} L$	$|l| \bmod L$	l	$\phi_{A'}(l) = \mathbf{E}\left[\phi_{A'}(l,k)\right] = \frac{1}{L}\sum_{k=0}^{L-1}\mathbf{E}\left[A'_k A'_{k+l}\right]$
0	0	0	$5\cdot\phi_D(0)$
0	1	1	$4\cdot\phi_D(0) \;+\; 1\cdot\phi_D(1)$
0	2	2	$3\cdot\phi_D(0) \;+\; 2\cdot\phi_D(1)$
0	3	3	$2\cdot\phi_D(0) \;+\; 3\cdot\phi_D(1)$
0	4	4	$1\cdot\phi_D(0) \;+\; 4\cdot\phi_D(1)$
1	0	5	$0\cdot\phi_D(0) \;+\; 5\cdot\phi_D(1)$
1	1	6	$0 \;+\; 4\cdot\phi_D(1) \;+\; 1\cdot\phi_D(2)$
1	2	7	$0 \;+\; 3\cdot\phi_D(1) \;+\; 2\cdot\phi_D(2)$
1	3	8	$0 \;+\; 2\cdot\phi_D(1) \;+\; 3\cdot\phi_D(2)$
1	4	9	$0 \;+\; 1\cdot\phi_D(1) \;+\; 4\cdot\phi_D(2)$
2	0	10	$0 \;+\; 0\cdot\phi_D(1) \;+\; 5\cdot\phi_D(2)$
2	1	11	$0 \;+\; 0 \;+\; 4\cdot\phi_D(2) \;+\; 1\cdot\phi_D(3)$
2	2	12	$0 \;+\; 0 \;+\; 3\cdot\phi_D(2) \;+\; 2\cdot\phi_D(3)$
2	3	13	$0 \;+\; 0 \;+\; 2\cdot\phi_D(2) \;+\; 3\cdot\phi_D(3)$
2	4	14	$0 \;+\; 0 \;+\; 1\cdot\phi_D(2) \;+\; 4\cdot\phi_D(3)$
$\vdots$			$\vdots$

Tabelle 2.1: Zeitmittelung des zyklostationären Prozesses für $[A'_k]$.

Zweitens soll ohne Einschränkung der Allgemeinheit gelten: $\phi_D(0) = 1$, $\phi_D(\pm 1) = \phi_D(\pm 2) = \ldots = \left(\phi_D(0)\right)^2 < 1$. Daraus folgt

$$\phi_{A'}(l) = \begin{cases} \frac{1}{L}\left\{L - |l|(1 - \mathbf{E}^2[D])\right\} & |l| < L \\ \mathbf{E}^2[D] & |l| \geq L \end{cases} \tag{2.45}$$

und $\phi_B(l)$ wird dann:

$$\phi_B(l) = \begin{cases} 1 & l = 0 \\ -\frac{1}{L}\cdot\frac{1}{L}\left\{L - |l|(1 - \mathbf{E}^2[D])\right\} & 0 < |l| < L \\ \mathbf{E}^2[D] & l = nL, \qquad n = \pm 1, \pm 2, \ldots \\ -\frac{1}{L}\cdot\mathbf{E}^2[D] & \text{sonst} \end{cases} \tag{2.46}$$

Aus Abb.2.12 erkennt man, daß sich $\phi_B(l)$ aus einem dominierenden Deltaimpuls $\delta(l)$ bei $l = 0$, einer Impulsfolge mit dreieckiger Einhüllender innerhalb $|l| \leq L$ und einer periodischen Impulsfolge mit Periode 1 und L, additiv zusammensetzt. $\Lambda_L(l)$

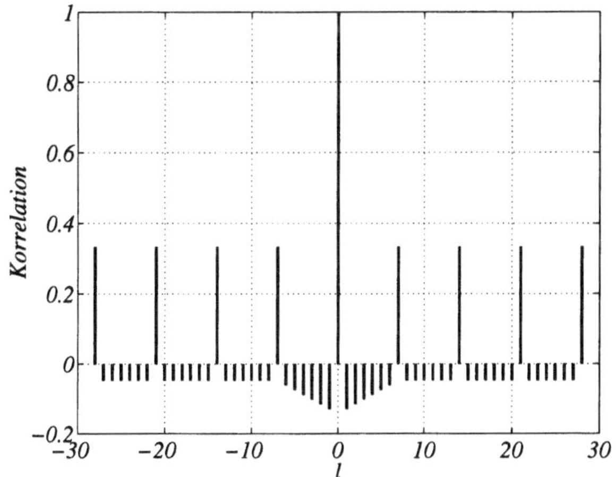

Abbildung 2.12: Autokorrelationsfunktion $\phi_B(l)$ für $L = 7$ und $\mathbf{E}^2[D] = \frac{1}{3}$.

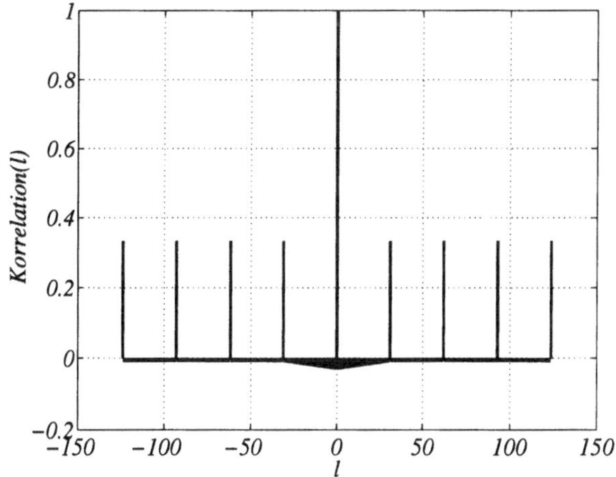

Abbildung 2.13: Autokorrelationsfunktion $\phi_B(l)$ für $L = 31$ und $\mathbf{E}^2[D] = \frac{1}{3}$.

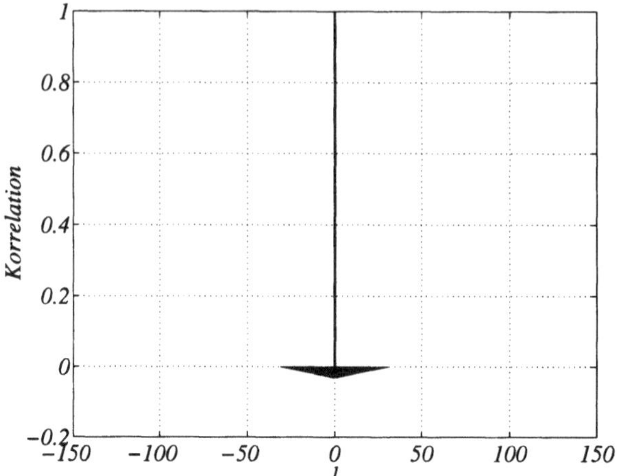

Abbildung 2.14: Autokorrelationsfunktion $\phi_B(l)$ für $L = 31$ und $\mathbf{E}^2[D] = 0$.

symbolisiert einen positiven, zeitdiskreten Dreieckimpuls mit Dauer $2L$ ($\Lambda_L(\pm L) = 0$) und Höhe 1 bei $l = 0$ ($\Lambda_L(0) = 1$).

$$\phi_B(l) = \left[1 + \tfrac{1}{L} - \mathbf{E}^2[D]\left(1 - \tfrac{1}{L}\right)\right]\delta(l) \quad - \quad \tfrac{1}{L}(1 - \mathbf{E}^2[D]) \cdot \Lambda_L(l) - \\ - \tfrac{1}{L}\mathbf{E}^2[D]\sum_{k=-\infty}^{\infty}\delta(l-k) \quad + \quad \mathbf{E}^2[D]\left(1 + \tfrac{1}{L}\right)\sum_{n=-\infty}^{\infty}\delta(l-nL)$$

Nimmt man an, daß die Periode der Datenfolge $L > 15$ ist und der Mittelwert $\mathbf{E}[D]$ vernachlässigbar klein ist, reduziert sich die Autokorrelationsfunktion näherungsweise zu einem einzigen Deltaimpuls $\delta(l)$ bei $l = 0$ [6].

Das Leistungsdichtespektrum der Folge B_k ist die Fouriertransformation von (2.47):

$$\Phi_B(e^{j\omega T_c}) = \left[1 + \tfrac{1}{L} - \mathbf{E}^2[D]\left(1 - \tfrac{1}{L}\right)\right] \quad - \quad \tfrac{1}{L^2}(1 - \mathbf{E}^2[D]) \cdot \left(\frac{\sin\frac{\omega L T_c}{2}}{\sin\frac{\omega T_c}{2}}\right)^2 - \\ - \tfrac{2\pi}{L}\mathbf{E}^2[D]\sum_{k=-\infty}^{\infty}\delta(\omega T_c - 2\pi k) \quad + \\ + \quad \mathbf{E}^2[D]\left(1 + \tfrac{1}{L}\right)\tfrac{2\pi}{L}\sum_{n=-\infty}^{\infty}\delta(\omega T_c - \tfrac{2\pi n}{L})$$

Für lange PN-Folgen ($L > 31$) erkennt man, daß das Spektrum eines zeitdiskreten weißen Rauschprozesses eine gute Näherung für das Spektrum des Zufallsprozesses von $[B_K]$ ist.

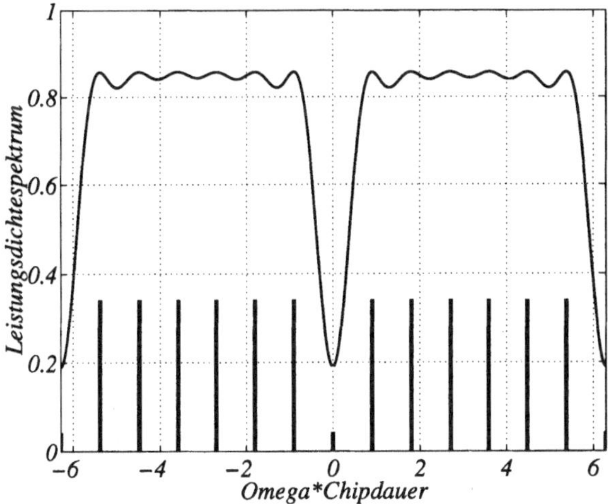

Abbildung 2.15: Leistungsdichtespektrum des $\Phi_B(e^{j\omega T_c})$ für $L = 7$ und $\mathbf{E}^2[D] = \frac{1}{3}$.

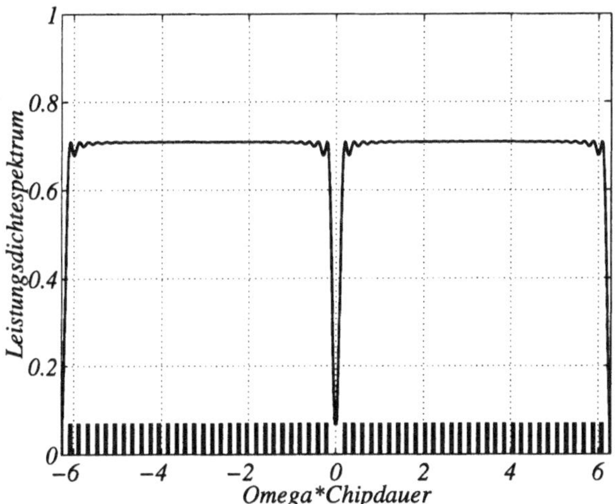

Abbildung 2.16: Leistungsdichtespektrum des $\Phi_B(e^{j\omega T_c})$ für $L = 31$ und $\mathbf{E}^2[D] = \frac{1}{3}$.

Mit (2.36) und (2.37) ist man nun in der Lage, das Spektrum des Direct-Sequence Signals zu kontrollieren. Der Einfluß auf das Spektrum wird über die Kurvenform des Chipimpulses genommen.

---

[6]Die kleinen Korrelationsterme innerhalb $l < L$ sind nach Abb.2.12 vernachlässigbar.

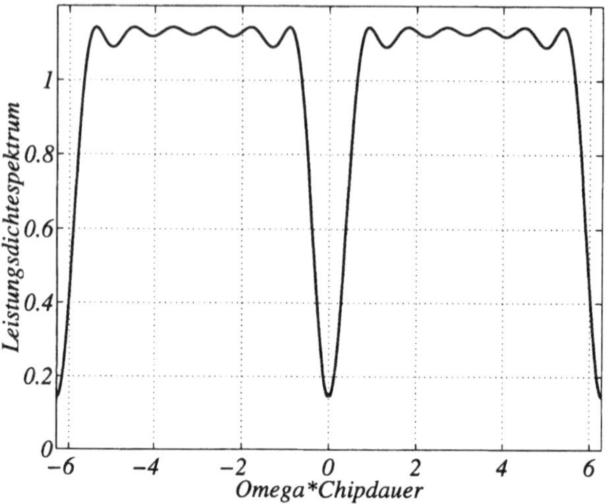

Abbildung 2.17: Leistungsdichtespektrum des $\Phi_B(e^{j\omega T_c})$ für $L = 7$ und $\mathbf{E}^2[D] = 0$.

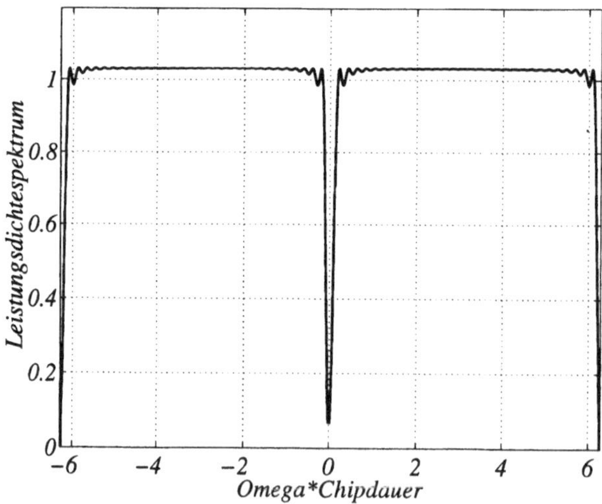

Abbildung 2.18: Leistungsdichtespektrum des $\Phi_B(e^{j\omega T_c})$ für $L = 31$ und $\mathbf{E}^2[D] = 0$.

Wegen des näherungsweise weißen Charakters des Prozesses für $[B_k]$ (siehe (2.37)) dominiert der Einfluß der Kurvenform des Chips für das Leistungsdichtespektrum des Basisband Direct-Sequence Signals.

Die untersuchten Kurvenformen gehören zu einer Teilmenge von orthogonalen Signalen, den *Walsh*-Funktionen, welche einfach durch digitale Bausteine erzeugt werden können.

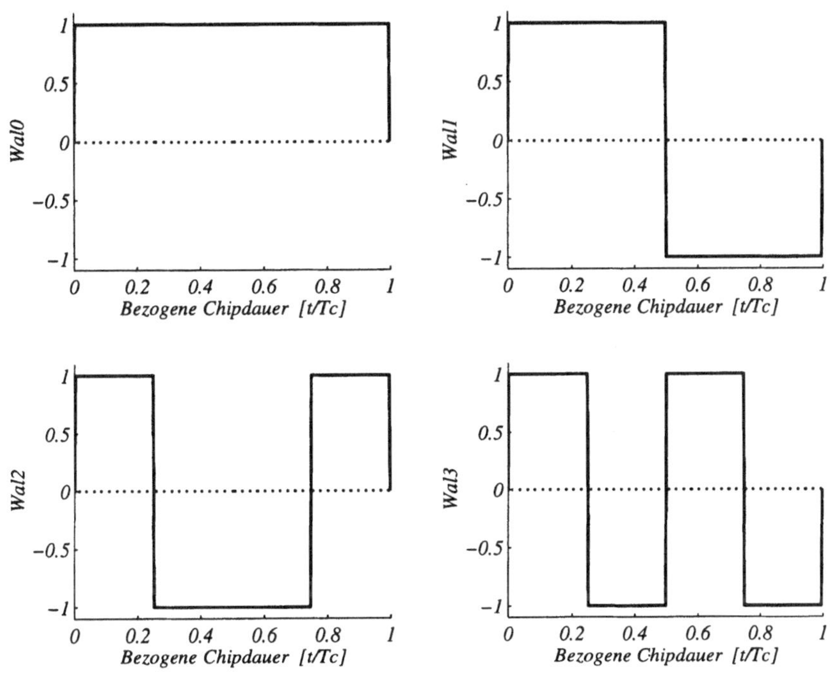

Abbildung 2.19: Wal-Impulse.

Die am häufigsten verwendete Kurvenform eines Chips in Direct-Sequence Spread-Spectrum Systemen ist der Rechteckimpuls ($\Psi(t) = p(t)$) der Dauer T_c. Er wird hier mit *Wal0* bezeichnet. Sein Zeitverlauf ist in Abb.2.19 und das Energiedichtespektrum in Abb.2.20 dargestellt.

Eine systematische Untersuchung einiger Chipformen (*Wal0*, *Wal1*, *Wal2*, *Wal3*) und deren Energiedichtespekten zeigen die Abb.2.19 und Abb.2.20. Das Energiedichtespektrum bei tiefen Frequenzen zeigt Abb.2.21.

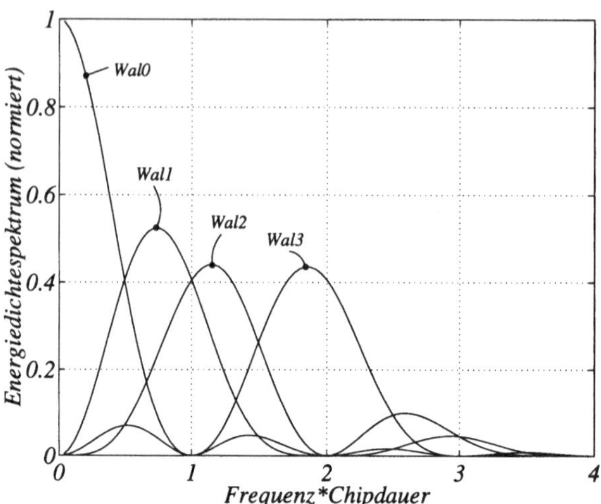

Abbildung 2.20: Normiertes Energiedichtespektrum der *Wal0*- bis *Wal3*-Impulse.

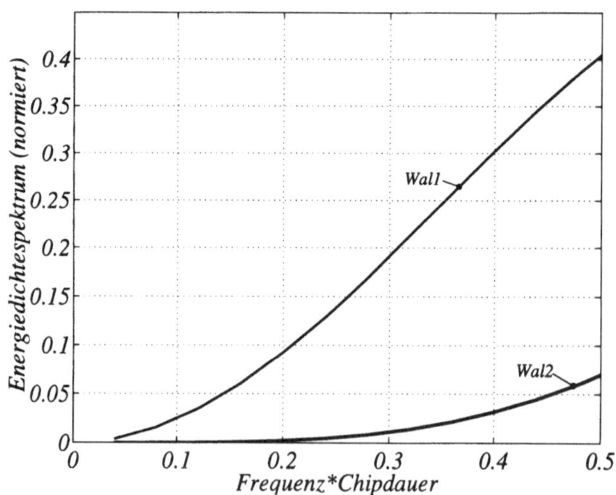

Abbildung 2.21: Normiertes Energiedichtespektrum des *Wal1*- und *Wal2*-Impulses.

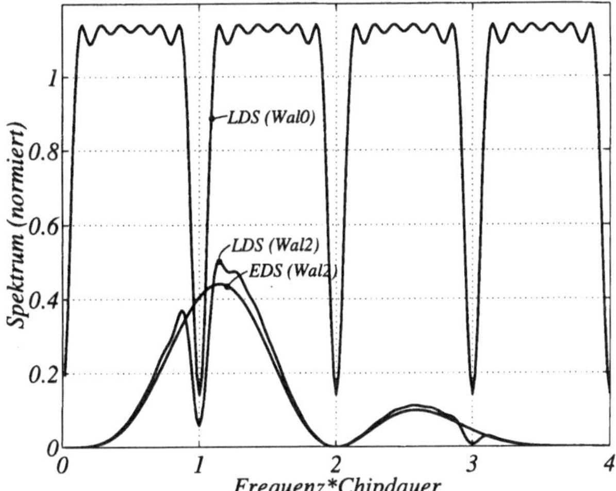

Abbildung 2.22: Leistungsdichtespektrum des Basisband PAM Direct-Sequence Signals mit *Wal2*-Chipform für $L = 7$ (gleichanteilsfrei).

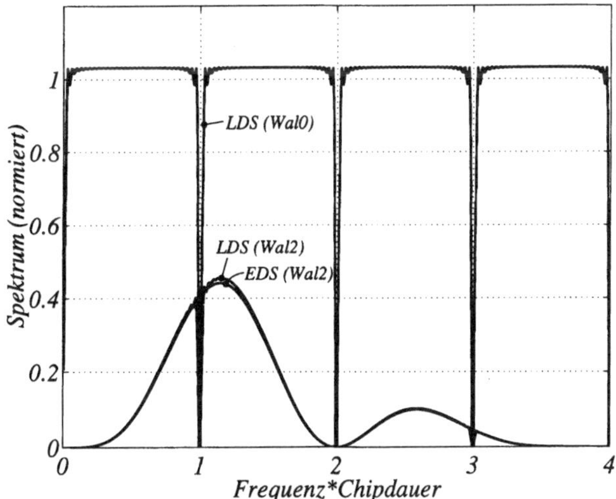

Abbildung 2.23: Leistungsdichtespektrum des Basisband PAM Direct-Sequence Signals mit *Wal2*-Chipform für $L = 31$ (gleichanteilsfrei).

Das Leistungsdichtespektrum für eine 7 Chip bzw. 31 Chip langes Direct-Sequence Signal mit *Wal2*-Chipform ist in Abb.2.22 bzw. Abb.2.23 dargestellt.

$$| \operatorname{Wal1}(j\omega)|^2 = \frac{4}{\omega^2} \left(1 - \cos \omega \frac{T_c}{2} \right)^2 \tag{2.47}$$

$$|C(j\omega)|^2 = | \operatorname{Wal2}(j\omega)|^2 = \frac{16}{\omega^2} \left[\sin \omega \frac{T_c}{4} \left(1 - \cos \omega \frac{T_c}{4} \right) \right]^2 \tag{2.48}$$

$$| \operatorname{Wal3}(j\omega)|^2 = \frac{4}{\omega^2} \left(1 - 2\cos \omega \frac{T_c}{4} + \cos \omega \frac{T_c}{2} \right)^2 \tag{2.49}$$

Betrachtet man die Abb.2.22 und folgt man (2.37) indem man $\Phi_B(e^{j\omega T_c})$ multipliziert mit dem Energiedichtespektrum $| \operatorname{Wal2}(j\omega)|^2$ der *Wal2* Chipform, so erhält man das Leistungsdichtespektrum für $L = 7$ und $\mathbf{E}[D] = 0$.

Ein Grund warum m-Folgen in Spread-Spectrum Systemen eingesetzt werden ist ihre pseudo Rauscheigenschaft, welche sich in der Autokorrelationsfunktion für $l = 0$ (und Vielfachen der Periode L) in einer angenäherten Deltafunktion äußert, so wie dies in (2.29) angegeben ist. Daher stellt sich die wichtige Frage, wie sich die Chipformung auf die Korrelationseigenschaften auswirkt.

2.2.2.1 Auswirkungen der Chipform auf die Korrelation

In Abb.2.24 bis 2.27 ist jeweils die Korrelationsfunktion $\phi_{cc}(k)$ der Datenfolge $D_m = \{1\ 0\ 1\ 1\ 1\}$ für bipolare Übertragung[7] eines 31 Chip langes Direct-Sequence Signal mit *Wal-x*-Chipform dargestellt.

Durch die Formung der Chips treten in unmittelbarer Nähe des optimalen Abtastzeitpunkts (Abtasten mit der Symbolrate), Nebenkorrelationen der anderen Polarität auf.

2.2.3 Frequenzsprungsignal

Die Spread-Spectrum Bandbreite B_{ss} ist durch die Anzahl der verwendeten Frequenzen und dem Frequenzabstand Δf gegeben. Das Hüpfmuster ist pseudozufälliger Natur. Die Abb.2.28 zeigt ein Beispiel.

---

[7]Datenbit $D = 1$ wird durch g und $D = 0$ durch $\bar{g}$ repräsentiert.

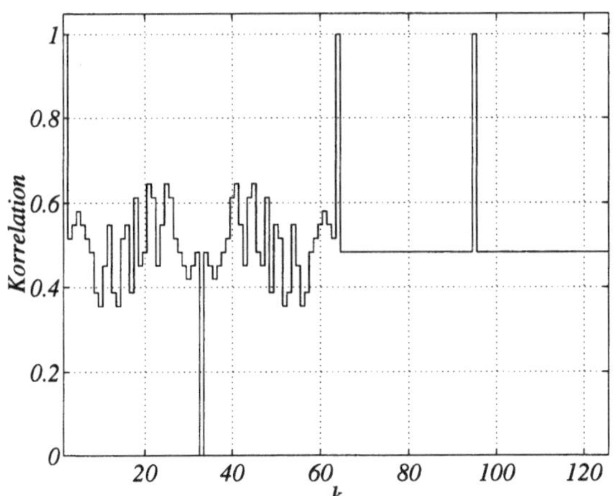

Abbildung 2.24: Korrelationsfunktion am DMF-Ausgang ($\mathcal{L} = 31$) für bipolare Übertragung. Das Direct-Sequence Signal besteht aus der
m-Folge $[5,2]_s$ mit *Wal0*-Chipform. Jedes Chip wird 1 Mal
abgetastet. Die Datenfolge ist $D_m=\{1\ 0\ 1\ 1\ 1\}$.

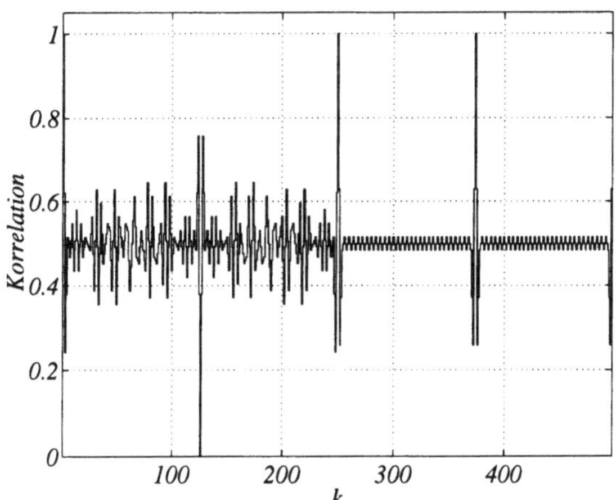

Abbildung 2.25: Korrelationsfunktion am DMF-Ausgang ($\mathcal{L} = 62$) für bipolare Übertragung. Das Direct-Sequence Signal besteht aus der
m-Folge $[5,2]_s$ mit *Wal1*-Chipform. Jedes Chip wird 2 Mal
abgetastet. Die Datenfolge ist $D_m=\{1\ 0\ 1\ 1\ 1\}$.

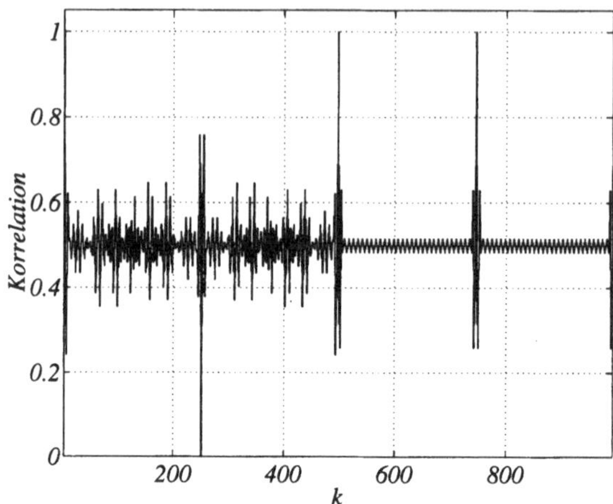

Abbildung 2.26: Korrelationsfunktion am DMF-Ausgang ($\mathcal{L} = 124$) für bipolare Übertragung. Das Direct-Sequence Signal besteht aus der m-Folge $[5, 2]_s$ mit *Wal2*-Chipform. Jedes Chip wird 4 Mal abgetastet. Die Datenfolge ist $D_m = \{1\ 0\ 1\ 1\ 1\}$.

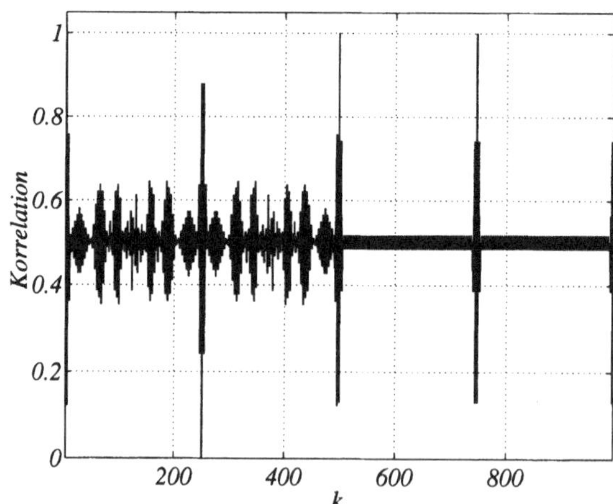

Abbildung 2.27: Korrelationsfunktion am DMF-Ausgang ($\mathcal{L} = 124$) für bipolare Übertragung. Das Direct-Sequence Signal besteht aus der m-Folge $[5, 2]_s$ mit *Wal3*-Chipform. Jedes Chip wird 4 Mal abgetastet. Die Datenfolge ist $D_m = \{1\ 0\ 1\ 1\ 1\}$.

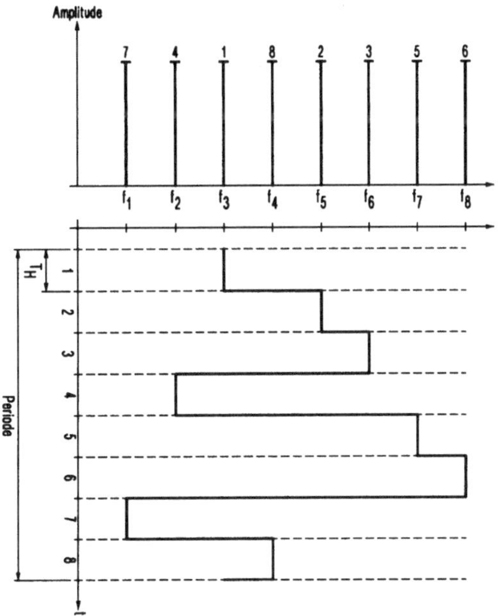

Abbildung 2.28: Spektrum und Hüpfmuster des FH-Signals.

2.3 Störsignale

2.3.1 Additives Weißes Gaußsches Rauschen

Als breitbandige Störung wird additives, weißes Gaußsches Rauschen (AWGN) angenommen, welches durch einen Gaußprozeß modelliert wird. Der Gaußprozeß ist ein
rein stochastischer Prozeß [8]. Für den Gaußprozeß kann man nachweisen, daß er jener
Prozeß ist, der ein Maximum an Regellosigkeit besitzt. Er ist vollständig mit der
Wahrscheinlichkeitsdichte 2.-ter Ordnung beschrieben[9].

2.3.1.1 Zufallsvariable

Die Zufallsvariable[10] Y eines Gaußprozesses $y(t)$ erhält man, wenn man die Amplitudenwerte des Gaußprozesses zu einem festen Zeitpunkt $t = t_1$ abtastet.

Eine beliebige Gaußsche Zufallsvariable Y, welche nach $N(\mu, \sigma_n^2)$ verteilt ist, wird mit
der normierten Gaußschen Zufallsvariable (welche $N(0,1)$[11] verteilt ist) beschrieben,

---

[8]Es kann durch keine noch so lange andauernden Messungen der Zeitverlauf der Gaußstörung
vorhergesagt werden.

[9]Mit der Autokorrelationsfunktion oder dem Leistungsdichtespektrum.

[10]Die Zufallsvariable Y wird als Gaußsche Zufallsvariable bezeichnet.

[11]Die $N(0,1)$-Verteilung hat Mittelwert $= 0$ und Varianz $= 1$.

indem man sie mit der Standardabweichung σ_n multipliziert und um μ verschiebt.

$$Y = \sigma_n \cdot N(0,1) \tag{2.50}$$

2.3.1.2 Amplitudendichte

Die Amplitudendichte der Gaußstörung ist in (2.51) angegeben.

$$p_y(Y) = \frac{1}{\sqrt{2\pi}\sigma} \cdot e^{-(\frac{Y-\mathbf{E}[Y]}{\sqrt{2}\sigma_n})^2} \tag{2.51}$$

Aus der Amplitudendichte kann man ablesen, daß die Gaußstörung eine Zentrierungstendenz um den Mittelwert zeigt. Die Amplitudendichte ist durch Mittelwert und Varianz vollständig bestimmt. Der Mittelwert verschiebt die Amplitudendichte und die Varianz bestimmt ihre Gestalt.

2.3.1.3 Amplitudenverteilung

Die Amplitudenverteilung der Gaußstörung erhält man durch Integration der Amplitudendichte. Sie folgt mit Hilfe der Definition der Fehlerfunktion in (2.52).

$$\mathbf{Pr}\left[y \leq Y\right] = \frac{1}{2}\mathrm{erfc}\left(\frac{Y}{\sqrt{2}\sigma_n}\right) \tag{2.52}$$

2.3.1.4 Erwartungswerte

Weil die Verteilungsdichte der Gaußstörung symmetrisch um den Mittelwert liegt, treten nur die Erwartungswerte gerader Ordnung auf.

$$\begin{aligned}
\mathbf{E}\left[Y^{2n}\right] &= \int_{-\infty}^{\infty} Y^{2n} p_y(Y)dY = 2\int_{0}^{\infty} Y^{2n} p_y(Y)dY = \\
&= 2\int_{0}^{\infty} Y^{2n} \frac{1}{\sqrt{2\pi}\sigma_n} \cdot e^{-\frac{Y^2}{2\sigma_n^2}}dY
\end{aligned} \tag{2.53}$$

Setzt man die Substitution $u = \frac{Y^2}{2\sigma_n^2}$ in (2.53) ein so folgt (2.54). Unter Berücksichtigung von $\Gamma\left(n + \frac{1}{2}\right) = \frac{\sqrt{\pi}}{2^{2n}}\frac{(2n)!}{n!}$ erhält man die Erwartungswerte der Gaußstörung in (2.55).

$$\mathbf{E}\left[\,Y^{2n}\,\right] = \frac{2^n \sigma_n^{2n}}{\sqrt{\pi}} \underbrace{\int_0^{\infty} u^{n+\frac{1}{2}-1} \cdot e^{-u}\,du}_{\Gamma\left(n+\frac{1}{2}\right)} \tag{2.54}$$

$$\mathbf{E}\left[\,Y^{2n}\,\right] = \frac{(2n)!}{2^n n!}\sigma_n^{2n} \tag{2.55}$$

2.3.1.5 Charakteristische Funktion

Die charakteristische Funktion der Gaußstörung ist in (2.56) angesetzt.

$$\mathbf{E}\left[\,e^{j\omega Y}\,\right] = \mathbf{C}_y(\,j\omega\,) = \int_{-\infty}^{+\infty} p(Y)\,e^{j\omega Y}\,dY = \int_{-\infty}^{+\infty} \frac{1}{\sqrt{2\pi}\sigma_n}\,e^{-\frac{1}{2}\left(\frac{Y}{\sigma_n}\right)^2}\,e^{j\omega Y}\,dY =$$

$$= \frac{1}{\sqrt{2\pi}\sigma_n} \int_{-\infty}^{+\infty} e^{-\frac{1}{2\sigma_n^2}\left(Y^2 - j2\sigma_n^2\omega Y\right)}\,dY \tag{2.56}$$

Aus (2.56) wird durch hinzufügen der quadratischen Ergänzung $-\sigma_n^4\omega^4$ im Exponenten (2.57).

$$\mathbf{C}_y(\,j\omega\,) = e^{-\frac{\sigma_n^2\omega^2}{2}}\,\frac{1}{\sqrt{2\pi}\sigma_n} \int_{-\infty}^{+\infty} e^{-\frac{1}{2\sigma_n^2}\left(Y - j\sigma_n^2\omega\right)^2}\,dY \tag{2.57}$$

Die Integration wird nach Y ausgeführt, welches durch die Substitution im Exponenten, $V = Y - j\sigma_n^2\omega$, $\longrightarrow$ $dY = dV$, hervorgehoben wird.

$$\mathbf{C}_y(\,j\omega\,) = \frac{e^{-\frac{\sigma_n^2\omega^2}{2}}}{\sqrt{2\pi}\sigma_n} \underbrace{\int_{-\infty}^{+\infty} e^{\frac{-V^2}{2\sigma_n^2}}\,dV}_{\sqrt{2\pi}\sigma_n} = e^{-\frac{\sigma_n^2\omega^2}{2}} \tag{2.58}$$

2.3.1.6 Mittlere Leistung

Mit zweiseitiger Rauschleistungsdichte ergibt sich:

$$\mathcal{P}_n = \mathbf{Var}\,[\,Y\,] = \sigma_n^2. \tag{2.59}$$

2.3.2   Sinussignal

In (2.60) ist ein Sinussignal in der allgemeinen Form gegeben.

$$i(t) = A_{cw} \cdot \sin(2\pi f_{cw} + \varphi_{cw}) \tag{2.60}$$

Die Phase φ_{cw} des Sinussignal (engl: Continuous Wave (CW)) sei unbekannt. Sie muß daher als gleichverteilt im Intervall $[0, 2\pi]$ angenommen werden.

_CW_ _Quelle_	Mittlere Trägerfrequenz f_{cw}	Mittlere Datenrate R_D	Mittlere Anzahl der CW-Perioden pro Phasenwechsel
	[MHz]	[kHz]	[Anzahl]
HDTV	11 500	90 000	130
D-Netz	950	20	50 000
CDMA	950	1 250	760
Richtfunk	10 000	40 000	250

Tabelle 2.2: Phasenmodulierte Sinus-Quellen.

Neben den reinen stochastischen Prozessen, wie dem Gaußschen Prozeß, gibt es noch sogenannte degenerierte oder determistische Prozesse. Die CW-Störung ist so ein deterministischer Prozeß, weil für $x(t) = A_{cw} \cdot \sin(2\pi f_{cw} t + \varphi_{cw})$ mit konstanter Amplitude A_{cw} und Frequenz f_{cw} nur die Phase φ_{cw} regellos ist. Die Bezeichnung _deterministischer Prozeß_ kommt daher, daß durch Messungen am Prozeß die Unbestimmtheit der Phase φ_{cw} verloren geht und der Prozeß, im speziellen die Amplitude, für jeden zukünftigen Zeitpunkt exakt vorhergesagt werden kann.[12] Im obigen Fall tritt die CW-Störung vollkommen unabhängig von der Spread-Spectrum Übertragung auf. Daher kann keine Vorhersage über die Phase der CW gemacht werden. Sie kann daher nur durch eine Wahrscheinlichkeitsaussage erfaßt werden.

Weil keine a priori Information über die CW-Phase φ_{cw} vorliegt,muß sie als gleichverteilte Zufallsvariable im Intervall $[0, 2\pi]$ angenommen werden.

2.3.2.1   Zufallsvariable

Die Zufallsvariable des Sinussignals sei, wie in (2.61) angegeben X.

---

[12]Es besteht ein funktionaler Zusammenhang zwischen den Parametern des Prozesses und der Zeit. Diese Aussagen gelten nur für die reine CW-Störung. Uns interessiert aber die Kombination eines reinen und eines entarteten stochastischen Prozesses.

$$X = A_{cw} \cdot \sin(\varphi) \tag{2.61}$$

2.3.2.2 Amplitudendichte

Die Amplitudendichte $p_x(X)$ der CW-Störung ergibt sich als $p_x(X) = p_\varphi(\varphi) \frac{d\varphi}{dX}$. Die Zufallsvariable $X = A_{cw} \cdot \sin(\varphi)$ ist eine Funktion der Anfangsphase φ, deren Wahrscheinlichkeitsdichte gleichverteilt ist. Die Grenzen der Wahrscheinlichkeitsdichte $p_\varphi(\varphi)$ der gleichverteilten Zufallsvariable φ sind gleich den Integrationsgrenzen für die Integrationsvariable φ der Charakteristischen Funktion.

Die Zufallsvariable $X = A_{cw} \cdot \sin(\varphi)$ variiert von $-A_{cw} \leq X \leq A_{cw}$ und $-1 \leq \frac{X}{A_{cw}} \leq 1$. Mit $\sin(\varphi) = \frac{X}{A_{cw}} \longrightarrow \varphi_1 = \arcsin(-1) = -\frac{\pi}{2}$ und analog $\varphi_2 = \arcsin(1) = \frac{\pi}{2}$,

sowie

$$\frac{d\varphi}{dX} = \frac{1}{A_{cw} \cdot \cos(\varphi)} = \tag{2.62}$$

$$= \frac{1}{A_{cw}\sqrt{1 - \sin^2(\varphi)}} = \frac{1}{A_{cw}\sqrt{1 - \left(\frac{X}{A_{cw}}\right)^2}} \tag{2.63}$$

und

$$p_\varphi(\varphi) = \frac{1}{\pi} \tag{2.64}$$

ist die Amplitudendichte der CW-Störung berechnet.

$$p_x(X) = p_\varphi(\varphi)\frac{d\varphi}{dX} = \frac{1}{\pi\sqrt{A_{cw}^2 - X^2}} \tag{2.65}$$

Eine graphische Erklärung für die Gestalt der Amplitudendichte ergibt sich, wenn der Amplitudenbereich des Zeitsignals in gleiche Intervalle geteilt wird. Hieraus erkennt man, daß die Extremwerte des Zeitverlaufes der CW-Störung am häufigsten auftreten[13] und der am wenigsten wahrscheinliche Amplitudenwert der CW-Störung die Verschwindende Amplitude ist. Dies entspricht dem zeitlichen Mittel des Zeitsignals über eine Periode[14]. Führt man den Grenzübergang von endlichen Amplitudenintervallen zu infinitesimal kleinen durch, so kommt man zu einer kontinuierlichen Amplitudendichte.

---

[13]Bei gleichen Amplitudenintervallen sind die Zeitintervalle, in welchen die Extrema der CW-Störung liegen, am längsten.

[14]Ist das Zeitsignal der CW-Störung mittelwertfrei, so entspricht letzteres auch den Nulldurchgängen des Zeitverlaufes.

2.3.2.3 Amplitudenverteilung

Die Amplitudenverteilung der CW-Störung erhält man durch integrieren der Amplitudendichte.

$$\mathbf{Pr}\,[\,x \leq X\,] = \frac{1}{\pi} \int\limits_{-A_{cw}}^{X} \frac{dX}{\sqrt{A_{cw}^2 - X^2}} = \frac{1}{2} + \frac{1}{\pi}\arcsin\left(\frac{X}{A_{cw}}\right) \tag{2.66}$$

$$\mathbf{Pr}\,[\,x \leq X\,] = \begin{cases} 1 & \frac{X}{A_{cw}} > 1 \\ \frac{1}{2} + \frac{1}{\pi}\arcsin\left(\frac{X}{A_{cw}}\right) & \left|\frac{X}{A_{cw}}\right| \leq 1 \\ 0 & \frac{X}{A_{cw}} < -1 \end{cases} \tag{2.67}$$

2.3.2.4 Charakteristische Funktion

Wie mächtig das Werkzeug der Charakteristischen Funktion ist, soll hier demonstriert werden. Es ergibt sich die Amplitudendichte und somit auch die Amplitudenverteilung der CW-Störung als Nebenprodukt bei der Berechnung der Charakteristischen Funktion. Diese mathematisch sehr elegante Methode wird mit Vorteil zur Berechnung der Wahrscheinlichkeitsdichte einer Zufallsvariable X angewendet, welche eine Funktion $X = X(\varphi)$ einer anderen Zufallsvariable φ ist, *deren* Wahrscheinlichkeitsdichte $p_\varphi(\varphi)$ jedoch bekannt ist. Für die CW-Störung liegt genau dieser Fall vor. Die Charakteristische Funktion ist gegeben durch

$$\mathbf{C}_x\,(\,j\omega\,) = \int\limits_{-\infty}^{\infty} e^{j\omega X} p(X)dX, \tag{2.68}$$

mit $X = X(\varphi)$ folgt:

$$\mathbf{C}_x\,(\,j\omega\,) = \int\limits_{X=-\infty}^{X=\infty} e^{j\omega X(\varphi)} \underbrace{\{p_\varphi(\varphi)\frac{d\varphi}{dX}\}}_{p_x(X)}\,dX. \tag{2.69}$$

Zur Berechnung der Charakteristische Funktion wurde $dX = A_{cw} \cdot \cos(\varphi)d\varphi$ auf $d\varphi$ angeschrieben und gekürzt.

$$\mathbf{C}_x\,(\,j\omega\,) = \frac{1}{\pi} \int\limits_{-\frac{\pi}{2}}^{+\frac{\pi}{2}} e^{j\omega A_{cw} \cdot \sin(\varphi)}d\varphi \tag{2.70}$$

In $\mathbf{C}_x\,(\,j\omega\,)$ steckt die Integraldarstellung der Besselfunktion[15] nullter Ordnung $\mathcal{J}_o\,(x)$.

$$\mathbf{C}_x\,(\,j\omega\,) = \mathcal{J}_o\,(\omega A_{cw})\tag{2.71}$$

2.3.2.5 Erwartungswerte

Die allgemeine Formel für die Erwartungswerte der CW-Störung bestimmt man aus deren Definition.

$$\mathbf{E}\left[\,X^{2n}\,\right] = \frac{(2n)!}{n!\,2^{2n}}\cdot A_{cw}^{2n}\tag{2.72}$$

2.3.2.6 Mittlere Leistung

Die mittlere Leistung der CW-Störung erhält man entweder durch das zweite Moment der Amplitudendichte (weil die CW-Störung mittelwertfrei angenommen wurde),

$$\mathbf{E}\left[\,X^2\,\right] = \frac{1}{\pi}\int\limits_{-A_{cw}}^{A_{cw}}\frac{X^2\cdot dX}{\sqrt{A_{cw}^2 - X^2}} = \frac{A_{cw}^2}{2}\tag{2.73}$$

oder durch herausgreifen einer repräsentativen Funktion aus dem Ensemble und zeitliche Mittelung

$$\mathcal{P}_i = \frac{1}{T}\int\limits_0^T A_{cw}^2\cdot \sin^2(\omega t)\,dt = \frac{A_{cw}^2}{2}.\tag{2.74}$$

Wir erhalten somit auf beide Arten das gleiche, von der Zeit unabhängige Ergebnis, sodaß wir schließen können, daß der Vorgang stationär und ergodisch ist.

Die mittlere Leistung kann auch durch Integration des Leistungsdichtespektrums $\mathbf{G}_x(\,f\,) = \frac{A_{cw}}{4}\cdot\delta(f - f_{cw}) + \frac{A_{cw}^2}{4}\cdot\delta(f + f_{cw})$

$$\mathcal{P}_i = \int_{-\infty}^{\infty}\mathbf{G}_x(\,f\,)df = \frac{A_{cw}^2}{2}\tag{2.75}$$

erhalten werden.

---

[15]Vergleicht man (C.23), für die Ordnung $n\,=\,0$, $t\,=\,\varphi$ und $z\,=\,\omega A_{cw}$, so gelangt man zu vollständiger Übereinstimmung.

| | **Störung** | |
Parameter	**CW**	**AWGN**
Zufalls- variable	$X = A_{cw} \cdot \sin(\omega_0 t + \varphi_{cw})$	$Y = \sigma_n \cdot N(0,1)$
Amplituden- verteilung	$\mathbf{Pr}\left[\, x \le X \,\right] = \frac{1}{2} + \frac{1}{\pi}\arcsin\left(\frac{X}{A_{cw}}\right)$	$\mathbf{Pr}\left[\, y \le Y \,\right] = \frac{1}{2}\mathrm{erfc}\left(\frac{Y}{\sqrt{2}\sigma_n}\right)$
Amplituden- dichte	$p_x(X) = \frac{1}{\pi\sqrt{A_{cw}^2 - X^2}}$	$p_y(Y) = \frac{1}{\sqrt{2\pi}\sigma_N}\, e^{-\frac{1}{2}\left(\frac{Y}{\sigma_n}\right)^2}$
Charakter. Funktion	$\mathbf{C}_x\left(\, j\omega \,\right) = \mathcal{J}_o\left(\omega A_{cw}\right)$	$\mathbf{C}_y\left(\, j\omega \,\right) = e^{-\frac{\omega^2 \sigma_n^2}{2}}$
Momente	$\mathbf{E}\left[\, X^{2n} \,\right] = \frac{(2n)!}{n!2^{2n}} \cdot A_{cw}^{2n}$	$\mathbf{E}\left[\, Y^{2n} \,\right] = \frac{(2n)!}{2^n n!}\sigma_n^{2n}$
Mittel- wert	$\mathbf{E}\left[\, X \,\right] = 0$	$\mathbf{E}\left[\, Y \,\right] = 0$
Varianz	$\mathbf{Var}\left[\, X \,\right] = \frac{A_{cw}^2}{2}$	$\mathbf{Var}\left[\, Y \,\right] = \sigma_n^2$

Tabelle 2.3:   Tabellarische Zusammenfassung der statistischen Kennwerte der CW- und AWGN-Störungen.

Kapitel 3

Spread-Spectrum Techniken

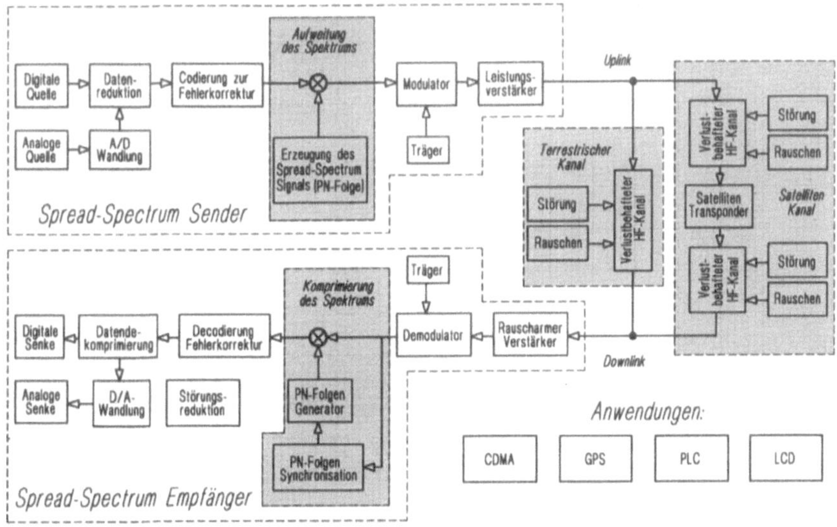

Abbildung 3.1: Grundstruktur des Spread-Spectrum Systems.

In diesem Kapitel werden die bekanntesten Spread-Spectrum Techniken vorgestellt. Dazu wird das Prinzip jeder Technik, in Form eines Basisbandmodells, theoretisch erläutert. Weiters wird der Aufbau von Sender und Empfänger mit Hilfe eines Blockschaltbildes und deren wichtigsten Funktionsgruppen erklärt.

Die am häufigsten eingesetzten Spread-Spectrum Verfahren sind:

- Direct-Sequence (DS),

- Frequenzsprungverfahren (Frequency-Hopping (FH)),

- Zeitsprungverfahren (Time-Hopping (TH)),

- Mischformen der angeführten Techniken.

In den folgenden Abschnitten werden die ersten drei Spread-Spectrum Verfahren behandelt. Für die ersten beiden Verfahren wird die Leistungsfähigkeit durch die Bitfehlerrate angegeben. Alle vorgestellten Techniken werden, wenn nicht anders angegeben unter idealen Bedingungen behandelt. Dazu gehören zum Beispiel die Annahmen: (1) daß die Übertragung ungestört ist, (2) verlustlose Übertragungsblöcke existieren und (3) daß die Trägerfrequenz und Trägerphase bekannt ist.

3.1 Direct-Sequence Spread-Spectrum Übertragung

Die Direct-Sequence Technik ist das am häufigsten eingesetzte Spread-Spectrum Verfahren. Dies mag wohl daran liegen, daß sie jene Spread-Spectrum Technik ist, welche am leichtesten zu verstehen, am einfachsten zu bauen und am wirtschaftlichsten zu betreiben ist. Dies sind Argumente, welche im kommerziellen Bereich großen Anklang finden.

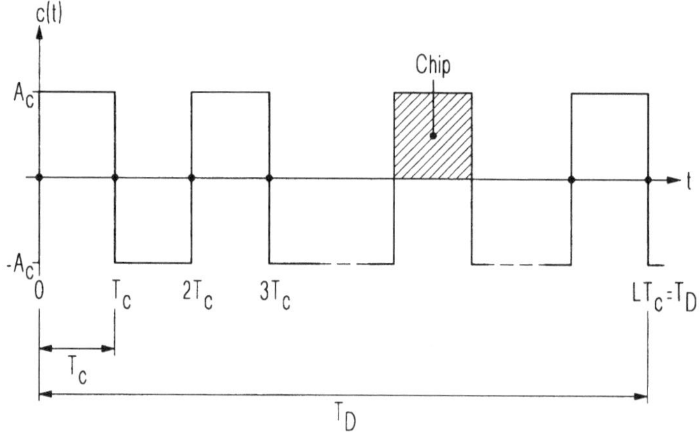

Abbildung 3.2: Direct-Sequence Spread-Spectrum Impuls.

Die Abb.3.2 zeigt einen typischen Direct-Sequence Impuls. Er setzt sich aus aneinandergereihten Rechteckimpulsen (Fundamentalimpulsen) der Dauer T_c zusammen. Zur Unterscheidung vom Datenimpuls der Dauer T_D werden die Fundamentalimpulse *Chips* genannt. Die Datenbitdauer sei für unsere Betrachtungen ein ganzzahliges Vielfaches (L) der Chipdauer.

Das Blockschaltbild der Direct-Sequence Spread-Spectrum Übertragung zeigt die Abb.3.3. Das übertragene Signal ist ein BPSK (Binary Phase Shift Keying) Signal. Man erkennt, daß eine konventionelle BPSK-Übertragung durch die zusätzliche Spread-Spectrum Modulation zu einer Direct-Sequence Spread-Spectrum Übertragung geworden ist.

Eine digitale Datenquelle erzeugt zeitkontinuierliche "0"- und "1"-Datenbits $d(t)$ mit der Datenrate $R_D = T_D^{-1}$. Die Spread-Spectrum Modulationsvorschrift ordnet, jedem Datenbit der Dauer T_D ein Spread-Spectrum Signal $c(t)$ gleicher Dauer ($T_D = LT_c$) zu. Die additiven Störungen im Kanal verformen das Sendesignal. Im Empfänger werden die Daten durch Korrelation

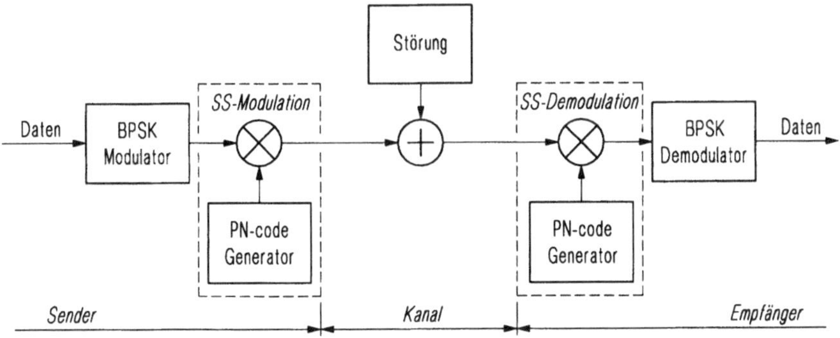

Abbildung 3.3: Blockschaltbild der Direct-Sequence Spread-Spectrum Übertragung mit BPSK moduliertem Sendesignal.

$$\int\limits_{0}^{T_D} r(t)\, c(t)\, dt \tag{3.1}$$

des empfangenen Signals $r(t)$ mit einer im Empfänger erzeugten Kopie des Spread-
Spectrum Impulses $c(t)$ wiedergewonnen. Das am häufigsten verwendete, weil am
einfachsten zu erzeugende Spread-Spectrum Signal ist eine Folge maximaler Länge
(m-Folge). Oft wird das Spread-Spectrum Signal als Spread-Spectrum Code bezeichnet. Diese Bezeichnung sollte im Falle der m-Folge vermieden werden, da es sich
nicht um kryptographisch gesicherte Codes handelt. Das Spread-Spectrum Signal
ist für den autorisierten Benutzer ein determiniertes Signal[1]. Für jene, welche das
Spread-Spectrum Signal nicht kennen, zeigt es sich als Zufallssignal mit den statistischen Eigenschaften von abgetastetem weißen Rauschen (LPI - low propability of
intercept). In Abb.3.10 ist dargestellt wie die Datenbits mit dem Spread-Spectrum
Signal moduliert werden[2].

In Abb.3.4 sind die Signale von Sender und Empfänger für den idealen Fall eines
ungestörten Empfangssignals und synchronisierter Referenz dargestellt.[3] Im Sender
wird das Datensignal durch Multiplikation mit dem Direct-Sequence Signal spek-
tral aufgeweitet. Dies geschieht durch den Einbau von Vorzeichenwechsel innerhalb
der Datenbitdauer. Anschließend wird das Signal BPSK moduliert[4]. Im Empfänger

---

[1]Unter der Annahme perfekter Spread-Spectrum Synchronisation. Außerdem gilt die Zufälligkeit
nur innerhalb einer Periode.

[2]Es ist noch nicht festgelegt ob die Datenbits jeweils durch eigene Spread-Spectrum Signale
dargestellt werden oder ob der andere Zustand durch die amplitudeninverse Folge repräsentiert
wird (Siehe Abb.3.8,3.9).

[3]In Abb.3.4 entspricht der Direct-Sequence Impuls der m-Folge [3,1] mit Anfangszustand [110].
Die Erzeugung von m-Folgen wird in Kapitel 4, Seite 139 behandelt.

[4]In der Abb.3.4 wurde aus Gründen der einfachen Darstellung als Trägerfrequenz die Chipfre-
quenz gewählt ($f_0 = T_c^{-1} = R_c$).

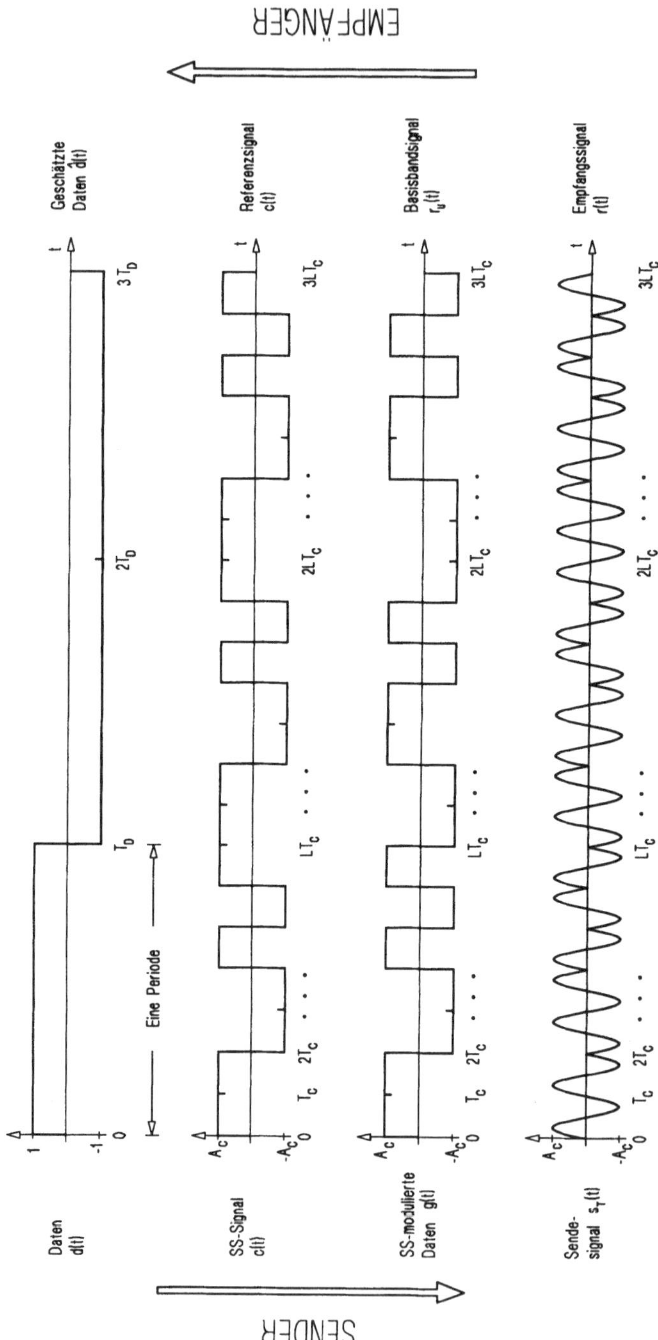

Abbildung 3.4: Signale des Direct-Sequence Spread-Spectrum Senders und Empfängers bei ungestörter Übertragung.

werden die einzelnen signalverarbeitenden Schritte des Senders rückgängig gemacht. Zuerst werden, durch erneute Multiplikation mit dem Direct-Sequence Signal, die Chipwechsel rückgängig gemacht. Anschließend wird die BPSK-Demodulation durchgeführt. Die Abb.3.4 zeigt weiters die Verbindung zum Zeit/Bandbreite-Produkt des Direct-Sequence Signals (1.38, Seite 40). Durch die vielen Vorzeichenwechsel innerhalb der Datenbitdauer[5] des Direct-Sequence Signals auf $B_{ss} \approx T_c^{-1}$ angestiegen. Das *Rückgängigmachen* der Polaritätswechsel im empfangenen Signal und die Ermittlung der Energie über die volle Datenbitdauer[6] begründen das außerordentlich hohe Zeit/Bandbreite Produkt des Direct-Sequence Impulses. Die Gleichung (3.2) zeigt, daß der Prozeßgewinn eines Direct-Sequence Spread-Spectrum Systems nach der Definition E.3 äquivalent der Anzahl der im Direct-Sequence Signal vorkommenden Chips ist.

$$\boxed{G_p^{(DS)} = \frac{B_{ss}}{B_D} \approx \frac{T_D}{T_c} = \frac{L \cdot T_c}{T_c} = L} \tag{3.2}$$

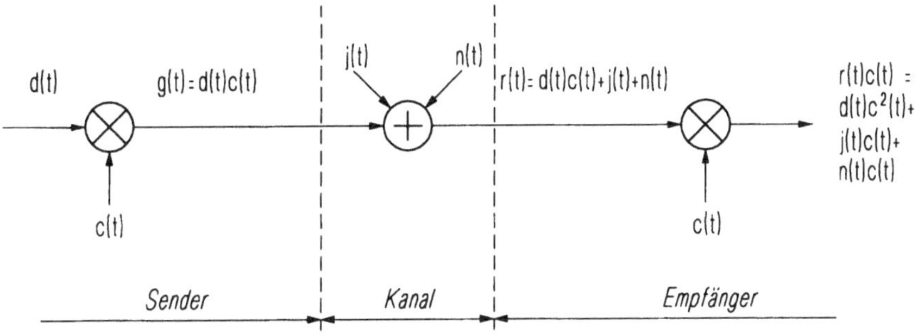

d(t) g(t)=d(t)c(t) j(t) n(t) r(t)= d(t)c(t)+j(t)+n(t) r(t)c(t) = d(t)c²(t)+ j(t)c(t)+ n(t)c(t)

c(t) c(t)

Sender Kanal Empfänger

Abbildung 3.5: Basisbandmodell der Direct-Sequence Spread-Spectrum Übertragung.

Anhand der Basisbanddarstellung der Direct-Sequence Übertragung in Abb.3.5 läßt sich das *Spread-Spectrum Prinzip* für gestörte Übertragung anschaulich erklären: Das empfangene Signal $r(t) = d(t)\,c(t) + n(t) + j(t)$ wird mit $c(t)$ multipliziert und liefert (3.3).

$$r(t)\,c(t) = \underbrace{d(t) \cdot \overbrace{c^2(t)}^{\equiv 1}}_{\substack{\text{auf } T_D^{-1} \\ \text{komprimiert}}} + \underbrace{n(t)\,c(t)}_{\text{breitbandig}} + \underbrace{j(t)\,c(t)}_{\text{breitbandig}} \tag{3.3}$$

---

[5]Bandbreite vor der Demodulation.
[6]Demodulation

Weil die schmalbandige Störung erstmals mit $c(t)$ multipliziert wird, wird deren mittlere Leistung auf einen weiten Frequenzbereich verteilt. Das breitbandige Rauschen bleibt breitbandig. Durch die erneute Multiplikation von $d(t)\,c(t)$ mit $c(t)$ werden die durch $c(t)$ verursachten Phasensprünge wieder rückgängig gemacht ($c^2(t) \equiv 1$) und es ist das schmalbandige Datensignal wieder hergestellt. Eine einfache spektrale Darstellung der Direct-Sequence Modulation findet sich in Abb.E.3 auf Seite 18.

Im nächsten Abschnitt wird eine Einteilung der Direct-Sequence Übertragung mit Hilfe der Signalraumdarstellung für einfache Verbindung zwischen Sender und Empfänger und Mehrbenutzersysteme vorgenommen. Anschließend wird die bipolare und orthogonale Direct-Sequence Übertragung skizziert. Danach wird ein Modell einer typischen Direct-Sequence Übertragung dargestellt. Den Schluß dieses Kapitels bilden Berechnungen der Bitfehlerrate für typische Störfälle. Dabei kommt sowohl die exakte als auch die näherungsweise Berechnung der Bitfehlerrate zur Anwendung. Als Störfälle werden oft vorkommende Situationen durchgerechnet, als auch Fälle welche die Grenzen der Leistungsfähigkeit der Direct-Sequence Übertragung zeigen.

3.1.1   Einteilung der Direct-Sequence Übertragung

Die Abb.3.6 zeigt, wie in einer *Punkt-zu-Punkt* Verbindung die Umsetzung von Datenpunkt auf Codepunkt erfolgt: $D_1 \mapsto c_{1,A}, c_{1,O}$ und $D_0 \mapsto c_{0,A}, c_{0,O}$.

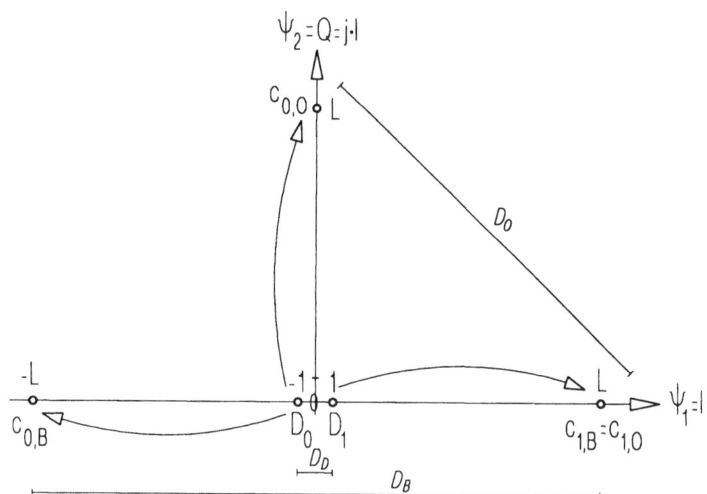

Abbildung 3.6: Punkt-zu-Punkt Verbindung einer Direct-Sequence Übertragung. Abbildung der Signalpunkte in Punkte des Entscheidungsraumes des Detektors.

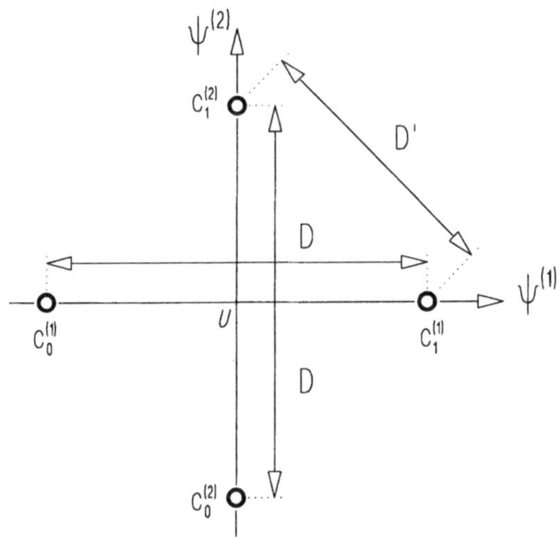

Abbildung 3.7: Mehrbenutzer Direct-Sequence Übertragung (CDMA).

$$D = \overline{c_1^{(i)} c_0^{(i)}}$$
$$D' = \overline{c_1^{(i)} c_1^{(k)}} \quad \dots i \neq k \tag{3.4}$$

Die folgende Liste gibt die in (3.4), Abb.3.6 und Abb.3.7 verwendeten Symbole an:

$c_{i,B}$: Direct-Sequence Impuls, welcher das i-te Datenbit einer bipolaren Punkt-zu-Punkt Verbindung repräsentiert ($i \in \{0,1\}$).

$c_{i,O}$: Direct-Sequence Impuls, welcher das i-te Datenbit einer orthogonalen Punkt-zu-Punkt Verbindung repräsentiert ($i \in \{0,1\}$).

$c_i^{(k)}$: Direct-Sequence Impuls, welcher das i-te Datenbit des k-ten Teilnehmers repräsentiert ($i \in \{0,1\}$).

D: Distanz zwischen Datenbitentscheidungen des eigenen Signals.

D': Distanz zwischen Datenbitentscheidungen fremder Signale. Entspricht der Entfernung zwischen $c_1^{(i)}$ auf der ξ_i-ten Koordinate mit allen anderen $c_1^{(k)}$ wenn $k \neq i$.

$\Psi^{(i)}$: Die Gerade für den i-ten Direct-Sequence Impuls wird durch die Codepunkte $c_1^{(i)}$ und $c_0^{(i)}$ bestimmt. Der Mittelpunkt zwischen den beiden Codepunkten bildet den Ursprung U des mit diesen Geraden aufgespannten Coderaumes. Die Orientierung der Geraden ist von U nach $c_1^{(i)}$. Damit entspricht $\Psi^{(i)}$ einer Koordinate des Coderaumes.

Anhand der Lage des Codepunktes trifft der Detektor eine Datenbitentscheidung. Daher kann man auch sagen, daß die Direct-Sequence Modulation die Datenpunkte im Entscheidungsraum abbildet. Für Schwellwertentscheidung zwischen zwei Datenbits entartet der Entscheidungsraum in eine Entscheidungsebene. Aus naheliegenden Gründen spricht man korrespondierend mit der Abbildung der Datenpunkte von einer bipolare und orthogonale Übertragung.

Für Mehrbenutzersysteme kommt aus Gründen der Separierung der Teilnehmer nur die orthogonale Direct-Sequence Übertragung zur Anwendung. In Analogie zu FDMA und TDMA wird dieses Mehrbenutzerverfahren indem die Teilnehmer durch ihren Code unterschieden werden *Code Division Multiple Access* (CDMA) genannt.

Die Mehrbenutzersysteme werden im Kapitel 8 auf Seite 347 behandelt.

3.1.2 Bipolare Direct-Sequence Spread-Spectrum Übertragung

Die Beschreibung der bipolaren Direct-Sequence Spread-Spectrum Übertragung geht von folgenden Annahmen aus:

Verbindung: Punkt-zu-Punkt.

Modulation: Das empfangene Signal ist ein BPSK moduliertes Direct-Sequence Signal.

Demodulation: Ideale kohärente Demodulation.

Synchronisation: Perfekte Spread-Spectrum Synchronisation.

Störung: Ungestörte Übertragung.

Die häufigste *Punkt-zu-Punkt* Verbindungen ist die bipolare Übertragung. Sie zeichnet sich gegenüber der orthogonalen Übertragung, durch die größere Distanz $D_B = \overline{c_{B,0}c_{B,1}}$ zwischen den Signalpunkten $c_{B,0}$ und $c_{B,1}$ und der einfachen Sender und Empfängerstruktur aus. Die Abb.3.8 zeigt den Aufbau. Die bipolare Direct-Sequence Signalisierung benutzt das Signalset: $\boldsymbol{S}_g = \{c, \overline{c}\}^7$. Das führt auf die in Tab.3.1 angegebene Spread-Spectrum Modulationsvorschrift.

Die in Abb.3.8 dargestellte aktive Korrelation liefert zu den Datenbitzeiten das Ergebnis in (3.5).

$$
\begin{aligned}
Z = \phi_{cc}(0) &= \mathbf{E}\left[c \cdot c\right] = +L \\
Z = \phi_{\overline{c}c}(0) &= \mathbf{E}\left[\overline{c} \cdot c\right] = -L
\end{aligned}
\tag{3.5}
$$

---

[7]Hier bedeutet der Inversionsstrich, da keine Verwechslungsgefahr besteht die Amplitudeninversion ($\overline{c} = \overline{c}^a$).

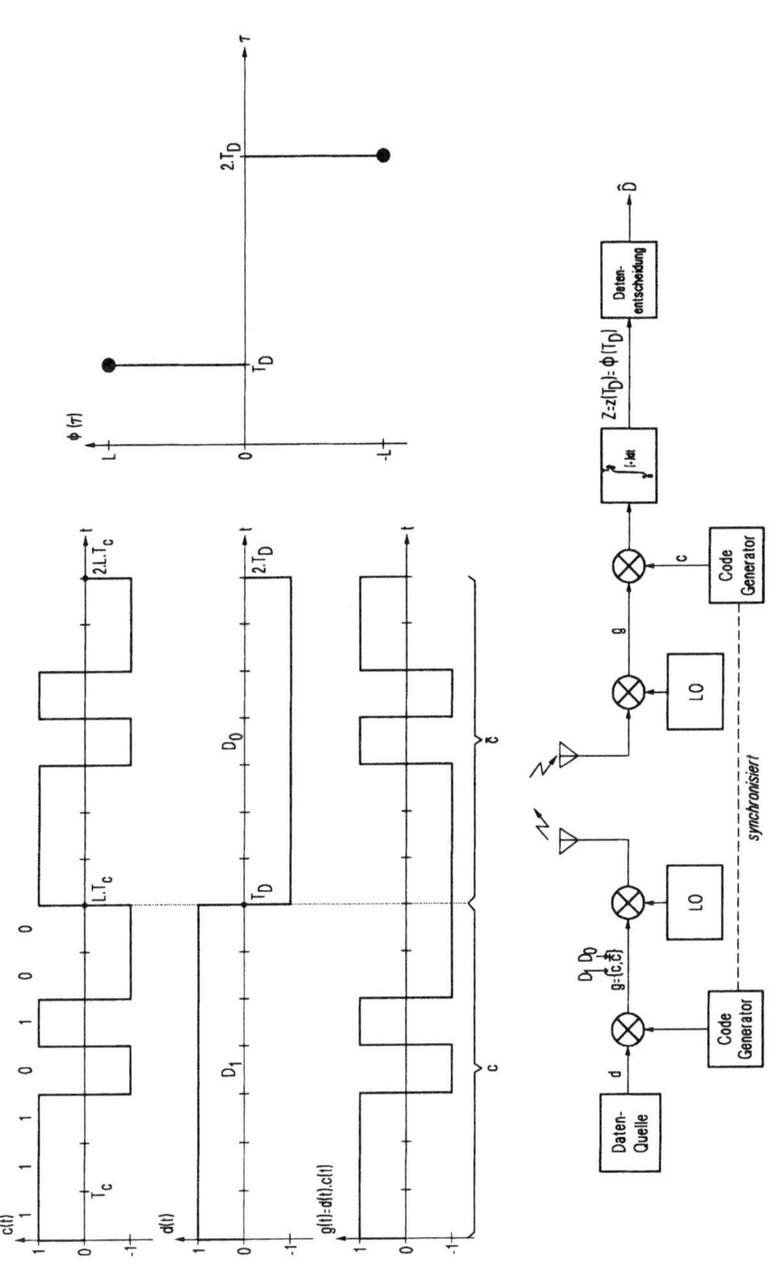

Abbildung 3.8: Bipolare Direct-Sequence Spread-Spectrum Übertragung mit passiver korrelativer Datendetektion. Mit $c(t)=[3,1]$ und Anfangszustand $e=[111]$.

Datenbit	$\mapsto$	SS-Impuls $g(t)$	Signalpunkt im Coderaum
D_1	$\mapsto$	c	$c_{1,A}$
D_0	$\mapsto$	$\bar{c}$	$c_{0,A}$

Tabelle 3.1: Spread-Spectrum Modulationsvorschrift für bipolare Übertragung.

Die Datenentscheidung wird auf Grund der Entscheidungsvariable Z getroffen. Die Entscheidungsvariable ($Z = \phi_{xy}(T_D)$) entspricht zum Zeitpunkt $t = T_D$ der Korrelation. Die Entscheidungshypothesen sind in (3.6) angegeben.

$$\mathbf{H}_A \begin{cases} Z & \geq & \eta_D & \mapsto \hat{D} & = & D_1 \\ Z & < & -\eta_D & \mapsto \hat{D} & = & D_0 \\ |Z| & < & \eta_D & \mapsto \hat{D} & = & \{\,\} \end{cases} \tag{3.6}$$

Die Entscheidungsschwelle η_D wird auf 50 % bis 80 % der Folgenlänge gesetzt.

Die Eigenschaften der bipolaren Übertragung sind:

VT: Es ist nur ein Direct-Sequence Signalgenerator erforderlich.

VT: Der Empfänger benötigt nur einen Korrelator.

VT: Der einfache Aufbau von Sender und Empfänger halten die Kosten der bipolaren Direct-Sequence Übertragung niedrig.

VT: Durch die bipolaren Punkte im Entscheidungsraum ist die Bitfehlerrate minimal bei gleicher Signalenergie.

3.1.3 Orthogonale Direct-Sequence Spread-Spectrum Übertragung

Die Annahmen sind die gleichen wie bei der bipolaren Direct-Sequence Spread-Spectrum Übertragung.

In der Abb.3.9 ist eine Erweiterung zum bipolaren Direct-Sequence Spread-Spectrum System in der Art erfolgt, indem jedem Datenbit ein eigenes Direct-Sequence Signal zugeordnet wurde. Zur Unterscheidung bei der Datendetektion müssen die Direct-Sequence Signale zueinander orthogonal sein. Aus diesem Grund bezeichnet man die orthogonale Direct-Sequence Übertragung auch als *Code Shift Keying* - (CSK). Die orthogonale Direct-Sequence Signalisierung verwendet das Signalset: $\boldsymbol{S}_g = \{c_1, c_0\}$. Die Modulationsvorschrift ist in Tab.3.2 zusammengefaßt.

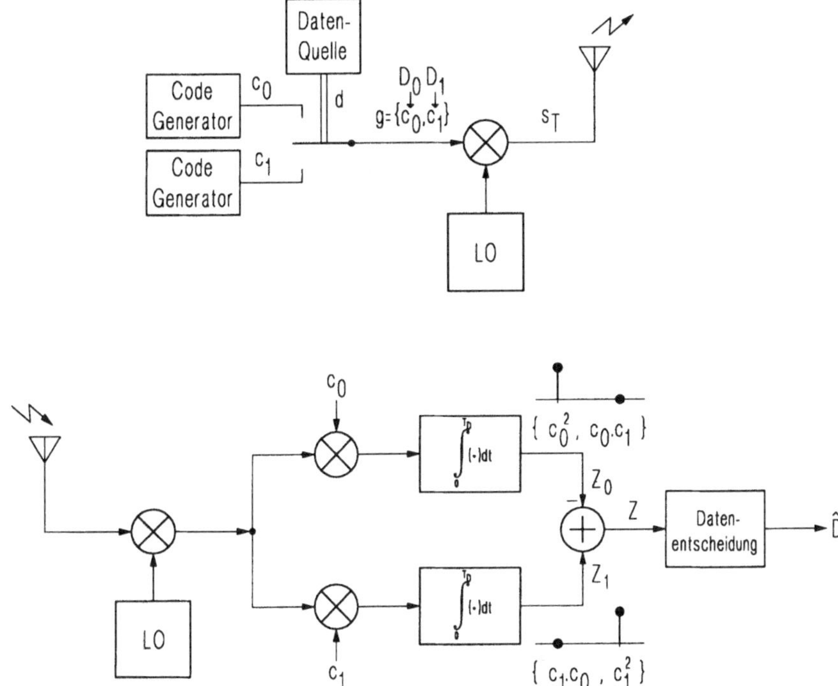

Abbildung 3.9: Orthogonale Direct-Sequence Spread-Spectrum Übertragung.

Die Korrelationen im D_1-Korrelator und D_0-Korrelator werden vorzeichenbehaftet addiert und zur Datendetektion einer Entscheidungsstufe zugeführt ($Z = Z_1 - Z_0$).

$$Z_1 = \underbrace{\begin{cases} \phi_{11}(0) & = \mathbf{E}\left[\, \boldsymbol{c}_1 \cdot \boldsymbol{c}_1\,\right] = L \\ \phi_{01}(0) & = \mathbf{E}\left[\, \boldsymbol{c}_0 \cdot \boldsymbol{c}_1\,\right] = 0 \end{cases}}_{\text{Korrelation im } D_1\text{-Korrelator}} \qquad Z_0 = \underbrace{\begin{cases} \phi_{00}(0) & = \mathbf{E}\left[\, \boldsymbol{c}_0 \cdot \boldsymbol{c}_0\,\right] = L \\ \phi_{10}(0) & = \mathbf{E}\left[\, \boldsymbol{c}_1 \cdot \boldsymbol{c}_0\,\right] = 0 \end{cases}}_{\text{Korrelation im } D_0\text{-Korrelator}} \quad (3.7)$$

Die Entscheidungshypothese ist in (3.8) angegeben.

Datenbit	$\mapsto$	*SS-Impuls $g(t)$*	*Signalpunkt im Coderaum*
D_1	$\mapsto$	$\boldsymbol{c}_1$	$c_{1,O}$
D_0	$\mapsto$	$\boldsymbol{c}_0$	$c_{0,O}$

Tabelle 3.2: Direct-Sequence Modulationsvorschrift für orthogonale Übertragung.

$$\mathbf{H}_O \left\{ \begin{array}{rcrcl} Z & \geq & \eta_D & \mapsto \hat{D} & = & D_1 \\ Z & < & -\eta_D & \mapsto \hat{D} & = & D_0 \\ |Z| & < & \eta_D & \mapsto \hat{D} & = & \{\,\} \end{array} \right. \tag{3.8}$$

Die Entscheidungsschwelle wird auf $\eta_D = (0.5 - 0.8) \cdot L$ eingestellt. Die Eigenschaften des CSK sind:

VT: Die Unterscheidung, wenn keine Daten übertragen werden ist durch das zweite Direct-Sequence Signal einfacher geworden.

VT: Mehr Schutz gegen Entdeckbarkeit der Übertragung durch Verwendung eines zweiten Codes.

NT: Der Sender und der Empfänger sind aufwendiger als bei bipolarer Signalisierung und damit ist dieses System mit höhere Kosten verbunden.

3.1.4 Modellierung und Analyse von Direct-Sequence Spread-Spectrum Systemen

Die Direct-Sequence Übertragung wird für folgende Annahmen modelliert:

Verbindung: Punkt-zu-Punkt.

Modulation: Das empfangene Signal ist ein BPSK moduliertes Direct-Sequence Signal.

Synchronisation: Die im Empfänger erzeugten Signale sind vollkommen unsynchronisiert zum Eingangssignal.

Störung: Die Störung im Kanal wird als AWGN- und CW-Störung angenommen.

Mehrwege: Es existiert nur ein direkter Signalpfad (LOS).

Anhand obiger Annahmen sollen folgende Abläufe dargestellt werden:

1. Darstellung der Träger- und Spread-Spectrum Synchronisation.

2. Entwicklung der Entscheidungsvariable Z für perfekte Träger-, Datentakt- und Spread-Spectrum Synchronisation.

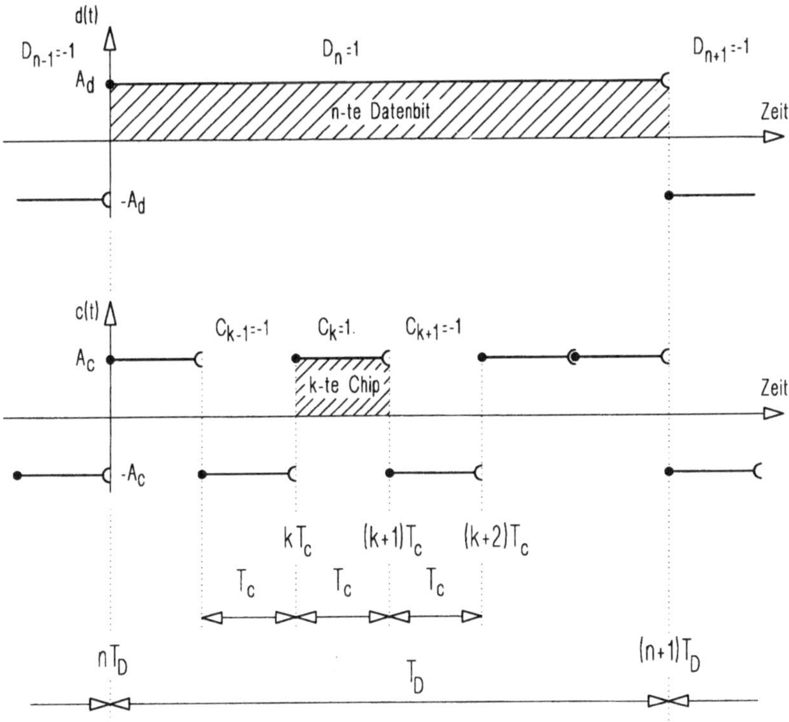

Abbildung 3.10: Daten- und Direct-Sequence Signal.

3. Berechnung der bedingten Bitfehlerrate $P_e(i)$ sowie der mittleren Bitfehlerrate $\underset{i}{\mathbf{E}}[P_e(i)]$, wenn nur die Störleistung, aber *nicht* die Verteilung der Störamplitude bekannt ist. Als Beispiele werden die Bitfehlerrate für **AWGN**- und Sinusstörung berechnet.

4. Berechnung der Bitfehlerrate über das *SNR* indem die Signale als WSS-Prozesse modelliert werden (Verteilung der Störamplitude bekannt). Als Beispiele werden die Bitfehlerraten für **AWGN**- und Sinusstörung berechnet.

5. Es wird gezeigt, daß für **AWGN** das Ergebnis aus 3) mit dem aus 4) übereinstimmt.

Die in der Darstellung benutzten Symbole sind:

$d(t)$: Kontinuierliches binäres Datensignal.

A_d: Amplitude der Datenbits.

D_n: Logische Zustand des n-ten Datenbits einer unendlichen Folge $D_n \in \{\pm 1\}$) (Bernoulli-Zufallsvariable).

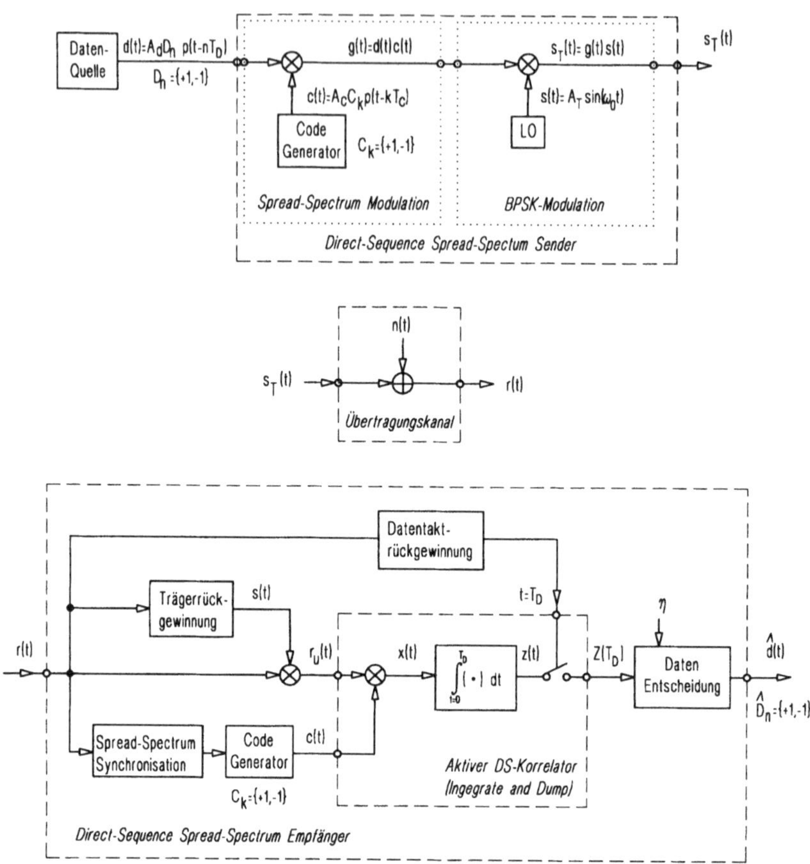

Abbildung 3.11: Modell der · bipolaren Direct-Sequence Spread-Spectrum Übertragung mit aktivem Korrelator.

$s(t)$: Trägersignal.

$u(t)$: Eingangssignal des Spread-Spectrum Modulators. Konventionell digital moduliertes Datensignal (BPSK).

$c(t)$: Direct-Sequence Spread-Spectrum Signal.

A_c: Amplitude des Direct-Sequence Signals.

C_k: Logische Zustand des k-ten Chips innerhalb eines Datenbits ($C_k \in \{\pm 1\}$).

$g(t)$: Spread-Spectrum moduliertes Basisband-Datensignal.

$s_T(t)$: Sendesignal.

$i(t)$: Allgemeines Störsignal.

$n(t)$: Breitbandiges Störsignal (Modelliert durch **AWGN**).

$j(t)$: Schmalbandiges Störsignal (Modelliert durch **CW**).

$r(t)$: Empfangenes Signal. Ausgangssignal des Übertragungskanals.

$r_u(t)$: Spread-Spectrum demoduliertes Empfangssignal. Eingangssignal des konventionellen digitalen BPSK-Demodulators.

$x(t)$: Integrator Eingangssignal.

$z(t)$: Eingangssignal für Datenbitentscheider.

Z: Zufallsvariable: Amplitudenstatistik von $z(t)$.

$\hat{D}$:   Datenentscheidung.

A_T: Amplitude des Sendesignals.

η: Schwelle für die Datenentscheidung ($\eta = 0$).

τ: Signallaufzeit zwischen Sender und Empfänger.

τ':   Die im Empfänger erzeugten Signale weisen eine Zeitverschiebung von τ' zum Originalsignal auf.

Die Datenbitdauer wird als ein ganzzahliges Vielfaches (L) der Chipdauer angenommen. Die Impulsform des Daten- und Chipsignals wird rechteckig ($\Psi(t) \to p(t)$) nach (2.21) angenommen. Die Datenbits D_n werden von einer binären Quelle vorgegeben (Bernoulli-Zufallsvariable) und die Chips C_k sind durch das gewählte Direct-Sequence Signal festgelegt. Das im Sender erzeugte Signal wird im Kanal verformt. Im Empfänger werden die Daten durch Demodulator und Detektor wiedergewonnen. Der Datenentscheider trifft innerhalb der Datenbitdauer eine Entscheidung. Sie ist abhängig von den innerhalb der Datenbitdauer auftretenden unvorhersagbaren (zufälligen) Störungen. Wegen der zufälligen Natur beschreibt man sie durch eine mittelwertbehaftete Zufallsgröße ($Z = z(T_D)$). Die Signale des Senders für kontinuierliche Übertragung sind in (3.9) angegeben.

$$
\begin{aligned}
d(t) &= A_d \sum_{n=-\infty}^{\infty} D_n\, p(t - n\,T_D) \\[1em]
&\quad \underline{\text{mit}}: D_n = \mathbf{L_a}\left\{ d(nT_D < t \le (n+1)T_D \;\downarrow\; (n+\tfrac{1}{2})T_D \right\} \\[1em]
c(t) &= A_c \sum_{k=-\infty}^{\infty} C_k\, p(t - k\,T_c) \\[1em]
&\quad \underline{\text{mit}}: C_k = \mathbf{L_a}\left\{ c(kT_c < t \le (k+1)T_c \;\downarrow\; (k+\tfrac{1}{2})T_c \right\} \\[1em]
s(t) &= \sin(\omega_0 t) \\
g(t) &= d(t)\, c(t) \\
s_T(t) &= g(t)\, s(t)
\end{aligned}
\tag{3.9}
$$

Die Abb.3.10 zeigt das n-te Datenbit $d(nT_D < t \le (n+1)T_D) = D_n$, sowie das k-te Chip innerhalb des n-ten Datenbits $g(k\,T_c < t \le (k+1)\,T_c \mid D_n) = A_c\, D_n\, C_k$. In (3.9) wurde der Abtastoperator nach Definition 3.1 verwendet.

DEFINITION 3.1 (ABTASTOPERATOR) *Der Atastoperator tastet die Funktion $s(t)$ periodisch alle $k\,T_s$ ab. Mit $k \in \mathbb{N}_0$ und T_s ist die Zeit zwischen zwei Abtastpunkten.*

$$
\mathbf{L_a}\left\{ s(t) \;\downarrow\; k\,T_s \right\}
$$

Mit der Annahme $A_d = A_T = 1$ und $A_c = \sqrt{2\mathcal{E}_c/T_c} = \sqrt{2\mathcal{E}_D/T_D}$ folgt, daß die Trägerschwingung des BPSK-Signals die Amplitude A_c besitzt.

$$
s_T(t) = A_c \left[\sum_{n=-\infty}^{\infty} D_n p(t - n\,T_D) \cdot \sum_{k=-\infty}^{\infty} C_k\, p(t - k\,T_c) \right] \sin(\omega_0 t)
\tag{3.10}
$$

Das ausgesendete Signal $s_T(t)$ wird im Kanal durch Überlagerung mit einem Störsignal $i(t)$ beliebiger Kurvenform verformt. Die Dämpfung wird vernachlässigt und der Mehrwegeempfang wird in einem eigenen Abschnitt behandelt. Die willkürliche Störung wird als eine additive Überlagerung eines breitbandigen Signals $n(t)$ und eines schmalbandigen Signals $j(t)$ angenommen. Die breitbandige Störung wird als `AWGN`-Signal modelliert und die schmalbandige Störung wird durch ein Sinussignal (Continuous Wave - `CW`) repräsentiert.

$$
i(t) = n(t) + j(t) = n(t) + A_{cw}\sin(2\pi f_{cw} t + \varphi_{cw})
\tag{3.11}
$$

Das empfangen Signal weist eine Laufzeitverschiebung von τ Sekunden gegenüber einer globalen Zeit (Senderuhr) auf. Die im Empfänger erzeugten Signale weisen eine Zeitverschiebung von τ' auf. Dies ermöglicht die Synchronisationsvorgänge: *Träger- und Spread-Spectrum Synchronisation* zu studieren. Außerdem wird das signalangepaßte Filter durch einen mit der Datenrate abgetasteten Korrelator angenommen. Dazu ist die Annahme notwendig, daß der Daten- und Chiptakt perfekt rückgewonnen wurden. Die Signale im Empfänger bis zur Entscheidungsvariable Z sind in (3.12) angeben.

$$r(t) = s_T(t - \tau) + i(t) \tag{3.12}$$

$$r_u(t) = r(t)\, s(t - \tau') = \Big[s_T(t - \tau) + i(t) \Big]\, s(t - \tau') \tag{3.13}$$

$$x(t) = r_u(t)\, c(t - \tau') = \tag{3.14}$$
$$= d(t - \tau)\, c(t - \tau)\, c(t - \tau')\, s(t - \tau)\, s(t - \tau') + i(t)\, c(t - \tau')\, s(t - \tau')$$

$$Z = z(T_D) = \underbrace{\int_{t=\tau'}^{\tau' + T_D} \Big[d(t - \tau)\, c(t - \tau)\, c(t - \tau')\, s(t - \tau)\, s(t - \tau') \Big]\, dt}_{Z_d} + \tag{3.15}$$

$$+ \underbrace{\int_{t=\tau'}^{\tau' + T_D} \Big[n(t)\, c(t - \tau')\, s(t - \tau') \Big]\, dt}_{Z_n} + \tag{3.16}$$

$$+ \underbrace{\int_{t=\tau'}^{\tau' + T_D} \Big[j(t)\, c(t - \tau')\, s(t - \tau') \Big]\, dt}_{Z_j} \tag{3.17}$$

3.1.5   Darstellung der Synchronisation

Die Auswirkung der Träger- und Spread-Spectrum Synchronisation wird durch Untersuchung des Einflusses des Datenbitanteils der Entscheidungsvariable Z_d im Ausdruck (3.15) durchgeführt. Es erfolgt zuerst die Spread-Spectrum Synchronisation, damit es der Trägersynchronisation durch die *SNR*-Verbesserung möglich ist den Träger zu synchronisieren.

$$s(t - \tau)\, s(t - \tau') = \sin\big[2\pi f_0 (t - \tau) \big] \cdot \sin\big[2\pi (f_0 + \Delta f)(t - \tau') \big] = \tag{3.18}$$

$$= \sin\big(\underbrace{2\pi f_0 t + \varphi}_{\alpha} \big) \cdot \sin\big(\underbrace{2\pi f_0 t + \varphi}_{\alpha} + \underbrace{\Delta\varphi}_{\beta} \big) \tag{3.19}$$

Der Frequenzfehler Δf des Empfängeroszillators in (3.18) wird vernachlässigt. Mit (B.1) folgt (3.20).

$$\longrightarrow \frac{1}{2}\left[1 - \cos(4\pi f_0 t + 2\varphi) \cdot \cos(\Delta\varphi) + \sin(4\pi f_0 t + 2\varphi) \cdot \sin(\Delta\varphi)\right] \tag{3.20}$$

Durch das Tiefpaßfilter nach dem Multiplizierer[8] bleibt nur mehr

$$s(t - \tau)\, s(t - \tau') = \frac{1}{2}\cos(\Delta\varphi) \tag{3.21}$$

über. Setzt man (3.21) in (3.15) ein, so erhält man (3.22).

$$Z_d = \frac{1}{2}\cos(\Delta\varphi) \int\limits_{t=\tau'}^{\tau'+T_D} d(t-\tau)\, c(t-\tau)\, c(t-\tau')\, dt \tag{3.22}$$

In (3.22) betrifft die Auswertung der Korrelation im nicht-synchronisierten Zustand zwei Datenbits (aperiodische Korrelation). Die Verhältnisse sind in Abb.3.12 dargestellt. Wie man prinzipiell damit umgeht ist im Kapitel 8 gezeigt.

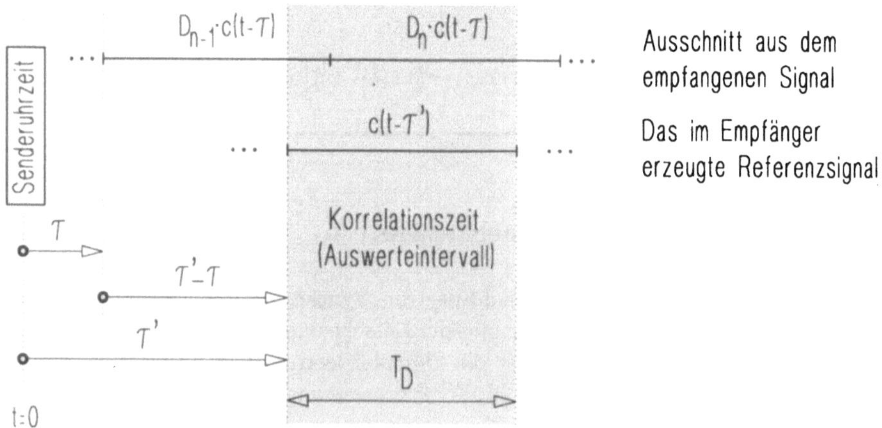

Abbildung 3.12: Auswertung der Korrelation für den unsynchronisierten Zustand des Empfängers.

---

[8]Die notwendigen Filter sind in den Abbildungen nicht dargestellt. In der Rechnung müssen sie jedoch berücksichtigt werden.

Damit ist der nicht-synchronisierte Zustand ausreichend beschrieben. Jetzt flüchtet man sich in die Annahme der *perfekten Spread-Spectrum Synchronisation*. Dies bedeutet, daß τ' solange verändert wird, bis $\tau' = \tau$ ist. Ist der Codeversatz[9] $|\tau - \tau'| < T_c$ so ist der Einfluß des Nachbardatenbits vernachlässigbar und es steigt die Verwandtschaft der Codes näherungsweise linear[10], wie es die Autokorrelationsfunktion $\phi_{cc}(\tau - \tau')$ vorschreibt. Der Spread-Spectrum Synchronisationsvorgang wird in Kapitel 6 ausführlich beschrieben.

$$Z_d = \frac{1}{2}\cos(\Delta\varphi) \cdot D_n \cdot \underbrace{\int\limits_{t=\tau}^{\tau+T_D} c^2(t-\tau)\, dt}_{\phi_{cc}(0)=A_c^2 T_D} \qquad (\tau' = \tau) \qquad (3.23)$$

Aus (3.23) kann man ablesen, daß die Datenbitenergie ein Maximum wird, wenn der Trägerphasenversatz $\Delta\varphi = 0$ wird und der Codeversatz $|\tau - \tau'| = 0$ ist. Dies entspricht dem *Rückgängigmachen* der durch den Code verursachten zusätzlichen Phasensprünge. Dies bedeutet im Frequenzbereich, daß das empfangene breitbandige Signal auf die Datenbandbreite komprimiert wurde. Unter der Annahme der perfekten Spread-Spectrum Synchronisation wird die Entscheidungsvariable Z, bestehend aus (3.15), (3.16) und (3.17) für $|\tau - \tau'| = 0$ und ein bestimmtes Datenbit D_n, sowie Z_d aus (3.23), zu (3.24).

$$Z = D_n \overbrace{\frac{A_c^2}{2} T_D}^{\varepsilon_D} \cos(\Delta\varphi) + \int\limits_{t=\tau}^{\tau+T_D} n(t)\, c(t-\tau)\, \sin\left[2\pi f_0(t-\tau)\right] dt +$$

$$+ \int\limits_{t=\tau}^{\tau+T_D} j(t)\, c(t-\tau)\, \sin\left[2\pi f_0(t-\tau)\right] dt \qquad (3.24)$$

Zerstückelt man in (3.24) die Integrale über T_D in Teil über T_c so erhält man (3.25).

---

[9]Oft wird der Codeversatz als Codeoffset bezeichnet.
[10]Siehe Abb.2.9.

$$
\begin{aligned}
Z \;=\; & D_n\,\mathcal{E}_D\,\cos(\Delta\varphi) + A_c \sum_{k=0}^{L-1} C_k \underbrace{\int_{t=kT_c}^{(k+1)T_c} n(t)\,\sin\left[2\pi f_0(t-\tau)\right]\,dt}_{N_k} \; + \\[2ex]
& + A_c \sum_{k=0}^{L-1} C_k \underbrace{\int_{t=kT_c}^{(k+1)T_c} j(t)\,c(t-\tau)\,\sin\left[2\pi f_0(t-\tau)\right]\,dt}_{J_k} \;= \\[2ex]
& = \underbrace{D_n\,\mathcal{E}_D\,\cos(\Delta\varphi)}_{Z_d} + \underbrace{A_c \sum_{k=0}^{L-1} C_k \cdot N_k}_{Z_n} + \underbrace{A_c \sum_{k=0}^{L-1} C_k \cdot J_k}_{Z_j}
\end{aligned}
\tag{3.25}
$$

$$
\underbrace{\phantom{D_n\,\mathcal{E}_D\,\cos(\Delta\varphi) + A_c \sum_{k=0}^{L-1} C_k \cdot N_k + A_c \sum_{k=0}^{L-1} C_k \cdot J_k}}_{Z_i}
$$

Aus (3.25) erkennt man, daß die Entscheidungsvariable Z ein Maximum wird, wenn $\cos(\Delta\varphi) = 1$ wird und sie wird ein Minimum wenn $\cos(\Delta\varphi) = -1$ wird. Außerdem zeigt sie die Mehrdeutigkeit des Datenbits. Mit der Annahme der perfekten Trägerrückgewinnung ($\Delta\varphi = 0$) folgt, daß $Z_d = D_n\,\mathcal{E}_D$ wird.

$$
\boxed{\; Z = D_n\,\mathcal{E}_D + A_c \sum_{k=0}^{L-1} C_k \cdot N_k + A_c \sum_{k=0}^{L-1} C_k \cdot J_k = Z_d + Z_n + Z_j \;}
\tag{3.26}
$$

Die Gleichung (3.26) ist die Definitionsgleichung[11] der Entscheidungsvariable für die Datendetektion.

3.1.6 Leistungsanalyse

Die Leistungsanalyse bedient sich der Berechnung der Bitfehlerrate. Die Bitfehlerrate eines Direct-Sequence Spread-Spectrum Systems wird durch die Statistik der Zufallsvariable Z am Detektoreingang bestimmt. In (3.26) wurde die AWGN-Störung und die CW-Störung angesetzt.

Zur Berechnung der Bitfehlerrate muß man die Frage klären, ob die Statistik von Z bekannt oder unbekannt ist. Die Antwort dieser Frage bestimmt einen der beiden Wege in Abb.3.13. Ist die Statistik bekannt, so ist es kein Problem das SNR zur Bestimmung der Bitfehlerrate zu berechnen. Etwas aufwendiger wird es, wenn die

---

[11] $A_c = \sqrt{\frac{2\mathcal{E}_D}{T_D}}$ mit $\mathcal{E}_D = \int_0^{T_D} A_c^2\,\sin(2\pi f_0 t)\,dt$.

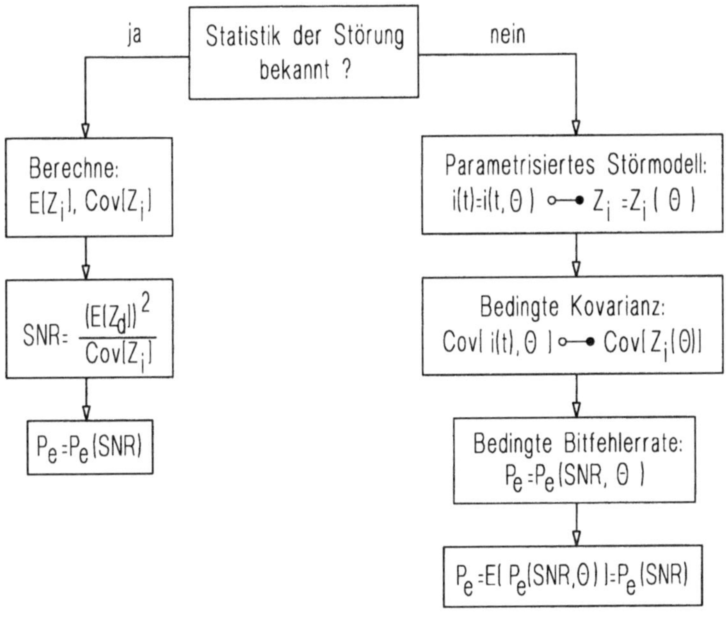

Abbildung 3.13: Berechnung der Bitfehlerrate.

Statistik der Störung unbekannt ist. Man kann dann nur mehr eine Schranke für die Bitfehlerrate angeben. Dazu benötigt man ein parametrisiertes Modell der Störung. Das Störmodell ist für eine bestimmte Folge an Parametern Θ ein determiniertes Modell. Mathematisch ausgedrückt ist die Kurvenform der Störung in *Parameterform* im Modell enthalten. Das parametrisierte Störmodell liefert eine *bedingte* Bitfehlerrate. Bestimmt man die bedingte Bitfehlerrate für jede mögliche Folge an Parametern und mittelt anschließend über alle Realisierungen, so kommt man zur allgemeinen Bitfehlerrate.

3.1.6.1 Berechnung der bedingten Bitfehlerrate für unbekannte Störstatistik

In (3.26) sind Energien angesetzt. Jetzt vereinfachen wir die Berechnungen indem wir die Bitfehlerrate auf ein positives Datenbit ($D_n = 1$) beziehen und von einer Energiestatistik auf eine normierte Amplitudenstatistik $A_c = 1$ umsteigen. In der Entwicklung von (3.26) wurde vorausgesetzt, daß die Statistik der Störung bekannt ist. Jetzt wird angenommen, daß nur eine Störung $i(t)$ vorhanden ist und deren Statistik nicht bekannt ist.[12] Dazu wählt man den rechten Zweig in der Abb.3.13 und berechnet mit Hilfe eines parameterisierten Störmodells die bedingte Bitfehlerrate. Der allgemeine Parametervektor wird der Aufgabe entspechend mit einem Störvektor

---

[12]Das Störsignal $i(t)$ darf auch aus einer Summe von Störsignalen bestehen, solange eine Realisierung des Summensignals mit einem Parametervektor beschrieben werden kann.

$\Theta \mapsto I$ bezeichnet. Die bedingte Bitfehlerrate wird mit Hilfe der Chernoff-Schranke berechnet.

Eine Einführung in die Anwendung der Chernoff-Schranke findet man im Anhang D.4 auf Seite 668. Dort ist besonderes Augenmerk auf die Anwendung der Chernoff-Schranke auf Direct-Sequence Signale gelegt worden. Setzt man $X = \frac{1}{\sqrt{L}} \sum_{k=0}^{L-1} C_k I_k - \sqrt{\mathcal{E}_D}$ in die Definitionsgleichung der Chernoff-Schranke (D.38) ein, so erhält man (3.27).

$$\mathbf{Pr}\left[Z_i > Z_d \mid J_k, N_k \right] \mapsto \mathbf{Pr}\left[\frac{1}{\sqrt{L}} \sum_{k=0}^{L-1} C_k I_k > \sqrt{\mathcal{E}_D} \mid I_k \right] \tag{3.27}$$

Die Chernoff-Schranke wird auf den rechten Term in (3.27) angewendet. Das Ergebnis zeigt (3.28). Die darin enthaltenen Schritte sind durch die Klammern angedeutet. Falls dazu eine Erklärung notwendig sein sollte, so findet man sie im Anhang.

$$\begin{aligned}
\mathbf{Pr}\left[\frac{1}{\sqrt{L}} \sum_{k=0}^{L-1} C_k I_k - \sqrt{\mathcal{E}_D} > 0 \mid I_k \right] &\leq \mathbf{E}\left[e^{\left(\frac{\lambda}{\sqrt{L}} \sum_{k=0}^{L-1} C_k I_k - \sqrt{\mathcal{E}_D} \right)} \mid I_k \right] \\
&\leq e^{-\lambda \sqrt{\mathcal{E}_D}} \cdot \mathbf{E}\left[e^{\lambda \frac{1}{\sqrt{L}} \sum_{k=0}^{L-1} C_k I_k} \mid I_k \right] \\
&\leq e^{-\lambda \sqrt{\mathcal{E}_D}} \cdot \prod_{k=0}^{L-1} \mathbf{E}\left[e^{\frac{\lambda}{\sqrt{L}} C_k I_k} \mid I_k \right] \\
&\leq e^{-\lambda \sqrt{\mathcal{E}_D}} \cdot \prod_{k=0}^{L-1} \underbrace{\left(\frac{1}{2} e^{\frac{\lambda}{\sqrt{L}} I_k} + \frac{1}{2} e^{-\frac{\lambda}{\sqrt{L}} I_k} \right)}_{\displaystyle \cosh\left(\frac{\lambda}{\sqrt{L}} I_k \right) \leq e^{\frac{\lambda^2}{2L} I_k^2}}
\end{aligned} \tag{3.28}$$

$$\leq e^{-\lambda \sqrt{\mathcal{E}_D}} \cdot \prod_{k=0}^{L-1} e^{\frac{\lambda^2}{2L} I_k^2} = e^{-\lambda \sqrt{\mathcal{E}_D}} \cdot e^{\frac{\lambda^2}{2L} \sum_{k=0}^{L-1} I_k^2} \tag{3.29}$$

Der Exponent der Exponentialfunktion in (3.28) enthält eine Summe von zwei Zufallsvariablen, von denen eine das Spread-Spectrum Chip betrifft und die andere eine Störkomponente repräsentiert. In (3.28) wurde die Spread-Spectrum Chip-Folge (Pseudozufallsfolge: $c = [\dots C_k \dots]$) als unabhängige, gleichverteilte Binärfolge modelliert und mit Hilfe der Ungleichung $\cosh(x) \leq e^{x^2/2}$ beschränkt. Jetzt muß man für die modifizierte Chernoff-Schranke jenes $\lambda = \lambda^*$ suchen, welches die Schranke für die bedingte Bitfehlerrate maximiert. Für $\lambda^* = \sqrt{\mathcal{E}_D} \cdot \left[\frac{1}{L} \sum_{k=0}^{L-1} I_k^2\right]^{-1}$ folgt die bedingte Bitfehlerrate für unbekannte Störstatistik (3.30). Für die Begründung des Faktors $1/2$ in (3.30) wird auf [Hellman70] verwiesen.

$$P_e(\boldsymbol{I}) \leq \frac{1}{2}\, e^{-\frac{\mathcal{E}_D L}{2 \sum_{k=0}^{L-1} I_k^2}} \tag{3.30}$$

Zusammenfassend kann man feststellen, daß die Schranke in (3.30) für jede beliebige Länge des Spread-Spectrum Signals, sowie für jede Art der Störung gültig ist, solange die Folgenelemente des Spread-Spectrum Signals unabhängige gleichverteilte Zufallsvariablen sind.

3.1.6.2 Berechnung der bedingten Bitfehlerrate für Gaußsche Annahme der Störstatistik

Knüpft man an die Annahme von vorher, betreffend des Spread-Spectrum Signals (Folge von unabhängigen, gleichverteilten Zufallsvariablen) an und fordert man ähnliches für die Komponenten der Störfolge, so kommt man nach dem zentralen Grenzwertsatz zu einer Gaußschen Verteilung der Störung.

$$\begin{aligned} \mathbf{E}\left[C_k I_k \mid I_k\right] &= I_k \cdot \overbrace{\mathbf{E}\left[C_k\right]}^{\to 0} = 0 \\ \mathbf{Var}\left[i \mid I\right] &= \frac{1}{L} \sum_{k=0}^{L-1} I_k^2 \end{aligned} \tag{3.31}$$

In (3.31) wurde entsprechend der Gaußschen Annahme vorausgesetzt, daß die Spread-Spectrum Folgen lange Folgen sind.

$$P_e(\boldsymbol{I}) = Q\left(\sqrt{\frac{\mathcal{E}_D}{\frac{1}{L} \sum_{k=0}^{L-1} I_k^2}}\right) \tag{3.32}$$

Man kann die Äquivalenz der bedingten Bitfehlerrate nach der allgemeineren Chernoff-Schranke (3.30) mit der für die vereinfachende Gaußsche Annahme (3.32) beweisen, indem man die Näherung für die Marcum-Funktion (C.38) benutzt. Damit folgt die wichtige Aussage:

> Zur Berechnung der Bitfehlerrate von Direct-Sequence
> Spread-Spectrum Systemen ist die Gaußsche Annahme, eine
> von der Folgenlänge unabhängig gültige Annahme.

Damit kann man in (3.30) als auch in (3.32) die gesamte Energie der Störung innerhalb einer Datenbitdauer, repräsentiert durch den Term $\sum_{k=0}^{L-1} I_k^2 = \mathcal{P}_i T_D$ setzen. Als $\mathcal{P}_i$ wird jene Leistung bezeichnet, welche von den L-Koordinaten des Direct-Sequence Signals eingefangen wird. Die mittlere Störenergie pro Koordinate des Direct-Sequence Signalraumes ist dann: $\frac{1}{L} \sum_{k=0}^{L-1} I_k^2 = \frac{\mathcal{P}_i T_D}{L} = N_i$.

3.1.6.3   Berechnung der Bitfehlerrate, wenn das Störsignal und das Direct-Sequence Signal als stationäre Zufallsprozesse modelliert werden

Die Störung wird als stationärer Zufallsprozeß konstanter Leistung $\mathcal{P}_i$, Autokorrelationsfunktion $\phi_i(\tau)$ und Leistungsdichtespektrum $\Phi_i(f)$ modelliert. Das Direct-Sequence Signal wird als stationärer Pseudozufallsprozeß modelliert, dessen $\phi_c(\tau)$ und $\Phi_c(f)$ in (2.5) und (2.9) gegeben sind.

Mit der Annahme, daß das Direct-Sequence Signal und das Störsignal unabhängig voneinander sind folgt, daß die Korrelationsfunktion der gespreizten Störung $n(t) = c(t)i(t)$ aus dem Produkt der jeweiligen Korrelationsfunktionen besteht $\phi_n(\tau) = \phi_c(\tau) \cdot \phi_i(\tau)$. Das Leistungsdichtespektrum der gespreizten Störung erhält man dann als die Faltung der einzelnen Leistungsdichten $\Phi_n(f) = \Phi_c(f) * \Phi_i(f)$. Wie aus (2.9) und Abb.2.5 ersichtlich hat das Leistungsdichtespektrum des Direct-Sequence Signals einen $(\sin(x)/x)^2$-Verlauf mit etwa der Nullstellenbandbreite von $2/T_c$. Im Folgenden wird eine obere Schranke für die spektrale Störleistungsdichte angegeben.

$$\Phi_n(0) = \int_{-\infty}^{\infty} \Phi_c(f)\Phi_i(f)\, df \tag{3.33}$$

$$\overset{(1)}{\leq} \Phi_c(0) \int_{-\infty}^{\infty} \Phi_i(f)\, df = \Phi_c(0) \cdot \mathcal{P}_i \overset{(2)}{=} T_c \cdot \mathcal{P}_i = N_i$$

In (3.33) resultiert die Ungleichung (1) als Folge des spektralen Maximums von $c(t)$ für $f = 0$. Das Gleichheitszeichen (2) setzt die Berechnung in (3.34) voraus. Die in (3.33) angegebene obere Schranke der konstanten spektralen Leistungsdichte N_i beinhaltet die gesamte Leistung $\mathcal{P}_i$ des Störsignals, gleichmäßig verteilt über alle Frequenzen der Spread-Spectrum Bandbreite.

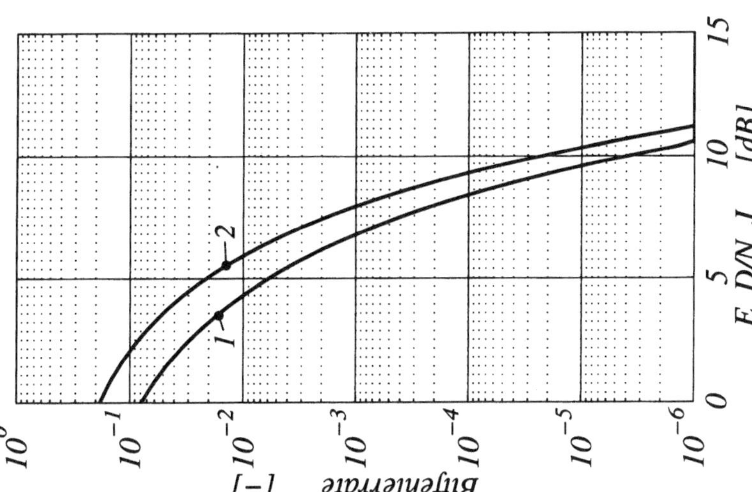

Abbildung 3.14: Vergleich der Berechnungsmethoden für Bitfehlerraten in unbekannten Störungen.

$$\Phi_c(0) = \int\limits_{-\infty}^{\infty} \phi_c(\tau)\, d\tau = \int\limits_{-T_c}^{T_c} \left(1 - \frac{|\tau|}{T_c}\right) d\tau = T_c \qquad (3.34)$$

Durch die Multiplikation des empfangenen Signals mit einer synchronisierten Kopie des Direct-Sequence Signals wird das, die Information tragende Datensignal auf die Datenbandbreite komprimiert und das Störsignal auf die Spread-Spectrum Bandbreite gespreizt. Wie die vorangegangenen Berechnungen zeigen, vereinfacht sich das Detektionsproblem auf die konventionelle Demodulation eines schmalbandigen BPSK-Signals hoher spektraler Leistungsdichte innerhalb der Datenbandbreite in breitbandiger Störung geringer spektraler Leistungsdichte $N_i/2$ innerhalb der Datenbandbreite. Weil perfekte Synchronisation (Träger, Spread-Spectrum) vorausgesetzt wurde, wird nur die I-Komponente (Cosinuskomponente) demoduliert. Die Varianz der Störung teilt sich im Mittel aber auf beide Komponenten I und Q zu gleichen Teilen auf und die Varianz der Störung am Detektoreingang beträgt $\mathbf{Var}\,[\,i\,] = N_i/2$.

3.1.6.4 Berechnung der Bitfehlerrate für bekannte Störstatistik

Der Erwartungswert des Ausgangssignals des Korrelators zum Zeitpunkt $t = T_D$ ist für Gaußsche Störung[13] in (3.35) angegeben.

$$\mathbf{E}\,[\,Z\,] = \mathbf{E}\,[\,Z_d + Z_n\,] = \mathcal{E}_D + \mathbf{E}\,[\,z_n(T_D)\,] \qquad (3.35)$$

Für mittelwertfreie Störsignale ist $\mathbf{E}\,[\,z_n(T_D)\,] = 0$. Damit wird der Erwartungswert von Z gleich der Bitenergie $\mathcal{E}_D$ und aus der $\mathbf{Cov}\,[\,Z_n\,]$ wird die $\mathbf{Var}\,[\,Z_n\,]$.

$$\boxed{\begin{aligned}
\mathbf{Var}\,[\,Z_n\,] &= \mathbf{E}\,[\,Z_n^2\,] = \frac{2\mathcal{E}_D}{T_D} \sum_{k=0}^{L-1} \sum_{m=0}^{L-1} \underbrace{\mathbf{E}\,[\,C_k\,C_m\,]}_{\delta_{km}}\, \mathbf{E}\,[\,N_k\,N_m\,] = \\
&= \frac{2\mathcal{E}_D}{T_D} \sum_{k=0}^{L-1} \mathbf{E}\,[\,N_k^2\,] = \frac{2\mathcal{E}_D}{T_D} \sum_{k=0}^{L-1} \mathbf{Var}\,[\,N_k\,] = \frac{2\mathcal{E}_D}{T_D} L \cdot \mathbf{Var}\,[\,N_k\,]
\end{aligned}} \qquad (3.36)$$

Mit (3.35) und (3.36) folgt das die Bitfehlerrate bestimmende SNR.

$$\text{Mit dem}\quad SNR = \frac{\left(\mathbf{E}\,[\,Z_d\,]\right)^2}{\mathbf{Cov}\,[\,Z_n\,]} = \frac{\mathcal{E}_D\,T_D}{L\,\mathbf{Var}\,[\,N_k\,]} \quad \text{folgt} \qquad (3.37)$$

$$\longrightarrow\ P_e = P_e(SNR) = P_e(\mathcal{E}_D, T_D, L, \mathbf{Var}\,[\,N_k\,]). \qquad (3.38)$$

---

[13] Vergleiche (1.13a).

Aus (3.37) erkennt man, daß in der Gleichung für die Bitfehlerrate die Signalenergie, die Signaldauer, die Folgenlänge und die Varianz der Störung vorkommt. Die Bitfehlerrate wird jedoch nur von der Varianz des Störterms bestimmt, da alle anderen Größen durch den Entwurf vorgegeben sind.

In den folgenden Abschnitten wird die Varianz des Störterms für verschiedene Störarten berechnet und das sich damit ergebende *SNR*.

3.1.6.5 Sinusstörung

Der Signal/Störabstand für Sinusstörung wird unter folgenden Annahmen berechnet:

Verbindung: Punkt zu Punkt.

Modulation: Das empfangene Signal ist ein BPSK moduliertes Direct-Sequence Signal.

Demodulation: Ideale kohärente Demodulation.

Synchronisation: Perfekte Spread-Spectrum Synchronisation.

Störung: Die Störung im Kanal wird als CW-Störung angenommen (AWGN vernachlässigt). Das Störsignal ist $j(t) = A_{cw} \sin(2\pi f_{cw} t + \varphi)$. Die Frequenz der Sinusstörung liegt in der Trägerfrequenz: $f_{cw} = f_0$. Die Amplitude der Sinusstörung ist konstant: $A_{cw} = \sqrt{2\mathcal{P}_{cw}} = const. \to (\mathcal{P}_{cw} \ldots$ Störleistung). Da keine Aussage über die Phase φ der Sinusstörung gemacht werden kann wird sie als gleichverteilt im Intervall $[0, 2\pi]$ angenommen.

Der Störterm J_k für Sinusstörung in (3.39) wurde aus (3.25) mit (3.11) berechnet. In (3.39) ist φ die Phasendifferenz zwischen Träger- und Störsignal. Die Störkomponente J_k wird ein Maximum, wenn $\varphi = 0$ ist. Dies bedeutet, daß die ganze Leistung der Störung in der I-Komponente des synchronisierten und komprimierten Datensignals liegt. Dies repräsentiert den schlechtesten Fall für eine sinusgestörte Direct-Sequence Übertragung und kann als obere Schranke verwendet werden.

$$J_k = A_{cw} \int\limits_{t=kT_c}^{(k+1)T_c} \sin(\omega_0 t + \varphi)\, \sin(\omega_0 t)\, dt =$$

$$= \frac{A_{cw}}{2} \int\limits_{t=kT_c}^{(k+1)T_c} \Big[\cos(\omega_0 t + \varphi - \omega_0 t) - \cos(2\omega_0 t + \varphi) \Big]\, dt =$$

$$= \frac{A_{cw}}{2} \Bigg[\cos(\varphi) \underbrace{\int\limits_{t=kT_c}^{(k+1)T_c} dt}_{T_c} - \underbrace{\int\limits_{t=kT_c}^{(k+1)T_c} \cos(2\omega_0 t + \varphi)\, dt}_{\to 0} \Bigg] =$$

$$= \frac{A_{cw}T_c}{2} \cos(\varphi) \tag{3.39}$$

$$\mathop{\mathbf{E}}_{k}[\,J_k\,] = \frac{A_{cw}T_c}{2} \underbrace{\mathop{\mathbf{E}}_{k}[\,\cos(\varphi_k)\,]}_{\equiv 0} = 0 \tag{3.40}$$

$$\mathbf{Var}[\,J_k\,] = \frac{A_{cw}^2 T_c^2}{4} \mathop{\mathbf{E}}_{k}\big[\,\cos^2(\varphi_k)\,\big] = \frac{A_{cw}^2 T_c^2}{4} \cdot \underbrace{\frac{1}{2\pi}\int\limits_{0}^{2\pi} \cos^2(\varphi)\, d\varphi}_{\frac{1}{2}} =$$

$$= \frac{A_{cw}^2 T_c^2}{8} = \frac{\mathcal{P}_{cw} T_c^2}{4} = \frac{\mathcal{E}_{cw} T_c}{4} \tag{3.41}$$

Setzt man (3.41) in (3.36) ein so erhält man die Varianz in (3.42).

$$\mathbf{Var}[\,Z_n\,] = \frac{2\mathcal{E}_D}{T_D} L\, \mathbf{Var}[\,J_k\,] = \frac{2\mathcal{E}_D}{T_D} L \frac{\mathcal{P}_{cw} T_c^2}{4} = \frac{\mathcal{E}_D \mathcal{P}_{cw} T_c}{2} \tag{3.42}$$

Mit (3.42) wird der Signal/Störabstand in (3.43) berechnet.

$$SNR_{out} = \frac{\mathbf{E}^2[\,Z_d\,]}{\mathbf{Var}[\,Z_n\,]} = \frac{2\mathcal{E}_D^2}{\mathcal{E}_D \mathcal{P}_{cw} T_c} =$$

$$= \frac{2\mathcal{E}_D}{\mathcal{P}_{cw} T_c} = \begin{cases} \cdots \;\; \dfrac{2\mathcal{P}_D T_D}{\mathcal{P}_{cw} T_c} = \dfrac{2\mathcal{P}_D}{\mathcal{P}_{cw}/L} = G_p \dfrac{2\mathcal{P}_D}{\mathcal{P}_{cw}} = G_p \cdot SNR_{in} \\[2ex] \cdots \;\; \dfrac{2\mathcal{E}_D}{\mathcal{P}_{cw}/B_{ss}} = \dfrac{2\mathcal{E}_D}{N_J} \end{cases} \tag{3.43}$$

In (3.43) ist $\Phi_{cw}(f) = N_J$ die auf die Bandbreite verteilte mittlere Leistung. In erster Näherung kann man sagen, daß das Spread-Spectrum Signal die Leistung der

Sinusstörung gleichmäßig auf die Spread-Spectrum Bandbreite verteilt hat. Damit verhält es sich wie ein äquivalentes, sehr flaches Störleistungsspektrum eines Rauschsignals konstanter Rauschleistungsdichte[14] N_J. In (3.43) erkennt man, daß das Spread-Spectrum Signal die Leistung des Sinusstörers um den Prozeßgewinn L reduziert hat. Dies entspricht einer Verbesserung des Signal/Störabstandes um den Prozeßgewinn noch vor der Detektion.

In (3.44) ist die Bitfehlerrate für ein BPSK moduliertes Direct-Sequence Signal für Sinusstörung unter der Gaußschen Annahme ($N_J = \mathcal{P}_{cw}/B_{ss}$) angegeben.

$$\boxed{P_e^{(\mathrm{BPSK})} = Q\left(\sqrt{\frac{2\,\mathcal{E}_D}{N_J}}\right)} \qquad (3.44)$$

3.1.6.6 Permanente AWGN-Störung

Für die Berechnung der Bitfehlerrate werden folgende Annahmen getroffen:

Verbindung: Punkt-zu-Punkt.

Modulation: Das empfangene Signal ist ein BPSK moduliertes Direct-Sequence Signal.

Demodulation: Ideale kohärente Demodulation.

Synchronisation: Perfekte Spread-Spectrum Synchronisation.

Störung: Als Störung wird ein breitbandiger mittelwertfreier Zufallsprozeß mit konstanter zweiseitiger spektraler Leistungsdichte $\Phi_n(f) = N_J/2$ über der Spread-Spectrum Bandbreite B_{ss}. Die gesamte Störleistung ist konstant und beträgt: $\mathcal{P}_n = \int\limits_{-\infty}^{\infty} \Phi_n(f)\,df = N_J\,B_{ss}$. Das Hintergrundrauschen der zweiseitigen spektralen Leistungsdichte $N_0/2$ wird wegen höherer Kleinheitsordnung vernachlässigt.

$$n(t) = N_c(t)\cos(2\pi f_0 t) - N_s(t)\sin(2\pi f_0 t) \qquad (3.45)$$

Das Störsignal in (3.45) wird in die Definitionsgleichung (3.25) für N_k eingesetzt und ausgewertet.

---

[14]Vergleiche Abb.E.3. Man erkennt, daß nach der zweiten Multiplikation mit dem Spread-Spectrum Signal die Energie (90 %) des Spread-Spectrum Signals auf die Datenbandbreite $B_D = T_D^{-1}$ komprimiert wird. Gleichzeitig wird jedoch die Leistungsdichte des Störsignals verglichen mit der Leistungsdichte des Datensignals auf etwa $1/L$ abgesenkt. Ein nachgeschaltetes Filter läßt nur die spektralen Anteile innerhalb der Datenbandbreite durch. Mit der Annahme, daß innerhalb B_D die Störleistungsdichte $\Phi_J(f) = N_J$ konstant bleibt folgt, daß die Störleistung vor der Detektion von $\mathcal{P}_J$ auf $N_J\,B_D$ reduziert wurde.

$$
\begin{aligned}
N_k &= \int_{kT_c}^{(k+1)T_c} \left[N_c(t)\cos(2\pi f_0 t) - N_s(t)\sin(2\pi f_0 t) \right] \cos(2\pi f_0 t)\, dt = \\
&= \int_0^{T_c} N_c(t)\cos^2(2\pi f_0 t)\, dt - \underbrace{\int_0^{T_c} N_s(t)\sin(2\pi f_0 t)\cos(2\pi f_0 t)\, dt}_{\to 0} = \\
&= \frac{1}{2} \int_{kT_c}^{(k+1)T_c} N_c(t)\, dt
\end{aligned}
\tag{3.46}
$$

Die Erwartungswerte für $N_c(t)$ und $N_s(t)$ sind Null.

$$
\mathbf{E}\left[N_c(t) \right] = \mathbf{E}\left[N_s(t) \right] = 0
\tag{3.47}
$$

Die Korrelationsfunktionen der Quadraturkomponenten sind in (3.48) gegeben.

$$
\phi_{N_c}(\tau) = \mathbf{E}\left[N_c(t)\, N_c(t+\tau) \right] = \mathbf{E}\left[N_s(t)\, N_s(t+\tau) \right] = N_J \frac{\sin(\pi B_{ss}\tau)}{\pi\tau}
\tag{3.48}
$$

Mit (3.48) folgt die Varianz für N_c in (3.49).

$$
\begin{aligned}
\mathbf{Var}\left[N_c \right] &= \mathbf{E}\left[N_c^{\,2} \right] = \frac{1}{4} \int_0^{T_c}\!\!\int_0^{T_c} \phi_{N_c}(t_1 - t_2)\, dt_1\, dt_2 = \frac{T_c}{2} \int_0^{T_c} \left[1 - \frac{|\tau|}{T_c} \right] \phi_{N_c}(\tau)\, d\tau = \\
&= \frac{N_J T_c}{2} \int_0^{T_c} \left[1 - \frac{|\tau|}{T_c} \right] \frac{\sin(\pi B_{ss}\tau)}{\pi\tau}\, d\tau \\
&= \frac{\mathcal{P}_n T_c}{2 B_{ss}} \underbrace{\int_0^{T_c} \left[1 - \frac{|\tau|}{T_c} \right] \frac{\sin(\pi B_{ss}\tau)}{\pi\tau}\, d\tau}_{I(\alpha)}
\end{aligned}
\tag{3.49}
$$

Die Identität des Integrals in (3.49) wird im Anhang in (C.48) auf Seite 656 für $a = 0$, $b = T_c$ und $g(\tau) = \phi_{N_c}(\tau)$ gezeigt. Damit folgt die Varianz für breitbandige Störung in (3.36) und das SNR am Detektoreingang in (3.50). Mit dem Signal/Störabstand aus (3.51) wird die Bitfehlerrate für AWGN-Störung mit $N_J = \mathcal{P}_n/B_{ss}$ berechenbar. Sie ist in (3.52) angegeben.

$$\mathbf{Var}\,[\,Z_n\,] = \mathbf{E}\,[\,Z_n^2\,] = \frac{2\mathcal{E}_D}{T_D}L\frac{P_nT_c}{4B_{ss}}I(\alpha) = \frac{\mathcal{E}_D N_J}{2}I(\alpha) \tag{3.50}$$

$$SNR = \frac{2\mathcal{E}_D}{N_J I(\alpha)} \tag{3.51}$$

$$\boxed{P_e^{(\mathrm{BPSK})} = Q\left(\sqrt{\frac{2\,\mathcal{E}_D}{(N_0 + N_J)\,I(\alpha)}}\right)} \tag{3.52}$$

In Abb.3.15 wurde $I(\alpha) = 1$ gesetzt.

3.1.6.7 Gepulste Störung

Für gepulste Störung werden folgende Voraussetzungen und Annahmen getroffen:

Verbindung: Punkt-zu-Punkt.

Modulation: Das empfangene Signal ist ein BPSK moduliertes Direct-Sequence Signal.

Demodulation: Ideale kohärente Demodulation.

Synchronisation: Perfekte Spread-Spectrum Synchronisation.

Störung: • Die gesamte Störleistung ist konstant und wird mit $\mathcal{P}_j$ bezeichnet. Für permanente Anwesenheit der Störung ergibt sich eine spektrale Leistungsdichte von $N_J/2 = \mathcal{P}_j/B_{ss}$.

    • Die Störung ist eine bestimmte Zeit vorhanden und dann wieder weg. Das Verhältnis α gibt an wie lange der Störer bezogen auf die gesamte Übertragungsdauer vorhanden war. Wenn der Störer präsent ist, stört er mit einer um $1/\alpha$ höheren spektralen Leistungsdichte als der permanente Störer: $N_J/2 \mapsto N_J/(2\,\alpha)$, damit er auf die im Mittel konstant bleibende Störleistung kommt. Wir definieren eine Bernoulli-Zufallsvariable J_{on} welche den Wert 1 hat , wenn der Störer aktiv ist und sonst den Wert 0 hat. Damit folgt: Die Wahrscheinlichkeit, daß die Zufallsvariable den Wert 1 besitzt ist α und das sie den Wert 0 besitzt ist $(1 - \alpha)$.

$$\mathbf{Pr}\,[\,J_{on} = 1\,] = \alpha \qquad \text{und} \qquad \mathbf{Pr}\,[\,J_{on} = 0\,] = 1 - \alpha$$

Man modelliert die gepulste Störung, während $J_{on} = 1$ als eine mittelwertfreie Gaußsche Zufallsvariable Z_n mit Varianz: $\mathbf{Var}\,[\,Z_n\,] = N_J/2$. Es

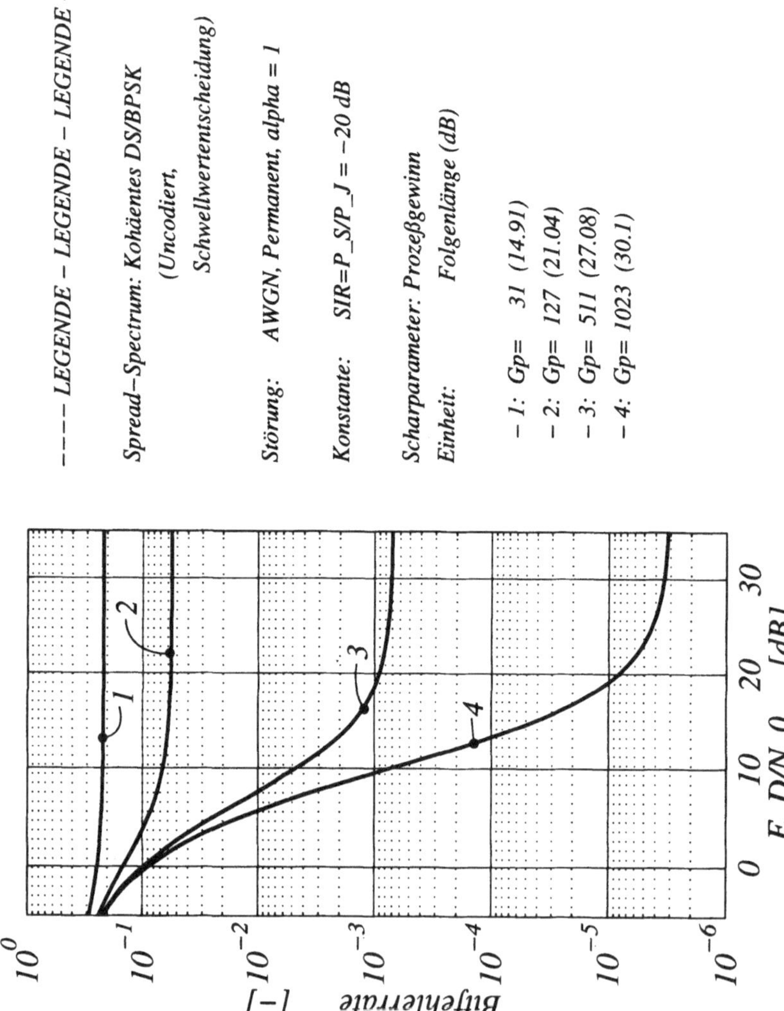

Abbildung 3.15: Bitfehlerrate für bipolare Direct-Sequence Übertragung in **AWGN**-Störung.

wird vorausgesetzt, daß während $J_{on} = 1$ viele Datenbits übertragen werden, sodaß man vereinfachend annehmen darf, daß während $J_{on} = 1$ ein ganzzahliges Vielfaches an Datenbits übertragen wird.

- Das Hintergrundrauschen der zweiseitigen spektralen Leistungsdichte $N_0/2$ wird wegen höherer Kleinheitsordnung vernachlässigt.

Ausgehend vom Ergebnis des vorangegangenen Abschnitts für permanente Vollbandstörung, wird hier die Bitfehlerrate berechnent, wenn die breitbandige Störung innerhalb eines kleinen Zeitintervalls mit höherer spektraler Leistungsdichte stört. Dieses Störverhalten nennt man eine gepulste Störung.

Die Zufallsvariable am Detektoreingang ist durch $Z = D_n \cdot \sqrt{\mathcal{E}_D} + J_{on} \cdot Z_n$ gegeben, welche für $J_{on} = 0$ eine vom Datenbit abhängige Konstante ist und für $J_{on} = 1$ eine mittelwertbehaftete Gaußsche Zufallsvariable ist. Für eine weiße Quelle können wir wieder ohne Vernachlässigung der Allgemeinheit $D_n = 1$ setzen. Damit folgt der Ansatz für die Bitfehlerrate in (3.53).

$$
\begin{aligned}
P_e^{(\text{BPSK})}(\alpha) \;=\;& \mathbf{Pr}\left[J_{on} \cdot Z_n > \sqrt{\mathcal{E}_D} \right] \\[2mm]
\;=\;& \mathbf{Pr}\left[\overbrace{J_{on}}^{1} \cdot Z_n > \sqrt{\mathcal{E}_D} \,\big|\, J_{on} = 1 \right] \cdot \overbrace{\mathbf{Pr}\left[J_{on} = 1 \right]}^{\alpha} + \\[2mm]
& + \underbrace{\mathbf{Pr}\left[\overbrace{J_{on}}^{0} \cdot Z_n > \sqrt{\mathcal{E}_D} \,\big|\, J_{on} = 0 \right]}_{\substack{\text{Bedingung ist} \\ \text{unerfüllbar}}} \cdot \underbrace{\mathbf{Pr}\left[J_{on} = 0 \right]}_{1-\alpha} \\[2mm]
& \underbrace{\hspace{7cm}}_{\equiv 0} \\[2mm]
\;=\;& \alpha \cdot \mathbf{Pr}\left[Z_n > \sqrt{\mathcal{E}_D} \right] = \alpha \cdot Q\left(\sqrt{\frac{2\,\mathcal{E}_D}{N_J} \cdot \alpha} \right)
\end{aligned}
\tag{3.53}
$$

Damit man im Mittel auf die gleiche Störleistung, bezogen auf die Übertragungsdauer kommt, stört er während $J_{on} = 1$ ist mit einer um $1/\alpha$ höheren Leistung. Nun sucht man jenes $\alpha = \alpha^*$, welches die maximale Bitfehlerrate liefert. Dazu muß man (3.53) nach α differenzieren.

$$
\alpha^* = \begin{cases} \dfrac{0.709}{\mathcal{E}_D/N_J} & \mathcal{E}_D/N_J > 0.709 \\[4mm] 1 & \mathcal{E}_D/N_J \le 0.709 \end{cases}
\tag{3.54}
$$

$$
\max\left\{ P_e^{(\text{BPSK})}(\alpha) \right\} = P_e^{(\text{BPSK})}(\alpha^*) = \begin{cases} \dfrac{0.083}{\mathcal{E}_D/N_J} & \mathcal{E}_D/N_J > 0.709 \\[4mm] Q\left(\sqrt{\dfrac{2\,\mathcal{E}_D}{N_J}} \right) & \mathcal{E}_D/N_J \le 0.709 \end{cases}
\tag{3.55}
$$

Man erkennt, daß die maximale Bitfehlerrate gehalten wird, wenn man in Richtung von zunehmendem $\mathcal{E}_D/N_j$ und dabei α verkleinert.

Die Bitfehlerraten in Abb.3.16 wurden mit (3.53) beziehungsweise (3.55) berechnet. Die Abbildung zeigt, daß der Unterschied des $\mathcal{E}_D/N_J$ zwischen permanenter breitbandiger Störung ($\alpha = 1$) und dem schlechtesten Fall der gepulsten Störung (α^*) für uncodierte Direct-Sequence Übertragung mit BPSK-Modulation für abnehmende Bitfehlerrate immer größer wird. Für eine Bitfehlerrate von 10^{-6} ergibt sich ein Mehrbedarf an $\mathcal{E}_D/N_J$ von etwa 40 dB in gepulster Störung gegenüber permanenter Störung. Dies bedeutet, daß ein Störer mit limitierter Leistung wesentlich effizienter stört, wenn er seine Leistung gepulst abgibt.

Es wird noch festgehalten, daß das Modell nicht mehr gültig ist, wenn die Pulsdauer des Störers kürzer ist als eine Datenbitdauer. In jedem Fall kann jedoch (3.55) als obere Schranke in gepulster Störung angesehen werden.

$$\frac{\mathcal{E}_D}{N_J} = B_{ss} T_D \frac{\mathcal{P}_D}{\mathcal{P}_J} = G_p \, SIR \tag{3.56}$$

3.1.6.8 Langsame nicht frequenzselektive Schwundkanäle

Um zu zeigen, wie mächtig die Berechnung der Bitfehlerrate mit Hilfe der Chernoff-Schranke im Vergleich mit der exakten Berechnung ist, nehmen wir folgendes Szenario an:

Verbindung: Punkt-zu-Punkt Verbindung zwischen Sender und Empfänger.

Modulation: BPSK mit der Datenbitenergie: $\mathcal{E}_D = A^2 T_D/2$.

Codierung: Keine.

Kanal: Der Kanal zwischen Sender und Empfänger ist ein Mehrwegeschwundkanal. Weiters ist ein breitbandiger Störer vorhanden, welcher mit zweiseitiger spektraler Leistungsdichte $N_J/2 = \mathcal{P}_n/(2B_{ss})$ berücksichtigt werden muß. Es wird angenommen, daß der Störer ausreichen weit vom Empfängerstandort entfernt ist, sodaß kein Near-Far Problem auftritt. Das Hintergrundrauschen $N_0/2$ sei vernachlässigbar gegenüber der Störung. Die Mehrwegeschwundphänomene seien langsam genug, sodaß über die Spread-Spectrum Bandbreite für einige Datenbitdauern der Kanal als stationär angenommen werden darf. Die Amplitudenstatistik der Schwunderscheinung, wird als Rayleighverteilt angenommen.

Empfänger: Der Empfänger ist als Korrelationsempfänger mit Schwellwertentscheidung ausgeführt (Maximum-Likelihood Detektor im AWGN-Kanal).

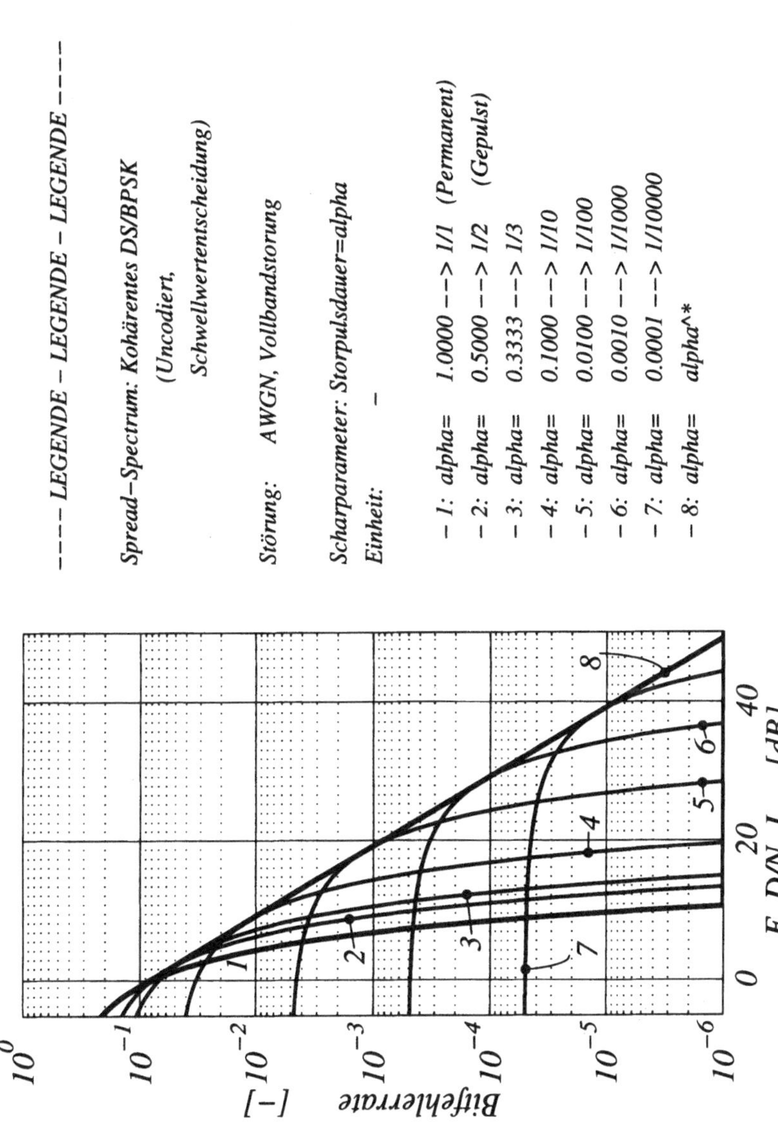

Abbildung 3.16: Bitfehlerrate für bipolare Direct-Sequence Übertragung in permanenter **AWGN**-Störung und gepulster Störung.

Gesucht ist die mittlere Bitfehlerrate in Abhängigkeit des Verhältnisses der mittleren Signalenergie zur Störleistungsdichte $\mathbf{E}\left[\mathcal{E}_D\right]/N_J$ berechnet nach der Chernoff-Schranke. Das mit der Chernoff-Schranke berechnete Ergebnis soll mit der exakten Berechnung verglichen werden.

Die bedingte Bitfehlerrate eines uncodierten, BPSK-modulierten Direct-Sequence Signals im AWGN-Kanal mit korrelativer Wiedergewinnung ist mit der Chernoff-Schranke beschränkt durch (3.57).

$$P_e^{(\text{BPSK})}(\boldsymbol{A}) = \underbrace{Q\left(\sqrt{\frac{A^2\,T_D}{N_J}}\right)}_{\text{Exakte Berechnung}} \leq \underbrace{\frac{1}{2}\,\mathrm{e}^{-\frac{A^2 T_D}{2N_J}}}_{\text{Schranke (3.30)}} \tag{3.57}$$

Berücksichtigt man jetzt die Rayleighverteilte Schwunderscheinung in (3.57) so wird aus der bedingten Bitfehlerrate eine mittlere Bitfehlerrate (3.59).

$$p_A(a) = \frac{a}{\sigma^2}\,\mathrm{e}^{-\frac{a^2}{2\sigma^2}} \qquad a \geq 0 \tag{3.58}$$

$$
\begin{aligned}
P_e^{(\text{BPSK})} = & \\
\mathbf{E}\left[P_e^{(\text{BPSK})}(\boldsymbol{A})\right] =&
\begin{cases}
= \int\limits_0^\infty Q\left(\sqrt{\frac{a^2 T_D}{N_J}}\right)\cdot p_A(a)\ da & \begin{array}{l}\text{Exakte}\\ \text{Berechnung}\end{array} \\[2ex]
\leq \frac{1}{2}\int\limits_0^\infty \mathrm{e}^{-\frac{a^2 T_D}{2N_J}}\cdot p_A(a)\ da & \text{Schranke}
\end{cases}
\end{aligned}
\tag{3.59}
$$

Die mittlere Energie des empfangenen Datenbits berechnet mit dem zweiten Moment der Amplitudendichte ist in (3.60) dargestellt.

$$\mathbf{E}\left[\mathcal{E}_D\right] = \frac{T_D}{2}\int\limits_0^\infty a^2 \cdot p_A(a)\,da = \sigma^2\,T_D \tag{3.60}$$

Die exakte Berechnung in (3.59) wurde aus [Schwartz66] entnommen und zeigt (3.61).

$$P_e = \frac{1}{2}\left[1 - \sqrt{\frac{\mathbf{E}\left[\mathcal{E}_D\right]/N_J}{1 + \mathbf{E}\left[\mathcal{E}_D\right]/N_J}}\right] \qquad \text{Exakte Berechnung} \tag{3.61}$$

Die Schranke in (3.59) liefert (3.62).

$$P_e \;\leq\; \frac{1}{2} \int_0^\infty e^{-\frac{a^2 T_D}{2 N_J}} \cdot \frac{a}{\sigma^2} e^{-\frac{a^2}{2\sigma^2}} \, da = \frac{1}{2\sigma^2} \underbrace{\int_0^\infty a \cdot e^{-a^2 \overbrace{\left(\frac{T_D}{2 N_J} + \frac{1}{2\sigma^2}\right)}^{\xi}} \, da}_{\frac{1}{2\xi} = \frac{1}{T_D/N_J + 1/\sigma^2}}$$

$$\leq\; \frac{1}{2}\left[\frac{1}{1 + \frac{T_D \sigma^2}{N_J}}\right] = \frac{1}{2}\left[\frac{1}{1 + \frac{\mathrm{E}[\mathcal{E}_D]}{N_J}}\right] \tag{3.62}$$

In (3.62) wurde das Integral in (C.44) auf Seite 655 für $n = 1$ und $\xi = (T_D/(2N_J)) + 1/(2\sigma^2)$ benutzt.

3.1.7 Abschließende Bemerkungen zur Berechnung der Bitfehlerrate

Zur Bestimmung der Bitfehlerrate ist die *Statistik am Eingang des Datenentscheiders und dessen Operationscharakteristik* entscheidend.

Die *Statistik* ergibt sich auf Grund des *Empfangsprinzips* (kohärent oder inkohärent, analoges oder digitales Konzept, lineare oder nichtlineare Struktur), der Art des *empfangenen Signals* (Nutz (Modulation: Bipolar, Orthogonal, Unipolar)- und Störsignalzusammensetzung (**AWGN**, **CW**, **AWGN+CW**- Dauerstörung, gepulste Störung - usw.), des verwendeten *Spread-Spectrum Verfahrens* (DS, FH) und des vorhandenen Übertragungskanals (Symmetrischer Binärkanal (BSC), Fading, Dispersion).

Die *Operationscharakteristik* des Datenentscheiders kann durch eine *Schwellwertentscheidung* oder eine *gleitende Entscheidung* (engl: Hard und Soft Decision) erfolgen.

Es hat sich gezeigt, daß die Berechnung der Bitfehlerrate wesentlich einfacher wird und mit der Realität gut Übereinstimmt, wenn man die Entscheidungsvariable nach der Gaußschen Annahme als Gaußsche Zufallsvariable modelliert.

Bezieht man sich auf das Gaußsche Modell ($\Phi_J(f) = N_J = $ Konstant), so folgt mit den Störleistungen aus (3.63) die einseitigen spektralen Störleistungsdichten in (3.64). Zur besseren Unterscheidung werden die in (3.65) angegebenen *SNR*-Definitionen eingeführt.

$$\mathcal{P}_I \;=\; \mathcal{P}_N + \mathcal{P}_J \tag{3.63}$$

$$N_I \;=\; N_0 + N_J = N_0 + \frac{\mathcal{P}_N'}{B_J} + \frac{\mathcal{P}_J}{B_J} \tag{3.64}$$

---- *LEGENDE – LEGENDE – LEGENDE* ----

Spread–Spectrum: Kohärentes DS/BPSK
(Uncodiert,
Schwellwertentscheidung)

Prozeßgewinn: *L=1*

Scharparameter: *Kanal*

– 1: AWGN–Kanal   *(Exakt)*
– 2: AWGN–Kanal   *(Schranke)*
– 3: Mehrwegeschwundkanal (Exakt)
– 4: Mehrwegeschwundkanal (Schranke)

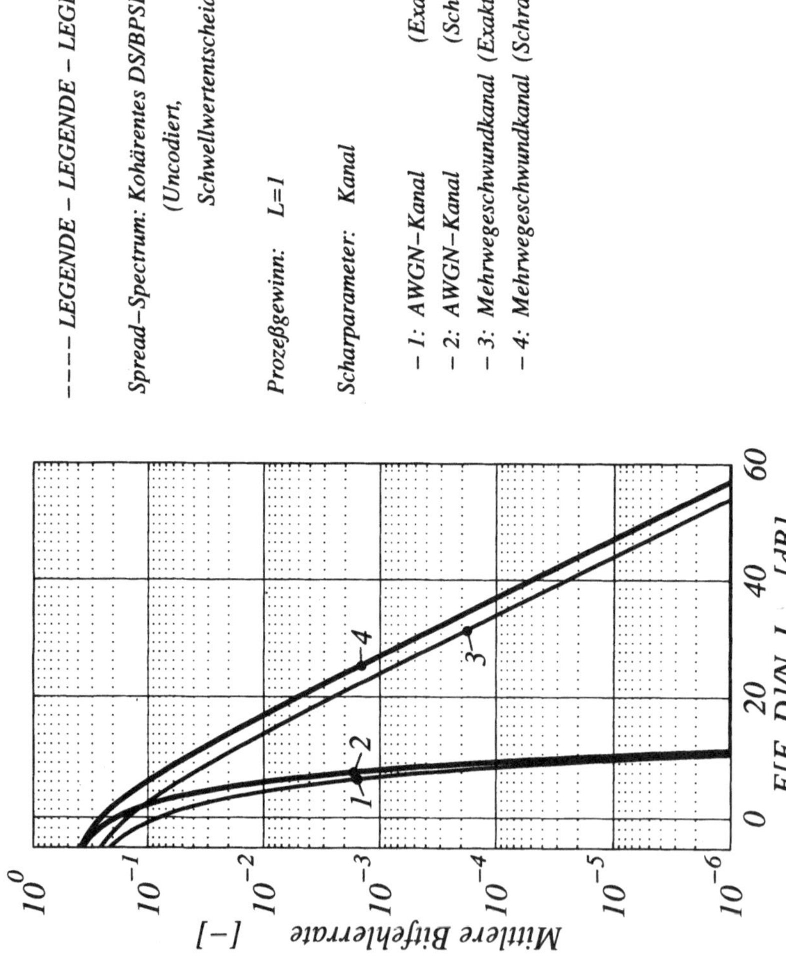

Abbildung 3.17: Bitfehlerrate für bipolare Direct-Sequence Übertragung im Mehrwegeschwundkanal.

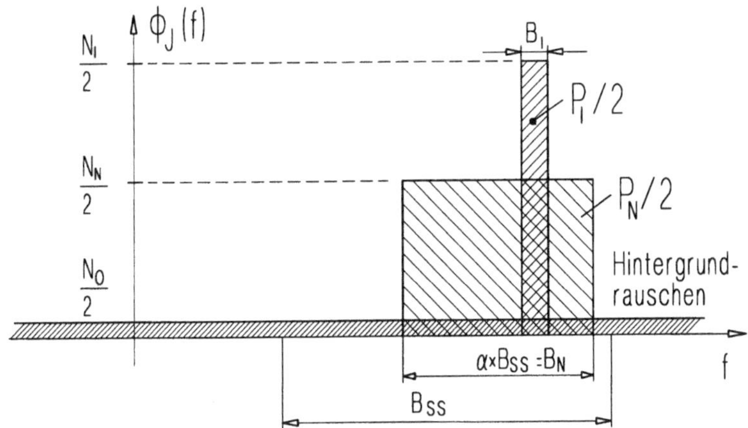

Abbildung 3.18: Störmodelle basierend auf der Gaußschen Annahme.

$$SIR = \frac{\mathcal{P}_D}{\mathcal{P}_I} \leq \frac{\mathcal{P}_D}{N_0 B_{ss} + \mathcal{P}_I} \qquad (3.65)$$

$$SINR = \frac{\mathcal{P}_D}{\mathcal{P}_N + \mathcal{P}_I} \leq \frac{\mathcal{P}_D}{N_0 B_{ss} + N_N B_N + N_I B_I} \qquad (3.66)$$

In (3.63), (3.65) und Abb.3.18 wurden folgende Symbole benutzt:

$\mathcal{P}_D$: Leistung des Spread-Spectrum Signals.

$\mathcal{P}_I$: Leistung des schmalbandigen Störsignals (CW).

$\mathcal{P}_J$: Leistung der aktuellen Störung oder Gesamtleistung der Störsignale (AWGN+CW).

$\mathcal{P}_N$: Leistung des breitbandigen Störsignals (AWGN).

N_0: Einseitige Spektrale Leistungsdichte des unvermeidbaren thermischen Rauschens.

N_I: Einseitige Spektrale Leistungsdichte der schmalbandigen Störung.

N_N: Einseitige Spektrale Leistungsdichte der breitbandigen Störung.

N_J: Einseitige Spektrale Leistungsdichte der aktuellen Störung.

B_{ss}: Bandbreite des Spread-Spectrum Signals ($c(t)$).

B_N: Bandbreite der breitbandigen Störung ($B_N \leq B_{ss}$).

B_I: Bandbreite der schmalbandigen Störung ($B_{ss} \ggg B_I$).

B_J: Bandbreite der aktuellen Störung.

Weitere Aspekte der Direct-Sequence Übertragung

Ausgehend von den gemachten Voraussetzungen auf Seite 86 kommen noch weitere Aspekte zur Beurteilung der Übertragung in betracht. Diese kann man in *Eigenstörungen, Mehrbenutzerstörungen* und *Near-Far Störungen* einteilen.

<u>Eigenstörungen</u>: Es werden jene Störungen als Eigen- oder Selbststörungen bezeichnet, die vom Signal des gewünschten Teilnehmers stammen. Läßt man die Annahme fallen, daß nur ein direkter Signalpfad existiert, so ist dies gleichbedeutend mit einem Kanal indem Objekte existieren die im Wesen ein Kontinuum an gleichen Signalen an der Empfangsantenne liefern, welche zeitversetzt zum direkten Signal sind. Diese Art der Störung tritt im Mehrwegekanal auf. Dies wird ab Seite 115 behandelt.

<u>Mehrbenutzerstörungen</u>: Läßt man auch andere Direct-Sequence Spread-Spectrum Sender im gleichen Frequenzband aktiv sein, so kommen Störungen hinzu und eine Leistungseinbuße ist zu erwarten. Diese Auswirkungen werden ab Seite 118 sowie ab Seite 355 studiert.

<u>Near-Far Störung</u>: Sie tritt auf wenn die örtliche Distanz zwischen Empfänger und gewünschten Sender wesentlich größer ist als zu einem unerwünschten Sender. Dies wird ab Seite 120 behandelt.

3.1.8   Schwierige Entdeckbarkeit der Direct-Sequence Übertragung

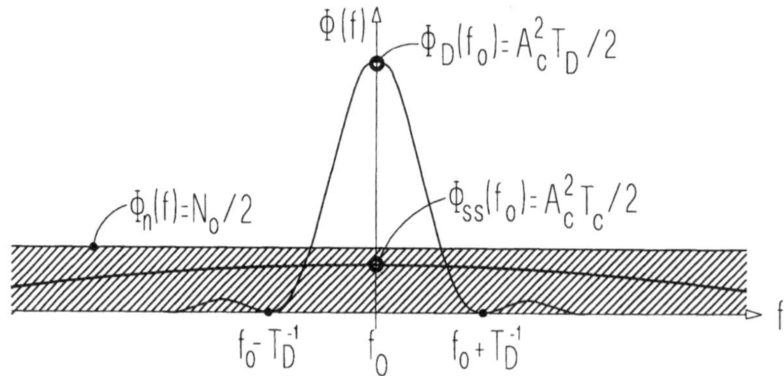

Abbildung 3.19: Schwierige Entdeckbarkeit der Direct-Sequence Übertragung.

Durch die Bandaufweitung des Direct-Sequence Signals, bei gleichbleibender Signalleistung, sinkt die spektrale Leistungsdichte. Spreizt man die Signalbandbreite so weit auf, daß die spektrale Leistungsdichte kleiner als das Hintergrundrauschen ist, so ist die Übertragungstätigkeit nicht zu erkennen. Das Spread-Spectrum Signal ist im Rauschen eingegraben. Diesen Zustand bezeichnet man als schwierige Entdeckbarkeit der Direct-Sequence Übertragung (*engl: Low Probability of Intercept - LPI*).

In Abb.3.19 ist dieser Zustand mit Hilfe des Spektrums angedeutet. Die Anwendung dieser Eigenschaft war ursprünglich von militärischem Interesse. Heute wird diese Eigenschaft ausgenutzt um (inter)nationale Vorschriften betreffend der spektralen Leistungsdichte des Sendesignals zu erfüllen. Damit kann man die elektromagnetische Beeinflussung klein[15] halten.

$$r(t) = d(t) \cdot c(t) \cdot \cos(2\pi f_0 t) + n(t) \tag{3.67}$$

$$\Phi_{ss}(f) = \frac{A_c^2 T_c}{4} \left[\mathrm{sinc}^2 \left((f - f_0)\, T_c \right) + \mathrm{sinc}^2 \left((f - f_0)\, T_c \right) \right] \tag{3.68}$$

$$\frac{\Phi_{ss}(f_0)}{\Phi_n(f_0)} = \frac{A_c^2 T_c}{2 N_0} = \frac{1}{L} \cdot \frac{A_c^2 T_D}{2 N_0} = \frac{1}{L} \cdot \frac{\mathcal{E}_D}{N_0} < 1 \tag{3.69}$$

$$\boxed{G_p > \frac{\mathcal{E}_D}{N_0}} \tag{3.70}$$

Die Gleichung (3.70) besagt, wenn der Prozeßgewinn größer ist als das für eine vorgegebene Bitfehlerrate notwendige $\frac{\mathcal{E}_D}{N_0}$ so ist die Übertragung im Hintergrundrauschen eingegraben und aus dem Spektrum ist nicht erkennbar, daß überhaupt eine Nachrichtenübertragung stattfindet.

3.1.9 Selbststörung und Mehrwegeunterdrückung

Ein einfaches *2-Wege Modell* der Mehrwegeausbreitung zeigt die Abb.3.21 (Abb.3.20). Gründe für mehr als einen Signalweg können, Atmosphärische Reflexionen, Echos von stehenden Objekten (Gebäude, Gebirge, usw.) oder Echos von bewegten Objekten (Autobusse, Flugzeuge, usw.), sein. An der Antenne des Empfängers trifft das Signal $r(t)$ (3.71) ein, wobei $s_T(t)$ die direkte Signalkomponente (3.72), $s_D(t)$ die verzögerte Signalkomponente (Echo)(3.73) und $n(t)$ eine AWGN-Realisierung ist.

$$r(t) = s_T(t) + s_D(t) + n(t) \tag{3.71}$$

---

[15]Genaugenommen, kann man die elektromagnetische Beeinflussung einstellen, wenn man voraussetzt das man die dazu notwendige Bandbreite zur Verfügung hat.

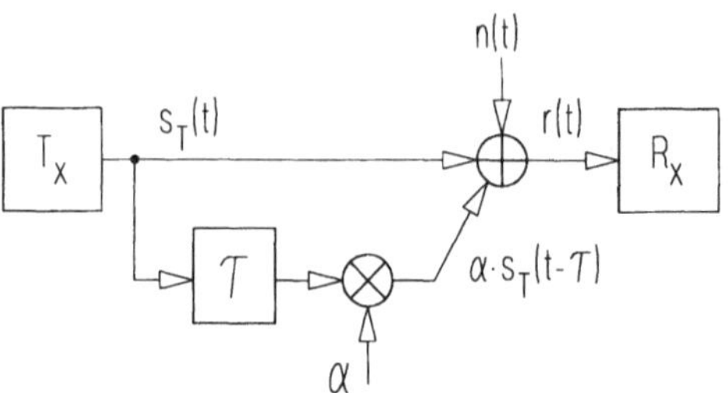

Abbildung 3.20: Selbststörung infolge von Mehrwegeausbreitung (2-Wege Modell).

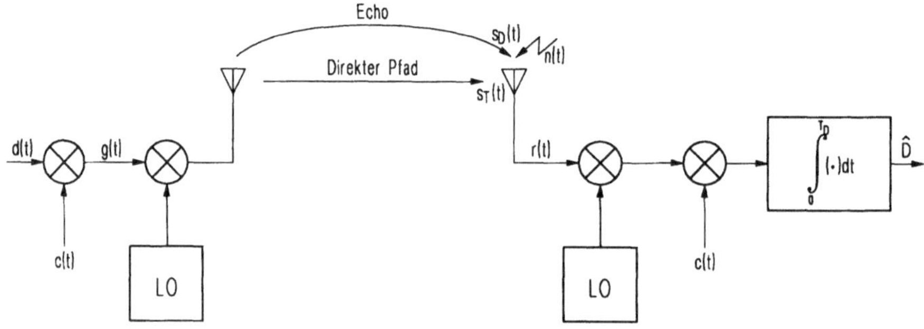

Abbildung 3.21: Blockschaltbild: Mehrwegeausbreitung.

$$s_T(t) = A\, g(t) \cos(\omega_0 t) = A\, d(t)\, c(t) \cos(\omega_0 t) \qquad (3.72)$$

$$s_D(t) = \alpha A\, d(t - \tau)\, c(t - \tau) \cos(\omega_0 t + \varphi) \qquad (3.73)$$

Die Dämpfung der Echoamplitude ist durch α berücksichtigt. Es wird vorausgesetzt, daß außer **AWGN** keine weiteren Störungen auftreten und der Spread-Spectrum Empfänger auf das Signal des direkten Pfades synchronisiert ist[16]. Das Signal am Ausgang des Korrelators ist in (3.74) gegeben.

---

[16] Perfekte Trägersynchronisation ist vorausgesetzt.

$$\hat{D} = \hat{d}(t = T_D) = \int_0^{T_D} r(t)\,c(t)\cos(\omega_0 t)\,dt = A\int_0^{T_D} d(t)\,c^2(t)\cos^2(\omega_0 t)\,dt\, +$$

$$+\alpha A\int_0^{T_D} d(t-\tau)\,c(t-\tau)\,c(t)\cos(\omega_0 t + \varphi)\cos(\omega_0 t)\,dt + \int_0^{T_D} n(t)\cos(\omega_0 t)\,dt =$$

$$= \frac{A}{2}\underbrace{\int_0^{T_D} d(t)\,dt}_{d(T_D)} + \frac{\alpha A\cos(\varphi)}{2}\underbrace{\int_0^{T_D} d(t-\tau)c(t-\tau)c(t)\,dt}_{I(T_D)} + \underbrace{\int_0^{T_D} n(t)\cos(\omega_0 t)\,dt}_{n_0(T_D)} \tag{3.74}$$

In (3.74) schneidet ein Filter die $2f_0$-Terme weg. Zwei Fälle beeinflussen das Empfangsverhalten:

1. Für $\tau > T_c$ folgt:

   Unter dieser Bedingung ist $c(t-\tau)c(t) \sim 0 \longrightarrow I(T_D) \sim 0$ und liefert keinen Beitrag zur Korrelation. Für diesen Fall wird aus (3.74)

$$\hat{D} = \hat{d}(T_D) = \frac{A}{2}d(T_D) + n_0(T_D). \tag{3.75}$$

   $\longmapsto$ *Das Echo wird wie ein Störsignal behandelt und unterdrückt.*

2. Für $\tau \leq T_c$ folgt:

   Es ist $c(t-\tau)c(t) \neq 0$ und (3.74) kann nicht vereinfacht werden.

   $\longmapsto$ *Das Echo wird nicht als Störung erkannt und trägt zur Korrelation bei.*

BEISPIEL 3.1 (ECHO) *Wie dürfen Objekte, welche zu Reflexionen Anlaß geben, angeordnet sein, wenn der Standort des Senders und der des Empfängers bekannt sind und die Chiprate R_c= 20 MHz beträgt. Vorausgesetzt ist, daß zwischen Sender und Empfänger Sichtverbindung herrscht (Direkter Pfad unbeeinflußt).*

<u>Lösung</u>:

Damit das Echo unterdrückt wird, muß das Echo gegenüber dem direkten Signal um $\tau > T_c = \frac{1}{R_c} = 50$ nsec später beim Empfänger eintreffen. Dies entspricht einem Umweg von $x = c \cdot T_c = 3 \cdot 10^8 \cdot 50 \cdot 10^{-9} = 15$ m.

Die reflektierenden Objekte müssen außerhalb einer Ellipse liegen, in deren Brennpunkten der Sender und der Empfänger liegen und der Fahrstrahl um 15 Meter länger sein muß als der Abstand l zwischen Sender und Empfänger.

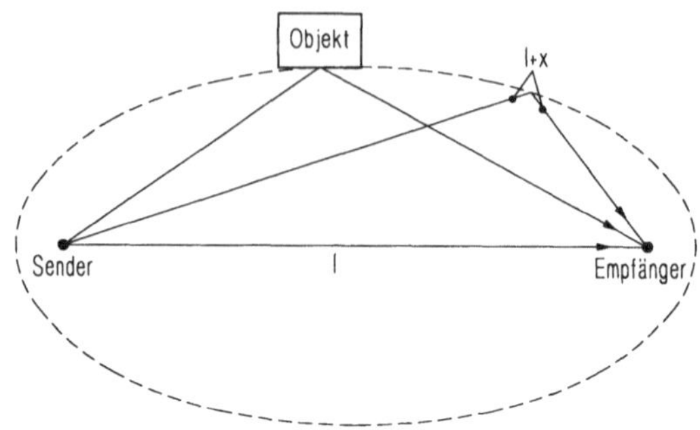

Abbildung 3.22: Echo-Ellipse

BEISPIEL 3.2 (INDOOR) *Wie muß die Chiprate R_c gewählt werden, damit $x < 4m$ bleibt ?*

Lösung:

$$T_c = \frac{x}{c} \sim 13 \text{ nsec} \qquad \longrightarrow R_c \geq 75 \text{ MHz}$$

Im Kapitel CDMA-Übertragung im Mobilfunk ab Seite 371 findet man die Erweiterung des Mehrwegeproblems auf Mehrbenutzersysteme und echte Mehrwegeausbreitung (mehr als 2 Wege). Dort wird der konventionelle Direct-Sequence Empfänger, wegen seiner Fähigkeit Mehrwege zu unterdrücken, als Mehrwegeunterdrückungsempfänger (MWU-Empfänger) bezeichnet.

3.1.10 Mehrbenutzerstörung

Als Mehrbenutzerstörung (MUI) bezeichnet man eine Störung, welche von im gleichen Frequenzband arbeitenden Direct-Sequence Übertragungen verursacht wird. Diese Störung tritt in Mehrbenutzersystemen auf und wird in den Kapiteln beginnend mit Seite 355 allgemeiner und ausführlicher behandelt. In einem Direct-Sequence Mehrbenutzersystem werden die einzelnen Teilnehmer durch orthogonale Direct-Sequence Signale unterschieden. Man nennt daher ein auf diese Art aufgebautes Mehrbenutzersystem *Code Division Multiple Access* (CDMA).

Hier beschränken wir uns auf ein minimales Szenario, bestehend aus zwei aktiven Sendern und einem Empfänger. Es sei der Empfänger mit Sender T_x-1 synchronisiert. Die örtliche Anordnung von Sender und Empfänger sei so gewählt, daß kein Near-Far Problem auftritt. Die Zeitverzögerung τ im Signalpfad von $T_x - 2$ soll die zeitliche Verschiebung zur Uhrzeit von Sender $T_x - 1$ andeuten.

In (3.76) ist das empfangene Signal angegeben. Gleichung (3.77) zeigt das perfekt in das Basisband gemischte und Spread-Spectrum synchronisierte empfangene Signal. Die Entscheidungsvariable Z zeigt (3.78).

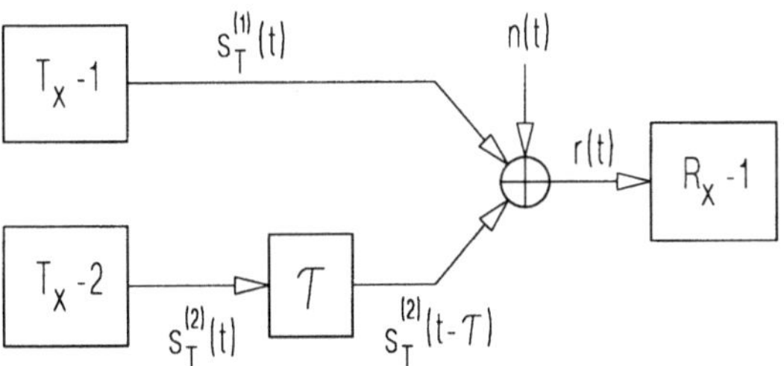

Abbildung 3.23: Mehrbenutzerstörung durch eine im gleichen Frequenzband arbeitende Direct-Sequence Übertragung (2-Teilnehmer Modell).

$$r(t) = d^{(1)}(t) \cdot c^{(1)}(t) \cdot \sin(2\pi f_0 t) + d^{(2)}(t - \tau) \cdot c^{(2)}(t - \tau) \cdot \sin(2\pi f_0 t + \varphi) + n(t) \tag{3.76}$$

$$x(t) = r(t) \cdot c^{(1)}(t) \cdot \sin(2\pi f_0 t) \tag{3.77}$$

$$Z = \int\limits_{t=0}^{T_D} x(t)\, dt = d^{(1)}(t) \cdot \left[c^{(1)}(t) \right]^2 \cdot \int\limits_{t=0}^{T_D} \frac{dt}{2} + \tag{3.78a}$$

$$+ \int\limits_{t=0}^{T_D} d^{(2)}(t - \tau) \cdot c^{(2)}(t - \tau) \cdot c^{(1)}(t) \cdot \sin(2\pi f_0 t + \varphi) \cdot \sin(2\pi f_0 t)\, dt + \tag{3.78b}$$

$$+ \int\limits_{t=0}^{T_D} n(t) \cdot c^{(1)}(t) \cdot \sin(2\pi f_0 t)\, dt = \tag{3.78c}$$

$$= Z_d + Z_i + Z_n \tag{3.78d}$$

$$Z_d = d^{(1)}(t) \cdot \underbrace{\frac{T_D}{2} \cdot \left[A_c^{(1)} \right]^2}_{\mathcal{E}_D^{(1)}} = \mathcal{E}_D^{(1)} \cdot d^{(1)}(t) \tag{3.79}$$

$$Z_i = \frac{\cos(\varphi)}{2} \cdot A_c^{(1)} \cdot A_c^{(2)} \cdot \int\limits_{t=0}^{T_D} d^{(2)}(t-\tau) \cdot c^{(2)}(t-\tau) \cdot c^{(1)}(t)\, dt = \cos(\varphi) \cdot \underbrace{\frac{A_c^2}{2} T_D}_{\varepsilon_D} \cdot$$

$$\cdot \left[D_0 \frac{1}{T_D} \int\limits_{t=0}^{\tau} c^{(1)}(t) \cdot c^{(2)}(t-\tau)\, dt + D_1 \frac{1}{T_D} \int\limits_{t=\tau}^{T_D} c^{(1)}(t) \cdot c^{(2)}(t-\tau)\, dt \right] \quad (3.80)$$

Die Gleichung (3.79) zeigt den Anteil der Entscheidungsvariablen korrespondierende mit dem gesuchten Datensignal. In rechten Teil von (3.80) wurde $A_c^{(1)} = A_c^{(2)} = A_c$ gesetzt. Die Gleichung (3.80) zeigt den Anteil der Entscheidungsvariable verursacht durch die MUI-Störung. Verusacht durch zwei Datenbits setzt er setzt sich im allgemeinen aus zwei aperiodischen Korrelationsfunktionen zusammen. Daraus folgt, daß je kleiner die Kreuzkorrelationsfunktion der Direct-Sequence Signale ist, desto geringer die MUI-Störung. Dies kann man Verallgemeinern auf:

In einem CDMA-System ist die Beeinflussung durch die anderen Teilnehmer (MUI) umso geringer, je geringer die Kreuzkorrelation der einzelnen Codes ist.

3.1.11 Near-Far Problem

Die Direct-Sequence Übertragung wird problematisch, wenn der Großteil der empfangenen Leistung von einem nahe der Antenne befindlichen und im gleichen Frequenzband arbeitenden Störer stammt. Dadurch dominiert dieser Störer und der weit entfernte Spread-Spectrum Sender (Teilnehmer) geht unter. Dies bezeichnet man als das *Near-Far*-Problem. Es tritt vorwiegend in terrestrischen Direct-Sequence Mehrbenutzersystemen auf. Erfolgt die Nachrichtenübertragung per Satellit, so existiert das Near-Far Problem faktisch nicht. Ebenso in anderen Weltraumanwendungen (Apollo-Missionen).

Informationsrichtung: Punkt-zu-Mehrpunkt Verbindung (Ein Empfänger und mehrere Sender). Es handelt sich um eine Mehrbenutzerumgebung.

Kanal: • Es existieren K aktive Teilnehmer (im gleichen Kanal).

- Die Störung im Kanal wird als AWGN angenommen $\Phi_n(f) = \frac{N_0}{2}$.

- Die Störungen zufolge der anderen Teilnehmer wird als zusätzliches AWGN modelliert (Einfaches Modell).

- Jeder Teilnehmer überträgt mit der mittleren Leistung $\mathcal{P}_t \rightarrow \Phi_t(f)$.

Das Leistungsdichtespektrum eines aktiven Teilnehmers ist in (3.81) gegeben. Das Leistungsdichtespektrum an der Empfangsantenne, sowie das mittlere $\mathcal{E}_D/N_I$ in (3.82). Das Beispiel 3.3 soll die Problematik des Near-Far Problems verdeutlichen.

$$\Phi_t(f) = \frac{\mathcal{P}_t T_c}{2} \left[\text{sinc}^2\left((f - f_0)T_c\right) + \text{sinc}^2\left((f + f_0)T_c\right) \right] \tag{3.81}$$

$$\Phi_{t,ges}(f) = \frac{(K-1)\mathcal{P}_t T_c}{2} \longrightarrow \frac{\mathcal{E}_D}{N_I} = \frac{\mathcal{P}_t T_D}{N_0 + \mathcal{P}_t T_c(K-1)} \tag{3.82}$$

BEISPIEL 3.3 (NEAR-FAR PROBLEM) *Es ist folgendes terrestrisches Szenario angenommen: Um den Empfänger sind in einem Kreis mit Radius r_1, $(K-2)$-Teilnehmer angeordnet. Ein Teilnehmer ist in einer Entfernung $r_0 = r_1/10$ angeordnet. Kommunizieren will der im Kreismittelpunkt sitzende Empfänger mit einem Teilnehmer im Abstand r_1. Angenommen ist, daß jeder Sender mit gleicher Leistung P_t sendet.*

Da die Leistung näherungsweise mit dem Entfernungsquadrat abnimmt, nimmt sie bei Annäherung quadratisch zu. Dies bedeutet, daß der näher zur Antenne sitzende Teilnehmer mit einer Leistung von $\mathcal{P}'_t = \left(\frac{r_1}{r_0}\right)^2 \cdot \mathcal{P}_t = 100 \cdot \mathcal{P}_t$ empfangen wird. Dies liefert ein $\mathcal{E}_D/N_I$ an der Antenne von:

$$\frac{\mathcal{E}_D}{N_I} = \frac{\mathcal{P}_t T_D}{N_0 + 100 \cdot \mathcal{P}_t T_c + \mathcal{P}_t T_c(K-2)}$$

Das Beispiel 3.3 hat gezeigt, das ein sehr nahe der Antenne sitzender Teilnehmer das $\mathcal{E}_D/N_0$ drastisch reduziert und die Bitfehlerrate ansteigt. Tritt das *Near-Far* Problem massiv auf, so ist die Störung zufolge der $(K-2)$ anderen Teilnehmern vollkommen unbedeutend und die Bitfehlerrate bestimmt, im wesentlichen, der nahe der Antenne sitzenden Störer.

3.1.12 Hochgenaue Entfernungsbestimmung

Die große Bandbreite von Direct-Sequence Signalen wird zu sehr genauen Entfernungsmessungen (Ranging) ausgenutzt. Aus Abb.3.24 erkennt man, daß im Detektor die Korrelation zwischen Sende- und Empfangssignal (m-Folge) ausgewertet wird.

$$\phi_c(\tau) = \int_0^{LT_c} c(t - T_l)c(t - \tau)dt \tag{3.83}$$

Die Laufzeit T_l wird durch verstellen von τ kompensiert.

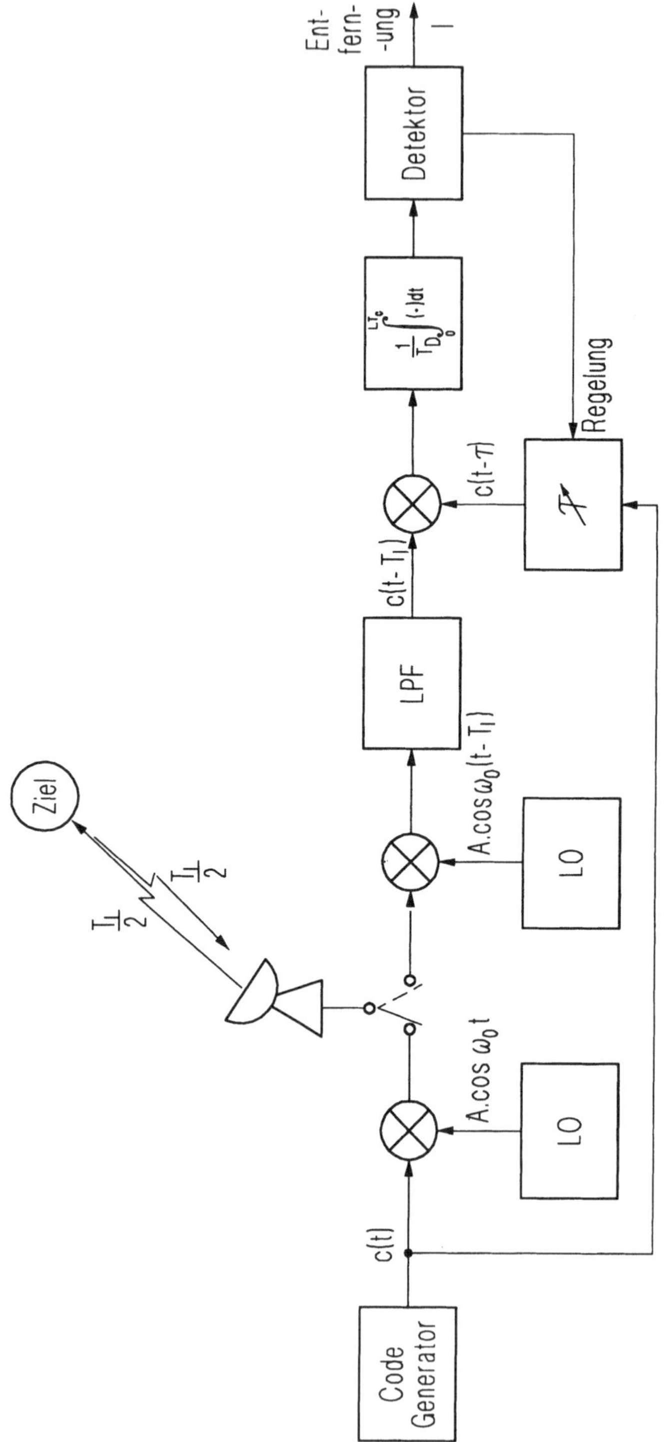

Abbildung 3.24: Entfernungsbestimmung mit Spread-Spectrum Signalen.

$$\tau - T_l > T_c \;\;\rightarrow\;\; \phi_c\,(\tau - T_l) \sim 0 \tag{3.84}$$

$$\tau - T_l \sim 0 \;\;\rightarrow\;\; \phi_c\,(\tau - T_l) \sim \phi_c\,(0) = L \tag{3.85}$$

Die Entfernung l zwischen Sender und Ziel wird durch ablesen von τ, wenn das Maximum $\phi_c\,(0)$ auftritt und einsetzen in (3.86) ermittelt.

In (3.86) bedeutet c die Lichtgeschwindigkeit.

$$l \sim \frac{c}{2}(T_l \pm T_c) \tag{3.86}$$

Die Meßgenauigkeit wird durch Verkleinerung der Chipdauer T_c relativ zur Signallaufzeit T_l und Auswertung der Korrelationsspitze verbessert.

Das Prinzip der Entfernungsmessung mit einem Direct-Sequence Signal ist in Abb.9.7 auf Seite 436 zu sehen.

Weiterführende Literatur

Ein zusammenfassendes und einführendes Buch in Luft-, Land-, See- und Weltraum-Navigation ist [Kayton90].

Zusammenfassung

Beurteilt man die Eigenschaften der Direct-Sequence Spread-Spectrum Übertragung, so muß man sich bewußt sein, daß eine Bewertung wesentlich von der Anwendung abhängig ist. In Tab.3.3 und Tab.3.4 wird trotzdem der Versuch unternommen eine Bewertung als Vorteil und Nachteil durchzuführen.

3.2 Frequenzsprung Spread-Spectrum Übertragung

Das, neben den Direct-Sequence Spread-Spectrum Systemen, am häufigsten eingesetzte Spread-Spectrum Verfahren ist die Frequenzsprung Spread-Spectrum Übertragung.

In Frequenzsprung (engl: Frequency Hopping - FH) Spread-Spectrum Übertragungssysteme (Abb.3.25) modulieren die Daten eine, nach einem pseudozufälligen Muster

Nr.	Vorteile
1	Einfache Erzeugung des Spread-Spectrum Signals
2	Signal/Störabstände von 20 bis 30 dB
3	Selektive Adressierung durch Codemultiplex
4	Robust gegen unvorhersagbare Störung
5	Nachrichtengeheimhaltung
6	Die Übertragung ist schwer zu entdecken (LPI) - ECCM
7	Kohärente Demodulation möglich
8	Reduzierte spektrale Leistungsdichte (EMC)
9	Realisiert man den Codegenerator mit Hilfe eines impulsangeregten Oberflächenwellenfilters so sind Spread-Spectrum Bandbreiten bis etliche 100 MHz möglich

Tabelle 3.3: Vorteile der Direct Sequence Übertragung.

Nr.	Nachteile
1	Codesynchronität zu erreichen und zu halten
2	Near-Far Problem
3	Hohe Taktgenauigkeit des lokalen Oszillators notwendig
4	Ein zusammenhängendes Frequenzband notwendig
5	Realisiert man den Codegenerator mit Hilfe eines Schieberegisters so ist die Spread-Spectrum Bandbreite aus technologischen Gründen auf typisch 40-100 MHz limitiert

Tabelle 3.4: Nachteile der Direct Sequence Übertragung.

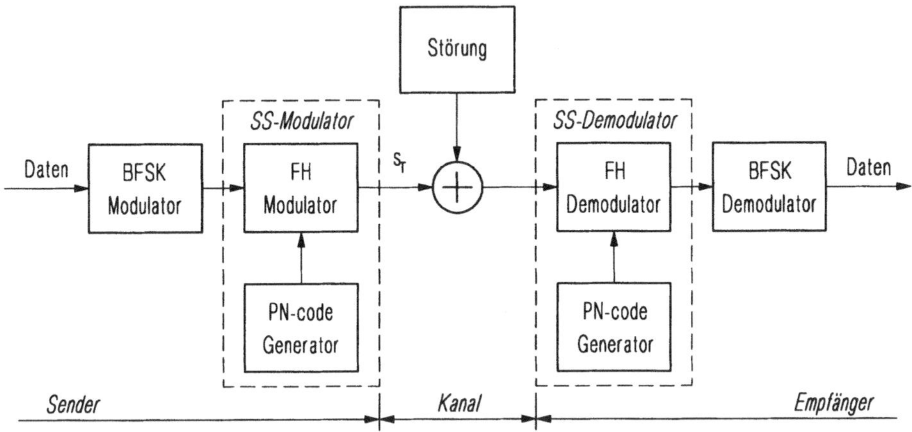

Abbildung 3.25: Blockschaltbild: FH/BFSK Spread-Spectrum Übertragung.

gewählte, Trägerfrequenz. Die gesamte Bandbreite der Frequenzsprungübertragung kann daher etliche Gigahertz betragen und um Größenordnungen größer, als Direct-Sequence Spread-Spectrum Bandbreiten, sein. Eine ideale Darstellung des Spektrums, sowie des Hüpfmusters des FH-Signals ist in Abb.2.28 dargestellt.

$$\frac{R_H}{R_D} = \frac{T_D}{T_c} = h = \begin{cases} h \geq 1 & \dots \text{ Schnelles FH (FFH).} \\ h < 1 & \dots \text{ Langsames FH (SFH).} \end{cases} \tag{3.87}$$

Die Gleichung (3.87) klassifiziert die FH-Systeme mit Hilfe der *Sprünge pro Datenbit h*, welche die Hüpfrate R_H (Sprünge/Sekunde) mit der Datenrate R_D (Daten/Sekunde) in Beziehung setzt. Ist die Hüpfrate größer oder gleich Eins, so bezeichnet man diese Frequenzsprungübertragung als - *Schnelles Frequenzsprungverfahren* - (FFH), liegt die Hüpfrate unter Eins, so spricht man vom - *Langsamen Frequenzsprungverfahren* - (SFH).

Die Frequenzsprungverfahren kann man auch mit Hilfe des Frequenzgenerators in Abb.3.26 ableiten. Die Taktrate des Codegenerators (Coderate) entspricht der Hüpfrate. Er gibt pro Hüpfzeit T_H immer nur eine Frequenz, in Form eines binären Frequenzwortes $(W_k)_b$, aus. Es hängt nun von der Datenrate ab, ob sie größer oder kleiner als die Coderate ist. Daraus folgt, ob es sich um ein schnelles oder langsames Frequenzsprungverfahren handelt.

Die Zuordnung zwischen Frequenzwort und Frequenz erfolgt, im allgemeinen, willkürlich. In Abb.3.26 sind zwei Zuordnungen angegeben. Die Zuordnung-A ist eine systematische, in der das Datenbit als das höherwertige Bit (MSB) angenommen wurde und die restlichen Bits der Codegenerator zur Verfügung stellt. Die Datenbits teilen dadurch den Frequenzbereich in eine obere und untere Hälfte. Der PN-Codegenerator

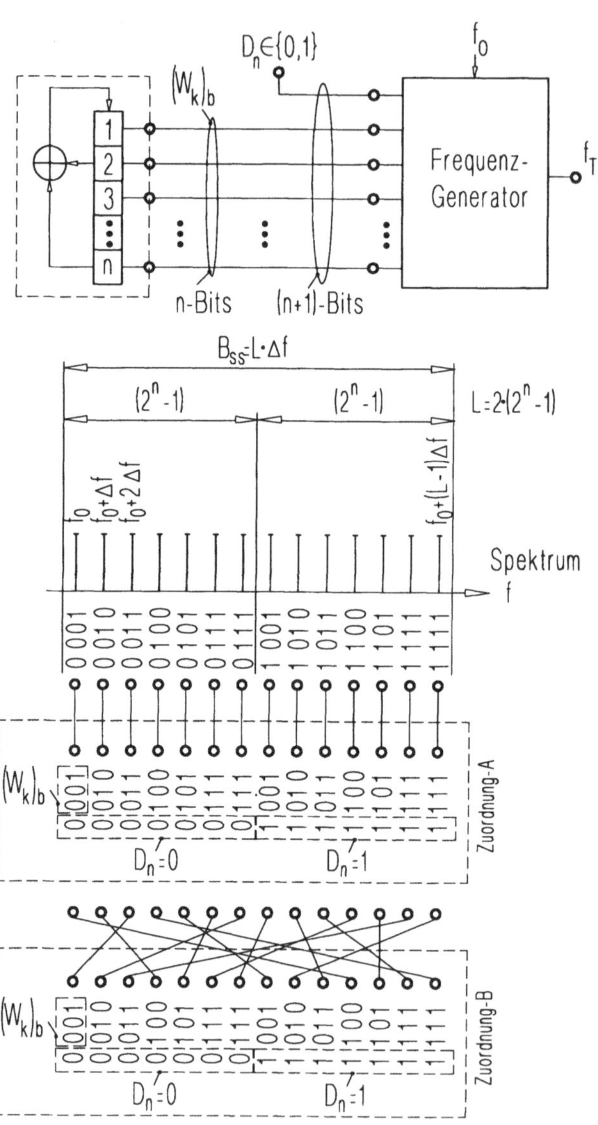

Abbildung 3.26: Frequenzgenerator.

liefert während der Hüpfdauer, entsprechend seinem pseudozufälligen Charakter, ein Binärwort $(W_k)_b$, welches an den Frequenzgenerator weitergegeben wird. Dieser wandelt die Binärzahl in die äquivalente ganzzahlige Dezimalzahl W_k um $((W_k)_b \mapsto W_k)$. W_k kann daher die Werte $W_k \in \{1, 2, \ldots, 2^n - 1\}$ annehmen und gibt den Frequenzabstand vom Beginn der jeweiligen Frequenzhälfte an. Die Zuordnung-B ist eine willkürliche Zuordnung.

Der Vorrat an Frequenzen, welchem dem Sender zur Verfügung[17] stehen, sei L. Die aktuelle Frequenz f_T wird aus dem Vorrat $\{f_0, f_0 + \Delta f, f_0 + 2\Delta f, \ldots, f_0 + (L-1)\Delta f\}$ gewählt. Für die in Abb.3.26 angegebene Zuordnung ist die Gesamtzahl der verfügbaren Frequenzen

$$L = 2 \cdot (2^n - 1) \tag{3.88}$$

Der Frequenzabstand zwischen den einzelnen Frequenzen Δf wird so gewählt, daß die Frequenzen zueinander orthogonal sind. Die Orthogonalitätsbedingung ist in (3.89) gegeben.

$$\int_0^{T_H} \cos\left[2\pi \left(f_0 + m \cdot \Delta f\right) t + \varphi_m\right] \cdot \cos\left[2\pi \left(f_0 + n \cdot \Delta f\right) t + \varphi_n\right] = 0 \qquad \forall m \neq n \tag{3.89}$$

Damit ergibt sich die Spread-Spectrum Bandbreite:

$$B_{ss} = L \cdot \Delta f \tag{3.90}$$

Die Frequenzsprungübertragung wird üblicherweise mit einer Codierung versehen.

3.2.1 Langsames Frequenzsprungverfahren

Aus der Klassifizierungsgleichung (3.87) folgt das Sendesignal des langsamen Frequenzsprungverfahrens (3.91).

$$s_T^{(SFH)}(t) = A \sum_{n=1}^{1/h} \cos\left[2\pi \underbrace{\left[f_0 + (D_n + W_k)\,\Delta f\right]}_{f_T} t + \varphi_k\right] \qquad \begin{array}{l} 0 \leq t < T_H \\ W_k = \text{const.} \end{array} \tag{3.91}$$

---

[17]Diese Annahme korrespondiert mit den Direct-Sequence Systemen, in denen L die Codelänge repräsentierte.

Die Gleichung (3.91) gilt für eine bestimmte Hüpfdauer $0 \leq t < T_H$. Innerhalb der Hüpfdauer finden $1/h$ Datenbitwechsel statt.

Welche Frequenz tatsächlich aus dem Frequenzvorrat gewählt wird und übertragen wird hängt vom jeweiligen Datenbit ab. Ist das n-te Datenbit $D_n = 0$ so, ist entsprechend der gewählten Darstellung, dadurch keine Frequenzänderung verbunden und die vom PN-Generator vorgegebene Frequenz wird übertragen. Ist das n-te Datenbit $D_n = 1$ so, wird die vom PN-Generator vorgegebene Frequenz um Δf auf $\left[f_0 + (D_n + W_k) \, \Delta f \right]$ erhöht. Aus Abb.3.26 ist ersichtlich, daß das Datenbit die Bandbreite der Frequenzsprungübertragungstechnik in zwei Hälften teilt.

Der Frequenzabstand, für langsame Frequenzsprungübertragung ergibt sich nach der Orthogonalitätsbedingung in (3.89) zu:

$$\Delta f = \frac{1}{T_D} = R_D \tag{3.92}$$

Die Zeit/Frequenz-Zuordnung für das langsame Frequenzsprungverfahren, für $h = 1/4$, zeigt die Abb.3.27.

3.2.2 Schnelles Frequenzsprungverfahren

Aus der Klassifizierungsgleichung (3.87) folgt, wie beim langsamen Frequenzsprungverfahren, das Sendesignal des schnellen Frequenzsprungverfahrens (3.93).

$$s_T^{(FFH)}(t) = A \sum_{k=1}^{h} \cos \left[2\pi \underbrace{\left[f_0 + (D_n + W_k) \, \Delta f \right]}_{f_T} t + \varphi_k \right] \qquad \begin{array}{l} 0 \leq t < T_D \\ D_n = \text{const.} \end{array} \tag{3.93}$$

Die Gleichung (3.93) gilt für eine bestimmte Datenbitdauer $0 \leq t < T_D$. Innerhalb der Datenbitdauer finden h pseudozufällige Frequenzsprünge statt.

Welche Frequenz tatsächlich aus dem Frequenzvorrat gewählt wird und übertragen wird hängt von der jeweiligen Frequenzzuordnung ab. Aus Abb.3.26 erkennt man, daß die Zuordnung-A innerhalb der Datenbitdauer eine Frequenzhälfte niemals verlassen würde, sodaß der willkürlich gewählten Zuordnung-B der Vorzug zu geben ist.

Der Frequenzabstand zwischen den einzelnen Frequenzen ergibt sich wieder durch die Orthogonalitätsbedingung (3.89).

$$\Delta f = \frac{1}{T_H} \tag{3.94}$$

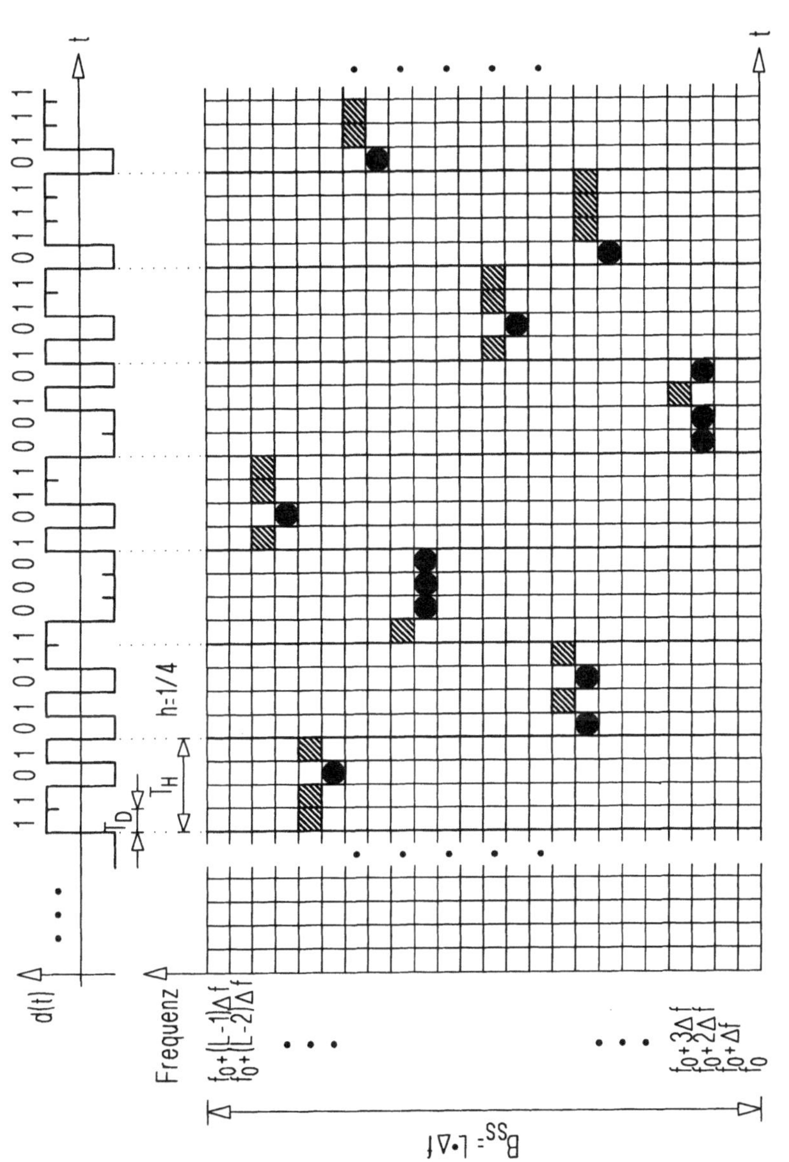

Abbildung 3.27: Langsame Frequenzsprungübertragung ($h = 1/4$) in der Zeit/Frequenzebene. Schraffiertes Rechteck: $D_n = 1$, Ausgefüllter Kreis: $D_n = 0$.

Die Zeit/Frequenz-Zuordnung für das schnelle Frequenzsprungverfahren, für $h = 3$, zeigt die Abb.3.28.

Da die schnelle Frequenzsprungübertragung, zur Übertragung eines Datenbits mehrere Frequenzen benutzt, gewinnt dieses Verfahren wegen seiner frequenzselektiven Diversitätseigenschaft immer mehr an Bedeutung für den kommerziellen Bereich, im speziellen für den Mobilfunk.

3.2.3 Prozeßgewinn

Die Berechnung des Prozeßgewinns eines Spread-Spectrum Systems mit Frequenzsprungverfahren geht von (3.95) aus. Es muß jedoch zur Berechnung des Prozeßgewinns für das langsame und schnelle Frequenzsprungverfahren die Orthogonalität zwischen den einzelnen Frequenzen durch Δf berücksichtigt werden. So ergibt sich für das langsame Frequenzsprungverfahren mit (3.92) und (3.95) der Prozeßgewinn in (3.96a) und für schnelle Frequenzsprungverfahren mit (3.94) und (3.95) in (3.96b).

$$\boxed{G_p^{(FH)} = \frac{B_{ss}}{2\,B_D} = \frac{L \cdot \Delta f}{2 \cdot R_D}} \qquad (3.95)$$

$$G_p^{(SFH)} = \frac{L \cdot \Delta f}{2 \cdot R_D} = \frac{L}{2} \qquad (3.96a)$$

$$G_p^{(FFH)} = \frac{L \cdot \Delta f}{2 \cdot R_D} = h \cdot \frac{L}{2} \qquad (3.96b)$$

Aus (3.96) erkennt man, daß für $h = 1$ der Prozeßgewinn für schnelles und langsames Frequenzsprungverfahren übereinstimmen.

3.2.4 Leistungsanalyse

Die Beurteilung der Leistungsanalyse erfolgt mit der Bitfehlerrate. Damit man die Grenzen der Leistungsfähigkeit darstellen kann, wird ein militärisches Szenario angenommen, in welchem die Störung beabsichtigt erfolgt. Eine effektive Art der Störung liegt vor, wenn permanent ein Teil der Spread-Spectrum Bandbreite mit **AWGN** gestört ist. Man bezeichnet dies als Teilband-**AWGN**-Störung. Für diese Art der Störung wird jener Faktor α^* der Übertragungsbandbreite gesucht, welcher der effektivste Störer wählen muß. Es wird die Bitfehlerrate für orthogonale inkohärente SFH-Übertragung berechnet.

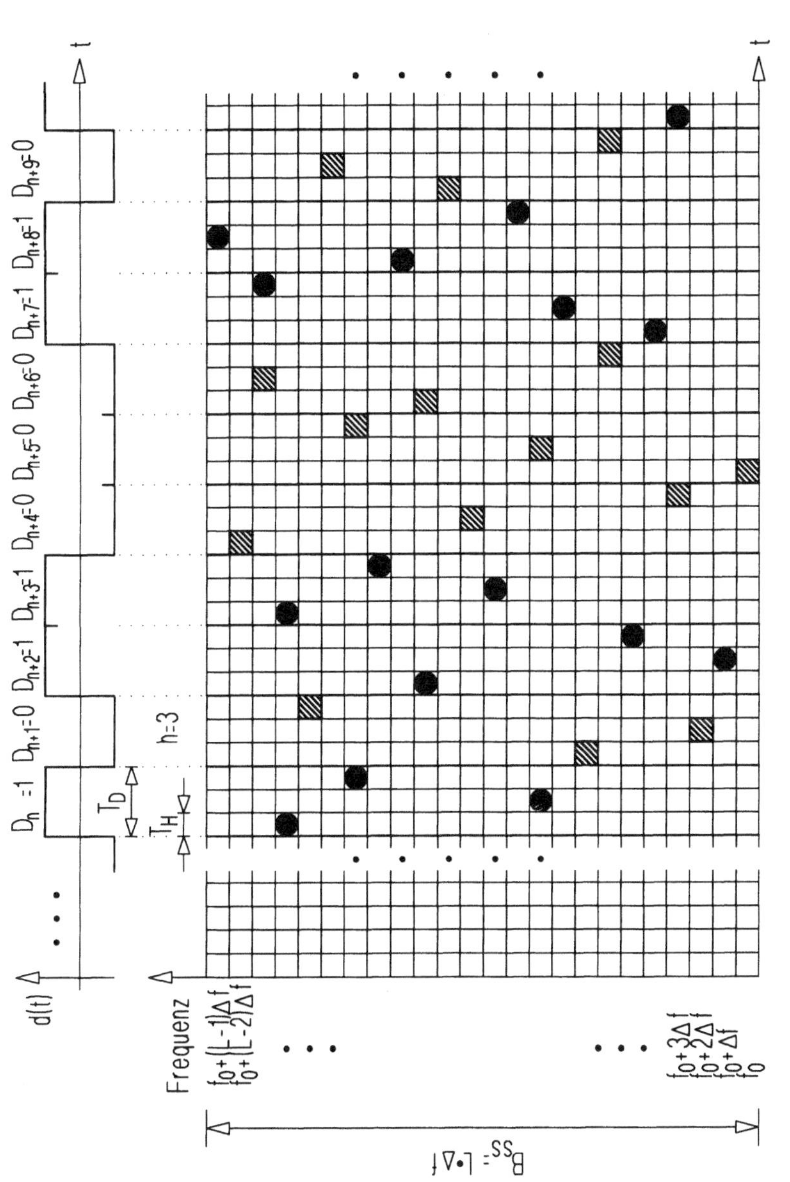

Abbildung 3.28: Schnelle Frequenzsprungübertragung ($h = 3$) in der Zeit/Frequenzebene. Schraffiertes Rechteck: $D_n = 1$, Ausgefüllter Kreis: $D_n = 0$.

3.2.4.1 Teilband AWGN-Störung

Ausgehend von der BER für orthogonale inkohärente BFSK-Übertragung in (3.97) folgt (3.99). Dazu wurde (3.98) benutzt, welche besagt, daß die AWGN-Störung permanent einen Teil ($0 \leq \alpha \leq 1$) der Spread-Spectrum Bandbreite stört. Der Faktor α wird als Teilbandstörfaktor bezeichnet. In (3.99) repräsentiert a jene Zahl an Frequenzen, welche ungestört empfangen wurden und b die Zahl der gestört empfangen Frequenzen. Aus (3.98) erkennt man, daß die Störbandbreite B_j konstant ist. Sie besagt jedoch nicht, welche Frequenzen, im einzelnen, von der Störung betroffen sind. Dies bedeutet, daß einerseits der gestörte Teil des Spread-Spectrum Bandes immer die gleichen Frequenzen betrifft und anderseits beinhaltet sie auch den Fall daß zu ganzzahligen Vielfachen[18] der Datenbitdauer auch die Mittenfrequenz der Störung springen darf. Man kann den Kanal mit Teilband AWGN-Störung auch als einen Kanal mit zwei Zuständen auffassen. Die Grenzkurve der Bitfehlerratenkurven erhält man für $\alpha = 0$.

$$P_e^{(\text{BFSK})} = \frac{1}{2} \cdot e^{-\frac{\mathcal{E}_D}{2N_0}} \tag{3.97}$$

$$B_j = \alpha B_{ss} \longrightarrow \Phi_j = \frac{\mathcal{P}_j}{B_j} = \frac{\mathcal{P}_j}{\alpha\, B_{ss}} = N_j = \text{const.} \tag{3.98}$$

$$
\begin{aligned}
P_e &= \frac{1-\alpha}{2} \cdot e^{-\frac{\mathcal{E}_D}{2N_0}} + \frac{\alpha}{2} \cdot e^{-\frac{\mathcal{E}_D}{2(N_0+N_j)}} = . \\[2ex]
&= \underbrace{\frac{1-\alpha}{2}}_{a} \cdot e^{-\frac{\mathcal{E}_D}{2N_0}} + \underbrace{\frac{\alpha}{2}}_{b} \cdot e^{-\frac{\mathcal{E}_D}{N_0}\cdot\left[2\left(1+\frac{1}{G_p}\cdot\frac{\mathcal{E}_D}{N_0}\cdot\frac{\mathcal{P}_N}{\mathcal{P}_S}\cdot\frac{1}{\alpha}\right)\right]^{-1}}
\end{aligned}
\tag{3.99}
$$

Im Folgenden wird jenes α berechnen, welches ein effizienter Störer wählen muß damit er seine limitierte Leistung bestmöglich einsetzt. Da die beabsichtigte Störung wesentlich größer ist als das Hintergrundrauschen ($N_j \gg N_0$) vereinfachen sich die Berechnungen.

$$N_j >> N_0 \quad \longrightarrow \quad P_e \approx \frac{\alpha}{2}\, e^{-\frac{\mathcal{E}_D}{2N_j}} = \frac{\alpha}{2}\, e^{-\alpha\frac{\mathcal{E}_D\, B_{ss}}{2\,\mathcal{P}_j}} . \tag{3.100}$$

---

[18]Die Bedingung zu ganzzahligen Vielfachen der Datenbitdauer ist notwendig damit man den Kanal als stationär auffassen darf.

$$\frac{\partial P_e}{\partial \alpha} = \frac{1}{2}\,e^{-\alpha^* \frac{\mathcal{E}_D\,B_{ss}}{2\mathcal{P}_j}} + \frac{\alpha^*}{2}\,\frac{e^{-\alpha^* \frac{\mathcal{E}_D\,B_{ss}}{2\mathcal{P}_j}}}{-\frac{\mathcal{E}_D\,B_{ss}}{2\mathcal{P}_j}} = 0$$

$$= \frac{1}{2} - \frac{\alpha^* \mathcal{P}_j}{2\,\mathcal{E}_D\,B_{ss}} = 0 \tag{3.101}$$

$$\longrightarrow \quad \alpha^* = \frac{\mathcal{E}_D\,B_{ss}}{2\mathcal{P}_j}$$

Damit ergibt sich eine obere Schranke der Bitfehlerrate:

$$\alpha^* = \begin{cases} \dfrac{2\,N_j}{\mathcal{E}_D} & \ldots \quad \dfrac{\mathcal{E}_D}{N_j} > 2 \\[2ex] 1 & \ldots \quad \dfrac{\mathcal{E}_D}{N_j} \le 2 \end{cases} \tag{3.102}$$

$$P_{e,max} = \begin{cases} \dfrac{e^{-1}\,N_j}{\mathcal{E}_D} & \ldots \quad \dfrac{\mathcal{E}_D}{N_j} > 2 \\[2ex] \dfrac{1}{2}\,\dfrac{e^{-\mathcal{E}_D}}{2\,N_J} & \ldots \quad \dfrac{\mathcal{E}_D}{N_j} \le 2 \end{cases} \tag{3.103}$$

In Abb.3.29 ist die Bitfehlerrate einer inkohärenten SFH-Spread-Spectrum Übertragung in Teilband AWGN-Störung für verschiedene Faktoren α dargestellt. Die Kurven wurden mit (3.100) berechnet und die Grenzkurve mit (3.103). Man erkennt sehr leicht, daß bei ausreichend kleinem $\frac{\mathcal{E}_D}{N_0}$ die Vollbandstörung $\alpha = 1$ die effektivste Störung ist. Weiters sieht man sehr eindrucksvoll, daß wenn das $\frac{\mathcal{E}_D}{N_0}$ besser wird, der Störer sein α verkleinern muß damit er effizient bleibt. Dies ist für ihn nicht leicht möglich und man muß daher annehmen, daß er sein gewähltes α beibehält. Dann tritt aber bei Erhöhung von $\frac{\mathcal{E}_D}{N_0}$ eine Verbesserung der Bitfehlerrate ein.

Zusammenfassung

In Tab.3.5 sind die Vorteile zusammengefaßt und in Tab.3.6 die Nachteile aufgelistet.

3.3 Zeitsprung Spread-Spectrum Übertragung

In *Zeitsprungübertragungsverfahren* oder *Time-Hopping* Übertragung wird die Zeitachse in Rahmen der Dauer T_F unterteilt und diese wieder in äquidistante Zeitschlitze der Dauer T_s. Von Rahmendauer zu Rahmendauer wird pseudozufällig ein anderer Zeitschlitz angesprungen. In jedem Zeitschlitz der Dauer $T_s = \frac{T_F}{M}$ wird ein Datenpaket

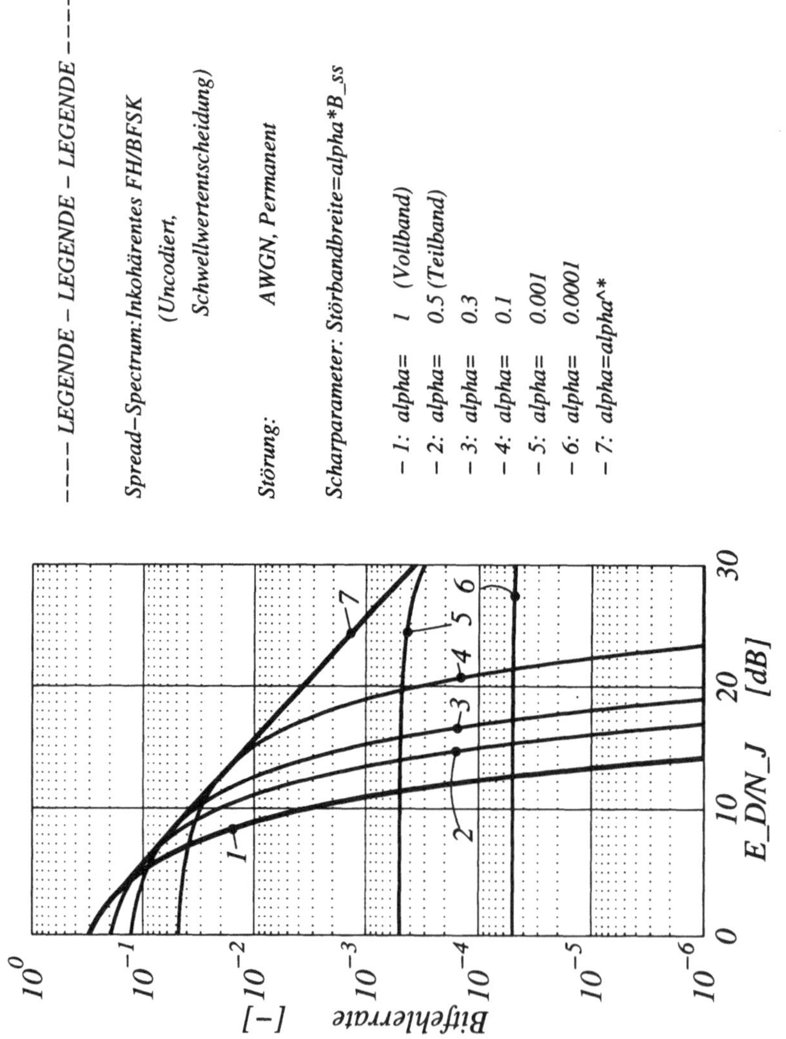

Abbildung 3.29: Bitfehlerrate eines FH-System in AWGN-Störung.

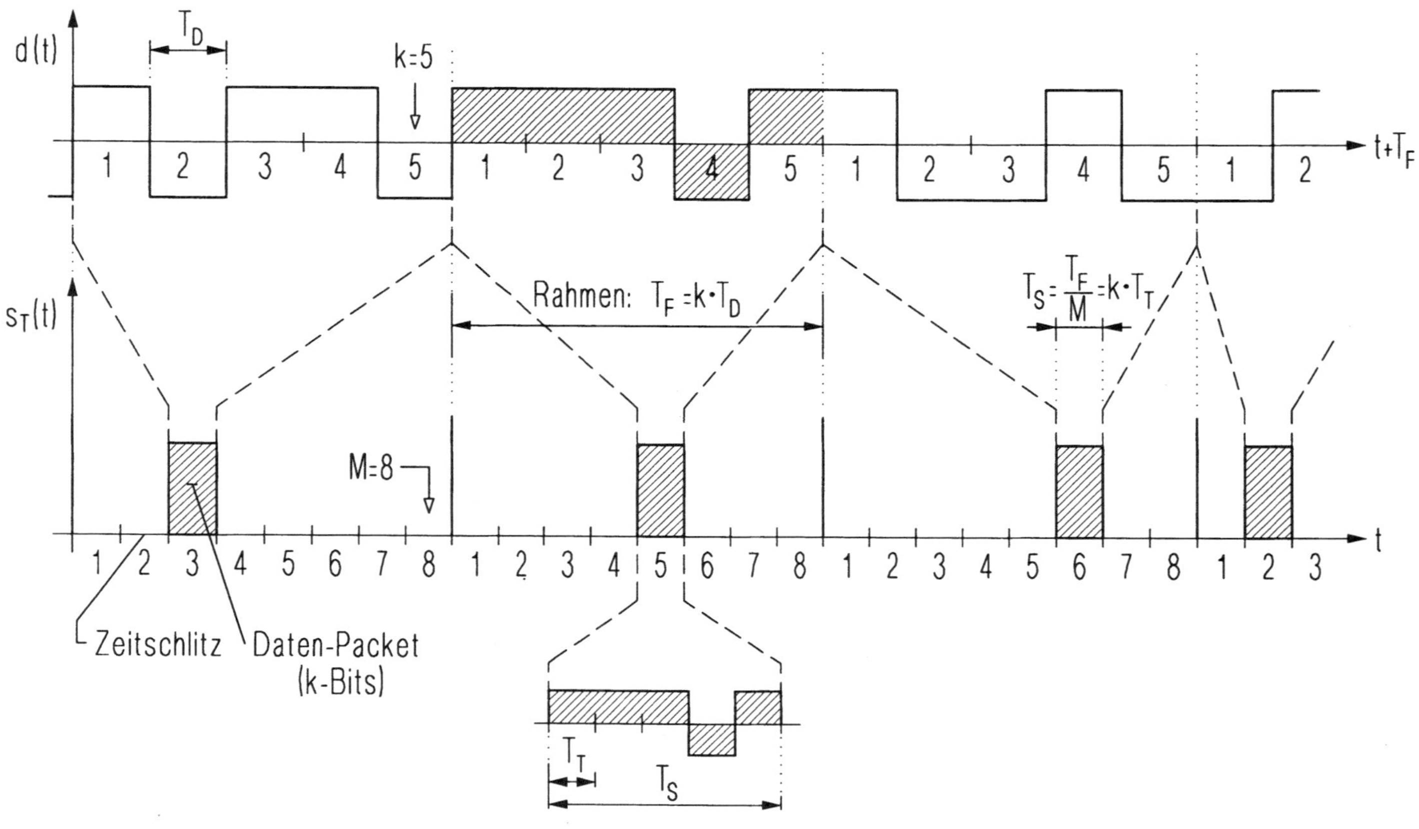

Abbildung 3.30: Zeitdiagramm der Zeitsprung Spread-Spectrum Übertragung.

Nr.	Vorteile
1	Extrem hohe Bandbreiten realisierbar
2	Gute Near-Far Eigenschaften
3	Einfache Synchronisation
4	Gute Koexistenzeigenschaft mit anderen Übertragungen
5	Typische Signal/Störabstände von 30 bis 40 dB
6	Das Spread-Spectrum Band kann aufgeteilt werden (Band-Splitting)
7	Robust gegen unvorhersagbare Störung

Tabelle 3.5: Vorteile der Frequenzsprungübertragung.

Nr.	Nachteile
1	Aufwendige und teure Synthesizer notwendig (abhängig von R_H)
2	Kohärente Demodulation ist schwierig
3	Durch hohe Amplituden leicht entdeckbar

Tabelle 3.6: Nachteile der Frequenzsprungübertragung.

bestehend aus k-Bits übertragen. Damit folgt, daß die Rahmendauer $T_F = k \cdot T_D$ sein muß. Unter Vernachlässigung einer notwendigen Schutzzeit nach jedem Datenpaket folgt, daß jedes Kanalbit die Dauer von $T_T = \frac{T_s}{k} = \frac{T_F}{M \cdot k}$ Sekunden beansprucht. Damit ergibt sich die Bandbreite des Übertragungsspektrums des Spread-Spectrum modulierten Basisbandsignals als $B_T = B_{ss} = 1/T_T$. Damit ergibt sich der Prozeßgewinn für die Time-Hopping Übertragung als Bandbreitenverhältnis in (3.104).

$$G_p^{(TH)} = \frac{B_{ss}}{B_D} = \frac{T_D}{T_T} = \frac{M\,k\,T_D}{T_F} = \frac{M\,k\,T_D}{k\,T_D} = M$$
Anzahl der Zeitschlitze
                   (3.104)

$$s_T(t) = \sum_{n=-\infty}^{\infty} \sum_{m=0}^{k-1} D_{(m+n\cdot k)} \cdot p_{T_T}\left(t - n\,T_F - X_i\,T_s - m\,T_T\right)$$
                   (3.105)

In (3.105) ist das Zeitsignal gegeben, wobei $X_i \in \{0, 1, 2, M-1\}$ eine Zufallszahl ist und den X_i-ten Zeitschlitz repräsentiert, n kennzeichnet den n-ten Zeitrahmen und m zeigt auf das m-te Bit innerhalb des Datenpaketes bestehend aus k-Bits.

Die Vorteile und Nachteile der Zeitsprung Spread-Spectrum Übertragung sind in Tab.3.7 und Tab.3.8 zusammengestellt.

Nr.	Vorteile
1	Hohe Bandbreiteneffizienz
2	Einfacher zu implementieren als FH
3	Near Far Problem kann vermieden werden
4	Günstig wenn der Sender nur eine limitierte mittleren Leistung liefern kann

Tabelle 3.7: Vorteile der Time Hopping Übertragung.

Nr.	Nachteile
1	Lange Synchronisationszeit (Acquisition)
2	Benötigt einen fehlerkorrigierenden Code

Tabelle 3.8: Nachteile der Time Hopping Übertragung.

3.4 Globale Betrachtung des Prozeßgewinns

Vergleicht man alle vorgestellten Spread-Spectrum Techniken mit deren Prozeßgewinn, so kommt man zu dem Ergebnis, daß alle Prozeßgewinne übereinstimmen.

Der Prozeßgewinn des Direct-Sequence Technik entspricht der Länge des, von einer m-Folge erzeugten, Direct-Sequence Signals. Hat das Schieberegister die Länge n, so entspricht der Prozeßgewinn des Direct-Sequence Systems $G_p^{(DS)} = L_{DS} = 2^n - 1$.

Die Zeitsprung Spread-Spectrum Übertragung zeigte einen Prozeßgewinn entsprechend der Zahl der verfügbaren Zeitschlitze L: $G_p^{(TH)} = M$.

Die Frequenzsprungverfahren liefern für $h = 1$ einen Prozeßgewinn von: $G_p^{(FH)} = L_{FH}/2$. Führt man einen fairen Vergleich, bezüglich der Schieberegisterlänge n, durch so kommt man, mit (3.88) zu dem Ergebnis

$$G_p^{(FH)} = \frac{L_{FH}}{2} = \frac{2 \cdot (2^n - 1)}{2} = 2^n - 1 \;\circ\!\!-\!\!\bullet\; G_p^{(DS)} \tag{3.106}$$

Damit ist die Äquivalenz der Prozeßgewinne für Direct-Sequence-, Frequenzsprung- und Zeitsprung-Spread-Spectrum Systemen gezeigt.

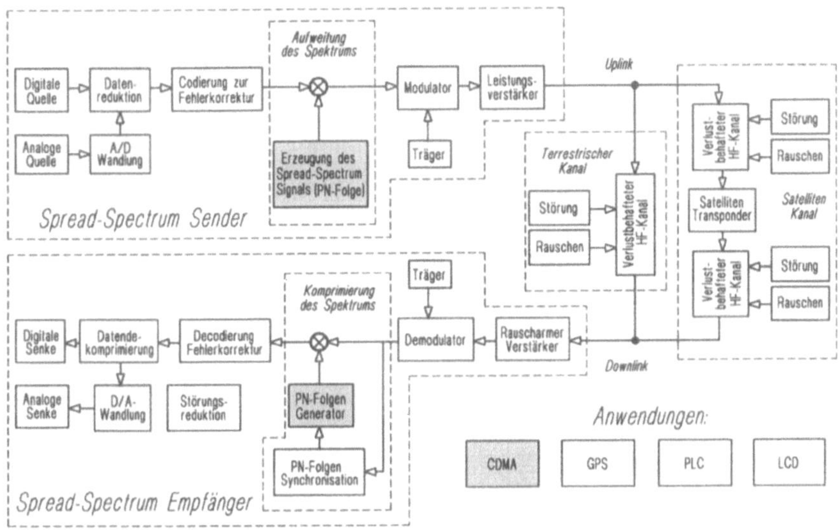

Abbildung 4.1: Grundstruktur des Spread-Spectrum Systems.

Da die Struktur des Korrelationsempfängers relativ starr ist, liegen die Freiheitsgrade des Entwurfs von Spread-Spectrum Systemen in der Wahl des Spread-Spectrum Signals. Aus diesem Grund kommt dem Spread-Spectrum Signal besondere Bedeutung zu. Die Freiheitsgrade drücken sich in den Eigenschaften des Signals aus und bestimmen die Leistungsfähigkeit der Übertragung und deren Einsatzgebiet. Folgende Eigenschaften der Spread-Spectrum Übertragung werden über das gewählte Signal bestimmt:

Synchronisation: Das Synchronisationsverhalten des Spread-Spectrum Empfängers wird durch die Signalwahl entscheidend beeinflußt. Das ideale Signal sollte eine nur zweiwertige periodische Autokorrelationsfunktion haben. Dadurch wird die Signalsuche wesentlich verkürzt und die Aussage - *Signal gefunden* - erheblich sicherer.

Störungsreduktion: Für die Störungsreduktion ist ebenfalls eine zweiwertige periodische Autokorrelationsfunktion ideal. Der zweite Wert, neben der perfekten Übereinstimmung, sollte bei Verschiebung um eine Chipdauer, den Korrelationswert Null liefern. Ein Spread-Spectrum Signal, mit dieser Korrelationseigenschaft, erreicht das höchste Maß an Störungsreduktion.

Bitfehlerrate: Das Maximum an Störungsreduktion ist gleichbedeutend mit dem Maximum an erzielbarem Signal/Störabstand. Dies wirkt sich direkt auf die Datendetektion in Form einer minimalen Bitfehlerrate aus.

Spektrale Leistungsdichte: Das Spread-Spectrum Signal bestimmt die im Kanal herrschende, niedrige spektrale Leistungsdichte. Dies wird in Zukunft ein immer wichtigerer Bestandteil für die Wahl des Spread-Spectrum Signals werden.

Netztopologie: Die Netztopologie spielt für die Wahl des Spread-Spectrum Signals insoferne eine entscheidende Rolle, als durch sie die Art der Verbindung definiert wird. Sind mehrere Sender und Empfänger im gleichen Frequenzband aktiv so muß das Signal dafür geeignet gewählt werden.

Generatokomplexität: Aus wirtschaftlichen Gründen sollte der, das Spread-Spectrum Signal erzeugende, Generator von einfachem Aufbau sein und preiswert herzustellen.

Die Aufgabe der Spread-Spectrum Signale ist es, die Bandbreite des Sendesignals auf einfache Art und Weise aufzuweiten und zu komprimieren.

In diesem Kapitel werden nur einfache Spread-Spectrum Signale behandelt, welche mit einem linear rückgekoppelten Schieberegister (LFSR) erzeugt werden können. Die Erzeugung der Spread-Spectrum Signale wird in einer aufzählenden Weise ohne tiefer gehende Erklärungen dargelegt. Im folgenden Kapitel werden die hier zusammengestellten Fakten auf ein theoretisches Fundament gestellt.

4.1   Beurteilungskriterien für binäre Folgen

Der Spread-Spectrum Empfänger ist ein Korrelationsempfänger. Aus diesem Grund, bestimmt die Korrelationseigenschaft des verwendeten Spread-Spectrum Signals die Leistungsfähigkeit des Übertragungsverfahrens. Daher ist die Korrelationsfunktion ein wesentliches Beurteilungskriterium für die Spread-Spectrum Tauglichkeit einer Folge. Weil die Beurteilung einer einzelnen Folge oder einer Familie an Folgen unterschiedlich ist, werden sie getrennt behandelt.

4.1.1   Beurteilung einer einzelnen binären Folge

Die Beurteilung einer einzelnen Folge wird mit der periodischen und aperiodischen Korrelationsfunktion durchgeführt.

4.1.1.1   Periodische Korrelationsfunktion einer binären Folge

Die Korrelationsfunktion ist ein Ähnlichkeitsmaß. Für die folgenden Betrachtungen, sind der Einfachheit wegen, gleich lange Funktionen vorausgesetzt und entsprechend dem binären Charakter nur zweiwertig. Tastet man die Funktion, einmal pro Zeiteinheit[1] ab, so kommt man von der Funktion zur Folge. Entsprechend muß man dann zwischen kontinuierlicher und diskreter Korrelation unterscheiden.

Die periodische Korrelationsfunktion entsteht, wenn man beide Folgen in sich schließt, indem man den Anfang (Zeitnullpunkt) mit dem Ende, zu einem Ring, verbindet. Legt man nun beide Ringe übereinander, sodaß sich die Zeitnullpunkte gegenüber stehen und zählt man die Anzahl an Übereinstimmungen und subtrahiert die Anzahl an Nichtübereinstimmungen, dann hat man den Wert der Korrelation, für die Verschiebung Null, bestimmt. Führt man diese Schritte für jede mögliche Verschiebung durch, so bekommt man die Korrelationsfunktion.

In (4.1a) ist die kontinuierliche periodische Autokorrelationsfunktion (PAKF), in (4.1c) die diskret PAKF, in (4.1b) die kontinuierliche periodische Kreuzkorrelationsfunktion (PKKF) und in (4.1d) die diskrete PKKF angegeben[2].

$$\phi_{cc}(\tau) = \int_{t=0}^{T} c(t) \cdot c(t+\tau)\, dt \qquad \ldots 0 \leq \tau \leq T \qquad (4.1a)$$

$$\phi_{c^{(n)}c^{(m)}}(\tau) = \int_{t=0}^{T} c^{(n)}(t) \cdot c^{(m)}(t+\tau)\, dt \qquad \ldots 0 \leq \tau \leq T \qquad (4.1b)$$

$$\phi_{cc}(l) = \sum_{i=1}^{L} c(i) \cdot c(i+l) \qquad \ldots 0 \leq k \leq L-1 \qquad (4.1c)$$

$$\phi_{c^{(n)}c^{(m)}}(l) = \sum_{i=1}^{L} c^{(n)}(i) \cdot c^{(m)}(i+l) \qquad \ldots 0 \leq k \leq L-1 \qquad (4.1d)$$

Mit der Korrelationsfunktion kann man verschiedene Kennwerte bilden. So ist, zum Beispiel, das größte Nebenmaximum der PAKF und dessen Auftreten innerhalb der Korrelationsfunktion für die Synchronisation von Spread-Spectrum Signalen von Bedeutung. Für die weiteren Betrachtungen wird davon ausgegangen, daß die diskrete Korrelationsfunktion für alle Werte von l vorliegt (4.2).

$$\phi_{cc}(l) = \phi_{cc}(\tau = l \cdot T_c) \qquad 0 \leq n \leq L-1 \qquad (4.2)$$

Schreibt man die diskrete PAKF als Vektor an, so erhält man:

$$\check{\phi}_{cc} = \{\phi_{cc}(1), \phi_{cc}(2), \ldots, \phi_{cc}(l), \ldots, \phi_{cc}(L-1)\} \qquad (4.3)$$

---

[1]Als Zeiteinheit wird jene Zeitspanne bezeichnet in der ein binärer Wert konstant bleibt. Für Spread-Spectrum Systeme ist dies die Chipdauer T_c.

[2]Der Einfachheit wegen, wird auch $c(i) \cdot c(i+k)$ als $c_i \cdot c_{i+k}$ geschrieben.

Weiters werden folgende Definitionen bezüglich der PAKF getroffen ($\mathbb{N}_0$ ist die Menge der natürlichen Zahlen inklusive der Null):

DEFINITION 4.1 (PAKF-HAUPTWERT) *Als Hauptwert der PAKF sei definiert:*

$$\hat{\phi}_{cc} = \phi_{cc}\,(k \equiv 0 \ (mod\,L)) = \phi_{cc}\,(0) \qquad k \in \mathbb{N}_0 \tag{4.4}$$

DEFINITION 4.2 (PAKF-NEBENWERTE (AUFTRETEN)) *Die Nebenwerte der PAKF werden entsprechend ihrem zeitlichen Auftreten als Komponenten $\check{\phi}_{cc}\,(k)$ eines m-dimensionalen Vektors definiert. Gibt es in der PAKF neben dem Hauptwert $\hat{\phi}_{cc}$ genau m verschiedene Nebenwerte, welche in der PAKF $\phi_{cc}\,(n)$ als lokale Maxima auftreten, dann werden diese als Vektorkomponenten $\check{\phi}_{cc}\,(k)$ definiert :*

$$\check{\phi}_{cc}\,(k) = \left[\check{\phi}_{cc}\,(1), \check{\phi}_{cc}\,(2), \dots, \check{\phi}_{cc}\,(m)\right] \tag{4.5}$$

DEFINITION 4.3 (PAKF-NEBENWERTE (GRÖSSE)) *Die Nebenwerte der PAKF werden entsprechend ihrem Werte als Komponenten $\check{\phi}_{cc}\,[k]$ eines m-dimensionalen Vektors definiert. Gibt es in der PAKF neben dem Hauptwert $\hat{\phi}_{cc}$ genau m verschiedene Nebenwerte, welche in der PAKF $\phi_{cc}\,(n)$ als lokale Maxima auftreten, dann werden diese als Vektorkomponenten $\check{\phi}_{cc}\,[k]$ definiert:*

$$\check{\phi}_{cc}\,[k] = \left[\check{\phi}_{cc}\,[1], \check{\phi}_{cc}\,[2], \dots, \check{\phi}_{cc}\,[m]\right] \qquad mit: \check{\phi}_{cc}\,[1] > \check{\phi}_{cc}\,[2] > \cdots > \check{\phi}_{cc}\,[m] \tag{4.6}$$

Der betragsmäßig größte Nebenwert der PAKF ist $\check{\phi}_{cc}\,[1]$.

DEFINITION 4.4 (NEBEN/HAUPTMAXIMUM VERHÄLTNIS) *Das Verhältnis von Korrelationsnebenwert zum Korrelationshauptwert ist:*

$$NHV_{cc} = \frac{\check{\phi}_{cc}\,[1]}{\hat{\phi}_{cc}} \tag{4.7}$$

Das NHV_{cc} gibt in Prozenten an, wie groß das größte Nebenmaximum im Verhältnis zum Hauptmaximum ist.

Ein weiterer wichtiger Kennwert ist in Definition 5.32 gegeben, welcher die Umkehrung zum NHV_{cc}-Verhältnis ist.

$$HNV_{cc} = \frac{1}{NHV_{cc}} \tag{4.8}$$

Zur Veranschaulichung dient das Beispiel 4.1. Es läßt erkennen, daß die Werte von $\check{\phi}_{cc}\,[k]$ graphisch einfach durch ein Lineal, welches von oben nach unten gleitet und die Werte aufsammelt, gewonnen wird. Die Werte von $\check{\phi}_{cc}\,(k)$ in (4.5) erhält man aus $\check{\phi}_{cc}$ aus (4.3) indem man die Vielfachen herausstreicht.

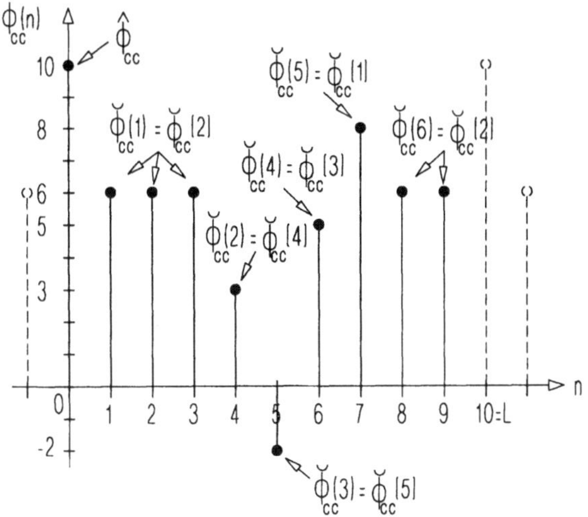

Abbildung 4.2: Korrelationskennwerte.

BEISPIEL 4.1 (KORRELATIONSKENNWERTE) *Bestimme die Korrelationskennwerte an Hand der Abb.4.2 und stelle die relevanten Vektoren auf.*

$$\check{\phi}_{cc} = [10, 6, 6, 6, 3, -2, 5, 8, 6, 6]$$

$$\check{\phi}_{cc}(k) = \left[\check{\phi}_{cc}(1), \check{\phi}_{cc}(2), \ldots, \check{\phi}_{cc}(m)\right] = [6, 3, -2, 5, 8, 6]$$

$$\check{\phi}_{cc}[k] = \left[\check{\phi}_{cc}[1], \check{\phi}_{cc}[2], \ldots, \check{\phi}_{cc}[m]\right] = [8, 6, 5, 3, -2]$$

$$\hat{\phi}_{cc} = 10$$

$$\check{\phi}_{cc}[1] = 6$$

$$NHV_{cc} = \frac{\check{\phi}_{cc}[1]}{\hat{\phi}_{cc}} = 0,8$$

$$HNV_{cc} = \frac{1}{NHV_{cc}} = 1,25$$

BEISPIEL 4.2 (PERIODISCHE KORRELATIONSFUNKTION) *Es soll die periodische Korrelationsfunktion der in Abb.4.6 erzeugten m-Folge ($[3, 1]_s$) $c = [1\ 1\ 1\ 0\ 1\ 0\ 0]$ bestimmt werden. Die Lösung zeigt (4.11).*

$$\check{\phi}_{cc} = [7, -1, -1, -1, -1, -1, -1] \tag{4.9}$$

Weiters existieren noch Kriterien für Pseudozufallsfolgen, welche in Definition 5.29 gegeben sind. Eine weitere Kenngröße ist die Runverteilung innerhalb einer Folge. Ein einzelner Run ist in Definition 4.5 angegeben.

DEFINITION 4.5 (RUN) *Definiert man einen Run als eine Teilfolge identischer, direkt aneinandergereihter Folgenelemente, dann nennt man die Länge dieser Teilfolge auch Runlänge.*

4.1.1.2 Aperiodische Korrelationsfunktion

Die diskrete aperiodische Kreuzkorrelation zweier Folgen $c^{(x)} = [C_1^{(x)}, C_2^{(x)}, \ldots, C_L^{(x)}]$ und $c^{(y)} = [C_1^{(y)}, C_2^{(y)}, \ldots, C_L^{(y)}]$ ist in (4.10) gegeben.

$$\breve{\phi}_{xy}(i) = \begin{cases} \sum\limits_{n=0}^{L-1-i} C_n^{(y)} \cdot C_{n+i}^{(x)} & \ldots \quad 0 \leq i \leq (L-1) \\ \sum\limits_{n=0}^{L-1+i} C_{n-i}^{(y)} \cdot C_n^{(x)} & \ldots \quad (-L+1) \leq i < 0 \\ 0 & \ldots \quad \text{sonst} \end{cases} \tag{4.10}$$

BEISPIEL 4.3 (APERIODISCHE KORRELATIONSFUNKTION) *Es soll die aperiodische Korrelationsfunktion der in Abb.4.6 erzeugten m-Folge ($[3,1]_s$) $c = [1\ 1\ 1\ 0\ 1\ 0\ 0]$ bestimmt werden. Die Lösung zeigen (4.11) und Abb.4.3.*

$$\breve{\phi}_{cc} = [7, 0, 1, 0, -1, -2, -1] \tag{4.11}$$

4.1.2 Beurteilung einer Familie von binären Folgen

Für die folgenden Betrachtungen wird ein CDMA-Szenario mit M Teilnehmern, welche durch M Codes unterschieden werden, angenommen. Die Codefamilie ist in (4.12) gegeben. Weil der Empfänger die Korrelation des empfangenen mit dem lokal gespeicherten Signal ausführt, dürfen die Signal der anderen Teilnehmer keinen Beitrag zur Korrelation liefern. Dies führt auf die Bedingung, daß die Signale innerhalb der Familie perfekt Orthogonal sein sollen.

$$\left\{ c^{(1)}(t), c^{(2)}(t), \ldots, c^{(k)}(t), \ldots, c^{(M)}(t) \right\} \quad \text{Codefamilie} \tag{4.12}$$

4.1.2.1 Korrelation

In CDMA-Anwendung ist für die Datendetektion der größte Nebenmaximum $\breve{\phi}_{c^{(n)}c^{(m)}}[1]$, bezogen auf die Familie, bestehend aus M Folgen, entscheidend. Dazu wird, für alle Kombinationen von zwei Folgen $(c^{(n)}(t), c^{(m)}(t))$ aus der Familie, die Gleichung (4.6)

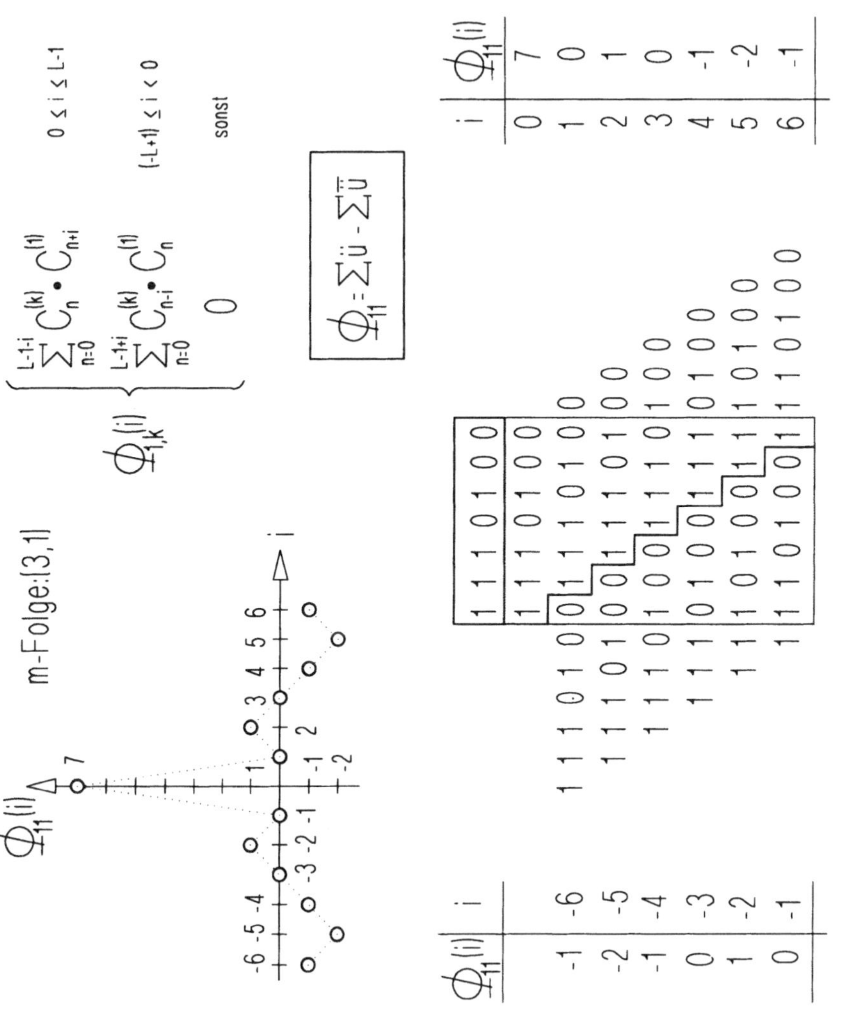

Abbildung 4.3: Aperiodische Korrelationsfunktion.

sinngemäß ausgewertet (4.13). Der Quotient in (4.14) gibt Auskunft über die **CDMA**-Tauglichkeit der Folgen der untersuchten Familie und wird als **CDMA**-Störfaktor bezeichnet. Der $\mathrm{HNV}_{c^{(n)}c^{(m)}} = 1/\mathrm{NHV}_{c^{(n)}c^{(m)}}$ wird als **CDMA**-Gütefaktor bezeichnet.

$$\check{\phi}_{c^{(n)}c^{(m)}}[1] = \max_{(n,m)\in U} \left\{ \check{\phi}_{c^{(n)}c^{(m)}}[1] \right\} \qquad U = \{(n,m): 1 \leq n \leq M, 1 \leq m \leq M\} \tag{4.13}$$

$$\mathrm{NHV}_{c^{(n)}c^{(m)}} = \frac{\check{\phi}_{c^{(n)}c^{(m)}}[1]}{\hat{\phi}_{c^{(n)}c^{(n)}}} \tag{4.14}$$

Siehe auch die Schranken, welche in (5.254) definiert sind.

4.2 Folgen maximaler Länge

Pseudozufallsfolgen werden in der Spread-Spectrum Technik, wegen ihrer quasi perfekten Korrelationsfunktion, sehr geschätzt. Eine Folge wird eine PN-Folge genannt, wenn sie die in Definition 5.29 angegebenen Bedingungen[3] erfüllt. Die am einfachsten zu erzeugende Pseudozufallsfolge (PN-Folge) ist jene, welche nur mit einem Schieberegister und einem EXOR-Gatter erzeugbar sind. Die längste Periode, welche ein LFSR der Länge n erzeugen kann ist $L = 2^n - 1$ und wird als Folge maximaler Länge oder kurz m-Folge bezeichnet. Der Inhalt des Schieberegisters kann als Binärwort dargestellt werden. Die Anzahl der verschiedenen Worte entspricht einer Variation von 2 Elementen zur n-ten Klasse 2^n. Da jedoch das Null-Wort durch die EXOR-Rückführung immer nur das Null-Wort ergeben würde, muß man dieses Wort ausschließen. Es ergibt sich damit die maximale Anzahl an unterschiedlichen Wörtern zu $L = 2^n - 1$.

Diese linearen Folgen sind leicht entzifferbar. Es genügt eine zusammenhängende Teilfolge der doppelten Länge des erzeugenden Schieberegisters zu kennen und man kennt die ganzen Folge.

Da die Länge einer m-Folge eine ungerade Zahl ist, ist die Anzahl der positiven Chips um Eins größer als die Anzahl der negativen Chips. Diese Eigenschaft wird nach einer einfachen Codierung (Pegelumsetzung: $1 \mapsto -1, 0 \mapsto 1$) zur Trägerunterdrückung genutzt. Dies bedeutet, daß eine m-Folge als Spread-Spectrum Signal den Träger bis auf einen Faktor $\frac{1}{L}$ unterdrückt.

Zur Beurteilung der m-Folgen, für den Einsatz in Spread-Spectrum Systemen, sind folgende Fragen zu klären[4]:

---

[3]In Abschnitt 5.11.3.4 ausführlich dargestellt.
[4]Diese Fragen sind sehr allgemein und daher nicht auf m-Folgen beschränkt.

1. Wieviele m-Folgen gibt es für eine bestimmte LFSR-Länge ?

2. Wie groß ist das größte Nebenmaximum der PKKF der unter (1.) gefundenen m-Folgenfamilie ?

Die erste Frage ist gleichbedeutend mit der Frage nach dem Umfang der Folgenfamilie. Die Antwort liefert die Eulerfunktion $\varphi_E[x]$ in (4.15). Die Eulerfunktion $\varphi_E[x]$ gibt die Anzahl der positiven Zahlen inklusive der 1, welche relativ prim zu x und kleiner als x sind.

$$\frac{1}{n} \cdot \varphi_E\left[2^n - 1\right] \qquad (4.15)$$

In Tab.4.1 sind die m-Folgen bis Schieberegisterlänge $n=11$ angegeben. Für das praktische arbeiten mit Tab.4.1 und den Aufbau von m-Folgen Generatoren unterscheidet man zwei Typen: Den einfachen Schieberegistergenerator (SSRG) und den modularen Schieberegistergenerator (MSRG)[5].

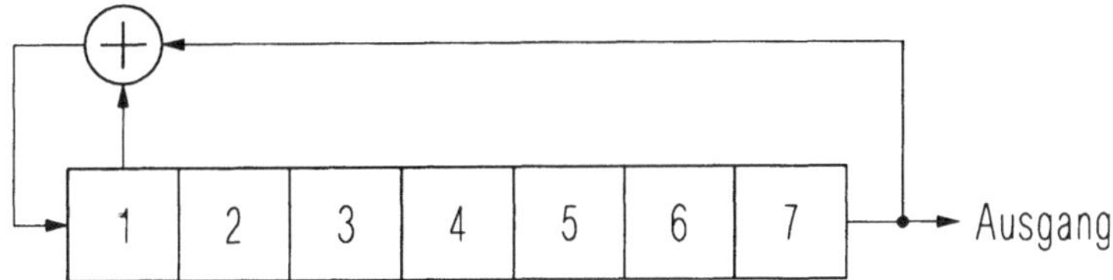

Abbildung 4.4: SSRG $[7,1]_S$

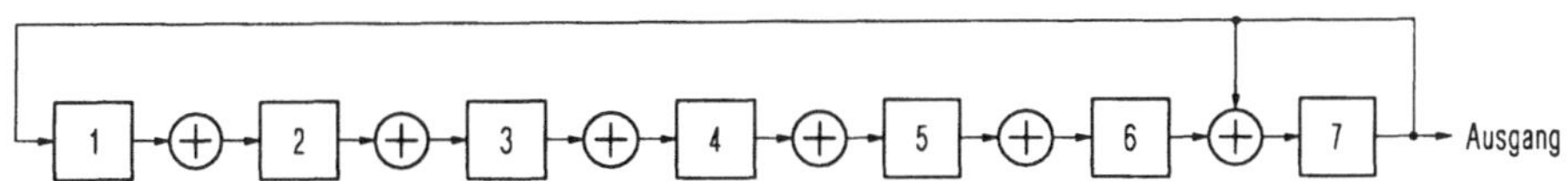

Abbildung 4.5: MSRG $[7,6]_M$

Die Tab.4.1 bezieht sich auf den SSRG-Typ. Man kann sie einfach ineinander überführen. Ist ein SSRG in der Form

$$SSRG \to [b_n, b_{n-1}, b_{n-2}, \dots, b_1]_S$$

gegeben, so ergibt sich der MSRG-Typ,

---

[5]Diese Notation ist aus [Dixon84].

$$MSRG \to [b_n, b_{n-1}, b_{n-2}, \ldots, b_1]_M = [b_n, b_n - b_{n-1}, b_n - b_{n-2}, \ldots, b_n - b_1]_S$$

welcher die gleiche m-Folge erzeugt.

Um die zeitinverse m-Folge zu erhalten, benutzt man die Transformation wie sie oben beschrieben ist, *ohne* den Typ des Schieberegistergenerators zu wechseln[6].

<table>
<tr><td colspan="3" align="center">m-Folgen</td></tr>
<tr><td>Schieberegisterlänge
[n]</td><td>Folgenlänge
[L]</td><td>Rückführpositionen
des SSRG-Generators</td></tr>
<tr><td align="center">2</td><td align="center">3</td><td>[2,1]</td></tr>
<tr><td align="center">3</td><td align="center">7</td><td>[3,1]</td></tr>
<tr><td align="center">4</td><td align="center">15</td><td>[4,1]</td></tr>
<tr><td align="center">5</td><td align="center">31</td><td>[5,2][5,4,3,2][5,4,2,1]</td></tr>
<tr><td align="center">6</td><td align="center">63</td><td>[6,1][6,5,2,1][6,5,3,2]</td></tr>
<tr><td align="center">7</td><td align="center">127</td><td>[7,1][7,3][7,3,2,1][7,4,3,2]
[7,6,4,2][7,6,3,1][7,6,5,2]
[7,6,5,4,2,1][7,5,4,3,2,1]</td></tr>
<tr><td align="center">8</td><td align="center">255</td><td>[8,4,3,2][8,6,5,3][8,6,5,2]
[8,5,3,1][8,6,5,1][8,7,6,1]
[8,7,6,5,2,1][8,6,4,3,2,1]</td></tr>
<tr><td align="center">9</td><td align="center">511</td><td>[9,4][9,6,4,3][9,8,5,4][9,8,4,1]
[9,5,3,2][9,8,6,5][9,8,7,2]
[9,6,5,4,2,1][9,7,6,4,3,1][9,8,7,6,5,3]</td></tr>
<tr><td align="center">10</td><td align="center">1023</td><td>[10,3][10,8,3,2][10,4,3,1][10,8,5,1]
[10,8,5,4][10,9,4,1][10,8,4,3]
[10,5,3,2][10,5,2,1][10,9,4,2]</td></tr>
<tr><td align="center">11</td><td align="center">2047</td><td>[11,1][11,8,5,2][11,7,3,2][11,5,3,2]
[11,10,3,2][11,6,5,1][11,5,3,1]
[11,9,4,1][11,8,6,2][11,9,8,3]</td></tr>
</table>

Tabelle 4.1: Folgen maximaler Länge.

BEISPIEL 4.4 (GENERATORUMRECHNUNG) *Wählt man aus Tab.4.1 die 511-Chip lange Folge $[9, 8, 5, 4]_S$, so erhält man eine phasenverschobene Version der gleiche Folge für den MSRG-Typ $[9, 1, 4, 5]_M$. Die zeitinverse Folge dazu ist für den SSRG-Typ $[9, 1, 4, 5]_S$ und den MSRG-Typ $[9, 8, 5, 4]_M$.*

---

[6]<u>Beweis:</u> Nimmt man als Folgen $c_1 = [5, 2]$ und die zeitinverse $c_0 = [5, 3]$ dazu. Aus der Folge c_0 wird eine phasenverschobene Folge zu c_1. Die richtige Phase erhält man durch eine zyklische Rechtsverschiebung um die Schieberegisterlänge $\mapsto c_0 \equiv c_1$. q.e.d.

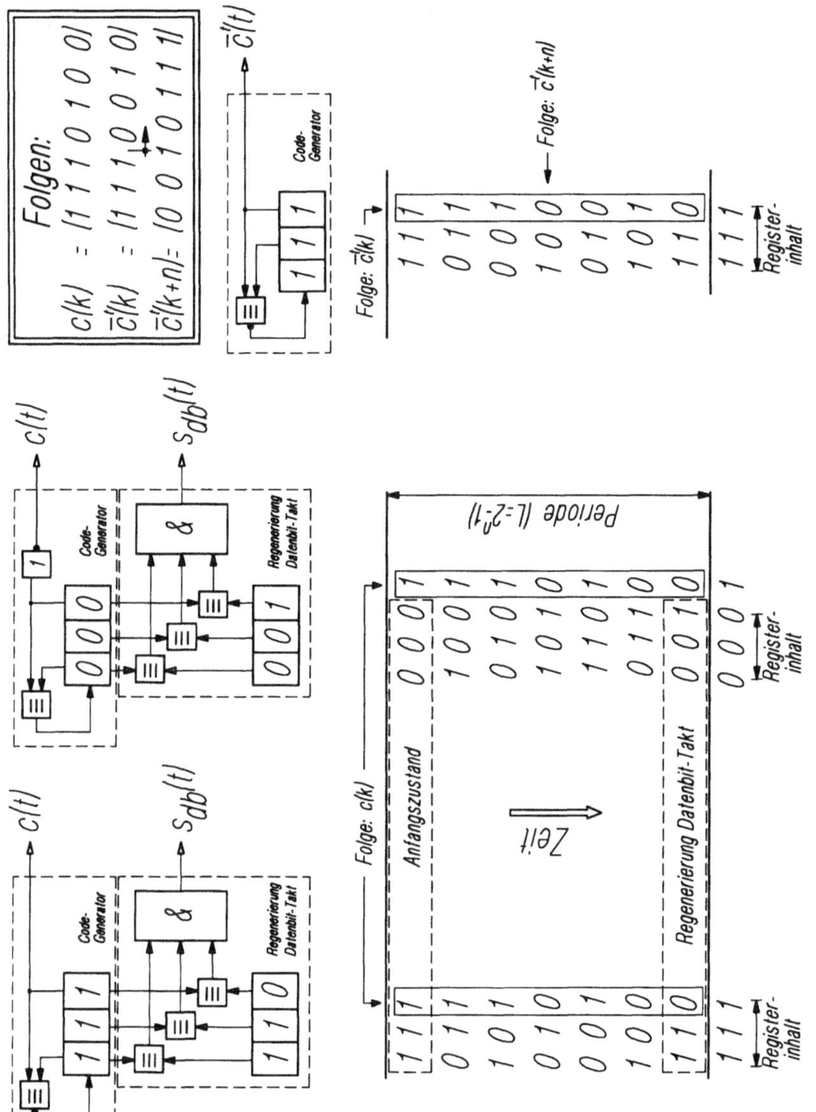

Abbildung 4.6: Äquivalente LFSR-Generatoren $[3, 1]_s$ mit ihren Registerinhalten.

In Abb.4.6 sind zwei äquivalente Darstellungen eines $[3,1]_s$ Code-Generators dargestellt. Der Mittlere hat den Vorteil, daß keine Initialisierung[7] e geladen werden muß. Er hat aber auch den Nachteil, wenn im Datenbitstrom ein Datenbitwechsel auftritt (D_0 folgt auf D_1 oder umgekehrt) so tritt im datenbitmodulierten Chipstrom einen Nullrun der Länge $(2n-1)$ auf. Abhilfe schafft, eine Initialisierung, welche nicht aus lauter gleichartigen Chips besteht. Beginnt man die Initialisierung mit einer Null gefolgt von $(n-1)$ Einsen[8], so hat man die längste vorkommende Runlänge im Chipstrom auf die Schieberegisterlänge beschränkt.

Lädt man zum Zeitpunkt k den linken und den rechten Schieberegistergenerator mit dem gleichen Anfangszustand, so liefert der rechte Generator die um n Zeitimpulse später auftretende zeitinverse Folge $\bar{c}_{k+n}^t$ zum linken Generator.

Es ist noch erwähnenswert, daß nur eine geradzahlige Anzahl an Rückführungen eine m-Folge bildet und daß das charakteristische Polynom ein primitives Polynom ist. Für eine exakte Behandlung wird auf Abschnitt 5.11.3.1 verwiesen.

Für die Beurteilung der Tauglichkeit von Folgen für verschiedene Anwendungen sind neben der periodischen auch die aperiodischen Korrelationsfunktionen wichtig.

Die PAKF einer m-Folge ist eine zweiwertige Funktion[9],

$$\phi_{cc}(k) = \begin{cases} \hat{\phi}_{cc} & = L \ldots k = 0 \\ \phi_{cc}(k) & = -1 \ldots 1 \le k \le L-1 \end{cases} \tag{4.16}$$

mit der Periodenlänge L und der Periodendauer LT_c. Das einzige und damit auch das größte Nebenmaximum das vorkommt ist $\check{\phi}_{cc}(1) = -1$.

$$\phi_{cc}(k) = \phi_{cc}(k+iL) \qquad i \in \mathbb{N}_0 \tag{4.17}$$

Das Neben/Hauptmaximum Verhältnis der PAKF ist in (4.18) gegeben.

$$\text{NHV}_{cc} = \frac{\check{\phi}_{xy}(1)}{\hat{\phi}_{xx}} = -\frac{1}{L} \tag{4.18}$$

Bilden alle m-Folgen einer Periode eine Familie und untersucht man deren NHV_m nach (4.14), so erkennt man daß relativ große Werte auftreten und eine **CDMA**-Anwendung fraglich erscheint. Aus Tab.4.4 entnimmt man zum Beispiel, daß für eine Schieberegisterlänge von $n = 10$ nur 60 m-Folgen für eine Folgenfamilie zur Verfügung

---

[7]Initialisierung oder Anfangszustand des Schieberegisters.
[8]Günstige Initialisierung ($e = [0111\ldots]$).
[9]Vergleiche Abb.2.9

stehen und das Nebenmaximum der PKKF im schlechtesten Fall 37 % der PAKF-Spitze erreicht. Nimmt man jedoch eine Schieberegisterlänge von $n = 11$ so erhält man 176 m-Folgen als Familienmitglieder und das Nebenmaximum der PKKF erreicht im schlechtesten Fall nur 14 % der maximalen PAKF.

Zur Beurteilung der Detektionstauglichkeit dient der Momentenfaktor F_m, welcher bis zu einer festen Schwelle η_m das Nebenkorrelationsverhalten einer Folge angibt. Dazu bildet man einen Vektor mit allen Nebenkorrelationswerten, fallend sortiert und indiziert nach deren Auftreten von der Nullphase weg.

$$\left[\check{\phi}_{xx}(k_1) < \check{\phi}_{xx}(k_2) < \ldots < \check{\phi}_{xx}(k_m) \right] \qquad \check{\phi}_{xx}(k_i) \leq \eta_m \tag{4.19}$$

$$F_m = \check{\phi}_{xx}(k_1) \cdot \frac{1}{k_1} + \check{\phi}_{xx}(k_2) \cdot \frac{1}{k_2} + \ldots + \check{\phi}_{xx}(k_m) \cdot \frac{1}{k_m} \qquad \check{\phi}_{xx}(k_i) \leq \eta_m \tag{4.20}$$

4.3 Zusammengesetzte Folgen

Die Nachteile der m-Folgen als CDMA-Signale, in einer Mehrbenutzerumgebung, sind der kleine verfügbare Vorrat an Folgen und die relativ großen Werte der Nebenkorrelationen. Der Ausweg liegt in zusammengesetzten Folgen, welche der PN-Eigenschaft wesentlich näher kommen als die m-Folgen und einen größeren Umfang an Folgen liefert. Als zusammengesetzte Folge c bezeichnet man eine Folge, welche aus der *Modulo-2* Addition zweier m-Folgen a und b gebildet wird (4.21). Das Ergebnis, sind im allgemeinen, Folgen mit nichtmaximaler Länge. Die zusammengesetzten Folgen bestehen aus zwei m-Folgen der Längen $L_a = 2^n - 1$ und $L_b = 2^m - 1$, mit den jeweiligen Schieberegisterlängen n und m.

$$c = a \oplus b \tag{4.21}$$

4.3.1 JPL-Folgen

Ist $n \neq m$ und sind L_a und L_b relativ prim (teilerfremd) zueinander, so ist das Ergebnis eine JPL-Folge der Länge $L_c = (2^n - 1)(2^m - 1)$, welche nichtmaximaler Länge, aber eine Teilfolge einer m-Folge ist. Diese Folgen wurden in den Jet Propulsion Labs (JPL) für Weltraumapplikationen (Entfernungsmessung) entwickelt um die Synchronisationszeit für lange Spread-Spectrum Signale zu verkürzen. Es können auch mehrere m-Folgengeneratoren parallelgeschaltet und modulo-2 addiert werden. Es muß nur die Bedingung, daß die Längen der einzelnen m-Folgen zueinander relativ prim sind, erfüllt sein.

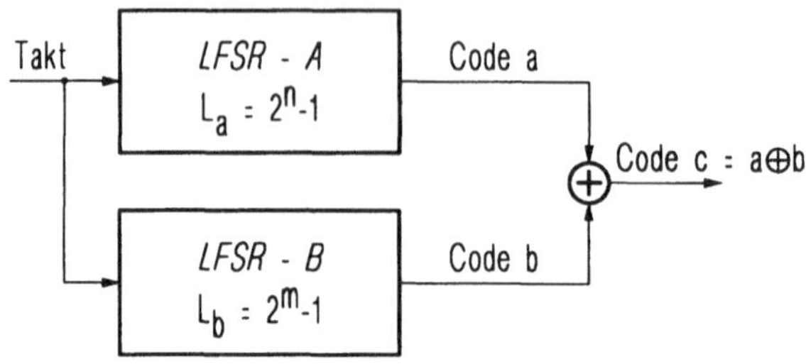

Abbildung 4.7: JPL-Folgen Generator

4.3.2 Gold-Folgen

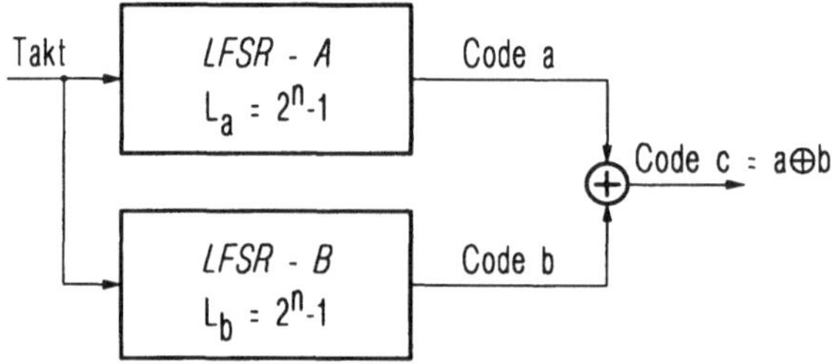

Abbildung 4.8: Gold-Folgen Generator

Die Gold-Folgen sind die am häufigsten eingesetzten Spread-Spectrum Signale in einer Mehrbenutzerumgebung. Aus Abb.4.8 entnimmt man, daß der Gold-Folgen Generator aus zwei gleich langen ($m = n = r$) m-Folgen Generatoren besteht, deren Folgen addiert ($c = a \oplus b$) werden. Hält man den Anfangszustand eines Generators fest und vertauscht den Anfangszustand des andere Generators zyklisch, so erhält man ($2^r - 1$) nichtmaximale Folgen, welche im allgemeinen relativ große PKKF-Maxima besitzen[10].

Es ist jedoch möglich, aus der Familie von m-Folgen bestimmte Paare[11] von m-Folgen auszuwählen, welche als - *Ausgewählte Paare* - und die damit erzeugte Folge als - *Ausgewählte Folge* - oder Gold-Folge bezeichnet wird. Die mit einem ausgewählten Paar gebildete Gold-Folge hat folgende Eigenschaften:

1. Die erzeugten Folgen haben eine Länge $L = 2^r - 1$.

2. Der Vorrat an Folgen umfaßt $L + 2$ Folgen.

3. Die Nebenkorrelationen der PKKF ist dreiwertig.

---

[10] Vergleiche Tab.4.4.

[11] Unterfamilie der Familie an m-Folgen.

Insgesamt gibt es vier verschiedene Werte (4.22) der Korrelationsfunktion in einer Gold-Folgen Familie. Es tritt zu den drei Werten der Nebenkorrelation der PKKF noch die vollständige Übereinstimmung hinzu.

$$\phi_{xy}(k) = \Big\{ \overbrace{L}^{\hat{\phi}_{xx}}, \underbrace{\big[\phi_t(r) - 2, -1, -\phi_t(r)\big]}_{\check{\phi}_{xy}[k]} \Big\} \tag{4.22}$$

$$\phi_t(r) = \begin{cases} 2^{\frac{(r+1)}{2}} + 1 & r \ldots \text{ungerade} \\[2mm] 2^{\frac{(r+2)}{2}} + 1 & r \ldots \text{gerade} \end{cases} \tag{4.23}$$

Reiht man alle möglichen Folgen eines Gold-Code Generators anneinander, so erhält man eine Folge der Länge $(2^n + 1)(2^n - 1) = 2^{2n} - 1$, welche von einem einzigen m-Folgen Generator der Länge $2n$ erzeugt werden könnte.

In Tab.4.4 ist für Schieberegisterlängen von $n = 3$ bis $n = 12$ der maximale Wert der Nebenkorrelationen der PKKF und die CDMA-Tauglichkeit angegeben. Weiters kann man mit der Tabelle einen Vergleich zwischen Gold-Folgen und m-Folgen anstellen. Zum Beispiel liefert eine m-Folge der Länge $n = 12$ einen Vorrat von $M = 144$ und eine maximale Nebenkorrelation der PKKF von 34 % der PAKF-Spitze. Eine Gold-Folge der gleichen Schieberegisterlänge liefert einen Folgenvorrat von $M = 4097$ und im schlechtesten Fall ein Nebenkorrelationsmaximum der PKKF von 3 % der PAKF-Spitze.

Das fett gedruckte Paar in Tab.4.2 erzeugt die im GPS-System verwendeten C/A-Codes.

BEISPIEL 4.5 (GOLD-A) *Welche PKKF ergibt sich für das bevorzugte Paar der Schieberegisterlänge $n = 5$ aus Tab.4.2, wenn der Anfangszustand des ersten Codegenerators gleichbleibend auf [11111] bleibt und der Anfangszustand des zweiten Codegenerators einmal [00001] und dann [00011] beträgt. Die Lösung erfolgt in graphischer Form mit den Abb.4.9 und Abb.4.10. Sie zeigen, daß die nach (4.22) ermittelten Werte $\big\{ -9, -1, 7, 31 \big\}$ auftreten.*

Aus Beispiel 4.5 erkennt man, daß die Schranken tatsächlich eingehalten werden. Ein Vergleich der Abb.4.9 und Abb.4.10 zeigt aber auch, daß das Auftreten der Nebenwerte in unmittelbarer Umgebung der Korrelationsspitze nicht vorhergesagt werden kann. Es ist jedoch möglich, einen Teil an Folgen aus der Familie auszusuchen, welche in unmittelbarer Umgebung der Korrelationsspitze möglichst geringe Korrelationswerte aufweisen. Diese beliebte Methode wird als *Korrelation in einem Fenster bezeichnet.* Dazu folgt das Beispiel 4.6.

Gold-Folgen		
Schieberegisterlänge *[n]*	*Folgenlänge* *[L]*	*Bevorzugte Paare* *(SSRG-Generatoren)*
5	31	[5,3] [5,4,3,2]
7	127	[7,3] [7,3,2,1] [7,3,2,1] [7,5,4,3,2,1]
8	255	[8,7,6,5,2,1] [8,7,6,1]
9	511	[9,4] [9,6,4,3] [9,6,4,3] [9,8,4,1]
10	1023	**[10,3] [10,9,8,6,3,2]** [10,9,8,7,6,5,4,3] [10,9,7,6,4,1] [10,8,7,6,5,4,3] [10,9,7,6,4,1] [10,8,7,6,5,4,3] [10,9,7,6,4,1] [10,8,5,1] [10,7,6,4,2,1] [10,9,8,6,5,1] [10,5,3,2] [10,8,4,3] [10,9,6,5,4,3]

Tabelle 4.2: Auswahl an bevorzugten Paaren, welche auf eine Gold-Folgen führen.

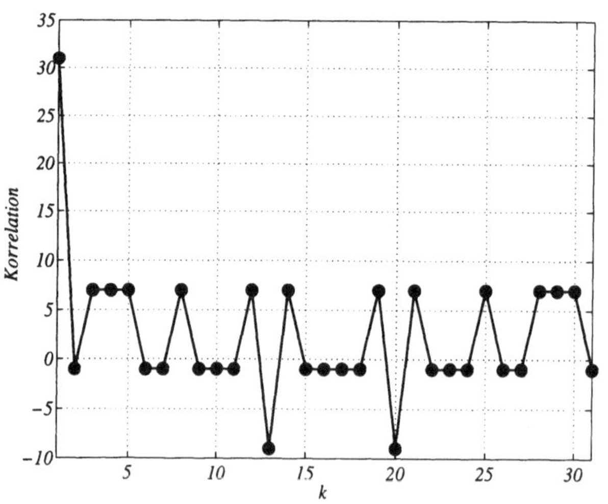

Abbildung 4.9: Gold-Folge erzeugt mit LFSR-A:[5,3] mit Anfangszustand [11111] und LFSR-B:[5,4,3,1] mit Anfangszustand [00001].

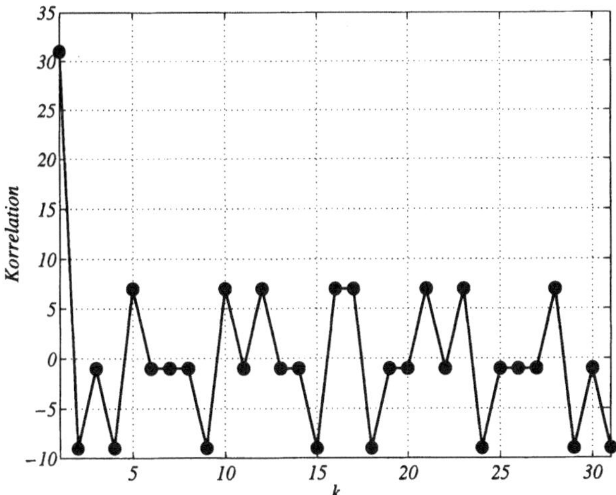

Abbildung 4.10: Gold-Folge erzeugt mit LFSR-A:[5,3] mit Anfangszustand [11111] und LFSR-B:[5,4,3,1] mit Anfangszustand [00011].

BEISPIEL 4.6 (GOLD-COMPUTERSUCHE) *Bestimme, mit Hilfe des Computers, alle Goldfolgen der Länge $L = 127$, welche in einem Korrelationsfenster (4 Chips um das Korrelationsmaximum) den Wert 1 absolut nicht übersteigen. Es wurde das bevorzugte Paar LFSR-A:[7,3] und LFSR-B:[7,3,2,1] aus Tab.4.2 gewählt. Diese geforderte Bedingung wird von den 9 Folgen, welche in Tab.4.3, durch die dort angegebenen Anfangszuständen, erfüllt. In der Tabelle sind 7 Goldfolgen enthalten und 2 m-Folgen. Aus Abb.4.11 erkennt man sehr eindrucksvoll, daß keine der 129 Goldfolgen die in (4.22) angegebenen Schranken überschreiten beziehungsweise unterschreiten. Die in der Tab.4.3 angegeben Goldfolgen sind in Abb.4.12 dargestellt. Man erkennt eindeutig, das Korrelationsfenster um das Korrelationsmaximum.*

Das Beispiel 4.6 zeigt, daß es durch Computersuche gelungen ist, in einem Korrelationsfenster, Folgen mit *quasi perfekter PAKF und PKKF* zu finden[12].

4.4 Kasami-Folgen

Die Kasami-Folgen werden aus einer m-Folge a, deren n gerade sein muß gebildet. Die Familie besteht aus $M_K = 2^{\frac{n}{2}}$ Folgen. Die Periode jeder einzelnen Folge beträgt $L_c = 2^n - 1$. Die Korrelationsfunktion nimmt die vier Werte

---

[12]Siehe Definition 5.37

Gold-Folgen im Korrelationsfenster $(4 \cdot T_c)$ [7,3], [7,3,2,1]	
Anfangszustand: LFSR-A	*Anfangszustand: LFSR-B*
1 1 1 1 1 1 1	0 0 0 0 1 1 0
1 1 1 1 1 1 1	0 0 0 1 1 1 1
1 1 1 1 1 1 1	0 1 0 0 0 0 1
1 1 1 1 1 1 1	0 1 1 0 0 0 1
1 1 1 1 1 1 1	1 0 1 1 0 1 0
1 1 1 1 1 1 1	1 1 0 0 1 0 0
1 1 1 1 1 1 1	1 1 1 0 1 1 0
1 1 1 1 1 1 1	0 0 0 0 0 0 0
0 0 0 0 0 0 0	1 1 1 1 1 1 1

Tabelle 4.3: Ergebnis des Beispiels 4.6.

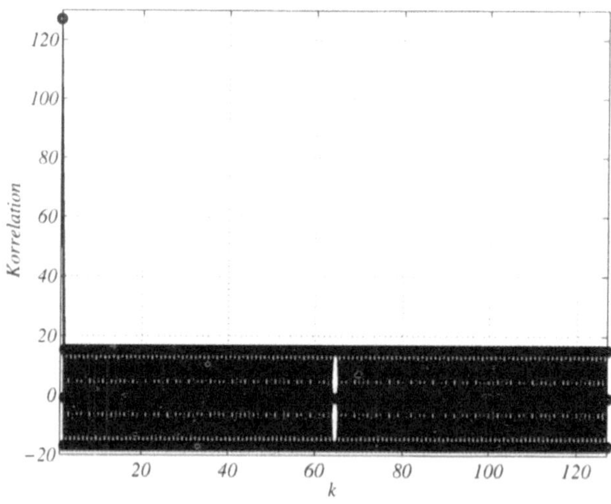

Abbildung 4.11: Alle Goldfolgen, welche mit LFSR-A:[7,3] und LFSR-B: [7,3,2,1] erzeugt werden können.

VERGLEICH: m-Folge mit Gold-Folge							
Generator		**m-Folgen**			**Gold-Folgen**		
SR-Länge $[n]$	Folgen-länge $[L]$	Anzahl der Folgen im Set $[M]$	Maximale PKKF $[\check{\phi}_m\,[1]]$	Störfaktor CDMA $[\mathrm{NHV}_m = \check{\phi}_{xy}\,[1]\,/\hat{\phi}_{xx}]$	Anzahl der Folgen im Set $[M]$	Maximale PKKF $[\check{\phi}_{Gold}\,[1]]$	Störfaktor CDMA $[\mathrm{NHV}_{Gold}]$
3	7	2	5	0.71	9	3	0.43
4	15	2	9	0.60	17	7	0.47
5	31	6	11	0.35	33	7	0.22
6	63	6	23	0.36	65	15	0.24
7	127	18	41	0.32	129	15	0.12
8	255	16	95	0.37	257	31	0.12
9	511	48	113	0.22	512	31	0.06
10	1023	60	383	0.37	1025	63	0.06
11	2047	176	287	0.14	2049	63	0.03
12	4095	144	1407	0.34	4097	127	0.03

Tabelle 4.4: Vergleich der m-Folgen mit den Gold-Folgen für CDMA-Anwendung.

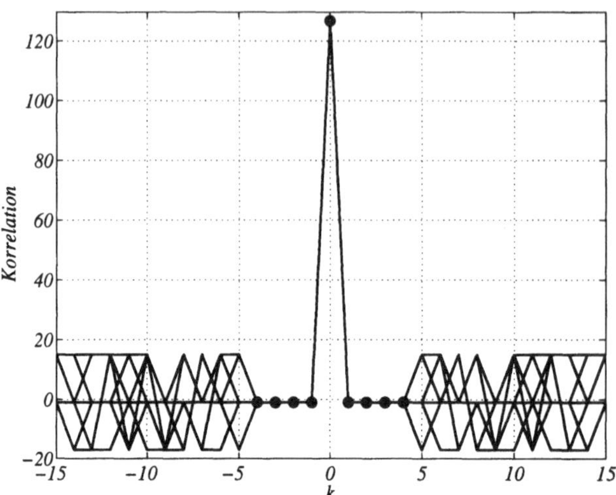

Abbildung 4.12: Fensterbewertung: Gold-Folge erzeugt mit LFSR-A:[7,3] und LFSR-B:[7,3,2,1] mit den in Tab.4.3 angegebenen Anfangszuständen. Die Korrelationswerte im Korrelationsfenster sind mit einem Ring versehen.

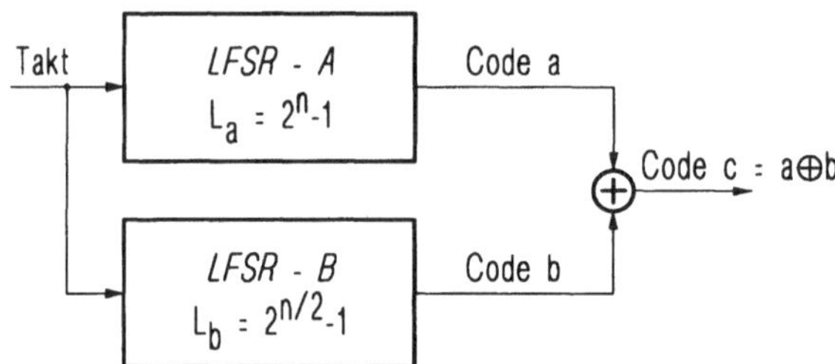

Abbildung 4.13: Kasami-Folgen-Generator

$$\phi_{xy}(k) = \left\{ \overbrace{L}^{\hat{\phi}_{xx}}, \underbrace{\left[2^{\frac{n}{2}} - 1, -1, -(2^{\frac{n}{2}} + 1)\right]}_{\check{\phi}_{xy}[k]} \right\} \tag{4.24}$$

an.

Die Kasami-Folgen wird nach folgendem Rezept erzeugt:

1. Nehme beliebige m-Folge mit geradem n: $\boldsymbol{a} = [a_1, a_2, \ldots, a_L]$.

2. Erzeuge eine zweite Folge b derart, indem man aus Folge a jedes $(2^{\frac{n}{2}} + 1)$-te Folgenelement entnimmt (Dezimation)[13]. Die Periode der Folge b ist $L_b = 2^{\frac{n}{2}} - 1$.

3. Erzeuge die Kasami-Folge durch Modulo-2-Addition von a und b ($c = a \oplus b$) indem $L_c = 2^n - 1$ Folgenelemente entnommen werden.

4. Der Umfang der Familie von $M_K = 2^{\frac{n}{2}}$ Kasami-Folgen kommt durch $(2^{\frac{n}{2}} - 2)$-malige zyklische Verschiebung von b in Bezug auf die m-Folge a zustande.

4.5 Chaotische Folgen

Aus diskrete chaotischen Systeme lassen sich PN-ähnliche, unkorrelierte chaotische Folgen erzeugen. Verwendet man als Spread-Spectrum Signal, zur Bandaufweitung, chaotische Folgen so ergeben sich nach [Heidari94] folgende Vorteile:

1. Chaotische Folgend lassen sich sehr einfach erzeugen. Sie sind nur mit wenigen Parametern unterscheidbar. Wegen der großen Sensibilität Chaotischer Systeme bezüglich der Anfangsbedingung ist der Vorrat an chaotischen Folgen fast unerschöpflich und daher für CDMA-Anwendung sehr vielversprechend.

2. Die Bitfehlerwahrscheinlichkeit soll nach [Heidari94] die gleiche sein, wie für konventionelle binäre Folgen.

3. Chaotische Folgen sind gegenüber konventionellen Folgen wesentlich kryptischer. Es ist nahezu unmöglich aus einer endlichen Anzahl von geordneten Abtastwerten einer Folge auf die Parameter der Folge zu schließen.

4. Der große Unterschied zwischen PN-Folgen und chaotischen Folgen ist, daß chaotische Folgen nicht binär sind.

5. Die Autokorrelation oder Kreuzkorrelation chaotischer Folgen nähert sich dem exakten Wert immer mehr, wenn mehr Elemente der Folge berücksichtigt werden. Die Streuung der geschätzten Folge nimmt verkehrt proportional mit der Anzahl der Elemente der Folge ab.

Entwurf für ein CDMA-System mit kurzer Folgenlänge:

1. Nehme chaotische Zuordnungsvorschrift und wechsle von Datenbit zu Datenbit den *Bifurcation-Parameter*.

2. Ordne jedem Teilnehmer eine Anfangsbedingung (Anfangszustand) zu.

---

[13]Beispiel: $n=10 \to L_a = 2^{10} - 1 = 1023, L_b = 2^5 - 1 = 31$

3. Das Spread-Spectrum Signal entspricht dem punktweisen Durchlauf der Bahn (Trajektorie) von der Anfangsbedingung beginnend. Es werden entsprechend der Signallänge L Zustände aufgenommen.

4. **NT:** Die Folgenlänge ist durch auftretende Periodizitäten limitiert.

5. **NT:** Es tritt eine Fehlerfortpflanzung auf, da das letzte Chip der Anfangszustand des nächsten Datenbits ist.

Verwendet man lange chaotische Folgen ohne Fehlerfortpflanzung und Periodizitätsneigung in einem **CDMA**-System, so verfügt man über mehr Freiheitsgrade im Entwurf des **CDMA**-Systems und verbessert dadurch die kryptischen Eigenschaften der Übertragung.

Kapitel 5

Theoretische Grundlagen der Spread-Spectrum Codefolgen

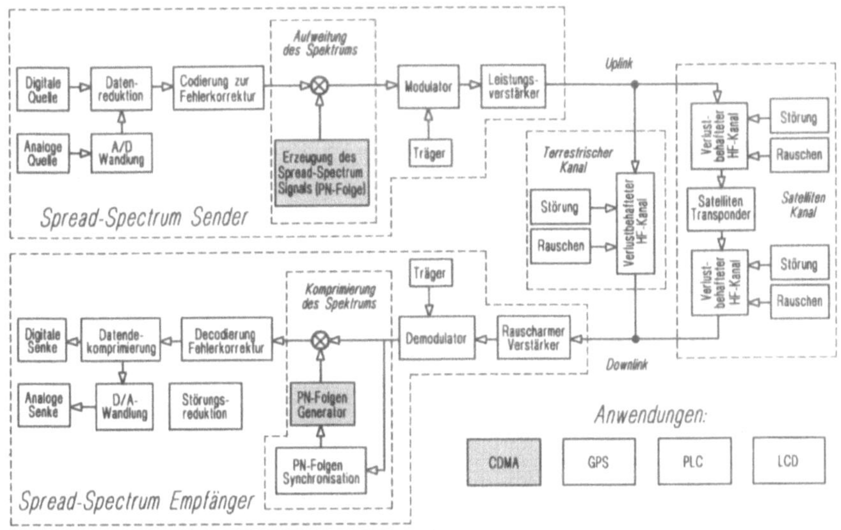

Abbildung 5.1: Grundstruktur des Spread-Spectrum Systems.

Die Zahlentheorie wurde seit jeher als ein Musterbeispiel bloßer, reinster oder gar unnützer Mathematik angesehen. Sie ist empirisch erwachsen. Die empirischen Ergebnisse wurden nach und nach theoretisch beschrieben und verfeinert. Man ist jedoch noch in vielen Bereichen Anwendungsmöglichkeiten und praktische Realisierungen der theoretischen Erkenntnisse schuldig geblieben. Daher wird die Zahlentheorie in der Mathematik oft vernachlässigt. Als Grundlage für die Zahlentheorie kann man die Menge $\mathbb{N}$ der natürlichen Zahlen ansehen. Man untersuchte ihre Struktur bezüglich Teilbarkeit und betrachtete dabei besonders die Primzahlen, die nur durch die Zahl Eins (welche keine Primzahl ist) und durch sich selbst teilbar sind und daher die ausgezeichneten natürlichen Zahlen sind. Außerdem fand man schon sehr früh heraus, daß sich jede natürliche Zahl als Produkt von Primzahlen und ihren Potenzen darstellen läßt. Man spricht daher auch von einer multiplikativen Zahlentheorie, denn es gibt kein echtes additives Pendant zur Produktzerlegung mittels Primzahlen, daher ist der Aufbau einer additiven Zahlentheorie eher schwierig. Weiters entstanden die bekannten Zahlensysteme der Mathematik durch systematische Erweiterung der Menge $\mathbb{N}$ der natürlichen Zahlen. Die Erweiterung mit dem additiven inversen Element $-a$ zu jeder natürlichen Zahl a und die Einführung des Einheitselementes 0 der Addition führt auf den Ring $\mathbb{Z}$ der ganzen Zahlen, indem die Menge der natürlichen Zahlen als echte Teilmenge eingebettet ist; also $\mathbb{N} \subset \mathbb{Z}$. Führt man weiters das inverse Element

a^* und das Einheitselement 1 bezüglich der Multiplikation ein, sodaß $aa^* = 1$ gilt, so entsteht aus dem Ring $\mathbb{Z}$ der ganzen Zahlen der Körper $\mathbb{Q}$ der rationalen Zahlen, wobei wieder gilt $\mathbb{Z} \subset \mathbb{Q}$. Um schließlich noch das Radizieren und Potenzieren in einem abgeschlossenen Zahlkörper zu gewährleisten, ergänzte man den Körper der rationalen Zahlen mit den irrationalen Zahlen und gelangte so zum Körper $\mathbb{R}$ der reellen Zahlen. Diese wiederum erweitert mit den imaginären Zahlen führt auf den Körper $\mathbb{C}$ der komplexen Zahlen, welcher sich nun als abgeschlossen erweist. Begriffe wie Körper, Zahlkörper, Ring sowie Gruppe, Halbgruppe werden nachfolgend anhand der Gruppentheorie und der Theorie des Körpers eingehend erläutert werden. Man sieht, daß es sich lohnt natürliche Zahlen, die die Basis in der Hierarchie der Zahlensysteme bilden, auf ihre Teilbarkeitseigenschaften, die Primzahlen auf ihre Anzahl und auch Algorithmen zum Auffinden von Primzahlen genauer zu untersuchen, schon deshalb, weil die diskrete Mathematik ein stark aufstrebendes Teilgebiet ist. Zuerst in der Physik bei der Entstehung der Quantenmechanik und dem Auffinden diskreter Elementarteilchen verwendet, später bei der Entwicklung digitaler Computer und besonders digitaler Kommunikationssysteme, wobei eben gerade hier viele zahlentheoretische Erkenntnisse laufend praktische Anwendung finden.

5.1 Teilbarkeit

Man bezeichnet mit $\mathbb{N}$ die Menge der natürlichen Zahlen $\mathbb{N} = \{1, 2, 3, \ldots\}$, mit $\mathbb{Z}$ die Menge der ganzen Zahlen $\mathbb{Z} = \{0, \pm 1, \pm 2, \pm 3, \ldots\}$ und mit $\mathbb{Q}$ die Menge der rationalen Zahlen $\mathbb{Q} = \left\{\frac{a}{b} \mid a \in \mathbb{Z}, b \in \mathbb{Z}, b \neq 0\right\}$. Summe, Produkt und Differenz ganzer Zahlen sind stets wieder ganze Zahlen. Die Möglichkeit einer Zahlentheorie beruht auf dem Umstand, daß der Quotient zweier ganzer Zahlen nicht immer als ganze Zahl erscheint, auch wenn man den Divisor 0 ausschließt. Dieser Umstand veranlaßt dazu, den Begriff der Teilbarkeit einzuführen.

DEFINITION 5.1 *Sind a und b ganze Zahlen. Man sagt b ist ein Teiler von a, wenn es eine ganze Zahl q gibt derart, daß $a = b \cdot q$. In diesem Falle heißt a durch b teilbar oder auch ein Vielfaches von b. Man schreibt dann: $b \mid a$.*

Jede ganze Zahl a ist durch a und $-a$ teilbar. Diese Teiler von a heißen assoziierte Teiler. Gilt $a = b \cdot q$, so heißt q der Komplementärteiler von b zu a. Jede ganze Zahl ist durch 1 und -1 teilbar. Eine ganze Zahl b, die a teilt und von 1, -1, a und $-a$ verschieden ist, heißt echter Teiler von a.

SATZ 5.1 (TEILBARKEIT) *Ist a eine natürliche Zahl und sind b, $a_1, \ldots, a_n$ und $c_1, \ldots, c_n$ ganze Zahlen, dann folgt: Wenn $b \mid a_i$ für alle i, mit $1 \leq i \leq n$, so gilt:*

$$b \mid \sum_{i=1}^{n} a_i \cdot c_i$$

Hieraus folgt direkt, daß wegen $b \mid a$ unmittelbar $b \mid a \cdot c$ für jede ganze Zahl c gilt. Einige grundlegende Teilbarkeitseigenschaften sind in Tab.5.1 angegeben.

Gilt $b|a$ und $c \in \mathbb{Z}$, so gilt $b \cdot c | a \cdot c$.

Gilt $b \cdot c | a \cdot c$ und $c \neq 0$, so gilt auch $b|a$.

Wenn $c|a$ und $a|b$, so gilt auch $c|b$.

Gilt $b|a$ und $a \neq 0$, so ist $|b| \leq |a|$.

Gilt $a|b$ und $b|a$, so gilt auch $|a| = |b|$.

Tabelle 5.1: Teilbarkeitseigenschaften.

SATZ 5.2 (DIVISION MIT REST) *Wenn a eine ganze und b eine natürliche Zahl ist, so gibt es eindeutig bestimmte ganze Zahlen q und r mit $a = bq + r$ und $0 \leq r < b$.*

SATZ 5.3 (DIVISION MIT ABSOLUT KLEINSTEM REST) *Ist a eine ganze und b eine natürliche Zahl, so gibt es eindeutig bestimmte ganze Zahlen q und r mit $a = bq + r$ und $-b/2 < r \leq b/2$.*

BEISPIEL 5.1 (DIVISION MIT REST) *Es sei $a = 41$ und $b = 21$. Es ist $41 = 21 \cdot 1 + 20$ und $0 \leq 20 < 21$ (Division mit Rest). Es ist aber auch $41 = 21 \cdot 2 + (-1)$ mit $-21/2 < -1 \leq 21/2$ (Division mit absolut kleinstem Rest).*

SATZ 5.4 (ZIFFERNDARSTELLUNG) *Es sei $b \in \mathbb{N}$ mit $b \geq 2$, und a sei eine positive ganze Zahl. Dann gibt es eindeutig bestimmte Zahlen $n \geq 0$ und a_i für $0 \leq i \leq n$, so daß $a = a_0 + a_1 b + \ldots + a_n b^n$ mit $a_n > 0$ und $0 \leq ai < b$ für $0 \leq i \leq n$.*

Die Zahlen a_i heißen nun die Ziffern von a in Bezug auf die Basis b. Ist $b = 10$, so heißt $\sum_{i=0}^{n} a_i \cdot 10^i$ die Darstellung von a im dekadischen System, ist $b = 2$, so heißt $\sum_{i=0}^{n} a_i \cdot 2^i$ die Darstellung von a im binären System.

5.1.1 Größter gemeinsamer Teiler

DEFINITION 5.2 (GRÖSSTER GEMEINSAMER TEILER) *Sind a und b ganze Zahlen, so heißt c ein gemeinsamer Teiler von a und b, wenn $c|a$ und $c|b$. Zwei ganze Zahlen a, b, die nicht beide verschwinden, können nur endlich viele Teiler gemeinsam haben. Unter diesen gemeinsamen Teilern muß es einen größten geben, eben eine gewisse positive, ganze Zahl, die man mit dem Größten gemeinsamen Teiler $\mathbf{ggT}\{a,b\}$ von a und b bezeichnet.*

DEFINITION 5.3 (TEILERFREMD) *Seien a und b ganze Zahlen, für die gilt $a \neq 0$ und $b \neq 0$, so bezeichnet $\mathbf{ggT}\{a,b\}$ den größten gemeinsamen Teiler von a und b. Ist nun $\mathbf{ggT}\{a,b\} = 1$, so nennt man die Zahlen a und b coprim, relativ prim oder teilerfremd.*

$$\mathbf{ggT}\{a,b\} = |a| = a|b$$

$$\mathbf{ggT}\{0,b\} = |b| \text{ für } b \neq 0$$

$$\mathbf{ggT}\{1,b\} = 1 \text{ für } b \neq 0.$$

Generell: $1 \leq \mathbf{ggT}\{a,b\} \leq \min\{|a|,|b|\}$ für $a,b \neq 0$.

Tabelle 5.2: Größter gemeinsamer Teiler.

Es genügt also nur die positiven Teiler von a und b zu betrachten, denn per Definition gilt: $\mathbf{ggT}\{a,b\} \geq 1$. Als Verfahren den größten gemeinsamen Teiler zweier natürlicher Zahlen a und b, ohne deren Teiler im einzelnen zu kennen, aufzufinden, sei hier das Verfahren von Euklid genannt. Euklid war ein griechischer Mathematiker von 365 -300 v. Chr.; sein Handbuch *Elemente* war über 2000 Jahre lang Grundlage der Geometrie.

SATZ 5.5 (EUKLIDSCHER ALGORITHMUS) *Seien a und b natürliche Zahlen und $b \leq a$, so bestimmt man Zahlen q_i für $i \geq 0$ und r_i für $i \geq 1$ durch folgendes Verfahren:*

$$
\begin{aligned}
a &= q_0\, b + r_1 & \quad 0 &\leq r_1 < b \\
b &= q_1\, r_1 + r_2 & \quad 0 &\leq r_2 < r_1 \\
r_1 &= q_2\, r_2 + r_3 & \quad 0 &\leq r_3 < r_2 \\
&\;\;\vdots & &\;\;\vdots \\
r_{m-1} &= q_m\, r_m + r_{m+1} & \quad 0 &\leq r_{m+1} < r_m
\end{aligned}
$$

Es gibt dann ein kleinstes $n \geq 1$ mit $r_{n+1} = 0$, wobei für dieses n gilt: $r_n = \mathbf{ggT}\{a,b\}$.

Hierzu ein Beispiel, zuerst auf Basis der Division mit Rest, dann auf Basis der Division mit absolut kleinstem Rest, welche meist die kürzere Variante darstellt. Als Beispiel wird $\mathbf{ggT}\{345,117\}$ gerechnet:

$$
\begin{array}{ll}
345 = 2 \cdot 117 + 111 & \quad 345 = 3 \cdot 117 - 6 \\
117 = 1 \cdot 111 + 6 & \quad 117 = 19 \cdot 6 + 3 \\
111 = 18 \cdot 6 + 3 & \quad 6 = 2 \cdot 3 + 0 \\
18 = 6 \cdot 3 + 0 & \quad \text{mit absolut kleinstem Rest}
\end{array}
$$

Also ergibt sich: $\mathbf{ggT}\{345,117\} = 3$. Zur Verallgemeinerung des Begriffes größter gemeinsamer Teiler auf eine endliche Menge von ganzen Zahlen definiert man:

DEFINITION 5.4 *Sind $a_1,\ldots,a_n$ ganze Zahlen und gilt $g|a_i$ für $1 \leq i \leq n$, dann heißt g gemeinsamer Teiler von $a_1,\ldots,a_n$. Ist jeder gemeinsame Teiler von $a_1,\ldots,a_n$*

kleiner oder gleich g, so heißt g der größte gemeinsame Teiler von $a_1, \ldots, a_n$, im Zeichen: $\textbf{ggT}\{a_1, \ldots, a_n\}$.

Man bemerkt sofort, daß ein größter gemeinsamer Teiler immer dann existiert, wenn nicht alle a_i gleich Null sind. Weiters heißen n ganze Zahlen $a_1, \ldots, a_n$ coprim, wenn gilt: $\textbf{ggT}\{a_1, \ldots, a_n\} = 1$, und n ganze Zahlen $a_1, \ldots, a_n$ heißen paarweise coprim, wenn für $1 \le i \ne j \le n$ gilt: $\textbf{ggT}\{a_i, a_j\} = 1$. Paarweise coprime Zahlen sind immer coprim, jedoch die Umkehrung dieser Aussage gilt nicht.

Es gibt nun eine Methode, mit der man den größten gemeinsamen Teiler einer Menge von n ganzen Zahlen praktisch bestimmen kann. Zunächst nimmt man alle Zahlen $a_1, \ldots, a_n$ positiv an. Dann sucht man sich die kleinste unter diesen Zahlen aus. Man numeriert jetzt so, daß diese Zahl die erste ist. Jetzt dividiert man alle übrigen Zahlen durch a_1 mit Rest: $a_i = q_i \cdot a_1 + r_i$ mit $0 \le r_i < a_1$ für $2 \le i \le n$. Dann ist $\textbf{ggT}\{a_1, \ldots, a_n\} = \textbf{ggT}\{a_1; r_2, \ldots, r_n\}$. Ist $d = \textbf{ggT}\{a_1, \ldots, a_n\}$ und $d' = \textbf{ggT}\{a_1; r_2, \ldots, r_n\}$, dann gilt $d|a_1$ und $d|a_i$ für $2 \le i \le n$. Daraus folgt, daß $d|d'$. umgekehrt gilt $d'|a_1$ und $d'|r_2$ für $2 \le i \le n$, somit auch $d'|a_i$ für $1 \le i \le n$ und daher $d'|d$. Also gilt $d = d'$. Die Zahlen $a_1; r_2, \ldots, r_n$ werden bei diesem Verfahren immer kleiner, bis der Wert von d offensichtlich wird.

BEISPIEL 5.2 (GRÖSSTES GEMEINSAMES VIELFACHES)

$$\begin{aligned}
\textbf{ggT}\{481, 629, 663\} &= \textbf{ggT}\{481, 148, 182\} = \textbf{ggT}\{37, 148, 34\} = \\
&= \textbf{ggT}\{3, 12, 34\} = \textbf{ggT}\{3, 34\} = 1
\end{aligned}$$

5.1.2   Kleinstes gemeinsames Vielfaches

SATZ 5.6 (FUNDAMENTALSATZ DER ALGEBRA) *Der Fundamentalsatz der Algebra besagt, daß jede natürliche Zahl n eindeutig als Produkt von Primzahlen bzw. deren Primzahlpotenzen darstellbar ist.*

$$n = p_1^{e_1} \cdot p_2^{e_2} \cdot \ldots \cdot p_k^{e_k} \cdot \ldots \cdot p_r^{e_r} \tag{5.1}$$

Es gilt $e_k = 0$, falls die Primzahl p_k kein Faktor dieser Primfaktorzerlegung ist; es ist also das über alle Primzahlen p_i erstreckte Produkt einer natürlichen Zahl n bis auf endlich viele Faktoren gleich Eins. Diese Darstellung der natürlichen Zahl n nennt man auch die *kanonische Darstellung* von n. Es ist leicht ersichtlich, daß sich aus den Primfaktorzerlegungen zweier natürlicher Zahlen a, b auch Teilbarkeitseigenschaften ablesen lassen. So erkennt man den größten gemeinsamen Teiler $\textbf{ggT}\{a, b\}$ zweier natürlicher Zahlen einfach durch Vergleich derer beider Primfaktorzerlegungen und Auswahl der darin übereinstimmenden Faktoren. Ebenso kann man mit Hilfe der Primfaktorzerlegung den Begriff des Kleinsten gemeinsamen Vielfachen $\textbf{kgV}\{a, b\}$ zweier natürlicher bzw. ganzer Zahlen herleiten.

DEFINITION 5.5 *Sind a und b ganze Zahlen, so heißt v ein gemeinsames Vielfaches von a und b, wenn $a|v$ und $b|v$. Null ist immer gemeinsames Vielfaches von a und b.*

Ist v ein gemeinsames Vielfaches von a und b, dann ist es auch eines von $|a|$ und $|b|$. Ist nun eine der Zahlen a und b gleich Null, so ist Null das einzige gemeinsame Vielfache. Man setzt daher immer $a \in \mathbb{N}$ und $b \in \mathbb{N}$ voraus und somit auch $v \in \mathbb{N}$.

DEFINITION 5.6 (PRIMFAKTORZERLEGUNG) *Ist $a \in \mathbb{N}$ und $b \in \mathbb{N}$ mit Primfaktorzerlegungen $a = \prod_i p_i^{e_i}$ und $b = \prod_i p_i^{f_i}$, dann heißt $\mathbf{kgV}\{a, b\} = \prod_i p_i^{\max\{e_i, f_i\}}$ kleinstes gemeinsames Vielfaches von a und b.*

BEISPIEL 5.3 (KLEINSTES GEMEINSAMES VIELFACHES) $14 = 2^1 \cdot 7^1, 40 = 2^3 \cdot 5^1, \rightarrow$
$\mathbf{kgV}\{14, 40\} = 2^3 \cdot 5^1 \cdot 7^1 = 280$

Man kann die Definition des kleinsten gemeinsamen Vielfachen verallgemeinern:

DEFINITION 5.7 (KLEINSTES GEMEINSAMES VIELFACHES) *Sind $a_1, \ldots, a_n$, n natuerliche Zahlen mit $a_i = \prod_j p_j^{e_i(j)}$ für $1 \leq i \leq n$. Dann heißt $\mathbf{kgV}\{a_1, \ldots, a_n\} = \prod_j p_j^{\max\{e_i(j)|1\leq i\leq n\}}$ das kleinste gemeinsame Vielfache von $a_1, \ldots, a_n$.*

Abschließend sei noch der Zusammenhang zwischen dem kleinsten gemeinsamen Vielfachen und dem größten gemeinsamen Teiler angegeben.

SATZ 5.7 *Sind $a_1, \ldots, a_n$ natürliche Zahlen und $A_i = \frac{a_1 \cdot \ldots \cdot a_n}{a_i}$, dann gilt:*
$\mathbf{kgV}\{A_1, \ldots, A_n\} \cdot \mathbf{ggT}\{a_1, \ldots, a_n\} = a_1 \cdot \ldots \cdot a_n.$

Daraus kann man schließen: $\mathbf{ggT}\{a_1, a_2\} \cdot \mathbf{kgV}\{a_1, a_2\} = a_1 \cdot a_2$, woraus folgt, daß $\mathbf{ggT}\{a, b\} = 1$ zu $\mathbf{kgV}\{a, b\} = a \cdot b$ äquivalent ist.

Weitere Folgerungen sind in Tab.5.3 zusammengefaßt.

Sind $a_1, \ldots, a_n$ natürliche Zahlen, dann ist $\mathbf{ggT}\{a_1, \ldots, a_n\} == \mathbf{ggT}\{a_1; \mathbf{ggT}\{a_2, \ldots, a_n\}\}$ und $\mathbf{kgV}\{a_1, \ldots, a_n\} = \mathbf{kgV}\{a_1; \mathbf{kgV}\{a_2, \ldots, a_n\}\}$.
Sind $a_1, \ldots, a_n$ und m natürliche Zahlen, dann ist $\mathbf{kgV}\{m\,a_1, \ldots, m\,a_n\} = m \cdot \mathbf{kgV}\{a_1, \ldots, a_n\}$.
Sind $a_1, \ldots, a_n$ natürliche Zahlen und paarweise coprim, so gilt: $\mathbf{kgV}\{a_1, \ldots, a_n\} = a_1 \cdot \ldots \cdot a_n$.

Tabelle 5.3: Kleinstes gemeinsames Vielfaches.

5.2 Primzahlen

DEFINITION 5.8 (PRIMZAHL) *Eine natürliche Zahl p heißt Primzahl, wenn sie nur durch 1, -1, p und -p teilbar ist und größer als Eins ist.*

Alle natürlichen Zahlen, die laut Definition nicht prim sind, heißen zusammengesetzte Zahlen. Die Zahl 1 bildet die Ausnahme, sie ist weder Primzahl noch eine zusammengesetzte Zahl. Weiters kann festgehalten werden, daß alle Primzahlen ungerade sind bis auf die Zahl 2 [Schröder86].

5.2.1 Anzahl der Primzahlen

Stellt man die Frage nach der Anzahl der Primzahlen, die es insgesamt gibt, oder auch gleichbedeutend die Frage, ob es eine größte Primzahl gibt, so ist dies eindeutig zu verneinen. Um einen Beweis zu führen, nimmt man an, daß p_{max} die größte existierende Primzahl ist. Danach faßt man alle Primzahlen einschließlich p_{max} zu einem Produkt zusammen und addiert Eins dazu, sodaß gilt: $N = p_1 \cdot p_2 \cdot p_3 \cdot \ldots \cdot p_{max} + 1$. Die Zahl N ist nun größer als p_{max} und darf keine Primzahl sein, da p_{max} als größte existierende Primzahl angenommen wurde. Dieses N muß aber eine Primzahl als Divisor haben, welche sicher keine von den hier bekannten sein kann, denn diese Primzahlen teilen nur $N - 1$, und lassen als Rest Eins, wenn man die Zahl N teilt. Daher gerät man mit der Annahme p_{max} sei die größte existierende Primzahl in Widerspruch. Es gibt also eine Primzahl die größer als p_{max} ist, egal wie groß p_{max} auch sein mag. Daher existieren sicher unendlich viele Primzahlen.

DEFINITION 5.9 (PRIMZAHLZWILLING) *Ein Paar (p, q) von Primzahlen heißt Primzahlzwilling, wenn $q = p + 2$ ist.*

Es ist noch nicht bekannt, ob es unendlich viele Primzahlzwillinge gibt [Hlawka79].

5.2.2 Auffinden von Primzahlen

5.2.2.1 Methode von Eratosthenes von Kyrene

Eratosthenes von Kyrene (ca. 270 -200 v.Chr.) war ein griechischer Gelehrter. Er entwarf eine Erdkarte mit Hilfe eines Koordinatennetzes von Parallelkreisen und Meridianen, bestimmte sehr genau den Erdumfang und erfand auch ein Verfahren zum Auffinden von Primzahlen, das sogenannte Sieb des Eratosthenes.

Um nach diesem Verfahren die Primzahlen unter 100 aufzufinden, schreibt man zuerst die Zahlen 2 bis 100 nieder. Dann streicht man nach der Zahl 2 jede gerade Zahl, denn diese sind durch 2 teilbar. Nach der Zahl 3 streicht man jede dritte Zahl (9, 15, 21, ...), diese sind durch 3 teilbar. Dasselbe wiederholt man mit jeder fünften Zahl nach der 5, mit jeder siebenten Zahl nach der 7 und erhält sodann genau 25 verbleibende Primzahlen.

$$p = \{2,3,5,7,11,13,17,19,23,29,31,37,41,43,47,$$
$$53,59,61,67,71,73,79,83,89,97\} \tag{5.2}$$

Man erkennt, um alle Primzahlen unter einer Schranke $N \in \mathbb{N}$ aufzufinden, reicht es mit diesem Siebverfahren nur alle Primzahlen bis zu einem Wert kleiner als $\sqrt{N}$ zu betrachten. Natürlich ist dieses Verfahren denkbar ungeeignet große Primzahlen aufzufinden, da der Aufwand sehr rasch ansteigt.

5.2.2.2　Das Chinesische Fehlerkriterium

Im alten China benützte man folgende Testvorschrift zur Überprüfung, ob eine Zahl prim ist: Eine Zahl n ist prim, nur dann wenn $n|(2^n - 2)$. Diese Vorschrift hat ihre Gültigkeit, jedoch nur falls n ungerade ist und $n < 341$ bleibt. Denn $341 = 11 \cdot 31$ und ist daher eine zusammengesetzte Zahl und nicht prim, obwohl es $2^{341} - 2$ teilt.

5.2.2.3　Primzahlprodukt

Mit Hilfe der Formel $N = p_1 \cdot p_2 \cdot p_3 \cdot \ldots \cdot p_{max} + 1$ wurde bewiesen, daß es unendlich viele Primzahlen gibt. Tatsächlich ergibt die Anwendung dieser Formel selbst meistens wieder eine Primzahl, aber nicht immer.

$$
\begin{aligned}
\text{Beispiel:} \quad & 2 + 1 = 3 \\
& 2 \cdot 3 + 1 = 7 \\
& 2 \cdot 3 \cdot 5 + 1 = 31 \\
& 2 \cdot 3 \cdot 5 \cdot 7 + 1 = 211 \\
& 2 \cdot 3 \cdot 5 \cdot 7 \cdot 11 + 1 = 2311 \\
& 2 \cdot 3 \cdot 5 \cdot 7 \cdot 11 \cdot 13 + 1 = 30031 \quad \textit{nicht prim} \\
& 2 \cdot 3 \cdot 5 \cdot 7 \cdot 11 \cdot 13 \cdot 17 + 1 = 510511 \quad \textit{nicht prim} \\
& 2 \cdot 3 \cdot 5 \cdot 7 \cdot 11 \cdot 13 \cdot 17 \cdot 19 + 1 = 9699691 \quad \textit{nicht prim}
\end{aligned}
\tag{5.3}
$$

So gibt es viele Vermutungen über Primzahlen, wie diese eben eine ist: Gibt es unendlich viele Primzahlen p_s, so daß $p_1 \cdot p_2 \cdot p_3 \cdot \ldots \cdot p_s + 1$ prim ist ? Man weiß, daß $p_1 \cdot p_2 \cdot p_3 \cdot \ldots \cdot p_s + 1$ prim ist für $p_s = 2,3,5,7,11,31$; und für die anderen p_s mit $p_s \leq 307$ zusammengesetzt ist.

5.2.2.4 Satz von Dirichlet

Dirichlet war ein deutscher Mathematiker (1805-1859), er führte analytische Methoden in die Zahlentheorie ein und begründete damit die analytische Zahlentheorie. Weiters untersuchte er die Primzahlverteilung in arithmetischen Folgen. Er hat gezeigt, wenn a und b ganze Zahlen sind, so daß **ggT** $\{a, b\} = 1$, dann gibt es unendlich viele Primzahlen der Form $a \cdot n + b$ mit $a > b$. Einen Beweis zu führen, erweist sich hier sehr schwierig. In [Hlawka79] ist der Beweis geführt, daß es unendlich viele Primzahlen der Form $4n + 3$ gibt, mit **ggT** $\{4, 3\} = 1$.

5.2.2.5 Mersennesche Primzahlen

Mersenne (1588-1648) begründete Zahlen der Form $M_p = 2^p - 1$, wobei p prim ist. Im Falle, daß M_p nun selbst prim ist, heißt diese Zahl Mersennesche Primzahl. Niemals können Zahlen der Form $2^n - 1$, wenn n eine zusammengesetzte Zahl ist, prim sein, wegen $n = p\,q$.

$$2^n - 1 = (2^p - 1) \cdot (2^{p(q-1)} + 2^{p(q-2)} + \ldots + 1) \tag{5.4}$$

Nicht alle Primzahlen p erzeugen Mersennesche Primzahlen. Die erste Ausnahme ist $p = 11$, denn $2^{11} - 1 = 2047 = 23 \cdot 89$. Es gibt einen Test, den sogenannten *Lukastest*, um Zahlen der Form $2^p - 1$ auf Primzahl zu überprüfen: $2^p - 1$ ist dann und nur dann prim, wenn die Mersennesche Zahl M_p die Zahl S_p mit der Bedingung $p > 2$ teilt. Hierbei definiert man S_n durch die Rekursion:

$$S_n = S_{n-1}^2 - 2 \qquad \text{beginnend mit } S_2 = 4 \tag{5.5}$$

Somit entsteht eine Zahlenreihe, worin als Beispiel S_{11} die zehnte Zahl ist, welche wiederum nicht durch M_{11} teilbar ist und daher gilt: M_{11} ist nicht prim. Bis ins Jahr 1979 kannte man 25 verschiedene Mersennesche Primzahlen für folgende n:

$$\begin{aligned}
M_n \;=\; \{&2, 3, 5, 7, 13, 17, 19, 31, 61, 89, 107, 127, 521, 617, 1279, \\
&2203, 2286, 3217, 4218, 4423, 9689, 9941, 11213, 19937, 21701\}
\end{aligned} \tag{5.6}$$

Die nächste Mersennesche Primzahl ist $2^{23209} - 1$. Im Jahre 1982 war die größte bekannte Primzahl $M_{44497} = 2^{44497} - 1$, welche bereits 13395 Ziffern hat. Heute kennt man mit $M_{86243} = 2^{86243} - 1$ bereits 28 Stück, und es ist klar, daß es noch weitere geben wird, obwohl bis jetzt noch nicht bewiesen wurde, ob es unendlich viele Mersennesche Primzahlen gibt.

5.2.2.6   Fermatsche Primzahlen

Fermat (1601-1655) begründete Zahlen der Form $F_n = 2^{2^n} + 1$, die Fermatschen Zahlen, die im Falle, daß sie prim sind auch Fermatsche Primzahlen genannt werden. Man kennt von diesen Primzahlen bis jetzt nur fünf Stück [Schröder86]

$$F_n = 2^{2^n} + 1 \qquad n = 0, 1, 2, 3, 4 \tag{5.7}$$
$$F_0 = 3, F_1 = 5, F_2 = 17, F_3 = 257, F_4 = 65537$$

Es existiert eine Rekursion: $F_{n+1} = (F_n - 1)^2 + 1$ oder $F_{n+1} - 2 = F_n \cdot (F_n - 2)$, woraus man folgendes Produkt erhält: $F_{n+1} - 2 = F_0 \cdot F_1 \cdot \ldots \cdot F_{n-1}$. Das bedeutet, daß $F_n - 2$ durch alle niedrigeren Fermatschen Zahlen teilbar ist: $F_{n-k}|(F_n - 2)$, für $1 < k \leq n$. Daher ist es auch leicht zu überprüfen, daß alle Fermatschen Zahlen zueinander coprim sind. Fermat dachte, daß alle Fermatschen Zahlen prim seien, aber Gauß widerlegte dies bereits bei $F_5 = 4294967297 = 641 \cdot 6700417$. Außerdem sieht man, daß die Ziffernsumme der letzten beiden Ziffern durch 4 teilbar ist und somit F_5 durch 4 teilbar ist. Die Tatsache, daß F_6 und F_7 auch zusammengesetzt sind, ist schwerer zu beweisen, da F_6 20 Ziffern hat und F_7 sogar 39. Dennoch ist bereits eine Faktorisierung von F_6, F_7 und F_8 gefunden und man weiß weiters, daß F_{11}, F_{12} und F_{13} zusammengesetzt sind [Schröder86]. Eine gute Methode, die man verwenden kann um zu überprüfen, ob F_n prim oder zusammengesetzt ist, ist die Tatsache, daß F_n durch $k \cdot 2^{n+2} + 1$ (für beliebiges k) teilbar ist, falls F_n zusammengesetzt ist. Auf diese Weise wurden die Faktoren sehr großer Fermatscher Zahlen bereits errechnet. So ist $5 \cdot 2^{3313} + 1$ ein Faktor von F_{3310}, welche aus mehr als 10^{990} Ziffern besteht. Man weiß bereits sicher, daß die F_n für folgende n zusammengesetzt sind: 5, 6, 7, 8, 9, 10, 11, 12, 13, 14, 15, 16, 18, 23, 36, 38, 39, 55, 58, 63, 73, 77, 81, 117, 125, 144, 150, 207, 226, 228, 250, 267, 268, 284, 316, 452, 1945, 3310. Es ist nicht bekannt, ob es unendlich viele prime F_n gibt [Hlawka79].

5.3   Kongruenzen

DEFINITION 5.10 (KONGRUENZ) *Sind a und b ganze Zahlen und m sei eine natürliche Zahl, dann ist a kongruent b modulo m. Als Zeichen verwendet man $a \equiv b \pmod{m}$ oder $a \equiv b(m)$, wenn $m|(a - b)$.*

Nun ist $a \equiv 0 \pmod{m}$ zu $m|a$ äquivalent, daher ist auch $a \equiv b \pmod{m}$ zu $a - b \equiv 0 \pmod{m}$ äquivalent. Weiters gilt $a \equiv a \pmod{m}$, man nennt diese Eigenschaft *Reflexivität*; weiters folgt aus $a \equiv b \pmod{m}$ auch $b \equiv a \pmod{m}$, genannt *Symmetrie* und schließlich aus $a \equiv b \pmod{m}$ und $b \equiv c \pmod{m}$ folgt, daß $a \equiv c \pmod{m}$, die sogenannte *Transitivität*, denn aus $m|(a - b)$ und $m|(b - c)$ folgt $m|[(a - b) + (b - c)] = a - c$.

Einige Rechenregeln für Kongruenzen: Beweise siehe [Hlawka79]

Ist $a \equiv b \pmod{m}$ und gilt $t|m$, dann ist $a \equiv b \pmod{|t|}$.
Ist $a \equiv b \pmod{m}$ und $k \in \mathbf{Z}$, dann ist $ka \equiv kb \pmod{|k| \cdot m}$.
Aus $a \equiv b \pmod{m}$ und $c \equiv d \pmod{m}$ folgt: $a \pm c \equiv b \pm d \pmod{m}$.
Aus $a \equiv b \pmod{m}$ und $c \equiv d \pmod{m}$ folgt: $ac \equiv bd \pmod{m}$.
Ist $a \equiv b \pmod{m}$ und $m = \prod_i p_i^{e_i}$, so gilt $a \equiv b \pmod{p_i^{e_i}}$ für alle i.
Ist $a \equiv b \pmod{m}$ so ist $ak \equiv bk \pmod{m}$ für alle $k \in \mathbf{Z}$.
Ist $a \equiv b \pmod{m}$, so ist $a^k \equiv b^k \pmod{m}$ für alle $k \in \mathbf{Z}$.
Sind $a_i \equiv b_i \pmod{m}$ für $1 \leq i \leq n$, so ist $\sum_{i=1}^{n} a_i \equiv \sum_{i=1}^{n} b_i \pmod{m}$.
Sind $a_i \equiv b_i \pmod{m}$ für $1 \leq i \leq n$, so ist $\prod_{i=1}^{n} a_i \equiv \prod_{i=1}^{n} b_i \pmod{m}$.
Ist $(a + b) \equiv (c + d) \pmod{m}$, so ist $a \equiv c \pmod{m}$.

SATZ 5.8 (GANZES POLYNOM) *Ist $f(x)$ ein Polynom mit ganzen Koeffizienten und ist $a_i \equiv b_i \pmod{m}$, so ist auch $f(a) \equiv f(b) \pmod{m}$.*

BEWEIS 5.1 *Sei $f(x)$ ein Polynom mit ganzen Koeffizienten, dann gilt wegen $a^k \equiv b^k \pmod{m}$ auch $c_k a^k \equiv c_k b^k \pmod{m}$ auch $\sum_{k=0}^{n} c_k a^k \equiv \sum_{k=0}^{n} c_k b^k \pmod{m}$.*

SATZ 5.9 *Ist $ak \equiv bk \pmod{m}$ und gilt $d = \mathbf{ggT}\{k, m\}$, so gilt $a \equiv b \left(mod \frac{m}{d} \right)$.*

Daraus folgt, falls k und m teilerfremd sind, daß man die Kongruenz $ak \equiv bk \pmod{m}$ durch k dividieren kann und somit $a \equiv b \pmod{m}$ gilt. Insbesondere ist also eine Division der Kongruenz stets möglich, wenn $m = p$ eine Primzahl und k kein Vielfaches von p ist. Ist speziell $b \equiv 0 \pmod{p}$ so folgt, daß $ak \equiv 0 \pmod{p}$ und so entweder $a \equiv 0 \pmod{p}$ oder $k \equiv 0 \pmod{p}$ ist. Ist hingegen der Modul m eine zusammengesetzte Zahl $m = ak$, so ist $ak \equiv 0 \pmod{m}$, obwohl weder a noch k durch m teilbar ist [Tschebotaröw50].

Ist $\mathbf{ggT}\{k, m\} = 1$ und $ak \equiv bk \pmod{m}$, dann gilt $a \equiv b \pmod{m}$.
Ist $k|m$ und $ak \equiv bk \pmod{m}$, dann ist $a \equiv b \left(mod \frac{m}{|k|} \right)$.

5.3.1 Restklassen modulo m

Es sei m eine natürliche Zahl. Alle ganzen Zahlen a', die bei der Division durch m den gleichen Rest wie eine Zahl a lassen, d.h. formal $a' = a + m \cdot \mathbf{Z}$, kommen mit a zusammen in dieselbe Restklasse modulo m. Diese Restklasse bezeichnet man nun mit $\bar{a}$. Zwei Zahlen sind also genau dann kongruent, wenn sie in derselben Restklasse liegen.

Die Menge aller Restklassen modulo m bezeichnet man mit $\boldsymbol{Z}_m : \boldsymbol{Z}_m = \{a + m\boldsymbol{Z} | a \in \boldsymbol{Z}\}$. Es gilt nun $a + m\boldsymbol{Z} = b + m\boldsymbol{Z}$ mit $a \equiv b \pmod{m}$. $\boldsymbol{Z}_m$ hat m Elemente, es gibt also genau m Restklassen modulo m: $\boldsymbol{Z}_m = \{a + m\boldsymbol{Z} | 0 \leq a < m\}$. Jedes Element einer Restklasse modulo m heißt ein Repräsentant oder Vertreter dieser Restklasse und weil immer je zwei beliebige Restklassen $\bar{a}$ und $\bar{b}$ elementfremd sind, ist jede Restklasse durch jeden einzelnen ihrer Repräsentanten eindeutig bestimmt. Will man zwei Restklassen $\bar{a}$ und $\bar{b}$ addieren, so greift man aus beiden einen beliebigen Vertreter heraus, addiert diese und sucht jene Restklasse auf, in der die Summe der beiden Vertreter liegt. Diese ist von der Auswahl der beiden Vertreter unabhängig, sie ist bereits durch die Auswahl der beiden Restklassen $\bar{a}$ und $\bar{b}$ eindeutig bestimmt. Genauso wie bei der Addition zweier Restklassen geht man bei der Multiplikation vor. Auch hier ist die Restklasse, in der das Produkt zweier Vertreter der zu multiplizierenden Restklassen liegt, alleine durch die Auswahl der Restklassen eindeutig bestimmt und daher unabhängig von der Auswahl der Vertreter.

$$\bar{a} + \bar{b} = \overline{a + b} \text{ und } \bar{a} \cdot \bar{b} = \overline{a \cdot b} \tag{5.8}$$

Diese Additions- u. Multiplikationseigenschaft von Restklassen in einem Restklassensystem zeigt sehr anschaulich eine wichtige Eigenschaft von Modulooperationen. So gilt für Modulooperationen:

$$(a \pm b) \pmod{m} = [a \pmod{m} \pm b \pmod{m}] \pmod{m}$$
$$(a \cdot b) \pmod{m} = [a \pmod{m} \cdot b \pmod{m}] \pmod{m} \tag{5.9}$$

5.3.2 Eulersche Funktion und prime Restklassen modulo m

5.3.2.1 Die Eulersche Funktion

Ist n eine natürliche Zahl, so bezeichnet man mit $\varphi_E[n]$ die Anzahl der zu n coprimen natürlichen Zahlen, die kleiner als n sind. Also all jene Zahlen r, für die $\mathbf{ggT}\{r, n\} = 1$ und $r < n$ erfüllt ist. Die Funktion $\varphi_E[n]$ wird Eulersche Funktion genannt. Festgelegt ist $\varphi_E[1] = 1$. Nimmt man $\varphi_E[10]$, so findet man die Zahlen 1, 3, 7, 9, die zu $n=10$ coprim sind und es gilt $\varphi_E[10]=4$. Nimmt man $\varphi_E[5]$, wobei 5 eine Primzahl ist, so sieht man, daß alle natürlichen Zahlen kleiner 5 coprim zu 5 sind, also es gilt ebenfalls $\varphi_E[5]=4$. Ist also n gleich irgendeiner Primzahl p, so gilt: $\varphi_E[p] = p - 1$. Dies ist in Satz 5.10 allgemeiner formuliert.

SATZ 5.10 (EULERFUNKTION FÜR PRIMZAHLARGUMENTE) *Ist p eine Primzahl und $s > 0$, so ist $\varphi_E[p^s] = p^{s-1} \cdot (p - 1) = p^s \cdot (1 - \frac{1}{p})$.*

Zur Berechnung von $\varphi_E[n]$ für zusammengesetztes n mit zwei oder mehreren verschiedenen Primfaktoren ist der nächste Satz sehr nützlich.

SATZ 5.11 (EULERFUNKTION FÜR ZUSAMMENGESETZTES PRIMZAHLARGUMENTE)
Sind a und b zwei coprime natürliche Zahlen, so gilt $\varphi_E[ab] = \varphi_E[a] \cdot \varphi_E[b]$.

Die Beweise für 5.10 und 5.11 findet man in [Tschebotaröw50]. Durch wiederholte Anwendung dieser beiden Sätze folgt als Verallgemeinerung von Satz 5.12:

SATZ 5.12 (VERALLGEMEINERTE EULERZERLEGUNG) *Sind $p_1, p_2, \ldots, p_k$ verschiedene Primzahlen und gilt: $n = p_1^{e_1} \cdot p_2^{e_2} \cdot \ldots \cdot p_k^{e_k}$, so gilt:*

$$\varphi_E[n] = \varphi_E[p_1^{e_1}] \cdot \varphi_E[p_2^{e_2}] \cdot \ldots \cdot \varphi_E[p_k^{e_k}] =$$
$$= \prod_{i=1}^{k} p_i^{s_i-1} \cdot (p_i - 1) = n \cdot \prod_{i=1}^{k} \left(1 - \frac{1}{p_i}\right) = n \cdot \prod_{p|n} \left(1 - \frac{1}{p_i}\right) \quad (5.10)$$

Mit den obigen Eigenschaften der Eulerschen Funktion gelangt man schließlich zum Eulerschen Satz:

SATZ 5.13 (DER EULERSCHE SATZ) *Sind a und m coprim, also $ggT\{a, m\} = 1$, dann gilt $a^{\varphi_E[m]} \equiv 1 \ (mod\, m)$.*

Weiters sollen hier noch die Sätze von Fermat und Wilson angegeben werden:

SATZ 5.14 (DER SATZ VON FERMAT) *Ist p eine Primzahl und a eine dazu coprime Zahl, so gilt $a^{p-1} \equiv 1 \ (mod\, m)$.*

Ein Beweis dieses Satzes basiert auf der Tatsache, daß ein Restklassensystem modulo einer Primzahl und bei Ausschluß der Null, das sind die Zahlen $1, 2, \ldots, p - 1$, eine multiplikative Gruppe der Ordnung $p - 1$ bildet. Diese Eigenschaften sollen aber im nächsten Kapitel behandelt werden. Man kann den Satz von Fermat aber auch so anschreiben: $x^{p-1} \equiv 1 \ (mod\, p)$, gültig für die Zahlen $1, 2, \ldots, p - 1$. Weiters gilt für jede ganze Zahl a der sogenannte kleine Fermatsche Satz:

SATZ 5.15 (DER KLEINE FERMATSCHE SATZ) *Für jede Potenz p einer ganzen Zahl a gilt, falls p prim ist: $a^p \ (mod\, p) = a \ (mod\, p)$.*

Letztlich zum Satz von Wilson:

SATZ 5.16 (SATZ VON WILSON) *Wenn, und nur wenn p eine Primzahl ist, gilt: $(p - 1)! \equiv -1 \ (mod\, p)$.*

Als einfacher Beweis kann die Tatsache angeführt werden, daß: $p|(p - 1)! + 1$.

5.3.2.2 Prime Restklassen modulo m

DEFINITION 5.11 (PRIME RESTKLASSEN MODULO M) *Sei $m \in \mathbb{N}$, $\overline{a} \in \mathbf{Z}$, so heißt $ggT\{a, m\}$ der größte gemeinsame Teiler der Restklasse $\overline{a}$ nach dem Modul m. Nun* *heißt eine Restklasse $a + m\mathbf{Z}$ prime Restklasse modulo m, wenn der größte gemeinsame Teiler von $a + m\mathbf{Z}$ mit dem Modul m gleich Eins ist.*

Unter den m verschiedenen Restklassen modulo m gibt es nach Euler genau $\varphi_E\,[m]$, von denen sämtliche Vertreter zu m coprim bzw. mit m teilerfremd sind. Man nennt diese $\varphi_E\,[m]$ Restklassen die zu m coprimen bzw. teilerfremden Restklassen. Ist nun der Modul m gleich einer Primzahl p, so gilt nach Euler: $\varphi_E\,[m = p] = p - 1$; für p prim. Man erhält also genau $p - 1$ prime Restklassen modulo p (Nullklasse exklusive), falls p eine Primzahl ist. Ein derartiges Restklassensystem nennt man auch einen *Restklassenkörper* $\mathbf{R}_p$, bezüglich der Primzahl p. D.h. diese p Restklassen bilden einen Körper. Seine Additionsgruppe ist die zyklische Gruppe der Ordnung p. Seine Multiplikationsgruppe ist die ebenfalls *zyklische Gruppe* $\mathbf{R}_p$ der mit p teilerfremden Restklassen; ihre Ordnung ist $p - 1$. Der Körper $\mathbf{R}_p$ ist somit ein endlicher Körper, die ausführlicher und allgemeiner im nächsten Kapitel behandelt werden.

Abschließend soll hier noch ein Beispiel eines Restklassenkörpers $\mathbf{R}_p$ modulo einer Primzahl p angegeben werden. Dem Beispiel zugrundegelegt sei der Ring der ganzen Zahlen, und abgeleitet werden soll der Restklassenkörper $\mathbf{R}_5$, bezüglich der Primzahl 5. Als Ergebnis findet man:

$$R_5(0) = \overline{0} = \{\ldots, -20, -15, -10, -5, 0, 5, 10, 15, \ldots\} \qquad \text{ist keine prime Restklasse}$$
$$\text{(5.11 } a)$$
$$R_5(1) = \overline{1} = \{\ldots, -19, -14, -9, -4, 1, 6, 11, 16, \ldots\} \qquad \text{(5.11 } b)$$
$$R_5(2) = \overline{2} = \{\ldots, -18, -13, -8, -3, 2, 7, 12, 17, \ldots\} \qquad \text{(5.11 } c)$$
$$R_5(3) = \overline{3} = \{\ldots, -17, -12, -7, -2, 3, 8, 13, 18, \ldots\} \qquad \text{(5.11 } d)$$
$$R_5(4) = \overline{4} = \{\ldots, -16, -11, -6, -1, 4, 9, 14, 19, \ldots\} \qquad \text{(5.11 } e)$$

Die Restklasse $\mathbf{R}_5(5)$ wäre bereits wieder ident mit der Nullklasse $\mathbf{R}_5(0)$. Anhand dieses Restklassensystems lassen sich gut die Rechenregeln betreffend der Addition und Multiplikation von Restklassen überprüfen. Wählt man als Vertreter aus $\mathbf{R}_5(1)$ die Zahl 1 aus, aus $\mathbf{R}_5(2)$ die Zahl 2, so sieht man, daß die Summe in $\mathbf{R}_5(3)$ liegt. Wählt man aus $\mathbf{R}_5(2)$ wieder die Zahl 2, aus $\mathbf{R}_5(4)$ die Zahl 4 aus, so sieht man, daß ihr Produkt in $\mathbf{R}_5(3)$ liegt, denn es gilt $2 \cdot 4 = 8$ und $8 \equiv 3 \pmod 5$ und man erhält als Ergebnis der Multiplikation die Restklasse $\mathbf{R}_5(3)$.

Hiermit ist gezeigt: $\overline{a} + \overline{b} = \overline{a + b}$ und $\overline{a} \cdot \overline{b} = \overline{a \cdot b}$.

5.4   Galoissche Theorie endlicher Körper

Endliche Körper, deren Beschreibung das Ziel dieses Kapitels sein soll, wurden erstmals durch den jungen Franzosen Evariste Galois (1811-1832) verwendet, um Bedingungen abzuleiten, unter denen algebraische Gleichungen durch fundamentale Wurzeln, wie es diese für quadratische und kubische Gleichungen gibt, lösbar sind. Man nennt daher endliche Körper auch Galoissche Körper oder Galoisfelder. Evariste Galois führte ein sehr bewegtes und kurzes Leben. Er starb im Alter von 21 Jahren an den Folgen eines Duells. Wahrscheinlich war der Grund dieses Duells zurückgewiesene Liebe. Eine Beschreibung des abenteuerlichen Lebens von Evariste Galois gibt P. Dubay, *La vie d'Evariste Galois, Annales de l'Ecole Normale* 1896, eine kürzere Würdigung seines Lebens findet man auch im Werk von Ian Stewart, *Galois Theory* 1973.

Im vorangegangenen Kapitel wurden bereits Begriffe wie Gruppe und Halbgruppe erwähnt. Hier sollen diese Begriffe anhand einer kleinen Einführung in die Gruppentheorie näher erläutert werden. Danach sollen, aufbauend auf die Gruppentheorie, die Grundlagen der Theorie des Körpers und damit auch Begriffe wie Körper, Zahlkörper und Ring behandelt werden. Mit diesen Grundlagen soll letztlich auf die Struktur Galoisscher Körper oder eben auf Galoisfelder, eingegangen werden, insbesondere auf das Galoisfeld **GF** (2) mit nur zwei Elementen und auf die zugehörigen erweiterten Felder **GF** (2^m), $m > 1$; mit 2^m Elementen. Derartige *binäre* oder *p-näre* Galoisfelder, wobei p eine beliebige Primzahl ist, finden ihre Anwendung in der Digitaltechnik, weiters bilden sie die Grundlage in der digitalen Kommunikationstechnik zur Erzeugung geeigneter Codefolgen und codemultiplexgeeigneter Codefolgenfamilien bei Verwendung des Korrelationsempfanges. Eine Rolle, besonders im militärischen Bereich, nehmen sie auch in der Kryptographie, also in der Datenverschlüsselung bezüglich Abhörsicherheit bei digitalen Kommunikationssystemen, ein.

5.4.1 Einführung in die Gruppentheorie

DEFINITION 5.12 (GRUPPE) *Unter einer Gruppe (bezüglich der Multiplikation) versteht man eine Gesamtheit von Elementen oder Symbolen, für die die folgenden vier Gruppenaxiome erfüllt sind:*

AXIOM I: *Unter den Elementen der Gesamtheit ist ein Kompositionsgesetz, auch einfach Multiplikation genannt, erklärt, mit dem jedem geordneten Paar A, B von Elementen ein drittes Element C der Gesamtheit eindeutig zugeordnet wird. Man beschreibt diesen Sachverhalt durch die Formel:*

$$AB = C \tag{5.12}$$

AXIOM II: *Bei dieser Multiplikation gilt das Assoziativgesetz:*

$$(AB) \cdot C = A \cdot (BC) \tag{5.13}$$

AXIOM III: *In der Gesamtheit existiert eine Rechtseinheit E, dies ist ein Element mit der folgenden Eigenschaft: Multipliziert man ein beliebiges Element A der Menge von rechts mit E, so entsteht als Produkt stets wieder dasselbe Element A*

$$AE = A \qquad (5.14)$$

Die Rechtseinheit E ist zugleich auch immer Linkseinheit der Gesamtheit, es gilt somit auch die Umkehrung $EA = A$. Man nennt daher das Element E der Gesamtheit auch die Einheit oder das Einheitselement der Gruppe.

AXIOM IV: *Für jedes Element A der Gesamtheit gibt es darin ein rechtsinverses Element A*, das ist ein Element mit der Eigenschaft*

$$AA^* = E \qquad (5.15)$$

Jedes rechtsinverse Element A^* zu A ist zugleich auch linksinverses Element, d.h. es gilt wiederum $A^*A = E$. Man bezeichnet daher auch A^* oft mit A^{-1} und nennt es einfach Inverses Element zu A. Weiters gibt es zu jedem Element A der Gruppe immer nur ein einziges inverses Element A^{-1}.

Eine Menge von Elementen unter denen nur die ersten beiden Gruppenaxiome Gültigkeit haben, heißt *Halbgruppe*. Die Menge der geraden, positiven Zahlen N_g bilden also eine solche Halbgruppe. Es gilt in der Gesamtheit dieser Zahlenmenge nur das Multiplikationsgesetz und das Assoziativgesetz. Die Menge der natürlichen Zahlen $\mathbb{N}$ selbst bildet eine Halbgruppe mit Einheitselement (1), ebenso ist das der Fall bei der Menge der ganzen Zahlen $\mathbb{Z}$. Erst die Menge der rationalen Zahlen ohne Null $\mathbb{Q}\backslash\{0\}$ bildet eine Gruppe, in der alle vier Axiome ihre Gültigkeit haben. Die Null ist hier auszunehmen, da kein inverses Element zur Null existiert.

5.4.1.1　Endliche Gruppe

DEFINITION 5.13 (ENDLICHE GRUPPE) *So nennt man solche Gruppen, in denen es nur endlich viele verschiedene Elemente gibt. Die Anzahl der Elemente einer endlichen Gruppe nennt man auch die Ordnung der Gruppe. Besteht die Gruppe nur aus einem einzigen Element, so ist das die Einheit E. Die Gruppe, deren einziges Element E ist, nennt man die Einheitsgruppe E.*

5.4.1.2　Zyklische Gruppe

DEFINITION 5.14 (ZYKLISCHE GRUPPE) *Durch wiederholte Multiplikation des Elementes A mit sich selbst bildet man nacheinander die Potenzen von A, das sind die Gruppenelemente: $A, A^2, A^3, \ldots$. Ergänzt man diese Reihe von Gruppenelementen durch die Festlegung, $A^0 = E$ (für alle A der Gruppe) $A^{-n} = (A^{-1})^n$ (für alle $n \in N$)*

so gelten wegen des Assoziativgesetzes für alle Exponenten $k, n \in \mathbb{N}$ die gewöhnlichen Rechengesetze: $A^{k+n} = A^k A^n$, $(A^k)^n = A^{kn}$.

Nun bilden die sämtlichen Potenzen eines Gruppenelementes A für sich selbst eine Gruppe. Diese Gruppe nennt man die von A erzeugte zyklische Gruppe $\mathcal{A}$. Ist A ein Element einer endlichen Gruppe, so ist auch die von A erzeugte zyklische Gruppe A eine endliche Gruppe. Es kann also in der Reihe der Potenzen $\{\ldots, A^{-2}, A^{-1}, E, A, A^2, A^3, \ldots\}$ nur endlich viele untereinander verschiedene Elemente geben. Es existiert somit zu jedem Exponenten n eine positive, ganze Zahl $m(n)$ mit $m \in \mathbb{N}$, für die $A^{n+m} = A^n$ gilt.

Aus $A^{n+m} = A^n$ folgt aber durch Multiplikation mit der Inversen A^{-n} von A^n sofort die Gültigkeit von $A^m = E$. Es ist die Zahl m daher von n unabhängig. Die kleinste Zahl unter den Zahlen m, mit $m \in \mathbb{N}$, heißt die Ordnung des Elementes A in der Gruppe[1]. Ist nun A ein Element von der Ordnung m, dann ist m die Ordnung der von A erzeugten endlichen, zyklischen Gruppe. Es sind nun die m Potenzen $E, A, A^2, \ldots, A^{m-1}$ alle untereinander verschieden. Man könnte auch stattdessen sagen: Zwei Potenzen A^k, A^l sind dann und nur dann einander gleich, wenn die Differenz ihrer Exponenten $k - l$ durch m teilbar ist. Diese Bedingung ist tatsächlich hinreichend, denn ist $k - l = q \cdot m$, wenn man unter q eine ganze Zahl annimmt, so gilt:

$$A^{k-l} = A^{qm} = (A^m)^q = E^q = E \quad \Rightarrow A^k = A^l \tag{5.16}$$

Weiters stellt sich die Frage, ob A das einzige Element in der aus den m Potenzen E bis A^{m-1} bestehenden endlichen, zyklischen Gruppe $\mathcal{A}$ ist, aus dessen Potenzen man sämtliche Elemente der Gruppe A darstellen kann. Jedes Element A^k mit dieser Eigenschaft nennt man erzeugendes oder primitives Element der Gruppe A. Natürlich ist A^k dann und nur dann ein primitives Element in A, wenn seine Ordnung genau gleich m ist. Man sieht, wenn m_k die Ordnung von A^k und $m_k < m$ ist, so besteht die von A^k erzeugte zyklische Gruppe aus weniger als m verschiedenen Elementen und kann somit nicht mit $\mathcal{A}$ ident sein. Ist $m_k = m$, dann besteht die von A^k erzeugte zyklische Gruppe aus genau m verschiedenen Potenzen von A; das sind dann genau die Elemente von $\mathcal{A}$. Die obige Frage nach der Anzahl der primitiven Elemente ist wie folgt zu beantworten:

SATZ 5.17 (PRIMITIVES ELEMENT EINER ZYKLISCHEN GRUPPE) *Eine Potenz A^k ist dann und nur dann ein primitives Element der zyklischen Gruppe $\mathcal{A}$, wenn der Exponent k zu der Ordnung m von A coprim, d.h. teilerfremd ist.*

BEISPIEL 5.4 (ZYKLISCHE GRUPPE) *Gewählt werde folgende Gruppe: $\mathcal{A} = \{1, 2, 3, 4, 5, 6, 7, 8, 9, 10\}$. Die Elemente der Gruppe A entsprechen allen möglichen Resten (ausgenommen Null), die bei der Modulo-11-Reduktion entstehen. Als erstes primitives Element A der Gruppe $\mathcal{A}$ findet man hier die Zahl 2. Das primitive Element 2 hat hier die Ordnung $m = 10$, dieselbe Ordnung m wie die Gruppe $\mathcal{A}$ selbst. Alle*

---

[1]Die Elemente einer endlichen Gruppe sind auch immer von endlicher Ordnung.

weiteren primitiven Elemente findet man, indem man alle $A^k(A = 2, m = 10)$ aufsucht mit $\mathbf{ggT}\{k, m = 10\} = 1$, also jene Exponenten k, die zur Ordnung von A coprim sind. Man findet hier für k die Werte: $k \in \{3, 7, 9\}$. Also $2^3 \equiv 8 \ (mod\,11)$, $2^7 \equiv 7 \ (mod\,11)$, $2^9 \equiv 6 \ (mod\,11)$ sind weitere primitive Elemente. Man findet somit, wenn der Modul m prim ist, $\varphi_E[m-1]$ verschiedene primitive Elemente.

Das Beispiel 5.4 zeigt deutlich, daß es in einer zyklischen Gruppe $\mathcal{A}$, die durch eine Moduloreduktion $(mod\,m)$ entstanden ist, wobei der Modul m prim ist, genau $\varphi_E[m-1]$ primitive Elemente gibt. Die so enstandene Gruppe $\mathcal{A}$ hat die Ordnung $m-1$.

Natürlich stellt sich auch die Frage wieviele primitive Elemente es in einer Gruppe gibt, falls sie nicht auf die im Beispiel 5.4 gezeigte Weise entstanden ist. Diese Frage wird im Abschnitt 5.4.3 behandelt werden.

Zusammenfassend kann man sagen: Ist $\mathcal{A}$ eine Gruppe (bezüglich der Multiplikation), dann heißt $\mathcal{A}$ zyklisch, wenn es ein Element A aus $\mathcal{A}$ gibt, sodaß für alle übrigen Elemente B aus $\mathcal{A}$ ein $n \in \mathbb{Z}$ existiert, demzufolge sich alle B in der Form $A^n = B$ darstellen lassen. Dieses Element A nennt man primitives Element der Gruppe $\mathcal{A}$.

Eine endliche Gruppe $\mathcal{A}$ ist nun genau dann zyklisch mit dem primitiven Element A, wenn ihre Struktur der Form $\mathcal{A} = \{E = 1, A, A^2, \ldots, A^{m-1}\}$ entspricht. Das heißt, daß das primitive Element A die Ordnung m, ebenso wie die endliche, zyklische Gruppe $\mathcal{A}$ hat.

5.4.1.3 Abelsche Gruppe

Sie hat ihren Namen von Niels Abel (1802-1829) und wird im allgemeinen auch einfach kommutative Gruppe genannt, da Abel als erster algebraische Gleichungen betrachtet hat, welche mit endlichen, kommutativen Gruppen in einer gewissen Beziehung stehen.

Ein gemeinsames Merkmal vieler Gruppen ist, daß ihre Elemente Transformationen einer gewissen Menge M von Symbolen sind. Dabei versteht man unter einer Transformation von M eine Operation, welche jedem Element a von M wieder ein Element a' von M zuordnet, also gilt $a \mapsto a'$. Ist zum Beispiel M die Menge der reellen Zahlen $\mathbb{R}$ und sind dann a und b zwei beliebige reelle Zahlen, so beruht auf der Zuordnungsvorschrift $x \mapsto y = ax + b$ mit $(a \neq 0)$, die sogenannte lineare Transformation der Menge M. Um nun den Begriff der Abelschen Gruppe einführen zu können, muß man das Produkt zweier Transformationen verstehen:

Eine Transformation A in der Menge M führe das Element a in a' über. Eine Transformation B in der Menge M führe das Element a in a'' über. Man schreibt somit:

$$a' \ = \ A \cdot a \qquad\qquad (5.17)$$

$$a'' \ = \ B \cdot a' = B \cdot Aa \qquad\qquad (5.18)$$

Auf diese Weise ist das Rechnen mit Transformationen sehr einfach. Der Begriff der Abelschen Gruppe soll anhand eines Beispiels erklärt werden. Es sei wieder M die Menge der reellen Zahlen $\mathbb{R}$ und A sei die lineare Transformation $A : x \mapsto x + a$ und entsprechend $B : x \mapsto x + b$, unter a und b zwei feste reelle Zahlen verstanden und $x \in M = \mathbb{R}$. Berechnet man die Transformation $B \cdot A$ nach den obigen Regeln, so gilt:

$$x \mapsto (x + a) + b = x + (a + b) \qquad \Rightarrow B \cdot A = A \cdot B \tag{5.19}$$

Die Gesamtheit der Symbole $A, B, \cdot$ bildet eine Gruppe, in der alle Elemente untereinander vertauschbar sind. Man nennt solche Gruppen daher auch kommutativ oder abelsch. Spricht man von einer Abelschen Gruppe bezüglich der Multiplikation, so meint man die Gültigkeit von $A \cdot B = B \cdot A$. Man sollte schließlich noch erwähnen, daß nicht alle Transformationen in einer Menge M unbedingt vertauschbar sind, jedoch Transformationen, welche in elementfremden Teilmengen von M operieren, sind immer vertauschbar. Etwas kürzer kann man auch sagen, daß eine Gruppe, deren sämtliche Elemente paarweise untereinander vertauschbar sind, kommutativ ist.

Bisher wurde hier ausschließlich die Struktur von Gruppen bezüglich der Multiplikation betrachtet, was sich auch in der Formulierung der vier Gruppenaxiome wiederspiegelt. Zum tieferen Verständnis der Gruppentheorie und des Begriffes der Abelschen Gruppe soll hier noch kurz die Struktur von *Gruppen bezüglich der Addition* angeführt werden. Völlig analog zu den vier Gruppenaxiomen, die sich auf Gruppen bezüglich der Multiplikation bezogen haben, wird hier als Kompositionsgesetz die Addition definiert. Sie ordnet unter den Elementen der Gesamtheit jedem geordneten Paar A, B von Elementen ein drittes Element C der Gesamtheit eindeutig zu, sodaß $A + B = C$. Bei dieser Addition gilt ebenso das Assoziativgesetz: $(A + B) + C = A + (B + C)$. Es existiert ein Einheitselement E (bei der Addition Nullelement genannt), sodaß $A + E = E + A = A$ gilt. Schließlich existiert zu jedem Element A der Gesamtheit ein inverses Element A^* mit $A + A^* = A^* + A = E$. Dieses Element A^* wird auch $-A$ genannt. Sind diese Bedingungen für alle Elemente der Gesamtheit erfüllt, dann bildet diese Gesamtheit eine Gruppe bezüglich der Addition. Gilt nun in einer Gruppe A bezüglich der Addition, gemäß dem obigen Beispiel der Transformationen, auch die Beziehung der Vertauschbarkeit $A + B = B + A$ für alle Elemente der Gesamtheit, so wird die Gruppe A analog Abelsche oder kommutative Gruppe bezüglich der Addition genannt.

Die Menge der ganzen Zahlen $\mathbb{Z}$ ist also bereits eine solche Abelsche Gruppe bezüglich der Addition. Die Menge der natürlichen Zahlen $\mathbb{N}$, ist auch bezüglich der Addition nur eine Halbgruppe, da in dieser Menge kein Nullelement und keine inversen Elemente existent sind. Jedoch gilt auf Basis dieser Halbgruppe die Vertauschbarkeit; man kann die Menge der natürlichen Zahlen somit eine Abelsche Halbgruppe bezüglich der Addition nennen.

5.4.1.4 Restklassenkörper R_p modulo p

Geht man zurück auf den in Abschnitt 5.3.2.2 erwähnten Restklassenkörper R_p, wobei p eine Primzahl ist, so wurde dort folgendes erwähnt: Es bilden die p Restklassen $\{\overline{0}, \overline{1}, \overline{2}, \ldots, \overline{p-1}\}$ einen Körper. Diese Tatsache wird im nächsten Abschnitt behandelt. Seine Gruppe bezüglich der Addition ist die zyklische Gruppe der Ordnung p.

Es ist anzumerken, daß unter Addition bzw. Multiplikation in der Folge immer Addition oder Multiplikation bezüglich eines vorgegebenen Moduls gemeint ist. Um diese Tatsache zu beweisen, soll der Begriff des vollständigen Restsystems modulo m eingeführt werden. Ein Restsystem modulo m heißt vollständig, wenn es aus jeder Restklasse modulo m genau ein Element enthält. Ein solches Restsystem enthalte in obigem Fall genau p Elemente; im Zeichen: $\{0, 1, 2, \ldots, p-1\}$. Diese p Elemente bilden nun genau wie ihre zugehörigen Restklassen eine zyklische Gruppe bezüglich der Addition. Die p Elemente erfüllen das Assoziativgesetz der Addition. Das Einheitselement der Addition ist das Nullelement und vertritt hier somit die Nullklasse. Die inversen Elemente bezüglich der Addition erhält man mittels der Moduloreduktion. Es gilt: $-I = p-I$, für $1 \leq I \leq p-1$. Zu Null gibt es kein inverses Element im Restsystem. Zu 1 findet man $p-1$ als inverses Element, denn es gilt: $1+(p-1) \equiv 0 \pmod{p}$. D.h. man findet im Restsystem das Nullelement und alle inversen Elemente der Addition, somit stellt es eine Gruppe bezüglich der Addition dar. Da hier auch die Vertauschbarkeit erfüllt ist, liegt sogar eine abelsche Gruppe bezüglich der Addition vor. Diese Gruppe ist weiters zyklisch, da ihre Ordnung eine Primzahl ist. Seine Gruppe bezüglich der Multiplikation ist die zyklische Gruppe der mit p coprimen Restklassen der Ordnung $p-1$.

Wählt man alle zu p coprimen Restklassen unter der Voraussetzung p sei prim aus, so erhält man genau $p-1$ coprime Restklassen. Bezüglich dieser bilde man wieder ein Restsystem, wobei dieses Restsystem nun primes Restsystem heißt. Es enthält von jeder zu p coprimen Restklasse genau ein Element; im Zeichen: $\{1, 2, 3, \ldots, p-1\}$. Diese $p-1$ Elemente bilden genau wie die zugehörigen Restklassen eine zyklische Gruppe bezüglich der Multiplikation. Das Assoziativgesetz der Multiplikation ist erfüllt. Die Einsklasse wird durch das Einheitselement vertreten. Die inversen Elemente bezüglich der Multiplikation findet man wieder durch die Moduloreduktion. Es gilt: $1 \equiv I \cdot x \pmod{p}$, wobei x den Bereich $1 \leq x \leq p-1$ durchlaufe. Jenes x, für welches die Kongruenz erfüllt ist, ist das inverse Element I^{-1} zu I bezüglich der Multiplikation. Das Element 1, so sieht man mittels der Kongruenz, ist immer zu sich selbst invers, ebenso ist es mit dem Element $p-1$. D.h. man findet in diesem primen Restsystem ein Einheitselement und alle inversen Elemente bezüglich der Multiplikation, somit stellt es eine Gruppe bezüglich der Multiplikation dar. Auch hier ist die Vertauschbarkeit erfüllt und die Gruppe ist somit abelsch. Diese Gruppe ist weiters zyklisch, d.h. es gibt in ihr primitive Elemente, aus deren Potenzen sich alle Gruppenelemente darstellen lassen. In Abschnitt 5.4.1 wurde anhand des Beispiels 5.4 gezeigt, daß Gruppen die durch eine Moduloreduktion modulo p, wobei p eine Primzahl ist, immer zyklische Gruppen (bezüglich der Multiplikation modulo p) der Ordnung $p-1$ sind und es in solchen Gruppen genau $\varphi_E[p-1]$ primitive Elemente gibt.

5.4.2 Grundlagen der Theorie des Körpers

DEFINITION 5.15 (KÖRPER) *Unter einem Körper versteht man eine Gesamtheit von wenigstens zwei Elementen oder Symbolen, mit denen man nach den vier elementararithmetischen Rechengesetzen rechnen kann, ohne diese Gesamtheit zu verlassen.*

Daher sagt man anstatt Körper auch oft Rationalitätsbereich oder Feld. Hat nun ein Körper in seiner Gesamtheit nur endlich viele Elemente, so nennt man ihn Galoisschen Körper, Galoisfeld oder einfach endlichen Körper, wie bereits in der Einleitung zu diesem Abschnitt erwähnt wurde. Für einen Körper, egal aus wievielen Elementen seine Gesamtheit besteht, gelten immer die vier folgenden Körperaxiome:

AXIOM I: *Unter den Elementen der Gesamtheit sind immer zwei Kompositionsgesetze erklärt. Das erste Kompositionsgesetz ist die Addition, das zweite die Multiplikation. Diese beiden Gesetze weisen einem geordneten Paar a, b der Gesamtheit immer ein drittes Element c bzw. d der Gesamtheit zu, sodaß gilt:*

$$Addition: \quad a + b = c \tag{5.20}$$

$$Multiplikation: \quad a \cdot b = d \tag{5.21}$$

AXIOM II: *Die Elemente der Gesamtheit des Körpers bilden eine abelsche Gruppe bezüglich der Addition. Das Einheitselement dieser Gruppe wird mit Null "0" bezeichnet und auch Nullelement genannt. Das zum Element a inverse Element a^* wird mit $-a$ bezeichnet.*

AXIOM III: *Die Elemente der Gesamtheit des Körpers ohne Null bilden eine abelsche Gruppe bezüglich der Multiplikation. Das Einheitselement ist das Einselement "1", das zum Element a inverse Element a^* wird mit $a^{-1} = \frac{1}{a}$ bezeichnet.*

AXIOM IV: *Die Operationen Addition und Multiplikation sind distributiv, sodaß gilt:*

$$a \cdot (b + c) = a \cdot b + a \cdot c \tag{5.22}$$

DEFINITION 5.16 (RING) *Schwächt man das dritte Körperaxiom etwas ab und fordert nur, daß die Elemente der Gesamtheit eine abelsche Halbgruppe hinsichtlich der Multiplikation darstellen, dann entsteht ein neuer algebraischer Bereich, den man als Ring bezüglich der Multiplikation und Addition bezeichnet.*

Die Menge der ganzen Zahlen $\mathbb{Z}$ ist ein solcher Ring bezüglich der gewöhnlichen Addition und Multiplikation .

R sei eine Gesamtheit von Elementen, die algebraisch einen Ring bezüglich der Addition und Multiplikation (soll ab jetzt einfach Ring genannt werden) darstelle. Es existiere ein Einselement $\{1\}$ in dieser Gesamtheit, sodaß für alle Elemente $a \in R$ die folgende Beziehung $1 \cdot a = a \cdot 1 = a$ Gültigkeit hat. Man sagt dann: R ist ein

Ring mit Einselement. Wenn außerdem für alle Elemente a, b der Gesamtheit R die Beziehung $a \cdot b = b \cdot a$ gilt, also die Elemente vertauschbar sind, dann sagt man: R ist ein *kommutativer Ring.*

Die Menge der ganzen Zahlen $\mathbb{Z}$ ist also nicht nur ein Ring, sondern im speziellen ein kommutativer Ring mit Einselement.

Zwei weitere Definitionen sollen die Eigenschaften von Ringstrukturen noch ergänzen:

DEFINITION 5.17 (NULLTEILER) *Sei eine Gesamtheit R ein Ring und gelte $a, b \in R$ sowie $a \neq 0$ und $b \neq 0$. Gilt in diesem Ring weiters $a \cdot b = 0$, dann heißen a und b Nullteiler des Ringes R.*

DEFINITION 5.18 (INTEGRITÄTSBEREICH) *Sei eine Gesamtheit R ein kommutativer Ring mit Einselement ohne Nullteiler, dann heißt R Integritätsbereich.*

Nimmt man das Restklassensystem $\mathbf{Z}_5$, so stellt man fest, daß es darin keine Nullteiler gibt. $\mathbf{Z}_5$ ist ein solcher Integritätsbereich. Ebenso ist die Menge der ganzen Zahlen $\mathbb{Z}$ ein Integritätsbereich.

DEFINITION 5.19 (ZAHLKÖRPER) *Meist hat man es mit Körpern zu tun, deren Gesamtheit nicht aus Symbolen oder allgemein abstrakten Elementen besteht, sondern deren Elemente rationale, reelle oder auch komplexe Zahlen sind. Solche Körper nennt man Zahlkörper.*

Jeder Zahlkörper enthält die Zahl Eins, also auch alle natürlichen Zahlen, denn diese gehen aus der wiederholten Addition mit der Zahl Eins hervor, damit auch alle ganzen Zahlen die durch wiederholte Subtraktion der Zahl Eins entstehen. Nach dem dritten Körperaxiom sind auch alle inversen Elemente in der Gesamtheit des Zahlkörpers, also auch alle gebrochenen, sprich rationalen Zahlen. D.h der Körper der rationalen Zahlen $\mathbb{Q}$ ist der kleinste existente Zahlkörper. Die Menge der reellen Zahlen $\mathbb{R}$ ist logischerweise ebenfalls ein Zahlkörper, da $\mathbb{Q}$ eine echte Teilmenge von $\mathbb{R}$ ist, ebenso ist die Menge der komplexen Zahlen $\mathbb{C}$ ein Zahlkörper. Nochmals sei erwähnt, daß die Mengen der natürlichen und auch der ganzen Zahlen keine Zahlkörper darstellen.

5.4.3   Restklassenkörper R_p

Ausgehend von der Menge aller Restklassen $\mathbf{Z}_m$ modulo m mit $\mathbf{Z}_m = \{a + m\mathbf{Z} | a \in \mathbb{Z}\}$ soll hier zuerst bewiesen werden, daß $\mathbf{Z}_m$ eine abelsche Gruppe bezüglich der Addition modulo m ist.

BEWEIS 5.2 *Statt $a + m\mathbf{Z}$ wird nun geschrieben. Es ist wegen $\bar{a} \oplus \bar{b} = \overline{a + b}$ die Summe Element von $\mathbf{Z}_m$. Weiters ist $\bar{a} \oplus \bar{b} = \overline{a + b} = \overline{b + a} = \bar{b} \oplus \bar{a}, \ \bar{a} \oplus \bar{0} = \overline{a + 0} = \bar{a}$ und $\bar{a} \oplus \overline{(-a)} = \overline{a - a} = \bar{0}.\ \bar{0}$ ist also das Nullelement, $-\bar{a}$ ist inverses Element zu $\bar{a}$. $(\bar{a} \oplus \bar{b}) \oplus \bar{c} = \overline{a + b} \oplus \bar{c} = \overline{(a + b) + c} = \overline{a + (b + c)} = \bar{a} \oplus \overline{b + c} = \bar{a} \oplus (\bar{b} \oplus \bar{c})$*

$\mathbf{Z}_m$ ist also eine abelsche Gruppe bezüglich der Addition modulo m.

Weiters ist zu beweisen, daß Z_m eine kommutative Halbgruppe mit Einselement bezüglich der Multiplikation ist.

BEWEIS 5.3 *Es ist wegen* $\bar{a} \oplus \bar{b} = \overline{a \cdot b}$ *das Produkt Element von* Z_m. *Die Addition und Multiplikation modulo m sind durch das distributive Gesetz verbunden, sodaß* $\bar{a} \oplus (\bar{b} \oplus \bar{c}) = \overline{a(b+c)} = \overline{ab+ac} = (\bar{a} \oplus \bar{b}) \oplus (\bar{a} \oplus \bar{c})$. *Es gilt die Assoziativität:* $\bar{a} \oplus (\bar{b} \oplus \bar{c}) = (\bar{a} \oplus \bar{b}) \oplus \bar{c}$. *Weiters gibt es ein Einheitselement in* Z_m *(nämlich* $\bar{1}$*),* $\bar{a} \oplus (\bar{1} = \bar{1} \oplus (\bar{a} = \bar{a}$. *In* Z_m *gilt* $\bar{a} \oplus (\bar{b} = \bar{b} \oplus (\bar{a}$ *das kommutative Gesetz.*

Z_m ist also eine kommutative Halbgruppe mit Einselement bezüglich der Multiplikation .

Ist nun Z_m eine abelsche Gruppe bezüglich der Addition modulo m und eine abelsche Halbgruppe mit Einselement bezüglich der Multiplikation modulo m, so ist Z_m ein kommutativer Ring mit Einselement, und man nennt Z_m einfach kommutativer Restklassenring.

Weiters soll hier jetzt die Frage gestellt werden, unter welchen Bedingungen ein kommutativer Restklassenring ein Körper ist ?

Aus dem dritten Körperaxiom folgt jedenfalls, daß der Restklassenring Z_m dann und nur dann ein Körper ist, wenn $Z_m \backslash \{0\}$ eine Gruppe bezüglich der Multiplikation modulo m ist. Aus dieser Tatsache, also aus dem dritten Körperaxiom, leitet sich die folgende Definition ab:

DEFINITION 5.20 *Sei K ein kommutativer Ring mit Einselement und ist $K \backslash \{0\}$ eine Gruppe bezüglich der Multiplikation, dann heißt K ein Körper.*

Das bedeutet, daß zu jedem $a \neq 0$, $a \in K$ ein inverses Element a^{-1} bezüglich der Multiplikation vorhanden sein muß, so daß $a \cdot a^{-1} = 1$.

SATZ 5.18 Z_m *ist genau dann ein Körper, wenn m eine Primzahl ist, also $m = p$ mit p prim gilt.*

BEWEIS 5.4 *Sei Z_m ein Körper. Wäre $m = q \cdot r$ mit $1 < q, r < m$, so ist $q \cdot r \equiv 0 \pmod{m}$, also auch $\bar{q} \cdot \bar{r} \equiv \bar{0} \pmod{m}$, obwohl $\bar{q} \neq \bar{0}$ und $\bar{r} \neq \bar{0}$. Es ist also jede nicht zu m coprime Restklasse Nullteiler in diesem Ring. Ein Ring mit Nullteiler kann nach Definition:5.18 niemals ein Integritätsbereich sein, d.h. die Annahme Z_m sei ein Körper ist ein Widerspruch.*

Offensichtlich wird diese Aussage, wenn man bedenkt, daß es zu einer dem Modul m nicht coprimen Restklasse keine Reziproke gibt.

Hiermit ist also bewiesen, daß Z_m nur dann ein Körper ist, wenn m eine Primzahl ist.

Ab jetzt soll statt Z_m modulo m, R_p modulo p, falls $m = p$ und p eine Primzahl ist, geschrieben werden. R_p nennt man einen Restklassenkörper modulo p, (p prim), da R_p ein endlicher Integritätsbereich und somit ein Körper ist.

SATZ 5.19 *Jeder endliche Integritätsbereich ist ein Körper.*

In Abschnitt 5.4.1.4 wurden bereits zwei Eigenschaften des Restklassenkörpers R_p anhand eines vollständigen Restsystems und eines primen Restsystems gezeigt: Ist R_p ein Restklassenkörper modulo p, dann ist seine additive Gruppe eine kommutative, zyklische Gruppe der Ordnung p und seine multiplikative Gruppe ebenfalls eine kommutative, zyklische Gruppe der Ordnung $p - 1$.

Hier soll nun im Detail, folgend dem Beispiel 5.4, wo eine durch Moduloreduktion modulo einer Primzahl entstandene zyklische Gruppe betrachtet wurde, auf die Anzahl der primitiven Elemente in zyklischen Gruppen eingegangen werden, auch wenn sie nicht solcher Struktur sind. Man geht wieder von einem System Z_m von Restklassen modulo m aus. Dieses System Z_m stellt einen kommutativen Restklassenring (mit Einselement) dar, außer der Modul ist eine Primzahl p, denn dann liegt ein Restklassenkörper R_p modulo p vor. Diese Tatsache wurde bereits weiter oben gezeigt. Ausgehend vom Restklassenring Z_m soll hier der Begriff der Einheit eingeführt werden:

DEFINITION 5.21 *Ist R ein kommutativer Ring mit Einselement, so heißt ein Element $e \in R$ Einheit, wenn es ein $x \in R$ gibt, mit $ex = 1$.*

Die Einheiten sind also genau die invertierbaren Elemente in R. Die Menge der Einheiten in R bezeichnet man mit R^*. Offensichtlich ist das Element 0 kein Element von R^*, da es dazu kein inverses Element gibt. Weiters ist sofort klar, daß R^* gleich ist der Menge $R \backslash \{0\}$ dann und nur dann, wenn R ein Körper ist. Die Einheiten in der Menge der ganzen Zahlen $\mathbb{Z}$ sind die Elemente 1 und -1. Daher ist hier die Menge der Einheiten: $Z^* = \{1, -1\}$.

Nimmt man wieder den Restklassenring Z_m, so besteht hier die Menge der Einheiten Z_m^* aus den primen Restklassen modulo m.

BEWEIS 5.5 *Sei $a + m\mathbb{Z}$ eine prime Restklasse modulo m, dann ist $\mathbf{ggT}\{a, m\} = 1$ und es gibt daher ein $\bar{x} \in Z_m$ mit $\bar{a} \cdot \bar{x} = \bar{1}$, oder $a \cdot x \equiv 1 \ (\mathrm{mod}\ m)$.*

Die Menge der Einheiten hat nun eine wichtige algebraische Eigenschaft:

SATZ 5.20 *Ist R ein kommutativer Ring mit Einselement, so ist R^* eine Abelsche Gruppe bezüglich der Multiplikation.*

BEWEIS 5.6 *Die Zahl 1 ist offenbar eine Einheit. Seien e_1 und e_2 ebenfalls Einheiten und $x_1, x_2 \in R$, sodaß $e_1 x_1 = e_2 x_2 = 1$ gilt, dann gilt auch $e_1 e_2 x_1 x_2 = 1$. Also ist $e_1 e_2 \in R^*$. Ist e Einheit, so ist auch e^{-1} Einheit, also gilt $ex = 1$. Dann ist wegen $xe = 1$ auch x eine Einheit und es gilt $e^{-1} x^{-1} = 1$. Also ist e^{-1} ein Element von R^*. Daher ist R^* eine Abelsche Gruppe bezüglich der Multiplikation.*

Zufolge dieses Beweises ist $Z_m{}^*$ eine Abelsche Gruppe bezüglich der Multiplikation modulo m. Die Ordnung dieser Abelschen Gruppe ist genau $\varphi_E[m]$, also gleich der

Anzahl der Elemente in $\boldsymbol{Z}_m^*$, da es genau $\varphi_E[m]$ prime Restklassen im kommutativen Restklassenring $\boldsymbol{Z}_m$ gibt. Nun ist die Menge der Einheiten $\boldsymbol{Z}_m^*$ genau dann zyklisch, wenn es wenigstens ein primitives Element modulo m gibt, aus dessen Potenzen sich alle Elemente darstellen lassen.

Man nehme an $\boldsymbol{Z}_m^*$ sei zyklisch, dann stellt man die Frage nach der Anzahl der primitiven Elemente:

SATZ 5.21 *Ist $\boldsymbol{Z}_m^*$ zyklisch, dann gibt es genau $\varphi_E[m]$ primitive Elemente modulo m.*

BEWEIS 5.7 *Sei a ein primitives Element modulo m, $\boldsymbol{Z}_m^* = \{\overline{1}, \overline{a}, \ldots, \overline{a}^{\varphi_E[m]-1}\}$. Ist $\overline{h} \in \boldsymbol{Z}_m^*$, $h = g^s$, so ist h genau dann ein primitives Element modulo m, wenn gilt $\boldsymbol{ggT}\{s, \varphi_E[m]\} = 1$. Es gibt nun genau $\varphi_E[\varphi_E[m]]$ solche Zahlen s mit $1 \leq s \leq \varphi_E[m]$.*

Aus Satz 5.21 läßt sich sofort folgern, was bereits im Beispiel 5.4 gezeigt wurde, daß im Falle eines primen Moduls $p\boldsymbol{Z}_p^*$ immer zyklisch ist und es daher genau $\varphi_E[p-1]$ primitive Elemente in $\boldsymbol{Z}_p^*$ gibt. In diesem Fall ist $\boldsymbol{Z}_p$ auch kein kommutativer Restklassenring modulo p (p prim) mehr, sondern ein Restklassenkörper modulo p, der daher mit $\boldsymbol{R}_p$ bezeichnet wird.

Wählt man nun aus dem Restklassenkörper $\boldsymbol{R}_p$ ein vollständiges Restsystem, also aus jeder Restklasse einen Vertreter, dermaßen aus, daß das Restsystem folgende Struktur hat:

$$\{0, 1, 2, \ldots, p-1\},$$

dann entspricht dieses Restsystem genau den Elementen eines endlichen Körpers modulo p, oder einem sogenannten Galoisfeld $\mathbf{GF}(p)$. Wählt man aus der Menge der Einheiten $\boldsymbol{R}_p^*$, ein primes Restsystem, wobei aus jeder primen Restklasse modulo p ein Vertreter ausgewählt wird, aus, sodaß es folgende Struktur hat:

$$\{1, 2, 3, \ldots, p-1\},$$

dann stellt es eine zyklische, Abelsche Gruppe bezüglich der Multiplikation modulo p dar, und beinhaltet genau $\varphi_E[p-1]$ primitive Elemente, mit denen alle Elemente des $\mathbf{GF}(p) \setminus \{0\}$ darstellbar sind.

5.5   Galoisscher Körper

DEFINITION 5.22 (GALOISSCHER KÖRPER) *Ein Galoisscher Körper oder Galoisfeld hat in seiner Gesamtheit genau p Elemente und stellt daher einen endlichen*

Körper dar. Man schreibt für ein Galoisfeld mit p Elementen auch $\mathbf{GF}(p)$. Die Gesamtheit des $\mathbf{GF}(p)$ wird durch die Zahlen 0 bis $p-1$ repräsentiert. Es gilt daher $\mathbf{GF}(p) = \{0, 1, 2, \ldots, p-1\}$.

Ein Galoisfeld ist ein endlicher Körper und genügt daher folgenden Bedingungen:

1. In der Gesamtheit des Galoisfeldes $\mathbf{GF}(p)$ gibt es genau p Elemente. Diese Anzahl p muß prim sein, denn ansonst entspräche das $\mathbf{GF}(p)$ einer kommutativen Ringstruktur mit Nullteiler[2].

2. Die Addition und die Multiplikation[3] zweier beliebiger Elemente des $\mathbf{GF}(p)$ muß wieder ein Element der Gesamtheit des $\mathbf{GF}(p)$ ergeben. D.h. die Gesamtheit der Elemente des $\mathbf{GF}(p)$ ist bezüglich der Addition und Multiplikation abgeschlossen.

3. Addition und Multiplikation sind kommutativ.

4. In der Gesamtheit existiert immer ein additives Einheitselement 0.

5. Zu jedem Element e_i der Gesamtheit existiert ein additives inverses Element $-e_i$. Man nimmt -0 als inverses Element zu 0.

6. In der Gesamtheit existiert immer ein multiplikatives Einheitselement $\{1\}$.

7. Außer dem Element 0 existiert in der Gesamtheit zu jedem Element e_i ein multiplikatives inverses Element.

8. Die Multiplikation ist distributiv über der Addition.

9. Die Addition sowie die Multiplikation sind assoziativ.

Diese neun Punkte lassen sich durch die folgenden beiden bekannten Eigenschaften, die bereits beim Restklassenkörper $\mathbf{R}_p$ in äquivalenter Weise formuliert wurden, zusammenfassen:

1. Die Elemente der Gesamtheit eines Galoisfeldes $\mathbf{GF}(p)$ mit p Elementen (p prim) bilden eine zyklische, kommutative Gruppe bezüglich der Addition mit Ordnung p.

---

[2] Mit Satz 5.18 bewiesen, daß ein System von Restklassen $\mathbf{Z}_m$ modulo m immer einem kommutativen Restklassenring entspricht, außer der Modul m ist selbst eine Primzahl p. Man gelangt somit zur Struktur des Restklassenkörpers $\mathbf{R}_p$ modulo p, der jedenfalls ein endlicher Integritätsbereich und somit ein Körper ist. Die einzelnen Elemente der Gesamtheit des $\mathbf{GF}(p) = \{0, 1, 2, \ldots, p-1\}$ werden durch ein vollständiges Restsystem des zugehörigen Restklassenkörpers $\mathbf{R}_p$ modulo p repräsentiert, folglich muß ihre Anzahl genau p und somit auch prim sein.

[3] In der Folge sind mit Addition und Multiplikation immer die zugehörigen Modulooperationen modulo p, wobei p eine beliebige Primzahl ist, gemeint.

2. Die Elemente der Menge der Einheiten $\mathbf{GF^*}(p)$, das ist die Menge aller multiplikativen inversen Elemente in der Gesamtheit eines Galoisfeldes, also $\mathbf{GF}(p) \setminus \{0\}$, bilden eine zyklische, kommutative Gruppe bezüglich der Multiplikation mit Ordnung $p - 1$.

Das einfachste Galoisfeld ist das binäre Galoisfeld $\mathbf{GF}(2) = \{0, 1\}$ mit nur zwei Elementen. Als Rechenoperationen sind in diesem Feld natürlich die Addition modulo 2 und die Multiplikation modulo 2 definiert. Die beiden Rechenoperationen im $\mathbf{GF}(2)$ können leicht als Halbaddierer bzw. als UND-Schaltung implementiert werden. Als nächstes Galoisfeld findet man das ternäre Galoisfeld $\mathbf{GF}(3) = \{0, 1, 2\}$ mit drei Elementen. In diesem Feld gelten als Rechenoperationen die Addition modulo 3 und die Multiplikation modulo 3. Auf diese Weise läßt sich jeder Primzahl p ein Galoisfeld $\mathbf{GF}(p)$ mit p Elementen zuordnen, wobei als Rechenoperationen immer die zugehörigen Modulooperationen $(\mathrm{mod}\ p)$ Gültigkeit haben.

Die Addition $(\mathrm{mod}\ p)$ sowie die Multiplikation $(\mathrm{mod}\ p)$ im $\mathbf{GF}(p)$ lassen sich gut in der Form von Tafeln darstellen. In den folgenden Tafeln wird dies für das binäre und ternäre Galoisfeld gezeigt:

$\oplus_2$	0	1
0	0	1
1	1	0

$\otimes_2$	0	1
0	0	0
1	0	1

Addition und Multiplikation in $\mathbf{GF}(2)$.

$\oplus_3$	0	1	2
0	0	1	2
1	1	2	0
2	2	0	1

$\otimes_3$	0	1	2
0	0	0	0
1	0	1	2
2	0	2	1

Addition und Multiplikation in $\mathbf{GF}(3)$.

Anhand der Tafeln für die Addition und Multiplikation in $\mathbf{GF}(2)$ und $\mathbf{GF}(3)$ ersieht man eine wichtige Eigenschaft eines Körpers und somit eines Galoisfeldes:

SATZ 5.22 *Das Produkt zweier beliebiger Elemente aus der Gesamtheit eines Körpers ist dann und nur dann gleich Null, wenn einer der beiden Faktoren Null ist.*

BEWEIS 5.8 *Es sei $a \cdot b = 0$ und $a \neq 0$. Nach dem dritten Körperaxiom das inverse Element a^{-1} zu a, und mit Rücksicht auf das assoziative Gesetz in der multiplikativen Gruppe hat man: $a^{-1}(ab) = (a^{-1}a)b = 1 \cdot b = b$. Da aber $a \cdot b = 0$ vorausgesetzt wurde, gilt ebenso: $a^{-1}(ab) = a^{-1} \cdot 0 = 0$ und daher $b = 0$.*

In einem Ring, wie in Definition 5.17 beschrieben, muß diese Eigenschaft nicht erfüllt sein, denn in Ringen sind sogenannte Nullteiler zulässig. *Achtung:* Es gibt auch Ringe ohne Nullteiler, wie die Menge der ganzen Zahlen.

α	α^0	α^1	α^2	α^3	α^4	α^5	α^6	α^7	α^8	α^9
2	1	2	4	8	5	10	9	7	3	6
6	1	6	3	7	9	10	4	6	9	8
7	1	7	5	2	3	10	4	6	9	8
8	1	8	9	6	4	10	3	2	5	7

Tabelle 5.4: Permutationen zufolge der primitiven Elemente in **GF** (11).

Es sei nochmals in Erinnerung gerufen, daß die Menge der Einheiten **GF** $(p) \setminus \{0\}$ eines Galoisfeldes eine zyklische Gruppe bezüglich der Multiplikation (mod p) darstellt. Die Menge der Einheiten ist die Gesamtheit aller inversen Elemente der Multiplikation (mod p) eines **GF** (p).

Als Beispiel wird hier das Galoisfeld **GF** $(7) = \{0, 1, 2, 3, 4, 5, 6\}$ gewählt. Für die Menge der Einheiten gilt:

$$
\begin{aligned}
1^{-1} &\equiv 1 \ (\text{mod } 7) && \text{ist zu sich selbst invers} \\
2^{-1} &\equiv 4 \ (\text{mod } 7) \\
3^{-1} &\equiv 5 \ (\text{mod } 7) \\
4^{-1} &\equiv 2 \ (\text{mod } 7) && \text{(5.23)} \\
5^{-1} &\equiv 3 \ (\text{mod } 7) \\
6^{-1} &\equiv 6 \ (\text{mod } 7) && \text{ist zu sich selbst invers}
\end{aligned}
$$

Als Regel zur Berechnung der einzelnen inversen Elemente bezüglich der Multiplikation gilt hier für das **GF** (p): $n^{-1} \equiv n^5 \ (\text{mod } 7) \ (\text{mod } 7)$.

Diese Regel darf man für die systematische Berechnung der inversen Elemente für beliebige Galoisfelder **GF** (p) verallgemeinern wie folgt:

$$
n^{-1} \equiv \left[n^{p-2} \ (\text{mod } p) \right] \ (\text{mod } p) \tag{5.24}
$$

Da die Menge der Einheiten **GF*** (p) eine zyklische Gruppe bezüglich der Addition darstellt, muß sie sich auch durch die Potenzen von genau $\varphi_E [p-1]$ verschiedenen primitiven Elementen darstellen lassen. Jedes primitive Element erzeugt dabei eine andere Permutation der Gruppe **GF*** (p).

Als Beispiel wird das Galoisfeld **GF** (11) gewählt mit seinen primitiven Elementen: $\{2, 6, 7, 8\}$. In der folgenden Tabelle werden die einzelnen Permutationen von **GF*** (11) dargestellt:

In der linken Spalte von Tab.5.4 stehen untereiander die einzelnen primitiven Elemente des **GF** (11), in der obersten Zeile die Potenzen des jeweiligen primitiven Elementes.

p	2	3	5	7	11	13	17	19	23	29	31	37	41	43	47
α	1	2	2	3	2	2	3	2	5	2	3	2	6	3	5

Tabelle 5.5: Die kleinsten primitiven Elemente in den ersten $\mathbf{GF}\,(p)$.

$\oplus_{11}$	0	1	2	3	4	5	6	7	8	9	10
0	0	1	2	3	4	5	6	7	8	9	10
1	1	2	3	4	5	6	7	8	9	10	0
2	2	3	4	5	6	7	8	9	10	0	1
3	3	4	5	6	7	8	9	10	0	1	2
4	4	5	6	7	8	9	10	0	1	2	3
5	5	6	7	8	9	10	0	1	2	3	4
6	6	7	8	9	10	0	1	2	3	4	5
7	7	8	9	10	0	1	2	3	4	5	6
8	8	9	10	0	1	2	3	4	5	6	7
9	9	10	0	1	2	3	4	5	6	7	8
10	10	0	1	2	3	4	5	6	7	8	9

Tabelle 5.6: Additionstafel des $\mathbf{GF}\,(11)$.

Hier sei nochmals in Erinnerung gerufen, wie die primitiven Elemente eines Galoisfeldes errechnet werden. Man geht von einem bekannten oder bereits gefundenen primitiven Element, welches hier mit α bezeichnet werde und das alle Elemente in $\mathbf{GF}^*\,(p)$ erzeugt, aus und überprüft welche natürlichen Zahlen k zu $p-1$ coprim sind. Diese Zahlen k sind genau jene Exponenten zu α, die bei Potenzierung die weiteren primitiven Elemente ergeben. In anderen Worten: Es sind nun alle α^k (mod p) primitive Elemente des Galoisfeldes $\mathbf{GF}\,(p)$ modulo p.

So erhält man beispielsweise für $\mathbf{GF}\,(19)$ bei bekanntem $\alpha_1 = 2$ folgende Werte für k, für die $\mathbf{ggT}\,\{\,k, p-1\,\} = 1$ gilt: $k \in \{1, 5, 7, 13, 17\}$. Das sind also genau $\varphi_E\,[p-1] = \varphi_E\,[18]$ verschiedene Werte für k und daraus folgt $\alpha \in \{2, 13, 14, 3, 10\}$.

Als Überblick sind die jeweilig kleinsten primitiven Elemente der Galoisfelder $\mathbf{GF}\,(p)$ bis zu $p \leq 47$ in der Tabelle 5.5 angegeben.

Als abschließendes Beispiel sollen hier noch die Tafeln der Addition Tab.5.6 und Multiplikation Tab.5.7 anhand des Galoisfeldes $\mathbf{GF}\,(11)$ dargestellt werden:

Man ersieht leicht die systematische Struktur, die die Additionstafel und ebenso die Multiplikationstafel des $\mathbf{GF}\,(11)$ aufweist. Faßt man die Ergebnisse der Additionstafel als Matrix auf, dann sieht man, daß ihre Struktur symmetrisch zur Hauptdiagonale ist. Zusätzlich stehen in jeder Nebendiagonale immer dieselben Elemente. Diese Struktur hat für die Additionstafel jedes beliebigen Galoisfeldes $\mathbf{GF}\,(p)$ Gültigkeit. Betrachtet man die Struktur zeilenweise, so sieht man, daß jede Zeile einer (um ein Element nach rechts) zyklisch verschobenen Version der vorhergehenden Zeile entspricht. Man kann daher die Additionstafel eines beliebigen Galoisfeldes sofort, aus-

$\otimes_{11}$	0	1	2	3	4	5	6	7	8	9	10
0	0	0	0	0	0	0	0	0	0	0	0
1	0	1	2	3	4	5	6	7	8	9	10
2	0	2	4	6	8	10	1	3	5	7	9
3	0	3	6	9	1	4	7	10	2	5	8
4	0	4	8	1	5	9	2	6	10	3	7
5	0	5	10	4	9	3	8	2	7	1	6
6	0	6	1	7	2	8	3	9	4	10	5
7	0	7	3	10	6	2	9	5	1	8	4
8	0	8	5	2	10	7	4	1	9	6	3
9	0	9	7	5	3	1	10	8	6	4	2
10	0	10	9	8	7	6	5	4	3	2	1

Tabelle 5.7: Multiplikationstafel des **GF** (11).

gehend von der ersten Zeile, systematisch anschreiben. Betrachtet man die Struktur spaltenweise, so ergibt sich äquivalent jede Spalte aus einer zyklischen Verschiebung der vorhergehenden Spalte. D.h. Die i-te Spalte ist immer ident mit der i-ten Zeile.

Bei der Multiplikationstafel liegt ebenfalls eine Symmetrie zur Hauptdiagonale vor. Man kann die Multiplikationstafel eines beliebigen Galoisfeldes **GF** (p) ebenfalls sehr leicht systematisch erzeugen. Man numeriert dabei alle Zeilen und auch alle Spalten gemäß den Elementen, die an der Multiplikation teilnehmen, von 0 bis $p - 1$ durch. Nun gilt, daß jeweils die 0-te Zeile und 0-te Spalte ausschließlich Nullen enthalten. Weiters ist die i-te Zeile immer ident mit der i-ten Spalte. Um jetzt die i-te Spalte zu erhalten, addiert man ausgehend von der 0-ten Zeile immer den Index der i-ten Spalte dazu und schreibt das Ergebnis eine Zeile tiefer in dieselbe Spalte. Überschreitet man bei diesem Verfahren den Modul p, so reduziert man das Ergebnis mit dem Modul p und verfährt dann wieder wie zuvor. Hat man die i-te Spalte gefunden, so kann man auch sofort die i-te Zeile anschreiben. Der Vorteil dieser Methode ist, daß man bei sehr großen Galoisfeldern keine großen Multiplikationen und danach keine großen Moduloreduktionen durchführen muß, denn man überschreitet hierbei niemals den Wert $2p$. Die Struktur der Multiplikationstafel kann aber auch mit Hilfe der Dezimation erklärt werden. Die i-te Zeile bzw. Spalte ($i > 1$) ergibt sich immer durch Dezimation mit Dezimationswert i aus der vorhergehenden Zeile bzw. Spalte.

Galoisfelder **GF** (p) nennt man auch *nicht erweiterte* oder *einfache Galoisfelder*, und sind ein Spezialfall der erweiterten Galoisfelder **GF** (p^m), wobei hier einfach $m = 1$ gilt. Die erweiterten Galoisfelder **GF** (p^m) mit $m > 1$, werden später ausführlicher behandelt.

Eine besondere Anwendung von Galoisfeldern findet sich bei der Erzeugung von polynom-algebraischen Folgen, man nennt sie daher auch Galoisfolgen. Solche Folgen sind z.B. lineare Maximalfolgen, die es sowohl auf Basis von nicht erweiterten, als auch von erweiterten Galoisfeldern gibt, und die man im allgemeinen mit linearen, rückgekoppelten Schieberegistern erzeugt. Im nächsten Kapitel werden auch besonders solche Maximalfolgen oder, wie sie auch genannt werden, m-Folgen behandelt werden. M-Folgen sind sogenannte Pseudozufallsfolgen und werden bevorzugt in Systemen mit Codemultiplex eingesetzt, also in Systemen die mit Spreizbändern unter Verwendung von Korrelationsempfängern arbeiten. Die spektrale Spreizung von Übertragungssignalen (Spread-Spectrum-Verfahren), wobei diese Aufspreizung eben durch solche pseudozufällige Signale erreicht wird, hat wesentliche Vorteile. So sind die Signale gegen schmalbandige Störungen und gegenüber schmalbandigen Fadingerscheinungen, wie sie durch Mehrwegeausbreitung hervorgerufen werden, erheblich unempfindlicher als Frequenzmultiplexsignale. Weiters sind die Signale wegen ihrer im Vergleich zur Zeitmultiplextechnik größeren Dauer ebenfalls unempfindlicher gegen impulsförmige Störungen.

Es lohnt sich also sicherlich, im weiteren noch die grundlegende Theorie, wie man über einen gegebenen Grundkörper einen weiteren Körper aufbauen kann bzw. wie man, davon abgeleitet, einem Galoisfeld **GF** (p) ein erweitertes Galoisfeld **GF** (p^m) zuordnet, näher zu betrachten.

5.6 Polynome über einem Ring oder einem Körper

Hier soll ein allgemeines Prinzip gezeigt werden, mit dem man Polynome über einen vorgegebenen, festen Ring bzw. Körper $\boldsymbol{R}$ definiert und so zur Struktur eines Polynomringes gelangt. Hierzu nimmt man als Ausgangsstruktur einen beliebigen Basisring oder Basiskörper $\boldsymbol{R}$ an und definiert allgemein ein Polynom $f(x)$ über dieser Basisstruktur $\boldsymbol{R}$, sodaß gilt:

$$f(x) = \sum_{i=0}^{n} a_i x^i = a_0 + a_1 x + \ldots + a_n x^n \tag{5.25}$$

Alle Koeffizienten a_i mit $0 \le i \le n$ von $f(x)$ sind dabei der Basis $\boldsymbol{R}$ entnommen. Die Variable x des Polynoms $f(x)$ nennt man die Unbestimmte über der Basis $\boldsymbol{R}$ vom Grade n. Zwei Polynome $f(x) = \sum_{i=0}^{n} a_i x^i$ und $g(x) = \sum_{i=0}^{n} b_i x^i$ über $\boldsymbol{R}$ sind dann und nur dann ident, wenn gilt: $a_i = b_i$ für $0 \le i \le n$.

Die Summe zweier Polynome über $\boldsymbol{R}$ sei definiert als: $f(x) + g(x) = \sum_{i=0}^{n} (a_i + b_i) x^i$.

Das Produkt zweier Polynome über $\boldsymbol{R}$, mit $f(x) = \sum_{i=0}^{n} a_i x^i$ und $g(x) = \sum_{j=0}^{n} a_j x^j$ sei definiert als $f(x) \cdot g(x) = \sum_{k=0}^{n+m} c_k x^k$, wobei $c_k = \sum_{i+j=0}^{n+m} a_i b_j$ mit $0 \le i \le n$ und $0 \le j \le m$.

Nun formt die Gesamtheit aller Polynome über der Basis $\boldsymbol{R}$ wieder einen Ring. Diesen Ring nennt man den Ring aller Polynome über $\boldsymbol{R}$ oder kurz Polynomring $\boldsymbol{R}[x]$. Das Nullelement in diesem Polynomring ist jenes Polynom, dessen sämtliche Koeffizienten

Null sind, und man schreibt $f(x) = 0$. Ist nun $f(x)$ ein allgemeines Polynom über $\boldsymbol{R}$ und nicht das Nullpolynom und gilt weiters, daß a_n ungleich Null ist, dann heißt die Zahl n der Grad des Polynoms $f(x)$ und man schreibt: $deg\,(f(x)) = deg\,(f) = n$. Im Falle, daß $f(x)$ das Nullelement ist, hat man per Übereinkunft festgelegt: $deg\,(0) = -\infty$. Gilt $a_n = 1$, so ist 1 auch zugleich das Einheitselement des Ringes bezüglich der Multiplikation, so nennt man ein solches Polynom $f(x)$ über $\boldsymbol{R}$ ein *normiertes Polynom*. Ist nun $f, g \in \boldsymbol{R}[x]$ so gilt (5.26).

$$\deg f + g \;\leq\; \max\{deg\,(f), deg\,(g)\} \tag{5.26}$$

$$deg\,(f \cdot g) \;\leq\; deg\,(f) + deg\,(g) \tag{5.27}$$

Ist $\boldsymbol{R}[x]$ ein Integritätsbereich, also ein kommutativer Ring mit Einselement ohne Nullteiler so gilt (5.28).

$$deg\,(f \cdot g) = deg\,(f) + deg\,(g) \tag{5.28}$$

1. $\boldsymbol{R}[x]$ ist kommutativ dann und nur dann, wenn $\boldsymbol{R}$ kommutativ ist.

2. $\boldsymbol{R}[x]$ ist ein Ring mit Einselement dann und nur dann, wenn in $\boldsymbol{R}$ das Einselement existiert.

3. $\boldsymbol{R}[x]$ ist ein Integritätsbereich dann und nur dann, wenn $\boldsymbol{R}$ ein solcher ist.

Bildet man beispielsweise alle Polynome über dem Körper $\mathbb{Z}$ der ganzen Zahlen, so erhält man den Polynomring $\mathbb{Z}[x]$, der einen Integritätsbereich darstellt. Durch Hinzunahme der Quotientenbildung im Integritätsbereich aller ganzen Funktionen gelangt man zum Körper aller rationalen Funktionen über $\mathbb{Q}$. Diesen nennt man $\mathbb{Q}[x]$. Nimmt man nun als Basiskörper $\boldsymbol{R}$ ein Galoisfeld $\mathbf{GF}\,(p)$ und bildet alle möglichen Polynome über diesem Galoisfeld mit Koeffizienten aus demselben, so erhält man wieder einen Polynomring $\boldsymbol{R}[x]$ über dem $\mathbf{GF}\,(p)$, der selbst wieder einen Integritätsbereich darstellt.

5.7 Teilbarkeitseigenschaften von Polynomen

Den folgenden Überlegungen sei wieder ein Polynomring $\boldsymbol{R}[x]$ zugrundegelegt. Da im weiteren Galoisfelder die Rolle der Basis $\boldsymbol{R}$ übernehmen werden, sei bereits vorausgeschickt, daß in Zukunft ein Polynomring $\boldsymbol{R}[x]$ mit Koeffizienten aus einem $\mathbf{GF}\,(p)$ speziell mit $\mathbf{GF}\,(p)_{[x]}$ bezeichnet werden soll.

Verbleibend beim Polynomring $\mathbf{R}[x]$ entnimmt man nun zwei beliebige Polynome $f(x)$ und $g(x)$ aus $\mathbf{R}[x]$ mit Koeffizienten der zugehörigen Basis $\mathbf{R}$. Der Satz 5.23 bildet dann die Grundlage für die Teilbarkeit zweier Polynome $f(x)$ und g(x).

SATZ 5.23 (TEILBARKEIT ZWEIER POLYNOME) *Ist $g(x) \neq 0$ ein Polynom aus $\mathbf{R}[x]$, dann existieren für beliebige $f(x) \in \mathbf{R}[x]$ Polynome $q(x), r(x) \in \mathbf{R}[x]$, sodaß gilt: $f(x) = q(x)g(x) + r(x)$ mit $\deg(r) < \deg(g)$.*

Das Polynom $q(x)$ heißt Quotient oder Quotientenpolynom und das Polynom $r(x)$ heißt Rest oder Restpolynom.

Man sagt nun $g(x)$ ist ein Teiler von $f(x)$ oder $f(x)$ ist teilbar durch $g(x)$ oder auch $f(x)$ ist ein Vielfaches von $g(x)$ genau dann, wenn $r(x) = 0$. Ein Beispiel soll zeigen, wie man die Polynome $q(x)$ und $r(x)$ errechnet:

BEISPIEL 5.5 (POLYNOMDIVISION)

$$f(x) \;=\; 2x^5 + x^4 + 4x + 3 \qquad \text{mit: } f(x) \in \mathbf{GF}(5)_{[x]} \tag{5.29}$$

$$g(x) \;=\; 3x^2 + 1 \qquad \text{mit: } g(x) \in \mathbf{GF}(5)_{[x]} \tag{5.30}$$

Hierbei ist $\mathbf{GF}(5)_{[x]}$ jener Polynomkörper dessen Basiskörper das $\mathbf{GF}(5)$ darstellt. Man berechnet die Polynome $q(x), r(x) \in \mathbf{GF}(5)_{[x]}$ mit $f = qg + r$ mittels folgender Division:

$$
\begin{array}{llll}
2x^5 + x^4 + 4x + 3 \,)\,\mathrm{div}(3x^2 + 1) = 4x^3 + 2x^2 + 2x + 1 \\
\underline{-2x^5 - 4x^3} \\
x^4 + x^3 \\
\underline{- x^4 - 2x^2} \\
x^3 + 3x^2 + 4x \\
\underline{- x^3 - 2x} \\
3x^2 + 2x + 3 \\
\underline{- 3x^2 - 1} \\
2x + 2
\end{array}
$$

Man erhält also als Quotientenpolynom $q(x) = 4x^3 + 2x^2 + 2x + 1$, und als Restpolynom das Polynom $r(x) = 2x + 2$.

Die Polynome $f(x)$ und $g(x)$ seien jetzt beliebig normierte Polynome, d.h. ihre höchsten Koeffizienten haben den Wert 1.

Es gelte: $f(x) = a_0 + a_1 x + \ldots + x^m$ und $g(x) = b_0 + b_1 x + \ldots + x^n$. Diese beiden Polynome können gemeinsame Teiler haben. Ist $h(x)$ ein derartiger Teiler so gilt: $0 \leq \deg(h) \leq \min\{m, n\}$.

Nun kann man analog zu den Teilbarkeitseigenschaften, die in Abschnitt 5.1 behandelt wurden, sicher sein, daß es einen Teiler größtmöglichen Grades gibt. Diesen bezeichnet man als größten gemeinsamen Teiler $\mathbf{ggT}\{f(x), g(x)\}$ der beiden Polynome $f(x)$ und $g(x)$.

DEFINITION 5.23 (GGT ZWEIER POLYNOME) *Der normierte größte gemeinsame Teiler zweier Polynome $f(x)$ und $g(x)$ ist ein eindeutig bestimmtes Polynom $d(x)$ mit $d(x) = \boldsymbol{ggT}\{\,f(x), g(x)\,\}$. Weiters heißt $f(x)$ und $g(x)$ relativ prim, coprim oder teilerfremd, wenn für $d(x)$ gilt: $d(x) = \boldsymbol{ggT}\{\,f(x), g(x)\,\} = 1$.*

Die Berechnung des größten gemeinsamen Teilers zweier Polynome, erfolgt analog zum Euklidschen Algorithmus 5.5, wobei man einfach statt der natürlichen Zahlen a und b die Polynome f und g verwendet. In [Lidl94] ist eine detaillierte Darstellung des Euklidschen Algorithmus bei Verwendung im Polynombereich zu finden.

Das Beispiel 5.6 zeigt die Anwendung des Euklidschen Algorithmus.

BEISPIEL 5.6 (EUKLIDSCHEN ALGORITHMUS IM POLYNOMBEREICH) *Der Euklidsche Algorithmus angewandt auf:* $f(x) = 2x^6 + x^3 + x^2 + 2$ *und* $g(x) = x^4 + x^2 + 2x$ *mit* $f(x), g(x) \in \boldsymbol{GF}(3)_{[x]}$ *ergibt:*

$$2x^6 + x^3 + x^2 + 2 = (2x^2 + 1)(x^4 + x^2 + 2x) + x + 2$$

$$x^4 + x^2 + 2x = (x^3 + x^2 + 2x + 1)(x + 2) + 1 \tag{5.31}$$

$$x + 2 = (x + 2) \cdot 1 \tag{5.32}$$

Daher ist der $\mathbf{ggT}\{\,f(x), g(x)\,\} = 1$ und die Polynome $f(x)$ und $g(x)$ sind coprim.

Weiters sieht man im Beispiel 5.6, daß letztlich das Polynom $x + 2$ im zugehörigen Polynomring $\mathbf{GF}(3)_{[x]}$ nicht weiter zerlegbar ist. Ein solches Polynom nennt man nicht zerlegbar oder irreduzibel über $\mathbf{GF}(3)_{[x]}$.

5.8   Irreduzible Polynome

DEFINITION 5.24 (IRREDUZIBLES POLYNOM) *Ein Polynom $p(x)$ aus $\boldsymbol{R}[x]$ wird irreduzibel, prim oder Primpolynom über $\boldsymbol{R}[x]$ genannt, wenn $p(x)$ vom Grade her positiv ist und ferner gilt, daß $p(x) = b \cdot c$ aus $\boldsymbol{R}[x]$, wobei wenigstens b oder c ein konstantes Polynom (sprich nur eine Konstante) ist.*

Kurz gesagt, es ist ein Polynom von positivem Grade nur dann irreduzibel über $\boldsymbol{R}[x]$, wenn nur eine triviale Faktorisierung bzw. Zerlegung in folgender Form möglich ist:

$$p(x) = b \cdot c(x) \qquad \text{mit } b = \text{konstant} \tag{5.33}$$

Gibt es jedoch zwei Polynome $f(x)$ und $g(x)$ mit $\deg(f), \deg(g) \geq 1$, sodaß $p(x) = f(x)g(x)$, so heißt $p(x)$ reduzibel über $\boldsymbol{R}[x]$. Im allgemeinen hängt die Reduzibilität bzw. die Irreduzibilität eines gegebenen Polynoms immer vom zugrundeliegenden Polynomring $\boldsymbol{R}[x]$ bzw. von der zugrundeliegenden Basis $\boldsymbol{R}$ ab.

Irreduzibel in jedem Polynomring $R[x]$ bzw. über jeder Basis R sind jedenfalls die linearen Polynome der Form $x + a$, wobei a ein beliebiges Element aus dem zugrunde-liegenden Basisring bzw. Basiskörper ist. Es wäre jedoch falsch anzunehmen, daß in jedem Polynomring die linearen Polynome die einzigen irreduziblen Polynome sind. Es spielen jedenfalls in jedem Polynomring die irreduziblen Polynome dieselbe Rolle, wie die Primzahlen im Bereich der ganzen Zahlen, daher nennt man sie auch Primpo-lynome. Man kann daher völlig analog zum Fundamentalsatz der Algebra 5.6 folgern, daß jedes normierte Polynom mit Koeffizienten aus einem Basisring bzw. Basiskörper auf eine (abgesehen von der Reihenfolge der einzelnen Faktorpolynome) eindeutige Weise als Produkt von normierten Primfunktionen in $R[x]$ darstellbar ist.

Man erhält sozusagen einen Fundamentalsatz der Algebra im Polynombereich, wel-cher folgendermaßen angeschrieben werden kann:

$$f(x) = a \cdot p_1^{e_1}(x) \cdot \ldots \cdot p_k^{e_k}(x) \tag{5.34}$$

Hierbei ist a ein bestimmtes Element des Basisrings bzw. -körpers; $p_1(x), \ldots, p_k(x)$ sind normierte Primpolynome aus $R[x]$; $e_1, \ldots, e_k \in \mathbb{N}$. Diese Zerlegung in Primpo-lynome heißt wieder *kanonische Darstellung* des Polynoms $f(x)$.

Im weiteren sollen auch Kongruenzen im Polynombereich betrachtet werden, um dann anschließend die Begriffe des Restklassenrings und des Restklassenkörpers modulo eines Polynoms einführen zu können. Diese Strukturen bilden die Grundlage für end-liche Körper und schließlich sollen mit Hilfe dieser Strukturen auch die erweiterten Galoisfelder hergeleitet werden.

5.9 Kongruenzen im Polynombereich

5.9.1 Ganzzahlige Polynome modulo p

Es sei p eine natürliche Primzahl, also $p \in \mathbb{N}$ und p sei prim. Man betrachtet jetzt Polynome $f(x)$ und $g(x)$, deren Koeffizienten dem Restklassenkörper R_p modulo p angehören. Derartige Polynome haben ganze Koeffizienten und sind von folgender Form:

$$\begin{aligned} f(x) &= a_0 + a_1 + \ldots + a_n x^n \\ g(x) &= b_0 + b_1 + \ldots + b_n x_n \qquad \text{mit } deg\,(f) = deg\,(g) \end{aligned} \tag{5.35}$$

D.h. beide Polynome haben denselben Grad. Die Gleichheit dieser beiden Polynome bringt die Kongruenz $f(x) \equiv g(x) \pmod{p}$ zum Ausdruck. Ist p eine Primzahl und $f(x)$ ein Polynom mit ganzen Koeffizienten, dann gilt:

$$[f(x)]^p \;\equiv\; f(x^p) \qquad \text{und nach Schönemann somit auch}$$

$$[f(c)]^p \;\equiv\; a_0 p + a_1^p x^p + a_2^p x_2^p + \ldots + a_n^p x_n^p \tag{5.36}$$

5.9.2 Irreduzibilität modulo p^k

Sei p eine Primzahl und k eine natürliche Zahl, so heißt ein Polynom $f(x)$ mit ganzen Koeffizienten reduzibel modulo p^k, wenn es zwei ganzzahlige Polynome $a(x)$ und $b(x)$ gibt, wobei beide von einem Grade größer Null sind, für die die Kongruenz $f(x) \equiv a(x) \cdot b(x) \pmod{p^k}$ gilt. Andernfalls ist $f(x)$ irreduzibel modulo p^k und wird daher auch Primpolynom modulo p^k genannt. Nun kann man auch hier einen abgewandelten Fundamentalsatz der Algebra aufstellen, denn falls p eine Primzahl ist und $f(x)$ ein ganzzahliges, normiertes Polynom (normiert heißt hier, daß für den höchsten Koeffizienten von $f(x)$: $a_n \equiv 1 \pmod{p^k}$ gilt), so gibt es stets ein bis auf die Reihenfolge eindeutig bestimmtes System von normierten Primpolynomen modulo p : $\varphi_{E1}[x], \varphi_{E2}[x], \ldots, \varphi_{Ek}[x]$, sodaß gilt:

$$f(x) = \varphi_{E1}[x] \cdot \varphi_{E2}[x] \cdot \ldots \varphi_{Ek}[x] \pmod{p} \tag{5.37}$$

5.9.3 Restklassenring modulo $h(x)$ und Restklassenkörper modulo $\varphi_E[x]$

Ist die Differenz zweier Polynome $f(x)$ und $g(x)$ aus $\boldsymbol{R}[x]$ durch das Polynom $h(x)$ aus demselben Bereich teilbar, so nennt man $f(x)$ und $g(x)$ kongruent modulo $h(x)$ und man drückt diesen Sachverhalt durch die Kongruenz $f(x) \equiv g(x) \pmod{h(x)}$ aus. Gilt nun für zwei Polynome $f(x)$ und $g(x)$ die genannte Kongruenz, so sagt man, daß sie derselben Restklasse modulo $h(x)$ angehören. In einer bestimmten Restklasse modulo $h(x)$ liegen somit nur jene Polynome $f(x)$, welche bei der Division durch $h(x)$ denselben Rest $r(x)$ ergeben. Es gilt also: $f(x) = q(x)h(x) + r(x)$, dabei ist $h(x)$ ein beliebiges Polynom aus einem Polynomring $\boldsymbol{R}[x]$ mit Koeffizienten aus dem zugehörigen Basiskörper $\boldsymbol{R}$. Die Gesamtheit aller Restklassen modulo $h(x)$ bildet sodann einen Restklassenring, den man mit $\boldsymbol{R}[x, \pmod{h(x)}]$ bezeichnet. Jetzt kann man auch hier, äquivalent zum Restklassenkörper $\boldsymbol{R}_p \pmod{p}$, wobei p eine Primzahl ist, einen Restklassenkörper indem der Modul $h(x)$ ein Primpolynom $\varphi_E[x]$ ist, also ein irreduzibles Polynom ist, erzeugen.

D.h. ist $h(x) = \varphi_E[x]$ und $\varphi_E[x]$ ein Primpolynom mit Koeffizienten aus dem Basiskörper $\boldsymbol{R}$, so wird aus dem Restklassenring $\boldsymbol{R}[x, \pmod{h(x)}]$ ein Restklassenkörper; dieser Restklassenkörper soll mit $\boldsymbol{R}(x, \pmod{\varphi_E[x]})$ bezeichnet werden. Vom Ring $\boldsymbol{R}[x, \pmod{h(x)}]$ ausgehend, wobei $h(x) = \varphi_E[x]$ und $\varphi_E[x]$ prim sei, also in Realität bereits ein Restklassenkörper vorläge, ist die Null in diesem Ring die Nullklasse, das ist diejenige Restklasse, der das Nullpolynom angehört. Sie besteht aus allen Polynomen $k(x)\varphi_E[x]$, wobei $k(x)$ ein beliebiges Polynom über $\boldsymbol{R}$ ist. Ebenso besteht die Einsklasse aus allen Polynomen der Gestalt $1 + k(x)\varphi_E[x]$. Nun sei $f(x)$ ein beliebiges Polynom über $\boldsymbol{R}$, das nicht der Nullklasse $(\bmod \ \varphi_E[x])$ angehört, dann kann man stets ein Polynom $u(x)$ derart bestimmen, daß $f(x)u(x) \equiv 1 \ (\bmod \ \varphi_E[x])$ wird.

D.h. das Polynom $u(x)$ repräsentiert also diejenige Restklasse aus dem Ring, die mit der Restklasse von $f(x)$ multipliziert die Einsklasse ergibt. Zu jeder von der Nullklasse verschiedenen Klasse aus dem Ring $\boldsymbol{R}[x, \ (\bmod \ h(x)])$ gibt es, wenn $h(x) = \varphi_E[x]$ irreduzibel über $\boldsymbol{R}$ ist, eine eindeutige Inverse und somit ist der Ring ein Körper.

Wählt man nun anstelle des Basiskörpers $\boldsymbol{R}$ als Basis das vollständige Restsystem aus dem Restklassenkörper $\boldsymbol{R}_p$, welches die Zahlen 0 bis $p-1$, also die Elemente des Galoisfeldes $\mathbf{GF}(p)$ enthält, so erhält man den Körper $\boldsymbol{R}(x, \ (\bmod \ \varphi_E[x]))$, welcher nun auch ein endlicher Körper ist und oft *Doppelrestklassenkörper* genannt wird. Ein solcher Doppelrestklassenkörper bildet immer die Grundlage von erweiterten, endlichen Körpern, wobei darunter die erweiterten Galoisfelder $\mathbf{GF}(p^m)$ mit $m > 1$ fallen.

5.10 Erweiterter Galoisscher Körper

Der Begriff der Galoisfelder kann sinnvoll erweitert werden, indem als Elemente anstelle der einfachen Zahlen jetzt alle Polynome über einem $\mathbf{GF}(p)$ als Basisring mit einem Grad kleiner m treten. Diese Polynome bilden dann die p^m Elemente des erweiterten Galoisfeldes $\mathbf{GF}(p^m)$. In den folgenden Grundlagen soll besonders vom Galoisfeld $\mathbf{GF}(p)$ ausgehend die Struktur von erweiterten Galoisfeldern $\mathbf{GF}(p^m)$, $m > 1$, hergeleitet werden, wobei die erweiterten Strukturen des binären Galoisfeldes im Vordergrund stehen sollen. Zuerst soll jedoch der theoretische Hintergrund der genannten Strukturen, anhand des Restklassenkörpers $\boldsymbol{R}(x, \ (\bmod \ \varphi_E[x]))$ mit Basisring $\boldsymbol{R}[x]$ und des Doppelrestklassenkörpers $\boldsymbol{R}_p(x, \ (\bmod \ \varphi_E[x]))$ mit Basisring $\boldsymbol{R}_p[x]$, der die Grundlage jedes (erweiterten) endlichen Feldes darstellt, erarbeitet werden.

Bereits im vorigen Abschnitt wurde der Begriff des Doppelrestklassenkörpers $\boldsymbol{R}_p(x, \ (\bmod \ \varphi_E[x]))$ eingeführt. Das Polynom $\varphi_E[x]$ war dabei ein irreduzibles Polynom mit Koeffizienten aus dem vollständigen Restsystem mit Zahlen 0 bis $p-1$, welches dem Restklassenkörper $\boldsymbol{R}_p$, der Basiskörper des Doppelrestklassenkörpers mit den Restklassen $\overline{0}$ bis $\overline{p-1}$ ist, entnommen wurde. Die Elemente dieses vollständigen Restsystems sind, wie bereits in Abschnitt 5.4.3 gezeigt, genau die Elemente des zugehörigen Galoisfeldes $\mathbf{GF}(p) = \{0, 1, \ldots, p-1\}$.

Betrachtet man vorerst nochmals den einfachen Restklassenkörper $\boldsymbol{R}(x, \ (\bmod \ \varphi_E[x]))$, so besteht dieser immer aus Restklassen der Form $g(x) + \varphi_E[x]$, welche mit $\overline{g}$ bezeichnet werde, wobei $\varphi_E[x]$ ein irreduzibles, dem Polynomring $\boldsymbol{R}[x]$ entnommenes, Polynom darstellt. Zwei Restklassen $g(x) + \varphi_E[x]$ und $h(x) + \varphi_E[x]$ sind ident, wenn $g(x) \equiv h(x) \ (\bmod \ \varphi_E[x])$, also genau dann, wenn $g(x)$ und $h(x)$ bei der Moduloreduktion mit $\varphi_E[x]$ denselben Rest $r(x)$ ergeben. Jede Restklasse beinhaltet somit einen ausgezeichneten Repräsentanten $r(x) \in \boldsymbol{R}(x, \ (\mathrm{mod}\ \varphi_E[x]))$ mit $deg(r) < deg(g)$, welcher eben genau der Rest der Moduloreduktion von $g(x)$ mit $\varphi_E[x]$ ist. Hiermit sind die verschiedenen Restklassen des Restklassenkörpers $\boldsymbol{R}(x, \ (\mathrm{mod}\ \varphi_E[x]))$ exakt jene Restklassen $r(x) + \varphi_E[x]$, wobei $r(x)$ alle Polynome des Polynomringes $\boldsymbol{R}[x]$ mit Bedingung $deg(r(x)) < deg(\varphi_E[x])$ durchläuft.

Daher ist, wenn man wieder zum Doppelrestklassenkörper $\boldsymbol{R}_p(x, \ (\mathrm{mod}\ \varphi_E[x]))$ mit Basiskörper $\boldsymbol{R}_p$ zurückkehrt und $deg(\varphi_E[x]) = m > 0$ gilt, die Anzahl der Restklassen in $\boldsymbol{R}_p(x, \ (\mathrm{mod}\ \varphi_E[x]))$ gleich der Anzahl der Polynome des Polynomringes $\boldsymbol{R}_p[x]$ vom Grade kleiner m; diese Anzahl hat exakt den Wert $p^m = q$.

Entnimmt man nun dem Doppelrestklassenkörper $\boldsymbol{R}_p(x, \ (\mathrm{mod}\ \varphi_E[x]))$ wiederum ein vollständiges Restsystem, also der Restklasse $\bar{r}$ das Polynom $r(x)$, äquivalent der Entnahme des Elementes i für $0 \leq i \leq p - 1$ aus jeder Restklasse $\bar{i}$ beim Restklassenkörper $\boldsymbol{R}_p \ (\mathrm{mod}\ p)$, so beinhaltet dann dieses Restsystem genau die Elemente eines erweiterten Galoisfeldes $\mathbf{GF}\,(p^m) = \mathbf{GF}\,(q)$.

Diese Sachverhalte wird durch ausführliche Beispiele erläutert:

Zuerst sei der Polynomring $\boldsymbol{R}_p[x]$ $(\mathrm{mod}\ p)$, der ab hier mit $\mathbf{GF}\,(p)_{[x]}$ als Ring aller Polynome mit Koeffizienten aus dem Basiskörper $\mathbf{GF}\,(p)$ bezeichnet werden soll, veranschaulicht.

BEISPIEL 5.7 (BASISKÖRPER) *Als Beispiel soll das* $\mathbf{GF}\,(2)$ *als Basiskörper gewählt werden. Über dieser Basis soll der Polynomring* $\mathbf{GF}\,(2)_{[x]}$ *angeschrieben werden, also alle Polynome, nach ihrem Grad sortiert, die sich mit Koeffizienten aus* $\mathbf{GF}\,(2)$ *bilden lassen. Die Polynome vom Grade* m *in* $\mathbf{GF}\,(2)_{[x]}$ *lauten:*

$$
\begin{aligned}
m = -\infty, 0 : \quad & 0, 1 \\
m = 1 : \quad & x, \underline{x + 1} \\
m = 2 : \quad & x^2, x^2 + 1, x^2 + x, \underline{x^2 + x + 1} \\
m = 3 : \quad & x^3, x^3 + 1, x^3 + x, \underline{x^3 + x + 1}, x^3 + x^2, \underline{x^3 + x^2 + 1}, x^3 + x^2 + x, \\
& x^3 + x^2 + x + 1
\end{aligned}
\tag{5.38}
$$

u.s.w.

Man kann die Polynome des $\mathbf{GF}\,(2)_{[x]}$ leicht systematisch anschreiben. Einen genauen Algorithmus dazu gibt [Schröder86] an. Die Elemente des $\mathbf{GF}\,(p^m)$ entsprechen genau allen Polynomen bis zum Grade $m - 1$ des Polynomringes $\mathbf{GF}\,(p)_{[x]}$.

Die unterstrichenen Polynome in der Darstellung des $\mathbf{GF}\,(2)_{[x]}$ sind die irreduziblen Polynome des zugehörigen Grades. Allgemein läßt sich zeigen, daß es in allen $\mathbf{GF}\,(p)_{[x]}$ für jeden beliebigen Grad $m > 1$ mindestens ein irreduzibles Polynom gibt. So sind z.B. im $\mathbf{GF}\,(3)_{[x]}$ folgende Polynome irreduzibel:

$$
\begin{aligned}
m = 2 : \quad & x^2 + x + 2 \\
m = 3 : \quad & x^3 + 2x + 1 \\
m = 4 : \quad & x^4 + 2x^2 + 1 \\
& u.s.w.
\end{aligned}
\tag{5.39}
$$

Im Detail soll hier nicht weiter auf irreduzible Polynome eingegangen werden. In den folgenden Abschnitten werden die sogenannten primitiven Polynome, deren Bedeutung in der Erzeugung von Pseudozufallsfolgen mit maximaler Länge (m-Folgen) liegt, behandelt. Primitive Polynome sind aber immer auch irreduzibel und diese werden in [Peterson81, Philipp95] ausführlich aufgelistet.

Nun bildet man mit Hilfe des Doppelrestklassenkörpers $R_p(x, \ (\mathrm{mod}\ \varphi_E\,[x]))$, der ab hier die Bezeichnung $\mathbf{GF}\,(p)_{(x,\ (\mathrm{mod}\ \varphi_E[x]))}$ erhalten soll, mit dem Basiskörper $\mathbf{GF}\,(p)$ erweiterte Galoisfelder $\mathbf{GF}\,(p^m)$ mit $p^m = q$ Elementen. Diese erweiterten Galoisfelder bezeichnet man daher in der Literatur oft nur mit $\mathbf{GF}\,(q)$.

Zuerst sei noch die triviale Version eines erweiterten Galoisfeldes $\mathbf{GF}\,(p^m)$ mit $m = 1$ anhand des $\mathbf{GF}\,(2)$ hergeleitet:

BEISPIEL 5.8 (ERWEITERTES GALOISFELD $\mathbf{GF}\,(2)$) *Es sei $f(x) = x \in \mathbf{GF}\,(2)_{[x]}$. Die $p^m = 2^1$ Polynome in $\mathbf{GF}\,(2)_{[x]}$ vom Grade $< m$, also vom Grade $-\infty$ und 0, bestimmen alle Restklassen in $\mathbf{GF}\,(2)_{(x,\ (\mathrm{mod}\ x))}$. Daher besteht der Doppelrestklassenkörper $\mathbf{GF}\,(2)_{(x,\ (\mathrm{mod}\ x))}$ nur aus den beiden Restklassen $\bar{0}$ und $\bar{1}$, damit besteht das vollständige Restsystem aus den Elementen 0 und 1, welche zugleich die Elemente des $\mathbf{GF}\,(2)$ sind.*

Als nächstes wird ein erweitertes Galoisfeld, auf der Grundlage des $\mathbf{GF}\,(2^m)$ mit $m = 2$, hergeleitet. Dieses Galoisfeld nennt man in der Literatur meist $\mathbf{GF}\,(4)$. Als Erkennungszeichen solcher erweiterter Galoisfelder $\mathbf{GF}\,(q)$ sei erwähnt, daß hier die Anzahl q der Elemente nicht prim ist.

BEISPIEL 5.9 (ERWEITERTES GALOISFELD $\mathbf{GF}\,(4)$) *Es sei $f(x) = x^2 + x + 1 \in \mathbf{GF}\,(2)_{[x]}$. Dann hat $\mathbf{GF}\,(2)_{(x,\ (\mathrm{mod}\ x^2+x+1))}$ genau $p^m = 2^2 = 4$ Restklassen. Das sind die Restklassen: $\bar{0}, \bar{1}, \bar{x}$ und $\overline{x + 1}$. Wählt man hier wieder das vollständige Restsystem aus, so beinhaltet dieses die Elemente $\{0, 1, x, x+1\}$, welche somit auch die Elemente des $\mathbf{GF}\,(4)$ sind.*

Für $\mathbf{GF}\,(4)$ ist in Tab.5.8 und Tab.5.9 eine Additions- und Multiplikationstafel aufstellt.

In den Tafeln schreibt man, um das aufwendige Anschreiben von Polynomen zu vermeiden, statt x und $x + 1$ meist a und b. D.h. man weist den einzelnen Polynomen, die die Elemente eines $\mathbf{GF}\,(q)$ sind, fortlaufende Buchstaben, beginnend mit a zu.

$\oplus_4$	0	1	x	x+1
0	0	1	x	x+1
1	1	0	x+1	x
x	x	x+1	0	1
x+1	x+1	x	1	0

Tabelle 5.8: Additionstafel des **GF** (4).

$\oplus_4$	0	1	x	x+1
0	0	0	0	0
1	0	1	x	x+1
x	0	x	x+1	1
x+1	0	x+1	1	x

Tabelle 5.9: Multiplikationstafel des **GF** (4).

BEISPIEL 5.10 (ERWEITERTES GALOISFELD **GF** (8)) *Es sei* $f(x) = x^3 + x + 1 \in$ **GF** $(2)_{[x]}$. *Dann hat* **GF** $(2)_{(x, \,(\text{mod } x^2+x+1))}$ *genau* $p^m = 2^3 = 8$ *Restklassen. Das sind die Restklassen* $\overline{0}, \overline{1}, \overline{x}, \overline{x^2}, \overline{x+1}, \overline{x^2+x}, \overline{x^2+x+1}, \overline{x^2+1}$, *also genau acht Restklassen. Wählt man das vollständige Restsystem aus, erhält man die Elemente* $\{0, 1, x = a, x^2 = b, x+1 = c, x^2+1 = d, x^2+x+1 = e, x^2+1 = f\}$, *welche die Elemente des* **GF** (8) *darstellen.*

Die Additionstafel und Multiplikationstafel des **GF** (8) sind in Tab.5.10 und Tab.5.11 angegeben. In der Additionstafel erkennt man als Struktur, daß die Hauptdiagonale immer durch das Element 0 belegt ist. Sonst ist die Struktur symmetrisch zur Hauptdiagonale. Für die Additionstafel tritt dieser Strukturtyp bei jedem **GF** (2^m), mit $m > 1$, in gleicher Form auf. Bei der Multiplikationstafel ersieht man eine sehr einfache Struktur, die jedoch in dieser speziellen Form nicht verallgemeinert werden darf. Allgemein gilt bei Multiplikationstafeln nur die Symmetrie bezüglich der Hauptdiago-

$\oplus_8$	0	1	a	b	c	d	e	f
0	0	1	a	b	c	d	e	f
1	1	0	c	f	a	e	d	b
a	a	c	0	d	1	b	f	e
b	b	f	d	0	e	a	c	1
c	c	a	1	e	0	f	b	d
d	d	e	b	a	f	0	1	c
e	e	d	f	c	b	1	0	a
f	f	b	e	1	d	c	a	0

Tabelle 5.10: Additionstafel des **GF** (8).

$\otimes_8$	0	1	a	b	c	d	e	f
0	0	0	0	0	0	0	0	0
1	0	1	a	b	c	d	e	f
a	0	a	b	c	d	e	f	1
b	0	b	c	d	e	f	1	a
c	0	c	d	e	f	1	a	b
d	0	d	e	f	1	a	b	c
e	0	e	f	1	a	b	c	d
f	0	f	1	a	b	c	d	e

Tabelle 5.11: Multiplikationstafel des **GF** (8).

nale, denn es ändert sich die Struktur in Abhängigkeit des ausgewählten irreduziblen Polynoms und natürlich mit der Reihenfolge, die man den einzelnen Polynomen im Galoisfeld zuordnet.

Stellt man die Frage warum die Additionstafeln bzw. die Multiplikationstafeln immer symmetrisch zur Hauptdiagonale sind, so genügt es zu bedenken, daß Galoisfelder endliche Körper sind, in denen das kommutative Gesetz gültig ist. D.h es gilt die Vertauschbarkeit der einzelnen Elemente bzw. Operanden bezüglich der Addition sowie der Multiplikation.

5.10.1   Die multiplikative Gruppe eines Galoisfeldes

Man nehme ein Galoisfeld **GF** (q) mit $q = p^m$; p: prim und $m > 1$. Da es sich hierbei um ein endliches Feld handelt, bildet die Menge aller Einheiten **GF*** $(q) =$ **GF** $(q) \setminus \{0\}$, das ist die Gesamtheit aller inversen Elemente in **GF** (q), eine kommutative, zyklische Gruppe. Man kann daher folgenden Satz anschreiben:

SATZ 5.24 (**GF** (q)) *In jedem **GF** (q) gibt es ein primitives Element α, sodaß sich jedes von Null verschiedene Element des **GF** (q) als Potenz dieses primitiven Elementes α darstellen läßt. Die Ordnung dieses Elementes ist $q - 1$. Somit ist die multiplikative Gruppe eines **GF** (q) zyklisch.*

Es existiert somit ein Element α in **GF** (q), aus dessen Potenzen $\alpha^0, \alpha, \alpha^2, \ldots, \alpha^{q-1}$ sich alle Elemente von **GF*** (q) darstellen lassen. Weiters gilt, daß die Ordnung eines jeden Elementes von **GF** (q) die Ordnung $q - 1$ teilt und daher jedes Element eine Wurzel des Polynoms $x^{q-1} - 1$ ist [Peterson81]. Das Polynom $x^{q-1} - 1$ hat alle $q - 1$ Elemente von **GF*** (q) als Wurzeln bzw. Lösungen. Gibt es nun ein Element α mit Ordnung $q - 1$, so ist es sicher eine Wurzel des Polynoms $x^{q-1} - 1$, somit sind die Potenzen $\alpha^0, \alpha, \alpha^2, \ldots, \alpha^{q-1}$ alle Wurzeln von $x^{q-1} - 1$. Im Beispiel 5.11 erkennt man als Ordnung des primitiven Elementes $\alpha : q - 1 = 15$.

BEISPIEL 5.11 (PRIMITIVE ELEMENTE IN $\mathbf{GF}(q)$) *Es sei* $f(x) = x^4 + x + 1 \in$ $\mathbf{GF}(2)_{[x]}$. *Dann hat der zugehörige Doppelrestklassenkörper* $\mathbf{GF}(2)_{(x,\,(\mathrm{mod}\,f(x)))}$ *genau* $2^4 = 16$ *Restklassen. Nach Auswahl des vollständigen Restsystems erhält man als Elemente des Galoisfeldes* $\mathbf{GF}(16)$ *folgende Polynome:* $0, 1, x, x^2, x^3, x+1, x^2+x, x^3+x^2, x^3+x+1, x^2+1, x^3+x, x^2+x+1, x^3+x^2+x, x^3+x^2+x+1, x^3+x^2+1, x^3+1$. *Dies entspricht genau den 16 Elemente des* $\mathbf{GF}(16)$. *Als primitives Element* α, *aus dessen Potenzen sich alle Elemente von* $\mathbf{GF}^*(16)$ *darstellen lassen, findet man hier:* $\alpha = x$.

$$
\begin{aligned}
\alpha^0 &= 1 & \alpha^8 &= x^2 + 1 \\
\alpha^1 &= x & \alpha^9 &= x^3 + x \\
\alpha^2 &= x^2 & \alpha^{10} &= x^2 + x + 1 \\
\alpha^3 &= x^3 & \alpha^{11} &= x^3 + x^2 + x \\
\alpha^4 &= x + 1 & \alpha^{12} &= x^3 + x^2 + x + 1 \\
\alpha^5 &= x^2 + x & \alpha^{13} &= x^3 + x^2 + 1 \\
\alpha^6 &= x^3 + x^2 & \alpha^{14} &= x^3 + 1 \\
\alpha^7 &= x^3 + x + 1 & \alpha^{15} &= 1 = \alpha^0
\end{aligned}
\tag{5.40}
$$

Bisher wurde bei der Einführung des Begriffes des Doppelrestklassenkörpers immer nur von einer Moduloreduktion bezüglich eines irreduziblen Polynoms $\varphi_E[x]$ gesprochen. Es soll hier aber auch noch in kurzer Form auf den Begriff des primitiven Polynoms, definiert in einem Polynomring $\mathbf{GF}(p)_{[x]}$ mit Basiskörper $\mathbf{GF}(p)$, eingegangen werden, da diese Art von Polynomen eine wichtige technische Bedeutung hat, besonders bei der Erzeugung von linearen, rekursiven Folgen maximaler Länge (m-Folgen) mit Hilfe eines Schieberegisters. Da diese linearen rekursiven Folgen maximaler Länge den Inhalt des nächsten Abschnittes bildet, ist es notwendig, hier noch einige Begriffe, wie die Ordnung eines Polynoms und die Definition primitiver Polynome, zu erläutern.

5.10.2   Die Ordnung von Polynomen und primitive Polynome

Neben dem Grad eines endlichen Polynoms über einem endlichen Feld definiert man weiters die Ordnung eines solchen Polynoms wie folgt:

DEFINITION 5.25 (ORDNUNG EINES POLYNOMS ÜBER EINEM ENDLICHEN FELD) *Ist* $f(x)$ *ein Polynom aus dem Polynomring* $\mathbf{GF}(q)_{[x]}$ *vom Grade* $m \geq 1$ *und mit* $f(0) \neq 0$, *dann gibt es eine natürliche Zahl* e *mit* $e \leq q^m - 1$, *so daß* $f(x)$ *den Term* $x^e - 1$ *teilt. Die kleinste positive, ganze Zahl* e, *für welche* $f(x)$ *den Term* $x^e - 1$ *teilt, wird die Ordnung des Polynoms* $f(x)$ *genannt und mit* $\mathrm{ord}(f(x))$ *bezeichnet.*

Man nennt die Ordnung des Polynoms $f(x)$ auch oft seine Periode oder einfach den Exponenten von $f(x)$. Ist nun $f(x)$ ein irreduzibles Polynom, so kann man seine Ordnung auch auf folgende Weise beschreiben:

m	$p = 2$	$p = 3$	$p = 5$	$p = 7$
1	1	1	2	2
2	1	2	4	8
3	2	44	20	39
4	2	8	48	160
5	6	22	280	1120
6	6	48	720	6048
7	18	156	5580	37856
8	16	320	14976	192000

Tabelle 5.12: Anzahl normierter, irreduzibler bzw. primitiver Polynome im Galoisfeld **GF** (p).

DEFINITION 5.26 *Ist* $f(x) \in \mathbf{GF}(q)_{[x]}$ *ein irreduzibles Polynom über* $\mathbf{GF}(q)$ *vom Grade* m *und gilt* $f(0) \neq 0$, *dann ist die Ordnung von* $f(x)$ *gleich der Ordnung einer beliebigen Wurzel von* $f(x)$ *in der multiplikativen Gruppe* $\mathbf{GF^*}(q^m)$.

D.h. ist $f(x) \in \mathbf{GF}(q)_{[x]}$ ein irreduzibles Polynom über $\mathbf{GF}(q)$ vom Grade m, dann teilt die Ordnung $\mathrm{ord}\,(f(x))$ sicher $q^m - 1$.

Stellt man nun die Frage nach der Anzahl normierter, irreduzibler Polynome eines bestimmten Grades m im Polynomring $\mathbf{GF}(q)_{[x]}$, so kommt man zum nächsten Satz. Hierbei sei vorausgeschickt, daß diese Anzahl zugleich auch die Anzahl der primitiven Polynome des Grades m im Polynomring $\mathbf{GF}(q)_{[x]}$ ist.

SATZ 5.25 (ANZAHL AN NORMIERTEN IRREDUZIBLEN POLYNOME) *Die Anzahl normierter, irreduzibler Polynome des Grades* m *im Polynomring* $\mathbf{GF}(q)_{[x]}$, *welche gleichfalls die Anzahl der primitiven Polynome dieses Grades darstellt, ergibt sich unter Verwendung der Eulerschen Funktion* $\varphi_E\,[x]$ *zu:*

1. für einfache Galoisfelder $\mathbf{GF}(p)$: $M_\varphi(m,p) = \frac{1}{m} \cdot \varphi_E\,[p^m - 1]$.

2. für erweiterte Galoisfelder $\mathbf{GF}(q)$ *mit* $q = p^m$: $M_\varphi(m,q) = \frac{1}{m} \cdot \varphi_E\,[q^m - 1]$.

Z.B.: $M_\varphi(2,3) = \frac{1}{2}\varphi_E\,[3^2 - 1] = 2$. Anzahl der über $\mathbf{GF}(3)$ normierten, irreduziblen bzw. primitiven Polynome vom Grad $m = 2$.

Die Tab.5.12 und 5.13 zeigen die Anzahl der normierten, irreduziblen bzw. primitiven Polynome in einigen einfachen und in einigen erweiterten Galoisfeldern:

Um jetzt die Ordnung eines Polynoms auch berechnen zu können, sind mindestens noch zwei weitere Sätze nötig.

SATZ 5.26 *Ist* $g(x) \in \mathbf{GF}(q)_{[x]}$ *irreduzibel über* $\mathbf{GF}(q)$ *mit* $g(0) \neq 0$ *und* $\mathrm{ord}\,(g(x)) = e$. *Nun gelte* $f(x) = g(x)^b$ *mit* $b \in \mathbb{N}$. *Weiters sei* t *die kleinste natürliche Zahl mit* $p^t \geq b$, *wobei* p *die Charakteristik von* $\mathbf{GF}(q)$ *darstellt. Dann gilt* $\mathrm{ord}\,(g(x)) = ep^t$.

m	$p^m = 2^2$	$p^m = 2^3$	$p^m = 3^2$	$p^m = 5^2$
1	2	6	4	8
2	4	18	16	96
3	12	144	96	1440
4	32	432	640	29952
5	120	5400	5280	582400
6	288	23328	27648	

Tabelle 5.13: Anzahl normierter, irreduzibler bzw. primitiver Polynome im Galoisfeld **GF** (q).

Hierbei versteht man unter Charakteristik p des erweiterten Galoisfeldes **GF** (q), die Anzahl der Elemente des zugehörigen, zugrundeliegenden einfachen Galoisfeldes **GF** (p).

SATZ 5.27 *Sind $g_1(x), \ldots, g_k(x)$ paarweise coprime Polynome ungleich Null über dem Galoisfeld **GF** (q) und ist $f(x) = g_1(x) \cdot \ldots \cdot g_k(x)$, dann ist die Ordnung $\mathrm{ord}\,(f(x))$ gleich dem kleinsten gemeinsamen Vielfachen der Ordnungen:*

$$\mathrm{ord}\,(g_1(x)), \ldots, \mathrm{ord}\,(g_k(x)).$$

Alle Beweise der obigen Definitionen und Sätze sind detailliert in [Lidl94] zu finden. Hier soll die Anwendung dieser Theorie anhand eines Beispiels zur Berechnung der Ordnung eines Polynoms $f(x)$ gezeigt werden.

BEISPIEL 5.12 (ORDNUNG EINES POLYNOMS) *Man berechne die Ordnung des folgenden Polynoms: $f(x) = x^{10} + x^9 + x^3 + x^2 + 1$ aus dem Polynomring **GF** $(2)_{[x]}$. Die kanonische Zerlegung von $f(x)$ in ein Produkt irreduzibler Polynome nach Abschnitt 5.8 ergibt $f(x) = (x^2 + x + 1)^3 \cdot (x^4 + x + 1)$ und ist somit von der Form $f(x) = (g_1(x))^3 \cdot g_2(x)$. Mit Definition 5.25 erhält man die Ordnung des Polynoms $g_1(x) = x^2 + x + 1$ zu $e_1 = p^m - 1 = 2^2 - 1 = 3$. Damit ist die Ordnung $\mathrm{ord}\,(g_1(x)) = 3$. Durch Anwendung von Satz 5.26 ergibt sich sofort die Ordnung von $(g_1(x))^3$. Es gilt $\mathrm{ord}\,((g_1(x))^3)$ ergibt sich zu $\mathrm{ord}\,(ep^t)$ mit $p^t > 3$ und folglich:*

$$\mathrm{ord}\left((g_1(x))^3\right) = \mathrm{ord}\left((x^2 + x + 1)^3\right) = 3 \cdot 2^2 = 12$$

Ebenso erhält man wieder mit Definition 5.25 die Ordnung von $g_2(x)$.

$$\mathrm{ord}\left(x^4 + x + 1\right) = e_2 = p^m - 1 = 2^4 - 1 = 15$$

Zuletzt ergibt sich mit Satz 5.27 die Ordnung von $f(x)$ zu:

$$\mathbf{kgV}\{e_1, e_2\} = \mathbf{kgV}\{12, 15\} = 60$$

Also ist $\mathrm{ord}\,(f(x)) = 60$.

Es sei noch angemerkt, daß *ord* $(f(x))$ nicht Teiler des Wertes $2^{10} - 1$ ist. Der Grund liegt darin, daß die Definition 5.26 ausschließlich für irreduzible Polynome, keinesfalls jedoch für reduzible Polynome gilt.

Faßt man nun die obige Theorie, wie sie in Beispiel 5.12 praktisch angewandt wurde, zusammen, so kommt man zu folgendem, die Ordnung eines Polynoms betreffenden, generell gültigen Satz 5.28. Vorauszusetzen ist, daß das Polynom von positivem Grad $m \geq 10$ ist und einen nicht verschwindenden konstanten Term besitzt.

SATZ 5.28 (ORDNUNG EINES POLYNOMS IM ERWEITERTEN GALOISFELD) *Es sei* $\boldsymbol{GF}(q)$ *ein endliches Feld der Charakteristik p (also* $q = p^m$ *mit p prim) und es sei* $f(x)$ *ein Polynom des Polynomringes* $\boldsymbol{GF}(q)_{[x]}$ *positiven Grades mit* $f(0) \neq 0$. *Weiters sei* $f(x) = a \cdot f_1^{b_1} \cdot \ldots \cdot f_k^{b_k}$, *wobei* $a \in \boldsymbol{GF}(q)$, $b_1, \ldots, b_k \in \mathbb{N}$ *und* $f_1, \ldots, f_k$ *bestimmte normierte, irreduzible Polynome in* $\boldsymbol{GF}(q)_{[x]}$ *sind mit kanonischer Zerlegung von* $f(x)$ *in* $\boldsymbol{GF}(q)_{[x]}$. *Dann ist die Ordnung* $\mathrm{ord}(f(x)) = ep^t$, *wobei e das kleinste gemeinsame Vielfache von* $\mathrm{ord}(f_1), \ldots, \mathrm{ord}(f_k)$ *und t die kleinste ganze Zahl mit* $p^t \geq \max\{b_1, \ldots, b_k\}$ *ist.*

Nun folgt aus Definition 5.25, daß die Ordnung eines Polynoms des Grades $m \geq 1$ über einem $\boldsymbol{GF}(q)$ meist $q^m - 1 = e$ ist. Diese Grenze betrifft eine ausgezeichnete Klasse von Polynomen, die bereits erwähnten primitiven Polynome. Im weiteren ist es nötig, die wichtigsten algebraischen Eigenschaften von primitiven Polynomen zusammenzufassen. Es soll hier auf einfache Weise gezeigt werden, unter welchen Voraussetzungen ein Polynom $f(x)$ aus einem Polynomring $\boldsymbol{GF}(q)_{[x]}$ ein primitives Polynom darstellt. Es ist nicht das Ziel hier besonders auf schwierige mathematische Definitionen und Herleitungen einzugehen, sondern es sollen mit Hilfe der beiden folgenden Sätze und eines Beispieles, notwendige und hinreichende Bedingungen für die Primitivität eines Polynoms $f(x)$ dargestellt werden.

SATZ 5.29 (PRIMITIVES POLYNOM - 1) *Ein Polynom* $f(x)$ *aus einem Polynomring* $\boldsymbol{GF}(q)_{[x]}$ *vom Grade m ist über* $\boldsymbol{GF}(q)$ *genau dann und nur dann primitiv, wenn es:*

1. *normiert ist, d.h. der Koeffizient* a_m *der höchsten Potenz* x^m *des Polynoms* $f(x)$ *den Wert Eins hat,*

2. *gilt* $f(0) \neq 0$ *und*

3. *das Polynom* $f(x)$ *irreduzibel über* $\boldsymbol{GF}(q)$ *mit der Ordnung* $\mathrm{ord}(f(x)) = q^m - 1$ *ist.*

<u>BEWEIS</u> 5.9 *Aus der Tatsache, daß das Polynom $f(x)$ ein primitives Element aus $\mathbf{GF}(q^m)$ als Wurzel hat und unter Berücksichtigung von Definition 5.26, also $f(x)$ sei irreduzibel, folgt als Ordnung $\mathrm{ord}(f(x)) = q^m - 1$. Man könnte somit die Forderung nach Irreduzibilität in Satz 5.29 weglassen, denn die Forderung nach $\mathrm{ord}(f(x)) = q^m - 1$ impliziert bereits Irreduzibilität des Polynoms $f(x)$. Weiters fordert die Eigenschaft $\mathrm{ord}(f(x)) = q^m - 1$, daß für den Grad m von $f(x)$ $m \geq 1$ gelten muß. Nimmt man an, daß $f(x)$ reduzibel über $\mathbf{GF}(q)$ wäre, dann wäre $f(x)$ entweder eine Potenz eines irreduziblen Polynoms nach Abschnitt 5.8 oder es ließe sich als Produkt zweier coprimer Polynome positiven Grades darstellen. Im ersten Fall hat man $f(x) = g(x)^b$ mit $g \in \mathbf{GF}(q)_{[x]}$ irreduzibel über $\mathbf{GF}(q)$, $g(0) \neq 0$ und $b \geq 2$. Dann ist nach Satz 5.26 die Ordnung $\mathrm{ord}(f(x))$ durch die Charakteristik von $\mathbf{GF}(q)$ teilbar, jedoch nicht $q^m - 1$. Es liegt hier ein Widerspruch vor. Im zweiten Fall hat man $f(x) = g_1(x) \cdot g_2(x)$ mit coprimen, normierten Polynomen $g_1(x), g_2(x) \in \mathbf{GF}(q)_{[x]}$ mit den positiven Graden m_1 und m_2. Wenn $e_i = \mathrm{ord}(g_i(x))$ für $i = 1, 2$, dann ist laut Satz 5.27 $\mathrm{ord}(f(x)) \leq e_1 \cdot e_2$. Weiters gilt für ein Polynom $f(x) \in \mathbf{GF}(q)_{[x]}$ mit $m \geq 1$, $f(0) \neq 0$, daß es immer eine positive, ganze Zahl $e \leq q^m - 1$ gibt, sodaß $f(x)$ das Polynom $x^e - 1$ teilt. Also gilt hier $e_i \leq q^{m_i} - 1$ für $i = 1, 2$ und somit folgt:*

$$\mathrm{ord}(f(x)) \leq (q^{m_1} - 1) \cdot (q^{m_2} - 1) < q^{m_1 + m_2} = q^m - 1 \qquad (5.41)$$

womit neuerlich ein Widerspruch vorliegt. Daher ist $f(x)$ irreduzibel über $\mathbf{GF}(q)$ und es folgt unter Rücksicht auf Definition 5.26, daß $f(x)$ auch primitiv über $\mathbf{GF}(q)$ ist.

Anzumerken ist, daß die Bedingung $f(0) \neq 0$ in Satz 5.29 nur benötigt wird, um das nicht primitive Polynom $f(x) = x$ im Falle $q = 2$, $m = 1$ auszugrenzen.

Mit Satz 5.29 ist bereits eine vollständige Charakterisierung primitiver Polynome gegeben. Der folgende Satz soll eine weitere Variante bzw. eine weitere Möglichkeit der Überprüfung eines Polynoms auf seine Primitivität darstellen.

SATZ 5.30 (PRIMITIVES POLYNOM - 2) *Das normierte Polynom $f(x)$ aus dem Polynomring $\mathbf{GF}(q)_{[x]}$ vom Grade $m \geq 1$ ist ein primitives Polynom über $\mathbf{GF}(q)$ dann und nur dann, wenn $(-1)^m \cdot f(0)$ ein primitives Element von $\mathbf{GF}(q)$ ist und die kleinste positive, ganze Zahl r, für die x^r kongruent modulo $f(x)$ zu irgendeinem Element von $\mathbf{GF}(q)$ ist, gleich $r = \frac{q^m - 1}{q - 1}$ ist. Im Falle, daß $f(x)$ primitiv ist gilt: $x^r \equiv (-1)^m \cdot f(0) \pmod{f(x)}$.*

Ein doch sehr aufwendiger Beweis des Satzes 5.30 ist in [Lidl94] zu finden. Ein kurzes Beispiel soll die Anwendung der beiden Sätze erläutern.

BEISPIEL 5.13 (TEST EINES POLYNOMS AUF PRIMITIVITÄT) *Es sei das Polynom $f(x) = x^4 + x^3 + x^2 + 2x + 2 \in \mathbf{GF}(3)_{[x]}$ gewählt. Da $f(x)$ irreduzibel über $\mathbf{GF}(3)$ ist, kann man die in Satz 5.28 zusammengefaßte Methode anwenden, um zu zeigen, daß $\mathrm{ord}(f(x)) = 80 = 3^4 - 1$ ist. Somit ist $f(x)$ primitiv über $\mathbf{GF}(3)$ nach Satz 5.29.*

Das Polynom ist normiert mit $f(0) = 2$ und $\operatorname{ord}(f(x)) = q^m - 1 = 80$, daher ist Satz 5.29 erfüllt. Um auf Satz 5.30 einzugehen, hat man $(-1)^m \cdot f(0) = (-1)^2 \cdot 2 = 2$ als primitives Element in $\mathbf{GF}(3)$ und für die Zahl r mit $r = \frac{q^m-1}{q-1} = \frac{3^4-1}{2} = 40$. Es ist die Kongruenz $x^r \equiv (-1)^m \cdot f(0) \pmod{f(x)}$ zu untersuchen. Man erhält sodann in Übereinstimmung mit Satz 5.30 $x^40 \equiv 2 \pmod{f(x)}$, womit die Primitivität nach dieser Methode gezeigt wäre.

Kurz zusammengefaßt, kann man die Primitivität eines irreduziblen Polynoms $f(x) \in \mathbf{GF}(q)_{[x]}$ auch folgendermaßen beschreiben: Ein irreduzibles Polynom $f(x) \in \mathbf{GF}(q)_{[x]}$ vom Grade m ist über $\mathbf{GF}(q)$ dann und nur dann primitiv, wenn das Polynom $x^e - 1$ durch $f(x)$ ohne Rest teilbar ist für $e = q^m - 1$, jedoch für kein $e' < q^m - 1$.

Zur Auffindung primitiver Polynome existiert kein elementares, einfaches Verfahren. Es gibt folgende Verfahren um zu überprüfen, ob ein Polynom über einem Basiskörper $\mathbf{GF}(p)$ primitiv ist:

- Das Verfahren mittels Polynomdivision. Der Aufwand steigt jedoch rapide mit dem Grad des Polynoms.

- Ein weiteres Verfahren ist die Methode der Erzeugung rekursiver Folgen bei systematischer Änderung der Rückführungsbedingungen und folgender Überprüfung auf maximale Periodenlänge. Der Suchalgorithmus kann mittels spezieller digitaler Schaltungen oder durch Rechnersimulation realisiert werden.

- Effektivere Methoden nutzen die algebraischen Eigenschaften der primitiven Polynome aus, so wie in der oben stehenden Theorie kurz gezeigt wurde, kommen jedoch auch nicht ohne Rechnereinsatz aus [Finger85].

- Wenn bereits ein primitives Polynom vom Grad m bekannt ist, bestehen günstige Möglichkeiten, auch die übrigen zu finden, insbesondere für ungerade m [Lempel71].

Hier soll darauf nicht näher eingegangen werden, da die bekannten Polynomtabellen für die meisten Anwendungen ausreichend sind. Ein gründlicher Auszug aus diversen Tabellen, wobei für das binäre Galoisfeld $\mathbf{GF}(2)$ sowohl irreduzible als auch primitive Polynome detailliert, und in weiteren Galoisfeldern gängige primitive Polynome aufgelistet werden, ist im Anhang B zu finden.

Auf einige allgemeine Eigenschaften primitiver Polynome sei jedoch noch hingewiesen. Zu jedem primitiven Polynom kann sofort das dazu reziproke aufgestellt werden, das ebenfalls primitiv ist. Man geht dabei folgendermaßen vor:

DEFINITION 5.27 (REZIPROKE PRIMITIVE POLYNOME) *Ist $f(x) = a_n x^n + a_{n-1} x^{n-1} + \ldots + a_1 x + a_0 \in \mathbf{GF}(p)_{[x]}$, dann ist das reziproke Polynom $f^*(x)$ definiert durch:*
$$f^*(x) = a_0 x^n + a_1 x_{n-1} + \ldots + a_{n-1} x + a_n = x^n \cdot f\left(\tfrac{1}{x}\right).$$

Die Hälfte aller primitiven Polynome ist somit redundant und muß daher nicht in den Tabellen angeführt werden, denn sie erzeugen als rekursive Folgen maximaler Länge einfach die zeitlich inversen Folgen.

Ein Polynom $f(x)$ ist über **GF** (2) nur dann irreduzibel, wenn es nicht aus einer geraden Anzahl von Elementen besteht und nicht nur geradzahlige Exponenten aufweist. Bei binären Folgen maximaler Länge ist die Anzahl der irreduziblen Polynome mit der Anzahl der primitiven Polynome ident, wenn der Grad m des Polynoms sozusagen die Basis einer Mersenneschen Primzahl M_m darstellt. D.h. alle irreduziblen Polynome eines Grades m im **GF** (2) sind zugleich auch primitiv, wenn der Wert $2^m - 1$ selbst wieder eine Primzahl ist. Diese Klasse von Primzahlen heißt Mersennesche Primzahlen und wurden bereits im Abschnitt 5.2.2.5 ausführlich behandelt. Im **GF** (2) stimmt also die Anzahl der irreduziblen Polynome mit der Anzahl der primitiven Polynome für Grade $m \in \{2, 3, 5, 7, 13, 17, \dots\}$ (Vergleiche (5.6)) überein, da dies alles Basen Mersennescher Primzahlen sind.

So kann man unter Anwendung Mersennescher Primzahlen ohne großen Aufwand auch das primitive Polynom $F(x) = x^{127} + x + 1$ finden.

Denn als weitere algebraische Eigenschaft von primitiven Polynomen ist die Definition 5.28 zu nennen:

DEFINITION 5.28 *Ein Polynom* $f(x) = a_n x^n + a_{n-1} x^{n-1} + \dots + a_1 x + a_0$ *ist immer primitiv, wenn das zugehörige Polynom* $F(x) = a_n x^{p^n - 1} + a_{n-1} x^{p^n - 2} + \dots + a_1 x^{p-1} + a_0$ *irreduzibel ist.*

Da das Polynom $x^7 + x + 1$ primitiv ist, muß das zugehörige Polynom $F(x)$ irreduzibel sein und da $2^{127} - 1 = M_{127}$ eine Mersennesche Primzahl ist, muß $F(x)$ sogar primitiv sein. Hiermit wurde auch eine trickreiche Methode gezeigt, wie man primitive Polynome sehr großen Grades erzeugen kann.

Letztlich sei hier für primitive Polynome auf [Peterson81] verwiesen. Da primitive Polynome die Grundlage bei der Erzeugung linearer, rekursiver Pseudozufallsfolgen maximaler Länge mittels Schieberegisterketten, auch m-Folgen oder im Überbegriff Galoisfolgen genannt, bilden, wird sich das nächste Abschnitt ausführlich mit diesen Folgen beschäftigen.

5.11 Galoisfolgen

Die Galoisfolgen sind eine Teilmenge der algebraischen Folgen. Sie werden durch Operationen in endlichen Zahlensystemen, den bekannten Galoisfeldern, gebildet. Algebraische Folgen sind unter anderen die *Differenzmengenfolgen*, die *Legendre-Folgen* und die polynomalgebraischen Folgen [Lüke92/2]. Die polynomalgebraischen Folgen nennt man in Anlehnung an den Begriff des Galoisfeldes auch *Galoisfolgen*.

In Abschnitt 5.4 wurden ausführlich die Struktur und die Eigenschaften von einfachen Galoisfeldern **GF** (p) behandelt. Es wurde gezeigt, wie man über einem **GF** (p) einen

Polynomring aufbaut und es wurde der Begriff des irreduziblen Polynoms bezüglich eines solchen Polynomringes eingeführt. Anhand des Doppelrestklassenkörpers wurde danach die Struktur von erweiterten Galoisfeldern $\mathbf{GF}(q)$ hergeleitet. Letztlich wurde noch die Ordnung von Polynomen und der Begriff des primitiven Polynoms eingeführt. Diese Grundlagen, besonders die theoretischen Erkenntnisse bezüglich der Polynome mit Galoisfeldern als Basiskörper, werden die Grundlage dieses Abschnittes bilden. Nun sind neben den Differenzmengenfolgen und den Legendre-Folgen die linearen, rekursiven Folgen die bedeutendsten Repräsentanten im Bereich der Galoisfolgen. Sie lassen sich durch rekursive Beziehungen in Galoisfeldern leicht erzeugen und somit entstehen, abhängig vom zugrundeliegenden Galoisfeld $\mathbf{GF}(p)$, nur Folgen vorgebbarer Wertigkeit. Diese Folgen werden unter Verwendung von primitiven Polynomen mit linear rückgekoppelten Schieberegistergeneratoren erzeugt und auch Pseudozufallsfolgen bzw. m-Folgen genannt. In den folgenden Abschnitten soll kurz auf die Differenzmengenfolgen eingegangen werden. Danach werden insbesondere zwei Arten von Differenzmengenfolgen, die Legendre-Folgen und die m-Folgen behandelt. Die m-Folgen, welche wegen ihres pseudozufälligen Charakters und ihrer guten Erzeugbarkeit wohl die technisch bedeutsamsten Galoisfolgen sind, sollen den Kern dieses Kapitels bilden.

5.11.1 Differenzmengenfolgen

Es werde folgende periodische, inkohärente Binärfolge[4] $s(n)$ mit den Elementen $\{0,1\}$ aus dem Galoisfeld $\mathbf{GF}(2)$ betrachtet:

$$s(n) = [1101000] \tag{5.42}$$

Nun werde von dieser Folge die periodische Autokorrelationsfunktion $\phi_{ss}(m)$ gebildet:

$$\phi_{ss}(m) = \sum_{n=0}^{L-1} \underline{s}^*(n) \cdot \underline{s}\big[(n+m) \ (\mathrm{mod}\ L)\big] = \sum_{n=0}^{L-1} \underline{s}^*(n) \cdot \tilde{\underline{s}}(n+m) \tag{5.43}$$

Hierbei wird eine periodische Folge $\underline{s}(n \ (\mathrm{mod}\ L))$ kurz mit $\tilde{\underline{s}}(n)$ bzw. $\underline{s}\big[(n+m) \ (\mathrm{mod}\ L)$ mit $\tilde{\underline{s}}(n+m)$ und die zugehörige Folgenperiode mit L bezeichnet. Aus Gründen der Vereinfachung wird von der allgemeinen Annahme einer komplexen Folge auf reelle Folgen umgestiegen.

---

[4]Eine inkohärente Binärfolge besteht aus den Elementen $\{0,1\}$ und eine kohärente aus den Elementen $\{-1,1\}$. Nach der Definition darf eine inkohärente Folge keine negativen Elemente enthalten.

BEISPIEL 5.14 (DIFFERENZMENGENFOLGE) *Bilde für die in (5.42) angegebene Folge die PAKF:*

$$\phi_{ss_b}(m) = \begin{cases} 3 & \dots m \equiv 0 \;(mod\; L) \\ 1 & \dots sonst \end{cases} \tag{5.44}$$

Es liegt also eine zweiwertige PAKF $\phi_{ss_b}(m)$ vor.

Es ist bereits mehrfach festgestellt worden, daß eine zweiwertige PAKF, für unterschiedliche Aufgaben im Korrelationsempfang, wünschenswert ist. Die Bedingung für die Zweiwertigkeit der PAKF ist, daß bei der Bildung der Nebenwerte einer Periode alle Abstände zwischen den Einsen mit gleicher Häufigkeit vorkommen[5]. In der nachfolgenden Abb.5.2 sind, wie die Klammern zeigen, alle Abstände genau einmal vertreten. Diese Eigenschaft gibt die Definition der in der Mathematik schon seit langem behandelten *Differenzmengen* wieder:

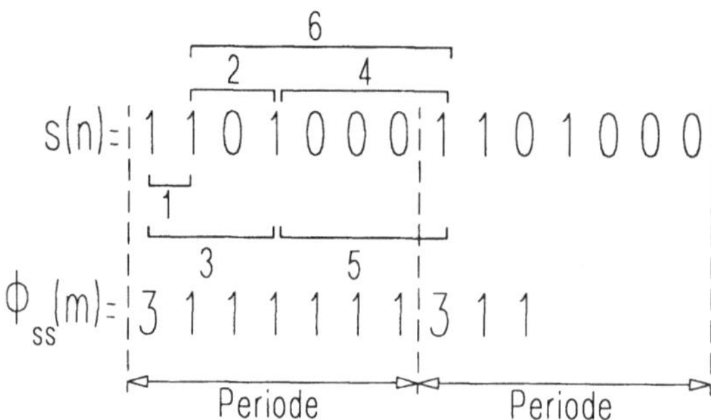

Abbildung 5.2: Bildung der periodischen Autokorrelationsfunktion einer Binärfolge.

Eine Differenzmenge (auch zyklische Differenzmenge)

$$M_D = \{d_1, d_2, \dots, d_k\} \tag{5.45}$$

enthält die k ganzen Zahlen modulo L, deren Differenzen

$$(d_i - d_j) \mod L, \qquad (i \neq j) \tag{5.46}$$

jeden Wert $\{1, 2, \dots, L-1\}$ genau λ-mal annehmen.

---

[5]Die Definitionen der Korrelationskennwerte sind in Definition 4.1, 4.2, 4.3, 4.4, 5.32 gegeben.

Analog zu Abb.5.2 das Beispiel einer Differenzmenge $M_D = \{1, 2, 4\}$ mit $L = 7, k = 3, \lambda = 1$:

$$
\begin{aligned}
d_1 - d_2 &= 1 - 2 \equiv 6 \ (\mathrm{mod}\ 7) \\
d_1 - d_3 &= 1 - 4 \equiv 4 \ (\mathrm{mod}\ 7) \\
d_2 - d_3 &= 2 - 4 \equiv 5 \ (\mathrm{mod}\ 7) \\
d_2 - d_1 &= 2 - 1 \equiv 1 \ (\mathrm{mod}\ 7) \\
d_3 - d_1 &= 4 - 1 \equiv 3 \ (\mathrm{mod}\ 7) \\
d_3 - d_2 &= 4 - 2 \equiv 2 \ (\mathrm{mod}\ 7)
\end{aligned}
\tag{5.47}
$$

Einer solchen Differenzmenge läßt sich z.B. eine inkohärente Folge der Länge L mit k Einsen zuordnen durch:

$$
s(n) = \begin{cases} 1 & \ldots n \in M_D \\ 0 & \ldots \mathrm{sonst} \end{cases}
\tag{5.48}
$$

Diese Differenzmengenfolgen besitzen also immer eine zweiwertige PAKF:

$$
\phi_{ss_b}(m) = \begin{cases} k & \ldots m \equiv 0 \ (\mathrm{mod}\ L) \\ \lambda & \ldots \mathrm{sonst} \end{cases}
\tag{5.49}
$$

Die oben als Beispiel angeschriebene Differenzmenge führt auf die eingangs benutzte Binärfolge. Für eine andere Zuordnung erhält man bipolare Binärfolgen mit Elementen aus $\{-1, 1\}$. Mit $1 \mapsto 1$ und $0 \mapsto -1$ folgt für deren PAKF $\phi_{ss_b}(m)$, da die Umrechnung sich als Subtraktion einer Konstanten beschreiben läßt:

$$
\phi_{ss_b}(m) = \begin{cases} L & \text{falls} m \equiv 0 \ (\mathrm{mod}\ L) \\ L - 4(k - \lambda) & \text{sonst} \end{cases}
\tag{5.50}
$$

Damit ergibt sich aus der obigen Differenzmenge M_D eine bipolare Folge mit PAKF zu:

$$
s(n) = [1, 1, -1, 1, -1, -1, -1] \ \circ\!\!-\!\!\bullet \ \phi_{ss_b}(m) = [7, -1, -1, -1, -1, -1]
\tag{5.51}
$$

Allgemein erhält man bipolare Folgen mit Nebenwerten $\check{\phi}_{ss_b}(1) = \check{\phi}_{ss_b}$ der PAKF von -1 gemäß der allgemeinen Gleichung für $\phi_{ss_b}(m)$ aus Differenzmengen mit den Parametern:

$$L = 4t - 1, k = 2t - 1, \lambda = t - 1, \qquad \text{für: } (t = 1, 2, 3, \dots)$$

$$(5.52)$$

Diese sogenannten Hadamard-Differenzmengen existieren allerdings nicht für alle Werte von t [Baumert71]. Folgen dieser Art werden anschließend ausführlicher behandelt. Eine notwendige Existenzbedingung für Differenzmengen mit den Parametern L, k, bzw. ihrer zugeordneten Folgen ergibt sich aus folgender Überlegung zu $\{0, 1\}$-Folgen: Die Anzahl k der Einsen in einer dieser Folgen ist gleich ihrer Energie $\mathcal{E}$ und auch gleich ihrem Mittelwert m_s. Mit den Nebenwerten λ der PAKF folgt dann aus der Beziehung:

$$\mathcal{E} + (L - 1) \quad \check{\phi}_{ss_b}(1) = |m_s^2| \qquad \text{mit: } \check{\phi}_{ss_b}(1) = \lambda$$
$$|m_s| = \sqrt{\mathcal{E} + \lambda(L - 1)} \qquad \text{oder: } k(k - 1) = \lambda(L - 1) \quad (5.53)$$

Notwendige und hinreichende Existenzbedingungen sind allerdings allgemein nicht bekannt. Untersuchungen zur Konstruktion von Differenzmengen wurden in großer Zahl veröffentlicht. Sie entstanden zumeist in Zusammenhang mit Fragestellungen aus der Kombinatorik. Den ausführlichsten Überblick und eine Tabelle mit 85 Differenzmengen, geordnet bis $k = 100$, findet man in [Baumert71]. Für detailliertere Information sei auf dieses Werk verwiesen. Im Anschluß werden zwei Arten von Differenzmengenfolgen, die Legendre-Folgen und schließlich sehr ausführlich die linearen, rekursiven Folgen bzw. m-Folgen behandelt.

5.11.2 Legendre-Folgen

Legendre-Folgen sind zunächst ternäre Folgen mit den Elementen $\{0, 1, -1\}$ und zweiwertiger PAKF. Das Bildungsgesetz für Legendre-Folgen lautet:

$$s(n) = n^{(p-1)/2} \pmod{p} \qquad p > 2 \text{ prim, und } n = 0, 1, \dots, p - 1$$

$$(5.54)$$

A.M. Legendre untersuchte 1788 als erster Ausdrücke dieser Form. Er führte später zur abkürzenden Schreibweise das *Legendresymbol* $\left[\frac{n}{p}\right]$ ein. Legendre-Folgen existieren für alle primzahligen Längen $L = p$.

BEISPIEL 5.15 (LEGENDRE) *Für* $L = p = 7$ *erhält man beispielsweise (mit* $6 \equiv -1 \pmod 7$ *die Folge mit der zweiwertigen PAKF.*

$$s(n) = [0, 1, 1, -1, 1, -1, -1] \;\circ\!\!-\!\!\bullet\; \phi_{ss_b}(m) = [6, -1, -1, -1, -1, -1, -1]$$

$$(5.55)$$

Zunächst läßt sich zeigen, daß diese Folgen bis auf das verschwindende erste Glied binärwertig sind. Bildet man das Quadrat der Bildungsvorschrift, so ergibt sich (5.56) in der in der zweiten Zeile der kleine Fermatsche Satz $a^p \pmod p = a \pmod p$ angewendet wurde.

$$
\begin{aligned}
s(n)^2 &= n^{p-1} \pmod p = (n^p \cdot n^{-1}) \pmod p \\
&= (n \cdot n^{-1}) \pmod p = 1
\end{aligned}
\tag{5.56}
$$

Daher gilt:

$$
s(n) \in \{-1, 1\} \qquad \text{für: } n \not\equiv 0 \pmod p
\tag{5.57}
$$

So besitzen die Folgen, laut Parsevalschem Theorem und unter Anwendung der diskreten Fouriertransformation (DFT) in (5.58) die Energie in (5.59).

$$
\Phi_s(k) = \sum_{n=0}^{L-1} s(n) \cdot e^{-\frac{j 2\pi k}{L}} \qquad k = 0, 1, \dots, L-1
\tag{5.58}
$$

$$
\mathcal{E}_s = \sum_{n=0}^{L-1} |s(n)|^2 = \hat{\phi}_{ss} = \frac{1}{L} \sum_{k=0}^{L-1} |\Phi_s(k)|^2 = p - 1
\tag{5.59}
$$

In ähnlicher Weise läßt sich zeigen, daß die Legendre-Folgen gleichanteilfrei und periodisch mit p sind. Die PAKF ergibt sich zu:

$$
\phi_{ss}(m) = \sum_{n=0}^{p-1} \tilde{s}(n) \cdot \tilde{s}(n+m)
\tag{5.60}
$$

Zur Berechnung werden die Terme unter der Summe zuerst mit $\tilde{s}^2(n_0) = 1$ erweitert, wobei n_0 so gewählt wird, daß $n_0 m \equiv 1 \pmod p$ ist. Mit der Abkürzung $n_1 \equiv n_0 n \pmod p$ und der Bildungsvorschrift für Legendre-Folgen wird dann die periodische Autokorrelationsfunktion $\phi_{ss}(m)$ für Werte $m \not\equiv 0 \pmod p$ zu:

$$
\begin{aligned}
\phi_{ss}(m) &= \sum_{n=0}^{p-1} \tilde{s}(n) \cdot \tilde{s}(n_0) \cdot \tilde{s}(n+m) \cdot \tilde{s}(n_0) = \\
&= \sum_{n=0}^{p-1} \underbrace{n^{\left(\frac{p-1}{2}\right)} \cdot n_0^{\left(\frac{p-1}{2}\right)}}_{n_1^{\left(\frac{p-1}{2}\right)}} \cdot \underbrace{(n+m)^{\left(\frac{p-1}{2}\right)} \cdot n_0^{\left(\frac{p-1}{2}\right)}}_{(n_1+1)^{\left(\frac{p-1}{2}\right)}} \pmod{p} = \\
&= \sum_{n_1=0}^{p-1} n_1^{\left(\frac{p-1}{2}\right)} \cdot (n_1+1)^{\left(\frac{p-1}{2}\right)} \pmod{p} = \\
&= \sum_{n_1=0}^{p-1} \tilde{s}(n_1) \cdot \tilde{s}(n_1+1) \\
&= \check{\phi}_{ss}(1) = \text{Konstant}
\end{aligned}
\tag{5.61}
$$

Die letzte Umformung beruht darauf, daß auch n_1 alle Werte von n, nur in einer anderen Reihenfolge, durchläuft. Damit ist gezeigt, daß alle Nebenwerte der PAKF den gleichen Wert besitzen. Dieser konstante Nebenwert, bezeichnet mit $\check{\phi}_{ss}(1)$, ergibt sich aus der Formel für den Folgenmittelwert

$$
m_s = \sum_{n=0}^{L-1} s(n) = \Phi_s(0)
\tag{5.62}
$$

und der Flächenbeziehung für reellwertige periodische Folgen $\tilde{s}(n)$ mit zweiwertiger PAKF der Länge L, der Energie $\mathcal{E}_s$ und des Mittelwertes m_s

$$
\mathcal{E}_s + (L-1)\check{\phi}_{ss}(1) = |m_s|^2
\tag{5.63}
$$

Mit $|m_s| = \sqrt{\mathcal{E}_s - \check{\phi}_{ss}(1) + L\check{\phi}_{ss}(1)}$ und $m_s = 0$, $\mathcal{E}_s = p-1$ und $L = p$ folgt sofort $\check{\phi}_{ss}(1) = \check{\phi}_{ss} = -1$. Damit erhält man als PAKF der Legendre-Folgen:

$$
\phi_{ss_b}(m) = \begin{cases} p-1 & \text{falls: } m \equiv 0 \pmod{L} \\ -1 & \text{sonst} \end{cases}
\tag{5.64}
$$

Aus einem Teil der ternären Legendre-Folgen $s(n)$ lassen sich gute binäre Legendre-Folgen $s_b(n)$ mit ebenfalls zweiwertiger PAKF dadurch ableiten, daß die führende Null durch eine Eins ersetzt wird [Boehmer67]. Es läßt sich dann unter Verwendung des Einheitsimpulses $\delta(n)$ schreiben:

$$s_b(n) = s(n) + \delta(n) \tag{5.65}$$

Für die PAKF dieser Summe erhält man mit der Additionsregel bzw. mit den Korrelationen periodischer Folgen

$$\tilde{h}(n) = \tilde{s}(n) + \tilde{g}(n) \qquad \text{mit } L_s = L_g = L_h \tag{5.66}$$

$$\phi_{hh}(m) = \phi_{ss}(m) + \phi_{gg}(m) + \phi_{sg}(m) + \phi_{gs}(m) \tag{5.67}$$

völlig analog

$$\phi_{ss_b}(m) = \phi_{ss}(m) + \phi_{\delta\delta}(m) + \phi_{s\delta}(m) + \phi_{\delta s}(-m) \tag{5.68}$$

Weiters ist die Grundperiode:

$$\begin{aligned}
\phi_{\delta\delta}(m) &= \delta(m) \\
\phi_{s\delta}(m) &= s(m) \\
\phi_{\delta s}(m) &= s(-m) \qquad \text{für: } m = 0, 1, \ldots, p-1
\end{aligned} \tag{5.69}$$

Insbesondere gilt für $\frac{p-1}{2}$ ungerade, also für $p \equiv 3 \pmod 4$:

$$(-n)^{\frac{p-1}{2}} = -n^{\frac{p-1}{2}} \tag{5.70}$$

Die Bildungsvorschrift der Legendre-Folgen berücksichtigt, ist in diesem Fall:

$$s(m) = -s(-m) \qquad 0 < m < p \tag{5.71}$$

Damit erhält man mit der PAKF der Summe und unter Berücksichtigung der Formeln für die Grundperiode:

$$\phi_{ss_b}(m) = \phi_{ss}(m) + \delta(m) \qquad m = 0, 1, \ldots, p-1 \tag{5.72}$$

Folglich ergibt sich für

$$L = p \equiv 3 \pmod 4 \qquad \text{prim, bzw.} \, L \in \{3, 7, 11, 19, 23, 31, \ldots\} \tag{5.73}$$

die PAKF zu

$$\phi_{ss_b}(m) = \begin{cases} p & \text{falls: } m \equiv 0 \pmod p \\ -1 & \text{sonst} \end{cases} \tag{5.74}$$

In den Tab.5.14 und Tab.5.15 ist eine kleine Zusammenstellung von Legendre-Folgen und ihrer PAKF gegeben.

5.11.3 Pseudozufallsfolgen

In vielen Bereichen der digitalen Elektronik, bei der Computertechnik in Datenübertragungssystemen auf dem Starkstromnetz [Drucks91, Goiser93, Goiser97/3], in der Kryptographie bei militärischen Anwendungen, bei Impuls- und Dauerstrichradarsystemen [Skolnik90], bei aktiven Rangingverfahren wie der Satellitennavigation für Schiffe und Flugzeuge [Logsdon92], sowie bei passiven Rangingverfahren wie dem NAVSTAR-GPS des Verteidigungsministeriums der USA und dem primär militärischen, russischen Pendant GLONASS, bei geplanten Mobilfunksystemen und allgemein bei digitalen Übertragungssystemen, die mit Codemultiplex (Spread-Spectrum System) mit anschließendem Korrelationsempfang arbeiten, sind Pseudozufallsfolgen sehr wichtig.

Bei Spread-Spectrum Übertragungsverfahren ist, wegen des relativ starren Korrelationsempfängers, eine optimale Codewahl im Falle der Mehrkanalbenutzung eine essentielle Systemvoraussetzung. Die Codemultiplextechnik hat gegenüber den klassischen Orthogonalverfahren den Nachteil, daß die nur angenäherte Orthogonalität der Kanalträgerfunktionen schon bei nur zwei Kanälen auch bei idealer Übertragung ein Kanalnebensprechen auslöst, das mit der verwendeten Kanalanzahl zunimmt. Aus diesen Gründen sind die Eigenschaften der Codes bzw. der Codefamilien, die in Codemultiplexsystemen die Bandaufspreizung bewirken, bezüglich ihrer periodischen Autokorrelationen (PAKF) und ihrer periodischen Kreuzkorrelationen (PKKF), da eben diese die Qualität des Korrelationsempfanges bestimmen, von wesentlicher Bedeutung. Daraus resultierte bereits immer der Wunsch pseudozufällige Folgen zur Verfügung zu haben, also Folgen, die sich als zufällig darstellen, auch wenn sie bei genauerer Betrachtung eigentlich determiniert sind. Die PAKF solcher Folgen wird sodann ein impulsförmiges Verhalten im Bereich zeitlicher Deckungsgleichheit, $m \equiv 0 \pmod L$ aufweisen, und im Restbereich nahezu verschwinden.

L=3

$s(n)$	0	1	-1
PAKF	2	-1	-1
PAKF, bin	3	-1	-1

L=5

$s(n)$	0	1	-1	-1	1
PAKF	4	-1	-1	-1	-1
PAKF, bin	5	1	-3	-3	1

L=7

$s(n)$	0	1	1	-1	1	-1	-1
PAKF	6	-1	-1	-1	-1	-1	-1
PAKF, bin	7	-1	-1	-1	-1	-1	-1

L=11

$s(n)$	0	1	-1	1	1	1	-1	-1	-1	1	-1
PAKF	10	-1	-1	-1	-1	-1	-1	-1	-1	-1	-1
PAKF, bin	11	-1	-1	-1	-1	-1	-1	-1	-1	-1	-1

L=13

$s(n)$	0	1	-1	1	1	-1	-1	-1	-1	1	1	-1	1
PAKF	12	-1	-1	-1	-1	-1	-1	-1	-1	-1	-1	-1	-1
PAKF, bin	13	1	-3	1	1	-3	-3	-3	-3	1	1	-3	1

L=17

$s(n)$	0	1	1	-1	1	-1	-1	-1	1	1	-1	-1	-1	1	-1	1	1
PAKF	16	-1	-1	-1	-1	-1	-1	-1	-1	-1	-1	-1	-1	-1	-1	-1	-1
PAKF, bin	17	1	1	-3	1	-3	-3	-3	1	1	-3	-3	-3	1	-3	1	1

L=29

$s(n)$	0	1	-1	-1	1	1	1	1	-1	1	-1	-1	-1	1	-1	-1	1	-1	-1	-1	1	-1	1	1	1	1	-1	-1	1
PAKF	28	-1	-1	-1	-1	-1	-1	-1	-1	-1	-1	-1	-1	-1	-1	-1	-1	-1	-1	-1	-1	-1	-1	-1	-1	-1	-1	-1	-1
PAKF, bin	29	1	-3	-3	1	1	1	1	-3	1	-3	-3	-3	1	-3	-3	1	-3	-3	-3	1	-3	1	1	1	1	-3	-3	1

Tabelle 5.14: Legendre-Folgen in ternärer und binärer Form ($3 \leq L \leq 29$).

L=31															
$s(n)$	0	1	1	-1	1	1	-1	1	1	1	1	-1	-1	-1	1
	-1	1	-1	1	1	1	-1	-1	-1	-1	1	-1	-1	1	-1
	-1														
PAKF	30	-1	-1	-1	-1	-1	-1	-1	-1	-1	-1	-1	-1	-1	-1
	-1	-1	-1	-1	-1	-1	-1	-1	-1	-1	-1	-1	-1	-1	-1
	-1														
PAKF, bin	31	-1	-1	-1	-1	-1	-1	-1	-1	-1	-1	-1	-1	-1	-1
	-1	-1	-1	-1	-1	-1	-1	-1	-1	-1	-1	-1	-1	-1	-1
	-1														

L=37															
$s(n)$	0	1	-1	1	1	-1	-1	1	-1	1	1	1	1	-1	-1
	-1	1	-1	-1	-1	-1	1	-1	-1	-1	1	1	1	1	-1
	1	-1	-1	1	1	-1	1								
PAKF	36	-1	-1	-1	-1	-1	-1	-1	-1	-1	-1	-1	-1	-1	-1
	-1	-1	-1	-1	-1	-1	-1	-1	-1	-1	-1	-1	-1	-1	-1
	-1	-1	-1	-1	-1	-1	-1								
PAKF, bin	37	1	-3	1	1	-3	-3	1	-3	1	1	1	1	-3	-3
	-3	1	-3	-3	-3	-3	1	-3	-3	-3	1	1	1	1	-3
	1	-3	-3	1	1	-3	1								

L=41															
$s(n)$	0	1	1	-1	1	1	-1	-1	1	1	1	-1	-1	-1	-1
	-1	1	-1	1	-1	1	1	-1	1	-1	1	-1	-1	-1	-1
	-1	1	1	1	-1	-1	1	1	-1	1	1				
PAKF	40	-1	-1	-1	-1	-1	-1	-1	-1	-1	-1	-1	-1	-1	-1
	-1	-1	-1	-1	-1	-1	-1	-1	-1	-1	-1	-1	-1	-1	-1
	-1	-1	-1	-1	-1	-1	-1	-1	-1	-1	-1				
PAKF, bin	41	1	1	-3	1	1	-3	-3	1	1	1	-3	-3	-3	-3
	-3	1	-3	1	-3	1	1	-3	1	-3	1	-3	-3	-3	-3
	-3	1	1	1	-3	-3	1	1	-3	1	1				

L=47															
$s(n)$	0	1	1	1	1	-1	1	1	1	1	-1	-1	1	-1	1
	-1	1	1	1	-1	-1	1	-1	-1	1	1	-1	1	1	-1
	-1	-1	1	-1	1	-1	1	1	-1	-1	-1	-1	1	-1	-1
	-1	-1													
PAKF	46	-1	-1	-1	-1	-1	-1	-1	-1	-1	-1	-1	-1	-1	-1
	-1	-1	-1	-1	-1	-1	-1	-1	-1	-1	-1	-1	-1	-1	-1
	-1	-1	-1	-1	-1	-1	-1	-1	-1	-1	-1	-1	-1	-1	-1
	-1	-1													
PAKF, bin	47	-1	-1	-1	-1	-1	-1	-1	-1	-1	-1	-1	-1	-1	-1
	-1	-1	-1	-1	-1	-1	-1	-1	-1	-1	-1	-1	-1	-1	-1
	-1	-1	-1	-1	-1	-1	-1	-1	-1	-1	-1	-1	-1	-1	-1
	-1	-1													

Tabelle 5.15: Legendre-Folgen in ternärer und binärer Form ($31 \leq L \leq 47$).

Bei Mehrkanalsystemen wünscht man Codefamilien, wobei die einzelnen Spreizcodes eine möglichst ideal verschwindende PKKF besitzen, um das Kanalnebensprechen zu minimieren. Nun soll ein Codegenerator, der eine solche Pseudozufallsfolge erzeugt, falls er in derselben Art und Weise wieder eingesetzt wird, natürlich auch wieder dieselbe Pseudozufallsfolge erzeugen. Wird eine Nachricht mittels einer Pseudozufallsfolge eines Codegenerators moduliert, so soll diese mit demselben Codegenerator wieder demodulierbar sein. Ein derartiger Codegenerator soll denkbar einfach aufgebaut sein, er soll die Möglichkeit bieten, durch einfache Modifikationen in seiner Netzwerkstruktur, eine neue Zufallsfolge zu erzeugen, somit eine einfache Codeumschaltung zulassen.

Es stellt sich unmittelbar die Frage, welche Eigenschaften eine solche, von einem beliebigen Codegenerator erzeugte, Pseudozufallsfolge haben soll, da es evident ist, daß keine einzige endliche, algebraische Folge wirklich zufällig sein kann. Die beste Lösung ist es, bestimmte Eigenschaften, die man auf Zufälligkeit bezieht, herauszugreifen und jede Folge, die diese Eigenschaften erfüllt, als Pseudozufallsfolge in diesem Sinne zu akzeptieren. Vorausgesetzt seien hier vorerst binäre Folgen, also Folgen, deren Folgenelemente dem Galoisfeld **GF** (2) entnommen sind. Derartige binäre Folgen nennt man, da sie keine negativen Elemente enthalten, inkohärente Binärfolgen oder auch unipolare Binärfolgen.

Prinzipiell werden die Definition 5.29 angegebenen Eigenschaften einer binären Folge mit Zufälligkeit verbunden.

DEFINITION 5.29 (PSEUDOZUFÄLLIGKEIT) *Eine Pseudozufallsfolge hat folgende Eigenschaften:*

Balance: *In jedem beliebigen Intervall der Folge sei die Anzahl der auftretenden Einsen annähernd gleich mit der Anzahl der auftretenden Nullen. Die Elemente des Galoisfeldes sollen also mit annähernd gleicher Wahrscheinlichkeit in der Folge auftreten.*

Runs: *Die Anzahl von Folgenteilen mit aufeinanderfolgenden Einsen soll annähernd gleich der Anzahl von Folgenteilen mit aufeinanderfolgenden Nullen sein. Man spricht man hier von Run-Gleichverteilung. Kurze Runs sollen häufiger sein als längere Runs. Genauer sollen in der Folge die halben Runs die Länge 1 haben, ein Viertel aller Runs soll die Länge 2 haben, ein Achtel soll die Länge 3 haben, u.s.w.*

PAKF: *Die periodische Autokorrelationsfunktion einer bipolaren PN-Folge ist zweiwertig.*

Ist $a(n)$ eine periodische Folge mit Elementen aus **GF** (2) mit einer Periode L, so kann man dieser unipolaren Binärfolge mit folgender Codierung eine bipolare, amplitudensymmetrische Binärfolge $a_s(n)$ zuordnen:

$$\boxed{0 \mapsto 1 \qquad 1 \mapsto -1} \tag{5.75}$$

Bei dieser Zuordnung geht die Gültigkeit der ersten und zweiten Folgeneigenschaft sichtlich nicht verloren. Die periodische Autokorrelationsfunktion $\phi_{aa}(m)$ dieser zugeordneten, bipolaren Folge $a_s(n)$ ist gegeben durch:

$$\phi_{aa}(m) = \sum_{n=0}^{L-1} a_s(n) \cdot a_s[(n+m) \ (\mathrm{mod}\ L)] \tag{5.76}$$

Nun soll die PAKF $\phi_{aa}(m)$ der Folge zweiwertig sein und folgende Bedingung erfüllen:

$$\phi_{aa_b}(m) = \sum_{n=0}^{L-1} a_s(n) \cdot a_s[(n+m) \ (\mathrm{mod}\ L)] = \tag{5.77}$$

$$= \begin{cases} L & \text{falls } m \equiv 0 \ (\mathrm{mod}\ L) \\ \check{\phi}_{aa}(1) << 1 & \text{falls } m \not\equiv 0 \ (\mathrm{mod}\ L) \end{cases} \tag{5.78}$$

Oft wird in der Literatur die PAKF der Folge auf die Periodenlänge L bezogen und somit ergibt sich für diese zweiwertige, normierte PAKF $\frac{1}{L}\phi_{aa_b}(m)$:

$$\frac{1}{L}\phi_{aa_b}(m) = \sum_{n=0}^{L-1} a_s(n) \cdot a_s[(n+m) \ (\mathrm{mod}\ L)] = \tag{5.79}$$

$$= \begin{cases} 1 & \text{falls } m \equiv 0 \ (\mathrm{mod}\ L) \\ \dfrac{\check{\phi}_{aa}(1)}{L} < 1 & \text{falls } m \not\equiv 0 \ (\mathrm{mod}\ L) \end{cases} \tag{5.80}$$

In den beiden Formeln für die zweiwertige PAKF bezeichnet man den Wert bei Folgendeckungsgleichheit $m \equiv 0 \ (\mathrm{mod}\ L)$ den Inphase- bzw. Hauptwert oder Maximalwert $\hat{\phi}_{aa}$ der PAKF. Den konstanten Wert $\check{\phi}_{aa}(1)$ bzw. normiert $\frac{\check{\phi}_{aa}(1)}{L}$ nennt man Nebenwert der PAKF. Nebenwerte treten bei beliebigen Zeitverschiebungen $m \not\equiv 0 \ (\mathrm{mod}\ L)$ der Folge auf. Ist die PAKF einer Folge nicht zweiwertig, so gibt es natürlich mehrere Nebenwerte $\check{\phi}_{aa}(1), \check{\phi}_{aa}(2), \check{\phi}_{aa}(3),, \dots\dots$.

Jede Folge, die die obigen drei Eigenschaften erfüllt, ist eine sogenannte Pseudozufallsfolge. Dabei ist, wie einleitend erwähnt, die Eigenschaft bezüglich der PAKF besonders wichtig für den Korrelationsempfang in Spread-Spectrum Systemen. Der Empfänger muß einen gesendeten Spreizcode in seiner Anfangsphasenlage bestimmen bzw. erkennen und diesem dann laufend folgen können. Diese Funktion wird deutlich erleichtert durch Codefolgen, die eine zweiwertige PAKF besitzen. Es wird sich zeigen, daß bipolare, binäre Pseudozufallsfolgen maximaler Periodenlänge diese Eigenschaft bestens erfüllen.

Nun sollen drei verschiedene, binäre Folgen auf deren Eigenschaften bezüglich Zufälligkeit im obigen Sinne überprüft werden:

Als Beispiel sei zuerst die binäre Folge $a(n) = [1110100]$, $a_n \in \mathbf{GF}(2)$ ausgewählt. Man setzt voraus, daß sich diese Folge immer periodisch wiederholt. Man sieht, daß das Element Eins genau viermal vorkommt, das Element Null genau dreimal. Die erste Eigenschaft der annähernd gleichen Auftrittswahrscheinlichkeit der beiden Folgenelemente ist somit erfüllt. Wenn man die Folge auf Runs überprüft, stellt man fest, daß von den vier existierenden Runs die Hälfte die Länge Eins und ein Viertel die Länge Zwei hat. Damit ist auch die geforderte Runverteilung gegeben. Bildet man die zugehörige, bipolare Binärfolge $a_s(n) = [-1 - 1 - 11 - 111]$ und berechnet man davon die PAKF der Folge, so ergibt sich $\phi_{aa_b}(m = 0) = 7$ als Hauptwert $\hat{\phi}_{aa}$ und als konstanter Nebenwert $\check{\phi}_{aa}(1)$, bei nicht genauer Deckungsgleichheit, folgt $\phi_{aa_b}(m \neq 0) = -1$. Es ist hiermit auch die bezüglich der periodischen Autokorrelation geforderte Bedingung erfüllt. Insgesamt liegt hier im obigen Sinne eine Pseudozufallsfolge vor.

Als weiteres Beispiel sei die binäre Folge $a(n) = [11011100010]$, $a_n \in \mathbf{GF}(2)$ gewählt. Wieder ist, wie sich leicht nachprüfen läßt, die Bedingung 1 bezüglich der annähernd gleichen Auftrittswahrscheinlichkeit der beiden Folgenelemente erfüllt. Bildet man die zugeordnete, bipolare Binärfolge $a_s(n) = [-1 - 11 - 1 - 1 - 1111 - 11]$, so ergibt sich für den Hauptwert der PAKF $\hat{\phi}_{aa} = 11$ und als konstanter Nebenwert $\check{\phi}_{aa}(1)$, bei nicht genauer Deckungsgleichheit folgt $\phi_{aa_b}(m \neq 0) = -1$. Die Bedingung 3 für die PAKF der bipolaren Folge ist erfüllt. Die Bedingung 2 bezüglich der Runverteilung trifft nicht zu, denn es gibt zwei Runs des Elementes 0 bzw. in der bipolaren Folge des Elementes 1 der Länge Eins, aber nur einen solchen Run des Elementes 1, bzw. bipolar -1. Dieses Folgenbeispiel repräsentiert keine Pseudozufallsfolge.

Als letztes Beispiel sei gewählt: $a(n) = [10110010]$, $a_n \in \mathbf{GF}(2)$. Man ersieht sofort, daß Bedingung 1, der annähernd gleichen Auftrittswahrscheinlichkeit der beiden Folgenelemente, erfüllt ist. Die Bedingung 2 der Runverteilung ist ebenfalls erfüllt. Man findet bei den sechs existierenden Runs doppelt so viele Runs der Länge Eins, als Runs der Länge Zwei vorhanden sind. Jedoch ist hier keinesfalls die Bedingung 3 für die PAKF erfüllt. Bildet man die zugehörige, bipolare Binärfolge $a_s(n) = [-11 - 1 - 111 - 11]$, so ergibt sich für den Hauptwert der PAKF $\hat{\phi}_{aa} = 8$ und für den konstanten Nebenwert $\check{\phi}_{aa}(1)$ der PAKF bei nicht genauer Deckungsgleichheit $(m \neq 0)$ immer ein Wert aus $\{0, -4\}$. Es gäbe also zwei verschiedene Nebenwerte $\check{\phi}_{aa}(1) = 0$ und $\check{\phi}_{aa}(2) = -4$ und somit wäre die PAKF nicht mehr zweiwertig, sondern dreiwertig. Hier sei ohne Beweis vorausgeschickt, daß, falls Bedingung 1 erfüllt ist, der konstante Nebenwert $\check{\phi}_{aa}(1)$ der PAKF immer den Wert -1 annehmen muß.

Zusammengefaßt kann man folgende drei Eigenschaften mit der Zufälligkeit einer binären Folge in Verbindung bringen:

1. Balance der beiden Folgenelemente [0, 1].

2. Zwei Runs der Länge n für jeden Run der Länge $n + 1$.

3. Die Existenz einer zweiwertigen PAKF der zugehörigen, bipolaren Folge.

Eine binäre Folge, die diese drei grundlegenden Eigenschaften, die im weiteren ergänzt und noch genauer spezifiziert werden sollen, erfüllt, wird Pseudozufallsfolge genannt. Es wird sich zeigen, daß für diese Anforderungen bei der Erzeugung von Pseudozufallsfolgen lineare, rekursive Schieberegistergeneratoren eine optimale Lösung darstellen.

5.11.3.1 Erzeugung von Pseudozufallsfolgen mit Schieberegistergeneratoren

5.11.3.1.1 Struktur von Schieberegistergeneratoren Ein Schieberegister ist eine Anordnung von r getakteten Speicher- bzw. Verzögerungselementen, in denen r Elemente einer Folge gespeichert sind. Diese Folgenelemente werden mit jedem Taktimpuls um einen Schritt nach rechts verschoben. Damit dieses Schieberegister aktiv gehalten werden kann, werden bestimmte Speicherelemente über einen Moduloaddierer an den Registereingang rückgekoppelt. Geht man wieder vom digitalen Fall aus, wobei alle Folgenelemente dem **GF** (2) entnommen werden, so erhält man folgende Prinzipstruktur eines digitalen, rekursiven Filters:

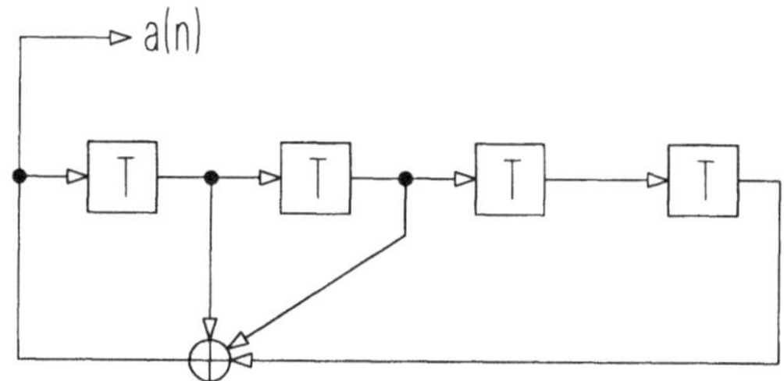

Abbildung 5.3: Prinzip eines Schieberegistergenerators.

Es ist einfach zu zeigen, daß die Anzahl der verschiedenen Zustände in einem derartigen Schieberegistergenerator begrenzt ist; d.h. die einzelnen Zustände wiederholen sich periodisch. Nimmt man einen Schieberegistergenerator mit einer Länge von r Speicherelementen an, so gibt es im binären Fall maximal $m = 2^r$ verschiedene Zustände. Jeder Zustand ist eindeutig durch den vorhergehenden Zustand bestimmt. Ist ein Zustand ident mit einem vorhergehenden Zustand, dann sind auch alle darauffolgenden Zustände im selben Abstand ident mit den vorhergehenden Zuständen. Man erhält also eine Periodizität der einzelnen Zustände von maximal 2^r. Schließt man den Nullzustand aus, da dieser als Folgezustand immer wieder den Nullzustand hervorruft, dann wird klar, daß die maximale Periode gegeben ist durch:

$$L_b = 2^r - 1 \tag{5.81}$$

Verallgemeinert man hier die Voraussetzung einer binären Folge und läßt allgemein p-näre Folgen zu, sodaß die Folgenelemente einem beliebigen **GF** (p) entnommen werden können, so ergibt sich die maximale Periode wiederkehrender Zustände zu:

$$L_p = p^r - 1 \tag{5.82}$$

Im weiteren soll gezeigt werden, daß für jede beliebige Länge r eines Schieberegistergenerators mindestens eine Struktur eines Rückkoppelnetzwerkes existiert, sodaß die maximale Periode wiederkehrender Zustände gegeben ist, egal ob man hier eine Einschränkung auf binäre oder auf p-näre Folgen trifft.

Man betrachte nun die Abfolge $a(n)$ von Zuständen eines einzelnen, bestimmten Speicherelementes eines Schieberegistergenerators der Länge r. Hier soll das erste (linke) Speicherelement ausgewählt werden. Die Abfolge der aufeinanderfolgenden Zustände dieses ersten Speicherelementes sei gegeben durch die Zustände $a_0, a_1, a_2, \ldots, a_n$. Nimmt man ein beliebiges Rückkoppelnetzwerk an, so erkennt man, daß an die Summe modulo p der Inhalte aller Speicherelemente des Zustandes $n - 1$ sein muß, da jedes Speicherelement in Abhängigkeit vom Rückkoppelnetzwerk an den Eingang rückgeführt werden kann. Somit erfüllt an folgende Form:

$$a_n = c_1 \, a_{n-1} + c_2 \, a_{n-2} + c_3 \, a_{n-3} + \ldots + c_r \, a_{n-r} \tag{5.83}$$

Die Koeffizienten $c_1, \ldots, c_r$ sind dabei einem beliebigen Galoisfeld **GF** (p) entnommen. Mit der Addition in dieser Gleichung ist natürlich die Addition modulo p gemeint. Die Struktur dieser Gleichung entspricht der Struktur einer linearen, homogenen Differenzengleichung der Form:

$$c_0 \, a_i + c_1 \, a_{i-1} + \ldots + c_n \, a_{i-n} = 0 \qquad \text{mit: } i = n, n+1, \ldots \text{ und } c_0, c_n \neq 0 \tag{5.84}$$

die so eine unendliche, rekursive Folge $a_1, a_2, a_3, \ldots$ definiert. Rekursiv werden diese Folgen genannt, weil sich jedes Element a_i aus den n vorhergehenden Elementen berechnet, wie durch umstellen der Differenzengleichung ersichtlich ist:

$$a_i = -\frac{1}{c_0} \sum_{k=1}^{n} c_k \cdot a_{i-k} \qquad c_k, a_i \in \mathbf{GF} \, (p) \tag{5.85}$$

Der rekursiven Folge, die der Geschichte des gewählten ersten Speicherelementes entspricht, kann nun eine Potenzreihe zugeordnet werden, die man oft als Generatorpolynom bezeichnet. Dieses Generatorpolynom $G(x)$ hat die Form:

$$G(x) = \sum_{n=0}^{\infty} a_n\, x^n \qquad (5.86)$$

Der Initialzustand des Schieberegistergenerators werde angenommen mit:

$$a_{-1}, a_{-2}, a_{-3}, \dots, a_{-r}$$

Weiters erfülle die Folge $a(n)$ folgende Rekursionsbedingung:

$$a_n = -\frac{1}{c_0} \sum_{i=1}^{r} c_i \cdot a_{n-i} \qquad (5.87)$$

Es ergibt sich somit für $G(x)$:

$$
\begin{aligned}
G(x) &= -\frac{1}{c_0} \sum_{n=0}^{\infty} \sum_{i=1}^{r} c_i \cdot a_{n-i} x^n = -\frac{1}{c_0} \sum_{i=1}^{r} c_i \cdot x^i \sum_{n=0}^{\infty} c_i \cdot a_{n-i} x^{n-i} = \\
&= -\frac{1}{c_0} \sum_{i=1}^{r} c_i \cdot x^i \cdot \left[a_{-i} \cdot x^{-i} + \dots + a_{-1} \cdot x^{-1} + \sum_{n=0}^{\infty} a_n \cdot x^n \right] = \\
&= -\frac{1}{c_0} \sum_{i=1}^{r} c_i \cdot x^i \cdot \left[a_{-i} \cdot x^{-i} + \dots + a_{-1} \cdot x^{-1} + G(x) \right] \qquad (5.88)
\end{aligned}
$$

Und nach folgender Umformung

$$G(x) + \frac{1}{c_0} \sum_{i=1}^{r} c_i \cdot x^i \cdot G(x) = -\frac{1}{c_0} \sum_{i=1}^{r} c_i \cdot x^i \cdot \left[a_{-i} \cdot x^{-i} + \dots + a_{-1} \cdot x^{-1} \right]$$

ergibt sich schließlich:

$$G(x) = \frac{-\frac{1}{c_0} \sum_{i=1}^{r} c_i \cdot x^i \cdot \left[a_{-i} \cdot x^{-i} + \dots + a_{-1} \cdot x^{-1} \right]}{1 + \frac{1}{c_0} \sum_{i=1}^{r} c_i \cdot x^i} \qquad (5.89)$$

Hiermit wird $G(x)$ ausgedrückt als Funktion des Initialzustandes $a_1, a_2, a_3, \ldots, a_r$ und der Koeffizienten $c_1, c_2, c_3, \ldots, c_r$, die das Rückkoppelnetzwerk bestimmen. Man sieht sofort, daß der Nenner des Bruches nicht vom Initialzustand abhängt, sondern allein durch die Koeffizienten der Rückkoppelung bestimmt wird. Wenn man nun vom binären Fall ausgeht, besteht zwischen "+" und "-" kein Unterschied. Nimmt man weiters an, daß $a_1, a_2, a_3, \ldots, a_{1-r} = 0$ gelte und nur $a_r = 1$ sei, sowie $c_0 = 1$, dann reduziert sich der Ausdruck für $G(x)$ folgendermaßen:

$$G(x) = \frac{c_r}{1 + \sum_{i=1}^{r} c_i \cdot x^i} \tag{5.90}$$

Das Nennerpolynom r-ten Grades

$$f(x) = 1 + \sum_{i=1}^{r} c_i \cdot x^i \tag{5.91}$$

nennt man jetzt das charakteristische bzw. das erzeugende Polynom der binären Folge $a(n)$ und des Schieberegistergenerators, der diese lineare, rekursive Folge erzeugt. Man kann somit einen beliebigen Schieberegistergenerator durch sein charakteristisches Polynom beschreiben. Das charakteristische Polynom erstreckt sich in der Summe $\sum_{i=1}^{r} c_i \cdot x^i$ nur auf jene x_i mit $c_i \neq 0$, also auf jene Speicherelemente, die über das Rückkoppelnetzwerk an den Eingang des Generators rückgeführt sind. Für die Erzeugung allgemein p-närer Pseudozufallsfolgen gelangt man zu folgender Struktur eines Schieberegistergenerators:

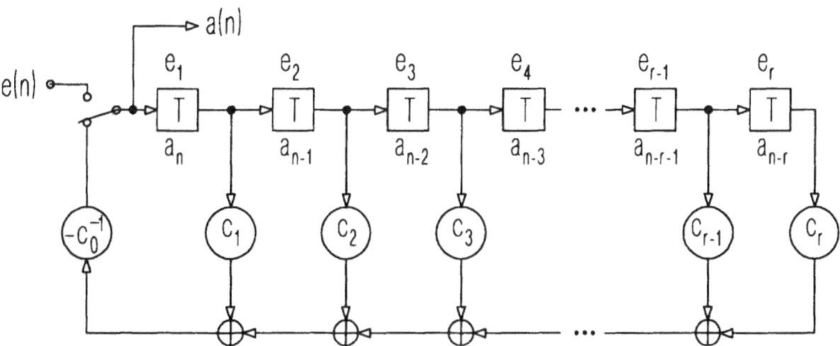

Abbildung 5.4: Linear rückgekoppelter Schieberegistergenerator.

Über den mit Eingangsfolge bezeichneten Anschluß wird ein gewünschter Initialisierungszustand in den Schieberegistergenerator geladen. Als Ausgangsfolge entsteht über eine gewichtete Moduloaddition die p-näre Pseudozufallsfolge rekursiv aus den r vorhergehenden Elementen. Das Rückkoppelnetzwerk wird durch die Koeffizienten $c_1, c_2, c_3, \ldots, c_r$, repräsentiert und stellt so das charakteristische Polynom dar. Betrachtet man die Übertragungsfunktion der Schaltung, so läßt sich hier in anschaulicher Weise das charakteristische Polynom, das den Schieberegistergenerator für den allgemeinen, p-nären Fall beschreibt, ableiten. Man bezeichne die Eingangsfolge, die den Initialisierungszustand des Generators festlegt, mit $e(n)$, die Ausgangsfolge wieder mit $a(n)$. Es gilt für die Elemente an der Ausgangsfolge $a(n)$ in analoger Weise zur vorigen Herleitung:

$$a_n = -\frac{1}{c_0} \cdot \sum_{i=1}^{r} c_i \cdot x^i \pmod{p} \tag{5.92}$$

Oder als lineare Differenzengleichung angeschrieben:

$$\sum_{i=0}^{r} c_i \cdot a_{n-i} \pmod{p} = 0 \qquad \text{mit:} a_n, c_i \in \mathbf{GF}(p)\,;\, c_0 \neq 0 \tag{5.93}$$

Im z-Bereich ergibt sich nun aus Abb.5.4 mit der z-Transformierten $\mathcal{Z}\{a_n\}\ \circ\!\!-\!\!\bullet\ A(z)$ und dem Verschiebungstheorem $\mathcal{Z}\{a_{n-i}\}\ \circ\!\!-\!\!\bullet\ z^{-i} \cdot A(z)$ die Beziehung

$$A(z) = E(z) + \frac{-1}{c_0} \cdot \left[c_1 z^{-1} A(z) + \cdot + c_r z^{-r} A(z) \right] \tag{5.94}$$

oder, wenn man nach $E(z)$ auflöst:

$$E(z) = A(z) \left[1 + \frac{1}{c_0} \cdot \left(c_1 z^{-1} + \ldots + c_r z^{-r} \right) \right] \tag{5.95}$$

Damit erhält man als Übertragungsfunktion des Schieberegistergenerators:

$$H(z) = \frac{A(z)}{E(z)} = \frac{c_0}{c_0 + c_1 z^{-1} + c_2 z^{-2} + \ldots + c_r z^{-r}} \tag{5.96}$$

Das Nennerpolynom von $H(z)$ ist das charakteristische Polynom $F(z)$. Mit der Substitution $x = z^{-1}$ gelangt man zur gebräuchlicheren Form des charakteristischen Polynoms

$$f(x) = c_r x^r + \ldots + c_2 x^2 + c_1 x + c_0 \qquad \text{mit:} c_r \neq 0 \tag{5.97}$$

Dieses charakteristische Polynom $f(x)$ mit $c_i \in \mathbf{GF}(p)$ und der Variablen x, welche hier auch als Zeitverzögerung $x^k = k\,T_c$ betrachtet wird, beschreibt eindeutig den Schieberegistergenerator und somit die Eigenschaften der erzeugten Folge $a(n)$. Es ist bereits darauf verwiesen worden, daß es für jede beliebige Länge r eines Schieberegistergenerators mindestens eine Struktur eines Rückkoppelnetzwerkes gibt, sodaß die maximale Periode $L_p = p^r - 1$ wiederkehrender Zustände gegeben ist. Es muß also bestimmte charakteristische Polynome geben, die Folgen maximaler Periode erzeugen. Bereits in Kap.5.10.1 und Kap.5.10.2 wurde darauf hingewiesen, daß es sich hierbei um die primitiven Polynome handelt. Ist das charakteristische Polynom, das einen Schieberegistergenerator der Länge r beschreibt, ein primitives Polynom vom Grade r, so entsteht eine Folge $a(n)$ maximaler Länge oder maximaler Periode L_p.

Folgen maximaler Länge werden in der Literatur meist Maximallängenfolgen oder m-Folgen genannt und bilden eine besonders wichtige Unterklasse der Pseudozufallsfolgen. Es ist daher wichtig, die notwendigen Bedingungen, die ein charakteristisches Polynom erfüllen muß, um eine Folge maximaler Periode zu erzeugen, genauer zu betrachten.

5.11.3.1.2 Notwendige Bedingungen für maximale Periode

DEFINITION 5.30 (FOLGE MAXIMALER LÄNGE) *Eine Folge $a(n)$, die mittels eines Schieberegistergenerators der Länge r erzeugt wurde, hat maximale Periode bzw. maximale Länge, wenn diese Periode durch $L_p = p^r - 1$ gegeben ist.*

Wie bereits im obigen Abschnitt erklärt, muß das dem Schieberegistergenerator zugrundeliegende, charakteristische Polynom ein primitives Polynom sein. Primitive Polynome sind immer auch irreduzible Polynome. Es stellt sich hier also die Frage, warum genügt der maximalen Periode nicht bereits die Eigenschaft eines irreduziblen, charakteristischen Polynoms. Man kann eines sicher feststellen und im folgenden Theorem formulieren:

THEOREM 5.1 Wenn die Folge $a(n)$ eine Folge maximaler Länge ist, dann ist das, dem erzeugenden Schieberegistergenerator zugrundeliegende, charakteristische Polynom sicher ein irreduzibles Polynom. D.h ein irreduzibles Polynom aus dem Polynomring $\mathbf{GF}(p)_{[x]}$, mit Koeffizienten aus dem Basiskörper $\mathbf{GF}(p)$.

Man nimmt folgendes charakteristisches Polynom: $f(x) = x^6 + x^4 + x^2 + x + 1$. Dieses Polynom beschreibt den Schieberegistergenerator mit Länge $r = 6$ und stellt ein irreduzibles Polynom aus dem Polynomring $\mathbf{GF}(2)_{[x]}$ über dem Basiskörper $\mathbf{GF}(2)$ dar.

In Abschnitt5.10.2, Definition:5.26 wurde formuliert, daß, falls $f(x)$ ein Polynom vom Grade m ist und irreduzibel über $\mathbf{GF}(q)$ ist, die Ordnung $ord(f(x))$ den Wert $q^m - 1$ teilt. Hier ist $f(x)$, dem Schieberegistergenerator entsprechend, ein Polynom vom Grade r und irreduzibel über dem Galoisfeld $\mathbf{GF}(2)$. Die Ordnung von $f(x)$ muß also den Wert $p^r - 1 = 2^6 - 1 = 63$ teilen. Für die Ordnung von $f(x)$

ergibt sich: $ord\,(f(x)) = 21$. Die Zahl 21 teilt die Zahl 63, womit gezeigt ist, daß ein irreduzibles Polynom der Ordnung 21 vorliegt. Nimmt man nun den zugehörigen Schieberegistergenerator, dessen Rückkoppelnetzwerk durch das charakteristische Polynom $f(x)$ beschrieben wird, her, so erkennt man, daß die entstehende Folge $a(n)$ eine Periodenlänge von ebenfalls 21 aufweist. Es handelt sich somit nicht um eine Folge maximaler Länge bzw. maximaler Periode, denn dabei müßte die Periode den Wert 63 annehmen. Dieser Sachverhalt soll jetzt anhand der Abb.5.5, die den Schieberegistergenerator für das Polynom $f(x) = x^6 + x^4 + x^2 + x + 1$ folgend der Struktur von Abb.5.4 darstellt, gezeigt werden.

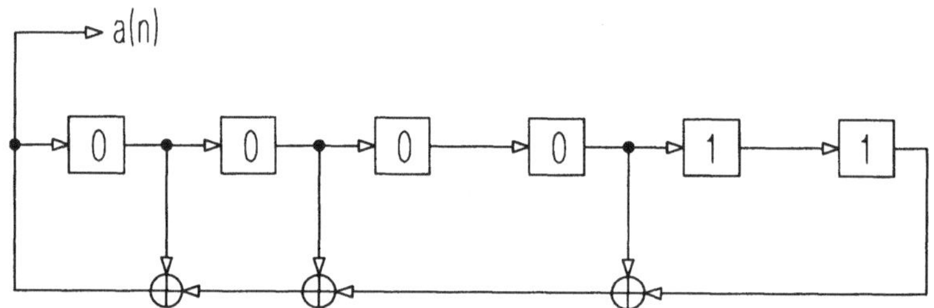

Abbildung 5.5: Schieberegistergenerator für $f(x) = x^6 + x^4 + x^2 + x + 1$.

Der Initialzustand sei $e(n) = [0\ 0\ 0\ 0\ 1\ 1]$. Die entstehende Periodenlänge soll mittels schrittweiser Abarbeitung der Funktion des Schieberegistergenerators ermittelt werden. D.h. nach jedem Taktzyklus wird vom Initialzustand ausgehend, der Inhalt der Schieberegister angeschrieben. Sobald der Initialzustand wieder erscheint, ist die Periodenlänge gefunden. Für den Generator in Abb.5.5 erhält man folgende Zustandsabfolge:

Beim Initialzustand sind jene Verzögerungselemente, deren Inhalte an der Moduloaddition (mod 2) teilnehmen, unterstrichen. Man bildet also die Modulo-2-Summe der unterstrichenen Elemente und erhält so jenes Element des **GF** (2), welches an den Schieberegistereingang rückgekoppelt wird. Es erscheint dann im Folgezustand ganz links. Auf diese Weise ist es sehr einfach sukzessive die aufeinanderfolgenden Zustände der Schieberegister anzuschreiben. In Abschnitt5.10.2 wurde mit algebraischen Methoden die Berechnung der Ordnung $ord\,(f(x))$ eines beliebigen Polynoms gezeigt. Das hier gezeigte Anschreiben der Zustandsfolge, eines dem charakteristischen Polynom zugeordneten Schieberegistergenerators, bietet ebenfalls die Möglichkeit die Ordnung eines Polynoms zu bestimmen. Der Vorteil dieser Methode liegt auch darin, daß sie gut mit Rechnerunterstützung ausgeführt werden kann. In der Literatur wird diese Methode oft mit Test auf maximale Periodenlänge bezeichnet. Sie bietet die Möglichkeit primitive Polynome aufzufinden, stellt somit auch einen möglichen Suchalgorithmus primitiver Polynome in einem beliebigen Polynomring **GF** $(p)_{[x]}$ dar.

Man ersieht oben in der Auflistung aller Generatorzustände die Periodenlänge 21. Die resultierende Ausgangsfolge lautet: $a(n) = [0\ 1\ 0\ 1\ 1\ 1\ 0\ 1\ 0\ 1\ 0\ 1\ 1\ 0\ 1\ 1\ 1\ 1\ 0\ 0\ 0]$. Sie hat ebenfalls die Länge 21. Hiermit ist sehr einleuchtend gezeigt worden, daß

Initialzustand	1.	<u>0</u>	<u>0</u>	<u>0</u>	<u>0</u>	1	<u>1</u>
	2.	1	0	0	0	0	1
	3.	0	1	0	0	0	0
	4.	1	0	1	0	0	0
	5.	1	1	0	1	0	0
	6.	1	1	1	0	1	0
	7.	0	1	1	1	0	1
	8.	1	0	1	1	1	0
	9.	0	1	0	1	1	1
	10.	1	0	1	0	1	1
	11.	0	1	0	1	0	1
	12.	1	0	1	0	1	0
	13.	1	1	0	1	0	1
	14.	0	1	1	0	1	0
	15.	1	0	1	1	0	1
	16.	1	1	0	1	1	0
	17.	1	1	1	0	1	1
	18.	1	1	1	1	0	1
	19.	0	1	1	1	1	0
	20.	0	0	1	1	1	1
	21.	0	0	0	1	1	1
Initialzustand	1.	**0**	**0**	**0**	**0**	**1**	**1**

Tabelle 5.16: Test auf maximale Periodenlänge für $f(x) = x^6 + x^4 + x^2 + x + 1$.

das irreduzible Polynom $f(x) = x^6 + x^4 + x^2 + x + 1$ keine Folge maximaler Länge erzeugt. Die Annahme in Theorem 5.1 ist zwar, wie sich noch weisen wird, notwendig, aber für die Erzeugung maximaler Periode nicht hinreichend.

Ein weiteres Beispiel soll den Sachverhalt, daß nur die Irreduzibilität eines Polynoms für die Erzeugung einer Folge maximaler Länge nicht ausreicht, noch verdeutlichen. Man wählt als charakteristisches Polynom für einen Schieberegistergenerator das über **GF** (2) irreduzible Polynom $f(x) = x^6 + x^3 + 1$ aus. Die Ordnung $ord(f(x))$ ergibt sich zu 9. Nach Definition 5.26 teilt $ord(f(x)) = 9$ den Wert von $p^r - 1 = 2^6 - 1 = 63$. Damit ist bereits bewiesen, daß $f(x)$ ein irreduzibles Polynom über **GF** (2) ist. Der Test auf maximale Periodenlänge soll beweisen, daß keine Folge maximaler Länge entsteht und auch $ord(f(x)) = 9$ gilt. Der Initialzustand des Schieberegistergenerators in Abb. 5.6 sei wieder durch $e(n) = [0\ 0\ 0\ 0\ 1\ 1]$ gegeben.

Beim Test auf maximale Periodenlänge erhält man für den Schieberegistergenerator in Abb. 5.6 folgende Zustandsabfolge:

Man erhält hier in der Auflistung aller Generatorzustände die Periodenlänge 9. Die resultierende Ausgangsfolge lautet: $a(n) = [0\ 1\ 1\ 0\ 1\ 1\ 0\ 0\ 0]$. Sie hat ebenfalls die Länge 9. Man ersieht in beiden Fällen, sowohl beim Schieberegistergenerator in Abb. 5.5 als

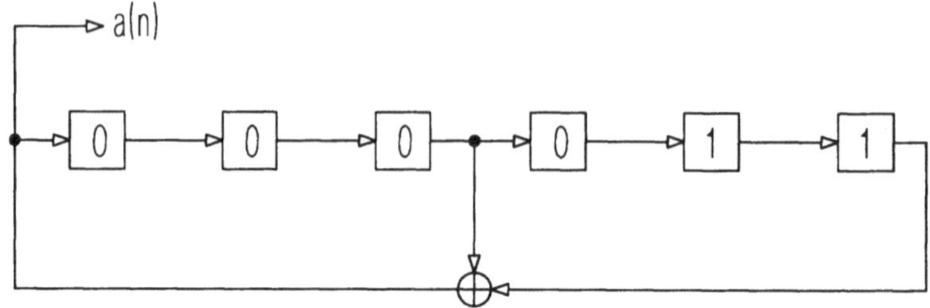

Abbildung 5.6: Schieberegistergenerator für $f(x) = x^6 + x^3 + 1$.

Initialzustand	1.	0	0	0	0	1	1
	2.	1	0	0	0	0	1
	3.	1	1	0	0	0	0
	4.	0	1	1	0	0	0
	5.	1	0	1	1	0	0
	6.	1	1	0	1	1	0
	7.	0	1	1	0	1	1
	8.	0	0	1	1	0	1
	9.	0	0	0	1	1	0
Initialzustand	1.	0	0	0	0	1	1

Tabelle 5.17: Test auf maximale Periodenlänge für $f(x) = x^6 + x^3 + 1$.

auch in Abb.5.6, daß die Ordnung $ord(f(x))$ des charakteristischen Polynoms $f(x)$, welches das Rückkoppelnetzwerk des zugehörigen Schieberegistergenerators festlegt, auch die Periodenlänge der resultierenden Ausgangsfolge $a(n)$ festlegt. Um eine Folge maximaler Länge zu erhalten, muß die Ordnung des charakteristischen Polynoms $f(x)$ nicht nur, wie das bei einem irreduziblen Polynom der Fall ist, ein Teiler der maximalen Periode $L_p = p^r - 1$ (im binären Fall: $L_b = 2^r - 1$) sein, sondern muß mit der maximalen Periode ident sein. Nun formuliert Satz5.29 in Abschnitt5.10.2, daß ein Polynom $f(x)$ dann und nur dann primitiv ist, wenn es erstens normiert ist, zweitens $f(0) \neq 0$ gilt, und drittens das Polynom $f(x)$ irreduzibel über das (auch erweiterte) Galoisfeld $\mathbf{GF}(q)$ mit der Ordnung $ord(f(x)) = q^m - 1$ ist. Dies bedeutet, daß Theorem5.1 fordert ein irreduzibles Polynom $f(x)$ aus dem Polynomring $\mathbf{GF}(p)_{[x]}$ als charakteristisches Polynom für einen Schieberegistergenerator, womit eine notwendige Bedingung für maximale Periodenlänge gefunden ist. Die weitere Spezifizierung des charakteristischen Polynoms trifft Satz5.29, Abschnitt5.10.2. Die Forderung nach Primitivität des charakteristischen Polynoms $f(x)$ ist für maximale Periodenlänge hinreichend. Dieser Sachverhalt soll im folgenden Satz formuliert werden:

SATZ 5.31 (ERZEUGUNG EINER m-FOLGE) *Das Polynom $f(x) \in \boldsymbol{GF}(p)_{[x]}$ sei ein charakteristisches, das Rückkoppelnetzwerk eines Schieberegistergenerators der Länge r bestimmendes, Polynom vom Grade r. Ist $f(x)$ ein primitives Polynom aus dem Polynomring $\boldsymbol{GF}(p)_{[x]}$ mit Koeffizienten aus $\boldsymbol{GF}(p)$ und erfüllt somit folgende Bedingungen:*

1. *$f(x)$ ist normiert*

2. *$f(0) \neq 0$*

3. *$\mathrm{ord}(f(x)) = p^r - 1$ (Binär: $\mathrm{ord}(f(x)) = 2^r - 1$),*

dann erzeugt der Schieberegistergenerator eine Folge $a(n)$ maximaler Länge bzw. maximaler Periode, welche kurz m-Folge genannt wird.

Dieser Satz gilt natürlich auch für erweiterte Galoisfelder $\boldsymbol{GF}(q)$ mit $q = p^m, m > 1$.

Zuletzt soll hier noch anhand eines Tests auf maximale Periodenlänge gezeigt werden, daß ein primitives Polynom tatsächlich eine m-Folge erzeugt. Auch hier werde ein charakteristisches Polynom $f(x)$ vom Grade 6 gewählt; $f(x) = x^6 + x + 1$. Diesmal ist $f(x)$ ein primitives Polynom aus dem Polynomring $\boldsymbol{GF}(2)_{[x]}$ und hat somit die Ordnung $\mathrm{ord}(f(x)) = 2^6 - 1 = 63$. Den zugehörigen Schieberegistergenerator zeigt Abb.5.7. Der Initialzustand sei wieder mit $e(n) = [0\ 0\ 0\ 0\ 1\ 1]$ gegeben.

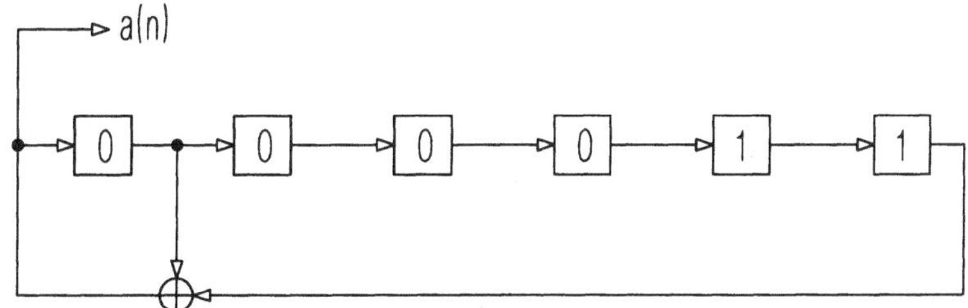

Abbildung 5.7: Schieberegistergenerator für das primitive Polynom $f(x) = x^6 + x + 1$.

Beim Test auf maximale Periodenlänge erhält man für den Schieberegistergenerator in Abb.5.7 folgende Zustandsabfolge:

Der Test auf maximale Periodenlänge zeigt tatsächlich, daß der Schieberegistergenerator 63 verschiedene Zustände erzeugt. Die resultierende Ausgangsfolge $a(n)$ hat somit auch die Länge 63 und lautet:

$$a(n) \;=\; [0\,1\,0\,0\,0\,0\,0\,1\,1\,1\,1\,1\,1\,0\,1\,0\,1\,0\,1\,1\,0\,0\,1\,1\,0\,1\,1\,1\,0\,1\,1\,0$$
$$1\,0\,0\,1\,0\,0\,1\,1\,1\,0\,0\,0\,1\,0\,1\,1\,1\,1\,0\,0\,1\,0\,1\,0\,0\,0\,1\,1\,0\,0\,0] \qquad (5.98)$$

Initialzustand														
	1.	0	0	0	0	1	1	33.	1	0	1	1	0	1
	2.	1	0	0	0	0	1	34.	0	1	0	1	1	0
	3.	0	1	0	0	0	0	35.	0	0	1	0	1	1
	4.	0	0	1	0	0	0	36.	1	0	0	1	0	1
	5.	0	0	0	1	0	0	37.	0	1	0	0	1	0
	6.	0	0	0	0	1	0	38.	0	0	1	0	0	1
	7.	0	0	0	0	0	1	39.	1	0	0	1	0	0
	8.	1	0	0	0	0	0	40.	1	1	0	0	1	0
	9.	1	1	0	0	0	0	41.	1	1	1	0	0	1
	10.	1	1	1	0	0	0	42.	0	1	1	1	0	0
	11.	1	1	1	1	0	0	43.	0	0	1	1	1	0
	12.	1	1	1	1	1	0	44.	0	0	0	1	1	1
	13.	1	1	1	1	1	1	45.	1	0	0	0	1	1
	14.	0	1	1	1	1	1	46.	0	1	0	0	0	1
	15.	1	0	1	1	1	1	47.	1	0	1	0	0	0
	16.	0	1	0	1	1	1	48.	1	1	0	1	0	0
	17.	1	0	1	0	1	1	49.	1	1	1	0	1	0
	18.	0	1	0	1	0	1	50.	1	1	1	1	0	1
	19.	1	0	1	0	1	0	51.	0	1	1	1	1	0
	20.	1	1	0	1	0	1	52.	0	0	1	1	1	1
	21.	0	1	1	0	1	0	53.	1	0	0	1	1	1
	22.	0	0	1	1	0	1	54.	0	1	0	0	1	1
	23.	1	0	0	1	1	0	55.	1	0	1	0	0	1
	24.	1	1	0	0	1	1	56.	0	1	0	1	0	0
	25.	0	1	1	0	0	1	57.	0	0	1	0	1	0
	26.	1	0	1	1	0	0	58.	0	0	0	1	0	1
	27.	1	1	0	1	1	0	59.	1	0	0	0	1	0
	28.	1	1	1	0	1	1	60.	1	1	0	0	0	1
	29.	0	1	1	1	0	1	61.	0	1	1	0	0	0
	30.	1	0	1	1	1	0	62.	0	0	1	1	0	0
	31.	1	1	0	1	1	1	63.	0	0	0	1	1	0
	32.	0	1	1	0	1	1	1.	0	0	0	0	1	1

Tabelle 5.18: Test auf maximale Periodenlänge für $f(x) = x^6 + x + 1$.

Hier handelt es sich eindeutig um eine m-Folge, entstanden durch ein primitives Polynom, womit anhand dieses Beispieles die Gültigkeit von Satz 5.31 gezeigt ist.

Im weiteren kann man beweisen, daß es für jeden beliebigen Polynomgrad m in einem Polynomring $\mathbf{GF}\,(p)_{[x]}$ mindestens ein primitives Polynom gibt. Die Tab. 5.12 und Tab. 5.13 in Abschnitt 5.10.2 zeigt eine kleine Aufstellung der Anzahl primitiver Polynome mit Koeffizienten aus diversen Galoisfeldern. Es existiert somit tatsächlich für jede beliebige Länge r eines Schieberegistergenerators eine Struktur des Rückkoppelnetzwerkes, sodaß eine m-Folge entsteht. Dabei ist es egal, ob man von der Erzeugung binärer oder p-närer m-Folgen ausgeht. Einzige Voraussetzung ist die Wahl eines primitiven Polynoms als charakteristisches Polynom zur Strukturbestimmung des Rückkoppelnetzwerkes. Der Initialzustand der anfangs in den Schieberegistergenerator geladen wird, ändert nichts an der eigentlichen m-Folge. Er bewirkt nur eine bestimmte, eindeutig festgelegte Phasenverschiebung der m-Folge selbst. Man erkennt diese Eigenschaft wiederum bei Betrachtung des Testes auf maximale Periodenlänge. Wählt man einen Zustand der Zustandsliste als neuen Initialzustand aus, so ersieht man sofort eine Phasenverschiebung der aktuellen m-Folge. Oft ist es erwünscht, besonders bei Verwendung in Spread-Spectrum Systemen, eine gewisse Vor- bzw. Nachverzögerung einer m-Folge zu erzeugen. Diese Erzeugung gewünschter Phasenverschiebungen von m-Folgen wird in Abschnitt 5.11.3.3 gezeigt werden. Zuerst sollen hier noch einige Beispiele von binären und p-nären m-Folgen angegeben und in Tab. 5.19 zusammengestellt werden.

In den folgenden Beispielen der Tab. 5.19 ist m die Länge der m-Folge, p ist die Anzahl der Elemente des zugehörigen Galoisfeldes $\mathbf{GF}\,(p)$ und r ist die Länge des zugehörigen Schieberegistergenerators bzw. auch der Grad des charakteristischen (primitiven) Polynoms $f\,(x)$. Als Initialzustand des Schieberegistergenerators sei immer $a_1 = 1, a_2, \ldots, a_r = 0$ gewählt.

Es soll hier nur ein kleiner Auszug von Beispielen verschiedener p-närer m-Folgen gegeben werden. Im [Peterson81] sind Tabellen über irreduzible und primitive Polynome aus diversen $\mathbf{GF}\,(p)$ zusammengestellt.

5.11.3.2 Einführung der D-Transformierten

In den vorhergehenden Abschnitten wurde die Erzeugung von m-Folgen mittels Schieberegister in sehr mathematischer Form dargestellt. In Abb. 5.4 wurde die grundlegende Struktur eines Schieberegistergenerators zur Erzeugung p-närer m-Folgen vorgestellt und anschließend auch kurz durchgerechnet. Die dabei verwendete Notation, die sich aus Verständnisgründen sehr stark an die gewöhnte Notation von Polynomen in der Veränderlichen x anlehnte, soll hier für die weiteren theoretischen Beschreibungen mit Hilfe der sogenannten D-Transformation vereinfacht werden. Bisher wurde eine periodische Folge, wie eben eine m-Folge, immer nur als Zahlenfolge in eckigen Klammern dargestellt. Dabei wurde vorausgesetzt, daß die einzelnen Zeitintervalle, in denen die Folgenelemente auftreten, den Positionen der Elemente in der Zahlenfolge selbst entsprechen. Nun ist es in der Literatur üblich, eine periodische Folge mittels

m=7	p=2	r = 3	$f(x) = x^3 + x + 1$
a(n)=[1 1 1 0 1 0 0]			

m = 15	p = 2	r = 4	$f(x) = x^3 + x + 1$
a(n)=[1 1 1 1 0 1 0 1 1 0 0 1 0 0 0]			

m = 31	p = 2	r = 5	$f(x) = x^5 + x^2 + 1$
a(n)=[1 0 1 0 1 1 1 0 1 1 0 0 0 1 1 1 1 1 0 0 1 1 0 1 0 0 1 0 0 0 0]			

m = 8	p = 3	r = 2	$f(x) = x^2 + x + 2$
a(n)=[1 1 2 0 2 2 1 0]			

m = 26	p = 3	r = 3	$f(x) = x^3 + 2x + 1$
a(n)=[1 1 1 0 2 1 1 2 1 0 1 0 0 2 2 2 0 1 2 2 1 2 0 2 0 0]			

m = 80	p = 3	r = 4	$f(x) = x^4 + x + 2$
$a(n) = [$ 1 1 1 1 2 0 1 2 1 1 2 1 2 0 2 0 2 2 1 1 0 2 0 1 1 0 0 1 2 2 2 0 2 1 0 0 2 0 0 2 2 2 2 1 0 2 1 2 2 1 2 1 0 1 0 1 1 2 2 0 1 0 2 2 0 0 2 1 1 1 0 1 2 0 0 1 0 0 0]			

m = 24	p = 5	r = 2	$f(x) = x^2 + x + 2$
a(n)=[1 2 1 1 4 0 3 1 3 3 2 0 4 3 4 4 1 0 2 4 2 2 3 0]			

m = 124	p = 5	r = 3	$f(x) = x^3 + 3x + 2$
$a(n) = [$ 1 1 1 3 0 2 3 3 2 3 4 3 4 2 3 1 0 1 3 3 0 1 2 2 4 3 2 0 1 0 0 2 2 2 1 0 4 1 1 4 1 3 1 3 4 1 2 0 2 1 1 0 2 4 4 3 1 4 0 2 0 0 4 4 4 2 0 3 2 2 3 2 1 2 1 3 2 4 0 4 2 2 0 4 3 3 1 2 3 0 4 0 0 3 3 3 4 0 1 4 4 1 4 2 4 2 1 4 3 0 3 4 4 0 3 1 1 2 4 1 0 3 0 0]			

m = 48	p = 7	r = 2	$f(x) = x^2 + x + 3$
$a(n) = [$ 1 2 6 2 2 1 6 0 5 3 2 3 3 5 2 0 4 1 3 1 1 4 3 0 6 5 1 5 5 6 1 0 2 4 5 4 4 2 5 0 3 6 4 6 6 3 4 0]			

m = 120	p = 11	r = 2	$f(x) = x^2 + x + 7$
$a(n) = [$ 1 3 1 1 6 10 4 9 6 1 10 0 8 2 8 8 4 3 10 6 4 8 3 0 9 5 9 9 10 2 3 4 10 9 2 0 6 7 6 6 3 5 2 10 3 6 5 0 4 1 4 4 2 7 5 3 2 4 7 0 10 8 10 10 5 1 7 2 5 10 10 3 9 3 3 7 8 1 5 7 3 8 0 2 6 2 2 1 9 8 7 1 2 9 0 5 4 5 5 8 6 9 1 8 5 6 0 7 10 7 7 9 4 6 8 9 7 4 0]			

Tabelle 5.19: Auswahl von binären und p-nären m-Folgen.

eines Polynoms darzustellen, damit man auch die zeitliche Abfolge der einzelnen Folgenelemente und etwaige Zeitverschiebungen der Folge selbst eindeutig beschreiben kann.

Einer Folge der Form: $[\ldots, a_2, a_1, a_0, a_1, a_2, \ldots]$ wird das Polynom: $\ldots, a_2 D^{-2} + a_1 D^{-1} + a_0 + a_1 D + a_2 D^2 + \ldots$ zugeordnet.

Der sogenannte *Verzögerungsoperator* D besagt in diesem Polynom nichts anderes, als daß das Symbol a_j multipliziert mit D^j im j-ten Zeitintervall bzw. nach der j-ten Zeitverzögerung in der periodischen Folge erscheint. Formal gilt:

$$D\{a(n)\} = a(D) = \sum_{n=0}^{L-1} a_n D^n \qquad (5.99)$$

mit L als Periode der Folge $a(n)$.

Weiters soll diese Notation noch auf die Schieberegistergeneratorstruktur von Abb.5.4 angepaßt werden, damit eine eindeutige Bezeichnungsmöglichkeit für Zeitverschiebungen von m-Folgen und eine unkompliziertere Beschreibung der Generatorstruktur selbst gegeben werden kann. Das Rückkoppelnetzwerk eines Schieberegistergenerators der Länge r wird durch das charakteristische Polynom $f(x) = c_r x^r + \ldots + c_2 x^2 + c_1 x + c_0$ vom Grade r beschrieben. Dabei wurden die Potenzen der Veränderlichen x als Zeitverzögerungen $x^k = k\,T_c$ betrachtet. Mit dem Verzögerungsoperator D gelangt man zur D-Transformierten des charakteristischen Polynoms $f(D) = c_r D^r + \ldots + c_2 D^2 + c_1 D + c_0 = \sum_{j=0}^{r} c_j \cdot D^j$, welche die Struktur eines Generators mit r Verzögerungselementen repräsentiert. Die Rückkoppelungen sind durch die Koeffizienten c_j mit $c_j \neq 0$ gegeben. Die resultierende Ausgangsfolge $a(n)$ des Schieberegistergenerators, z.B. eine m-Folge mit Periodenlänge L, wird nun unter Anwendung der D-Transformierten zu $D\{a(n)\} = \sum_{n=0}^{L-1} a_n \cdot D^n$, wobei D^n einer Zeitverzögerung um n Taktperioden $n\,T_c$ entspricht. Der Initialzustand des Schieberegistergenerators wurde bisher mit $a_1, a_2, a_3, \ldots, a_r$ bezeichnet. Die Ausgangsfolge wird also ab dem Zeitpunkt betrachtet, ab dem bereits der gesamte Initialzustand in den Generator geladen ist. Eine zeitliche Vorverzögerung um r Taktperioden erlaubt es den Initialzustand in der Form $a_1, a_2, a_3, \ldots, a_r$ anzuschreiben. Nun ergibt sich für die D-Transformierte des Initialzustandes $D\{a_1, a_2, a_3, \ldots, a_r\} = e(D) = \sum_{j=1}^{r} a_j \cdot D^j$.

Somit ergibt sich für $e(D)$ ein Polynom des Grades r in Potenzen von D ohne einen konstanten Term, da die Form von $e(D)$ der Struktur des Generators nachempfunden ist. Um eine Form von $e(D)$ in einer Polynomform mit konstantem Term vom Grade $r-1$ zu erhalten, definiere man: $e(D) = \sum_{j=1}^{r} a_j \cdot D^{j-1}$. In der Literatur sind durchaus beide Formen üblich. Hier soll im allgemeinen die Form mit einem konstantem Term im Polynom für $e(D)$ verwendet werden.

Man gelangt schließlich mit der zugrundegelegten Schieberegistergeneratorstruktur aus Abb.5.4 völlig analog zur Herleitung der dort angeführten Übertragungsfunktion $H(z) = A(z)/E(z)$ zu einer Form $h(D) = a(D)/e(D)$ bzw. zu der Form $a(D) = h(D)e(D)$. Formt man dann mit

$$\frac{A(z)}{E(z)} = \frac{c_0}{c_0 + c_1 z^{-1} + c_2 z^{-2} + \ldots + c_r z^{-r}} \tag{5.100}$$

analog weiter um, so folgt bei der D-Transformierten $a(D) = c_0 \cdot \frac{e(D)}{f(D)}$. Diese Form drückt nun die Ausgangsfolge $a(D)$ als Funktion des Initialzustandes $e(D)$ und des charakteristischen Polynoms $f(D)$ aus. Im binären Fall vereinfacht sich diese Form natürlich, da $c_0 = 1$ gilt. Im p-nären Fall muß der Faktor c_0 folgende algebraische Bedingung erfüllen:

$$c_0 = (-1)^n \cdot \beta \tag{5.101}$$

Hierbei ist β ein primitives Elemente aus dem erweiterten Galoisfeld $\mathbf{GF}\,(p^r)$, wenn r der Grad des charakteristischen Polynoms ist, welches das Rückkoppelnetzwerk des Schieberegistergenerators zur Erzeugung der p-nären m-Folge bestimmt. Soll im p-nären Fall jedoch im charakteristischen Polynom $f(D) = c_r D^r + \ldots + c_2 D^2 + c_1 D + c_0$ statt dem Koeffizienten c_r der Koeffizient c_0 normiert sein, sodaß in der Formel für $a(D)$ der Faktor c_0 stets verschwindet, so muß c_r folgende algebraische Bedingung erfüllen:

$$c_r = (-1)^n \cdot \beta^{-1} \tag{5.102}$$

Hierbei ist β wiederum ein primitives Element aus $\mathbf{GF}\,(p^r)$. Die übrigen Polynomkoeffizienten müssen natürlich bei dieser Normierung durch c_0 dividiert werden. Diese Tatsache ist in der Literatur beim Vergleich von Polynomtabellen primitiver Polynome ebenfalls zu beachten.

In diesem Abschnitt wurde nun prinzipiell die Erzeugung von m-Folgen mittels eines ausgewählten Schieberegistergenerators in ausreichender Form gezeigt. Weiters wurde die Notwendigkeit, daß das zugehörige charakteristische Polynom primitiv sein muß, begründet. Zur besseren Beschreibung von periodischen Folgen wurde die D-Transformierte eingeführt. Der nächste Abschnitt wird sich nun eingehend mit den Eigenschaften der m-Folgen beschäftigen.

5.11.3.3 Erzeugung spezieller Phasenverschiebungen von m-Folgen

Oft ist es nützlich und auch notwendig, zwei verschiedene Phasenverschiebungen einer bestimmten m-Folge, wobei es unpraktisch wäre, diese einfach unter Anwendung einer

Schieberegisterkette bzw. einer Verzögerungsleitung zu erzeugen, zur Verfügung zu
haben. Man nehme an, eine m-Folge werde als Code zur Bandaufspreizung mit einer
Codetaktrate, genannt Chiprate, von $f_c = 1/T_c{=}100$ Mhz in einem Spread-Spectrum
System, welches über eine Entfernung von 150 km übertragen soll, verwendet. Im
Empfänger muß wegen der durch die Übertragung enstehenden zeitlichen Verzögerung von ca. 0,5 ms ein Referenzcode mit einer relativen zeitlichen Verzögerung von
ebenfalls 0,5 ms zur Decodierung zur Verfügung stehen. Diese 0,5 ms Zeitverzögerung
entsprechen nun bei $f_c{=}100$ Mhz einer Verzögerung um $5 \cdot 10^4$ Chips, d.h. 510^4 Takt-
schritte des Codetaktes T_c. Ein einfacher Weg, diese nötige zeitliche Verzögerung zu
erzeugen, wäre, die beiden Codegeneratoren des Senders sowie des Empfängers zeitlich von einem gemeinsamen Initialzustand aus zu starten, danach den Codetakt des
Empfängers für die nötige zeitliche Verzögerung zu sperren. Diese scheinbar einfache Methode ist jedoch für die meisten Anwendungen schon wegen atmosphärischer
Schwankungen nicht exakt genug. Eine andere Methode, diese Zeitverzögerung zu
erreichen, wäre, eine Schieberegisterkette mit einer Länge von $5 \cdot 10^4$ Bits zu verwenden. Diese Methode ist aber offensichtlich zu aufwendig und damit unpraktika-
bel. Weiters machen die auftretenden Störungen und Verluste bei Verwendung einer
Verzögerungsleitung, die die nötige Zeitverzögerung erzeugen könnte, eine derartige
Lösungsmethode ebenfalls unnütz. Nun sollen in diesem Abschnitt zwei Methoden
diskutiert werden, die es ermöglichen, spezifische Verzögerungen in Form von zyklischen Phasenverschiebungen einer vorgegebenen m-Folge zu erzeugen. Dabei werde
den folgenden Überlegungen vorerst die allgemeine Struktur des Schieberegistergenerators zur Erzeugung beliebiger p-närer m-Folgen nach Abb.5.4 zugrundegelegt.

Die erste Methode baut darauf auf, den nötigen, neuen Initialzustand $e_{k+1}(D)$ für den
Schieberegistergenerator, der die m-Folge erzeugt, aufzufinden, welcher die nötige,
um k Chips zeitverzögerte Folgenversion zu jener Ursprungsfolge, die durch einen bestimmten anderen, bekannten Initialzustand $e_1(D)$ entstanden ist, erzeugt. Betrachtet man die Abb.5.7 und Tab.5.18, so sieht man dort den Schieberegistergenerator
bezüglich des charakteristischen Polynoms $f(D) = 1 + D + D^6$ und den zugehörigen Test auf maximale Periodenlänge, der einer Zustandsliste, aller vom Schieberegistergenerator bei der Erzeugung der m-Folge durchlaufenen Zustände, entspricht. In
dieser Zustandsliste hat jeder einzelne Zustand eine Zustandsnummer, die beim Initialzustand mit Eins beginnt und fortläuft bis zum Maximalwert $L_b = 2^r - 1$ (Binärer
Fall). Betrachtet man nun diese Zustandsliste im Test auf maximale Periodenlänge, so
ersieht man sofort eine sehr einfache Lösung des gestellten Problems. Man kennt den
ursprünglichen Initialzustand des Schieberegistergenerators, der unter Implementierung des primitiven Polynoms $f(D)$ die gewünschte m-Folge erzeugt; dieser werde mit
$e_1(D)$ bezeichnet. Man erstellt nun, ausgehend vom bekannten Initialzustand $e_1(D)$,
die zugehörige Zustandsliste zu diesem Generator. Um nun eine um k Chips phasenverschobene Version der ursprünglichen m-Folge zu erhalten, lädt man den Schieberegistergenerator mit dem neuen Initialzustand $e_{1+k}(D)$ bzw. wenn $k > L_b$ mit
$e_{1+l}(D)$ mit $k \equiv l \pmod{L_b}$. Der neue Initialzustand erzeugt dann die um k Chips
phasenverschobene Version der ursprünglichen m-Folge. Geht man beispielsweise von
Tab.5.18 aus, so lautet dort der Initialzustand des verwendeten Schieberegistergenerators $e_1(D) = D^4 + D^5$. Will man eine phasenverschobene Version der ursprünglich

erzeugten Version der m-Folge um $k{=}15$ Chips erhalten, so ist der Schieberegistergenerator mit dem Initialzustand $e_{1+k}(D) = e_{16}(D) = D + D^3 + D^4 + D^5$ zu laden. Will
man eine Phasenverschiebung um $k{=}104$ Chips, so muß man den Generator mit dem
Zustand $e_{1+l}(D)$ mit $k \equiv l \pmod{L_b = 63} = 41$, somit mit $e_{42}(D) = D + D^2 + D^3$
laden[6].

Die Abspeicherung der Zustandsliste in einem Eprom würde unter geeigneter Anwendung eines Adreßzählers, der alle möglichen Zustände in der Liste ansprechen kann,
die Erzeugung jeder beliebigen Folgenphase zulassen. Durch geeignetes Setzen des
Adreßzählers wird ein neuer Initialzustand in den Schieberegistergenerator geladen,
der die erforderliche Phasenverschiebung der Folge bewirkt. Die folgende Abbildung
stellt eine Prinzipstruktur dar.

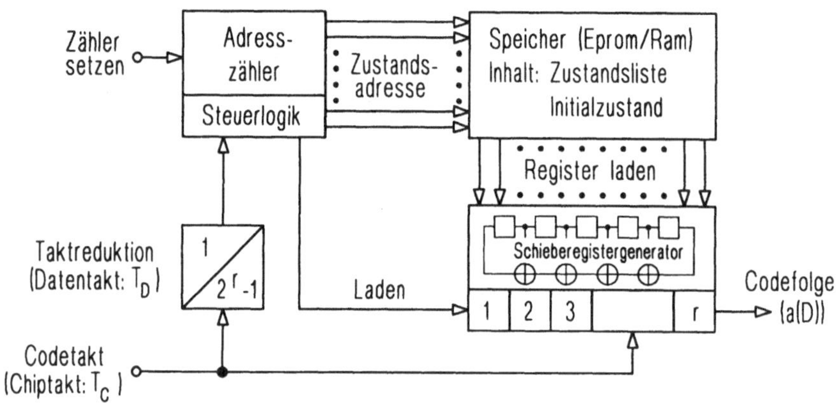

Abbildung 5.8: Prinzipstruktur zur Erzeugung phasenverschobener Pseudozufallsfolgen.

Der Schieberegistergenerator aus Abb.5.4 stellt nur eine mögliche Strukturvarian-
te vieler möglicher Generatorstrukturen dar [Ziemer85]. Die Generatorstruktur nach
Abb.5.4 wurde hier ausgewählt, um die geeignete Grundlage zur theoretischen Behandlung binärer und p-närer m-Folgen zu bilden. In der technischen Realität bilden
aber Generatoren für die Erzeugung binärer Pseudozufallsfolgen den Schwerpunkt.
Industrielle Generatoren machten bislang nur von der Erzeugung binärer m-Folgen
und ihrer Produkt- und Kombinationsfolgen Gebrauch. Es soll daher eine weitere
Struktur eines Schieberegistergenerators, die auch häufig praktische Verwendung findet, eingeführt werden. Der Unterschied zur Struktur in Abb.5.4, auch genannt einfache Generatorstruktur, ist, daß die Moduloaddierer hier zwischen den einzelnen
Speicherelementen eingefügt sind. Die Rückkoppelung erfolgt direkt, da keine Moduloaddierer im Rückkoppelzweig existieren. Ein derartig strukturierter Generator wird
modularer Generator genannt. Die folgende Abbildung 5.9 zeigt in allgemeiner Form

---

[6]Im Anhang von [Philipp95] findet sich ein Programm, welches eine beliebige p-näre m-Folge mit
Eingabe eines gewünschten Initialzustandes zu erzeugen.

die Struktur eines modularen Schieberegistergenerators. Es gilt für die Elemente an der Ausgangsfolge in analoger Weise zur einfachen Generatorstruktur nach Abb.5.4:

$$a_n = \sum_{i=1}^{r} c_i \cdot a_{n-i} \qquad \text{mit } c_0 = 1 \tag{5.103}$$

Der Initialzustand $e(D)$ des modularen Generators ist gegeben durch:

$$e(D) = \sum_{i=0}^{r-1} e_i \cdot D^i \tag{5.104}$$

und es folgt wiederum als Ausgangsfolge $a(D)$ bezüglich des primitiven Polynoms $f(D)$:

$$a(D) = \frac{e(D)}{f(D)} \qquad \text{mit: } f(D) = 1 + \sum_{i=1}^{r} c_i \cdot D^i \tag{5.105}$$

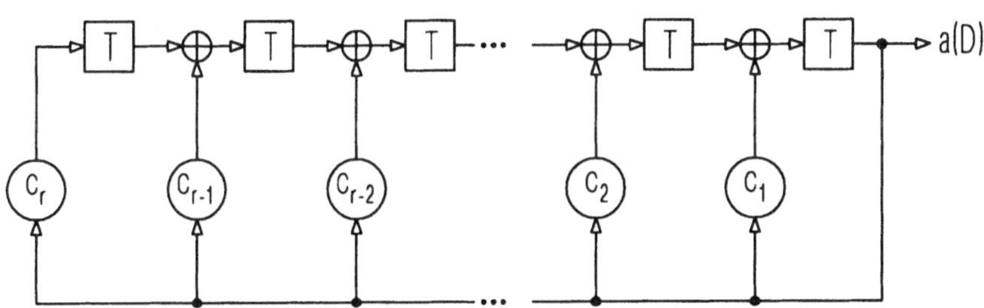

Abbildung 5.9: Linear rückgekoppelter Schieberegistergenerator in modularer Struktur.

Man kann bezüglich der Generatorstruktur der Länge r aus Abb.5.9 die einzelnen Zustände $e(D)$, die der Generator durchläuft, mit den Elementen des erweiterten Galoisfeldes $\mathbf{GF}(p^r)$, welches durch das primitive Polynom $f(D)$ vom Grade r definiert wird, in Verbindung bringen. Hat der Schieberegistergenerator eine Länge r, das Polynom $f(D)$ einen Grad r, so hat das Polynom $e(D)$ in der Form $e(D) = \sum_{i=0}^{r-1} e_i \cdot D^i$ den Grad $r-1$. Man beachte, daß hier der Initialzustand $e(D)$ im Generator von rechts nach links in ansteigenden Potenzen von D definiert ist.

Ist der Zustand $e_1(D)$ der Initialzustand des Schieberegistergenerators zur Erzeugung einer m-Folge $a_1(D)$ bezüglich eines primitiven Polynoms $f(D)$, so gilt:

$$a_1(D) = \frac{e_1(D)}{f(D)} \tag{5.106}$$

Ein anderer Initialzustand $e_i(D)$ erzeugt dann natürlich eine andere phasenverschobene Version $a_i(D)$ der ursprünglichen m-Folge, welche ident zu $D^{i-1} \cdot a_1(D)$ ist, d.h. $a_i(D)$ ist die um $i-1$ Chips phasenverschobene Folge zu $a_1(D)$.

Bemerkung	Zustand	e_3	e_2	e_1	e_0
Initialzustand	1.	0	0	0	1
	2.	1	0	0	1
	3.	1	1	0	1
	4.	1	1	1	1
	5.	1	1	1	0
	6.	0	1	1	1
	7.	1	0	1	0
	8.	0	1	0	1
	9.	1	0	1	1
	10.	1	1	0	0
	11.	0	1	1	0
	12.	0	0	1	1
	13.	1	0	0	0
	14.	0	1	0	0
	15.	0	0	1	0

Tabelle 5.20: Zustandsliste zum Generator nach Abb.5.10.

Nun beruht das Problem einen Initialzustand $e_{1+k}(D)$ für eine zeitliche Verzögerung von k Chips zu finden, darauf, die Elemente des zugehörigen, erweiterten Galoisfeldes **GF** (2^r) entsprechend zu manipulieren. Es gilt die Bedingung, daß sich $e_{1+k}(D)$ als Divisionsrest ergibt, wenn man das Polynom

$$D^{k(2^r-1)} \cdot e_1(D) \tag{5.107}$$

durch das charakteristische Polynom $f(D)$ dividiert. Das Polynom $D^{k(2^r-1)}$ kann unter Berücksichtigung der Gültigkeit von $D^{(2^r-1)} = 1$ reduziert werden. Somit ist der Initialzustand $e_{1+k}(D)$, der eine zeitliche Phasenverschiebung um k Chips erzeugt, über den Rest der Division von $D^k \cdot e_1(D)$ durch das primitive Polynom $f(D)$ auffindbar.

BEISPIEL 5.16 (SPEZIELLE PHASENVERSCHIEBUNG VON p-NÄREN m-FOLGEN) *Als Beispiel werde die m-Folge mit $p = 2, r = 4, f(D) = 1 + D + D^4, e(D) = 1$ aus Tab.5.19 ausgewählt. Diese m-Folge lautet $a(n)$=[1 1 1 1 0 1 0 1 1 0 0 1 0 0 0], d.h. in Polynomschreibweise: $a(D) = 1 + D + D^2 + D^3 + D^5 + D^7 + D^8 + D^{11}$. Es ist darauf hinzuweisen, daß diese m-Folge aus Tab.5.19 mit einem einfachen Schieberegistergenerator entsprechend Abb.5.4 erzeugt wurde. Wie sich in Abb.5.10 und Tab.5.20 leicht feststellen läßt, hat diese Tatsache keinen Einfluß auf die erzeugte m-Folge, obwohl die hier betrachtete modulare Generatorstruktur gemäß Abb.5.9 bei der Erzeugung der m-Folge die einzelnen Generatorzustände in einer anderen Reihenfolge durchläuft. Man berechnet zuerst die Zustandsliste, die der modulare Schieberegistergenerator unter Anwendung des Initialzustandes $e(D) = 1$ durchläuft[7]. Man erhält somit eine Zustandsliste mit Zuständen der Form $e_{r-1}, e_{r-2}, \ldots, e_0$:*

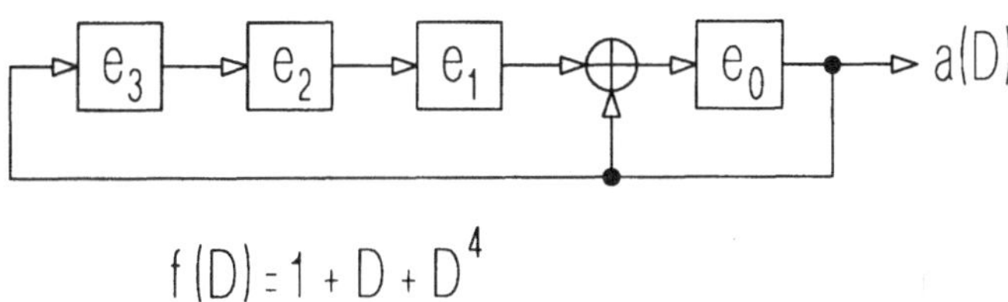

Abbildung 5.10: Modularer Schieberegistergenerator folgend Abb.5.9 für $f(D) = D^4 + D + 1$. Korrespondiert mit Tab.5.20.

Die Elemente des erweiterten Galoisfeldes $\mathbf{GF}(16)$ zeigt Tab.5.21.

Will man nun eine um k=8 Chips verzögerte Version der ursprünglichen m-Folge erhalten, so findet man den zugehörigen Initialzustand $e_{1+k}(D)$ zu $D^{k(2^r-1)} \cdot e_1(D) = D^{112} \cdot 1 = D^7 \pmod{15}$, als Element des erweiterten Galoisfeldes, welches in Potenzschreibweise der siebenten Potenz des primitiven Elementes D zugeordnet ist. Man erhält $D^7 = 1 + D + D^3$ aus der Liste der Elemente des erweiterten Galoisfeldes. Lädt man dieses Element des erweiterten Galoisfeldes als neuen Initialzustand in den Schieberegistergenerator, so erhält man genau eine Phasenverzögerung um k=8 Chips zur ursprünglichen Folge. Diese Tatsache ist leicht zu beweisen, denn das Element D^7 muß in diesem Fall mit $e_{1+k}(D) = e_9(D)$ in der Zustandsliste des Generators ident sein, was auch erfüllt ist.

Will man eine um k=55 Chips verzögerte Version der ursprünglichen m-Folge erhalten, so ergibt sich der zugehörige Initialzustand $e_{1+l}(D)$ mit $k = 55 \equiv l = 10 \pmod{15}$ aus dem Polynom $D^{k(2^r-1)} \cdot e_1(D) = D^{140} \cdot 1 = D^5 \pmod{15}$, als Element des erweiterten Galoisfeldes. Man erhält $D^5 = D + D^2$ aus der Liste der Elemente des erweiterten Galoisfeldes und dieses Element entspricht dem neuen Initialzustand $e_{1+l} = e_{11}$. Der Beweis gelingt, da das Element D^5 des erweiterten Galoisfeldes mit dem Zustand e_{11} in der Zustandsliste des Generators ident ist.

---

[7]Im Anhang von [Philipp95] befindet sich das Programm, mit welchem die Elemente des erweiterten Galoisfeldes $\mathbf{GF}(16)$ berechnet wurden.

Zustand	D^3	D^2	D	1
0.	0	0	0	1
1.	0	0	1	0
2.	0	1	0	0
3.	1	0	0	0
4.	0	0	1	1
5.	0	1	1	0
6.	1	1	0	0
7.	1	0	1	1
8.	0	1	0	1
9.	1	0	1	0
10.	0	1	1	1
11.	1	1	1	0
12.	1	1	1	1
13.	1	1	0	1
14.	1	0	0	1

Tabelle 5.21: Elemente des erweiterten Galoisfeldes **GF** (16).

Diese Überlegungen gelten, da ein modularer Generator der Länge r bezüglich eines charakteristischen Polynoms $f(D)$ als Zustände die Elemente des erweiterten Galoisfeldes **GF** (2^r), definiert durch dasselbe charakteristische Polynom, durchläuft. Zu beachten ist dabei, daß er die Elemente des erweiterten Galoisfeldes in umgekehrter Reihenfolge durchläuft. Definiert man μ als jenes primitive Element, aus dessen Potenzen alle Elemente des erweiterten Galoisfeldes entstehen, so gilt für das Beispiel 5.16: $e_1 \circ\!\!-\!\!\bullet \mu^0, e_2 \circ\!\!-\!\!\bullet \mu^{14}, \dots, e_{15} \circ\!\!-\!\!\bullet \mu^1$. Allgemein gilt somit folgende Zuordnung:

$$
\begin{aligned}
e_1 &\;\circ\!\!-\!\!\bullet\; \mu^0 \\
e_2 &\;\circ\!\!-\!\!\bullet\; \mu^{2^r-2} \\
\cdots &\;\circ\!\!-\!\!\bullet\; \cdots \\
e_k &\;\circ\!\!-\!\!\bullet\; \mu^{2^r-k(\mathrm{mod}\,2^r-1)} \qquad \text{für } k \in \{1, 2, \dots, 2^r - 1\}
\end{aligned}
\tag{5.108}
$$

Diese Zuordnung hat jedoch nur für die modulare Generatorstruktur von Abb.5.9 Gültigkeit. Wird eine andere Generatorstruktur verwendet, so muß diese aus der modularen Struktur hergeleitet werden. Danach können die in diesem Abschnitt gewonnenen Erkenntnisse auf eine andere, verwendete Generatorstruktur angepaßt werden. Um die Methode der Transformation der modularen Generatorstruktur in eine andere Generatorstruktur zu verdeutlichen, wird eine weitere Generatorstruktur eines einfachen Generators eingeführt. Wie bereits erwähnt, meint die Bezeichnung einfach, daß die nötigen Moduloadditionen im Rückkopplungszweig durchgeführt werden. Einfache Generatoren haben den Nachteil, daß es zu einer größeren Zeitverzögerung im Rückkoppelzweig kommt, sie daher nicht mit so großer Geschwindigkeit arbeiten können, wie äquivalente modulare Generatoren. Ein ausgleichender Vorteil ist es jedoch, daß an Generatoren mit einfacher Struktur alle phasenverschobenen Folgenversionen der erzeugten m-Folge bis zu einer Verzögerung von $r - 1$ Chips an den einzelnen Speicherelementen in eindeutiger Reihenfolge zur Verfügung stehen.

Die Abbildung 5.11 zeigt die Struktur eines einfachen Schieberegistergenerators in allgemeiner Form. Es gilt für die Elemente an der Ausgangsfolge in völlig identer Weise zur modularen Generatorstruktur der Abb.5.9:

$$a_n = \sum_{i=1}^{r} c_i \cdot a_{n-i} \qquad \text{mit: } c_0 = 1 \tag{5.109}$$

Daher erzeugen beide Generatoren dieselbe m-Folge. Weiters ersieht man, daß die einfache Generatorstruktur ident zur allgemeinen Struktur von Abb.5.4 ist, wenn man nur den binären Fall unter Berücksichtigung von $c_0 = 1$ betrachtet. Der Generator von Abb.5.4 ist somit ebenfalls von einfacher Struktur. Die einzelnen Moduloaddierer, die in der modularen Struktur gemäß Abb.5.9 zu sehen sind, sind dabei in Abb.5.4 nur symbolisch zu einem einzigen Moduloaddierer zusammengefaßt.

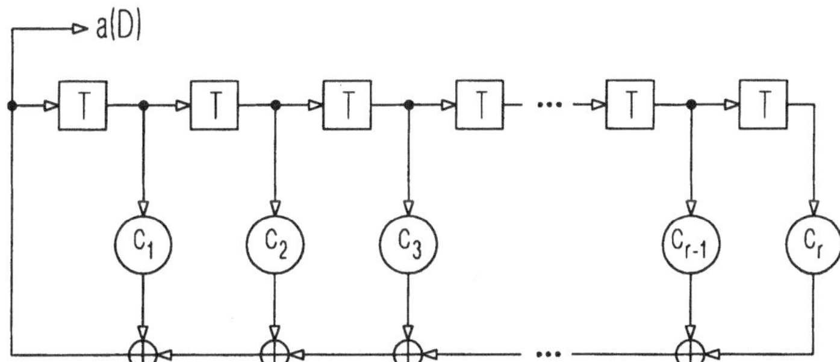

Abbildung 5.11: Linear rückgekoppelter Schieberegistergenerator in einfacher Struktur.

Um nun die Transformation des Generators mit modularer Struktur von Abb.5.9 in den Generator mit einfacher Struktur gemäß Abb.5.11 erfolgreich durchführen zu können, werde der Initialzustand $e(D)$ ebenfalls so definiert, daß der Koeffizient e_0 von $e(D)$ im ganz rechten Schieberegister steht und von rechts nach links in Potenzen von D ansteigt. Weiters werde die Ausgangsfolge des ganz rechten Schieberegisters durch die um r Chips phasenverschobene Folge $c(D) = D^r a(D)$ definiert. Die ersten r Elemente von $c(D)$ sind daher durch die Koeffizienten des Initialzustandes $e_0, e_1, e_2, \ldots, e_{r-1}$ gegeben. Da die beiden Generatorstrukturen von Abb.5.9 und 5.11 äquivalent sind, kann für den modularen Generator ein Initialzustand $e'(D)$ so gewählt werden, daß $a'(D) = c(D)$. Ebenso sind die Ausgangsfolgen ident, daher kann man unter Anwendung von

$$a(D) = \frac{e(D)}{f(D)} \tag{5.110}$$

auch schreiben:

$$\frac{e_0' + e_1'D + e_2'D^2 + \ldots + e_{r-1}'D^{r-1}}{1 + c_1D + c_2D^2 + \ldots + c_rD^r} \;=\; e_0 + e_1D + \ldots$$
$$+ e_{r-1}D^{r-1} + a_r'D^r + a_{r+1}D^{r+1} + \ldots \tag{5.111}$$

Daher findet man den Initialzustand $e'(D)$ des modularen Generators, der dieselbe Ausgangsfolge wie der einfache Generator mit Initialzustand $e(D)$ erzeugt, durch die Berechnung der ersten r Koeffizienten von:

$$e'(D) = \left[e(D) + a_r'D^r + a_{r+1}D^{r+1} + \ldots \right] \cdot f(D) \tag{5.112}$$

Die letztlich erzeugte Ausgangsfolge kann durch die Bedingung $c(D) = a'(D) = D^r \cdot a(D)$ errechnet werden.

BEISPIEL 5.17 (SPEZIELLE PHASENVERSCHIEBUNG) *Aufbauend auf Beispiel 5.16 soll eine binäre m-Folge $a(D)$ mit einem einfachen Generator, folgend Abb.5.11 mit dem primitiven Polynom $f(D) = D^4 + D + 1$ und Initialzustand $e_1(D) = 1$, erzeugt werden. Die erzeugte m-Folge wird dabei am ganz rechten Speicherelement abgegriffen. Der modular strukturierte Generator mit derselben Spezifizierung nach Abb.5.10 erzeugte bei diesem Beispiel die m-Folge:*

$$a_1(D) = 1 + D + D^2 + D^3 + D^5 + D^7 + D^8 + D^{11} \tag{5.113}$$

Jetzt wird diese m-Folge um r Chips verzögert zu $a_1'(D) = c(D) = a_1(D)D^r$.

$$a_1'(D) = 1 + D^4 + D^5 + D^6 + D^7 + D^9 + D^{11} + D^{12} \tag{5.114}$$

Die dabei durchlaufenen Schieberegisterzustände $e(D)$ stimmen natürlich nicht mit jenen der Zustandsliste in Tab.5.20 überein. Man erhält statt dessen eine Zustandsliste gemäß Abb.5.12 und Tab5.22.

Will man wieder eine um $k=8$ Chips verzögerte Version der m-Folge, die der einfache Generator nach Abb.5.12 erzeugt, erhalten, so errechnet man zuerst den nötigen Initialzustand $e_{1+k}(D)$ für den modularen Generator aus Abb.5.10 mit $D^{k(2^r-2)} \cdot e_1(D) = D^{112} \cdot 1 = D^7$ (mod 15), als Element des erweiterten Galoisfeldes $\mathbf{GF}(2^4)$. Man erhält $e_{1+k} = D^7 = 1 + D + D^3$ aus der Liste der Elemente des erweiterten Galoisfeldes, mit welchem der modulare Generator die Folge $D^8 \cdot a_1(D)$ erzeugt.

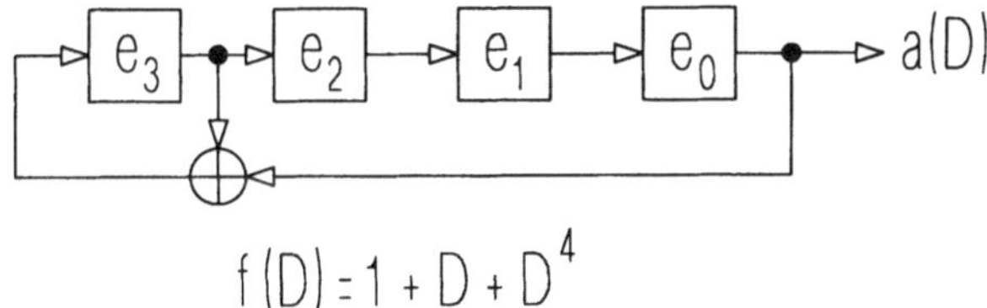

Abbildung 5.12: Einfacher Schieberegistergenerator folgend Abb.5.11 für $f(D) = D^4 + D + 1$. Korrespondiert mit Tab.5.22.

Bemerkung	Zustand	e_3	e_2	e_1	e_0
Initialzustand	1.	0	0	0	1
	2.	1	0	0	0
	3.	1	1	0	0
	4.	1	1	1	0
	5.	1	1	1	1
	6.	0	1	1	1
	7.	1	0	1	1
	8.	0	1	0	1
	9.	1	0	1	0
	10.	1	1	0	1
	11.	0	1	1	0
	12.	0	0	1	1
	13.	1	0	0	1
	14.	0	1	0	0
	15.	0	0	1	0

Tabelle 5.22: Zustandsliste zum Generator nach Abb.5.12.

Nun führt man die Transformation der beiden Generatortypen durch. Mit der Gleichung

$$e'(D) = \left\{ e(D) + a'_r D^r + a'_{r+1} D^{r+1} + \ldots \right\} \cdot f(D) \tag{5.115}$$

erhält man mit $e_1(D) = 1$ die folgenden $r = 4$ Transformationsgleichungen:

$$
\begin{aligned}
e'_0 &= e_0 = 1 \\
e'_1 &= e_1 + e_0 = 1 \\
e'_2 &= e_2 + e_1 = 0 \\
e'_3 &= e_3 + e_2 = 0
\end{aligned}
\tag{5.116}
$$

Hier sei $e'_1(D)$ der äquivalente Initialzustand des modularen Generators der Abb.5.10 zum Initialzustand $e_1(D) = 1$ des einfachen Generators aus Abb.5.12. Somit lautet der äquivalente Initialzustand für den modularen Generator $e_1'(D) = 1 + D$ und es folgt mit den Elementen des erweiterten Galoisfeldes:

$$D^7 \cdot e_1'(D) = D^7 + D^8 = 1 + D + D^3 + 1 + D^2 = D + D^2 + D^3$$

$$(5.117)$$

Daher gilt $e_{1+k}'(D) = D + D^2 + D^3$. Dieser äquivalente Initialzustand für eine Zeitverzögerung von $k{=}8$ Chips muß wieder rücktransformiert werden. Man setzt wieder völlig analog mit $e_{1+k}'(D) = \left\{ e_{1+k}(D) + a_r' D^r + a_{r+1}' D^{r+1} + \ldots \right\} \cdot f(D)$ an:

$$D + D^2 + D^3 = (1 + D + D^4)(e_0 + e_1 D + e_2 D^2 + e_3 D^3 + \ldots)$$

$$(5.118)$$

Daraus läßt sich der, für die geforderte Zeitverschiebung nötige, Initialzustand $e_{1+k}(D)$ für den einfachen Generator berechnen:

$$\begin{aligned}
e_0 &= 0 \\
e_1 + e_0 &= 1 \rightarrow e_1 = 1 \\
e_2 + e_1 &= 1 \rightarrow e_2 = 0 \\
e_3 + e_2 &= 1 \rightarrow e_3 = 1
\end{aligned}$$

$$(5.119)$$

Der Initialzustand ergibt sich zu $e_{1+k} = D + D^3$. Der Beweis dafür ist leicht geführt, denn man muß nur in der Zustandsliste von Abb.5.12 nachsehen, ob der (k+1)-te Zustand ident mit dem hier errechneten Zustand ist. Wie man sieht, gilt in diesem Beispiel bei einer zeitlichen Verzögerung um $k{=}8$ Chips in der Zustandsliste $e_{1+k(D)} = e_9(D) = D + D^3$. Lädt man den Zustand $e_9(D)$ in den einfachen Generator nach Abb.5.12, so erhält man die um acht Chips phasenverschobene m-Folge $a_{1+8}'(D) = D^8 \cdot a_1'(D)$.

Noch um einiges komplizierter wird die Transformation, wenn man danach fragt, welchen Initialzustand man für die Lösung derselben Aufgabe benötigt, wenn man dafür die Generatorstruktur nach Abb.5.4 verwendet. Die Generatorstruktur aus Abb.5.4 stellt ebenfalls einen einfachen Generator dar und ist somit im binären Fall völlig ident zur einfachen Generatorstruktur der Abb.5.11. Die erzeugte m-Folge wird am ganz linken Speicherelement abgegriffen, wodurch der wesentliche Unterschied zur Struktur von Abb.5.10 gegeben ist. Außerdem wird im Generator nach Abb.5.4 der Initialzustand, bezogen auf die Generatorstruktur selbst, in ansteigenden Potenzen von D, von links nach rechts eingeladen. D.h. der konstante Term e_0 des Initialzustandes steht im ganz linken Speicherelement des Generators. Eines ist jedoch sofort ersichtlich, daß der Generator nach Abb.5.4 bei einem Initialzustand $e_1(D) = 1$ dieselbe Phasenlage der m-Folge erzeugt, wie ein modularer Generator bei $e_1(D) = 1$.

Die folgende Abb.5.13 zeigt die Zustandsliste, die bei der Erzeugung der m-Folge $a_1'(D)$ unter Verwendung eines einfachen Generators nach Abb.5.4 entsteht. Dabei laute das primitive Polynom wieder $f(D) = 1 + D + D^4$, der Initialzustand $e_1(D) = 1$.

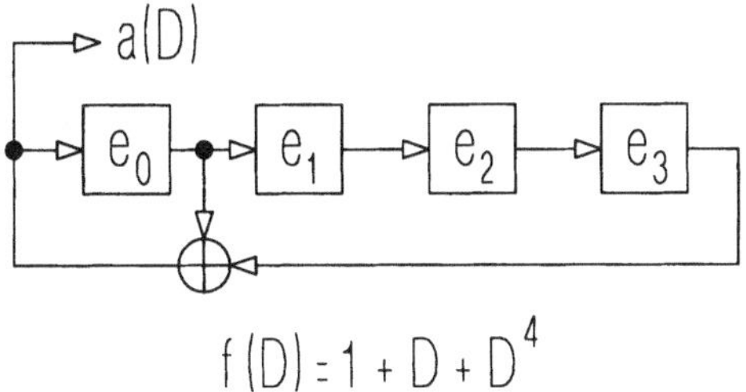

Abbildung 5.13: Generator folgend Abb.5.4 für $f(D) = D^4 + D + 1$. Korrespondiert mit Tab.5.23.

Bemerkung	Zustand	e_3	e_2	e_1	e_0
Initialzustand	1.	0	0	0	1
	2.	0	0	1	1
	3.	0	1	1	1
	4.	1	1	1	1
	5.	1	1	1	0
	6.	1	1	0	1
	7.	1	0	1	0
	8.	0	1	0	1
	9.	1	0	1	1
	10.	0	1	1	0
	11.	1	1	0	0
	12.	1	0	0	1
	13.	0	0	1	0
	14.	0	1	0	0
	15.	1	0	0	0

Tabelle 5.23: Zustandsliste zum Generator nach Abb.5.13.

Wie man sieht, ist die erzeugte m-Folge $a_1'(D)$ wirklich ident zur erzeugten m-Folge $a_1(D)$ des modularen Generators aus Abb.5.10. Es soll wieder ein äquivalenter Initialzustand $e_1'(D)$ des modularen Generators für den Generator nach Abb.5.13 gefunden werden. Wie bereits abgeleitet, müßte für eine Zeitverzögerung um $k = 8$ Chips der modulare Generator mit dem Element D^7 des erweiterten Galoisfeldes **GF**(16) geladen werden. Danach ist die Gleichung $D^7 \cdot e_1'(D)$ zu lösen. Daher erhält man für $e_1(D) = 1$ wieder $r = 4$ Transformationsgleichungen:

$$
\begin{aligned}
e_0' &= e_3 = 0 \\
e_1' &= e_3 + e_2 = 0 \\
e_2' &= e_2 + e_1 = 0 \\
e_3' &= e_1 + e_0 = 1
\end{aligned}
\qquad (5.120)
$$

Da der Initialzustand im Generator von Abb.5.13 in gegensätzlicher Richtung, zu dem im modularen Generator, geladen wird, ergibt sich als äquivalenter Initialzustand $e_1'(D) = D^3$. Die Auflösung der Gleichung $D^7 \cdot e_1'(D)$ ergibt unter Anwendung der Elemente des **GF** (16):

$$
D^7 \cdot e_1'(D) = D^7 \cdot D^3 = D^{10} = 1 + D + D^2 \qquad (5.121)
$$

Somit gilt: $e_{1+k}'(D) = 1 + D + D^2$. Dieser äquivalente Initialzustand für eine Zeitverzögerung von $k = 8$ Chips muß wieder rücktransformiert werden. Man setzt mit $e_{1+k}'(D) = \left\{ e_{1+k}(D) + a_r' D^r + a_{r+1}' D^{r+1} + \ldots \right\} \cdot f(D)$ an, wobei diesmal der Initialzustand mit $e(D) = e_{r-1} + e_{r-2}D + \ldots + e_1 D^{r-2} + e_0 D^{r-1}$ definiert sein muß:

$$
1 + D + D^2 = (1 + D + D^4)(e_3 + e_2 D + e_1 D^2 + e_0 D^3 + \ldots) \qquad (5.122)
$$

Daraus läßt sich der, für die geforderte Zeitverschiebung nötige, Initialzustand $e_{1+k}(D)$ für den Generator aus Abb.5.12 berechnen:

$$
\begin{aligned}
e_3 &= 1 \\
e_3 + e_2 &= 1 \rightarrow e_2 = 0 \\
e_2 + e_1 &= 1 \rightarrow e_1 = 1 \\
e_1 + e_0 &= 0 \rightarrow e_0 = 1
\end{aligned}
\qquad (5.123)
$$

Man muß daher den Generator nach Abb.5.13 mit dem Initialzustand $e_{1+k} = e_9 = 1 + D + D^3$ laden, um eine zeitliche Verzögerung von $k = 8$ Chips zu erhalten. Der Beweis dieser Tatsache ist wieder durch Betrachtung der Zustandsliste in Abb.5.23 zu finden. In dieser Liste muß der Zustand $e_9 = 1 + D + D^3$ sein, was sichtlich erfüllt ist.

Als *zweite, sehr ähnliche Methode* soll die Bestimmung einer gesuchten Phasenlage einer m-Folge über die Addition bereits phasenverschobener Versionen gezeigt werden. Man nimmt dazu einen beliebigen Schieberegistergenerator an, der eine binäre m-Folge $a(n)$ der Länge L_b erzeugt. Die so erzeugte m-Folge kann wieder allgemein angeschrieben werden:

$$a(D) = \frac{e(D)}{f(D)} \tag{5.124}$$

Die gestellte Frage lautet, ein Set von phasenverschobenen Versionen der ursprünglichen Folge zu finden, deren Linearkombination eine neue Version $a'(D)$ mit $a'(D) = D^k \cdot a(D)$ erzeugt. Ist der erzeugende Generator von der Länge k, so ist die gestellte Aufgabe trivial. Doch im allgemeinen ist der Generator nur von einer Länge r mit $r < k$. Die Abb.5.14 zeigt die allgemeine Schaltungsstruktur eines brauchbaren Lösungsansatzes:

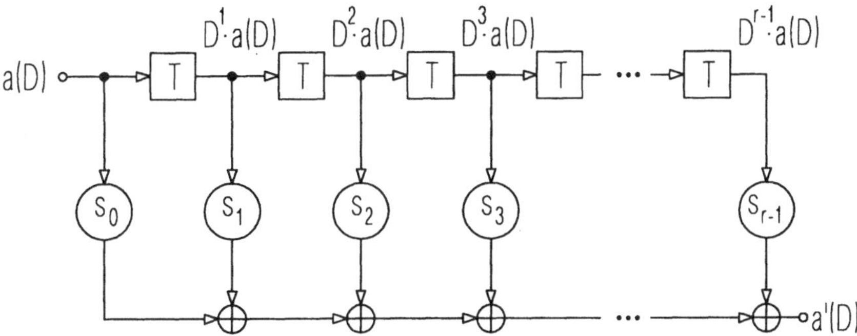

Abbildung 5.14: Erzeugung beliebig phasenverschobener Versionen einer m-Folge $a(D)$ aus kurz verzögerten Versionen von $a(D)$ selbst.

Die resultierende Ausgangsfolge $a'(D)$ der Struktur nach Abb.5.14 ist durch folgende Gleichung repräsentierbar:

$$
\begin{aligned}
a'(D) &= s_0 a(D) + s_1 D a(D) + s_2 D^2 a(D) + \ldots + s_{r-1} D^{r-1} a(D) = \\
&= s(D) a(D)
\end{aligned}
\tag{5.125}
$$

Das Polynom $s(D)$ mit Koeffizienten aus **GF**(2) stellt ein, die Linearkombination bestimmendes, Polynom dar. Die Koeffizienten des Polynoms $s(D)$ legen fest, welche verzögerte Versionen der m-Folge $a(D)$ an der Addition teilnehmen müssen, damit die um k Chips verzögerte Version $a'(D)$ am Ausgang entsteht. Das Problem ist das Polynom $s(D)$ so zu bestimmen, daß die Bedingung $a'(D) = D^k a(D)$ erfüllt wird. Bei der Addition sollen dabei nur maximal um $k = r - 1$ Chips verzögerte Versionen der ursprünglichen m-Folge Verwendung finden, da diese an den einzelnen Verzögerungselementen des Schieberegistergenerators direkt abgreifbar sind (Siehe Abb.5.11,5.12 des einfachen Generators). Wieder kann man beide Folgenversionen $a(D)$, $a'(D)$ als Funktion des Generatorpolynoms und eines bekannten Initialzustandes anschreiben:

$$a'(D) = \frac{e'(D)}{f(D)} = s(D) \cdot a(D) = s(D) \cdot \frac{e(D)}{f(D)} \tag{5.126}$$

Daher gilt für die beiden Initialzustände:

$$e'(D) = s(D) \cdot e(D) \tag{5.127}$$

Folglich reduziert sich das gestellte Problem auf die relative Phasenverschiebung zwischen der ursprünglichen Version $a(D)$ und der generierten, verzögerten Version $a'(D)$. Die absolute Phasenlage der Folgen ist nicht mehr von Bedeutung. Nimmt man weiters zur Vereinfachung an, daß der Folge $a(D)$ der Initialzustand $e(D) = 1$ zugrundeliegen soll, dann reduziert sich das Polynom $s(D)$ auf die Form

$$s(D) = e'(D) \tag{5.128}$$

und ist damit eindeutig bestimmt. Außerdem garantiert diese Form von $s(D)$, daß an der Addition nur phasenverschobene Versionen mit Verzögerungen von $k \leq r - 1$ teilnehmen. Das Problem ist gelöst und $a'(D)$ kann wieder durch die erste Methode bestimmt werden. D.h. das Restpolynom der langen Division $D^k \cdot e(D)$ gebrochen durch das Generatorpolynom $f(D)$ ergibt den neuen Initialzustand $e'(D)$. Anschließend wird $e'(D)$ über das Polynom $s(D)$ im Generator implementiert. Hierbei ist allerdings der Generatortyp zu beachten, betreffend an welchen Verzögerungselementen welche Phasenverschiebungen der Folge $a(D)$ auftreten. Auch hier können die einzelnen Strukturen, äquivalent zur ersten Methode, wieder relativ einfach ineinander übergeführt werden.

5.11.3.4 Eigenschaften von binären m-Folgen

Die m-Folgen haben viele Eigenschaften, die primär ihre Anwendung in Spread-Spectrum Systemen unterstützen. Im vorhergehenden Abschnitt wurden bereits drei dieser Eigenschaften kurz angeschnitten. Verlangt wurde für die binären Pseudozufallsfolgen die Eigenschaft der annähernd gleichen Auftrittswahrscheinlichkeit (Balance) der beiden Folgenelemente $\{0, 1\}$ gefordert. Es wurde eine idente Anzahl auftretender Runs (Runbalance) beider Folgenelemente gefordert und schließlich noch eine zweiwertige, periodische Autokorrelationsfunktion. Diese Eigenschaften binärer m-Folgen sollen hier genauer spezifiziert werden und es sollen weitere Eigenschaften gezeigt werden.

5.11.3.4.1 E0: Folgenlänge einer binären m-Folge
Die charakteristische Eigenschaft dieser Folgen, ist deren Länge. Sie begründet den Namen dieser Folge. Die Länge einer binären m-Folge ist in (5.137) gegeben.

$$L_b = 2^r - 1 \qquad\qquad (5.129)$$

Bezeichnet man eine r-fache Anordnung von zwei Elementen als ein Wort, so ist die maximale Zahl an verschiedenen Wörtern 2^r. Die Länge von Maximalfolgen entspricht dieser maximalen Zahl an Anordnungsmöglichkeiten, vermindert um das Null-Wort.

5.11.3.4.2 E1: Balance der Folgenelemente einer binären m-Folge Eine binäre m-Folge beinhaltet als Folgenelemente die Elemente des Galoisfeldes **GF** (2). Sie hat eine Periode $L_b = m_{max,binär} = 2^r - 1$. Das Element Eins tritt in der Folge genau mit der Anzahl $S_1 = \sum_{n=0}^{L_b-1} \mathbf{L_q}\{a_n \equiv 1\} = \frac{1}{2}(L_b + 1)$ auf. Das Element Null tritt in der m-Folge, wegen des Ausschlusses des Nullzustandes im zugehörigen Schieberegistergenerator, einmal weniger auf. Es folgt somit die Gültigkeit $S_0 = S_1 - 1$. Diese Eigenschaft nennt man Balance der Folgenelemente.

BEWEIS 5.10 *Betrachtet man den Test auf maximale Periodenlänge in Tab.5.18, so ist die resultierende m-Folge im speziellen Fall durch die linke Spalte gegeben oder allgemein eben durch eine beliebige Spalte. Der zugehörige Schieberegistergenerator durchläuft alle $2^r - 1$ Zustände (ausgenommen den Nullzustand). Wählt man die linke Spalte im Test, also das erste Verzögerungselement des Schieberegistergenerators, aus, so haben genau $2^{r-1} = \frac{1}{2}(L_b + 1)$ Zustände in dieser Position eine Eins und $2^{r-1} - 1$ Zustände haben dort eine Null. Diese Tatsache ist leicht durch Abzählen überprüfbar.*

5.11.3.4.3 E2: Zyklische Verschiebung von binären m-Folgen Die zyklische Verschiebung einer m-Folge führt immer wieder auf dieselbe m-Folge, jedoch in einer anderen Phasenlage.

BEWEIS 5.11 *Betrachtet man den Test auf maximale Periodenlänge in Tab.5.18, so erkennt man, daß die einzelnen Spalten immer eine Phasenverschiebung von einer Taktperiode zur nächstgelegenen Spalte aufweisen. Es wäre somit egal an welchem Zeitverzögerungselement des Schieberegistergenerators man die m-Folge abgreift. Man erhält jeweils eine zyklische Verschiebung derselben m-Folge. Auch kann man unmittelbar erkennen, daß das Laden verschiedener Initialzustände in den Generator ebenfalls auf verschiedene, zyklische Verschiebungen derselben m-Folge führt.*

Bei einer binären m-Folge gibt es insgesamt $L_b = 2^r - 1$ zyklische Verschiebungen, da es ebenso viele verschiedene Schieberegisterzustände, die als Initialzustand geladen werden können, gibt.

5.11.3.4.4 E3: Verschiebe- und Additionseigenschaft einer m-Folge Die Modulo-2-Summe einer binären m-Folge mit einer beliebig phasenverschobenen Version derselben m-Folge, ergibt wieder eine phasenverschobene Version der m-Folge.

BEWEIS 5.12 *Betrachtet man die in Abb.5.4 dargestellte Schieberegisterstruktur, so läßt sich die damit erzeugte m-Folge als D-Transformierte in der Form $a(D) = e(D)/f(D)$ darstellen. Da jeder verschiedene Initialzustand in einer anderen phasenverschobenen Version der Folge resultiert, kann man zwei verschiedene Phasenverschiebungen $a(D)$ und $a'(D)$ derselben m-Folge auch in folgender Form anschreiben:*

$$a(D) = \frac{e(D)}{f(D)}; \qquad a'(D) = \frac{e'(D)}{f(D)} \tag{5.130}$$

Hierbei sind $e(D)$ und $e'(D)$ zwei bestimmte Initialzustände, die die Phasenverschiebung bewirken. Bildet man nun die Modulo-2-Summe der beiden phasenverschobenen Versionen $a(D)$ und $a'(D)$ der m-Folge, so ergibt sich:

$$a(D) + a'(D) = \frac{e(D) + e'(D)}{f(D)} = \frac{e''(D)}{f(D)} \tag{5.131}$$

Es ist leicht nachweisbar, daß die Summe zweier verschiedener Initialzustände einen anderen, neuen Initialzustand ergibt. Somit folgt ebenfalls eine weitere, durch diesen neuen Initialzustand erzeugte, phasenverschobene Version $a''(D)$ der gegebenen m-Folge $a(D)$. Es gilt somit formal:

$$a''(D) = \frac{e''(D)}{f(D)} \tag{5.132}$$

Diese Eigenschaft läßt sich sehr leicht feststellen, indem man den Test auf maximale Periodenlänge in Tab.5.18 heranzieht. Aus der Zustandsliste lassen sich die nötigen Initialzustände $e(D)$ für beliebig phasenverschobene Versionen der aufgelisteten m-Folge sofort ableiten.

5.11.3.4.5   E4: Runbalance einer m-Folge   Aufbauend auf Definition 4.5 Runbalance einer m-Folge behandelt. So existiert für eine beliebige, binäre m-Folge, die durch einen Schieberegistergenerator der Länge r erzeugt wurde:

1. 1 Run des Elementes '1' der Länge r.

2. 1 Run des Elementes '0' der Länge $r - 1$.

3. 1 Run des Elementes '1' und ebenso 1 Run des Elementes '0' der Länge $r - 2$.

4. 2 Runs des Elementes '1' und ebenso 2 Runs des Elementes '0' der Länge $r - 3$.

5. 4 Runs des Elementes '1' und ebenso 4 Runs des Elementes '0' der Länge $r - 4$.

$\vdots \quad \vdots$

$r.$ 2^{r-3} Runs des Elementes '1' und ebenso 2^{r-3} Runs des Elementes '0' der Länge 1.

BEWEIS 5.13 *Zugrundegelegt sei diesmal die Schieberegistergeneratorstruktur von Abb.5.7. Man betrachte den Test auf maximale Periodenlänge in Tab.5.18, wobei als Ausgangsfolge die rechte Spalte herangezogen wird. D.h. die m-Folge wird in der Schaltung von Abb.5.7 am ganz rechten Verzögerungselement abgegriffen. Es kann niemals einen Run des Elementes Eins geben, der die Länge r des Schieberegisters überschreitet, denn das würde fordern, daß auf den Alle-Eins-Zustand nochmals ein Alle-Eins-Zustand folgen müßte. Das kann jedoch nicht vorkommen, da jeder Schieberegisterzustand nur einmal pro Folgenperiode L_b vorkommen kann. Daher gibt es auch nur einen einzigen Run des Elementes Eins mit Länge r und dieser wird von einer Null angeführt und durch eine Null beendet.*

Einem Run des Elementes Eins von der Länge $r - 1$ muß ebenfalls das Element Null vorangehen und nachfolgen. Das würde fordern, daß auf den Schieberegisterzustand aus $r - 1$ Einsen gefolgt von einer Null, unmittelbar der Zustand einer Null gefolgt von $r - 1$ Einsen kommen müßte. Diese beiden Zustände werden jedoch bereits bei der Entstehung des Runs von r Einsen durchlaufen, wo sie durch den Alle-Eins-Zustand getrennt werden. Da aber jeder Zustand im Schieberegistergenerator nur ein einziges Mal pro Periode vorkommen kann, kann es sicher keinen Run von $r - 1$ Einsen geben. Einen Run von $r - 1$ Nullen müssen Einsen vorangehen und auch nachfolgen. Daher muß der Schieberegistergenerator den Zustand einer Eins gefolgt von $r - 1$ Nullen durchlaufen. Dieser Zustand erscheint ebenfalls nur einmal und daher gibt es auch nur einen Run mit $r - 1$ Nullen.

Weiters nehme man einen Run von k Einsen mit $1 \leq k < r - 1$ an. Jedem Run aus k Einsen muß eine Null vorausgehen und auch eine Null nachfolgen. Der Schieberegistergenerator muß daher einen Zustand durchlaufen, indem eine Null von k Einsen und wieder von einer Null gefolgt wird. Die $r - k - 2$ übrig bleibenden Positionen dürfen beliebig belegt sein. Insgesamt gibt es 2^{r-k-2} Möglichkeiten diese übrigen Positionen verschieden zu belegen. Daher gibt es auch 2^{r-k-2} Runs mit k Einsen. Analog gibt es 2^{r-k-2} Runs mit k Nullen.

5.11.3.4.6   E5: Die PAKF von binären bipolaren m-Folgen

Man ordnet der unipolaren, binären m-Folge mit Elementen aus **GF** (2) für die Berechnung der PAKF eine bipolare Binärfolge mittels der Codierung

$$0 \mapsto 1; \qquad 1 \mapsto -1 \tag{5.133}$$

zu. Die normierte periodische Autokorrelationsfunktion $\frac{1}{L_b}\phi_{aa_b}(k)$ einer binären, bipolaren m-Folge $a(n)$ ist zweiwertig und gegeben durch:

$$\frac{1}{L_b}\phi_{aa_b}(k) = \begin{cases} 1 & \text{wenn: } k = i \cdot L_b \\ -\frac{1}{L_b} & \text{wenn: } k \neq i \cdot L_b \end{cases} \tag{5.134}$$

wobei i eine natürliche Zahl und L_b speziell die Periode der binären m-Folge ist.

BEWEIS 5.14 *Der Wert der normierten PAKF* $\frac{1}{L_b}\phi_{aa_b}(k)$ *ist gegeben durch:*

$$\frac{1}{L_b}\phi_{aa_b}(k) = \frac{L_A - L_B}{L_b} \tag{5.135}$$

Hierbei stellt L_A die Anzahl von Nullen und L_B die Anzahl von Einsen in der Modulo-2-Summe der m-Folge $a(n)$ mit Periode L_b und ihrer k-ten zyklischen Verschiebung dar. Nun ist für $k = iL_b$ die k-te zyklische Verschiebung von $a(n)$ wieder ident mit sich selbst. Somit beinhaltet in diesem speziellen Fall die Modulo-2-Summe nur Nullen und es gilt, daß $L_A = L_b, L_B = 0$ und somit $\frac{1}{L_b}\phi_{aa_b}(k) = 1$. Für $k \neq iL_b$ ist die Modulo-2-Summe irgendeine Phasenverschiebung der ursprünglichen Folge nach Eigenschaft E3. Dann ist nach Eigenschaft E1 in der Modulo-2-Summe eine Eins mehr als Nullen, sodaß $L_A - L_B = -1$ und es gilt:

$$\frac{1}{L_b}\phi_{aa_b}(k) = -\frac{1}{L_b} \tag{5.136}$$

5.11.4　Eigenschaften von p-nären m-Folgen

5.11.4.1　Folgenlänge einer p-nären m-Folge

Eine p-näre m-Folge beinhaltet als Folgenelemente die Elemente eines Galoisfeldes **GF**(p). Sie hat eine Periode $L_p = m_{max,p-när} = p^r - 1$. Der Schieberegistergenerator durchläuft auch hier alle möglichen Zustände außer dem Nullzustand.

$$L_p = p^r - 1 \tag{5.137}$$

5.11.4.2　Balance der Folgenelemente einer p-nären m-Folge

In einer p-näre m-Folge enthält die Folge das Nullelement mit der Anzahl $S_0 = p^{r-1} - 1 = \frac{1}{p}(L_p + 1) - 1$, die übrigen Elemente mit $S_1 = p^{r-1} = \frac{1}{p}(L_p + 1)$. Das Element Null kommt hier ebenfalls einmal weniger vor als jedes der übrigen Elemente.

5.11.4.3 Zyklische Verschiebung von p-nären m-Folgen

Völlig analog zu binären m-Folgen, gibt es bei einer p-nären m-Folge $L_p = p^r - 1$ zyklische Verschiebungen.

5.11.4.4 Verschiebe- und Additionseigenschaft einer p-nären m-Folge

Die Verschiebe- und Additionseigenschaft einer binären m-Folge ist in Form einer Verschiebe- und Subtraktionseigenschaft auch auf p-näre m-Folgen übertragbar. Dazu ein kurzes Beispiel.

BEISPIEL 5.18 (VERSCHIEBE- UND ADDITIONSEIGENSCHAFT) *Ein Schieberegistergenerator ($p = 3$) nach Abb.5.4, mit dem charakteristischen Polynom $f(D) = D^2 + D + 2$ erzeugt mit dem Initialzustand $e(D) = 1$ die nachstehende m-Folge: $a(D) = 1 + D + 2D^2 + 2D^4 + 2D^5 + D^6$.*

Subtrahiert man die m-Folge $a(D)D^4$, also eine um vier Taktperioden phasenverschobene Version der ursprünglichen Folge $a(D)$, von $a(D)$, dann ergibt sich eine weitere, phasenverschobene Version der Folge.

		D^0	D^1	D^2	D^3	D^4	D^5	D^6	D^7
$a(D)$	$=$	1	1	2	0	2	2	1	0
$a(D)D^4$	$=$	2	2	1	0	1	1	2	0
$a(D) \ominus_3 a(D)D^4$	$=$	2	2	1	0	1	1	2	0

5.11.4.5 Runbalance einer p-nären m-Folge

Die Eigenschaft der Runbalance läßt sich nicht so einfach auf p-näre m-Folgen übertragen, da die p-nären m-Folgen immer in $p - 1$ Unterfolgen jeweils gleicher Länge (5.138) zerfallen.

5.11.4.6 Die PAKF von p-nären m-Folgen

Die Eigenschaft der PAKF läßt sich nicht direkt von binären m-Folgen auf p-näre m-Folgen übertragen, da p-näre m-Folgen in $p - 1$ Unterfolgen (Teilfolgen) der Länge

$$L_{pu} = \frac{L_p}{p-1} = \frac{p^r - 1}{p-1} \tag{5.138}$$

zerfallen [Williams76]. Die Aufspaltung in Unterfolgen spielt bei der Berechnung der PAKF von p-nären m-Folgen eine entscheidende Rolle, da die einzelnen Teilfolgen linear abhängig sind, wodurch die Berechnung der PAKF wesentlich aufwendiger wird.

Zur Veranschaulichung der Berechnung der PAKF werden zwei p-närer m-Folgen aus Tab.5.19 auf Seite 234 entnommen. Diese beiden Folgen sind in Beispiel 5.19 und Beispiel 5.20 dargestellt.

BEISPIEL 5.19 (TERNÄRE m-FOLGE) *Eine ternäre (p=3) m-Folge wird vom primitiven Polynom* $f(x) = x^3 + 2x + 1$ *erzeugte. Die Periodenlänge* $L_p = 26$ *ausgewählt.* $L_p = 26, p = 3, r = 3.$

$$a(n) = [1\ 1\ 1\ 0\ 2\ 1\ 1\ 2\ 1\ 0\ 1\ 0\ 0 \mid 2\ 2\ 2\ 0\ 1\ 2\ 2\ 1\ 2\ 0\ 2\ 0\ 0] \tag{5.139}$$

Für die Länge der beiden Unterfolgen, in die diese ternäre m-Folge zerfällt, erhält man

$$L_{pu} = \frac{p^r - 1}{p - 1} = \frac{26}{2} = 13.$$

BEISPIEL 5.20 (QUINÄRE m-FOLGE) *Es werde die vom primitiven Polynom* $f(x) = x^2 + x + 2$ *erzeugte quinäre m-Folge mit Periodenlänge* $L_p = 24$ *ausgewählt.* $L_p = 24, p = 5, r = 2, f(x) = x^2 + x + 2$

$$a(n) = [1\ 2\ 1\ 1\ 4\ 0 \mid 3\ 1\ 3\ 3\ 2\ 0 \mid 4\ 3\ 4\ 4\ 1\ 0 \mid 2\ 4\ 2\ 2\ 3\ 0] \tag{5.140}$$

Für die Länge der vier Unterfolgen, in die diese quinäre m-Folge zerfällt, erhält man

$$L_{pu} = \frac{p^r - 1}{p - 1} = \frac{24}{4} = 6.$$

Die Beispiele zeigen, daß in einer Periode L_p der p-nären Gesamtfolge geordnete Paare $[\tilde{a}(n), \tilde{a}(n + k)]$ für $0 \leq n \leq L_p$ mit den in Tab.5.24 angegebenen Häufigkeiten auftreten. Bezeichnender Weise, werden die Auftrittshäufigkeiten der Paare als *Paarhäufigkeiten* bezeichnet.

$$\tilde{a}(n + k) = \mu^t \cdot a(n) \tag{5.141}$$

---

k $\not\equiv$ 0 (mod L$_{\mathbf{pu}}$)

Das Paar $[0,0]$ erscheint $(p^{r-2} - 1)$-mal in der Gesamtfolge.
Die übrigen Paare erscheinen p^{r-2}-mal.

---

k $\equiv$ 0 (mod L$_{\mathbf{pu}}$), k $\not\equiv$ 0 (mod L$_{\mathbf{p}}$)

Hier gilt die Abhängigkeit (5.141), in der μ ein primitives Element des **GF** (p) ist
und t, je nach gewählter Unterfolge, eine natürliche Zahl im Bereich
$1 \leq t \leq p - 2$ ist.
In diesem Falle erscheint das Paar $[0,0]$ genau $(p^{r-1} - 1)$-mal, die übrigen Paare
$[a(n), \mu^t \cdot a(n)]$ nicht verschwindender Elemente erscheinen p^{r-1}-mal.

Tabelle 5.24: Paarhäufigkeiten $[a(n), \mu^t \cdot a(n)]$ in p-nären m-Folgen.

BEISPIEL 5.21 (LINEARE ABHÄNGIGKEIT DER UNTERFOLGEN AUS BEISPIEL 5.19)
*Für die ternäre m-Folge aus Bsp.5.19 ergibt sich die lineare Abhängigkeit der beiden
Unterfolgen aus folgendem Berechnungsvorgang.*

*Wie in (5.143) und (5.144) gezeigt, wird das mit t potenzierte primitive Element, mit
jedem im Feld vorkommenden Element (mod p) multipliziert. Das Null-Element ist
nicht dargestellt, da es sich stets auf sich selbst abbildet.*

*Die Tab.5.5 auf Seite 189 zeigt, daß das kleinste primitive Element μ im **GF** (3) das
Element 2 ist.*

$$L_{pu} = 13, p = 3, t \in \{1, \ldots, p - 2\} \longrightarrow t = 1, \mu = 2 \tag{5.142}$$

$$1 \cdot \mu^1 = 1 \cdot 2 = 2 \qquad\qquad (1 \mapsto 2) \tag{5.143}$$

$$2 \cdot \mu^1 = 2 \cdot 2 = 4 \equiv 1 \ (mod\,3) \qquad\qquad (2 \mapsto 1) \tag{5.144}$$

Aus Beispiel 5.21 erkennt man, daß jede ternäre m-Folge in zwei linear abhängige Unterfolgen mit Periodenlänge L_{pu} zerfällt. Die lineare Abhängigkeit ist durch folgende
Zuordnung gegeben:

$$\begin{pmatrix} 1 & \mapsto & 2 \\ 2 & \mapsto & 1 \end{pmatrix}^{\mu=2}_{t=1} \tag{5.145}$$

BEISPIEL 5.22 (LINEARE ABHÄNGIGKEIT DER UNTERFOLGEN AUS BEISPIEL 5.20)
*Betrachtet man nun die quinäre m-Folge aus Bsp.5.20, so ergibt sich die lineare
Abhängigkeit der vier Unterfolgen aus der äquivalenten Berechnung zu Beispiel 5.19.
Das dazu notwendige primitive Element findet man wieder in Tab.5.5 auf Seite 189.
Das kleinste primitive Element μ im **GF** (5) ist das Element 2.*

$$L_{pu} = 6, p = 5, t \in \{1, \ldots, p-2\} \longrightarrow t = 1, 2, 3; \qquad \mu = 2$$

$$(5.146)$$

$t=1$		$t=2$	
Berechnung	Zuordnung	Berechnung	Zuordnung
$1 \cdot \mu^1 \equiv 2 \pmod 5$	$(1 \mapsto 2)$	$1 \cdot \mu^2 \equiv 4 \pmod 5$	$(1 \mapsto 4)$
$2 \cdot \mu^1 \equiv 4 \pmod 5$	$(2 \mapsto 4)$	$2 \cdot \mu^2 \equiv 3 \pmod 5$	$(2 \mapsto 3)$
$3 \cdot \mu^1 \equiv 1 \pmod 5$	$(3 \mapsto 1)$	$3 \cdot \mu^2 \equiv 2 \pmod 5$	$(3 \mapsto 2)$
$4 \cdot \mu^1 \equiv 3 \pmod 5$	$(4 \mapsto 3)$	$4 \cdot \mu^2 \equiv 1 \pmod 5$	$(4 \mapsto 1)$

Tabelle 5.25: Lineare Abhängigkeit der Unterfolgen einer quinären m-Folge.

$t=3$	
Berechnung	Zuordnung
$1 \cdot \mu^3 \equiv 3 \pmod 5$	$(1 \mapsto 3)$
$2 \cdot \mu^3 \equiv 1 \pmod 5$	$(2 \mapsto 1)$
$3 \cdot \mu^3 \equiv 4 \pmod 5$	$(3 \mapsto 4)$
$4 \cdot \mu^3 \equiv 2 \pmod 5$	$(4 \mapsto 2)$

Tabelle 5.26: Fortsetzung von Tabelle 5.25.

Aus Beispiel 5.22 erkennt man, daß jede beliebige quinäre m-Folge in vier linear abhängige Unterfolgen mit Periodenlänge L_{pu} zerfällt. Die lineare Abhängigkeit zwischen den einzelnen Unterfolgen ist durch die folgenden Zuordnungen gegeben:

$$\begin{pmatrix} 1 & \mapsto & 2 \\ 2 & \mapsto & 4 \\ 3 & \mapsto & 1 \\ 4 & \mapsto & 3 \end{pmatrix}^{\mu=2}_{t=1} \quad \begin{pmatrix} 1 & \mapsto & 4 \\ 2 & \mapsto & 3 \\ 3 & \mapsto & 2 \\ 4 & \mapsto & 1 \end{pmatrix}^{\mu=2}_{t=2} \quad \begin{pmatrix} 1 & \mapsto & 3 \\ 2 & \mapsto & 1 \\ 3 & \mapsto & 4 \\ 4 & \mapsto & 2 \end{pmatrix}^{\mu=2}_{t=3}$$

$$(5.147)$$

Über den Parameter t kann man die einzelnen Zuordnungen den zugehörigen Unterfolgen zuweisen. Die Bedingung $\tilde{a}(n + k) = \mu^t \cdot a(n)$ aus (5.141) muß für die Werte $k = l \cdot L_{pu}$ mit $l \in \{1, \ldots, p-1\}$ erfüllt sein. Man erhält somit für die gewählte quinäre m-Folge die in Tab.5.27 angegebenen Zuweisungen.

Die Tab.5.27 zeigt, daß die zweite Unterfolge mit der ersten Unterfolge über die Zuordnung $t = 3$ in linearer Abhängigkeit steht, die dritte über die Zuordnung mit $t = 2$ und die vierte Unterfolge steht mit der ersten Unterfolge über die Zuordnung mit $t = 1$ in linearer Abhängigkeit.

Die Zuordnung weist im allgemeinen Fall jedem Element α_i aus der zyklischen Gruppe $\mathbf{GF}^*(p)$ der Einheiten eines beliebigen Galoisfeldes $\mathbf{GF}(p)$ wieder ein Element

$n = 1, k = L_{pu}$	$n = 1, k = 2 \cdot L_{pu}$	$n = 1, k = 3 \cdot L_{pu}$
$\tilde{a}(n + k) = \mu^t \cdot a(n)$	$\tilde{a}(n + k) = \mu^t \cdot a(n)$	$\tilde{a}(n + k) = \mu^t \cdot a(n)$
$a(1 + 6) = \mu^t \cdot a(1)$	$a(1 + 2 \cdot 6) = \mu^t \cdot a(1)$	$a(1 + 3 \cdot 6) = \mu^t \cdot a(1)$
$3 = \mu^t \cdot 1 \rightarrow t = 3$	$4 = \mu^t \cdot 1 \rightarrow t = 2$	$2 = \mu^t \cdot 1 \rightarrow t = 1$

Tabelle 5.27: Lineare Abhängigkeit der Unterfolgen der quinären m-Folge aus Beispiel 5.20.

dieser Gruppe eindeutig zu (Isomorph). Auf Grund dieser heuristischen Zuordnungserkenntnis bildet man das in Def.5.31 angegebene Zuordnungsprodukt.

DEFINITION 5.31 (ZUORDNUNGSPRODUKT) *Das Zuordnungsprodukt $\Gamma(\mu, t)$ wird als das Innprodukt der beiden vektoriell aufgefaßten Zuordnungsspalten definiert.*

$$\alpha_i \mapsto \alpha_j \ \text{mit:} \ i = j \in \{1, \ldots, p - 1\}; \alpha_i, \alpha_j \in \boldsymbol{GF}^* (p)$$

$$\Gamma(\mu, t) = \alpha_i \cdot \alpha_j$$

Als normiertes Zuordnungsprodukt wird das auf $p - 1$ normierte Zuordnungsprodukt bezeichnet.

$$\Gamma(\mu, t, p) = \frac{1}{p - 1} \cdot \Gamma(\mu, t)$$

BEISPIEL 5.23 (ZUORDNUNGSPRODUKT FÜR BEISPIEL 5.19) *Für Bsp.5.19 ergeben sich die in (5.148) angegebenen Zuordnungsprodukte.*

$$\Gamma(\mu, t) : \ \Gamma(2, 1) = \begin{pmatrix} 1 \\ 2 \end{pmatrix} \cdot \begin{pmatrix} 2 \\ 1 \end{pmatrix} = 4 \qquad \Gamma(\mu, t, p) : \ \Gamma(2, 1, 3) = 2 \tag{5.148}$$

BEISPIEL 5.24 (ZUORDNUNGSPRODUKT FÜR BEISPIEL 5.20) *Bildung des normierten Zuordnungsproduktes der quinäre m-Folge von Bsp.5.20:*

$$\Gamma(2, 1, 5) \ = \ \frac{1}{4} \cdot \begin{pmatrix} 1 \\ 2 \\ 3 \\ 4 \end{pmatrix} \cdot \begin{pmatrix} 2 \\ 4 \\ 1 \\ 3 \end{pmatrix} \qquad \Gamma(2, 2, 5) = \frac{1}{4} \cdot \begin{pmatrix} 1 \\ 2 \\ 3 \\ 4 \end{pmatrix} \cdot \begin{pmatrix} 4 \\ 3 \\ 2 \\ 1 \end{pmatrix}$$

$$\Gamma(2, 3, 5) \ = \ \frac{1}{4} \cdot \begin{pmatrix} 1 \\ 2 \\ 3 \\ 4 \end{pmatrix} \cdot \begin{pmatrix} 3 \\ 1 \\ 4 \\ 2 \end{pmatrix} \tag{5.149}$$

Und somit folgt: $\Gamma(2, 1, 5) = \frac{25}{4}, \Gamma(2, 2, 5) = \frac{20}{4}, \Gamma(2, 3, 5) = \frac{25}{4}$.

Die Zuordnungen der linearen Abhängigkeiten lassen sich immer gemäß der gezeigten Berechnung ermitteln. Laut diesen Zusammenhängen hat die PAKF p-närer m-Folgen nur dann einen konstanten Nebenwert $\check{\phi}_{aa}\left(i\right)$, wenn die Zeitverschiebung k kein Vielfaches der Unterfolgenlänge L_{pu} ist. Ist jedoch die Zeitverschiebung k ein Vielfaches der Unterfolgenlänge L_{pu}, so erhält man in der PAKF weitere Nebenwerte $\check{\phi}_{aa}\left(2\right), \check{\phi}_{aa}\left(3\right), \ldots$. Insgesamt gibt es bei p-nären m-Folgen neben dem Hauptwert $\hat{\phi}_{aa}$ der PAKF theoretisch noch $p-1$ konstante Nebenwerte, wovon jedoch nicht alle Nebenwerte zwingend verschieden sind. Im weiteren soll jetzt, anhand der beiden ausgewählten Beispiele, die Berechnung des Hauptwertes und aller Nebenwerte der PAKF p-närer m-Folgen vorgeführt werden. Dazu benötigt man die normierten Zuordnungsprodukte für die ternären und quinäre m-Folge aus Beispiel 5.19 und Beispiel 5.20.

Zur Berechnung der PAKF ordnet man nun den Elementen $\alpha_i \in \mathbf{GF}\left(p\right)$ beliebige Amplitudenwerte $a_i \in \{a_0, a_1, \ldots, a_{p-1}\}$ zu. Da hier unipolare, p-näre m-Folgen betrachtet werden, soll den einzelnen Elementen des $\mathbf{GF}\left(p\right)$ derselbe Amplitudenwert ihres Zahlenwertes zugeordnet werden.

Nun folgt der Hauptwert $\hat{\phi}_{aa}$ der PAKF für solche Folgen aus den *Paarhäufigkeitsbedingungen* in Tab.5.24 zu:

$$\hat{\phi}_{aa} = p^{r-1} \cdot \sum_{i=0}^{p-1} a_i^2 - a_0^2 \tag{5.150}$$

Für den konstanten Nebenwert $\check{\phi}_{aa}\left(1\right)$, im Falle daß die Zeitverschiebung k kein Vielfaches der Unterfolgenlänge L_{pu} ist, erhält man:

$$\check{\phi}_{aa}\left(1\right) = \phi_{aa}\left(k \not\equiv 0 \ (\mathrm{mod}\ L_{pu})\right) = p^{r-2} \cdot \sum_{i=0}^{p-1} \sum_{j=0}^{p-1} a_i\, a_j - a_0{}^2 \tag{5.151}$$

Für die übrigen Nebenwerte $\check{\phi}_{aa}\left(i\right)$, im Falle daß die Zeitverschiebung k ein Vielfaches der Unterfolgenlänge L_{pu} ist erhält man:

$$\check{\phi}_{aa}\left(i\right) = \phi_{aa}\left(k \equiv 0 \ (\mathrm{mod}\ L_{pu})\right) = \Gamma(\mu, t, p) \cdot p^r \cdot \left(1 - \frac{1}{p}\right) \quad \begin{array}{l} \text{für:} \\ 1 \leq t \leq p-2 \\ i = t+1 \end{array} \tag{5.152}$$

In dieser Formel steht der rechte Term im Produkt für die absolute Auftrittshäufigkeit der Elemente des $\mathbf{GF}\left(p\right)$ in der Gesamtfolge, die ungleich Null sind. Die Gesamtfolge hat eine Länge von $p^r - 1$, davon gibt es in dieser Folge laut Eigenschaft *E1* genau

$p^{r-1} - 1$ Nullen, die abgezogen werden müssen, um den rechten Produktterm zu erhalten.

Das normierte Zuordnungsprodukt $\Gamma(\mu, t, p)$ kann man als durchschnittlichen Korrelationsanteil pro Folgenelement (das Element Null ausgenommen) in der PAKF interpretieren.

Der Parameter t im Zuordnungsprodukt weist auf den Nebenwertindex i insofern hin, als gilt $i = t + 1$ mit einem Wertebereich von $1 \leq t \leq p - 2$.

Zur Veranschaulichung der Formeln wird die PAKF der beiden ausgewählten Beispielfolgen berechnet.

BEISPIEL 5.25 (PAKF FÜR BEISPIEL 5.19) *Für Beispiel 5.19 gilt:*

$$\hat{\phi}_{aa} = p^{r-1} \cdot \sum_{i=0}^{p-1} a_i^2 - a_0^2 \qquad \textit{mit } a_0 = 0 \textit{ folgt:}$$

$$= 3^2 \cdot \sum_{i=1}^{p-1} a_i^2 = 9 \cdot (1 + 4) = 45$$

$$\check{\phi}_{aa}(1) = p^{r-2} \cdot \sum_{i=0}^{p-1} \sum_{j=0}^{p-1} a_i \, a_j - a_0^2 \qquad \textit{mit } a_0 = 0 \textit{ folgt:}$$

$$= 3^1 \cdot \sum_{i=1}^{p-1} \sum_{j=1}^{p-1} a_i \, a_j = 3 \cdot (1 + 2 + 2 + 4) = 27$$

$$\check{\phi}_{aa}(2) = \Gamma(\mu, t, p) \cdot p^r \cdot \left(1 - \frac{1}{p}\right) =$$

$$= \Gamma(2, 1, 3) \cdot p^r \cdot \left(1 - \frac{1}{p}\right) = 2 \cdot 3^3 \cdot \left(1 - \frac{1}{3}\right) = 36$$

Somit erhält man für die PAKF der ternären m-Folge aus Beispiel 5.19:

$$\phi_{aa}(k) = \begin{cases} \hat{\phi}_{aa} &= 45 \quad \text{wenn:} \quad k \equiv 0 \ (\mathrm{mod}\, L_p) \\[2mm] \check{\phi}_{aa}(1) &= 27 \quad \text{wenn:} \quad k \not\equiv 0 \ (\mathrm{mod}\, L_p, L_{pu}) \\[2mm] \check{\phi}_{aa}(2) &= 36 \quad \text{wenn:} \quad k \equiv 0 \ (\mathrm{mod}\, L_{pu}) \end{cases}$$

BEISPIEL 5.26 (PAKF FÜR BEISPIEL 5.20) *Für Beispiel 5.20 gilt:*

$$\hat{\phi}_{aa} = p^{r-1} \cdot \sum_{i=0}^{p-1} a_i^2 - a_0^2 \qquad \textit{mit } a_0 = 0 \textit{ folgt:}$$

$$= 5^1 \cdot \sum_{i=1}^{p-1} a_i^2 = 5 \cdot (1 + 4 + 9 + 16) = 150$$

$$\check{\phi}_{aa}(1) = p^{r-2} \cdot \sum_{i=0}^{p-1} \sum_{j=0}^{p-1} a_i \, a_j - a_0{}^2 \qquad \textit{mit } a_0 = 0 \textit{ folgt:}$$

$$= 5^0 \cdot \sum_{i=1}^{p-1} \sum_{j=1}^{p-1} a_i \, a_j = 1 \cdot (10 + 20 + 30 + 40) = 100$$

$$\check{\phi}_{aa}(2) = \Gamma(\mu, t, p) \cdot p^r \cdot \left(1 - \frac{1}{p}\right) =$$

$$= \Gamma(2, 1, 5) \cdot p^r \cdot \left(1 - \frac{1}{p}\right) = \frac{25}{4} \cdot 5^2 \cdot \left(1 - \frac{1}{5}\right) = 125$$

$$\check{\phi}_{aa}(3) = \Gamma(2, 2, 5) \cdot p^r \cdot \left(1 - \frac{1}{p}\right) = \frac{20}{4} \cdot 5^2 \cdot \left(1 - \frac{1}{5}\right) = 100 = \check{\phi}_{aa}(1)$$

$$\check{\phi}_{aa}(4) = \Gamma(2, 3, 5) \cdot p^r \cdot \left(1 - \frac{1}{p}\right) = \frac{25}{4} \cdot 5^2 \cdot \left(1 - \frac{1}{5}\right) = 125 = \check{\phi}_{aa}(2)$$

Somit erhält man für die PAKF der quinären m-Folge aus Beispiel 5.20:

$$\phi_{aa}(k) = \begin{cases} \hat{\phi}_{aa} & = 150 & \textit{wenn: } k \equiv 0 \pmod{L_p} \\[2mm] \check{\phi}_{aa}(1) & = 100 & \textit{wenn: } k \not\equiv 0 \pmod{L_p, L_{pu}}, \, k \equiv 0 \pmod{2L_{pu}} \\[2mm] \check{\phi}_{aa}(2) & = 125 & \textit{wenn: } k \equiv 0 \pmod{L_{pu}, 3L_{pu}} \end{cases}$$

Speziell gilt für die gewählte quinäre Folge, notationskonform zu Abb.5.15, $\check{\phi}_{aa}(3) = \check{\phi}_{aa}(1)$ und somit tritt der mittlere, lokale Maximalwert der PAKF bei dieser m-Folge nicht in Erscheinung.

Hiermit wurde eine allgemein gültige Berechnungsmethode zur Berechnung der PAKF unipolarer, p-närer m-Folgen gezeigt. Die PAKF unipolarer, p-närer m-Folgen ist mehrwertig und entspricht in ihrer prinzipiellen Struktur der Abbildung 5.15 entspricht.

Unipolare, p-näre m-Folgen sind in der hier behandelten Form für Spread-Spectrum Übertragungsverfahren keine optimale Wahl, da sie nicht mittelwertfrei sind. Mittelwertfreiheit wird nun dadurch erreicht, indem man den einzelnen Elementen des **GF** (p) zu Null symmetrische Amplitudenwerte zuordnet. Man erhält somit wieder eine bipolare, amplitudensymmetrische Folge. Diese Zuordnung wirkt sich natürlich auf die PAKF in vorteilhafter Weise aus. Es soll folgend wieder die Berechnung der PAKF

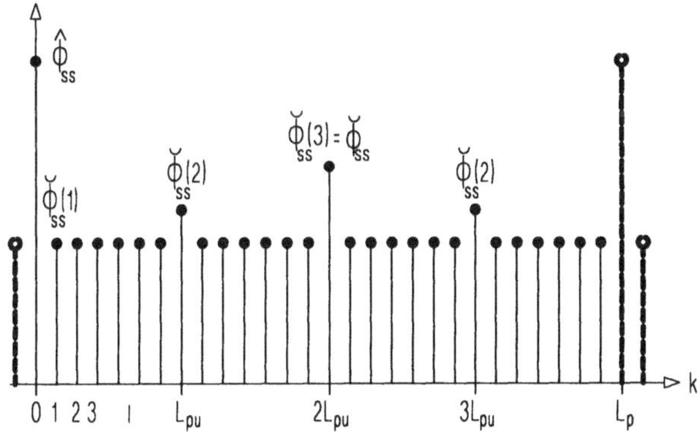

Abbildung 5.15: Prinzipielle Gestalt der PAKF einer p-nären m-Folge $s(n)$.

amplitudensymmetrischer, p-närer m-Folgen anhand der ausgewählten ternären und quinären Folge gezeigt werden.

Zur Amplitudensymmetrierung ordnet man den Elementen $\alpha_i \in \mathbf{GF}(p)$ mit $p > 2$ zu Null symmetrische Amplitudenwerte α_i nach folgendem Schema zu:

$$a_i = \begin{cases} \alpha_i & \text{wenn:} \quad \alpha_i \leq \frac{p-1}{2} \\ \alpha_i - p & \text{sonst} \end{cases} \qquad \textit{Bedingung: } p \text{ ist prim und } p > 2 \tag{5.153}$$

Mit diesem Zuordnungschema ändert sich die Gleichung für den Hauptwert $\hat{\phi}_{aa}$ der PAKF, da sich die positiven und negativen Produkte $a_i a_j$ gegenseitig aufheben, folgendermaßen:

$$\hat{\phi}_{aa} = \phi_{aa_b}(0) = p^{r-1} \cdot \sum_{i=0}^{p-1} a_i^2 - a_0^2 \mapsto \phi_{aa_b}(0) = p^r \cdot \frac{p^2 - 1}{12} \tag{5.154}$$

Die Gleichung für den konstanten Nebenwert $\check{\phi}_{aa}(1)$, da sich auch hier die positiven und negativen Produkte $a_i a_j$ wegen der Mittelwertfreiheit der Folge wegheben, ergibt sich zu Null.

$$\check{\phi}_{aa}(1) = \phi_{aa}(k \not\equiv 0 \ (\mathrm{mod}\ L_{pu})) = p^{r-2} \cdot \sum_{i=0}^{p-1}\sum_{j=0}^{p-1} a_i\,a_j - a_0^2 = 0 \tag{5.155}$$

Für den amplitudensymmetrischen Fall erhält man auch für die übrigen konstanten Nebenwerte $\check{\phi}_{aa}(2), \check{\phi}_{aa}(3), \ldots$ der PAKF bessere Werte. In der Berechnung mutiert die Gleichung für die Nebenwerte $\check{\phi}_{aa}(i)$ nur insofern, daß das normierte Zuordnungsprodukt $\Gamma(\mu, t, p)$ durch das normierte, amplitudensymmetrisierte Zuordnungsprodukt $\Gamma_s(\mu, t, p)$ ersetzt wird.

$$\check{\phi}_{aa}(i) = \phi_{aa}(k \equiv 0 \pmod{L_{pu}}) = \Gamma_s(\mu, t, p) \cdot p^r \cdot \left(1 - \frac{1}{p}\right) \tag{5.156}$$

BEISPIEL 5.27 (PAKF FÜR BEISPIEL 5.19 (SYMMETRISCHE FOLGE)) *Die ternäre, unipolare m-Folge aus Bsp.5.19 wird mit folgender Zuordnung zu einer symmetrischen, ternären m-Folge umgewandelt:*

$$0 \mapsto 0, 1 \mapsto 1, 2 \mapsto -1 \tag{5.157}$$

Somit lautet diese symmetrische, ternäre m-Folge:

$$a_s(n) = [1\ 1\ 1\ 0\ \text{-}1\ 1\ 1\ \text{-}1\ 1\ 0\ 1\ 0\ 0 \mid \text{-}1\ \text{-}1\ \text{-}1\ 0\ 1\ \text{-}1\ \text{-}1\ 1\ \text{-}1\ 0\ \text{-}1\ 0\ 0] \tag{5.158}$$

Der Hauptwert $\hat{\phi}_{aa}$ der PAKF ergibt sich zu:

$$\hat{\phi}_{aa} = \phi_{aa_b}(0) = p^r \frac{p^2 - 1}{12} = 3^3 \cdot \frac{3^2 - 1}{12} = 18 \tag{5.159}$$

Der konstante Nebenwert $\check{\phi}_{aa}(1)$ verschwindet wegen der Mittelwertfreiheit der Folge zu Null. Für die Berechnung des konstanten Nebenwertes $\check{\phi}_{aa}(2)$ muß zuerst das normierte, symmetrisierte Zuordnungsprodukt $\Gamma_s(\mu, t, p)$ errechnet werden. Aus $\Gamma(\mu, t, p)$ läßt sich $\Gamma_s(\mu, t, p)$ leicht errechnen:

$$\Gamma(2, 1, 3) = \frac{1}{2} \cdot \binom{1}{2} \cdot \binom{2}{1} \mapsto \Gamma_s(2, 1, 3) = \frac{1}{2} \cdot \binom{1}{-1} \cdot \binom{-1}{1} = -1 \tag{5.160}$$

Somit folgt für den Nebenwert $\check{\phi}_{aa}(2)$:

$$\check{\phi}_{aa}(2) = \phi_{aa}(k \equiv 0 \ (mod \ L_{pu})) = \Gamma_s(2,1,3) \cdot p^r \cdot \left(1 - \frac{1}{p}\right) =$$

$$= -1 \cdot 3^3 \left(1 - \frac{1}{3}\right) = -18 = -\hat{\phi}_{aa} \qquad (5.161)$$

Man erhält als Ergebnis für den Nebenwert $\check{\phi}_{aa}(2)$, bei einer Zeitverschiebung $k \equiv$ 0 (mod L_{pu}) wieder den Hauptwert $\hat{\phi}_{aa}$ der PAKF nur mit umgekehrtem Vorzeichen.

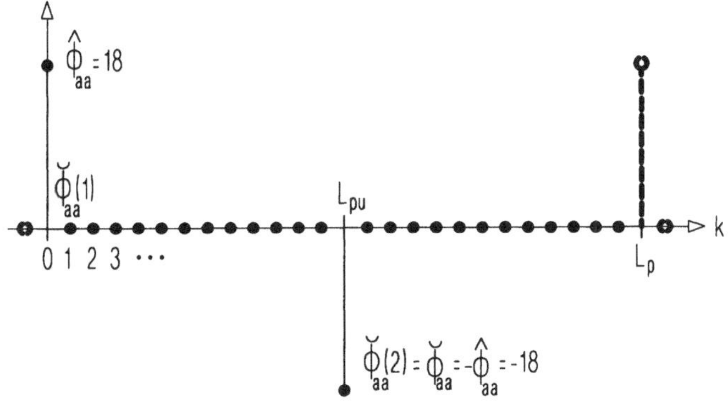

Abbildung 5.16: PAKF der ternären, symmetrischen m-Folge aus Bsp.5.19.

Die PAKF der ternären, symmetrischen m-Folge, die der ternären unipolaren m-Folge aus Bsp.5.19 zugeordnet wurde, ist in Abb.5.16 zu sehen und repräsentiert die allgemein gültige Struktur der PAKF für beliebige ternäre, symmetrische m-Folgen.

Man kann somit verallgemeinernd feststellen:

> Die periodische Autokorrelationsfunktion für ternäre, symmetrische m-Folgen ($p=3$) ist überall Null (erster Nebenwert $\check{\phi}_{aa}(1) = 0$), außer dem Hauptwert, wenn keine Zeitverschiebung auftritt und wenn die beiden Folgen um die Unterfolgenlänge L_{pu} verschoben sind, wo der zweite Nebenwert ($\check{\phi}_{aa}(2) = -\hat{\phi}_{aa} = -2 \cdot 3^{r-1}$) auftritt, welcher dem negativen Hauptwert entspricht.

BEISPIEL 5.28 (PAKF FÜR BEISPIEL 5.20 (SYMMETRISCHE FOLGE)) *Die quinäre, unipolare m-Folge aus Bsp.5.20 wird mit folgender Zuordnung zu einer symmetrischen, quinären m-Folge umgewandelt:*

$$0 \mapsto 0, \quad 1 \mapsto 1, \quad 2 \mapsto 2, \quad 3 \mapsto -2, \quad 4 \mapsto -1 \tag{5.162}$$

Somit lautet diese symmetrische, quinäre m-Folge:

$$a_s(n) = [1\ 2\ 1\ 1\ \text{-}1\ 0 \mid \text{-}2\ 1\ \text{-}2\ \text{-}2\ 2\ 0 \mid \text{-}1\ \text{-}2\ \text{-}1\ \text{-}1\ 1\ 0 \mid 2\ \text{-}1\ 2\ 2\ \text{-}2\ 0] \tag{5.163}$$

Der Hauptwert $\hat{\phi}_{aa}$ der PAKF ergibt sich zu:

$$\hat{\phi}_{aa} = \phi_{aa_b}(0) = p^r \cdot \frac{p^2 - 1}{12} = 5^2 \cdot \frac{5^2 - 1}{12} = 50 \tag{5.164}$$

Der konstante Nebenwert $\check{\phi}_{aa}$ (1) verschwindet wegen der Mittelwertfreiheit der Folge zu Null. Für die Berechnung der konstanten Nebenwerte $\check{\phi}_{aa}$ (2), $\check{\phi}_{aa}$ (3) und $\check{\phi}_{aa}$ (4) müssen zuerst die normierten, symmetrisierten Zuordnungsprodukte $\Gamma_s(\mu, t, p)$ errechnet werden. Äquivalent zur obigen Berechnung werden auch hier die Werte für $\Gamma_s(\mu, t, p)$ aus den Werten von $\Gamma(\mu, t, p)$ errechnet:

Aus den Werten $\Gamma(\mu, t, p)$ in (5.149) folgen unter Berücksichtigung der Amplitudensymmetrisierung der quinären Folge unmittelbar die Werte für $\Gamma_s(\mu, t, p)$:

$$\Gamma_s(2,1,5) = \frac{1}{4} \cdot \begin{pmatrix} 1 \\ 2 \\ -2 \\ -1 \end{pmatrix} \cdot \begin{pmatrix} 2 \\ -1 \\ 1 \\ -2 \end{pmatrix} = 0, \qquad \Gamma_s(2,2,5) = \frac{1}{4} \cdot \begin{pmatrix} 1 \\ 2 \\ -2 \\ -1 \end{pmatrix} \cdot \begin{pmatrix} -1 \\ -2 \\ 2 \\ 1 \end{pmatrix} = -\frac{10}{4},$$

$$\Gamma_s(2,3,5) = \frac{1}{4} \cdot \begin{pmatrix} 1 \\ 2 \\ -2 \\ -1 \end{pmatrix} \cdot \begin{pmatrix} -2 \\ 1 \\ -1 \\ 2 \end{pmatrix} = 0 \tag{5.165}$$

Man kann aus diesen normierten, symmetrisierten Zuordnungsprodukten sofort erkennen, daß die beiden konstanten Nebenwerte $\check{\phi}_{aa}$ (2) und $\check{\phi}_{aa}$ (4) zu Null verschwinden müssen. Übrig bleibt nur der konstante Nebenwert $\check{\phi}_{aa}$ (3) bei einer Zeitverschiebung $k \equiv 0 \pmod{2L_{pu}}$. Dieser konstante Nebenwert $\check{\phi}_{aa}$ (3) soll jetzt mit $\Gamma_s(2,2,5)$ berechnet werden:

$$\check{\phi}_{aa}(3) \;=\; \phi_{aa}\,(k \equiv 0 \ (mod\,2L_{pu})) = \Gamma_s(2,2,5) \cdot p^r \cdot \left(1 - \frac{1}{p}\right) =$$

$$= \; -\frac{10}{4} \cdot 5^2 \cdot \left(1 - \frac{1}{5}\right) = -50 = -\hat{\phi}_{aa} \tag{5.166}$$

Man erhält als Ergebnis für den Nebenwert $\check{\phi}_{aa}(3)$, bei einer Zeitverschiebung $k \equiv 0 \ (mod\,2L_{pu})$ wieder den Hauptwert $\hat{\phi}_{aa}$ der PAKF nur mit umgekehrtem Vorzeichen.

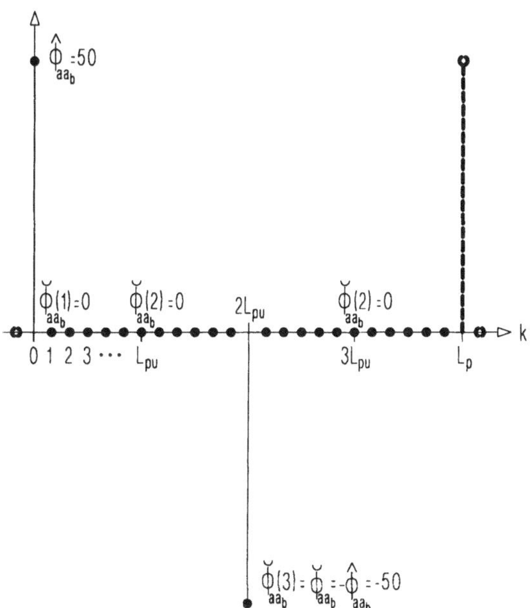

Abbildung 5.17: PAKF der quinären, symmetrischen m-Folge aus Bsp.5.20.

Die PAKF der quinären, symmetrischen m-Folge, die der quinären unipolaren m-Folge aus Bsp.5.20 zugeordnet wurde, ist in Abb.5.17 zu sehen und repräsentiert die allgemein gültige Struktur der PAKF für beliebige quinäre, symmetrische m-Folgen.

Man kann somit verallgemeinernd sagen:

> Die periodische Autokorrelationsfunktion für quinäre,
> symmetrische m-Folgen ($p{=}5$) ist überall Null (zweiter
> Nebenwert $\check{\phi}_{aa}(2) = 0$ und vierter Nebenwert $\check{\phi}_{aa}(4) = 0$),
> außer dem Hauptwert wenn keine Zeitverschiebung auftritt
> und wenn die beiden Folgen um die doppelte
> Unterfolgenlänge $2L_{pu}$ verschoben sind, wo der dritte
> Nebenwert ($\check{\phi}_{aa}(3) = -\hat{\phi}_{aa} = -2 \cdot 5^r$) auftritt, welcher dem
> negativen Hauptwert entspricht.

Für Folgen mit einer PAKF in der Form, wie sie jetzt bei symmetrischen, p-nären m-Folgen gezeigt wurde, gibt es Anwendungen in der Meßtechnik schwach nichtlinearer Systeme [Godfrey66, Hoffmann71].

5.11.5 Abbildungen p-närer m-Folgen in Folgen mit zweiwertiger PAKF

5.11.5.1 Dreiwertige, perfekte Folgen

Durch geeignete Abbildungen lassen sich den höherwertigen, p-nären m-Folgen neue Folgen gleicher Länge mit zweiwertiger, teilweise sogar perfekter PAKF, d.h. mit sämtlich verschwindenden Nebenwerten $\check{\phi}_{aa}(1), \check{\phi}_{aa}(2), \ldots$ zuordnen. Der direkte rechnerische Ansatz hierzu geht von der allgemeinen Form der PAKF in Abb.5.15 aus. Man berechnet allgemein die Werte $\check{\phi}_{aa}(1), \check{\phi}_{aa}(2), \ldots$ der PAKF, wie das im vorigen Abschnitt vorgeführt wurde, und setzt diese dann den gewünschten PAKF-Werten gleich. Für perfekte Folgen erhält man somit das Gleichungssystem:

$$
\begin{aligned}
\check{\phi}_{aa}(1) &= 0 \\
\check{\phi}_{aa}(2) &= 0 \\
\ldots &= \ldots
\end{aligned}
\tag{5.167}
$$

und hat dieses nach den Abbildungswerten zu lösen. Ein Nachteil dieses Verfahrens ist, daß neben dem hohen Rechenaufwand, die Abbildung im allgemeinen auf beliebige reelle oder komplexwertige Folgenelemente führt. Eine Untersuchung von [Gervens90] behandelt insbesondere den Fall der Abbildung beliebiger p-närer m-Folgen in dreiwertige, reelle, perfekte Folgen. So kann beispielsweise der Folge $a(n) = [1\ 1\ 2\ 0\ 2\ 2\ 1\ 0], p = 3, r = 2, f(x) = x^2 + x + 2$ aus Tab.5.19 auf Seite 234 die perfekte Folge $a_t(n) = [1\ \text{-}a\ a\ a\ 1\ a\ \text{-}a\ \text{-}a]$ mit $a = 0.57735$ bei gleicher Länge $L_p = 3^2 - 1 = 8$ zugeordnet werden. Die Schwierigkeiten dieses allgemeinen Verfahrens lassen sich für viele Fragestellungen sehr elegant umgehen, wenn Abbildungen gewählt werden, die

die neue Folge periodisch mit der Unterfolgenlänge L_{pu} der Ausgangsfolge werden läßt. In diesem Falle bleibt nur noch die Bedingung (5.168) für den konstanten Nebenwert $\check{\phi}_{aa}(1)$ zu beachten.

$$\check{\phi}_{aa}(1) = \phi_{aa}(k \not\equiv 0 \ (\mathrm{mod}\ L_{pu})) = p^{r-2} \cdot \sum_{i=0}^{p-1} \sum_{j=0}^{p-1} a_i a_j - a_o^2 \tag{5.168}$$

Im folgenden wird gezeigt, wie auf diese Weise den Unterfolgen p-närer m-Folgen binäre und ternäre Folgen mit zweiwertiger PAKF zugeordnet werden können.

5.11.5.2 Inkohärente Binärfolgen

Im einfachsten Fall kann aus jeder Unterfolge einer p-nären m-Folge $a(n)$ des Grades r eine inkohärente Binärfolge der Länge $L_{pu} = \frac{p^r-1}{p-1}$ mit zweiwertiger PAKF gebildet werden. Den p unterschiedlichen Werten α_i des $\mathbf{GF}\,(p)$, die in der Ausgangsfolge auftreten, werden dazu neue Werte $\Theta(\alpha_i)$ nach folgender einfacher Abbildung zugeordnet:

$$\Theta(\alpha_i) = \begin{cases} 1 & \text{wenn: } \alpha_i = 0 \\ 0 & \text{sonst} \end{cases} \tag{5.169}$$

BEISPIEL 5.29 (INKOHÄRENTE BINÄRFOLGE) *Wie in Bsp.5.19 wird aus Tab.5.19 die ternäre m-Folge* $a(n) = [1\ 1\ 1\ 0\ 2\ 1\ 1\ 2\ 1\ 0\ 1\ 0\ 0\ |\ 2\ 2\ 2\ 0\ 1\ 2\ 2\ 1\ 2\ 0\ 2\ 0\ 0]$ *mit* $p = 3, r = 3, f(x) = x^3 + 2x + 1$ *gewählt. Diese Folge zerfällt, wie in Bsp.5.19 angegeben, in zwei Unterfolgen der Länge* $L_{pu} = \frac{3^3-1}{2} = 13$. *Mit der Wertezuordnung in (5.169) erhält man eine Binärfolge (5.170) der Länge* L_{pu} *mit der PAKF in (5.171).*

$$b(n) = [0\ 0\ 0\ 1\ 0\ 0\ 0\ 0\ 0\ 1\ 0\ 1\ 1] \tag{5.170}$$

$$\phi_{bb}(k) = \begin{cases} 4 & \text{wenn: } k \equiv 0 \ (\mathrm{mod}\ L_{pu}) \\ 1 & \text{sonst} \end{cases} \tag{5.171}$$

Allgemein erhält man die PAKF mit folgender Überlegung, da gilt:

$$\phi_{bb}(k) = \sum_{n=0}^{L_{pu}-1} \tilde{b}(n) \cdot \tilde{b}(n+k) \tag{5.172}$$

Durch die gewählte Wertzuordnung $\Theta(\alpha_i)$ in (5.169) werden alle Unterfolgen ident, da die Nullen in jeder Unterfolge von $a(n)$ an derselben Stelle liegen. Mit dieser

Periodizität ergibt sich die PAKF auch bei einer Summation über die gesamte Folge der Länge L_p zu:

$$\phi_{bb}(k) = \frac{L_{pu}}{L_p} \cdot \sum_{n=0}^{L-1} \tilde{b}(n) \cdot \tilde{b}(n+k) \tag{5.173}$$

Es erscheint nun in dieser Summe für $k \not\equiv 0 \pmod{L_{pu}}$ das Wertepaar (1 1), daß durch Abbildung von (0 0) enstanden ist, mit der Häufigkeit $p^{r-2} - 1$, somit ergibt sich, da alle anderen Paare ein verschwindendes Produkt besitzen, für die PAKF der inkohärenten Binärfolge:

$$\phi_{bb}(k) = \frac{L_{pu}}{L_p} \cdot \left(p^{r-2} - 1\right) = \frac{p^{r-2} - 1}{p - 1} = \text{const., wenn: } k \not\equiv 0 \pmod{L_{pu}} \tag{5.174}$$

Die Energie $\phi_{bb}(0)$ ist gleich der Anzahl der Nullen in der Unterfolge $b(n)$ von $a(n)$, damit lautet die PAKF der inkohärenten Binärfolge $b(n)$ schließlich:

$$\phi_{bb}(k) = \begin{cases} \frac{p^{r-1}-1}{p-1} & \text{für } k \equiv 0 \pmod{L_{pu}} \\[2mm] \frac{p^{r-2}-1}{p-1} & \text{sonst} \end{cases} \tag{5.175}$$

Speziell für den Grad $r = 3$ besitzen diese Folgen in der PAKF den Nebenwert $\check{\phi}_{bb}(1) = 1$ und den Hauptwert $\hat{\phi}_{bb} = p + 1$. Die betrachteten Folgen sind wieder Differenzmengenfolgen mit den Parametern:

$$L_{pu} = \frac{p^r - 1}{p - 1}, \qquad k = \hat{\phi}_{bb} = \frac{p^{r-1} - 1}{p - 1}, \qquad \lambda = \frac{p^{r-2} - 1}{p - 1} \tag{5.176}$$

Differenzmengen dieser Art wurden erstmals von [Singer38] angegeben.

Das gebräuchlichste Korrelationsgütemaß ist das, in Def.5.32 eingeführte *Haupt/Nebenmaximum Verhältnis*.

DEFINITION 5.32 (HAUPT/NEBENMAXIMUM VERHÄLTNIS) *Das Verhältnis des Hauptmaximums der PAKF zum betragsgrößten Nebenmaximum der PAKF wird als Haupt/Nebenmaximum Verhältnis bezeichnet und wird mit HNV abgekürzt.*

$$HNV = \frac{\phi_{ss}(0)}{\max\left|\phi_{ss}(k)\right|} \qquad \forall\, k \not\equiv 0 \pmod{L} \tag{5.177}$$

In (5.177) ist $s(n)$ eine beliebige periodische Folge mit Periodenlänge L. Neben dem HNV ist der *Merit-Faktor* ein wichtiges Korrelationsmaß und in Def.5.33 definiert.

DEFINITION 5.33 (MERIT-FAKTOR) *Das Verhältnis der Energie des Hauptwertes der PAKF zur gesamten in den Nebenwerten enthaltenen Energie wird durch den Merit-Faktor charakterisiert.*

$$MF = \frac{\left[\phi_{ss}(0)\right]^2}{\sum_{k=1}^{L-1}\left|\phi_{ss}(k)\right|^2} \tag{5.178}$$

Man kann sagen, das HNV bewertet eher die impulsförmigen, der MF eher die rauschförmigen *Eigenstörungen* durch eine nicht ideale PAKF. Die Energie dieser inkohärenten Binärfolge beträgt: $\hat{\phi}_{ss} = p + 1$. Somit besitzen sie ein Haupt/Nebenmaximum Verhältnis von: $\text{HNV} = \hat{\phi}_{ss} = p + 1$.

Sei $s(n)$ eine beliebige inkohärente Binärfolge mit Periode L, dann existiert für periodische, inkohärente Binärfolgen eine Obergrenze des erreichbaren HNV, die sich aus folgender Überlegung ergibt. Aus der Formel für die Fläche der PAKF in (5.179) folgt, daß die Fläche der PAKF gleich dem Quadrat des Mittelwertes m_s der Folge $s(n)$ ist.

$$\sum_{k=0}^{L-1}\phi_{ss}(k) = \left|\Phi_S(f)0\right|^2 = \left|m_s\right|^2 \tag{5.179}$$

Da weiters bei inkohärenten Folgen $m_s = \hat{\phi}_{ss}$ ist, ergibt sich mit $\phi_{ss}(0) = \hat{\phi}_{ss}$ die Gleichung (5.180).

$$\sum_{k=1}^{L-1}\phi_{ss}(k) = \hat{\phi}_{ss}^2 - \hat{\phi}_{ss} \tag{5.180}$$

Bei gegebener Periodenlänge L wird die Energie und damit das HNV dann am größten, wenn alle Nebenwerte der PAKF der inkohärenten Binärfolge den Wert $+1$ annehmen.

$$\sum_{k=1}^{L-1}\phi_{ss}(k) = L - 1 \tag{5.181}$$

Nun folgt aus (5.181) die Gleichung $L - 1 = \hat{\phi}_{ss}^2 - \hat{\phi}_{ss}$. Somit lautet die Schranke des HNV für die betrachteten Folgen:

$$\text{HNV} = \hat{\phi}_{ss} = \mathcal{E}_s \le \frac{1}{2} \cdot (\sqrt{4L - 3} + 1). \tag{5.182}$$

Diese Schranke wird für die hier betrachteten Folgen mit zweiwertiger PAKF exakt erreicht.

5.11.5.3 Ipatov-Folgen

Ipatov beschreibt ein Verfahren mit der der Unterfolge einer p-nären m-Folge eine ternäre Folge mit perfekter PAKF, deren sämtliche Nebenwerte ideal verschwinden, zugeordnet werden kann. Die folgende vereinfachende Beschreibung der Synthese geht von p-nären m-Folgen $a(n)$ des Grades r aus, wobei $p > 2$ und r ungerade sein müssen. Ihren p unterschiedlichen Werten α_i des $\mathbf{GF}\,(p)$ in der Folge $a(n)$ werden zunächst neue Werte $\Theta_c(\alpha_i)$ nach folgender Vorschrift zugeordnet:

$$\Theta_c(\alpha_i) = \left\{ \begin{array}{ll} 0 & \text{wenn: } \alpha_i = 0 \\[2ex] (-1)^k & \text{wenn: } \alpha_i \equiv \mu^k \ (\text{mod } p) \end{array} \right. \tag{5.183}$$

wobei μ ein primitives Element in $\mathbf{GF}\,(p)$ ist[8]. Nach zusätzlicher Alternierung der Vorzeichen erhält man dann aus einer Unterfolge von $a(n)$ die perfekte Ternärfolge $a_t(n)$ zu:

$$a_t(n) = (-1)^n \cdot \Theta_c[a(n)] \qquad \text{mit: } n \in \{0, 1, \ldots, L_{pu} - 1\}, L_{pu} = \frac{p^r - 1}{p - 1} \tag{5.184}$$

p=3	α_i	0	1	2	
mit $\mu = 2$	$\Theta_c(\alpha_i)$	0	1	-1	
p=5	α_i	0	1	2	3	4
mit $\mu = 2$	$\Theta_c(\alpha_i)$	0	1	-1	-1	1

Tabelle 5.28: Zuordnung durch den zweiwertigen Zeichenoperator $\Theta_c(\alpha_i)$ für $p = 3$ und $p = 5$.

Die Zuordnung $\Theta_c(\alpha_i)$ in (5.183) wird in [Lidl83] als *zweiwertiger Zeichenoperator* bezeichnet. Dieser liefert beispielsweise für $p = 3$ und $p = 5$ die Zuordnung in Tab.5.28. In Tab.5.29 sind die, für die folgende Betrachtung, wichtigen Eigenschaften des zweiwertige Zeichenoperators $\Theta_c(\alpha_i)$ angegeben.

---

[8]Siehe Tab.5.5 auf Seite 189

Multiplikationseigenschaft:	$\Theta_c(\alpha_i\alpha_j) = \Theta_c(\alpha_i) \cdot \Theta_c(\alpha_j)$
Summationseigenschaft:	$\displaystyle\sum_{\forall\alpha_i \in \mathbf{GF}(p)} \Theta_c(\alpha_i) = 0$

Tabelle 5.29: Eigenschaften des zweiwertigen Zeichenoperators.

BEISPIEL 5.30 (IPATOV) *Ausgangspunkt sei die Folge aus Bsp.5.19 auf Seite 256 mit $L_p = 26, p = 3, r = 3, f(x) = x^3 + 2^x + 1$ und*

$$a(n) = [1\ 1\ 1\ 0\ 2\ 1\ 1\ 2\ 1\ 0\ 1\ 0\ 0 \mid 2\ 2\ 2\ 0\ 1\ 2\ 2\ 1\ 2\ 0\ 2\ 0\ 0]$$

Nach erfolgter Zuordnung über $\Theta_c(\alpha_i)$ und durchgeführter Alternierung über $\mu = 2$ ergibt sich dann als ternäre, perfekte Folge der Länge $L_{pu} = 13$:

$$a_t(n) = [1\ \text{-}1\ 1\ 0\ \text{-}1\ \text{-}1\ 1\ 1\ 1\ 0\ 1\ 0\ 0\,] \tag{5.185}$$

Zum Beweis wird die PAKF berechnet. Zunächst muß dazu gezeigt werden, daß $\tilde{a}_t(n)$ die Periode L_{pu} besitzt. Es gilt mit $a_t(n) = (-1)^n \cdot \Theta_c[a(n)]$:

$$\tilde{a}_t(n + L_{pu}) = (-1)^{n+L_{pu}} \cdot \Theta_c[a(n + L_{pu})] \tag{5.186}$$

Weiters folgt mit der Multiplikationseigenschaft des zweiwertigen Zeichenoperators $\Theta_c(\alpha_i)$ und den Eigenschaften p-närer m-Folgen:

$$\tilde{a}_t(n + L_{pu}) = \mu \cdot a(n) \tag{5.187}$$

und somit ergibt sich:

$$\tilde{a}_t(n + L_{pu}) = (-1)^n \cdot (-1)^{L_{pu}} \cdot \Theta_c(\mu) \cdot \Theta_c[a(n)] \tag{5.188}$$

Weiters ist L_{pu} wegen r ungerade, auch stets ungerade, mit der gewählten Zuordnung $\Theta_c(\alpha_i)$ ergibt sich $\Theta_c(\mu) = -1$ und es gilt mit $a_t(n) = (-1)^n \cdot \Theta_c[a(n)]$ weiter:

$$\tilde{a}_t(n + L_{pu}) = (-1)^n \cdot (-1) \cdot (-1) \cdot \Theta_c[a(n)] = a_t(n) \tag{5.189}$$

Jetzt erhält man als PAKF:

$$\phi_{aa_t}(k) = \sum_{n=0}^{L_{pu}-1} a_t(n) \cdot \tilde{a}_t(n+k) \qquad (5.190)$$

und wegen der Periodizität auch bei der Summation über die volle Periode L_p der Ausgangsfolge:

$$\phi_{aa_t}(k) = \frac{L_{pu}}{L_p} \cdot \sum_{n=0}^{L_{pu}-1} a_t(n) \cdot \tilde{a}_t(n+k) \qquad (5.191)$$

Setzt man wieder $a_t(n) = (-1)^n \cdot \Theta_c[a(n)]$ ein, so folgt:

$$\begin{aligned}
\phi_{aa_t}(k) &= \frac{L_{pu}}{L_p} \cdot \sum_{n=0}^{L_{pu}-1} (-1)^n \cdot \Theta_c[a(n)] \cdot (-1)^{n+k} \cdot \Theta_c[\tilde{a}(n+k)] \\
&= \frac{L_{pu}}{L_p} \cdot (-1)^k \cdot \sum_{n=0}^{L_{pu}-1} \Theta_c[a(n)] \cdot \Theta_c[\tilde{a}(n+k)] \qquad (5.192)
\end{aligned}$$

und schließlich folgt mit der Multiplikationseigenschaft des zweiwertigen Zeichenoperators $\Theta_c(\alpha_i)$:

$$\phi_{aa_t}(k) = \frac{L_{pu}}{L_p} \cdot (-1)^k \cdot \sum_{n=0}^{L_{pu}-1} \Theta_c[a(n) \cdot \tilde{a}(n+k)] \qquad (5.193)$$

Setzt man $k \not\equiv 0 \pmod{L_{pu}}$, dann erscheinen in $a(n)\tilde{a}(n+k)$ alle Wertepaare (außer $[0\ 0]$) mit derselben Häufigkeit p^{r-2}. Es nehmen diese Produkte alle Elemente des
$\mathbf{GF}^*(p) = \mathbf{GF}(p)$
$\{0\}$ mit der gleichen Häufigkeit $p^{r-2} \cdot (p-1)$-mal an. Berücksichtigt man weiter, daß $\Theta_c(0) = 0$ ist, so ergibt sich mit der Summationseigenschaft von Θ_c:

$$\phi_{aa_t}(k) = \frac{L_{pu}}{L_p} \cdot (-1)^k \cdot p^{r-2} \cdot (p-1) \cdot \sum_{\forall \alpha_i \in \mathbf{GF}^*(p)} \Theta_c[\alpha_i] = 0 \qquad \text{mit: } k \not\equiv 0 \pmod{L_{pu}}$$
$$(5.194$$

Die Folgen $a_t(n)$ sind somit perfekt. Für $k = 0$ ergibt sich die Energie der Ternärfolgen zu $\phi_{aa_t}(k) = p^{r-1}$.

Mit dem beschriebenen Verfahren lassen sich perfekte Ternärfolgen der Längen $L_{pu} = \frac{p^r-1}{p-1}$ mit $p > 2$, p: prim, r: ungerade, daher $L_p \in \{13, 31, 57, 121, 133, \dots\}$ erzeugen. Für weiterreichende Ausführungen siehe [Lüke92/2].

5.11.6 m-Folgen in erweiterten Galoisfeldern $\mathbf{GF}\,(p^m)$

In Kapitel 5.10 wurde der erweiterte Galoissche Körper behandelt. Man kann nun auch in erweiterten Galoisfeldern $\mathbf{GF}\,(q) = \mathbf{GF}\,(p^m)$ Pseudozufallsfolgen maximaler Periodenlänge nach dem Schema in Abschnitt 5.11.3.1 auf Seite 222 erzeugen. Die Synthesemöglichkeiten, der so entstehenden m-Folgen, wachsen dadurch beträchtlich an. Ist $q = p^m$ eine Primzahlpotenz, dann existieren auch im $\mathbf{GF}\,(q)$ für jeden Polynomgrad r primitive Polynome, über die sich q-näre m-Folgen erzeugen lassen. Analog zur Periode p-närer m-Folgen $L_p = p^r - 1$ besitzen q-näre m-Folgen eine Periode $L_q = q^r - 1 = p^{mr} - 1$. Tabellen solcher primitiver Polynome im $\mathbf{GF}\,(q)$ finden sich in [Lidl83, Finger85]. In [Peterson81] sind primitiver Polynome über diversen erweiterten Galoisfeldern zu finden.

BEISPIEL 5.31 (m-FOLGE ZWEITEN GRADES) *Als einfaches Beispiel wird die Berechnung einer q-nären m-Folge zweiten Grades im $\mathbf{GF}(2^2)$ betrachtet. Aus den Tabellen in [Peterson81] wird dazu das primitive Polynom $f(x) = x^2 + x + \alpha$ mit $\alpha = a$ und $\alpha^2 = b$ entsprechend der Additions- und Multiplikationstafel nach Kapitel 5.10, Tab.5.8 ausgewählt. Laut Abschnitt 5.11.3.1 erfüllt eine Folge $a(n)$ die Rekursionbedingung:*

$$a(n) \;=\; -\frac{1}{c_0} \cdot \sum_{i=1}^{r} c_i \cdot a_{n-i} \qquad mit\ f(x) = x^2 + x + \alpha\ folgt \tag{5.195}$$

$$\;=\; -\frac{1}{a}[a(n-1) + a(n-2)] = b[a(n-1) + a(n-2)] \quad mit\!: b = -\frac{1}{a}$$

Unter Anwendung der Tab.5.8 von Kapitel 5.10 und unter Anwendung der Rekursionsbedingung $b[a(n-1) + a(n-2)]$ läßt sich die m-Folge der Länge $L_q = 4^2 - 1 = 15$ im $\mathbf{GF}(2^2)$ rekursiv erzeugen. Diese Erzeugung wird in Tabelle 5.30 gezeigt. Die m-Folge im $\mathbf{GF}(4)$ lautet:

$$a(n) = [1\ b\ 1\ 1\ 0\ b\ a\ b\ b\ 0\ a\ 1\ a\ a\ 0]. \tag{5.196}$$

BEISPIEL 5.32 (m-FOLGE DRITTEN GRADES) *Konstruiert man in gleicher Weise, wie in Beispiel 5.31 die m-Folge dritten Grades im $\mathbf{GF}(4)$ mit dem primitiven Polynom $f(x) = x^3 + x^2 + x + \alpha$ mit $\alpha = a$ und $\alpha^2 = b$, dann erhält man eine q-näre m-Folge der Länge $L_q = 4^3 - 1 = 63$. Diese m-Folge lautet:*

$$\begin{aligned}
a(n) \;=\; & [1\ b\ 1\ a\ 0\ a\ 0\ 1\ a\ a\ b\ a\ a\ a\ 1\ b\ 0\ 1\ 1\ 0\ 0 \\
& \ b\ a\ b\ 1\ 0\ 1\ 0\ b\ 1\ 1\ a\ 1\ 1\ 1\ b\ a\ 0\ b\ b\ 0\ 0 \\
& \ a\ 1\ a\ b\ 0\ b\ 0\ a\ b\ b\ 1\ b\ b\ b\ a\ 1\ 0\ a\ a\ 0\ 0].
\end{aligned} \tag{5.197}$$

Für m-Folgen dieser Art gelten die Eigenschaften von p-nären m-Folgen nach Abschnitt 5.11.3.4 auf Seite 250 sinngemäß. So erscheint in einer q-nären m-Folge das Element Null ($q^{r-1} - 1$)-mal, die übrigen Elemente erscheinen $q^r - 1$-mal. Weiters

	s(n-1)	s(n-2)	
Start	1	0	$b \cdot (1 + 0) = b$
	b	1	$b \cdot (b + 1) = b \cdot a = 1$
	1	b	$b \cdot (1 + b) = b \cdot a = 1$
	1	1	$b \cdot (1 + 1) = b \cdot 0 = 0$
	0	1	$b \cdot (0 + 1) = b$
	b	0	$b \cdot (b + 0) = b \cdot b = a$
	a	b	$b \cdot (a + b) = b \cdot 1 = b$
	b	a	$b \cdot (b + a) = b \cdot 1 = b$
	b	b	$b \cdot (b + b) = b \cdot 0 = 0$
	0	b	$b \cdot (0 + b) = b \cdot b = a$
	a	0	$b \cdot (a + 0) = b \cdot a = 1$
	1	a	$b \cdot (1 + a) = b \cdot b = a$
	a	1	$b \cdot (a + 1) = b \cdot b = a$
	a	a	$b \cdot (a + a) = b \cdot 0 = 0$
	0	a	$b \cdot (0 + a) = b \cdot a = 1$
Start	1	0	$b \cdot (1 + 0) = b$
	...	...	...

Tabelle 5.30: Rekursive Erzeugung einer m-Folge im **GF** (4).

zerfällt die Folge in $q - 1$ linear abhängige Unterfolgen der Länge $L_{qu} = \frac{L_q}{q-1}$. Dies spielt wieder für die Eigenschaften der PAKF eine wichtige Rolle. So treten geordnete Paare von Elementen aus **GF** (q) mit den Häufigkeiten nach Eigenschaft $E5$ für p-näre m-Folgen auf, wenn man p durch q ersetzt. Die PAKF dieser Folgen hat prinzipiell dieselbe Struktur, wie jene bei p-nären m-Folgen, jedoch sind die Möglichkeiten durch Zuordnung von Zahlen bzw. Amplituden zu den Elementen jetzt vielfältiger geworden. Von besonderem Interesse sind auch hier binäre und ternäre Folgen mit zweiwertiger PAKF. Da die Paarhäufigkeiten sich für **GF** (p)- und **GF** (q)-Folgen entsprechen, erhält man vergleichbare Ergebnisse. So lassen sich binäre Folgen mit den entsprechenden Parametern nach Abschnitt 5.11.5.2 konstruieren, indem man wieder einfach p durch q ersetzt. Die Anzahl der Möglichkeiten nimmt dadurch entsprechend zu. Beispielsweise entsteht aus den Unterfolgen in Beispiel 5.32, welche q-nären m-Folge mit Länge $L_q = 63$ und unter Anwendung der Abbildung

$$\Theta(\alpha_i) = \begin{cases} 1 & \text{wenn: } \alpha_i = 0 \\ 0 & \text{sonst} \end{cases} \qquad (5.198)$$

eine inkohärente Binärfolge der Länge $L_{qu} = \frac{4^3-1}{3} = 21$, die lautet

$$a(n) = [0\ 0\ 0\ 0\ 1\ 0\ 1\ 0\ 0\ 0\ 0\ 0\ 0\ 0\ 0\ 1\ 0\ 0\ 1\ 1] \qquad (5.199)$$

mit PAKF-Nebenwerten von $+1$.

Ebenso lassen sich mit der Ipatov-Methode perfekte Ternärfolgen für die zusätzlichen Längen bilden:

$$L = \frac{p^{mr} - 1}{p^m - 1} \qquad r: \text{ungerade}, p > 2 : \text{prim} \qquad (5.200)$$

Daher gilt für die Länge L:

$$L \in \{91, 651, 757, 2651, \dots\} \qquad (5.201)$$

Folgen im $\mathbf{GF}\,(p^m)$ lassen sich durch mehrfache, rekursive Schieberegisterschaltungen erzeugen. Hierzu schreibt man die Rekursionsbeziehung, die der gewünschten q-nären m-Folge zugrunde liegt, in Polynomschreibweise an. Man erhält dann für deren Komponenten ein System von m einkomponentigen, miteinander verkoppelten Rekursionsgleichungen, die entsprechend durch m miteinander verkoppelten Schieberegistern implementiert werden können [Balza67, Scholtz84].

5.12 Folgen mit guten PAKF-Eigenschaften

Als Korrelationsgütemaße wurden in (5.177) das Haupt/Nebenmaximum Verhältnis (HNV) und in (5.178) der Merit-Faktor (MF) eingeführt. Diese beiden Korrelationsgütemaße bewerten die Abweichung der PAKF einer beliebigen Korrelationsfolge von der PAKF einer perfekten Korrelationsfolge. Das HNV beschreibt das Verhältnis des Hauptmaximums der PAKF zum betragsgrößten Nebenmaximum.

Der Merit-Faktor beschreibt das Verhältnis der Energie des Hauptwertes der PAKF zu der gesamten, in den Nebenwerten enthaltenen, Energie.

Für viele Anwendungen erweist sich die Bedingung als notwendig, daß Folgen $s(n)$ mit begrenztem Amplitudenbereich $|s(n)| \leq S_{max}$ eine möglichst große Energie besitzen sollen. Daher zieht man die *Energieeffizienz* als weiteres Bewertungskriterium für Korrelationsfolgen $s(n)$ heran.

DEFINITION 5.34 (ENERGIEEFFIZIENZ) *Das Verhältnis der erreichten Energie einer Folge $s(n)$ zur maximal möglichen Energie wird Energieeffizienz η genannt.*

$$\eta = \frac{\sum\limits_{n=0}^{L-1} |s(n)|^2}{L \cdot \max\limits_{\forall n}\left\{|s(n)|^2\right\}}$$

DEFINITION 5.35 (SPITZENFAKTOR) *Den Kehrwert der Energieeffizienz nennt man den Spitzenfaktor.*

$$Spitzenfaktor = \frac{1}{\eta}$$

5.12.1 Binärfolgen mit guter PAKF

Bipolare Binärfolgen $s(n) \in \{\pm 1\}$ sind für viele Anwendungszwecke besonders gut geeignet, da sie zum einen bei gegebenem Amplitudenbereich die maximal mögliche Energie besitzen und zum anderen einfach zu erzeugen und zu verarbeiten sind.

5.12.1.1 Perfekte PAKF - Barker-Folgen

DEFINITION 5.36 (PERFEKTE PAKF) *Bipolare Folgen mit perfekter PAKF sind durch die Bedingung*

$$\phi_{ss}(k) = \begin{cases} L & wenn:\ k \equiv 0\ (\cdot mod\ L) \\ 0 & sonst \end{cases} \tag{5.202}$$

definiert.

$$s(n) = [1\ 1\ \text{-}1\ 1] \tag{5.203}$$

Bipolare Folgen mit perfekter PAKF sind durch die Bedingung in (5.202) definiert. Sie sind nur für die eine Länge $L = 4$ bekannt und in (5.203) gegeben. Es wurde bereits gezeigt, daß bis zur Länge $L = 12100$ keine weitere perfekte Folge dieser Art existiert, somit darf man annehmen, daß diese die einzige Folge ihrer Art ist. Diese Folge $s(n)$ mit perfekter PAKF ist eine sogenannte *Barker-Folge*. R. H. Barker [Barker53] hat als erster einige Binärfolgen bis zur Länge $L = 11$ angegeben, deren *nichtperiodische* AKF absolut den Wert Eins nicht überschreitet. Die Tab.5.31 zeigt die heute bekannten Barker-Folgen.

L	s(n)
2	1 -1
3	1 1 -1
4	1 1 -1 1 *und* 1 1 1 -1
5	1 1 1 -1 1
7	1 1 1 -1 -1 1 -1
11	1 1 1 -1 -1 -1 1 -1 -1 1 -1
13	1 1 1 1 1 -1 -1 1 1 -1 1 -1 1

Tabelle 5.31: Barker-Folgen der Länge L.

$$\phi_{ss}(k) = \begin{cases} L & \text{wenn: } k \equiv 0 \ (\text{mod } L) \\ \overset{\vee}{\phi}_{ss}(1) = \begin{cases} 1 & \text{für: } L = 5, 13 \\ 0 & \text{für: } L = 4 \\ -1 & \text{für: } L = 3, 7, 11 \\ -2 & \text{für: } L = 2 \end{cases} \end{cases} \qquad (5.204)$$

Weiters gilt für die PAKF der Barker-Folgen immer Zweiwertigkeit (5.204). Barker-Folgen der Länge $L > 13$ sind nicht bekannt. Es konnte auch hier gezeigt werden, daß bis zu einer Länge $L = 12100$ keine weiteren Barker-Folgen existieren. Es wurde außerdem bewiesen, daß es ab der Länge $N = 4$ keine Barker-Folge mit geradzahliger Länge mehr geben kann. Aufgrund ihrer Eigenschaft bezüglich der aperiodischen AKF werden Barker-Folgen in Spread-Spectrum Systemen häufig für Synchronisationszwecke eingesetzt.

5.12.1.2 Quasi Perfekte PAKF - m-Folgen

DEFINITION 5.37 (QUASI PERFEKTE PAKF) *Bipolare Folgen mit quasi perfekter PAKF sind durch die Bedingung*

$$\phi_{ss}(k) = \begin{cases} L_b & \text{wenn: } k \equiv 0 \ (\text{mod } L_b) \\ -1 & \text{sonst} \end{cases} \qquad (5.205)$$

definiert.

Bipolare, binäre m-Folgen $a(n)$ mit $a_n \in \{\pm 1\}$ stellen ebenfalls Folgen mit sehr guter PAKF dar (5.205). Betrachtet man eine beliebige bipolare Binärfolge $s(n)$ der Länge L und eine dazu beliebig zyklisch verschobene Folge $s(n - k)$, bezeichnet man die Anzahl der übereinanderstehenden Binärwertepaare wie in Tab.5.32, so folgt (5.206).

Häufigkeit	a-mal	b-mal	c-mal	d-mal
Element der Folge $s(n)$	1	1	-1	-1
Element der Folge $s(n-k)$	1	-1	1	-1

Tabelle 5.32: Paarhäufigkeiten.

$$L \;=\; a+b+c+d \tag{5.206}$$
$$\phi_{ss}(k) \;=\; a+d-b-c \tag{5.207}$$

Weiters enthält $s(n)$ genau $(a+b)$-Einsen und $s(n+k)$ enthält $(a+c)$-Einsen, somit gilt:

$$a+b = a+c \mapsto b=c \tag{5.208}$$

Daraus folgt unmittelbar die Beziehung $\phi_{ss}(k) = L - 4 \cdot b$, d.h. die PAKF kann sich, jeweils für eine bestimmte zeitliche Verschiebung k betrachtet, nur in Vielfachen von Vier vom Hauptwert unterscheiden. Damit erhält man in Abhängigkeit von der Folgenperiode L als betragsmäßig maximale Nebenwerte $\check{\phi}_{ss}(1)$ der PAKF $\phi_{ss}(k)$ nachstehende Ergebnisse als allgemeine Schranken:

$$
\begin{aligned}
L \equiv 0 \ (\mathrm{mod}\,4) &\ \mapsto\ \check{\phi}_{ss}(1) = 0 \\
L \equiv 1 \ (\mathrm{mod}\,4) &\ \mapsto\ \check{\phi}_{ss}(1) = 1 \\
L \equiv 2 \ (\mathrm{mod}\,4) &\ \mapsto\ \check{\phi}_{ss}(1) = \pm 2 \\
L \equiv 3 \ (\mathrm{mod}\,4) &\ \mapsto\ \check{\phi}_{ss}(1) = -1
\end{aligned}
\tag{5.209}
$$

Diese Schranken der PAKF-Nebenwerte $\phi_{ss}(1)$ sollen nun im Detail diskutiert werden.

5.12.1.3 Folgen mit zweiwertiger PAKF

Binärfolgen mit zweiwertiger PAKF, die diese Schranken der PAKF-Nebenwerte erreichen, sind optimal bezüglich des Haupt/Nebenmaximum Verhältnisses als auch des Merit-Faktors. Da perfekte Folgen mit $\check{\phi}_{ss}(1) = 0$ außer der Barkerfolge mit Länge $L = 4$ nicht bekannt ist, werden hier die nächstbesten Folgen mit $\left|\check{\phi}_{ss}(1)\right| = 1$ betrachtet. Die Schranke $\check{\phi}_{ss}(1) = -1$ wird für sehr viele Längen $L \equiv 3 \ (\mathrm{mod}\,4)$

in Form der *binären Legendre-Folgen* und der *binären, bipolaren m-Folgen* erreicht. Außer diesen Folgen sind in der Literatur bis zur Länge $L = 200$ nur noch zwei weitere Folgen der Länge $L = 35$ und $L = 143$ bekannt. Es sind dies die sogenannten *Primzahlzwillingsfolgen*.

DEFINITION 5.38 (PRIMZAHLENZWILLING) *Ein Paar von Primzahlen (p_1, p_2) heißt Primzahlenzwilling, wenn $p_2 = p_1 + 2$ ist [Hlawka79].*

BEISPIEL 5.33 (PRIMZAHLENZWILLINGE) *Bestimme die Primzahlenzwillinge, welche bis zur Zahl Hundert auftreten ? Dazu schreibt man sich die Primzahlen bis zur Zahl Hundert an (5.210) und sortiert die Paare nach der Definition aus (5.211).*

$$[Primzahlen = [p_i] = \quad 1, 2, 3, 5, 7, 11, 13, 17, 19, 23, 29, 31,$$
$$37, 41, 43, 47, 53, 59, 61, \tag{5.210}$$
$$67, 71, 73, 79, 83, 89, 97]$$

$$Primzahlenzwillinge \quad = \quad [p_i, p_{i+2}] = [(3, 5)\ (5, 7)\ (11, 13)\ (17, 19)$$
$$= \quad (29, 31)\ (41, 43)\ (71, 73)] \tag{5.211}$$

Die Länge der *Primzahlzwillingsfolgen* entspricht dem Produkt von Primzahlzwillingen $[5, 7]$ bzw. $[11, 13]$. Die Konstruktion solcher Primzahlzwillingsfolgen bzw. *Jakobi-Folgen*, wie sie auch oft genannt werden, kann über Differenzmengen erfolgen. Man schreibt für die Folgenlänge L der Jakobifolgen:

$$L = p_1 \cdot p_2 \text{ mit } p_2 = p_1 + 2 \text{ und } p_1, p_2 : \text{ prim} \tag{5.212}$$

Es können nach Abschnitt 5.11.2 auf Seite 212 mit

$$\phi_{ss_b}(m) = \begin{cases} L & \text{wenn: } m \equiv 0 \pmod{L} \\ L - 4(k - \lambda) & \text{sonst} \end{cases} \tag{5.213}$$

und den Parametern $k = \frac{L-1}{2}$ und $\lambda = \frac{L-3}{4}$ Folgen mit zweiwertiger PAKF (5.214) erzeugt werden, deren Elemente s_n der Folge $s(n)$ in (5.215) gegeben ist.

$$\phi_{ss_b}(m) = \begin{cases} L & \text{wenn: } m \equiv 0 \pmod{L} \\ -1 & \text{sonst} \end{cases} \tag{5.214}$$

$$s_n = \begin{cases} \frac{1}{p_1} \cdot \frac{1}{p_2} & \text{wenn: } \mathbf{ggT}\{n, L\} = 1 \\ 1 & \text{wenn: } n \equiv 0 \pmod{p_2} \\ -1 & \text{sonst} \end{cases} \tag{5.215}$$

Ist die Folgenlänge L in der Form $L = 41^2 + 27, L = p$, so können sogenannte *Hall-Differenzmengen* mit den Parametern $k = 21^2 + 13, \lambda = 1^2 + 6$ konstruiert werden. Auch in diesem Fall ergibt sich ein maximaler PAKF-Nebenwert von $\breve{\phi}_{ss}(1) = -1$ [Finger85].

Sehr viel seltener sind Folgen der Länge $L \equiv 1 \pmod 4$ mit maximalem Nebenwert $\breve{\phi}_{ss}(1) = 1$. In (5.170) wurde die inkohärente Binärfolge $b(n) = [0\ 0\ 0\ 1\ 0\ 0\ 0\ 0\ 0\ 1\ 0\ 1\ 1]$ gezeigt. Trifft man dabei eine neue Zuordnung gemäß $1 \mapsto 1, 0 \mapsto -1$, so entsteht eine Folge mit maximalem, konstanten Nebenwert $\breve{\phi}_{ss}(1) = 1$ in der PAKF. Unter den von Baumert in [Baumert71] bis zu einer Länge $L = 200$ aufgeführten Differenzmengenfolgen findet sich nur noch für $L = 5$ eine weitere Folge mit dieser Eigenschaft.

5.12.1.4 Folgen mit dreiwertiger PAKF und gutem Merit-Faktor

Umfangreichere Konstruktionsmöglichkeiten ergeben sich, wenn man auf die Bedingung eines maximalen, konstanten Nebenwertes $\breve{\phi}_{ss}(1)$ in der PAKF verzichtet und eine dreiwertige PAKF mit den beiden Nebenwerten $\breve{\phi}_{ss}(1)$ und $\breve{\phi}_{ss}(2)$ zuläßt. Mit $\phi_{ss}(k) = L - 4 \cdot b$ erhält man dann als nächstbeste Nebenwerte:

$$
\begin{array}{llll}
L \equiv 0 \pmod 4 & \mapsto \breve{\phi}_{ss}(1) = & 0, & \breve{\phi}_{ss}(2) = & \pm 4 \\
L \equiv 1 \pmod 4 & \mapsto \breve{\phi}_{ss}(1) = & 1, & \breve{\phi}_{ss}(2) = & -3 \\
L \equiv 2 \pmod 4 & \mapsto \breve{\phi}_{ss}(1) = & -2, & \breve{\phi}_{ss}(2) = & 2 \\
L \equiv 3 \pmod 4 & \mapsto \breve{\phi}_{ss}(1) = & -1, & \breve{\phi}_{ss}(2) = & 3
\end{array}
\tag{5.216}
$$

Als weiteres Gütekriterium lassen sich unter diesen Folgen noch diejenigen mit bestem Merit-Faktor aussuchen. Eine ausführliche Diskussion dieser Möglichkeiten haben Bömer und Antweiler in [Bömer89] durchgeführt.

L $\equiv$ 0 (mod 4): Von *Lempel* [Lempel77] wurde eine Konstruktionsmethode für gleichanteilfreie Binärfolgen der Längen $L = p^k - 1 (p : \text{prim} > 2, k \in \mathbb{N}, L \equiv 0 \pmod 4)$ angegeben, womit gilt: $L \in \{4, 8, 12, 16, 24, 28, 36, \dots\}$. Ihre Nebenwerte sind: $\breve{\phi}_{ss}(1) = 0$ und $\breve{\phi}_{ss}(2) = -4$. Eine Rechnersuche ergab, daß für alle diese Längen Folgen mit besseren MF existieren, die allerdings nicht mehr gleichanteilfrei sind [Bömer89].

L $\equiv$ 1 (mod 4): Für alle Längen $L \equiv 0 \pmod 4$ prim, also $L \in \{5, 13, 17, 29, 37, \dots\}$ lassen sich nach dem Verfahren in Kap.5.11.2 binäre *Legendre-Folgen* konstruieren, deren PAKF-Nebenwerte $\breve{\phi}_{ss}(1) = 1$ und $\breve{\phi}_{ss}(1) = -3$ sind. Auch hier konnten für alle Längen 1 (mod 4) bis $L = 37$ durch Rechnersuche Folgen mit höherem MF gefunden werden [Bömer89].

L $\equiv$ 2 (mod 4): Für diese Folgen mit den speziellen Längen $L = p^k - 1 (p : \text{prim}, k \in \mathbb{N})$, somit mit $L \in \{6, 10, 18, 22, 26, 30, \dots\}$, existiert wieder eine Konstruktionsmethode nach *Lempel* [Lempel77] mit den bestmöglichen PAKF-Nebenwerten $\breve{\phi}_{ss}(1) =$

2 und $\overset{\smile}{\phi}_{ss}(1) = -2$. Auch für die fehlenden Längen $L \in \{14, 34, 38\}$ konnten durch Rechnersuche Folgen dieser Art gefunden werden. Die Tab.5.33 zeigt Binärfolgen mit jeweils höchstem MF nach den Angaben in [Bömer89].

5.12.2 Perfekte Binär- und Ternärfolgen hoher Energieeffizienz

5.12.2.1 Asymmetrische Binärfolgen

Aus jeder Folge mit zweiwertiger PAKF läßt sich durch Addition einer Konstanten c eine perfekte Folge erzeugen. Als allgemeine Transformationsgleichung einer periodischen Folge $s(n)$ und der Addition einer Konstanten c mit $c \in \mathbb{C}$ findet man für die PAKF:

$$s(n) \mapsto s(n) + c \Rightarrow \phi_{ss}(k) \mapsto \phi_{ss}(k) + L \cdot |c^2| + c \cdot m_s^* + c^* \cdot m_s \tag{5.217}$$

Die Addition der Konstanten c zur periodischen Folge $s(n)$ führt zu einer Addition des konstanten Wertes $b = Lc^2 + 2cm_s$ in der zugehörigen PAKF von $s(n) + c$. Dabei ist L die Folgenlänge und m_s der Folgenmittelwert. Wendet man diese Erkenntnis auf die binären m-und *Legendre*-Folgen mit Nebenwert $\overset{\smile}{\phi}_{ss}(1) = -1$ an, so ergibt sich, da für diese Folgen stets $m_s = 1$ ist (oder durch Vertauschung von $+1$ und -1 zu $m_s = 1$ gemacht werden kann), die Konstante c aus der Bedingung:

$$-1 + b = 0 \rightarrow Lc^2 + 2c - 1 = 0 \tag{5.218}$$

Normiert man schließlich noch die positiven Werte der neuen Folge auf Eins, so erhält man perfekte Folgen durch die Zuordnung:

$$\begin{aligned} 1 &\mapsto 1 \\ -1 &\mapsto \frac{-1}{1 + \frac{2}{\sqrt{L+1}}} \end{aligned} \tag{5.219}$$

Beispielsweise lautet dann die perfekte Binärfolge der Länge $L = 7$:

$$s(n) = [1\ 1\ 1\ a\ 1\ a\ a] \quad \text{mit: } a = -0{,}568 \tag{5.220}$$

Diese Binärfolgen sind somit nicht mehr amplitudensymmetrisch. Die Energieeffizienz der betrachteten, perfekten, amplitudenunsymmetrischen Binärfolgen beträgt dann:

L	$\check{\phi}_{ss}(1)$	MF	Folge	Folge $s(n)$ oktal codiert				
3	1	4,50	B, Q, M	4				
4	0	∞	B	10				
5	1	6,25	B	20				
6	2	1,80	L	60				
7	1	8,17	B, Q, M	150				
8	4	4,00	C	320				
9	3	3,38	C	640				
10	2	2,78	L	150	0			
11	1	12,10	B, Q	351	0			
12	4	9,00	C	642	0			
13	1	14,08	B	150	10			
14	2	3,77	C	364	20			
15	1	16,07	T, M	731	20			
16	4	5,33	C	172	210			
17	3	4,52	C	364	420			
18	2	4,76	L	721	020			
19	1	20,05	Q	172	414	4		
20	4	6,25	C	362	102	0		
21	3	8,48	C	751	042	0		
22	2	5,76	L	172	202	10		
23	1	24,05	Q	365	462	40		
24	4	18,00	C	754	121	10		
25	3	8,68	C	174	504	220		
26	2	6,76	L	372	430	440		
27	3	9,85	C	762	450	420		
28	4	9,80	C	174	624	504	0	
29	3	9,14	C	371	502	242	0	
30	2	7,76	L	765	114	204	0	
31	1	32,03	Q, M	170	534	111	66	
32	4	12,80	C	372	101	422	44	
33	3	17,01	C	765	022	210	60	
34	2	8,76	C	175	101	024	310	
35	1	36,03	T	366	101	613	312	
36	4	20,25	C	763	222	506	100	
37	3	16,30	C	175	204	106	232	0
38	2	9,76	C	371	432	511	010	0

MF: Meritfaktor (max. absoluter Nebenwert)	
Art: B: *Barkerfolge* L: *Lempelfolge*	
M: *m-Folge* Q: *Legendrefolge*	
T: *Primzahlzwillingsfolge* C: *Rechnersuche*	
Oktale Codierung: $L = 14$, $s(n) = 364\ 20 \mapsto 11|110|100|010|000$	

Tabelle 5.33: Binärfolgen mit höchsten Meritfaktoren nach [Börner89].

$$\eta_{(Bin\ddot{a}r)} = \frac{L + 1 + a^2(L - 1)}{2L} \tag{5.221}$$

Die Energieeffizienz tendiert für große Längen L gegen Eins. Da diese Werte für $L > 4$ von keiner bekannten perfekten Binärfolge überschritten werden, stellen sie eine Schranke für die Energieeffizienz perfekter Binärfolgen dar.

5.12.2.2 Ternärfolgen

Im Gegensatz zu Binärfolgen können perfekte, ternäre Folgen mit $s(n) \in \{-1, 0, 1\}$, also in amplitudensymmetrischer Form, prinzipiell für alle Längen konstruiert werden. Für die Energie einer perfekten Folge gilt:

$$\mathcal{E} = |m_s|^2 \rightarrow m_s = \sqrt{\mathcal{E}} \tag{5.222}$$

Die Energie einer perfekten Folge ist gleich dem Quadrat ihres Mittelwertes. Daher folgt für Ternärfolgen, daß die Anzahl ihrer nichtverschwindenden Folgenelemente, die die Energie bestimmen, eine Quadratzahl ist. Da diese Quadratzahl stets kleiner als die Länge L sein muß, ergibt sich als Obergrenze für die Energieeffizienz:

$$\eta_t = \frac{\lceil \sqrt{n} \rceil^2}{2L} \qquad \text{wobei: } \lceil x \rceil = \text{größte ganze Zahl} \leq x \tag{5.223}$$

Es ergibt sich daher eine sägezahnförmige Schranke, die für große Längen L gegen Eins tendiert. Zu den Ternärfolgen gehören auch die in Kap.5.11.2 konstruierten, ternären Legendre-Folgen mit führender Null. Aus ihnen lassen sich ebenfalls durch Addition mit einer geeigneten Konstanten perfekte, dann aber wieder asymmetrische, Ternärfolgen für alle Längen $L = p$ mit p prim konstruieren. Es gilt dabei die Zuordnung in (5.224).

$$\begin{aligned} 1 &\mapsto 1 \\ -1 &\mapsto a = \frac{2}{1+\sqrt{L}} - 1 \\ 0 &\mapsto \frac{1+a}{2} \end{aligned}$$

Die Energieeffizienz perfekter ternärer Folgen ist in (5.224) gegeben. Man erkennt, daß die Energieeffizienz langer Folgen wieder gegen Eins tendiert.

$$\eta_{(Legendre)} = \left(1 + \frac{1}{\sqrt{L}}\right)^{-2} \tag{5.224}$$

BEISPIEL 5.34 (PERFEKTE TERNÄRFOLGE) *Ein perfekte Ternärfolge mit $L = 37$ und $a = -0,718$ lautet:*

$$s(n) = [1\ a\ 1\ 1\ a\ a\ 1\ a\ 1\ 1\ 1\ 1\ a\ a\ a\ 1\ a\ a\ a\ a\ 1\ a\ a\ a\ 1\ 1\ 1\ 1\ a\ 1\ a\ a\ 1\ 1\ a\ 1\ 0,14]$$

Die Energieeffizienz beträgt 74%.

5.12.2.3 Perfekte Produktfolgen

Gegeben seien zwei periodische Folgen $\tilde{s}_1(n)$ und $\tilde{s}_2(n)$ mit den teilerfremden Perioden L_1 und L_2. Diese beiden Folgen werden miteinander multipliziert und es entsteht die periodische Folge $\tilde{s}_3(n)$ mit der Periode $L_3 = L_1 \cdot L_2$.

$$\tilde{s}_3(n) = \tilde{s}_1(n) \cdot \tilde{s}_2(n) \quad \text{wenn: } \mathbf{ggT}\{L_1, L_2\} = 1 \text{ und } L_3 = L_1 \cdot L_2 \tag{5.225}$$

Für die PAKF gilt dann:

$$\phi_{s_3 s_3}(k) = \phi_{s_1 s_1}(k) \cdot \phi_{s_2 s_2}(k) \tag{5.226}$$

Wesentlich ist hier, daß die PAKF des Produkts zweier periodischer Folgen mit teilerfremden Längen gleich dem Produkt ihrer beiden PAKF ist. Wendet man diese Verknüpfung auf zwei perfekte Folgen der Längen L_1 und L_2 an, so entsteht eine neue perfekte Folge der resultierenden Länge $L_3 = L_1 \cdot L_2$, da wegen der Teilerfremdheit die Werte der Produkt-PAKF nur für Vielfache von $k = L_1 \cdot L_2$ nicht verschwinden.

BEISPIEL 5.35 (PERFEKTE PRODUKTFOLGE) *Nimmt man als erste Folge die perfekte Barker-Folge der Länge $L_1 = 4$ (5.203) $s_1(n) = [1\ 1\ \text{-}1\ 1]$ und verknüpft diese mit der Ternärfolge $s_2(n) = [1\ 1\ 0\ 1\ 0\ 0\ \text{-}1]$ der Länge $L_2 = 7$ dann erhält man die Produktfolge $s_3(n) = s_1(n) \cdot s_2(n)$ der Länge $L_3 = 28$. Dazu schreibt man sich die auf die Länge L_3 periodisch fortgesetzten Folgen untereinander und multipliziert spaltenweise.*

$$
\begin{aligned}
s_1(n) &= [\ 1\ 1\ \text{-}1\ 1\ 1\ 1\ \text{-}1\ 1\ 1\ 1\ \text{-}1\ 1\ 1\ 1\ \text{-}1\ 1\ 1\ 1\ \text{-}1\ 1\ 1\ 1\ \text{-}1\ 1\ 1\ 1\ \text{-}1\ 1\ ] \\
s_2(n) &= [\ 1\ 1\ 0\ 1\ 0\ 0\ \text{-}1\ 1\ 1\ 0\ 1\ 0\ 0\ \text{-}1\ 1\ 1\ 0\ 1\ 0\ 0\ \text{-}1\ 1\ 1\ 0\ 1\ 0\ 0\ \text{-}1\ ] \\
\hline
s_3(n) &= [\ 1\ 1\ 0\ 1\ 0\ 0\ 1\ 1\ 1\ 0\ \text{-}1\ 0\ 0\ \text{-}1\ \text{-}1\ 1\ 0\ 1\ 0\ 0\ \text{-}1\ 1\ \text{-}1\ 0\ 1\ 0\ 0\ \text{-}1\ ]
\end{aligned}
$$

$$
\begin{aligned}
\phi_{s_1 s_1}(k) &= [\ 4\ 0\ 0\ 0\ 4\ 0\ 0\ 0\ 4\ 0\ 0\ 0\ 4\ 0\ 0\ 0\ 4\ 0\ 0\ 0\ 4\ 0\ 0\ 0\ 4\ 0\ 0\ 0\ ] \\
\phi_{s_2 s_2}(k) &= [\ 4\ 0\ 0\ 0\ 0\ 0\ 0\ 4\ 0\ 0\ 0\ 0\ 0\ 0\ 4\ 0\ 0\ 0\ 0\ 0\ 0\ 4\ 0\ 0\ 0\ 0\ 0\ 0\ ] \\
\hline
\phi_{s_3 s_3}(k) &= [\ 16\ 0\ 0\ 0\ 0\ 0\ 0\ 0\ 0\ 0\ 0\ 0\ 0\ 0\ 0\ 0\ 0\ 0\ 0\ 0\ 0\ 0\ 0\ 0\ 0\ 0\ 0\ 0\ ]
\end{aligned}
$$

Aus dem Beispiel erkennt man, daß sich so eine beliebige Anzahl an weiteren perfekte Ternärfolgen bilden lassen. Der Grund liegt darin, da das Produkt einer amplitudensymmetrischen Ternärfolge mit einer symmetrischen Binärfolge oder Ternärfolge ternär bleibt. In der gleichen Weise ergibt das Produkt zweier unsymmetrischer Binärfolgen eine quaternäre Folge oder das Produkt einer symmetrischen Ternärfolge mit einer unsymmetrischen Binärfolge eine quinäre Folge u.s.w.

Die Energie einer Produktfolge ist im allgemeinen geringer als die der Ausgangsfolgen, da sie dem Zusammenhang in (5.227) genügt. Darin ist $\mathcal{E}_1 = \phi_{11}(0)$ die Energie der Folge $s_1(n)$, analog dazu $\mathcal{E}_2 = \phi_{22}(0)$ die Energie der Folge $s_2(n)$ und $\mathcal{E}_3 = \phi_{33}(0)$ die Energie der Produktfolge $s_3(n)$.

$$\mathcal{E}_3 = \phi_{33}(0) = \phi_{11}(0) \cdot \phi_{22}(0) = \mathcal{E}_1 \cdot \mathcal{E}_2 \tag{5.227}$$

Weiters ist der Maximalwert der Produktfolge, da in $s_3(n)$ jede Kombination von Einzelprodukten aus $s_1(n)$ und $s_2(n)$ auftritt:

$$\max\left\{s_3^2(n)\right\} = \max\left\{s_1^2(n)\right\} \cdot \max\left\{s_2^2(n)\right\} \tag{5.228}$$

Damit wird die Energieeffizienz η der Produktfolge zu:

$$\eta = \frac{\mathcal{E}_3}{L_1 \cdot L_2 \cdot \max\left\{s_3^2(n)\right\}} = \frac{\mathcal{E}_1}{L_1 \cdot \max\left\{s_1^2(n)\right\}} \cdot \frac{\mathcal{E}_2}{L_2 \cdot \max\left\{s_2^2(n)\right\}} = \eta_1 \cdot \eta_2 \tag{5.229}$$

Die Energieeffizienzen der einzelnen Folgen multiplizieren sich somit ebenfalls, was eine wichtige Eigenschaft dieses Gütemaßes darstellt. Daher ist die Multiplikation beliebiger perfekter Folgen ungerader Länge mit der perfekten Barker-Folge der Länge $L = 4$ von besonderem Interesse. In diesem Fall verschlechtert sich die Energieeffizienz der Produktfolge nicht gegenüber der ersten Folge des Produkts.

5.13 Komplexwertige Korrelationsfolgen

In diesem Abschnitt soll ein kurzer Überblick über komplexwertige Folgen gegeben werden. Komplexwertige Folgen besitzen allgemein mehr Freiheitsgrade als reellwertige, was wiederum die Synthesemöglichkeiten ansteigen läßt. Von besonderem Interesse sind hier sogenannte *uniforme Folgen*, deren Elemente alle den Betrag Eins annehmen. Somit ist die Energieeffizienz uniformer Folgen immer mit 100% gegeben. Uniforme Folgen $\underline{s}(n)$ haben folgende Form:

$$\underline{s}(n) = e^{j2\pi\xi(n)} \qquad n \in \{0, 1, \dots, L-1\} \tag{5.230}$$

Für die Realisierung solcher Folgen ist es von Vorteil, wenn die Phasen $\xi(n)$ in ihrem Wertebereich beschränkt sind und nur Werte aus P äquidistanten Winkeln in aufsteigender Reihenfolge annehmen:

$$\xi_i = \frac{i}{P} \qquad 0 \le i < P \tag{5.231}$$

P wird dabei die Phasenzahl der Folge $\underline{s}(n)$ genannt. Damit ist die Folge $\underline{s}(n)$ auch anschreibbar in der Form:

$$\underline{s}(n) = e^{j\frac{2\pi}{P}\cdot\xi(n)} \qquad n \in \{0,1,\ldots,L-1\} \text{ und } 0 \le \xi(n) < P \tag{5.232}$$

$\xi(n)$ ist in dieser Form eine ganzzahlige Zahlenfolge, die man auch *Phasenfolge* nennt. Folgen dieser Art nennt man *P-Phasen-Folgen*. Im Gegensatz dazu, werden uniforme Folgen, die keinen äquidistant geteilten Winkelvorrat aufweisen, *Polyphasen-Folgen* genannt. Die Elemente der Phasenfolge $\xi(n)$ sind nach einem bestimmten Mechanismus aus dem Phasenwertevorrat ausgewählt[9].

Die Berechnung der PAKF bzw. der PKKF (5.234b) komplexwertiger Folgen führt man am einfachsten durch, indem man die Folge in Real- und Imaginärteil trennt.

$$\underline{s}(n) = \Re\left\{\underline{s}(n)\right\} + j\,\Im\left\{\underline{s}(n)\right\} = s_R(n) + j\,s_I(n) \tag{5.233}$$

$$\phi_{\underline{s}_1\underline{s}_2}(m) = \Re\left\{\phi_{\underline{s}_1\underline{s}_2}(m)\right\} + j\cdot\Im\left\{\phi_{\underline{s}_1\underline{s}_2}(m)\right\} = \tag{5.234a}$$

$$= \sum_{n=0}^{L-1}\left[s_{1R}(n)\cdot\tilde{s}_{2R}(n+m) + s_{1I}(n)\cdot\tilde{s}_{2I}(n+m)\right] +$$

$$j\cdot\sum_{n=0}^{L-1}\left[s_{1R}(n)\cdot\tilde{s}_{2I}(n+m) + s_{1I}(n)\cdot\tilde{s}_{2R}(n+m)\right] =$$

$$= \sum_{n=0}^{L-1}\underline{s}_1^*(n)\cdot\underline{\tilde{s}}_2(n+m) = \tag{5.234b}$$

$$= \sum_{n=0}^{L-1}\left[s_{1R}(n) - j\,s_{1I}(n)\right]\left[\tilde{s}_{2R}(n+m) - j\,\tilde{s}_{2I}(n+m)\right]$$

---

[9]In der Phasenfolge stehen die tatsächlichen Phasen und nicht die Indizes des in aufsteigender Reihenfolge angeordneten Phasenwertevorrats, obwohl dies prinzipiell auch möglich wäre.

In (5.234a) ist die PKKF in Real- und Imaginärteil getrennt angeschrieben.

Zur Übertragung komplexwertiger Folgen werden diese in phasenmodulierte Trägersignale umgeformt. Der zugehörige Korrelationsempfänger wird entsprechend der Zerlegung der Folge in Real- und Imaginärteil in Quadraturschaltung realisiert.

Im folgenden Abschnitt sollen kurz uniforme, komplexwertige Folgen mit zweiwertiger PAKF dargestellt werden. Weiters soll ein kleiner Überblick über die Konstruktionsmöglichkeiten derartiger Folgen mit perfekter PAKF gegeben werden.

5.13.1   Uniforme p-phasige m-Folgen mit zweiwertiger PAKF

Jeder p-nären m-Folge $a(n)$ läßt sich durch die folgende Abbildung

$$\underline{a}_p(n) = e^{j\frac{2\pi}{p}a(n)} \qquad n \in \{0, 1, \ldots, L_p - 1\} \tag{5.235}$$

eine uniforme P-Phasen-Folge gleicher Länge L_p mit der Phasenzahl $P = p$: prim und zweiwertiger PAKF zuordnen [Williams76]. Die Charakteristik dieser Abbildung besteht darin, daß der Addition modulo p der Elemente in $a(n)$ die normale Multiplikation der Elemente in $a_p(n)$ zugeordnet wird. Für den binären Fall $p = 2$ geht diese Abbildung in die Zuordnung einer bipolaren Folge über. Mit Hilfe dieser Abbildung wachsen die Möglichkeiten zur Synthese gut korrelierender Folgen mit maximaler Energieeffizienz stark an. Die Zweiwertigkeit der PAKF wird im Folgenden hergeleitet:

$$\phi_{\underline{a}\underline{a}}(m) = \sum_{n=0}^{L_p-1} \underline{a}_p^*(n) \cdot \underline{a}_p\left[(n+m)\ (\text{mod}\ L_p)\right] = \sum_{n=0}^{L_p-1} \underline{a}_p^*(n) \cdot \tilde{\underline{a}}_p(n+m) =$$
$$= \sum_{n=0}^{L_p-1} e^{\left(j\frac{2\pi}{p}\cdot[-a(n)+\tilde{a}(n+m)]\right)} \tag{5.236}$$

Die Summe in der eckigen Klammer kann modulo p gebildet werden, da $e^{j\frac{2\pi}{p}}$ periodisch in p ist. Somit gilt mit der Schiebe- und Subtraktionseigenschaft p-närer m-Folgen für die PAKF bei $m \not\equiv 0\ (\text{mod}\ L_p)$:

$$\phi_{\underline{a}\underline{a}}(m \not\equiv 0\ (\text{mod}\ L_p)) = \sum_{n=0}^{L_p-1} e^{j\frac{2\pi}{p}\cdot\tilde{a}(n+k)} \qquad \text{wobei: } \tilde{a}(n) \ominus_p \tilde{a}(n+m) = \tilde{a}(n+k) \tag{5.237}$$

Daher erscheinen in $a(n)$ alle Elemente p^{r-1}-mal mit Ausnahme der Null, welche einmal weniger auftritt. Das Ergebnis der Summe in (5.237) ergibt sich dann zu

$$
p^{r-1} \cdot \underbrace{\sum_{n=0}^{p-1} \mathrm{e}^{j\frac{2\pi}{p}n}}_{\displaystyle \sum_{n=0}^{p-1} z^n = \frac{1-z^p}{1-z} = \frac{1-\mathrm{e}^{j\frac{2\pi}{p}p}}{1-\mathrm{e}^{j\frac{2\pi}{p}}} = 0} - \underbrace{\mathrm{e}^{j\,0}}_{1} \tag{5.238}
$$

und es wird aus (5.237)

$$
\phi_{\underline{aa}}\left(m \not\equiv 0 \pmod{L_p}\right) = -1 \tag{5.239}
$$

Faßt man (5.239) und (5.236) in (5.240) zusammen, so erkennt die zweiwertige PAKF.

$$
\phi_{\underline{aa}_b}(m) = \begin{cases} L_p & \text{wenn: } m \equiv 0 \pmod{L_p} \\ -1 & \text{sonst} \end{cases} \tag{5.240}
$$

Somit lassen sich uniforme P-Phasen-Folgen mit Phasenzahl $P = p > 2$ für alle Längen L_p mit

$$
L_p = p^{r-1} \in \{8, 24, 26, 48, 80, 120, 124, 168, 242, \ldots\} \tag{5.241}
$$

bilden. Eine andere Möglichkeit zur Konstruktion uniformer p-phasiger Folgen mit zweiwertiger PAKF wurde von [Schröder86] angegeben. Für diese *Primitivwurzel-Folgen (primitive-root)* gibt es die einfache Bildungsvorschrift:

$$
\underline{a}(n) = \mathrm{e}^{j\frac{2\pi}{p}\cdot\mu^n} \qquad \text{wobei:} \quad \begin{bmatrix} n \in \{0, 1, \ldots, p-2\} \\ p : \text{prim} \\ \mu : \text{primitives Element aus } \mathbf{GF}\,(p) \end{bmatrix} \tag{5.242}
$$

Diese Folgen existieren daher für alle Längen $L = p - 1$ und haben Phasenzahl $P = p = L + 1$.

Im Bereich der komplexwertigen Folgen lassen sich außerdem für alle Längen folgen finden, die sowohl eine perfekte PAKF besitzen, als auch uniform sind und daher die höchstmögliche Energieeffizienz erreichen [Lüke92/2]. Hierbei werde besonders auf die *Frank-Folgen* und auf die *Frank-Zadoff-Chu-Folgen (FZC)* verwiesen. Derartige Folgen $s(n)$ haben eine zweiwertige, perfekte PAKF laut:

$$\phi_{\underline{ss}}(m) = \left\{ \begin{array}{ll} L & \text{wenn: } m \equiv 0 \pmod{L} \\ 0 & \text{sonst} \end{array} \right. \tag{5.243}$$

Für eine detaillierte Behandlung dieser Folgentypen wird auf die Literatur verwiesen. Diese Folgen wurden von Frank und Zadoff in Patentschriften beschrieben [Frank73], dann von Chu [Chu72] veröffentlicht. Der Beweis, daß FZC-Folgen perfekt sind, ist in der Literatur zu finden [Chu72, Sarwate79, Alltop80, Lüke92/2].

Weiters lassen sich damit wieder Produktfolgen, sogenannte P-phasige Produktfolgen bilden. Aus dem periodischen Produkt zweier uniformer, perfekter Folgen teilerfremder Längen L_1, L_2 entsteht wieder eine uniforme, perfekte Folge der Länge $L_3 = L_1 \cdot L_2$. Besitzen die Ausgangsfolgen die Phasenzahlen P_1, P_2, dann ergibt sich die Phasenzahl der Produktfolge als ihr kleinste gemeinsames Vielfaches zu:

$$P_3 = \mathbf{kgV}\{P_1, P_2\} \tag{5.244}$$

Ein Überblick über die P-Phasen-Folgen mit jeweils bekannter minimaler Phasenzahl wird bis zur Länge $L = 45$ in [Bömer90] gegeben. In [Lüke92/2] ist eine Tabelle zu finden, die diese Ergebnisse auflistet.

Nach einer Idee von Bömer ist es möglich, allen binären m- und Legendre-Folgen mit zweiwertiger PAKF durch eine einfache Abbildung zweiphasige, uniforme, perfekte Folgen zuzuordnen [Bömer91, Neuerburg89]. Man nennt solche Folgen auch *perfekte Biphasen-Folgen*. Die gefundene Zuordnung lautet:

$$\begin{array}{rcl} 1 & \mapsto & 1 \\ -1 & \mapsto & e^{j\alpha} \end{array} \qquad \text{wobei: } \alpha = \arccos\left(\frac{1-L}{1+L}\right) \tag{5.245}$$

Der Beweis, daß diese Abbildung perfekte Folgen erzeugt, verläuft entsprechend der Berechnung der PAKF von m-Folgen nach Kap.5.11.3.4. Für die mathematische Ausführung wird wieder auf [Lüke92/2] verwiesen. Dieselbe Abbildung läßt sich auf ternäre Legendre- und ternäre m-Folgen ausdehnen und ergibt dann perfekte dreiphasige, sogenannte *Triphasen-Folgen*. Für die zugehörigen Abbildungen und Beweise wird ebenfalls auf [Bömer91, Lüke92/2] verwiesen.

5.14 Familien periodischer Korrelationsfolgen

In mehrkanaligen Anwendungen, wie in Codemultiplexsystemen mit mehreren Teilnehmern, müssen gut korrelierende Einzelfolgen zu Familien mit ebenfalls guten Kreuzkorrelationseigenschaften ergänzt werden. Werden die Kanalresourcen unter

Anwendung der Codemultiplextechnik mehreren Teilnehmern zugewiesen, so ist es allen Teilnehmern möglich gleichzeitig auf das selbe Frequenzband zuzugreifen. Jedem Teilnehmer wird dazu ein eigener Spreizcode zugeordnet, damit sie im Decodierprozeß des Korrelationsempfängers eindeutig unterschieden werden können. Nun ist es essentiell für den Entwurf eines derartigen Spread-Spectrum Systems eine Familie von Spreizcodes zu finden, so daß so viele Teilnehmer als möglich dasselbe Frequenzband verwenden können ohne sich dabei gegenseitig erheblich zu stören. D.h. das dabei entstehende Kanalübersprechen soll über der Anzahl der Teilnehmer minimiert werden. Diese Forderung wiederum entspricht bei dem üblichen Einsatz von Korrelationsempfängern genau der Minimierung der Kreuzkorrelationsfunktionen der Spreizcodes der einzelnen Teilnehmer. Man sucht daher Familien mit guten Korrelationseigenschaften.

In den folgenden Abschnitten sollen einige Familien gut periodisch korrelierender Folgen betrachtet werden.

5.14.1 Perfekte Familien

DEFINITION 5.39 (PERFEKTE PKKF) *Die PKKF zweier Folgen $x(n), y(n)$ ist perfekt wenn gilt:*

$$\phi_{xy}(m) = 0 \qquad x \neq y, \forall m \tag{5.246}$$

Im Fall der periodischen Korrelationsfunktionen läßt sich einfach zeigen, daß perfekte Familien (*utopian sets* [Scholtz78]) mit sowohl perfekten PAKF als auch verschwindenden PKKF prinzipiell nicht existieren können. Für die diskrete Fourier-Transformation der PKKF muß gelten:

$$\Phi_{xy}(m) = \mathcal{F}\left\{\underline{\tilde{x}}^*(m)\right\} \cdot \mathcal{F}\left\{\underline{\tilde{y}}(m)\right\} \qquad x \neq y, \forall m \tag{5.247}$$

oder

$$\left|\mathcal{F}\left\{\underline{\tilde{x}}(m)\right\}\right| \cdot \left|\mathcal{F}\left\{\underline{\tilde{y}}(m)\right\}\right| = 0 \tag{5.248}$$

Dies widerspricht jedoch der Frequenzeigenschaft perfekter Folgen, die immer ein konstantes Betragsspektrum ident zu $\sqrt{\mathcal{E}}$ ($\mathcal{E}$: Energie) besitzen. Wie in [Lüke92/2, Ziemer85] gezeigt wird, kann zwar die Eigenschaft einer perfekten Familie zumindest in einem eingeschränkten Fensterbereich erfüllt werden, aber nicht im allgemeinen Fall. Im gesamten Bereich der Korrelationsfunktionen einer Familie ist es also nur möglich, die unerwünschten Nebenwerte unter bestimmte Schranken zu drücken, wobei aber gegenseitige Abhängigkeiten zwischen den Schranken für die Autokorrelationsfunktionen einerseits und den Kreuzkorrelationsfunktionen andererseits bestehen.

5.14.2 Schranken der Korrelationsgüte

Da es Familien von Folgen mit perfekter PAKF und PKKF nicht geben kann, ist
es wichtig Schrankenbeziehungen ihrer Korrelationseigenschaften zu finden, die auch
Hinweise für einen Austausch zwischen der Güte ihrer Auto- und Kreuzkorrelati-
onsfunktionen enthalten. Eine solche aussagekräftige Schrankenbeziehung wurde von
Sarwate nach Vorarbeiten von Stalder und Cahn sowie Welch aufgestellt [Sarwate79,
Stalder64, Welch74].

Hier verallgemeinert auf nicht binäre bzw. nicht uniforme Folgen, läßt sich diese Beziehung wie folgt ableiten: Zwischen den periodischen Korrelationsfunktionen PAKF
und PKKF zweier Folgen $x(n)$ und $y(n)$ besteht die folgende Beziehung:

$$\phi_{xx}\left(m\right) * \phi_{yy}\left(m\right) = \phi_{xy}\left(m\right) * \phi_{yx}\left(m\right) \tag{5.249}$$

Wertet man diese Faltung im Nullpunkt aus, so folgt:

$$\sum_{m=0}^{L-1}\left|\phi_{xy}\left(m\right)\right|^2 = \sum_{m=0}^{L-1}\left(\phi_{xx}\left(m\right)\right)^* \phi_{yy}\left(m\right) \tag{5.250}$$

Besitzen die beiden Folgen eine untereinander gleiche Energie $\mathcal{E}$, so folgt weiter:

$$\sum_{m=0}^{L-1}\left|\phi_{xy}\left(m\right)\right|^2 = \mathcal{E}^2 + \sum_{m=1}^{L-1}\left(\phi_{xx}\left(m\right)\right)^* \phi_{yy}\left(m\right) \tag{5.251}$$

Betrachtet werde nun eine Familie von M Folgen. Dabei werden diese M Folgen
indiziert in der Form $s^{(i)}(n)$ mit $i \in \{1, 2, \dots, M\}$ dargestellt. Weiters werden die
paarweisen PAKF und PKKF durch folgende Notation repräsentiert:

$$\phi_{s^{(i)}s^{(j)}}\left(m\right) = \begin{cases} \text{PAKF} & \text{wenn: } i = j \\ \text{PKKF} & \text{wenn: } i \neq j \end{cases} \qquad \forall m; i, j \in \{1, 2, \dots, M\} \tag{5.252}$$

Man erhält nun bei Summation über alle Korrelationsfunktionen dieser Folgen $s^{(i)}(n)$
unter Anwendung der Beziehung zwischen ihren PAKF und PKKF folgende Summen-
gleichung, die der Abschätzung der Schrankenbeziehungen zugrundeliegt:

$$\sum_{i=1}^{M}\sum_{j=1}^{M}\sum_{m=0}^{L-1}\left|\phi_{s^{(i)}s^{(j)}}\left(m\right)\right|^2 = (M\mathcal{E})^2 + \sum_{i=1}^{M}\sum_{j=1}^{M}\sum_{m=1}^{L-1}\left(\phi_{s^{(i)}s^{(i)}}\left(m\right)\right)^* \cdot \phi_{s^{(j)}s^{(j)}}\left(m\right) \tag{5.253}$$

Für die linke Seite dieser Gleichung gilt nun unter Berücksichtigung der folgenden Schranken, die noch für die periodischen Korrelationsfunktionen eingeführt werden sollen,

$$\left| \overset{\smile}{\phi}_{s(i)s(i)}[1] \right| = \max\left\{ \left| \phi_{s(i)s(i)}(m) \right| \right\} \qquad \forall i \quad m \not\equiv 0 \ (\mathrm{mod}\ L) \tag{5.254a}$$

$$\left| \overset{\smile}{\phi}_{s(i)s(j)}[1] \right| = \max\left\{ \left| \phi_{s(i)s(j)}(m) \right| \right\} \qquad \forall i,j: \quad i \neq j, \forall m \tag{5.254b}$$

daß sie genau

- M-mal den Hauptwert der PAKF mit dem Beitrag $M \cdot \mathcal{E}^2$

- M-mal die $L-1$ Nebenwerte der PAKF mit dem Beitrag $\leq M(L-1) \cdot \left[\overset{\smile}{\phi}_{s(i)s(i)}[1] \right]^2$

- $M(M-1)$-mal die PKKF mit jeweils L Werten, somit dem Beitrag $\leq M(M-1)L \cdot \left[\overset{\smile}{\phi}_{s(i)s(i)}[1] \right]^2$

enthält.

Die rechte Seite von (5.253) wird zunächst durch Vertauschen der Summationsreihenfolge umgeformt in:

$$(M\mathcal{E})^2 + \sum_{m=1}^{L-1}\left(\sum_{i=1}^{M}\left(\phi_{s(i)s(i)}(m) \right)^{*} \cdot \sum_{j=1}^{M} \phi_{s(j)s(j)}(m) \right) = (M\mathcal{E})^2 + \\ + \sum_{m=1}^{L-1}\left| \sum_{i=1}^{M} \phi_{s(i)s(i)}(m) \right|^2 \tag{5.255}$$

Da der rechte Term in diesem Ausdruck nicht negativ sein kann, ist die rechte Seite von (5.253) sicher $\geq (M\mathcal{E})^2$. Damit erhält man, da die Abschätzung für die linke Gleichungsseite gleich oder größer der Abschätzung für deren rechte Seite ist, die folgende grundlegende Ungleichung

$$(M\mathcal{E})^2 + M(L-1)\cdot\left[\overset{\smile}{\phi}_{s(i)s(i)}(1) \right]^2 + M(M-1)L\cdot\left[\overset{\smile}{\phi}_{s(i)s(j)}(1) \right]^2 \geq (M\mathcal{E})^2 \tag{5.256}$$

oder gleichlautend:

$$\frac{1}{\mathcal{E}^2} \cdot \left[\breve{\phi}_{s^{(i)}s^{(j)}}[1] \right]^2 + \frac{L-1}{(M-1)\,\mathcal{E}^2} \cdot \left[\breve{\phi}_{s^{(i)}s^{(i)}}[1] \right]^2 \geq 1 \qquad (5.257)$$

Da für binäre und uniforme Folgen die Gültigkeit von $\mathcal{E} = L$ gegeben ist, vereinfacht sich die gefundene Ungleichung zu der von Sarwate angegebenen Abschätzung:

$$\boxed{\frac{1}{L} \cdot \left[\breve{\phi}_{s^{(i)}s^{(j)}}[1] \right]^2 + \frac{L-1}{L^2(M-1)} \cdot \left[\breve{\phi}_{s^{(i)}s^{(i)}}[1] \right]^2 \geq 1} \qquad \begin{array}{l} \text{Sarwate Schranke} \\ \text{für } M \leq L \end{array} \qquad (5.258)$$

Diese beiden Beziehungen zeigen deutlich, daß zwischen den Schranken für Auto- und Kreuzkorrelationsfunktionen einer Familie an der Grenze dieser Abschätzungen nur ein gegenseitiger Austausch möglich ist. Die Verbesserung einer Schranke muß dann durch Verschlechtern der anderen erkauft werden. Faßt man die eingeführten Schranken $\left| \breve{\phi}_{s^{(i)}s^{(i)}}[1] \right|$ und $\left| \breve{\phi}_{s^{(i)}s^{(j)}}[1] \right|$ zusammen zu einer maximalen Schranke

$$\breve{\phi} = \max\left\{ \left| \breve{\phi}_{s^{(i)}s^{(i)}}[1] \right|, \left| \breve{\phi}_{s^{(i)}s^{(j)}}[1] \right| \right\} \qquad (5.259)$$

und setzt man in der Abschätzung nach Sarwate,

$$\breve{\phi} = \left| \breve{\phi}_{s^{(i)}s^{(i)}}[1] \right| = \left| \breve{\phi}_{s^{(i)}s^{(j)}}[1] \right| \qquad (5.260)$$

so erhält man die von Welch gegebene Abschätzung zu:

$$\boxed{\frac{\breve{\phi}^2}{L} \geq \frac{L(M-1)}{LM-1} \text{ oder } \breve{\phi} \geq \sqrt{\frac{L^2(M-1)}{LM-1}}} \qquad \text{Welch-Schranke} \qquad (5.261)$$

Für *große* Familien mit $M > L$ gibt Sarwate [Sarwate79] noch eine bessere Abschätzung an (*elliptic bound*), während im Falle $M < L$ die Sarwate-Schranke in (5.258) die zur Zeit engste bekannte Schranke für Familien uniformer Folgen darstellt.

5.14.3 Familien binärer m-Folgen

5.14.3.1 Kreuzkorrelationseigenschaften binärer m-Folgen

Zu jeder binären, und verallgemeinert auch p-nären m-Folge der Länge L gibt es weitere Folgen gleicher Länge (Siehe [Peterson81]), die sich nicht durch eine einfache periodische Verschiebung ineinander überführen lassen. Es läßt sich zeigen, daß sich diese wesentlich verschiedenen Folgen alle durch Dezimation aus einer beliebigen Ausgangsfolge erzeugen lassen. Dazu wird der periodischen Ausgangsfolge jeder d-te Wert entnommen, wobei d und L teilerfremd, also $\mathbf{ggT}\{d, L\} = 1$, sein müssen [Golomb67].

Die Anzahl der zu L teilerfremden Zahlen im Bereich von 1 bis $L - 1$ wird durch die Eulersche Funktion $\varphi_E[n]$ angegeben (Siehe dazu Abschnitt 5.3.2.1.). Es führen jedoch nicht alle möglichen Dezimationen zu wesentlich verschiedenen Folgen, sondern die Zahl M_w der wesentlich verschiedenen p-nären m-Folgen des Grades r ist gegeben durch

$$M_\varphi(r, p) = \frac{1}{r}\varphi_E[p^r - 1] \tag{5.262}$$

und entspricht außerdem der Anzahl der primitiven Polynome des Grades r im zugehörigen Polynomring $\mathbf{GF}(p)[\mathrm{x}]$. Die Tabelle 5.34 zeigt für den binären Fall $p = 2$ die Anzahl M_w wesentlich verschiedener m-Folgen in Abhängigkeit einiger Folgenlängen L_b:

L_b	7	15	31	63	127	255	511	1023
M_w	2	2	6	6	18	16	48	60

Tabelle 5.34: Anzahl wesentlich verschiedener, binärer m-Folgen der Länge L_b.

Zur Ergänzung dieser Tabelle wird auf Tabelle 5.12 und Tabelle 5.13 auf Seite 203 zu verweisen, welche die Anzahl primitiver Polynome über verschiedenen Galoisfeldern zeigt.

Nun soll eine binäre, bipolare m-Folge $a_{1s}(n)$ betrachtet werden. Nach Untersuchungen von [Golomb67] und anderen Autoren gibt es zu allen diesen m-Folgen, wenn deren Grad des zugrundeliegenden charakteristischen Polynoms

$$r \not\equiv 0 \pmod 4 \tag{5.263}$$

ist, mindestens eine weitere *wesentlich* verschiedene m-Folge $a_{2s}(n)$, so daß die PKKF $\check{\phi}_{a^{(1)}a^{(2)}}(m)$ dieses *ausgezeichneten Paares* dreiwertig ist und die folgende kleinstmögliche PKKF-Schranke $\left|\check{\phi}_{a^{(1)}a^{(2)}}[1]\right|$ einhält:

$$\left|\check{\phi}_{a^{(1)}a^{(2)}}[1]\right| = 2^{\left\lceil \frac{r}{2}+1 \right\rceil} + 1 \qquad \text{PKKF-Schranke} \tag{5.264}$$

Die PKKF selbst nimmt dann nur die folgenden Werte an:

$$\phi_{a^{(1)}a^{(2)}}(m) \in \left\{ -1, -\left|\check{\phi}_{a^{(1)}a^{(2)}}[1]\right|, \left|\check{\phi}_{a^{(1)}a^{(2)}}[1]\right| - 2 \right\} \tag{5.265}$$

Für $r \equiv 0 \pmod 4$ sind ausschließlich Folgen mit dreiwertiger PKKF [Sarwate80, Golomb67, Gold67, Gold68] möglich. Aus einer gegebenen bipolaren m-Folge $a_{1s}(n)$ läßt sich die zweite Folge $a_{2s}(n)$ eines ausgezeichneten Paares durch Dezimation mit einem speziellen Dezimationswert d nach folgender Dezimationsvorschrift ableiten:

$$a_{2s}(n) = a_{1s}(d \cdot n) \qquad \text{wobei:} \quad \left[\begin{array}{l} d = 2^k + 1 \text{ und} \\[2mm] k \text{ so, daß } \frac{r}{\mathbf{ggT}\{r,k\}} \text{ ungerade ist.} \end{array} \right. \tag{5.266}$$

BEISPIEL 5.36 (AUSGEZEICHNETES M-FOLGEN PAAR) *Als Mutterfolge wird die Binärfolge des Grades $r = 3$ bezüglich $f(x) = x^3 + x + 1$ aus der Tab.5.19 in bipolarer Form $a_{1s}(n) = [\text{-1 -1 -1 1 1 -1 1 1}]$ ausgewählt. Nach der Dezimationsvorschrift kann $k = 1$ gewählt werden, damit erhält man mit dem Dezimationswert $d = 3$ als zweite Folge: $a_{2s}(n) = [\text{-1 1 1 -1 1 -1 -1}]$. Die PKKF dieser beiden Folgen ergibt sich dann zu.*

$$\phi_{a^{(1)}a^{(2)}}(m) = \text{-5 -1 -1 3 -1 3 3} \ldots \qquad \text{mit: } \left|\check{\phi}_{a^{(1)}a^{(2)}}[1]\right| = 5$$

Bei den m-Folgen mit größeren Längen lassen sich nach demselben Schema teilweise mehr als zwei Folgen finden, die alle die PKKF-Schranke einhalten. Der Umfang M dieser m-Folgen Familien ist in der Tabelle 5.35 aufgelistet. Konstruktionshinweise für diese Familien befinden sich in [Sarwate80].

5.14.3.2 Carter Theorem und Gold-Folgen Familien

Aus zwei bipolaren m-Folgen $a_{1s}(n), a_{2s}(n)$ gleicher Periode L werden nach Carter [Carter74] alle möglichen Produktfolgen $a_{1s}(n) \cdot \tilde{a}_{2s}(n)$ gebildet und mit den Ursprungsfolgen $a_{1s}(n), a_{2s}(n)$ selbst zu einer Familie des Umfangs $M = L + 2$ Folgen zusammengefaßt. Die einzelnen Folgen $a_{us}(n)$ bilden somit die nachstehende Folgenfamilie:

$$a_{us}(n) \in \{a_{1s}(n), a_{2s}(n), a_{1s}(n) \cdot \tilde{a}_{2s}(n + u)\} \qquad L + 2\text{-Folgen mit: } 0 \le u < L \tag{5.267}$$

Unter Anwendung der D-Transformation kann man diese Folgenfamilie auch folgendermaßen anschreiben:

r	L	$\left\|\check{\phi}_{a^{(1)}a^{(2)}}[1]\right\|$	M
3	7	5	2
5	31	9	3
6	63	17	2
7	127	17	6
9	511	33	2
10	1 023	65	3
11	2 047	65	4
13	8 191	129	4
14	16 383	257	3
15	32 767	257	2

Tabelle 5.35: Eigenschaften der m-Folgen Familien.

$$a_{us}(D) \in \{a_{1s}(D), a_{2s}(D), a_{1s}(D) + D \cdot a_{2s}(D), a_{1s}(D) + D^2 \cdot a_{2s}(D),$$
$$a_{1s}(D) + D^3 \cdot a_{2s}(D), \ldots, a_{1s}(D) + D^{L-1} \cdot a_{2s}(D)\} \tag{5.268}$$

Sei nun $a_{1s}(n)$ und $a_{2s}(n)$ ein *ausgezeichnetes m-Folgenpaar* nach Abschnitt 5.14.3.1, dann nennt man die so entstehende Folgenfamilie die *Gold-Folgen Familie* des zugehörigen, ausgezeichneten m-Folgenpaares [Gold67].

Die periodischen Korrelationsfunktionen dieser Familien nach Carter errechnen sich ganz allgemein zu:

$$\phi_{a^{(u)}a^{(v)}}(m) = \sum_{n=0}^{L-1} [a_{1s}(n) \cdot \tilde{a}_{2s}(n+u)] \cdot [\tilde{a}_{1s}(n+m) \cdot \tilde{a}_{2s}(n+v+m)] = \tag{5.269a}$$

$$= \sum_{n=0}^{L-1} [a_{1s}(n) \cdot \tilde{a}_{2s}(n+m)] \cdot [\tilde{a}_{1s}(n+u) \cdot \tilde{a}_{2s}(n+v+m)] = \tag{5.269b}$$

$$= \sum_{n=0}^{L-1} [\tilde{a}_{1s}(n+i) \cdot \tilde{a}_{2s}(n+k)] = \tag{5.269c}$$

$$= \phi_{a^{(1)}a^{(2)}}(k-1) \tag{5.269d}$$

In (5.269c) wirkt die Verschiebe- und Additionseigenschaft und die Werte für i und k hängen vom charakteristischen Polynom ab.

Damit erhalten die PKKF der Produktfolgen und auch die Nebenwerte ihrer PAKF die gleichen, jedoch anders angeordneten Werte, wie sie in der PKKF der Ausgangsfolgen $a_{1s}(n)$, $a_{2s}(n)$ enthalten sind. Die Produktfolgen sind damit im allgemeinen keine m-Folgen mehr, sie halten aber alle die durch die Ausgangsfolgen vorgegebene Schranke (Vergleiche (5.254a))

$$\left| \overset{\smile}{\phi}_{a^{(1)}a^{(2)}} [1] \right| = \max \left\{ \left| \phi_{a^{(1)}a^{(2)}} (m) \right| \right\} \qquad \text{wobei: } m \not\equiv 0 \pmod L \tag{5.270}$$

ein. Eben diese Eigenschaft wird speziell bei der Konstruktion von Gold-Folgen Familien ausgenutzt. Denn wählt man nun ein ausgezeichnetes m-Folgenpaar gleicher Länge L aus, so ist die PKKF dieses Paares dreiwertig, falls für den Grad r der charakteristischen Polynome die Bedingung (5.263) erfüllt ist. Weiters halten die PKKF-Nebenwerte, die in (5.264) angegebene Schranke ein. Damit ist die PKKF, wie in (5.265) angegeben, dreiwertig.

Die bedeutet, daß eine Gold-Folgen Familie aus $M = L + 2$ Folgen, mit dreiwertiger PAKF, besteht. Alle M Folgen sind dabei von maximaler Länge, da der Erzeugung der Produktfolgen ein ausgezeichnetes m-Folgenpaar zugrunde gelegt wurde. Nach dem Carter-Theorem sind die Nebenwerte ihrer PAKF mit denen der PKKF gleich, so daß die PKKF-Schranke zugleich auch die PAKF-Schranke darstellt. Somit gilt hier:

$$\overset{\smile}{\phi} = \left| \overset{\smile}{\phi}_{a^{(i)}a^{(i)}} [1] \right| = \left| \overset{\smile}{\phi}_{a^{(i)}a^{(j)}} [1] \right| \tag{5.271}$$

Damit gelten die Werte für die Eigenschaften der m-Folgen Familien aus Tab.5.35 auch für Gold-Folgen Familien des Umfanges $M = L + 2$.

Da die PKKF-Schranke ident mit der PAKF-Schranke ist, ist es naheliegend hier die von Welch angegebene Abschätzung der Korrelationsschranke (5.261) zu betrachten. Macht man, für die PKKF-Schranke, in (5.264) folgende Näherung,

$$\left| \overset{\smile}{\phi}_{a^{(1)}a^{(2)}} [1] \right| = 2^{\left\lceil \frac{r}{2}+1 \right\rceil} + 1 \approx 2^{\frac{r}{2}+1} + 1 \approx 2\sqrt{L} \qquad \text{mit: } L = 2^r - 1 \tag{5.272}$$

so folgt für die Welch-Abschätzung mit $M = L + 2$:

$$\boxed{\overset{\smile}{\phi} \geq \sqrt{\frac{L^2(M-1)}{LM-1}} \overset{(M=L+2)}{=} \sqrt{\frac{L^2(L+2-1)}{L(L+2)-1}} \approx \sqrt{L}} \qquad \begin{array}{l} \text{Welch-Schranke} \\ \text{(Gold-Folgen)} \end{array} \tag{5.273}$$

Die Korrelationsschranken der Gold-Folgen nähern sich für große Längen dem doppelten Wert der Welch-Schranke an. Sie verhalten sich in diesem Sinne recht günstig. Bezüglich der engeren, speziell für binärwertige Folgen geltenden *Sidelnikov-Schranke*

$$\breve{\phi} \geq \sqrt{2L-2} \overset{(L=2^r-1)}{\underset{\downarrow}{=}} \sqrt{2^{r+1}-4} = 2^{\frac{r+1}{2}} - 1$$

Sidelnikov-Schranke (Gold-Folgen)

(5.274)

bilden die Gold-Folgen für ungerade r sogar eine optimale Familie [Sarwate80].

Nach Abschnitt 5.14.3.1 erhält man ein ausgezeichnetes m-Folgenpaar durch Dezimation einer gegebenen m-Folge $a_{1s}(n)$ mit einem speziellen Dezimationswert d nach der Dezimationsvorschrift (5.266). Dies bedeutet, daß die zweite, erzeugte m-Folge $a_{2s}(n)$ eine Dezimation der ersteren m-Folge $a_{1s}(n)$ ist. Nun ergibt die Dezimation einer m-Folge eben nicht immer eine weitere m-Folge. Erzeugt die Dezimation jedoch wieder eine m-Folge, was unter Einhaltung der angegebenen Dezimationsvorschrift in (5.266) der Fall ist, so spricht man von einer *reinen Dezimation*. Der folgende Satz soll die Eigenschaft einer reinen Dezimation noch verdeutlichen:

SATZ 5.32 (REINE DEZIMATION) *Ist $a_{1s}(n)$ eine m-Folge mit Periodenlänge L, dann ist $a_{1s}(d \cdot n)$ wieder eine m-Folge mit derselben Periodenlänge L, dann und nur dann, wenn gilt: $\mathbf{ggT}\{d, L\} = 1$ [Golomb67]. Die Periodenlänge L muß also zum Dezimationswert d teilerfremd sein.*

Zur Auffindung eines ausgezeichneten m-Folgenpaares ist zu bestimmen, ob eine Dezimation eine reine Dezimation ist, oder nicht. Nimmt man die Tabelle der irreduziblen und primitiven Polynome über **GF**(2) [Peterson81] her, so kann diese dazu verwendet werden, zu bestimmen, ob eine vorliegende Dezimation eine reine Dezimation darstellt.

BEISPIEL 5.37 (REINE DEZIMATION) *Entnimmt man aus der Tabelle in [Peterson81] die irreduziblen Polynome des Grades $r = 6$:*

Grad: 6	1 103F	3 127B	5 147H	7 111A
	9 015	11 155E	21 007	

Das charakteristische Polynom ist durch den oktalen Code repräsentiert, dieser wird von einem Buchstaben gefolgt, wobei die Buchstaben E, F, G oder H jeweils die primitiven Polynome in der Tabelle bezeichnen. Sei nun $a_{1s}(n)$ diejenige m-Folge, die durch das Polynom 103 erzeugt wird. Dann bezeichnet die dezimale Zahl d, die den Polynomcodes vorangestellt ist, daß jene Folge die durch ein anderes Polynom erzeugt wird, die d-te Dezimation der Folge $a_{1s}(n)$ ist. D.h. $a_{2s}(n) = a_{1s}(3n)$ wird durch das Polynom 127 erzeugt, welches nicht primitiv ist. In diesem Fall ist die Dezimation nicht rein, es entsteht kein ausgezeichnetes m-Folgenpaar, da der Satz 5.32 durch $\mathbf{ggT}\{63, 3\} = 3$ nicht erfüllt wird.

BEISPIEL 5.38 (AUSGEZEICHNETES M-FOLGENPAAR) *Als Beispiel soll ein binäres, ausgezeichnetes m-Folgenpaar der Periodenlänge $L = 31$ ermittelt werden und dessen PKKF betrachtet werden. Da $L = 31$ gefordert wird, folgt der nötige Polynomgrad r zu $r = 5$. Nimmt man die Tabelle [Peterson81] zur Hand, so findet man:*

Grad: 5	1 45E	3 75G	5 67H

Man nimmt für $a_{1s}(n)$ die m-Folge, die durch das Polynom **45** *erzeugt wird. Die Dezimation $a_{2s}(n) = a_{1s}(3n)$ ist rein, sodaß das Paar $[a_{1s}(n), a_{2s}(n)]$ ein ausgezeichnetes m-Folgenpaar darstellt, da die geforderte Bedingung nach Satz 5.32 mit* $\mathbf{ggT}\{31, 3\} = 1$ *erfüllt ist. Weiters gilt, wie leicht zu überprüfen ist, auch die Bedingung für wesentlich verschiedene Folgen (5.263), $r \not\equiv 0$ (mod 4) eingehalten wird, da $r \equiv 1$ (mod 4). Und auch die Dezimationsbedingung nach (5.266) mit $d = 2^k + 1$ für $d = 3$ und $k = 1$ durch*

$$\frac{r}{\mathbf{ggT}\{r, k\}} = \frac{5}{\mathbf{ggT}\{5, 1\}} = 5 \text{ ungerade}$$

erfüllt wird. Daher sind bereits alle Bedingungen für das Vorhandensein eines ausgezeichneten m-Folgenpaares erfüllt. Das ausgezeichnete m-Folgenpaar lautet (in unipolarer Form):

$$a_1(n) = [1\,0\,1\,0\,1\,1\,1\,0\,1\,1\,0\,0\,0\,1\,1\,1\,1\,1\,0\,0\,1\,1\,0\,1\,0\,0\,1\,0\,0\,0\,0]$$
$$a_2(n) = [1\,0\,1\,1\,0\,1\,0\,1\,0\,0\,0\,1\,1\,1\,0\,1\,1\,1\,1\,1\,0\,0\,1\,0\,0\,1\,1\,0\,0\,0\,0]$$

Eine typische Schieberegistergeneratorstruktur in modularer Form, die häufig verwendet wird um eine Gold-Folgen Familie zu erzeugen, zeigt die Abb.5.18.

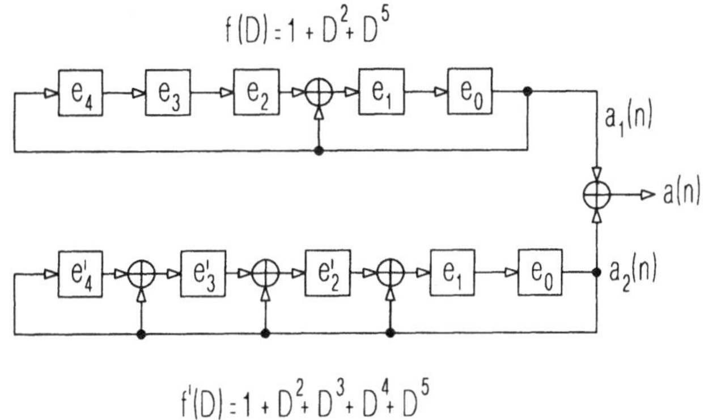

Abbildung 5.18: Gold-Folgen-Generator zu Beispiel 5.38.

In Abb.5.18 wurde das gefundene ausgezeichnete m-Folgenpaar implementiert. Der obere Generator erzeugt die Folge $a_1(n)$ bezüglich des primitiven Polynoms $f(D)$

mittels eines beliebigen Initialzustandes $e(D)$. Der untere Generator erzeugt die Folge $a_2(D)$ bezüglich des primitiven Polynoms $f'(D)$ mit einem beliebigen Initialzustand $e'(D)$. Beide Folgen werden anschließend modulo 2 addiert und ergeben so die Gold-Folge. Die m-Folge $a_1(D)$ wird erzeugt, wenn der obere Generator mit einem Initialzustand $e(D) \neq 0$ geladen wird, während der untere Generator mit dem Initialzustand $e'(D) = 0$ geladen wird. Will man die m-Folge $a_2(D)$ erzeugen, so geht man dabei genau umgekehrt vor. Weitere L Folgen der Gold-Folgen-Familie erhält man, indem man den ursprünglichen Initialzustand $e(D)$ zur Erzeugung der m-Folge $a_1(D)$ beibehält, und dann alle möglichen Initialzustände $e'(D)$ ungleich Null für die m-Folge $a_2(D)$ verwendet. Insgesamt gibt es daher $M = L + 2$ Folgen in einer Gold-Folgen-Familie. Die Berechnung der PKKF der beiden Folgen $a_{1s}(n)$, $a_{2s}(n)$ in bipolarer Form liefert nach (5.265) eine dreiwertige PAKF mit der Beschränkung

$$\check{\phi}_{a^{(1)}a^{(2)}}(1) = 9$$

welche zugleich den Werten der PKKF $\{-1, -9, 7\}$ beziehungsweise den Nebenwerten der PAKF der einzelnen Gold-Folgen, nur eben in anderen Reihenfolgen, entsprechen.

BEISPIEL 5.39 (GOLDFOLGENFAMILIE) *Es wird die Gold-Folgen Familie des in Beispiel 5.36 gefundenen ausgezeichneten m-Folgenpaares bestimmt. Da die Folgenlänge durch $L = 7$ gegeben ist, ist der Umfang der Gold-Folgen-Familie mit $M = 9$ bestimmt. Neben den beiden m-Folgen aus Beispiel 5.36 müssen noch die weiteren sieben Folgen nach (5.267) bestimmt werden. In Tab.5.36 sind die ersten beiden Folgen das ausgezeichnete m-Folgenpaar.*

$a_{1s}(n)=[$	-1	-1	-1	1	-1	1	1	$]$
$a_{2s}(n)=[$	-1	1	1	-1	1	-1	-1	$]$
$a_{3s}(n)=[$	1	-1	-1	-1	-1	-1	-1	$]$
$a_{4s}(n)=[$	-1	-1	1	1	1	-1	-1	$]$
$a_{5s}(n)=[$	-1	1	-1	-1	1	-1	1	$]$
$a_{6s}(n)=[$	1	-1	1	-1	1	1	1	$]$
$a_{7s}(n)=[$	1	1	1	-1	-1	1	-1	$]$
$a_{8s}(n)=[$	1	1	1	1	-1	-1	1	$]$
$a_{9s}(n)=[$	1	1	-1	1	1	1	-1	$]$

Tabelle 5.36: Goldfolgenfamilie zu Generator: $[5, 2]_m \oplus [5, 4, 3, 2]_m$.

In (5.275) ist stellvertretend für alle PAKF die 6.-te und 7.-te Folge der Familie angegeben. Die PKKF in (5.275) zeigt zwei Vertreter.

$$\phi_{a^{(6)}a^{(6)}}(m) = 7, -1, -5, 3, 3, -5, -1, \ldots$$

$$\phi_{a^{(7)}a^{(7)}}(m) = 7, -1, -5, 3, 3, -5, -1, \ldots$$

$$\phi_{a^{(7)}a^{(6)}}(m) = -1, -1, -1, -1, 3, -1, -1, \ldots$$

$$\phi_{a^{(8)}a^{(1)}}(m) = -1, -5, -1, 3, 3, -1, -1, \ldots$$

5.14.3.3 Familien von Kasami-Folgen

In der Literatur sind eine Reihe von Konstruktionsverfahren veröffentlicht worden, mit denen weitere Familien binärer Folgen mit anderen Kombinationen von Länge, Umfang und Korrelationsmaßen gebildet werden können, so die großen und kleinen Familien der *Kasami-Folgen*. Beispielhaft werde hier nur die *kleine Familie der Kasami-Folgen* kurz besprochen, die sich ebenfalls aus binären m-Folgen ableiten lassen. Für eine vorgegebene Folgenlänge L besitzen diese Familien im Vergleich zu den Gold-Folgen geringeren Umfang M, dafür aber eine bessere Korrelationsschranke. Die kleine Kasami-Familie leitet sich aus einer binären, bipolaren m-Folge $a_{1s}(n)$ mit geradzahligem Grad r und der Periode $L = 2^r - 1$ ab. Durch Dezimation mit dem hier nicht notwendigerweise zu L teilerfremden Dezimationswert d

$$d = 2^{\frac{r}{2}} + 1 \tag{5.275}$$

entsteht daraus eine Hilfsfolge

$$\tilde{s}_d(n) = \tilde{s}_{1s}(d \cdot n) \tag{5.276}$$

welche eine kürzere Periode $L_d = 2^{\frac{r}{2}} - 1$ besitzt.

Die weiteren Folgen erhält man wieder durch Multiplikation von $a_{1s}(n)$ mit allen L_d zyklisch verschobenen Versionen der Hilfsfolge $s_d(n)$. Damit beträgt der Umfang der Kasami-Familie:

$$M = \frac{r}{2} \tag{5.277}$$

Die PKKF und die Nebenwerte der PAKF dieser Produktfolgen sind auch hier dreiwertig mit der Schranke in (5.279) und die PKKF wieder die Werte nach (5.265) annimmt.

$$\left|\overset{\smile}{\phi}_{s^{(i)}s^{(j)}}[1]\right| = 2^{\frac{r}{2}} + 1 = L_d + 2 \qquad (5.278)$$

Eine unvollständige Tabelle der Eigenschaften der Familie der Kasami-Folgen zeigt Tab.5.37.

r	L	$\overset{\smile}{\phi}_{a^{(1)}a^{(2)}}(1)$	M
4	15	5	4
6	63	9	8
8	255	17	16
10	1023	33	32

Tabelle 5.37: Eigenschaften der kleinen Kasami-Folgen Familien.

Die Schranke in (5.279) ist näherungsweise gegeben durch:

$$\left|\overset{\smile}{\phi}_{s^{(i)}s^{(j)}}[1]\right| = 2^{\frac{r}{2}} + 1 = \sqrt{L} \qquad (5.279)$$

Vergleicht man jetzt mit der Welch-Schranke mit Berücksichtigung der Näherung $M \approx \sqrt{L}$

$$\boxed{\overset{\smile}{\phi} \geq \sqrt{\frac{L^2(M-1)}{LM-1}} \overset{(M \approx \sqrt{L})}{=} \sqrt{L - \sqrt{L}}} \qquad \begin{array}{l}\text{Welch-Schranke} \\ \text{(Kasami-Folgen)}\end{array} \qquad (5.280)$$

so sieht man, daß die Kasami-Folgen die Schranke für größere L besser als die Gold-Folgen annähern. Bezüglich der engeren Sidelnikov-Schranke ist auch diese Familie optimal.

BEISPIEL 5.40 (KASAMI-FAMILIE) *Es soll eine Kasamifamilie für Grad $r = 4$, mit einer Periode $L = 15$ und dem Umfang $M = 4$ bestimmt werden. Begonnen wird mit der m-Folge $a_{1s}(n)$ aus Tab.5.19 mit Grades $r = 4$ bezüglich des primitiven Polynoms $f(x) = x^3 + x + 1$ (m-Folge) in bipolarer Form:*

$$s_{1s}(n) = a_{1s}(n) = [\text{-1 -1 -1 -1 1 -1 1 -1 -1 1 1 -1 1 1 1}]$$

$$(5.281)$$

Mit der Dezimation $d = 5$ erhält man die Hilfsfolge mit Periode $L_d = 3$ in (5.282) und anschließend durch periodische Multiplikation von (5.282) mit (5.281) die weiteren Folgen (nicht zwingend m-Folgen) der Familie. Die Kasamifamilie ist in Tab.5.38 zusammengefaßt.

$$\tilde{a}_d = [\text{-1 -1 1 -1 -1 1 -1 -1 1 -1 -1 1 -1 -1 1}] \ldots$$

$$(5.282)$$

$s_{1s}(n){=}[$	-1	-1	-1	-1	1	-1	1	-1	-1	1	1	-1	1	1	1	$]$
$s_{2s}(n){=}[$	1	1	-1	1	-1	-1	-1	1	-1	-1	-1	-1	-1	-1	1	$]$
$s_{3s}(n){=}[$	1	-1	1	1	1	1	-1	-1	1	-1	1	1	-1	1	-1	$]$
$s_{4s}(n){=}[$	-1	1	1	-1	-1	1	1	1	1	1	-1	1	1	-1	-1	$]$

Tabelle 5.38: Kasamiefolgenfamilie zu Beispiel 5.40.

Kapitel 6

Spread-Spectrum Synchronisation

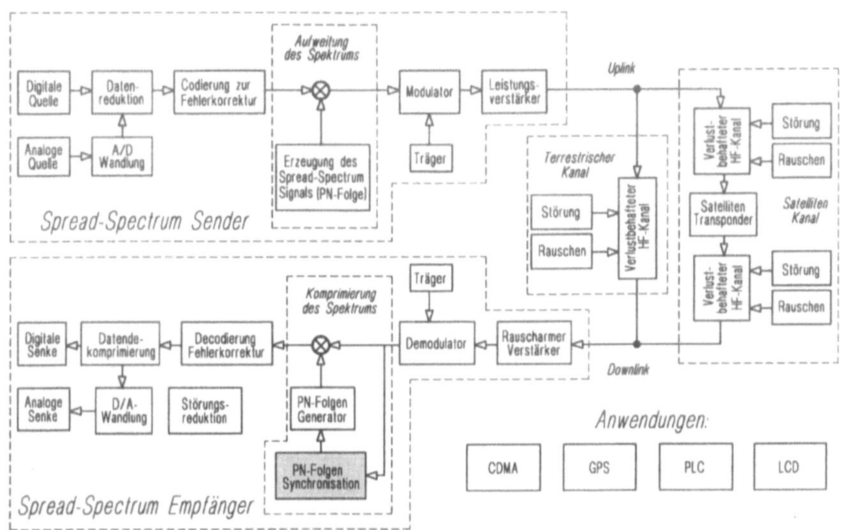

Abbildung 6.1: Grundstruktur des Spread-Spectrum Systems.

Spread-Spectrum Systeme bestehen prinzipiell aus einem konventionellen digitalen Modulationsverfahren mit aufgesetzter Spread-Spectrum Modulation. Die Spread-Spectrum Demodulation wird im Empfänger durch Gleichlauf der Spread-Spectrum Signale erreicht. Diesen Vorgang nennt man Spread-Spectrum Synchronisation.

Die Synchronisation wird in zwei Schritten durchgeführt. Der erste Schritt bringt das empfangene Signal $r(t) = d(t)c(t)$[1] mit der im Empfänger erzeugten Kopie des Spread-Spectrum Signals $c(t)$ bis auf ein Abweichung von $\pm\frac{T_c}{2}$ zur Übereinstimmung. Man nennt dies die *Grobsynchronisation* des Spread-Spectrum Signals oder Acquisitionsphase. Im zweiten Schritt, wird die von der Grobsynchronisation verbleibende Phasendifferenz zu Null gemacht und dort gehalten. Man nennt dies die *Feinsynchronisation*, Nachführphase oder Trackingphase[2]. Der Übergang zwischen Grob- und Feinsynchronisation wird von der Synchronisationslogik koordiniert.

Die Abb.6.2 zeigt ein vereinfachtes Blockschaltbild der Synchronisationseinheiten. Zu Beginn des Synchronisationsvorganges, wird das empfangene Signal an die Grobsynchronisation geleitet (Schalter in Stellung 1). Ist die Grobsynchronisation abgeschlossen, so zeigt das Signal AF den logischen '1'-Zustand und meldet dies der

---

[1]Vorausgesetzt wurde eine ungestörte Übertragung.
[2]In der Nachführphase wird die Spitze der PAKF in kleinen Regelschritten maximiert.

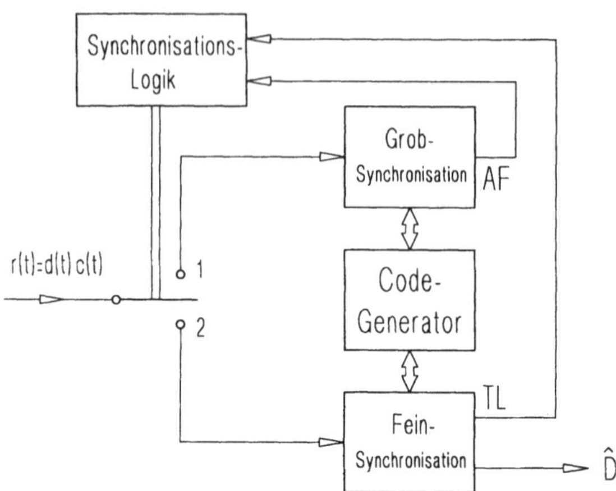

Abbildung 6.2: Prinzip der Spread-Spectrum Synchronisation.

Synchronisationslogik. Diese schaltet das empfangene Signal auf Feinsynchronisation um (Schalter in Stellung 2).

Durch Störungen im empfangenen Signal kann die Feinsynchronisation verloren gehen (Die Regelschleife rastet aus). Dies wird der Synchronisationslogik, durch das Signal *TL* gemeldet und sie schaltet das empfangen Signal auf Grobsynchronisation um und der Synchronisationsvorgang beginnt erneut.

6.1 Grobsynchronisation

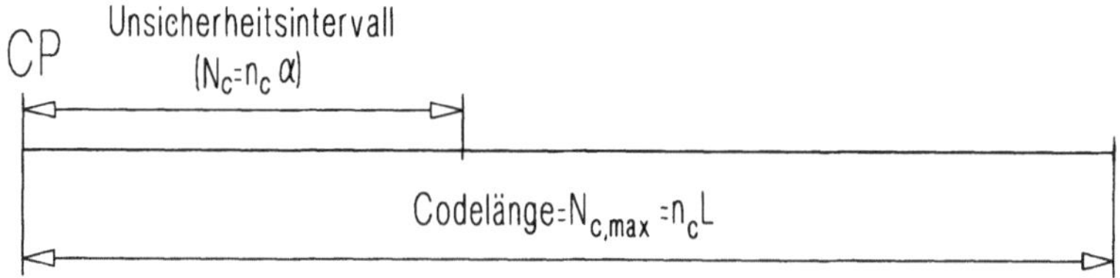

Abbildung 6.3: Unsicherheitsintervall.

Das Maß, für den Gleichlauf der Spread-Spectrum Signale ist die Korrelation der beiden Signale. Aus diesem Grund muß die Korrelation auch in der Abbruchbedingung[3] in (6.1) für die Grobsynchronisation enthalten sein. Die Abbruchbedingung führt den Test auf Übereinstimmung der beiden Signale durch. Übersteigt die Korrelation eine

---

[3]In den Betrachtungen zur Spread-Spectrum Synchronisation ist unter realen Verhältnissen, bedingt durch die Datenmodulation, immer die aperiodische Korrelationsfunktion von Interesse. Der Einfachheit wegen, wird in diesem Kapitel jedoch die periodische Korrelationsfunktion herangezogen.

vorgegebene Synchronisationsschwelle[4] η, so wird das Signal als gefunden erklärt. Die Abbruchbedingung ist zugleich auch die Übergangsbedingung auf die Feinsynchronisation.

$$\phi_{rc}(k) > \eta \tag{6.1}$$

Vorerst müssen einige Begriffe erklärt werden:

Phase: Abstand von der momentanen Codeposition zur perfekten Übereinstimmung[5] CP (Abstand zur PAKF-Spitze).

Unsicherheitsintervall: Als Unsicherheitsintervall wird jener Bereich ($\alpha \leq L$) des Spread-Spectrum Signals bezeichnet, indem die Phase zu suchen ist.

Zelle des Unsicherheitsintervalls: Das Unsicherheitsintervall wird in Abschnitte, sogenannte Zellen geteilt, um das Durchsuchen nach der Phase zu erleichtern (Gesamtzahl: N_c).

Die Aufgabe der Grobsynchronisation ist es, das Unsicherheitsintervall zu durchsuchen, um das empfangene Spread-Spectrum Signal mit seiner lokal erzeugten Kopie bis auf $\pm\frac{T_c}{2}$ zur Übereinstimmung zu bringen.

Die Grobsynchronisation durchsucht das Unsicherheitsintervall in diskreten Schritten. die Grobsynchronisation stellen sich im wesentlichen drei Fragen:

1. Welche Information hat der Empfänger a priori über die Phase des Spread-Spectrum Signals ?

2. In wieviele Zellen soll das Unsicherheitsintervall geteilt werden ?

3. Wird der Test auf Übereinstimmung (6.1) über einen Teil des Spread-Spectrum Signals ausgeführt oder über die volle Länge ($\Delta t_i = \lambda T_c \leq T_D$) ?

Zur ersten Frage ist zu sagen: Hat der Empfänger keine Information vom Übertragungsbeginn, so ist die Wahrscheinlichkeit, die richtige Phase des Spread-Spectrum Signals zu erwischen, gleichverteilt über das ganze Signal (Unsicherheitsintervall ist

---

[4]Wenn eine Verwechslungsgefahr mit einer anderen Schwelle besteht, so wird die Synchronisationsschwelle mit η_s bezeichnet.

[5]Wenn es eine Verwechslungsgefahr gibt, wird anstatt Phase, der bezeichnendere Ausdruck *Codephase* verwendet.

$N_{c,max}$). Hat der Empfänger z.B. die Information über den Übertragungsbeginn einer Nachricht (Uhrzeit), so sind nicht mehr alle möglichen Phasen gleichwahrscheinlich, sondern manche bevorzugt[6].

Die Beantwortung der zweiten Frage hängt von der zur Synchronisation verfügbaren Zeit ab. Der Abstand a von Zellengrenze zur Chipflanke in Abb.6.4 ist eine gleichverteilte Zufallsvariable. Ist dieser Abstand Null, so liegt ein Zustand der Grobsynchronisation in der PAKF-Spitze. Im schlechtesten Fall liegt der nächste Zustand, $a = T_c/(2n_c)$ von der PAKF-Spitze entfernt. In Abb.6.4 wurden die Zellen für $n_c = 2$ gezeichnet.

$$N_c = n_c \, \alpha \leq n_c \, L = N_{c,max} \tag{6.2}$$

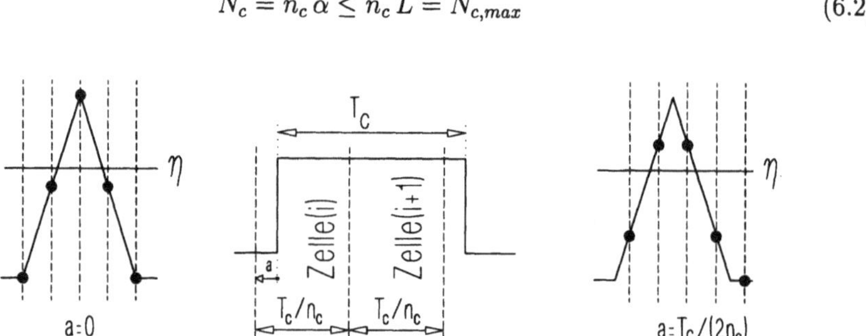

Abbildung 6.4: Das Unsicherheitsintervall ist unterteilt in Zellen ($n_c = 2$).

Folgende Symbole werden verwendet:

α: . Anzahl der Chips, welche im Unsicherheitsintervall liegen.

N_c: Anzahl der Zellen pro Spread-Spectrum Daten-Signal (Unsicherheitsintervall).

n_c: Anzahl der Zellen pro Chip.

L: Anzahl der Chips pro Spread-Spectrum Daten-Signal.

$\Delta t_i = \lambda T_c$: Zeit welche die Auswertung der Übereinstimmung benötigt (Korrelationsdauer).

i: i-te Phasenzustand von einer bestimmten Anfangsphase weg.

IP: Anfangsphase.

CP: Richtige Phase (Übereinstimmung).

η: Synchronisationsschwelle.

---

[6]Meistens wird eine auf das Unsicherheitsintervall beschränkte Dreiecks- oder Gaußdichte mit der erwarteten Codephase als Mittelwert angenommen.

Die Gleichung (6.2) verlangt einen Kompromiß zwischen der Zeit, welche für die Grobsynchronisation benötigt wird und dem minimalen Wert der PAKF, die damit verbunden ist. Damit direkt gekoppelt ist auch die Frage der Detektionswahrscheinlichkeit P_D. Ein praktikabler Wert für $n_c = 2$.

Die dritte Frage ist mit einem Kompromiß zwischen der Synchronisationszeit und einer akzeptablen Wahrscheinlichkeit eines Fehlalarms P_{fa} verbunden. Man muß bedenken, daß durch einen Fehlalarm die Nachführphase gestartet wird. Der Fehlalarm erst nach einer bestimmten Zeit festgestellt wird. Nach verstreichen dieser Zeit wird wieder in die Grobsynchronisation zurückgeschaltet. Die Wahrscheinlichkeit eines Fehlalarms, sowie die Detektionswahrscheinlichkeit sind mit Abb.6.4 als Abstände zwischen der Synchronisationsschwelle und dem Korrelationswert erklärbar.

6.1.1 Paralleles Suchverfahren

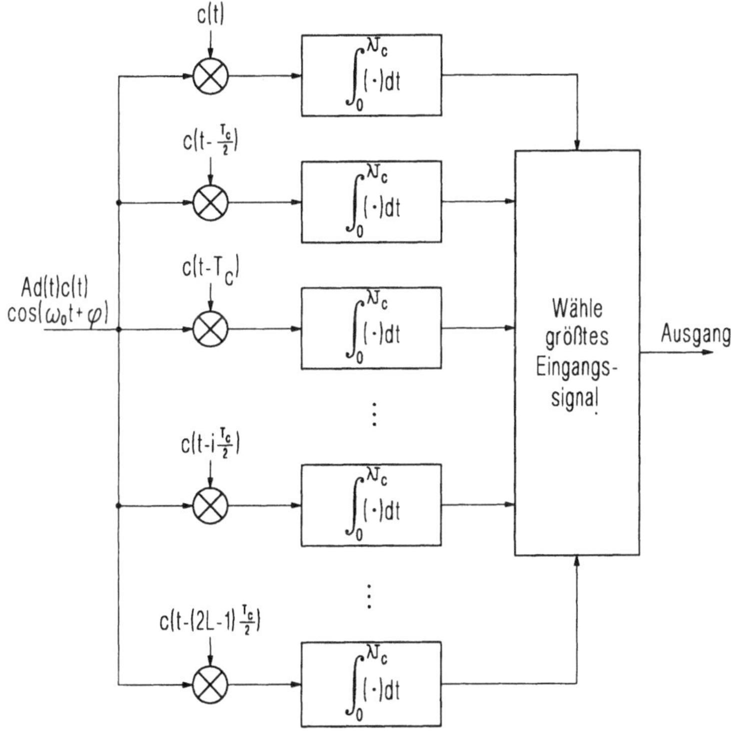

Abbildung 6.5: Paralleles Maximum Likelihood Suchverfahren.

Dieses Verfahren ist das einfachste. Es werden alle möglichen N_c Phasen parallel durchsucht und die mit der besten Übereinstimmung gewählt. Die Zeit, welche für die Grobsynchronisation verstreicht, ist relativ klein verglichen mit anderen Verfahren.

Das dieses Verfahren nicht von besonderer praktischer Bedeutung ist, liegt an dem gewaltigen Aufwand für die parallele Suche, den damit entstehenden Kosten und großen Leistungsverbrauch. Die mittlere Synchronisationszeit ist für den ungestörten Fall in (6.3) angegeben.

$$\mathbf{E}\left[\,T_{acq}\,\right] = \Delta t_i = \lambda T_c \tag{6.3}$$

Zusammenfassung: Alle λT_c werden $n_c\,N_c$ Korrelationsergebnisse verglichen $\longrightarrow\!\triangleright$ Wähle jenes Spread-Spectrum Signal zum 'komprimieren' welches das größte Korrelationsergebnis liefert (Maximum Likelihood Algorithmus).

6.1.2 Serielle Suchverfahren

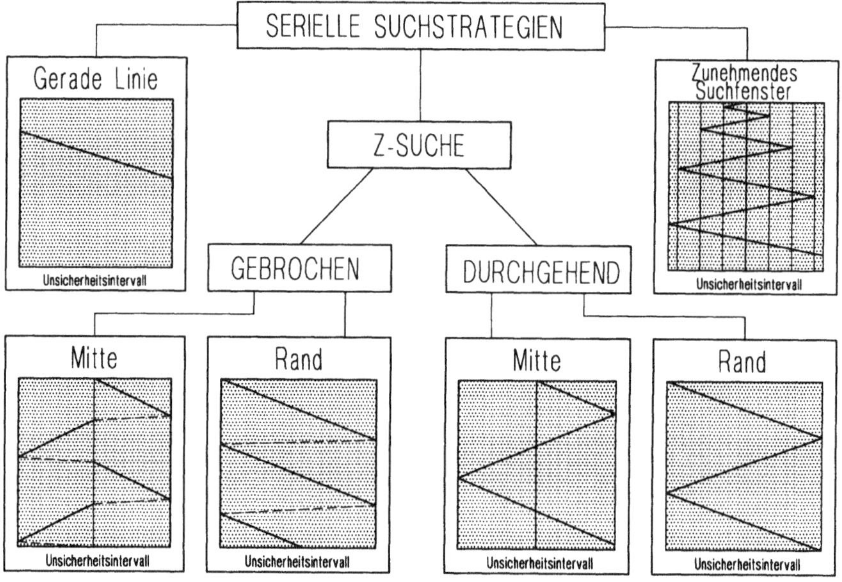

Abbildung 6.6: Übersicht über die seriellen Suchverfahren.

Ein oft benutztes Verfahren verwendet nur einen Korrelator und durchsucht das Unsicherheitsintervall seriell. Dieses Verfahren reduziert Aufwand und Kosten drastisch, erhöht jedoch die Suchzeit wesentlich. Es wird der Test auf Übereinstimmung für jede mögliche Phase durchgeführt. Die Phase gilt als gefunden, wenn eine vorher festgelegte Schwelle (Anzahl an Übereinstimmungen) aufgetreten ist. Einen Überblick über

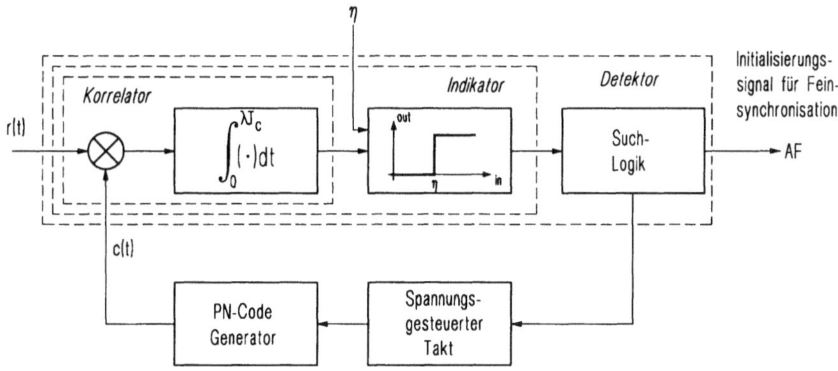

Abbildung 6.7: Blockschaltbild: Serielle Suche.

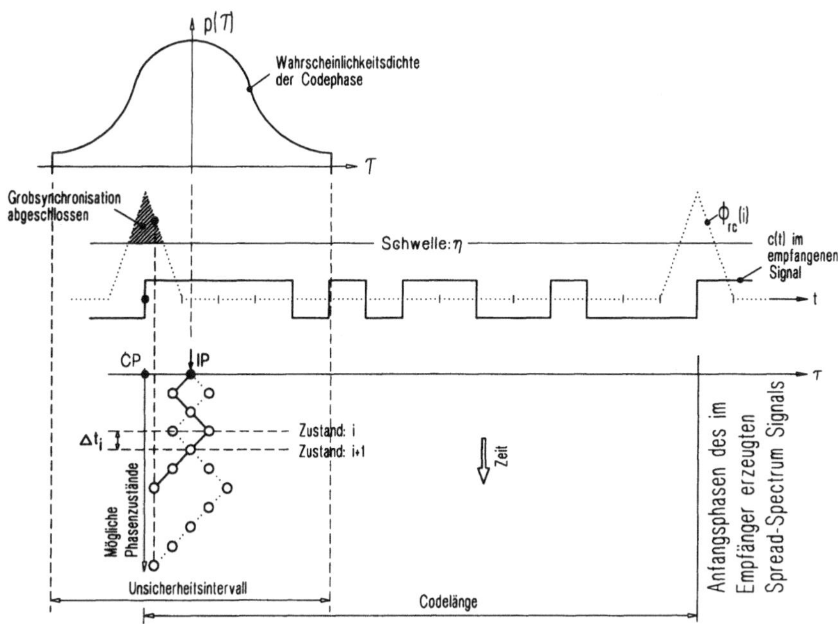

Abbildung 6.8: Serielle Suche mit wachsendem Suchfenster.

die Vielzahl von Modifikationen für serielle Suchverfahren ist in Abb.6.6 dargestellt. Sie unterteilen sich in Abhängigkeit der Wahrscheinlichkeitsdichtefunktion der Phase. Das Suchen in gerader Linie wird dann angewendet wenn keine *a priori* Information über die gesuchte Codephase vorhanden ist. Dies heißt, daß jede Codephase gleich wahrscheinlich ist. Die Zufallsvariable Codephase ist über das Unsicherheitsintervall gleichverteilt. Das Suchen in gerader Linie ist ein *blindes* Suchverfahren. Die Z-Suche wird angewendet wenn sich das Unsicherheitsintervall nicht über die ganze Datenbitdauer erstreckt. Die Abarten der Z-Suche in geradlinige Z-Suche und unterbrochene Z-Suche, mit Suchbeginn in der Mitte oder am Rand sind abhängig von der Anwendung, schaltungstechnischem Aufwand und anderen Faktoren. Wird auf Grund von a priori Informationen eine bestimmte Codephase erwartet und nimmt deren Wahrscheinlichkeit um diesen Erwartungswert ab, so ist eine blinde Suche oder die Z-Suche nicht optimal. In diesem Fall wird um den Erwartungswert ein Suchfenster gelegt, deren Grenzen entweder linear oder nichtlinear erweitert werden. Eine typische Wahrscheinlichkeitsdichtefunktion für die gesuchte Codephase ist eine Dreiecksdichte oder eine auf das Unsicherheitsintervall beschränkte Gaußdichte.

$$\Delta t_i \leq \mathbf{E}\left[T_{acq}\right] \leq N_c \Delta t_i = \lambda N_c T_c = \lambda n_c \alpha T_c \tag{6.4}$$

Zusammenfassung: Alle Δt_i wird ein Test auf Übereinstimmung mit Hilfe der Korrelation ausgeführt $\longrightarrow$ Korrelationsergebnis wird mit einer festen Schwelle η verglichen $\longrightarrow$ Ergebnis des Vergleichs steuert eine Suchlogik (Schwelle überschritten $\longrightarrow$ Codephase gefunden, sonst Taktimpuls des Codegenerators für die Dauer T_c/n_c anhalten) und wieder Korrelation bilden.

6.2 Serielles Suchen in gerader Linie

Etwas ausführlicher wird das Verfahren: Suchen in gerader Linie dargestellt und deren Ergebnisse verifiziert.

Problembeschreibung

Gesucht ist jene mittlere Zeit, welche verstreicht, bis die Korrelation zwischen empfangenen Code und lokal erzeugten Code die Schwelle η überschreitet, wodurch ein bestimmtes Maß an Codegleichlauf signalisiert wird. Dazu muß das empfangene Signal durch seine statistischen Kennwerte beschrieben sein. Synchronisation vorhanden oder nicht vorhanden, entspricht einem *Bernoulli-Experiment*.

Lösung

Es werden folgende Symbole verwendet:

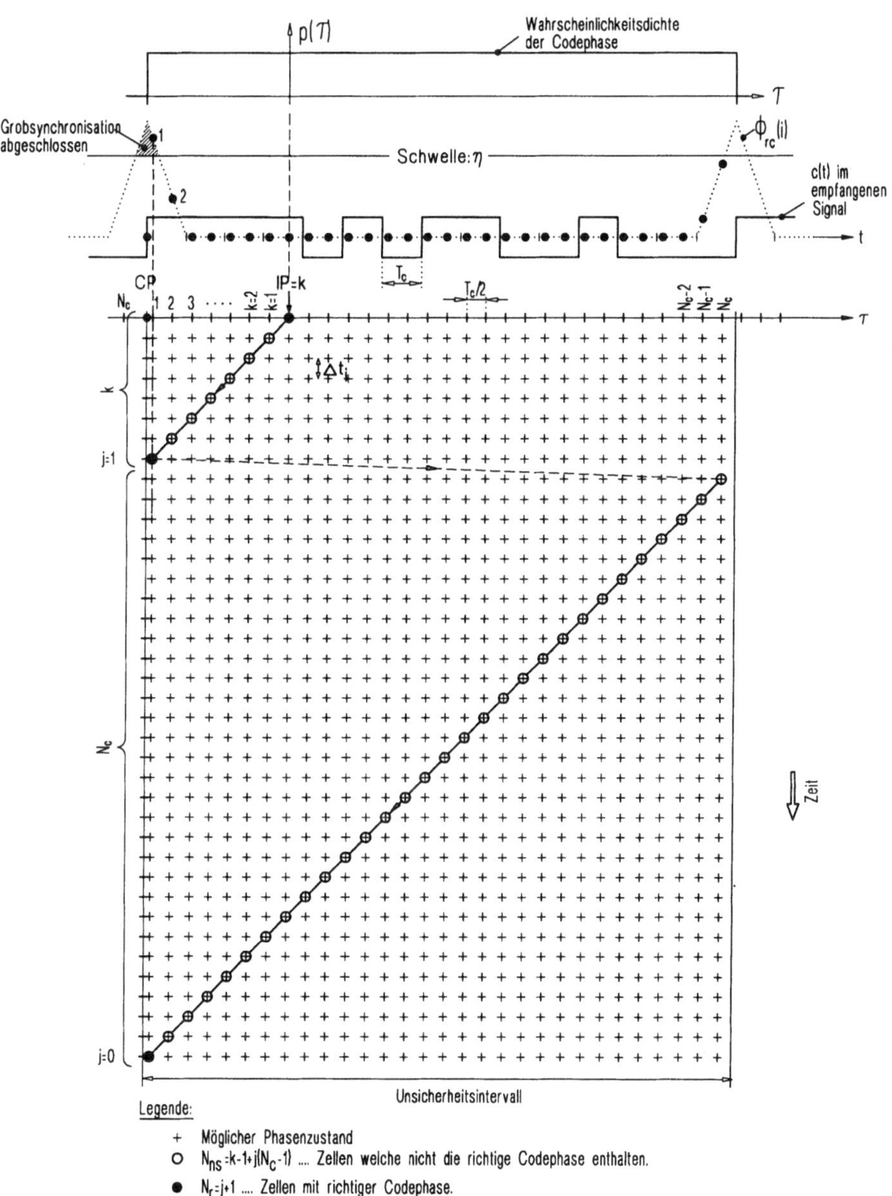

Abbildung 6.9: Serielle Suche in gerader Linie.

$S \in \{0, 1\}$: Bernoulli-Variable: S=1 (Richtige Codephase gefunden) und S=0 (Spread-Spectrum Synchronität nicht erreicht).

$P_D = \mathbf{Pr}\,[\,Z > \eta \mid S = 1\,]$: Detektionswahrscheinlichkeit.

$P_{fa} = \mathbf{Pr}\,[\,Z > \eta \mid S = 0\,]$: Fehlalarmwahrscheinlichkeit.

$P_r = \mathbf{Pr}\,[\,S = 1 \mid k, j, n\,]$: Wahrscheinlichkeit für das Auftreten des speziellen Suchpfades bestimmt durch die Parameter k, j und n.

Ausgehend vom Modell der Direct-Sequence Übertragung, zeigt (3.18) eine Unsicherheit im Codetakt (Oszillatorinstabilitäten, Codedoppler) und der Codephase. Im Folgenden ist angenommen, daß nur die Codephase unbekannt ist.

- Die Suchrichtung wird durch Anhalten des Codetaktes um $T_c/2$ vorgenommen.

- Unter der Annahme, daß keine *a priori* Information der richtigen Codephase (CP) vorliegt ist jede Codephase gleichwahrscheinlich. Der Startpunkt (IP) wird durch die Zufallsvariable **k** symbolisiert und entspricht einer gleichverteilten Zufallsvariablen im Unsicherheitsintervall.

- Das Zustandsdiagramm in Abb.6.9 ist ein dreidimensionales Gebilde und entspricht einem Torus. Die Suche beginnt bei IP. Im ungestörten Fall wird die richtige Codephase nach k Suchschritten (Zellen) erreicht. Im gestörten Fall wird sie mit der Wahrscheinlichkeit $(1 - P_D)$ nicht erkannt. Dies entspricht einem Fortsetzen der Suche und im Zustandsdiagramm einem Auftauchen der nächsten zu durchsuchenden Zelle auf der rechten Seite. Stößt man an eine Grenze so taucht man auf der gegenüberliegenden Seite wieder in die Zustandsebene. Dies entspricht mathematisch einem Torus.

- Eine *repräsentative* Suche (vergleiche Abb.6.9) nach der richtigen Codephase gliedert sich wie folgt:

  Sie umfaßt die in (6.5) angegebene Gesamtzahl der untersuchten Zellen, unter der Annahme, daß die richtige Codephase j-mal nicht erkannt wurde ist N_{ges}. Sie beinhaltet N_r Zellen mit der richtigen Codephase und N_{nr} Zellen, welche nicht die richtige Codephase liefern.

$$
\begin{aligned}
N_{ges} &= k + j\,N_c = N_r + N_{nr} & (6.5)\\
N_r &= j + 1 & (6.6)\\
N_{nr} &= k - 1 + j(N_c - 1) & (6.7)
\end{aligned}
$$

- Die Zeit welche für die repräsentative Suche aufgewendet wird ist:

$$
T_r(k, j, n) = \underbrace{k\,\Delta t_i}_{T_1} + \underbrace{n\,T_{fa}}_{T_2} + \underbrace{j\,N_c\,\Delta t_i}_{T_3} \tag{6.8}
$$

Die Zeit T_r ist die Summe der Zufallsvariablen T_1, T_2, T_3.

T_1: Zeit welche vergehen muß um von einem k-Zellen entfernten Suchbeginn, im ungestörten Fall, zur richtigen Codephase zu kommen (gleichverteilte Zufallsvariable).

T_2: Zeit welche verstreicht, damit ein Fehlalarm erkannt wird und die Suche wieder fortgesetzt wird (binomialverteilte Zufallsvariable).

T_3: Wenn die richtige Codephase nicht erkannt wird, so wird wegen der seriellen Suchstrategie das vollständige Unsicherheitsintervall mit N_c-Zellen durchlaufen. Diese lange Wartezeit bis zum nächsten Auftreten der richtigen Codephase kann nur durch eine Erhöhung der Detektionswahrscheinlichkeit oder eine a priori Information über die richtige Codephase verkürzt werden (deltaverteilte Zufallsvariable).

- Die Wahrscheinlichkeit einer speziellen Anordnung mit n Fehlalarms ist:

$$\underbrace{P_{fa}^{n}}_{a}\ \underbrace{(1-P_{fa})^{N_{nr}-n}}_{b} \tag{6.9}$$

a ... Wahrscheinlichkeit für das Auftreten von genau n Fehlalarms in einer speziellen Suche.

b ... Wahrscheinlichkeit, daß *nicht* genau n Fehlalarms in einer speziellen Suche auftreten.

- Die Wahrscheinlichkeit, daß im repräsentativen Suchpfad genau n Fehlalarms auftreten ist in (6.10) angegeben.

  Eine bestimmte Anzahl n an Fehlalarms kann in jeder beliebigen Kombination innerhalb der N_{nr} möglichen auftreten. Dies entspricht einer Kombination mit Wiederholung $\rightarrow \binom{N_{nr}}{n}$

- Die Wahrscheinlichkeit, daß in der repräsentativen Suche die k-te Zelle die richtige ist, ist in (6.11) gegeben. Aus ihr folgt, daß keine Zelle innerhalb des Unsicherheitsintervalls für die Wahl des Suchbeginns ausgezeichnet ist.

- Die Wahrscheinlichkeit, daß sie nach j nicht richtig erkannten Codephasen erkannt wird zeigt (6.12).

$$\mathbf{Pr}\,[\,n\,] \;=\; \binom{N_{nr}}{n} P_{fa}^{\,n}\,(1-P_{fa})^{N_{nr}-n} \tag{6.10}$$

$$\mathbf{Pr}\,[\,k\,] \;=\; \frac{1}{N_c} \tag{6.11}$$

$$\mathbf{Pr}\,[\,j\,] \;=\; P_D(1-P_D)^{j} \tag{6.12}$$

- Die totale Wahrscheinlichkeit, die richtige Codephase nach dem in der repräsentativen Suche vorkommenden n Fehlalarms, sowie j-faches Übersehen der richtigen Codephase oder sofortiges erkennen nach k Zellen ist:

$$\mathbf{Pr}\,[\,S = 1 \mid k, j, n\,] \;=\; P_r(k, j, n) = \mathbf{Pr}\,[\,k\,]\,\mathbf{Pr}\,[\,j\,]\,\mathbf{Pr}\,[\,k\,] =$$

$$= \; \frac{1}{N_c} P_D (1 - P_D)^j \binom{N_{nr}}{n} P_{fa}^{\,n} (1 - P_{fa})^{(N_{nr}-n)} \qquad (6.13)$$

Um die mittlere Synchronisationszeit zu erhalten, sind alle möglichen Suchwege, welche zur richtigen Codephase führen, als zeitgewichtete Einzelereignisse aufzusummieren.

$$\mathbf{E}\,[\,T_{acq}\,] = \sum_{k,j,n} T_r(k, j, n) \cdot P_r(k, j, n) = \qquad\qquad (6.14a)$$

$$= \frac{1}{N_c} \sum_{k=1}^{N_c} \sum_{j=0}^{\infty} \sum_{n=0}^{N_{nr}} \Big[(k + jN_c)\Delta t_i + n T_{fa} \Big] \cdot$$

$$\cdot \binom{N_{nr}}{n} P_{fa}^{\,n} (1 - P_{fa})^{(N_{nr}-n)} P_D (1 - P_D)^j = \qquad\qquad (6.14b)$$

$$= \frac{1}{N_c} \left\{ \sum_{k=1}^{N_c} \sum_{j=0}^{\infty} (k + jN_c)\Delta t_i \underbrace{\left[\sum_{n=0}^{N_{nr}} \binom{N_{nr}}{n} P_{fa}^{\,n} (1 - P_{fa})^{(N_{nr}-n)} \right]}_{1} \cdot \right.$$

$$\qquad\qquad\qquad\qquad\qquad\qquad\qquad\qquad\qquad\qquad (6.14c)$$

$$\cdot P_D (1 - P_D)^j + \qquad\qquad\qquad\qquad\qquad\qquad (6.14d)$$

$$\left. + T_{fa} \underbrace{\left[\sum_{n=0}^{N_{nr}} n \binom{N_{nr}}{n} P_{fa}^{\,n} (1 - P_{fa})^{(N_{nr}-n)} \right]}_{N_{nr} P_{fa}} P_D (1 - P_D)^j \right\} = $$

$$\qquad\qquad\qquad\qquad\qquad\qquad\qquad\qquad\qquad\qquad (6.14e)$$

$$= \frac{1}{N_c} \sum_{k=1}^{N_c} \sum_{j=0}^{\infty} \Big[(k + jN_c)\Delta t_i + N_{nr} T_{fa} P_{fa} \Big] P_D (1 - P_D)^j = \qquad (6.14f)$$

$$= \frac{1}{N_c} \sum_{k=1}^{N_c} \sum_{j=0}^{\infty} \Big[(k + jN_c)\Delta t_i + (k - 1 + j(N_c - 1))T_{fa} P_{fa} \Big] P_D (1 - P_D)^j$$

$$\qquad\qquad\qquad\qquad\qquad\qquad\qquad\qquad\qquad\qquad (6.14g)$$

In (6.14b) wurden die Ergebnisse aus (6.8) und (6.13) eingesetzt. In (6.14c) und (6.14d) wurde (D.1b) mit $p = P_{fa}$ und $q = (1 - P_{fa})$ verwendet. In (6.14e) erkennt man den Mittelwert der Binomialverteilung (D.2c) und in (6.14f) wurde N_{nr} aus (6.7) eingesetzt. Jetzt wird der eckige Klammerausdruck so zusammengefaßt, daß jene Zellen welche nicht die richtige Codephase enthalten mit der Zeit $T' = \Delta t_i + T_{fa} P_{fa}$ (Die im Mittel benötigte Zeit um eine *falsche* Zelle zu prüfen) gewichtet werden.

$$k\Delta t_i + jN_c\Delta t_i + kT_{fa}P_{fa} - T_{fa}P_{fa} + jN_cT_{fa}P_{fa} - jT_{fa}P_{fa} =$$

$$= k\underbrace{(\Delta t_i + T_{fa}P_{fa})}_{T'} + j(N_c\Delta t_i + N_cT_{fa}P_{fa} - T_{fa}P_{fa}) - T_{fa}P_{fa}\underbrace{+\Delta t_i - \Delta t_i}_{\text{erweitert}} =$$

$$= (k-1)T' + \Delta t_i(jN_c + 1) + jT_{fa}P_{fa}(N_c - 1) =$$

$$= (k-1)T' + j(N_c - 1)(T_{fa}P_{fa} + \underbrace{\Delta t_i) - j(N_c - 1)\Delta t_i}_{\text{erweitert}} + \Delta t_i(jN_c + 1) =$$

$$= (k-1)T' + j(N_c - 1)T' + (j + 1)\Delta t_i \tag{6.15}$$

Mit (6.15) in (6.14g) eingesetzt folgt:

$$\mathbf{E}[T_{acq}] = \frac{1}{N_c}\sum_{k=1}^{N_c}\sum_{j=0}^{\infty}\left[\overbrace{(k-1)}^{\substack{\text{falsche}\\\text{Zellen}}}T' + \overbrace{j(N_c - 1)}^{\substack{\text{falsche}\\\text{Zellen}}}T' + \overbrace{(j+1)}^{\substack{\text{richtige}\\\text{Zellen}}}\Delta t_i\right]P_D(1 - P_D)^j \tag{6.16}$$

$$\mathbf{E}[T_{acq}] = \frac{P_D}{N_c}\left\{T'\sum_{k=1}^{N_c}\sum_{j=0}^{\infty}\underbrace{(k-1)(1 - P_D)^j}_{k(1-P_D)^j - (1-P_D)^j} + T'(N_c - 1)\sum_{j=0}^{\infty}(1 - P_D)^j + \right.$$

$$\left. +\Delta t_i\sum_{j=0}^{\infty}\underbrace{(j + 1)(1 - P_D)^j}_{j(1-P_D)^j + (1-P_D)^j}\right\} =$$

$$= \frac{P_D}{N_c}\left\{T'\left[\underbrace{\sum_{k=1}^{N_c}k}_{\frac{N_c(N_c+1)}{2}}\cdot\underbrace{\sum_{j=0}^{\infty}(1 - P_D)^j}_{\frac{1}{P_D}} - \underbrace{\sum_{j=0}^{\infty}(1 - P_D)^j}_{\frac{1}{P_D}}\right] + \right.$$

$$+T'(N_c - 1)\underbrace{\sum_{j=0}^{\infty}j(1 - P_D)^j}_{\frac{1-P_D}{P_D^2}} +$$

$$\left. +\Delta t_i\left[\underbrace{\sum_{j=0}^{\infty}j(1 - P_D)^j}_{\frac{1-P_D}{P_D^2}} + \underbrace{\sum_{j=0}^{\infty}(1 - P_D)^j}_{\frac{1}{P_D}}\right]\right\} =$$

$$= T'\left[\frac{N_c + 1}{2} - \frac{1}{N_c} + \frac{(N_c - 1)}{N_cP_D}(1 - P_D)\right] + \Delta t_i\frac{1}{N_cP_D} =$$

$$= (N_c - 1)\left[\frac{N_cP_D + 2}{2N_cP_D}\right]T' + \frac{1}{N_cP_D}\Delta t_i \tag{6.17}$$

$$\boxed{\mathbf{E}\left[T_{acq}\right] = (N_c - 1)\left[\frac{N_c P_D + 2}{2 N_c P_D}\right] T' + \frac{1}{N_c P_D}\Delta t_i}$$

$$(6.18)$$

Die mittleren Synchronisationszeiten, dargestellt in Abb.6.10 und Abb.6.11 wurden mit (6.19) gezeichnet. Dazu wurde (6.18) wie folgt modifiziert: $T' = T_D + T_{fa} \cdot P_{fa} = T_D(1 + \xi \cdot P_{fa})$ und $\Delta t_i = T_D$.

$$\frac{\mathbf{E}\left[T_{acq}\right]}{\Delta t_i} = (N_c - 1)\left[\frac{N_c P_D + 2}{2 N_c P_D}\right] \cdot (1 + \xi \cdot P_{fa}) + \frac{1}{N_c P_D} \tag{6.19}$$

Für sicheres Erkennen, beim ersten Auftreten der Codephase ist zu erwarten, daß etwa die halbe Anzahl an Unsicherheitszellen durchsucht werden muß. Diese Kontrollrechnung lautet:

$$\frac{\mathbf{E}\left[T_{acq}\right]}{\Delta t_i} = \underbrace{(N_c - 1)\left[\frac{N_c + 2}{2 N_c}\right]}_{\approx N_c/2} + \underbrace{\frac{1}{N_c}}_{\approx 0} \qquad \text{wenn: } P_{fa} = 0, P_D = 1. \tag{6.20}$$

Die Gleichung (6.19) entspricht einer Geradengleichung in Abhängigkeit von P_{fa}. Dies wird durch die Geradenscharen in den Abb.6.10 und Abb.6.11 mit dem Scharparameter P_D bestätigt.

BEISPIEL 6.1 (GROBSYNCHRONISATION) *Wie lange dauert im Mittel die Synchronisation, wenn das empfangene Signal ungestört ist, und wie stark streut die Synchronisationszeit ?*

Im ungestörten Fall ist die Detektionswahrscheinlichkeit $P_D = 1$ und $P_{fa} = 0$. Die Synchronisationszeit ist nur abhängig vom Anfangspunkt IP innerhalb des Unsicherheitsintervalls. Dieser ist aber mangels von a priori Information gleichverteilt im Intervall. Die mittlere Synchronisationszeit (6.21) ist eine gleichverteilte Zufallsvariable (6.22) mit den Erwartungswerten in (6.23) und (6.24).

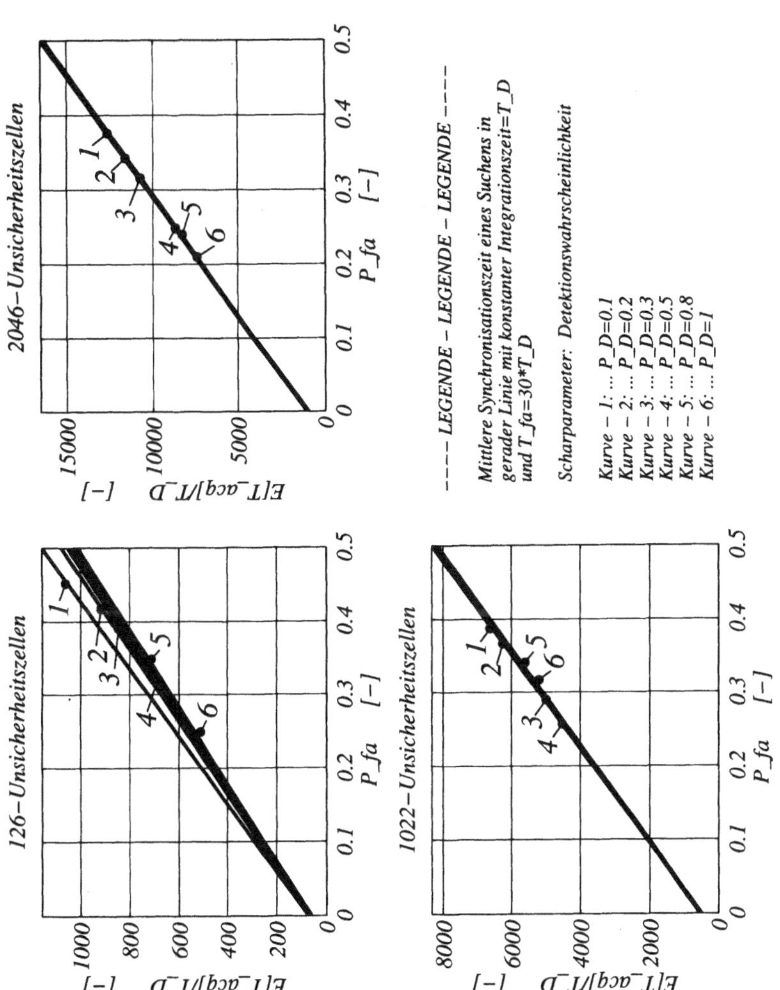

Abbildung 6.10: Serielles Suchen in gerader Linie: Mittlere Synchronisationszeit bezogen auf die Datenbitdauer in Abhängigkeit von der Gesamtzahl der Zellen im Unsicherheitsintervall N_c, der Detektionswahrscheinlichkeit P_D, der Falschalarmwahrscheinlichkeit P_{fa}, der Integrationsdauer $\Delta t_i = T_D$ und ξ.

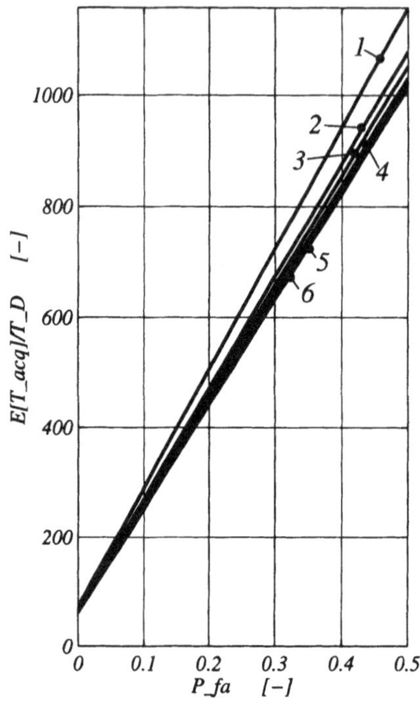

Abbildung 6.11: Serielles Suchen in gerader Linie: Mittlere Synchronisationszeit bezogen auf die Datenbitdauer in Abhängigkeit von der Gesamtzahl der Zellen im Unsicherheitsintervall N_c, der Detektionswahrscheinlichkeit P_D, der Falschalarmwahrscheinlichkeit P_{fa}, der Integrationsdauer $\Delta t_i = T_D$ und ξ.

$$T[k] = k \cdot \Delta t_i \tag{6.21}$$

$$\mathbf{Pr}[\,k\,] = \frac{1}{N_c}. \tag{6.22}$$

$$\mathbf{E}[T_{acq}] = \sum_{k=1}^{N_c} T[k] \cdot \mathbf{Pr}[\,k\,] = \frac{\Delta t_i}{N_c} \sum_{k=1}^{N_c} k = \frac{\Delta t_i}{2}(N_c + 1) \tag{6.23}$$

$$\mathbf{E}\left[T_{acq}^{\,2}\right] = \sum_{k=1}^{N_c} T^2[k] \cdot \mathbf{Pr}[\,k\,] = \frac{\Delta t_i^{\,2}}{N_c} \sum_{k=1}^{N_c} k^2 = \tag{6.24}$$

$$= \frac{\Delta t_i^{\,2}}{N_c} \frac{(N_c + 1)(2N_c + 1)}{6} = \frac{\Delta t_i^{\,2}}{6}(2N_c^{\,2} + 2N_c + 1). \tag{6.25}$$

Mit (6.23) und (6.24) ergibt sich die Varianz in (6.26) und die Standardabweichung (Streuung) in (6.28).

$$\mathbf{Var}\,[\,T_{acq}\,] \;=\; \boldsymbol{E}\,[\,T_{acq}^{\,2}\,] - (\boldsymbol{E}\,[\,T_{acq}\,])^2 = \tag{6.26}$$

$$= \frac{N_c^{\,2}\cdot\Delta t_i^{\,2}}{12} \tag{6.27}$$

$$\sigma(T_{acq}) = \sqrt{\mathbf{Var}\,[\,T_{acq}\,]} \approx 0.3\cdot N_c\Delta t_i \tag{6.28}$$

Wie zu erwarten war, für eine gleichverteilte Zufallsvariable, liegt der Anfangspunkt in der Mitte des Unsicherheitsintervalls und führt auf eine mittlere Synchronisationszeit entsprechend dem arithmetischen Mittel aus minimaler (min$\{T_{acq}\} = \Delta t_i$) und maximaler Synchronisationszeit (max$\{T_{acq}\} = (N_c - 1)\Delta t_i$).

$$\boldsymbol{E}\,[\,T_{acq}\,] = \frac{1}{2}\Big[\max\{T_{acq}\} + \min\{T_{acq}\}\Big] = \frac{N_c}{2}\Delta t_i \tag{6.29}$$

6.3 RASE - Rapid Acquisition by Sequential Estimation

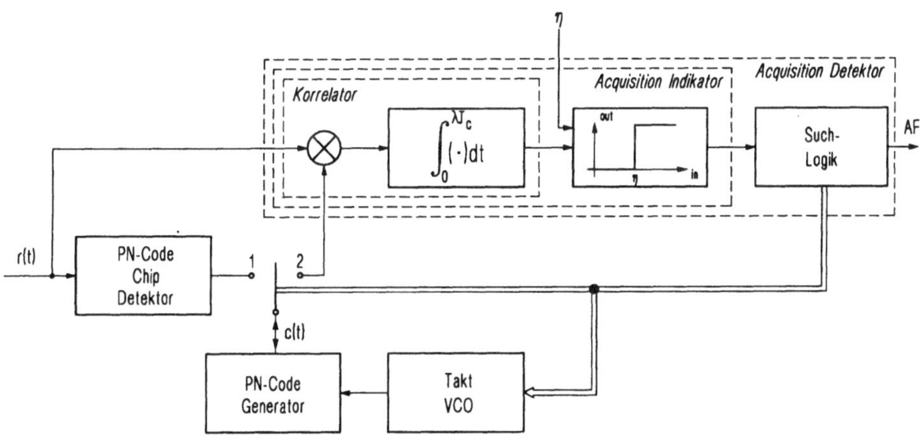

Abbildung 6.12: RASE.

Um die richtige Codephase schnell zu finden, wird der Anfangszustand (e) des Codegenerators aus dem empfangenen Signal geschätzt. Damit wird der Codegenerator geladen und der Spread-Spectrum Code erzeugt. Alles weitere läuft so wie beim Serial-Search Verfahren ab (Korrelieren $\longrightarrow$ Vergleich mit Schwellwert $\longrightarrow$ Suchsteuerung schaltet Schalter S (In Stellung 1 wenn Korrelationsergebnis die Schwelle nicht überschreitet, sonst Stellung 2)).

Zusammenfassung: (Schalter in Stellung 1) Anfangszustand des Codegenerators aus dem empfangenen Signal schätzen $\longrightarrow$ (Schalter in Stellung 2) Code erzeugen und korrelieren $\longrightarrow$ Vergleich mit Schwellwert $\longrightarrow$ Suchsteuerung schaltet Schalter S in Stellung 1 wenn Korrelationsergebnis die Schwelle nicht überschreitet, sonst in Stellung 2.

6.4 Feinsynchronisation

Wenn die Grobsynchronisation abgeschlossen ist, stimmen die Phase des Codes im empfangenen Signal mit dem lokal erzeugten Code, bis auf eine Unsicherheit von $\pm\frac{T_c}{2}$ überein. Jetzt beginnt die Nachführphase, in welcher die Spread-Spectrum Signale zur vollständigen Übereinstimmung gebracht werden. Stimmen die Codephasen der beiden Codes überein, so befindet man sich dann in der Spitze der PAKF. Das Nachführen wird mit Rückführschleifen (Tracking Loops - Regelkreis) erreicht [Lindsey72, Lindsey73, Baier84].

6.4.1 Nichtkohärente Delay Locked Loop

Die *Delay Locked Loop* (DLL) oder *Full-Time Early-Late Tracking-Loop* erzeugt zwei Spread-Spectrum Signale $c(t + T_c/2 + \tau)$ und $c(t - T_c/2 + \tau)$ welche eine Zeitverschiebung von einer Chipdauer T_c zueinander aufweisen.

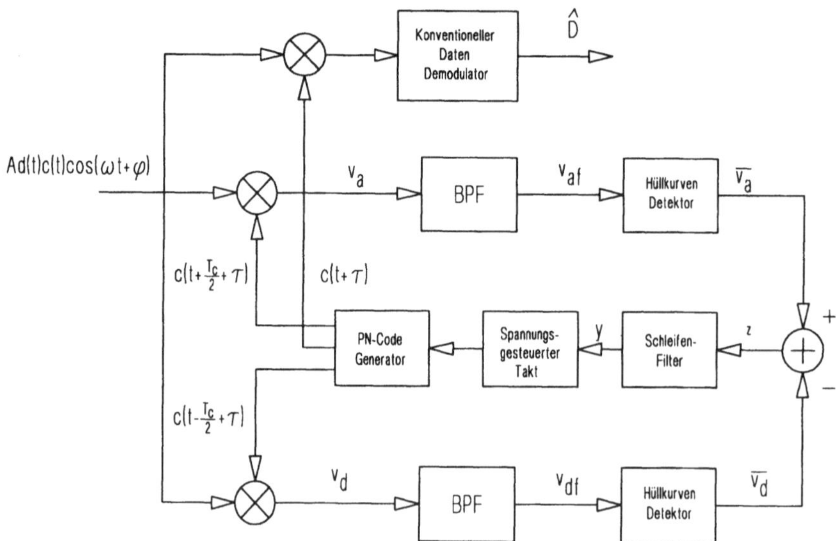

Abbildung 6.13: Delay Locked Loop.

Die verzögerte und vorlaufende Kurvenform in den gleich aufgebauten Armen sind:

$$v_d = A\, c(t)\, c\left(t - \frac{T_c}{2} + \tau\right)\, d(t)\, \cos(\omega_0 t + \varphi) \tag{6.30}$$

$$v_a = A\, c(t)\, c\left(t + \frac{T_c}{2} + \tau\right)\, d(t)\, \cos(\omega_0 t + \varphi) \tag{6.31}$$

Diese Signale durchlaufen zwei indentische Bandpaßfilter welche eine Bandbreite von $B = 2B_D$ haben. Weil die Datenbandbreite B_D wesentlich kleiner als die Chipbandbreite B_C ist passiert das Datensignal $d(t)$ das Bandpaßfilter ungehindert, jedoch von $c(t)c(t - T_c/2 + \tau)$ nur der Mittelwert, die PAKF=$\phi_{cc}\,(\tau)$.

$$v_{df} = A \cdot \overbrace{\mathbf{E}\left[c(t)\, c\left(t - \frac{T_c}{2} + \tau\right)\right]}^{\phi_{cc}\left(\tau - \frac{T_c}{2}\right)} \cdot d(t)\, \cos(\omega_0 t + \varphi) \tag{6.32}$$

$$v_{af} = A \cdot \underbrace{\mathbf{E}\left[c(t)\, c\left(t + \frac{T_c}{2} + \tau\right)\right]}_{\phi_{cc}\left(\tau + \frac{T_c}{2}\right)} \cdot d(t)\, \cos(\omega_0 t + \varphi) \tag{6.33}$$

Der Quadratische Detektor gewinnt die Daten $d(t)$, indem er die Einhüllende von v_{af} und v_{df} extrahiert.

$$\overline{v_d} = \phi_{cc}\left(\tau - \frac{T_c}{2}\right) \tag{6.34}$$

$$\overline{v_a} = \phi_{cc}\left(\tau + \frac{T_c}{2}\right) \tag{6.35}$$

Das Tiefpaßfilter filtert so viel Rauschanteil als möglich weg. Die Eingangsspannung des spannungsgesteuerten Takts[7] ist:

$$y = \overline{v_d} - \overline{v_a} \tag{6.36}$$

---

[7]Voltage Controlled Clock ... Spannungsgesteuerter Takt

Dieses Signal ist ein Fehlersignal für die Übereinstimmung der Phase und tendiert zu
Null. Die Delay-Charakteristik $D(\tau)$ in Abb.6.14, erhält man ganz allgemein durch:

$$D(\tau) = z(t)|_{n(t)=0} = A \cdot \left[\left|\phi_{cc}\left(\tau + \frac{T_c}{2}\right)\right| - \left|\phi_{cc}\left(\tau - \frac{T_c}{2}\right)\right|\right]$$

(6.37)

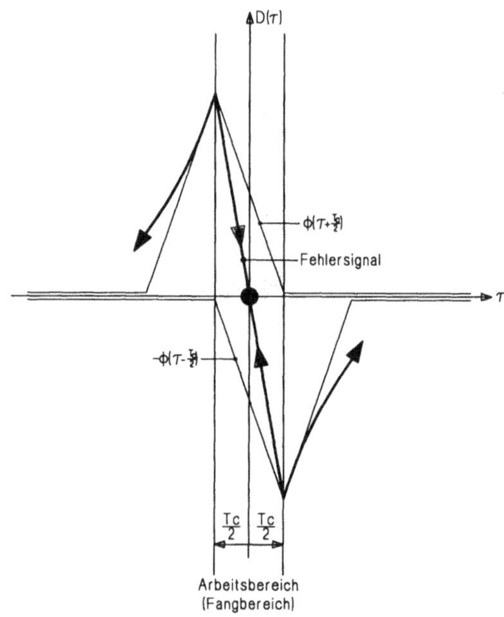

Abbildung 6.14: Fehlersignal der Delay Locked Loop.

Der Nachteil der DLL ist, daß die beiden Korrelatorarme ident aufgebaut sein müssen.
Ist dies nicht der Fall so bleibt ein statischer Fehler (Nullpunktsfehler) bestehen.

6.4.2 Tau-Dither Loop

In der *Tau-Dither Loop* (TDL) oder *Time-Shared Early-Late Tracking Loop* tritt kein
Nullpunktsfehler auf. Der Grund liegt darin, daß sie nur einen Korrelator verwendet.
Die Arbeitsweise der TDL ist folgende: Es wird während der Korrelation, gesteuert
von zwei Signalen $q_1(t)$ und $q_2(t)$ zwischen dem vor- und nachlaufenden Codesignal
$c(t+\tau+\tau_d)$, $c(t+\tau-\tau_d)$ hin- und hergeschaltet. Wegen des Hin- und Herschaltens ist
im Vergleich zur DLL immer nur die halbe Signalleistung im Einsatz. Daraus ergibt
sich der Nachteil der TDL. Sie benötigt für die gleiche Leistungsfähigkeit um 3 dB
mehr Signalleistung als die DLL. Die Umschaltdauer $T_{dit} >> T_c$. Damit eine Mittelwertbildung eintritt, muß die Bandbreite des Schleifenfilters im Vergleich zur Um-
schaltfrequenz $1/T_{dit}$ klein sein. Damit folgt, daß die Delay-Charakteristik von DLL

und TDL gleich sind. Dem Schleifenfilter wird synchron mit den Umschaltsignalen $q_1(t)$ und $q_2(t)$ das Signal $q(t)$ zugeführt. Damit werden die zwei Korrelatorarme der DLL angeregt.

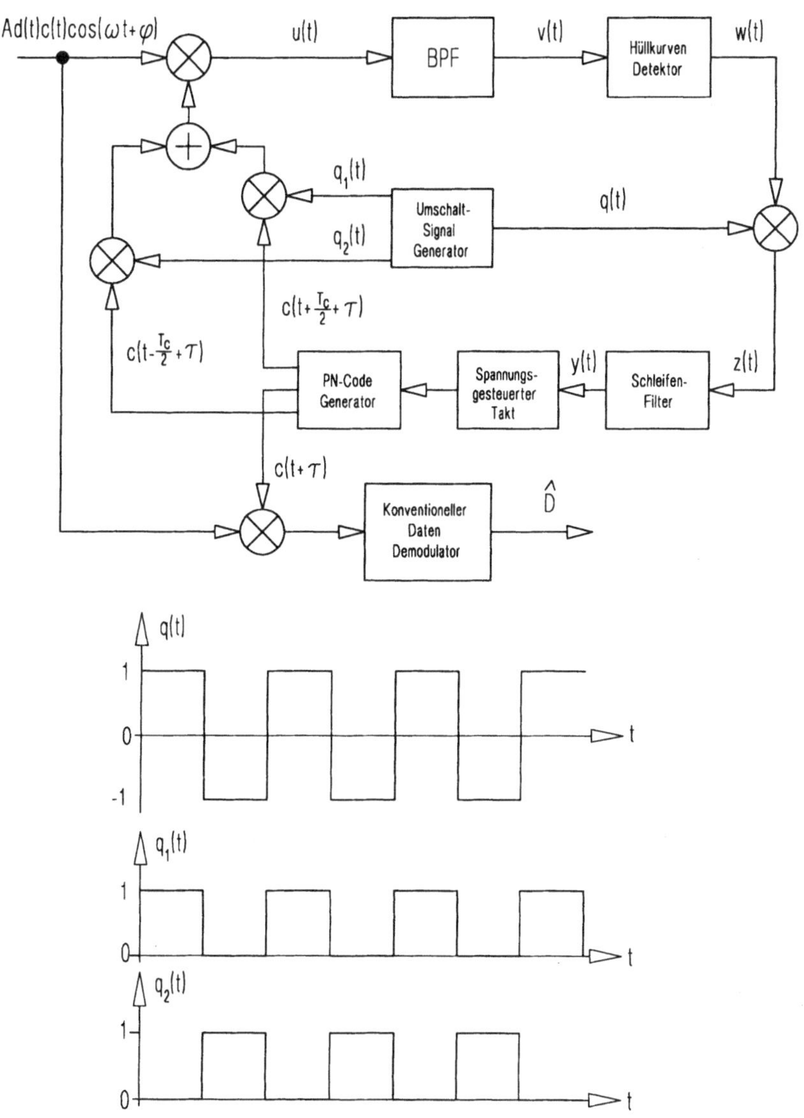

Abbildung 6.15: Feinsynchronisation: Blockschaltbild - Tau-Dither Loop.

Ergänzende Literatur

Die beiden besten Bücher, im Zusammenhang mit Synchronisation im Allgemeinen, sind die Bücher von Prof. Lindsey [Lindsey72, Lindsey73]. Als Papst der Spread-Spectrum Synchronisation ist Prof. Polydoros zu bezeichnen, zu seine wichtigsten Arbeiten zählen [Polydoros84/1, Polydoros84/2].

6.4.3   Synchronisation mit Matched-Filter

Ein passives Matched-Filter benötigt keine Synchronisation im Sinne wie es der aktive Korrelator benötigt. Im Matched-Filter entspricht die Datendetektion dem Vorgang der Grobsynchronisation. Ein Feinsynchronisation gibt es nicht. Den Vorteil auf die Synchronisation verzichten zu können, erkauft man sich durch ein, im Vergleich zum Korrelator, komplexes Matched-Filter.

Kapitel 7

Entwurf von Spread-Spectrum Verbindungen

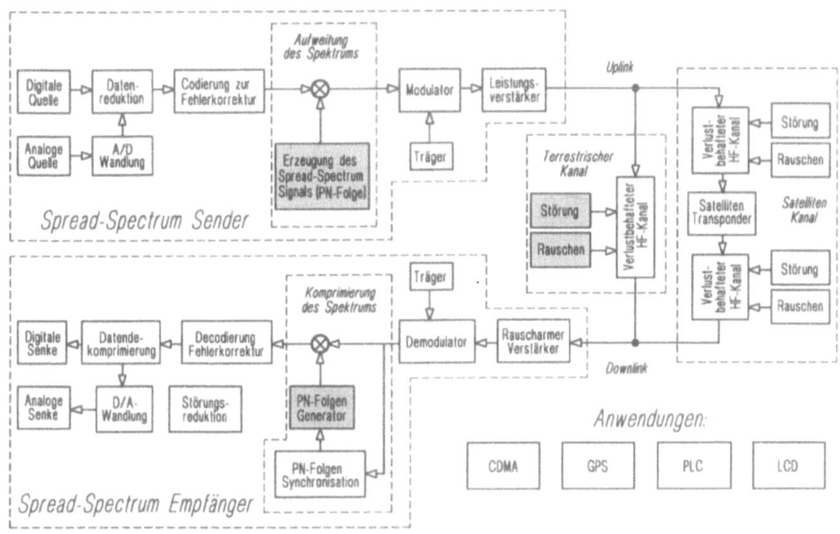

Abbildung 7.1: Grundstruktur des Spread-Spectrum Systems.

Man unterscheidet zwischen *Punkt-zu-Punkt* $(P \to P)$, *Punkt-zu-Mehrpunkt* $(P \to M)$ und *Mehrpunkt-zu-Punkt* $(M \to P)$ Verbindung und zwischen Modulation in der *Chipebene* und in der *Datenbitebene*.

Für die *Chipebene* kommen alle digitalen Modulationsverfahren und Basisbandübertragungsverfahren in Frage.

In der *Datenbitebene* muß man zwischen $P \to P$ und $P \to M, M \to P$ Verbindung unterscheiden. Für die $P \to P$ Verbindung kann das Datenbit durch ein Spread-Spectrum Signal dargestellt werden (bipolar, unipolar) oder durch zwei orthogonale Spread-Spectrum Signale. Für die $P \to M$ und $M \to P$ Verbindung wird jedem Teilnehmer ein eigenes Signal zugeordnet (**CDMA**) und die Übertragung kann bei willkürlichem (parallelem) Kanalzugriff nur orthogonal erfolgen oder bei seriellem Kanalzugriff mit nur einem Code bipolar.

Die Abb.7.2 zeigt die wesentlichen Merkmale, welche beim Entwurf einer Spread-Spectrum Verbindung zu berücksichtigen sind. Der Kanal wird üblicherweise durch seine spektrale Leistungsdichte beschrieben. Dazu passend wählt man ein Kanalmodell, welches der Modellierung der Nachrichtenverbindung zugrunde gelegt wird. Weiters muß geklärt sein, ob Signalschwunderscheinungen auftreten oder ob der Kanal

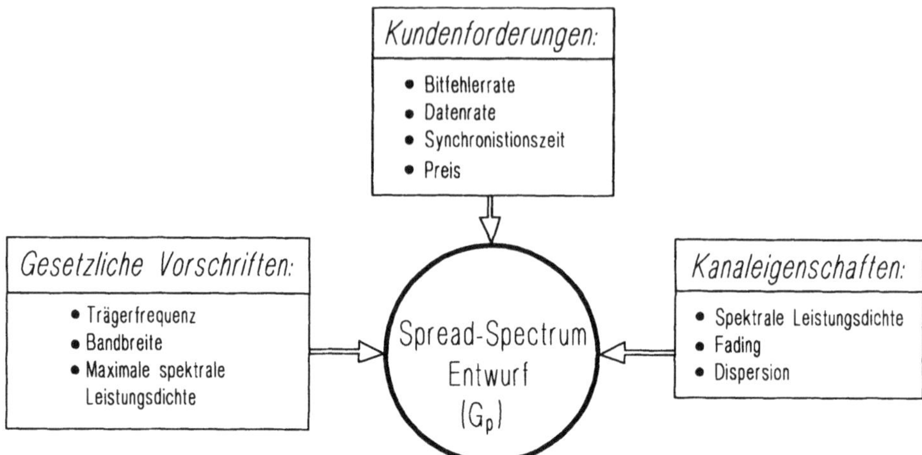

Abbildung 7.2: Überblick: Spread-Spectrum Entwurf.

dispersiv ist. Hat man das passende Kanalmodell gefunden, so wird mit der zugewiesenen Kanalbandbreite und der vom Kunden geforderten Datenrate der maximal erreichbare Prozeßgewinn berechnet und die sich damit ergebende minimale Bitfehlerrate bestimmt. Anschließend wird geprüft, ob die minimal erreichbare Bitfehlerrate kleiner ist als die vom Kunden geforderte Bitfehlerrate. Ist diese wichtige Bedingung erfüllt, so wird geprüft ob die anderen Bedingungen eingehalten werden, wie: (1) Ist die spektrale Leistungsdichte kleiner als die gesetzlich vorgeschrieben, (2) Werden die Bedingungen für Nachbarkanalstörungen eingehalten, und viele mehr. Reicht der Prozeßgewinn nicht aus, so muß man über Codierung oder Störungsreduktionsverfahren, wie Nichtlinearitäten nachdenken.

7.1 Direct-Sequence Spread-Spectrum Übertragung

Vom Kunden ist eine bestimmte digitale Datenquelle (Datenrate R_D, Format) vorgegeben. Weiters muß der Übertragungskanal mit den zu erwartenden Störungen bekannt sein.

Wird ein bestehendes konventionelles digitales Übertragungsverfahren auf eine Spread-Spectrum Übertragung umgerüstet[1], so ist nach Abb.E.1 vorzugehen. Im Sender werden die konventionell modulierten Daten (z.B. BPSK) mit der Direct-Sequence Modulation versehen und gesendet. Im Empfänger wird die Direct-Sequence Modulation wieder weggenommen (Synchronisation notwendig) und konventionell digital demo-

---

[1] Gründe dafür könnten sein: Der Kanal wird wesentlich stärker gestört als früher oder es soll das natürliche Diversitätsverhalten der Spread-Spectrum Systeme genutzt werden.

duliert (BPSK-Signal).

Wird ein neues System aufgebaut, so entscheidet man sich sinnvoll für eine korrelative Demodulation, in der die Signalkomprimierung und Datendetektion in einem Schritt ausgeführt wird (Abb.3.8, Abb.3.9).

Im Folgenden, wird eine Abfolge von Abbildungen gezeigt, in welchen das Eingangssignal ($z(t)$) des Datendetektors, als Qualitätsmerkmal herangezogen wird. Dieses ist, für den Korrelationsempfänger, ein Korrelationssignal. Erfolgt die Chipdetektion inkohärent[2], so können die Signalkomponenten quadratisch zusammengeführt werden ($Z = I^2 + Q^2$), oder linear ($Z = \sqrt{I^2 + Q^2}$).

Die Trägerfrequenz liegt auf $f_0 = 70$ MHz. Die Chiprate beträgt 10 MHz und die Länge des Direct-Sequence Signals umfaßt 63 Chips. Für bipolare Datenmodulation wird die m-Folge $[6,1]_s$, mit Anfangszustand $e =[1\ 0\ 1\ 0\ 1\ 0]$, verwendet. Für orthogonale Datenmodulation repräsentiert die m-Folge $[6,1]_s$, mit Anfangszustand $e_1 =[1\ 0\ 1\ 0\ 1\ 0]$ das Datenbit $D = 1$ und die m-Folge $[6,5,2,1]_s$, mit Anfangszustand $e_0 =[1\ 1\ 0\ 1\ 0\ 1]$ das Datenbit $D = 0$. Die gesendete Datenfolge ist $d =[1\ \text{-}1\ 1\ 1\ 1]$.

Das obere Bild zeigt den Zeitverlauf der I/Q-Signale. Diese sind durchgezogen gezeichnet. Damit man die Chipwechsel im gestörten Signal besser erkennt, ist strichliert das ungestörte Direct-Sequence Signal, mit vergrößerter Amplitude, eingezeichnet. Die Winkelverhältnisse bei CW-Störung sind aus Abb.11.6 und (11.5) ersichtlich.

In Tab.7.1 sind die Spread-Spectrum Konfigurationen und Störverhältnisse übersichtlich zusammengefaßt.

Die Abb.7.3 und Abb.7.4 vergleicht die bipolare und orthogonale Modulation in der Datenebene. Die Abb.7.4 ist die ungestörte Variante der Abb.7.14. Die Abb.7.5 und Abb.7.6 unterscheiden sich nur durch quadratische und lineare Detektion. Die Abb.7.8 und Abb.7.10 vergleicht die ungestörte Übertragung mit der in kombinierter Störung. Ebenso die Abb.7.9 und Abb.7.11. Die Abb.7.12 zeigt, die Signale wenn in kombinierter Störung, die Frequenz des Sinusstörer exakt der Trägerfrequenz entspricht.

Das Entscheidungssignal in Abb.7.14 schwankt periodisch. Die Periodendauer, ist verkehrt proportional zum Frequenzabstand zwischen CW-Frequenz und Trägerfrequenz (11.9). Die Datenrate entspricht etwa der CW-Frequenz. Daraus folgt, daß es sich um einen kohärenten Sinusstörer handelt. Als Zahlenwert ergibt sich für die Periodendauer $1/160000 = 0,625 \cdot 10^{-5}$ Sekunden.

---

[2]In den Abbildungen mit nicht kohärent bezeichnet.

Abbildung	Träger-phasen-differenz	Direct-Sequence System					Störung			
		Chip		Daten			AWGN	CW		
		Modulation	Demodulation	Modulation	Demodulation	I/Q	SNR [dB]	SIR [dB]	f_{cw} [MHz]	φ_{cw} [^{o}]
7.3	$0\,^o$	BPSK	Kohärent	Antipodal	PMF	-	-	-	-	-
7.4	$0\,^o$	BPSK	Kohärent	Orthogonal	PMF	-	-	-	-	-
7.5	$30\,^o$	BPSK	Inkohärent	Orthogonal	PMF	L	-	-	-	-
7.6	$30\,^o$	BPSK	Inkohärent	Orthogonal	PMF	Q	-	-	-	-
7.7	$0\,^o$	BPSK	Inkohärent	Antipodal	AK	-	-	-	-	-
7.8	$0\,^o$	BPSK	Kohärent	Orthogonal	AK	-	-	-	-	-
7.9	$30\,^o$	BPSK	Inkohärent	Orthogonal	AK	L	-	-	-	-
7.10	$0\,^o$	BPSK	Kohärent	Orthogonal	AK	-	-3	-10	$1,004 \cdot f_0$	$0\,^o$
7.11	$30\,^o$	BPSK	Inkohärent	Orthogonal	AK	L	-3	-10	$1,004 \cdot f_0$	$0\,^o$
7.12	$30\,^o$	BPSK	Inkohärent	Orthogonal	PMF	L	-3	-10	f_0	$0\,^o$
7.13	$30\,^o$	BPSK	Inkohärent	Orthogonal	PMF	L	-3	-10	$0,9977 \cdot f_0$	$0\,^o$
7.14	$0\,^o$	BPSK	Kohärent	Orthogonal	PMF	-	10	-10	$1,002 \cdot f_0$	$30\,^o$
7.15	$0\,^o$	QPSK	Kohärent	Orthogonal	PMF	-	-	-10	$1,004 \cdot f_0$	$0\,^o$

Tabelle 7.1: Spread-Spectrum Entwürfe. PMF=Passives Matched-Filter, AK=Aktiver Korrelator.

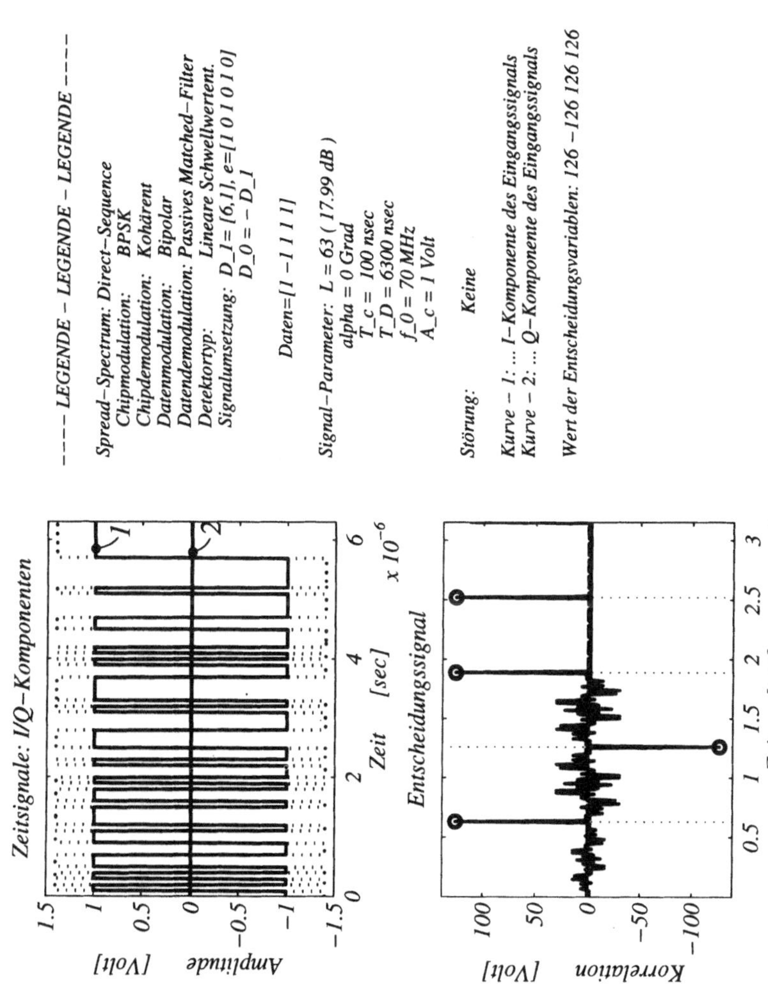

Abbildung 7.3: Ungestörte Direct-Sequence Übertragung mit: a) Chipmodulation: BPSK. b) Chipdemodulation: Kohärent. c) Datenmodulation: Bipolar. d) Datendemodulation: Passives Matched-Filter.

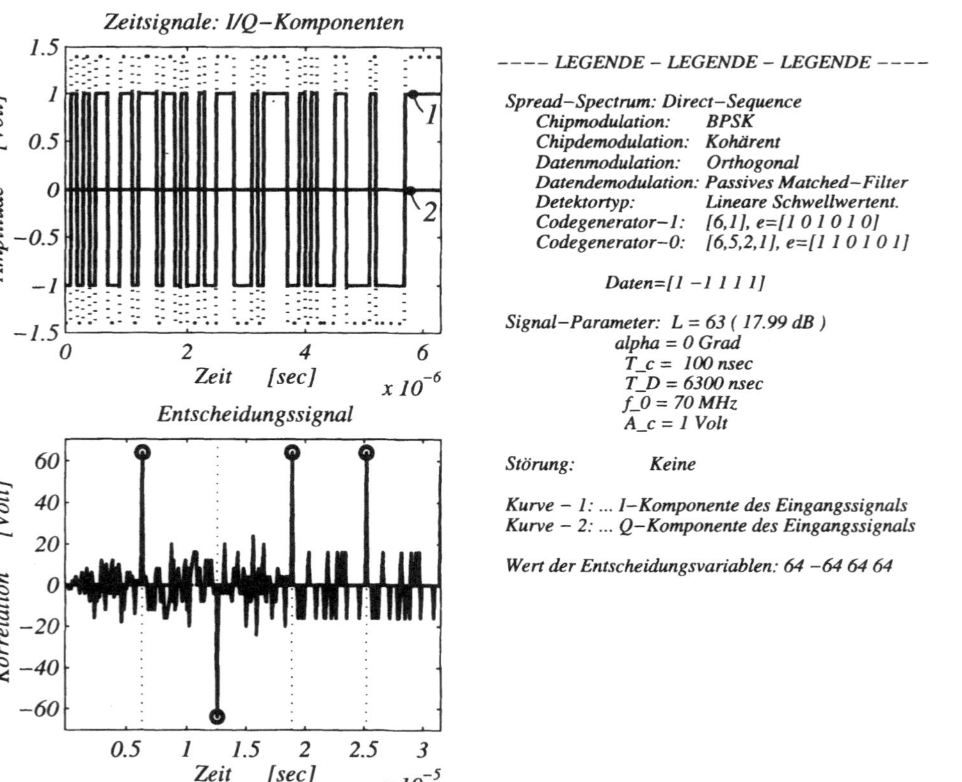

Abbildung 7.4: Ungestörte Direct-Sequence Übertragung mit: a) Chipmodulation: BPSK. b) Chipdemodulation: Kohärent. c) Datenmodulation: Orthogonal. d) Datendemodulation: Passives Matched-Filter.

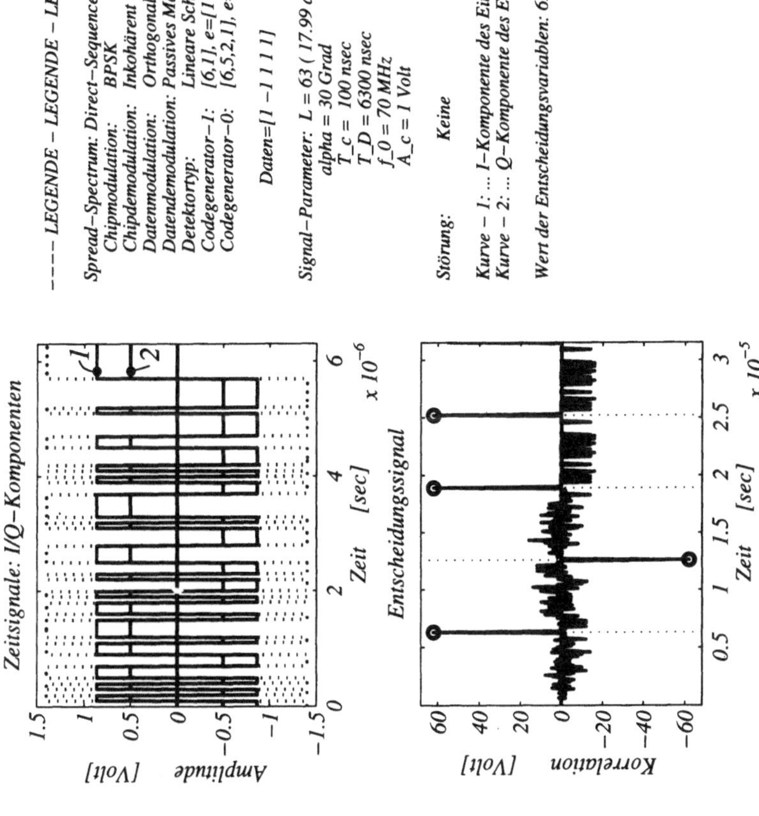

Abbildung 7.5: Ungestörte Direct-Sequence Übertragung mit: a) Chipmodulation: BPSK. b) Chipdemodulation: Inkohärent. c) Datenmodulation: Orthogonal. d) Datendemodulation: Passives Matched-Filter. e) I/Q-Zusammenführung: Linear.

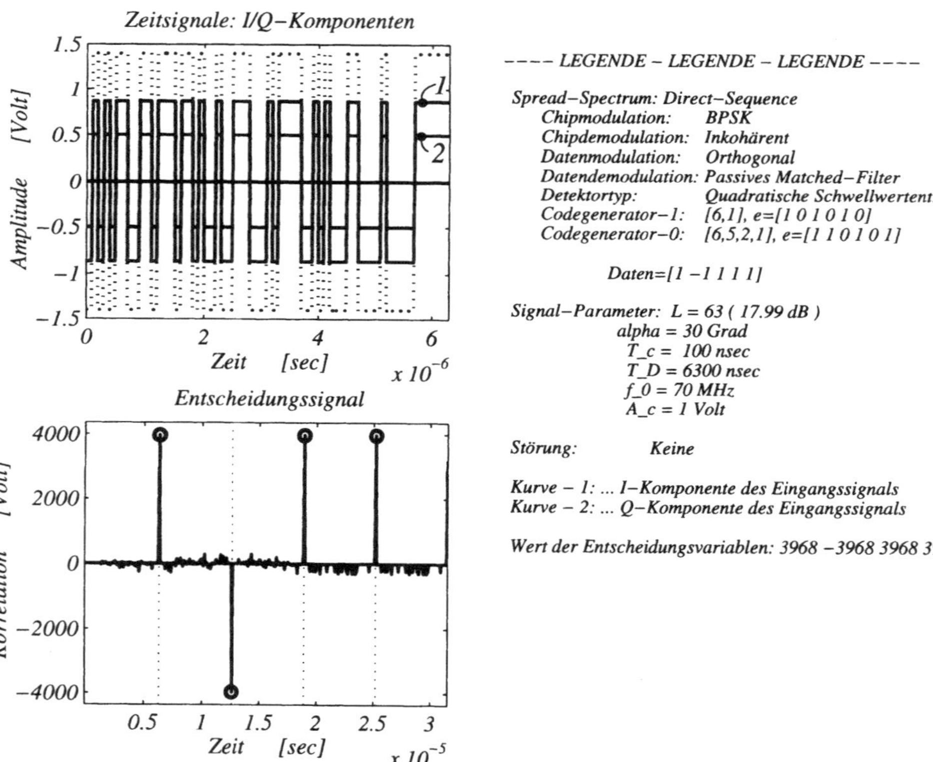

Abbildung 7.6: Ungestörte Direct-Sequence Übertragung mit: a) Chipmodulation: BPSK. b) Chipdemodulation: Inkohärent. c) Datenmodulation: Orthogonal. d) Datendemodulation: Passives Matched-Filter. e) I/Q-Zusammenführung: Quadratisch.

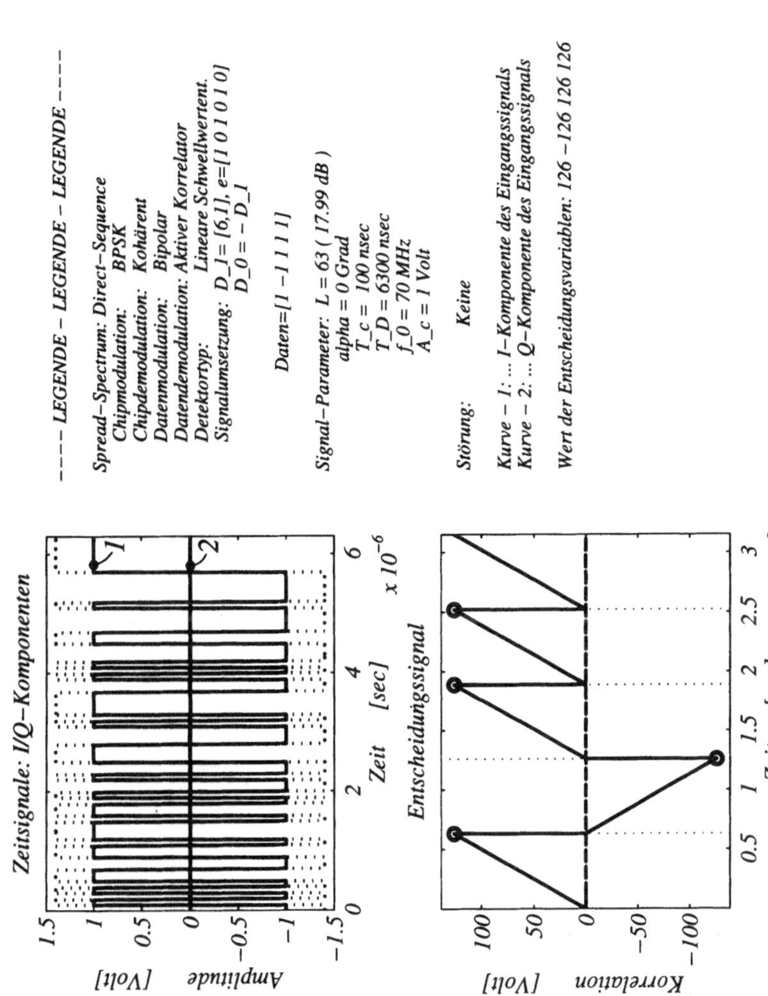

Abbildung 7.7: Ungestörte Direct-Sequence Übertragung mit: a) Chipmodulation: BPSK. b) Chipdemodulation: Kohärent. c) Datenmodulation: Bipolar. d) Datendemodulation: Aktiver Korrelator.

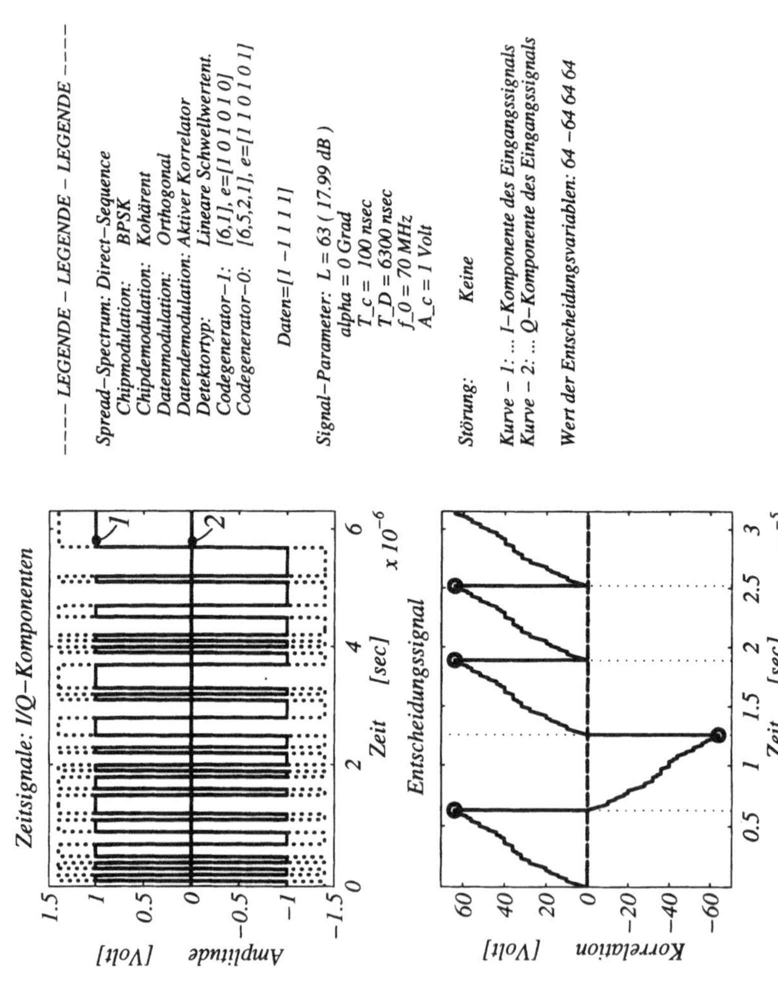

Abbildung 7.8: Ungestörte Direct-Sequence Übertragung mit: a) Chipmodulation: BPSK. b) Chipdemodulation: Kohärent. c) Datenmodulation: Orthogonal. d) Datendemodulation: Aktiver Korrelator.

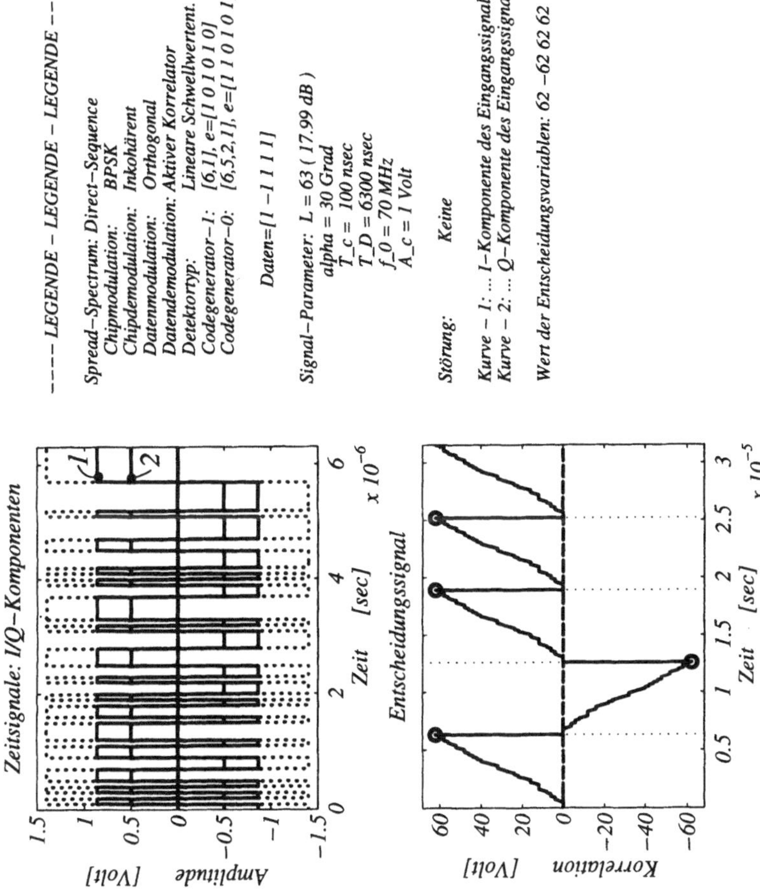

Abbildung 7.9: Ungestörte Direct-Sequence Übertragung mit: a) Chipmodulation: BPSK. b) Chipdemodulation: Inkohärent. c) Datenmodulation: Orthogonal. d) Datendemodulation: Aktiver Korrelator. e) I/Q-Zusammenführung: Linear.

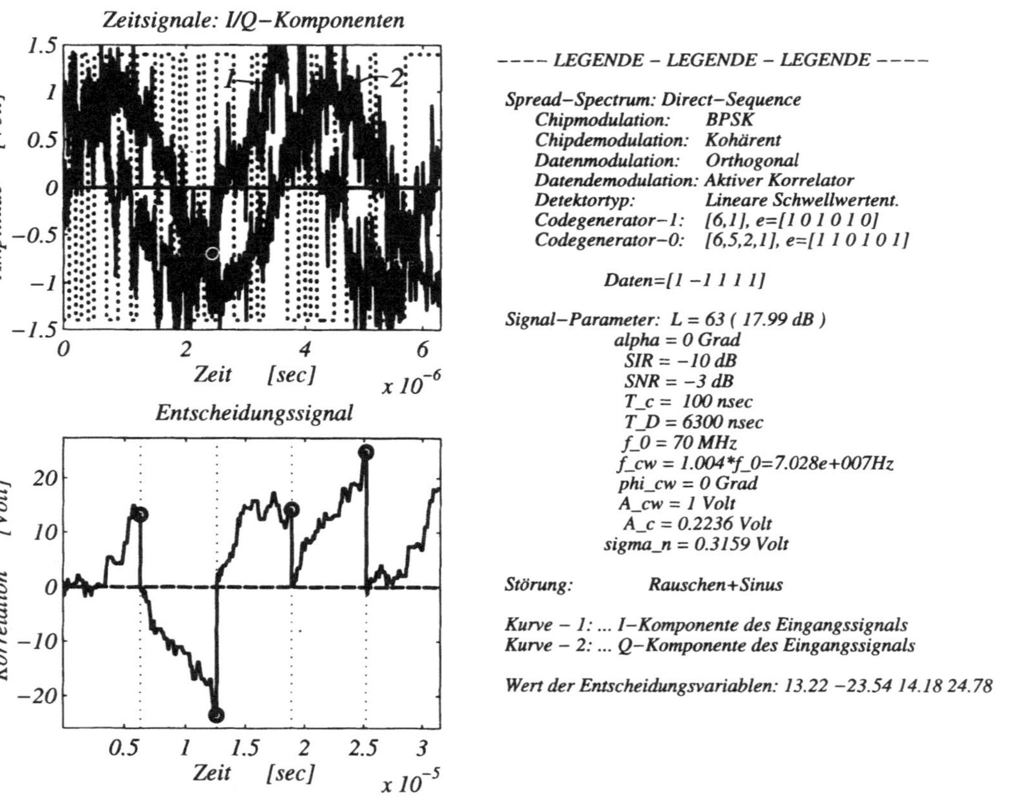

Abbildung 7.10: Direct-Sequence Übertragung in kombinierter Störung: a) Chipmodulation: BPSK. b) Chipdemodulation: Kohärent. c) Datenmodulation: Orthogonal. d) Datendemodulation: Aktiver Korrelator.

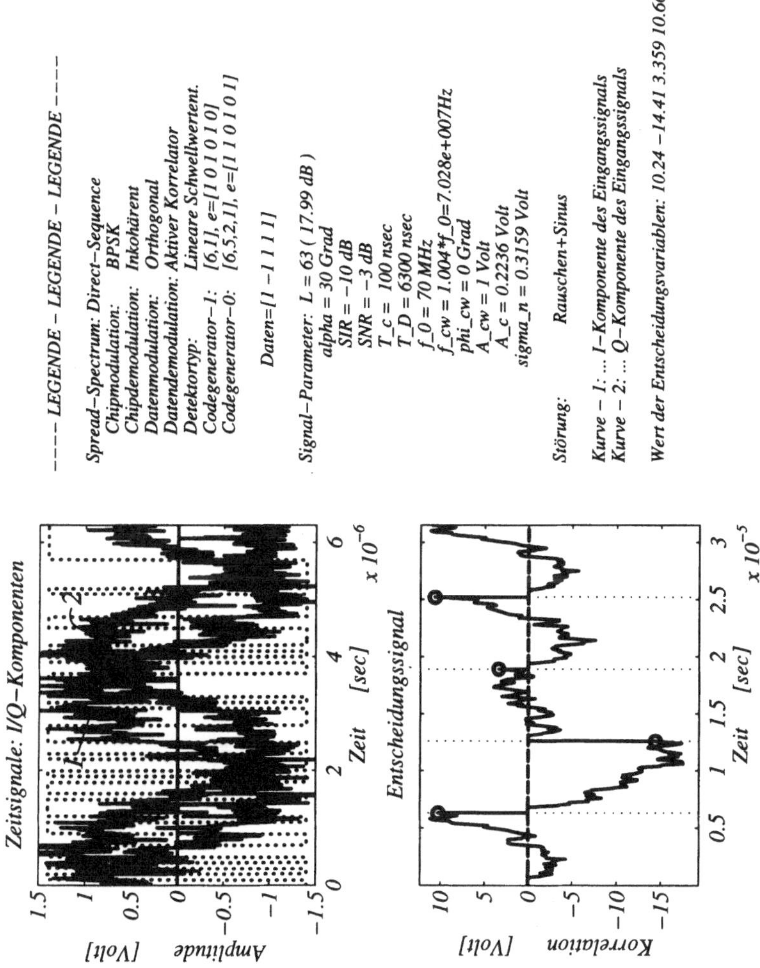

Abbildung 7.11: Direct-Sequence Übertragung in kombinierter Störung: a) Chipmodulation: BPSK. b) Chipdemodulation: Inkohärent. c) Datenmodulation: Orthogonal. d) Datendemodulation: Aktiver Korrelator. e) I/Q-Zusammenführung: Linear.

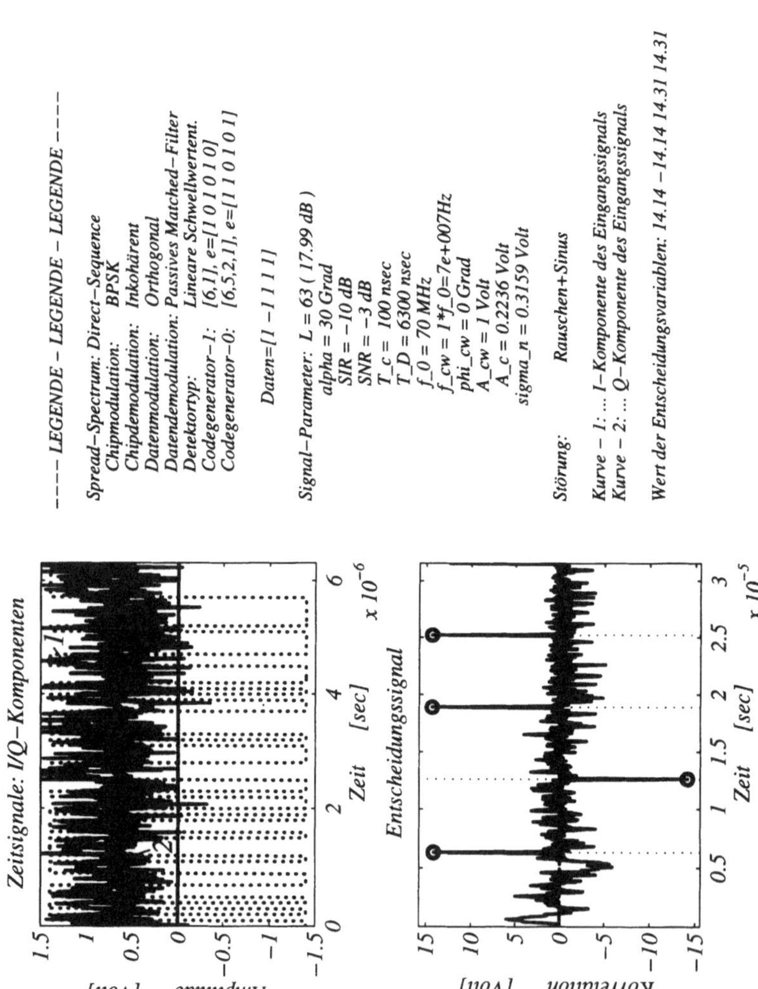

Abbildung 7.12: Direct-Sequence Übertragung in kombinierter Störung: a) Chipmodulation: BPSK. b) Chipdemodulation: Inkohärent. c) Datenmodulation: Orthogonal. d) Datendemodulation: Passives Matched-Filter. e) I/Q-Zusammenführung: Linear.

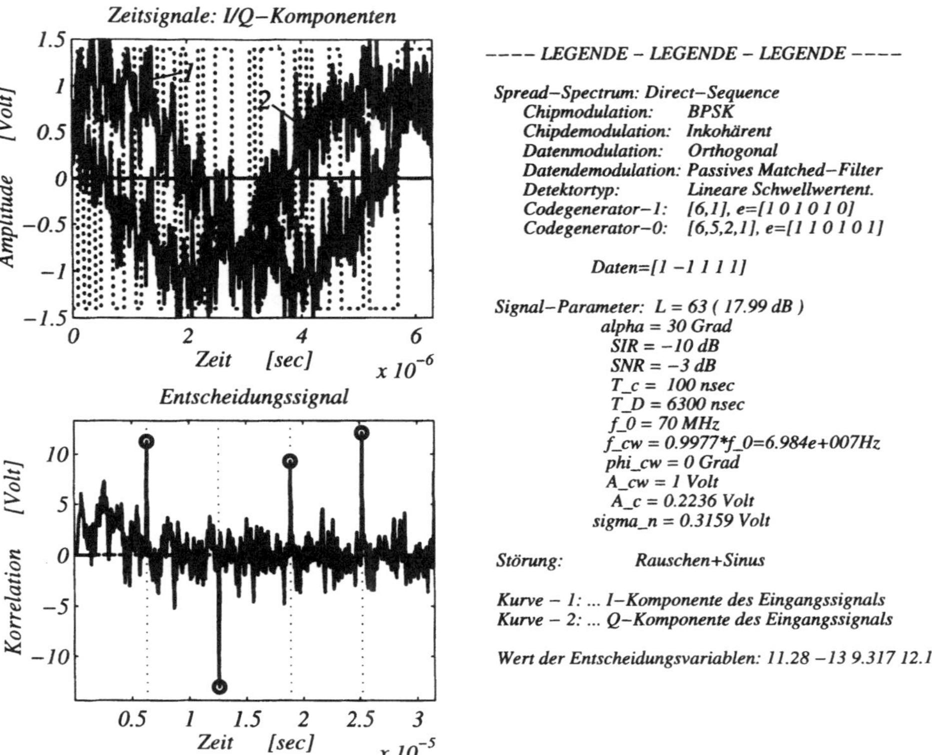

Abbildung 7.13: Direct-Sequence Übertragung in kombinierter Störung: a) Chipmodulation: BPSK. b) Chipdemodulation: Inkohärent. c) Datenmodulation: Orthogonal. d) Datendemodulation: Passives Matched-Filter. e) I/Q-Zusammenführung: Linear.

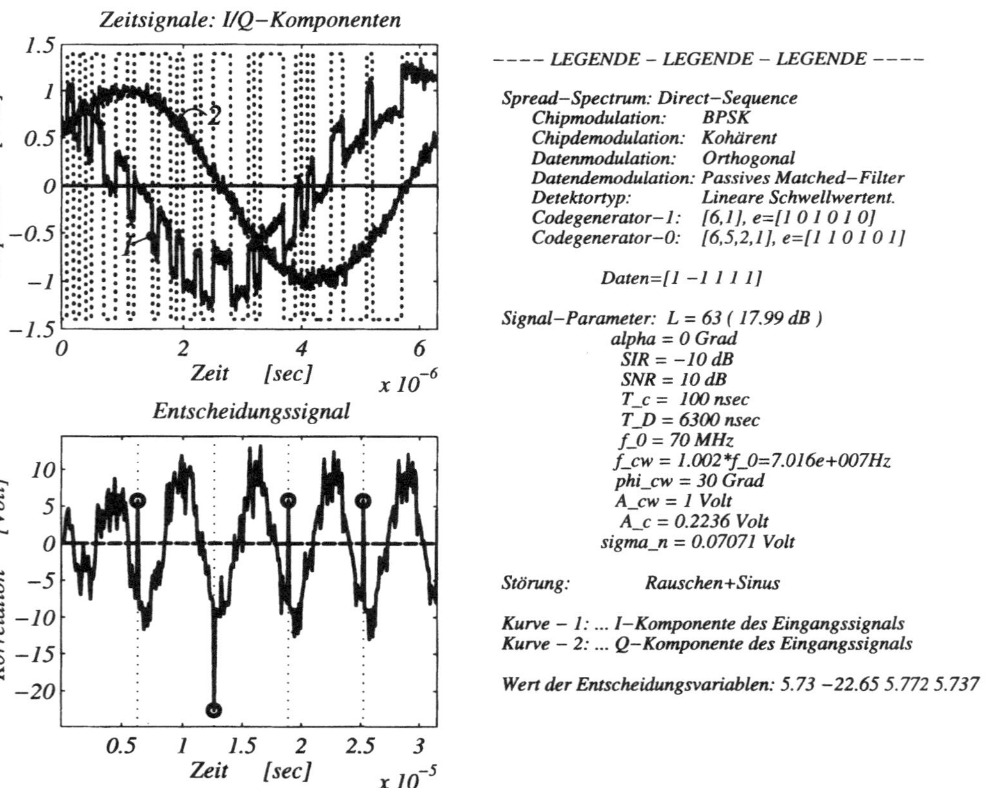

Abbildung 7.14: Direct-Sequence Übertragung in kombinierter Störung: a) Chipmodulation: BPSK. b) Chipdemodulation: Kohärent. b) Datenmodulation: Orthogonal. c) Datendemodulation: Passives Matched-Filter.

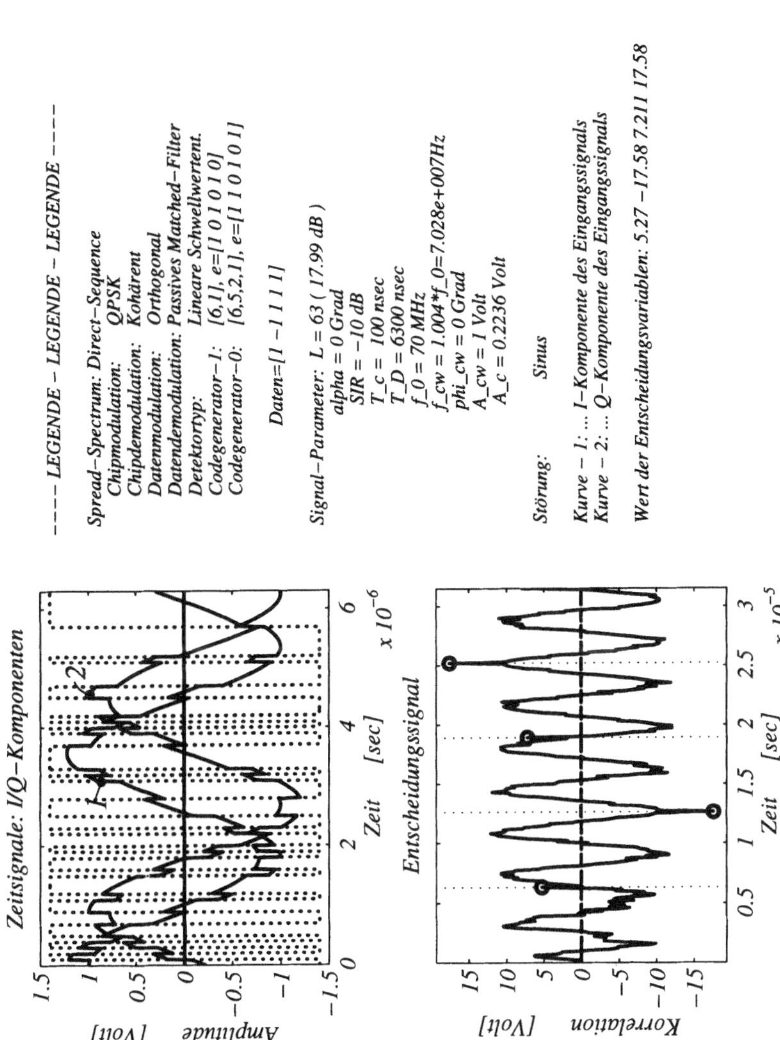

Abbildung 7.15: Direct-Sequence Übertragung in reiner CW-Störung: a) Chipmodulation: QPSK. b) Chipdemodulation: Kohärent. b) Datenmodulation: Orthogonal. c) Datendemodulation: Passives Matched-Filter.

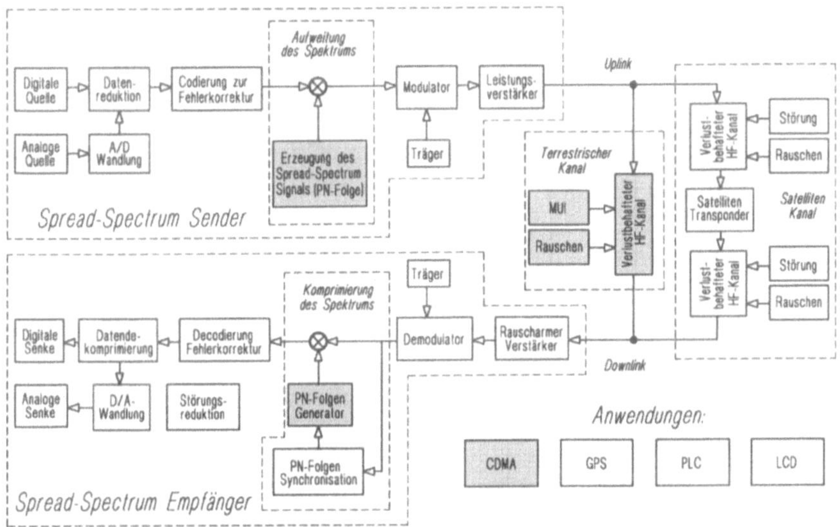

Abbildung 8.1: Grundstruktur des Spread-Spectrum Systems.

Dieses Kapitel beginnt mit der Darstellung der Spread-Spectrum Codemultiplex-technik (**CDMA**) im Gaußschen Kanal. Für die Berechnung der Bitfehlerrate wird ein einfaches und ein verbessertes Modell, sowie eine Faustformel präsentiert. Weil das **CDMA**-Verfahren ein aussichtsreicher Kandidat für den terrestrischen Mobilfunk ist, werden die Grundlagen dazu entwickelt. Sie beginnen mit einer kurzen Beschreibung der wichtigsten Eigenschaften des Mobilfunkkanals an Hand des 2-Wege Modells und der Berechnung der Bitfehlerrate für den konventionellen Direct-Sequence Empfänger und einem speziellen Empfänger, dem **RAKE**-Empfänger in einer Punkt-zu-Punkt Verbindung. Anschließend wird die Bitfehlerrate für den einzelligen Mobilfunk berechnet. Als Kanalmodell wird das WSSUS-Modell verwendet. Es wird die Bitfehlerrate für den uplink und Downlink, mit und ohne Leistungsregelung angegeben. Das Kapitel wird beendet mit einem kurzen Einblick in die Idee der Überlagerung eines **CDMA**-Systems über ein bestehendes **FDMA**-Netz und eines einfachen Kapazitätsvergleichs der gebräuchlichsten Mehrbenutzerverfahren. Um die Übersichtlichkeit zu verbessern werden die Annahmen der diversen Modelle tabellenartig zusammengefaßt.

Die *Multiplextechnik* gestattet die Datenübertragung von mehreren Teilnehmern (TN) in einem bestimmten Frequenzbereich. Dies kann zeitlich hintereinander in einem Frequenzkanal erfolgen (**TDMA**-*Time Division Multiple Access*) oder parallel in mehreren

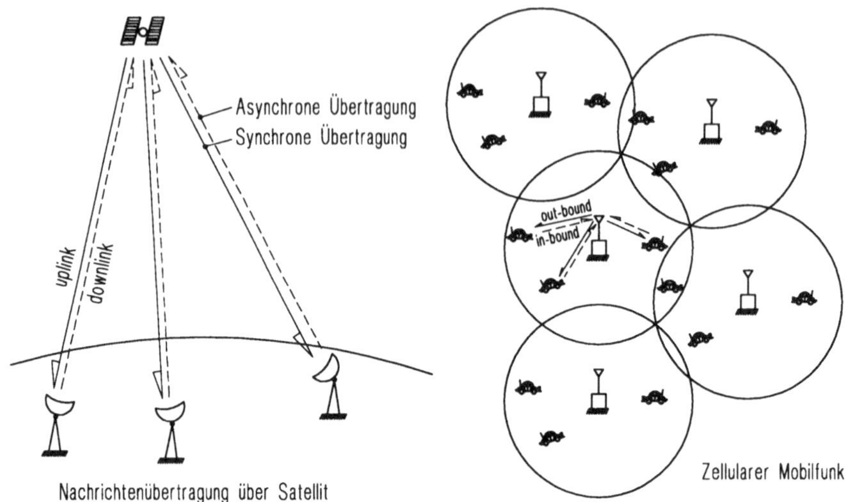

Abbildung 8.2: Szenarien für CDMA-Übertragung.

Frequenzkanälen (**FDMA**-*Frequency Division Multiple Access*). Eine weitere Möglichkeit ist zeitlich parallel in einem geschlossenen Frequenzband (**CDMA**-*Code Division Multiple Access*). Die Unterscheidung der **CDMA**-Signale (TN) erfolgt durch Korrelation. Dies bedingt, daß die verwendete Signalfamilien orthogonal sein muß,[1] wenn ihre Gesamtheit einen *Code-Raum* aufspannt.

Benutzt das **CDMA**-System das Direct-Sequence Verfahren so wird es mit **DS/CDMA** bezeichnet. Basiert das **CDMA**-System auf der Frequenzsprung-Spread-Spectrum Technik so es mit **FH/CDMA** bezeichnet. Es gibt mehrere Einteilungskriterien, eine davon ist in *synchrone* und *asynchrone* **CDMA**-Übertragung.

Aus Abb.8.2 ist ersichtlich, daß der *Downlink* (Satellit → Bodenstation) in einer Satellitenübertragung, weil die Signallaufzeiten etwa gleich sind und die Spread-Spectrum Signale mit gleicher Codephase ausgesendet werden eine synchrone Datenübertragung ist. Anders ist dies beim *uplink* (Bodenstation → Satellit), weil jede Bodenstation autonom ihren Sendezeitpunkt wählen darf. Da die Entfernung zwischen Satellit und Bodenstationen sehr groß ist existiert kein *Near-Far*[2] Problem. Die Demodulation im Satelliten erfolgt inkohärent, die in der Bodenstation kohärent.

Ähnliche Überlegungen gibt es im Mobilfunkszenario, in welchem die Basisstation die Aufgabe des Satelliten übernimmt. Aus diesem Grund bezeichnet man diese Übertragungsrichtung auch als *Downlink*, meist jedoch als *Outbound*. Die Basisstation sendet die Spread-Spectrum Signale synchron aus und sie treffen etwa auch synchron[3] bei den mobilen Teilnehmern ein. Der Mobilfunkkanal ist bedingt durch Reflexions- und Streuphänomene ein *Mehrwegeschwundkanal (Fadingkanal)*. Die *Inbound* Über-

---

[1] Die Spread-Spectrum Signale müssen gleich lang sein.

[2] Wurde in Abschnitt 3.1.11 auf Seite 120 behandelt.

[3] Diese Aussage gilt *nur* für den direkten Pfad ohne Berücksichtigung der Mehrwege.

tragung (Mobiler Teilnehmer → Basisstation) ist wegen der Autonomie der mobilen Teilnehmer eine asynchrone **CDMA**-Übertragung. Die Demodulation in der Basisstation erfolgt inkohärent und im mobilen Teilnehmer meist kohärent. Da sich die mobilen Teilnehmer innerhalb des Netzes (Zelle) frei bewegen können ist das *Near-Far* Problem ein wesentliches Problem, welches mit Hilfe der Sendeleistungsregelung oder durch spezielle Demodulationsverfahren (Entkorrelation) reduziert werden kann.

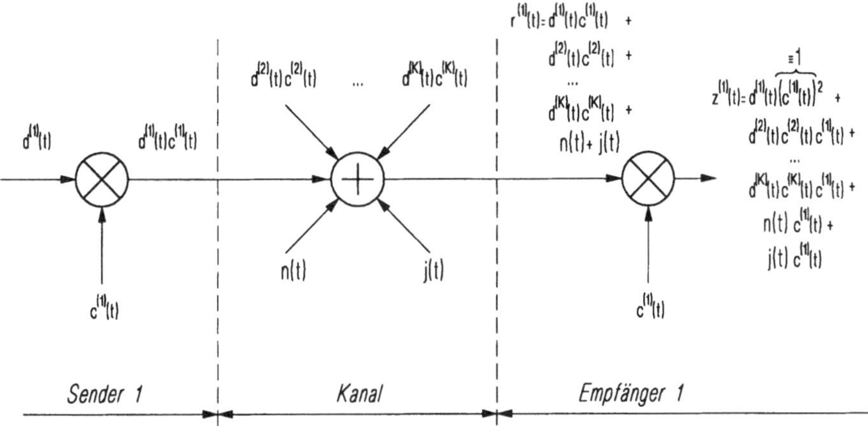

Abbildung 8.3: Basisbandmodell einer synchronen **DS/CDMA**-Übertragung.

Aus dem Basisbandmodell in Abb.8.3 entnimmt man, daß durch Vergabe verschiedener Spread-Spectrum Signale eine *selektive Adressierung* möglich ist. Das empfangene Rauschleistungsdichtespektrum setzt sich aus einem Störterm infolge thermischen Rauschens und schmalbandiger Störung, sowie Störanteilen verursacht von den $(K-1)$ anderen *aktiven* Teilnehmern zusammen. Die Bitfehlerrate wird unter Vernachlässigung von $n(t)$ und $j(t)$ von der maximalen Teilnehmerzahl bestimmt. In Abb.8.4 ist ein einfacher Vergleich der gebräuchlichsten Multiplextechniken angedeutet. Aus ihr entnimmt man, daß das **CDMA**-Netz für K_r *aktive* Teilnehmer ausgelegt wurde, welche gleichzeitig ein Frequenzband benutzen. Es wird angenommen, obwohl das Netz für K_r entworfen wurde, daß nur K aktiv sind. Es stört prinzipiell jeder Teilnehmer jeden anderen Teilnehmer mit den unerwünschten Termen in (8.1). Damit ist die Anzahl der Teilnehmer pro Frequenzeinheit für eine vorgegebene Bitfehlerrate limitiert. Es ist jedoch möglich, wenn es das Funkverkehrsaufkommen erfordert und noch weitere Spread-Spectrum Signale (K') vorhanden sind, weitere Teilnehmer (K'), auf Kosten[4] anderer Teilnehmer $(K \leq K_r)$ unterzubringen. Der gesamte Signalvorrat im **CDMA**-Netz muß für $K_g = K_r + K'$ ausgelegt sein.

---

[4]Die Bitfehlerrate sinkt unter den, für K_r Teilnehmer, nominell festgelegten Wert. Oder man gleicht den Verlust an Signal/Störabstand durch störungsreduzierende Verfahren aus.

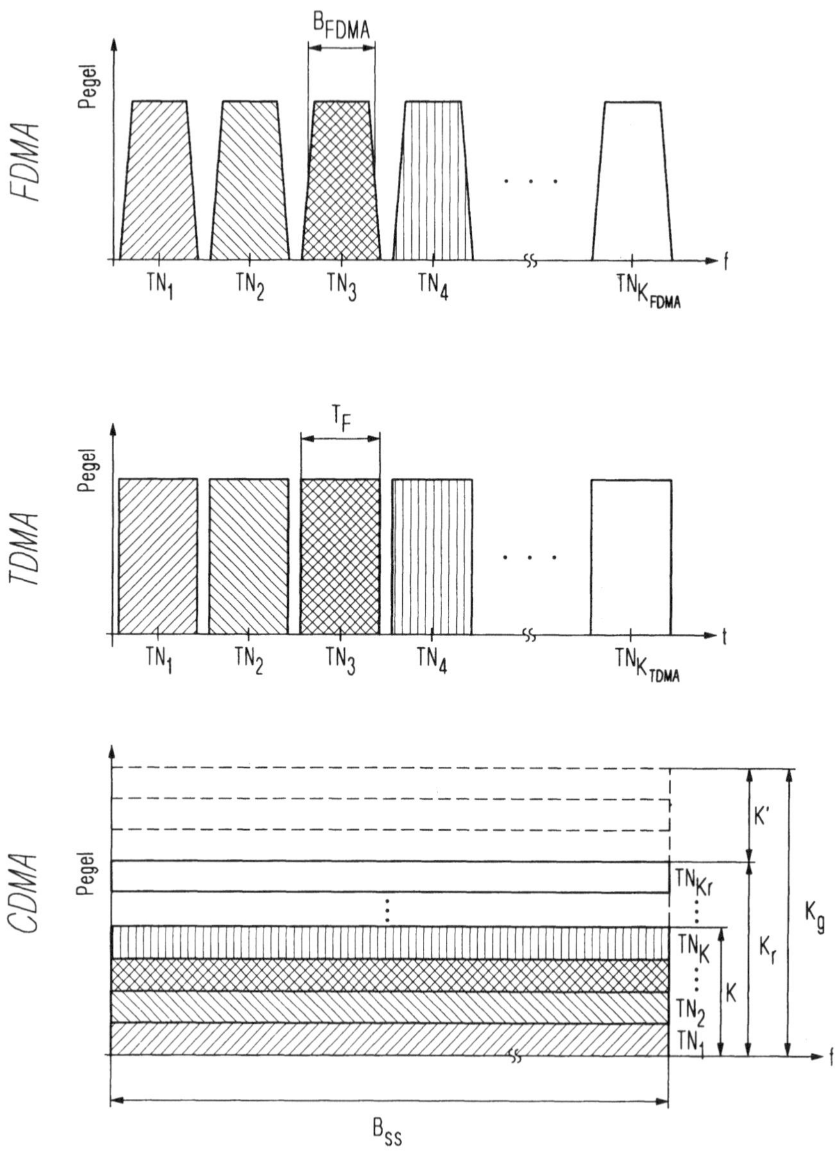

Abbildung 8.4: Vergleich von TDMA - FDMA - CDMA.

Etliche Denkanstöße für einen Vergleich zwischen **FDMA** und **CDMA** für Sprachübertragung zeigt die folgende, nicht komplette Aufzählung:[5]

- Im **CDMA**-Netz ist eine flexible Anpassung des Funkverkehrs an die Erfordernisse (Teilnehmerzahl nicht fest vorgegeben) möglich.

- Jeder nicht aktive Teilnehmer $(K_r - K)$ bringt eine direkte *SNR* Verbesserung für die (K) aktiven Teilnehmer (Ähnliches ist in einem **FDMA**-Netz nicht möglich.).

- Ist ein Kanal in einem **FDMA**-Netz belegt aber nicht benutzt (Sprechpausen) so ergibt sich kein unmittelbarer Vorteil für die anderen Teilnehmer. Jedoch in einem **CDMA**-Netz ist jede Sprechpause eines Teilnehmers eine direkte *SNR*-Verbesserung für alle anderen Aktiven.

- Frequenzeinbrüche führen im **CDMA**-Konzept nicht immer zum Verlust der Übertragung.

- Das *Near-Far*-Problem, welches in terrestrischen **DS/CDMA**-Netzen durch die aktiven *mobilen* Teilnehmer immer auftritt, wird durch Regelung der Sendeleistung reduziert.

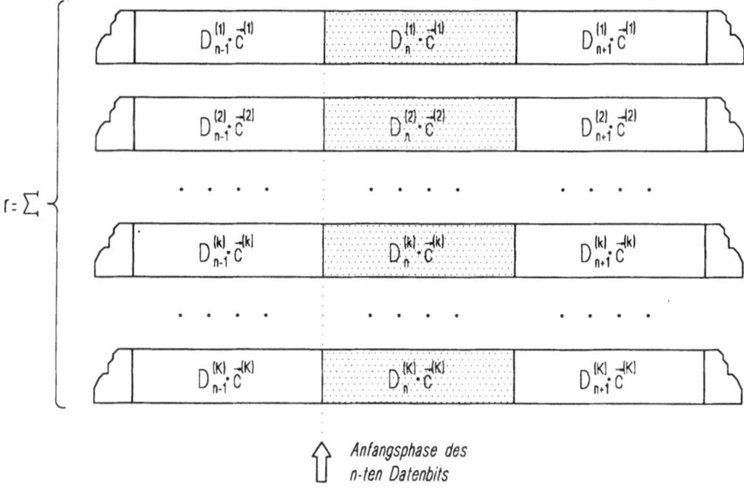

Abbildung 8.5: Zeitdiagramm der Codeabfolge eines synchronen **CDMA**-Netzes.

Vorläufig beschränkt sich die Erklärung auf die synchrone Übertragung (Abb.8.5) und schließt an die vorher gemachten Überlegungen an. Die synchrone Übertragung ist dadurch charakterisiert, indem alle Teilnehmer mit ihren Spread-Spectrum Signalen

---

[5]Ob es sich um einen Vor- oder Nachteil handelt hängt wesentlich von der Anwendung ab und ist individuell zu entscheiden.

zur selben Zeit beginnen und damit definierte Codephasenverhältnisse vorliegen.[6]
Als Beispiel sei im Mobilfunk die *Outbound* Übertragung von der Basisstation zu den
mobilen Teilnehmern angeführt. Dabei treffen die Signale der Basisstation bei den
einzelnen mobilen Teilnehmern zeitverzögert aber mit nahezu gleicher Phase ein. Die
Signalverhältnisse vor der Integration sind in (8.1) dargestellt.

$$x^{(1)}(t) = r^{(1)}(t) \cdot c^{(1)}(t) = \underbrace{d^{(1)}(t) \cdot \left[c^{(1)}(t)\right]^2}_{\text{erwünscht}} + \tag{8.1}$$

$$+ \underbrace{d^{(2)}(t) \cdot c^{(2)}(t) \cdot c^{(1)}(t) + \ldots + d^{(k)}(t) \cdot c^{(k)}(t) \cdot c^{(1)}(t) + \ldots + d^{(K)}(t) \cdot c^{(K)}(t) \cdot c^{(1)}(t)}_{\text{unerwünschte } (K-1)-\text{Teilnehmer}} +$$

$$+ \underbrace{j(t) \cdot c^{(1)}(t)}_{\text{Störung}} + \underbrace{n(t) \cdot c^{(1)}(t)}_{\text{Rauschen}}$$

Vernachlässigt man in (8.1) die Störanteile zufolge $n(t)$ und $j(t)$ so hat man K Unbekannte. Da man nur eine Gleichung für K Unbekannte hat wendet man die Orthogo-
nalitätsrelation wie bei den Fourier-Reihen an. Der Empfänger multipliziert mit dem
zu suchenden Spread-Spectrum Signal, z.B. $c^{(k)}(t)$ und integriert über eine Signaldauer T_D (8.2). Dadurch reduziert sich die Anzahl der Unbekannten zu Einer und die ist
mit einer Gleichung bestimmbar. Die Entscheidungsvariable $Z_n^{(k)}$ des n-ten Datenbits
des k-ten Teilnehmers bestimmt man, indem man im empfangenen Signal nach je-
nem Spread-Spectrum Signal sucht, welches dem k-ten Teilnehmer zugeordnet ist. Es
handelt sich um ein korrelatives Auffinden des n-ten Datenbits des k-ten Teilnehmers
(8.3).

Wenn keine Verwechslungsgefahr besteht wird anstatt der, der Konvention[7] entsprechenden Schreibweise $\phi_{c^{(x)},c^{(y)}}(\tau)$ auf die vereinfachende Form $\phi_{xy}(\tau)$ übergegangen.

---

[6]Bei einer Sonderform des CDMA-Netzes, dem CTDMA-Netz liegen ebenfalls wohl definierte Phasen-
verhältnisse vor, sodaß man auch hier von einer synchronen Übertragung bezüglich der Signalfolgen
sprechen darf. Das CTDMA-Netz wird auf Seite 418 besprochen.

[7]Siehe (4.13) auf Seite 146

$$\int\limits_{0}^{T_D} r^{(1)}(t) \cdot c^{(k)}(t)\, dt \;=\; D_n^{(1)} \overbrace{\int\limits_{0}^{T_D} c^{(1)}(t) \cdot c^{(k)}(t)\, dt}^{\phi_{1k}(0)} +$$

$$+ D_n^{(2)} \underbrace{\int\limits_{0}^{T_D} c^{(2)}(t) \cdot c^{(k)}(t)\, dt}_{\phi_{2k}(0)} + \ldots + D_n^{(k)} \underbrace{\int\limits_{0}^{T_D} c^{(k)}(t) \cdot c^{(k)}(t)\, dt}_{\phi_{kk}(0)} + \ldots$$

$$+ D_n^{(K)} \underbrace{\int\limits_{0}^{T_D} c^{(K)}(t) \cdot c^{(k)}(t)\, dt}_{\phi_{Kk}(0)} \tag{8.2}$$

$$= \; D_n^{(1)} \cdot \underbrace{\phi_{1k}(0)}_{\to 0} + D_n^{(2)} \cdot \underbrace{\phi_{2k}(0)}_{\to 0} + \ldots$$

$$+ D_n^{(k)} \cdot \underbrace{\phi_{kk}(0)}_{\equiv 1} + \ldots + D_n^{(K)} \cdot \underbrace{\phi_{Kk}(0)}_{\to 0}$$

$$= \; D_n^{(k)}$$

$$\boxed{\longrightarrow \; Z_n^{(k)} = \int\limits_{0}^{T_D} r^{(1)}(t) \cdot c^{(k)}(t)\, dt = D_n^{(k)}} \tag{8.3}$$

Aus (8.3) folgt, daß vom k-ten Korrelatorausgangssignal zum Abtastzeitpunkt $t = n\,T_D$ die Entscheidungsvariable $Z_n^{(k)}$ bestimmt wird, welche im ungestörten Fall $D_n^{(k)}$ entspricht.

Die asynchrone Übertragung ist dadurch charakterisiert indem die Codephasen der einzelnen Teilnehmer zueinander kein festes Verhältnis mehr haben. Als Beispiel sei der *Uplink* im Mobilfunk vom mobilen Teilnehmer zur Basisstation genannt. Da jeder mobile Teilnehmer zu jeder beliebigen Zeit seine Übertragung beginnen kann sind die Codephasenverhältnisse zufällig.

$$x^{(1)}(t) = r^{(1)}(t) \cdot c^{(1)}(t) = \overbrace{d^{(1)}(t) \cdot \left[c^{(1)}(t)\right]^2}^{\text{erwünscht}} + \overbrace{d^{(2)}\left(t + k_1\tau'\right) \cdot c^{(2)}\left(t + k_1\tau'\right) \cdot c^{(1)}(t)}^{\text{2. Teilnehmer}} +$$

$$+ \underbrace{\ldots + d^{(K)}\left(t + k_{K-1}\tau'\right) \cdot c^{(K)}\left(t + k_{K-1}\tau'\right) \cdot c^{(1)}(t)}_{(K-2)-\text{Teilnehmer}} +$$

$$+ \underbrace{j(t) \cdot c^{(1)}(t)}_{\text{Störung}} + \underbrace{n(t) \cdot c^{(1)}(t)}_{\text{Rauschen}} \tag{8.4}$$

$$\approx \ d^{(1)}(t)$$

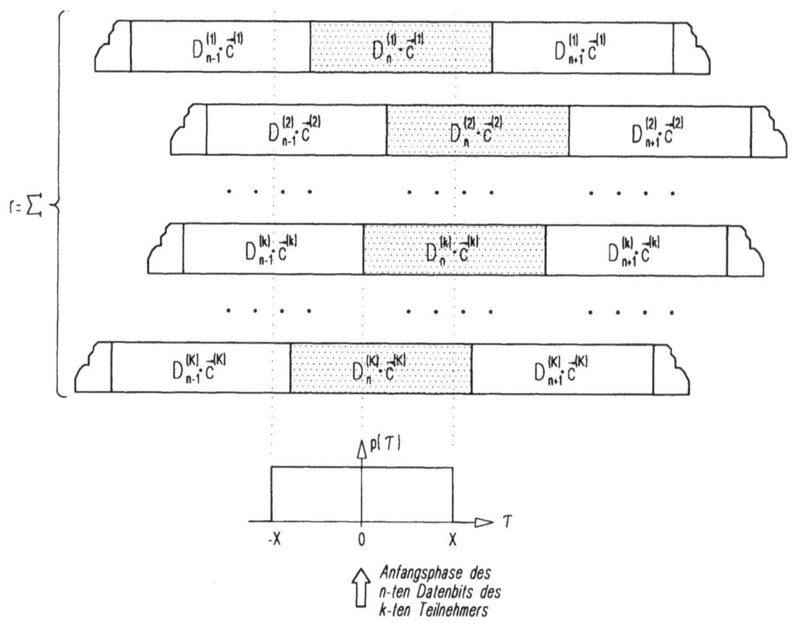

Abbildung 8.6: Zeitdiagramm der Codeabfolge eines asynchronen CDMA-Netzes $(|X| \le T_D)$.

In (8.4) sind die k_i's Ergebnisse der gleichverteilten Zufallsvariable X (Abb.8.6).

Ein anderer Sachverhalt ergibt sich im Mobilfunk für die Basisstation. Sie kennt alle vergebenen Signale in der Zelle und korreliert diese mit dem empfangenen Signal und hat daher im ungestörten Fall ($n(t) = j(t) = 0$) K Gleichungen für K Unbekannte zur Verfügung. Dies ermöglicht die als *Entkorrelationsempfänger* (engl: decorrelation receiver) in die Literatur eingegangene Empfängerstruktur.

$$
\begin{aligned}
Z_1 &= D_n^{(1)} \cdot \phi_{11}(0) &+& \; D_n^{(2)} \cdot \phi_{12}(0) &+& \; \ldots &+& \; D_n^{(K)} \cdot \phi_{1L}(0) \\
Z_2 &= D_n^{(1)} \cdot \phi_{21}(0) &+& \; D_n^{(2)} \cdot \phi_{22}(0) &+& \; \ldots &+& \; D_n^{(K)} \cdot \phi_{2L}(0) \\
\ldots &= \quad \ldots &+& \quad \ldots &+& \; \ldots &+& \quad \ldots \\
Z_k &= D_n^{(1)} \cdot \phi_{k1}(0) &+& \; D_n^{(2)} \cdot \phi_{k2}(0) &+& \; \ldots &+& \; D_n^{(K)} \cdot \phi_{kL}(0) \\
\ldots &= \quad \ldots &+& \quad \ldots &+& \; \ldots &+& \quad \ldots \\
Z_K &= D_n^{(1)} \cdot \phi_{K1}(0) &+& \; D_n^{(2)} \cdot \phi_{K2}(0) &+& \; \ldots &+& \; D_n^{(K)} \cdot \phi_{KL}(0)
\end{aligned}
\tag{8.5}
$$

$$
\boxed{\; Z = \phi_{xy}(0) \cdot D_n \; \longrightarrow \; D_n = \phi_{xy}(0)^{-1} \cdot Z \;}
\tag{8.6}
$$

Es ist, wenn es nicht anders definiert wird eine bipolare Spread-Spectrum Modulation vorausgesetzt. Diese bietet sich, wegen ihrer guten Bitfehlerrate, einfachen Orthogonalitätsprüfung sowie maximalen Signalvorrat innerhalb einer Familie[8] an.

8.1 Modell der DS/CDMA-Übertragung im Gaußkanal

Nach Abb.8.2 und dem in der Einleitung gesagtem entspricht die Nachrichtenübertragung per Satellit einer Nachrichtenübertragung in einem Gaußkanal. Da der *Uplink* als Spread-Spectrum Übertragung asynchron erfolgt ist dies die Schwachstelle[9] im Netz. Die folgende Modellierung und Leistungsanalyse erfolgt für den *Uplink* und ist in Abb.8.7 dargestellt. Der *Downlink* läßt sich aus dem *Uplink* spezifizieren. Dazu werden folgende allgemeine Voraussetzungen gemacht:

Informationsrichtung: Uplink wird modelliert → *asynchrone Datenübertragung.*

Chip-Modulation: Kohärente BPSK-Modulation.

Daten-Modulation: Bipolare Übertragung durch Verwendung eines Spread-Spectrum Signals.

Teilnehmerunterscheidung: Durch orthogonale Spread-Spectrum Signale.

Frequenzbereich: Alle Teilnehmer (Bodenstationen) benutzen das selbe Frequenzband gleichzeitig.

Nachbarkanalstörungen: Das MUI entspricht dem Übersprechen der Teilnehmer im Satelliten.

---

[8] Jedes Signal addressiert einen Teilnehmer.

[9] Die Schwachstelle stellt eine der stärksten Herausforderungen für den Spread-Spectrum Signalentwurf dar.

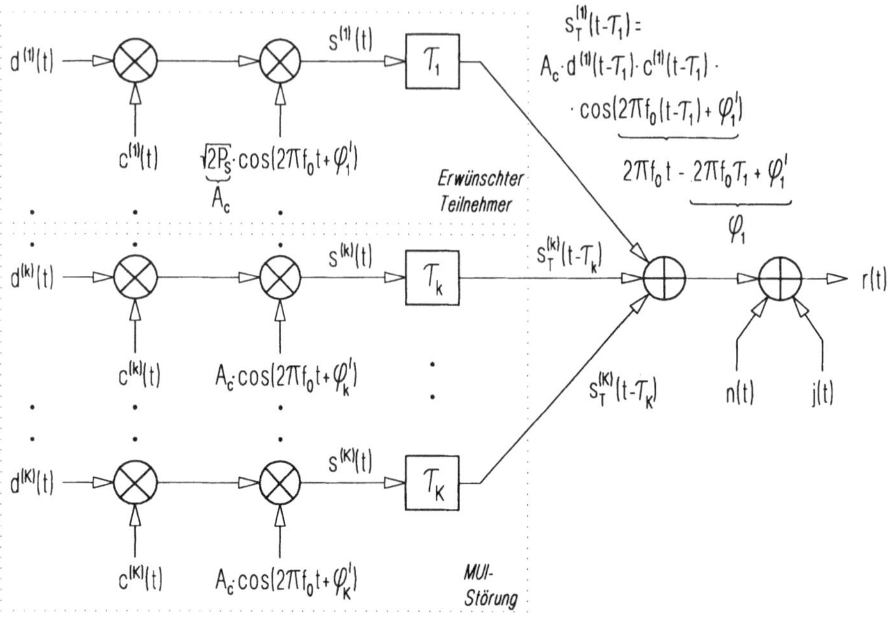

Abbildung 8.7: Allgemeines Modell eines asynchronen Direct-Sequence **CDMA**-Mehrbenutzersystems.

8.1.1　Leistungsanalyse eines **DS/CDMA**-Netzes (Einfaches Modell)

Das einfache Modell berücksichtigt in der Berechnung der Bitfehlerrate in Abhängigkeit der K aktiven Teilnehmer folgende Annahmen:

Informationsrichtung: Uplink.

Teilnehmer: Es sind K mobile Teilnehmer (MT) aktiv.

Daten: $d^{(k)}(t)$ repräsentiert das Datensignal des k-ten Teilnehmers.

Code: $c^{(k)}(t)$ repräsentiert das Direct-Sequence Signal des k-ten Teilnehmers.

Übertragung Alle Signale $s_T(t)^{(k)}$ ○—● $A_T^{(k)} = A_T^{(j)} = A_c$ und $\alpha_k(t) = 1$ treffen mit gleicher Leistung $\mathcal{P}_s$ in der Basisstation ein (ideale Leistungsregelung).

Raten: $L = T_D/T_c, R_D = 1/T_D, R_c = 1/T_c$.

MUI: Die verbleibenden $(K-1)$ mobile Teilnehmer werden als **AWGN** modelliert.

Das einfache Modell basiert auf der Vorstellung, das die unerwünschten $(K-1)$ mobilen Teilnehmer in der Statistik im Empfänger vor der Schwellwertdetektion als **AWGN** in Erscheinung treten. Dies setzt lange Spread-Spectrum Signale mit pseudozufälliger Natur voraus. Durch einen idealen Korrelationsvorgang bleibt die gewünschte Signalleistung innerhalb der Datenbandbreite vorhanden und die unerwünschten Beiträge von den anderen Teilnehmern liefern pro Teilnehmer $(\mathcal{P}_s\, B_D)/B_{ss}$.

Die Bitfehlerrate einer einfachen Punkt-zu-Punkt Verbindung für BPSK-Modulation ist in Tab.E.4 gegeben. Mit dem SNR nach (8.7) und $B_{ss} \approx \frac{2}{T_c}$ für BPSK folgt (8.8).

$$SNR = \frac{2\mathcal{E}_D}{N_0 + I_0} = \frac{2\mathcal{E}_D}{N_0 + (K-1)\frac{\mathcal{P}_s}{B_{ss}}} = \frac{2\mathcal{E}_D}{N_0 + (K-1)\frac{\mathcal{E}_D T_c}{2T_D}} = \frac{2\mathcal{E}_D}{N_0 + (K-1)\frac{\mathcal{E}_D}{2L}} \quad (8.7)$$

$$\boxed{P_e^{(\mathrm{BPSK})}(K) = Q\left(\left[\frac{K-1}{4L} + \frac{N_0}{2\mathcal{E}_D}\right]^{-\frac{1}{2}}\right)} \quad (8.8)$$

Diskussion: Da die Marcum-Funktion $Q(x)$ eine monoton fallende Funktion ist, folgt: $Q(x)$ nimmt zu, wenn K zunimmt und $Q(x)$ nimmt ab, wenn L zunimmt.

Die Bitfehlerrate aus (8.8) ist in Abb.8.8 und Abb.8.9 dargestellt. Aus Abb.8.8 erkennt man, wenn die Anzahl der aktiven Teilnehmer entsprechend des Funkverkehrsaufkommens abnimmt, dies sofort zu einer Verbesserung der Bitfehlerrate führt. Die Abb.8.9 zeigt, wieviele Teilnehmer bei einer fest vorgegebenen Bitfehlerrate, abhängig vom Prozeßgewinn untergebracht werden können.

Trotz dieser tendenziell richtigen Erkenntnis hat das einfache Modell den Nachteil, daß die AWGN-Annahme der MUI sehr grob ist und für kleine K die Bitfehlerrate zu optimistisch ausfällt.

8.1.2 Leistungsanalyse eines DS/CDMA-Netzes (Verbessertes Modell)

Das verbesserte Modell zur Berechnung der Bitfehlerrate geht von folgenden Annahmen aus:

Nutzsignal: Es wird perfekte Synchronisation angenommen ($\tau_1 = \varphi_1 = 0$).

MUI: Alle τ_i mit $i \neq 1$ sind unabhängige gleichverteilte Zufallsvariablen im Intervall $[0, T_D]$

Datenbit der Störer: Alle D_i mit $i \neq 1$ sind unabhängige, gleichverteilte diskrete Zufallsvaribeln, mit gleicher Wahrscheinlichkeit für $D_i = 1$ oder $D_i = -1$.

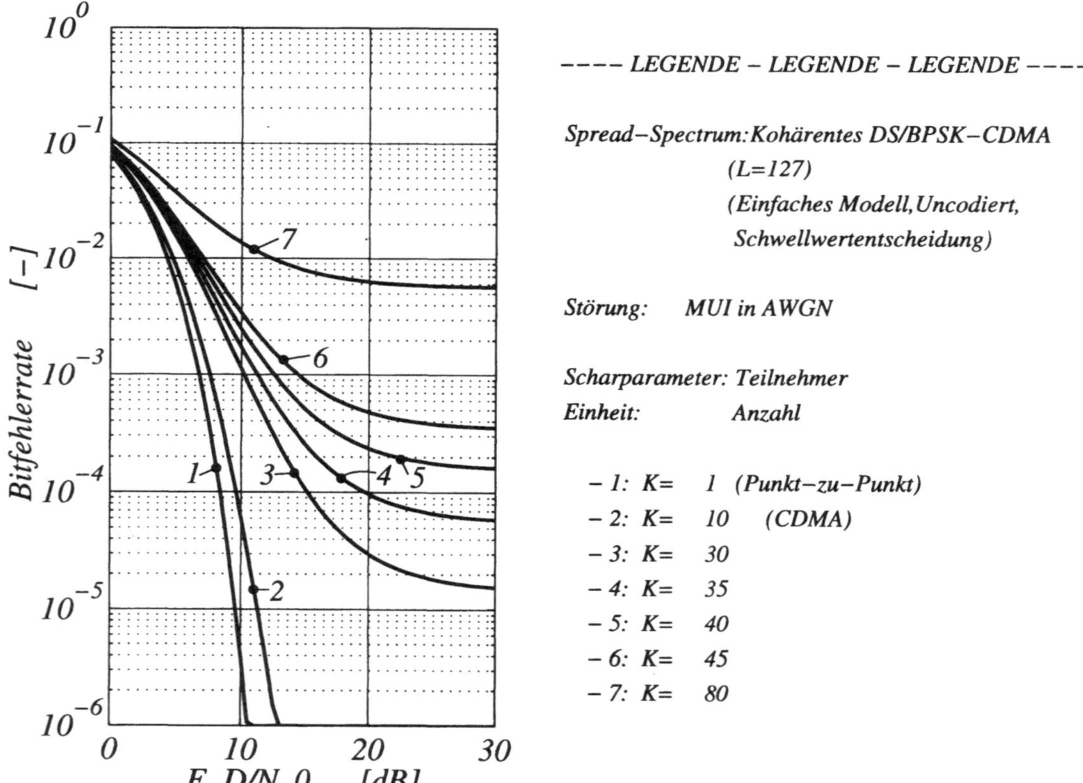

Abbildung 8.8: Bitfehlerrate des einfachen CDMA-Modells. Der Übertragungskanal ist als AWGN-Kanal modelliert.

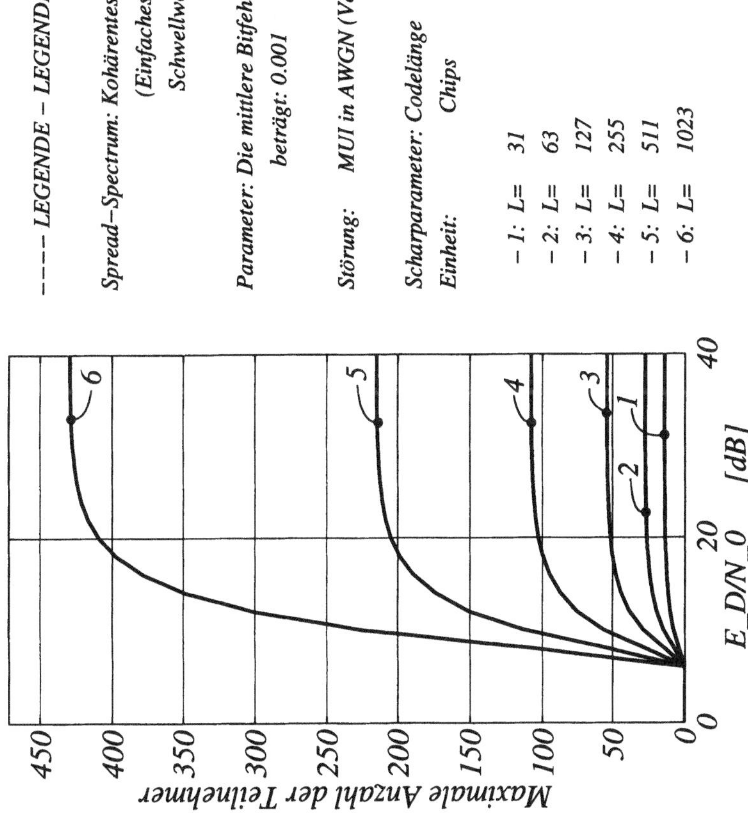

Abbildung 8.9: Anzahl der Teilnehmer für eine konstante Bitfehlerrate von 10^{-3} nach dem einfachen CDMA-Modell. Der Übertragungskanal ist als AWGN-Kanal modelliert.

Übertragung: Alle Signale $s_T(t)^{(k)}$ ○—● $A_c^{(k)} = A_c^{(j)} = A_c$ und $\alpha_k(t) = 1$ treffen mit gleicher Leistung $\mathcal{P}_s$ in der Basisstation ein (ideale Leistungsregelung).

Trägerphasenoffset: Alle φ_i mit $i \neq 1$ sind unabhängige, gleichverteilte Zufallsvariablen in $[0, 2\pi]$.

$$Z = \frac{A_c}{2} T_D + Z_n + Z_I \tag{8.9}$$

Als Entscheidungsvariable wird die Zufallsvariable Z verwendet. In (8.9) berücksichtigt Z_n die Zufälligkeit bezüglich Rauschen und Z_I den Einfluß der MUI. Die statistischen Eigenschaften des Störterms Z_n sind bereits aus Abschnitt 3.1.4 mit $\mathbf{E}[Z_n] = 0$ und $\mathbf{Var}[Z_n] = \frac{N_0 T_D}{4}$ bekannt. Im Folgenden wird der Störterm infolge der MUI näher untersucht.

8.1.3 Statistische Beschreibung der Mehrbenutzerstörung

Die Abb.8.10 zeigt den Einfluß der Mehrbenutzerstörung (MUI) für einen einzigen Störer. In der Entwicklung wird angenommen, daß der gewünschte Teilnehmer TN-1 ist.

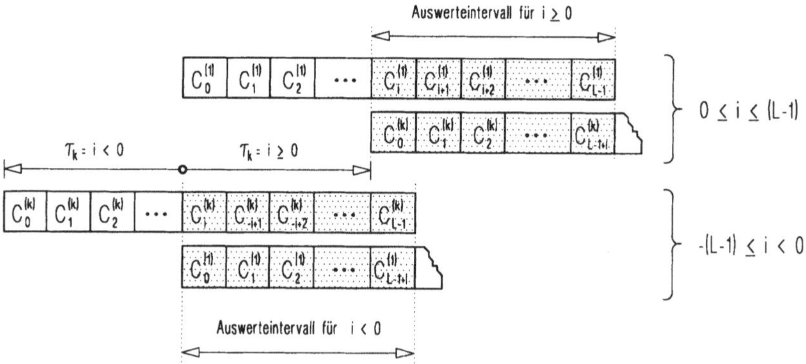

Abbildung 8.10: Diskrete aperiodische Korrelation. Die Verschiebung beginnt mit der Nullphase und erfolgt um ganzzahlige Vielfache von T_c.

$$Z_I = \sum_{k=2}^{K} I_k \tag{8.10}$$

Der Störterm besteht aus der Summe von $(K-1)$ Korrelatorausgangssignalen I_k. Der Beitrag I_k wird vom k-ten Teilnehmers verursacht. Er ergibt sich allgemein nach (8.11). Um die Bitfehlerrate berechnen zu können benötigt man die Verteilung der Zufallsvariable Z_I.

$$
\begin{aligned}
I_k &= \int\limits_{t=0}^{T_D} \left[d^{(k)}(t-\tau_k)\, c^{(k)}(t-\tau_k)\, A_c \cos(2\pi f_0 t + \varphi_k) \cdot c^{(1)}(t) \cos(2\pi f_0 t) \right] dt = \\
&= A_c \cos(\varphi_k) \cdot \\
&\quad \cdot \left[\underbrace{D^{(k)}_{n-1}}_{\substack{\text{vorange-} \\ \text{gangenes} \\ \text{Datenbit}}} \cdot \underbrace{\int\limits_{t=0}^{\tau_k} c^{(k)}(t-\tau_k)\, c^{(1)}(t)\, dt}_{\substack{\text{Aperiodische} \\ \text{KKF} = (\text{AKKF})_1}} + \underbrace{D^{(k)}_{n}}_{\substack{\text{aktuelles} \\ \text{Datenbit}}} \cdot \underbrace{\int\limits_{\tau_k}^{T_D} c^{(k)}(t-\tau_k)\, c^{(1)}(t)\, dt}_{\substack{\text{Aperiodische} \\ \text{KKF} = (\text{AKKF})_2}} \right]
\end{aligned}
$$

Die obige umrahmte Gleichung ist die Gleichung (8.11). In (8.11) bewirkt das Eingangsfilter, daß $\cos(2\pi f_0 t + \varphi_k) \cdot \cos(2\pi f_0 t) = \frac{1}{2}\left[\cos(\varphi_k) + \cos(4\pi f_0 t + \varphi_k)\right] \to \frac{1}{2}\left[\cos(\varphi_k)\right]$ weil $f_0 \gg R_c$ ist. Weil $0 \le \tau_k \le T_D$ variiert ist I_k prinzipiell von zwei Datenbits $D^{(k)}_{n-1}$ und $D^{(k)}_n$ abhängig.[10] Damit ist das Korrelatorausgangssignal von der Datenbitfolge abhängig. Es ergeben sich zwei Kombinationsmöglichkeiten: Damit kann innerhalb des Korrelationsauswerteintervalls die periodische Korrelation auftreten, wenn das gleichartige Datenbit nachfolgt oder die aperiodische Korrelation wenn ein Datenbitwechsel stattfindet. Der genaue Sachverhalt ist in (8.11) beschrieben.

$$
\begin{aligned}
D^{(k)}_n &= D^{(k)}_{n-1} &\longrightarrow\quad& \int\limits_{0}^{T_D} c^{(k)}(t-\tau_k) \cdot c^{(1)}(t)\, dt \quad \ldots \quad & \begin{matrix}\text{periodische} \\ \text{Korrelation}\end{matrix} \\
D^{(k)}_n &\ne D^{(k)}_{n-1} &\longrightarrow\quad& \int\limits_{0}^{\tau_k} c^{(k)}(t-\tau_k) \cdot c^{(1)}(t)\, dt \quad \ldots \quad & \begin{matrix}\text{aperiodische} \\ \text{Korrelation}\end{matrix} \\
D^{(k)}_n &\ne D^{(k)}_{n-1} &\longrightarrow\quad& \int\limits_{\tau_k}^{T_D} c^{(k)}(t-\tau_k) \cdot c^{(1)}(t)\, dt \quad \ldots \quad & \begin{matrix}\text{aperiodische} \\ \text{Korrelation}\end{matrix}
\end{aligned}
\tag{8.11}
$$

Die diskrete aperiodische Kreuzkorrelation zweier Folgen $c^{(1)} = [C^{(1)}_1, C^{(1)}_2, \ldots, C^{(1)}_L]$ und $c^{(k)} = [C^{(k)}_1, C^{(k)}_2, \ldots, C^{(k)}_L]$ ist auf Seite 144 beschrieben und in (8.12) für $c^{(1)}$ und $c^{(k)}$ wiederholt.

$$
\phi_{1k}(i) = \begin{cases}
\sum\limits_{n=0}^{L-1-i} C^{(k)}_n \cdot C^{(1)}_{n+i} & \ldots & 0 & \le i \le (L-1) \\
\sum\limits_{n=0}^{L-1+i} C^{(k)}_{n-i} \cdot C^{(1)}_n & \ldots & (-L+1) & \le i < 0 \\
0 & \ldots & \text{sonst}
\end{cases}
\tag{8.12}
$$

---

[10]Vergleiche dazu auch den Synchronisiervorgang, wie er im Modell der Direct-Sequence Übertragung auf Seite 91 beschrieben wurde.

Realistisch ist jedoch, daß die Verschiebung der beiden Signale kein ganzzahliges Vielfaches von T_c beträgt, sodaß der Ansatz in (8.13) verwendet werden muß.

$$\tau_k = i \cdot T_c + \xi_k \cdot T_c \qquad |\xi_k| < 1 \text{ und } 0 \leq i \leq (L-1) \tag{8.13}$$

Weil keine Vorhersage für ξ_k gemacht werden kann muß man sie als gleichverteilte Zufallsvariable im Intervall $[0,1]$ annehmen. In (8.14) und (8.15) werden die Teile aus (8.11) berechnet und in (8.10) eingesetzt.

$$
\begin{aligned}
\text{AKKF}_1 &= \int_0^{\tau_k} c^{(k)}(t - \tau_k) \cdot c^{(1)}(t)\, dt = \\
&= T_c \left\{ \phi_{1k}\left(-(L-1-i)\right) \cdot \xi_k + \phi_{1k}\left(-(L-i)\right) \cdot (1-\xi_k) \right\} = \\
&= T_c \left\{ \phi_{1k}(i-L) + \xi_k \cdot \left[\phi_{1k}((i-L+1)) - \phi_{1k}((i-L)) \right] \right\}
\end{aligned}
\tag{8.14}
$$

Analog berechnet man AKKF_2:

$$
\begin{aligned}
\text{AKKF}_2 &= \int_{\tau_k}^{T_D} c^{(k)}(t - \tau_k) \cdot c^{(1)}(t)\, dt = \\
&= T_c \left\{ \phi_{1k}(i) \cdot (1-\xi_k) + \phi_{1k}(i+1) \cdot \xi_k \right\} = \\
&= T_c \left\{ \phi_{1k}(i) + \xi_k \cdot \left[\phi_{1k}((i+1)) - \phi_{1k}(i) \right] \right\}
\end{aligned}
\tag{8.15}
$$

Weil $|\xi_k| < 1$, kann man (8.14) respektive (8.15) wie in (8.16) angegeben beschränken.

$$
\boxed{
\begin{aligned}
\text{AKKF}_1 \quad &\begin{cases} \geq \min\left\{ T_c\,\phi_{1k}(i-L),\, T_c\,\phi_{1k}(i-L+1) \right\} \\ \leq \max\left\{ T_c\,\phi_{1k}(i-L),\, T_c\,\phi_{1k}(i-L+1) \right\} \end{cases} \\[2ex]
\text{AKKF}_2 \quad &\begin{cases} \geq \min\left\{ T_c\,\phi_{1k}(i),\, T_c\,\phi_{1k}(i+1) \right\} \\ \leq \max\left\{ T_c\,\phi_{1k}(i),\, T_c\,\phi_{1k}(i+1) \right\} \end{cases}
\end{aligned}
}
\tag{8.16}
$$

In (8.10) betrachtet man $(K-1)$ aktive Teilnehmer. Da die Spread-Spectrum Signale $c^{(k)}(t)$, $k = 1, 2, \ldots, k, \ldots, K$ bekannte Signale sind, kann man alle diskreten aperiodischen Kreuzkorrelationen $\phi_{1k}(i)$ für alle i berechnen. Die Zufallsvariable I_k ist von den vier unabhängigen Zufallsvariablen $\varphi_k, D_n^{(k)}, D_{n-1}^{(k)}, \tau_k$ abhängig. Wenn die Verteilungen von $\varphi_k, D_n^{(k)}, D_{n-1}^{(k)}, \tau_k$ bekannt sind ist auch die Verteilung von I_k berechenbar. Die MUI-Störung ist die Summe von $(K-1)$ unabhängigen Termen I_k. Daraus folgt, daß die Wahrscheinlichkeitsdichtefunktion der MUI-Störung einer $(K-1)$-fache Faltung der Einzeldichten entspricht.

$$Z_i = \sum_{k=2}^{K} I_k \quad \circ\!\!-\!\!\bullet \quad p_I(X) = p_{Z_1}(X) * p_{Z_2}(X) * \cdots * p_{Z_k}(X) * \cdots * p_{Z_K}(X) \tag{8.17}$$

Da die Faltung von $(K-1)$ Dichten langwierig zu berechnen ist, bedient man sich eines Tricks: Man berechnet die Bitfehlerrate für einen festen Wert der Störung $Z_I = X$ mit anschließender Mittelung über alle möglichen Störwerte.

$$\mathbf{Pr}\left[Z < 0 | Z_I = X\right] = \mathbf{Pr}\left[\frac{Z_n}{\sqrt{N_0 T_D/4}} < \frac{-X - \sqrt{A_c T_D}}{\sqrt{N_0 T_D/4}}\right] =$$

$$= Q\left(\frac{X}{\sqrt{N_0 T_D/4}} + \sqrt{\frac{2\mathcal{E}_D}{N_0}}\right)$$

$$\boxed{\;-\!\!\rhd\; P_e = \mathbf{E}_x\left[Q(\sim)\right] = \int_{-\infty}^{\infty} Q\left(\frac{X}{\sqrt{N_0 T_D/4}} + \sqrt{\frac{2\mathcal{E}_D}{N_0}}\right) \cdot p_{Z_I}(X)\, dX\;} \tag{8.18}$$

Die Berechnung des Integrals in (8.18) ist unmöglich, weil die Statistik der $Z_I \to p_{Z_I}(X)$ unbekannt ist. Um den Einfluß der Parameter auf die Bitfehlerrate bestimmen zu können und um eine Optimierungsmöglichkeit zu erhalten benötigt man einen geschlossen Ausdruck. Um (8.18) berechnen zu können muß man eine Annahme für p_{Z_I} treffen. Da es sich um die Summe von mehr oder weniger kleinen Wirkungen handelt nimmt man für p_{Z_I} eine Gaußstatistik an. Die *Gauß'sche Näherung* paßt am besten für folgende Annahmen:

Teilnehmer: Es wird angenommen, daß die Anzahl (K) der Teilnehmer groß ist.

MUI: Die Störungen zufolge der MUI's wird als Gaußsche Zufallsvariable modelliert, damit sind zwei Kennwerte ausreichend.

$$Z_I = \sum_{k=2}^{K} I_k \qquad -\!\!\rhd \qquad \text{gesucht: } \mathbf{E}[Z_I], \mathbf{Var}[Z_I]$$

Der Erwartungswert $\mathbf{E}[Z_I]$ von (8.10) ergibt sich mit Hilfe von (8.11). Er ist wegen $\mathbf{E}[\cos(\varphi_k)] = 0$ ebenfalls Null und in (8.19) gegeben. Die Berechnung der Varianz von Z_I (8.20) ist etwas aufwendiger und in (8.21) durchgeführt. Dazu muß der Erwartungswert des Quadrates von (8.11) sowie dessen Quadrat des Erwartungswertes gebildet werden.

In (8.21) wurden folgende Beziehungen verwendet: Der Erwartungswert $\mathbf{E}\left[\cos^2(\varphi_k)\right] = \frac{1}{2}$ (siehe (D.51) auf Seite 673) und $\mathbf{E}\left[\left(D_{n-1}^{(k)}\right)^2\right] = \mathbf{E}\left[\left(D_n^{(k)}\right)^2\right] = 1$. Weiters wurde Unkorreliertheit zwischen den Datenbits $\mathbf{E}\left[D_{n-1}^{(k)} \cdot D_n^{(k)}\right] = 0$ angenommen und die Gleichverteilung $\mathbf{E}\left[\xi_k\right] = \frac{1}{2}, \mathbf{E}\left[\xi_k^2\right] = \frac{1}{3}$ berücksichtigt.

$$\mathbf{E}\left[Z_I\right] = \sum_{k=2}^{K} \mathbf{E}\left[I_k\right] = 0 \tag{8.19}$$

$$\mathbf{Var}\left[Z_I\right] = \sum_{k=2}^{K} \mathbf{Var}\left[I_k\right] \tag{8.20}$$

$$\begin{aligned}
\mathbf{Var}\left[I_k\right] &= \mathbf{E}\left[I_k^2\right] - \mathbf{E}^2\left[I_k\right] = \\[2mm]
&= \mathbf{E}\Bigg[\left(A_c \cos(\varphi_k)\right)^2 \cdot \\[2mm]
&\quad \cdot \left(D_{n-1}^{(k)} \cdot \int_0^{\tau_k} c^{(k)}(t-\tau_k)\, c^{(1)}(t)\, dt + D_n^{(k)} \cdot \int_{\tau_k}^{T_D} c^{(k)}(t-\tau_k)\, c^{(1)}(t)\, dt\right)^2\Bigg] = \\[2mm]
&= \frac{A_c^2}{8} \cdot \Bigg((1)T_c^2 \frac{1}{L} \sum_{i=0}^{L-1} \left\{\left[\phi_{1k}(i-L+1)\right]^2 \cdot \left(\frac{1}{3}\right) + \right. \\[2mm]
&\quad + 2\,\phi_{1k}(i-L+1) \cdot \phi_{1k}(i-L) \cdot \left(\frac{1}{2} - \frac{1}{3}\right) + \\[2mm]
&\quad + \left[\phi_{1k}(i-L)\right]^2 \cdot \left(1 - 2\frac{1}{2} + \frac{1}{3}\right)\Bigg\} + \\[2mm]
&\quad + T_c^2 \frac{1}{L} \sum_{i=0}^{L-1} \left\{\left[\phi_{1k}(i)\right]^2 \cdot \left(1 - 2\frac{1}{2} + \frac{1}{3}\right) + \right. \\[2mm]
&\quad \left. + 2\,\phi_{1k}(i) \cdot \phi_{1k}(i+1) \cdot \left(\frac{1}{2} - \frac{1}{3}\right) + \left[\phi_{1k}(i+1)\right]^2 \cdot \left(\frac{1}{3}\right)\right\}\Bigg) = \\[2mm]
&= \frac{A_c^2 T_D^2}{24\, L^3} \sum_{i=0}^{L-1} \Bigg\{\overbrace{\left[\phi_{1k}(i-L+1)\right]^2}^{T_1} + \overbrace{\phi_{1k}(i-L+1) \cdot \phi_{1k}(i-L)}^{X_1} + \\[2mm]
&\quad + \overbrace{\left[\phi_{1k}(i-L)\right]^2}^{T_3} + \overbrace{\left[\phi_{1k}(i)\right]^2}^{T_2} + \overbrace{\phi_{1k}(i) \cdot \phi_{1k}(i+1)}^{X_2} + \overbrace{\left[\phi_{1k}(i+1)\right]^2}^{T_4}\Bigg\}
\end{aligned} \tag{8.21}$$

Die Zufallsvariable τ_k ist gleichverteilt über das Integrationsintervall (Datenbitdauer) und kann daher in jedes der L Chips fallen. Mit der Gaußschen Näherung und der Annahme daß $D_n^{(k)} = 1$ gesendet wurde folgt (8.23).

$$P_e = \mathbf{Pr}\left[\, Z < 0 | D_n^{(k)} = 1 \,\right] \approx Q\left(A_c T_D \cdot \left[\frac{N_0 T_D}{4} + \sum_{k=2}^{K} \mathbf{Var}\left[\, I_k \,\right] \right]^{-1/2} \right) \qquad (8.22)$$

$$\longrightarrow\ P_e \approx Q\left(\left[\frac{N_0}{2\,\mathcal{E}_D} + \underbrace{\frac{1}{6\,L^3} \cdot \sum_{k=2}^{K} \chi_{1k}}_{\Gamma} \right]^{-1/2} \right) \qquad (8.23)$$

Der Parameter χ_{1k} repräsentiert die MUI-Störung und Γ ist ein Maß für dessen Störeinfluß. Mit Γ hat man die Möglichkeit eine CDMA-Übertragung für eine Familie von K-Folgen zu *optimieren*.

$$\chi_{1k} = \sum_{i=0}^{L-1} \left\{ \left[\not\phi_{1k}\,(i - L + 1) \right]^2 + \not\phi_{1k}\,(i - L + 1) \cdot \not\phi_{1k}\,(i - L) + \right.$$
$$+ \left[\not\phi_{1k}\,(i - L) \right]^2 + \left[\not\phi_{1k}\,(i) \right]^2 + \not\phi_{1k}\,(i) \cdot \not\phi_{1k}\,(i + 1) +$$
$$\left. + \left[\not\phi_{1k}\,(i + 1) \right]^2 \right\} \qquad (8.24)$$

Die Gleichung (8.23) wendet man, obwohl sie für lange Folgen und große Codefamilien sehr rechenintensiv[11] ist da $\Gamma = \Gamma(\chi_{1k})$ berechnet werden muß in letzter Konsequenz immer an. In ihr treten die aperiodischen Korrelationseigenschaften der tatsächlich verwendeten CDMA-Signale auf und sie liefert für einen speziellen Signalentwurf die zu erwartende Bitfehlerrate. Um unabhängig von der Signalwahl zu werden, sucht man allgemeinere und schnellere Berechungsmöglichkeiten (Abschätzungen), welche die Summe in (8.23) ersetzen und die Anzahl der unabhängigen Veränderlichen reduzieren. Dies führt auf die naheliegende Idee *die Direct-Sequence Signale nicht als determinierte Signale zu modellieren, sondern als Zufallssignale*, in der jedes Chip eine gleichverteilte diskrete Zufallsvariable darstellt.[12] Damit hängt die Bitfehlerrate

---

[11]Die Berechnung erfolgt mit Rechnern höchster Leistung, da es sich um ein quasi *blindes* Berechnungsverfahren handelt.

[12]Eigentlich haben wir die individuellen aperiodischen Korrelationseigenschaften der tatsächlich verwendeten CDMA-Signale ersetzt.

nur noch von $\mathcal{E}_D, K$ und L ab $(P_e(\mathcal{E}_D, K, L, N_0, \underline{\phi}_{ik}(\tau)) \rightarrow P_e(\mathcal{E}_D, K, L, N_0))$. Diese Näherung liefert für lange Folgen (großes L) gute Resultate, weil die Näherung der MUI-Verteilung durch eine Gaußsche Zufallsvariable immer besser paßt, wenn τ_k, φ_k und $\underline{\phi}_{11}(0)$ konstant gehalten werden. Mit diesen Annahmen wird die Summe der Varianzen von I_k nach (8.25) berechnet. Da die Summe von Zufallsvariablen wieder eine Zufallsvariable ist ergibt sich die Verteilung $p(V)$ durch eine $(K-1)$-fache Faltung von $p(V_k)$. Am einfachsten berechnet man die Bitfehlerrate wieder über die bedingte Bitfehlerrate $P_e(V_k)$ (8.26) für konstant gehaltenes V_k und anschließender Mittelung (8.27) über alle möglichen Werte von V_k.

$$V = \sum_{k=2}^{K} \mathrm{Var}\,[\,I_k\,] = \sum_{k=2}^{K} V_k \tag{8.25}$$

$$P_e(V_k) \approx Q\left(A_c T_D \cdot \left[\frac{N_0 T_D}{4} + V_k\right]^{-1/2}\right) \tag{8.26}$$

$$\boxed{P_e = \mathop{\mathbf{E}}_{V_k}[\,P_e(V_k)\,] \approx \int_{-\infty}^{\infty} Q\left(A_c T_D \cdot \left[\frac{N_0 T_D}{4} + V_k\right]^{-1/2}\right) \cdot p(V)\, dV} \tag{8.27}$$

Um zu einem genaueren Ergebnis zu kommen entwickeln man die ersten drei Glieder der Taylorreihe (8.28) für die Marcum Funktion $Q(\sim)$ und berechnet deren Erwartungswerte $\rightarrow$ *Verbesserte Gaußsche Näherung*.

$$Q(\sim) = f(V_k) = f(\mu) + (V_k - \mu)\,f'(\mu) + \frac{1}{2}(V_k - \mu)\,f''(\mu) + \dots \tag{8.28}$$

In (8.28) bezeichnet $\mu = \mathbf{E}\,[V_k]$. Mit der Annahme, daß alle Ableitungen existieren geht man in (8.29) auf Differenzen über. In (8.30) ist die Varianz von V mit $\sigma^2 = \mathbf{E}\,[\,(V_k - \mu)^2\,]$ substituiert worden.

$$\begin{aligned}
Q(\sim) = f(V) &= \\
&= f(\mu) + (V_k - \mu)\frac{f(\mu + \Delta) - f(\mu - \Delta)}{2\,\Delta} + \\
&\quad + \frac{1}{2}(V_k - \mu)^2 \frac{f(\mu + \Delta) - 2\,f(\mu) + f(\mu - \Delta)}{\Delta^2} + \dots
\end{aligned} \tag{8.29}$$

$$\begin{aligned}
P_e \approx \mathbf{E}\,[\,f(V_k)\,] &= f(\mu) + \frac{1}{2}\sigma^2 \frac{f(\mu + \Delta) - f(\mu - \Delta)}{\Delta^2} = \\
&= \frac{2}{3}f(\mu) + \frac{1}{6}f(\mu + \underbrace{\sqrt{3}\sigma}_{\Delta}) + \frac{1}{6}f(\mu - \underbrace{\sqrt{3}\sigma}_{\Delta})
\end{aligned} \tag{8.30}$$

Damit die Bitfehlerrate in (8.30) berechnet werden kann, sind noch die Unbekannten μ, σ^2 zu bestimmen. Geht man nach (8.31) vor, so benötigt man die Erwartungswerte der quadratischen Terme (T_1, T_2, T_3, T_4) in (8.21). Diese werden in (8.32) berechnet und die Erwartungswerte der Kreuzterme (X_1, X_2) werden in (8.36) berechnet.

$$\boxed{\mathbf{E}\left[V\right] = (K-1) \cdot \mathbf{E}\left[\mathbf{Var}\left[I_k\right]\right]} \tag{8.31}$$

$$\sum_{i=0}^{L-1} \mathbf{E}\left[T_1\right] = \sum_{i=0}^{L-1} \mathbf{E}\left[\left[\phi_{1k}\left(i-L+1\right)\right]^2\right] = \sum_{i=0}^{L-1} \cdot \sum_{j=0}^{(L-1)+(i-L+1)} \cdot \sum_{m=0}^{(L-1)+(i-L+1)}$$

$$\overbrace{\cdot \mathbf{E}\left[C^{(k)}_{j-(i-L+1)} \cdot C^{(1)}_{j} \cdot C^{(k)}_{m-(i-L+1)} \cdot C^{(1)}_{m}\right]}^{S_{Q1}} =$$

$$= \sum_{i=0}^{L-1} \cdot \sum_{m=0}^{i} \mathbf{E}\left[1\right] = \sum_{i=0}^{L-1}(i+1) = \frac{L\left(L+1\right)}{2} \tag{8.32}$$

$$\sum_{i=0}^{L-1} \mathbf{E}\left[T_2\right] = \sum_{i=0}^{L-1} \mathbf{E}\left[\left[\phi_{1k}\left(i\right)\right]^2\right] = \frac{L\left(L+1\right)}{2} \tag{8.33}$$

$$\sum_{i=0}^{L-1} \mathbf{E}\left[T_3\right] = \sum_{i=0}^{L-1} \mathbf{E}\left[\left[\phi_{1k}\left(i-L\right)\right]^2\right] = \frac{L\left(L-1\right)}{2} \tag{8.34}$$

$$\sum_{i=0}^{L-1} \mathbf{E}\left[T_4\right] = \sum_{i=0}^{L-1} \mathbf{E}\left[\left[\phi_{1k}\left(i+1\right)\right]^2\right] = \sum_{i=0}^{L-1} \mathbf{E}\left[T_3\right] = \frac{L\left(L-1\right)}{2} \tag{8.35}$$

$$\sum_{i=0}^{L-1} \mathbf{E}\left[X_1\right] = \sum_{i=0}^{L-1} \mathbf{E}\left[\phi_{1k}\left(i-L+1\right) \cdot \phi_{1k}\left(i-L\right)\right] =$$

$$= \sum_{i=1}^{L-1} \mathbf{E}\left[\phi_{1k}\left(i-L+1\right) \cdot \phi_{1k}\left(i-L\right)\right] =$$

$$= \sum_{i=1}^{L-1} \cdot \sum_{j=0}^{(L-1)+(i-L+1)} \cdot \sum_{m=0}^{(L-1)+(i-L)} \cdot \mathbf{E}\left[C^{(k)}_{j-(i-L+1)} \cdot C^{(1)}_{j} \cdot C^{(k)}_{m-(i-L)} \cdot C^{(1)}_{m}\right] =$$

$$= \sum_{i=1}^{L-1} \cdot \sum_{m=0}^{i-1} \mathbf{E}\left[C^{(k)}_{m-(i-L+1)} \cdot C^{(1)}_{m} \cdot C^{(k)}_{m-(i-L)} \cdot C^{(1)}_{m}\right] = 0 \tag{8.36}$$

$$\sum_{i=0}^{L-1} \mathbf{E}\left[X_2\right] = \sum_{i=0}^{L-1} \underbrace{\mathbf{E}\left[\phi_{1k}\left(i\right) \cdot \phi_{1k}\left(i+1\right)\right]}_{S_{X2}=0} = 0 \tag{8.37}$$

In (8.38) ist der Summand aus (8.32) dargestellt. Darin zeigt sich, daß die Summanden für unkorrelierte Chips $m \neq j$ Null sind, sonst herrscht vollkommene Korrelation $(m = j)$.

$$S_{Q1} = \mathbf{E}\left[C^{(k)}_{j-(i-L+1)} \cdot C^{(1)}_{j} \cdot C^{(k)}_{m-(i-L+1)} \cdot C^{(1)}_{m} \right] = \tag{8.38}$$

$$= \mathbf{E}\left[C^{(k)}_{j-(i-L+1)} \cdot C^{(k)}_{m-(i-L+1)} \right] \cdot \mathbf{E}\left[C^{(1)}_{j} \cdot C^{(1)}_{m} \right]$$

$$= \mathbf{E}\left[C^{(k)}_{j-(i-L+1)} \right] \cdot \mathbf{E}\left[C^{(k)}_{m-(i-L+1)} \right] \cdot \mathbf{E}\left[C^{(1)}_{j} \right] \cdot \mathbf{E}\left[C^{(1)}_{m} \right] = 0 \quad \text{wenn: } m \neq j$$

$$= \mathbf{E}\left[C^{(k)}_{j-(i-L+1)} \right] \cdot \mathbf{E}\left[C^{(k)}_{m-(i-L+1)} \right] \cdot \mathbf{E}\left[C^{(1)}_{j} \right] \cdot \mathbf{E}\left[C^{(1)}_{m} \right] = 1 \quad \text{wenn: } m = j$$

In (8.39) ist der Summand aus (8.37) dargestellt. Darin wurde wieder die Unkorreliertheit der Chips benutzt, sowie die Definition (4.10) der diskreten aperiodischen Kreuzkorrelation, welche besagt, daß $\phi_{1k}(-L) = 0$ ist.

$$\mathbf{E}\left[C^{(1)}_{j} \cdot C^{(1)}_{m} \right] = 0 \qquad\qquad \text{wenn: } m \neq j$$

$$\mathbf{E}\left[C^{(1)}_{j} \cdot C^{(1)}_{m} \right] = 1 \qquad\qquad \text{wenn: } m = j$$

$$\mathbf{E}\left[C^{(k)}_{m-(i-L+1)} \cdot C^{(k)}_{m-(i-L+1)} \right] = 0$$

$$S_{X2} = \mathbf{E}\left[\phi_{1k}(i) \cdot \phi_{1k}(i+1) \right] = 0$$

Mit (8.38) folgen (8.39), (8.40) und schließlich die Bitfehlerrate für das verbesserte Modell (8.41).

$$\mu = \mathbf{E}[V] = (K-1)\,\frac{A_c^2 T_D^2}{3\,L^3} \cdot \left[\frac{L(L+1)}{2} + \frac{L(L-1)}{2} \right] = \frac{A_c^2 T_D^2 (K-1)}{12\,L} \tag{8.39}$$

$$\sigma^2 = \left(\frac{A_c^2 T_D^2}{4\,L^2} \right)^2 \cdot M^2$$

$$M^2 = (K-1)\left[L^2\,\frac{23}{360} + L\left(\frac{1}{20} + \frac{K-2}{36} \right) - \frac{1}{20} - \frac{K-2}{36} \right] \tag{8.40}$$

$$\boxed{\begin{aligned}
P_e = \;& \frac{2}{3} \cdot Q\left(\left[\frac{K-1}{3L} + \frac{N_0}{2\,\mathcal{E}_D} \right]^{-1/2} \right) + \\
& + \frac{1}{6} \cdot Q\left(\left[\frac{K-1}{3L} + \frac{\sqrt{3}\,M}{L^2} + \frac{N_0}{2\,\mathcal{E}_D} \right]^{-1/2} \right) + \\
& + \frac{1}{6} \cdot Q\left(\left[\frac{K-1}{3L} - \frac{\sqrt{3}\,M}{L^2} + \frac{N_0}{2\,\mathcal{E}_D} \right]^{-1/2} \right)
\end{aligned}}$$

Bitfehlerrate des verbesserten Modells für bipolare Signalisierung

$$\tag{8.41}$$

In Abb.8.11 ist die maximale Teilnehmerzahl für eine Bitfehlerrate von 10^{-3} für das verbesserte Modell graphisch dargestellt.

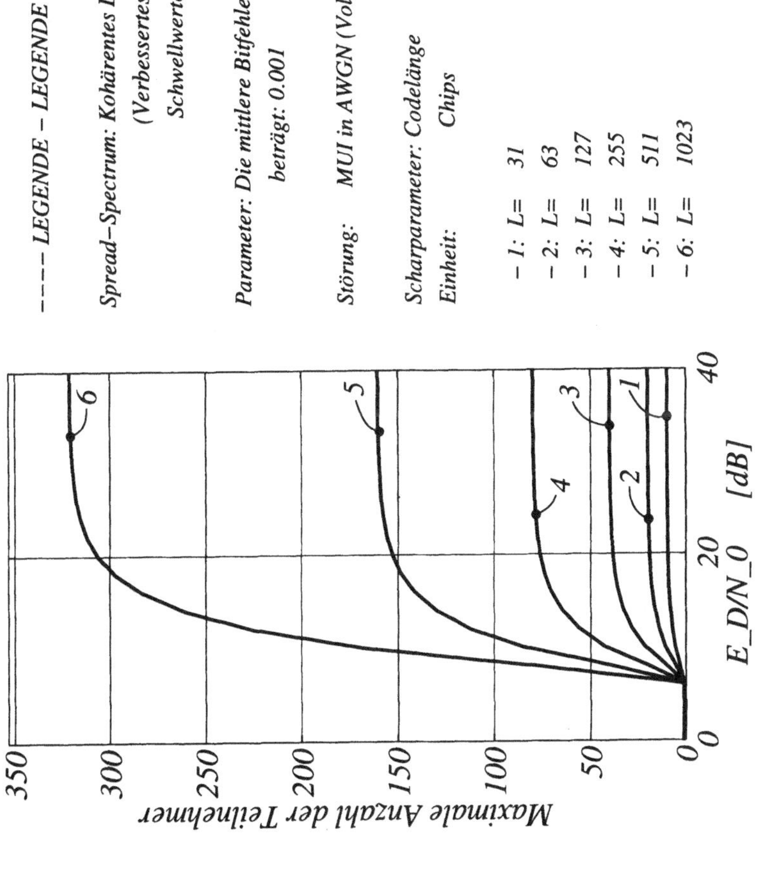

Abbildung 8.11: Anzahl der Teilnehmer für eine konstante Bitfehlerrate von 10^{-3} nach dem verbesserten **CDMA**-Modell. Der Übertragungskanal ist als **AWGN**-Kanal modelliert.

8.2 Einfache Kapazitätsberechnung

Berücksichtigt man in der Taylorentwicklung (8.30) nur das erste Glied (8.43) so erhält man eine Näherung für die Bitfehlerrate, welche als die *Pursley-Näherung* in die Literatur eingegangen ist. Sie ist bei wenigen Teilnehmern (K klein) und langen Codefolgen (L groß) für kleine Bitfehlerraten zu optimistisch. Für große Werte ($x > 3$) kann die Näherung für $Q(x)$, welche in (8.42) angegeben ist benutzt werden. Mit ihr ist eine Abschätzung für die maximale Teilnehmerzahl (8.44) eines CDMA-Netzes für die vorgegebene maximale Bitfehlerrate von $P_e = 10^{-3} \rightarrow Q(3,11) \approx 10^{-3}$.

$$Q(x) = \frac{1}{2}\,\mathrm{erfc}\left(\frac{x}{\sqrt{2}}\right) \approx \frac{e^{-x^2/2}}{\sqrt{2\pi}\,x} \qquad \text{für: } x > 3 \tag{8.42}$$

$$P_e \approx f(\mu) = Q\left(\left[\frac{K-1}{3L} + \frac{N_0}{2\mathcal{E}_D}\right]^{-1/2}\right) \qquad \begin{array}{l}\text{Pursley-Näherung}\\ \text{(brauchbar, wenn } K \text{ groß)}\end{array} \tag{8.43}$$

$$\boxed{K_{max} < 3L\left(\frac{1}{(3,11)^2} - \frac{N_0}{2\mathcal{E}_D}\right) + 1 \approx \frac{L}{3}} \tag{8.44}$$

> **Faustformel:** Ein CDMA-System im Gaußkanal kann bis zu $L/3$ aktive Teilnehmer aufnehmen ohne daß eine Bitfehlerrate von 10^{-3} überschritten wird.

BEISPIEL 8.1 (CDMA) *Vergleichen Sie die Ergebnisse des einfachen CDMA-Modells mit dem verbesserten CDMA-Modell für die maximale Anzahl an Teilnehmern, wenn eine maximale Bitfehlerrate von 10^{-3} nicht überschritten werden soll, der Prozeßgewinn 511 Chips beträgt und ein $\frac{\mathcal{E}_D}{N_0} = 30$ dB angenommen wird. Welch einen Wert hätte die Pursley-Näherung geliefert und wie genau wäre dieser im Vergleich zum Wert des verbesserten Modells?*
Das einfache CDMA-Modell liefert nach Abb.8.9 eine maximale Teilnehmerzahl von etwa 220 und das verbesserte CDMA-Modell (Abb.8.9) eine maximale Teilnehmerzahl von etwa 160. Dies ergibt einen Unterschied von 60 Teilnehmern oder einer Reduktion an Teilnehmern von 28 %. Die Pursley-Näherung liefert einen Wert von 170 Teilnehmern und liegt relativ genau beim Wert des verbesserten CDMA-Modells.

8.3 Mehrwegeschwundkanal

Der Mehrwegeschwundkanal ist dadurch charakterisiert, indem das gesendete Signal auf mehreren Wegen an der Empfangsantenne eintrifft. Es kommen zum direkten Signalpfad noch andere Signalpfade hinzukommen. Diese werden durch Streuung und Reflexion im Übertragungsmedium verursacht. Weiters kann durch Abschattung der direkte Pfad fehlen und die Nachrichtenübertragung nur von den Mehrwegen getragen werden.[13] Es würde den Rahmen dieses Buches sprengen, wollte man auf die physikalischen Phänomene, welche die Mehrwege des Signals verursachen näher eingehen. Für die Beschreibung des Mehrwegekanals wird auf etablierte Kanalmodell zurückgegriffen. Durch die Mehrwege kann es in Abhängigkeit der Signallaufzeiten bezogen auf den direkten Signalweg zu Signalauslöschungen kommen.

Weil die Schwankung der Signalamplitude im höchsten Maße unvorhersagbar ist werden Mehrwegeschwundkanäle statistisch beschrieben. Durch die verschiedenen Laufzeiten kommen die Signale mit unterschiedlicher Phase beim Empfänger an und können sich *konstruktiv oder destruktiv* überlagern. Dadurch ist die Einhüllende des empfangenen Signals zeitabhängig → *Signalschwund.*

8.3.1 2-Wege Rice/Rayleigh Modell

Das 2-Wege Modell ist ein sehr einfaches und daher sehr anschauliches Modell. Mit ihm wird die Bitfehlerrate einer Punkt-zu-Punkt Verbindung berechnet. Es basiert auf folgenden Annahmen:

Pfade: Es existiert ein direkter und ein indirekter Signalpfad.

Dämpfung: Der direkte Pfad habe eine konstante Dämpfung (α_0 =konst.) und die Dämpfung der indirekten Signalkomponente (α_1) sei eine mittelwertfreie Gaußsche Zufallsvariable.

Phasen: Die Phase der direkten Signalkomponente δ ist eine Konstant und die Phase der indirekten Signalkomponente γ sei eine gleichverteilte Zufallsvariable.

Laufzeit: Die Laufzeit τ entspricht einer absoluten Verzögerung.

Das empfangene Signal besteht aus zwei Komponenten und ist in (8.45) gegeben. Die charakteristische Größe des 2-Wege Schwundmodells ist der *Schwundfaktor.* Er ist in (8.46) definiert. Die Einhüllende des empfangen Signals ist in (8.47) mit (8.48) gegeben.

$$r(t) = \underbrace{\alpha_0\, A_T\, \cos\left[2\pi f_0\left(t - \tau\right) + \varphi + \delta\right]}_{\text{Direkte Komponente}} + \underbrace{\alpha_1\, A_T\, \sin\left[2\pi f_0\left(t - \tau\right) + \varphi + \gamma\right]}_{\substack{\text{Indirekte Komponente} \\ \text{(zufällige)}}} \qquad (8.45)$$

---

[13]Eine exzellente Darstellung findet man in [Sklar97/1, Sklar97/2].

$$\epsilon = \frac{\text{Leistung im direkten Pfad}}{\text{Leistung im indirekten Pfad}} = \frac{\alpha_0^2}{\mathbf{E}\left[\alpha_1^2\right]} = \frac{\alpha_0^2}{2\,\sigma^2} \tag{8.46}$$

$$
\begin{aligned}
r^2(t) &= A_c^2 \left\{ \alpha_0^2 \cos^2\left[2\pi f_0(t-\tau)+\varphi+\delta\right] + \alpha_1^2 \sin^2\left[2\pi f_0(t-\tau)+\varphi+\gamma\right] \right\} \\
\to r(t) &= \underbrace{\sqrt{\alpha_0'^2 + \alpha_1'^2}}_{A} \cdot A_c \cos\left[2\pi f_0(t-\tau)+\varphi+\xi\right]
\end{aligned} \tag{8.47}
$$

$$
\begin{aligned}
\alpha_0' &= \alpha_0 \cos(\delta) + \alpha_1 \sin(\gamma) \\
\alpha_1' &= \alpha_0 \sin(\delta) - \alpha_1 \cos(\gamma) \\
\xi &= \alpha_0 \arctan\left(\frac{\alpha_1'}{\alpha_0'}\right)
\end{aligned} \tag{8.48}
$$

Die Zufallsgrößen α_0' und α_1' sind unkorrelierte und unabhängige Gaußsche Zufallsvariablen ($\underset{\gamma}{\mathbf{E}}\left[\cos(\gamma)\cdot\sin(\gamma)\right]=0$). Sie haben gleiche Varianz ($\mathbf{Var}\left[\alpha_0'\right]=\mathbf{Var}\left[\alpha_1'\right]=\sigma^2$) aber unterschiedliche Mittelwerte ($\mathbf{E}\left[\alpha_0'\right]=\alpha_0\cos(\delta), \mathbf{E}\left[\alpha_1'\right]=\alpha_0\sin(\delta)$). Die Wurzel aus der Summe zweier quadrierter, mittelwertbehafteter Gaußscher Zufallsvariablen ist eine Rice'sche Zufallsvariable. Daher entsprechen die zufälligen Schwankungen der Amplitude A in (8.47) einer Rice-Variablen mit der Amplitudendichte in (8.49). Der Amplitudenschwund wird aus diesem Grund als *Rice-Schwund* mit Schwundfaktor ϵ bezeichnet.

$$p_A(a) = \frac{a}{\sigma^2}\cdot \mathrm{e}^{-\frac{a^2+\alpha_0^2}{2\sigma^2}}\cdot \mathrm{I}_0\left(\frac{a\,\alpha_0}{\sigma^2}\right) \qquad a \geq 0 \tag{8.49}$$

Aus (8.46) kann man die folgenden zwei Fälle spezifizieren:

1. $\epsilon \to \infty \longrightarrow 2\sigma^2 = 0$
   Wenn der Schwundfaktor unbeschränkt ist existiert nur der direkte Pfad und es tritt keine Schwunderscheinung auf.

2. $\epsilon \to 0 \longrightarrow \alpha_0^2$
   Ist der Schwundfaktor Null, so existiert kein direkter Pfad und $\alpha_0 = 0$. Dadurch werden aus α_0' und α_1' mittelwertfrei Gaußsche Zufallsvariablen und die Amplitude der Einhüllenden entspricht einer *Rayleigh*-Variablen.

> Meist modelliert man Kanäle in denen Mehrwegeauslöschung
> auftritt als Rayleigh-Kanal. Dies hat zwei Gründe. Erstens
> liefert die Berechnung der Bitfehlerrate für den
> Rayleigh-Kanal die untere Schranke und man liegt damit auf
> der sicheren Seite und zweitens erleichtert sich die
> Berechnung der Bitfehlerrate wesentlich weil die
> Rayleighverteilung leichter zu handhaben ist.

8.3.2 CDMA-Rice Modell

Folgende Annahmen werden gemacht:

Übertragung: Mehrbenutzer CDMA-Verbindung zwischen Sender und Empfänger mit K aktiven Teilnehmern. Jeder aktive Teilnehmer beeinflußt den anderen und es tritt MUI-Störung auf.

Kanal: Jeder aktive Teilnehmer hat seinen eigenen Rice-Kanal mit seinen eigenen $N_m^{(k)}$ Mehrwegen. Wobei $N_m^{(k)}$ eine Zufallsvariable ist.

Mehrwege: Für jeden Kanal wird angenommen, daß alle $N_m^{(k)}$ innerhalb einer Chipdauer vom direkten Pfad aus gerechnet ankommen[14].

In (8.50) ist das allgemeine Ausgangssignal eines CDMA-Rice-Kanals für K aktive Teilnehmer mit $N_m^{(k)}$ zufälligen Mehrwegesignalen und der unabhängigen Amplituden $A_i^{(k)}$ des i-ten Mehrweges des k-ten Teilnehmers angegeben. Die $A_i^{(k)}$ sind unabhängige Rice'sche Zufallsvariablen.

$$r(t) = \sum_{k=1}^{K} \cdot \sum_{i=1}^{N_m^{(k)}} \overbrace{A_i^{(k)} A_c \cdot d^{(k)}\left(t - \tau_i^{(k)}\right) \cdot c^{(k)}\left(t - \tau_i^{(k)}\right) \cdot \cos\left(2\pi f_0 t + \varphi_i^{(k)}\right)}^{r_i^{(k)}(t)} \tag{8.50}$$

8.4 Bitfehlerrate im Rice-Schwundkanal

Zur Berechnung der mittleren Bitfehlerrate im Rice-Schwundkanal wird das Übertragungsmodell aufgestellt und anschließend für den Rayleigh-Schwundkanal spezifizieren. Die Berechnung der Bitfehlerrate erfolgt unter folgenden Annahmen:

---

[14]Für den Empfänger bedeutet dies, daß alle $N_m^{(k)}$ Mehrwegekomponenten an der Demodulation teilnehmen.

Übertragung: Half-Duplex Verbindung zwischen Sender und Empfänger. Da nur ein Teilnehmer vorhanden ist ($K = 1$) tritt keine MUI-Störung auf.

Mehrwege: Da nur ein Teilnehmer vorhanden ist tritt nur ein Kanal mit $N_m = 1$ Mehrwegen auf.

Kanal: Rice-Kanal plus AWGN.

Modulation: Kohärente BPSK.

Synchronisation: Der Empfänger sei auf die erste (stärkste) ankommende Signalkomponente (direkter Pfad) synchronisiert.

Aus dem allgemeinen Ausgangssignal des CDMA-Rice-Kanals in (8.50) wird das 2-Wege Modell in (8.51) mit zusätzlichem AWGN spezifiziert.

$$r_1^{(1)}(t) = A_1^{(1)} A_c \cdot d^{(1)}\left(t - \tau_1^{(1)}\right) \cdot c^{(1)}\left(t - \tau_1^{(1)}\right) \cdot \cos\left(2\pi f_0 t + \varphi_1^{(1)}\right) + n(t) \tag{8.51}$$

Da kohärente Demodulation vorausgesetzt wurde ist $\varphi_1^{(1)}$ in (8.51) eine Konstante. Der Erwartungswert der Rice'schen Zufallsvariable ist: $\mathbf{E}\left[2\,\sigma^2 + \alpha_0^2\right]$. Um die mittlere Bitfehlerrate für dieses Empfängereingangssignal zu berechnen, verwendet man die bedingte mittlere Bitfehlerrate in (8.52) mit anschließender Mittelung über alle möglichen Amplitudenwerte (8.53).

$$P_e(A_1^{(1)}) = Q\left(\sqrt{\frac{2\,\mathcal{E}_D}{N_0}} \cdot A_1^{(1)}\right) \tag{8.52}$$

$$\boxed{P_e^{(\text{BPSK})} = \int\limits_0^\infty Q\left(\sqrt{\frac{2\,\mathcal{E}_D}{N_0}} \cdot a_1^{(1)}\right) \cdot p(a_1^{(1)})\, da_1^{(1)}} \tag{8.53}$$

Mit der Annahme, daß sich die Signalleistung auf die Signalpfade gleich aufteilt folgt mit Hilfe des Erwartungswertes der Rice'schen Zufallsvariable (8.54). Die Annahme besagt, daß der Mehrwegeschwund die gesamte mittlere Leistung nicht ändert, sondern es sinkt das effektive *SNR* wegen der Zufälligkeit in der Signalamplitude auf $SNR = \frac{1}{N_m} \frac{\mathcal{E}_D}{N_0}$.

$$\mathbf{E}\left[A_1^{(1)}\right] = 2\,\sigma^2 + \alpha_0^2 = \frac{1}{N_m} \longrightarrow \alpha_0^2 = \frac{\epsilon}{N_m(1 + \epsilon)} \tag{8.54}$$

$$
\begin{aligned}
P_e^{\text{(BPSK)}} &= Q(u,v) - \tfrac{1}{2}\left(1 + \sqrt{\tfrac{x}{1+x}}\right) \cdot e^{-\frac{1}{2}(u^2+v^2)} \cdot I_0(u \cdot v) \\[2mm]
x &= \frac{SNR}{1+\epsilon} \\[2mm]
\text{mit:} \qquad u &= \sqrt{\frac{\epsilon[1+2x-2\sqrt{x(1+x)}]}{2(1+x)}} \\[2mm]
v &= \sqrt{\frac{\epsilon[1+2x+2\sqrt{x(1+x)}]}{2(1+x)}} \\[2mm]
Q(u,v) &= \int\limits_{v}^{\infty} e^{-\frac{1}{2}(u^2+x^2)} \cdot x \cdot I_0(u \cdot x)\, dx
\end{aligned}
\tag{8.55}
$$

In (8.55) ist die mittlere Bitfehlerrate im Rice-Schwundkanal für bipolare Signalisierung angegeben.

Einsetzen der Ricedichte aus (8.49) in (8.53) mit anschließendem ausintegrieren liefert (8.55). Daraus erkennt man, daß die mittlere Bitfehlerrate im Rice'schen Schwundkanal von der Anzahl der Mehrwege N_m, vom Schwundfaktor ϵ, von der Länge des Direct-Sequence Signals L und vom gesamten $\mathcal{E}_D/N_0$ abhängt. Spezifiziert man (8.55) für $\epsilon = \infty$ so erhält man (8.56), die mittlere Bitfehlerrate in einem AWGN-Kanal für bipolare Signalisierung (BPSK-Modulation). Spezifiziert man (8.55) für $\epsilon = 0$, so erhält man (8.56) die mittlere Bitfehlerrate[15] in einem Rayleigh-Schwundkanal. Die Abb.8.12 zeigt die zu erwartende mittlere Bitfehlerrate im Rayleigh-Schwundkanal (2-Wege Modell $\rightarrow N_m = 1$) für eine Punkt-zu-Punkt Verbindung eines Nicht-Spread-Spectrum Systems (Kurve 1) und eines Spread-Spectrum Systems mit Codelänge $L = 63$ (Kurve 2). Die anderen Kurven sind für das gleiche Spread-Spectrum System in einer idealen CDMA-Umgebung ($K = 4, 20$).

$$
\begin{aligned}
\epsilon = \infty \quad \ldots \quad &\text{kein Schwund} \quad \rightarrow \quad P_e = Q\left(\sqrt{2\,SNR}\right) \\[2mm]
\epsilon = 0 \quad \ldots \quad &\text{Rayleigh-Schwund} \quad \rightarrow \quad P_e = 1 - \tfrac{1}{2}(1 + \sqrt{x}) = \tfrac{1}{2}(1 - \sqrt{x})
\end{aligned}
\tag{8.56}
$$

BEISPIEL 8.2 (RAYLEIGH-SCHWUND) *Ermitteln Sie das notwendige SNR, damit die mittlere Bitfehlerrate des Mehrwegeunterdrückungsempfängers 10^{-3} nicht übersteigt. Es wird BPSK-Modulation angenommen. Vom Kanal ist bekannt, daß es sich um einen Rayleigh-Schwundkanal handelt indem nur ein Echo existiert. Vergleichen Sie das Ergebnis mit einem äquivalenten System im AWGN-Kanal.*

Es handelt sich um kein Spread-Spectrum System ($\rightarrow K = 1, N_m = 1, L = 1$). Aus Abb.8.12 liest man aus der Kurve 1 für ein $P_e = 10^{-3}$ ein $SNR = 24\ dB$ ab. Vergleicht man dies mit dem äquivalenten System für einen AWGN-Kanal in Abb.E.7 (Kurve 1) so ergibt sich dafür ein $SNR = 6,7\ dB$. Daraus folgt eine SNR-Verschlechterung um $17,3\ dB$.

---

[15] $Q(0,0) = 1, I_0(0) = 1$.

Aus Abb.8.12 erkennt man das der Unterschied zwischen einem konventionellen BPSK-System (Kurve 1) und einem Spread-Spectrum System (Kurve 2) einer SNR-Verbesserung um den Prozeßgewinn entspricht. Für ein **CDMA**-Netz verschlechtert sich die mittlere Bitfehlerrate mit zunehmender Teilnehmerzahl. Die Abb.8.14 vergleicht den Mehrwegeunter drückungsempfänger mit dem **RAKE**-Empfänger für gleiche Teilnehmerzahl und Mehrwegestatistik. Es zeigt sich deutlich ein Unterschied (Faktor 700) des Sättigungswertes für gutes SNR.

Ist das empfangene SNR sehr klein so liefert die Für schlechtes SNR ergibt sich für die Datendetektion durch die Struktur des **RAKE**-Empfängers eine SNR-Verbesserung von etwa 10 dB auf.

8.4.1 Bekämpfung der Mehrwege

Im Folgenden werden einige Maßnahmen zur Reduktion des Mehrwegeeinflusses angegeben. Einige Möglichkeiten zur Reduktion des Signalschwundes verursacht durch Mehrwege sind in Tab.8.1 aufgezählt. Dieser kann durch verschiedene *Signalzusammenführungstechniken (Combining)* erreicht werden [Lee93/1]. Die wichtigsten Vertreter sind in Tab.8.2 angeführt. In Tab.8.3 sind die wichtigsten Arten der Signalseparierung (unkorreliert machen) angegeben.

Reduktion des Mehrwegeeinflusses	
1	Geschickte Signalzusammenführungstechniken.
2	Anwendung von Signalseparierungstechniken.
3	Codierung.
4	Anwendung der Spread-Spectrum Technik.
5	**RAKE**-Empfänger.

Tabelle 8.1: Reduktion des Mehrwegeeinflusses.

Arten der Signalzusammenführung	
1	Angepaßt (selective).
2	Geschaltete (switched).
3	Maximales SNR (maximal ratio).
4	Additive (equal gain).

Tabelle 8.2: Arten der Signalzusammenführung.

Die für konventionelle Übertragungsverfahren in Frage kommenden Möglichkeiten zur Reduktion des Mehrwegeeinflusses wird auf [Lee93/1] verwiesen. Die weitere Darstellung beschränkt sich auf die für die Spread-Spectrum Technik spezifischen Möglichkeiten den Mehrwegeschwund herabzusetzen.

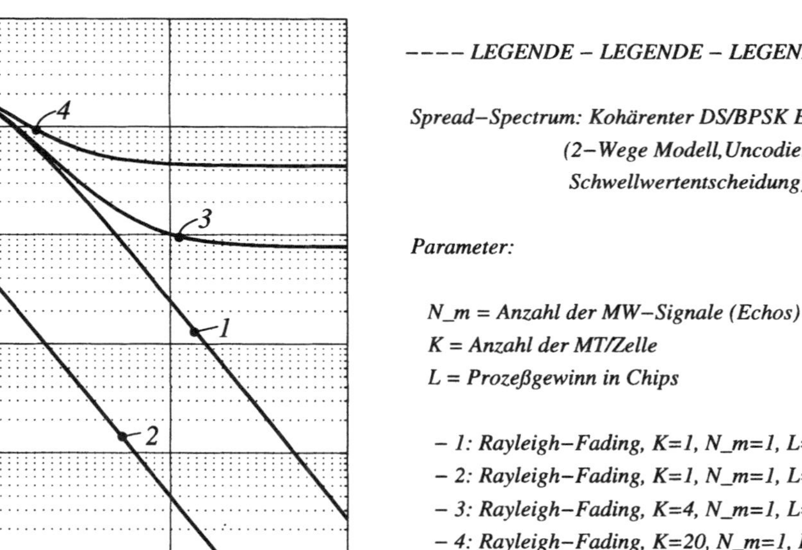

Abbildung 8.12: Vergleich der mittleren Bitfehlerraten für Spread-Spectrum und nicht Spread-Spectrum Systeme. Vorausgesetzt ist eine Punkt-zu-Punkt Verbindung in einem CDMA-Netz mit bipolarer Signalisierung im Rayleigh-Schwundkanal (2-Wege Modell).

Arten der Signalseparierung
1   Räumlich.
2   Zeitlich.
3   Frequenzabhängig.
4   Polaritätsabhängig.
5   Winkelabhängig.
6   Feldkomponentenabhängig.

Tabelle 8.3: Arten der Signalseparierung.

Der Mehrwegeunterdrückungsempfänger wurde bereits in Abschnitt 3.1.9 kurz besprochen und hat gezeigt, daß er mit dem Prozeßgewinn an der Verbesserung beteiligt ist. Der optimale Empfänger im Mehrwegeschwundkanal ist der RAKE-Matched-Filter Empfänger. Er wird im nächsten Abschnitt besprochen.

8.5   RAKE-Empfänger

Der RAKE-Empfänger nutzt die natürliche Sparierungseigenschaft der Spread-Spectrum Übertragung aus, indem er die unkorrelierten Pfade des gleichen Datenbits kohärent aufsummiert. Da die Struktur dieses Empfängers wie ein Gartenrechen aussieht, wird er RAKE-Empfänger genannt.

8.5.1   Punkt-zu-Punkt Verbindung

Der ideale RAKE-Empfänger benötigt die Kenntnis der Phase und Einhüllenden des empfangenen Signals. Dies gelingt nur wenn es sich um langsame Schwundphänomene handel, sodaß diese Werte geschätzt werden können.

Teilnehmer: Nur ein Teilnehmer (Punkt-zu-Punkt Verbindung).

Mehrwege: Jedes der $N_m^{(1)} = N_m$ Mehrwegesignale[16] hat seine unabhängige Amplitude $A_i^{(1)}$ und Phase $\varphi_i^{(1)}$. Die Anzahl der unkorrelierten (unterscheidbaren) Mehrwege ist gegeben durch: $N_m = \lfloor T_m/T_c \rfloor + 1$

Parameter Schätzung: Die Schwundphänomene seien langsam genug (quasi stationär über mindestens zwei Datenbits) um die Parameter $A_i^{(1)}, \varphi_i^{(1)}$ genau genug zu schätzen.

---

[16]Achtung: Wir bezeichnen jetzt mit $N_m^{(1)} = N_m$ die unterscheidbaren Mehrwegekomponenten des Signals, obwohl ein Kontinuum nach dem WSSUS-Kanalmodell an Mehrwegekomponenten vorhanden ist.

Die Abb.8.13 zeigt das Blockschaltbild des RAKE-Empfängers. Die Verzögerungsele-mente mit T_c garantieren unkorrelierte Pfade. Die Leistungsanalyse mit Hilfe der Bitfehlerrate für den RAKE-Empfänger ist in Rice-Schwundkanälen sehr kompliziert und wird daher mit Hilfe des Rayleigh-Schwundkanal in (8.57) als untere Schranke angegeben.

$$\begin{aligned} P_e &= \left(\tfrac{1-\sqrt{x}}{2}\right)^{N_m} \cdot \sum_{i=0}^{N_m-1} \binom{N_m-1+i}{i} \cdot \left(\tfrac{1+\sqrt{x}}{2}\right)^k \\ &\approx \left(\tfrac{1}{2}\right)^{N_m} \cdot \binom{2N_m-1}{N_m} \cdots \begin{array}{l}\text{gute Näherung für}\\ \text{große } SNR\text{'s}\end{array} \\ \underline{\text{mit:}} \quad x &= \tfrac{SNR}{1+SNR}, \quad SNR = \tfrac{1}{N_m}\tfrac{\mathcal{E}_D}{N_0} \end{aligned}$$

$$(8.57)$$

8.5.2 CDMA-Netz

Jetzt muß man die MUI-Störung als Folge der K Teilnehmer berücksichtigen. Dies er-reicht man, indem man ein effektives SNR nach (8.58) annimmt. Weiters wird gleich-bleibende Kanalstatistik für alle Teilnehmer vorausgesetzt. Die mittlere Bitfehlerrate des RAKE-Empfängers berechnet sich mit (8.58), eingesetzt in (8.57). Die Abb.8.14 zeigt ein Beispiel.

$$SNR = \frac{1}{N_m}\left[\frac{1}{\mathcal{E}_D/N_0} + \frac{2(K-1)}{3L}\right]^{-1} \tag{8.58}$$

8.6 Einzelliger DS/CDMA-Mobilfunk

Das Szenario besteht aus einer Zelle[17] (CDMA-Netz) in dessen Mittelpunkt eine fe-ste Basisstation angeordnet ist. Innerhalb der Zelle gibt es eine bestimmte Anzahl an mobilen Teilnehmern, welche über die Basisstation miteinander kommunizieren (Sternstruktur). Als Kanal wird ein Mehrwegekanal angenommen der mit Hilfe des WSSUS-Modells modelliert wird. Weiters werden Abschattung und Pfaddämpfung berücksichtigt. Als Datenquelle wird digitalisierte Sprache angenommen.

Zur Modellierung des einzelligen Mobilfunkszenarios werden folgende Annahmen ge-troffen:

Kanalzugriff: DS/CDMA.

---

[17]Dieses Thema hat eine eigene Sprache mit vielen Dialekten, sodaß es notwendig ist die wichtig-sten Begriffe auf Seite 423 zusammenzufassen.

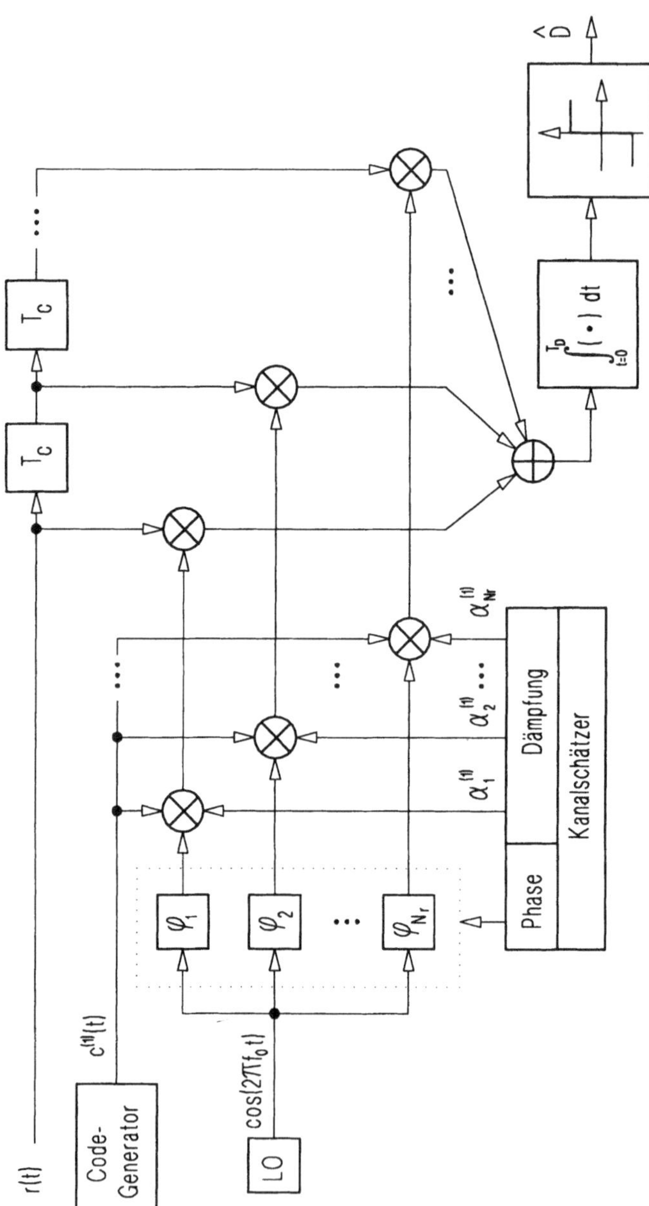

Abbildung 8.13: Blockschaltbild des RAKE-Empfängers mit N_r-Fingern.

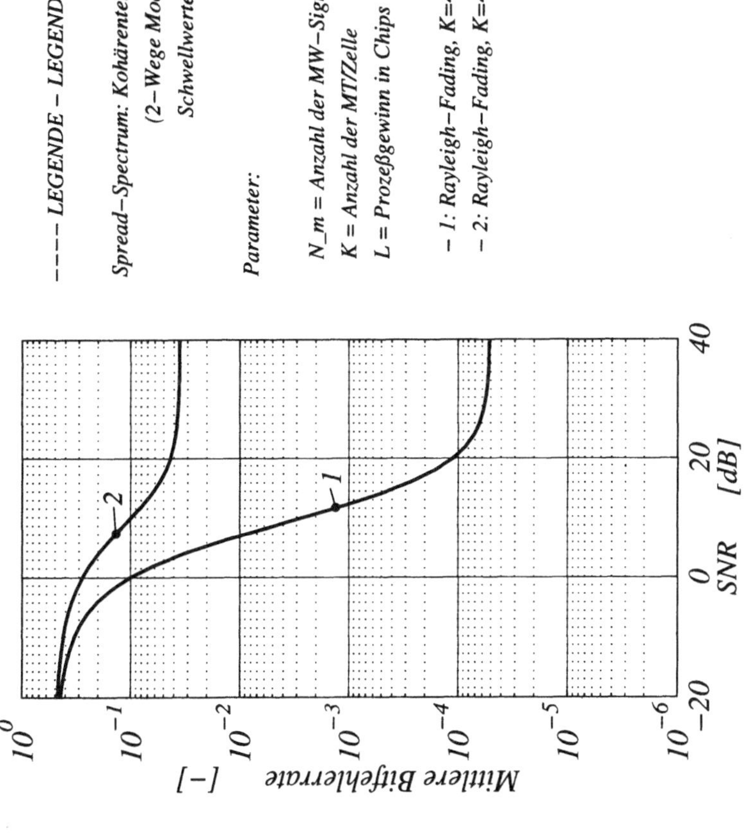

Abbildung 8.14: Mittlere Bitfehlerrate einer bipolaren Nachrichtenübertragung im Rayleigh-Schwundkanal für ein Direct-Sequence Spread-Spectrum System. Vergleich zwischen Mehrwegeunterdrückungsempfänger und **RAKE**-Empfänger für eine Punkt-zu-Punkt Verbindung im **CDMA**-Netz.

Informationsrichtung: Es wird der *Uplink* und der *Downlink* untersucht. Full-Duplex (1 Code/Teilnehmer, Uplink und Downlink in verschiedenen Frequenzbändern).

Netzstruktur: Die Struktur des Netzes besteht aus gleich großen sechseckigen Zellen (Wabenstruktur), welche in einer Ebene liegen. Der Abstand vom Zellenmittelpunkt zu einer Ecke der Zelle ist R.

Teilnehmer: Es werden K aktive mobile Teilnehmer (MT), pro Zelle, angenommen.

Teilnehmerdichte/Zelle: Die Teilnehmerdichte pro Zelle ist gleichverteilt (K/Zellenfläche=Konstant).

Sektorisierung: Keine.

Codes: Es wird angenommen, daß die verwendeten Direct-Sequence Signale ideale Autokorrelationseigenschaften besitzen (Vernachlässigbare Nebenkorrelationen). Dies bedeutet, daß in einem Mehrwegekanal die Selbststörungen MSI nicht auftreten.

Sprechaktivität: Es ist angenommen, daß jeder der K aktiven Teilnehmer ein Dauerredner ohne Sprechpausen ist und ohne Luft zu holen permanent am Kanal präsent ist. D.h. Sprechaktivität ist nicht berücksichtigt. Diese Annahme entspricht einer Datenübertragung.

Kanalstörung: Das Kanalmodell berücksichtigt: Mehrwegeschwund, Pfaddämpfung, MUI und AWGN.

Mehrwegeschwundmodell: Das MIP ist exponentiell abnehmend. Die MIPs jedes Kanals sind gleich.

MUI: Die MUI-Störung wird als AWGN modelliert.

Spread-Spectrum Synchronisation: Durch die Annahme eines exponentiellen MIP ist der direkte Pfad (*0-te Pfad*) der stärkste Pfad und unterscheidet sich wesentlich von den Echos. Dadurch ist es der Spread-Spectrum Synchronisation möglich die Nullphase des Codes im direkten Pfad zu finden. Aus diesem Grund wird angenommen, daß die Spread-Spectrum Codes in jedem Korrelator[18] (Lokale Referenz und Code im direkten Pfad) perfekt synchronisiert sind.

Uplink: Protokoll: Asynchrone Codenullphasen. Da über die Codenullphase der einzelnen MT keine Aussage gemacht werden kann, muß man sie als gleichverteilte Zufallsvariable auffassen. Siehe Abb.8.6.

Modulation: DPSK.

Leistungsregelung: Vorhanden.

Fehlerkorrektur: Für schnelle- und langsame Schwunderscheinungen.

Empfänger: • MWU-Empfänger mit und ohne Leistungsregelung.

---

[18]Also für jeden MT.

- RAKE-Empfänger mit Predetection Selective Combining.
- RAKE-Empfänger mit Equal Gain Combining.

Downlink Protokoll: Synchrone Codenullphasen. Siehe Abb.8.5.

Modulation: DPSK.

Leistungsregelung: Vorhanden.

Empfänger: RAKE-Empfänger mit Predetection Selective Combining. Der MWU-Empfänger wird aus dem RAKE-Empfänger spezifiziert.

Aus den Annahmen ist ersichtlich, daß ein wesentlicher Vorteil der DS/CDMA-Übertragung, nämlich die reale *Sprechaktivität* unberücksichtigt bleibt. Daher sind die zu erwartenden Ergebnisse als obere Schranke anzusehen.

Berechnet wird die auf die Zellenfläche bezogene, mittlere Bitfehlerrate für die folgenden zwei Empfängertypen:

1. Der Mehrwegeunterdrückungsempfänger (MWU-Empfänger) entspricht einem gewöhnlichen Direct-Sequence Empfänger, der die Eigenschaft der Mehrwegeunterdrückung[19] ausnützt, aber nur den stärkste Signalweg nutzt.

2. RAKE-Empfänger mit idealer Leistungsregelung. Er nutzt die Mehrwegekomponenten in der Datendetektion.

Vorerst wird das Kanalmodell entwickelt.

8.6.1 Mehrwegeschwundmodell - WSSUS

Im terrestrischen Mobilfunk tritt neben anderen Effekten zwischen Sender und Empfänger, auf Grund der Beschaffenheit des Übertragungskanals ein Kontinuum an Mehrwegesignalen auf. In Abb.8.15 ist die Mehrwegesituation in Form eines Blockschaltbildes dargestellt. Die Abb.8.16 zeigt beispielhaft die Kanalimpulsantwort für vier Mehrwegesituationen, welche zu den Zeitpunkten t_a, t_b, t_c und t_d, verursacht durch die Bewegung des MT auftreten könnten.

Das am häufigsten verwendete Modell für Mehrwegeschwundkanäle[20] ist das *Quasi stationäre Modell mit unkorrelierten Mehrwegesignalen* (WSSUS - Wide Sense Stationary Uncorrelated Scatter). Die zeitabhängige Impulsantwort des Kanals in equivalenter Tiefpaßdarstellung mit f_0 als Trägerfrequenz und $\alpha(\tau; t)$ als Signaldämpfung ist in (8.59) gegeben.

---

[19]Siehe Seite 115.
[20]Ganz allgemein für zeitvariante Kanäle.

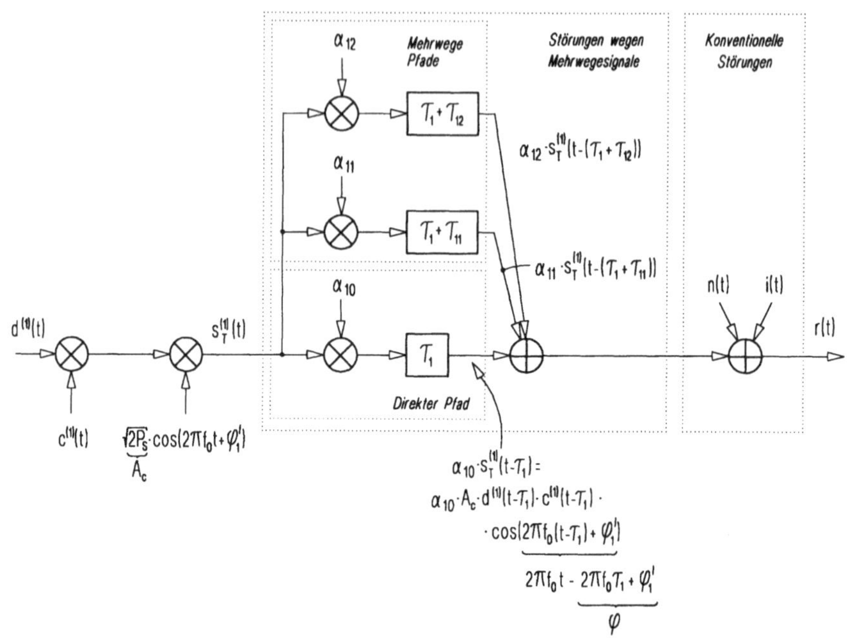

Abbildung 8.15: Diskrete Mehrwegesituation $N_m = 3$.

$$h(\tau; t) = \alpha(\tau; t) \cdot e^{-j2\pi f_0 \tau} \tag{8.59}$$

Die Tiefpaßimpulsantwort in (8.59) entspricht einem komplexen Gaußschen Zufallsprozeß dessen komplexe Autokorrelationsfunktion in (8.60) gegeben ist.

$$\frac{1}{2}\mathbf{E}\left[\,h^*(\tau_1; t)\,h(\tau_2; t+\Delta t)\,\right] = \mathbf{Q}\,(\tau_1, \Delta t)\,\,\delta(\tau_1 - \tau_2) \tag{8.60}$$

In (8.60) ist $\mathbf{Q}\,(\tau) \equiv \mathbf{Q}\,(\tau, 0)$ das *Mehrwegeintensitätsprofil*[21] (MIP), welches die mittlere Kanalausgangsleistung in Abhängigkeit von τ angibt. Das Mehrwegeintensitätsprofil kann prinzipiell beliebig aussehen und wird als bekannt[22] angenommen. Es hat sich jedoch das *exponentielle* Mehrwegeintensitätsprofil durchgesetzt [Lee93/1], welches auch von Messungen getragen wird. Ein Beispiel ist in Abb.8.17 und 8.18 gegeben.

---

[21] Wird auch als *Delay Power Spectrum* bezeichnet.
[22] Durch Messungen oder Annahmen.

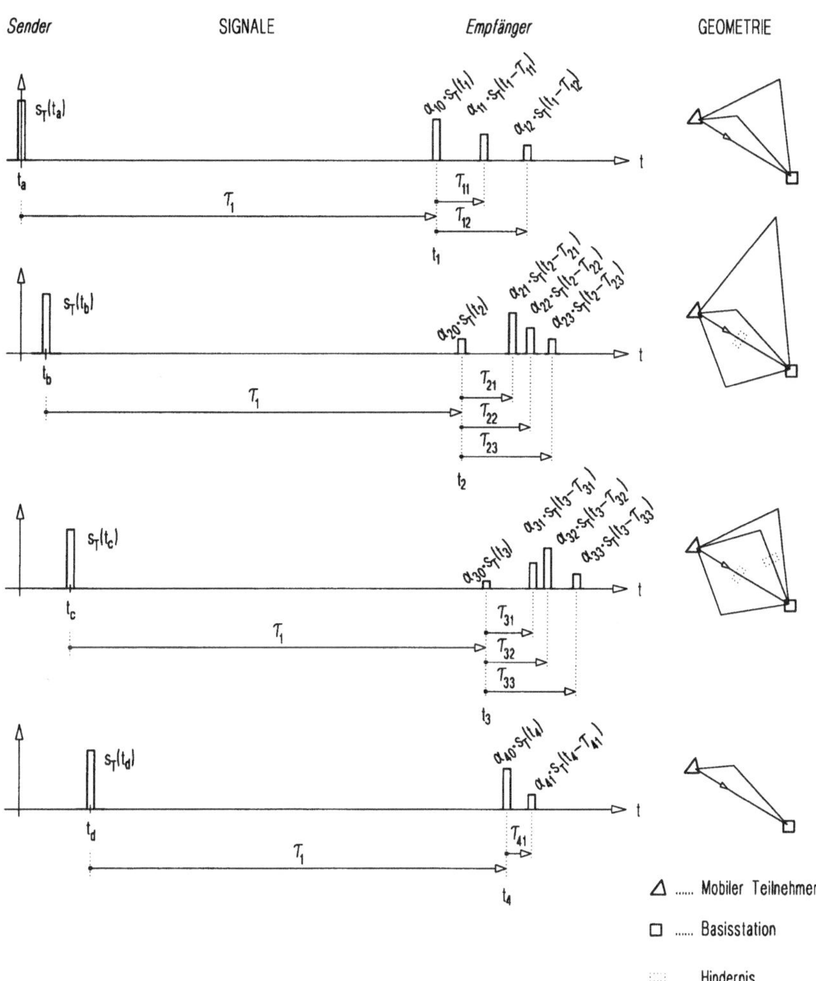

Abbildung 8.16: WSSUS - Kanalmodell.

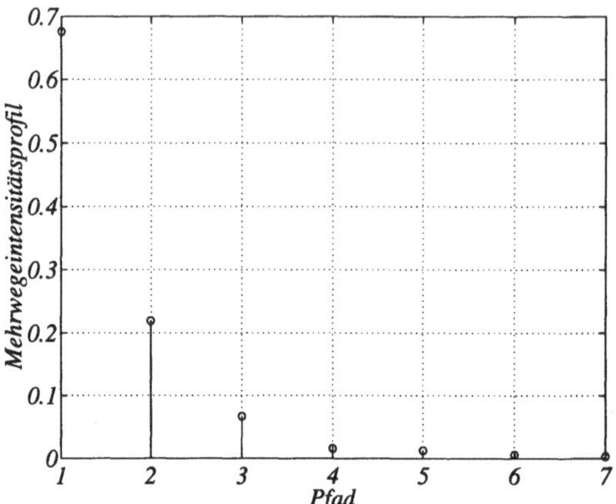

Abbildung 8.17: Mehrwegeintensitätsprofil zu Abb.8.18.

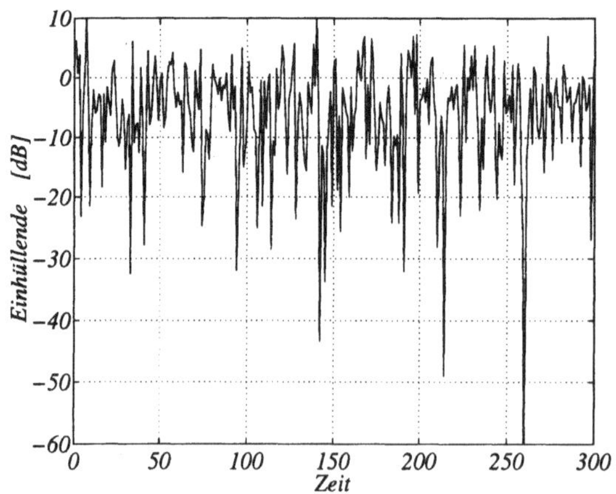

Abbildung 8.18: Musterfunktion eines Rayleigh-Signal.

$$\mathbf{Q}(\tau) = \psi \; e^{-\frac{\tau}{T_{max}}} \qquad 0 \leq \tau \leq T_{max} \tag{8.61}$$

Zur Vereinfachung wird angenommen, daß der Kanal eines jeden Teilnehmers das gleiche $\mathbf{Q}(\tau)$ besitzt mit dem Wissen, daß dies nicht der Realität entspricht. Die Tiefpaßimpulsantwort [Ochsner87] des WSSUS-Kanals wird üblicherweise in kanonischer Darstellung als Verzögerungsleitung mit konstanten Verzögerungen entsprechend der Chipdauer $(\tau = T_c)$ und mit $h_n(t)$ als zeitabhängige Anzapfungsgewichte modelliert.

$$h(\tau; t) = \sum_{n=-\infty}^{\infty} h_n(t)\, \delta(\tau - n\, T_c) \tag{8.62}$$

Für ein Kontinuum an Mehrwegekomponenten sind die Anzapfungsgewichte $h_n(t)$ komplexe gaußsche Zufallsprozesse. Für den WSSUS-Kanal sind die Prozesse unkorreliert und damit unabhängig voneinander. Sind die $h_n(t)$ mittelwertfrei, so sind die Amplitudenbeträge der komplexen gaußschen Zufallsprozesse unabhängig von der Zeit *Rayleigh* verteilt. Überschreitet die Streuung der Mehrwege einen bestimmten Wert T_{max} nicht, so kann das Modell des WSSUS-Kanals in Form der Verzögerungsleitung nach $N_m = \lfloor \frac{T_{max}}{T_c} \rfloor + 1$ Verzögerungen abgebrochen werden. Ändert sich der Kanalzustand innerhalb einiger Datenbit nicht wesentlich, so kann man die Anzapfungsgewichtung als zeitunabhängig annehmen $(h_n(t) \to h_n)$.

Nimmt man an, daß ein mobiler Teilnehmer ein Signal der konstanten Energie $\mathcal{E}_D$ aussendet und am Kanal ein konstantes Hintergrundrauschen $\Phi_n(f) = N_0/2$ über alle Frequenzen vorhanden ist und alle Mehrwege innerhalb T_{max} liegen, so verteilt sich das momentane $\frac{\mathcal{E}_D}{N_0} = \lambda$ auf die Mehrwege.

$$\lambda = \sum_{n=0}^{N_m-1} \lambda_n = \frac{\mathcal{E}_D}{N_0} \sum_{n=0}^{N_m-1} \overbrace{\underbrace{|h_n|}_{Rayleigh}^{2}}^{exponentiell} \tag{8.63}$$

Wenn $|h_n|$ Rayleigh verteilt ist, dann ist $|h_n|^2$ und damit auch λ_n exponentiell verteilt.

$$p_{\lambda_n}(\lambda_n) = \frac{1}{\Lambda_n} \cdot e^{-\frac{\lambda_n}{\Lambda_n}} \tag{8.64}$$

In (8.64) ist $\Lambda_n = \mathbf{E}\left[|h_n|^2\right] \frac{\mathcal{E}_D}{N_0}$. Aus (8.61) folgt die mittlere Kanalausgangsleistung nach der Verzögerung $n\, T_c$ in (8.65).

$$\mathbf{Q}(nT_c) = \psi \; e^{-\frac{n T_c}{T_{max}}} = \psi \; e^{-\frac{n}{\epsilon}} \tag{8.65}$$

$$\mathbf{Q}\left(nT_c + \tau\right) \approx \mathbf{Q}\left(nT_c\right) \qquad 0 \leq \tau \leq T_c \tag{8.66}$$

In (8.65) ist ϵ die maximale Verzögerung relativ zur Chipdauer. Nimmt man an, daß die Kanalimpulsantwort innerhalb einer Chipdauer stationär ist (8.66) so ergibt sich das empfangene zeitunabhängige Λ_n des n-ten Pfades in (8.67).

$$\Lambda_n = T_c\, \mathbf{Q}\left(nT_c\right) \frac{\mathcal{E}_D}{N_0} \tag{8.67}$$

In (8.68) wird das gesamte empfangene mittlere $\frac{\mathcal{E}_D}{N_0}$ berechnet, indem von (8.63) der beidseitige Erwartungswert genommen wird. Weiters wird (8.65) in (8.67) eingesetzt und die Summe ausgewertet.

$$\Lambda = \sum_{n=0}^{N_m-1} \Lambda_n = \frac{\mathcal{E}_D}{N_0}\, T_c\, \psi \frac{1 - e^{-\frac{N_m}{\epsilon}}}{1 - e^{-\frac{1}{\epsilon}}} \tag{8.68}$$

Damit folgt das Λ_n des n-ten Pfades in (8.69). Für die numerischen Angaben wird $\epsilon = N_m - \frac{1}{2}$ eingesetzt.

$$\Lambda_n = \frac{\left[1 - e^{-\frac{1}{\epsilon}}\right] \cdot e^{-\frac{n}{\epsilon}}}{1 - e^{-\frac{N_m}{\epsilon}}} \cdot \Lambda \tag{8.69}$$

8.6.2 Abschattung

Durch Abschattung wird das auf das Datenbit bezogene SNR (λ) durch Gebäude und Berge reduziert. Berge verursachen $\frac{\mathcal{E}_D}{N_0}$-Verluste in Folge von Beugungsphänomenen und Gebäude verursachen $\frac{\mathcal{E}_D}{N_0}$-Verluste in Folge von Streuung. Abschattungsverluste ändern den örtlichen Mittelwert von Λ nur sehr langsam mit der Zeit. Abschattung wird meist als logarithmische Gaußverteilung modelliert. Ist Λ eine logarithmisch gaußverteilte Zufallsvariable, dann ist $\Lambda_{dB} = 10 \log(\Lambda)$ eine Gauß verteilte Zufallsvariable mit Mittelwert $\mathbf{E}\left[\Lambda_{dB}\right]$. Die bedingte Wahrscheinlichkeitsdichtefunktion von Λ_{dB} ist in (8.70) gegeben.

$$p(\Lambda_{dB}|\mathbf{E}\left[\Lambda_{dB}\right]) = \frac{1}{\sqrt{2\pi}\sigma_s}\, e^{-\frac{1}{2\sigma_s^2}\left[\Lambda_{dB} - \mathbf{E}\left[\Lambda_{dB}\right]\right]^2} \tag{8.70}$$

In (8.70) ist $\mathbf{E}[\Lambda_{dB}]$ die mittlere Pfaddämpfung in Dezibel und σ_s die Standardabweichung der Pfaddämpfung. σ_s ist eine Funktion der örtlichen Gegebenheiten in der Zelle und der Antennenhöhe. In zellularen Netzen ist die Wahl dieses Wertes eine kritische Größe, da sie die Nachbarkanalstörung und die Versorgungssicherheit in der Zelle beeinflußt. σ_s variiert zwischen 4 und 12 Dezibel. Tritt keine Abschattung auf, so ist $\mathbf{E}[\Lambda] = \Lambda$ und $p(\Lambda_{dB}|\mathbf{E}[\Lambda_{dB}]) = \delta(\Lambda_{dB} - \mathbf{E}[\Lambda_{dB}])$.

8.6.3 Pfaddämpfung

$$\mathbf{E}[\Lambda] = \begin{cases} \xi^{-\alpha}\Lambda^* & \dots \quad 0 \leq r_n \leq \xi \\[2mm] r_n^{-\alpha}\Lambda^* & \dots \quad \xi \leq r_n \leq 1 \end{cases} \tag{8.71}$$

Für die Pfaddämpfung wird das einfache Modell in (8.71) verwendet. In (8.71) ist r_n die auf den Zellenradius bezogene Entfernung zwischen Sender und Empfänger. Befindet sich der MT in einer Zellenecke so ist sein Abstand zur Basisstation R und $r_n = 1$. Λ^* ist der Wert von $\mathbf{E}[\Lambda]$ in einer Zellenecke ($r_n = 1$). α ist der Dämpfungsexponent ($\alpha = 2$ bei Freiraumausbreitung und $\alpha = 4$ in dicht besiedeltem Gebiet). Der Parameter ξ ist notwendig, wenn der Abstand zwischen Sender und Empfänger zu klein wird. Für die Berechnungen wird $\xi = 0.1$ und $\alpha = 4$ gewählt.

8.6.4 Pfaddämpfung bei gleichverteilten mobilen Teilnehmern

Mit der Annahme, daß die MT gleichverteilt sind ergibt sich die Verteilungsdichte in Polarkoordinaten

$$p_{\text{MT}}(r,\varphi) = \frac{r}{R^2\,\pi} \tag{8.72}$$

mit $0 \leq r \leq R$ und $0 \leq \varphi \leq 2\pi$. Mit Hilfe von (8.72) wird aus (8.71) die Gleichung (8.73).

$$p_{\mathbf{E}[\Lambda]}(\mathbf{E}[\Lambda]) = \frac{\beta^2}{R^2}\cdot\delta\left(\mathbf{E}[\Lambda] - \left[\frac{k_0}{\beta}\right]^\alpha\right) + \frac{2\,k_0^2}{\alpha\,R^2}\cdot\mathbf{E}[\Lambda]^{-\frac{\alpha+2}{\alpha}} \tag{8.73}$$
$$\text{wobei: } \left(\frac{k_0}{R}\right)^\alpha \leq \mathbf{E}[\Lambda] \leq \left(\frac{k_0}{\beta}\right)^\alpha$$

Fordert man, daß an der Zellengrenze $\left(\frac{k_0}{R}\right)^\alpha = \Lambda^*$ sein soll, so wird $k_0 = \frac{1}{r_n}$ und $\xi = \frac{\beta}{R}$ und (8.73) ändert sich auf (8.74). Damit ist man wieder in der Lage durch Vorgabe der Werte Λ^*, ξ und α die Wahrscheinlichkeitsdichte von $\mathbf{E}[\Lambda]$ zu berechnen.

$$p_{\mathbf{E}[\Lambda]}(\mathbf{E}[\Lambda]) \;=\; \xi^2 \cdot \delta\left(\mathbf{E}[\Lambda] - \frac{\Lambda^*}{\xi^\alpha}\right) + \frac{2}{\alpha} \cdot \Lambda^{*\frac{2}{\alpha}} \cdot \mathbf{E}[\Lambda]^{-\frac{\alpha+2}{\alpha}} \tag{8.74}$$

$$\text{wobei: } \Lambda^* \le \mathbf{E}[\Lambda] \le \frac{\Lambda^*}{\xi^\alpha} \tag{8.75}$$

8.6.5 Uplink

Als *Uplink* bezeichnet man die Datenübertragung vom mobilen Teilnehmer zur Basisstation. Die allgemeine Mehrwegesituation für den Uplink ist in Abb.8.19 für drei mobile Teilnehmer skizziert.[23] Jeder der drei Teilnehmer hat bedingt durch seinen nicht vorhersagbaren Aufenthaltsort innerhalb der Zelle eine unterschiedliche Mehrwegesituation. Daher hat ein jeder Teilnehmer seinen eigenen Mehrwegekanal und damit auch sein eigenes MIP. Dies bedingt aber auch, daß die Anzahl der unterscheidbaren Mehrwege eine Zufallszahl ist. Das MIP des MT-1 wird exponentiell langsam abnehmen da sich das $\frac{\mathcal{E}_p}{N_0}$ auf den direkten Pfad und drei relativ gleich starke Mehrwegepfade aufteilt. Die Komponenten des MIP liegen relativ dicht und gleichmäßig nebeneinander. Das MIP des MT-2 besitzt neben dem direkten Pfad ein starkes in unmittelbarer Nähe des direkten Pfades liegendes Echo und ein Echo das merklich später kommt. Das MIP des MT-3 besitzt neben dem direkten Pfad ein deutlich unterscheidbares Echo und ein Echo, das so schwach bei der Basisstation eintrifft, sodaß es vom Hintergrundrauschen kaum unterschieden werden kann[24] (strichliert eingezeichnet). Weiters lassen sich auch die Begriffe: MUI, MSI, Echo und direkter Pfad durch die systematisch Anordnung von $\Lambda_n^{(k)}$ in einer Matrix darstellen. In (8.76) ist eine allgemeine Darstellung der MIP-Verhältnisse für K aktive MT dargestellt. Jede Spalte entspricht einem MT und jede Zeile entspricht einem Pfad, sortiert vom stärksten Pfad (direkter Pfad: 0) bis zum schwächsten Pfad $(N_m^{(k)})$[25].

$$\Lambda = \begin{pmatrix} \Lambda_0^{(1)} & \Lambda_0^{(2)} & \cdots & \Lambda_0^{(K)} \\[4pt] \Lambda_1^{(1)} & \Lambda_1^{(2)} & \cdots & \Lambda_1^{(K)} \\[4pt] \multicolumn{4}{c}{\cdots\cdots\cdots\cdots\cdots\cdots\cdots\cdots} \\[4pt] \cdots & \Lambda_{N_m(2)}^{(2)} & \cdots & \cdots \\[4pt] \Lambda_{N_m(1)}^{(1)} & 0 & \cdots & \cdots \\[4pt] 0 & 0 & \cdots & \cdots \\[4pt] 0 & 0 & 0 & \Lambda_{N_m(K)}^{(K)} \end{pmatrix} \tag{8.76}$$

---

[23] Die Echos sind entsprechend ihrer Intensität nummeriert $(\Lambda_n^{(k)} > \Lambda_{n+1}^{(k)})$.

[24] Ein Spread-Spectrum System kann, durch den Prozeßgewinn auch Echos verwerten, welche für konventionelle Übertragungssysteme bedingt durch das schlechte $\frac{\mathcal{E}_p}{N_0}$ unmöglich sind.

[25] Zu beachten ist, daß im MIP nur mehr Erwartungswerte enthalten sind und daher die Zeitinformation weggemittelt ist. Die einzige Zeitaussage die gemacht werden kann ist durch die Bedingung gegeben, daß K MT gleichzeitig aktiv sind.

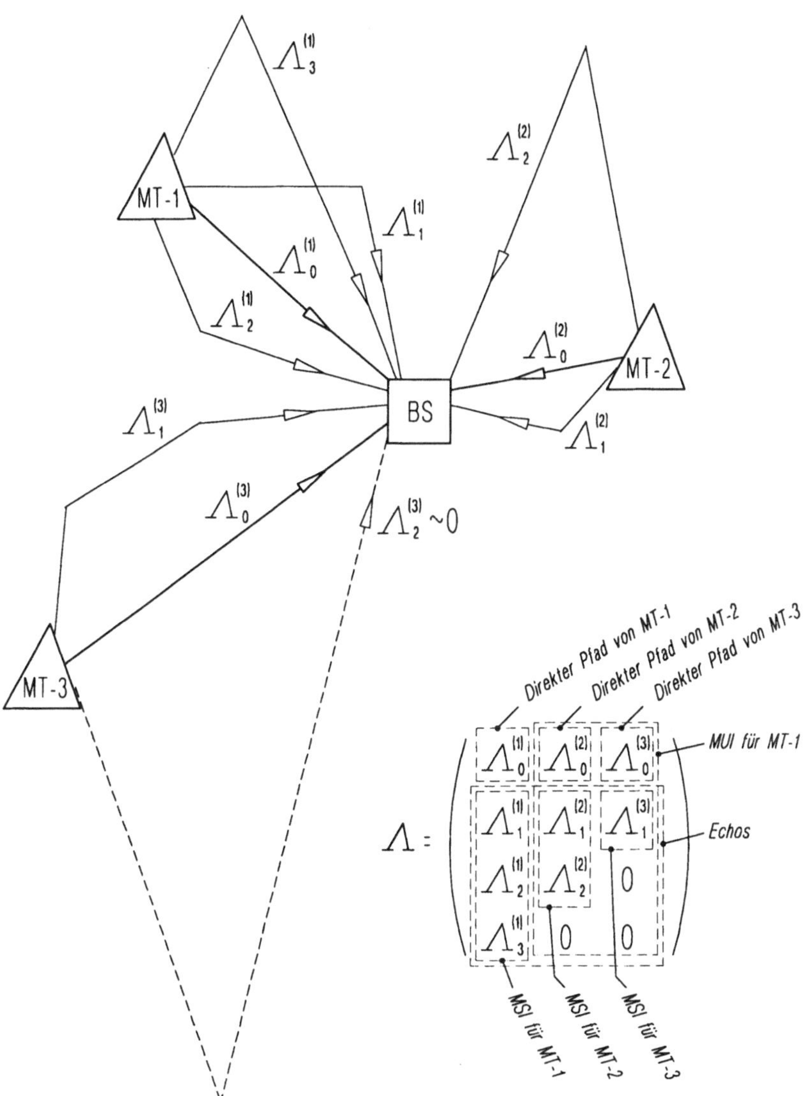

Abbildung 8.19: Uplink: Allgemeine Mehrwegesituation im einem einzelligen Mehrwegeschwundkanal für ein **DS/CDMA**-
Mehrbenutzersystem. Die **MIPs** sind, entsprechend der
realen Verhältnisse, unterschiedlich.

Zur Vereinfachung der Berechnungen wird angenommen, daß jeder Teilnehmer das gleiche exponentiell verteilte MIP besitzt. Damit sind alle Positionen in der Matrix (8.76), wegen $N_m^{(1)} = N_m^{(2)} = \ldots = N_m^{(K)} = N_m$ besetzt.

Aus der Einleitung geht hervor, daß der Uplink die schwache Stelle in der Nachrichtenverbindung darstellt. Da jeder mobile Teilnehmer autonom sein Gespräch führen darf, ist der Datenaustausch asynchron und das Demodulationsverfahren inkohärent. Da die Basisstation eine feste Anlage ist kann etwas mehr Signalverarbeitungsaufwand (kostengünstig) betrieben werden.

Das *DPSK* (Differential Phase Shift Keying)[26] modulierte Uplinksignal trifft bei der Basisstation asynchron in Bezug auf den Beginn der Datenbits der anderen MT ein.

Nimmt man vorerst einmal an es sei nur ein MT (MT-k) in einem Mehrwegeschwundkanal mit N_m-Signalpfaden aktiv. Das gesamte empfangene augenblickliche Verhältnis von Datenbitenergie zu Rauschleistungsdichte ist $\lambda^{(k)} = \sum_{n=0}^{N_m-1} \lambda_n^{(k)}$. Wobei $\lambda_n^{(k)} = |h_n|^2 \mathcal{E}_D/N_0$ ist ($\mathcal{E}_D/N_0 \ldots$ ohne Mehrwegeschwund). Angenommen wurde, daß sich der Kanalzustand für etliche Datenbits nicht wesentlich ändert. Das entsprechende Modell für diese Punkt-zu-Punkt Verbindung ist das in Abschnitt 8.6.1 aufgestellte WSSUS-Modell.

Erweitert man das WSSUS-Modell auf K aktive MT und berücksichtigt das MIP über $\Lambda^{(k)} = \mathbf{E}\left[\lambda^{(k)}\right]$, so berechnet sich das im ξ-ten Empfänger (hat das ξ-te Direct-Sequence Signal als Referenz geladen) über Pfad l empfangene mittlere $\frac{\mathcal{E}_D}{N_0}$ nach (8.77).

$$\Gamma_l^{(\xi)} = \frac{\Lambda_l^{(\xi)}}{1 + G_p^{-1} \sum_{\substack{k=1 \\ k \neq \xi}}^{K} \sum_{n=0}^{N_m-1} \Lambda_n^{(k)}} \tag{8.77}$$

Da die Aufenthaltswahrscheinlichkeit der MT unvorhersagbar ist sind die $\Lambda_n^{(k)}$ Zufallsvariablen und bilden so die Zufallsmatrizen nach (8.78).

$$\mathbf{E}[\Lambda] = \begin{pmatrix} \mathbf{E}\left[\Lambda_0^{(1)}\right] & \cdots & \mathbf{E}\left[\Lambda_0^{(K)}\right] \\ \cdots\cdots\cdots\cdots\cdots\cdots\cdots \\ \mathbf{E}\left[\Lambda_{N_m}^{(1)}\right] & \cdots & \mathbf{E}\left[\Lambda_{N_m}^{(K)}\right] \end{pmatrix} \quad \text{und} \quad \Lambda \begin{pmatrix} \Lambda_0^{(1)} & \cdots & \Lambda_0^{(K)} \\ \cdots\cdots\cdots\cdots \\ \Lambda_{N_m}^{(1)} & \cdots & \Lambda_{N_m}^{(K)} \end{pmatrix} \tag{8.78}$$

Die BER des ξ-ten MT in Abhängigkeit der Pfaddämpfung Λ ist in (8.79) gegeben. Sie ist abhängig vom Modulationsformat $P_e\left(\gamma^{(\xi)}\right)$, welche ihrerseits wiederum abhängig ist vom aktuellen $\gamma^{(\xi)}$ und $p\left(\gamma^{(\xi)}|\mathbf{E}[\Lambda]\right)$ als der bedingten Wahrscheinlichkeitsdichtefunktion von $\Gamma^{(\xi)}$.

---

[26]Siehe [Sklar88].

$$P_e^{(\xi)}(\Lambda) = \int\limits_0^\infty P_e\left(\gamma^{(\xi)}\right) \cdot p\left(\gamma^{(\xi)}|\mathbf{E}\,[\,\Lambda\,]\right)\, d\left(\gamma^{(\xi)}\right) \tag{8.79}$$

Als Modulationsformat wurde DPSK angenommen. In (8.80) ist die Bitfehlerrate für das aktuelle $\gamma^{(\xi)}$ angegeben.

$$P_e\left(\gamma^{(\xi)}\right) = \frac{1}{2} \cdot e^{-\gamma^{(\xi)}}. \tag{8.80}$$

Mittelt man (8.79) über die Wahrscheinlichkeitsdichte von $\mathbf{E}\,[\,\Lambda\,]$, also $p(\mathbf{E}\,[\,\Lambda\,])$ und über die bedingte Wahrscheinlichkeitsdichte von $\Lambda|\mathbf{E}\,[\,\Lambda\,]$, $p(\Lambda|\mathbf{E}\,[\,\Lambda\,])$ so erhält man die auf die Zellenfläche bezogene Bitfehlerrate in (8.81). Beide Wahrscheinlichkeitsdichten beinhalten das WSSUS-Modell, Abschattung und Pfaddämpfung und berechnen sich mit (8.69),(8.70) und (8.74).

$$P_e = \int\limits_{\Lambda^*}^{\Lambda^*/\zeta^\alpha} \int\limits_0^\infty P_e(\Lambda) \cdot p(\Lambda|\mathbf{E}\,[\,\Lambda\,]) \cdot p(\Lambda) \cdot d\,(\Lambda)\, d\,(\mathbf{E}\,[\,\Lambda\,]) \tag{8.81}$$

Die Aussagekraft der über die Zellenfläche gemittelten BER aus (8.81) liegt darin, daß sie das gleiche Ergebnis für jeden Empfänger liefert und daher unabhängig von ξ ist.

Zum Vergleich wird die Bitfehlerrate im AWGN-Kanal (Kein Mehrwegekanal) berechnet. Die dazu benötigte Wahrscheinlichkeitsdichte $p_{\Gamma^{(\xi)}}\left(\gamma^{(\xi)}|\mathbf{E}\,[\,\Lambda\,]\right)$ ist in (8.91) angegeben. Etwas aufwendiger ist diese Dichte für die Mehrwegesituation zu berechnen und wird in den nächsten Abschnitten durchgeführt.

$$p_{\Gamma^{(\xi)}}\left(\gamma^{(\xi)}|\mathbf{E}\,[\,\Lambda\,]\right) = \delta\left(\gamma^{(\xi)} - \frac{\Lambda^{(\xi)}}{1 + G_p^{-1} \sum\limits_{\substack{k=1 \\ k \neq \xi}}^{K} \Lambda^{(k)}}\right) \tag{8.82}$$

8.6.5.1 MWU-Empfänger ohne Leistungsregelung

Als Mehrwegeunterdrückungsempfänger wird der ideale Direct-Sequence Spread-Spectrum Empfänger bezeichnet, dessen Autokorrelation für $\tau \neq 0$ verschwindet. Man kann dieses als natürliches *Diversitätsverhalten* einer Spread-Spectrum Übertragung bezeichnen. Daraus folgt, daß die Eigenstörungen vernachlässigbar sind und in (8.77)

$l = 0$ zu setzen ist. Das gesamte vom Empfänger ξ empfangene $\frac{\mathcal{E}_p}{N_0}$ ist in (8.83) gegeben.

$$\Gamma^{(\xi)} = \Gamma_0^{(\xi)} \tag{8.83}$$

Um $P_e^{(\xi)}(\mathbf{\Lambda})$ in (8.79) zu berechnen benötigt man $p\big(\gamma^{(\xi)}|\mathbf{E}\,[\,\mathbf{\Lambda}\,]\big)$. Dazu faßt man den Nenner in (8.77) in zwei Zufallsvariablen X und Y zusammen.

$$Y = 1 + G_p^{-1} \sum_{\substack{k=1 \\ k \neq \xi}}^{K} \sum_{n=0}^{N_m-1} \lambda_n^{(k)} = 1 + \overbrace{G_p^{-1} \sum_{(k,n)\in U} \lambda_n^{(k)}}^{X} = 1 + X \tag{8.84}$$

Der Übersichtlichkeit wegen wurde in (8.84) die Doppelsumme mit Hilfe des Parametersatzes in (8.85) angegeben.

$$U = \{(k,n) : 1 \leq k \leq K, 0 \leq n \leq N_m - 1, k \neq \xi\} \tag{8.85}$$

Da die $\lambda_n^{(k)}$ unabhängige Zufallsvariablen mit exponentiell verteilter Wahrscheinlichkeitsdichte (8.64) sind, wird X mit Hilfe der Charakteristische Funktion[27] umgeschrieben (8.86).

$$\mathbf{C}_X(j\omega) = \prod_{(k,n)\in U} \left[\frac{1}{1 - j\omega \cdot \dot{G}_p^{-1} \cdot \Lambda_n^{(k)}} \right] \tag{8.86}$$

Mit der Annahme, daß jeder MT oder jeder Pfad ein unterschiedliches $\Lambda_n^{(k)}$ besitzt $(\Lambda_n^{(k)} \neq \Lambda_m^{(l)}, \forall(k \neq l \mid n \neq m))$ wurde die Wahrscheinlichkeitsdichtefunktion in (8.87) für die Zufallsvariable X berechnet.

$$p_X(x) = \sum_{(k,n)\in U} \frac{G_p \cdot N_n^{(k)}}{\Lambda_n^{(k)}} \cdot e^{-\frac{G_p}{\Lambda_n^{(k)}} \cdot x} \tag{8.87}$$

In (8.87) wurde die Hilfsgröße $N_n^{(k)}$ benutzt, welche in (8.88) über $U\backslash(k,n) = \{(l,m) \in U : (l,m) \neq (k,n)\}$ definiert ist.

---

[27]Siehe Abschnitt D.7 auf Seite 680. Durch Anpassung von (8.64) an (D.15) und Erweiterung auf ein Mehrbenutzersystem sind die Ergebnisse des Abschnittes D.3 zu modifizieren. Daraus folgt (8.86) bis (8.88).

$$N_n^{(k)} = \prod_{(l,m)\in U\setminus(k,n)} \left[\frac{\Lambda_n^{(k)}}{\Lambda_n^{(k)} - \Lambda_m^{(l)}} \right] \tag{8.88}$$

In (8.89) ist für die Zufallsvariable $Y = 1 + X$ folgt die Wahrscheinlichkeitsdichtefunktion mit Hilfe der Wahrscheinlichkeitsdichtefunktion der Zufallsvariablen X aus (8.87) angegeben.

$$p_Y(y) = p_X(y-1) \cdot \left| \frac{dX}{dY} \right| = \sum_{(k,n)\in U} \frac{G_p \cdot N_n^{(k)}}{\Lambda_n^{(k)}} \cdot e^{-\frac{G_p}{\Lambda_n^{(k)}}\cdot(y-1)} \tag{8.89}$$

Die Wahrscheinlichkeitsdichte von $\Gamma^{(\xi)} = \frac{\lambda_0^{(\xi)}}{Y}$ ist dann mit (8.90) berechenbar.

$$p_{\Gamma^{(\xi)}}\big(\gamma^{(\xi)}|\mathbf{E}[\,\Lambda\,]\big) = \int\limits_1^\infty p_{\lambda_0^{(\xi)}}\big(t\cdot\gamma^{(\xi)}\big) \cdot p_Y(t) \cdot |t| \cdot dt \tag{8.90}$$

Setzt man in (8.90) die für Teilnehmer ξ modifizierte Wahrscheinlichkeitsdichte aus (8.64) ein und führt die Integration aus, so erhält man (8.91).

$$\begin{aligned}
p_{\Gamma^{(\xi)}}\big(\gamma^{(\xi)}|\mathbf{E}[\,\Lambda\,]\big) &= \frac{1}{\Lambda_0^{(\xi)}} e^{-\frac{\gamma^{(\xi)}}{\Lambda_0^{(\xi)}}} \sum_{(k,n)\in U} N_n^{(k)} \cdot \\
&\quad \cdot \left[\left(\frac{\gamma^{(\xi)}\cdot\Lambda_n^{(k)}}{G_p\cdot\Lambda_0^{(\xi)}} + 1 + \frac{\Lambda_n^{(k)}}{G_p} \right) \left(\frac{\gamma^{(\xi)}\cdot\Lambda_n^{(k)}}{G_p\cdot\Lambda_0^{(\xi)}} + 1 \right)^{-2} \right]
\end{aligned} \tag{8.91}$$

Setzt man (8.91) und (8.80) in (8.79) ein und führt die Integration aus, so erhält man (8.92).

$$\boxed{\begin{aligned}
P_e^{(\xi)}(\Lambda) &= \tfrac{1}{2} \sum_{n=0}^{N_m-1} \sum_{k=1}^{K-1} N_n^{(k)} \cdot \left[1 - \frac{G_p\,\Lambda_0^{(\xi)}}{\Lambda_n^{(k)}} \cdot e^X \cdot \mathfrak{E}_1(X) \right] \\
&\qquad \text{mit: } X = \frac{G_p}{\Lambda_n^{(k)}}\left(1 + \Lambda_0^{(\xi)}\right)
\end{aligned}} \tag{8.92}$$

Das in (8.92) benutzte Exponentialintegral $\mathfrak{E}_1(X)$ ist in Abschnitt C.2.7 auf Seite 654 beschrieben.

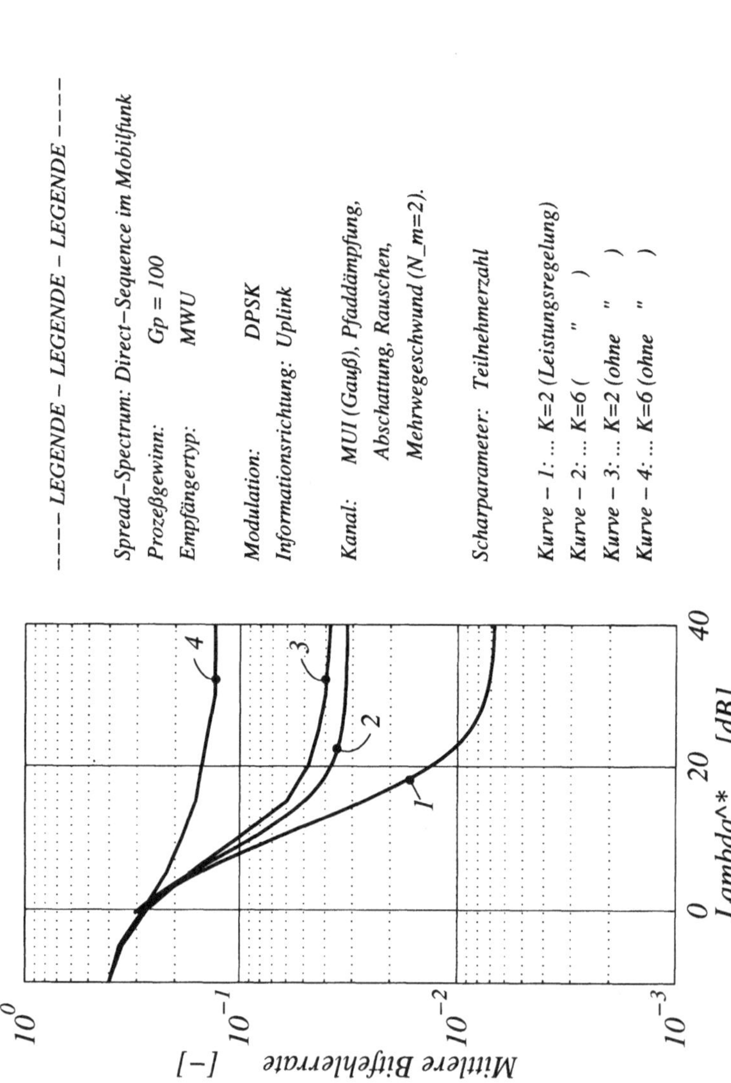

Abbildung 8.20: Uplink: Vergleich der mittleren Bitfehlerrate des MWU-Empfängers mit und ohne Leistungsregelung für unterschiedliche Anzahlen an aktiven Teilnehmern, wenn der Mehrwegeschwund durch das 2-Wege Modell berücksichtigt wird und ein Prozeßgewinn von $G_p = 100$ angenommen wird.

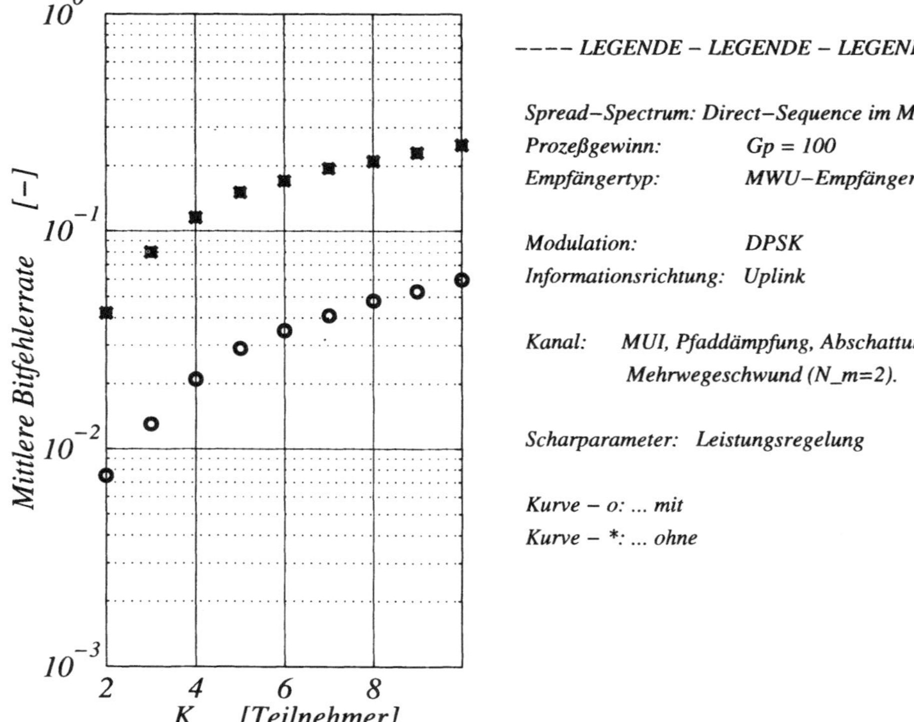

Abbildung 8.21: Uplink: Vergleich der mittleren Bitfehlerrate des MWU-Empfängers mit und ohne Leistungsregelung für das 2-Wege Modell in Abhängigkeit der aktiven Teilnehmer, wenn ein Prozeßgewinn von $G_p = 100$ vorausgesetzt wird. Das Rauschen wurde vernachlässigt ($\Lambda^* = \infty$).

Die Abb.8.20 zeigt, daß die Bitfehlerrate durch den Schwundkanal prinzipiell verschlechtert wird und mit der Anzahl der aktiven Teilnehmer weiter ansteigt. Die Verbesserung durch Leistungsregelung ist unübersehbar. In Abb.8.21 ist die Verschlechterung der Bitfehlerrate in Abhängigkeit der aktiven Teilnehmer mit und ohne Leistungsregelung für das 2-Wege Modell dargestellt. Aus der Abbildung entnimmt man,
daß eine Leistungsregelung eine wesentliche Verbesserung der Bitfehlerrate bringt. Es
ist daher im Uplink unbedingt erforderlich eine Leistungsregelung zu verwenden.

8.6.5.2 MWU-Empfänger mit idealer Leistungsregelung

Um annehmbar kleine Bitfehlerraten zu erhalten ist eine Leistungsregelung unumgäng-
lich. Es wird angenommen, daß die mobilen Teilnehmer ihre Sendeleistung so anpas-
sen, daß die Effekte von Abschattung und Pfaddämpfung kompensiert werden. Die
Leistungsregelung wird nicht benutzt, um die Signaleinbrüche in Folge von Mehrwe-
geauslöschung zu kompensieren. Weiters wird angenommen, daß die gesamte Sendeleistung aller mobilen Teilnehmer gleich bleibt. Das bedeutet für ideale Leistungsregelung, daß jeder mobile Teilnehmer mit der gleichen Leistung an der Antenne der
Basistation auftritt. Mit dieser Annahme wird

$$\Lambda_n^{(k)} = \Lambda_n. \qquad 1 \leq k \leq K \tag{8.93}$$

Für ideale Leistungsregelung ist die Beziehung zwischen Λ und Λ^* in (8.94) gegeben.

$$\Lambda = \frac{K \cdot R^\alpha}{\sum\limits_{k=1}^{K} f(r_k)} \Lambda^* \qquad \text{wobei: } f(r_k) = \left\{ \begin{array}{ll} 1 & r_k < \beta \\ (r_k)^\alpha & r_k \geq \beta \end{array} \right. \tag{8.94}$$

Durch die Annahme, daß alle K Teilnehmer das gleiche MIP besitzen sind die K Zufallsvariablen $\lambda_n^{(k)}$ unabhängige und gleichverteilte Zufallsvariablen mit der in (8.95)
angegebenen Dichte.

$$p_{\lambda_n^{(k)}}(\lambda_n) = \frac{1}{\Lambda_n} e^{-\frac{\lambda_n}{\Lambda_n}} \qquad 1 \leq k \leq K \tag{8.95}$$

Zur Berechnung der Wahrscheinlichkeitsdichtefunktion der Zufallsvariablen $\Gamma^{(\xi)}$ in
(8.83) geht man ähnlich wie ohne Leistungsregelung vor. Man zerlegt den Nenner
in (8.77) in zwei Zufallsvariablen X und Y entsprechend (8.84) mit dem in (8.85)
definierten Parametersatz.

Die Laplacetransformierte der Wahrscheinlichkeitsdichtefunktion von X liefert (8.96).

$$
\mathbf{L}_X(s) = \mathcal{L}\left\{p_X(s)\right\} = \prod_{n=0}^{N_m-1}\left[\frac{G_p}{\Lambda_n\left(s+\frac{G_p}{\Lambda_n}\right)}\right]^{K-1} = \tag{8.96}
$$

$$
= \left[\prod_{n=0}^{N_m-1}\left(\frac{G_p}{\Lambda_n}\right)^{K-1}\right]\cdot\sum_{n=0}^{N_m-1}\sum_{k=0}^{K-2}\frac{1}{k!}\cdot D_n^{(k)}\left[\frac{G_p}{\left(s+\frac{1}{\Lambda_n}\right)^{K-1-k}}\right]
$$

Das in (8.96) vorkommende $D_n^{(k)}$ ist in (8.97) definiert.

$$
D_n^{(k)} = \frac{d^k}{ds^k}\left\{\prod_{\substack{i=0\\i\neq n}}^{N_m-1}(s+a_i)^{1-K}\right\}\Bigg|_{s=-a_n} \qquad \text{mit: } a_n = \frac{G_p}{\Lambda_n} \tag{8.97}
$$

Wendet man die inverse Laplace-Transformation auf (8.96) an, so erhält man die gesuchte Wahrscheinlichkeitsdichte von X.

$$
p_X(x) = \mathcal{L}^{-1}\left\{\mathbf{L}_X(s)\right\} = \tag{8.98}
$$

$$
= \left[\prod_{n=0}^{N_m-1}\left(\frac{G_p}{\Lambda_n}\right)^{K-1}\right]\cdot\sum_{n=1}^{N_m-1}\sum_{k=0}^{K-2}\frac{1}{k!}\cdot D_n^{(k)}\cdot\frac{x^{K-2-k}}{(K-2-k)!}\cdot e^{-\frac{G_p}{\Lambda_n}\cdot x}
$$

Mit (8.98) läßt sich dann wieder die Wahrscheinlichkeitsdichtefunktion der Zufallsvariablen Y, welche in (8.84) definiert ist über (8.89) berechnen.

$$
p_Y(y) = p_X(y-1)\cdot\left|\frac{dX}{dY}\right| = \tag{8.99}
$$

$$
= \left[\prod_{n=0}^{N_m-1}\left(\frac{G_p}{\Lambda_n}\right)^{K-1}\right]\cdot\sum_{n=1}^{N_m-1}\sum_{k=0}^{K-2}\frac{1}{k!}\cdot D_n^{(k)}\cdot\frac{(y-1)^{K-2-k}}{(K-2-k)!}\cdot e^{-\frac{G_p}{\Lambda_n}\cdot(y-1)}
$$

Da X und Y Zufallsvariablen sind muß auch $\Gamma^{(\xi)} = \frac{\lambda_0^{(\xi)}}{Y}$ eine Zufallsvariable sein.

Im Unterschied zur Berechnung ohne Leistungsregelung ist jedoch jetzt mit idealer Leistungsregelung Λ keine Zufallsvariable mehr. Dadurch gibt es auch keine bedingte Wahrscheinlichkeitsdichte mehr ($p_{\Gamma^{(\xi)}}(\gamma^{(\xi)}|\mathbf{E}[\Lambda]) \mapsto p_{\Gamma^{(\xi)}}(\gamma^{(\xi)})$). Damit folgt die Wahrscheinlichkeitsdichte nach (8.90) in (8.100).

$$
p_{\Gamma^{(\xi)}}\left(\gamma^{(\xi)}\right) = \left[\prod_{n=0}^{N_m-1}\left(\frac{G_p}{\Lambda_n}\right)^{K-1}\right]\sum_{n=0}^{N_m-1}\sum_{k=0}^{K-2}\frac{1}{k!}\cdot D_n^{(k)}\cdot\frac{1}{\Lambda_0}\cdot \tag{8.100}
$$

$$
\cdot\left[\frac{\frac{\gamma^{(\xi)}}{\Lambda_0}+\frac{G_p}{\Lambda_n}+K-1-k}{\left(\frac{\gamma^{(\xi)}}{\Lambda_0}+\frac{G_p}{\Lambda_n}\right)^{K-k}}\right]\cdot e^{-\frac{1}{\Lambda_n}\cdot\gamma^{(\xi)}}
$$

Setz man (8.100) und (8.80) in (8.79) ein, so erhält man in (8.101) die auf die Zellenfläche bezogene mittlere Bitfehlerrate.

$$
\boxed{\begin{aligned}
P_e &= \tfrac{1}{2}\left[\prod_{n=0}^{N_m-1}\left(\frac{G_p}{\Lambda_n}\right)^{K-1}\right]\sum_{n=0}^{N_m-1}\sum_{k=0}^{K-2}\left(\frac{D_n^k}{k!}\right)\cdot\left(\frac{\Lambda_n}{G_p}\right)^m\cdot\\
&\quad\cdot\left[1-G_p\frac{\Lambda_0}{\Lambda_n}\cdot e^{X}\cdot\mathfrak{E}_m\left(X\right)\right]\\[2mm]
&\text{mit: } m = K-1-k \qquad X = \frac{G_p}{\Lambda_n}\left(1+\Lambda_0\right)
\end{aligned}}
$$

$$\tag{8.101}$$

In (8.101) ist $\mathfrak{E}_m\left(X\right)$ das Exponentialintegral der Ordnung m mit dem Argument X.

Die auf die Zellenfläche bezogene mittlere Bitfehlerrate ist in Abb.8.22 für das 2-Wege Modell mit und ohne Mehrwegeschwund dargestellt. Aus der Abbildung läßt sich der erwartete Anstieg der Bitfehlerrate als Folge des Mehrwegeschwundes erkennen. Die Abb.8.23 konzentriert sich auf den Mehrwegeeffekt. Sie zeigt, daß sich die Bitfehlerrate bei Zunahme an Mehrwegepfaden qualitativ ähnlich verhält wie wenn die Zahl an aktiven Teilnehmern zunimmt.

8.6.5.3 RAKE-Empfänger mit idealer Leistungsregelung und PSD-Mehrwegezusammenführung

Es wird ein RAKE-Empfänger mit *Predetection Selective Diversity Combining*[28] und idealer Leistungsregelung angenommen.

Durch die Auswahl (Selektion) des stärksten empfangenen Pfades des vom ξ-ten Teilnehmer ausgesandten Signals berechnet sich das für die Datendetektion verfügbare $\Gamma^{(\xi)}$ mit Hilfe von (8.77) zu (8.102).

---

[28] Wird mit PSD-Mehrwegezusammenführung bezeichnet.

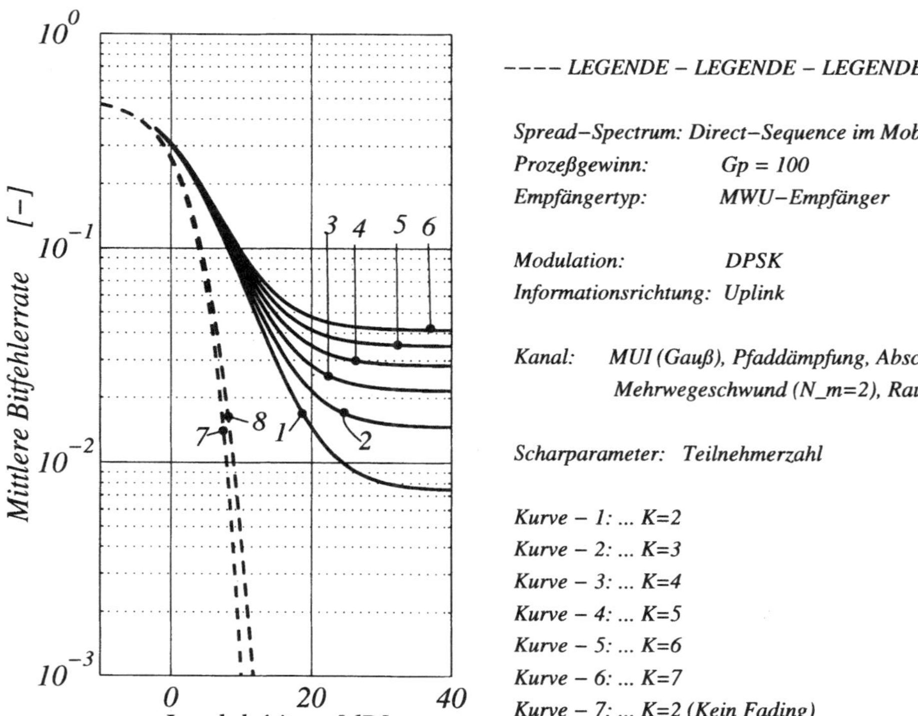

Abbildung 8.22: Uplink: Die auf die Zellenfläche bezogene mittlere Bitfehlerrate des MWU-Empfängers für unterschiedliche Anzahlen an aktiven Teilnehmern mit perfekter Leistungsregelung für das 2-Wege Modell und einem Prozeßgewinn von $G_p = 100$.

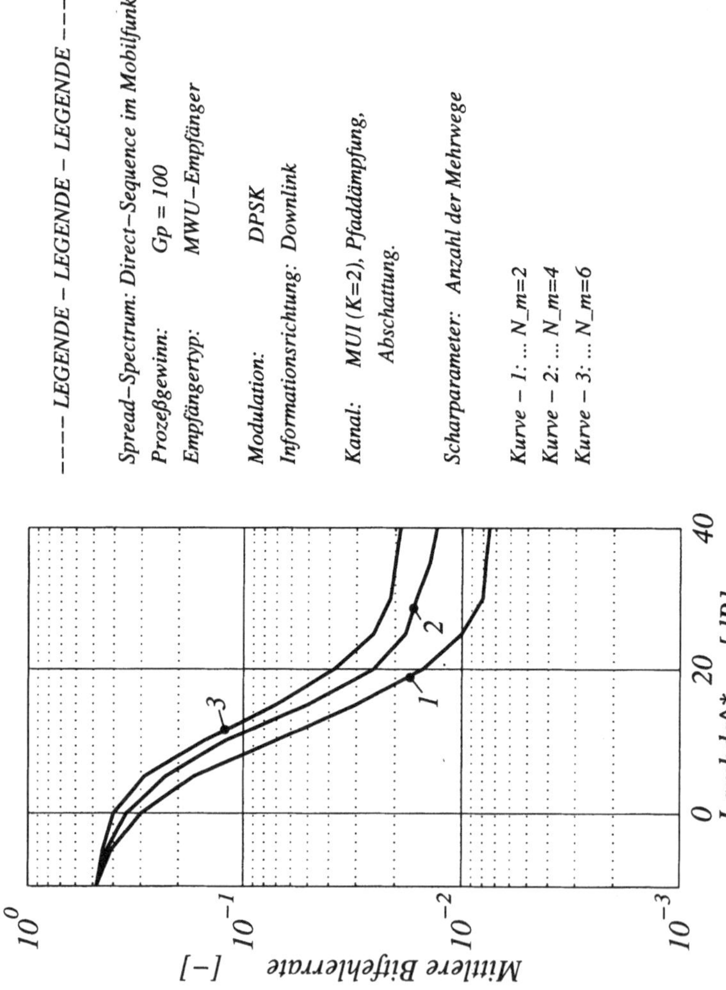

Abbildung 8.23: Uplink: Die auf die Zellenfläche bezogene mittlere Bitfehlerrate des MWU-Empfängers in Abhängigkeit des am Zellenrand herrschenden $\frac{E_D}{N_0}$ und der auftretenden Mehrwegepfade. Angenommen wurde, daß zwei Teilnehmer aktiv sind und ein Prozeßgewinn von $G_p = 100$ vorhanden ist.

$$\Gamma^{(\xi)} \;=\; \max\left\{\Gamma_l^{(\xi)}:\quad 0 \le l \le (N_L - 1)\right\} =$$

$$= \;\frac{\max\left\{\lambda_l^{(\xi)}:\quad 0 \le l \le (N_L - 1)\right\}}{1 + G_p^{-1}\displaystyle\sum_{(k,n)\in U}\lambda_n^{(k)}} = \frac{\lambda_{psd}^{(\xi)}}{1 + G_p^{-1}\displaystyle\sum_{(k,n)\in U}\lambda_n^{(k)}} \tag{8.102}$$

Zerlegt man den Nenner von (8.102) nach dem gleichen Schema wie in (8.84), so ergibt sich die Wahrscheinlichkeitsdichte für die Zufallsvariable Y nach (8.99).

Die statistische Beschreibung der Zufallsvariable $\lambda_{psd}^{(\xi)}$ im Zähler von (8.102) erfolgt mit der Wahrscheinlichkeitsdichtefunktion $p_{\lambda_{psd}^{(\xi)}}\!\left(\lambda^{(\xi)}\right)$.

$$p_{\lambda_{psd}^{(\xi)}}\!\left(\lambda^{(\xi)}\right) \;=\; \frac{d}{d\,\lambda^{(\xi)}}\left\{\prod_{l=0}^{N_L-1}\left[1 - e^{-\frac{\lambda^{(\xi)}}{\Lambda_l^{(\xi)}}}\right]\right\} =$$

$$= \;\sum_{l=1}^{N_L-1}\;\sum_{n_1,\dots,n_l}(-1)^{l+1}\cdot B_l \cdot e^{-\lambda^{(\xi)}\cdot B_l} \tag{8.103}$$

In (8.103) charakterisiert $\displaystyle\sum_{n_1,\dots,n_l}$ die Summation über die l Elemente enthaltenden Untermengen der gesamten Menge $\{0, 1, 2, \dots, N_L - 1\}$ und B_l ist in (8.104) gegeben.

$$B_l = \frac{1}{\Lambda_{n_1}^{(\xi)}} + \cdots + \frac{1}{\Lambda_{n_l}^{(\xi)}} \tag{8.104}$$

Die Wahrscheinlichkeitsdichte für $\Gamma^{(\xi)} = \frac{\lambda_{psd}^{(\xi)}}{Y}$ aus (8.102) ergibt sich ganz allgemein nach (8.105).

$$p_{\Gamma^{(\xi)}}\!\left(\gamma^{(\xi)}\right) = \int\limits_{1}^{\infty} p_{\lambda_{psd}^{(\xi)}}\!\left(t\cdot\gamma^{(\xi)}\right)\cdot p_Y(t)\cdot |t|\cdot dt \tag{8.105}$$

Setzt man (8.103) und (8.99) in (8.105) ein, so folgt (8.106).

$$p_{\Gamma^{(\xi)}}\!\left(\gamma^{(\xi)}\right) \;=\; \prod_{n=0}^{N_m-1}\left(\frac{G_p}{\Lambda_n}\right)^{K-1}\cdot\sum_{l=1}^{N_L}\;\sum_{n_1,\dots,n_l}(-1)^{l+1}\sum_{n=0}^{N_m-1}\sum_{k=0}^{K-2}\left(\frac{D_n^{(k)}}{k!}\right)\cdot$$

$$\cdot B_l \cdot \left[\frac{\gamma^{(\xi)}\cdot B_l + \frac{G_p}{\Lambda_n} + K - k - 1}{\left(\gamma^{(\xi)}\cdot B_l + \frac{G_p}{\Lambda_n}\right)^{K-k}}\right]\cdot e^{-\gamma^{(\xi)}\cdot B_l} \tag{8.106}$$

Setzt man (8.106) und (8.80) in (8.81) ein und führt die Integration aus so erhält man die, auf die Zellenfläche bezogene, Bitfehlerrate in (8.107).

$$P_e = \frac{1}{2} \cdot \prod_{n=0}^{N_m-1} \left(\frac{G_p}{\Lambda_n}\right)^{K-1} \cdot \sum_{l=1}^{N_L} \sum_{n_1,\dots,n_l} (-1)^{l+1} \sum_{n=0}^{N_m-1} \sum_{k=0}^{K-2} \left(\frac{D_n^{(k)}}{k!}\right) \cdot \left(\frac{\Lambda_n}{G_p}\right)^m \cdot$$
$$\cdot \left[1 - \frac{G_p}{B_l \cdot \Lambda_n} \cdot e^Y \cdot \mathfrak{E}_m(Y)\right] \qquad \text{mit:}$$
$$m = K - 1 - k \qquad D_n^{(k)} = \frac{d^k}{d\,s^k}\left\{ \prod_{\substack{i=0\\ i\neq n}}^{N_L-1} (s+a_i)^{1-K} \right\}\Bigg|_{s=-a_n} \qquad (8.107)$$
$$Y = \frac{G_p}{\Lambda_n}\left(1 + \frac{1}{B_l}\right) \qquad B_l = \frac{1}{\Lambda_{n_1}^{(\xi)}} + \cdots + \frac{1}{\Lambda_{n_l}^{(\xi)}}$$

Die Abb.8.24 zeigt die Verbesserung der Bitfehlerrate in Abhängigkeit der vorhandenen Mehrwege wenn ein RAKE-Empfänger eingesetzt wird. Die horizontale Achse in Abb.8.24 zeigt die Zahl der vorhandenen Mehrwege N_m. Die im RAKE-Empfänger implementierte Anzahl an aufsummierten Mehrwegen ist N_L. Der RAKE-Empfänger degeneriert zum Mehrwegeunterdrückungsempfänger wenn $N_L = 1$ ist. Aus Abb.8.25 und Abb.8.26 läßt sich die typische V-Form der Kurven erkennen, welche folgendermaßen zustande kommt: Das Minimum der V-Kurve ergibt sich wenn $N_L = N_m$ ist. Dieser optimale Fall ist dadurch ausgezeichnet, weil der RAKE-Empfänger alle Mehrwegekomponenten aufsummiert. Ist die Anzahl an tatsächlichen Mehrwegekomponenten größer als die vom RAKE-Empfänger aufsummierte, so verschlechtert sich die Bitfehlerrate, weil im Datendetektionsprozeß Signalanteile verloren gehen. Summiert der RAKE-Empfänger jedoch mehr Mehrwegepfade auf als tatsächlich vorhanden sind, so verschlechtert sich die Bitfehlerrate, weil die Varianz der Störung bei gleichbleibendem Signalanteil zunimmt.

8.6.5.4 RAKE-Empfänger mit idealer Leistungsregelung und PEG-Mehrwegezusammenführung

Im Unterschied zum vorangegangenen Abschnitt wird in diesem Abschnitt als Mehrwegezusammenführtechnik *Postdetection Equal Gain Combining*[29] angenommen. Für diesen RAKE-Empfänger berechnet sich das für die Datendetektion verfügbare $\Gamma^{(\xi)}$ mit Hilfe von (8.77) in (8.108).

$$\Gamma^{(\xi)} = \sum_{l=0}^{N_L-1} \Gamma_l^{(\xi)} = \frac{\sum_{l=0}^{N_L-1} \lambda_l^{(\xi)}}{1 + G_p^{-1} \sum_{(k,n)\in U} \lambda_n^{(k)}} = \frac{\lambda_{peg}^{(\xi)}}{1 + G_p^{-1} \sum_{(k,n)\in U} \lambda_n^{(k)}} \qquad (8.108)$$

---

[29]Wird als PEG-Mehrwegezusammenführung bezeichnet.

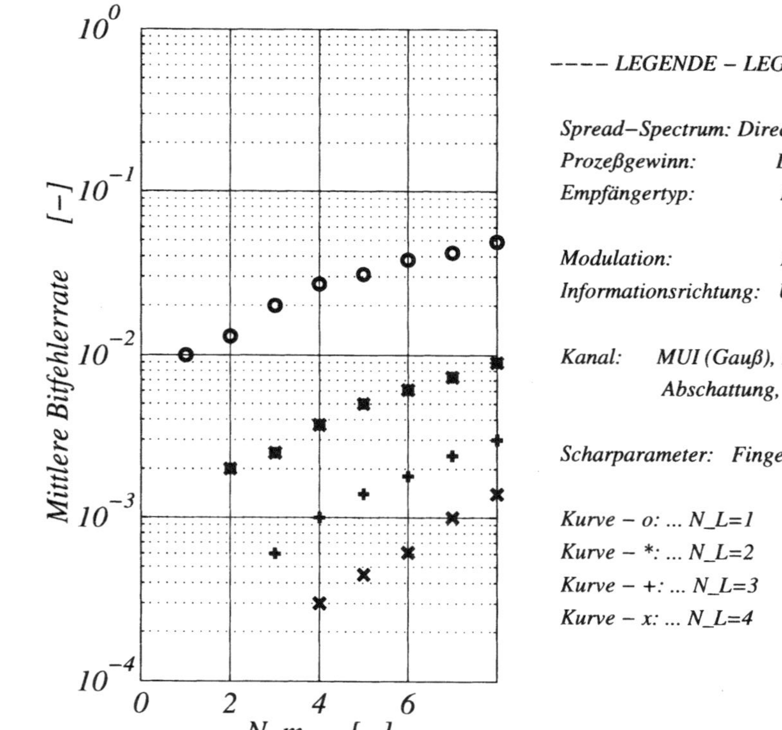

Abbildung 8.24: Uplink: Die auf die Zellenfläche bezogene mittlere Bitfehlerrate eines mit 4 Fingern ($N_L = 4$) ausgestatteten RAKE-Empfängers mit PSD-Mehrwegezusammenführung. Vorausgesetzt wurde ideale Leistungsregelung, vernachlässigbares Rauschen, drei aktive Teilnehmer und ein Prozeßgewinn von $G_p = 100$.

Die Wahrscheinlichkeitsdichtefunktion des Nenner entspricht wieder (8.99), sodaß nur die Wahrscheinlichkeitsdichtefunktion des Zählers zur Berechnung übrig bleibt.

$$p_{\lambda_{peg}^{(\xi)}}\left(\lambda^{(\xi)}\right) = \sum_{l=0}^{N_L-1} \frac{C_l}{\Lambda_l^{(\xi)}} \cdot e^{-\frac{\lambda^{(\xi)}}{\Lambda_l^{(\xi)}}} \tag{8.109}$$

In (8.109) wurde die Substitution C_l aus (8.110) verwendet.

$$C_l = \prod_{\substack{i=0 \\ i \neq l}}^{N_L-1} \frac{\Lambda_l^{(\xi)}}{\Lambda_l^{(\xi)} - \Lambda_i^{(\xi)}} \tag{8.110}$$

Setzt man (8.109) und (8.99) in (8.105) ein, so folgt (8.111).

$$p_{\Gamma^{(\xi)}}\left(\gamma^{(\xi)}\right) = \prod_{n=0}^{N_m-1} \left(\frac{G_p}{\Lambda_n}\right)^{K-1} \cdot \sum_{l=0}^{N_L-1} \cdot \sum_{n=0}^{N_m-1} \cdot \sum_{k=0}^{K-2} \left(\frac{D_n^{(k)}}{k!}\right) \cdot \left(\frac{C_l}{\Lambda_l^{(\xi)}}\right) \cdot$$
$$\cdot \left[\frac{\frac{\gamma^{(\xi)}}{\Lambda_l^{(\xi)}} + \frac{G_p}{\Lambda_n} + K - k - 1}{\left(\frac{\gamma^{(\xi)}}{\Lambda_l^{(\xi)}} + \frac{G_p}{\Lambda_n}\right)^{K-k}}\right] \cdot e^{-\frac{\gamma^{(\xi)}}{\Lambda_l^{(\xi)}}} \tag{8.111}$$

In (8.112) ist die Bitfehlerrate für DPSK-Detektion und PEG-Mehrwegezusammenführung in Abhängigkeit des während der Datendetektion verarbeiteten, gesamten momentanen $\frac{\mathcal{E}_p}{N_0}$ angegeben [Proakis83].

$$P_e\left(\gamma^{(\xi)}\right) = \frac{1}{2^{2N_L-1}} \cdot e^{\gamma^{(\xi)}} \sum_{l=0}^{N_L-1} b_l \cdot \left(\gamma^{(\xi)}\right)^l \tag{8.112}$$

In (8.112) wurde die Substitution aus (8.113) benutzt.

$$b_l = \frac{1}{l!} \sum_{n=0}^{N_L-1-l} \binom{2N_L-1}{n} \tag{8.113}$$

Setzt man (8.111) und (8.112) in (8.81) ein und führt die Integration aus so erhält man die auf die Zellenfläche bezogene Bitfehlerrate in (8.114).

$$
\begin{aligned}
P_e &= \tfrac{1}{2} \cdot \prod_{n=0}^{N_m-1} \left(\frac{G_p}{\Lambda_n}\right)^{K-1} \cdot \sum_{l=0}^{N_L-1} \frac{C_l}{\Lambda_l} \cdot \sum_{n=0}^{N_m-1} \sum_{k=0}^{K-2} \left(\frac{D_n^{(k)}}{k!}\right) \cdot \left(\frac{\Lambda_n}{G_p}\right)^{K-1+k} \cdot \\
&\quad \cdot \sum_{r=0}^{N_L-1} b_r \cdot \left(G_p \frac{\Lambda_l}{\Lambda_n}\right)^{r+1} \cdot \sum_{m=0}^{r} \binom{r}{m} (-1)^{r-m} \cdot \\
&\quad \cdot \left\{ Y^{-1} + \left[(m+1-K+k) \cdot Y^{-1} + \frac{\Lambda_n}{G_p} \cdot (K-1+k) \right] \cdot \right. \\
&\quad \left. Y^{-(m+1-K+k)} \cdot e^{Y} \cdot \Gamma(m+1-K+k,Y) \right\}
\end{aligned}
$$

(8.114)

$$
\text{mit:} \quad D_n^{(k)} = \frac{d^k}{ds^k} \left\{ \prod_{\substack{i=0 \\ i \neq n}}^{N_L-1} (s+a_i)^{1-K} \right\} \Bigg|_{s=-a_n}
$$

$$
Y = \frac{G_p}{\Lambda_n}\left(1+\frac{1}{B_l}\right) \quad \text{und} \quad C_l = \prod_{\substack{i=0 \\ i \neq l}}^{N_L-1} \frac{\Lambda_l^{(\xi)}}{\Lambda_l^{(\xi)}-\Lambda_i^{(\xi)}}
$$

In (8.114) ist $\Gamma(x,y)$ die unvollständige Gammafunktion aus (C.12).

Die Abb.8.25 zeigt einen Vergleich der PSD- und PEG-Mehrwegezusammenführung unter gleichen Bedingungen.

8.6.5.5 Fehlerkorrekturcodierung

Eine Datenverwürfelung (Interleaving) wird eingesetzt, um die Speicherfähigkeit des Kanals wirkungslos zu machen. Bei Sprachübertragung ist jedoch eine durch die Verwürfelung verursachte zu große Verzögerung nicht zumutbar. Eine zu schwache Verwürfelung macht jedoch eine Echounterdrückung notwendig. Im Mobilfunk hängt die Schwundrate von der Geschwindigkeit der Teilnehmer ab. Für große Geschwindigkeiten ist eine mittlere Verwürfelung ausreichend.

$$
P_{e,c} \approx \frac{1}{n} \sum_{i=t+1}^{n} i \binom{n}{i} P_e^{i} (1-P_e)^{n-i}
$$

(8.115)

In (8.115) kennzeichnet $P_{e,c}$ die Bitfehlerrate für codierte Übertragung und P_e ist die Bitfehlerrate für uncodierte Übertragung, wenn Λ durch $\rho\,\Lambda$ ersetzt wird und ρ die Coderate ist. In (8.115) ist eine Abschätzung der *Bitfehlerrate für schnelle Schwunderscheinungen* angegeben wenn BCH (n,k) Blockcodierung mit t-facher Fehlerkorrektur verwendet wird.

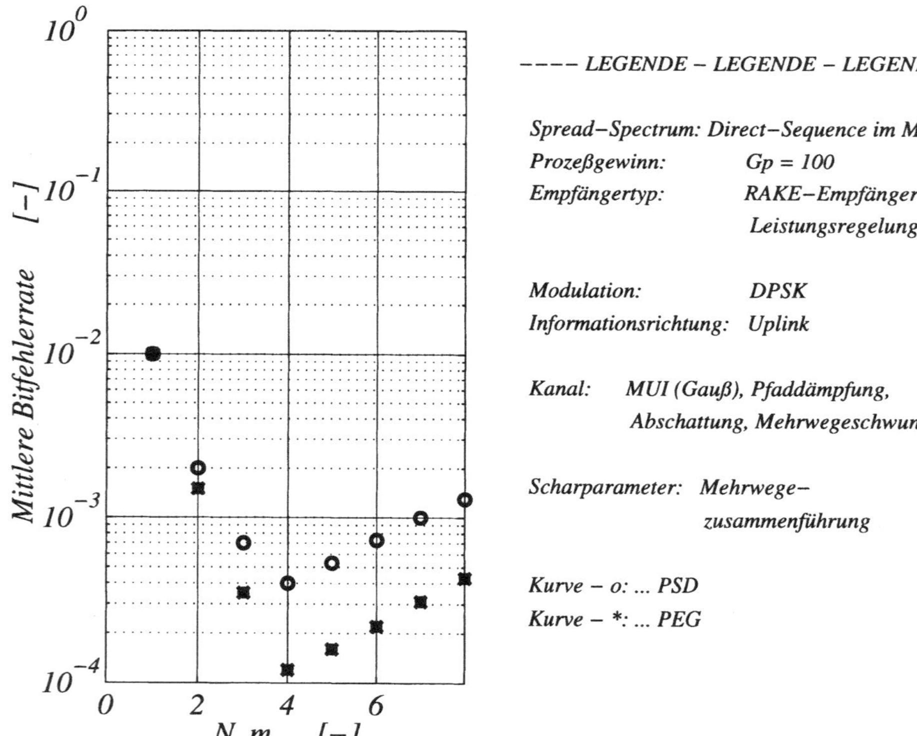

Abbildung 8.25: Uplink: Vergleich der mittleren Bitfehlerrate des RAKE-Empfängers für PSD- und PEG-Mehrwegezusammenführung ($N_L = 4$), wenn drei aktive Teilnehmer vorhanden sind. Vorausgesetzt wird ideale Leistungsregelung, ein Prozeßgewinn von $G_p = 100$ und vernachlässigbares Rauschen.

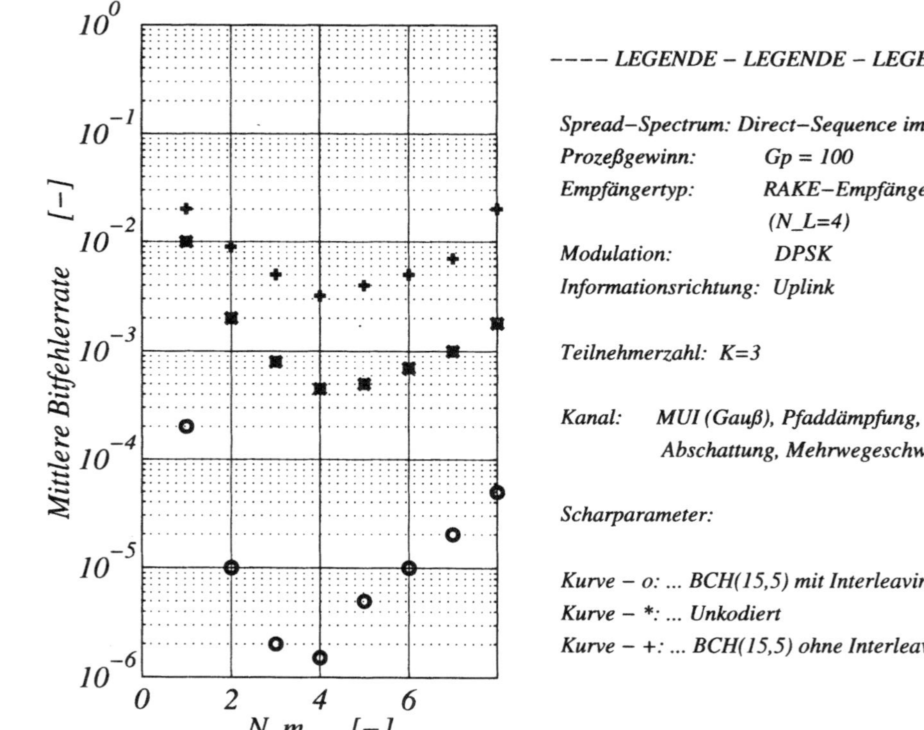

Abbildung 8.26: Uplink: Vergleich der mittleren Bitfehlerrate eines RAKE-Empfängers mit $N_L = 4$ aufsummierten Pfaden und PSD-Mehrwegezusammenführung, wenn eine Fehlerkorrekturcodierung verwendet wird. Vorausgesetzt ist ideale Leistungsregelung und $K = 3$ aktive Teilnehmer, sowie ein Prozeßgewinn von $G_p = 100$.

Eine Abschätzung der *Bitfehlerrate für langsame Schwunderscheinungen* [Sklar88] erhält man durch Auswerten von (8.116).

$$P_{e,c} \approx \int_0^\infty \left[\frac{1}{n} \sum_{i=t+1}^n i \binom{n}{i} P_e(\gamma^{(k)})^i \left(1 - P_e(\gamma^{(k)})\right)^{n-i} \right] \cdot p_{\Gamma^{(\xi)}}(\gamma^{(k)}|\mathbf{\Lambda}) \, d(\gamma^{(k)}) \tag{8.116}$$

Für den RAKE-Empfänger mit PSD-Mehrwegezusammenführung erhält man eine Bitfehlerrate nach (8.117).

$$
\begin{aligned}
P_{e,c} \approx{} & \frac{1}{2m} \left[\prod_{n=0}^{N_m-1} \left(\frac{G_p}{\Lambda_n}\right)^{K-1} \right] \cdot \sum_{t=r+1}^{m} t \cdot \binom{m}{t} \cdot \sum_{i=0}^{m-t} \binom{m-t}{i} (-1)^i \cdot \\
& \cdot \sum_{l=1}^{N_L} \sum_{n_1,\dots,n_l} (-1)^{l+1} \cdot \sum_{n=0}^{N_m-1} \sum_{k=0}^{K-2} \left(\frac{D_n^{(k)}}{k!}\right) \cdot \left(\frac{\Lambda_n}{G_p}\right)^{K-1-k} \cdot \\
& \cdot \left[1 - G_p \cdot \frac{t+i}{B_l \cdot \Lambda_n} \cdot \mathfrak{E}_{K-1-k}(Y) \cdot \mathrm{e}^{Y} \right]
\end{aligned}
$$

mit:

$$Y = \frac{G_p}{\Lambda_n}\left(\frac{1}{\rho} + \frac{t+i}{B_l}\right) \qquad \text{und} \qquad B_l = \frac{1}{\Lambda_{n_1}^{(\xi)}} + \cdots + \frac{1}{\Lambda_{n_l}^{(\xi)}}$$

$$\tag{8.117}$$

Ein Vergleich der Bitfehlerrate kann nur auf der Basis von gleichem Bandbreitebedarf erfolgen. Da sowohl die Codierung als auch der Prozeßgewinn eine Bandbreitenaufweitung verursacht wird der Prozeßgewinn für codierte Übertragung mit $G_P = \rho \cdot G_p$ berücksicht.[30]

Die Abb.8.26 zeigt einen Vergleich der Bitfehlerrate eines RAKE-Empfängers mit $N_L = 4$ und PSD-Mehrwegezusammenführung, wenn die Daten mit einem BCH $(15, k)$ Blockcode[31] codiert sind mit idealer und ohne Bitverwürfelung sowie ohne Codierung. Aus ihr entnimmt man, daß in Kanälen mit langsamen Schwunderscheinungen (Kanal mit Speicher) die fehlerkorrigierende Codierung eine Verschlechterung der Bitfehlerrate bringt und daher der *Prozeßgewinn effektiver* ist als Codierung. Weiters erkennt man, daß in gedächtnislosen Kanälen (schnelle Schwunderscheinung) die Bitfehlerrate wesentlich besser wird, wenn die Coderate abnimmt.

8.6.6 Downlink

Im Downlink sind alle Signale von der Basisstation zu einem bestimmten mobilen Teilnehmer dem gleichen Schwundprozeß unterworfen und es gilt (8.118).

---

[30] G_p ist der Prozeßgewinn für uncodierte Übertragung und ρ ist die Coderate.
[31] *Bose-Chadhuri-Hocquenghem* (BCH) Codes [Sklar88].

$$\lambda_n^{(\xi)} = \lambda_n \qquad 1 \le \xi \le k \tag{8.118}$$

Damit vereinfacht sich (8.77) zu (8.119).

$$\Gamma_l^{(\xi)} = \frac{\lambda_l^{(\xi)}}{1 + G_p^{-1}(K-1)\sum\limits_{n=0}^{N_m-1}\lambda_n} \tag{8.119}$$

Analog zum Uplink (8.78) definiert man den Vektor $\mathbf{\Lambda}$ in (8.120).

$$\mathbf{\Lambda} = [\Lambda_0, \Lambda_1, \ldots, \Lambda_{N_m-1},] \tag{8.120}$$

Wegen der Annahme eines exponentiellen MIP gilt immer: $\Lambda_p \neq \Lambda_k, \quad \forall p \neq k$.

8.6.6.1 RAKE-Empfänger mit PSD-Mehrwegezusammenführung

Es wird ein RAKE-Empfänger mit PSD-Mehrwegezusammenführung und idealer Leistungsregelung angenommen. Durch die Auswahl des stärksten empfangenen Pfades des von der Basisstation für den ξ-ten Teilnehmer ausgesandten Signals berechnet sich das für die Datendetektion verfügbare $\Gamma^{(\xi)}$ mit Hilfe von (8.119) in (8.121).

$$
\begin{aligned}
\Gamma^{(\xi)} &= \max\left\{\Gamma_l^{(\xi)}: \quad 0 \le l \le (N_L-1)\right\} = \frac{\max\left\{\lambda_l^{(\xi)}: \quad 0 \le l \le (N_L-1)\right\}}{1 + G_p^{-1}\cdot(K-1)\cdot\sum\limits_{n=0}^{N_m-1}\lambda_n} \\[2ex]
&= \frac{\lambda_{psd}^{(\xi)}}{1 + G_p^{-1}\cdot(K-1)\cdot\sum\limits_{n=0}^{N_m-1}\lambda_n} = \frac{\lambda_{psd}^{(\xi)}}{1+X} = \frac{\lambda_{psd}^{(\xi)}}{Y}
\end{aligned}
\tag{8.121}
$$

Ähnlich wie in (8.84) zerlegt man den Nenner von (8.121) in die beiden Zufallsvariablen $Y = 1 + X$ und $X = G_p^{-1}\cdot(K-1)\cdot\sum\limits_{n=0}^{N_m-1}\lambda_n$. Die Wahrscheinlichkeitsdichte von X ist in (8.122) gegeben.

$$p_X(x) = \sum_{n=0}^{N_m-1} \frac{G_p\cdot N_n}{(K-1)\cdot\Lambda_n}\cdot e^{-\frac{G_p}{(K-1)\,\Lambda_n}\cdot x} \tag{8.122}$$

In (8.122) wurde die Substitution aus (8.123) eingesetzt.

$$N_n = \prod_{\substack{k=0 \\ k \neq n}}^{N_m-1} \frac{\Lambda_n}{\Lambda_n - \Lambda_k} \tag{8.123}$$

In (8.124) ist mit Hilfe von (8.105) die Wahrscheinlichkeitsdichte von Y berechnet worden.

$$p_Y(y) = \sum_{n=0}^{N_m-1} \frac{G_p \cdot N_n}{(K-1) \cdot \Lambda_n} \cdot e^{-\frac{G_p}{(K-1)\Lambda_n} \cdot (y-1)} \tag{8.124}$$

Setzt man (8.124) und die bereits in (8.103) berechnete Wahrscheinlichkeitsdichtefunktion der Zufallsvariablen $\lambda_{psd}^{(\xi)}$ in (8.121), so folgt die bedingte Wahrscheinlichkeitsdichtefunktion $p_{\Gamma^{(\xi)}|\mathbf{\Lambda}}\big(\gamma^{(\xi)}\big)$ mit Hilfe von (8.105) in (8.125).

$$p_{\Gamma^{(\xi)}|\mathbf{\Lambda}}\big(\gamma^{(\xi)}\big) = \sum_{l=1}^{N_L-1} \cdot \sum_{n_1,\dots,n_l} (-1)^{l+1} \cdot \sum_{n=0}^{N_m-1} N_n \cdot B_l \cdot e^{-\gamma^{(\xi)} \cdot B_l} \cdot$$
$$\cdot \left[\frac{1 + (K-1) \cdot \frac{\Lambda_n}{G_p} \cdot \left[1 + \gamma^{(\xi)} \cdot B_l\right]}{\left(1 + \gamma^{(\xi)} \cdot B_l \cdot (K-1) \cdot \frac{\Lambda_n}{G_p}\right)^2} \right] \tag{8.125}$$

Setzt man (8.125) und (8.80) in (8.79) ein und führt die Integration aus, so erhält man die auf die Zellenfläche bezogene bedingte Bitfehlerrate in (8.126).

$$\boxed{\begin{aligned} P_e^{(\xi)}(\mathbf{\Lambda}) &= \tfrac{1}{2} \sum_{l=1}^{N_L-1} \cdot \sum_{n_1,\dots,n_l} (-1)^{l+1} \cdot \sum_{n=0}^{N_m-1} N_n \cdot \\ &\quad \cdot \left[1 - Y \cdot e^{Y(1+B_l)} \cdot \mathfrak{E}_1\left(Y + Y \cdot B_l\right) \right] \\ &\text{mit:} \quad Y = G_p \cdot \left[B_l(K-1)\Lambda_n\right]^{-1} \end{aligned}} \tag{8.126}$$

Die auf die Zellenfläche bezogene mittlere Bitfehlerrate des **RAKE**-Empfängers mit PDS-Mehrwegezusammenführung erhält man durch numerische Auswertung von (8.81) mit (8.127) und (8.80).

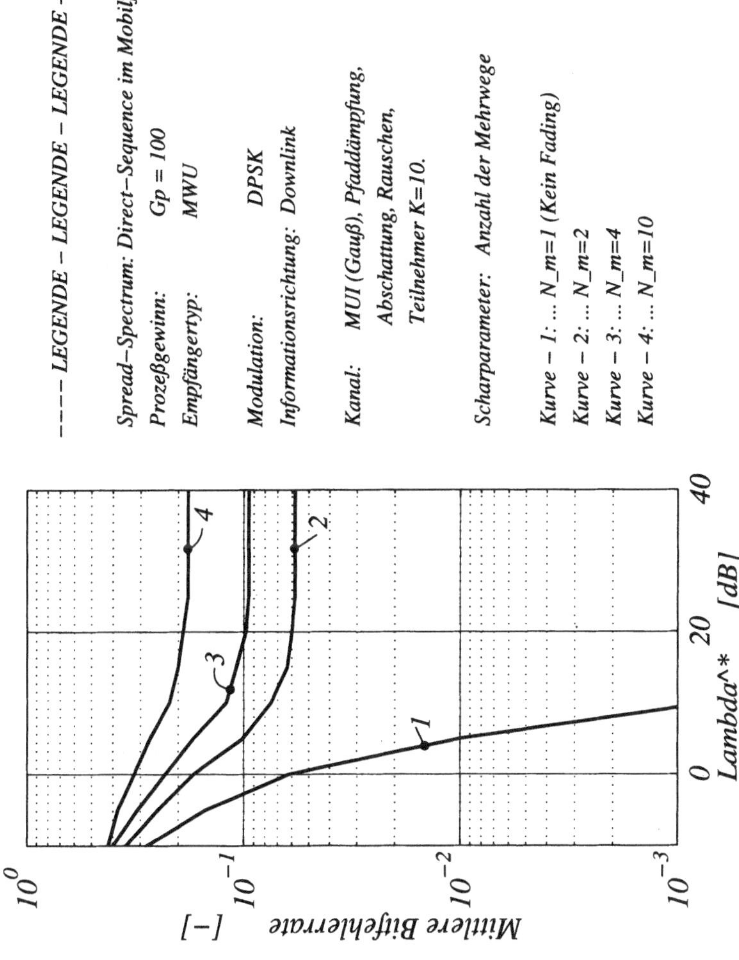

Abbildung 8.27: Downlink: Die auf die Zellenfläche bezogene mittlere Bitfehlerrate des MWU-Empfängers in Abhängigkeit des am Zellenrand herrschenden $\frac{\mathcal{E}_p}{N_0}$ und der Anzahl der Mehrwege, bei konstanter Anzahl an aktiven Teilnehmern ($K = 10$). Der Prozeßgewinn beträgt: $G_p = 100$.

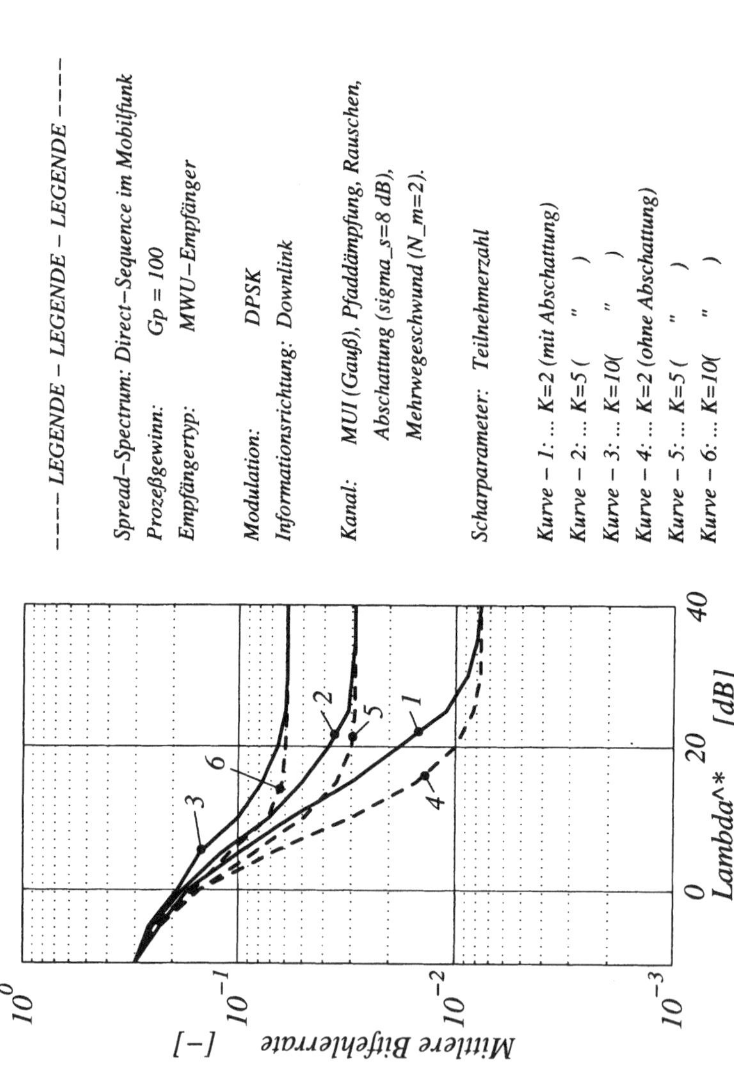

Abbildung 8.28: Downlink: Die auf die Zellenfläche bezogene mittlere Bitfehlerrate des MWU-Empfängers in Abhängigkeit des am Zellenrand herrschenden $\frac{\mathcal{E}_p}{N_0}$ und der Anzahl an aktiven Teilnehmern für das 2-Wege Modell. Der Prozeßgewinn beträgt $G_p = 100$ und die Standardabweichung der Abschattung beträgt $\sigma_s = 8dB$.

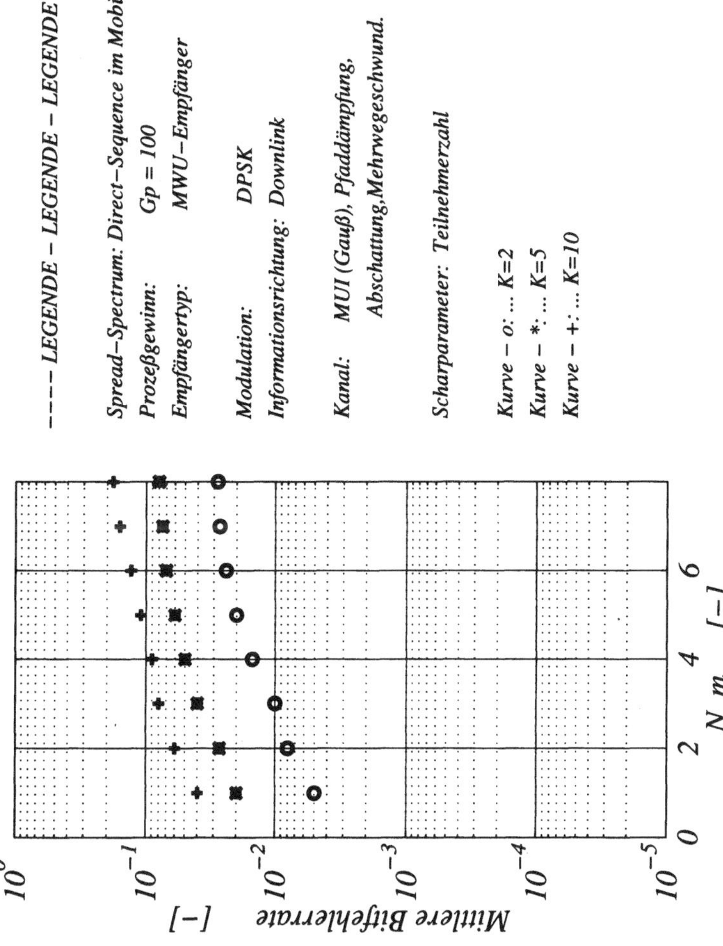

Abbildung 8.29: Downlink: Die auf die Zellenfläche bezogene mittlere Bitfehlerrate des MWU-Empfängers in Abhängigkeit der verfügbaren Pfade (N_m) und aktiven Teilnehmer. Der Prozeßgewinn $G_p = 100$. Rauschen vernachlässigt ($\Lambda^* = \infty$).

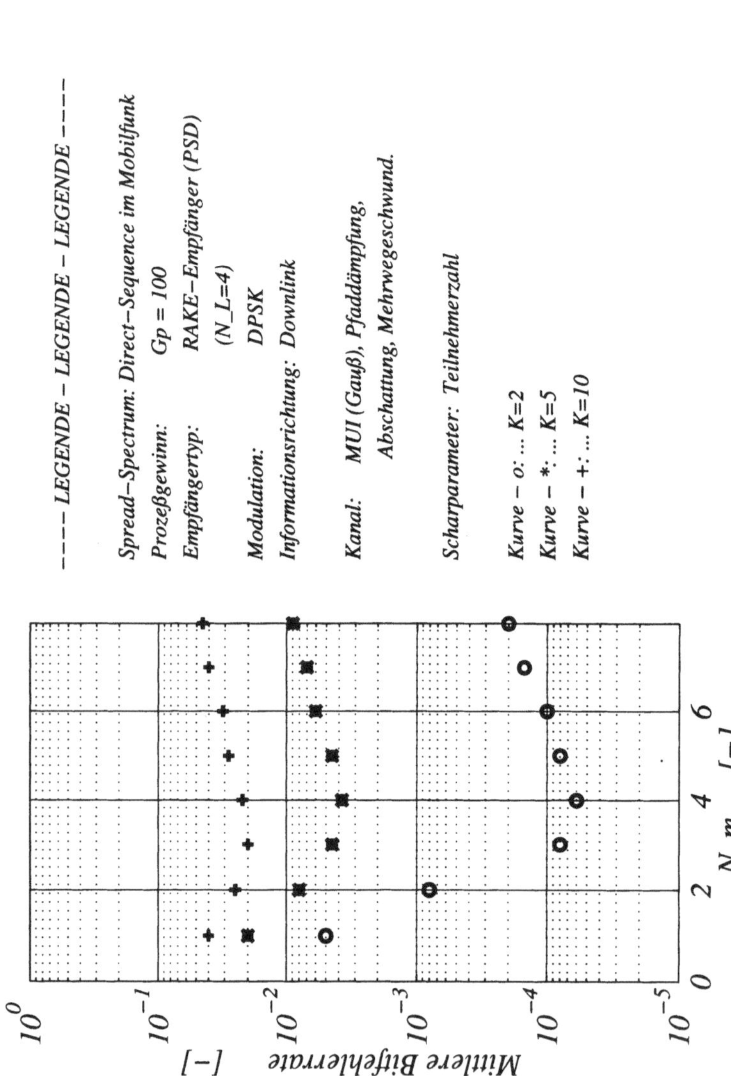

Abbildung 8.30: Downlink: Die auf die Zellenfläche bezogene mittlere Bitfehlerrate des **RAKE**-Empfängers mit 4 Pfade PSD-Mehrwegezusammenführung ($N_L = 4$), in Abhängigkeit der verfügbaren Pfade (N_m) und aktiven Teilnehmer. Der Prozeßgewinn $G_p = 100$. Rauschen vernachlässigt ($\Lambda^* = \infty$).

8.6.6.2 MWU-Empfänger

Die bedingte Bitfehlerrate des Mehrwegeunterdrückungsempfängers ist in (8.126) für $N_L = 1$ enthalten.

$$P_e^{(\xi)}(\Lambda) = \tfrac{1}{2} \sum_{n=0}^{N_m-1} N_n \cdot \left[1 - Y \cdot e^{Y(1+B_l)} \cdot \mathfrak{E}_1 \left(Y + Y \cdot B_l \right) \right]$$
$$\text{mit:} \quad Y = G_p \cdot \Lambda_0 \cdot \left[(K-1)\Lambda_n \right]^{-1} \tag{8.127}$$

Die auf die Zellenfläche bezogene mittlere Bitfehlerrate für den MWU-Empfänger ergibt sich durch numerische Auswertung von (8.81) mit (8.127) und (8.80).

Die Abb.8.27 zeigt die Abhängigkeit der auf die Zellenfläche bezogenen mittleren Bitfehlerrate des MWU-Empfängers in Abhängigkeit des am Zellenrand herrschenden $\frac{\mathcal{E}_p}{N_0}$ und der Anzahl der Mehrwege bei konstanter Anzahl an aktiven Teilnehmern. Aus der Abbildung erkennt man, daß die Bitfehlerrate mit der Zunahme an Mehrwegen gleiches tendenzielles Verhalten zeigt wie bei Zunahme an aktiven Teilnehmern. Dies läßt sich so erklären: Die Verschlechterung der Bitfehlerrate kommt einmal zustande, weil der Verlust von Signalanteilen für die Korrelation durch die Aufteilung auf mehrere Pfade eintritt und im anderen Fall zwar die an der Korrelation beteiligt Signalenergie gleich bleibt, aber die Varianz der Störung durch die anderen Teilnehmer zunimmt.

Die Abb.8.29 und Abb.8.30 zeigen einen Vergleich der Bitfehlerrate des MWU-Empfängers mit dem RAKE-Empfänger unter gleichen Bedingungen. In den Abbildungen wurde das Rauschen vernachlässigt, sodaß die Störungen ausschließlich von den anderen Teilnehmern der Pfaddämpfung sowie der Abschattung herrühren.

Die Bitfehlerrate des RAKE-Empfängers zerfällt in zwei Äste, welche über das Minimum der Bitfehlerrate verbunden sind. Der linke Ast ist durch die Bedingung $N_L > N_m$ gekennzeichnet: Nähert sich die Anzahl der Mehrwege im Kanal der Anzahl der im RAKE-Empfänger aufsummierten Pfade, so sinkt die Bitfehlerrate.[32] Das Minimum der Bitfehlerrate wird erreicht, wenn die Anzahl der Mehrwege gleich der Anzahl der aufsummierten Pfade ist ($N_L = N_m$). Eine Zunahme der Bitfehlerrate tritt wieder ein, wenn $N_L < N_m$ ist und dadurch Signalanteile verloren gehen. Genau dieser Effekt verschlechtert die Bitfehlerrate des MWU-Empfängers in Abb.8.23. Das Minimum der Bitfehlerrate des MWU-Empfängers ergibt sich aus diesem Grund, wenn $N_m = 1$ ist. Für $N_m = 1$ ist kein Mehrwegekanal mehr vorhanden, sodaß die Bitfehlerrate durch Pfaddämpfung und Abschattung bestimmt wird und für RAKE- und MWU-Empfänger gleich ist.

---

[32]Ein Unterschied in der Bitfehlerrate tritt deswegen auf, weil in den Pfaden, welche der RAKE-Empfänger aufsummiert in denen keine Signalkomponente enthalten ist sehr wohl die Störkomponente aufsummiert wird.

8.7 Kombination von TDMA und CDMA zum CTDMA

Diese Art der Mehrbenutzertechnik vereint die Vorteile von TDMA und CDMA. Das Zeitdiagramm der Codeabfolge ist in Abb.8.31 dargestellt. Für weitere Informationen wird auf [Rupprecht92, Zhang95] verwiesen.

8.8 Überlagerung eines CDMA-Netzes über ein bestehendes FDMA-Netz

In diesem Abschnitt wird die Koexistenz eines CDMA-Netzes mit einem FDMA-Netz untersucht. Diese Idee ist aus folgenden Gründen sehr ansprechend:

- Man kann so die Kapazität von mit FDMA-Teilnehmern ausgelasteten Frequenzbänder erhöhen. In diesem Fall wird die Energie der CDMA-Teilnehmer über das gesamte Frequenzband aufgeteilt. Diese CDMA-Teilnehmer heben den Rauschpegel für die einzelnen FDMA-Teilnehmer unwesentlich an. Dadurch werden die sonst ungenützten Schutzbänder zwischen den einzelnen FDMA-Teilnehmern sinnvoll verwendet.

- Die Überlagerungstechnik bietet eine elegante Möglichkeit von einem FDMA-Mehrbenutzersystem auf ein CDMA-Mehrbenutzersystem zu wechseln. Dieser Umstieg erfolgt *fließend*. Denkt man an ein Mobilfunkszenario, so ist es für einen Netzbetreiber nicht ganz einfach von einem System auf ein anderes System umzustellen. Die Überlagerungstechnik bietet die Möglichkeit, daß ein FDMA-System mit einem CDMA-System für eine bestimmte Übergangszeit parallel betrieben werden kann, sodaß kein abrupter Umstieg notwendig ist. Während der ersten Phase der Umstellung ist die Sprachqualität etwas vermindert, wenn man ein vollständig ausgelastetes FDMA-System annimmt. Während der zweiten Phase stellen immer mehr FDMA-Teilnehmer auf CDMA um, wodurch sich die Qualität der Sprachübertragung kontinuierlich verbessert bis nur mehr CDMA-Teilnehmer vorhanden sind und der Umstieg vollzogen ist.

Die Überlagerung eines CDMA-Systems über ein bestehendes FDMA-System lebt im Wesentlichen von:

- den in FDMA-Systemen notwendigen aber ungenutzten Schutzbändern,

- der Sprechaktivität und der

- Kanalbelegungsdichte in beiden Systemen.

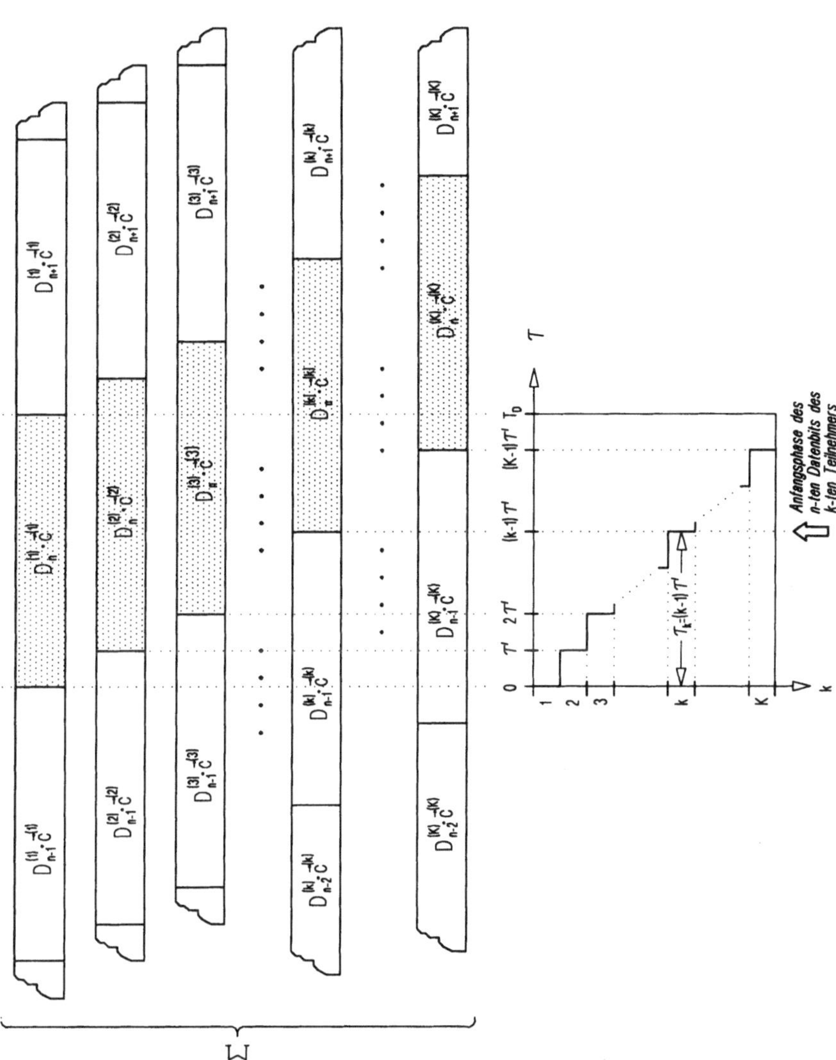

Abbildung 8.31: Zeitdiagramm der Codeabfolge eines CTDMA-Netzes

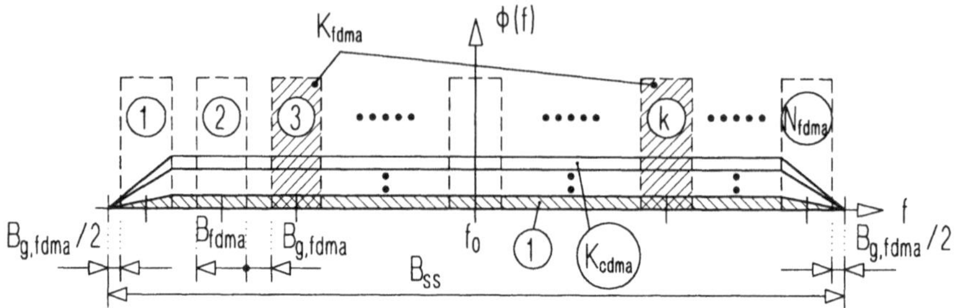

Abbildung 8.32: Betrachtung der Überlagerungsstrategie im Frequenzbereich mit $K_{fdma} = 2$ aktiven von N_{fdma} möglichen FDMA-Teilnehmern bei K_{cdma} aktiven von N_{cdma} möglichen CDMA-Teilnehmern.

8.9 Kapazitätsvergleich zellularer Mehrbenutzersysteme

In diesem Abschnitt wird ein Kapazitätsvergleich des zellularen CDMA-Konzeptes mit FDMA- und TDMA-Mehrbenutzersystemen angestellt.

Jedes Mehrbenutzersystem benötigt zur Unterscheidung der Teilnehmer irgendeine Form von Signalorthogonalität. Ein fairer Vergleich verlangt eine objektive Vergleichsbasis, welche nicht einfach zu finden ist. In der Literatur haben sich die in (8.128) bis (8.130) angegebenen Kriterien etabliert. Die Größe B_K kennzeichnet die zur Verfügung stehende Bandbreite und B_T ist die für ein bestimmtes Modulationsverfahren mit der Datenrate R_D notwendige Bandbreite.

$$\eta_B = \frac{\text{Datenrate}}{\text{Verfügbare Bandbreite}} = \frac{R_D}{B_K} \qquad \left[\frac{\text{bit}}{\text{sec} \cdot \text{Hz}}\right] \qquad \text{Spektrale Effizienz} \tag{8.128}$$

$$K = \frac{\text{Anzahl der MT}}{\text{Zelle}} \qquad \left[\frac{\text{MT}}{\text{Zelle}}\right] \qquad \text{Kapazität} \tag{8.129}$$

$$\overline{K} = \frac{\text{Anzahl der MT}}{\text{Versorgungsfläche}} \qquad \left[\frac{\text{MT}}{\text{m}^2}\right] \qquad \text{Globale Kapazität} \tag{8.130}$$

In FDMA-Mehrbenutzersystemen wird die verfügbare Bandbreite unter Vernachlässigung einer Schutzbandbreite in K_F Teilbänder mit $B_K = B_T/K_F$ unterteilt. Da sich die Teilbänder nicht überlappen ist die zur Teilnehmerunterscheidung notwendige Orthogonalität gegeben.

$$\eta_B^{(\text{FDMA})} = \frac{R_D}{B_K} = K_F \cdot \frac{R_D}{B_T} \tag{8.131}$$

In TDMA-Mehrbenutzersystemen wird die verfügbare Zeitachse in Segmente (Rahmen) der Dauer T_s unterteilt.[33] Jedes Segment wird in K_T Zeitschlitze der Dauer $T_K = T_s/K_T$ unterteilt. Die Orthogonalität ergibt sich durch die nicht überlappenden Zeitschlitze. Innerhalb des Zeitschlitzes T_K überträgt ein MT mit einer Datenrate von $K_T \cdot R_D$ Bit pro Sekunde. Daraus folgt eine mittlere Datenrate von $\overline{R}_D = K_T \cdot R_D \cdot \frac{T_K}{T_s}$. Damit ergibt sich die in (8.132) angegebene spektrale Effizienz eines TDMA-Systems.

$$\eta_B^{(\text{TDMA})} = \frac{\overline{R}_D}{B_K} = K_T \cdot \frac{R_D}{B_K \cdot \frac{T_s}{T_K}} = K_T \cdot \frac{R_D}{B_T} \tag{8.132}$$

Zusammenfassend kann man feststellen, daß unter Vernachlässigung von Schutzbändern und Schutzzeiten ein FDMA- und TDMA-Mehrbenutzersystem die gleiche spektrale Effizienz ($K_F \equiv K_T$) aufweisen.

> Die FDMA- und TDMA-Mehrbenutzersystem sind *kollisionsfreie* Mehrbenutzersysteme deren maximale Anzahl an Teilnehmern *nur* durch die Orthogonalität beschränkt ist.

In einem CDMA-Mehrbenutzersystem benutzen alle aktiven Teilnehmer gleichzeitig die gesamte verfügbare Bandbreite: $B_T = B_{ss}$. Das jedem Teilnehmer zugeordnete Signal ist orthogonal bezüglich der Korrelation: $\int_{-\infty}^{\infty} s_T(t) \cdot s_T(t-\tau)\, dt \approx 0$. Dadurch sind die Teilnehmer eindeutig unterscheidbar. Obwohl sie nahezu orthogonal sind wird in einer synchronen Übertragung $\tau \approx 0$ die Orthogonalität durch Verwendung von orthogonalen Hadamard-Codewörtern über den Spread-Spectrum Signalen verbessert. Man nennt sie dann: *gespreizte Hadamard Codewörter*. Die spektrale Effizienz ist in (8.133) gegeben, wobei $K_c^{(\text{dauer})}$ einen ohne Luft zu holenden Dauerredner beschreibt. Ein realistisches K_c ergibt sich durch den sogenannten *Sprechaktivitätsfaktor* v, welcher etwa 3/8 beträgt.

$$\eta_B^{(\text{CDMA})} = \underbrace{K_c^{(\text{dauer})} \cdot \frac{1}{v}}_{K_c} \cdot \frac{R_D}{B_T} \tag{8.133}$$

Der Sprechaktivitätsfaktor v berücksichtigt, daß während der Sprechpausen eine *SNR*-Verbesserung durch Trägerunterdrückung für die restlichen aktiven Teilnehmer

---

[33]Schutzzeiten vernachlässigt.

erfolgt. Eine Abschätzung mit Hilfe von (8.44) liefert, daß die spektrale Effizienz von
FDMA und CDMA etwa gleich sind.

$$\eta_B^{(\text{CDMA})} \approx L \cdot \frac{8}{9} \cdot \frac{R_D}{B_T} \approx \eta_B^{(\text{FDMA})} \tag{8.134}$$

Weiters ist zu berücksichtigen, daß der *Frequenzwiederverwendungsfaktor* $F = 1$ bei
zellularen CDMA-Netzen ist.

> In einem CDMA-Mehrbenutzersystem wird die Anzahl an
> aktiven Teilnehmern durch die auftretende
> *Mehrbenutzerstörung* begrenzt.

8.10 Ergänzungen zum CDMA-Konzept

Die CDMA-Technik wurde und wird durch andere Wissensgebiete ergänzt. Es würde den
Rahmen dieses Buches sprengen wollte man nur die Ideen hinter den Ergänzungen be-
leuchten. Unter anderen Wissensgebieten hat sich die *Mehrbenutzerdetektion in einem
CDMA-System* in vielen Konferenzen breit gemacht. Der Wegbereiter war Prof. Verdu
mit [Verdu86] und weitere folgten [Lupas89, Varanasi90, Kohno90, Aazhang92]. Ein
ausgewogener Überblick wird in [Duel95] gegeben. Ein fester Bestandteil ist das an
der Universität Kaiserslautern, unter der Leitung von Prof. Baier, entwickelte *Joint-
Detection* Verfahren. Eine detailierte Darstellung findet man in [Klein96, Jung94].

8.11 Verwendete Symbole

Auf Grund der Komplexität der Modelle ist es notwendig eine Symbolliste zusammen-
zustellen. Da es sich um ein aufstrebendes Arbeitsgebiet handelt und in der Literatur
etliche Definitionen für ein und das selbe Problem im Umlauf sind werden die wichtigsten Definitionen unter dem Schlagwort *Sprachgebrauch* zusammengestellt.

ψ	...	Mittlere Leistung am Kanalausgang wenn $\tau = 0$ ist
N_m	...	Anzahl der Mehrwege eines Mehrwegekanals.
N_L	...	Anzahl der Finger eines RAKE-Empfängers.
$\frac{\mathcal{E}_D}{N_0}(t_1) = \lambda$	...	$\frac{\mathcal{E}_D}{N_0}$ zu einem beliebigen Zeit t_1.
$\lambda_n(t_1)$	...	$\left(\frac{\mathcal{E}_D}{N_0}\right)_n$ des n-ten Pfades zu einem beliebigen Zeit t_1.
Λ_n	...	Zeitunabhängiges $\left(\frac{\mathcal{E}_D}{N_0}\right)_n$ des n-ten Pfades.
ϵ	...	Streuung der Verzögerung relativ zur Chipdauer.

Λ^* ... Wert von $\mathbf{E}[\Lambda]$ in einer Zellenecke ($r_n = 1$).

$\Gamma_l^{(\xi)}$ ... Das vom Empfänger ξ über Pfad l empfangene mittlere $\frac{\mathcal{E}_p}{N_0}$.

$\Gamma^{(\xi)}$ ... Das vom Empfänger ξ empfangen mittlere $\frac{\mathcal{E}_p}{N_0}$.

v ... Sprechaktivitätsfaktor.

———————— *Sprachgebrauch* ————————

Zelle: Versorgungsgebiet einer Basisstation.

Heimatzelle: Jene Zelle der der mobile Teilnehmer momentan angehört.

Nachbarzelle: Als Nachbarzellen werden jene Zellen bezeichnet, welche die Heimatzelle umgeben.

Nachbarkanalzelle: Als Nachbarkanalzelle (Frequenznachbar) wird jene Zelle bezeichnet, welche das gleiche Frequenzband verwendet. Dies muß nicht die örtlich benachbarte Zelle sein.

Nachbarkanalstörung: Störungen verursacht durch die Nachbarkanalzellen (engl: Co-channel Interference).

Mikrodiversität: Wenn ein Sender und ein Empfänger in einem Mehrwegekanal kommunizieren (Punkt-zu-Punkt Verbindung) und der Empfänger in der Lage ist die Mehrwegekomponenten für den Detektionsprozeß zu verwerten.

Makrodiversität: Wenn mehrere Sender und ein Empfänger in einem Mehrwegekanal kommunizieren (Mehrpunkt-zu-Punkt Verbindung) und der Empfänger in der Lage ist die Mehrwegekomponenten für den Detektionsprozeß zu verwerten.

Mikrozelle: Haben einen Zellenradius von 0.4 bis $2km$ und eine abgestrahlte Antennenleistung von weniger als $20mW$.

Makrozelle: Haben einen Zellenradius von 2 bis $20km$ und eine abgestrahlte Antennenleistung von ca. 0.6 bis $10W$.

Kapitel 9

Global Positioning System

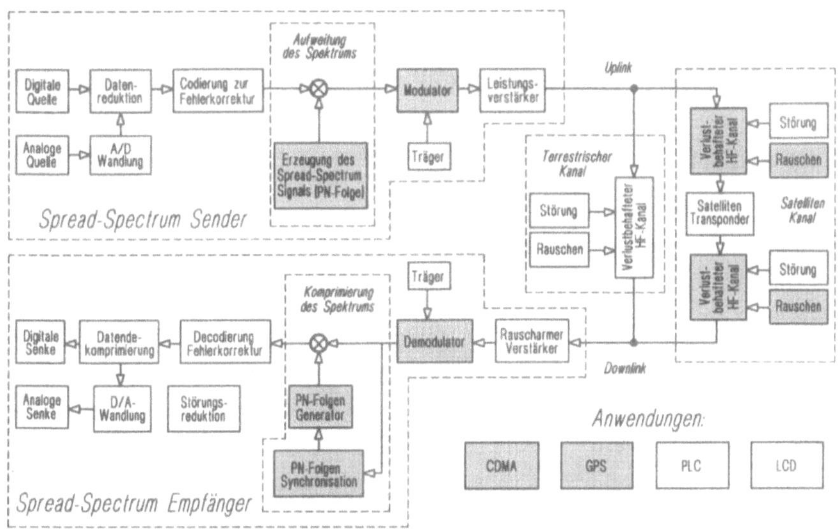

Abbildung 9.1: Grundstruktur des Spread-Spectrum Systems.

Das *Global Positioning System* (GPS) ist ein weltweit verfügbares, satellitenbasierendes Funknavigationssystem für eine unbeschränkte Anzahl an Benutzern. Es dient zur Navigation und Landvermessung und wurde von der US-Airforce entwickelt.

Im folgenden Abschnitt wird im Stenogrammstil die Entwicklungsgeschichte des GPS dargestellt. Nach einer Einführung in das GPS-System werden die vom Satelliten ausgestrahlten Signale beschrieben und das neueste GPS-Datenformat (ICD-GPS-200) angegeben. Ein neuartiges Konzept eines digitalen GPS-Empfängers wird vorgestellt. Am Ende dieses Kapitels befindet sich eine Liste der wichtigsten GPS-spezifischen Ausdrücke und Größen.

9.1 Historische Entwicklung und Vorgänger

Die Vorgänger des GPS[1] waren:

- TRANSIT: Umfaßt 6 Satelliten und wurde von der US-Navy entwickelt.

---

[1] **VT**... Vorteil, **NT**... Nachteil.

- $\underline{\text{VT}}$: Wurde 1967 für zivile Zwecke freigegeben.
- $\underline{\text{NT}}$: Es gibt Zeiten wo $1\frac{1}{2}$ Stunden kein Satellit sichtbar ist.
- $\underline{\text{NT}}$: Keine hochstabilen Taktgeneratoren (1960)
- $\underline{\text{NT}}$: Frequenzen: 150 und 400 MHz $\rightarrow$ Anfällig für ionosphärische Zeitverzögerungen und Störungen.
- $\underline{\text{NT}}$: Orbit in 1100 km über der Erdoberfläche $\rightarrow$ Störanfällig durch lokale Gravitationsfelder.

- Militärische Vorgänger: TACAN, VOR/DME, OMEGA und LORAN-C [Wells87].

Die Erfahrungen mit den Vorgängern führte zur Entwicklung des GPS. Ein Entwicklungsstenogramm:

- Mit 24 Satelliten vollständig installiert und zur uneingeschränkten Navigation nutzbar.

- NAVSTAR (*Navigation Satellite Timing and Ranging*) $\rightarrow$ GPS

- Seit 1983 auch zivile Anwendungen zugänglich gemacht.

  - SPS (*Standard Positioning Service*) für zivile Zwecke weltweit verfügbar mit einer Längenauflösung von etwa 50 Meter.

  - PPS (*Precise Positioning Service*) ausschließlich für US militärische Zwecke (und wenige zivile Benutzer) verfügbar.

Zwei Umstände verschlechtern die Genauigkeit des GPS.

- SA (*Selective Availability*) - Es treten (werden) Taktfehler in den (die) Atomuhren der Satelliten auf (eingebaut).

  - $\underline{\text{Abhilfe}}$: Durch Differenzbildung werden die Fehler weitgehend eliminiert.

- AS (*Anti-Spoofing*) - P-Codes werden kryptographisch gesichert.

  - $\underline{\text{Abhilfe}}$: Zur Landvermessung wird der C/A-Empfänger eingesetzt der den P-Code nicht benutzt.

Die Merkmale des GPS sind:

- Das GPS-System ist ein Einwegentfernungsmeßsystem.

- Hochgenaue Positions- und Geschwindigkeitsbestimmung in drei Dimensionen.

- Hochgenaue Zeitbestimmung.

- Weltweit verfügbar.

- Rund um die Uhr im Einsatz.

- GPS ist ein passives System und damit für eine unbeschränkte Anzahl von Benutzern geeignet.

- Weitgehend wetterunabhängig.

- Störunempfindlich, weil die Benutzer keine Änderungen durchführen können.

- Stellt Informationen für ein breites Spektrum von Anwendungen bereit.

9.2 Überblick über das GPS-System

Das GPS-System zerfällt in das *Raumsegment, Benutzersegment* und *Kontrollsegment.*

Im Vollausbau besteht das *Raumsegment* aus 21 Block II/IIA Satelliten und drei aktiven Ersatzsatelliten. Jeder Satellit sendet ein zeitlich exakt festgelegtes Signal aus indem Konstanten zur Berechnung der Satellitebahn[2] enthalten sind (Ephemeridenkonstanten).

Das *Benutzersegment* besteht aus den unzähligen GPS-Empfängern am Boden, in der Luft und am Wasser. Ein GPS-Empfänger bestimmt aus vier verschiedenen, zu genau bekannten Zeitpunkten ausgesendeten, Satellitensignalen seine momentane Position.

Da die Satelliten nicht in der Lage sind ihre vorgegebene Bahn zu halten und die exakte Zeit zu bestimmen, benötigt man das *Kontrollsegment.* Dieses besteht aus Kontrollstation welche auf der Erde verteilt sind und die Bahnen der Satelliten verfolgen. Diese Informationen werden einem Hauptkontrollzentrum übermittelt, indem die Korrekturen für die Satellitenbahnen und die Zeitfehler bestimmt werden. Die Korrekturen werden über vier auf der Erde befindliche Antennen den Satelliten mitgeteilt.

9.2.1 Raumsegment

Im Vollausbau besteht das Raumsegment aus 21 Satelliten und 3 zusätzlichen aktiven Ersatzsatelliten. Die Aufgabe des Raumsegmentes ist es den Benutzern die Bahndaten der Satelliten sowie die exakte Zeit, zu denen die Signale ausgesendet wurden, mitzuteilen. Diese sogenannten Ephemeridenkonstanten umfassen 16 Stück.

Es kreisen jeweils 4 Satelliten in 6 verschiedenen Bahnebenen. Die Bahnebenen sind zueinander um 60° versetzt und um 55° gegen die Äquatorebene geneigt.

---

[2]Erlaubt die Berechnung des Ortes des Satelliten zum Sendezeitpunkt und der Vorhersage seiner zukünftigen Orte.

Die Satelliten senden eine rechtspolarisierte Trägerwelle aus. Jeder Satellit überträgt permanent auf zwei L-Band Frequenzen. Der Empfänger benutzt ein CDMA-Zugriffsverfahren um die Satelliten zu unterscheiden. Zwei unabhängige Codes, der C/A-Code (*Coarse Acquisition Code*) und der P-Code (*Precision Code*) werden den jeweiligen Trägerfrequenzen überlagert. Der C/A-Code ist frei verfügbar und für zivile Anwendungen. Der P-Code ist verschlüsselt und für militärische Zwecke reserviert. Jedem Satelliten ist ein eigener C/A-Code und P-Code zugeordnet. Der C/A-Code besteht aus 1023 Chips und einer Chiprate von etwa 1 Million Chips/sec. Die Chiprate des P-Codes ist 10 Mal höher als die des C/A-Codes und wiederholt sich nach etwa $6 \cdot 10^{12}$ Chips. Daraus folgt, daß die Periode des P-Codes ungefähr sieben Tagen dauert. Beide Codes sind PN-Codes[3]. Die binären Codes modulieren die Träger im PSK-Format (Phasenumtastung). Der L_1 Träger wird mit C/A-Code und P-Code, welche um 90 Grad versetzt sind moduliert und der L_2 Träger nur mit dem P-Code.[4]

Die wichtigsten *Daten der Block-II/IIA Satelliten* sind:

- Ihre Energie beziehen sie aus Batterien, welche von einem $7.25\,m^2$ großen Sonnensegel gespeist werden.

- Sie speichern die vom Kontrollsegment über die Bodenantennen übertragenen Daten.

- Bewegen sich an die vom Kontrollsegment befohlene Bahnposition.

- Führen Signalverarbeitung durch.

- Stellen eine sehr genaue Zeit zur Verfügung. Die Zeit wird durch Mittelwertbildung verschiedener Zeitquellen (zwei Cesium- und zwei Rubidium-Uhren) gebildet.

- Sendet die GPS-Signale, für das Kontrollsegment und die Benutzer, aus.

- Manche Satelliten sind mit einem nuklearen Detektionsmodul (NUDET) ausgestattet.

- Gewicht: 845 kg.

9.2.2 Benutzersegment

Das Benutzersegment verarbeitet die von vier Satelliten ausgesendeten Orts- und Zeitinformationen um die Position des GPS-Empfängers zu bestimmen. Ein GPS-Empfänger besteht aus drei Funktionsblöcken. Der erste Block besteht aus der Antenne und der notwendigen Elektronik. Der zweite Block ist die Korrelationseinheit, welche die Datenbits aus den einzelnen Satellitensignalen extrahiert und die relativen

---

[3]Pseudo-Noise Codes. Siehe Abschnitt 4.2.
[4]In Ausnahmefällen wird er auch mit dem C/A-Code moduliert.

Zeitverschiebungen bestimmt. Der letzte Block besteht aus der Berechnung der Navigationslösung und der Schnittstelle zwischen dem GPS-System und seinem Benutzer.

Der von einem Satelliten ausgesendete Code erreicht den Empfänger nach einer bestimmten Laufzeit.[5] Der Empfänger erzeugt eine lokale Kopie des gesendeten Codes und verschiebt diese solange bis sie zur größten Übereinstimmung kommen. Die Zeitverschiebung multipliziert mit der Lichtgeschwindigkeit ergibt die Entfernung zwischen Satellit und Benutzer. Führt man diese Prozedur für vier Satelliten aus, so hat man vier Gleichungen für die drei unbekannten Ortskoordinaten und den Uhrenfehler im Empfänger. Der relative Uhrenfehler im Empfänger mittelt sich weg, da alle vier Gleichungen davon betroffen sind. Weil die Gleichungen für die vier Unbekannten nichtlinear sind, werden sie iterativ gelöst. Die Ungenauigkeit der Bestimmung der Zeitverschiebung wird durch *relativistische Zeitverschiebung, ionosphärische Laufzeitverschiebungen* und *troposphärische Laufzeitverschiebungen* bestimmt. Die *relativistische Zeitverschiebung* entsteht, weil sich die Satellitenuhr und die Benutzeruhr in einem anderen Gravitationsfeld befinden und Satellit und Benutzer mit verschiedenen Geschwindigkeiten bewegen. Dieser Fehler kann vorausberechnet werden und die Satellitenuhr entsprechend vorkorrigiert werden. Durchlaufen die GPS-Signale die Ionosphäre, so wird die Geschwindigkeit der Signale verkehrt proportional zur Trägerfrequenz herabgesetzt. Da der P-Code auf zwei verschiedenen Trägern übertragen wird kann der ionosphärische Laufzeitfehler kompensiert werden. Der ionosphärische Laufzeitfehler des C/A-Codes kann mit Hilfe eines mathematischen Modells (Polynom), deren aktuelle Parameter mit dem Satellitensignal übertragen werden, auf die Hälfte reduziert werden. Der troposphärische Laufzeitfehler ist am größten wenn der Satellit am Horizont steht und er ist am kleinste, wenn der Satellit über dem Benutzer steht. Er wird durch eine negative Exponentialfunktion und einer Winkelfunktion modelliert und damit teilweise ausgeglichen.

Die Auswertung der Satellitensignale kann hintereinander oder parallel erfolgen. Durch die angebotenen Chipsätze, welche meist über sechs parallele Kanäle verfügen, erhält man einen preiswerten Empfängeraufbau. Jeder Kanal entspricht einem eigenen GPS-Empfänger.

Die Genauigkeit der Navigationslösung, die ein GPS-Empfänger erreichen kann, hängt von zwei Faktoren, dem mittleren UERE (User Equivalent Range Error) und dem aktuellen GDOP (Geometrical Dilution of Precision), ab. Der UERE bezieht sich auf die Qualität der Messung des Abstandes zwischen Satellit und Benutzer. Der GDOP definiert die beste Geometrie von vier Satelliten bezogen auf den Benutzerstandort. Der $1\,\sigma$ Fehler liegt für den P-Code typisch bei 15 Meter. Die dominierenden Fehlerquellen im UERE sind der Uhrenfehler und die unvorhersagbaren Bewegungen des Satelliten durch kosmische Einflüsse.

Abbildung 9.2: Kontrollsegment mit Beobachtungsstationen.

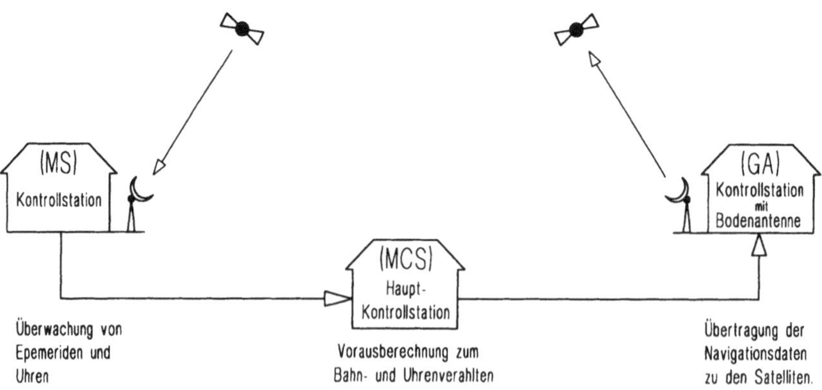

Abbildung 9.3: Datenfluß zur Ephemeridenberechnung.

9.2.3 Kontrollsegment

Das Kontrollsegment besteht aus Bodenstationen, welche die Satelliten kontrollieren (Abb.9.2). In der Hauptkontrollstation in *Colorado Springs (USA)* werden die GPS-Satelliten gesteuert. Das Kontrollsegment (*Operational Control Segment - OCS*) besteht aus:

- einer Hauptkontrollstation (*Master Control Station - MCS*) in *Colorado Springs (USA)*,

- drei Kontrollstationen (*Monitor Station - MS*) mit Bodenantennen (*Ground Antenna - GA*) in *Kwajalein, Scension, Diego Garcia* und

- zwei Kontrollstationen (MS) in *Colorado Springs* und *Hawaii*.

Das Kontrollsegment hat folgende Aufgaben:

- Kontrolle des Satellitensystems,

- Bestimmung der GPS-Systemzeit,

- Vorausberechnung der Ephemeriden und des Uhrenverhaltens der Satelliten und

- periodische Aktualisierung (Programmierung) der Satelliten-Navigationsdaten in die Datenspeicher der Satelliten.

In der Hauptkontrollstation werden die Satellitendaten, welche von den Kontrollstationen empfangen werden gesammelt und die Navigationsdaten vorausberechnet. Diese werden über die Kontrollstationen mit Bodenantenne an die Satelliten übertragen (Abb.9.3).

Die Berechnung der Satellitenbahnen erfolgt durch *Umkehrung* der Navigationslösung. Dies geschieht, durch vier auf der Erde befindliche Beobachtungsstationen, welche das Signal *eines* bestimmten Satelliten empfangen. Der Ort der Bodenstationen ist exakt bekannt, sowie die Zeit des Eintreffens der Signale. Damit kann man durch umdrehen der Navigationslösung die Position des Satelliten und seinen Uhrenfehler bestimmen. Die Genauigkeit zur Bestimmung der Ephemeriden wird durch eine quadratische Ausgleichskurve von hunderten von Pseudoentfernungsmessungen erhöht.

9.2.4 Genauigkeit

Der mittlere Ortsfehler des GPS-Systems wurde mit 50 Meter angegeben. Dieser Fehler kann wesentlich reduziert werden, wenn man in das Empfangskonzept feste

---

[5]Vergleiche Abschnitt 3.1.12

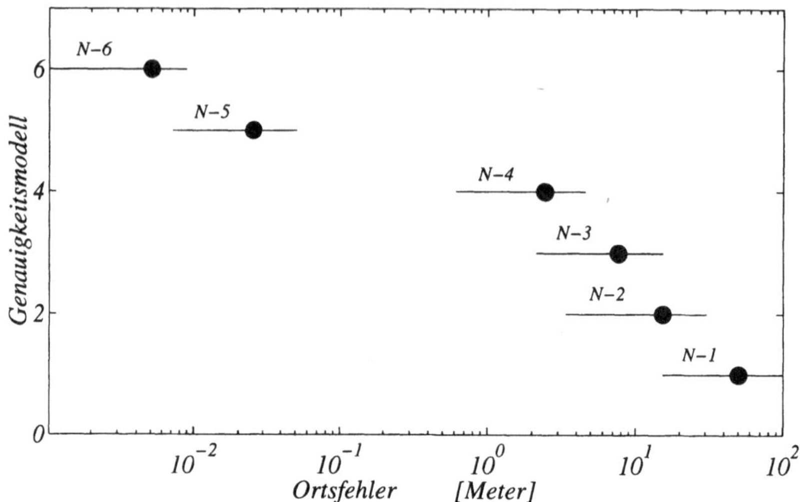

Abbildung 9.4: Genauigkeit der Ortsbestimmung mit GPS-Signalen.

Bodenstationen (*Pseudosatelliten*) zur Differenzmessung einbindet. Die Fehler in der Navigationslösung mit Hilfe von Pseudosatelliten tendieren dazu sich selbst zu kompensieren. Die in Abb.9.4 angegebenen sechs Genauigkeiten der Navigationsarten fassen sich in *absolute* und *differentielle* Navigation zusammen. Die absolute Navigation basiert auf dem WGS-84 Koordinatensystem.

Die Navigation mit Hilfe des Spread-Spectrum Codes gehört zu den wirtschaftlichen Varianten, wenn man das Preis/Leistungs-Verhältnis vergleicht. Neben diesen Code abhängigen Laufzeitmessungen existieren für Ortsmessungen höchster Präzision noch die *interferometrischen Techniken*. Die Interferometrie benutzt den unmodulierten Träger zur Bestimmung kleinster Abstände. Diese Messung ist wegen des schlechten Signal/Störabstandes schwieriger auszuführen.

Die Fehlerbalken in Abb.9.4 umfassen den 90-%-igen Fehlerbereich (5% bis 95%), wenn man eine Rayleigh Verteilung des Fehlers voraussetzt. Der Ring im Fehlerbalken markiert den wahrscheinlichsten Fehler (Maximum der Verteilung).

———————————— Navigationsarten ————————————

N-1 Der Empfänger arbeitete mit dem C/A-Code unter *Selective Availability*. Der wahrscheinlichste Ortsfehler beträgt 53 Meter und kann bis zu 110 Meter betragen.

N-2 Der Empfänger arbeitete mit dem C/A-Code ohne *Selective Availability*. Der wahrscheinlichste Ortsfehler beträgt 16 Meter und kann bis zu 33 Meter betragen.

N-3 Der Empfänger arbeitete mit dem P-Code. Der wahrscheinlichste Ortsfehler beträgt 8 Meter.

N-4 Der Empfänger arbeitete mit Differenznavigation. Der wahrscheinlichste Ortsfehler beträgt 2,5 Meter.

N-5 Der Empfänger bewegt sich kaum und arbeitet mit Differenznavigation und Trägerphasenmessung (Interferometrie). Der wahrscheinlichste Ortsfehler beträgt 2,5 Zentimeter.

N-6 Der Empfänger steht still, hat einen sehr genauen Quarz zur Takterzeugung und arbeitete mit Differenznavigation und Trägerphasenmessung. Der wahrscheinlichste Ortsfehler beträgt 0,5 Zentimeter.

9.2.5 Beobachtungsprinzip

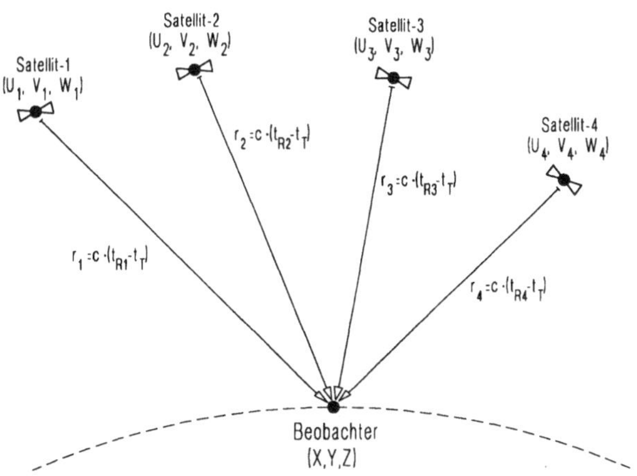

Abbildung 9.5: Beobachterprinzip.

Das Beobachtungsprinzip[6] beruht auf der *Pseudoentfernungsmessung* zwischen dem Satelliten und dem Beobachter. Diese Entfernung wird aus der Laufzeit des Signals vom Satelliten zum Beobachter berechnet. Ausgehend von den bekannten Satellitenkoordinaten können die Koordinaten des Beobachters (X, Y, Z) berechnet werden. Dazu sind vier Satelliten notwendig. Drei bestimmen die Ortskoordinaten und der Vierte ist notwendig um den Synchronisationsfehler zwischen Satellitenuhr und Empfängeruhr zu bestimmen.

Die Satellitenkoordinaten (U_i, V_i, W_i) werden aus der Navigationsnachricht die der Satellit an den Beobachter sendet berechnet.

---

[6]Der Empfänger der GPS-Signale (Benutzer) wird als *Beobachter* bezeichnet.

9.2.5.1 Ideale Positionsbestimmung

Im idealen Fall ist, zum Empfangszeitpunkt, die Uhrzeit des Empfängers (t_u) gleich der GPS-Systemzeit (t_R). Die Positionsbestimmung ohne Uhrenfehler ($t_u = t_R$) erfolgt prinzipiell nach (9.1) und ist in (9.2) für drei Satellitensignale angeschrieben. Die drei unbekannten Parameter des Beobachterstandortes sind mit den drei Gleichungen bestimmbar.

$$r_i = c \cdot (t_{ui} - t_T) = \sqrt{(U_i - X)^2 + (V_i - Y)^2 + (W_i - Z)^2} \tag{9.1}$$

$$
\begin{aligned}
r_1 &= c \cdot (t_{R1} - t_T) = \sqrt{(U_1 - X)^2 + (V_1 - Y)^2 + (W_1 - Z)^2} \\
r_2 &= c \cdot (t_{R2} - t_T) = \sqrt{(U_2 - X)^2 + (V_2 - Y)^2 + (W_2 - Z)^2} \\
r_3 &= c \cdot (t_{R3} - t_T) = \sqrt{(U_3 - X)^2 + (V_3 - Y)^2 + (W_3 - Z)^2}
\end{aligned}
\tag{9.2}
$$

r_i: Geometrische Entfernung zwischen Beobachter und Satellit i.

c: Ausbreitungsgeschwindigkeit ($c = c_0 = 2.99792 \cdot 10^8$ m/s).

t_T: GPS-Systemzeit zum Sendezeitpunkt.

t_{Ri}: GPS-Systemzeit zum Empfangszeitpunkt.

t_{ui}: Beobachteruhrzeit zum Empfangszeitpunkt (Empfängeruhrzeit).

U_i, V_i, W_i: Satellitenkoordinaten (Werden im Empfänger über die im Datenblock enthaltenen Bahnparameter berechnet).

X, Y, Z: Beobachterkoordinaten (Empfängerkoordinaten).

Zur Berechnung der unbekannten Parameter X, Y, Z stehen die Bekannten c, t_T, t_{Ri}, U_i, V_i, W_i zur Verfügung. Die drei unbekannten Beobachterkoordinaten können aus den drei Gleichungen in (9.2) berechnet werden.

9.2.5.2 Reale Positionsbestimmung

Wegen der unvermeidbaren Uhrenabweichungen (hauptsächlich durch den Empfänger verursacht) muß für eine brauchbare Positionsbestimmung das Gleichungssystem auf vier Gleichungen erweitert werden (Abb.9.5). Da die aus der Signallaufzeit ermittelte Entfernung nicht mehr der geometrischen Entfernung entspricht bezeichnet man sie als *Pseudoentfernung* (Abb.9.6).

Nimmt man an, daß sich das vom Satelliten ausgesendete Signal mit Lichtgeschwindigkeit ausbreitet, so beträgt die Laufzeit des Signals vom Satelliten zum Beobachter

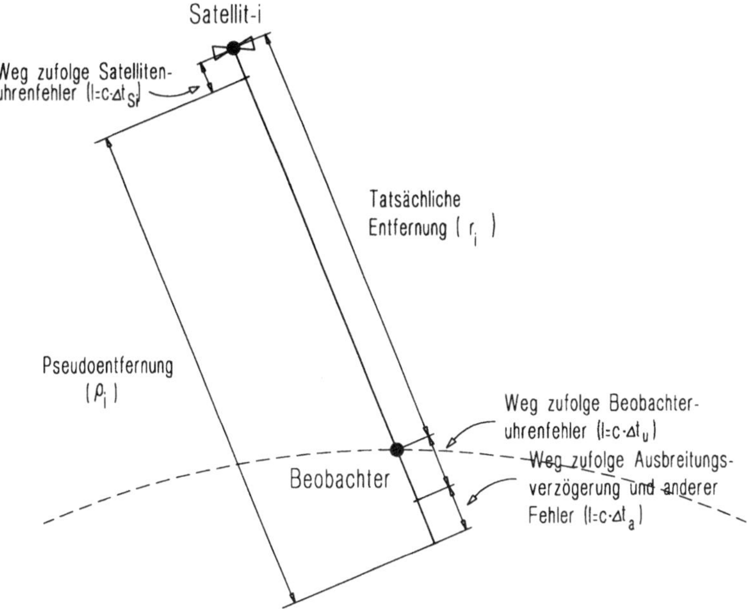

Abbildung 9.6: Pseudoentfernungsmessung.

etwa 6 ms. Nimmt man weiters einen Uhren-Synchronisationsfehler ($t_{ui} \neq t_{Ri}$) zwischen Beobachter und Satellit von nur $1\mu s$ an, so folgt ein Beobachter-Positionsfehler von 300 Meter. Dies zeigt, daß für eine brauchbare Positionsbestimmung eine extreme Anforderung an die Beobachteruhr zu stellen ist. Diese Anforderung könnte nur von Atomuhren erfüllt werden, welche jedoch den Nachteil haben, daß sie sehr groß, schwer und teuer sind. Außerdem müßte jeder Beobachter über so eine hochgenaue Uhr verfügen. Erweitert man das Beobachterprinzip auf vier Satelliten, so kann man die Beobachteruhr mit einem preiswerten Quarzoszillator realisieren. Dieser verursacht den nicht vernachlässigbaren Fehler Δt_u, welcher in der Berechnung der Navigationslösung[7] mit (9.3) berücksichtigt wird.

$$t_{ui} = t_{Ri} + \Delta t_u \tag{9.3}$$

In (9.4) werden folgende Symbole verwendet:

ρ_i: Geometrische *Pseudoentfernung* zwischen Beobachter und Satellit i.

t_{Si}:   Satelliten-Codephasenzeit zum Sendezeitpunkt.

t_{ui}:   Beobachteruhrzeit zum Empfangszeitpunkt (Empfängeruhrzeit).

---

[7]Die Navigationslösung liefert den Beobachterstandort.

Δt_{Si}: Satellitenuhrenfehler.

Δt_u: Abweichung der Beobachteruhr von der GPS-Systemzeit.

Δt_{Ai}: Atmosphärische Laufzeitverzögerung.

$$
\begin{aligned}
\rho_1 \;=\; & c \cdot (t_{u1} - t_T) = \\
& \sqrt{(U_1 - X)^2 + (V_1 - Y)^2 + (W_1 - Z)^2} + c \cdot \Delta t_{A1} + c \cdot (\Delta t_u - \Delta t_{S1}) \\
\rho_2 \;=\; & c \cdot (t_{u2} - t_T) = \\
& \sqrt{(U_2 - X)^2 + (V_2 - Y)^2 + (W_2 - Z)^2} + c \cdot \Delta t_{A2} + c \cdot (\Delta t_u - \Delta t_{S2}) \\
\rho_3 \;=\; & c \cdot (t_{u3} - t_T) = \\
& \sqrt{(U_3 - X)^2 + (V_3 - Y)^2 + (W_3 - Z)^2} + c \cdot \Delta t_{A3} + c \cdot (\Delta t_u - \Delta t_{S3}) \\
\rho_4 \;=\; & c \cdot (t_{u4} - t_T) = \\
& \sqrt{(U_4 - X)^2 + (V_4 - Y)^2 + (W_4 - Z)^2} + c \cdot \Delta t_{A4} + c \cdot (\Delta t_u - \Delta t_{S4})
\end{aligned}
\tag{9.4}
$$

Zur Berechnung der unbekannten Parameter $X, Y, Z, \Delta t_u$ stehen die Bekannten c, t_T, t_{Ri}, Δt_{Si}, Δt_{Ai}, U_i, V_i, W_i zur Verfügung. Die drei Unbekannten Beobachterkoordinaten können aus (9.4) berechnet werden. Die atmosphärische Laufzeitverzögerung und das Uhrenverhalten der Satelliten wird in regelmäßigen Abständen von der MCS gemessen, parametrisiert und zum Satelliten übertragen. Über die im Datenblock enthaltenen Parameter wird Δt_{Ai} und Δt_{Si} berechnet.

Den Zusammenhang zwischen zeitlichen Fehlern und den daraus resultierenden Entfernungsfehlern zeigt die Abb.9.6.

9.2.5.3 Laufzeitmessung

Das Satellitensignal zur Entfernungsmessung ist ein PN-Code. Dieser Code wird zu ganz bestimmten Zeitpunkten (t_T) in der GPS-Systemzeit gesendet. Im Korrelator des Beobachters wird eine lokale Kopie des gleichen Codes erzeugt und zeitlich so lange verschoben bis er deckungsgleich mit dem empfangenen Code ist (Suche des Korrelationsmaximums). Die zeitliche Verschiebung, in Bezug zwischen Sendezeitpunkt und AKF-Maximum entspricht der Laufzeit des Signals (Abb.9.7).

9.3 Signalstruktur

Das GPS-System verwendet zur Datenübertragung ein Direct-Sequence Spread-Spectrum Signal. Die Signale lassen sich aus der Grundfrequenz in (9.5) ableiten. Das Datensignal $d(t)$ wird mit dem Signal des P-Codes $(c_P(t))$ und dem Signal des C/A-Codes $(c_{CA}(t))$ multipliziert und direkt den Trägerfrequenzen in (9.6) aufmoduliert. Dies liefert die Sendesignale s_{L1} und s_{L2}.

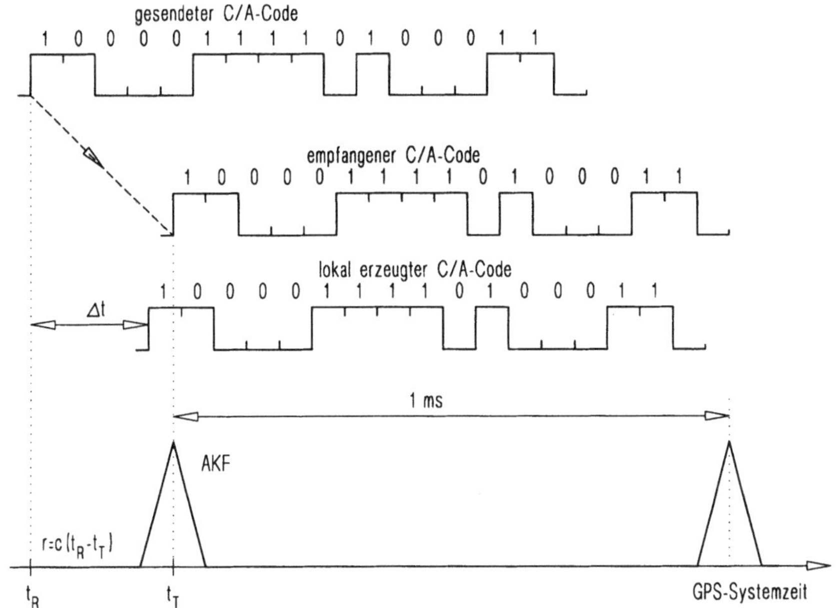

Abbildung 9.7: Prinzip der Entfernungsmessung mit dem GPS-Signal.

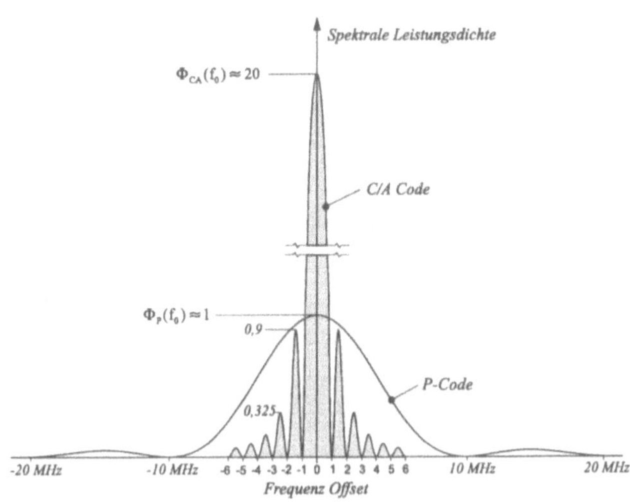

Abbildung 9.8: Spektrum der GPS-Signale.

$$f_g = 10,23 \text{ MHz} \tag{9.5}$$

$$
\begin{aligned}
L_1 &: \quad f_{L1} = 154 \cdot f_g = 1.575,42 \text{ MHz} \\
L_2 &: \quad f_{L2} = 120 \cdot f_g = 1.227,60 \text{ MHz}
\end{aligned}
\tag{9.6}
$$

$$
\begin{aligned}
s_{L1} &= \overbrace{A_{P1} \cdot c_P(t) \cdot d(t) \cdot \cos(\omega_{L1}\, t + \varphi_{P1})}^{s_{L1}^{(P)}} + \overbrace{A_{CA} \cdot c_{CA}(t) \cdot d(t) \cdot \sin(\omega_{L1}\, t + \varphi_{L1})}^{s_{L1}^{(CA)}} \\
s_{L2} &= A_{P2} \cdot c_P(t) \cdot d(t) \cdot \cos(\omega_{L2}\, t + \varphi_{L2})
\end{aligned}
\tag{9.7}
$$

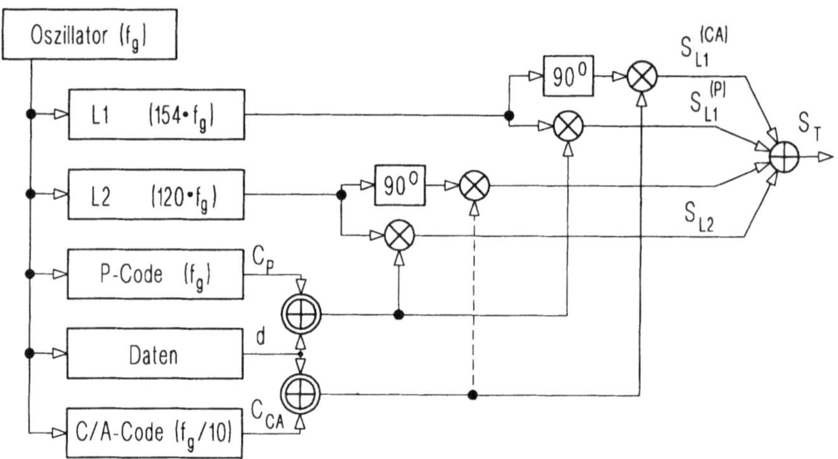

Abbildung 9.9: Prinzipieller Aufbau des GPS-Satellitensenders.

Das L_1-Signal[8] enthält das Datensignal mit P- und C/A-Code in Quadratur ($s_{L1}^{(P)} \perp s_{L1}^{(CA)}$). Das L_2-Signal kann entweder vom P-Code oder C/A-Code moduliert werden (im Normalfall: P). Die Merkmale der GPS-Signale sind in Tab.9.1 zusammengestellt. Ein Blockschaltbild des Satelliten zeigt die Abb.9.9.

Aus diesen Daten ergibt sich für den P-Code eine Bandbreite von 20 MHz und für den C/A-Code eine Bandbreite von 2 MHz (Abb.9.8). Die Angaben der Empfangsleistungen der Spread-Spectrum Signale beziehen sich auf eine rechtszirkular polarisierte Antenne mit einem Gewinn von 0 dBIC, wenn der Elevationswinkel größer als fünf Grad ist.

---

[8]Das s_{L1}-Signal wird, der Einfachheit wegen, als L_1-Signal bezeichnet.

Merkmal	Bezeichnung	Wert	Einheit
f_g	**Grundfrequenz**	10,23	MHz
	Genauigkeitsklasse (Rb,Cs)	10^{-12} bis 10^{-13}	-
f_{L1}	**L1-Trägerfrequenz**	$154 \cdot f_g = 1575,42$	MHz
	Wellenlänge	19,05	cm
f_{L2}	**L2-Trägerfrequenz**	$120 \cdot f_g = 1227,6$	MHz
	Wellenlänge	24,45	cm
P-Code	**Genauer Code**		
	Chiprate R_P	10,23	Mcps
	Codelänge	29,31	m
	Codeperiode	267; 7 Tage/Satellit	Tage
	Empfangsleistung: L1	- 163	dBW
	Empfangsleistung: L2	- 166	dBW
C/A-Code	**C/A-Code**		
	Chiprate R_{CA}	1,023	Mcps
	Codelänge	293,1	m
	Codeperiode	1	msec
	Empfangsleistung: L1	- 160	dBW
Daten	**Datensignal**		
	Datenrate R_D	50	Bits/sec
	Rahmenperiode	30	sec

Tabelle 9.1: GPS-Signale (Mcps ... Megachips pro Sekunde).

9.3.1   C/A-Code

Der C/A-Code des GPS-Systems dient zur Grobsynchronisation des Empfängers und
zur Berechnung der Navigationslösung für zivile Anwendungen. Er besteht aus einer
relativ kurzen Code-Folge damit die Synchronisationszeit klein bleibt und er ist so
gewählt, daß er gute Mehrbenutzereigenschaften aufweist. Diese Anforderungen werden von den Gold-Folgen[9] erfüllt. Der Goldfolgengenerator besteht aus zwei zehn Bit
Schieberegistern in denen die beiden Generatorpolynome aus (9.8) realisiert sind.

$$G_1 = 1 + x^3 + x^{10} \qquad \text{und} \qquad (9.8a)$$

$$G_2 = 1 + x^2 + x^3 + x^6 + x^8 + x^9 + x^{10} \qquad (9.8b)$$

$$c_{CA}(t) = c_{G1}(t) \oplus c_{G2}(t + N_i \cdot T_{CA}) = c_{G1}(t) \oplus c_{G2}(t + N_i \cdot (10 \cdot T_c)$$

$$(9.9)$$

---

[9]Siehe Abschnitt 4.3.2 auf Seite 152.

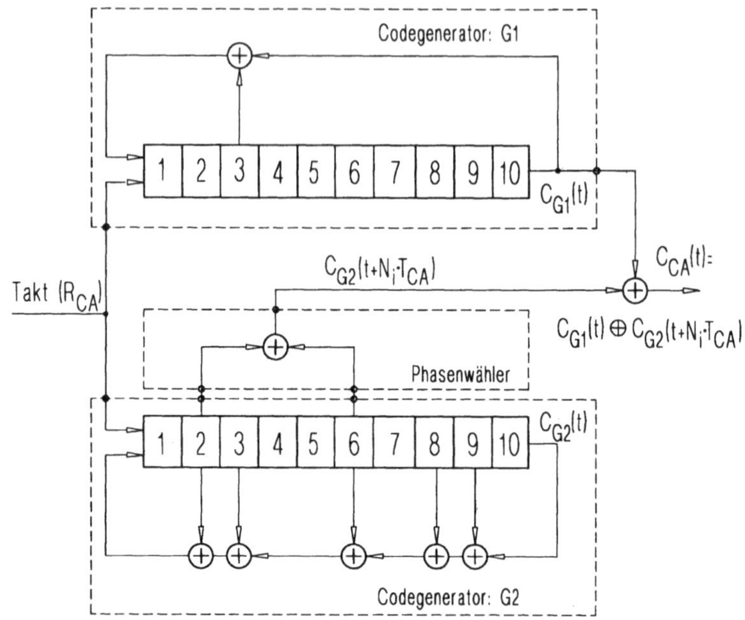

Abbildung 9.10: Coarse/Acquisition Code des GPS-Signals (Phasenwähler für Code 31 eingestellt).

Die Verschiebung[10] N_i der Codegeneratoren zueinander wird unter Ausnützung der *Verschiebe und Additions-* Eigenschaft, im *Phasenwähler*, für $G2$ vorgenommen. Den prinzipiellen Aufbau des C/A-Codegenerators zeigt die Abb.9.10. Die Eingänge des Phasenwählers sind die Abgriffe des Schieberegisters $G2$, deren Modulo-2 Addition die Verschiebung N_i (Tab.9.2) ergibt. In Tab.9.2 entsprechen die ersten 32 GPS-PRN Nummern den Nummern der Satelliten. Zur Kontrolle sind die ersten 10 Chips jedes Codes oktal codiert angegeben. Das 37-igste GPS-PRN Signal entspricht dem 34-igsten Signal und ist in der Tabelle nicht enthalten. Die Signale mit den Nummern 33 bis 37 sind reserviert für die MCS.

Der C/A-Code hat eine Länge von $L = 2^{10} - 1 = 1023$ Chips und eine Dauer von $T_{CA} = 1$ msec. So passen in ein Datenbit der Dauer $T_D = 20$ msec genau 20 Code-längen. Der Datenbittakt ist synchron mit den C/A-Perioden und den X_1-Perioden des P-Codes.

GPS PRN Nr.	Phasenwähler-Abgriffe von G_2.		Code Verschiebung N_i	Ersten zehn Chips	GPS PRN Nr.	Phasenwähler-Abgriffe von G_2.		Code Verschiebung N_i	Ersten zehn Chips
1	2 $\oplus$	6	5	1440	19	3 $\oplus$	6	471	1633
2	3 $\oplus$	7	6	1620	20	4 $\oplus$	7	472	1715
3	4 $\oplus$	8	7	1710	21	5 $\oplus$	8	473	1746
4	5 $\oplus$	9	8	1744	22	6 $\oplus$	9	474	1763
5	1 $\oplus$	9	17	1133	23	1 $\oplus$	3	509	1063
6	2 $\oplus$	10	18	1455	24	4 $\oplus$	6	512	1706
7	1 $\oplus$	8	139	1131	25	5 $\oplus$	7	513	1743
8	2 $\oplus$	9	140	1454	26	6 $\oplus$	8	514	1761
9	3 $\oplus$	10	141	1626	27	7 $\oplus$	9	515	1770
10	2 $\oplus$	3	251	1504	28	8 $\oplus$	10	516	1774
11	3 $\oplus$	4	252	1642	29	1 $\oplus$	6	859	1127
12	5 $\oplus$	6	254	1750	30	2 $\oplus$	7	860	1453
13	6 $\oplus$	7	255	1764	31	3 $\oplus$	8	861	1625
14	7 $\oplus$	8	256	1772	32	4 $\oplus$	9	862	1712
15	8 $\oplus$	9	257	1775	33	5 $\oplus$	10	863	1745
16	9 $\oplus$	10	258	1776	34	4 $\oplus$	10	950	1713
17	1 $\oplus$	4	469	1156	35	1 $\oplus$	7	947	1134
18	2 $\oplus$	5	470	1467	36	2 $\oplus$	8	948	1456

Tabelle 9.2: C/A-Code nach GPS-ICD-200.

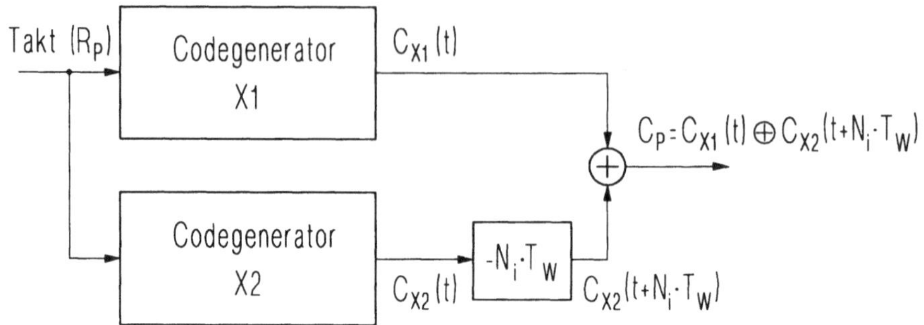

Abbildung 9.11: P-Codegenerator.

9.3.2 P-Code

Der P-Code ist eine JPL-Folge[11]. Er wird aus vier Schieberegister der Länge 10
gebildet. Zwei davon bilden den $X1$-Code[12] und die anderen beiden den $X2$-Code.
Der $X1$-Code wird mit dem $X2$-Code so kombiniert, daß 37 Phasenverschiebungen
von $X2$, 37 verschiedene Wochensegmente des P-Codes ergeben. 5 Wochensegmente
benötigen die Bodenstationen und die restlichen 32 identifizieren die Satelliten. Der
$X1$-Generator liefert eine Folge mit $L_{X1} = 15\,345\,00$ Chips und der $X2$-Generator
eine mit $L_{X2} = 15\,345\,037$ Chips. Die Periodenlänge für den P-Code[13] beträgt daher:

$$L_P \quad = \quad L_{X1} \cdot L_{X2} = 235\,469\,592\,765\,000 \qquad \text{Chips} \qquad (9.10)$$

$$\longrightarrow \quad T_P = \frac{L_P}{R_P} = 23\,017\,555,5\text{sec} \approx 266,4\text{Tage (38 Wochen)}$$

Die Periodendauer des $X1$-Codes beträgt 1,5 sec. Der P-Code Generator wird mit
der GPS-Systemzeit am Anfang der Woche (Samstag 24:00 Uhr zugleich Sonntag
00:00 Uhr)) rückgesetzt. Jedem Satelliten wird über die Codeverschiebung N_i ein
Wochensegment ($T_W = 604\,800\,\text{sec} = 7$ Tage) zugeordnet.

$$c_P(t) = c_{X1}(t) \oplus c_{X2}(t + N_i T_W) \qquad \text{wobei:} \begin{cases} 0 \leq N_i \leq 36 \\ T_W = 604\,800 \text{ sec} \end{cases}$$

$$(9.11)$$

Der Wertebereich für N_i ergibt sich aus der Differenz der Codelänge von $X2$ gegenüber
$X1$.

---

[10]In (9.9) ist T_{CA} aus (9.11) einzusetzen. Der Faktor 10 ergibt sich weil der Takt 10 mal langsamer
ist als der Takt des P-Codes.

[11]Die allgemeine Beschreibung der JPL-Folgen findet man auf Siehe 151

[12]Der Einfachheit wegen, wird in der GPS-Literatur, der c_{X1}-Code mit $X1$-Code bezeichnet.
Analoges gilt für den $X2$-Code.

[13]Die Chiprate $R_P = 10,23$ MHz.

9.4 Navigationsdaten

Die Navigationsdaten sind Nachrichten vom Satelliten an den Empfänger (Beobachter). Sie werden mit 50 Bit pro Sekunde dem GPS-Signal aufmoduliert. Die Navigationsdaten ermöglichen dem Beobachter seine absolute Position zu bestimmen. Sie bestehen aus:

- den Ephemeriden der Satelliten,

- der GPS-Systemzeit,

- dem Satellitenuhrverhalten,

- dem Satellitenstatus und

- der *Hand Over Information* für den Übergang vom C/A-Code auf den P-Code.

Die Navigationsdaten sind beiden Trägersignalen (L_1 und L_2) aufmoduliert.

9.4.1 Datenformat

Das Datenformat der GPS-Daten hat sich im laufe der Zeit geändert. Das hier angegebene Format ist das momentan aktuellste und bezieht sich auf ICD-GPS-200[14].

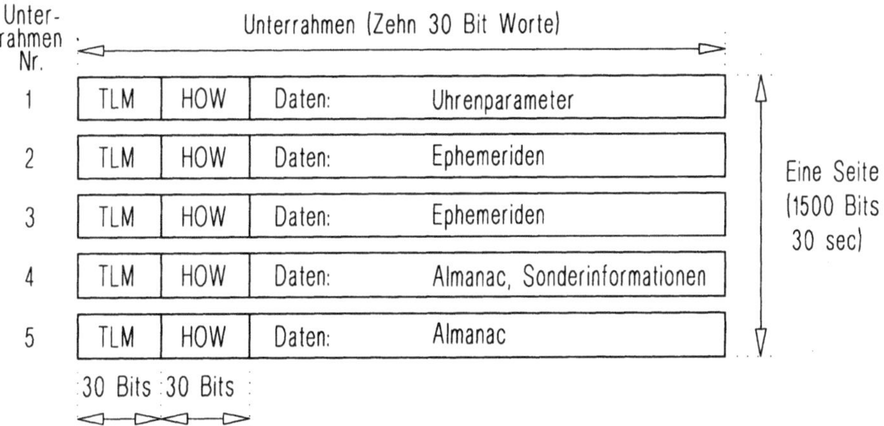

Abbildung 9.12: Rahmenstruktur der Navigationsdaten.

---

[14]Das *Interface Control Document* (ICD) wird von der U.S. Air Force herausgegeben.

Ein binärer Datenstrom mit 50 Bit pro Sekunde versorgt den Benutzer mit den zur Berechnung der Navigationslösung notwendigen Informationen. Diese Daten werden als Navigationsdaten bezeichnet und werden vom Kontrollsegment an die Satelliten übertragen. Die Aktualisierung der Navigationsdaten erfolgt in der Regel einmal am Tag und falls erforderlich auch öfter. Die Genauigkeit der Positionsbestimmung wird durch den *User Range Error* (URE), welcher in Friedenszeiten garantiert wird, bestimmt.

Wie in (9.7) ersichtlich werden die Daten mit dem C/A- bzw. P-Code modulo-2 addiert und den Trägern BPSK-moduliert ausgesendet. Die Code-Nullphasen entsprechen dem Beginn des Datenbits (Synchrone Modulation).

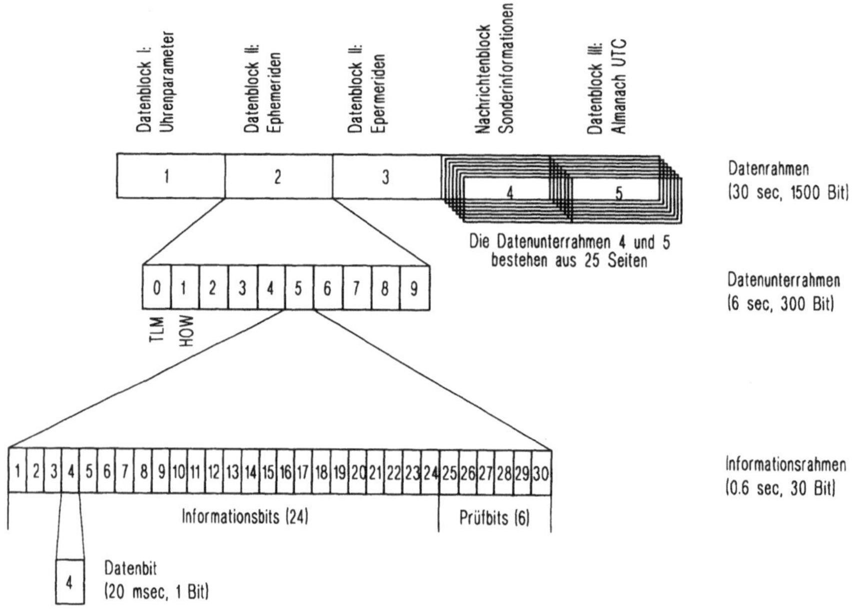

Abbildung 9.13: Navigationsdaten.

Die Datenbits werden zu *Worten* mit je 30 Bits zusammengefaßt. Zehn Worte bilden einen *Unterrahmen*. Ein Unterrahmen beeinhaltet daher 300 Datenbits und dauert 6 Sekunden. Fünf Unterrahmen werden zu einer *Seite* zusammengefaßt.[15] Eine Seite beeinhaltet daher 1500 Datenbits und dauert 30 Sekunden. Fünfundzwanzig Seiten werden zu einem *Überrahmen* zusammengefaßt, welcher 12,5 Minuten dauert. Die Rahmenstruktur ist in Abb.9.12 ersichtlich.

Innerhalb jedes Datenbits wird der C/A-Code 20 mal Übertragen.

Die Daten in den fünf Unterrahmen enthalten:

---

[15] Eine Seite wird auch als Rahmen bezeichnet.

1. Unterrahmen :

- Parameter für die Satellitenuhrkorrektur.
- Parameter für die Signalverzögerung in der Atmosphäre.
- Alter der Daten.

2. und 3. Unterrahmen :

- Parameter zur Berechnung der Satellitenephemeriden.

4. Unterrahmen :

- Almanach der Satelliten 25-32.
- Betriebsverhalten der Satelliten 25-32.
- Ionosphärische Modelle.
- Spezielle Nachrichten.

5. Unterrahmen :

- Almanach der Satelliten 1-24.
- Auswertealgorithmen.

Jeder Unterrahmen beginnt mit einer 8-Bit Präambel dem Telemetriewort (TLM) und dem Hand-Over Wort (HOW). Das HOW legt fest wie vom C/A-Code auf den P-Code umgeschaltet wird[16].

Die Zuordnung der einzelnen Datenbits zu den Navigationsdaten zeigt Abb.9.14 und Abb.9.15. In den Abbildungen ist unter der Bezeichnung die Anzahl der Datenbits angegeben.

Die Dauer des P-Codes erstreckt sich über eine ganze Woche. Die Unterrahmen beginnen mit jedem Wochenbeginn und werden fortlaufend nummeriert und erleichtern den Übergang vom C/A-Code auf den P-Code. Die zeitliche Abfolge ist in Abb.9.16 dargestellt. Die GPS-Woche beginnt am Samstag um 24:00 Uhr, zugleich Sonntag 00:00 Uhr. Der Nullpunkt der GPS-Zeitrechnung war der 5. Jänner 1980 24:00 Uhr, zugleich 6. Jänner 1980 00:00 Uhr. Zu diesem Zeitpunkt wurde der Z-Count gestartet und wird seitdem fortlaufend nummeriert. Der Z-Count zählt die Perioden des $X1$-Signals (1,5 Sekunden Zeitsegmente) seit dem Nullpunkt der GPS-Zeitrechnung. Der Z-Count besteht aus 29 Bits und wiederholt sich daher nach etwas mehr als 9 Jahren (1024 Wochen). Die 19 LSB's (Last Significant Bit) des Z-Count werden als *Time of Week* (TOW) bezeichnet. Der TOW-Zähler gibt an, wieviele $X1$-Perioden seit dem Wochenbeginn vergangen sind. Kürzt man den TOW-Zähler auf seine 17 MSB's (Most Significant Bit), so kommt man zum HOW. Das HOW-Wort hat eine Wertebereich von 0 bis 100799 und zählt die Unterrahmen seit Wochenbeginn. Die 10 MSB's des 29-Bit breiten Z-Count geben die aktuelle Woche seit dem Nullpunkt der GPS-Zeitrechnung an.

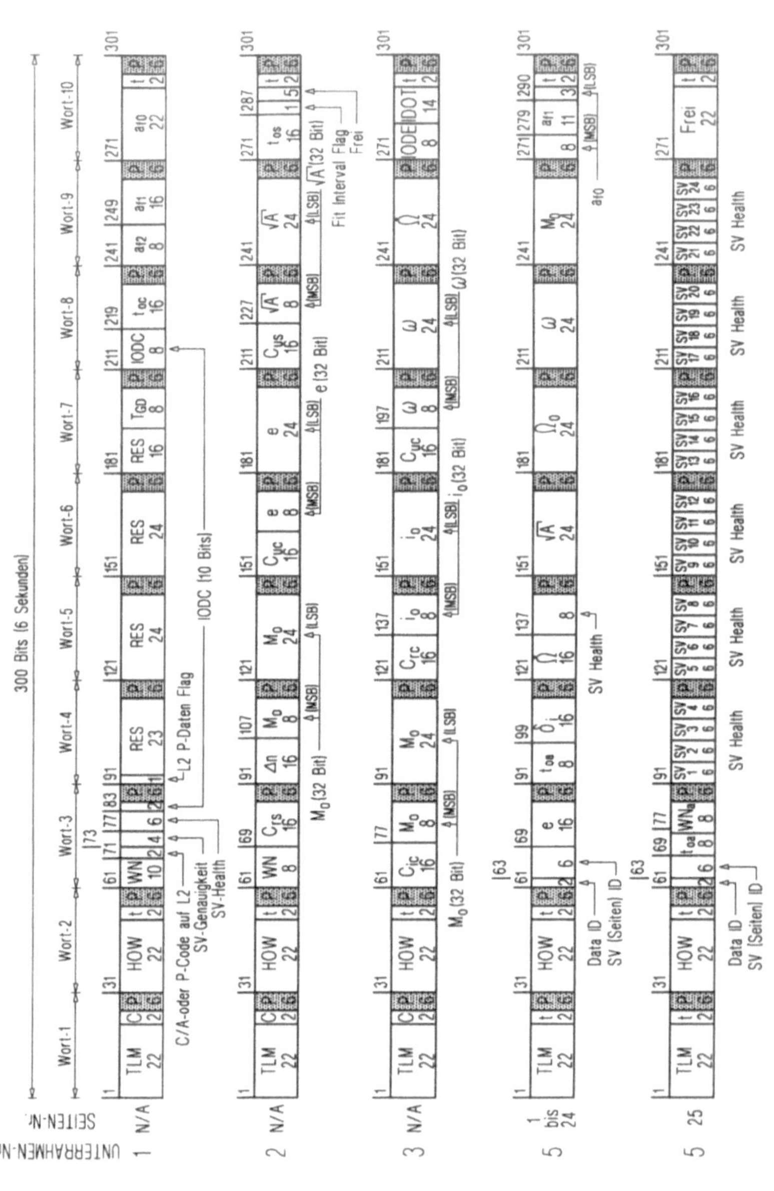

Abbildung 9.14: GPS-Datenformat. P ... Prüfbits, t ... Gehört zu den Prüfbits, C ... Bit 23 und 24 des TLM sind reserviert, RES ... Reserviert, Frei ... Nicht benutzt.

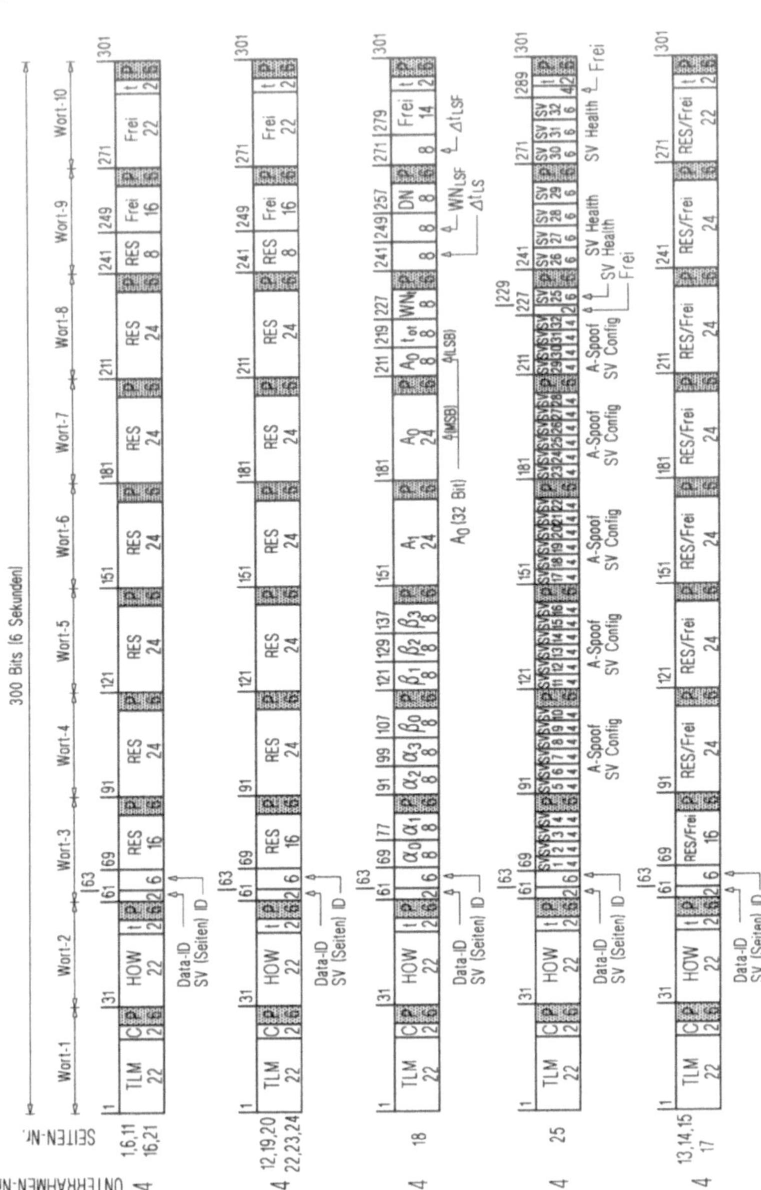

Abbildung 9.15: GPS-Datenformat. P ... Prüfbits, t ... Gehört zu den Prüfbits, C ... Bit 23 und 24 des TLM sind reserviert, RES ... Reserviert, Frei ... Nicht benutzt.

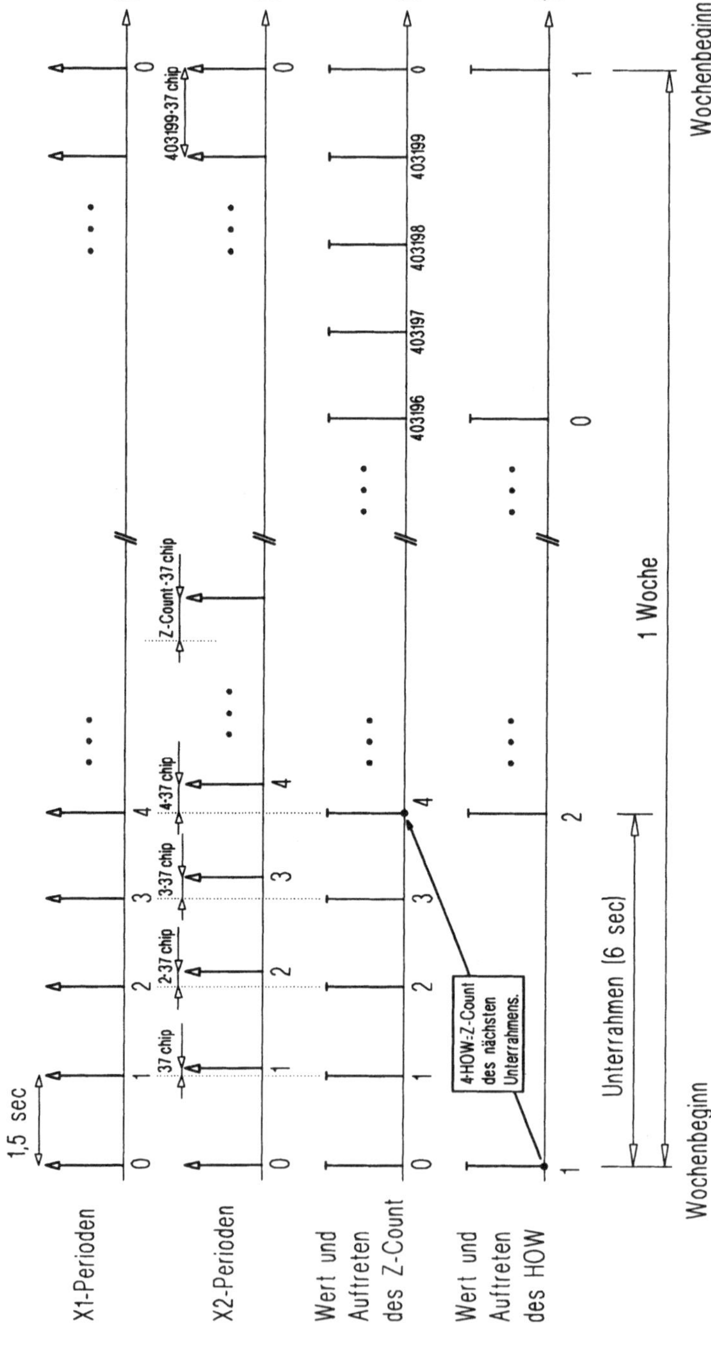

Abbildung 9.16: Timing-Diagramm für die P-Code Generatoren $X1$ und $X2$, sowie der Zusammenhang zwischen $Z - Count$ und HOW.

Wie in Abb.9.17 dargestellt, beginnt das Telemetriewort (TLM) mit einer Präambel zur Synchronisation. Die Präambel entspricht einer modifizierten 8-Bit Barker-Folge.[17] Sonst enthält das TLM-Wort nur Datenbits für autorisierte Benutzer.

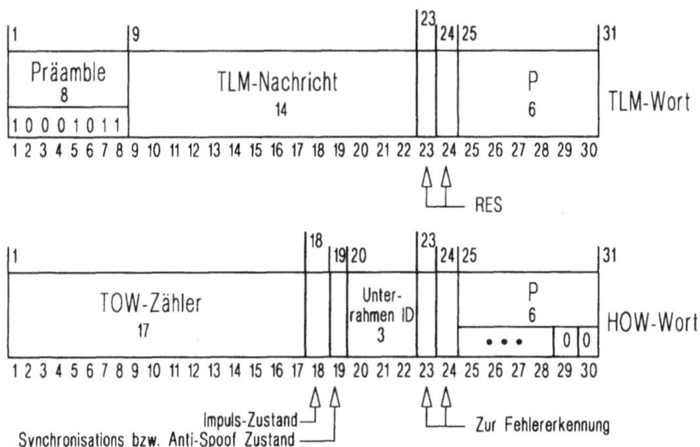

Abbildung 9.17: Telemetriewort und Hand-Over Wort.

9.4.1.1 Berechnung der GPS-Systemzeit

Mit dem Z-Count errechnet sich die GPS-Zeit in (9.12).

$$t_T = \text{Z-Count} \cdot 1,5\,\text{sec} \tag{9.12}$$

9.4.1.2 Prüfbits in den Navigationsdaten

Jedes 30-Bit Wort plus der 2 letzten Bits des vorangegangenen Wortes werden mit einem erweiterten (32,26)-Hamming-Code, mit $n = 32$ (Symbole) und $k = 26$ (Informationsbits),[18] gesichert. Für weitere Informationen wird auf [Parkinson96] verwiesen.

9.4.1.3 Umstieg vom C/A-Code auf den P-Code

Der Codegenerator $X1$ zur Erzeugung des P-Codes ist $L_{X1} = 15\,345\,000$ Chips lang. Die Codeperiodendauer ist $T_{X1} = \frac{L_{X1}}{R_c} = \frac{15\,345\,000}{10,23\,MHz} = 1,5$ sec. Weil der Code $X2$ um 37 Chips länger ist als $X1$, vergrößert sich der Offset bei jeder Periode von $X1$ (alle 1,5

---

[16]Während eines Datenunterrahmens (6 sec) wiederholt sich der P-Code (1,5 sec) exakt vier mal.
[17]Siehe Abschnitt 5.12.1.1 auf Seite 278.
[18]Es sind eigentlich nur 24 Informationsbits.

Sekunden) um 37 Chip. Damit errechnet sich die tatsächliche Verschiebung von $X2$ gegenüber $X1$ nach (9.13). Damit kann man vom C/A-Code auf den wochenlangen P-Code umsteigen.

$$T_{\text{off}} = \text{Z-Count} \cdot 37 = \text{HOW} \cdot 4 \cdot 37 \tag{9.13}$$

9.5 Neuartiger digitaler GPS-Empfänger für C/A-Signale

Die Abb.9.18 zeigt ein wesentlich vereinfachtes Blockschaltbild des digitalen GPS-Empfängers. Er besteht aus der inkohärenten Umsetzung des Bandpaßsignals in ein Basisbandsignal. Die I- und Q-Signale werden jeweils mit zwei lokal erzeugten Kopien des C/A-Codes korreliert. Die beiden lokalen Kopien des Codes unterscheiden sich dadurch, daß eine Variante den Codegenerator mit dem unmittelbaren Schätzwert der Codephase startet (*Prompt-Code*), und er andere aus der Subtraktion einer vordatierten und rückdatierten Version des Prompt-Codes besteht (*Early/Late-Code*[19]). Aus den Korrelationsergebnissen berechnen die in Software realisierten Regelalgorithmen die einzustellende Trägerfrequenz, Trägerphase und Codephase.

Im nächsten Abschnitt werden die zu durchsuchenden Unsicherheitsintervalle abgeschätzt. Daraus folgen die Schrittweiten für die Grobsynchronisation. Die Feinsynchronisation maximiert den Korrelationsgewinn.

9.5.1 Unsicherheitsebene

Durch die Relativbewegung des Satelliten zur Erde kommt es zu einer Dopplerverschiebung der Trägerfrequenz. Die maximale Dopplerverschiebung hängt von der Beobachterposition ab und liegt zwischen $\pm 2,2$ msec/sec und $\pm 2,7$ msec/sec. Daraus folgt das Trägerfrequenzunsicherheitsintervall (maximale Dopplerverschiebung)[20] nach (9.14) von etwa 4,3 kHz.

$$f_D = \pm 2,7 \cdot 10^{-6} \cdot f_{L1} \approx \pm 4,3 \text{ kHz} \tag{9.14}$$

Das Frequenzintervall wird in Frequenzzellen unterteilt und nach der aktuellen Frequenz durchsucht. Die Zellengröße ergibt sich aus der Überlegung, daß etwa zwei bis drei Frequenzzellen in der Bandbreite des Basisbandsignals vorhanden sein sollen.[21]

---

[19]Genauer: Early-Minus-Late-Code.

[20]Der Frequenzfehler des Quarzes im Empfänger ist von höherer Kleinheitsordnung und kann daher in erster Näherung im Vergleich zur Dopplerfrequenz vernachlässigt werden.

[21]Die Überlegung basiert, so wie die in Abschnitt 6.1 auf Seite 308, auf der Notwendigkeit, möglichst viel Signalenergie für die Korrelation zur Verfügung zu haben. Dazu muß der Großteil der Signalenergie nach der Abwärtsmischung im Basisband zu liegen kommen.

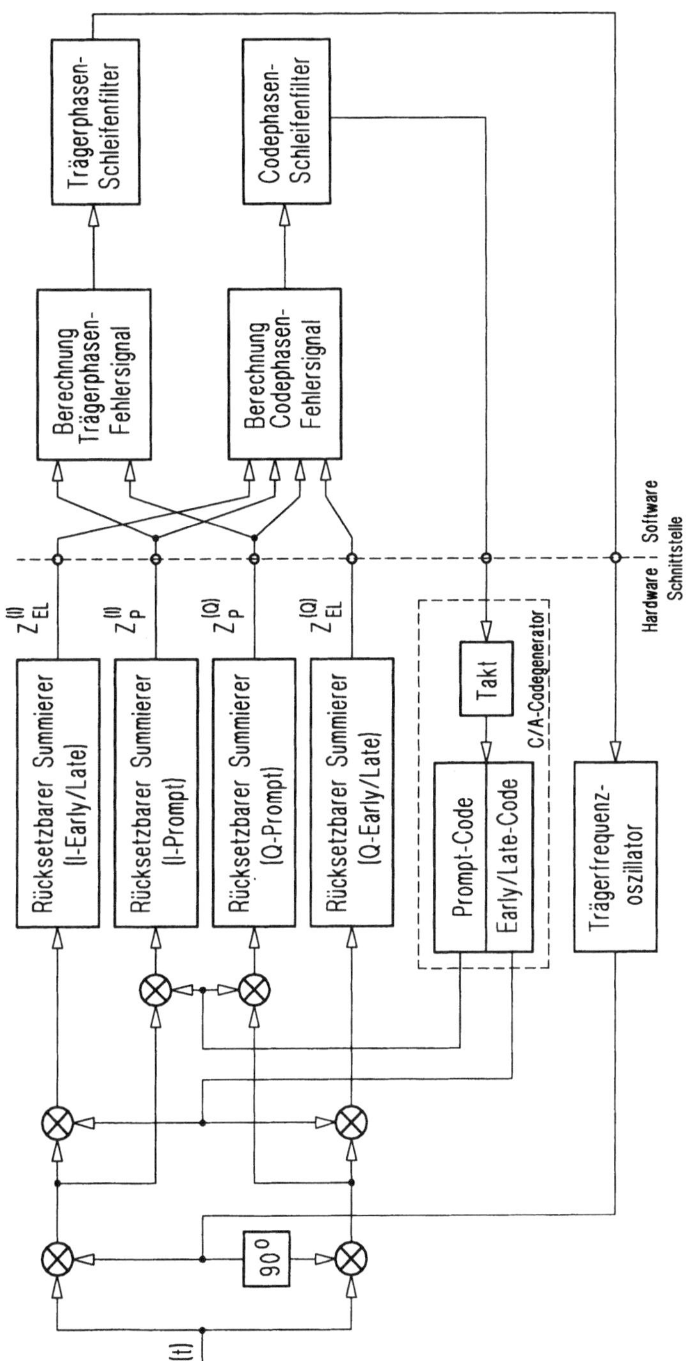

Abbildung 9.18: Blockschaltbild eines digitalen GPS-Empfängers.

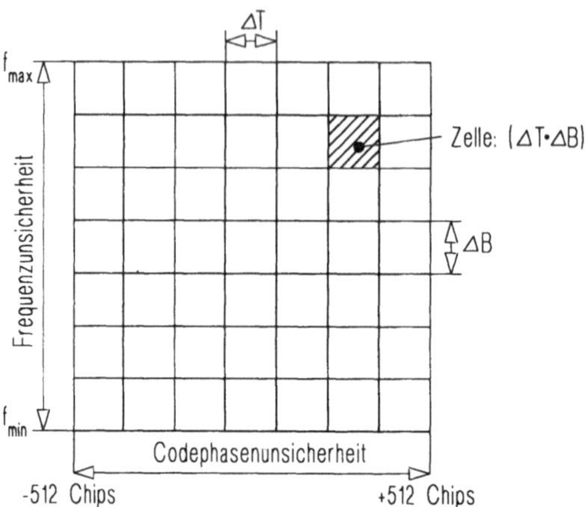

Abbildung 9.19: Unsicherheitsebene des C/A-Signals.

Daraus folgt, daß die Frequenzzellengröße kleiner als 2 kHz sein muß ($\Delta B \leq 2$ kHz). Gewählt wurde eine Frequenzzellengröße (9.15) von 800 kHz.

$$\Delta B = 800 \text{ kHz} \tag{9.15}$$

Von der Dopplerverschiebung ist nicht nur die Trägerfrequenz, sondern auch die Chiprate des C/A-Codes betroffen. Das maximale Chipratenunsicherheitsintervall ergibt sich nach (9.16) zu 2,76 Chips/sec.

$$\Delta R_{CA} = \pm 2,7 \cdot 10^{-6} \cdot R_{CA} \approx \pm 2,76 \text{ Chips/sec} \tag{9.16}$$

Da, die Wahrscheinlichkeit der Codeanfangsphase über dem gesamten C/A-Code gleich verteilt ist, wird wie in Abschnitt 6.1 vorgeschlagen die Codezellengröße mit $\Delta T = T_c/2$ angenommen.

Wegen der Frequenz- und Codephasenunsicherheit im empfangenen Direct-Sequence Signal ergibt sich eine Unsicherheitsebene nach Abb.9.19, welche in Unsicherheitszellen der Größe $\Delta B \cdot \Delta T$ unterteilt wird. Die Abb.9.20 zeigt das Korrelationsgebirge über der Unsicherheitsebene.

Die Unsicherheitsebene wird im Frequenzbereich von einer Startfrequenz ausgehend mit einem sich *öffnenden Suchfenster*[22] nach der richtigen Frequenz durchsucht. Die Suchstrategie der Codeanfangsphase ist wegen der Unvorhersagbarkeit ein *Suchen in gerader Linie*.

---

[22]Die Suchstrategie mit sich öffnenden Suchfenster ist in Abschnitt 6.1.2 beschrieben.

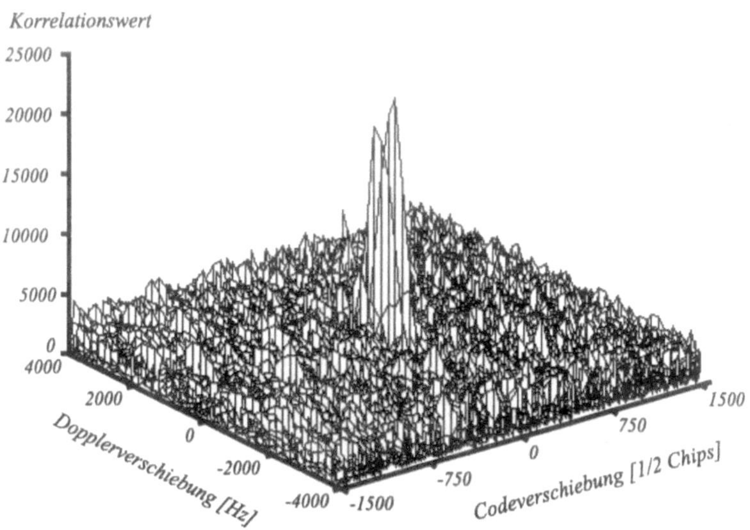

Abbildung 9.20: Korrelationsgebirge über der Unsicherheitsebene des C/A-Signals. $SNR = 4/11$ (4 von 11 Chips invertiert).

9.5.2 Grobsynchronisation

Die Grobsynchronisation kann man als Signalsuche auffassen, da wenn die richtige Unsicherheitszelle gefunden ist die Signalenergie im Basisband konzentriert ist. Die Abb.9.21 zeigt von der Startfrequenz 0 ausgehend in welcher Reihenfolge die Frequenzzellen durchsucht werden. Innerhalb jeder Frequenzzelle wird der C/A-Code in ΔT-Schritten geradlinig nach der Codeanfangsphase durchsucht. Das Signal gilt als gefunden, wenn eine vorgegebene Schwelle überschritten wird.[23] Wenn Synchronisation erklärt wird, ist die Grobsynchronisation abgeschlossen und die lokal erzeugte Oszillatorfrequenz stimmt bis auf maximal ±800 Hz mit der empfangenen Trägerfrequenz überein und die beiden C/A-Codes weisen einen maximalen Phasenunterschied von $\pm T_c/2$ auf.

BEISPIEL 9.1 (GPS: GROBSYNCHRONISATION) *Nimmt man an, daß die tatsächliche Dopplerverschiebung $f_D = 3,6$ kHz beträgt und der Quarzfehler im Empfänger Null ist, so wird das Signal in der 8-ten durchsuchten Frequenzzelle gefunden.*

---

[23] Vergleiche Abschnitt 6.2

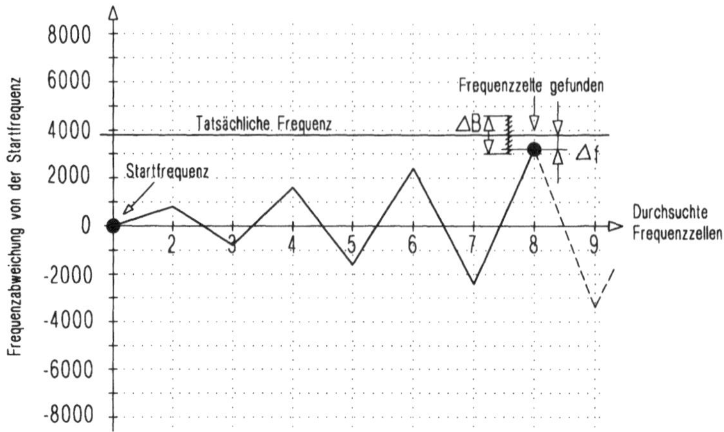

Abbildung 9.21: Suche der richtigen Frequenzzelle des C/A-Signals (Grobsynchronisation der Trägerfrequenz).

9.5.3 Feinsynchronisation

Eine Feinsynchronisation bezüglich der Oszillatorfrequenz ist notwendig, weil von diesem Oszillator auch der Takt für die Codegeneratoren abgeleitet wird. Wie in Abb.9.22 dargestellt, würde ohne weitere Maßnahmen das Signal davondriften und schließlich vollkommen verloren gehen.

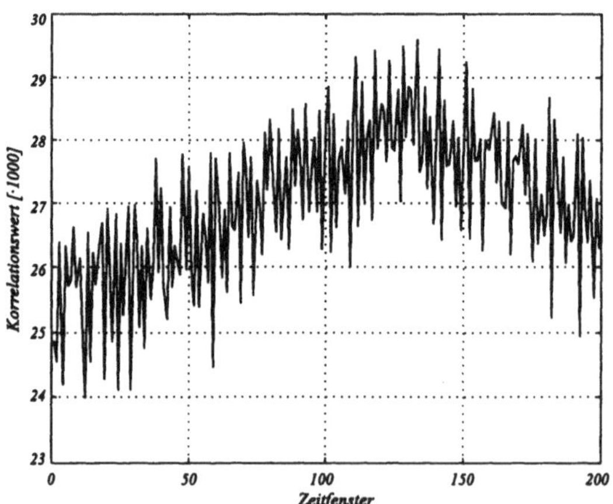

Abbildung 9.22: Betrag der Korrelation des empfangenen Signals mit dem Prompt-Code, bei ungleicher Chiprate. Das eingestellten Parameter sind: $SNR = 10/11$ (1 von 11 Chips invertiert), Chipratenunterschied $\Delta R_{CA} = 1$ Chip/sec.

Für den Synchronlauf zwischen empfangenen und lokal erzeugten C/A-Code wird eine inkohärente Delay-Locked Loop verwendet (Siehe Abschnitt 6.4.1). Für den ungestörten Fall ist die Korrelationsfunktion des Prompt-Code und des Early/Late-Code des I-Kanals in Abb.9.23 dargestellt. Ähnliche Korrelationsfunktionen erhält man für den Q-Kanal.

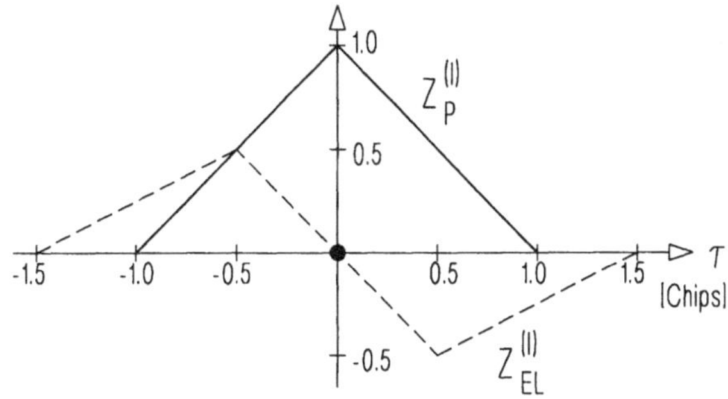

Abbildung 9.23: Korrelationsfunktion in Abhängigkeit der Codeverschiebung. Korrelation des ungestörten Eingangssignals mit dem *Prompt*-Code und *Early-Minus-Late*-Code für perfekte Trägersynchronisation im I-Kanal.

Weil das Maximum der Korrelation durch den Signal/Störabstand, Trägerfrequenzabweichung und Codetaktabweichung bestimmt wird, ist es nicht möglich den Codephasenfehler unmittelbar aus dem Early/Late-Code abzuleiten. Um eine pegelunabhängige Diskriminatorkennlinie zu erhalten wird das Korrelationsergebnis des Early/Late-Codes mit dem des Prompt-Codes normiert.

$$|D(\tau)| = \frac{|\underline{Z}_{EL}|}{|\underline{Z}_P|} = \sqrt{\frac{\left[Z_{EL}^{(I)}\right]^2 + \left[Z_{EL}^{(Q)}\right]^2}{\left[Z_P^{(I)}\right]^2 + \left[Z_P^{(Q)}\right]^2}} \qquad (9.17)$$

Dabei muß beachtet werden, daß der C/A-Code auf Grund der Datenbitmodulation entweder invertiert oder nicht invertiert übertragen wird. Daraus folgt, daß über das Vorzeichen des Codephasenfehlers $(VZ(D(\tau)))$ ohne weitere Information keine Aussage gemacht werden kann. Das Vorzeichen des Codephasenfehlers wird dadurch bestimmt indem die Winkeldifferenz zwischen Prompt- und Early/Late-Korrelation herangezogen wird.

$$VZ(D(\tau)) = \begin{cases} +1 & \text{wenn:} \quad |\varphi_P - \varphi_{EL}| < \frac{\pi}{2} \\ -1 & \text{wenn:} \quad |\varphi_P - \varphi_{EL}| \geq \frac{\pi}{2} \end{cases} \qquad (9.18)$$

In (9.18) kennzeichnet der Winkel das Argument einer komplexen Größe (z.B. $\varphi_P = \arg\{\underline{Z}_P\}$). Damit ergibt sich die vorzeichenbehaftete Diskriminatorkennline in (9.19).

$$D(\tau) = VZ(D(\tau)) \cdot |D(\tau)| \qquad (9.19)$$

Da die Diskriminatorkennline nur in der Umgebung $\tau = 0$ einer Geraden entspricht, müssen nachträglich Korrekturen vorgenommen werden. Diskriminatorwerte größer als 2 werden auf 2 beschränkt und Werte kleiner als -2 werden auf -2 gesetzt. Diese Beschränkung ist zulässig, da nur die Richtung in der die Regelgröße verändert werden muß bestimmt wird (Abb.9.24). Eine weitere Linearisierung ist nicht notwendig, da im eingeschwungenen Zustand nur geringfügige Auslenkungen um den Nullpunkt auftreten. Innerhalb von plus/minus einem Chip wir in der Regelung mit einer Diskriminatorkennlinie $D(\tau) = -\tau$ gerechnet.

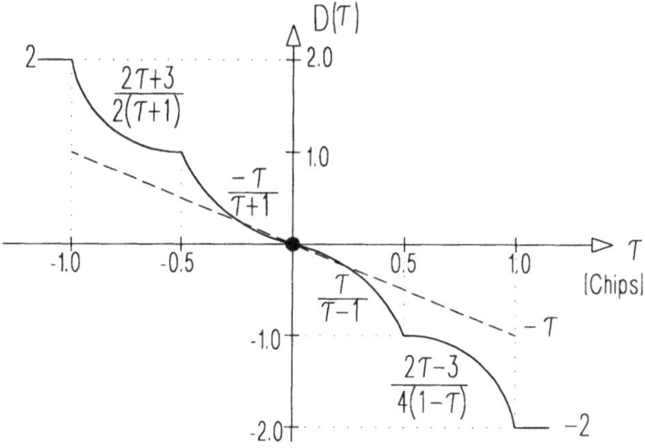

Abbildung 9.24: Codephasendiskriminator.

Die Abb.9.25 zeigt zu einem willkürlichen Zeitpunkt die vier Korrelatorausgänge, welche zu zwei komplexen Zeigern zusammengefaßt werden. Da die Korrelationswerte stark verrauscht sind, wird um eine Glättung des Regelverhaltens zu erreichen, der Mittelwert über N_{code} Codephasenfehler als für die Regelung relevanter Codephasenfehler herangezogen. Das Zeitfenster für die Codephasenmittelung ergibt sich nach (9.20). Der mittlere Codephasenfehler τ_{code} ist mit Hilfe der Diskriminatorkennline in (9.21) angegeben.

$$T_{code} = N_{code} \cdot T_{CA} \qquad (9.20)$$

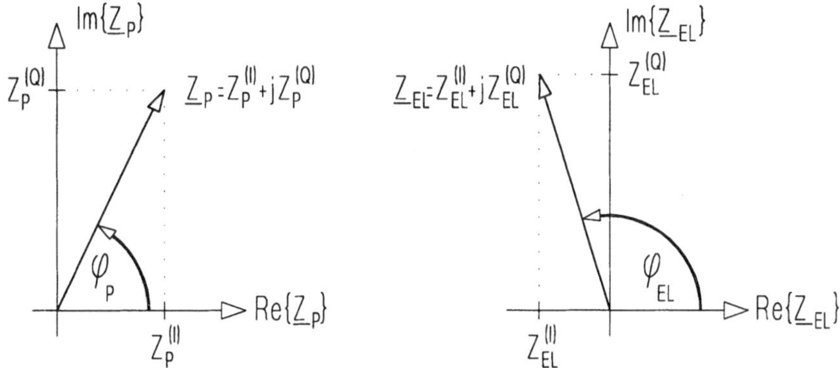

Abbildung 9.25: Zeigerdarstellung der Korrelatorausgangssignale zu einem bestimmten Zeitpunkt.

$$\tau_{code}[k] = \frac{-1}{N_{code}} \sum_{m=0}^{N_{code}-1} D_{k-m}(\tau) \tag{9.21}$$

In (9.21) kennzeichnet k den Zeitpunkt $t = k\,N_{code}\,T_{CA}$, wobei $k = 0, 1, 2, 3, \ldots$ ist. Im digitalen Schleifenfilter wird aus den letzten gemittelten Codephasenfehlern eine Differenzengleichung für das *Phasenkorrektursignal* berechnet (9.22).

$$\Delta\tau_{code} = C_0 \cdot \tau_{code}[k] + C_1 \cdot \tau_{code}[k-1] + C_2 \cdot \tau_{code}[k-2] + \cdots \tag{9.22}$$

Eine ausführliche Beschreibung digitaler Phasenregelschleifen findet man in [Lindsey81]. Für ein Schleifenfilter 2. Ordnung ergibt sich das Phasenkorrektursignal in (9.23) mit α und β aus (9.24) und (9.25).

$$\Delta\tau_{code} = \tau_{code}[k] - 2\,\alpha\,\tau_{code}[k-1] + \left[\alpha^2 + \beta^2\right] \cdot \tau_{code}[k-2] \tag{9.23}$$

$$\alpha = e^{-\xi\,\omega_{code}T_{code}} \cdot \cos\left(\omega_{code}T_{code}\sqrt{1 - \xi_{code}^2}\right) \tag{9.24}$$

$$\beta = e^{-\xi\,\omega_{code}T_{code}} \cdot \sin\left(\omega_{code}T_{code}\sqrt{1 - \xi_{code}^2}\right) \tag{9.25}$$

Die Eigenschaften des Schleifenfilters werden durch das Produkt von Bezugsfrequenz mit Zeitfenster $(\omega_{code}T_{code})$ und der Dämpfungskonstante ξ_{code} bestimmt. Aus dem Korrekturwert für die Codephase wird der Korrekturwert für die Chiprate berechnet.

$$\Delta R_{CA} = \frac{\Delta \tau_{code}}{T_{code}} \qquad (9.26)$$

Damit ergibt sich die neue Coderate in (9.27).

$$R_{CA}[k] = R_{CA}[k-1] + \Delta R_{CA} \qquad (9.27)$$

Bei der Dimensionierung der Delay-Locked Loop ist zu beachten, daß die Eigenschaften der Delay-Locked Loop:

- Fangbereich

- Einschwingzeit

- Signal/Störabstand

von den Parametern:

- Dämpfungskonstante ξ_{code}

- Bezugsfrequenz ω_{code}

- Zeitfenster T_{code} beziehungsweise N_{code}

abhängen. Die Abb.9.26 zeigt den Verlauf des Codephasenfehlers in Abhängigkeit der Zeitfenster.

Um ein sicheres *Einrasten* der Delay-Locked Loop zu gewährleisten muß $N_{code} \geq$ 20 gewählt werden. Damit ergibt sich ein Zeitfenster von 20 ms. Nach der Code-Grobsynchronisation beträgt der Absolutbetrag des maximalen Codephasenfehlers $|\tau[0]| = 1/2$ Chip. Damit ist, wie aus Abb.9.24 ersichtlich, der Regelbereich der Delay-Locked Loop über die Diskriminatorkennlinie auf plus/minus ein Chip begrenzt. Damit dieser für den nächsten Auswertezeitpunkt (nach abgelaufenem Zeitfenster) nicht überschritten wird, muß (9.28) gelten.

$$|\tau[0]| + \Delta\tau \leq 1 \text{ Chip} \quad \longrightarrow \quad \Delta\tau_{code} \leq \frac{1}{2} \text{ Chip} \qquad (9.28)$$

Damit folgt der Absolutbetrag der maximalen Chipratenabweichung nach (9.29).

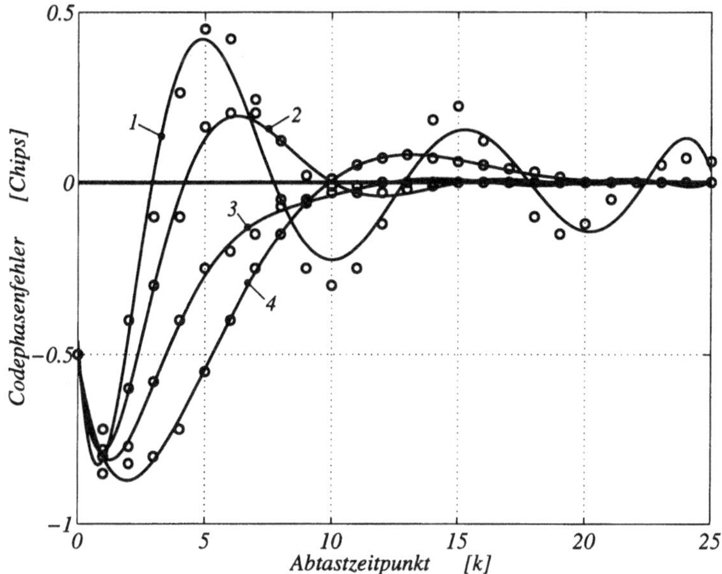

Abbildung 9.26: Einschwingverhalten der Delay-Locked Loop. Die berechneten Werte sind mit o gekennzeichnet und die durchgezogenen Kurven sind Ausgleichskurven. Kurve-1: $\omega_{code} \cdot T_{code} = 1$, $\xi = 0,5$, Kurve-2: $\omega_{code} \cdot T_{code} = 1$, $\xi = 0,5$, Kurve-3: $\omega_{code} \cdot T_{code} = 1$, $\xi = 2$, Kurve-4: $\omega_{code} \cdot T_{code} = 0,5$, $\xi = 0,5$.

$$|\Delta R_{CA}| = \frac{|\Delta \tau_{code}|}{T_{code}} = 25 \text{ Chips/sec} \tag{9.29}$$

Die *Einschwingzeit* der Delay-Locked Loop wird durch die Dämpfungskonstante und die Bezugsfrequenz bestimmt. Weiters muß beachtet werden, daß die Rauschunterdrückung durch einen großen Dämpfungsfaktor erhöht wird. Einen Kompromiß stellen die Werte $\omega_{code} \cdot T_{code} = 1$ und $\xi_{code} = 1$. Um die Regelabweichung im eingeschwungenen Zustand so gering wie möglich zu halten wird N_{code} schrittweise erhöht. Dabei muß berücksichtigt werden, daß eine Vergrößerung von N_{code} das dynamische Verhalten der Delay-Locked Loop verschlechtert. Für den Betrieb des GPS-Empfängers muß gewährleistet sein, daß durch eine Änderung der Chiprate, Dopplerfrequenz oder Quarzdrift die Regelung nicht außer Tritt fällt. Der Wertebereich beträgt: $N_{code} = \{20, 40, 80, 160, 320\}$.

Die Feinsynchronisation des Trägers hat die Aufgabe das Trägersignal in das Basisband zu mischen und die Korrelation im I-Kanal zu maximieren. Die Bedingung für die Synchronität zwischen empfangenem und lokal erzeugtem Träger ist in (9.30) angegeben.

$$\varphi_P = 0 \tag{9.30}$$

Diese Bedingung muß mit fortschreitender Zeit erfüllt bleiben. Durch die Datenbit-modulation des GPS-Signals (9.7) wird der Code, in Abhängigkeit des Datenbits, entweder invertiert oder nicht invertiert übertragen. Dies bedeutet, daß die Phase des korrelierten Signals φ_P von einem Zeitpunkt n zum nächsten Zeitpunkt $(n+1)$ um 180° springt. Um die Differenzfrequenz eindeutig ableiten zu können, darf die Abweichung zweier aufeinanderfolgender Phasen den Wert $\pi/2$ nicht überschreiten.

$$\Delta\varphi_P = |\varphi_P[n] - \varphi_P[n-1]| \leq \frac{\pi}{2} \tag{9.31}$$

Daraus folgt die Bedingung für die maximale Abweichung der Trägerfrequenz, welche in (9.32) angegeben ist.

$$\Delta f = \frac{\Delta\varphi_P}{2\pi T_{CA}} \leq 250 \text{ Hz} \tag{9.32}$$

Diese Bedingung ist aber nach der Grobsynchronisation[24] (9.15) noch nicht erfüllt, sodaß ein weiterer Algorithmus gefunden werden muß, der die Trägerfrequenzabwei-chung auf ≤ 250 Hz bringt. Die dafür notwendige Information wird dem Leistungs-dichtespektrum der komplexen Korrelation $\left[\underline{Z}_P(\Delta f)\right]^2$ entnommen. Das Leistungs-dichtespektrum entspricht dem Betrag der Korrelation für eine bestimmte Träger-frequenzabweichung. Die Frequenzabweichung wird Null, wenn die Korrelation ma-ximal wird. Daher zielt der, in Abb.9.27 dargestellte Algorithmus zur Verkleinerung der Frequenzabweichung auf eine Suche des Maximums der Korrelation hin. Da das Leistungsdichtespektrum in unmittelbarer Umgebung des Maximums sehr flach ist, erreicht man eine Verkleinerung der Frequenzabweichung auf nur plus/minus 200 Hz. Zur Beruhigung des Algorithmus werden die verrauschten Korrelationswerte über N_{carr} Werte gemittelt, sodaß ein Zeitfenster von $T_{carr} = N_{carr} \cdot T_{CA}$ entsteht. Durch die Mittelwertbildung wird der *Fangbereich* der Trägerfrequenzabweichung verklei-nert. Aus diesem Grund muß die Trägerfrequenzabweichung vor der Trägersynchroni-sation durch einen weiteren Algorithmus verkleinert werden. Dies erfolgt mit Hilfe ei-ner diskreten Fourier-Transformation und einer anschließenden Maximum-Likelihood Schätzfunktion.

Wegen der Datenbitmodulation mit einer Datenrate von 50 Hz entsteht ein Lini-enspektrum mit einem Abstand zur Mittenfrequenz von $\pm 25 + m \cdot 50$ Hz mit $m = 1, 2, 3, \ldots$. Damit eindeutige Rückschlüsse auf die Trägerfrequenzabweichung gemacht werden können, wird das Signal $\underline{Z}_P^2$ quadriert.

---

[24] $\Delta B \leq 800$ Hz.

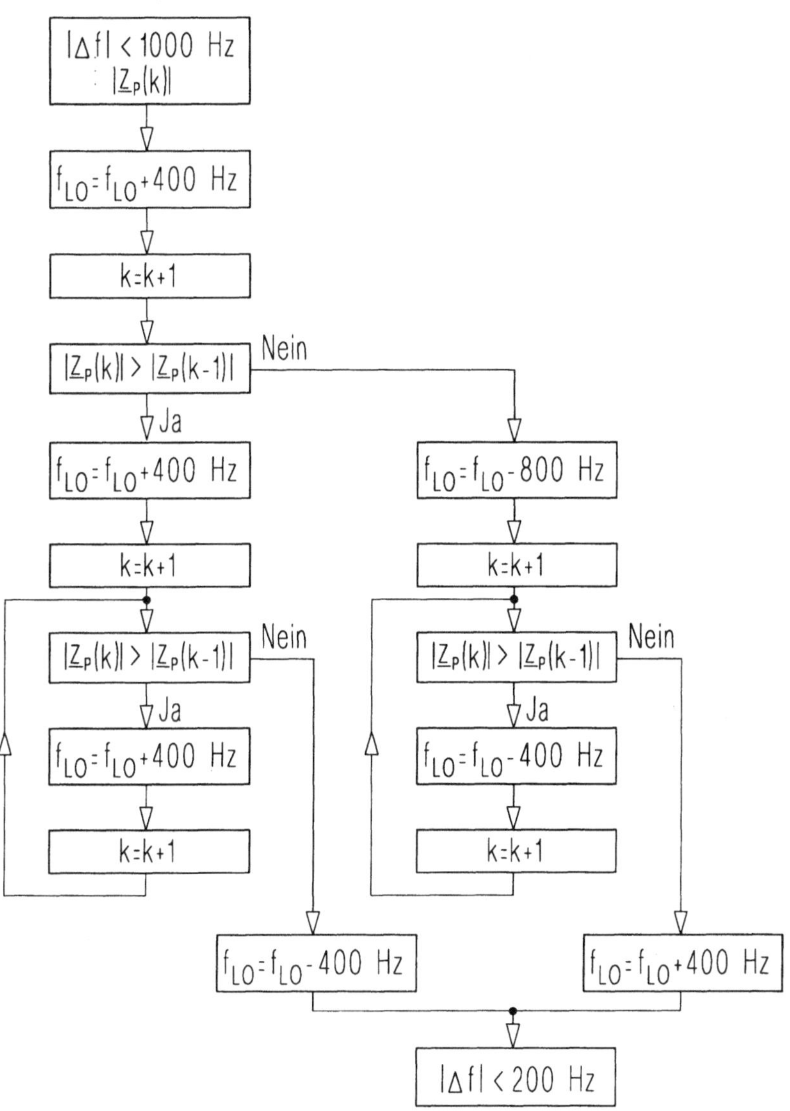

Abbildung 9.27: Algorithmus zur Verkleinerung der Trägerfrequenzabweichung auf 200 Hz.

$$\underline{Z}^2_P = |\underline{Z}^2_P| \cdot e^{j2\pi \cdot 2\Delta f T_{CA}} \tag{9.33}$$

Das Leistungsdichtespektrum dieses Signals entspricht im ungestörten Zustand einer Spektrallinie bei der doppelten Trägerfrequenzabweichung (Abb.9.29).

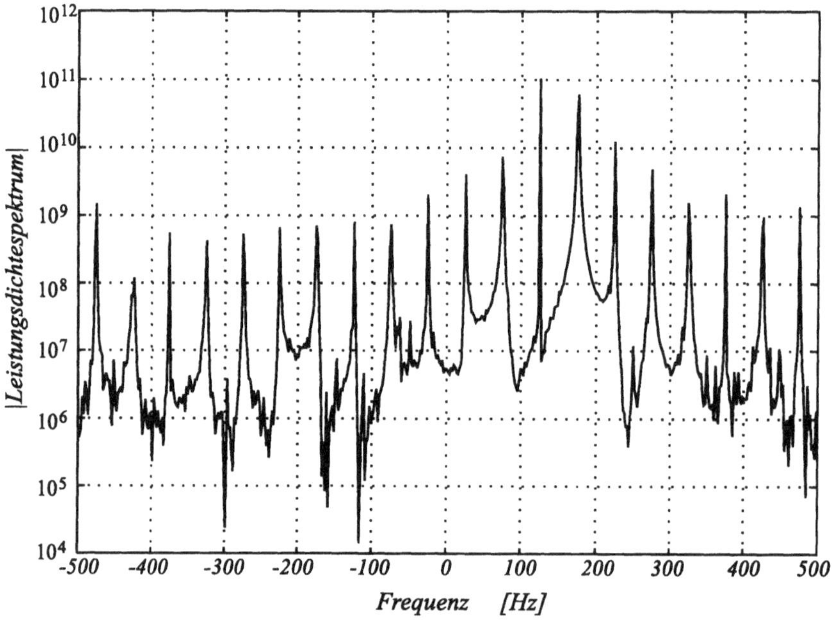

Abbildung 9.28: Betrag des Leistungsdichtespektrums der komplexen Korrelationswerte aus Eingangssignal und CA-Code (Messung).

Die doppelten Trägerfrequenzabweichung wird mit einem Maximum-Likelihood Schätzer berechnet, indem man jene Frequenz ($\Delta \tilde{f}$) bestimmt, für die das Leistungsdichtespektrum ein Maximum aufweist. Damit hat man ein Korrektursignal für den lokal erzeugten Träger.

$$\Delta f = \frac{1}{2} \cdot \Delta \tilde{f} \tag{9.34}$$

Die Genauigkeit (Auflösung) bezüglich der Trägerfrequenz (Δf_{FFT}) hängt von der Anzahl der Abtastwerte N_{FFT} ab mit der die FFT berechnet wird. Dieser Fehler muß kleiner sein als der Fangbereich der Phasenregelschleife.

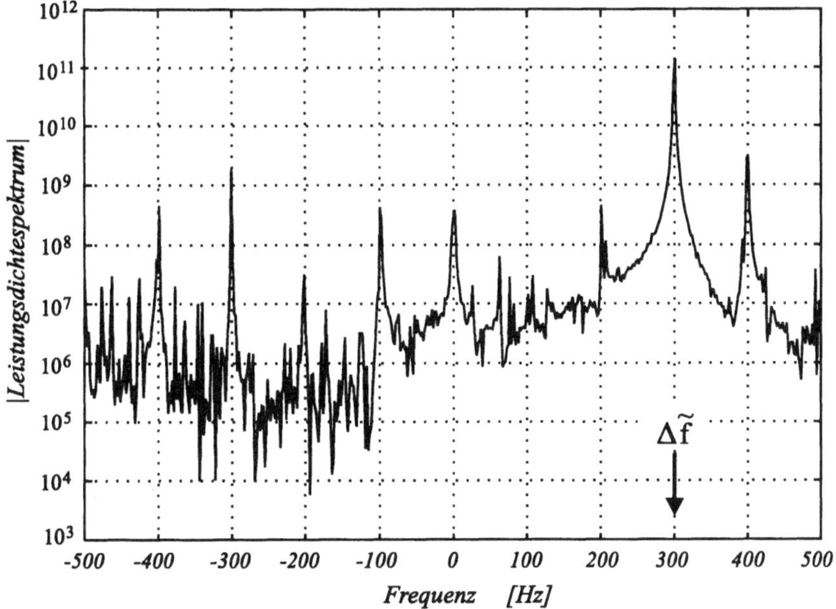

Abbildung 9.29: Leistungsdichtespektrum des quadrierten Basisbandsignals (Messung).

$$\Delta f_{FFT} < \frac{1}{T_{CA} \cdot N_{FFT}} \tag{9.35}$$

Die Trägerfrequenzsynchronisation wird mit einer *Phasenregelschleife* durchgeführt. Der Frequenzfehler wird aus $\underline{Z}_P^2$ bestimmt (Abb.9.18). Um wieder eine ruhige Regelung zu erreichen, wird wieder über N_{carr} Werte gemittelt.

$$\mathbf{E}\left[\varphi_P[k]\right] = \frac{1}{2}\arg\left(\underline{Z}_P^2[k]\right) \tag{9.36}$$

$$\underline{Z}_P[k] = \frac{1}{N_{carr}}\sum_{n=1}^{N_{carr}}\underline{Z}_P[kN_{carr}T_{CA} + nT_{CA}] \tag{9.37}$$

Das Trägerphasen-Schleifenfilter hat die gleiche Gestalt wie das Codephasen-Schleifenfilter. Damit ergibt sich der Phasenfehler in (9.38).

$$\Delta\varphi_P \;=\; \mathbf{E}\left[\,\varphi_P[k]\,\right] - 2\,\alpha\,\mathbf{E}\left[\,\varphi_P[k-1]\,\right] + \left[\alpha^2 + \beta^2\right] \cdot \mathbf{E}\left[\,\varphi_P[k-2]\,\right] \tag{9.38}$$

$$\alpha \;=\; e^{-\xi\,\omega_{carr}T_{carr}} \cdot \cos\left(\omega_{carr}T_{carr}\sqrt{1 - \xi^2_{carr}}\right) \tag{9.39}$$

$$\beta \;=\; e^{-\xi\,\omega_{carr}T_{carr}} \cdot \sin\left(\omega_{carr}T_{carr}\sqrt{1 - \xi^2_{carr}}\right) \tag{9.40}$$

Aus dem Phasenfehler wird das Korrektursignal für die lokal erzeugte Trägerfrequenz berechnet (9.41). Damit ergibt sich eine neue Einstellung für den Trägerfrequenzoszillator (9.42).

$$\Delta f = \frac{\Delta\varphi_P}{2\pi T_{carr}} \tag{9.41}$$

$$f_{LO} = f_{LO} + \Delta f \tag{9.42}$$

Wie bei der Codephasenregelschleife, so hat sich auch hier gezeigt, daß ein sicheres *Einrasten* der Phasenregelschleife für $N_{carr} \geq 20$ gewährleistet ist. Die Differenz zweier aufeinanderfolgender Phasen darf im Zeitfenster T_{carr} den Wert $\pi/2$ nicht überschreiten. Daher folgt mit (9.31) und (9.32) der *Fangbereich* der Phasenregelschleife in (9.43).

$$\Delta f_{PLL} = \frac{\pi/2}{2\pi N_{carr}T_{CA}} = 12,5 \text{ Hz} \qquad \text{für: } N_{carr}=20 \tag{9.43}$$

Dies ist gleichzeitig die Bedingung für die Frequenzauflösung der FFT-Berechnung ($\Delta f_{PLL} \leq \Delta f_{FFT}$). Die Anzahl der aufeinanderfolgenden Phasenfehler mit der die FFT berechnet werden muß, ist mit (9.43) in (9.44) gegeben.

$$N_{FFT} \geq \frac{1}{T_{CA} \cdot \Delta f_{PLL}} \geq 80 \qquad \text{für: } \Delta f_{PLL}=12,5 \text{ Hz} \tag{9.44}$$

Nachdem die Phasenregelschleife eingerastet ist, wird die Anzahl der zu mittelnden Phasenfehler schrittweise erhöht ($N_{carr} = \{20, 40, 80, 160\}$).

Im eingerasteten Zustand, wird in der Codephasen- und Trägerphasenregelschleife über die maximale Zahl an Phasenfehler gemittelt.[25] Der *Haltebereich* der Codephasenregelschleife ergibt sich über die Ausrastbedingung in (9.45). Die Codephasenregelschleife gilt als ausgerastet, wenn über mehrere Zeitfenster ein Phasenfehler von 1/4 Chip überschritten wird.

---

[25] Codephasenregelschleife: $N_{code} = 320$ und Trägerphasenregelschleife: $N_{carr} = 160$.

$$\frac{1}{N_{code}} \sum_{n=1}^{N_{code}} |\tau_{code}[k]| \geq \frac{1}{4} \text{ Chip} \tag{9.45}$$

Rastet die Delay-Locked Loop aus, so startet der Synchronisationsvorgang wieder von Beginn an. Die Ausrastbedingung für die Trägerphasenregelschleife ergibt sich analog (9.46).

$$\frac{1}{N_{carr}} \sum_{n=1}^{N_{carr}} |\varphi_P[k]| \geq \frac{\pi}{2} \text{ Chip} \tag{9.46}$$

9.6 Auswertealgorithmen zur Bestimmung der Navigationslösung

Ein einfacher Auswertealgorithmus zur Bestimmung der Navigationslösung findet sich in [Berger95]. Eine ausführliche Beschreibung von Auswertealgorithmen findet man in [Leik90].

9.7 Symbole

In diesem Kapitel werden viele neue Abkürzungen verwendet, sodaß eine eigene Zusammenstellung sinnvoll erscheint. Sie sind in Variablen, Signale, GPS-Bezeichnungen und Geodätische-Bezeichnungen unterteilt.

Variablen

r_i	...	Geometrische Entfernung zwischen Beobachter und i-tem Satellit.
t_{gps}	...	GPS-Systemzeit.
t_{S_i}	...	Satellitenzeit.
t_u	...	Beobachteruhrzeit (Empfängeruhrzeit).
$X_{S_i}, Y_{S_i}, Z_{S_i}$	...	Satellitenkoordinaten (Werden im Empfänger über die im Datenblock enthaltenen Bahnparameter berechnet).
X, Y, Z	...	Beobachterkoordinaten (Empfängerkoordinaten)

Signale

A_{P1}, A_{P2}	...	Amplitude des P-Codes.
A_{CA}	...	Amplitude des C/A-Codes.
$c_P(t)$	...	P-Signal mit $\{\pm 1\}$.
$c_{CA}(t)$	...	C/A-Signal mit $\{\pm 1\}$.
$d(t)$	...	Datensignal mit $\{\pm 1\}$.
T_{CA}	...	Periodendauer des C/A-Codes.
T_P	...	Periodendauer des P-Codes.
R_{CA}	...	Chiprate des C/A-Codes.
R_P	...	Chiprate des P-Codes.
T_W	...	GPS-Woche.
N_i	...	Codeverschiebung in Chip.

——————— *GPS-Bezeichnungen* ———————

C/A-Code: Coarse/Acquisition Code.

DOP: Dilution of Presision.

GA: Bodenantenne (Ground Antenna).

GDOP: Geometrical Dilution of Precision.

HOW: Hand-Over Wort (C/A $\rightarrow$ P).

IODC: Issue of Data Clock.

IODE: Issue of Date Ephemeris.

MCS: Hauptkontrollstationen (Master Control Station).

MS: Kontrollstationen (Monitor Station).

OCS: Kontrollsegment (Operational Control Segment).

P-Code: Precision Code.

PPS: Precise Positioning Service.

SA: Selective Availability.

SPS: Standard Positioning Service.

TOW: Time Of Week.

TLM: Telemetrie-Wort.

UERE: User Equivalent Range Error.

URE: User Range Error.

UTC: Universal Coordinated Time.

———————————— *Geodätische-Bezeichnungen* ————————————

Almanach: Katalog sämtlicher Satellitendaten.

Apogäum: Erdfernste Punkt der Satellitenbahn.

ECEF: Earth-Centered, Earth-Fixed Coordinate System.

Ephemeriden: Vorausberechnete Bahndaten der Satelliten.

Perigäum: Erdnächster Punkt der Satellitenbahn.

WGS-84: Ein im Jahre 1984 vom WGS (World Geodetic Survey) spezifiziertes Referenzellipsoid der Erde.

Elevationswinkel: Erhöhungswinkel.

Weiterführende Literatur

Weitere Literatur findet sich in [Bos91, Daly90, Eisenwagner94] und [Eschenbach84, Gerstenbach91, GPS80], sowie [Imae93, Last93, Lee93/2, Leisten92], [Logsdon92, Lopez93, Nee93, Robinson93], [Seeber89, Spilker80, Vidmar93, Wells87, Zhuang93]. Der Einfluß der Mehrwegeausbreitung auf die GPS-Beobachtunsvariablen wurde in [Van Nee93, Zhuang] untersucht. Das ICD-GPS-200 Datenformat ist in [Parkinson96] angegeben.

Kapitel 10

Spread-Spectrum Übertragung über die Netzleitung

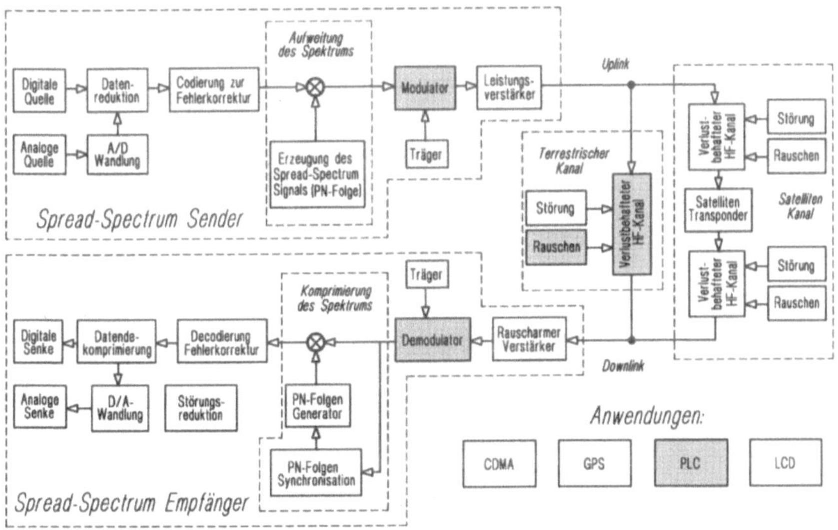

Abbildung 10.1: Grundstruktur des Spread-Spectrum Systems.

In diesem Kapitel wird die Daten-Übertragung über die 230-Volt Netzleitung mit Hilfe der Spread-Spectrum Technik vorgestellt.

Über die 230 V-Netzleitung zu kommunizieren ist aus folgenden Gründen sehr attraktiv:

- Die Netzleitungen, als Übertragungsmedium sind in jedem Gebäude in ausreichender Dichte vorhanden und reduzieren die Errichtungskosten wesentlich.

- Für zeitbegrenzte Anwendungen wie: Präsentationen, Veranstaltungen und Messen.

- Wenn eine hohe Mobilität der Geräte oder Laboreinrichtungen notwendig ist.

- Die Netzwerkanbindung in Form der Steckdose erlaubt einen kompakten Geräteanschluß, weil die Netzleitung zugleich auch Datenleitung ist.

- Wenn eine hohe Flexibilität durch oftmalige Umbauten von Arbeitsgruppen beziehungsweise Arbeitsplätzen notwendig ist.

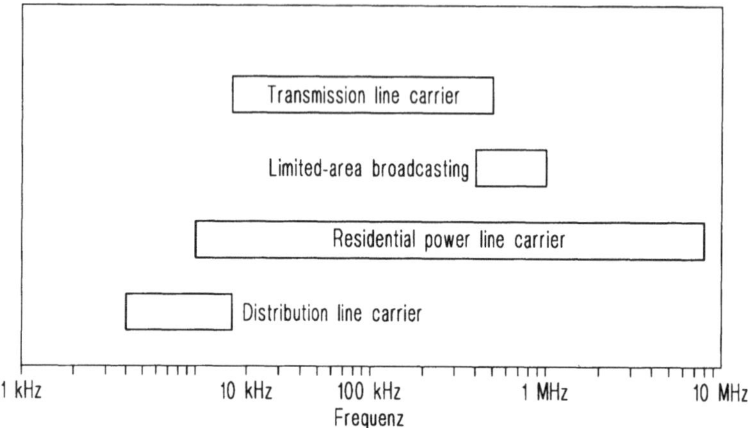

Abbildung 10.2: Typische Frequenzbereiche für PLC-Übertragung

Bisher konnte die 230 V-Netzleitung für schnelle Datenübertragung nicht genutzt werden, da unvorhersagbar starke Störungen hohe Bitfehlerraten verursachten.

In Abb.10.2 ist eine Einteilung der Power-Line-Carrier (PLC) Übertragung getroffen. Findet die Datenübertragung nur auf der Sekundärseite eines Transformators statt, so wird sie als eine *Residential* PLC-Übertragung bezeichnet. Diese Art der Kommunikation ist prädestiniert für schnelle und damit breitbandige Übertragungskonzepte hoher Verläßlichkeit.

Die Spread-Spectrum Übertragung zeichnet sich für PLC-Anwendungen durch folgende Eigenschaften aus:

- Durch den Prozeßgewinn ist es möglich über Kanäle mit unvorhersagbaren Störungen zu übertragen.

- Sie erlaubt es, durch eine reduzierte spektrale Leistungsdichte gesetzliche Bestimmungen (EMC) zu erfüllen.

Üblicherweise benutzen Direct-Sequence Spread-Spectrum Systeme einen direkt von den Daten modulierten hochfrequenten Träger.

Für Power-Line-Carrier Anwendungen bietet sich eine *Basisband* Direct-Sequence Spread-Spectrum Modulationstechnik an, weil sich das Nachrichtensignal in Kupferleitungen und nicht als freie elektromagnetische Welle ausbreitet. Die Basisbandübertragung hat den Vorteil, daß keine Trägersynchronisation notwendig ist.

Die hohe Spannung bei 50 Hz und die hohen Rauschpegel bei kleinen Frequenzen (unter 100 kHz) machen eine sinnvolle Signalübertragung in diesem Frequenzbereich unmöglich, sodaß einige Schritte an Signalverarbeitung eingeführt werden müssen, wie Filterung und spektrale Formung des Übertragungssignals.

Im folgenden Abschnitt werden die Eckdaten des Übertragungskanals zusammengefaßt. Im nächsten Abschnitt wird das Direct-Sequence Signal als ein Puls Amplituden moduliertes (PAM) Signal modelliert und die spektrale Formung eingeführt. Es werden zur spektralen Formung drei Chipformen angegeben und deren Eigenschaften untersucht. Für die am besten geeignete Chipform werden die Korrelation und spektrale Leistungsdichte angegeben.

Aus den Erkenntnissen dieses Abschnittes, welche im wesentlichen aus der Korrelationsfunktion abgeleitet werden, wird im folgenden Abschnitt ein asynchrones digitales Übertragungskonzept mit Schwellwertdetektion vorgeschlagen. Weiters wird die Auswirkung der Chipabtastung untersucht, sowie die Bitfehlerrate angegeben.

Im letzten Abschnitt werden die Spezifikationen für den gebauten Prototyp sowie Meßergebnisse gezeigt.

10.1 Übertragungskanal - Installationsleitung

Die erste PLC-Übertragung (*Power-Line-Carrier*) fand über die Hochspannungsleitung statt. In den letzten zehn Jahren konzentriert sich die Forschungstätigkeit jedoch auf die Niederspannungsleitungen, im speziellen auf die Installationsleitungen als Übertragungskanal.

10.1.1 Das Energieverteilungssystem und die PLC-Übertragung

In den meisten Ländern wird die Energie über baumartige Strukturen verteilt. Die in Kraftwerken erzeugte Energie wird in Transformatorstationen auf einen höheren Spannungspegel zwischen 60 und 400 kV umgesetzt und über Überlandleitungen zu Trafostationen in die Nähe der Verbraucher transportiert. Die verbraucherseitige Trafostation setzt den Spannungspegel auf 4 bis 34 kV um. Von dieser Trafostation [Robinson90] wird das Ortsnetz (engl: residential area) mit 3-Phasen und einem Nullleiter gespeist. Im Ortsnetz gibt es mehrere Niederspannungstrafos, welche die letzte Spannungsumsetzung auf ein 3-Phasen 230/400 V Netz ausführen. Jeder Niederspannungstrafo versorgt mehrere Gebäude in einem Ortsnetz.

In [ONeal86] wird die PLC-Übertragung bezüglich der hierarchischen Ebenen des Energieverteilnetzes eingeteilt:

1. *Residential Power-Line Carrier*: Nachrichtenübertragung, welche ausschließlich auf die Sekundärseite des Verteiltransformators beschränkt ist.

2. *Distribution Line Carrier*: Nachrichtenübertragung, welche sowohl auf der Primärseite als auch auf der Sekundärseite eines Verteiltransformators stattfindet.

3. *Transmission Line Carrier*: Nachrichtenübertragung, welche ausschließlich auf den Hochspannungsleitungen über weite Strecken stattfindet.

Die zweite und dritte Kategorie beschränkt sich auf Anwendungen der Elektroversorgungsunternehmen (EVU) und wird hier nicht weiter behandelt.

Die kommerziell interessante Kategorie ist die *Residential Power-Line Carrier*-Übertragung. Vereinfacht ausgedrückt kann man sagen, daß es sich um eine Nachrichtenübertragung von Steckdose zu Steckdose handelt. Für Übertragungssysteme ist dieser Kanal, wegen des hohen Rauschpegels, der starken Signaldämpfung und einer Übertragungscharakteristik, welche stark vom Ort und der Zeit abhängt ein sehr schwieriges Übertragungsmedium [Piety87].

10.1.2 Leiterwahl

Eine 230 V-Leitung besteht aus drei Drähten, wodurch sich drei Möglichkeiten für die Signalankopplung ergeben:

1. Phase-Nullleiter

2. Phase-Schutzleiter

3. Nullleiter-Schutzleiter

In der zweiten und dritten Möglichkeit verliert man, wenn man die Anschlußleitungen vertauscht die galvanische Trennung. Die erste Möglichkeit arbeitet in Netzen mit und ohne Schutzleiter, weiters gibt es nach [Piety87] weniger Störung durch Einstreuung als in den anderen Kombinationen. Daher verwenden die meisten PLC-Übertragungen die Phase-Nullleiter Paarung zur Übertragung.

10.1.3 Leitungsimpedanz

Die Eingangsimpedanz Z der Leitung, auf die ein Sender arbeiten muß ist großen Variationen unterworfen [Saund90]. Die wichtigsten Einflußfaktoren sind:

- Frequenz,

- Leitungsbelastung,

- Impedanz des Verteiltrafos,

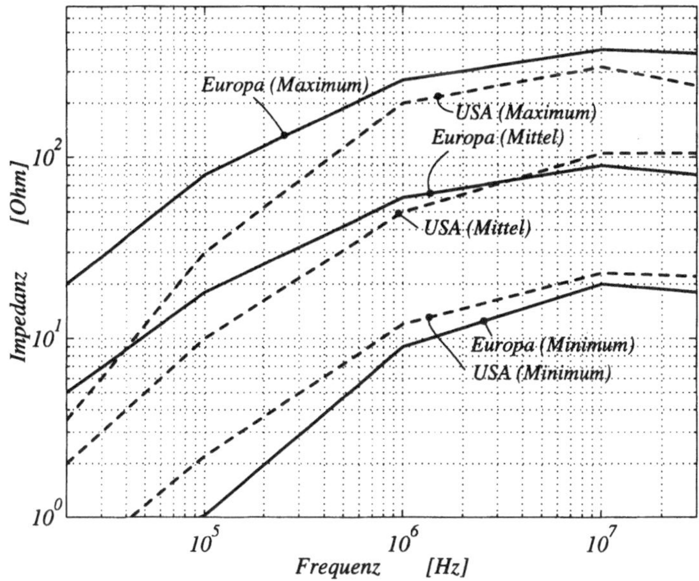

Abbildung 10.3: Impedanzvergleich: Europa - USA [Malack76].

- Leitungsführung, Verzweigungen und

- Zeit.

Bis zu Frequenzen unterhalb von 50 kHz, wird die Leitungsimpedanz vorwiegend durch in nächster Nähe angeschlossene Verbraucher, Kapazitäten zur Korrektur des Phasenwinkels und durch die Impedanz des Verteiltrafos bestimmt [Vines85].

Bei höheren Frequenzen oder Übertragungen über größere Entfernungen (mit höherer Sendeleistung) können stehende Wellen, welche schmalbandige Einbrüche im Betrag der Impedanz (Diagramm: Impedanz über der Frequenz) verursachen, auftreten. Die Leitungsimpedanz wurde am ausführlichsten untersucht im Zusammenhang mit Störungsmessungen.

In [Nicholson73] und [Malack76] wurden Impedanzmessungen in einem Frequenzbereich von 20 kHz bis 30 MHz an 86 verschiedenen Stellen in den USA und 6 europäischen Ländern durchgeführt. Die Messungen wurden an 1-Phasen und 3-Phasen Netzen mit verschiedenen Leiterpaarungen durchgeführt. Es hat sich gezeigt, daß verschiedene Leiterpaarungen keinen besonderen Einfluß auf die Impedanz haben [Piety87].

Im Frequenzbereich unter 1 MHz steigt die mittlere Impedanz der Leitung etwa mit 5 bis 10 dB pro Dekade. Unter 1 MHz nähert sich die mittlere Impedanz der charakteristischen Impedanz $Z_c = \sqrt{L'/C'}$ von Niederspannungsleitungen, welche zwischen

Mittelwert	Maximum	Minimum	Frequenz
Ω	Ω	Ω	MHz
10.5	53.0	1.8	0.05
18.9	120.0	4.3	0.10
35.7	120.0	5.3	0.30
56.6	260.0	7.3	0.50
75.7	320.0	7.3	1.00
41.3	180.0	10.0	2.00
106.0	530.0	23.0	5.00
114.0	320.0	10.0	10.00
50.0	180.0	20.0	20.00

Tabelle 10.1: Absolutwerte der Impedanz in Europa.

70 und 98 Ω liegt [Vines85].

Die Tab.10.1 zeigt den Mittelwert, Maximum und Minimum des Absolutwerts der Impedanz aus den Messungen in Europa zu bestimmten Frequenzen. Ein Vergleich der Impedanz in den europäischen Ländern zeigt keine großen Unterschiede. Die Abb. 10.3 zeigt einen Vergleich der durch ein quadratisches Polynom geglätteten gemessenen Impedanzen.

Der Realteil der Impedanz bei 100 kHz liegt zwischen 1 und 3 Ohm und der Imaginärteil liegt zwischen 15 und 25 Ohm. Weitere Informationen sind der Literatur [Malack76, Piety87, Saund90, Vines85] zu entnehmen.

10.1.4 Dämpfung

Die Kanaldämpfung einer 30 m langen Installationsleitung wurde von [Piety87] mit einem 50 Ohm Sender und Empfänger gemessen. Bei einer Frequenz von 1 MHz lag die Dämpfung zwischen 20 und 30 dB. Im Frequenzbereich zwischen 10 und 20 MHz liegt die Dämpfung zwischen 40 und 60 dB. Die mittlere Signaldämpfung nimmt mit etwa 12 dB pro Dekade zu. Die Dämpfung zeigt zeitlich sehr starke Schwankungen, welche vorwiegend durch das zu- und wegschalten von Verbrauchern auf der Leitung verursacht wird. Im speziellen stellen Kapazitäten, welche zur Entstörung der angeschlossenen Geräte dienen einen Hochfrequenzkurzschluß dar.

Die Abb.10.4 zeigt das Dämpfungsverhalten eines 9 m langen Kabels. Die Frequenz variiert von Null Hertz bis 10 MHz und die Dämpfung von 10 bis 30 dB. Die Übertragungsfunktion S_{21} zeigt Abb.10.5.

Messungen haben gezeigt, daß im Frequenzbereich zwischen 20 und 300 kHz die Übertragungscharakteristik auf der Sekundärseite des Trafos Phasenkopplungsverhältnisse von 2 bis 15 dB aufweisen.

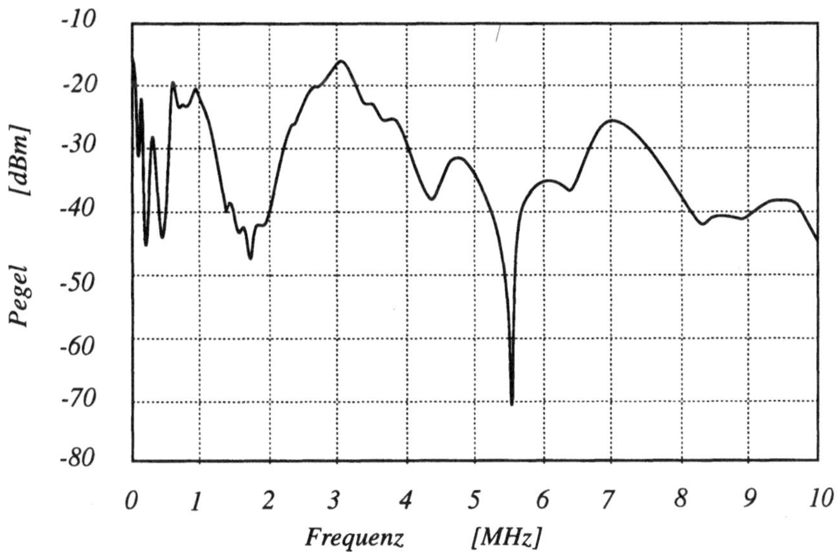

Abbildung 10.4: Kanaldämpfung eines 9 m langen Kabels.

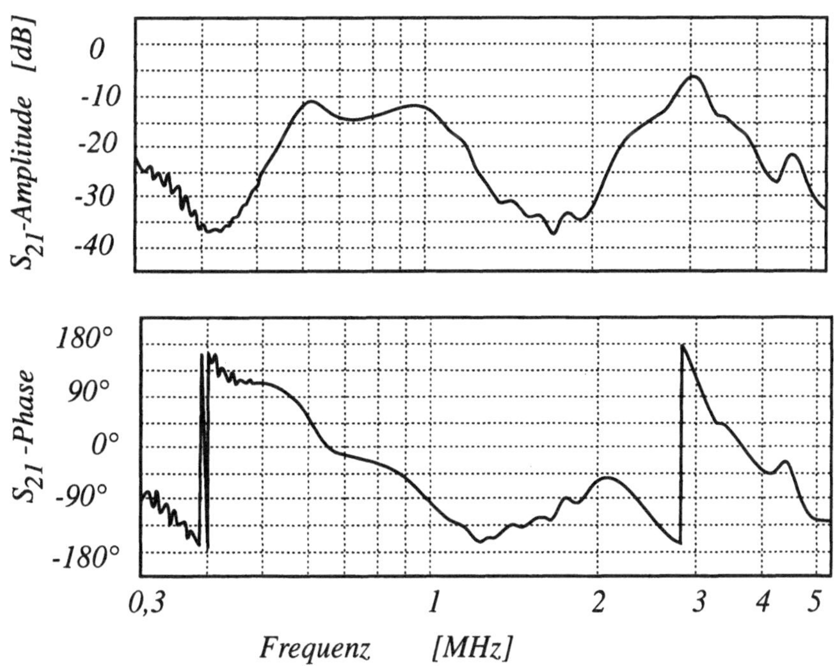

Abbildung 10.5: Übertragungsfunktion S_{21} eines 9 m langen Kabels.

10.1.5 Frequenz und Bandbreite

Die Übertragungsbandbreite für PLC-Anwendungen wird durch folgende Größen eingeschränkt:

1. Spektrale Charakteristik der Störung,

2. Signaldämpfung und

3. gesetzliche Maßnahmen.

Die hohen Rauschpegel unterhalb von 200 kHz machen eine Übertragung in diesem Frequenzbereich schwierig. In [?] wird ein Spread-Spectrum System vorgestellt, welches in einem Frequenzbereich zwischen 300 kHz und 1,3 MHz (800 kHz Trägerfrequenz) mit einer Datenrate von 488 Bit/s im Inhausbereich operiert. Von Piety [?] wurde eine Datenrate von 100 kbits/s auf einem 30 m langen Leitungsstück im Frequenzbereich von 3,5 bis 10,5 MHz (7 MHz Trägerfrequenz) erreicht.

Die härteste Grenze stellen jedoch immer noch die gesetzlichen Bestimmungen dar. In Japan darf man den Frequenzbereich zwischen 10 kHz und 450 kHz mit einer Sendeleistung unter einem Watt nutzen. In europäischen Ländern ist die PLC-Übertragung auf den Frequenzbereich zwischen 95 kHz und 148,5 kHz eingeschränkt unter Einhaltung der EMC-Bestimmungen (EN 50065-1/1).

10.1.6 Störungen

Der Störungspegel nimmt im Frequenzbereich zwischen 1 MHz und 8 MHz etwa mit 60 dB pro Dekade ab. In [?] wird die Störleistung bei 1 MHz etwa mit -45 dBm (50 Ω, 10 kHz) angegeben und nimmt dann auf etwa -85 dBm bei 7 MHz ab.

Die Störleistung nimmt wesentlich zu wenn die Frequenz unter 1 MHz liegt. Die Messung in Abb.?? in Laborumgebung zeigt diese Tendenz. Weiters zeigt die Störleistung, Variationen von 25 dB innerhalb von 24 Stunden. Die Herkunft der Störquellen für PLC-Anwendungen, sind:

- Elektrische Verbraucher auf der gleichen Leitung,

- Elektrische Verbraucher im gleichen Haushalt,

- Elektrische Verbraucher auf der Primärseite des Trafos, welche sich über die Trafoimpedanz auf die Sekundärseite transformieren.

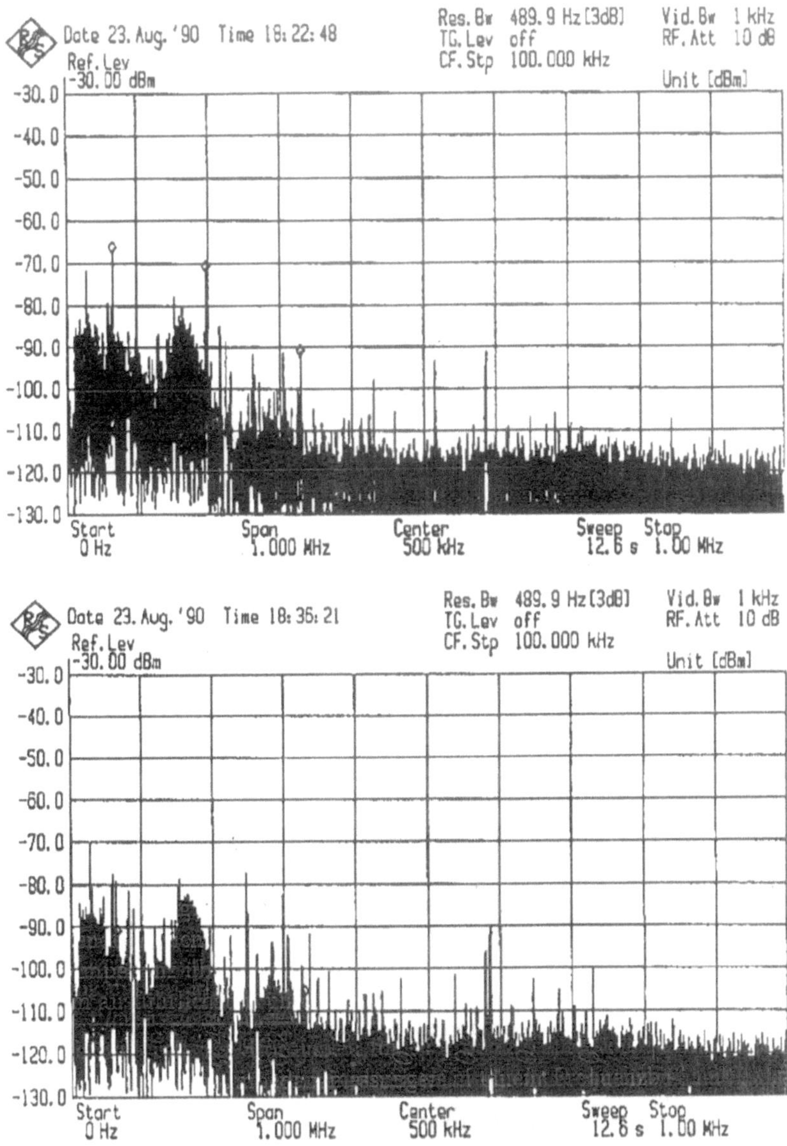

Abbildung 10.6: *Oben*: Störspektrum, wenn ein Computer in unmittelbarer Nähe (10 Meter) der PLC-Einspeisestelle liegt. *Unten*: Störspektrum ohne Computer.

Die wichtigsten Störquellen sind:

- Helligkeitsregler,

- Universalmotoren und

- Fernseher.

- Schaltnetzteile in Rechnern.

Die wichtigsten Störarten sind:

A) *Störungen, welche synchron mit 50 Hz auftreten*

Dies ist die dominierende Störart. Sie wird primär von TRIACS in Hellig-
keitsreglern (Phasenanschnittsteuerung) verursacht. Das Störspektrum besteht
aus Spektrallinien bei Vielfachen der Netzfrequenz, wobei die Einhüllende dieser Harmonischen relativ flach ist. Das Störspektrum erstreckt sich bis etliche
100 kHz.

B) *Störungen mit glattem Spektrum*

Ein Vertreter, der diese Art von Störungen verursacht ist der Universalmotor.
Die Störung wird durch die mechanische Stromwendung mit Hilfe eines Kom-
mutators erreicht. Aus diesem Grund ist die Störfrequenz von der Drehzahl
abhängig. Diese Art der Störung besteht aus einer zufälligen Amplitude und
Phase und hat ein relativ flaches Stromspektrum bei höheren Frequenzen. Damit wird unter Einfluß der Impedanz das Spannungsspektrum mit der Frequenz
zunehmen.

C) *Nicht zur Netzfrequenz synchrone aber periodische Störungen*

Diese Art der Störung entspricht einem Linienspektrum verursacht durch die
Periodizität der Störung. Ein typischer Vertreter der diese Art der Störung
produziert ist der Fernseher. Er erzeugt Harmonische bei Vielfachen der Zei-
lenablenkfrequenz (15 625 Hz). Eine immer häufiger auftretende Störquelle ist
das Schaltnetzteil in einem Computer. In Abb.10.6 gehört zum Leistungspegel
von -30 dBm eine Eingangsspannung von etwa 120 mV bei 33 Ω. Die obere
Hälfte des Bildes zeigt das Störspektrum als ein in etwa 10 Meter Entfernung
an die Leitung angeschlossener Rechner eingeschaltet war. Deutlich zu erkennen ist das Linienspektrum (66 kHz, 200 kHz und 330 kHz) des Schaltnetzteiles
welches mit Rechtecken gekennzeichnet ist. In der unteren Hälfte des Bildes war
der Rechner abgeschaltet.

D) *Impulsstörungen*

Nichtperiodische impulsförmige Störungen werden durch Schaltvorgänge verursacht. Dazu gehören Thermostate oder Kapazitäten welche zur Verbesserung
des Leistungsfaktors zu- und weggeschaltet werden.

10.2 Spektrale Kanalanpassung

Die spektrale Kanalanpassung wird durch Formung des Chipimpulses und der Wahl des Signalisierungsverfahrens erreicht.

Die Verschiebung des Spektrums des Übertragungssignals in Frequenzbereiche in denen der Kanal günstige Eigenschaften aufweist wird durch Formung des Chipimpulses erreicht. Wegen der hohen Rauschpegel des Übertragungskanals bei tiefen Frequenzen muß eine Chipform gefunden werden, welche das Spektrum des Übertragungssignals zu höheren Frequenzen verschiebt.

Aus der Abb.2.20 erkennt man, daß die am häufigsten verwendete Chipform in Direct-Sequence Spread-Spectrum Systemen, der Rechteckimpuls (*Wal0*) der Dauer T_c, wegen des hohen Energiegehalts bei tiefen Frequenzen für die PLC-Anwendung ungeeignet ist.

Gestützt auf die Ergebnisse der untersuchten Chipformen (*Wal0*, *Wal1*, *Wal2*, *Wal3*) in Abschnitt 2.2.2 auf Seite 51 folgt, daß der *Wal2* Chipimpuls (Abb.2.19) wegen Abb.2.21 der für PLC-Anwendung am besten geeignet Chipimpuls ist.

Durch das gewählte Übertragungsprotokoll (Beschreibung im nächsten Abschnitt) sind die Datenabtastzeitpunkte bekannt. Deshalb kann man von der üblichen bipolaren Signalisierung auf die einfachere, und durch kleinere Nebenkorrelationen ausgezeichnete, unipolare Signalisierung übergehen. Damit hat man den negativen Effekt der Korrelationsfunktion für bipolaren Signalisierung, ersichtlich durch die relativ starken Nebenkorrelationen in unmittelbarer Nähe der Hauptkorrelation, welche durch die Chipformung entstanden sind, beseitigt.

Ein Vergleich des NHV_{rc} (Verhältnis des Neben- zu Hauptwertes der Korrelation) der Korrelation zwischen dem gesendeten Signal (datenmoduliertes Direct-Sequence Signal) und dem Referenzsignal für bipolare und unipolare Signalisierung (für Entscheidung $\hat{D}_n = 1$) quantifiziert die Verbesserung.[1]

$$\left. \begin{aligned} \mathrm{NHV}_{rc}^{(\mathrm{bip})} &= \frac{\check{\phi}_{rc}}{\hat{\phi}_{rc}} \approx 0.17 \\[2ex] \mathrm{NHV}_{rc}^{(\mathrm{uni})} &= \frac{\check{\phi}_{rc}}{\hat{\phi}_{rc}} \approx 0.50 \end{aligned} \right\} \quad \text{Verbesserung:}\ \frac{\mathrm{NHV}_{rc}^{(\mathrm{bip})} - \mathrm{NHV}_{rc}^{(\mathrm{uni})}}{\mathrm{NHV}_{rc}^{(\mathrm{uni})}} \approx 2 \tag{10.1}$$

Zu (10.1) ist zu bemerken, daß die Definition des NHV_{rc} (4.4) derart modifiziert wurde, indem die Suche nach $\check{\phi}_{rc}$ nur außerhalb des Entscheidungsfensters $(\pm T_c)$ durchgeführt wurde.

---

[1] Wegen der Symmetrieeigenschaft gelten betragsmäßig auch die gleichen Aussagen für $\hat{D}_n = -1$.

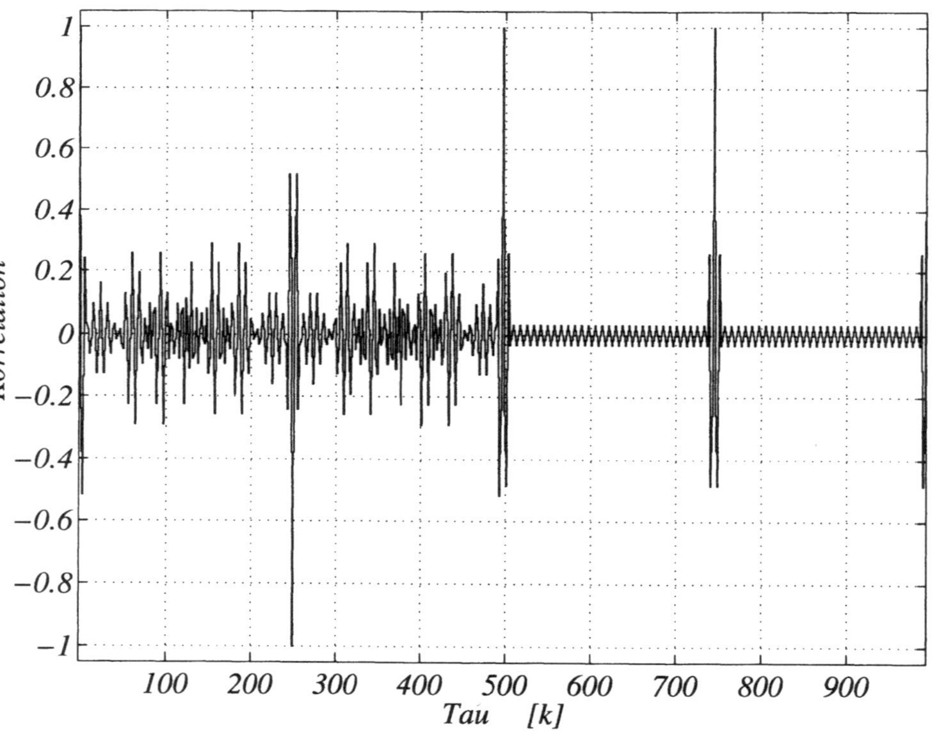

Abbildung 10.7: Korrelationsfunktion am Ausgang des digitalen Matched-Filters ($\mathcal{L} = 248$) für bipolare Signalisierung. Das Filter ist auf einen $L = 31$ Chip langes Direct-Sequence Signal mit *Wal2*-Chipform angepaßt. Jedes Chip wird 8 mal abgetastet. Die Datenfolge ist d=[1 0 1 1 1].

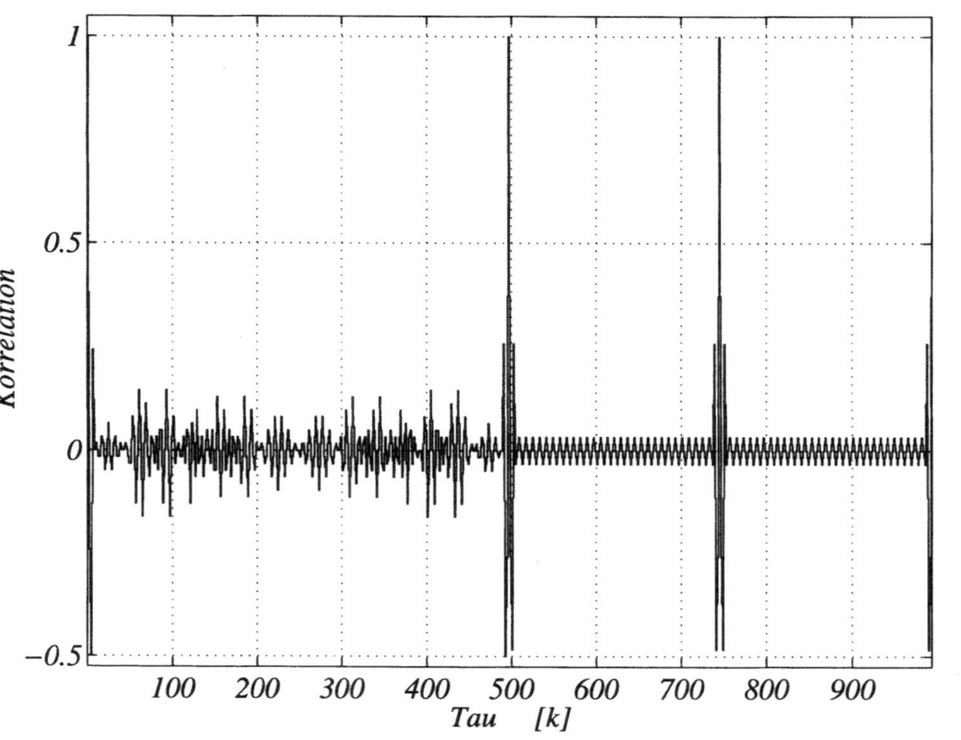

Abbildung 10.8: Korrelationsfunktion am Ausgang des digitalen Matched-Filters ($\mathcal{L} = 248$) für unipolare Signalisierung. Das Filter ist auf einen $L = 31$ Chip langes Direct-Sequence Signal mit *Wal2*-Chipform angepaßt. Jedes Chip wird 8 mal abgetastet. Die Datenfolge ist d=[1 0 1 1 1]

Ein Vergleich der Abb.10.7 mit Abb.10.8 zeigt, daß bei bipolarer Signalisierung, verursacht durch einen Datenbitwechsel die maximale Nebenkorrelation 76 % des Hauptmaximums erreicht. Bei unipolarer Signalisierung erreichen die Nebenmaxima nur 57 %. Durch ein Entscheidungsfenster der Breite $\pm T_c$ sinkt die maximale Nebenkorrelation für unipolare Signalisierung auf 17%, während das Nebenkorrelationsmaximum bei bipolarer Signalisierung nur geringfügig auf 50% sinkt.

Gewählt wurde der *Wal2*-Puls, weil er die gewünschte
Frequenzumsetzung durchführt und bei unipolarer
Signalisierung in unmittelbarer Umgebung (ausserhalb von
$\pm T_c$) des optimalen Abtastzeitpunkts geringe
Nebenkorrelationen aufweist.

10.3 Asynchrones digitales Übertragungskonzept

Um die Komplexität des Empfängers gering zu halten, wird ein asynchrones digitales Empfangskonzept gewählt. Wegen der besseren Korrelationseigenschaften wird die *unipolare Signalisierung* verwendet.

Ein digitales Empfangskonzept bietet sich wegen der digitalen Natur des Direct-Sequence Signals und der *Walsh*-Chipimpulse an. Das Kernstück eines digitalen Direct-Sequence Empfängers ist das *digitale Matched-Filter* (DMF), welches mit der Datenrate (Symbolrate) abgetastet wird.

Ein digitales Matched-Filter ist eine digitale Realisierung eines analogen Matched-Filters, welches zeit- und amplitudendiskrete[2] Signale verarbeitet.

So wie jedes abgetastete Matched-Filter, liefert auch das digitale Matched-Filter die Korrelation zwischen dem empfangenen Signal[3] $r_k = r(kT_s)$ und dem gespeicherten Referenzsignal g_k (erwarteten Signal) der beschränkten Länge $\mathcal{L}$.

$$\phi_{rg}(k) = \sum_{l=1}^{\mathcal{L}} g(l) \cdot r(l+k) \tag{10.2}$$

Der zur Chipformung benutzte Walsh-Impuls besteht aus den zwei diskreten Amplitudenwerten $g(n), r(n) \in \{-1, 1\}$. Das digitale Matched-Filter kann nur digitale Signale verarbeiten wodurch im Empfänger eine Pegelumsetzung nach (10.3) vor der Korrelation notwendig ist.

---

[2]Amplitudendiskret wird der Einfachheit halber auch als wertdiskret bezeichnet.
[3]Die Abtastrate $(1/T_s)$ ist für den *Wal2*-Impuls die 8-fache Chiprate $(1/T_c)$.

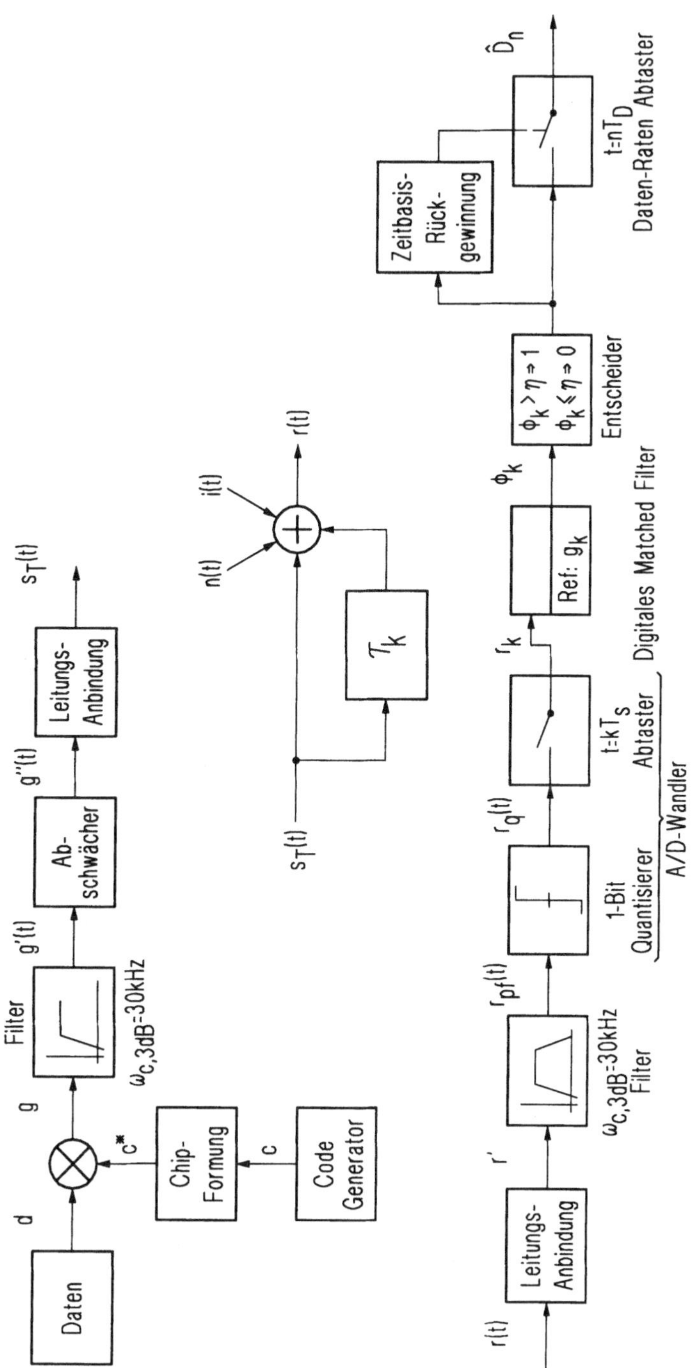

Abbildung 10.9: Blockschaltbild des PLC-Empfängers.

$$\begin{array}{ccc} -1 & \mapsto & 0 \\ 1 & \mapsto & 1 \end{array} \tag{10.3}$$

Die Codiervorschrift in (10.3) transformiert die Summe der Produkte der entsprechenden Abtastwerte in (10.2) in eine Summe binärer Exklusiv-NOR Operationen. Damit wird die Berechnung der Korrelation im digitalen Matched-Filter auf eine *Abzählung an Übereinstimmungen* der sich im Korrelator gegenüberstehenden quantisierten Signale (Empfangs- und Referenzsignal) vereinfacht. Der Wertebereich des digitalen Matched-Filter Ausgangssignals verändert sich dann wie folgt:

1. Eine perfekte Übereinstimmung entspricht $\phi_{gr}(k) = \mathcal{L}$

2. Eine perfekte Nichtübereinstimmung entspricht $\phi_{gr}(k) = 0$

3. Keine Korrelation entspricht $\phi_{gr}(k) = \frac{\mathcal{L}}{2}$

Vor dem digitalen Matched-Filter muß neben der Zeitdiskretisierung auch eine Amplitudendiskretisierung erfolgen. Um unangenehme Effekte durch nicht perfektes Abtasten zu vermeiden, wird die Signalform jedes Chips $c(t)$ über der Chiprate abgetastet.

Die Idee die hinter einem asynchronen Übertragungsverfahren steckt ist die zweiwertige AKF von PN-Folgen maximaler Länge anzunähern. Für hohe *SNR*-Werte kann ein *einfacher Empfänger für unipolare Signalisierung* die Synchronisation und Detektion in einem Schritt ausführen. Dazu ist ein paketorientiertes Protokoll notwendig.

Die Daten werden in Datenpaketen übertragen. Jedes Paket beginnt mit einem redundanten Startbit ("1"-Bit). Es werden nur Pakete konstanter Länge übertragen, sodaß der Empfänger weiß wieviele Daten ein Paket enthält.

Vor dem Beginn einer Übertragung wird das DMF-Ausgangssignal permanent beobachtet (Beobachtungsstatus). In dem Moment indem ein voreingestellter Schwellwert überschritten wird, wird angenommen daß das Startbit empfangen wurde. Dies ist ähnlich einer Präambeldetektion einer Burstübertragung.

In der vorgeschlagenen asynchronen unipolaren Übertragung wird jedoch keine exakte Zeitbasis gestartet wie in einer Burstübertragung (Abtastzeitpunkte: nT_D notwendig), sondern ein Zeitfenster der Dauer $T_w = T_D/2$ um den optimalen Abtastzeitpunkt nT_D, gesteuert von der *Zeitbasis-Rückgewinnung*, wird eröffnet.[4] Das Öffnen und Schließen des Entscheidungsfensters erfolgt während eines Datenpakets periodisch mit der Datenrate. Wird während des Abtastfensters ein voreingestellter Schwellwert überschritten so wird für $\hat{D}_n = 1$ entschieden, sonst für $\hat{D}_n = 0$. Nachdem das letzte Datenbit eines Paketes übertragen wurde wartet der Sender bis die Paketzeit abgelaufen ist (Dies ist gleichbedeutend mit einem oder mehreren Stopbits.). Der Empfänger

---

[4]Während des Zeitfensters $T_c \ll T_w < T_s \rightarrow T_w = T_D/2$ ist die Datenentscheidung gültig. Das Zeitfenster korrespondiert mit dem optimalen Abtastzeitpunkt und wird Entscheidungsfenster genannt.

geht nach Ablauf der Paketdauer wieder in den Beobachtungsstatus über und wartet auf das nächste Startbit.

Aus Abb.10.9 erkennt man, daß das Signal $r(t)$ am Kanalausgang, welches eine Signal- und Rauschkomponente enthält, dem Empfänger zugeführt wird. Das Vorfilter eliminiert das außerhalb der Nutzsignalbandbreite liegende Rauschen. Das vorgefilterte Signal $r_{pf}(t)$ wird dann einem Hard-Limiter (1-Bit Quantisierer) zugeführt, welcher aus dem analogen Signal ein binäres Signal $r_q(t)$ macht, welches für die weitere digitale Signalverarbeitung notwendig ist. Der Hard-Limiter regeneriert die übertragene Chipform. Der Ausgang des Quantisierers wird mit der Chiprate (oder höher) abgetastet wodurch ein zeitdiskretes Signal r_k vorliegt. Quantisierer und Abtaster ergeben die *Analog/Digital Wandlung* in diesem Konzept.

Das folgende digitale Matched-Filter, welches durch einen programmierbaren digitalen Korrelator der Länge $\mathcal{L}$ realisiert wird, berechnet die Kreuzkorrelationsfunktion $\phi_{gr}(k)$ von r_k mit dem erwarteten Signal g_k, so wie es Gleichung (10.2) vorschreibt.

Ein *digitaler Komparator* vergleicht die Korrelation $\phi_{gr}(k)$ mit einem voreingestellten Schwellwert η. Die *Datenentscheidung* wird auf Grund dieses Vergleiches getroffen ($\phi_{gr}(k) \geq \eta \mapsto \hat{D} = 1$ sonst 0). Die Blöcke *Zeitbasis-Rückgewinnung* und *Daten-Raten Abtaster* deuten das asynchrone paketorientierte Protokoll an.

- Im *Acquisition-Modus* erzeugt der Datenentscheider solange eine kontinuierliche Folge von "0"-en (Stopbits) bis die Schwelle η von $\phi_{gr}(k)$ überschritten wird. Die Folge wird mit der Datenrate erzeugt und ausgegeben.

- Die erste Überschreitung der Schwelle ist gleichbedeutend mit dem Erkennen des Start-Bits und startet die *Zeitbasis-Rückgewinnung*. Der Empfänger ist im *Empfangsmodus*. Das Startbit ist das erste Datenbit, welches ausgegeben wird.

- Während der Paketdauer (Empfangsmodus) wird der Ausgang des Datenentscheiders mit der Datenrate (Symbolrate) $1/T_D$ abgetastet. Die sich so ergebenden Datenentscheidungen werden ausgegeben. Um den idealen Abtastzeitpunkt wird ein Zeitfenster geöffnet, damit die Datenentscheidung nicht durch die von der Chipform verursachten Nebenkorrelationsspitzen beeinflußt wird.

- Nach Ablauf der Paketdauer geht der Empfänger wieder in den *Acquisition-Modus*.

Zu diesem Empfangskonzept sind ein paar wichtige Bemerkungen zu machen:

- Die Chipabtastung im Empfänger ist *nicht* synchronisiert zur Chiperzeugung im Sender. Die Zeitbasen von Sender und Empfänger sind freilaufend. Es werden keine Anstrengungen (Signalverarbeitung) unternommen die Chiprate und -phase (Zeitversetzung) der übertragenen Chipfolge wiederzugewinnen. Im ungestörten Fall kann es, wegen der unvermeidbaren Frequenzunterschiede der Zeitbasen (Oszillatoren erzeugen die Abtastzeitpunkte) zu periodischen Chipfehlern kommen, deren Auftreten aber begrenzt ist.

- Diese Unzulänglichkeit kann durch Mehrfachabtastung eines Chips verringert werden, wodurch das einfache Empfangsprinzip seine Berechtigung behält. Der Preis dafür ist eine Vergrößerung der Korrelatorlänge.

Für das vorgeschlagene asynchrone unipolaren Übertragungsverfahren ist die Detektionsschwelle η auf 64 bis 75 % der maximal möglichen Korrelationssumme $\mathcal{L}$ (Korrelatorlänge) zu setzen.

10.3.1 Effekte bei der Chipabtastung

Wird einmal pro Chip abgetastet, so werden durch die relative Frequenzabweichung der Sender- und Empfänger-Zeitbasen manche Chips (periodisch) zweimal abgetastet oder ausgelassen. Dies führt zu einer verkleinerten Korrelationssumme $\phi_{gr}(k)$, berechnet durch das DMF.

Im vorgeschlagenen PLC-Konzept führt eine verkleinerte Korrelationssumme zu

1. einem Bitfehler oder zu

2. zwei Bitfehlern, wenn das Start-Bit nicht erkannt wurde.[5] Zwei Fehler treten auf, weil um ein Datenbit mehr detektiert wird, welches nicht mehr gesendet wurde.

Für die folgenden Berechnungen wird als Chip der *Wal0* Impuls (Rechteck) angenommen, welcher einmal abgetastet wird. Weiters wird eine PN-Folge und ungestörte Übertragung vorausgesetzt. Der Fall, daß ein Chip ausgelassen wird soll beim s-ten Abtastwert auftreten. Dafür ergibt sich eine verkleinerte Korrelationssumme $\phi_a(0)$ und es gilt (10.4).

$$\mathcal{L} - s \leq \phi_a(0) \leq \mathcal{L} - s + \frac{s-1}{2} \tag{10.4}$$

Die rechte Ungleichung in (10.4) ist eine Abschätzung basierend auf der PN-Eigenschaft langer Folgen. Dieser Korrelation folgt sofort eine weitere verkleinerte Summe $\phi_b(0)$ (10.5).

$$s - 1 \leq \phi_b(0) \leq s - 1 + \frac{\mathcal{L} - s}{2} \tag{10.5}$$

Abhängig von s und der tatsächlichen PN-Folge könnte eine dieser Korrelationen größer als $\mathcal{L}/2$ sein und außerhalb des optimalen Abtastzeitpunkts auftreten.

---

[5] $2n$ Bitfehlern, wenn n die Anzahl der Datenbits ist, welche während der Acquisitionsphase nicht erkannt wurden.

Das vorgeschlagene PLC-Konzept ist unempfindlich gegenüber solchen zeitlichen Fehlern. Für eine Datenbitentscheidung muß die voreingestellte Schwelle überschritten werden. In einer durch Rauschen gestörten Übertragung ist dies nicht mehr der Fall.

Der schlechteste Fall tritt auf, wenn der Fehler in der Mitte eines Datenbits auftritt, wodurch die Korrelationssumme näherungsweise zwischen 50 % (Keine Korrelation) und 75 % (Korrelationskoeffizient 0.5) liegt. Die Situation ist ähnlich, wenn man zwei mal pro Chip abtastet.

Um herauszufinden mit welcher Häufigkeit, dieser schlechteste Fall auftritt, definiert (Gleichverteilung der Anfangsphase) man, daß der erste Abtastzeitpunkt exakt in der Mitte des Chips liegt. Vorläufig wird auch angenommen, daß nur ein Fehler innerhalb eines Datenbits auftritt. Die Sende- und Empfangschipdauer sei $T_{c,t}$ bzw. $T_{c,r}$. Daraus ergibt sich die relative Frequenzabweichung in (10.6).

$$\text{Relative Frequenzabweichung:} \quad \frac{\Delta T_c}{T_{c,r}} = \frac{T_{c,t} - T_{c,r}}{T_{c,r}} \tag{10.6}$$

Wenn $\Delta T_c < 0$ ist wird nach der Dauer T_m in (10.7) ein Chip ausgelassen (d.h. nicht abgetastet).

$$T_m = \left\lceil \frac{\frac{1}{2} T_{c,t}}{|\Delta T_c|} \right\rceil \cdot T_{c,t} \tag{10.7}$$

Der erste Abtastzeitpunkt wird als gleichverteilte Zufallsvariable im Intervall $[0, T_{c,t}]$ angenommen und T_m ist die mittlere Zeit, welche verstreicht bis der Fehler auftritt.

Die im Prototyp verwendeten Quarzoszillatoren haben eine Frequenzabweichung von $\rho_f = 50$ ppm, wobei $\rho_f = (T_s - T)/T$, mit T_s als theoretische und T als tatsächliche Periode. Im schlechtesten Fall ergeben sich für ΔT_c und T_m die in (10.8) und (10.9) angegebenen Abschätzungen.

$$\Delta T_c = \frac{-2\rho_f}{1 - \rho_f} T_{c,t} \approx -2\,\rho_f\, T_{c,t} \tag{10.8}$$

$$T_m \approx \frac{T_{c,t}}{4\,\rho_f} \tag{10.9}$$

Mit den oben spezifizierten Werten erhält man eine Periode von Fehler zu Fehler von 5000 Chips. Nimmt man eine Datenbitlänge von $\mathcal{L} = 256$ Chips, so verkleinert sich die Korrelationssumme auf 50 bis 75 % alle 20 Datenbits. Das gleiche Ergebnis erhält man, wenn $\Delta T_c > 0$ und dadurch ein Chip während einer Datenbitdauer *zweimal* abgetastet wird.

Mehrfachabtastung pro Chip

Die Verkleinerung der Korrelationssumme kann durch *Mehrfachabtastung pro Chip* verringert werden. Die mittlere Zeit T_m, welche zwischen zwei Fehlern verstreicht ist in (10.10) angegeben und wird durch Verallgemeinerung von (10.7) gewonnen. In (10.10) kennzeichnet ξ die Anzahl der Abtastwerte pro Chip ist.

$$T_m = \left\lceil \frac{\frac{1}{2\xi}T_{c,t}}{|\Delta T_c|} \right\rceil T_{c,t} \approx \frac{T_{c,t}}{4\xi\rho_f} \tag{10.10}$$

Für das angenommene $\rho_f = 50$ ppm und einer Korrelatorlänge von $\mathcal{L} = 256$ abgetasteter Chipwerte hält die Annahme für einen einmaligen Fehler pro Datenbit für $\xi < 20$. Ein allgemeiner Ausdruck für die maximale Anzahl der Abtastwerte pro Chip ist in (10.11) gegeben. In (10.11) ist ρ_f die angegebene maximale Frequenzabweichung des Oszillators und $\mathcal{L}$ als Höchstzahl der korrelierbaren Chip-Abtastwerte (Korrelatorlänge).

$$\xi_{max} < \frac{1}{4\rho_f\mathcal{L}} \tag{10.11}$$

Im Folgenden wird der ungünstigste Fall für die Verkleinerung der Korrelationssumme unter Berücksichtigung der Chipform und Mehrfachabtastung bestimmt.

Besteht ein Chip aus m Subchips, so müssen für die Detektion m Abtastwerte pro Chip genommen werden. Tastet man öfters ab als m mal pro Chip (Mehrfachabtastung), so ergeben sich die gleichen Effekte wie vorher beschrieben und der schlechteste Fall ergibt sich wieder, wenn der Fehler in der Mitte eines Datenbits auftritt ($s \approx \mathcal{L}/2$, wobei s die Anzahl der Abtastwerte bis zum Auftreten des Fehlers ist). Betrachtet man den Fall, daß zwei Abtastwerte $\xi = 2$ pro Subchip genommen werden unter der Annahme das $\Delta T_c > 0$ ist, so folgt daß das Subchip $\mathcal{L}/4$ drei mal abgetastet wird anstatt zwei mal.

Wenn alle vorangegangenen Abtastwerte richtig erkannt wurden liefert das DMF nur eine Korrelationsspitze der Höhe $\mathcal{L}/2+1$. Die Anzahl der Übereinstimmungen, welche dem Fehler folgen und damit die Korrelationssumme um $\mathcal{L}/4$ erhöhen ergibt sich daraus, weil trotzdem noch ein Wert pro Subchip richtig erkannt wird. Die genaue Anzahl hängt ab von:

- der Länge $L \le \mathcal{L}$ und dem verwendeten Direct-Sequence Signal,

- dessen Anfangsphase (Anfangszustand des Schieberegisters) und

- der Chipform.

Die minimale Korrelation für den allgemeine Fall von ξ Abtastwerten pro Chip ist in (10.12) gegeben.

$$\phi_{min}(0) = \min\left\{\phi_{rg}(0)\right\} \approx \frac{\mathcal{L}}{2}\left(\frac{2\xi-1}{\xi}\right) + \lceil L/4\rceil + w\lfloor L/2\rfloor \tag{10.12}$$

Vernachlässigt man den Term $\lceil L/4\rceil$ so erhält man eine *unteren Schranke* der zu jeder Zeit erreichbaren Korrelation. Bemerkenswert ist, daß für $\mathcal{L} \gg L$ wenn man von $\xi = 1$ auf $\xi = 2$ erhöht, eine 50 %-ige Erhöhung der Übereinstimmungen erreicht, während eine weitere Erhöhung von $\xi = 2$ auf $\xi = 4$ nur mehr eine 17 %-ige Erhöhung der Übereinstimmungen bringt. Dies führt zur Erkenntnis, daß man für die Datendetektion die Detektionsschwellwert η eindeutig unter $\phi_{min}(0)$ setzen muß.

Auf Grund von Messungen ist anzumerken, daß die Fehler, welche durch das vorgeschlagene Übertragungskonzept eingeführt werden (Abtastfehler) vernachlässigbar sind gegenüber den Fehlern, welche durch Störungen verursacht werden.

10.4 Bitfehlerwahrscheinlichkeit

Das PLC-Konzept verwendet keine Synchronisationseinrichtung, welche den Abtastwert für die Datenbitentscheidung in das AKF-Maximum legt. Dies bedeutet, daß der optimale Abtastzeitpunkt $t = T_D$ nicht bekannt ist. Dadurch wird sich im allgemeinen die Anzahl der falschen Bitentscheidungen erhöhen. Eine Verbesserung der Bitfehlerrate wird dadurch erreicht, indem die Datenentscheidung nur durch Auswerten der Korrelation innerhalb des Entscheidungsfensters getroffen wird.

Unter der Bedingung, daß die Übertragungsbandbreite $B_T \gg 1/2T_c$ ist, läßt das gaußsche Rauschen die abgetasteten Chips näherungsweise unkorreliert und der Übertragungsvorgang darf als *binärer und symmetrischer Kanal* (BSC) modellieren werden.

10.4.1 Asynchrones Digitales Matched Filter mit Schwellwertentscheidung

Durch die asynchrone Natur des vorgeschlagenen PLC-Konzepts müssen die in Abschnitts 11.6.2.3 angegebenen Ergebnisse modifiziert werden. Der Unterschied ist, daß der optimale Abtastzeitpunkt $t = T_D$ unbekannt ist. Wenn *irgendeiner* der Abtastwerte innerhalb des Entscheidungsfensters den Schwellwert überschreitet wird auf $\hat{D} = 1$ entschieden.

$$\mathbf{Pr}\left[\hat{D}=0|D=1\right] = 1 - \mathbf{Pr}\left[\hat{D}=1|D=1\right]. \tag{10.13}$$

Der ganz rechte Term in (10.13) kann nach (10.14) geschrieben werden.

$$\mathbf{Pr}\left[\hat{D}=1|D=1\right] = \sum_{k=\eta}^{\mathcal{L}}\binom{\mathcal{L}}{k}(1-P_{ce})^{k}P_{ce}^{\mathcal{L}-k} + \textit{Andere Terme} \tag{10.14}$$

In (10.14) bezieht sich der Ausdruck *Andere Terme* auf die Wahrscheinlichkeit einer richtigen Entscheidung (das irgendeiner der anderen Abtastwerte *nicht* zum optimalen Abtastzeitpunkt aber innerhalb des Entscheidungsfensters die Schwelle überschreitet). Diese Wahrscheinlichkeit zu bestimmen ist nicht einfach, weil die Statistik des PN-Codes und die Form des Chipimpulses berücksichtigt werden müssen. Man kann jedoch die linke Seite von (10.13) noch oben hin beschränken. Dies zeigt (10.15).

$$\mathbf{Pr}\left[\hat{D}=0|D=1\right] \le 1 - \sum_{k=\eta}^{\mathcal{L}}\binom{\mathcal{L}}{k}(1-P_{ce})^{k}P_{ce}^{\mathcal{L}-k} \tag{10.15}$$

Ähnlich kann man den zweiten Term der Bitfehlerwahrscheinlichkeit in (11.36) nach oben beschränken (10.16).

$$\mathbf{Pr}\left[\hat{D}=1|D=0\right] \le v \cdot \frac{1}{2^{\mathcal{L}}}\sum_{k=\eta}^{\mathcal{L}}\binom{\mathcal{L}}{k} \tag{10.16}$$

In (10.16) entspricht $v = T_w/T_{cs}$ die Anzahl der Chipabtastwerte innerhalb des Entscheidungsfensters. Damit bekommen man die in (10.17) angegebene obere Schranke der Bitfehlerwahrscheinlichkeit des asynchronen DMF-Empfängers.

$$P_e^{(\mathrm{DMF,asyn})} \le \frac{1}{2}\left\{1 - \sum_{k=\eta}^{\mathcal{L}}\binom{\mathcal{L}}{k}(1-P_{ce})^{k}P_{ce}^{\mathcal{L}-k} + v \cdot \frac{1}{2^{\mathcal{L}}}\sum_{k=\eta}^{\mathcal{L}}\binom{\mathcal{L}}{k}\right\} \tag{10.17}$$

Bemerkenswert ist das der einzige Unterschied in (10.17) zur Bitfehlerrate des DMF-Empfängers mit idealer Abtastung (11.36) der Faktor v ist, die Anzahl der weiteren Möglichkeiten einen Fehler zu begehen wenn kein Signal übertragen wird.

Die minimal erreichbare Bitfehlerrate ist um v kleiner. Dies erzwingt einen Kompromiß zwischen erforderlicher Bitfehlerrate und dem kleinsten zu erwartenden *SNR*, festgesetzt durch die minimale Größe des Zeitfensters, welches wiederum durch die Empfängerkomplexität beschränkt ist. Der Kompromiß wird durch geeignete Wahl des Schwellwerts η gefunden.

10.5 Messungen

Um die Gültigkeit der theoretischen Ergebnisse zu prüfen wurde ein modulareres Prototyp-Modem aufgebaut. Mit Hilfe des in den vorangegangenen Abschnitten dargestellten Verhalten des Übertragungskanals wurde die Spezifikationen des PLC-Modems in Tab.10.2 vorgenommen. Die Abb.10.10 zeigt den modularen Aufbau des Modems.

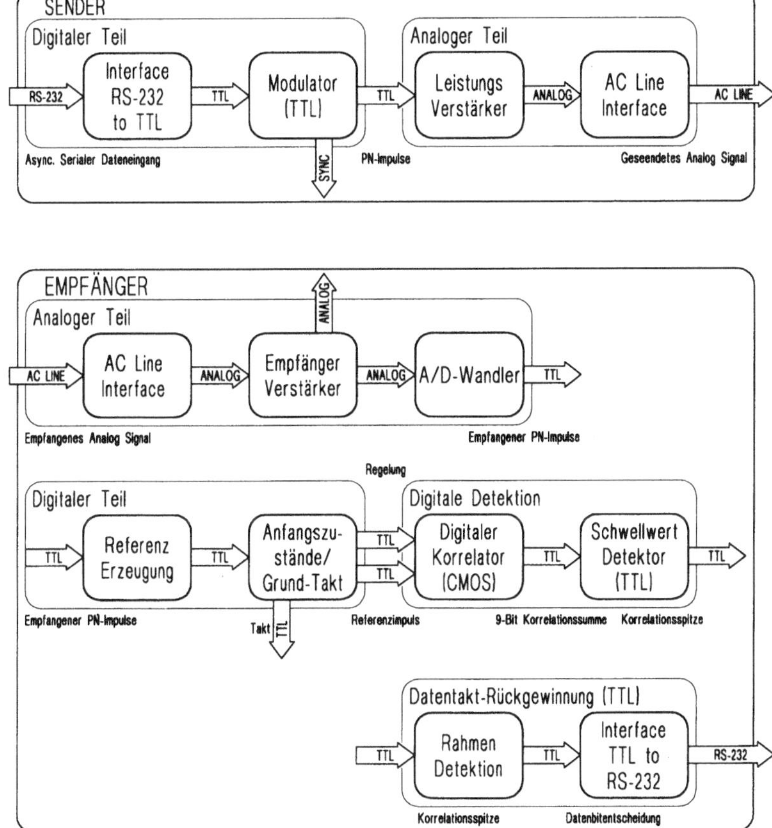

Abbildung 10.10: Modular aufgebauter Prototyp.

Die Abb.10.11 zeigt das Frequenzspektrum des Spread-Spectrum Signals, für eine Datenrate von 9600 Baud.

Die Abb.10.11 kann direkt mit Abb.2.23 verglichen werden. Eine PN-Code Länge von $L = 31$ wurde eingestellt um die m-Folge [5,2] mit 8 Abtastwerten pro Chip zu

System Spezifikationen				
	Min.	Typ.	Max.	Bereich
Datenrate (baud) (1 bit/s = 1 baud)	1200	9600	9600	1200/2400/4800/9600
Bandbreite für 9600 baud mit *Wal2*-Chipform 74% Signalleistung 88% Signalleistung 91% Signalleistung	 74 kHz 74 kHz 74 kHz		 595 kHz 1.19 MHz 2.36 MHz	 521 kHz 1.11 MHz 2.29 MHz
Leistungsgehalt des Signals für $f < 74\,kHz$			< 16 ppm	
Verfügbare Ausgangsleistung		5 mW	47 mW	
Ausgangsimpedanz des Senders		12 Ω		
Eingangsimpedanz des Empfängers		33 Ω		
Empfangsprinzip	Digitales Matched Filter (1-Bit)			
PN-Codelänge L	7	31/63	255	Programmierbar
Chipform			8 Abtastwerte/chip	Programmierbar
Serielles Dateninterface	"RS-232"			
Modus	Simplex			

Tabelle 10.2: System Spezifikationen.

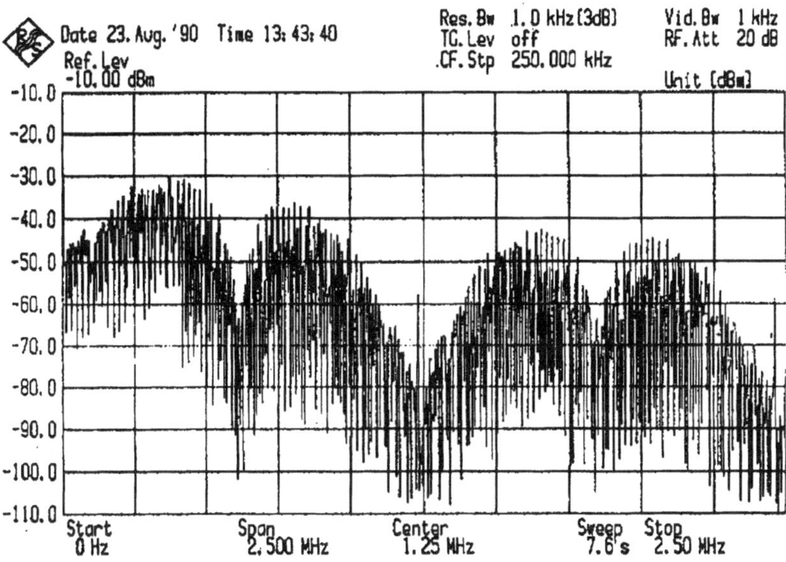

Abbildung 10.11: Gemessenes Leistungsdichtespektrum des Basisband Direct-Sequence Signals der Länge $L = 31$ und einer Chiprate von $297,6$ kHz mit *Wal2*-Chipform.

erzeugen. Diese Einstellung führt auf eine Chiprate von 297,6 kHz ($T_c = 3,36$ μs) und einer Chipabtastrate von 2,38 MHz ($T_{ct} = 420$ ns).

Berücksichtigt man, daß die Abb.10.11 ein logarithmisch skaliertes Leistungsdichtespektrum zeigt, so herrscht gute Übereinstimmung zwischen berechnetem Spektrum in Abb.2.23 und gemessenem Spektrum in Abb.10.11 und Abb.10.13.

Der spektrale Einbruch nahe des Gleichanteils $fT_c = 2$ und $fT_c = 4$ (entspricht 595,2 kHz und 1,19 MHz) verursacht durch die Chipform ist deutlich erkennbar. Der relativ hohe Leistungsgehalt in der Nähe des Gleichanteils ist irreführend und wird vorwiegende durch den Spektrumanalysator verursacht (die Frequenzantwort des Spektrumanalysators ist erst ab 100 kHz spezifiziert). Die vorhergesagten Nullstellen bei $fT_c = 1$ und $fT_c = 3$ (entspricht 297,6 kHz und 892,8 MHz) werden durch das *nicht weiße* Verhalten des Spreizcodes B_k verursacht und sind nur schwer in Abb.10.11 erkennbar. Durch nicht perfekte Mittelwertfreiheit treten im Spektrum bei Vielfachen der Chiprate ebenfalls Spektrallinien auf.

Die maximale Sendeleistung wurde auf 5 mW beschränkt. Der Verbindung des Senders mit dem Empfänger erfolgte über eine etwa 25 m lange Installationsleitung.

Einige Punkte müssen erklärt werden:

- Der spektrale Anteil des Signals in der Nähe des Gleichanteils wurde, durch zweifaches filtern in den Anpassungsnetzwerken (Anpassung an die Leitungsimpedanz) und den Rauschfiltern in Sender und Empfänger, verringert.

- Etliche neue Nullstellen traten im Spektrum, verursacht durch äußerst schmalbandige Kanaldämpfung, auf (Vergleiche die 30 dB Nullstelle bei 221 kHz).

- Die erste Nebenkeule des Spektrums wurde in der Amplitude um ca. 10 dB gedämpft, durch die Tiefpaßcharakteristik des Übertragungskanals. Dies ist ein Zeichen der Bandbeschränktheit des Kanals und verursacht drastische Verzerrungen der Chipform. Dies ist der limitierende Faktor im PLC-Kanal.

Bitfehlerraten

Die Bitfehlerrate wurde unter folgenden Bedingungen ermittelt:

- Maximale Sendeleistung von 5 mW.

- Für jede Messung wurden 10^7 Bits, dies entspricht 10^6 Zeichen (1 Start-Bit + 8 Datenbits + 1 Stopbit pro Zeichen) übertragen.

- Der Korrelationsschwellwert wurde auf 160 gesetzt (Maximale Korrelation: $L = 31 : \phi(0) = 248$, $L = 63 : \phi(0) = 252$).

- Der Verluste eines ganzen Datenpaketes und Rahmenfehler (entdeckt vom Empfänger-UART) wurden jeweils als 8-Bit-Fehler gezählt.

- Die gesendeten Zeichen wurden von einem PC (Rechner) mit den Funktionen **rand()** einer Standard C-Bibliothek erzeugt. Ein einziger PC wurde als Informationsquelle und -senke benutzt damit beim Auslassen eines Zeichens die Synchronität nicht verloren geht und dadurch das Problem, daß irrtümlich Bytes richtig gezählt werden, vermieden wird.

- Neben dem Rauschen auf den Installationsleitungen, welches unter Kontrolle gebracht wurde, tritt eine starke Frequenzkomponente (CW-Störung) um 66 kHz auf. Diese kommt von den an der Installationsleitung angeschlossenen Schaltnetzteilen in den PCs.

- Das Vorfilter im Empfänger ist ein Hochpaß erster Ordnung mit einer 3 dB Grenzfrequenz bei 200 kHz. Der nachgeschaltete Verstärker ist mit einem 30 kHz Leitungskoppelhochpaß verbunden um möglichst viel von der CW-Störung zu unterdrücken.

- Wegen der oben beschriebenen Filterung werden Signale mit hohen Frequenzanteilen bevorzugt. Aus diesem Grund wurden alle Messungen mit einer Rate von 9600 Baud durchgeführt. Tiefere Baudraten würden einer niederen Grenzfrequenz des Empfänger-Vorfilters bedürfen, damit das Signal/Störleistungsverhältnis nicht unnötig verkleinert wird.

Die Ergebnisse sind in Tab. 10.3 dargestellt.

Ref.ID	Tageszeit	Leitungslänge	Chipform	Codelänge L	Bitfehlerrate
1	13:30	7 m	*Wal2*	31	$6.6 \cdot 10^{-4}$
2	14:30	7 m	*Wal2*	31	$2.0 \cdot 10^{-4}$
3	16:00	7 m	*Wal2*	31	$3.5 \cdot 10^{-4}$
4	18:30	25 m	*Wal2*	31	$2.1 \cdot 10^{-5}$

Tabelle 10.3: Ergebnisse der Bitfehlerratenmessung.

Einige Bemerkungen dazu:

- Im allgemeinen liefert das Übertragungssystem annehmbare Bitfehlerraten in der Größenordnung von 10^{-5} bis unter $7 \cdot 10^{-4}$. Der Mittelwert über die vier Messungen liefert eine mittlere Bitfehlerrate von $1,6 \cdot 10^{-4}$. Dies zeigt, daß zur Datenübertragung eine zusätzliche Codierung notwendig ist. Mit den Ergebnissen aus Abschnitt 10.4 für AWGN zeigt, daß ein *Codiergewinn* kleiner 3 dB eine Verbesserung der Bitfehlerrate von 10^{-4} auf unter 10^{-6} bringt.

- Es existiert eine starke Abhängigkeit der erreichbaren Bitfehlerrate von der *Tageszeit*. Die Art (periodisch impulsförmige Störung, CW-Störung oder breitbandige rauschartige Störung) und Intensität der Störung auf einer Installationsleitung verändert sich sehr stark mit der Zeit und damit auch von Messung zu Messung. Weiters ist ein Vergleich zwischen Codelänge, Chipform und Leitungslänge mit Sorgfalt zu betrachten.

- Nach einer Signallaufzeit von etlichen Metern stellte sich die in Abb.10.12 dargestellte Signalform ein (Bandbeschränkt durch den Kanal). Eine weitere Verlängerung des Signalwegs wirkte sich auf die Signalform nur geringfügig aus. Dies bedeutet, daß die kurze 7 Meter Verbindung gegenüber der 25 Meter Verbindung keine merkbaren Vorteile bringt und annähernd gleiche Bitfehlerraten liefern.

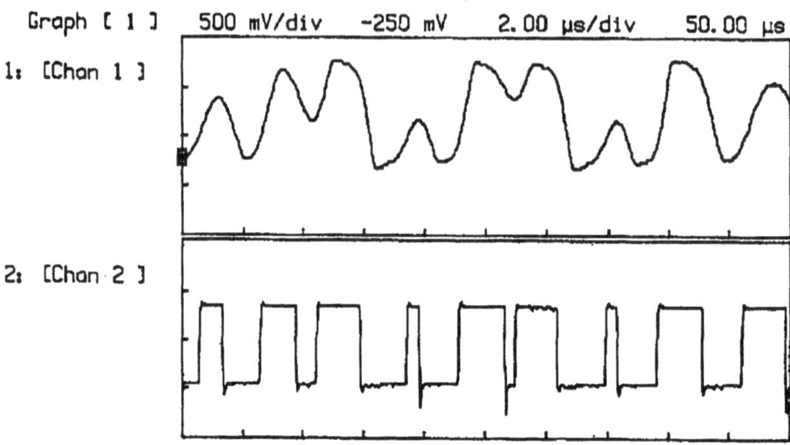

Abbildung 10.12: *Oben*: Der Kanal 1 zeigt die empfangene Kurvenform. *Unten*: Der Kanal 2 zeigt die vom 1-Bit Quantisierer regenerierten Chips.

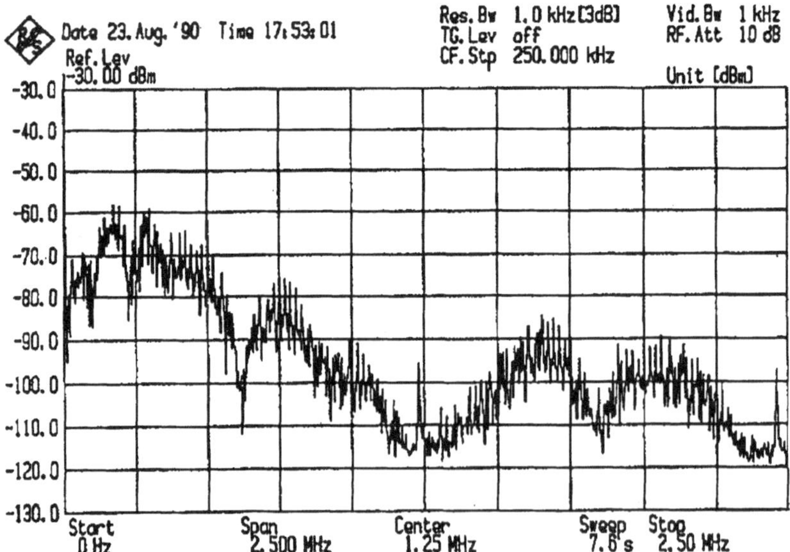

Abbildung 10.13: Gemessenes Leistungsdichtespektrum des empfangenen Basisband Direct-Sequence Signals der Länge $L = 31$ und einer Chiprate von $297{,}6$ kHz mit *Wal2*-Chipform.

Kapitel 11

Digitale Direct-Sequence Empfänger

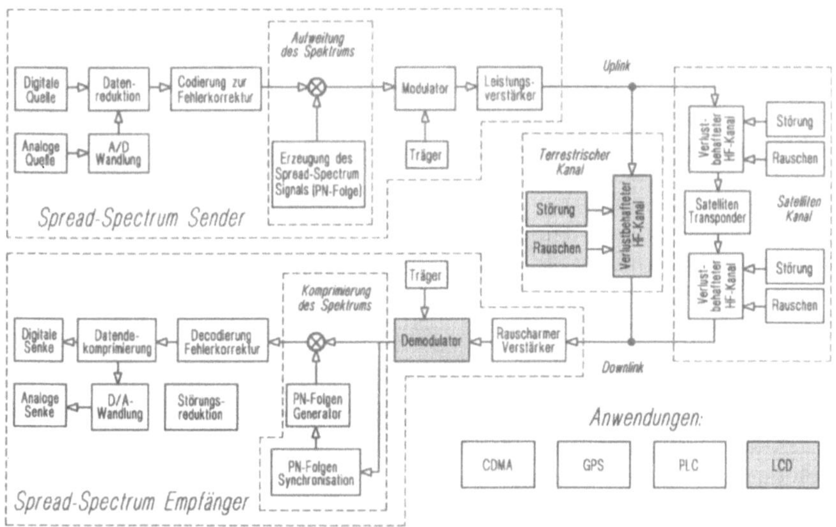

Abbildung 11.1: Grundstruktur des Spread-Spectrum Systems.

11.1 Motivation

Das wichtigste Beurteilungskriterium der Leistungsfähigkeit eines digitalen Übertragungssystems ist die Bitfehlerrate. Diese wiederum wird im wesentlichen durch
den Signal/Störabstand am Detektoreingang bestimmt. Gelingt es durch signalverarbeitende Schritte die Störleistung zu reduzieren, so steigt der Signal/Störabstand und
eine Verbesserung der Bitfehlerrate ist zu erwarten. Die Anreicherung des *SNR* vor
der Detektion durch Einbau von speziellen Nichtlinearitäten im Signalweg ist in analogen Empfängern hinreichend bekannt [Jones63, Blachman64, Blachman71, Jain95].

Es gibt fünf wesentliche Gründe für die Entwicklung digitaler Direct-Sequence Empfänger:

1. Die Tendenz, im Empfänger die Signalverarbeitung nicht analog, sondern digital auszuführen wird durch die rasche Entwicklung hochintegrierter digitaler
   Bausteine und deren hohe Zuverlässigkeit sowie exzellenten Reproduktionsei-
   genschaften und Alterungsbeständigkeit gefördert.

2. Die Natur der Direct-Sequence Signale ist digital. Es liegt daher nahe, die Signalverarbeitung ebenfalls digital durchzuführen. Der Körper eines digitalen Direct-Sequence Empfängers ist der digitale Korrelator, sein Herzstück ist jedoch die notwendige Analog/Digital Wandlung vor der Korrelation.

3. Die Analog/Digital Wandlung ist eine nichtlinare Operation. Damit gehören die digitalen Empfänger, als eine Teilmenge, zu den nichtlinearen Empfängern. Daraus kann man schließen, daß es möglich sein muß, durch geschickte Implementierung der Analog/Digital Wandlung, eine störungsreduzierende Wirkung zu erzielen, um die Bitfehlerrate zu senken.

4. Es wird sich im folgenden zeigen, daß es möglich, ja sogar notwendig ist, damit man die störungsreduzierende Wirkung erreicht, an Quantisierungsstufen zu sparen. Dies setzt die Komplexität digitaler Direct-Sequence Empfänger wesentlich herunter und damit verbunden reduziert sich die Verlustleistung und es steigt die Zuverlässigkeit des Empfängers.

5. In Direct-Sequence Mehrbenutzersystemen werden die einzelnen Teilnehmer durch die Verwendung orthogonaler Direct-Sequence Signale unterschieden. In digitalen Direct-Sequence Empfängern erreicht man ein Höchstmaß an Flexibilität, wenn es darum geht, auf sehr einfache Weise das verwendete Direct-Sequence Signal durch ein anderes auszutauschen, indem einfach ein Schieberegister geladen wird.

> Das Augenmerk der folgenden Kapitel liegt auf intelligenten, digitalen Direct-Sequence Empfängern in denen die Verknüpfung von geringer Komplexität mit störungsreduzierender Wirkung optimal erreicht wird. Das Schlüsselbauelement dieses Vorhabens ist der Analog/Digital Wandler als Nichtlinearität und die Gewichtung vor der digitalen Korrelation.

Unter der Triebkraft dieser Motivation wurde eine Klasse von digitalen Empfängern entwickelt, welche im folgenden Text als *Digitale Direct-Sequence Empfänger geringer Komplexität mit integrierter Störungsreduktion* (Low Complexity Digital - LCD-Empfänger) bezeichnet werden. Zu dieser Klasse gehören der RIR- und AIR-Empfänger, welche im folgenden vorgestellt[1] werden.

Im nächsten Abschnitt wird die geschichtliche Entwicklung der LCD-Empfänger dargestellt. Anschließend wird, das den folgenden Analysen zugrunde liegende, allgemeine Blockschaltbild der Übertragung angegeben. Zur Einordnung der entwickelten Empfängertypen wird eine Übersicht über digitale Direct-Sequence Empfänger gegeben und zur Abrundung wird kurz auf die klassischen digitalen Empfänger eingegangen.

---

[1]Die Bezeichnung wird im nächsten Abschnitt erklärt.

Basierend auf diesem Blockschaltbild werden statistische Modelle zur stationären, sowie dynamischen Analyse der klassischen und der neuen digitalen Empfänger entwickelt. Anschließend konzentriert sich der Text auf digitale Empfängertypen geringer Komplexität mit integrierter Störungsreduktion. Die Darstellung beginnt mit einer leicht verständlichen Prinzipdarstellung des Störungsreduktionsmechanismus. Dann folgt die Analyse der stationären und dynamischen Eigenschaften. Die gewonnenen theoretischen Ergebnisse werden mit Simulationen untermauert. Anschließend folgt ein Vergleich zwischen Theorie und Simulation.

11.2 Evolution der digitalen Direct-Sequence Empfänger geringer Komplexität mit integrierter Störungsreduktion

Der klassische digitale Direct-Sequence Empfänger besteht aus einem m-Bit Korrelator, welchem ein m-Bit ADC mit 2^m gleichverteilten Amplituden-Quantisierungsstufen vorgeschaltet ist. Die Probleme des klassischen digitalen Empfängers haben im wesentlichen zwei Gründe:

1. Der klassische digitale Empfänger basiert auf m-Bit Quantisierung wodurch die Berechnung der Korrelation ebenfalls mit m-Bit Breite zu erfolgen hat. Dies bedeutet, daß die Übertragung technologisch bedingt sehr langsam wird, weil die Komplexität exponentiell ansteigt. Mit Zunahme der Komplexität ist aber auch ein erhöhter Leistungsverbrauch verbunden. Dies bedeutet, daß an Quantisierungsstufen gespart werden muß.

2. Reduziert man die Quantisierungsstufen bis zum Extremfall $m = 1$, so erhält man als Nichtlinearität den 1-Bit Quantisierer oder Hard-Limiter, welcher nur das Vorzeichen des Eingangssignals erkennt. Der 1-Bit Quantisierer wird mit ADC$^{(1)}$ bezeichnet und ein damit aufgebauter digitaler Empfänger wird als HL-Empfänger bezeichnet. Für mittelwertfreie AWGN-Störung ist der einfache Hard-Limiter der optimale Analog/Digital Wandler, wenn man berücksichtigt, daß die Komplexität des Empfängers minimal ist. Er hat einen annehmbaren Verlust an *SNR*, bezogen auf das *SNR* am ADC-Eingang, von etwa 2 dB [Davenport53], wenn das Eingangssignal ein AWGN-gestörtes Direct-Sequence Signal ist. Ein digitaler Empfänger mit einem Hard-Limiter als Nichtlinearität arbeitet jedoch nicht mehr zufriedenstellend, wenn eine dominierende schmalbandige Störung, modelliert durch eine Sinusstörung, sich dem schwachen Direct-Sequence Signal überlagert. Diesen Effekt nennt man *Capture-Effekt*[2] und führt auf eine Einbuße an Signal/Störabstand (*SIR*) von etwa 7 dB [Spilker77]. Diese Leistungsreduktion ist unannehmbar.

---

[2]Vergleiche dazu Abb.12.3.

Die Konsequenz, weil Mehrbitquantisierung ($ADC^{(m)}$) zu komplex ist und 1-Bit Quantisierung in CW-Störung eine unannehmbare Bitfehlerrate liefert, liegt in einer intelligenten Reduktion an Quantisierungsstufen unter Ausnützung der Nichtlinearität zur Störungsreduktion. Die spezielle Nichtlinearität kann nicht nur den Verlust an Leistungsfähigkeit zufolge der Einsparung an Quantisierungsstufen ausgleichen sondern in einen Gewinn umdrehen. Wie später noch gezeigt wird, liegt der Kompromiß in einem um die Vorzeichen-Schwelle symmetrisch angeordneten und regelbaren Schwellenpaar. Die so gebildete Nichtlinearität wird als $ADC^{(2A)}$ bezeichnet und ist in Abb.12.9 mit seinen Parametern R und Δ dargestellt. Die Nichtlinearität gestattet mit Hilfe eines an sie angepaßten Gewichtungsschemas die Bevorzugung bestimmter Amplitudenbereiche.

Die Intelligenz der Nichtlinearität liegt im Regelmechanismus des Schwellenpaares. Es werden zwei Strategien verfolgt:

1. Die erste Strategie stellt die Parameter der Nichtlinearität ohne Rücksicht auf die momentanen Störverhältnisse ein. Dies wird in regelungstechnischer Terminologie als robuste Parametereinstellung bezeichnet. Diese Regelstrategie wird im folgenden als *Festwertregelung* bezeichnet. Der RIR-Empfänger (<u>R</u>obust <u>I</u>nterference <u>R</u>eduction) verwendet Festwertregelung in Zusammenarbeit mit einer einstufig gewichteten Korrelation. Der RIR-Empfänger zeigt in einem weiten Bereich an Störsignalzusammensetzungen (Dominierende CW-Störung, dominierende AWGN-Störung und in kombinierter Störung) seiner Komplexität entsprechend, zufriedenstellende Ergebnisse.

2. Die zweite Strategie macht mehr gebrauch von der angesprochenen Intelligenz. Sie wertet die gratis anfallenden Nullstellen der Signale nach der Nichtlinearität aus, wodurch es ihr möglich ist, die Lage des Amplitudenschwellenpaares an die Zusammensetzung der Störung anzupassen. Damit kann man die optimale Lage der Schwellen, durch Schätzung der Zusammensetzung der Störung einstellen. Dies ermöglicht aber auch, die Gewichtung auf $R' = k_r \cdot R$ mit $k_r > 1$ zu erhöhen. Diese Strategie wird aus naheliegenden Gründen als AIR-Konzept (<u>A</u>daptive <u>I</u>nterference <u>R</u>eduction) bezeichnet. Ein mit dieser Schwellenregelung ausgestatteter Empfänger und Schwellenlage abhängiger gewichteter Korrelation wird im folgenden als AIR-Empfänger bezeichnet.

Die Existenz von robusten Parametern für die Festwertregelung wurde erstmals in [Amoroso83] für kohärente, analoge Empfänger in einer stationären Analyse nachgewiesen. Die Erweiterung auf eine dynamische Analyse sowie auf nichtkohärente Empfänger und die Erweiterung auf digitale Empfänger wurde in [Goiser90/1, Goiser90/2, Goiser90D] vorgenommen.

Im folgenden wird der Einsatz dieser speziellen Nichtlinearität, unter Verwendung von robuster sowie intelligenter Regelstrategie für das Schwellenpaar, in digitalen Direct-Sequence Empfängern zur Analog/Digital Wandlung und Störungsreduktion analysiert und gegenübergestellt.

Es wird das stationäre, sowie das dynamische Verhalten der digitalen Empfänger untersucht. Die dynamischen Untersuchungen befassen sich vorwiegend mit dem Einstellen des Schwellenpaares, wenn die Nichtlinearität mit verschiedenen Störungen angeregt wird. Weiters werden der Synchronisationsvorgang der Schwellenregelung beschrieben und die wichtigsten Kennwerte angegeben. Zusammenfassend kann man sagen:

Der Kompromiß zwischen Komplexität und Leistungsfähigkeit hat auf eine Nichtlinearität in Form eines speziellen Analog/Digital Wandlers, bestehend aus einer festen Vorzeichenschwelle und einem nach statistischen Gesichtspunkten geregelten Amplitudenschwellenpaar, geführt.

Mit der Nichtlinearität $ADC^{(2A)}$ wurden, abhängig von der Schwellenregelung und der Gewichtung, der RIR- und AIR-Empfänger entwickelt. Die Ergebnisse dieser Empfänger enthalten den HL-Empfänger als klassischen digitalen Empfänger als Sonderfall. Dies erkennt man aus der Übertragungscharakteristik der Nichtlinearität, indem man den Grenzübergang $\Delta \to 0$ und $R' = 1$ durchführt. Vergleiche dazu Abb.12.9. Als Bezugsbasis für den Vergleich zwischen RIR- und AIR-Empfänger wird der HL-Empfänger herangezogen. Weiters wird ein Vergleich mit einem äquivalenten analogen Empfänger angestellt.

Abschließend wird festgehalten, daß die einfache Approximation der analogen Signalverarbeitung durch eine A/D-Wandlung mit m-gleichverteilten Quantisierungsstufen nicht die Zielsetzung des AIR-Empfängers, aus den bereits genannten Gründen, erfüllen kann.

Aus Gründen der Abgeschlossenheit und zum Vergleich werden im nächsten Abschnitt die wichtigsten Ergebnisse der klassischen digitalen Empfänger zusammengefaßt.

11.3 Klassische digitale Direct-Sequence Empfänger

Der klassische digitale Direct-Sequence Empfänger besteht aus einem m-Bit Korrelator, welchem ein m-Bit ADC mit 2^m gleichverteilten Amplituden-Quantisierungsstufen vorgeschaltet ist.

Das Blockschaltbild eines kohärenten digitalen Direct-Sequence Empfängers mit m-Bit Korrelation zeigt die Abb.11.2.

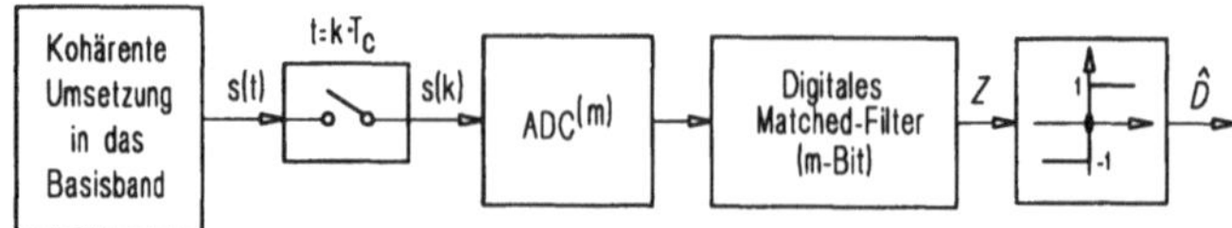

Abbildung 11.2: Kohärenter digitaler Direct-Sequence Empfänger mit gleichverteilter m-Bit Quantisierung.

Die Analog/Digital Wandlung ($\text{ADC}^{(m)}$) kann vom analogen Fall durch Reduktion der Quantisierungsstufen von $m = \infty$ zu endlichen Werten gewonnen werden. Die Amplituden sehr fein aufzulösen, würde für eine digitale Signalverarbeitung einen hohen Aufwand und Komplexität bedeuten. Aus diesem Grund ist man bestrebt, mit möglichst wenigen Quantisierungsstufen das Auslangen zu finden. Dies führt in der Regel zu einer Reduktion der Leistungsfähigkeit.

Reduziert man die Amplitudenauflösung auf das Minimum von einem Bit ($\text{ADC}^{(1)}$, Abb.12.14) so erhält man den HL-Empfänger.

Die theoretische Leistungsanalyse der klassischen m-Bit Empfänger wurden in [Lim78, Turin76, Baier84, Baier85, Fischer88] erschöpfend behandelt. Die Grundidee aller dieser Analysen war die gezielte Approximation des analogen Falles mit geringster Leistungseinbuße.

Eine einfache Darstellung der Auswirkung von gleichförmiger Quantisierung zeigt das Beispiel 11.1.

BEISPIEL 11.1 (KONVENTIONELLER ADC) *Ein ADC transformiert eine Zufallszahl X (beliebiger Spannungswert) in den nächstgelegenen Wert $Q(X)$ eines vorgegebenen diskreten Gitters (Schwellen) mit gleichem Teilungsabstand d. Beschreibt man die Gesamtheit aller Schwellen mit einer binären Zahl mit m-Bits, so ergeben sich 2^m Schwellen. Durch die Quantisierungsoperation wird ein Fehler $e = X - Q(X)$, welcher von X abhängig ist, gemacht. Der Wertebereich des Fehlers liegt zwischen $\pm d/2$. Nimmt man an, daß X gleichverteilt ist auf einem Intervall $[-\epsilon, \epsilon]$ und ϵ der Bedingung $2\epsilon = d\,2^m$ genügt, dann ist auch e auf $[-d/2, d/2]$ gleichverteilt. Mit (D.6c) und (D.6d) folgen der Erwartungswert $\mathbf{E}[e] = 0$ und die Varianz $\mathbf{Var}[e] = d^2/12$. Dieses Ergebnis hält für alle Wahrscheinlichkeitsdichten, welche relativ flach innerhalb eines Quantisierungsintervalls sind. Dies gilt besonders, wenn 2^m groß ist. Wenn man $Q(X)$ als verrauschte Version von X betrachtet, so kann man als Gütekriterium das Signal/Störverhältnis SNR heranziehen.*

$$SNR = \frac{\mathbf{Var}[X]}{\mathbf{Var}[e]} = \frac{\mathbf{Var}[X]}{d^2/12} = \frac{\mathbf{Var}[X]}{\epsilon^2/2} \cdot 2^{2m} \qquad (11.1)$$

Ist die Zufallsvariable X nicht gleichverteilt, so wählt man ϵ so, daß $\mathbf{Pr}[|X| > \epsilon]$ klein bleibt. Eine typische Wahl ist $\epsilon = 4\sqrt{\mathbf{Var}[X]}$. Damit ergibt sich ein Signal/Störverhältnis von

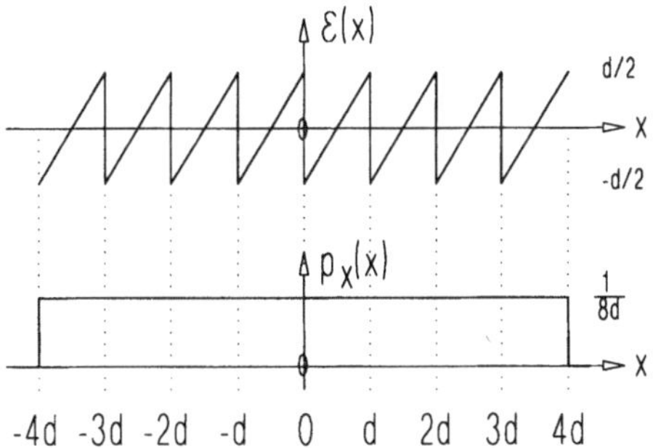

Abbildung 11.3: Fehler des gleichförmigen Quantisierers.

$$SNR = \frac{3}{16} \cdot 2^{2m} \qquad \mapsto \qquad SNR_{dB} = 10 \cdot \log\,(SNR) = 6\,m - 7,3\ dB \tag{11.2}$$

In (11.2) steigt das SNR mit jedem weiteren Bit, für die Darstellung von X, um den Faktor 4 oder um 6 dB. Dies führt dazu, daß jedes weitere Bit die Anzahl an Schwellen verdoppelt und das Quantisierungsintervall halbiert. Damit wird, sehr anschaulich, die Varianz des Fehlers e um $2^2 = 4$ reduziert.

Generell wird durch die Abtastung aus der analogen Korrelationsfunktion eine digitale Korrelationsfunktion, welche nur mehr periodisch mit der Abtastfrequenz definiert ist.

$$\frac{\phi_m\,(k)}{mL} = \begin{cases} 1 - \frac{k}{m}\left(\frac{L+1}{2L}\right) & \dots\ |k| \leq m \\[2ex] \frac{L-1}{2L} & \dots\,m < |k| < \frac{mL}{2} \end{cases} \tag{11.3}$$

Die Signalverarbeitung erfolgt an zeit- und
amplitudendiskreten Werten

In Abb.11.4 wird ein hierarchischer Überblick über digitale Direct-Sequence Empfänger gegeben. Die linke Spalte zeigt den analogen Direct-Sequence Empfänger, welcher durch den Grenzübergang $m \to \infty$ gegeben ist. Die zweite Spalte zeigt den klassischen digitalen Direct-Sequence Empfänger, zu denen streng genommen auch der in der dritten Spalte angegebene HL-Empfänger gehört. In der strichlierten Umrahmung sind die LCD-Empfänger dargestellt. Sie zeichnen sich durch die Nichtlinearität ADC[2A] und zwei zusätzliche Ebenen aus. Diese Ebenen sind die Schwellenregelung und die

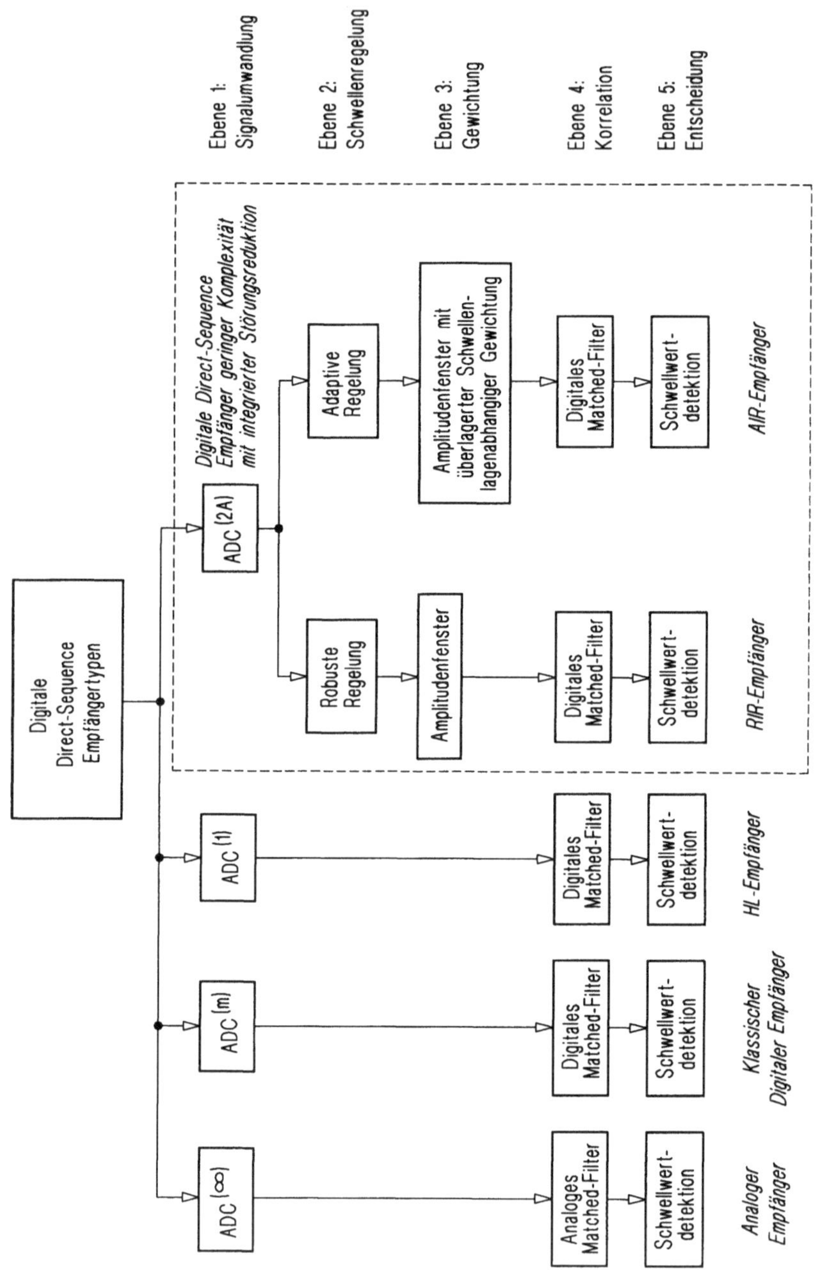

Abbildung 11.4: Überblick über digitale Direct-Sequence Empfänger.

Gewichtung. Diese beiden Ebenen manipulieren die Signalwerte so, daß die Störanteile reduziert werden.

Bevor die technischen Beschreibung der LCD-Empfänger beginnt, werden die verwendeten Analysekonzepte zusammengefaßt. Damit wird das allgemeine Modell der LCD-Empfänger aufgestellt. Anschließend folgt die statistische Beschreibung des Eingangssignals. Dann werden die einzelnen Funktionsblöcke und deren signalbeeinflussende Parameter beschrieben, sowie deren Zusammenwirken in Bezug auf die Leistungsanalyse. Die Leistungsanalyse umfaßt die Bitfehlerwahrscheinlichkeit und die Schwellensynchronisation.

11.4 Struktur der untersuchten digitalen Direct-Sequence Empfänger

Bezugnehmend auf die einführende Darstellung im Anhang E über die Konzepte für die stationäre und dynamische Leistungsanalyse, wird der allgemeine Ansatz der Übertragungsblöcke der Transformatorkette in Abb.E.1 auf Seite 683, wie folgt, spezifiziert.

$\mathbf{T}_1$ = Nichtlinearität ($\mathrm{ADC}^{(1)},\mathrm{ADC}^{(2)}$) und Gewichtung.

$\mathbf{T}_2$ = Digitaler Korrelator.

$\mathbf{T}_3$ = Entscheider.

$SNR_1 = SNR_s \dots$ Signal/Störabstand am Empfängereingang.

$SNR_2 = SNR_v \dots$ Signal/Störabstand am Korrelatoreingang.

$SNR_3 = SNR_z \dots$ Signal/Störabstand am Detektoreingang.

Damit ist die allgemeine Struktur der untersuchten digitalen Direct-Sequence Empfänger modelliert.

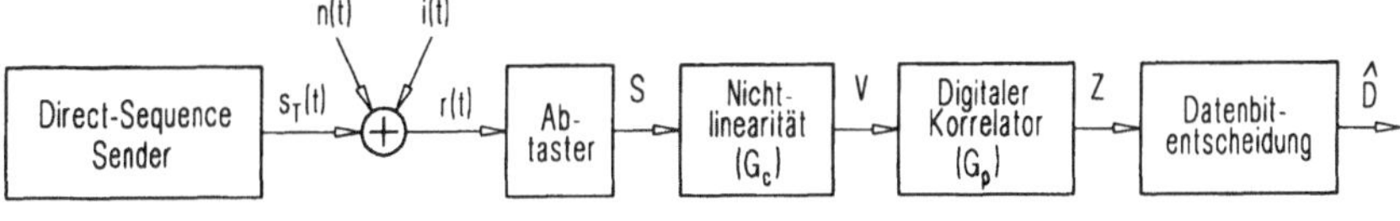

Abbildung 11.5: Allgemeines Modell der digitalen Direct-Sequence Übertragung.

Die Abb.11.5 zeigt die Struktur der digitalen Direct-Sequence Empfänger. Der Sender verwendet als Chipmodulation eine BPSK-Modulation und als Datenbitmodulation wird eine orthogonale Signalisierung angenommen. Das Eingangssignal wird bandpaßgefiltert und kohärent oder inkohärent in das Basisband gemischt und tiefpaßgefiltert. Das so erzeugte Basisbandsignal wird abgetastet und Analog/Digital gewandelt. Anschließend wird mit einer lokalen Kopie des Direct-Sequence Signals die Korrelation ausgeführt. Das Ergebnis dieser Korrelation wird zur Datenbitentscheidung herangezogen.

Gleich bleibt bis auf Widerruf die Kanalstörung, welche nicht nur die übliche AWGN-Störung enthält, sondern auch die für digitale Direct-Sequence Empfänger am schwierigsten zu beherrschende CW-Störung. Vorausgesetzt wird, wenn es nicht anders festgelegt ist, daß die Störungen permanent und gemeinsam vorhanden sind und nur deren Zusammensetzungsverhältnis sich beliebig ändern darf. Für jede Ermittelung einer bestimmten Bitfehlerrate bleibt das Verhältnis von CW- zu AWGN-Störung konstant[3].

11.5 Signal vor der Nichtlinearität

Das Signal vor der Nichtlinearität besteht aus dem gesendeten Direct-Sequence Signal, welchem eine AWGN-Störung und eine CW-Störung überlagert ist. In (eq:unimod) ist das Signal für ein positives Chip dargestellt.

$$s(t) = A_c + n(t) + i_{cw}(t) \qquad 0 \le t < T_c \tag{11.4}$$

Die Amplitudenstatistik vor der Nichtlinearität ist für alle zu untersuchenden Empfänger gleich. Das als mittelwertfrei angenommene Direct-Sequence Signal besteht aus einer Folge von positiven und negativen Chips. Wegen der Symmetrie genügt es, wenn die Amplitudenstatistik für ein positives Chip bestimmt wird (11.4).

Die Annahmen für das statistische Modell des ADC$^{(2A)}$-Eingangssignals sind:

1. Die einzelnen Störkomponenten sind voneinander statistisch unabhängig. Dies ist auch realistisch, da sie von unabhängigen Quellen stammen.

2. Die Zusammensetzung der Störung bleibt unverändert innerhalb des Beobachtungsintervalls (Stationäre Analyse).

3. Die Einhüllende der CW-Störung bleibt konstant.

4. Die Anfangsphase φ der CW sei gleichverteilt im Intervall $[0, 2\pi]$.

5. Die Störsignale sind mittelwertfrei.

In der Tabelle 2.3 sind die statistischen Kennwerte für jede Einzelstörung zusammengefaßt. Die statistische Beschreibung erfolgt bis zu Momenten zweiter Ordnung.

---

[3]Ein Punkt der Bitfehlerratenkurve.

Zeitdarstellung

Beispiele für $\text{ADC}^{(2A)}$-Eingangssignale findet man in den oberen Teilbildern der Abb.7.3 bis Abb.7.15. Die Zeitdarstellung baut auf dem idealen[4] komplexen ADC-Eingangssignal $\underline{s}(t)$ auf. Die verwendeten Größen sind aus Abb.11.6 ersichtlich.

$$\underline{s}(t) = \underline{r}(t) \cdot \underline{l}^*(t)\, e^{j\alpha} = \left[\underline{s}_T(t) + \underline{i}_{cw}(t)\right] \cdot \underline{l}^*(t)\, e^{j\alpha} = \tag{11.5 a}$$

$$= \left[\underline{g}(t) \cdot \underline{l}(t) + \underline{i}_{cw}(t)\right] \cdot \underline{l}^*(t)\, e^{j\alpha} = \left[\underline{g}(t) + \underline{i}_{cw}(t) \cdot \underline{l}^*(t)\right] \cdot e^{j\alpha} = \tag{11.5 b}$$

$$= \left[\underline{g}(t) + A_{cw}\, e^{j\,\varphi_{cw}} \cdot e^{j\,[2\pi\,(f_{cw}-f_0)\,t]}\right] \cdot e^{j\alpha} = \tag{11.5 c}$$

$$= \left[\underline{g}(t) + \underline{A}_{cw}\, e^{j\,2\pi\cdot\Delta f\cdot t}\right] \cdot e^{j\alpha} \tag{11.5 d}$$

Das Eingangssignal für das k-te datenmodulierte Chip G_k ist in (11.6) gegeben.

$$\underline{s}_k(t) = \Re\left\{\underline{s}_k(t)\right\} + j\,\Im\left\{\underline{s}_k(t)\right\} = s_{I,k}(t) + j\,s_{Q,k}(t) \quad \underline{\text{mit}}:$$
$$\tag{11.6 a}$$
$$s_{I,k}(t) = \Re\left\{G_k\, e^{j\alpha} + A_{cw}\, e^{j\,(\varphi_{cw}+\alpha)}\, e^{j\,2\pi\cdot\Delta f\cdot t}\right\} \tag{11.6 b}$$
$$s_{Q,k}(t) = \Im\left\{G_k\, e^{j\alpha} + A_{cw}\, e^{j\,(\varphi_{cw}+\alpha)}\, e^{j\,2\pi\cdot\Delta f\cdot t}\right\} \tag{11.6 c}$$

Das Zeigerdiagramm in Abb.11.6 ist durch Nullsetzen der Zeit in (11.6) entstanden. Die korrespondierenden Gleichungen findet man in (11.7).

$$s_{I,k}(0) = G_k\, \cos(\alpha) + A_{cw}\, \cos(\varphi_{cw} + \alpha) \tag{11.7 a}$$
$$s_{Q,k}(0) = G_k\, \sin(\alpha) + A_{cw}\, \sin(\varphi_{cw} + \alpha) \tag{11.7 b}$$

Das Eingangssignal für die kleinste Zeiteinheit, nämlich die Chipdauer, bestehend aus dem k-ten datenmodulierten Chip mit überlagerter CW-Störung konstanter Einhüllender der Periodendauer T_{cw} und AWGN-Störung ist in (11.8) gegeben.

$$\boxed{\underline{s}(t) = \left[G_k + \underline{A}_{cw}\, e^{j\,\frac{2\pi}{T_{cw}}t} + n(t)\right] \cdot e^{j\alpha}} \qquad kT_c \leq t \leq (k+1)T_c$$
$$\tag{11.8}$$

---

[4] AWGN-Störung vernachlässigt.

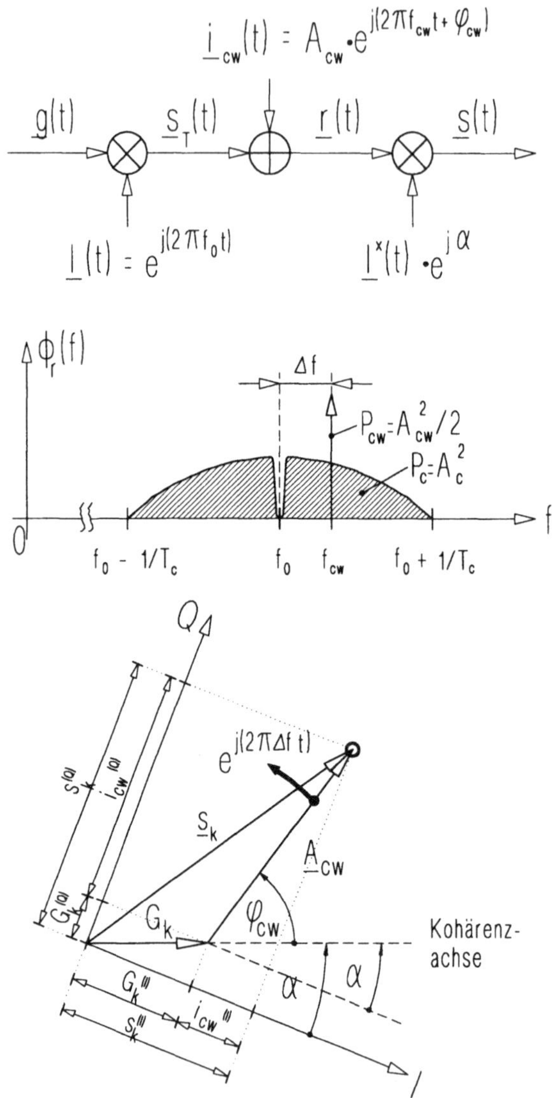

Abbildung 11.6: ADC-Eingangssignal: *Oben:* Komplexe Signale in Bandpaß-darstellung. *Mitte:* Einseitiges Leistungsdichtespektrum des empfangenen Signals. *Unten:* Zeigerdarstellung des Signal vor dem ADC, bestehend aus dem k-ten datenmodulierten Chip mit überlagerter CW-Störung konstanter Einhüllender.

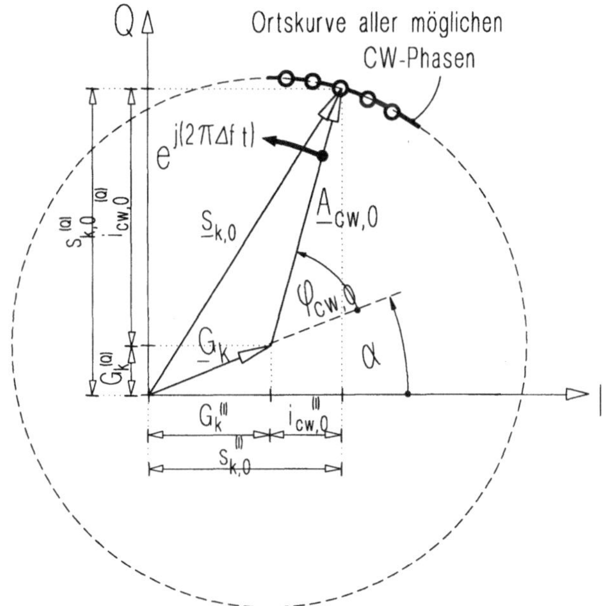

Abbildung 11.7: Ortskurve des k-ten datenmodulierten Chips für alle möglichen CW-Phasen, korrespondierend mit der Zeigerdarstellung
in Abb.11.6. Die CW-Phasen sind diskret dargestellt.

Die Abb.11.7 folgt aus dem Zeigerdiagramm der Abb.11.6, indem die CW-Nullphase
$\varphi_{cw} = \varphi_{cw,0}$ (Phasenverschiebung zwischen Chipzeiger und CW-Zeiger zum Zeitpunkt
$t = 0$) jeden beliebigen Wert zwischen 0 und 2π annehmen darf[5].

Die Periodendauer der CW-Störung im Basisband ist verkehrt proportional zum Frequenzabstand zwischen CW-Frequenz und Trägerfrequenz[6].

$$T_{cw} = \frac{1}{\Delta f} = \frac{1}{f_{cw} - f_0} \tag{11.9}$$

Die maximale CW-Frequenz, welche ein Bandpaßfilter mit ideal rechteckförmiger Übertragungsfunktion durchläßt, ist $f_0 + 1/T_c$ (Vergleiche Abb.11.6). Damit ist die kleinste
mögliche CW-Periode im Basisband $T_{cw} = T_c$. Die größte mögliche CW-Periode ist
unendlich, wenn die CW-Frequenz der Trägerfrequenz entspricht. Durch den Einsatz
einer *Wechselspannungskopplung*, welche in einem Direct-Sequence Empfänger immer
vorhanden ist, ist die maximale CW-Periode auf $T_{cw} = T_D$ begrenzt. Tritt die CW-Störung mit dieser Periode auf, so bezeichnet man diese als *kohärente Sinusstörung*. Ist
diese Bedingung nicht erfüllt spricht man von *inkohärenter Sinusstörung*.

---

[5]Typische Zeitverläufe sind in Abb.12.74 dargestellt.
[6]Vergleiche Abb.7.14

$$s(t) = c(t) + \underbrace{i_{cw}(t) + n(t)}_{Störung} \tag{11.10}$$

$$\mathbf{E}\left[\,s(t)\mid \text{positives Chip}\,\right] \;=\; +A_c, \tag{11.11}$$

$$\mathbf{E}\left[\,s(t)\mid \text{negatives Chip}\,\right] \;=\; -A_c \tag{11.12}$$

Ein unverrauschtes CW-gestörtes Eingangssignal zeigt die Abb.12.3 auf Seite 532, in der alle für die weitere Beschreibung notwendigen Bezeichnungen der Amplitudenbereiche und Schwellwerte eingezeichnet sind. Ein reales Eingangssignal zeigt die Abb.12.6 auf Seite 538. Der Signal/Störabstand am Eingang des ADC$^{(2A)}$ ist in (11.13) für kombinierte Störung angegeben.

$$SINR_s = \frac{\mathbf{E}\left[\,c^2(t)\,\right]}{\mathbf{Var}\left[\,i_{cw}(t)\,\right] + \mathbf{Var}\left[\,n(t)\,\right]} = \frac{2\cdot A_c^2}{A_{cw}^2 + 2\cdot\sigma_n^2}. \tag{11.13}$$

11.5.1 Statistik der kombinierten Störung

Addiert man zur Amplitudendichte der mittelwertfreien kombinierten Störung die Chipamplitude, so erhält man die Amplitudendichte für ein positives Chip am ADC-Eingang. In den folgenden Abschnitten wird die Statistik der kombinierten Störung bis zur 2.-ten Ordnung betrachtet.

Zufallsvariable

Die Zufallsvariable der kombinierten Störung ist in (11.14) gegeben und besteht aus der Summe der bereits früher gewählten Zufallsvariablen X und Y für CW- und AWGN-Störung.

$$Z = X + Y \tag{11.14}$$

Amplitudendichte

Es werden zwei Wege skizziert, wie die Amplitudendichte $p_z(Z)$ der kombinierten Störung am Eingang des ADC$^{(2A)}$ berechnet werden kann. Die erste Möglichkeit benutzt die Faltungsbeziehung und führt am schnellsten zum Ziel. Im Anhang D.90 ist gezeigt, daß durch Umformung folgende Korrespondenz: Faltung ∘—● Charakteristische Funktion gültig ist (Integraltransformation).

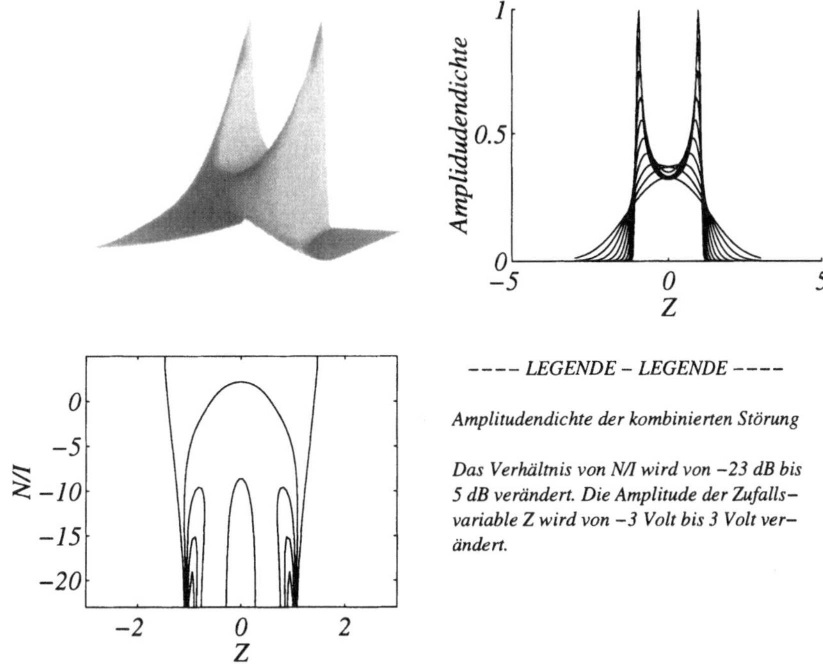

Abbildung 11.8: Amplitudenwahrscheinlichkeitsdichte der kombinierten Störung von dominierender **AWGN**- bis dominierender **CW**-Störung.

Für die Faltungsvariante ergibt sich nach elementaren Berechnung [Goiser90D] und mit Hilfe von Tab.2.3 in (11.15).

$$
p_z(Z) = p_x(Z) * p_y(Z) = \int\limits_{-\infty}^{+\infty} p_x(X) p_y(Z - X)\, dX =
$$

$$
= \frac{1}{\pi\sqrt{2\pi}\sigma_n} \int\limits_{\varphi=-\frac{\pi}{2}}^{\varphi=\frac{\pi}{2}} e^{-\frac{1}{2\sigma_n^2}(Z - A_{cw}\cdot\sin\varphi)^2}\, d\varphi \tag{11.15}
$$

Dieses Integral läßt sich nicht in geschlossener Form darstellen und es wird üblicherweise auf eine numerische Lösung ausgewichen. Dazu ist folgendes zu bemerken:

- Wegen der Sprungstellen in der Nichtlinearität kommt als Integrationsalgorithmus nur ein solcher in Frage, der keine äquidistanten Stützstellen benutzt (z.B. der Gaußsche Algorithmus).

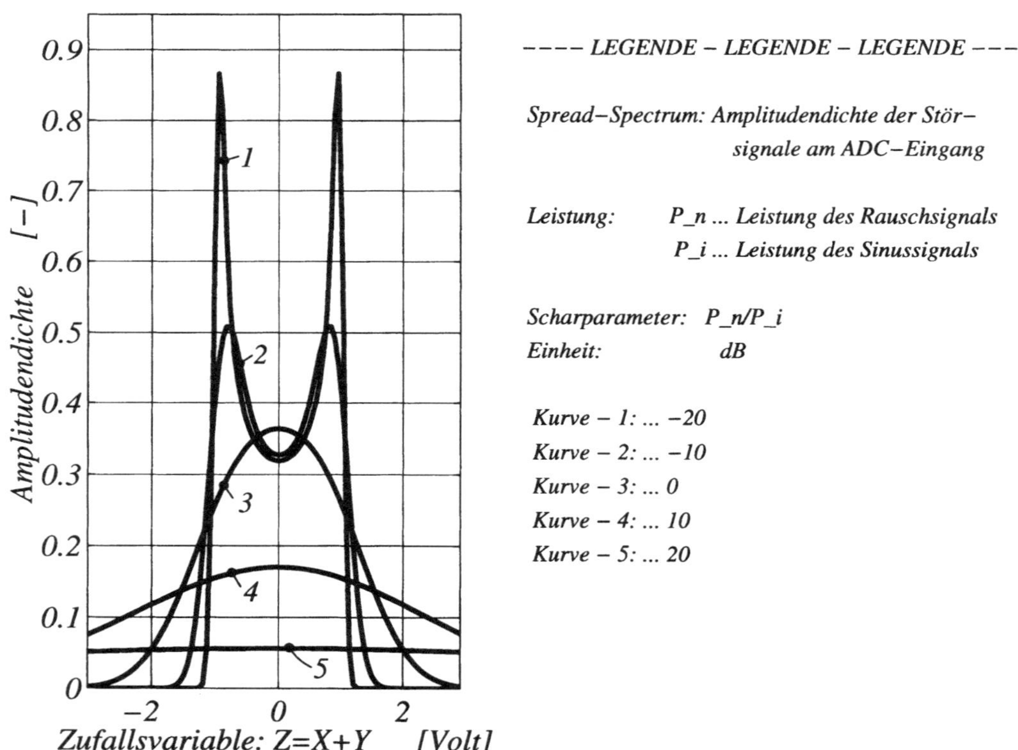

Abbildung 11.9: Amplitudenwahrscheinlichkeitsdichte der kombinierten Störung für verschiedene N/I (**AWGN-** zu **CW-**Leistungsverhältnis) bei konstanter Gesamtstörleistung $SINR = -40$ dB.

- Es muß eine sehr genaue Integrationsroutine sein, da zur Bestimmung der Bitfehlerrate eine nochmalige Integration notwendig ist.

Wendet man etwas mehr Mathematik an, so kann der Integrand in eine Serie entwickelt werden, dessen Glieder Hermitpolynome enthalten. Mit Hilfe der Kummerschen Transformation kann der Integrand mit konfluenten hypergeometrischen Funktionen[7] dargestellt werden. Das gleiche Ergebnis erhält man, wenn man die Rücktransformation der Charakteristische Funktion $\mathbf{C}_z\,(j\omega)$ unter Berücksichtigung der Rechenregeln für Charakteristische Funktionen anwendet.

$$
\begin{aligned}
p_z(Z) \;&=\; \mathcal{F}^{-1}\{\mathbf{C}_z\,(j\omega)\} = \mathcal{F}^{-1}\{\mathbf{C}_x\,(j\omega)\cdot\mathbf{C}_y\,(j\omega)\} = \\[2mm]
&=\; \mathcal{F}^{-1}\left\{ \mathcal{J}_o(\omega A_{cw})e^{-\frac{\omega^2\sigma_n^2}{2}} \right\} = \frac{1}{2\pi}\int\limits_{-\infty}^{+\infty}\left[\mathcal{J}_o(\omega A_{cw})e^{-\frac{\omega^2\sigma_n^2}{2}}\right]e^{-j\omega Z}d\omega = \\[2mm]
&=\; \frac{1}{2\pi}\int\limits_{-\infty}^{+\infty}\left[\mathcal{J}_o(\omega A_{cw})e^{-\frac{\omega^2\sigma_n^2}{2}}\right]\cos(\omega Z)d\omega - \\[2mm]
&\quad \underbrace{-\frac{j}{2\pi}\int\limits_{-\infty}^{+\infty}\left[\mathcal{J}_o(\omega A_{cw})e^{-\frac{\omega^2\sigma_n^2}{2}}\right]\sin(\omega Z)d\omega}_{\equiv 0}
\end{aligned}
\tag{11.16}
$$

Der letzte Schritt in (11.16) ist eine Folge der Euleridentität, welche das Integral in einen geraden und ungeraden Anteil aufspaltet. Da die Integration über den Bereich $[-\infty, \infty]$ ausgeführt wird, liefert der ungerade Anteil keinen Beitrag zum Integral. Das Integral wird über den verbleibenden geraden Anteil als der doppelte Wert über die halbe Periode $[0, \infty]$ berechnet.

$$
p_z(Z) = \frac{1}{\pi}\int\limits_{0}^{\infty}\left[\mathcal{J}_o(\omega A_{cw})e^{-\frac{\omega^2\sigma_n^2}{2}}\right]\cos(\omega Z)d\omega
\tag{11.17}
$$

Die Taylorentwicklung der Cosinusfunktion und gliedweise Integration liefert:

$$
p_z(Z) = \frac{1}{\pi}\sum_{n=0}^{\infty}\frac{(-1)^n Z^{2n}}{(2n)!}\underbrace{\int\limits_{0}^{\infty}\mathcal{J}_o(\omega A_{cw})e^{-\frac{\omega^2\sigma_n^2}{2}}\omega^{2n}d\omega}_{I_H}\;.
\tag{11.18}
$$

---

[7] $_1F_1[\alpha\,;\,\beta\,;\,x]$, ist eine analytische Funktion mit den Argumenten α, β und der abhängigen Variablen x.

Das Integral I_H, welches in jedem Term auftritt ist das Hankelsche Exponentialintegral [Watson22], welches einfach durch direkte Entwicklung der Besselfunktion $\mathcal{J}_o$ erster Art und gliedweise Integration mit Hilfe der Gammafunktion berechnet werden kann. Folgt man dieser Vorgangsweise, so erhält man die Amplitudendichte der kombinierten Störung:

$$p_z(Z) = \frac{1}{\sqrt{2\pi}\,\sigma_n} \sum_{n=0}^{\infty} \frac{\left(-\frac{Z^2}{2\sigma_n^2}\right)^n}{n!} \cdot {}_1F_1\left[n+\frac{1}{2}\,;\,1\,;\,-\frac{A_{cw}^2}{2\sigma_n^2}\right] \tag{11.19}$$

Erwartungswerte

Berechnet man die Erwartungswerte der kombinierten Störung allgemein, so hat man folgende Möglichkeiten:

1. Über die Definition $\mathbf{E}[Z^n] = \int_{-\infty}^{\infty} Z^n p_z(Z)dZ$ ist der Rechenaufwand beträchtlich, obwohl man (11.19) verwenden kann.

2. Mit vertretbarem Aufwand erfolgt die Berechnung über die Ableitungen der Charakteristischen Funktion $\mathbf{C}_z(j\omega)$.

Ist man an keiner allgemeinen Formel für die Erwartungswerte der kombinierten Störung interessiert, sondern nur an ein paar konkreten Werten, so ist der Berechnung mit Hilfe der bekannten Erwartungswerte und der Rechenregeln für Erwartungswerte der Vorzug zu geben[8]. Generell existieren nur die Erwartungswerte gerader Ordnung. Der Grund liegt in der um den Mittelwert[9] symmetrischen Amplitudendichte.

$$\mathbf{E}\left[Z^{2n}\right] = \sum_{k=0}^{n} \frac{(2n)!}{k!\,(n-k)!\,2^{n+k}} \cdot A_{cw}^{2k} \cdot \sigma_n^{2(n-k)} \tag{11.20}$$

Diskutiert man diese Formel für die Erwartungswerte der kombinierten Störung, so erkennt man, daß das erste Glied unabhängig von den Parametern der CW-Störung ist und das letzte Glied unabhängig von den Parametern der AWGN-Störung. Damit kann man aus der allgemeinen Formel für die Erwartungswerte der kombinierten Störung die allgemeine Formel für die Erwartungswerte $\mathbf{E}[Y^{2n}]$ der AWGN-Störung[10] und die allgemeine Formel für die Erwartungswerte $\mathbf{E}[X^{2n}]$ der CW-Störung[11] ableiten. Vergleiche Tabelle 2.3.

---

[8] An Hand dieses Beispiels sieht man sehr deutlich, daß die Darstellung mit Erwartungswerten die allgemeinste und einfachste ist.

[9] Weil die Amplitudendichten der Einzelstörungen symmetrisch sind, muß auch die Amplitudendichte der kombinierten Störung symmetrisch sein.

[10] Erstes Glied in der Formel: $k = 0$, $\forall n$.

[11] Letztes Glied in der Formel: $k = n$, $\forall n$.

In der Tab.11.1 sind die Erwartungswerte bis zur 8.-ten Ordnung für AWGN-, CW- und kombinierte Störung angegeben.

Ordnung n	AWGN $\mathbf{E}[Y^n]$	CW $\mathbf{E}[X^n]$	Kombinierte Störung $\mathbf{E}[Z^n]$
0	0	0	0
2	σ_n^2	$\frac{A_{cw}^2}{2}$	$\sigma_n^2 + \frac{A_{cw}^2}{2}$
4	$3\sigma_n^4$	$\frac{3A_{cw}^4}{8}$	$3\sigma_n^4 + 3\sigma_n^2 A_{cw}^2 + \frac{3A_{cw}^4}{8}$
6	$15\sigma_n^6$	$\frac{5A_{cw}^6}{16}$	$15\sigma_n^6 + \frac{45\sigma_n^4 A_{cw}^2}{2} + \frac{45\sigma_n^2 A_{cw}^4}{8} + \frac{5A_{cw}^6}{16}$
8	$105\sigma_n^8$	$\frac{35\,A_{cw}^8}{128}$	$105\sigma_n^8 + 210\sigma_n^6 A_{cw}^2 + \frac{315\sigma_n^4 A_{cw}^4}{4} + \frac{35\sigma_n^2 A_{cw}^6}{4} + \frac{35\,A_{cw}^8}{128}$

Tabelle 11.1: Erwartungswerte der kombinierten Störung.

Die mittlere Leistung der kombinierten Störung

Die mittlere Leistung der kombinierten Störung ist in (11.21) gegeben.

$$\mathbf{E}[Z^2] = \underbrace{\mathbf{E}[X^2]}_{\mathcal{P}_i} + 2\underbrace{\mathbf{E}[X]\mathbf{E}[Y]}_{\equiv 0} + \underbrace{\mathbf{E}[Y^2]}_{\mathcal{P}_n} = \sigma_n^2 + \frac{A_{cw}^2}{2} \tag{11.21}$$

In Tab.11.2 sind die statistischen Kennwerte bis zur 2.-ten Ordnung der kombinierten Störung für statistisch unabhängige Zufallsvariablen X und Y zusammengefaßt.

11.5.2   Statistik für ein positives Chip

Das Eingangssignal des ADC$^{(2A)}$ besteht aus dem determinierten Nutzsignal, welchem die kombinierte Störung überlagert ist. Das Direct-Sequence Signal $c(t)$, ist eine gleichanteilfreie, bipolare Chip-Folge. Die statistische Beschreibung des Direct-Sequence Signals wird mit der Zufallsvariable C durchgeführt. Die Amplitudendichte

<table>
<tr><th colspan="2" align="center">Kombinierte Störung</th></tr>
<tr><td>Zufallsvariable</td><td>$Z = X + Y$</td></tr>
<tr><td>Amplitudendichte</td><td>$p_z(Z) = \frac{1}{\sqrt{2\pi}\,\sigma_n} \sum_{n=0}^{\infty} \frac{\left(-\frac{z^2}{2\sigma_n^2}\right)^n}{n!} \cdot {}_1F_1[n+\tfrac{1}{2}\,;\,1\,;\,-\frac{A_{cw}^2}{2\sigma_n^2}]$</td></tr>
<tr><td>Charakteristische Funktion</td><td>$\mathbf{C}_z(j\omega) = \mathbf{C}_x(j\omega) \cdot \mathbf{C}_y(j\omega) = \mathcal{J}_o(\omega A_{cw})\, e^{-\frac{\omega^2 \sigma_n^2}{2}}$</td></tr>
<tr><td>Momente</td><td>$\mathbf{E}[Z^{2n}] = \sum_{k=0}^{n} \frac{(2n)!}{k!\,(n-k)!\,2^{n+k}} \cdot A_{cw}^{2k} \cdot \sigma_n^{2(n-k)}$</td></tr>
<tr><td>Mittelwert</td><td>$\mathbf{E}[Z] = 0$</td></tr>
<tr><td>Varianz</td><td>$\mathbf{Var}[Z] = \sigma_n^2 + \frac{A_{cw}^2}{2}$</td></tr>
</table>

Tabelle 11.2: Statistische Kennwerte der kombinierten Störungen.

eines mittelwertfreien Direct-Sequence Signals entspricht einer symmetrischen Delta-dichte. Die Statistik des gesamten Eingangssignals (Signal plus AWGN- und CW-Störung) ergibt sich, wenn man zum Signal C die im vorangegangenen Abschnitt ermittelte kombinierte Störung Z addiert. Dies entspricht der Faltung $p_c(C) * p_z(Z)$ der beiden Amplitudendichten.

Man erkennt aus Abb.11.10, daß aus Symmetriegründen nur die Eingangsdichte für ein positives Chip untersucht werden muß[12]. Beschreibt man die Statistik am Eingang des ADC[(2A)] mit nur einer Zufallsvariable S, so ergibt sie sich zu $S = Z + C$. Weil die Zufallsvariablen Z und C statistisch unabhängig voneinander sind folgen die statistischen Kennwerte in (11.22).

---

[12]Die Amplitudendichte der kombinierten Störung erhält als Mittelwert die positive Chip-Amplitude A_c. Für negative Chips verfährt man analog.

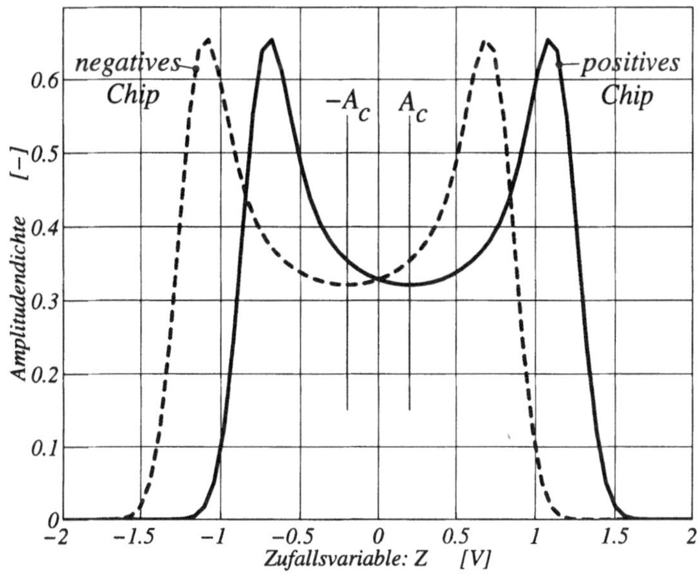

Abbildung 11.10: Amplitudendichte am Eingang des 2-Bit ADC, für ein positives und ein negatives Chip in reiner CW-Störung.

$$\mathbf{E}[S] = \underbrace{\mathbf{E}[Z]}_{0} + \mathbf{E}[C] = A_c \tag{11.22a}$$

$$\mathbf{E}[S^2] = \underbrace{\mathbf{E}[Z^2]}_{\mathcal{P}_n + \mathcal{P}_i} + 2\underbrace{\mathbf{E}[Z]}_{\equiv 0}\underbrace{\mathbf{E}[C]}_{A_c} + \underbrace{\mathbf{E}[C^2]}_{\mathcal{P}_c} = \mathcal{P}_n + \mathcal{P}_i + \mathcal{P}_c \tag{11.22b}$$

11.6　Stationäre Leistungsanalyse

Die Modellierung der Leistungsanalyse für stationäre Verhältnisse berücksichtigt im wesentlichen die Nichtlinearität und den Korrelator. Die statistische Modellierung des Korrelators ist notwendig um eine tiefere Einsicht in das Verhalten der LCD-Empfänger zu bekommen. Weiters ist durch ein Korrelatormodell eine Überprüfungsmöglichkeit zu den Simulationen gegeben.

Die Leistungsanalyse wird von zwei Korrelatormodellen geprägt. Das erste Korrelatormodell ist eine Näherungslösung und das zweite Modell nimmt mehr Rücksicht auf die digitale Natur der eingesetzten digitalen 1-Bit Korrelatoren.

11.6.1 Gaußsches Modell

Wie aus Abschnitt 3.1.6.1 bekannt ist, tendiert die Statistik des Korrelatorausgangs-
signals relativ schnell zu einer Gaußstatistik. Dies kann man sich zu Nutze machen,
um eine schnelle Methode zur näherungsweisen Berechnung der Bitfehlerrate der LCD-
Empfänger zu bekommen. Bezugnehmend auf das allgemeine Modell ergibt sich, daß
in (11.23) angegebene SINR am Detektoreingang.

$$SINR_Z = G_p \cdot SINR_V \tag{11.23}$$

11.6.2 Verbund-Modell

Ein vollkommen anderer Weg zur Bestimmung der Bitfehlerrate wird hier vorgestellt.
In diesem Modell wird der Korrelator nicht losgelöst von der Nichtlinearität und der
Entscheidungsstrategie betrachten. Aus diesem Grund wird dieses Modell Verbund-
Modell genannt.

Aus Gründen der Einfachheit wird die Idee des Verbundmodells für AWGN-Störung
hergeleitet und später auf die allgemein vorausgesetzte kombinierte Störung angewendet. Der Kern dieses Empfängers wird durch den ADC[(1)] mit nachgeschaltetem
1-Bit Korrelator gebildet und entspricht in seinen Grundzügen dem HL-Empfänger.

Prinzipiell besteht das Korrelatoreingangssignal aus einer Folge von Chipentscheidungen $V_k \equiv \hat{C}_k$, welche mit dem Takt T_{cs} eingelesen werden.

Die Länge des digitalen Korrelators ergibt sich, indem man die Länge (L) des Direct-
Sequence Signals mit der Anzahl der Abtastwerte pro Chip (ξ) multipliziert (11.24).
Die Störleistung des abgetasteten AWGN ist in (11.25) angegeben.

$$\mathcal{L} = \xi L \tag{11.24}$$

$$\mathcal{P}_N = N_0 B = \frac{N_0}{T_{cs}} = \frac{N_0 \xi}{T_c} \tag{11.25}$$

Die Entscheidungsvariable am Detektoreingang $Z(T_D)$ entspricht dem Korrelationswert
$\phi_{vc}(T_D)$, den der Korrelator zum Abtastzeitpunkt $t = T_D$ liefert (digitales Matched-
Filter).

Die Statistik der Entscheidungsvariable wird jetzt nicht mehr durch die Statistik der
Störung in Form von Einzelentscheidungen mit kontinuierlichem Wertebereich von
$Z = -\infty$ bis ∞ alleine bestimmt, sondern durch die Statistik des Korrelatoraus-
gangssignals als Summe von Einzelentscheidungen mit diskretem Wertebereich von
$Z = -\mathcal{L}$ bis $\mathcal{L}$.

Die Datenentscheidung wird durch einer Schwellwertentscheidung getroffen. Übersteigt die Summe von $\mathcal{L}$ Einzelentscheidungen einen vorgegebenen Schwellwert, so wird die Entscheidung zu gunsten des gesendeten Signals getroffen. Damit ergibt sich die Bitfehlerwahrscheinlichkeit P_{ed} in (11.26), unter der Voraussetzung eines *symmetrischen Binärkanals* (BSC).

$$P_{ed} = \frac{1}{2}\left\{ \mathbf{Pr}\left[Z \le \eta | D = 1 \right] + \mathbf{Pr}\left[Z > \eta | D = 0 \right] \right\} \tag{11.26}$$

11.6.2.1 Amplitudenstatistik des Ausgangssignals des digitalen 1-Bit Korrelators

Der digitale Korrelator zählt die Summe an übereinstimmenden Registerzellen.

$$\phi_{vc}\left(k\right) = \sum_{i=1}^{\mathcal{L}} \mathbf{L_q}\left\{ V_i \equiv C_i \right\} = \sum_{i=1}^{\mathcal{L}} \ddot{u}_i = Z \tag{11.27}$$

Die Zufallsvariable $\ddot{u}_i$ ist eine *binomsche Zufallsvariable*. Die Wahrscheinlichkeit, daß an einer bestimmten Stelle die beiden Registerzellen nicht übereinstimmen ist P_{ce} und die Wahrscheinlichkeit, daß Übereinstimmung herrscht ist $(1 - P_{ce})$. Mit P_{ce} wird die Chipfehlerwahrscheinlichkeit[13] bezeichnet, welche ausschließlich von der Analog/Digital Wandlung und der verwendeten Chip-Modulation abhängt. Die Chipfehlerwahrscheinlichkeit für ein bestimmtes Modulationsverfahren ist in Tab.E.4 angegeben.

Die Anzahl an Möglichkeiten, eine bestimmte Korrelationssumme $Z = \eta$, bei einer vorgegebenen Signallänge $\mathcal{L}$ zu erreichen, entspricht der Anzahl an möglichen Kombination von $\mathcal{L}$ Elementen zur η-ten Klasse $\binom{\mathcal{L}}{\eta}$. Die Wahrscheinlichkeit, daß dieses Ereignis eintrifft ist in (11.28) gegeben und die Häufigkeit dieses Ereignisses zeigt (11.29).

$$\mathbf{Pr}\left[Z = \eta \right] = \binom{\mathcal{L}}{\eta} \cdot (1 - P_{ce})^{\eta} \cdot P_{ce}^{\mathcal{L}-\eta} \tag{11.28}$$

$$p(\eta) = \sum_{\eta=0}^{\mathcal{L}} \mathbf{Pr}\left[Z = \eta \right] \tag{11.29}$$

Die Wahrscheinlichkeit, daß die Korrelationssumme $Z \ge \eta$ wird, ist durch die Wahrscheinlichkeitsverteilung gegeben.

---

[13]Gilt exakt wenn $m = 1$ vorausgesetzt wird.

$$\mathbf{Pr}\left[Z \geq \eta\right] = 1 - \mathbf{Pr}\left[Z < \eta\right] = 1 - \sum_{k=0}^{\eta-1} \binom{\mathcal{L}}{k} \cdot (1 - P_{ce})^k \cdot P_{ce}^{\mathcal{L}-k}$$

$$= \sum_{k=\eta}^{\mathcal{L}} \binom{\mathcal{L}}{k} \cdot (1 - P_{ce})^k \cdot P_{ce}^{\mathcal{L}-k} \tag{11.30}$$

11.6.2.2 Symmetrische Amplitudenstörung ohne Datenübertragung

Als Beispiel für eine symmetrische Amplitudenstörung wird AWGN-Störung angenommen. Zufolge der Symmetriebedingung ist die Wahrscheinlichkeit, daß die Hard-Limiter Schwelle über- bzw. unterschritten wird $\frac{1}{2}$. Damit ergibt sich ein Fehler, wenn kein Signal vorhanden ist als Folge des AWGN, wenn die Entscheidungsschwelle η überschritten[14] wird.

$$P_{ed}[\mathrm{AWGN}] = \mathbf{Pr}\left[Z \geq \eta | D = \{\}\right] = \sum_{k=\eta}^{\mathcal{L}} \binom{\mathcal{L}}{k} \left(\frac{1}{2}\right)^k \left(\frac{1}{2}\right)^{\mathcal{L}-k} = \frac{1}{2^{\mathcal{L}}} \sum_{k=\eta}^{\mathcal{L}} \binom{\mathcal{L}}{k}. \tag{11.31}$$

Aus Abb.11.11 entnimmt man, wenn die Schwelle $\eta = 0$ zur Detektion eingestellt ist, diese mit Sicherheit überschritten wird. Stellt man $\eta = \mathcal{L}$ ein, so wird diese mit der geringen Wahrscheinlichkeit von $\frac{1}{2^{\mathcal{L}}}$ (ca. 0.4 %) überschritten. Ist $\eta = \frac{\mathcal{L}}{4}$ so ist die Wahrscheinlichkeit, daß diese Schwelle überschritten wird etwa 96%. Für $\eta = \frac{\mathcal{L}}{3} \longrightarrow 90\%$, $\eta = \frac{\mathcal{L}}{2} \longrightarrow 65\%$, $\eta = \frac{2\mathcal{L}}{3} \longrightarrow 35\%$, $\eta = \frac{3\mathcal{L}}{4} \longrightarrow 15\%$.

> Die Datenbitfehlerwahrscheinlichkeit wird in diesem Modell von der Amplitudenstatistik nach der Nichtlinearität bestimmt, da das Korrelatormodell entsprechend dem Prozeßgewinn Signalzustände vergleicht. Daraus folgt, daß die *Nichtlinearität* über die Leistungsfähigkeit des Empfängers entscheidet.

11.6.2.3 Bitfehlerrate des HL-Empfängers im AWGN-Kanal

Die Berechnung der Bitfehlerrate erfolgt unter der Voraussetzung eines gaußgestörten, symmetrischer Binärkanal. Als Detektorcharakteristik wird eine Schwellwertentscheidung angenommen.

---

[14]Hinweis: Zur numerischen Berechnung stellt man sich das Pascalsche Dreieck auf. Die Wahrscheinlichkeit $\mathbf{Pr}\left[\phi > \eta\right]$, daß die Schwelle η überschritten wird, berechnet sich nach folgedem einfachen Verfahren. Suche die $\mathcal{L}$-te Zeile des Pascalschen Dreiecks und summiere deren Zahlen von der Stelle $\eta + 1$ beginnend und dividiere diese Summe dann durch $2^{\mathcal{L}}$. Die Abb.11.11 ist nach diesem Verfahren erstellt worden.

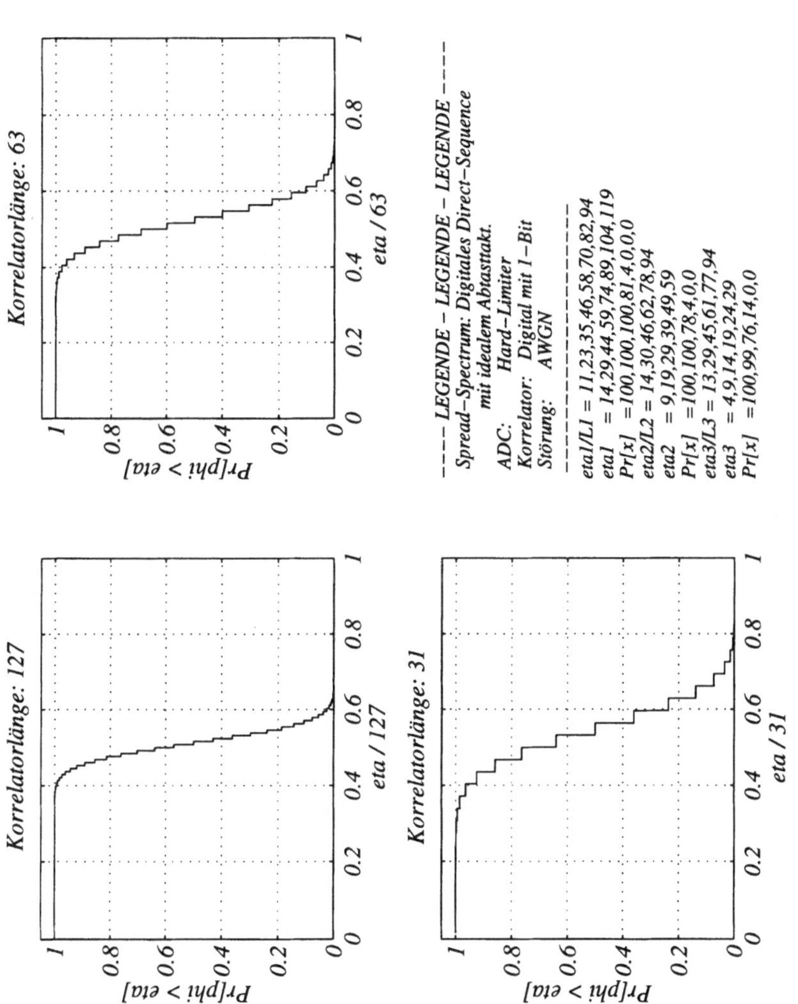

Abbildung 11.11: Wahrscheinlichkeit, daß die Korrelationssumme den Schwellwert für **AWGN**-Anregung überschreitet ($\xi = 1$).

Unter diesen Voraussetzungen wird vom Detektor eine falsche Datenbitentscheidung getroffen, wenn das Direct-Sequence Signal $c(t)$ gesendet wurde, aber die Entscheidungsvariable den Schwellwert η nicht überschreitet ($Z < \eta$). Die Wahrscheinlichkeit dafür wird durch Umformen von (11.30) erhalten.

$$
\begin{aligned}
P_{ed}[\text{AWGN}] &= \mathbf{Pr}\left[\,Z < \eta | D = 1\,\right] = \mathbf{Pr}\left[\hat{D} = 0 | D = 1\right] = \\
&= 1 - \{\text{ Gleichung (11.30) }\}
\end{aligned}
\tag{11.32}
$$

$$
\begin{aligned}
P_{ed}[\text{BPSK}] &= f\left(P_{ce}[\text{BPSK}]\right) = \{\text{ Gleichung (11.32) und Tab.}E.4\} = \\
&= 1 - \sum_{k=\eta}^{\mathcal{L}} \binom{\mathcal{L}}{k} \cdot (1 - P_{ce})^k \cdot P_{ce}^{\mathcal{L}-k}
\end{aligned}
\tag{11.33}
$$

$$
\begin{aligned}
P_{ed}[\text{OOK}] &= f\left(P_{ce}[\text{OOK}]\right) = \{\text{ Gleichung (11.32) und Tab.}E.4\} = \\
&= 1 - \sum_{k=\eta}^{\mathcal{L}} \binom{\mathcal{L}}{k} \cdot (1 - P_{ce})^k \cdot P_{ce}^{\mathcal{L}-k}
\end{aligned}
\tag{11.34}
$$

Die Entscheidungsstufe trifft auch eine falsche Entscheidung, wenn kein Signal ($c = \{\}$) übertragen wurde, aber die Entscheidungsvariable den Schwellwert η überschreitet ($Z \geq \eta$). Die Wahrscheinlichkeit dafür ist in (11.31) gegeben.

$$
P_{ed,\text{NULL}} = \text{ Gleichung (11.31)}
\tag{11.35}
$$

Unipolare Daten-Modulation mit OOK als Chipmodulation

Für unipolare Modulation sowohl in der Datenbitebene als auch in der Chipebene, erhält man mit (11.26), (11.34) und (11.35) die Datenbitfehlerwahrscheinlichkeit.

$$
\begin{aligned}
P_{ed}[U,\text{OOK}] &= \frac{1}{2}\left(P_{ed1}[\text{OOK}] + P_{ed0,\text{NULL}}\right) = \\
&= \frac{1}{2}\left\{ \underbrace{1 - \sum_{k=\eta}^{\mathcal{L}} \binom{\mathcal{L}}{k} \cdot (1 - P_{ce})^k \cdot P_{ce}^{\mathcal{L}-k}}_{P_{ed1}} + \underbrace{\frac{1}{2^{\mathcal{L}}}\sum_{k=\eta}^{\mathcal{L}}\binom{\mathcal{L}}{k}}_{P_{ed0}} \right\}
\end{aligned}
\tag{11.36}
$$

In (11.36) ist die Kennzeichnung der Modulation in eckiger Klammer angegeben. Die erste Kennung gibt die Datenbitmodulation und die zweite Kennung die Chipmodulation an.

Die Schwelle η für Maximum Likelihood Entscheidung ergibt sich nach (E.9) in (11.39).

$$\eta = \frac{1}{2}(\underbrace{E[s_1]}_{\mathcal{L}} + \underbrace{E[s_0]}_{\frac{\mathcal{L}}{2}}) = \frac{3}{4}\mathcal{L} \tag{11.37}$$

Diskussion der Ergebnisse: In der Gleichung für die Bitfehlerrate bleibt der konstante Term zufolge des **AWGN** erhalten. Dies führt zu einem nicht mehr reduzierbaren, konstanten Fehler bei gutem $\mathcal{E}_D/N_0$. Durch Erhöhen der Abtastwerte pro Chip kann dieser konstante Fehler zu kleineren Werten verschoben werden. Als optimal, in Bezug auf die Komplexität erweist sich ein Wert von $\xi = 2$. Die Kurven in Abb.11.12 zeigen deutlich zwei Schwelleneffekte, welche durch die Nichtlinearität des Empfängers verursacht werden:

- Bei kleinem $\mathcal{E}_D/N_0$ hat der digitale Matched-Filter Empfänger eine deutlich höhere Bitfehlerrate als der analoge Matched-Filter (AMF) Empfänger. Bei mittlerem $\mathcal{E}_D/N_0$ zeigt sich ein plötzlicher Abfall und eine starke Verbesserung der Bitfehlerrate innerhalb weniger dB. Ab einem bestimmten Signal/Störabstand zeigt der DMF- gegenüber dem AMF-Empfänger besseres Übertragungsverhalten.

- Bei großem $\mathcal{E}_D/N_0$ sättigt die Bitfehlerrate und keine Verbesserung, auch bei noch so gutem $\mathcal{E}_D/N_0$, ist mehr möglich.

Der erste Effekt ist typisch für codierte Übertragungssysteme. Der zweite Effekt zeigt eine asymptotische Annäherung an eine konstante Bitfehlerrate (Sättigungseigenschaft) unabhängig vom $\mathcal{E}_D/N_0$ am Eingang des Empfängers.

Unipolare Daten-Modulation mit BPSK als Chipmodulation

Aufbauend auf den vorangegangenen Ergebnissen (11.26), (11.34) und (11.35) ergibt sich die Datenbitfehlerrate für unipolare Datenmodulation und bipolare Chipmodulation. Die Schwelle η für Maximum Likelihood Entscheidung ergibt sich nach (E.9) in (11.39).

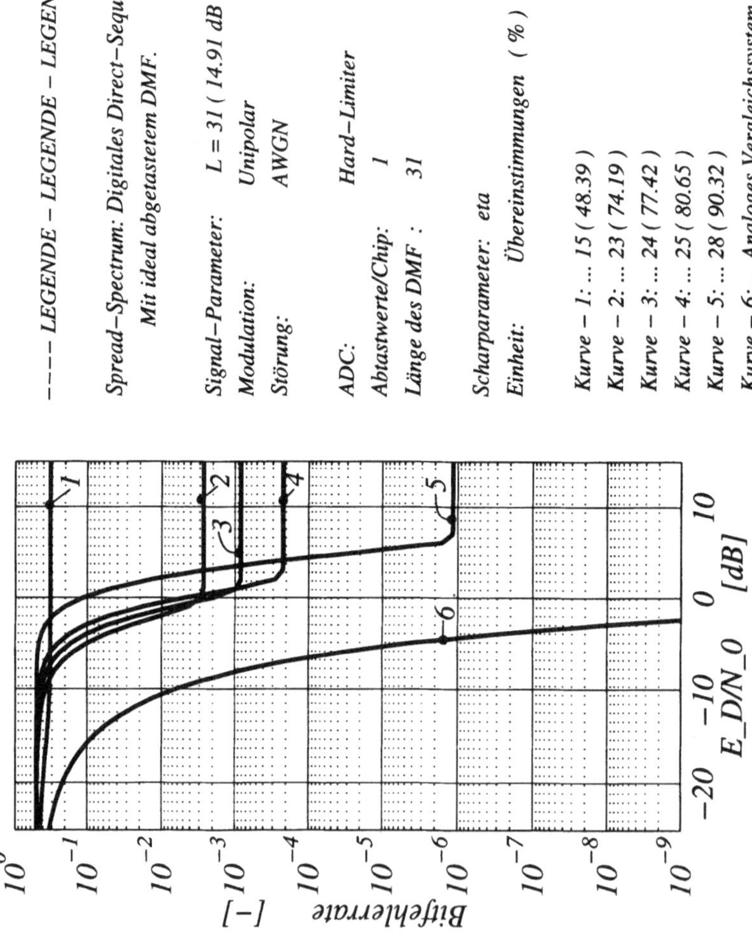

Abbildung 11.12: Bitfehlerrate eines synchronisierten digitalen 1-Bit Matched-Filters mit Schwellwertentscheidung in AWGN mit $\xi=1$ Abtastwerten pro Chip und unipolarer Modulation in der Datenebene.

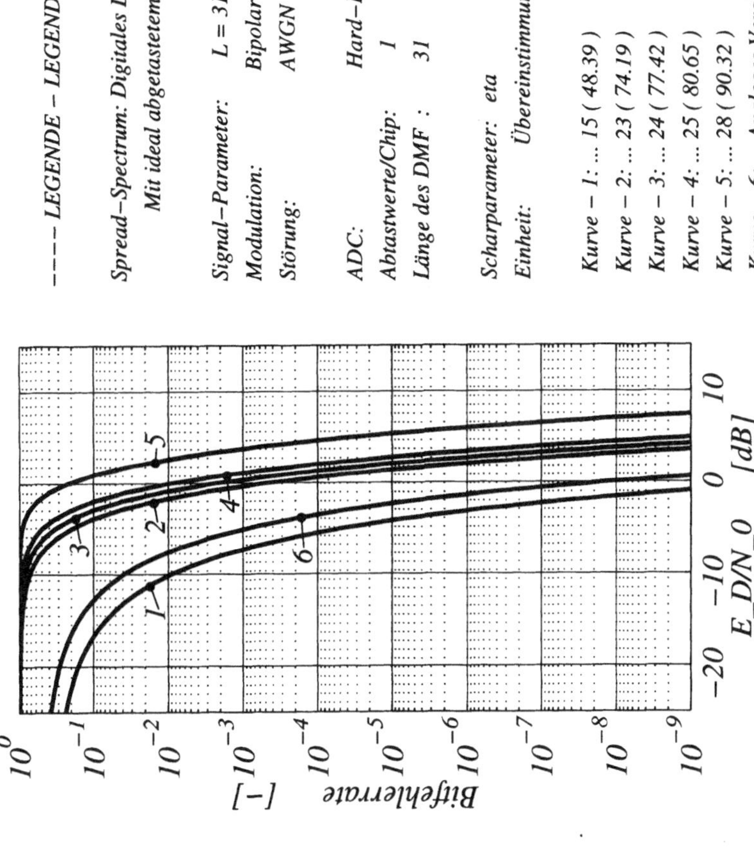

Abbildung 11.13: Bitfehlerrate eines synchronisierten digitalen 1-Bit Matched-Filters mit Schwellwertentscheidung in AWGN mit $\xi=1$ Abtastwerten pro Chip und bipolarer Modulation in der Datenebene.

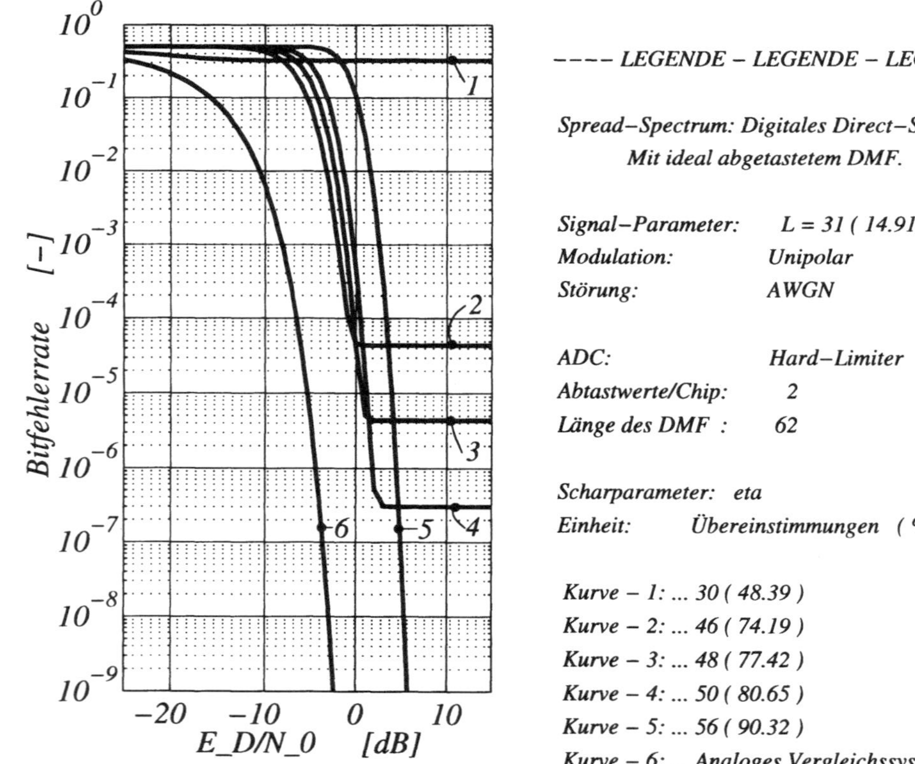

Abbildung 11.14: Bitfehlerrate eines synchronisierten digitalen 1-Bit Matched-Filters mit Schwellwertentscheidung in AWGN mit $\xi=2$ Abtastwerten pro Chip und unipolarer Modulation in der Datenebene.

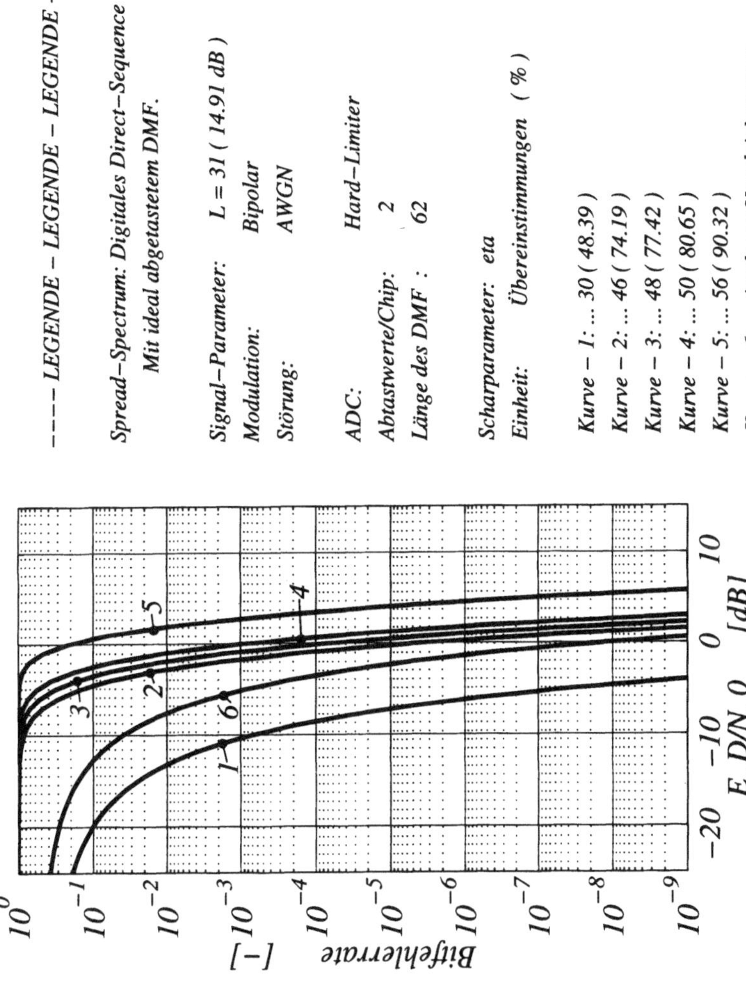

Abbildung 11.15: Bitfehlerrate eines synchronisierten digitalen 1-Bit Matched-Filters mit Schwellwertentscheidung in AWGN und $\xi=2$ Abtastwerten pro Chip und bipolarer Modulation in der Datenebene.

$$P_{ed}[U, \text{BPSK}] \;=\; \frac{1}{2}\left(P_{ed}[\text{BPSK}] + P_{ed}[\text{BPSK}]\right) = P_{ed}[\text{BPSK}]$$

$$=\; 1 - \sum_{k=\eta}^{\mathcal{L}} \binom{\mathcal{L}}{k} \cdot (1 - P_{ce})^k \cdot P_{ce}^{\mathcal{L}-k} \tag{11.38}$$

$$\eta = \frac{1}{2}\left(\underbrace{E[s_1]}_{\mathcal{L}} + \underbrace{E[s_0]}_{-\mathcal{L}} \right) = 0 \tag{11.39}$$

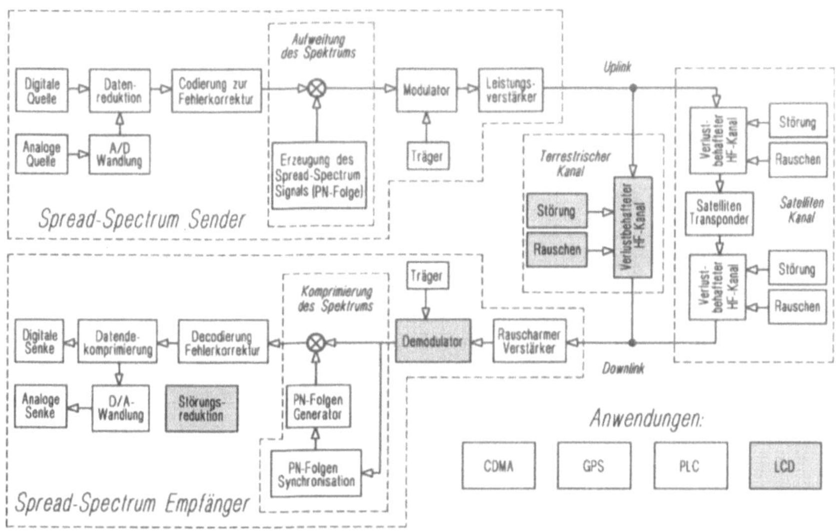

Abbildung 12.1: Grundstruktur des Spread-Spectrum Systems.

Die Motivation und die Evolution der digitale Direct-Sequence Empfänger geringer Komplexität mit integrierter Störungsreduktion (LCD-Empfänger) sind im vorange-gangenen Kapitel dargelegt worden.

Der Körper der LCD-Empfänger besteht aus zwei digitalen Korrelatoren geringer Komplexität. Der Kopf der LCD-Empfänger entspricht der speziellen Nichtlinearität ADC[2A] und das Gehirn kommt von der Schwellenregelung und das Blut das diesen Körper zum Leben erweckt entspricht der Gewichtung. Die Intelligenz die in den LCD-Empfängern steckt, welche notwendig ist um sich von den klassischen digitalen Empfängern abzuheben und die analogen Empfänger unter bestimmten Bedingungen zu übertreffen, stammt aus dem Zusammenspiel zwischen Schwellenregelung und der Gewichtung verläßlicher Abtastwerte.

Aus dem allgemeinen Modell der digitalen Empfänger werden der RIR- und AIR-Emp-fänger spezifiziert, welche als digitale Direct-Sequence Empfänger geringer Komple-xität mit integrierter Störungsreduktion bezeichnet (LCD-Empfänger) werden. Der HL-Empfänger ist jener Typ der die geringste Komplexität aufweist, jedoch keine in-tegrierte Störungsreduktion besitzt. Er dient zum Vergleich der Leistungsbeurteilung als untere Schranke.

Die integrierte Störungsreduktion umfaßt die spezielle Nichtlinearität und die auf sie abgestimmte Gewichtung[1].

Für die Beschreibung der einzelnen Empfängertypen gelten folgende allgemeingültige Annahmen:

Sender Der Sender überträgt ein BPSK-Signal. Die bipolaren Daten selektieren zwei orthogonale Direct-Sequence Signale.

Kanal Das BPSK-Signal wird mit AWGN- und CW-Störung belastet.

Empfänger Das empfangene Signal wird bandpaßgefiltert und passiert eine AGC (Automatic Gain Control). Anschließend wird es kohärent in das Basisband gemischt, tiefpaßgefiltert und im jeweiligen Empfängertyp weiter verarbeitet.

Bevor die einzelnen Empfängertypen hergeleitet werden, wird auf die stationäre Analyse des Analog/Digital Wandlers eingegangen und die wichtigsten Kennwerte werden entwickelt.

12.1 Stationäre Analyse des adaptiven 2-Bit Analog/Digital Wandlers

In diesem Abschnitt wird das stationäre Verhalten der Amplitudenkonversion der speziellen Nichtlinearität der LCD-Empfänger analysiert. Die daraus gewonnen theoretischen Ergebnisse sind ein wesentlicher Bestandteil der LCD-Empfängerkonzepte. Die spezielle Nichtlinearität besteht aus einer festen Vorzeichenschwelle und einem symmetrisch um die Vorzeichenschwelle angeordneten Schwellenpaar. Die Quantisierungsstufe des Schwellenpaares ist nicht fest vorgegeben, sondern einstellbar. Diese Nichtlinearität wird als *adaptiver 2-Bit ADC* ($ADC^{(2A)}$) bezeichnet.

Allgemein besteht ein Analog/Digital Wandler (ADC) aus drei in Serie geschalteten Funktionsblöcken:

Abtaster: Der Abtaster macht aus dem analogen Eingangssignal ein zeitdiskretes Signal mit analogem Amplitudenbereich.

Quantisierer: Der Quantisierer macht aus dem analogen Amplitudenbereich einen Diskreten.

Codierer: Der Codierer setzt nach einer bestimmten Zuordnungsvorschrift die amplitudendiskreten Werte in ein Digitalsignal um (Abbildungsvorschrift).

---

[1] In [Laster97] ist ein Überblick über störungsreduzierende Techniken und deren Anwendungen gegeben. Ein ausgezeichneter Artikel wurde von Prof. Milstein verfaßt [Milstein88].

Eine Einleitung über ADCs bezüglich ihrer Hauptanwendung, nämlich der Analog/Digital Wandlung, findet man in [Eckl88].

Im folgenden werden jene Größen behandelt, welche zum Verständnis der störungsreduzierenden Wirkung notwendig sind. Das stationäre Modell ist, bedingt durch das regellose Eingangssignal, ein statistisches Amplitudenmodell. Die Amplitudenstatistik am Eingang des 2-Bit ADC wurde im vorangegangenen Abschnitt ermittelt. In diesem Abschnitt wird die Amplitudenstatistik am Ausgang des 2-Bit ADC bestimmt. Zu deren Berechnung gibt es verschiedene Methoden, welche im Anhang auf Seite 685 aufgezählt sind. Wie dort beschrieben, bietet sich für die Nichtlinearität, 2-Bit ADC, die *Direkte Methode* an.

Das Gütekriterium der Analog/Digital Wandlung, in Bezug auf die störungsreduzierende Wirkung, ist der *Konversionsgewinn*, welcher in (12.7) definiert ist.

12.1.1 Arbeitsweise in reiner CW-Störung

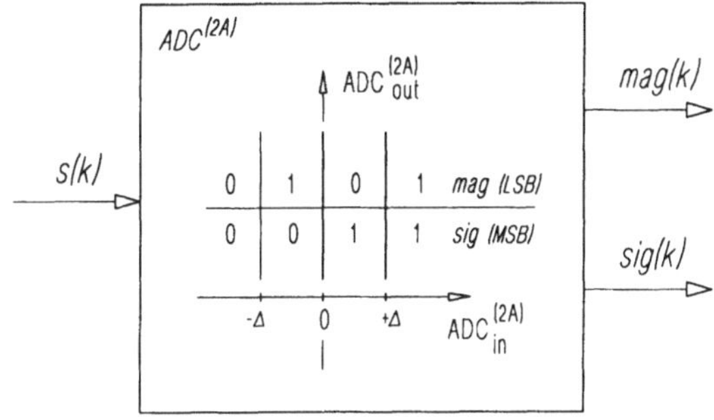

Abbildung 12.2: Zuordnungstabelle der Amplitudenwerte für den adaptiven 2-Bit ADC.

Der ungewichtete adaptive 2-Bit ADC besteht aus einer festen Vorzeichenschwelle und zwei symmetrisch um diese angeordnete und gemeinsam *regelbaren* Amplitudenschwellen $\pm\Delta$. Diese drei Schwellen zerschneiden den Amplitudenbereich des Eingangssignals in vier Teile. Diese werden durch ein 2-Bit Wort [*sig, mag*] unterschieden.

Die Codierung erfolgt in zwei Stufen. Die erste Stufe ordnet dem *mag*-Signal Werte zu, welche unter bestimmten Bedingungen als Chipentscheidungen interpretiert werden können. Diese direkte Zuordnung vereinfacht den Datendetektionsprozeß. Die direkte Zuordnung gilt in dominierender CW-Störung in Zeitintervallen um das Auftreten des Amplitudenmaximums und -minimums, wenn die Amplitudenschwellen, wie im nächsten Absatz beschrieben, im Eindeutigkeitsintervall liegen. Die zweite Stufe gewichtet sehr verläßliche Chipentscheidungen vor der Korrelation. Die erste Stufe der Codierung wird dem 2-Bit ADC zugerechnet und hier behandelt. Die zweite Stufe hat einen wesentlichen Einfluß auf die Datendetektionswahrscheinlichkeit und wird als eigener Funktionsblock mit Bezeichnung *Gewichtung* in den jeweiligen Empfängerkonzepten behandelt.

Die amplitudenmäßige Beschreibung des Ausgangssignals wird für den ADC[2A], am einfachsten mit dem in (12.1) definierten Quantisierungsoperator vorgenommen.

$$\mathbf{L_q}\left\{\text{Bedingung}\right\} = \begin{cases} 1 & \ldots \quad \text{Bedingung} = \text{wahr} \\ 0 & \ldots \quad \text{Bedingung} = \text{falsch} \end{cases} \tag{12.1}$$

Mit Hilfe des Quantisierungsoperators werden das *mag*-Signal und das *sig*-Signal in (12.2) und (12.3) definiert. In (12.2) bedeutet $\vee$ die Bool'sche Oder-Verknüpfung.

$$mag(i,\Delta) = \mathbf{L_q}\left\{(s(i) > \Delta) \vee (-\Delta < s(i) < 0)\right\} \tag{12.2}$$

$$sig(i) = \mathbf{L_q}\left\{s(i) > 0\right\} \tag{12.3}$$

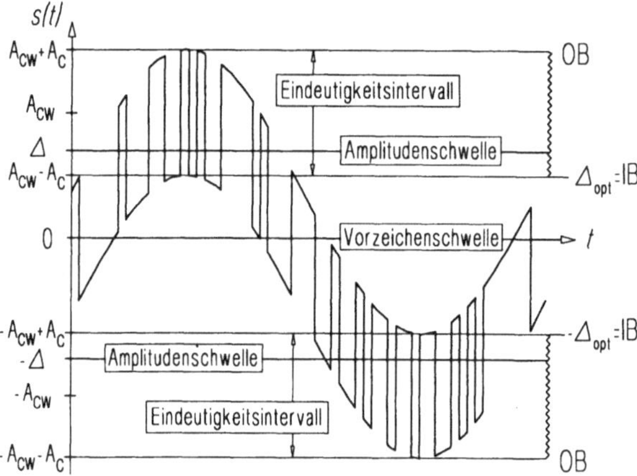

Abbildung 12.3: Musterfunktion eines rein CW-gestörten Eingangssignals $s(t) = c(t) + i(t)$, $(SIR < 1)$.

Der *Einfluß der Lage des symmetrischen Schwellenpaares* auf das *mag*-Signal wird am deutlichsten, wenn man als Signal am ADC-Eingang ein ideal CW-gestörtes Direct-Sequence Signal (Abb.12.3) annimmt.

Für diese Art der Störung existieren *Eindeutigkeitsintervalle* (engl.: unambiguous intervals), welche abgekürzt mit UAI bezeichnet werden. Diese Eindeutigkeitsintervalle kennzeichnen jenen Amplitudenbereich, in denen die Lage der Amplitudenschwelle eine richtige Chipentscheidung liefert. Die amplitudenbezogene Ausdehnung des Eindeutigkeitsintervalls entspricht dem Amplitudenhub des Direct-Sequence Signals

$(2A_c)$. Die äußerste Grenze des Eindeutigkeitsintervalls wird mit $\mathtt{OB} = A_{cw} + A_c$ (engl.: outer boundary) bezeichnet, jene die der Vorzeichenschwelle am nächsten liegt als $\mathtt{IB} = A_{cw} - A_c$ (engl.: inner boundary). Für kombinierte Störung sind die Grenzen des Eindeutigkeitsintervalls zufolge des $\mathtt{AWGN}$-Anteils unscharf.

Regelt man das Amplitudenschwellenpaar symmetrisch vom äußeren Rand des Eindeutigkeitsintervalls ($\mathtt{OB}$) in Richtung Vorzeichenschwelle, so erkennt man daß beim Durchlaufen des Eindeutigkeitsintervalls immer mehr Chips eindeutig erkannt werden. Das Maximum der eindeutig erkennbaren Chips ergibt sich für die optimale Amplitudenschwelle, welche geringfügig über $\mathtt{IB}$ liegt[2].

$$\Delta_{opt} = A_{cw} - A_c + \epsilon \approx A_{cw} - A_c \qquad (12.4)$$

Verkleinert man die Amplitudenschwelle weiter, so nimmt die Anzahl an richtig erkannten Chips wieder ab. Mit dem Ausdruck *optimal* muß vorsichtig umgegangen werden. Hier bedeutet er ein Maximum an richtig erkannten Chips.

In dominierender $\mathtt{AWGN}$-Störung degeneriert das $\mathtt{UAI}$ derart, indem $\mathtt{IB}$ niemals negativ wird. In reiner $\mathtt{AWGN}$-Störung erstreckt sich das $\mathtt{UAI}$ von $\mathtt{IB} = 0$ bis $\mathtt{OB} = A_c$.

Mit Hilfe der Abb.12.3 definiert man die schwellenlagenabhängige Größe $pshm(\Delta)$, als einen charakteristischen Parameter des 2-Bit ADC. Er korrespondiert mit der mittleren Zeit in der das Signal außerhalb des Streifens $|s(t)| < \Delta$ liegt und ist in (12.5) angegeben.

DEFINITION 12.1 (PSHM) *Gibt die Aufenthaltswahrscheinlichkeit des Signals $s(t)$ außerhalb des Streifens $\pm\Delta$ liegt ($|s(t)| > \Delta$), und wird als pshm(engl: percentage of samples at high magnitude) bezeichnet.*

$$\boxed{pshm(\Delta) = \mathbf{Pr}\left[\,|s(t)| > \Delta\,\right]} \qquad (12.5)$$

Der Parameter $pshm(\Delta)$ ist für ein bestimmtes *SINR* eindeutig mit der Schwelle Δ verknüpft[3].

Die Wahl der Nichtlinearität in Form des adaptiven 2-Bit ADC ist aus Abb.12.3 und dem oben beschriebenen Verhalten einsichtig.

---

[2]Für den praktischen Gebrauch der Gleichung (12.4) wird der Grenzübergang $\epsilon \longrightarrow 0$ durchgeführt.

[3]Das *pshm* ist eine abgeleitete Größe.

12.1.2 Konversionsgewinn

DEFINITION 12.2 (KONVERSIONSGEWINN) *Für jeden signalverarbeitenden Block, dessen Eingangssignal $x(t)$ ein gestörtes Nutzsignal ist und dessen Ausgangssignal $y(t)$ ist, kann ein Konversionsgewinn als das Verhältnis der Signal/Störabstände von Eingangs- und Ausgangssignal definiert werden.*

$$G_c = \frac{SINR_y}{SINR_x} \qquad 0 \leq G_c \leq \infty \tag{12.6}$$

Das Gütemaß des ADC$^{(m)}$ ist der *Konversionsgewinn* (G_c), welcher nach der Definition 12.2 als das Verhältnis von Signalleistung zur Summe aus CW- und AWGN-Leistung am ADC Eingang und Korrelatoreingang, definiert ist.

$$G_c^{(m)} = \frac{SINR_v}{SINR_s} \tag{12.7}$$

Der Konversionsgewinn berücksichtigt jede Signalmanipulation zwischen den Signalen $s(t)$ und $v(t)$. Da in der Berechnung auch die Gewichtung berücksichtigt ist, kann der Konversionsgewinn nur für jeden LCD-Empfänger getrennt bestimmt werden.

Der Konversionsgewinn basiert auf einer reinen Amplitudenstatistik und wurde erstmals in [Amoroso83] definiert. Das *SINR* vor und nach dem ADC bekommt man aus den entsprechenden Amplitudenverteilungen (Ausintegrieren der Amplitudendichte). Um eine Verbesserung des $SINR_v$, welches das *SINR* am Detektoreingang ist, zu erreichen, muß an der Amplitudenstatistik der Zufallsvariable V gedreht werden. Dies wird durch die nichtlineare Operation des ADC mit anschließender Gewichtung bevorzugter Amplitudengebiete erreicht. Das $SINR_s$ für ein positives Chip vor dem ADC ist in (11.13) angegeben.

Die Berechnung des *SINR* am 2-Bit-ADC-Ausgang ist abhängig von der Lage der Amplitudenschwellen $\pm\Delta$. In (12.8) ist die Berechnung der Amplitudenverteilung für eine beliebige positive Amplitudenschwelle ξ, welche sich mit (11.19) unter Ausnützung der Symmetrie der Amplitudendichte ergibt, angegeben.

$$\mathbf{Pr}\left[Z < \xi \mid \xi > 0\right] = \frac{1}{2} + \int\limits_{z=0}^{\xi} p_z(Z)dZ = \tag{12.8}$$

$$= \frac{1}{2} + \frac{1}{\sqrt{2\pi}\,\sigma_n} \sum_{n=0}^{\infty} \frac{\left(-\frac{1}{2\sigma_n^2}\right)^n}{n!} \cdot {}_1F_1\left[n+\frac{1}{2};\,1;\,-\frac{A_{cw}^2}{2\,\sigma_n^2}\right] \cdot \int\limits_{z=0}^{\xi} Z^{2n}dZ =$$

$$= \frac{1}{2} + \underbrace{\frac{1}{\sqrt{2\pi}\,\sigma_n}}_{a} \sum_{n=0}^{\infty} \underbrace{\frac{\left(-\frac{1}{2\sigma_n^2}\right)^n}{n!\cdot(2n+1)}}_{b_n} \cdot \underbrace{{}_1F_1\left[n+\frac{1}{2};\,1;\,-\frac{A_{cw}^2}{2\,\sigma_n^2}\right]}_{F_{11,n}} \cdot \xi^{2n+1}$$

12.2 Empfänger mit robuster integrierter Störungsreduktion

Das Blockschaltbild des kohärenten und inkohärenten Empfängers mit robuster integrierter Störungsreduktion (RIR) ist in Abb.12.4 und Abb.12.5 dargestellt. Sie zeigen, daß die RIR-Empfänger den adaptiven 2-Bit ADC als Nichtlinearität in Verbindung mit einer robusten Schwelleneinstellung verwenden. Das vertrauenswürdigere *mag*-Signal nimmt gewichtet an der Korrelation teil.

Nach der kohärenten Umsetzung des empfangenen Signals in das Basisband erfolgt der Übergang von der analogen zur digitalen Signalverarbeitung. Das Basisbandsignal $s(t)$ wird abgetastet und an den adaptiven 2-Bit ADC weitergegeben. Der adaptiven 2-Bit ADC zerlegt das Signal in zwei Chipströme, den *mag-* und *sig*-Chipstrom. Diese werden vor der Gewichtung in ein bipolares Signal umgewandelt. Der *mag-* und *sig*-Chipstrom wird der Schwellenregelung und der Gewichtung zugeführt. Das *mag*-Signal nimmt gewichtet an der Korrelation teil. Der gewichtete *mag*-Chipstrom und der ungewichtete *sig*-Chipstrom werden zu einem Signal $v(t)$ oder der Zufallsvariable V zusammengeführt. Dieses Signal wird anschließend in den beiden Korrelatoren, welche die Referenz c_1 und c_0 geladen haben korreliert und das Ergebnis zum Datenbittakt, durch die beiden Zufallsvariablen B_1 und B_0, ausgelesen. Die Datenbitentscheidung wird durch einen Vergleich der beiden Korrelationsergebnisse $Z = B_1 - B_0$ gewonnen (Schwellwertentscheidung).

Ähnlich sind die Verhältnisse für den inkohärenten RIR-Empfänger. Nach der inkohärenten Umsetzung des empfangenen Signals in das Basisband erfolgt die gleiche Signalverarbeitung bis zu den Korrelatorausgangssignalen, wie im kohärenten RIR-Empfänger. Die Korrelationsergebnisse des I-Kanals werden mit $B_{I,1}$ und $B_{I,0}$ bezeichnet und jene des Q-Kanals werden mit $B_{Q,1}$ und $B_{Q,0}$ bezeichnet. Die I/Q-Zusammenführung erfolgt wie beim quadratischen Detektor, indem die Korrelatorausgänge (B) quadriert werden und die Codekanäle (F) zusammengeführt werden $(U_1 = F_{I,1} + F_{Q,1})$. Anschließend erfolgt die Datenbitentscheidung auf Grund eines Vergleichs der Codekanäle $Z = U_1 - U_0$ (Schwellwertentscheidung).

Reale Eingangssignale des adaptiven 2-Bit ADC zeigen die Abbildung 12.6, 12.7 und 12.8. Die Abb.12.7 zeigt sehr eindrucksvoll den *Capture-Effekt*, welcher für $SIR < 1$ auftritt. Das *sig*-Signal gibt die Polaritätswechsel des Direct-Sequence Signals, wegen der starken CW-Störung, nur in der Umgebung der Nullstellen der CW-Störung wieder. Der Captureeffekt ist dadurch gekennzeichnet, daß das *sig*-Signals über lange Zeiten den gleichen Signalzustand zeigt. Das schwache Direct-Sequence Signal wird von der massiven CW-Störung unterdrückt.

Der Störungsreduktionsmechanismus des RIR-Konzeptes besteht aus dem Zusammenspiel zwischen dem 2-Bit ADC mit robuster Schwellenregelung und einem darauf angepaßten einfachen Gewichtungsschema.

Die Zielsetzungen des Entwurfes sind:

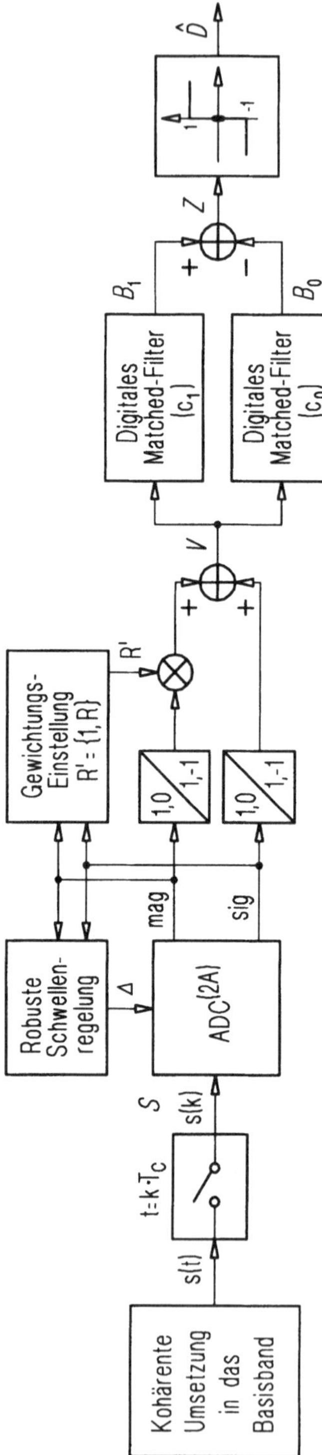

Abbildung 12.4: Blockschaltbild des kohärenten RIR-Empfängers.

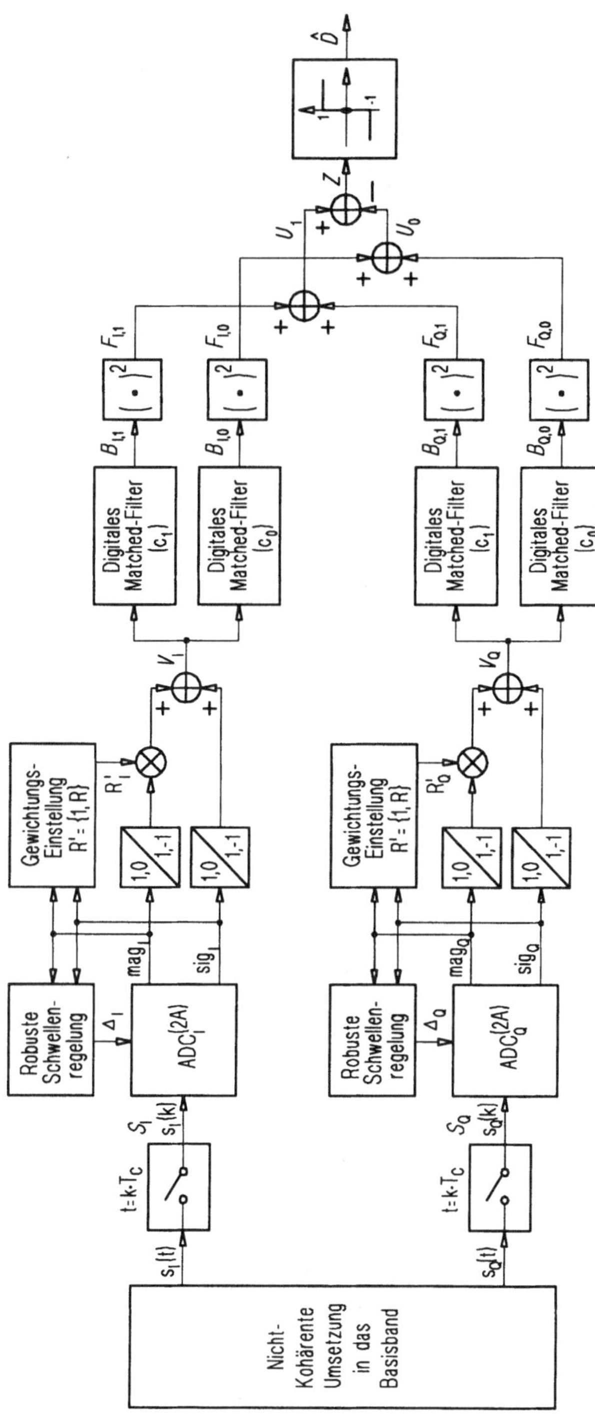

Abbildung 12.5: Blockschaltbild des inkohärenten RIR-Empfängers.

1. Einfaches Empfängerkonzept, welches unter dynamischer Störungszusammensetzung einen brauchbaren Konversionsgewinn liefert.

2. Empfänger soll auch für $SNR < 0$ dB gute Ergebnisse liefern.

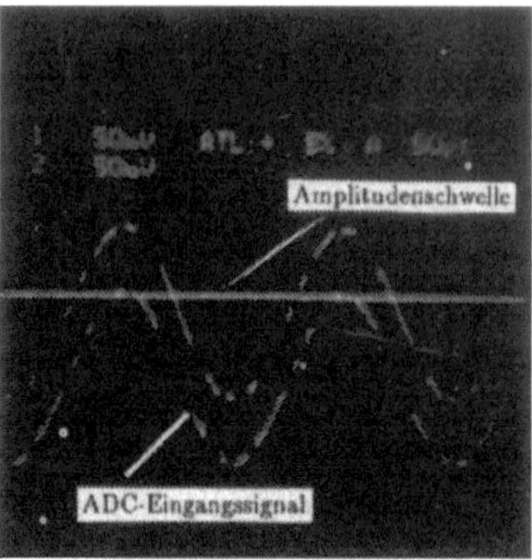

Abbildung 12.6: Typisches ADC$^{(2A)}$-Eingangssignal ($SIR < 1$). Es ist nur die positive Amplitudenschwelle dargestellt.

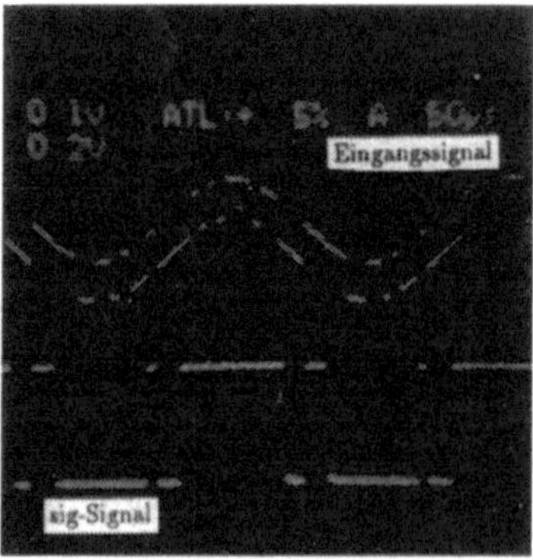

Abbildung 12.7: *Oben*: Typisches ADC$^{(2A)}$-Eingangssignal ($SIR < 1$). *Unten*: *sig*-Signal.

Die Gewichtung des RIR-Empfängers berücksichtigt, daß das Schwellenpaar nach robusten Parametern eingestellt wird. Aus diesem Grund ist nicht garantiert, daß die optimale Schwelle, für das momentan herrschende Signal/Störverhältnis, eingestellt ist. Diesem Umstand wird in einer *quasi robusten Gewichtung* Rechnung getragen, indem nur jene *mag*-Werte gewichtet werden, für die man annimmt, daß sich die Störkomponente konstruktiv überlagert. Dies gilt für ein positives Chip, wenn die

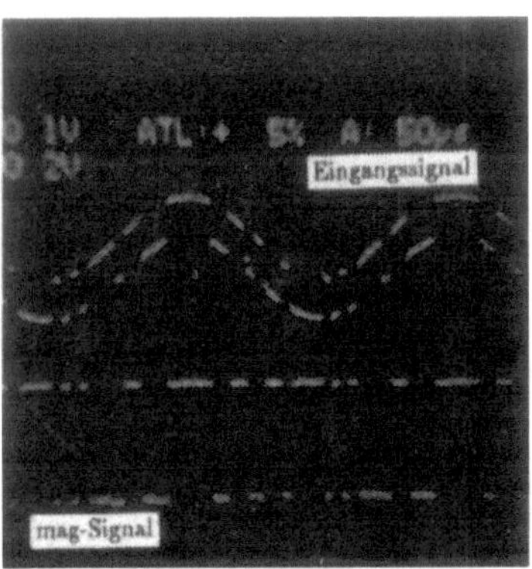

Abbildung 12.8: *Oben*: Typisches $\text{ADC}^{(2A)}$-Eingangssignal ($SIR < 1$). *Unten*: mag-Signal.

resultierende Störkomponente[4] ebenfalls positiv ist ($n(k) + i(k) > \Delta$). Diese Situation tritt während der positiven Halbwelle der Sinusstörung auf. Für negative Chips während der negativen Sinushalbwelle gilt entsprechendes. Dies führt auf das in der Tab.12.1 angegebene einfache Gewichtungsschema, indem alle Werte gewichtet werden, welche außerhalb $\pm\Delta$ liegen.

In (12.9) ist der Gewichtungsalgorithmus mit Hilfe der vom 2-Bit ADC erzeugten Signale dargestellt.

Gewichtungsschema des RIR-Empfängers

---

1 **Immer**: Dem digitalen Korrelator wird die Summe von sig-Signal und gewichtetem mag-Signal zugeführt: $v = R' \cdot mag + sig$.
2 **Amplitudenfenster**: Jeder Abtastwert außerhalb von $\pm\Delta$ wird mit dem konstanten Wert $R' = R$ gewichtet.
3 **Gewichtungswertevorrat**: $R' = \{1, R\}$ (Einstufige Gewichtung).

Tabelle 12.1: Gewichtungsschema des RIR-Empfängers.

$$R' = \begin{cases} 1 & \text{wenn: } \mathbf{L_q}\{mag(i) \neq sig(i)\} \\ R & \text{wenn: } \mathbf{L_q}\{mag(i) = sig(i)\} \end{cases} \qquad (12.9)$$

---

[4]Summenvektor von CW- und AWGN-Störung. Vergleiche dazu Abb.12.29 und (12.32) auf Seite 569 bzw. 568.

Im nächsten Abschnitt wird der theoretische Konversionsgewinn des $\text{ADC}^{(2A)}$ in Variation des Parameters *pshm* ermittelt und für den $\text{ADC}^{(1)}$ spezifiziert. Anschließend wird die theoretische Leistungsanalyse, mit Hilfe der Bitfehlerwahrscheinlichkeit in Abhängigkeit der Störzusammensetzung und des *pshm*, angegeben. Die daraus folgenden Erkenntnisse führen direkt auf den Regelalgorithmus, der jene Lage des Schwellenpaares einstellt, der in einem weiten Bereich an Störzusammensetzung gute Ergebnisse liefert. Aufbauend auf den theoretischen Ergebnissen wird der Störungsreduktionsmechnismus erklärt.

Der Aufbau von den theoretisch möglichen, stationären Kennwerten, Konversionsgewinn und Bitfehlerwahrscheinlichkeit führt über ein später erklärtes Optimierungskriterium zu den optimalen Parametern, Gewichtungsfaktor und $pshm_{soll}$ zum maximalen Konversionsgewinn und zur minimalen Bitfehlerwahrscheinlichkeit.

12.2.1 Theoretischer Konversionsgewinn

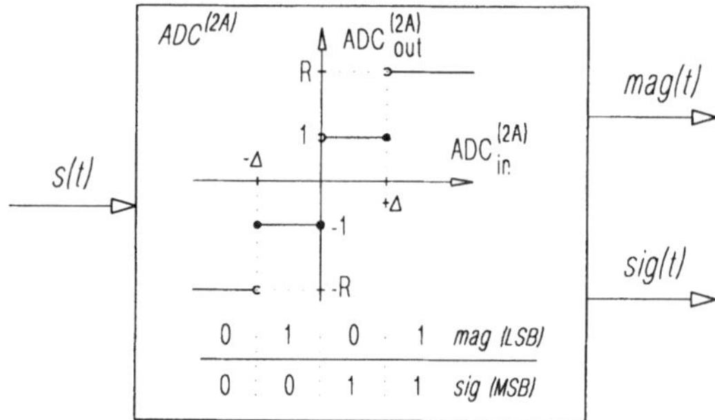

Abbildung 12.9: Kennlinie des $\text{ADC}^{(2A)}$ inklusive Gewichtung.

Der theoretische Konversionsgewinn des RIR-Empfängers kann in einer gewichteten Kennlinie des $\text{ADC}^{(2A)}$ zusammengefaßt werden. Sie ist in Abb.12.9 dargestellt und ist aus der ungewichteten Kennlinie aus Abb.12.2 mit Hilfe der Gleichung (12.9) hervorgegangen.

Die Amplitudenverteilung zur Berechnung des $SINR_v$ ist abhängig von der Lage der Amplitudenschwellen $\pm\Delta$. Der $\text{ADC}^{(2A)}$ zerschneidet die kontinuierliche Amplitudendichte am Eingang in eine diskrete gewichtete Amplitudendichte. Die Ergebnisse des $\text{ADC}^{(2A)}$ enthalten den $\text{ADC}^{(1)}$ wenn man $\Delta = 0$ setzt.

Ausgehend von Abb.12.10 berechnet sich das $SINR_v$ der diskreten Zufallsvariablen V in (12.10).

$$SINR_v = \frac{\mathbf{E}^2\,[\,V\,]}{\mathbf{Var}\,[\,V\,]} = \frac{\mathbf{E}^2\,[\,V\,]}{\mathbf{E}\,[\,V^2\,] - \mathbf{E}^2\,[\,V\,]} \qquad (12.10)$$

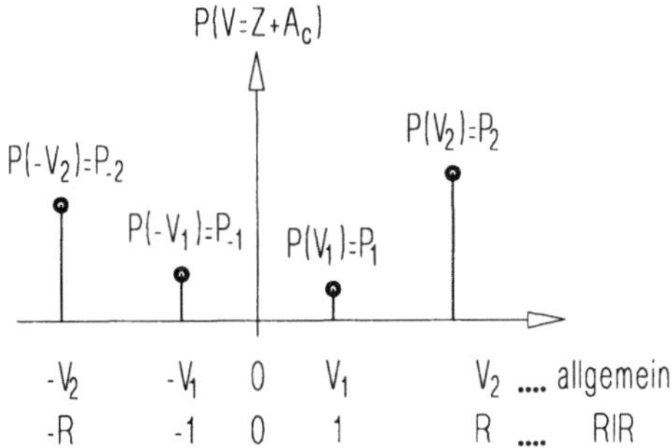

Abbildung 12.10: Wahrscheinlichkeiten, mit welchen die Zufallsvariable V_i des ADC$^{(2A)}$ annimmt ($P_i = \mathbf{Pr}\,[\,V = V_i\,]$). Die untere Amplitudenachse ist für den RIR-Empfänger spezifiziert.

$$\mathbf{E}\,[V] \;=\; \sum_{i=1}^{2} V_i \cdot P_i - V_i \cdot P_{-i} = V_1 P_1 + V_2 P_2 - V_1 P_{-1} - V_2 P_{-2} \qquad (12.11)$$

$$\mathbf{E}\,[V^2] \;=\; \sum_{i=1}^{2} V_i^2 \cdot (P_i + P_{-i}) \qquad (12.12)$$

Die gewichtete Kennlinie des RIR-Empfängers aus Abb.12.9 spezifiziert den allgemeinen Ansatz zu: $V_1 = 1, V_2 = R, P_2 = P_R, P_{-2} = P_{-R}$. Damit werden aus den allgemeinen Gleichungen (12.11)-(12.12) die speziellen (12.13)-(12.14).

$$\mathbf{E}\,[V] \;=\; P_1 - P_{-1} + R \cdot (P_R - P_{-R}) \qquad (12.13)$$

$$\mathbf{E}\,[V^2] \;=\; P_1 + P_{-1} + R^2 \cdot (P_R + P_{-R}) \qquad (12.14)$$

$$
\begin{aligned}
P_R \;&=\; P(V_2) = \mathbf{Pr}\,[\,V = R\,] = \mathbf{Pr}\,[\,Z + A_c > \Delta\,] = \mathbf{Pr}\,[\,Z > \Delta - A_c\,] = \\
&=\; 1 - \mathbf{Pr}\,[\,Z \le \Delta - A_c\,] & (12.15) \\
P_{-R} \;&=\; P(V_{-2}) = \mathbf{Pr}\,[\,V = -R\,] = \mathbf{Pr}\,[\,Z + A_c \le -\Delta\,] = \\
&=\; \mathbf{Pr}\,[\,Z \le -\Delta - A_c\,] & (12.16) \\
P_1 \;&=\; P(V_1) = \mathbf{Pr}\,[\,V = 1\,] = \mathbf{Pr}\,[\,0 \le Z + A_c \le \Delta\,] = \\
&=\; \mathbf{Pr}\,[\,-A_c \le Z \le \Delta - A_c\,] = \mathbf{Pr}\,[\,Z \le \Delta - A_c\,] - \mathbf{Pr}\,[\,Z \le -A_c\,] & (12.17) \\
P_{-1} \;&=\; P(-V_1) = \mathbf{Pr}\,[\,V = -1\,] = \mathbf{Pr}\,[\,-\Delta \le Z + A_c \le 0\,] = \\
&=\; \mathbf{Pr}\,[\,-\Delta - A_c \le Z \le -A_c\,] = \mathbf{Pr}\,[\,Z \le -A_c\,] - \\
&\quad\; -\mathbf{Pr}\,[\,Z \le -\Delta - A_c\,] & (12.18)
\end{aligned}
$$

Es gibt zwei Möglichkeiten, die Wahrscheinlichkeiten von (12.15) bis (12.18) zu berechnen. Die erste Möglichkeit ist die numerische Integration der Dichte und wird als numerische Lösung bezeichnet. Die etwas aufwendigere, aber für das Verständnis der störungsreduzierenden Wirkung aufschlußreichere, analytische Lösung wird im folgenden dargestellt. Dazu werden die Gleichungen (12.15) bis (12.18) mit (12.8) in (12.19) bis (12.22) umgeschrieben.

$$P_R(\Delta) = \mathbf{Pr}\left[s(t) \geq \Delta\right] = \frac{1}{2} - a \cdot \sum_{n=0}^{\infty} b_n \cdot F_{11,n} \cdot (\Delta - A_c)^{2n+1} \qquad (12.19)$$

$$P_{-R}(\Delta) = \mathbf{Pr}\left[s(t) < -\Delta\right] = \frac{1}{2} - a \cdot \sum_{n=0}^{\infty} b_n \cdot F_{11,n} \cdot (\Delta + A_c)^{2n+1} \qquad (12.20)$$

$$P_1(\Delta) = \mathbf{Pr}\left[0 \leq s(t) < \Delta\right] = a \cdot \sum_{n=0}^{\infty} b_n \cdot F_{11,n} \cdot \left[(\Delta - A_c)^{2n+1} + \right.$$
$$\left. + A_c^{2n+1}\right] \qquad (12.21)$$

$$P_{-1}(\Delta) = \mathbf{Pr}\left[-\Delta \leq s(t) < 0\right] = a \cdot \sum_{n=0}^{\infty} b_n \cdot F_{11,n} \cdot \left[(\Delta + A_c)^{2n+1} - \right.$$
$$\left. - A_c^{2n+1}\right] \qquad (12.22)$$

Die Abkürzungen $a, b_n, F_{11,n}$ in (12.19)-(12.22) stammen aus (12.8). Mit diesen Gleichungen kann das $SINR_v$ in (12.23) berechnet werden.

$$SINR_v(\Delta) = \frac{\left[R(P_R - P_{-R}) + P_1 - P_{-1}\right]^2}{R^2(P_R + P_{-R}) + P_1 + P_{-1} - \left[R(P_R - P_{-R}) + P_1 - P_{-1}\right]^2} \qquad (12.23)$$

Damit sind alle Bestandteile (12.23), (11.13), die zur Berechnung des Konversionsgewinns des adaptiven 2-Bit ADC notwendig sind vorhanden.

$$\boxed{G_{c,z}^{(2A)}(\Delta) = \frac{SINR_v(\Delta)}{SINR_s} = \left[\frac{T_1}{(T_2 + T_3)^2} - 1\right]^{-1} \cdot \left[\frac{2 \cdot A_c^2}{A_{cw}^2 + 2 \cdot \sigma_n^2}\right]^{-1}} \qquad (12.24)$$

$$T_1 = R^2 + \frac{1}{\sqrt{2\pi}\,\sigma_n} \cdot (1 - R^2) \cdot \sum_{n=0}^{\infty} \frac{(-1)^n \cdot \left(\frac{1}{2\sigma_n^2}\right)^n}{n! \cdot (2n+1)} \cdot {}_1F_1\left[n + \frac{1}{2}\,;\,1\,;\,-\frac{A_{cw}^2}{2\,\sigma_n^2}\right] \cdot$$

$$\cdot \left\{ (\Delta + A_c)^{2n+1} + (\Delta - A_c)^{2n+1} \right\}$$

$$T_2 = \frac{1}{\sqrt{2\pi}\,\sigma_n} \cdot R \cdot \sum_{n=0}^{\infty} \frac{(-1)^n \cdot \left(\frac{1}{2\sigma_n^2}\right)^n}{n! \cdot (2n+1)} \cdot {}_1F_1\left[n + \frac{1}{2}\,;\,1\,;\,-\frac{A_{cw}^2}{2\,\sigma_n^2}\right] \cdot$$

$$\cdot \left\{ (\Delta + A_c)^{2n+1} - (\Delta - A_c)^{2n+1} \right\}$$

$$T_3 = \frac{1}{\sqrt{2\pi}\,\sigma_n} \cdot \sum_{n=0}^{\infty} (-1)^n \cdot \left(\frac{1}{2\sigma_n^2}\right)^n n! \cdot (2n+1) \cdot {}_1F_1\left[n + \frac{1}{2}\,;\,1\,;\,-\frac{A_{cw}^2}{2\,\sigma_n^2}\right] \cdot$$

$$\cdot \left\{ (\Delta - A_c)^{2n+1} - (\Delta + A_c)^{2n+1} + (2A_c)^{2n+1} \right\}$$

Der Konversionsgewinn des adaptiven 2-Bit ADC für ein positives Chip ist in (12.24) gegeben. Damit die Gleichung des Konversionsgewinns übersichtlich bleibt wurden die Substitutionen T_1, T_2 und T_3 verwendet.

Daraus erkennt man, daß der Konversionsgewinn des adaptiven 2-Bit ADCs von der momentanen Amplitudenschwelle Δ und der Störung abhängig ist, welche über das Eingangssignal dem ADC zugeführt wird. Die Gleichung (12.24) vereinfacht sich nicht wesentlich für AWGN-Störung (${}_1F_1[\alpha\,;\,\beta\,;\,0] = 1$).

Spezifizierung der Ergebnisse für den ADC$^{(1)}$ in AWGN

Der Konversionsgewinn des ADC$^{(1)}$ in AWGN ist in (12.25) gegeben und wurde aus (12.23) spezifiziert indem man $\Delta = 0$ setzt.

$$SNR_v = \left[\left(\sqrt{\frac{2}{\pi}} \cdot SNR_s \cdot \sum_{n=0}^{\infty} \frac{(-1)^n\,2^n}{n!\,(2n+1)} \cdot (SNR_s)^n \right)^{-2} - 1 \right]^{-1} \tag{12.25}$$

Das SNR_s ist für Spread-Spectrum Systeme typisch sehr klein, sodaß der Term $(SNR_s)^n$ sehr rasch mit n abnimmt. Dies garantiert eine schnelle Konvergenz der Reihe und es ist möglich das Ergebnis mit dem ersten Glied zu approximieren. Dies liefert das bekannte Ergebnis [Davenport53, Spilker77] von $G_c = -1.96\ dB$.

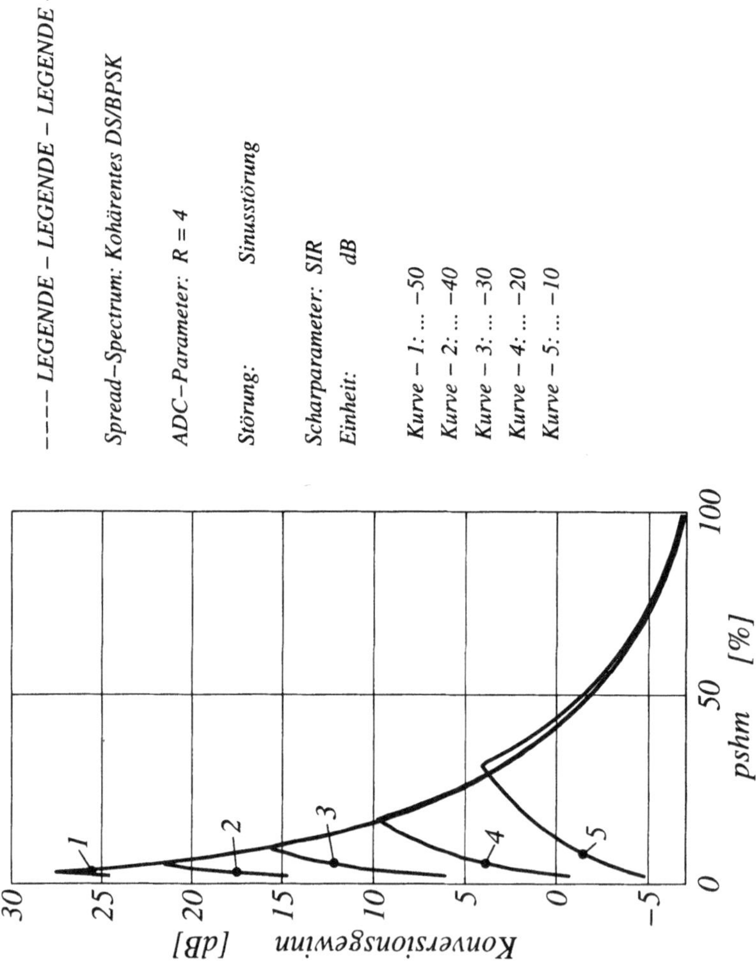

Abbildung 12.11: ADC$^{(2A)}$: Konversionsgewinn in reiner CW-Störung für verschiedene *pshm*-Werte und *SIR* bei konstantem Gewichtungsfaktor R=4.

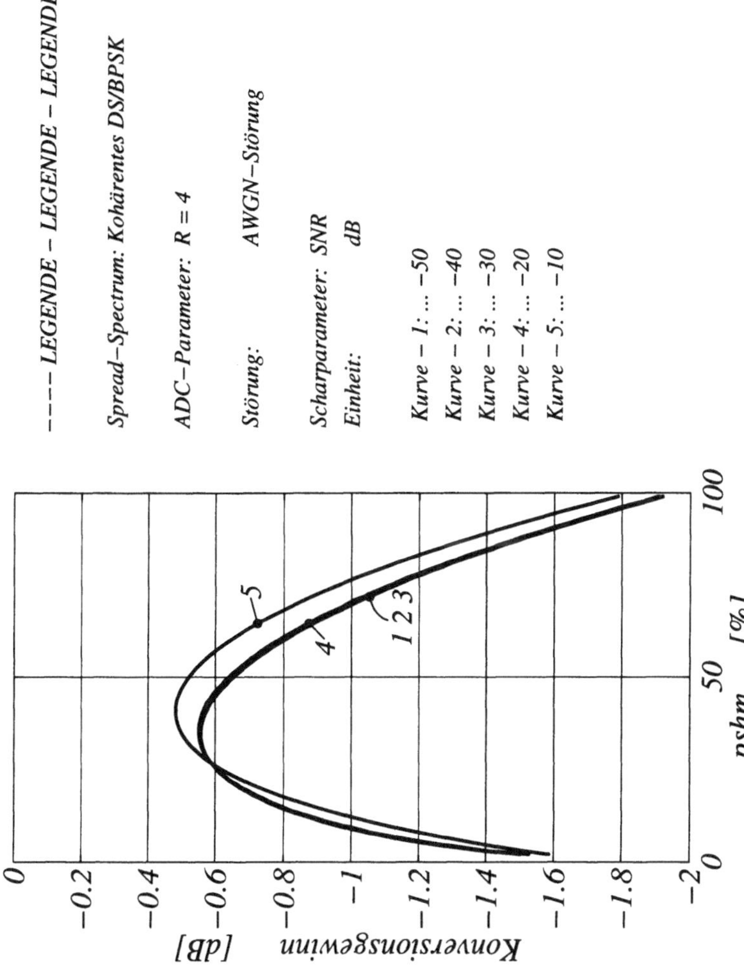

Abbildung 12.12: ADC$^{(2A)}$: Konversionsgewinn in reiner **AWGN**-Störung für verschiedene *pshm*-Werte und *SNR* bei konstantem Gewichtungsfaktor $R=4$.

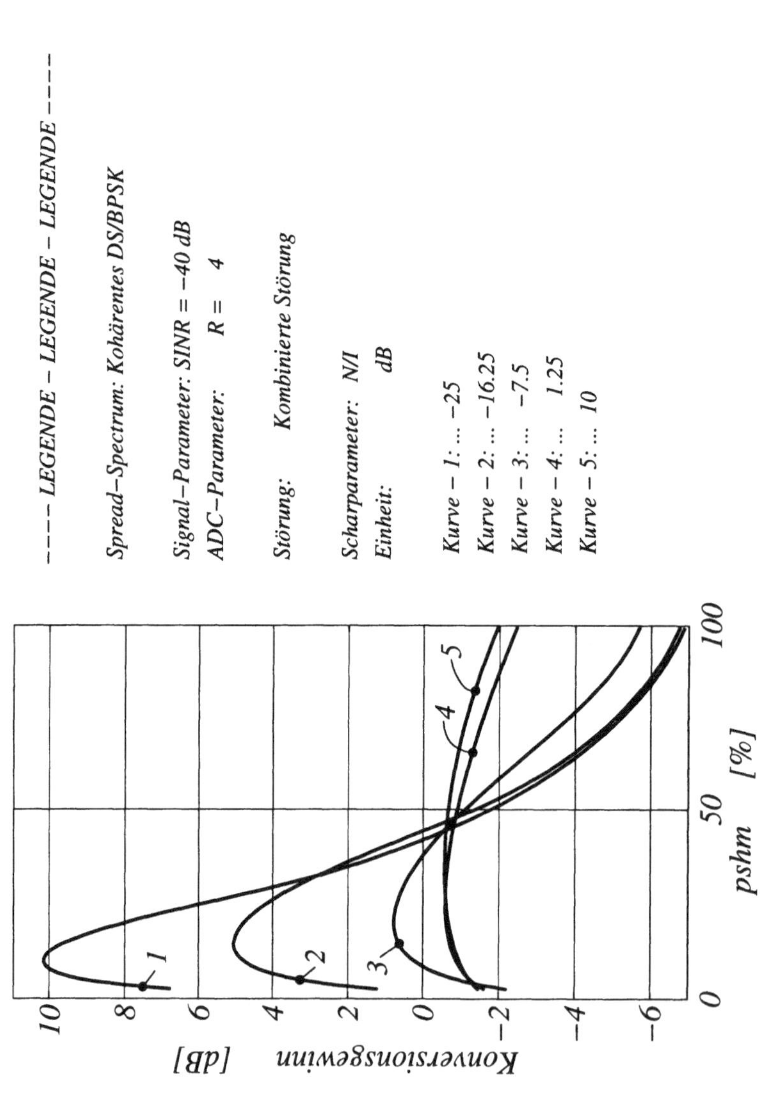

Abbildung 12.13: ADC[(2A)]: Konversionsgewinn in kombinierter Störung für verschiedene $pshm$-Werte und N/I-Verhältnisse bei konstantem $SINR = -\,40$ dB und konstantem Gewichtungsfaktor $R=4$.

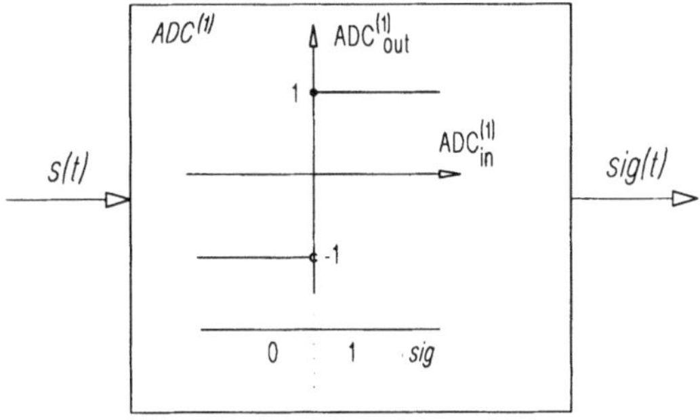

Abbildung 12.14: Kennlinie des ADC$^{(1)}$.

$$G_{c,y}^{(1)} = \frac{SNR_v}{SNR_s} = \frac{2}{\pi}\left[1 - \frac{2}{\pi}\cdot \underbrace{SNR_s}_{\to 0}\right]^{-1} = \frac{2}{\pi} \qquad (12.26)$$

Das Verhalten des ADC$^{(1)}$ ist in Abb.12.11, 12.12 und 12.13 für $pshm = 100\,\%$, welches äquivalent mit $\Delta = 0$ ist, enthalten.

Die Berechnungen der Konversionsgewinne in den Abb.12.12, 12.11, 12.13 wurden *iterativ* durchgeführt, indem die Schwelle Δ solange verändert wurde, bis der vorgegebene Sollwert $pshm_{soll}$ die Bedingung $pshm(\Delta) = P_R + P_{-R} = pshm_{soll}$ erfüllte.

12.2.2 Bestimmung der RIR-Parameter aus den theoretischen Ergebnissen

Der Konversionsgewinn des RIR-Empfängers ist der Kennwert der stationären Analyse. Seine graphische Darstellung für wesentliche Störarten zeigen die Abb.12.11, Abb.12.12 und Abb.12.13.

Die Abb.12.11 zeigt den Konversionsgewinn in reiner CW-Störung. Man erkennt, daß der Konversionsgewinn in einen zunehmenden und einen abnehmenden Ast zerfällt. Der Grund dafür ist aus Abb.12.15 ersichtlich. Das Bild zerfällt vertikal in vier Teilbilder, in welchen vier wesentliche Schwellenlagen angedeutet sind. Jedes Teilbild zerfällt waagrecht in drei Teilbilder, indem das linke Bild die positive Halbwelle der Sinusstörung mit überlagertem Direct-Sequence Signal andeutet, das mittlere Bild den 2-Bit ADC und das rechte Bild den theoretischen Konversionsgewinn darstellt. Das oberste Bild zeigt die Amplitudenschwelle im Eindeutigkeitsintervall mit akzeptablem Konversionsgewinn. Das darunterliegende Bild zeigt die Amplitudenschwelle in optimaler Lage, an der Grenze IB des Eindeutigkeitsintervalls, mit dem maximal erzielbaren Konversionsgewinn. Senkt man die Amplitudenschwelle weiter ab, so sinkt auch der Konversionsgewinn bis die Amplitudenschwelle, im untersten Bild, mit

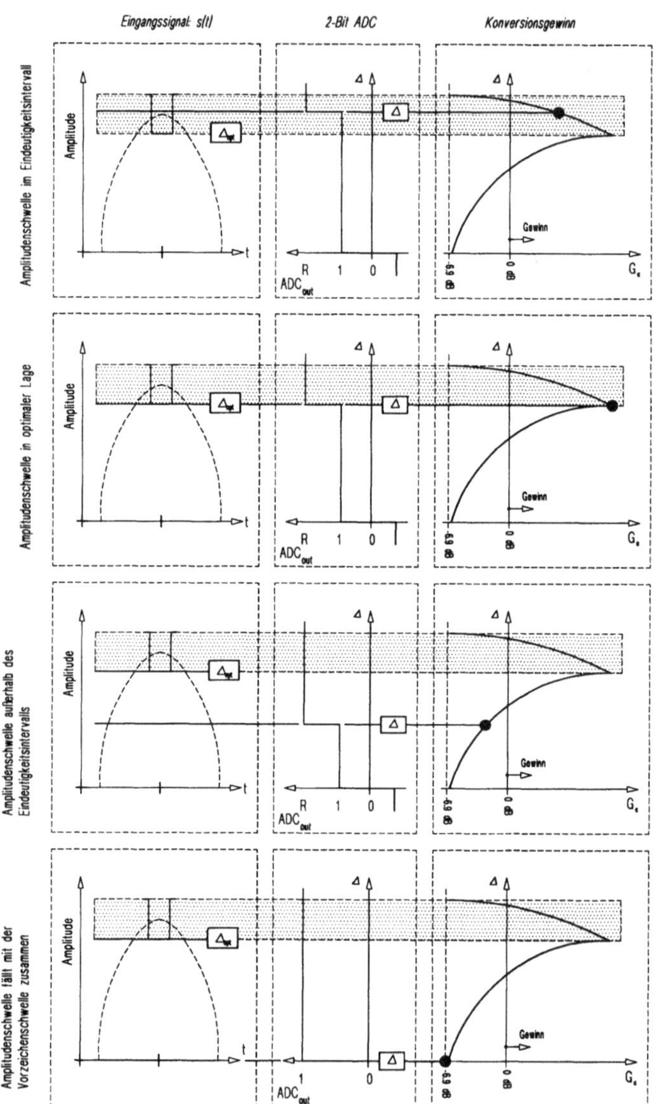

Abbildung 12.15: Prinzipielle Darstellung der Schwellenlagen mit den korrespondierenden Konversionsgewinnen des $\mathrm{ADC}^{(2A)}$.

der Vorzeichenschwelle zusammenfällt und der Konversionsgewinn des $ADC^{(1)}$ erreicht wird ($pshm$ =100%).

Die Abb.12.12 zeigt den Konversionsgewinn in reiner AWGN-Störung für den HL- und RIR-Empfänger. Der RIR-Empfänger ist nicht primär für diese Art der Störung entworfen worden und man darf nicht erwarten, daß er hier seine Stärke zeigt. Er zeigt jedoch im Vergleich zum HL-Empfänger, welcher in dieser Art der Störung unter den genannten Zielsetzungen als optimal zu bezeichnen ist, eine Verbesserung von etwa 1.5 dB. Dieser Wert kommt so Zustande, indem man vom maximal erzielbaren Konversionsgewinn den Konversionsgewinn des Hard-Limiters abzieht. (-0.5 dB - (-1.96 dB)).

Den Konversionsgewinn in kombinierter Störung zeigt die Abb.12.13. Ein Vergleich mit den reinen Störungen, von denen nur AWGN tatsächlich rein vorkommen kann, zeigt sich folgendes:

- Die kombinierte Störung hat den maximalen Konversionsgewinn der reinen CW-Störung herabgesetzt und den Bereich an $pshm$, indem ein positiver Konversionsgewinn erzielt werden kann, verbreitert.

- Die Sensitivität der Gewichtung im Vergleich mit der reinen CW-Störung hat abgenommen.

- Eine Fehlanpassung des $pshm$ an das optimale $pshm$ ist unkritischer als in reiner CW-Störung.

- Die kombinierte Störung ermöglicht, im Vergleich zur reinen AWGN-Störung, durch ihren CW-Anteil einen positiven Konversionsgewinn.

Die Abb.12.17 zeigt die dreidimensionale Darstellung der Abb.12.16. Aus ihr erkennt man als vorderste Berandung, den Schnitt für $pshm$ = 100% und damit den Konversionsgewinn des HL-Empfängers. Diese Kurve des Konversionsgewinns zeigt am linken Rand der Abbildung die asymptotische Annäherung an den Konversionsgewinn in reiner AWGN-Störung (-1.96 dB). Am rechten Rand der Abbildung nähert sich der Konversionsgewinn dem Konversionsgewinn in reiner CW-Störung (-6.9 dB).

Der Konversionsgewinn des RIR-Empfänger ist über der $N/I - pshm$ Ebene aufgetragen. Der maximale Konversionsgewinn ergibt sich für dominierende CW-Störung bei sehr kleinen $pshm$-Werten, zwischen 10% und 20%. Die Höhenschichtlinien zeigen, daß das Konversionsgewinn-Maximum, mit zunehmendem AWGN-Anteil zu größeren $pshm$-Werten wandert.

Mit Hilfe der Abb.12.16 wird die Bestimmung der robusten $ADC^{(2A)}$-Parameter erklärt. Die Optimierung erfolgt in zwei Schritten. Der erste Schritt baut auf dem stationären Konversionsgewinn auf und liefert Richtwerte der $ADC^{(2A)}$-Parameter. Diese werden in einem zweiten Schritt an die dynamischen Verhältnisse angepaßt.

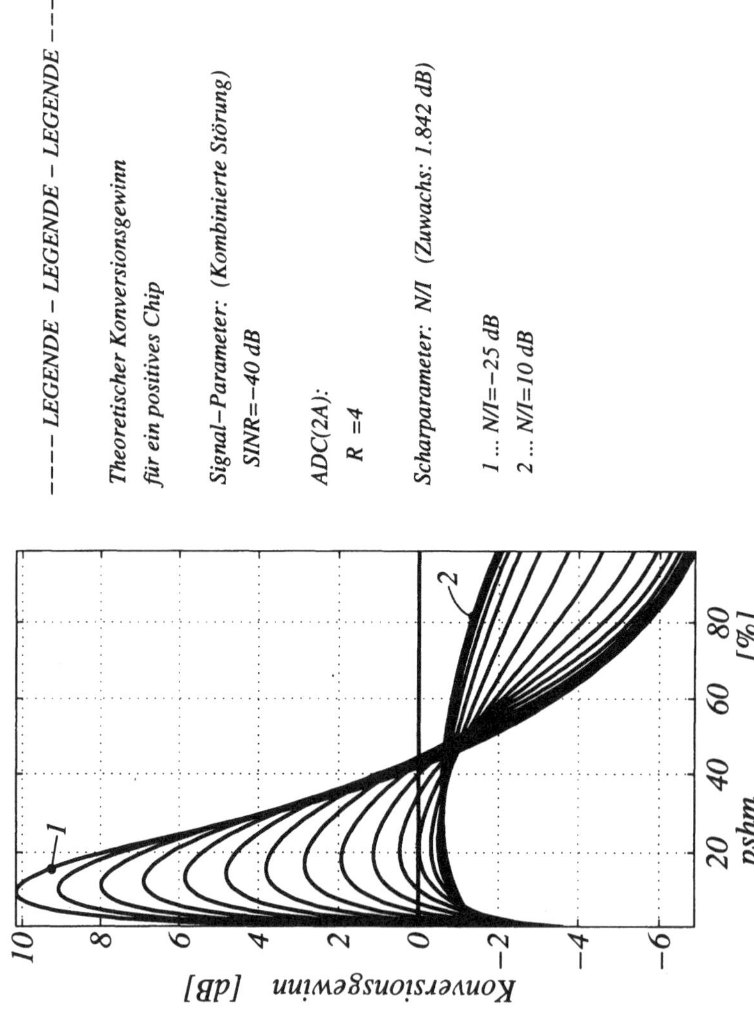

Abbildung 12.16: ADC(2A): Konversionsgewinn in kombinierter Störung für verschiedene *pshm*-Werte und N/I-Verhältnisse bei konstantem $SINR = -40$ dB und konstantem Gewichtungsfaktor $R=4$. Korrespondiert mit Abb.12.17

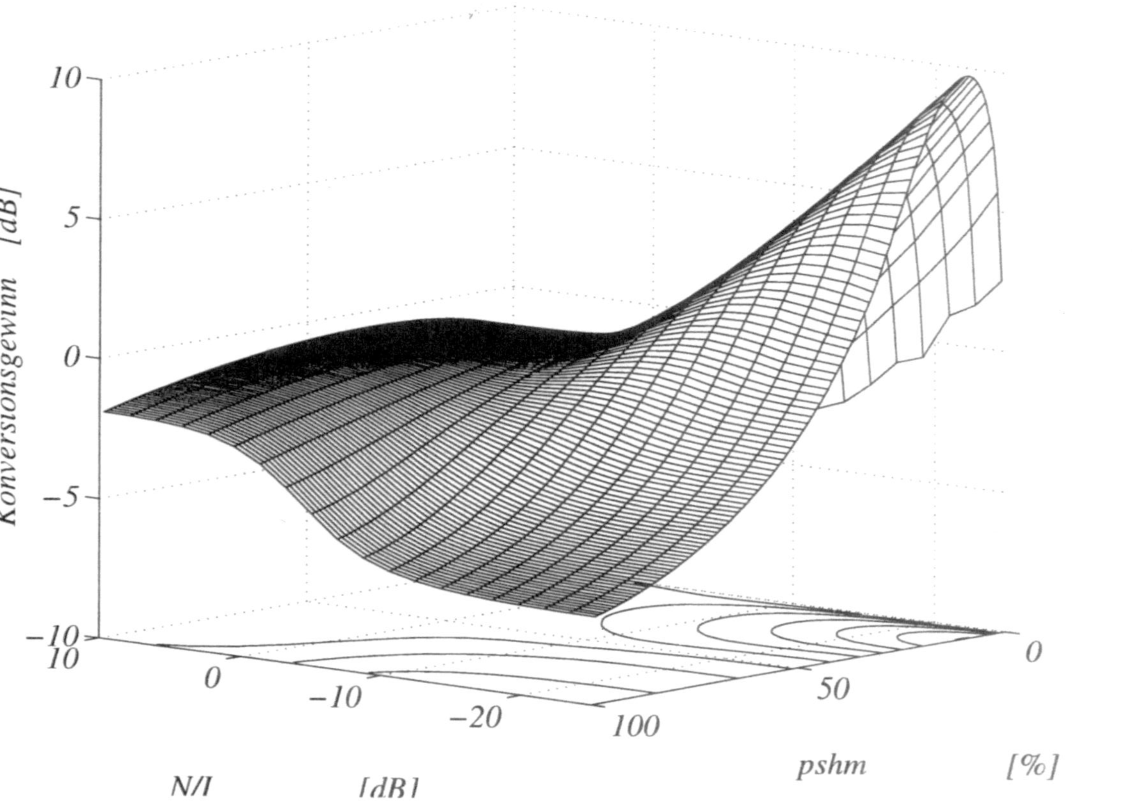

Abbildung 12.17: ADC$^{(2A)}$: Konversionsgewinn in kombinierter CW/AWGN-Störung für verschiedene *pshm*-Werte und N/I - Verhältnisse bei konstantem $SINR = -40$ dB und konstantem Gewichtungsfaktor $R=4$.

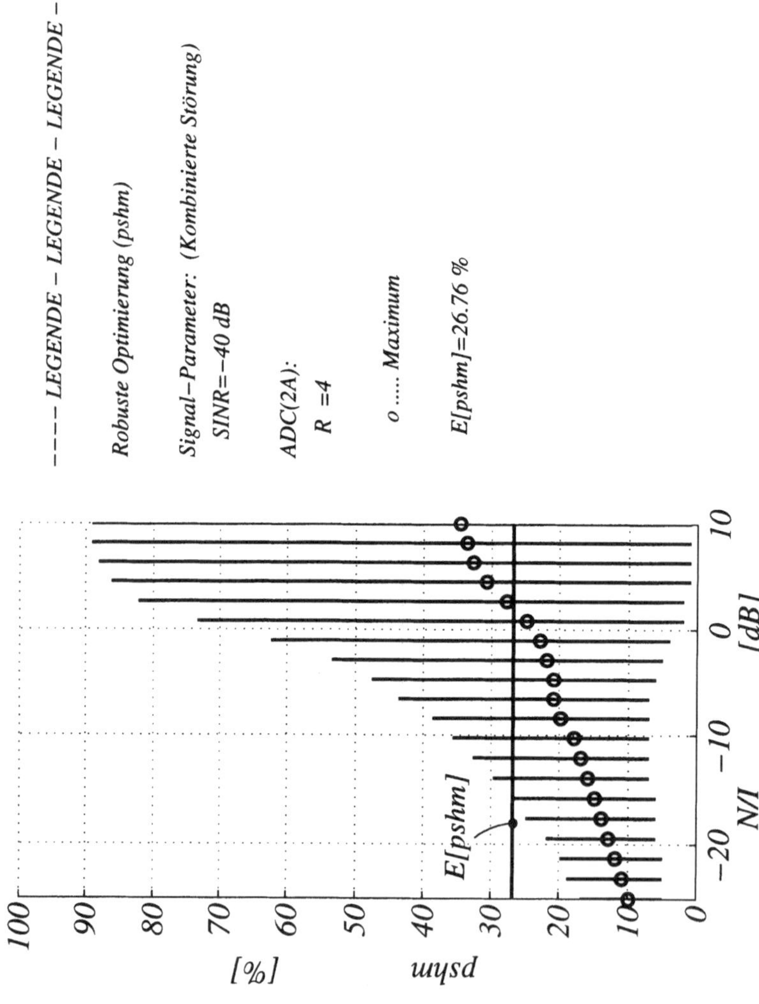

Abbildung 12.18: ADC$^{(2A)}$: Skizze zur Optimierung des Parameters *pshm* in kombinierter Störung korrespondierend mit Abb.12.16.

Zur Bestimmung des Schätzwertes $pshm_{soll}$, in einem vorgegebenen N/I-Bereich, wird wie folgt vorgegangen.

Man bestimmt jenen Bereich $\Delta pshm$ an $pshm$-Werten indem der Konversionsgewinn nie kleiner als ein Dezibel vom maximalen Konversionsgewinn $\hat{G}_{c,NI}$ ist und läßt alle diese $pshm$-Werte als Sollwerte zu.

$$pshm_{soll} = \mathbf{E}\left[\, pshm \mid (\hat{G}_{c,NI} - 1\mathrm{dB})\,\right] \qquad (12.27)$$

Damit man von einem robusten Parameter sprechen darf, ist in Abb.12.16 die Variation von N/I sehr weit gefaßt. Konkret, ergibt sich für $-25\mathrm{dB} \leq N/I \leq 10\mathrm{dB}$ ein robuster Sollwert von $pshm \approx 27\%$. In Abb.12.18 sind die $\Delta pshm$ durch vertikale Striche dargestellt und der Kreis kennzeichnet das Konversionsgewinn-Maximum.

Wie im nächsten Abschnitt ausführlich beschrieben wird, ist es aus dynamischen Gründen ratsamer als $pshm_{soll}=30\%$ zu wählen.

Den zweiten Parameter des $\mathsf{ADC}^{(2A)}$, die Gewichtung $R' = R$, kann nur als Folge eines Kompromisses gewählt werden. Er soll in reiner CW nahezu unendlich sein, aber in AWGN, 1 betragen.

Die Abb.12.19 zeigt, daß die Zunahme des Konversionsgewinns in kombinierter Störung mit steigender Gewichtung, bis zu Werten von $R = 5$ wesentlich ist. Eine weitere Steigerung des Gewichtungsfaktors ist ineffizient, wenn man bedenkt, daß in einem digitalen Konzept mit Zunahme der größten zu verarbeitenden Zahl die Komplexität steigt.

Bemerkungen: Kann man exaktere Aussagen über den Kanal machen, z.B. das SNR bleibt konstant und das SIR variiert und tritt mit gleichbleibender Häufigkeit auf. So ist es möglich, unter diesen Randbedingungen, einen robusten Parameter zu finden, der vom vorgeschlagenen abweicht. Eine Abweichung wird sich sicherlich ergeben, wenn das SIR zeitlich variiert und manche Werte bevorzugt vorkommen. In diesem Fall ist die Dichte des Auftretens der SIR-Werte zu berücksichtigen.

Zusammenfassend kann festgehalten werden:

> Ist die Art und Zusammensetzung der Störung unvorhersagbar, so erweisen sich $pshm = 30\%$ und $R = 4$ als robuste Parameter des $\mathsf{ADC}^{(2A)}$.

12.2.3 Festwertregelung mit robusten Parametern

Aus dem Blockschaltbild des Empfängers (Abb.12.4) erkennt man, daß die Amplitudenschwellenregelung vom Daten-Detektionsprozeß vollkommen entkoppelt (autonom) arbeitet. Dies bedeutet, daß sie keine Rücksicht auf den Synchronisationszustand des Empfängers, Korrelationsergebnisse usw. nimmt. Vorausgesetzt wird, daß

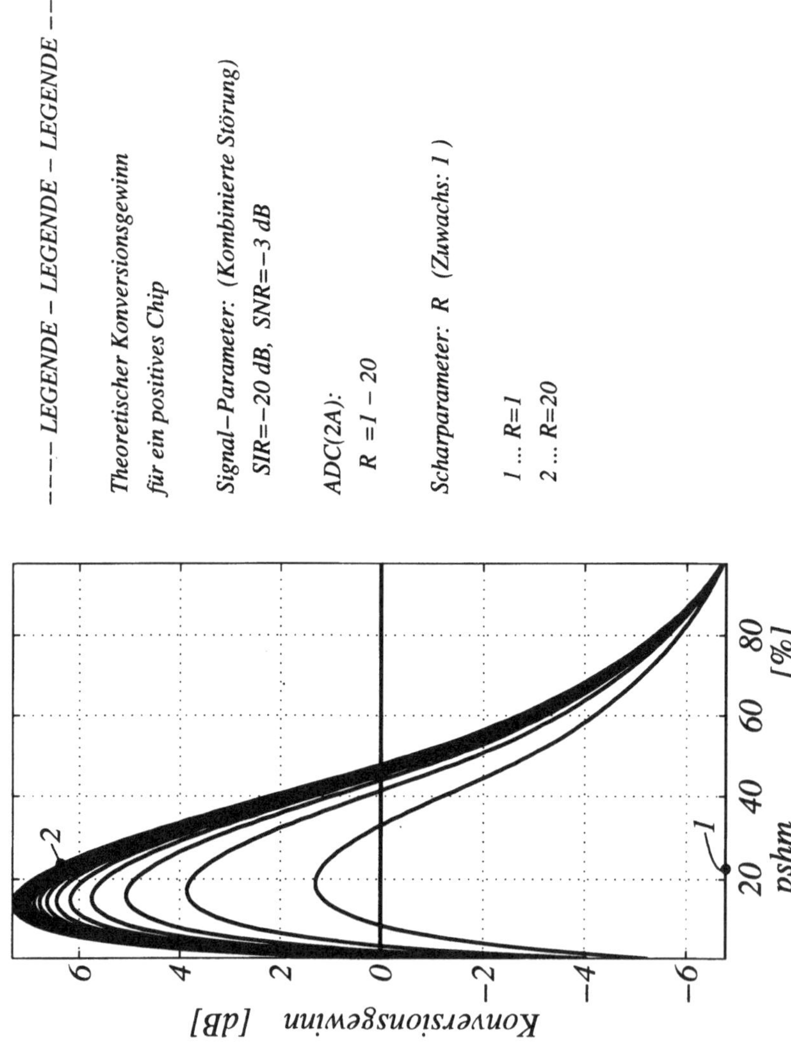

Abbildung 12.19: ADC$^{(2A)}$: Konversionsgewinn in kombinierter Störung für verschiedene Gewichtungsfaktoren.

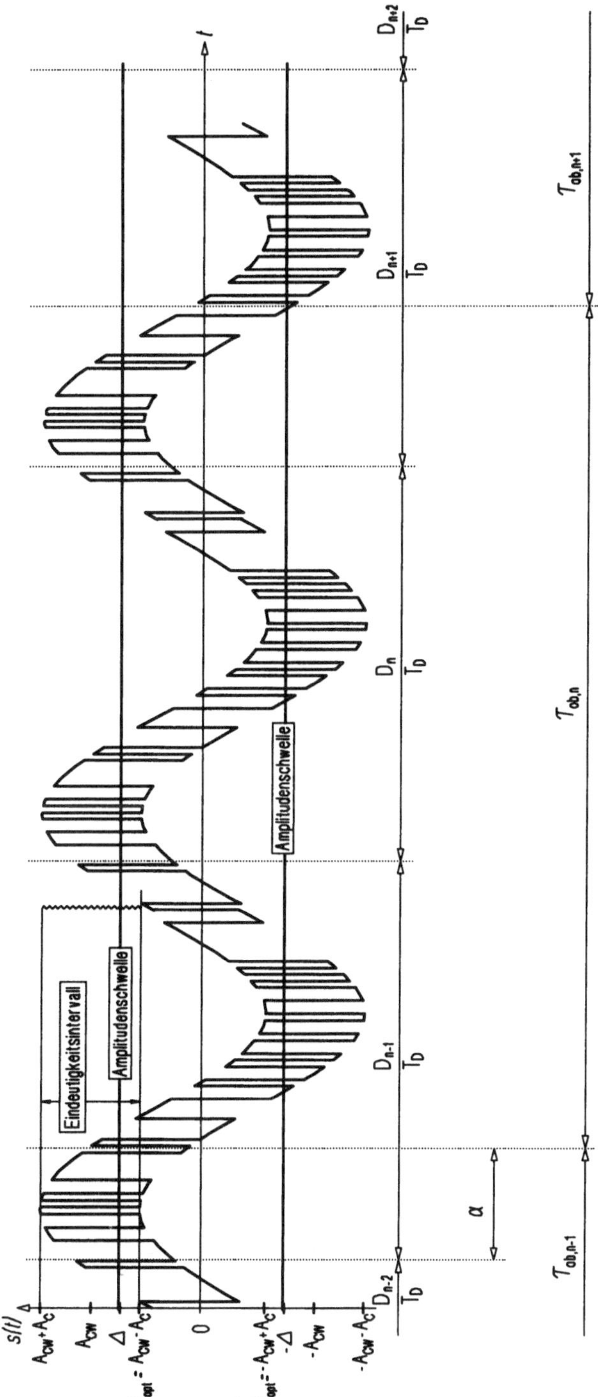

Abbildung 12.20: Skizze des $\mathrm{ADC^{(2A)}}$-Eingangssignals $s(t)$ zur Bestimmung eines geeigneten Beobachtungsintervalls.

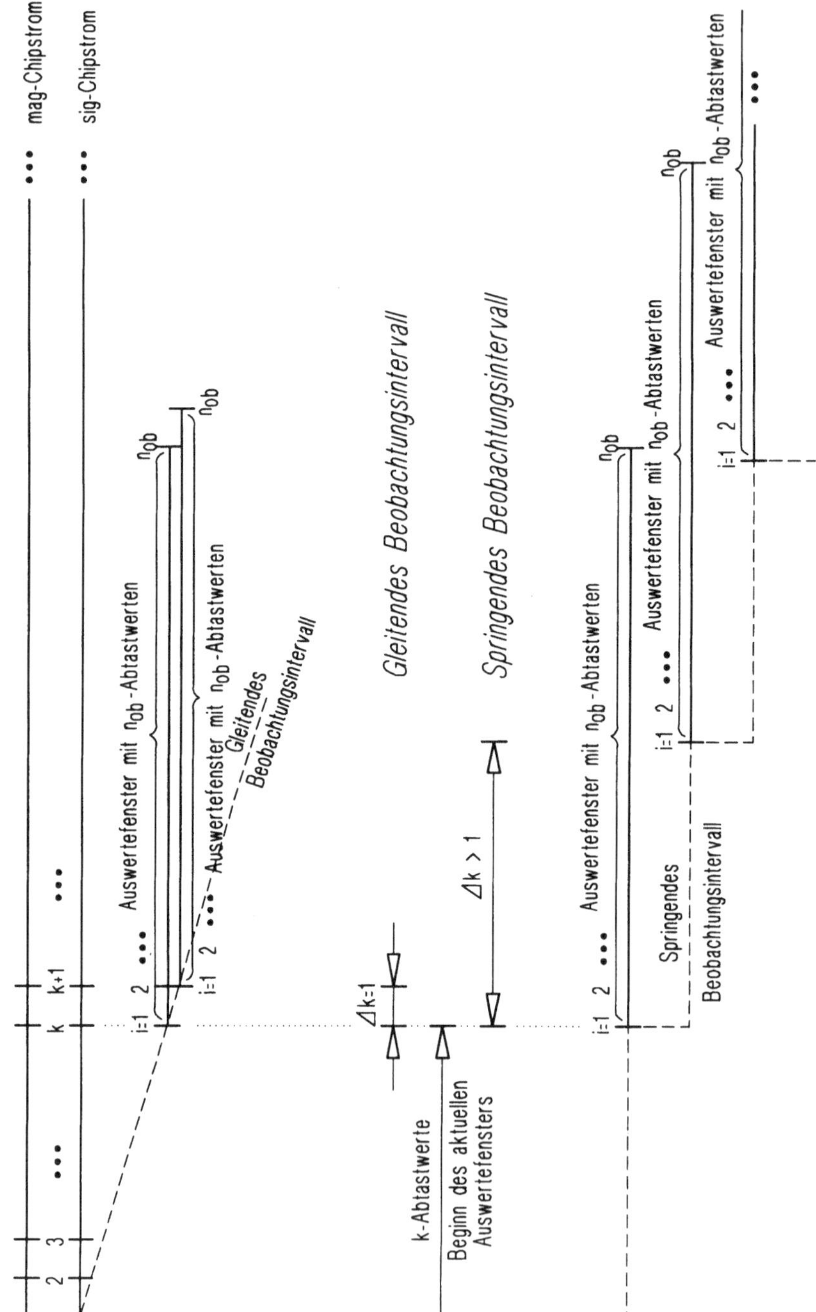

Abbildung 12.21: Skizze: Gleitendes Beobachtungsintervall und Springendes Beobachtungsintervall.

eine automatische Verstärkungsregelung (AGC) vorhanden ist, welche gewährleistet, daß das Eingangssignal des 2-Bit ADC den Schwellen-Regelbereich nicht verläßt[5].

Die Festwertregelung der Amplitudenschwelle des 2-Bit ADC ist die einfachste Art die Amplitudenschwelle einzustellen. Bei dieser Art der Schwelleneinstellung wird eine nach einem bestimmten Optimierungskriterium ermittelte, feste Regelgröße vorgegeben. Die Regelung versucht unter allen Bedingungen jene Schwelle einzustellen, sodaß die Regelgröße ($pshm$) ihren Sollwert erreicht.

Die stationäre Analyse ist eine zeitfreie Analyse, in welcher die Beobachtungszeit unbeschränkt ist und das Signal/Störverhältnis für die Bestimmung der Bitfehlerwahrscheinlichkeit konstant ist. Diese idealen Verhältnisse gibt es in einem realen System nicht. Ein Empfänger muß in der Lage sein, auf Signal/Stör-Schwankungen zu reagieren. Dies bedeutet, daß der Kennwert[6] $pshm$ des 2-Bit ADC in einem beschränkten Zeitintervall (Beobachtungsintervall) bestimmt werden muß. Daraus resultiert ein dynamisches Verhalten der Schwelleneinstellung.

Wie aus dem Blockschaltbild des Empfängers (Abb.12.4) ersichtlich ist, wird dem Schwelleneinstellalgorithmus ein Strom an mag- und sig-Signalwerten zugeführt. Diese Ströme werden in Beobachtungsintervalle geteilt. In Abb.12.21 sind zwei Typen an Beobachtungsintervalle skizziert. Dazu wurde angenommen, daß das aktuelle Beobachtungsintervall mit dem k-ten Abtastwert beginnt und n_{ob}-Abtastwerte lang ist. Innerhalb des Beobachtungsintervalls[7] werden alle Größen[8], welche zur Schwellenregelung notwendig sind ermittelt. Die Verschiebung des Beginns des Beobachtungsintervalls wird mit Δk bezeichnet. Die obere Hälfte der Abb.12.21 zeigt das *Gleitende Beobachtungsintervall* in welchem der Beginn des Beobachtungsintervalls immer um einen Abtastwert verschoben wird. Springt der Beginn des Beobachtungsintervalls um $1 < \Delta k \leq n_{ob}$ so wird dieses Beobachtungsintervall als *Springendes Beobachtungsintervall* bezeichnet. Aus der Skizze ist ersichtlich, daß das gleitende Fenster immer nur einen neuen Abtastwert in der Ermittlung der für die Regelung notwendigen Größen berücksichtigt und hat so eine Gedächtniseigenschaft. Setzt man für das springende Fenster $\Delta k = n_{ob}$, so wird in jeder Berechnung ein neuer Satz an Abtastwerten ausgewertet.

Wie lange das Beobachtungsintervall gewählt werden soll, kann mit Abb.12.20 geklärt werden. Wegen der autonomen, asynchronen Arbeitsweise der Schwellenregelung muß α gleichverteilt im Intervall $[0, T_D[$ angenommen werden. Durch die Sinusstörung darf kein Gleichanteil in die Regelgröße kommen[9]. Damit dies der Fall ist, muß das Beobachtungsintervall ein möglichst exaktes Vielfaches der Datenbitdauer sein, sowie ein annähernd Vielfaches der Sinusperiodendauer sein. Mathematisch formuliert bedeutet

---

[5]Siehe Schwellenregelung des AIR-Empfängers.

[6]Im Text wird, da es unmißverständlich ist, daß der Kennwert $pshm \equiv pshm_{soll}$ ist, nicht mehr näher gekennzeichnet.

[7]Das Beobachtungsintervall wird für zeitdiskrete Signalverarbeitung auch als Auswertefenster bezeichnet.

[8]Dies ist eine prinzipielle Aussage, welche auch für den AIR-Empfänger Gültigkeit besitzt, für den sich die Regelgröße aus mehreren Größen zusammensetzt.

[9]Vorausgesetzt wird die Gleichanteilfreiheit des Nutzsignals als Direct-Sequence Signal.

dies das kleinste gemeinsame Vielfache von Datenbitdauer und Sinusperiodendauer ($\mathbf{kgV}\{T_D, 1/f_{cw}\}$) die Länge des Beobachtungsintervalls bestimmt. Nimmt man an, daß $\tau_{ob} = m\,T_D \approx k/f_{cw}$, so sind $m, k \in \mathbb{N}$. Nimmt man weiters an, daß die CW-Frequenz, der Mittenfrequenz der Spread-Spectrum Übertragung entspricht, so kann man das Beobachtungsintervall fest auf die Datenbitlänge ($n_{ob} = \xi L$) einstellen. Die Bestimmung der Länge des Beobachtungsintervalls entsteht aus dem Kompromiß zwischen der Reaktionsgeschwindigkeit wenn sich die Störsignalzusammensetzung ändert und der verläßlichen Bestimmung der Regelgröße.

In (12.28) ist die Aufenthaltswahrscheinlichkeit des Signals $s(t)$ außerhalb des Streifens $\pm\Delta$ gegeben. Der nach der Definition angeschriebene Sachverhalt ist mit dem Buchstaben a nach der Gleichungsnummer versehen. Die äquivalenten Darstellungen mit Hilfe der nach dem 2-Bit ADC verfügbaren Signale ist in b für zeitkontinuierliche Darstellung und in c für zeitdiskrete Darstellung angegeben. Die Gleichung 12.28 korrespondiert mit der Abbildung 12.21, in der der Beginn des aktuellen Beobachtungsintervalls mit dem k-ten Abtastwert beginnt.

$$pshm(\tau_{ob}, \Delta) = \frac{1}{\tau_{ob}} \int\limits_{t=0}^{\tau_{ob}} \mathbf{L_q}\{|s(t)| > \Delta\}\, dt \tag{12.28a}$$

$$= \frac{1}{\tau_{ob}} \int\limits_{t=0}^{\tau_{ob}} \mathbf{L_q}\{mag(t, \Delta) = sig(t)\}\, dt \tag{12.28b}$$

$$pshm(k, n_{ob}, \Delta) = \frac{1}{n_{ob}} \sum_{i=1}^{n_{ob}} \mathbf{L_q}\{mag(i + k - 1, \Delta) = sig(i + k - 1)\} \tag{12.28c}$$

$$pshm(\Delta) = \mathbf{E}\,[\,|s(t)| > \Delta\,] = \lim_{K \to \infty} \frac{1}{K} \sum_{k=1}^{K} \overbrace{\frac{1}{\tau_{ob}} \int\limits_{t=(k-1)\tau_{ob}}^{k\,\tau_{ob}} \underbrace{\mathbf{L_q}\{|s(t)| > \Delta\}}_{\substack{\sigma\text{-Funktion}\\ \text{der Höhe}=1}}\, dt}^{R^{(k)}...k\text{-te Realisierung} \triangleq pshm(\tau_{ob},\Delta)} \tag{12.29a}$$

$$\underbrace{\phantom{pshm(\Delta) = \mathbf{E}\,[\,|s(t)| > \Delta\,] = \lim_{K \to \infty} \frac{1}{K} \sum_{k=1}^{K}}}_{\underset{k}{\mathbf{E}}[\,|s(t)|>\Delta\,]...\text{Mittelung über } \tau_{ob}}$$

$$= \mathbf{E}\,[\,|s(i)| > \Delta\,] = \lim_{K \to \infty} \frac{1}{K} \sum_{k=1}^{K} \overbrace{\frac{1}{n_{ob}} \sum_{i=(k-1)n_{ob}}^{k\,n_{ob}} \underbrace{\mathbf{L_q}\{|s(i)| > \Delta\}}_{\substack{\delta\text{-Funktion}\\ \text{mit Gewicht}=1}}\, dt}^{R^{(k)}...k\text{-te Realisierung} \triangleq pshm(k,n_{ob},\Delta)} \tag{12.29b}$$

$$\underbrace{\phantom{= \mathbf{E}\,[\,|s(i)| > \Delta\,] = \lim_{K \to \infty} \frac{1}{K} \sum_{k=1}^{K}}}_{\underset{k}{\mathbf{E}}[\,|s(i)|>\Delta\,]...\text{Mittelung über } n_{ob}}$$

Damit die Simulationen des Empfängerverhaltens mit der stationären Theorie vergleichbar werden, muß die in (12.29) angegebene Mittelwertbildung durchgeführt werden.

Wie aus der stationären Analyse hervorgegangen ist, ergibt sich das Maximum des Konversionsgewinns in reiner CW-Störung wenn die Amplitudenschwelle mit der inneren Grenze des Eindeutigkeitsintervalls (IB) zusammenfällt. Diese optimale Lage der Amplitudenschwelle ist in (12.4) gegeben. Da es keine direkte Möglichkeit gibt, die Gleichung (12.4) zur Schwellenregelung auszuwerten wird als Regelgröße X die Größe $pshm(\Delta)$ herangezogen, welche ein indirektes Abbild der Amplitudenschwelle Δ ist.

Ein wesentlicher Nachteil dieser Regelgröße ist, daß sie streng vom aktuellen Signal/Störabstand abhängt, sodaß die optimale Lage der Amplitudenschwelle exakt nur für ein bestimmtes Signal/Störverhältnis gilt. Da ein Kriterium für den Empfängerentwurf ein einfaches Konzept ist, wird nach einem festen $pshm$ gesucht, welches in einem weiten Bereich an Störsignalzusammensetzungen zufriedenstellende Ergebnisse liefert. Gelingt dies, so wird dieses $pshm = pshm_{soll}$ als Regelgröße fest vorgegeben ($X = pshm_{soll}$). In regelungstechnischer Terminologie bezeichnet man dies als eine *robuste Regelung*.

$$\boxed{X(n_{ob}, \Delta) = pshm(n_{ob}, \Delta)} \tag{12.30}$$

12.2.4 Theoretische Leistungsanalyse des RIR-Empfängers mit Hilfe des stationären Modells

Das dynamische Modell des kohärenten RIR-Empfängers reduziert sich zu dem in Abb.12.22 angegebenen statistischen Modell. Es sind die Signal/Störabstände nach den einzelnen Funktionsblöcken von Interesse (Statistik 2. Ordnung). Für den Korrelator wird ein Gaußsches Modell angenommen. Weiters wird angenommen, daß die Regelung die notwendige Schwelle, um die fest vorgegebene Regelgröße $pshm_{soll}$ zu erreichen, einstellen kann. Weiters wird vorausgesetzt, daß perfekte Synchronität (Spread-Spectrum und Träger) herrscht. Das Verhalten des Empfängers wird durch die Bitfehlerwahrscheinlichkeit (P_e) beurteilt.

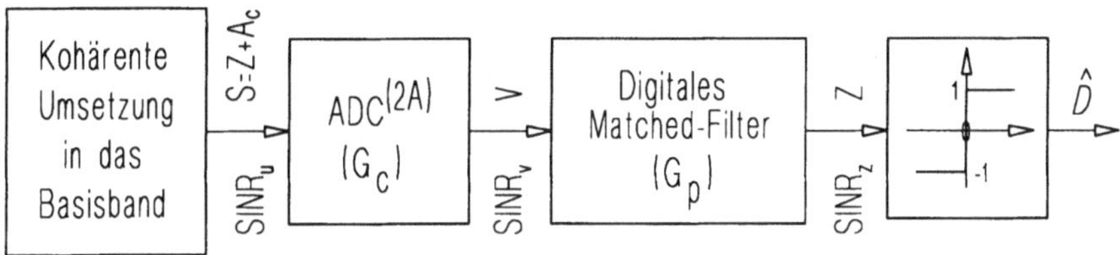

Abbildung 12.22: Statistisches Modell des kohärenten RIR-Empfängers.

$$P_e = \frac{1}{2} \cdot \text{erfc} \left(\sqrt{\frac{G_c\,G_p}{2} \cdot SINR_s} \right) \tag{12.31}$$

Der vorangegangene Abschnitt hat gezeigt, daß durch geeignete Wahl der Parameter des $ADC^{(2A)}$ ein $G_c > 1$ möglich ist. Für diesen Fall kann man in der Gleichung der Bitfehlerwahrscheinlichkeit $G_p' = G_cG_p$, wie eine Erhöhung des Prozeßgewinns auffassen (Abb.12.25). Die Abhängigkeit der Bitfehlerrate vom Konversionsgewinn zeigt sich in Abb.12.24 sehr deutlich, indem die beiden Äste des Konversionsgewinns auch in der Bitfehlerrate des kohärenten Empfängers erkennbar sind.

Die Bitfehlerratenkurven in Abb.12.23 bis Abb.12.25 sind im kohärenten Fall für bipolare Datenübertragung und im inkohärenten Fall für orthogonale Datenübertragung gezeichnet.

Die Bitfehlerraten in AWGN-Störung sind in Abb.12.23 dargestellt. Es ist, wie von den Kurven in Abb.12.12 für den Konversionsgewinn zu erwarten war, keine besondere Verbesserung der Bitfehlerrate eingetreten.

Die Abb.12.24 zeigt die Bitfehlerraten in CW-Störung. Generell ist zu sagen, daß der RIR-Empfänger dem HL-Empfänger überlegen ist. Für den kohärenten RIR-Empfänger zeigt sich graphisch der Einfluß des Konversionsgewinns, indem die Kurve für die Bitfehlerrate (12.31) ebenfalls in zwei Zweige (Abb.12.11) zerfällt. Der Zweig für kleines SIR entspricht einer Amplitudenschwelle Δ innerhalb des Eindeutigkeitsintervalls. Der Knick entspricht der Lage der Amplitudenschwelle am Rand des Eindeutigkeitsintervalls ($\Delta = \Delta_{opt}$). Für bessere SIR kommt die Amplitudenschwelle außerhalb des Eindeutigkeitsintervalls zu liegen, damit das fest vorgegebene $pshm$ erreicht wird, und nähert sich der Schwelle des $ADC^{(1)}$. Dadurch nähert sich auch die Bitfehlerrate des RIR-Empfängers immer mehr der Bitfehlerrate des HL-Empfängers. Für den inkohärenten Fall verwischt sich der Knick in der Bitfehlerrate, weil die Eindeutigkeitsintervalle im I- und Q-Kanal verschieden sind und damit verschiedene optimale Amplitudenschwellen[10] Δ_{opt} existieren.

Die Bitfehlerrate für den realistischen Fall der kombinierten Störung ist in Abb.12.25 dargestellt. Wegen des Rauschanteils gibt es keine scharfe Grenze des Eindeutigkeitsintervalls und damit auch keinen eindeutigen Knick in der Bitfehlerrate. Die Bitfehlerrate für den HL-Empfänger in gutem SNR strebt einem typischen Grenzwert zu. Eine beachtliche Verbesserung der Bitfehlerrate zeigt sich, wenn man den HL-Empfänger durch den RIR-Empfänger ersetzt.

In Abb.12.25 ist zum Vergleich der Bitfehlerrate des RIR-Empfängers in kombinierter Störung auch die Bitfehlerrate eines analogen, kohärenten Direct-Sequence Empfängers in reiner AWGN-Störung eingezeichnet. Würde der RIR-Empfänger diese Kurve erreichen, so würde dies heißen, daß er die CW-Störung vollständig unterdrückt hat.

---

[10]Ausnahme ist wenn die Phasenverschiebung 45° beträgt.

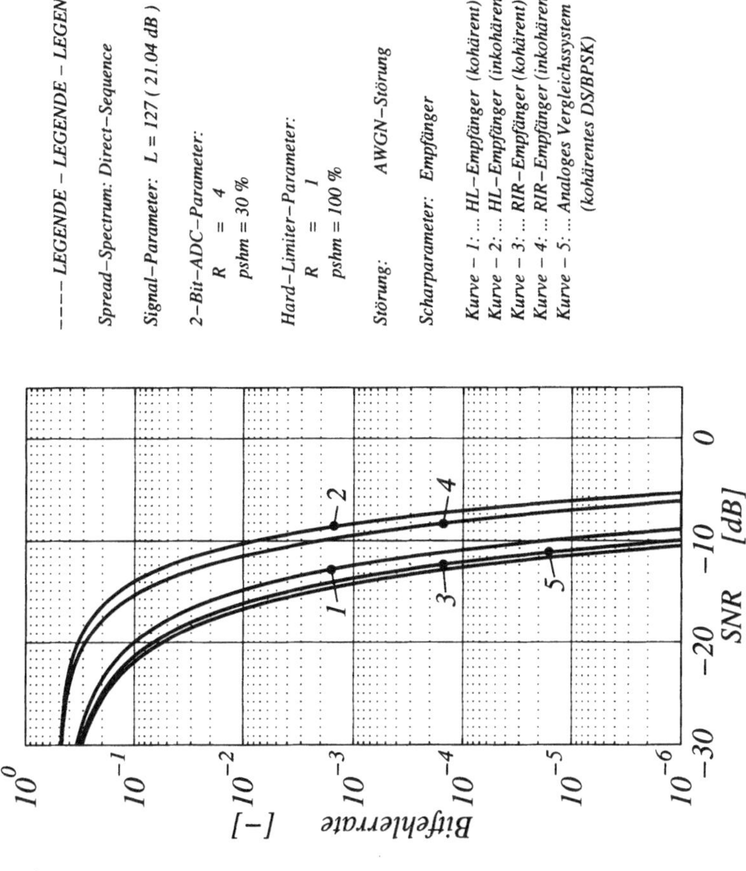

Abbildung 12.23: Theoretische Bitfehlerrate in reiner **AWGN**-Störung für den kohärenten und inkohärenten RIR-Empfänger. Die A/D-Wandlung wurde mit ADC[1] und ADC[2A] vorgenommen. Der Prozeßgewinn beträgt 21 dB und die Parameter des ADC[2A] sind *pshm*=30 und *R*=4.

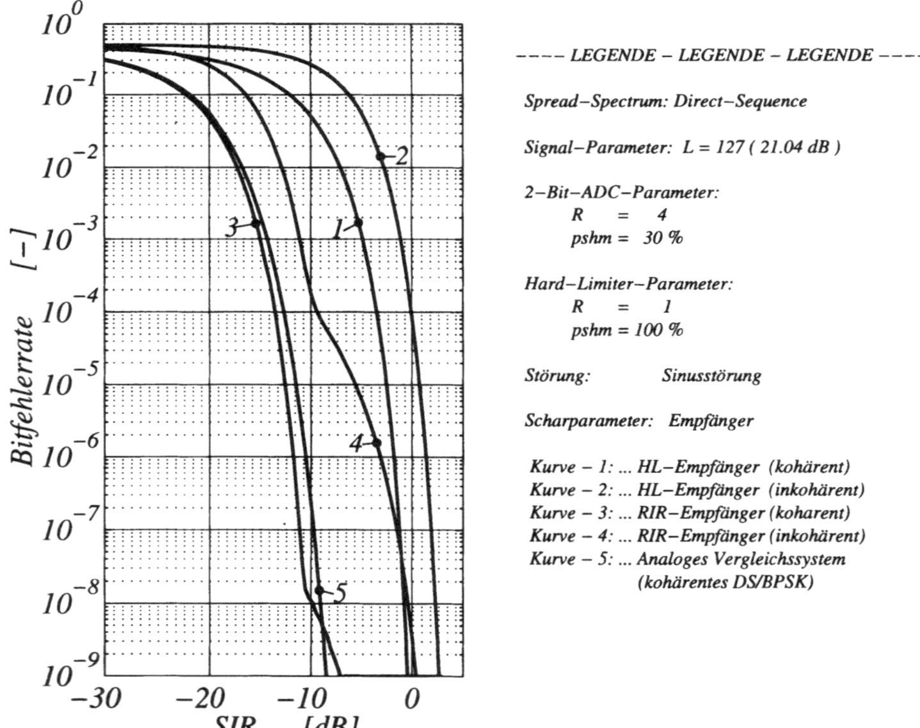

Abbildung 12.24: Theoretische Bitfehlerrate in reiner Sinus-Störung für den kohärenten und inkohärenten RIR-Empfänger. Die A/D-Wandlung wurde mit ADC$^{(1)}$ und ADC$^{(2A)}$ vorgenommen. Der Prozeßgewinn beträgt 21 dB und die Parameter des ADC$^{(2A)}$ sind $pshm=30$ und $R=4$.

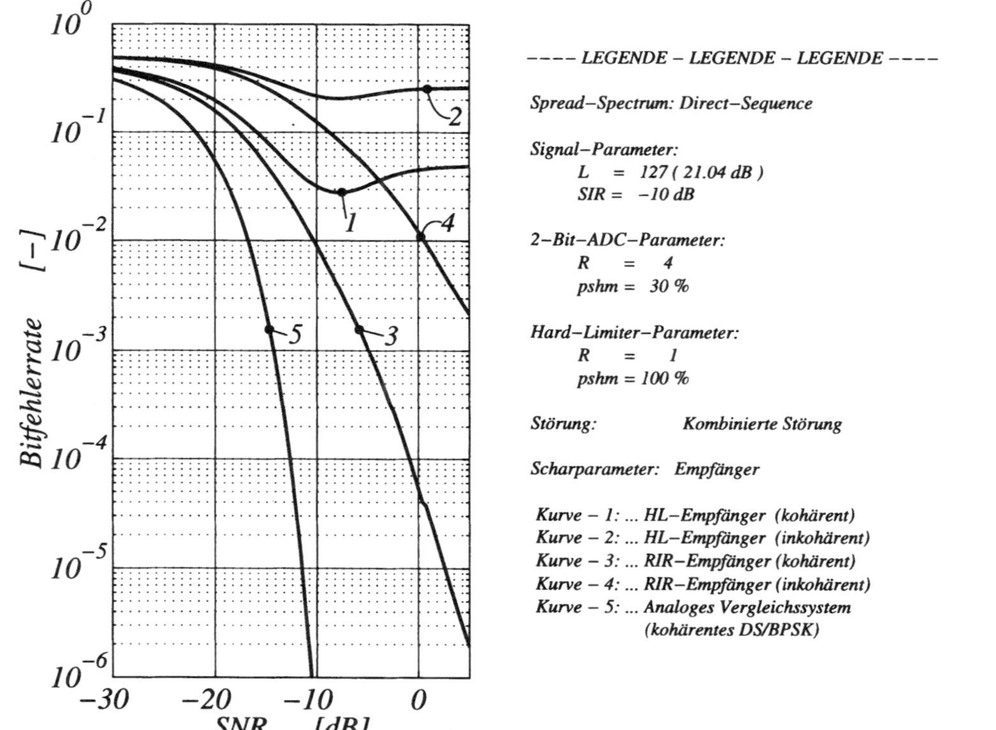

Abbildung 12.25: Theoretische Bitfehlerrate in kombinierte Störung für den kohärenten und inkohärenten RIR-Empfänger für verschiedene SNR und SIR. Die A/D-Wandlung wurde mit ADC[1] und ADC[2A] vorgenommen. Der Prozeßgewinn beträgt 21 dB und die Parameter des ADC[2A] sind $pshm=30$ und $R=4$.

12.3 Empfänger mit adaptiver integrierter Störungsreduktion

In reiner CW-Störung hat der RIR-Empfänger gezeigt, daß der Konversionsgewinn sehr empfindlich auf die Lage der Schwelle des 2-Bit ADC reagiert. Die Abhängigkeit des Konversionsgewinns, für ein fest vorgegebenes *pshm*, vom aktuellen *SIR* kommt durch die Nichtberücksichtigung der aktuellen Störzusammensetzung zustande. Dadurch kommt es zur Gewichtung falscher Chipentscheidungen und die Bitfehlerrate sinkt drastisch.

Schätzt man die Störzusammensetzung und berücksichtigt sie in der Schwelleneinstellung, so adaptiert man die Schwelleneinstellung auf die Störverhältnisse. Durch die Schätzung der Störzusammensetzung ist es auch möglich eine gezielte Gewichtung vorzunehmen. Das Zusammenspiel zwischen adaptiver Schwelleneinstellung und Gewichtung wird als *adaptive Störungsreduktion* bezeichnet. Ein damit ausgestatteter Empfänger wird als AIR-Empfänger bezeichnet. Die Blockschaltbilder des kohärenten und inkohärenten AIR-Empfängers sind in Abb.12.26 und Abb.12.27 dargestellt.

Der Unterschied zwischen RIR- und AIR-Empfänger äußert sich im Blockschaltbild dadurch, indem im Kästchen für die Schwellenregelung *Adaptive Schwellenregelung* steht und ein Signal X, welches später näher beschrieben wird, der Gewichtungseinstellung zur Verfügung gestellt wird. In Abb.12.27 wird aus der quadratischen Entscheidungsvariable G die Wurzel gezogen. Ein Detektor der diese Operation vor der Datenbitentscheidung ausführt, wird in diesem Text als *lineare Detektion* bezeichnet. Erfolgt diese Operation nicht, so wie beim inkohärenten RIR-Empfänger in Abb.12.5 so wird der Detektor als *quadratischer Detektor* bezeichnet[11].

12.3.1 Störungsreduktionsmechanismus des AIR-Empfängers

Ein Zugang zum AIR-Konzept ergibt sich über den Konversionsgewinn des RIR-Empfängers. Betrachtet man den Konversionsgewinn des RIR-Empfängers in reiner CW-Störung so zeigt sich, daß das Maximum des Konversionsgewinns exakt nur für ein einziges *SIR* auftritt. Diese *SIR* -Abhängigkeit ist der Pferdefuß des RIR-Empfängers. Dies ist aber gleichzeitig der Ansatzpunkt zur Entwicklung des AIR-Empfängers.

Die Abb.12.28 skizziert die Konversionsgewinnkurven des RIR-Empfängers für drei verschiedene *SIR* -Werte. Das *pshm* des RIR-Empfängers wurde in der Abbildung so gewählt, daß die daraus resultierende Schwellenlage für das Störverhältnis SIR_3 nahe der optimalen Schwelle liegt. Damit ist ersichtlich, daß man für die anderen Störverhältnisse den Konversionsgewinn ΔG_c verschenkt[12]. Daraus ergibt sich:

---

[11]Vergleiche das Kapitel *Entwurf*.

[12]In Abb.12.28 wurde vernachlässigt, daß sich die Schwelle des RIR-Empfängers, um das vorgegebene *pshm* zu halten, geringfügig zu höheren Werten verschieben muß.

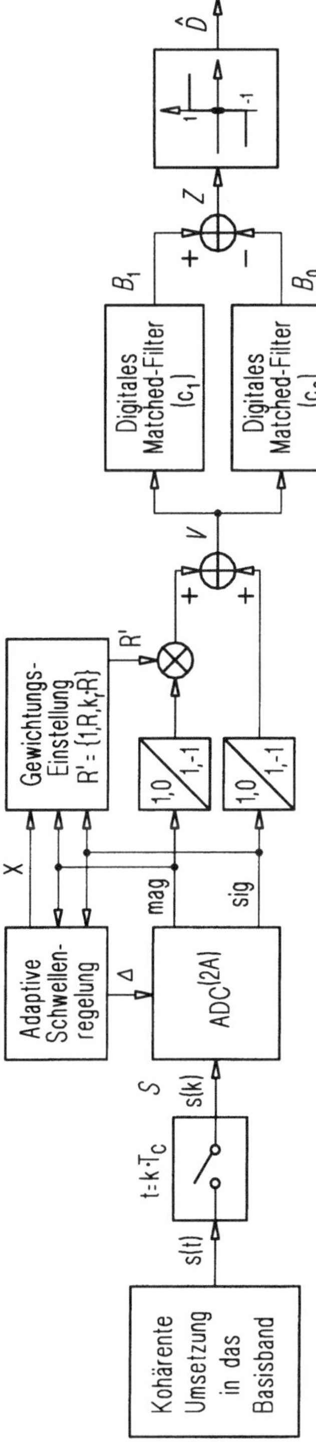

Abbildung 12.26: Blockschaltbild des kohärenten AIR-Empfängers.

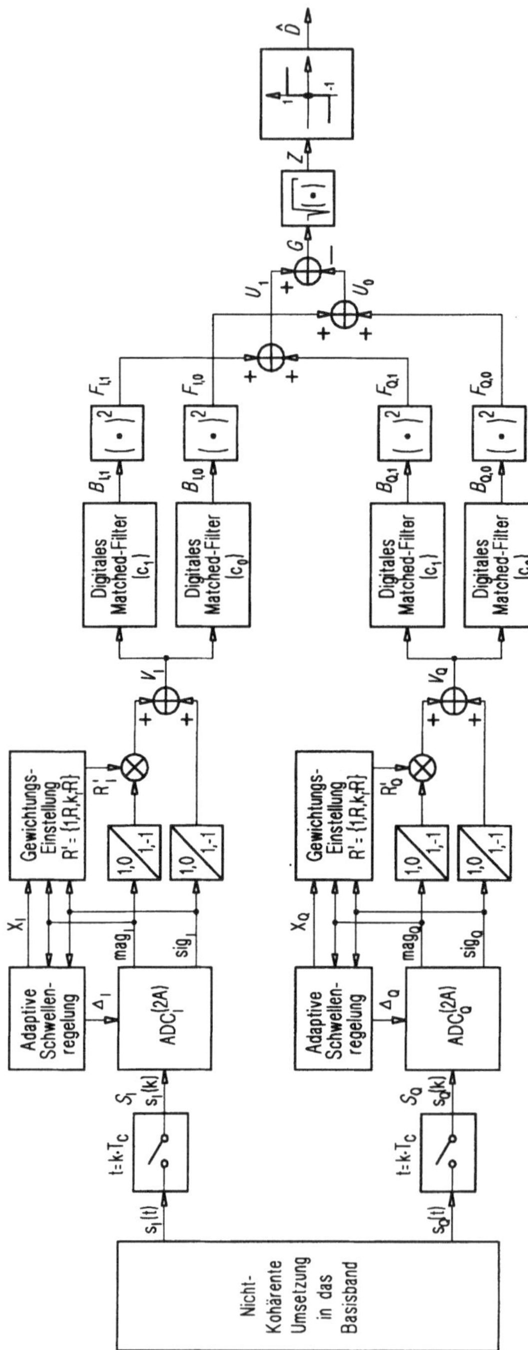

Abbildung 12.27: Blockschaltbild des inkohärenten AIR-Empfängers.

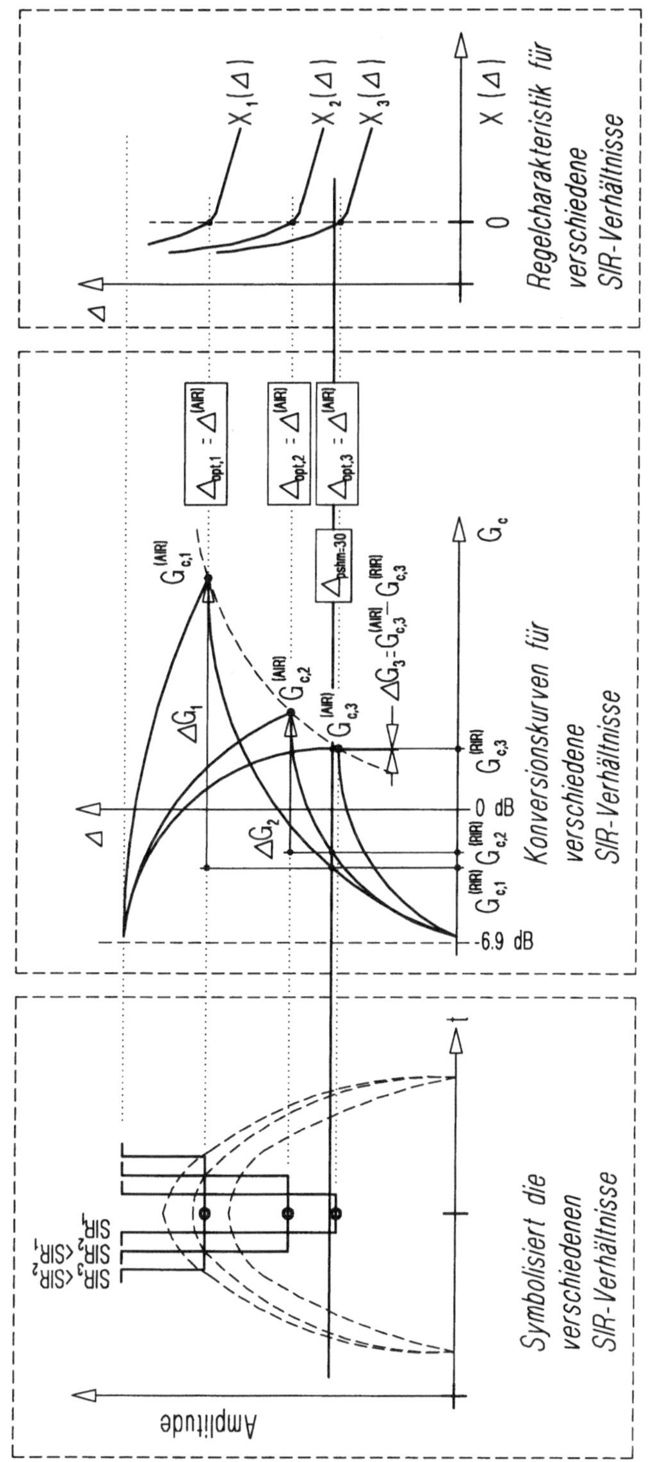

Abbildung 12.28: Veranschaulichung des Störreduktionsmechanismus des AIR-Algorithmus in reiner CW-Störung mit variierendem SIR.

> Das **AIR**-Konzept hat zum Ziel:
>
> Unabhängig von der aktuellen Störzusammensetzung immer jene Amplitudenschwelle einzustellen, welche ein Maximum an Konversionsgewinn liefert.
>
> $\rightarrow$ Das **AIR**-Konzept führt die Schwelle den Konversionsgewinnspitzen des **RIR**-Konzeptes nach.

In der Abbildung zeigt sich der Konversionsgewinn des **AIR**-Konzeptes indem die Spitzen der Konversionsgewinn-Kurven des **RIR**-Empfängers verbunden werden. Da der Konversionsgewinn bereits die Gewichtung enthält ist vorausgesetzt, daß die Gewichtung von **RIR**- und **AIR**-Empfänger gleich ist.

Ein anderer Zugang zum **AIR**-Konzept ergibt sich über das Zeitsignal vor und nach der Nichtlinearität. Bei diesem Zugang hat man noch die Freiheit über spezielle Gewichtungsschemata zu verfügen. Aus diesem Grund ist dieser Zugang ein allgemeinerer als die Weiterentwicklung des **RIR**-Konzeptes. Da hier noch der Freiheitsgrad Gewichtung gewahrt bleiben soll, wird der 2-Bit ADC nach Abb.12.2 in seiner allgemeinsten Form verwendet.

Das Konzept der störungsreduzierenden Wirkung ist in Abb.12.29, für reine **CW**-Störung, skizziert. Aus Gründen der Übersichtlichkeit und der Symmetrie ist nur die positive Halbwelle der Sinusstörung dargestellt. Die Abbildung zeigt für den k-ten und $(k + 1)$-ten Abtastwert des Eingangssignals $s(t)$ des 2-Bit ADC die sich ergebenden Amplitudenwerte der beteiligten Signale. Aus der Abbildung kann man graphisch erkennen, daß für richtig eingestellte Amplitudenschwellen, das schwache Direct-Sequence Signal, im Zeitintervall T_x (Abb.12.30), vollständig wiedergewonnen werden kann.

Eine vereinfachte mathematische Darstellung der störungsreduzierenden Wirkung, innerhalb des Zeitintervalls T_x, ist in (12.32) gegeben.

$$mag(k, \Delta) = \mathbf{L_q} \left\{ \overbrace{n(k) + i(k) + c(k)}^{s(k)} - \Delta > 0 \right\} = c(k) \qquad t \in T_x$$

$$\underbrace{\qquad\qquad}_{\longrightarrow\ n(k)+i(k)\equiv 0\ !!!}$$

$$(12.32)$$

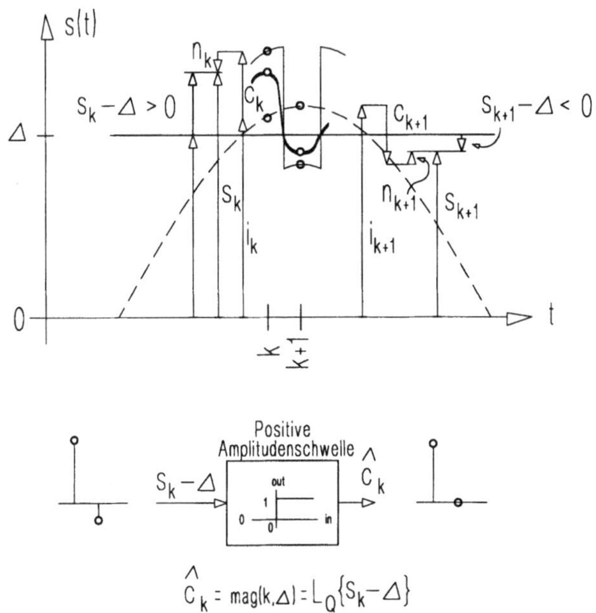

$$\hat{C}_k = \text{mag}(k,\Delta) = L_Q\{S_k - \Delta\}$$

Abbildung 12.29: Prinzipielle Darstellung der vollständigen Reduktion der CW-Störamplitude mit Hilfe des AIR-Prinzips im Bereich der Extremwerte der CW-Störung.

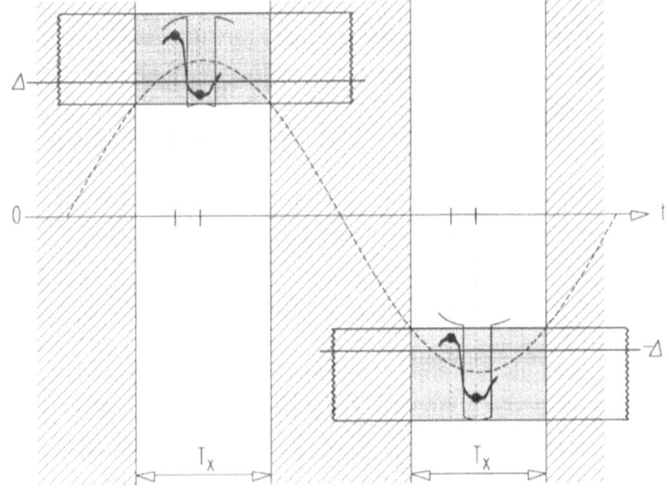

Abbildung 12.30: Skizze jener Zeitintervalle T_x in denen eine vollständige Reduktion (Unterdrückung) der CW-Störamplitude mit Hilfe des AIR-Konzeptes möglich ist.

Setzt man keine reine CW-Störung voraus, sondern kombinierte Störung mit positivem SNR, so liefert (12.32) einen Schätzwert der Chipamplitude $(c(k) \mapsto \hat{c}(k))$. Weil die Frequenz der CW-Störung als beliebig angenommen wurde, gibt es keine Möglichkeit diese Zeitintervalle a priori herauszufinden.

Dieser theoretische Sachverhalt wird durch die Simulationen, beginnend mit Abb.12.31 bis Abb.12.34 untermauert. Sie veranschaulichen den Störungsreduktionsmechanismus für verschiedene Störarten und -zusammensetzungen. Jede Abbildung besteht aus vier Teilbilder. Das linke obere Bild zeigt die Musterfunktion am Eingang des 2-Bit ADC vor und nach dem Abtaster. Es wurde angenommen, daß exakt in der Mitte eines Chips abgetastet wird. Das entsprechende Abtastraster ist eingezeichnet. Der Abtastwert ist mit einem Kreis gekennzeichnet. Weiters sind strichliert die Eindeutigkeitsintervalle[13] eingezeichnet und durchgezogen die Amplitudenschwellen.

Auf Grund der Philosophie des AIR-Prinzips[14] ist das *mag*-Signal, jenes Signal, welches als Schätzwert[15] der Chips des Direct-Sequence Signals angesetzt ist. Dadurch liefert es den entscheidenden Beitrag zur Datendetektion und ist für die Leistungsfähigkeit des Störungsreduktionsmechanismuses wesentlich verantwortlich. Daher zeigt das Bild links unten für das *mag*-Signal, welche Störkomponente im analogen Matched-Filter (durchgezogen) und im AIR-Empfänger (Abtastwerte sind mit einem Ring gekennzeichnet) berücksichtigt werden und welche unterdrückt werden. Im rechten oberen Bild sind von außen nach innen das *mag*-, *sig*- und Direct-Sequence Signal als Logikpegel (obere Hälfte logisch '1', untere Hälfte logisch '0') dargestellt. In diesem Bild sind die falschen Chipentscheidungen, sowohl für das *mag*-als auch das *sig*-Signal durch Sterne gekennzeichnet. Das rechte untere Bild beinhaltet die Auswertung des AIR-Störungsreduktionsmechanismus.

Der Gütefaktor des AIR-Störungsreduktionsmechanismus ist als untere Schranke, für die dargestellte Musterfunktion, in (12.33) angegeben. Als untere Schranke deswegen, weil nur das *mag*-Signal berücksichtigt wird, welches durch die hohe Gewichtung für den Datendetektionsvorgang auch das einflußreichste ist.

$$K_{int} = \frac{\left[n^2(k) + i^2(k)\right]_{\text{analog}}}{\left[n^2(k) + i^2(k)\right]_{\text{air}}} \qquad \text{Gütefaktor des AIR-Störungs-} \atop \text{reduktionsmechanismus} \tag{12.33}$$

In der Abb.12.31 wird gezeigt, wieso der AIR-Algorithmus bei dominierender CW-Störung[16] besser sein kann als ein analoger Empfänger äquivalenter Struktur, jedoch ohne Störungsreduktion. Das Teilbild links unten zeigt, daß der AIR-Algorithmus

---

[13]Die Eindeutigkeitsintervalle sind unter der Annahme, daß reine CW-Störung vorliegt, eingezeichnet worden.

[14]Auch des RIR-Empfängers.

[15]Unter der Annahme, daß die optimale Amplitudenschwelle eingestellt ist, dies muß man für den regulären Betrieb des Empfängers annehmen, nehmen diese gewichtet mit $k_r R$ an der Korrelation teil.

[16]Die reine CW-Störung ist jene Störkurvenform auf welche das AIR-Konzept optimiert wurde, weil sie für digitale Korrelationsempfänger die größte Minderung der Bitfehlerrate bewirkt.

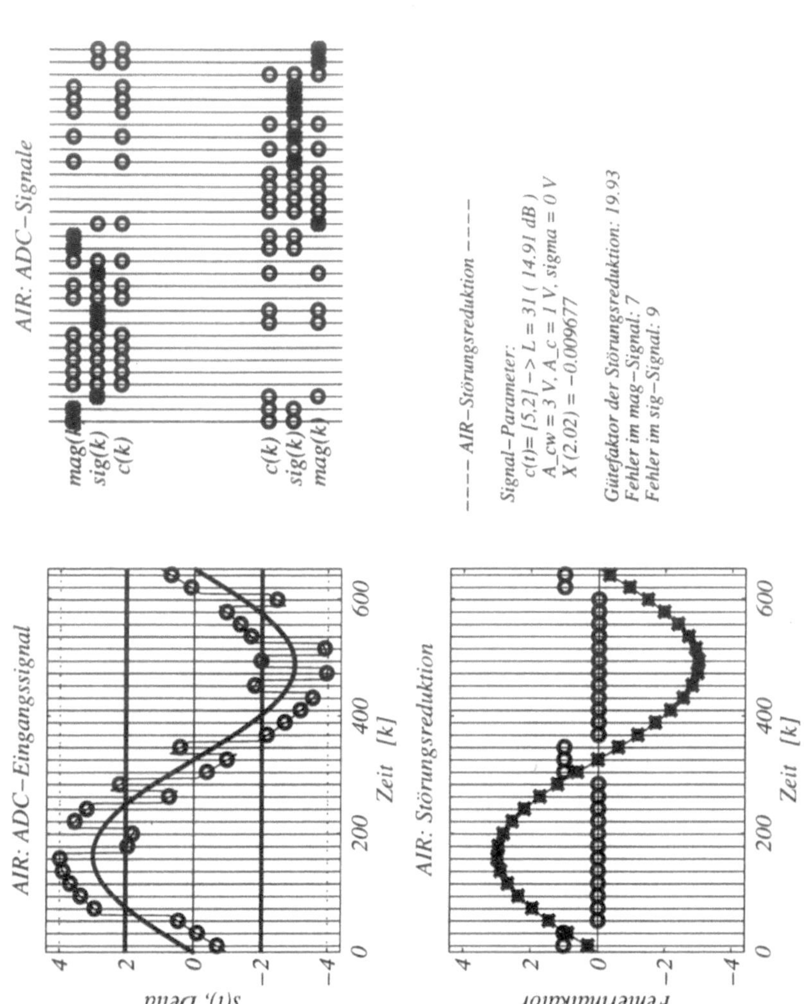

Abbildung 12.31: Veranschaulichung des Störreduktionsmechanismus des **AIR**-Algorithmus in reiner **CW**-Störung mit optimaler Amplitudenschwelle.

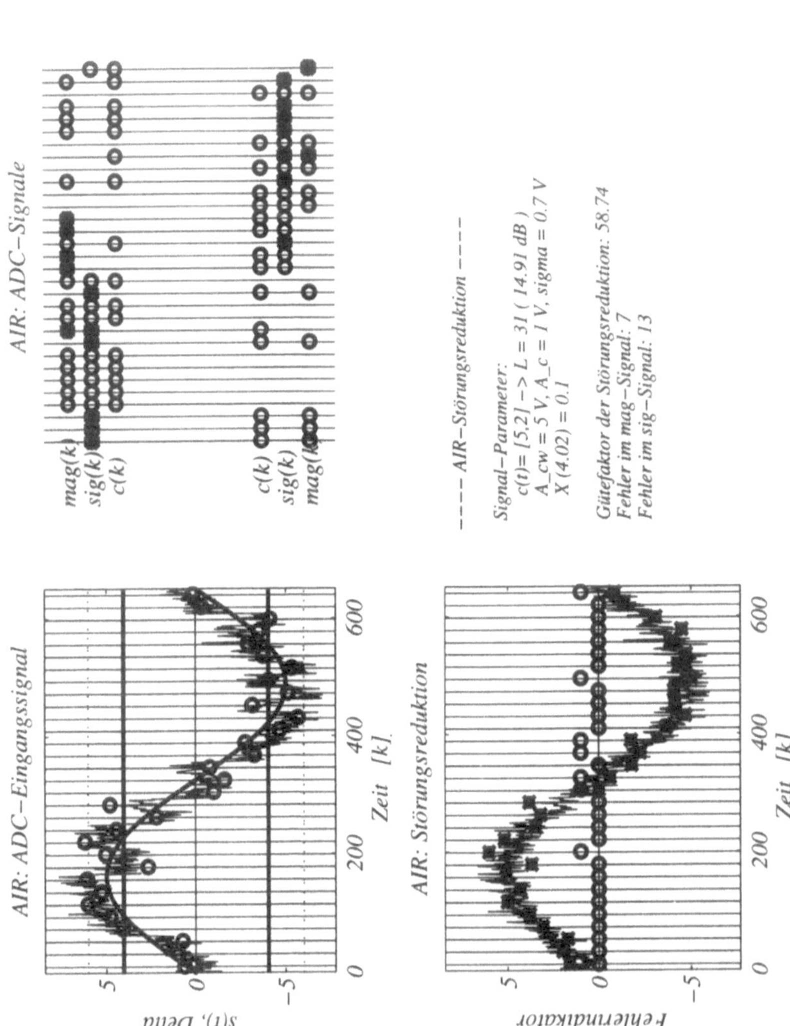

Abbildung 12.32: Veranschaulichung des Störreduktionsmechanismus des **AIR**-Algorithmus in kombinierter Störung mit optimaler Amplitudenschwelle.

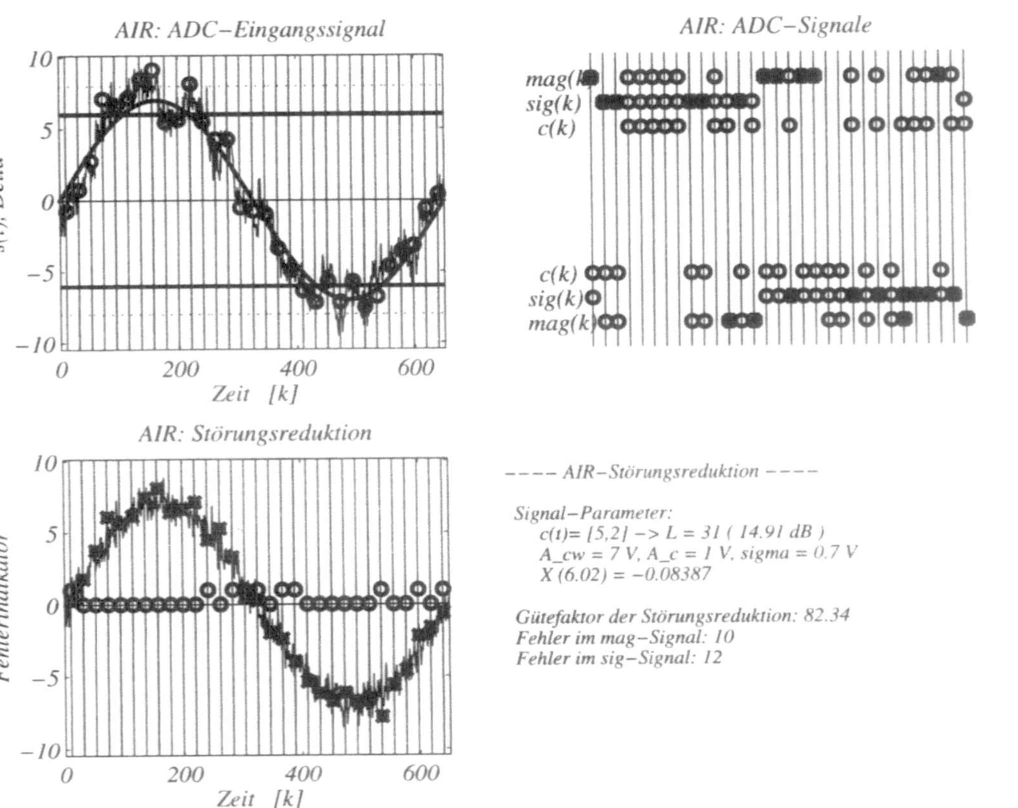

Abbildung 12.33: Veranschaulichung des Störreduktionsmechanismus des AIR-Algorithmus in kombinierter Störung mit optimaler Amplitudenschwelle, aber höherem CW-Anteil als in Abb.12.32.

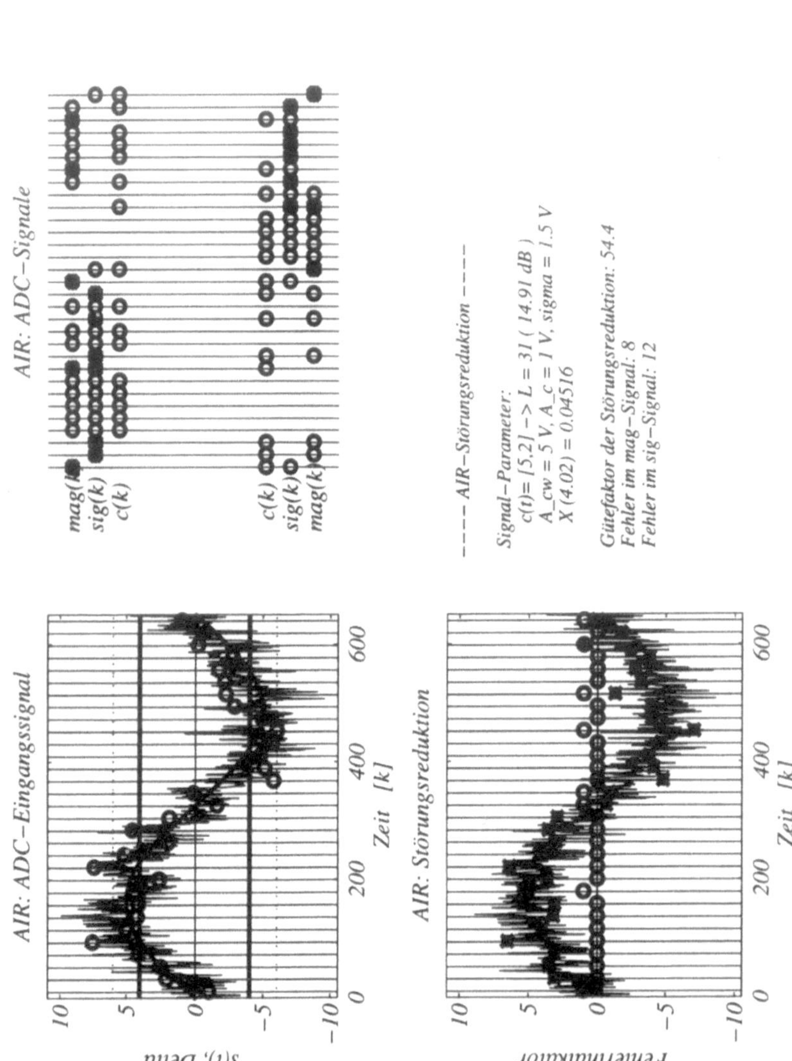

Abbildung 12.34: Veranschaulichung des Störreduktionsmechanismus des AIR-Algorithmus in kombinierter Störung mit optimaler Amplitudenschwelle, aber höherem **AWGN**-Anteil als in Abb.12.32.

viele Störkomponenten, um das Auftreten der Extremwerte[17] der CW-Störung, zu Null macht. Nur zu Zeiten, wenn das Signal die Vorzeichenschwelle passiert, ist die Störkomponente wesentlich vorhanden. Man erkennt, daß ungeachtet der Amplitude des Eingangssignals durch das AIR-Prinzip die Störung vollkommen unterdrückt werden kann. Daher ist der Störungsunterdrückungseffekt[18] umso signifikanter, wenn die CW-Störkomponente sehr hoch ist. Ein Vergleich der Abb.12.32 mit Abb.12.33 zeigt, daß durch einen höheren CW-Anteil im Signal die Störungsreduktion zugenommen hat.

Die Abb.12.35 bis Abb.12.38 zeigen einen Vergleich des AIR-Konzeptes mit dem RIR-Konzept für gleiche Signalsituationen. Aus diesen Abbildungen ist qualitativ die Verbesserung des AIR-Algorithmus erkennbar.

12.3.2 Theoretischer Konversionsgewinn

Die stationäre Analyse des theoretischen Konversionsgewinns geht davon aus, daß permanent die optimale Schwelle eingestellt ist. In Abb.12.39 bis Abb.12.42 ist der theoretische Konversionsgewinn des AIR-Empfängers dargestellt. Zum Vergleich sind auch die Konversionsgewinne des HL-Empfängers und des RIR-Empfängers eingezeichnet.

Die Abb.12.39 zeigt die Konversionsgewinne der LCD-Empfänger in konstanter AWGN-Störung und variierender CW-Störung. Wandert man vom linken Bildrand zum rechten Bildrand, so durchläuft man den Zustand dominierender CW-Störung bis zur dominierenden AWGN-Störung. Da konstantes, negatives SNR angenommen wurde ergeben sich für dominierende AWGN-Störung die Konversionsgewinne der LCD-Empfänger. Für den HL-Empfänger, -1.96 dB und für RIR- und AIR-Empfänger -0.5 dB (Vergleiche Abb.12.12). Mit zunehmendem CW-Anteil nimmt der Konversionsgewinn des HL-Empfängers stetig ab und nähert sich dem Wert -6.9 dB in dominierender CW-Störung. Die Konversionsgewinne des RIR- und AIR-Empfängers stimmen in dominierender AWGN-Störung überein und fächern mit zunehmendem CW-Anteil immer mehr auf. Der Konversionsgewinn des RIR-Empfängers strebt dem Wert von 4 dB zu und bleibt auf diesem. Der Konversionsgewinn des AIR-Empfängers zeigt seine Überlegenheit durch lineare Zunahme des Konversionsgewinns. Der Grund dieses Auseinanderlaufens der Kurven liegt darin, daß in dominierender CW-Störung die Chipamplituden im Vergleich zur CW-Amplitude verschwindend klein werden und daher für den RIR-Empfänger ein $pshm$=30% näherungsweise immer die gleiche Schwellenlage liefert. Diese Schwellenlage ist viel zu tief und eine beträchtliche Anzahl an falsch erkannten Chips gehen gewichtet in die Korrelation ein. Der AIR-Empfänger stellt seine Schwelle immer optimal ein und erzielt so immer ein Maximum an richtig erkannten Chips. Mit dieser Abbildung korrespondiert die Abb.12.43, in der das $SINR_v$ der Zufallsvariable V in Abhängigkeit zum $SINR_s$ der Zufallsvariable S dargestellt ist.

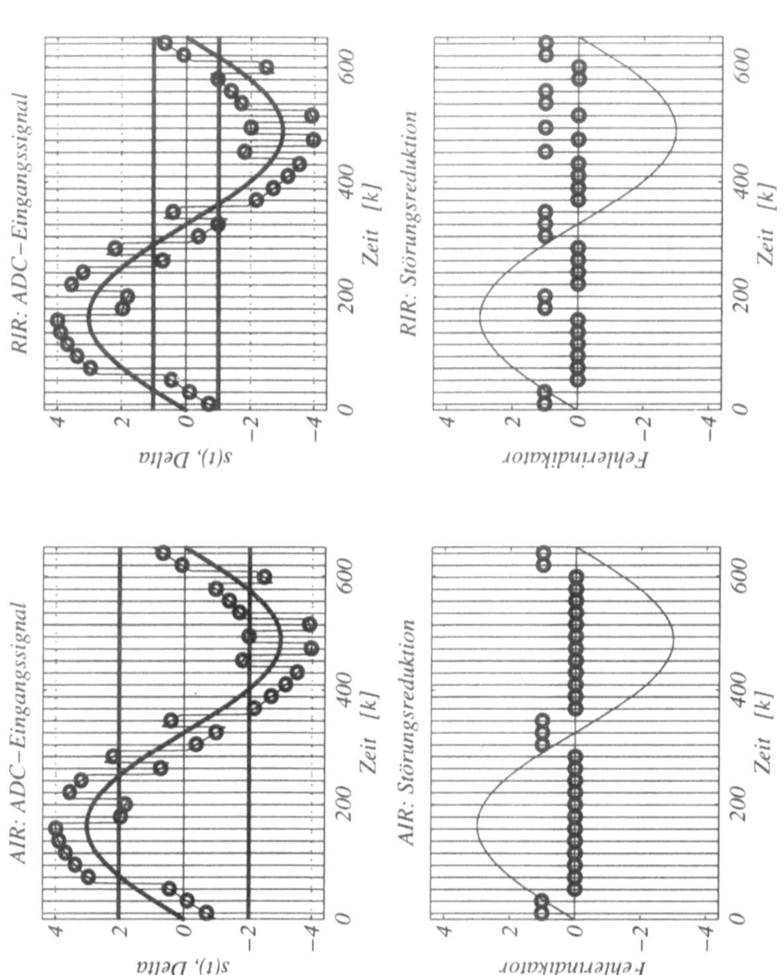

Abbildung 12.35: Vergleich des RIR-Konzeptes mit dem AIR-Konzept. Korrespondierend mit Abb.12.31. Ein Vergleich der Fehler des *mag*-Signals zeigt, daß das AIR-Konzept im Vergleich zum RIR-Konzept ein Fehlerverhältnis von 7:13 liefert.

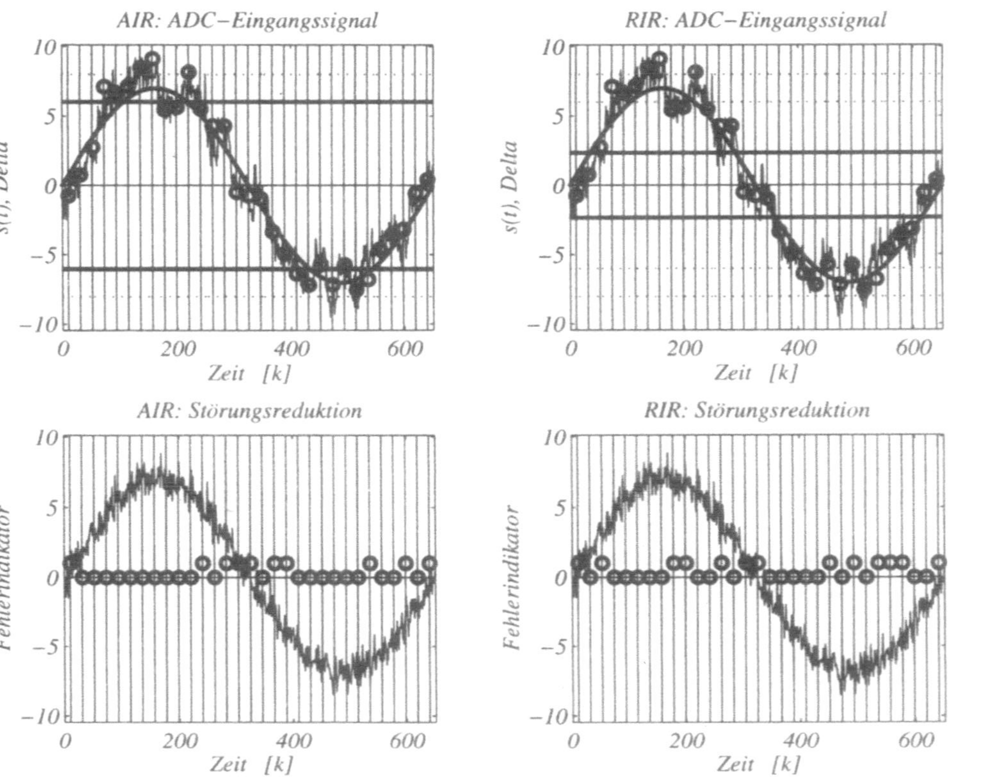

Abbildung 12.36: Vergleich des RIR-Konzeptes mit dem AIR-Konzept. Korrespondierend mit Abb.12.33. Ein Vergleich der Fehler des *mag*-Signals zeigt, daß das AIR-Konzept im Vergleich zum RIR-Konzept ein Fehlerverhältnis von 10:13 liefert.

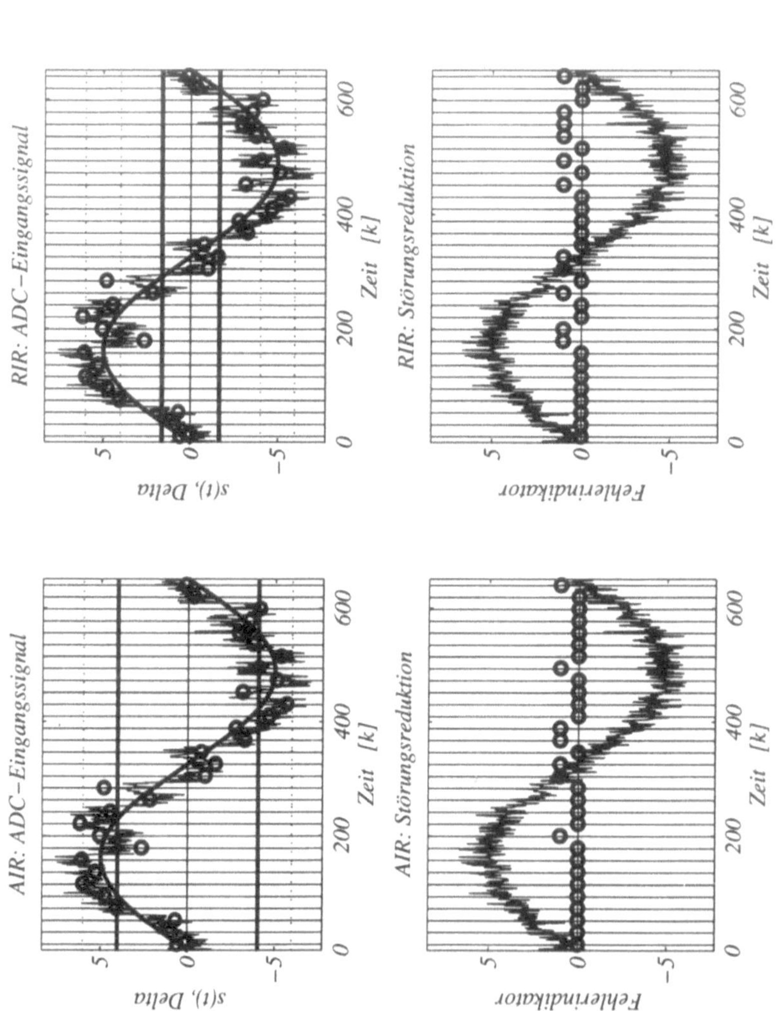

Abbildung 12.37: Vergleich des RIR-Konzeptes mit dem AIR-Konzept. Korrespondierend mit Abb.12.32. Ein Vergleich der Fehler des *mag*-Signals zeigt, daß das AIR-Konzept im Vergleich zum RIR-Konzept ein Fehlerverhältnis von 7:11 liefert.

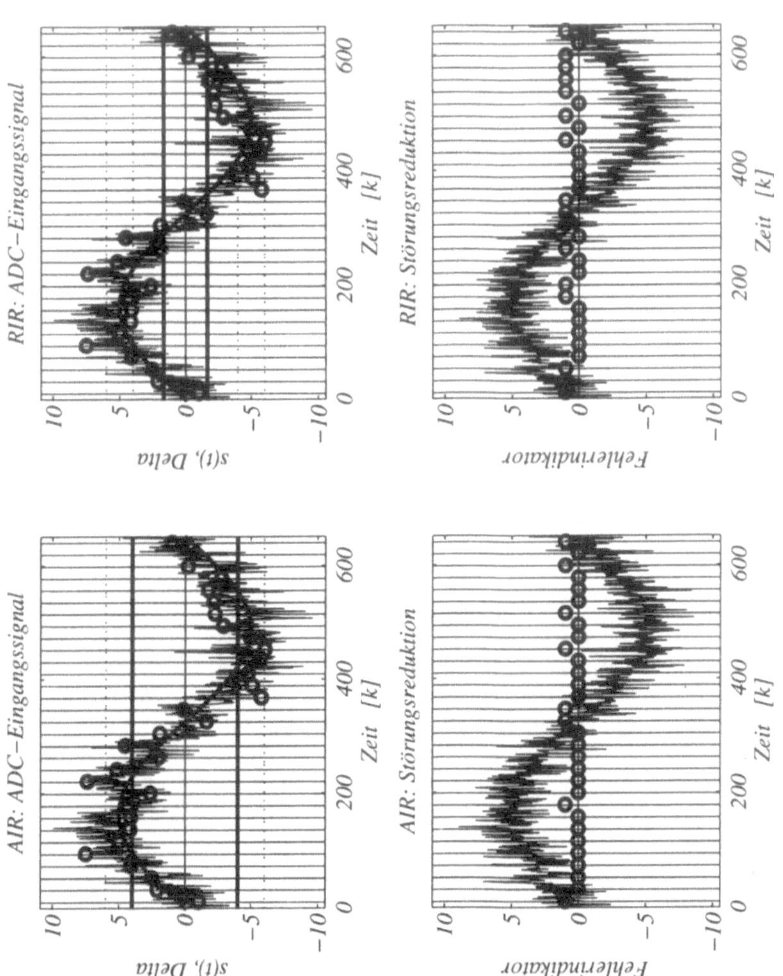

Abbildung 12.38: Vergleich des RIR-Konzeptes mit dem **AIR**-Konzept. Korrespondierend mit Abb.12.34. Ein Vergleich der Fehler des *mag*-Signals zeigt, daß das **AIR**-Konzept im Vergleich zum RIR-Konzept ein Fehlerverhältnis von 8:16 liefert.

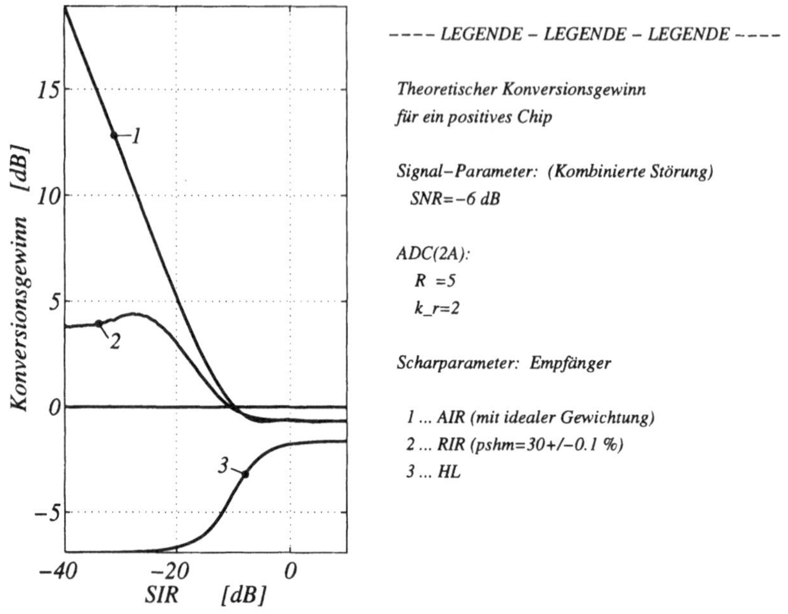

Abbildung 12.39: Theoretischer Konversionsgewinn der LCD-Empfänger in Abhängigkeit des SIR bei konstantem SNR .

In Abb.12.40 hat sich im Vergleich zur vorigen Abbildung nur das SNR von negativ zu positiv verändert. Der rechte Rand der Abbildung zeigt praktisch ungestörtes Direct-Sequence Signal (SIR =15 dB, SNR =6 dB). Bemerkenswert ist, daß bei zu idealen Signalverhältnissen der **RIR**-Empfänger, sein $pshm$=30% nicht einstellen kann. Dies ist folgendermaßen erklärbar: Legt er seine Schwelle unterhalb der Chipamplitude so ist $pshm$=100%, und er erhöht seine Schwelle über die Chipamplitude und erhält ein $pshm$=0%. Er springt praktisch immer zwischen diesen Extremen hin und her und der Konversionsgewinn nimmt, mit immer besser werdenden Signalverhältnissen, ab. Der **HL**-Empfänger wird mit abnehmender **CW**-Störung immer besser und nähert sich dem Konversionsgewinn von SNR =6 dB. Der **AIR**-Empfänger zeigt abermals seine Überlegenheit in dominierender **CW**-Störung und schmiegt sich für dominierende **AWGN**-Störung dem Konversionsgewinn des **HL**-Empfänger an. Den gleichen Sachverhalt zeigt die Abb.12.44 bezüglich des Gesamtstörverhältnisses.

In Abb.12.41 ist die Abhängigkeit des Konversionsgewinns vom **AWGN**-Anteil bei konstantem **CW**-Anteil dargestellt. Die Abb.12.42 zeigt die Abhängigkeit des Konversionsgewinns von der Störsignalzusammensetzung N/I, wenn das $SINR$ konstant bleibt.

---

[17] Zeitintervall T_x in Abb.12.30.

[18] Für solch einen speziellen Signalabtastwert darf man von Störungsunterdrückung sprechen. Generell darf man aber nur von Störungsreduktion sprechen.

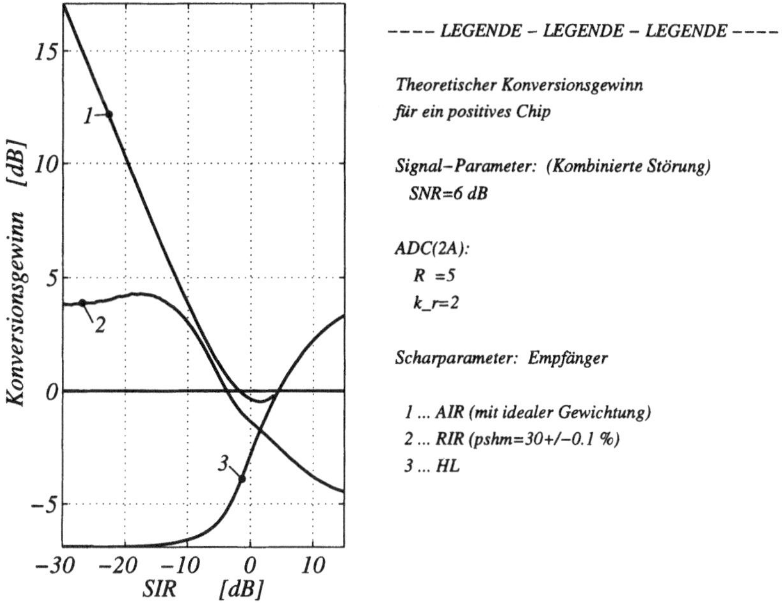

Abbildung 12.40: Theoretischer Konversionsgewinn der LCD-Empfänger in Abhängigkeit des *SIR* bei konstantem *SNR* .

12.3.3 Adaptive Schwellenregelung

In der Berechnung des theoretischen Konversionsgewinns wurde vorausgesetzt, daß in kombinierter Störung, für jede beliebige Störsignalzusammensetzung, die optimale Schwelle eingestellt ist.

Dazu ist es notwendig, daß die Zusammensetzung der Störsignale geschätzt wird. Für diese Schätzung muß mehr Information aus dem Signal $s(t)$ extrahiert werden als im RIR-Konzept notwendig war. Die Information, die gratis anfällt, sind die Nullstellen der Vorzeichenschwelle und die Nullstellen der Amplitudenschwellen. Diese Informationen über das Signal $s(t)$ bilden sich *Nullstellentreu* auf die Signale nach dem 2-Bit ADC (mag,sig) ab und stehen daher für die Schwellenregelung zur Verfügung.

Die Nullstellen des mag-Signals werden mit atc (amplitude threshold crossing) und die des sig-Signals mit stc (sign threshold crossing) bezeichnet. Die Nullstellenraten $patc$ und $pstc$ sind die auf das Beobachtungsintervall bezogenen Größen.

DEFINITION 12.3 (PATC) *Gibt an, wie oft im Mittel der Repräsentant des Prozesses $s(t)$ das Schwellenpaar kreuzt (Nullstellen für $s(t) \pm \Delta=0$). Zur Unterscheidung von echten Nullstellen, werden diese als Schwellennullstellen bezeichnet.*

$$patc(\Delta) = \boldsymbol{E}\,[\,|s(t)| - \Delta = 0\,] \tag{12.34}$$

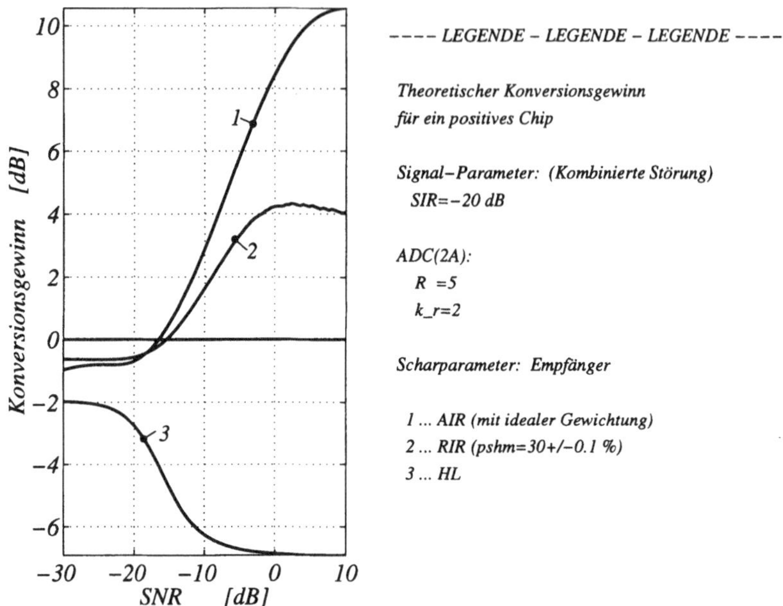

Abbildung 12.41: Theoretischer Konversionsgewinn der LCD-Empfänger in Abhängigkeit des *SNR* bei konstantem *SIR* .

DEFINITION 12.4 (PSTC) *Gibt die mittlere relative Anzahl der Nullstellen des Prozesses s(t) an. Diese werden gelegentlich, zur eindeutigen Unterscheidung von den Schwellennullstellen, als Vorzeichennullstellen bezeichnet.*

$$pstc = \boldsymbol{E}[\,s(t) = 0\,] = \frac{1}{2}\,patc(0) \qquad (12.35)$$

Die Gleichungen (12.34) und (12.35) sind die Definitionsgleichungen für *patc* und *pstc*. Sie sind mit den Signalen nach dem 2-Bit ADC ausgedrückt.

Die Unabhängigkeit vom Beobachtungsintervall für *patc*(Δ) und *pstc*(Δ) erhält man analog zum *pshm* in (12.29). Für *patc*(Δ) ist dies in (12.36) angegeben.

$$patc(\Delta) = \boldsymbol{E}\,[\,|s(t)| - \Delta = 0\,] = \lim_{K \to \infty} \frac{1}{K} \sum_{k=1}^{K} \overbrace{\frac{1}{\tau_{ob}} \int_{t=(k-1)\tau_{ob}}^{k\,\tau_{ob}} \underbrace{\boldsymbol{L_q}\,\{|s(t)| - \Delta = 0\}}_{\substack{\sigma\text{-Funktion} \\ \text{der Höhe=1}}}\,dt}^{R^{(k)}...k\text{-te Realisierung} \triangleq patc(\tau_{ob},\Delta)} \qquad (12.36)$$

$$\underbrace{}_{\underset{k}{\boldsymbol{E}}[\,|s(t)|-\Delta=0\,]...\text{Mittelung über }\tau_{ob}}$$

Die Berücksichtigung der Nullstellen des *mag*- und *sig*-Signals geht von der Über-

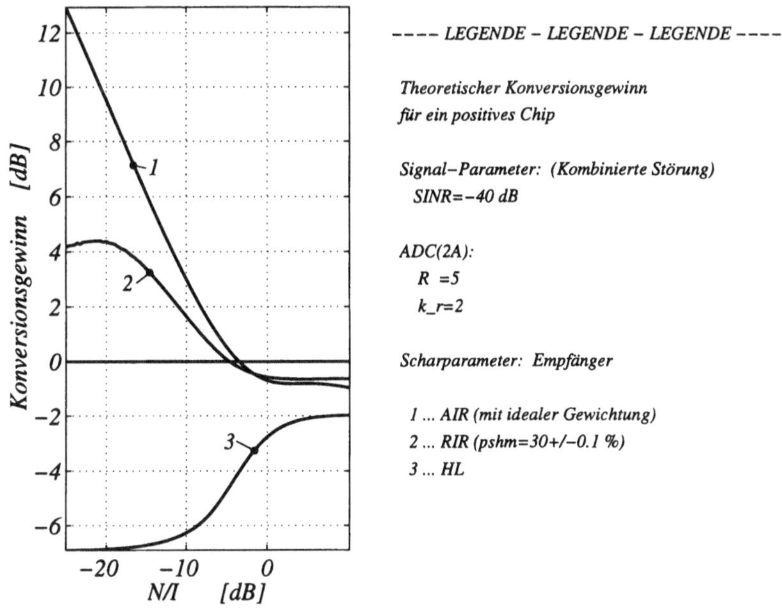

Abbildung 12.42: Theoretischer Konversionsgewinn der LCD-Empfänger in Abhängigkeit des N/I bei konstantem $SINR$.

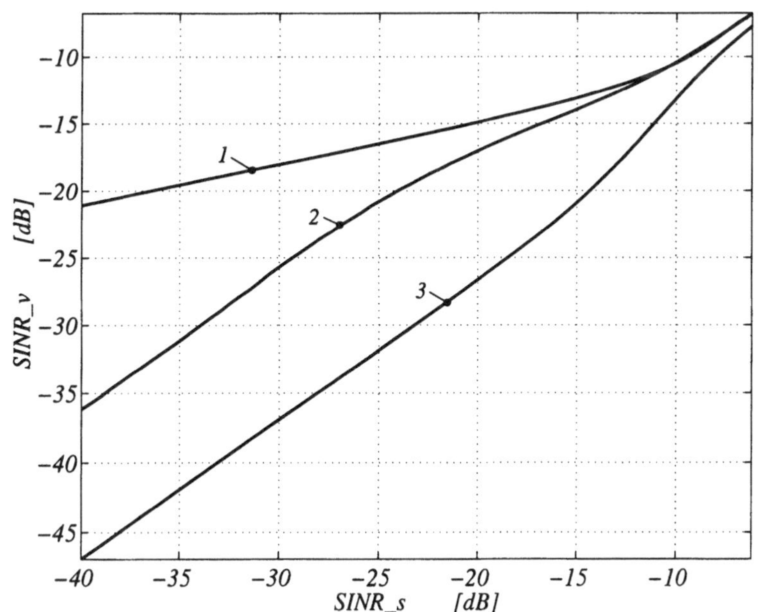

Abbildung 12.43: Korrespondiert mit Abb.12.39.

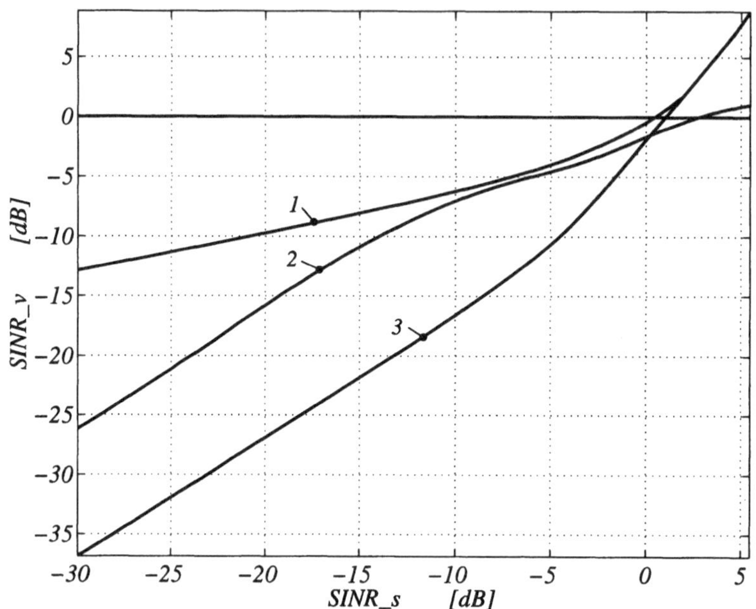

Abbildung 12.44: Korrespondiert mit Abb.12.40.

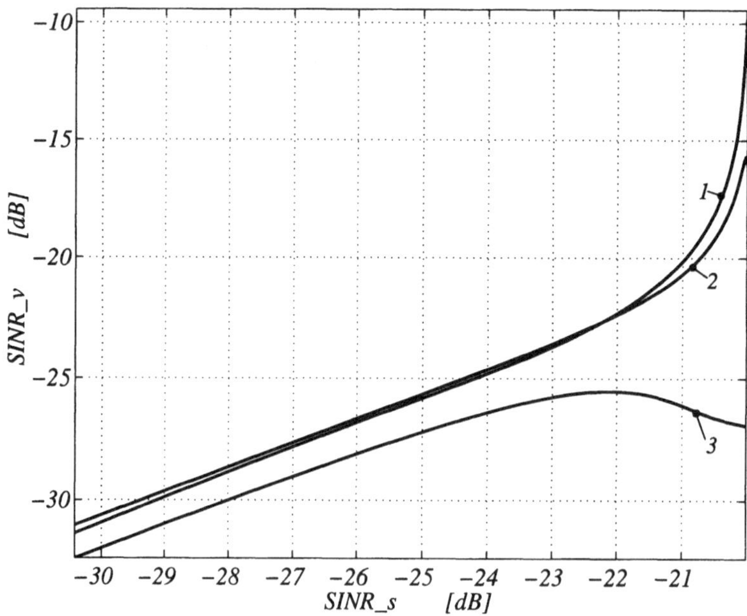

Abbildung 12.45: Korrespondiert mit Abb.12.41.

tragungscharakteristik des 2-Bit ADC in Abb.12.9 aus und ergibt die Zuordnungstabelle Tab.12.2 für *atc*- und *stc*-Ereignisse. Mit Hilfe dieser Tabelle wurde (12.37) erstellt.

Zustand	$mag(i-1)$	$mag(i)$	$sig(i-1)$	$sig(i)$	$stc(i)$	$atc(i)$
1	0	0	0	0	0	0
2	0	0	0	1	1	1
3	0	0	1	0	1	1
4	0	0	1	1	0	0
5	0	1	0	0	0	1
6	**0**	**1**	**0**	**1**	**1**	**2**
7	0	1	1	0	1	0
8	0	1	1	1	0	1
9	1	0	0	0	0	1
10	1	0	0	1	1	0
11	**1**	**0**	**1**	**0**	**1**	**2**
12	1	0	1	1	0	1
13	1	1	0	0	0	0
14	1	1	0	1	1	1
15	1	1	1	0	1	1
16	1	1	1	1	0	0

Tabelle 12.2: Zustandsdiagramm des 2-Bit ADC Ausgangssignals.

$$
\begin{aligned}
C_m &= \big[mag(i+k-2,\Delta) + mag(i+k-1,\Delta) + \\
&\quad sig(i+k-2) + sig(i+k-1)\big] \ (\text{mod } 2) \\
C_r &= \big[mag(i+k-2,\Delta) = sig(i+k-2)\big] \wedge \\
&\quad \big[sig(i+k-1) = mag(i+k-1,\Delta)\big] \wedge \\
&\quad \big[sig(i+k-2) \neq sig(i+k-1)\big] \\
pshm(k,n_{ob},\Delta) &= \frac{1}{n_{ob}} \sum_{i=1}^{n_{ob}} \mathbf{L_q}\{mag(i+k-1,\Delta) = sig(i+k-1)\} \\
patc(k,n_{ob},\Delta) &= \frac{1}{n_{ob}} \sum_{i=2}^{n_{ob}} \Big\{ \mathbf{L_q}\{C_m = 1\} + 2 \cdot \mathbf{L_q}\{C_r\} \Big\} \\
pstc(k) &= \frac{1}{n_{ob}} \sum_{i=2}^{n_{ob}} \mathbf{L_q}\{sig(i+k-1) \neq sig(i+k-2)\}
\end{aligned}
$$

$$(12.37)$$

Mit den drei Größen *pshm*, *patc* und *pstc*, welche ausschließlich aus dem *mag*- und *sig*-Signal gewonnen werden, wird eine Regelgröße geformt, welche die Schwelle, in nahezu jeder Störzusammensetzung, an die optimale Lage positioniert. An der Datenentscheidung ist das *mag*-Signal, nicht zuletzt wegen seiner starken Gewichtung, wesentlich beteiligt. Daher ist als optimale Lage, jene zu bezeichnen, welche die meisten Polaritätswechsel im *mag*-Signal (Schwellennullstellen) verursacht. Graphisch erkennt man dies in Abb.12.46. Den dargestellten Signalausschnitt von $s(t)$ kann man sich als das geradegebogene Maximum der Sinusstörung aus Abb.12.3 vorstellen. Die optimale Amplitudenschwelle soll, bedingt durch das Gewichtungsschema, im Eindeutigkeitsintervall nahe IB liegen. Diese Forderung soll in allen Störzusammensetzungen erhalten bleiben.

Prinzip der adaptiven Schwellenregelung:

Die optimale Amplitudenschwelle Δ_{opt} wird durch die adaptive Schwellenregelung so eingestellt, daß auf einen Amplitudenwert außerhalb von $|s(t)| > \Delta$ immer eine Nullstelle $(s(t) - \Delta = 0)$ folgt. Für diese Schwelle treten die maximal möglichen Chipwechsel auf und ermöglichen damit die verläßlichsten Chipentscheidungen.

$\rightarrow$ Regelt auf maximale Chipwechsel !

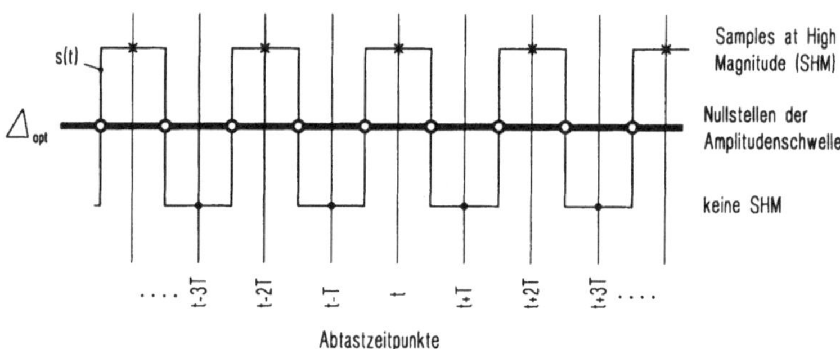

Abbildung 12.46: Die adaptive Schwellenregelung sucht diese Signalstruktur $(\xi = 1)$.

$$\boxed{X(k, n_{ob}, \Delta) = pshm(k, n_{ob}, \Delta) - k_a \cdot patc(k, n_{ob}, \Delta) - k_s \cdot pstc(k, n_{ob})}$$

$$(12.38)$$

Auf Grund dieser Forderung ergibt sich die in (12.38) zusammengesetzte Regelgröße der adaptiven Schwellenregelung in ihrer allgemeinsten Form. Die Regelstrategie schreibt vor, daß jene Schwelle einzustellen ist, welche die Regelgröße zu Null macht.

Daher ist jene Schwelle, welche X zu Null macht, eine ausgezeichnete Schwelle und wird mit Δ_0 bezeichnet (12.39).

Die Optimierungsaufgabe besteht in der Bestimmung der Konstanten k_a und k_s derart, daß die optimale Schwelle in jeder Störzusammensetzung eingestellt ist, wenn $X = 0$ ist. Monte-Carlo Simulationen des stationären Verhaltens der Schwelleneinstellung haben gezeigt, daß die Koeffizienten $k_a = 0.85$ und $k_s = 0.3$ das Optimierungskriterium[19] (12.40) erfüllen.

$$\boxed{X \mapsto 0 \;\circ\!\!-\!\!\bullet\; \Delta \mapsto \Delta_0} \tag{12.39}$$

$$\boxed{\Delta_0 \equiv \Delta_{opt}} \tag{12.40}$$

Variante	Störsituation	Auftreten
Z	Mittlere CW- und mittlere AWGN-Störung	häufig
H	Starke CW- und mittlere AWGN-Störung	häufig
Y	Nahezu reine AWGN-Störung	häufig
X	Nahezu reine CW-Störung	zur Verifizierung
W	Dominierende AWGN-Störung mit nicht vernachlässigbarer CW-Störung	unangenehm

Tabelle 12.3: Typische Störsituationen in kombinierter Störung.

Damit die Aussage *unter allen möglichen Störsituationen* gerechtfertigt ist werden fünf wesentlich verschiedene Störsituationen angenommen. Diese sind in Tab:12.3 aufgezählt. Weiters geben sie eine Überprüfungsmöglichkeit, ob das Regelkonzept den gewünschten Anforderungen nachkommt. Die Varianten an Störsituationen sind folgendermaßen zustandegekommen. Die Schwellenregelung muß in kombinierter Störung mit dominierendem CW-Anteil (Z, H) immer die optimale Schwelle ($\Delta_{opt} \approx A_{cw} - A_c$) einstellen können. Sie muß aber auch in nahezu reiner AWGN-Störung (Y) die optimale Schwelle ($\Delta_{opt} \approx 0$) einstellen. Die Störvariante W ist für die Schwellenregelung eine sehr unangenehme Störsituation, da sie den Übergang von dominierender AWGN- auf dominierende CW-Störung darstellt. Da in Zeitbereichen um die Extremwerte der Sinusstörung ($A_{cw} - A_c > 0$, und $-A_{cw} + A_c < 0$) die Chipentscheidung aus dem *sig*-Signal alleine, versagt.

---

[19]Dies gilt für einen Abtastwert pro Chip ($\xi = 1$). Im allgemeinen hängen k_a und k_s von ξ ab und sind für $\xi \neq 1$ entsprechend zu modifizieren.

Die Struktur der Regelgröße wurde aus der Überlegung abgeleitet, daß in dominierender CW-Störung die Regelgröße Null werden soll.

$$X \; = \; pshm - patc - pstc \approx pshm - patc = 0$$
$$\rightarrow \; pshm \approx patc \qquad (12.41)$$

Durch Simulationen wird belegt, daß die adaptive Schwellenregelung jede Störung von dominierender CW bis dominierendem AWGN beherrscht. Als CW-Quelle wird ein inkohärenter CW-Störer angenommen. Die in Tab.12.3 aufgezählten Störvarianten sind für die Monte-Carlo Simulationen in Tab.12.4 umgesetzt und in den Abb.12.47 bis Abb.12.51 dargestellt.

Stör-variante	Amplituden			Signal/Störabstand	
	A_c [V]	$A_{cw,max}$ [V]	σ_n [V]	SIR [dB]	SNR [dB]
Z	1	4.472	1.413	-10	-3
H	1	14.14	1.413	-20	-3
Y	1	0.1414	1.995	20	-6
X	1	14.14	0.1	-20	20
W	1	1.048	0.316	2.6	10

Tabelle 12.4: Signalkennwerte der untersuchten Störvarianten in kombinierter Störung. Korrespondiert mit Tab.12.3.

Die Simulationen zeigen, daß die Nullstelle von X, egal welche Art der Störung dominiert, immer in der Nähe der optimalen Amplitudenschwelle liegt.
In jeder Abbildung sind die schwellenlagenabhängigen Größen der Regelung einzeln, und die damit gebildete Regelgröße dargestellt. Jede Abbildung zerfällt in zwei Teilbilder. Das obere Bild zeigt die Größen der Schwellenregelung in Abhängigkeit der Amplitudenschwelle. Es ist das zugehörige Eindeutigkeitsintervall (UAI) für reine CW-Störung eingezeichnet und jener Amplitudenbereich (WA) indem die shm mit $R' = k_r \cdot R$ gewichtet werden. Das untere Bild zeigt die Korrelation des empfangenen und verarbeiteten Signal mit einer lokalen Kopie des Direct-Sequence Signals in Abhängigkeit der Schwelle unter der Annahme, daß perfekte Spread-Spectrum Synchronisation herrscht.

Die Störvariante Z in Abb.12.47 zeigt, daß Δ_0 knapp über $A_{cw} - A_c$ liegt und somit ideal eingestellt ist. Dies bleibt auch so, wenn der CW-Anteil weiter zunimmt (Abb.12.48). In dominierender AWGN-Störung stellt sich die Schwelle Δ_0 nahe zur Vorzeichenschwelle. Auch in der unangehmen Störvariante W liegt Δ_0 sicher im Eindeutigkeitsintervall nahe der unteren Grenze IB.

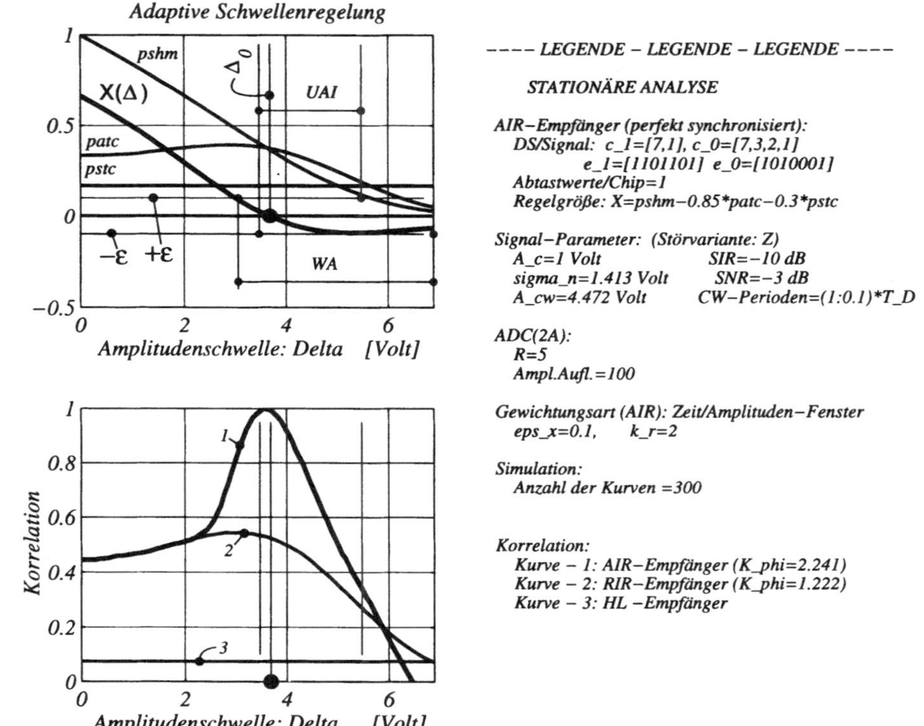

Abbildung 12.47: Störsituation Z: Stationäres Verhalten der adaptiven Schwellenregelung in kombinierter Störung (SIR =-10 dB, SNR =-3 dB, k_a =0.85, k_s =0.3, c_1 =[7,1], c_0 =[7,3], R =5, k_r=2, ϵ_x =0.1, UAI=Eindeutigkeitsintervall, WA=Gewichtungsgebiet). Das untere Bild zeigt die Korrelation in Abhängigkeit der Schwelle unter der Annahme der perfekten Spread-Spectrum Synchronisation.

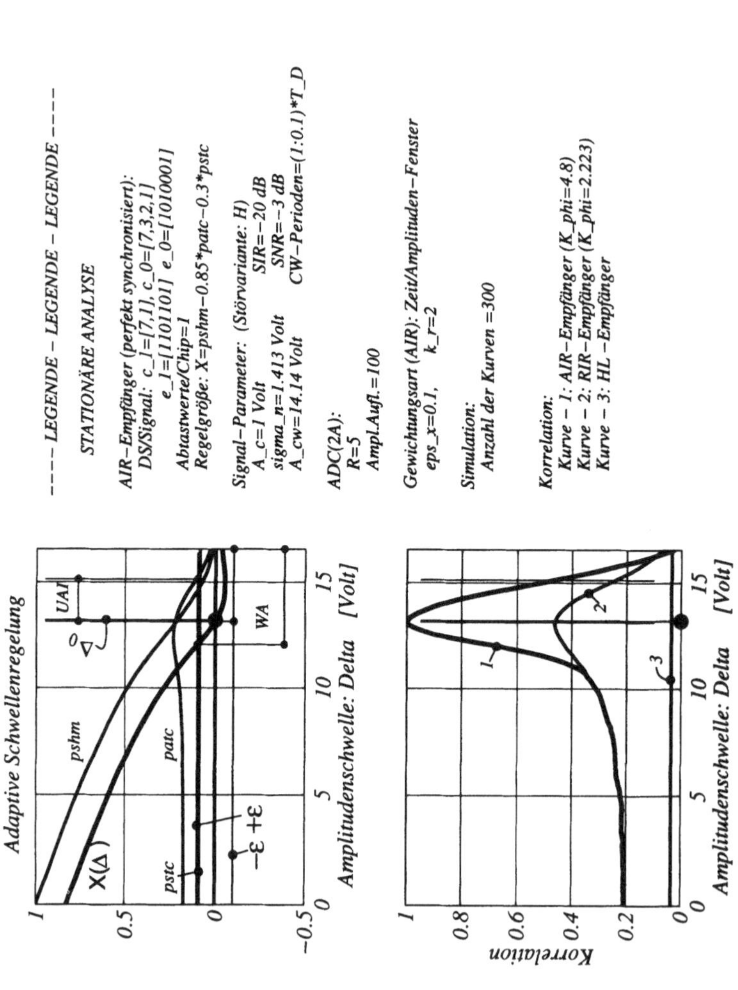

Abbildung 12.48: Störsituation H: Stationäres Verhalten der adaptiven Schwellenregelung in kombinierter Störung ($SIR =-20$ dB, $SNR =-3$ dB, $k_a =0.85$, $k_s =0.3$, $c_1 =[7,1]$, $c_0 =[7,3]$, $R =5$, $k_r =2$, $\epsilon_x =0.1$, UAI=Eindeutigkeitsintervall, WA=Gewichtungsgebiet). Das untere Bild zeigt die Korrelation in Abhängigkeit der Schwelle unter der Annahme der perfekten Spread-Spectrum Synchronisation.

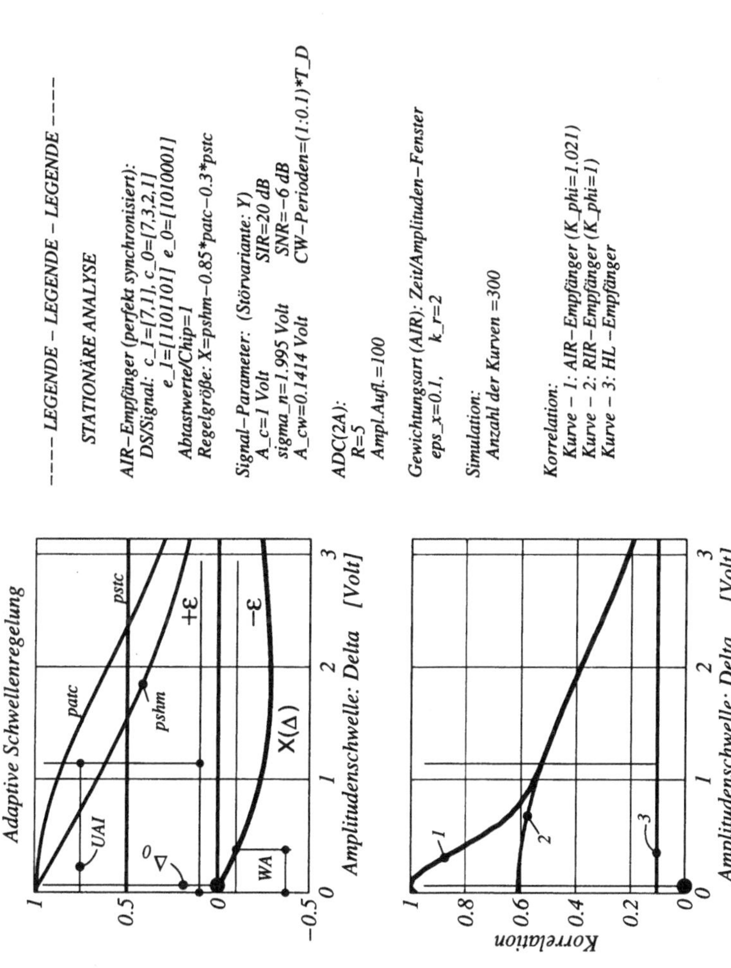

Abbildung 12.49: Störsituation Y: Stationäres Verhalten der adaptiven Schwellenregelung in dominierender **AWGN**-Störung (SIR =20 dB, SNR =–6 dB, k_a =0.85, k_s =0.3, c_1 =[7,1], c_0 =[7,3], R =5, k_r=2, ϵ_x =0.1, **UAI**=Eindeutigkeitsintervall, **WA**=Gewichtungsgebiet). Das untere Bild zeigt die Korrelation in Abhängigkeit der Schwelle unter der Annahme der perfekten Spread-Spectrum Synchronisation.

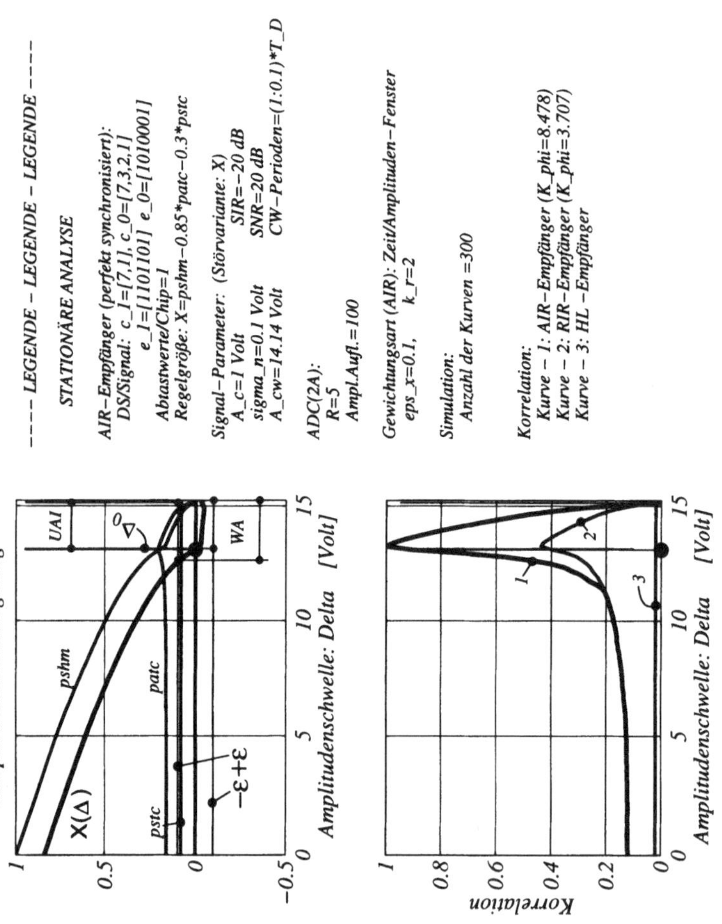

Abbildung 12.50: Störsituation X: Stationäres Verhalten der adaptiven Schwellenregelung in dominierender CW-Störung (SIR =−20 dB, SNR =20 dB, k_a =0.85, k_s =0.3, c_0 =[7,1], c_1 =[7,3], R =5, k_r=2, ϵ_x =0.1, UAI=Eindeutigkeitsintervall, WA=Gewichtungsgebiet). Das untere Bild zeigt die Korrelation in Abhängigkeit der Schwelle unter der Annahme der perfekten Spread-Spectrum Synchronisation.

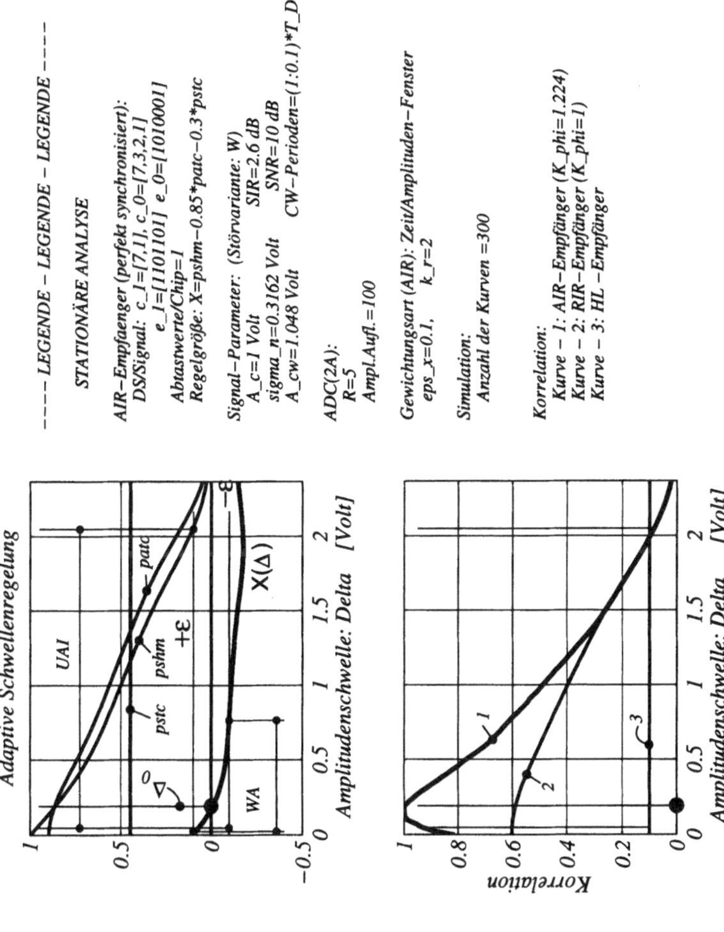

Abbildung 12.51: Störsituation W: Stationäres Verhalten der adaptiven Schwellenregelung in kombinierter Störung (SIR =2.6 dB, SNR =10 dB, k_a =0.85, k_s =0.3, c_0 =[7,3], R =5, k_r=2, ϵ_x =0.1, **UAI**=Eindeutigkeits-intervall, **WA**=Gewichtungsgebiet). Das untere Bild zeigt die Korrelation in Abhängigkeit der Schwelle unter der Annahme der perfekten Spread-Spectrum Synchronisation.

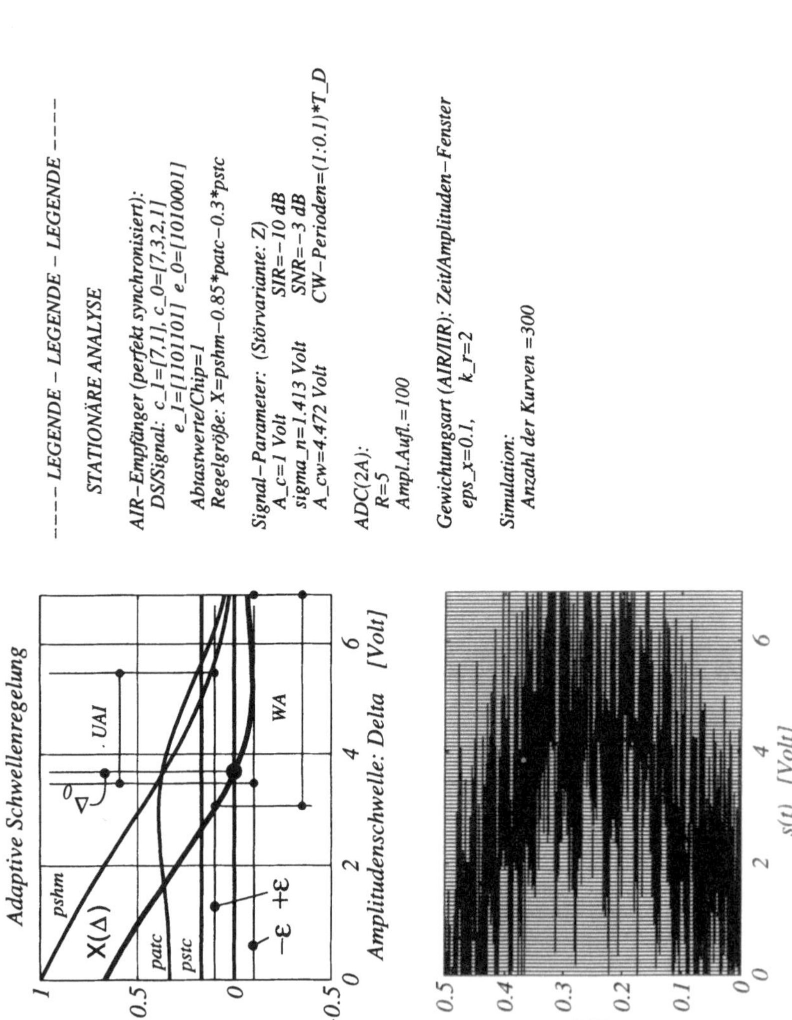

Abbildung 12.52: Adaptive Schwellenregelung: *Oben:* Regelgröße $X(\Delta)$, *Unten:* Musterfunktion (Positive Halbwelle der Sinusstörung). Korrespondiert mit Abb.12.47.

In Abb.12.52 zeigt das untere Teilbild ein typisches Eingangssignal. Aus diesem erkennt man, daß Δ_0 jene Schwelle ist, welche die meisten Polaritätswechsel im *mag*-Signal verursacht.

Aus der Variante Z erkennt man, daß *pshm* für kleine Δ-Einstellungen nahezu linear abnimmt und *patc* und *pstc* etwa konstant bleiben. Daraus folgt, daß die Regelgröße für kleine Schwellen die Tendenz von *pshm* aufweist.

Zusammenfassend kann man sagen, daß die Schwellenregelung des AIR-Empfänger, in allen realistischen Störvarianten (Z, H, Y, W), die optimale Schwellenlage, für $X = 0$, annimmt. Auch mit der unangenehmen Störvariante W kommt der AIR-Empfänger ausgezeichnet zurecht.

12.3.3.1 Stationäre Modelle der adaptiven Schwellenregelung

Die adaptive Schwellenregelung wird mit Hilfe der Theorie der *Schwellennullstellen (Level-Crossing-Problem)* modelliert. Eine Einführung in die Theorie der Schwellennullstellen findet man im Abschnitt D.6.

Der zu betrachtende Prozeß wird durch das repräsentative Eingangssignal in (12.42) beschrieben. Als CW-Störung wird eine kohärente CW-Störung mit gleichverteilter Phase angenommen.

$$s(t) = A_{cw} \sin(2\pi f_{cw} t + \varphi) + n(t) + d(t)\, c(t) = u(t) + d(t)\, c(t)$$

$$(12.42)$$

Als Bestandteil der Regelgröße (12.38) ist das *pshm* in (12.5) gegeben. Die fehlenden Anteile zufolge Schwellen- und Vorzeichennullstellen werden hier nachgeholt.

Die stationären Modelle werden in theoretische und heuristische Schwellenmodelle eingeteilt.

Die Grundlagen einer exakten Theorie zu diesem Thema hat Steven Rice 1945 in [Rice45] entwickelt. Die hier beschriebenen Modelle sind Näherungen und wesentlich einfacher zu handhaben. Sie bauen auf den Schwellennullstellen einer einzelnen Schwelle in AWGN auf [Blachman82, Bendat58, Bendat86, Middleton87].

Das theoretische Modell wird als *Faltungsmodell* bezeichnet und basiert auf den Definitionen 12.3 und 12.4. Weil der ADC$^{(2A)}$ ein um die Vorzeichenschwelle regelbares Schwellenpaar verwendet muß die Theorie der Schwellennullstellen nach (12.43) modifiziert werden.

$$patc_x(\Delta) = N_x(\Delta) + N_x(-\Delta) = 2\, N_x(\Delta) \tag{12.43a}$$

$$pstc_x = N_x(\Delta = 0) \tag{12.43b}$$

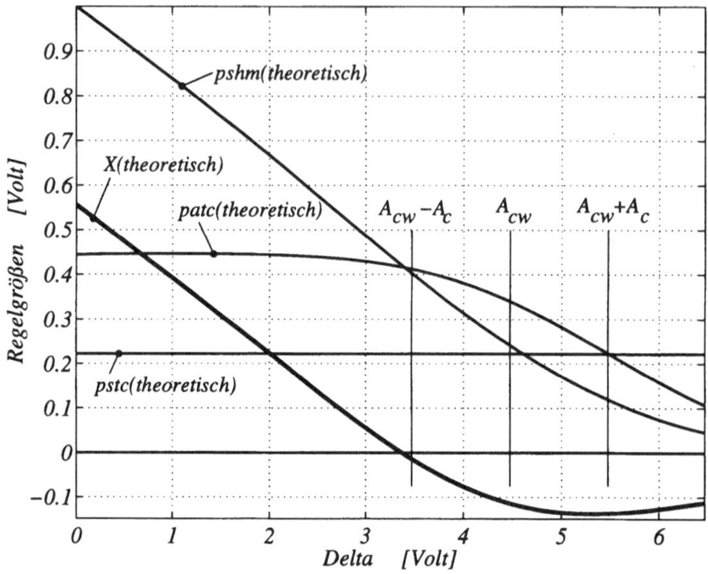

Abbildung 12.53: Faltungsmodell: Theoretische Regelgröße berechnet nach dem Faltungsmodell in kombinierter Störung. Die Störung korrespondiert mit der Variante Z in Tab.12.4 ($k_a = 0.85, k_s = 0.3$).

In (12.43) kennzeichnet $N_x(\Delta)$ die Nullstellenrate für eine bestimmte Schwelle und Störung x. Durch die Annahme, daß die Störsignale mittelwertfrei sind und das Schwellenpaar symmetrisch um den Nullpunkt angeordnet ist folgt (12.43a). Den Wert für $patc(\Delta)$ in kombinierter Störung erhält man durch die Faltung des $patc_i(\Delta)$ für CW-Störung und $patc_n(\Delta)$ für AWGN-Störung.

$$
\begin{aligned}
patc(\Delta) &= patc_i(\Delta) * patc_n(\Delta) = \\
&= \int_{-\infty}^{\infty} patc_i(\Delta - \xi) \cdot patc_n(\xi)d\xi = \frac{1}{A_{cw}} * e^{-\frac{\Delta^2}{2\sigma_n^2}} = \\
&= \frac{1}{A_{cw}}\left[\int_{0}^{\Delta+A_{cw}} e^{-\frac{\xi^2}{2\sigma_n^2}}d\xi - \int_{0}^{\Delta-A_{cw}} e^{-\frac{\xi^2}{2\sigma_n^2}}d\xi \right] = \qquad (12.44) \\
&= \frac{1}{A_{cw}}\left[\mathrm{erf}\left(\frac{\Delta+A_{cw}}{\sqrt{2}\sigma_n}\right) - \mathrm{erf}\left(\frac{\Delta-A_{cw}}{\sqrt{2}\sigma_n}\right) \right]
\end{aligned}
$$

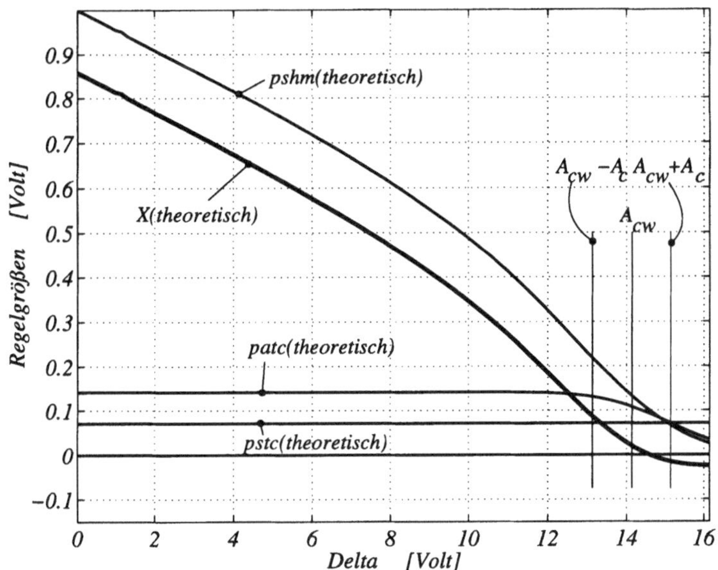

Abbildung 12.54: Faltungsmodell: Theoretische Regelgröße berechnet nach dem Faltungsmodell in kombinierter Störung. Die Störung korrespondiert mit der Variante H in Tab.12.4 ($k_a = 0.85$, $k_s = 0.3$).

Für ein positives Chip wird aus der Gleichung (12.44) die Gleichung (12.45).

$$patc(\Delta) = \frac{1}{A_{cw}} \left[\text{erf}\left(\frac{\Delta + A_{cw} - A_c}{\sqrt{2}\sigma_n} \right) - \text{erf}\left(\frac{\Delta - A_{cw} - A_c}{\sqrt{2}\sigma_n} \right) \right] \tag{12.45}$$

In Abb.12.53 und Abb.12.54 sind die Größen $patc(\Delta)$ und $pstc$ nach (12.45) und (12.43b) dargestellt. Damit wurde die Regelgröße X nach (12.38) mit $k_a = 0.85$ und $k_s = 0.3$ berechnet.

Ein Vergleich der theoretischen Ergebnisse in Abb.12.53 und Abb.12.54 mit den Simulationen in Abb.12.56 bis Abb.12.59 zeigt, daß das Faltungsmodell die Realität gut wiedergibt. Die Abweichungen zwischen Theorie und Simulation kommt durch die einfachen Annahmen und dem Unterschied in den Beobachtungsintervallen zustande. Die Simulationen sind für ein endliches Beobachtungsintervall erstellt worden und die theoretischen Ergebnisse setzen ein unendliches Beobachtungsintervall voraus.

Zu den heuristischen Modellen gehören das *Anordnungs-*, das *Einfache Anordnungs-*, das *Unmodulierte-* und das *Numerische-Modell*. Die Vorstellung die zu diesen Modellen geführt hat ist, daß einer mittelwertfreien AWGN-Störung bei festgehaltener

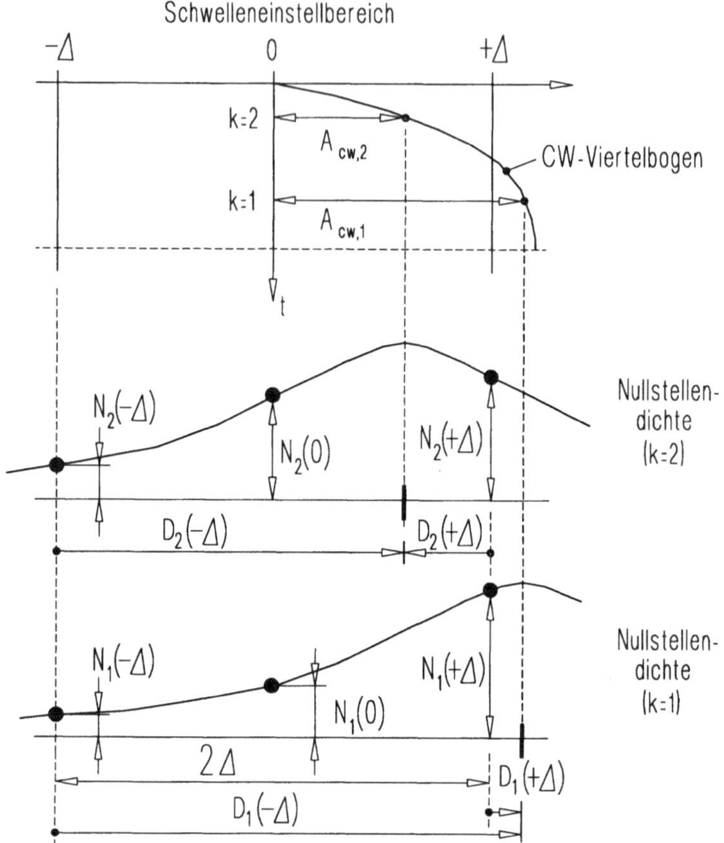

Abbildung 12.55: Skizze zur Berechnung der *patc*(Δ) und *pstc* des numerischen Modells.

CW-Amplitude mit oder ohne Chipamplitude überlagert ist. Die Ergebnisse dieser parametrisierten, mathematischen Modelle werden durch Simulationen verifiziert.

Die Nullstellenrate einer einzelnen Schwelle Δ in mittelwertfreiem **AWGN** ist in (12.46) gegeben. In (12.46) kennzeichnet N_0 die Anzahl der Nullstellen für die Schwelle gleich Null ($N_0 = N(\Delta = 0)$). Diese werden zur besseren Unterscheidung von den Schwellennullstellen als Vorzeichennullstellen bezeichnet. In den Modellen, die die Direct-Sequence Modulation vernachlässigen wurde $N_0 = 1/2$ gesetzt, in jenen, in denen sie berücksichtigt wird, wurde $N_0 = 1/\sqrt{3}$ gesetzt.

$$N(\Delta) = N_0\, e^{-\frac{1}{2}\left(\frac{\Delta}{\sigma_n}\right)^2} \tag{12.46}$$

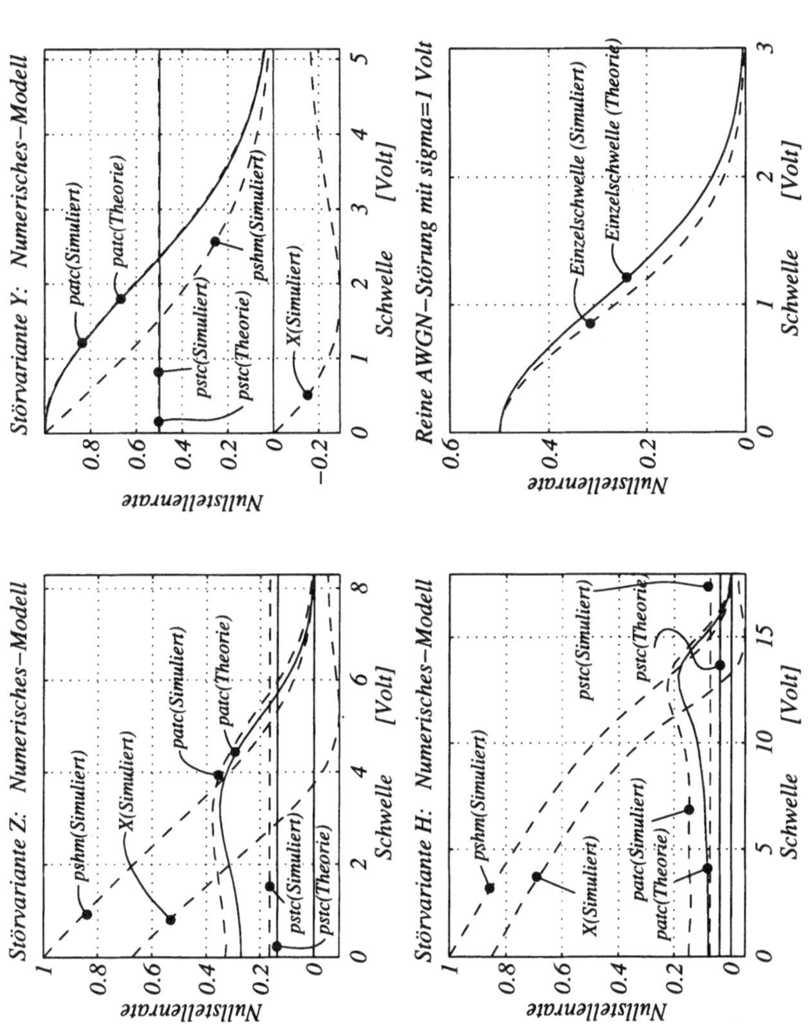

Abbildung 12.56: Numerisches Modell: Vergleich der theoretischen Nullstellenraten in kombinierter Störung mit Simulationen. Das Bild rechts unten zeigt die Nullstellenrate einer einzelnen Schwelle in **AWGN**.

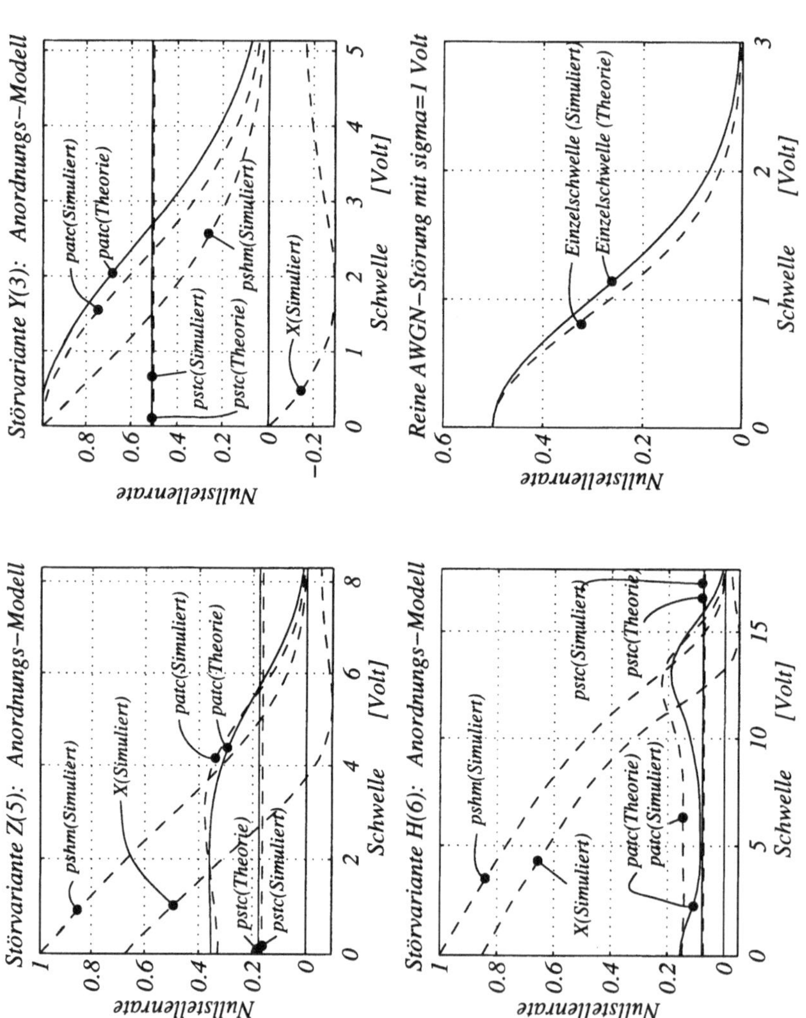

Abbildung 12.57: Anordnungsmodell: Vergleich der theoretischen Nullstellenraten in kombinierter Störung mit Simulationen. Das Bild rechts unten zeigt die Nullstellenrate einer einzelnen Schwelle in **AWGN**.

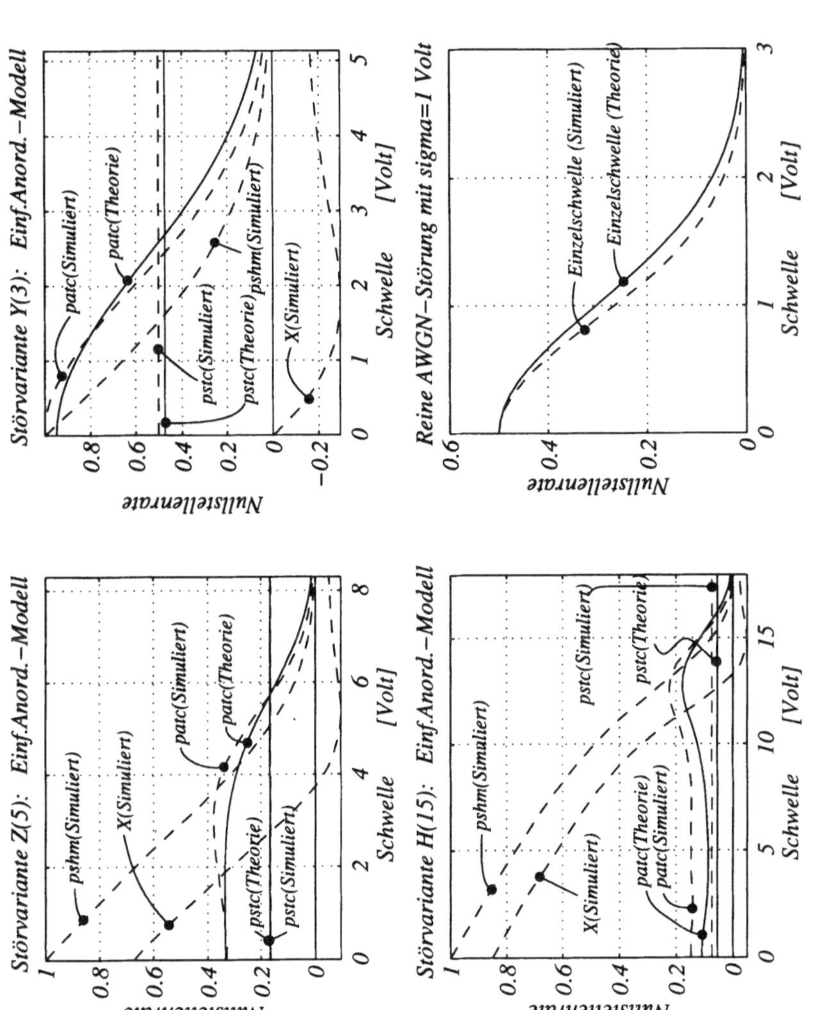

Abbildung 12.58: Einfaches Anordnungsmodell: Vergleich der theoretischen Nullstellenraten in kombinierter Störung mit Simulationen. Das Bild rechts unten zeigt die Nullstellenrate einer einzelnen Schwelle in AWGN.

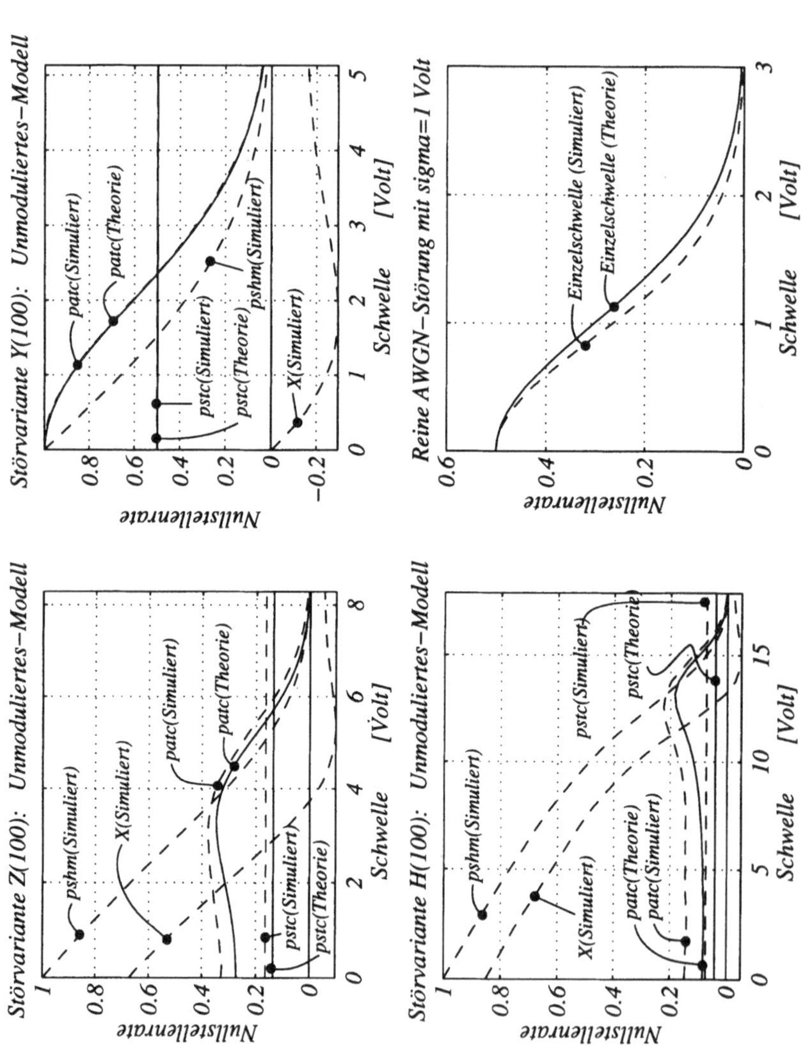

Abbildung 12.59: Unmoduliertes Modell: Vergleich der theoretischen Nullstellenraten in kombinierter Störung mit Simulationen. Das Bild rechts unten zeigt die Nullstellenrate einer einzelnen Schwelle in **AWGN**.

Das *Numerische Modell* vernachlässigt die Direct-Sequence Modulation und bestimmt die Schwellennullstellen des 2-Bit ADC aus der kombinierten Störung. Mit Hilfe des Überlagerungsprinzips wird das $patc(\Delta)$ nach Abb.12.55 bestimmt, indem die Schwellennullstellen für die positive und negative Schwelle aufintegriert werden. Die Integration in (12.47b) wurde numerisch[20] ausgeführt.

Die Übereinstimmung des numerischen Modells mit Simulationen zeigt die Abb.12.56. Die Abbildung zerfällt in vier Teilbilder. Alle Teilbilder zeigen neben den theoretischen Werten (Berechnung nach dem Modell) und simulierten Werte der Nullstellenraten $patc$, $pstc$ noch die simulierten Werte für $pshm$ und X. Die vier Teilbilder unterscheiden sich in der Art der Störung.

$$N(\mp\Delta) = \frac{N_0}{T'} \int_{t=0}^{T'=T/4} \mathrm{e}^{-\frac{1}{2}\left[\left(A_{cw}\sin\left(\frac{2\pi}{T}t\right)\pm\Delta\right)/\sigma_n\right]^2} dt \qquad (12.47a)$$

$$N(\mp\Delta) = \frac{2N_0}{\pi} \int_{\varphi=0}^{\pi/2} \mathrm{e}^{-\frac{1}{2}\left[(A_{cw}\sin(\varphi)\pm\Delta)/\sigma_n\right]^2} d\varphi \qquad (12.47b)$$

$$\longrightarrow\ patc(\Delta) = N(\Delta) + N(-\Delta) \qquad (12.47c)$$

Im *Anordnungsmodell* wird zum Unterschied des vorangegangenen Modells die Direct-Sequence Modulation berücksichtigt. Aus Symmetriegründen genügt es K Chips längst des CW-Viertelbogens, nach einem vorgegebenen Schema, anzuordnen. Die $A_{cw,k}$ kennzeichnen jene CW-Amplituden auf denen die Chips sitzen, und welche in der Berechnung berücksichtigt werden. Damit die Gleichung 12.48 in allen Störzusammensetzungen ihre Gültigkeit behält, muß man eine minimale und maximale Anzahl an Chips vorgegeben. Damit das Anordnungsschema seinen Sinn nicht verliert, muß $K > 3$ sein. Andererseits muß die Rechenzeit beschränkt bleiben und ein $K > 6$ ist nur mehr sinnvoll mit Rechnerunterstützung zu bewältigen. Kennt man die Datenrate und die Frequenz der CW-Störung, so kann man das tatsächliche K bestimmen.

Das vorgegebene Chip-Anordnungsschema wird durch die Funktion $\Psi_k^{(l)}(K)$ bereitgestellt. Sie wandelt die Dezimalzahl l in eine K-stellige Binärzahl um und gibt das k-te Bit ($\in \{\pm1\}$), als Repräsentant des k-ten Chips, aus. Die größte, mit K-Bit Breite darstellbare Dezimalzahl ist $L = 2^K - 1$ und damit gibt es $L + 1 = 2^K$ Anordnungsmöglichkeiten für K Chips.

$$K = \lfloor A_{cw}/A_c \rfloor + 1 \qquad (12.48)$$

---

[20]Die numerische Integration wurde mit einer 10 Punkte Gauß-Laguerre Formel durchgeführt.

$$A_{cw,k} = A_{cw} \sin\left(\frac{\pi}{2}\frac{(K-1-k)}{(K-1)}\right) \qquad 0 \leq k \leq (K-1)\ldots k \in \mathbb{N}_0 \tag{12.49}$$

In (12.50) ist die Berechnung der Nullstellenrate des regelbaren Schwellenpaares in Abhängigkeit der Signalparameter dargestellt ($patc(\Delta, A_{cw}, A_c, \sigma_n)$).

$$D_k^{(l)}(\Delta) = A_{cw,k} + \Psi_k^{(l)}(K) \cdot A_c - \Delta =$$
$$= s_k^{(l)} - \Delta \tag{12.50a}$$

$$D_k^{(l)}(-\Delta) = 2\,\Delta + D_k^{(l)}(\Delta) \tag{12.50b}$$

$$N_k^{(l)}(\Delta) = N_0\,e^{-\frac{1}{2}\left[\frac{D_k^{(l)}(\Delta)}{\sigma_n}\right]^2} \tag{12.50c}$$

$$N_k^{(l)}(-\Delta) = N_0\,e^{-\frac{1}{2}\left[\frac{D_k^{(l)}(-\Delta)}{\sigma_n}\right]^2} \tag{12.50d}$$

$$atc_k^{(l)}(\Delta) = N_k^{(l)}(\Delta) + N_k^{(l)}(-\Delta) \tag{12.50e}$$

$$patc^{(l)}(\Delta) = \operatorname*{\mathbf{E}}_k\left[atc_k^{(l)}(\Delta)\right] = \frac{1}{K}\sum_{k=0}^{K-1} atc_k^{(l)}(\Delta) \tag{12.50f}$$

$$\longrightarrow\ patc(\Delta) = \mathbf{E}\left[patc^{(l)}(\Delta)\right] = \frac{1}{L+1}\sum_{l=0}^{L} patc^{(l)}(\Delta) \tag{12.50g}$$

In (12.50a) ist der vorzeichenbehaftete Abstand zwischen dem k-ten Signalwert und der positiven Schwelle in der l-ten Anordnung durch $D_k^{(l)}(\Delta)$ berücksichtigt. Auf die gleiche Art wird der Abstand zur negative Schwelle (12.50b) berechnet. In (12.50c) ist die schwellen- und anordnungsabhängige Nullstellenrate $N_k^{(l)}(\Delta)$ gegeben. Analog für die negative Schwelle in (12.50c). Beide zusammen ergeben die Nullstellenrate des Schwellenpaares $atc_k^{(l)}(\Delta)$ in (12.50e). Die auf das Chip bezogene Nullstellenrate $patc^{(l)}(\Delta)$ einer bestimmten Anordnung und Schwelle zeigt (12.50f). Die Anordnungsunabhängigkeit erhält man durch Mittelwertbildung über alle Anordnungen in (12.50g).

Dieses Modell ist von seinem Aufbau her das exakteste Modell aber auch das rechenintensivste. Die Rechenintensität kommt durch die Berücksichtigung aller Kombinationen von Anordnungsmöglichkeiten zustande. Der Schlüssel zum einfachen Modell liegt im Reduzieren an Anordnungsmöglichkeiten. Berücksichtigt man nur zwei Anordnungsschemata, nämlich eine alternierende Anordnung von positiven und negativen Chips und deren amplitudeninverse Anordnung, so kommt man zum einfachen Anordnungsmodell.

Das *Einfache Anordnungsmodell* ist in den Gleichungen 12.50 a bis g enthalten, wenn man folgende Modifikationen durchführt: $0 \leq l \leq 1$, $L = 1$, $\Psi_k^{(0)}(K) = (-1)^k$ und $\Psi_k^{(1)}(K) = (-1)^{k+1}$.

Vereinfacht man das Anordnungsmodell weiter, indem man die Direct-Sequence Modulation nicht berücksichtigt, so kommt man zum *Unmodulierten Modell*. Dieses läßt sich ebenfalls aus den Gleichungen 12.50 a bis g spezifizieren. Dazu muß $l = L = 0$ und $\Psi_k^{(0)}(K) = 0$ gesetzt werden. Für dieses Modell wird $K = 100$ gesetzt. Mit diesem Modell kann das numerische Modell überprüft werden.

Mit Hilfe der Abb.12.57 bis 12.59 wird ein Vergleich der einzelnen Modelle, für die Störvarianten Z, H und Y, mit Simulationen angestellt.

$$M_i = \frac{100}{\Delta_{max}} \int\limits_{\Delta=0}^{\Delta_{max}} \left| patc_{sim}(\Delta) - patc_{the}(\Delta) \right| d\Delta \tag{12.51a}$$

$$M_i^* = \frac{100}{patc_{sim}(\Delta_0)} \left| patc_{sim}(\Delta_0) - patc_{the}(\Delta_0) \right| \tag{12.51b}$$

$$M_i^o = \frac{100}{pstc_{sim}} \left| pstc_{sim} - pstc_{the} \right| \tag{12.51c}$$

$$\mathfrak{M}_i = \frac{1}{2} \left[k_a M_i^* + k_s M_i^o \right] \tag{12.51d}$$

Als objektives Maß für die Übereinstimmung zwischen theoretischem Kurvenverlauf und simuliertem Kurvenverlauf werden die Größen in (12.51) herangezogen. Diese Maßzahlen werden für die Störarten $i \in \{Z, H, Y\}$ berechnet und sind in Tab.12.5 festgehalten. Die Maßzahl M ist ein integrales Abweichungsmaß und gibt die Fläche an, die zwischen simulierter und theoretischer *patc*-Kurve liegt, bezogen auf den Schwellenaussteuerbereich. Die Maßzahl M^* gibt die Abweichung des *patc* zwischen Simulations- und Theoriewert, bezogen auf den Simulationswert, an der Stelle $\Delta = 0$, an. Die Maßzahl M^o gibt die relative Abweichung des *pstc* vom Simulationswert an.

Ausgehend von diesen rein modellbezogenen Größen wird die für die adaptive Schwellenregelung relevante Maßzahl $\mathfrak{M}$ abgeleitet. Sie bildet den mit k_a und k_s gewichteten mittleren Fehler, wenn $X = 0$ ist. Daher ist jenes Modell für die Schwellenregelung das bessere, welches $\mathfrak{M}$ minimiert.

Die Tab.12.5 zeigt, daß für die Störvariante Z das integrale Abweichungsmaß M, das Anordnungsmodell im Vergleich zum einfachen Anordnungsmodell einen um 36% kleineren Fehler liefert. Und im Vergleich zum numerischen und unmodulierten Modell eine Verbesserung von 80 % aufweist.

Vergleicht man M^* des Anordnungsmodells mit dem des einfachen Anordnungsmodells, so erkennt man, daß sich für die Störvariante Z eine Verbesserung von 63% ergibt, für H eine 200%-ige und für Y ein 408%-ige.

Der auf die adaptive Schwellenregelung bezogene Vergleich ist in Tab.12.6 enthalten. Für die am schwersten zu modellierende Störung, nämlich die dominierender CW-Störung (Variante H), zeigt das Anordnungsmodell seine Überlegenheit im Vergleich zu allen anderen Modellen. In Zahlen ausgedrückt ist das Anordnungsmodell um etwa

280% besser. In der Störvariante Z ist die geringe Überlegenheit zu den Modellen, die die Direct-Sequence Modulation nicht berücksichtigen zu relativieren, weil der große relative Fehler der Vorzeichennullstellen durch die geringe Gewichtung mit k_s generell nicht so stark in Erscheinung tritt. Die Grenzen des Anordnungsmodells zeigt die Störvariante Y. Für diese Störart sind die stark AWGN-bezogenen Modelle nicht zu schlagen.

Modell	M_z	M_z^*	M_z^o	M_h	M_h^*	M_h^o	M_y	M_y^*	M_y^o
AM	1.78	10.14	7.53	3.53	8.23	4.92	6.37	1.34	1.34
EAM	2.42	16.56	1.42	3.94	16.87	25.82	4.57	5.47	5.47
NM	3.20	6.90	17.80	4.43	13.07	45.87	0.38	0.52	0.52
UM	3.20	7.17	17.09	4.43	12.77	43.09	0.38	0.52	0.52

Tabelle 12.5: Vergleich der Schwellennullstellenmodelle (AM=Anordnungsmodell, EAM=Einfaches Anordnungsmodell, NM=Numerisches Modell, UM=Unmoduliertes Modell).

Modell	$\mathfrak{M}_z$	$\mathfrak{M}_h$	$\mathfrak{M}_y$
AM	5.44	4.24	0.77
EAM	7.25	11.04	3.15
NM	5.60	12.44	0.30
UM	5.61	11.89	0.30

Tabelle 12.6: Vergleich der Modellgenauigkeit in Bezug auf die Schwellenregelung (AM=Anordnungsmodell, EAM=Einfaches Anordnungsmodell, NM=Numerisches Modell, UM=Unmoduliertes Modell).

Zusammenfassend wird festgehalten, daß alle fünf Modelle das stationäre Verhalten der adaptiven Schwellenregelung gut wiedergeben. Herauszuheben ist, daß das realitätsnahe Anordnungsmodell den Simulationsergebnissen am nächsten kommt. Im Speziellen zeigt es für die interessanten Schwellenlagen $\Delta = 0$ und Δ_0 die beste Übereinstimmung.

12.3.4 Synchronisationsverhalten der Schwellenregelung

Die stationäre Analyse der Schwellenregelung hat gezeigt, daß sich für $X = 0$ die optimale Schwelle Δ_0 ergibt. Diese Schwelle entspricht dem Sollwert der Schwellenregelung und dieser Abschnitt beschäftigt sich mit der Einstellung dieser Schwelle unter

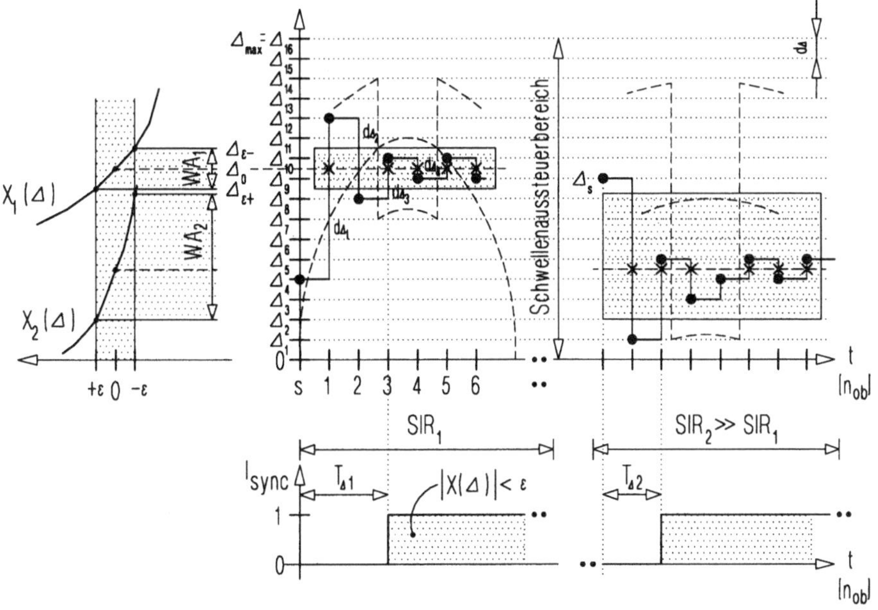

Abbildung 12.60: Schwellenempfindlichkeit und Synchronisationsverhalten der
Schwellenregelung für schließendes Fenster ($h = [8, 4, 2, 1]$,
$d\Delta = [8, 4, 2, 1]\, d\Delta$, $n_\Delta = 16$, $\Delta_{max} = 16\, d\Delta$, $\Delta_s = \Delta_4$).

realen Bedingungen. Die stationäre Analyse der Schwellenregelung ist zeitunabhängig
und damit ist die Schwelle entsprechend der Störzusammensetzung immer auf Δ_0 eingestellt. Dies kann folgendermaßen interpretiert werden: Die Schwellen werden ohne
Verzögerung mit beliebiger Genauigkeit in einem unbeschränkten Amplitudenbereich
eingestellt. Diese idealen Annahmen waren tauglich für die theoretische Leistungsanalyse.[21]

Um das Synchronisationsverhalten der Schwellenregelung zu studieren, bedient man
sich der dynamischen Analyse ($\Delta \mapsto \Delta(t), X(\Delta) \mapsto X(t)$, usw.). Da die Synchronisation ein symmetrisches Schwellenpaar betrifft, wird zur einfacheren Darstellung
im folgenden, wenn nicht aus anderen Gründen notwendig, nur die positive Schwelle
betrachtet.

---

[21] Das stationäre Verhalten und die Synchronisation können als Analogie zum Lösungsverfahren
von Differentialgleichungen durch Überlagerung von homogener und partikulärer Lösung aufgefaßt
werden. Die Synchronisation entspricht dem homogenen Lösungsanteil, welcher im ersten Moment
dominiert und die stationäre Analyse der partikulären Lösung, welche nach sehr langer Zeit dominiert.

> Als Schwellensynchronisation wird der Vorgang bezeichnet,
> der die Schwelle von einem bestimmten Startwert Δ_s auf den
> Wert Δ_0 bringt.
> *Synchronisationsbedingung*: $|X(t)| < \epsilon_x$

Der Synchronisationsvorgang wird unter realen Verhältnissen betrachtet. In einem digitalen Empfänger liegt es nahe, auch die Schwellenregelung digital auszuführen. Dazu ist es notwendig, eine ideal arbeitende AGC (Automatic Gain Control) am Empfängereingang zu haben. Diese gewährleistet, daß das Basisbandsignal den Schwellenaussteuerbereich ausfüllt, aber nicht verläßt. Dieser Vorgang wird als ideal angenommen und bedeutet, daß die AGC unverzögert und unverzerrt das Signal im Schwellenaussteuerbereich verteilt.

Zur realitätsnahen Beschreibung sind etliche Begriffe einzuführen, von denen die wichtigsten in Abb.12.60 graphisch dargestellt sind:

Δ_{max} *Schwellenaussteuermaximum:* Maximale Amplitudenschwelle, welche eingestellt werden kann. Der Amplitudenbereich von 0 bis Δ_{max} wird als positiver Schwellenaussteuerbereich bezeichnet.

Toleranzband: Als Toleranzband wird das Gewichtungsgebiet $\pm\Delta_\epsilon$ ○—● WA definiert. Befindet sich die Stellgröße Δ innerhalb des Toleranzbandes so gilt der Synchronisationsvorgang als beendet.

$d\Delta$ *Schwellenempfindlichkeit:* Kleinster Abstand zwischen zwei einstellbaren Schwellen.

n_Δ: Anzahl der verfügbaren positiven Amplitudenschwellenlagen.

h *Schrittweitenvektor:* Enthält in indizierter Reihenfolge die Schrittweiten für ein sich schließendes Fenster. Für öffnendes Fenster ist der Vektor in umgekehrter Reihenfolge zu lesen.

σ_x: Vorzeichen des Schwellenzuwachses (Suchrichtung).

I_{sync} *Synchronisationsindikator:* Der Synchronisationsindikator kennzeichnet den Zustand der Schwellensynchronisation. Ist $I_{sync} = 1$ so ist synchronisiert, sonst ist $I_{sync} = 0$. Die Synchronisationsbedingung lautet: Synchronisert ist, wenn Δ so eingestellt ist, sodaß $|X| < \epsilon_x$ gilt.

$E[T_\Delta]$ *Erwartungswert der Schwellenanregelzeit:* Das Kriterium lautet: Die Schwelle gilt als angeregelt, wenn sie das erste Mal innerhalb von WA bleibt.

Absorbing: Die Funktion Absorbing bewirkt, daß wenn die Schwelle während des Suchvorganges im Toleranzband zu liegen kommt, sofort auf die kleinste Schrittweite umgeschaltet wird.

Die Schwellenempfindlichkeit hängt mit dem maximal auflösbaren Signal/Störverhältnis nach (12.52) zusammen. Der maximale positive Aussteuerbereich wird gleichmäßig in $n_\Delta = 2^n$ Amplitudenschwellenlagen eingeteilt. Diese diskreten Werte kann die positive Schwelle annehmen.

$$d\Delta = \frac{\Delta_{max}}{n_\Delta} = 2^{-n}\,\Delta_{max} \ll A_c = \sqrt{\frac{A_{cw}^2 \cdot SIR}{2}} \qquad (12.52)$$

Mit Hilfe der AGC wird der maximale Schwellenaussteuerbereich $\pm\Delta_{max}$ gehalten. Der maximale positive Aussteuerbereich ergibt sich zu: $\Delta_{max} = A_{cw} + A_c + \text{Reserve} \approx A_{cw} + 2\,A_c$ gehalten. Damit ergibt sich die in (12.53) angegebene Abschätzung für die Gesamtzahl der positiven Schwellen. Dazu wurde angenommen, daß 10 Schwellenlagen innerhalb von A_c liegen sollen.

$$\begin{aligned}
n_\Delta &= \frac{A_{cw} + 2\,A_c}{d\Delta} = \frac{10(A_{cw} + 2\,A_c)}{A_c} = \\
&= 10\left(\left[\sqrt{SIR/2}\right]^{-1} + 2\right) = \\
\longrightarrow\quad n &= \lceil \mathrm{ld}(n_\Delta) \rceil
\end{aligned} \qquad (12.53)$$

In Tabelle.12.7 werden Vorschläge für die Wahl von n und das entsprechende SIR für 10 und 5 Schwellenlagen innerhalb A_c angeboten.

Schwellen		SIR in dB	
n	n_Δ	10 Lagen/A_c	5 Lagen/A_c
7	128	-19	-25
8	256	-25	-31
9	512	-31	-37

Tabelle 12.7: Wahl von n für die Schwellenregelung des AIR-Empfängers.

Abhängig von n bildet man den Schrittweitenvektor $\boldsymbol{h}$ nach dem Gesetzes der Intervallhalbierung. Die Komponenten des Vektors entsprechen den verfügbaren Schrittweiten, um die alte Schwelle erhöht oder vermindert werden kann. In (12.54) sind die Komponenten für ein sich schließendes Fenster angegeben.

$$\boldsymbol{h} = [2^{n-1}, 2^{n-2}, \ldots, 2^1, 2^0] = [h(1), h(2), \ldots, h(l_{max})]$$

$$(12.54)$$

Zur Beschreibung des Synchronisationsvorganges sei vorausgesetzt, daß die CW-Störung konstante Einhüllende besitzt. Der Synchronisationsvorgang wird mit Δ_s gestartet und nach Ablauf eines Beobachtungsintervalls um die aktuelle Schrittweite verändert, bis die kleinste Schrittweite erreicht ist. Die aktuelle Schrittweite ist durch $h(l)$ mit steigendem Index bestimmt. Dies entspricht einer schließenden Fenstertechnik, da vom größten Deltaschritt zum kleinsten Deltaschritt das Synchronisationsfenster verkleinert wird.

Ob der Schwellenzuwachs zur alten Schwelle addiert oder subtrahiert wird (Suchrichtung), hängt vom Vorzeichen der Regelgröße X ab und ist in (12.55) angegeben.

$$\sigma_x = \sigma(X) = \begin{cases} +1 & \ldots X \geq 0 \\ -1 & \ldots X < 0 \end{cases} \qquad (12.55)$$

$$
\begin{array}{llll}
\Delta(0) & = \Delta_s & & k < l_{max} \\
\Delta(n_{ob}) & = \Delta(0) & + \ \sigma_x(0) \cdot h(1) \cdot d\Delta & k < l_{max} \\
\Delta(2\,n_{ob}) & = \Delta(n_{ob}) & + \ \sigma_x(1) \cdot h(2) \cdot d\Delta & k < l_{max} \\
\Delta(3\,n_{ob}) & = \Delta(2\,n_{ob}) & + \ \sigma_x(2) \cdot h(3) \cdot d\Delta & k < l_{max} \\
\cdots & = \cdots & + \ \cdots & k < l_{max} \\
\Delta(k\,n_{ob}) & = \Delta((k-1)\,n_{ob}) & + \ \sigma_x(k-1) \cdot h(l_{max}) \cdot d\Delta & k \geq l_{max}
\end{array}
$$

Die Schwelle wird durch den Einfluß der Störung von Zeit zu Zeit das Toleranzband verlassen, welches in Analogie zu Phasenregelschleifen als "Außer Tritt fallen" (engl: loose lock) bezeichnet wird. Um die Schwelle wieder in das Toleranzband zu legen, bedienen man sich der öffnenden Fenstertechnik, bis die erste Schwellenlage im Toleranzband liegt und schalten anschließend um auf schließendes Fenster.

Eine modifizierte Form der Suchstrategie ist jene mit Absorbing-Funktion. Kommt die Schwelle während des Suchvorganges im Toleranzband zu liegen, so schaltet die Absorbing-Funktion, unabhängig von der nächsten Schrittweite, sofort auf die kleinste Schrittweite um.

Wie in Abb.12.60 dargestellt, bietet sich als Startwert $\Delta_s = \Delta_{max}/4$ an, wenn die erste und damit größte Schwellenschrittweite $d\Delta_1 = \Delta_{max}/2$ zur Startschwelle addiert wird.

Die Abb.12.61 bis Abb.12.64 zeigen Simulationen des Schwellenregelverhaltens in gepulster, kombinierter Störung. In den Abb.12.61 und Abb.12.63 ist die Absorbingfunktion aktiviert. Damit man den Synchronisationsalgorithmus verifizieren kann, ist der Synchronisationsindikator eingezeichnet. Jene Zeitabschnitte, in denen die Schwellensynchronisation nicht vorhanden ist, sind dick eingezeichnet. Jeder Synchronisationsverlust startet ein öffnendes Suchfenster. Herrscht Synchronisation, so wird mit Hilfe eines schließenden Suchfensters auf die kleinste Schrittweite zusammengefahren.

Der Synchronisationsalgorithmus mit Absorbingfunktion wird an Hand der Abb.12.61 erklärt. Die Schwelle Δ wird beginnend von Δ_s mit Hilfe eines schließenden Suchfensters erhöht, bis die Absorptionsbedingung[22] $|X| < \epsilon_x$ erfüllt ist. Die erste Absorption tritt in Abb.12.61 nach $3\tau_{ob} = 3T_D$ auf und kennzeichnet den Anregelvorgang (Einschwingvorgang). Vom Absorbingzustand weg, wird mit der kleinsten Schrittweite $d\Delta$ die Schwelle Δ so verändert, daß $X \approx 0$ wird. Die Schwelle bleibt, nach dem Anregelvorgang, innerhalb des ersten Störfensters $T_1 = 20T_D$, immer eingeregelt. Dies kann am Synchronisationsindikator eindeutig abgelesen werden. Im nächsten Störfenster verbessert sich das SIR um 15 dB und die Schwelle fällt aus der Synchronität und die Schwellenregelung wird mit einem öffnenden Fenster aktiv. Die Richtung in der die Schwelle gesucht werden muß, hängt vom Vorzeichen von X ab. Das Suchfenster wird solange vergrößert, bis die Absorptionsbedingung erfüllt ist und auf die kleinste Schrittweite umgeschaltet wird. Die Störsituation im dritten Zeitfenster entspricht jener des Ersten. Es muß durch ein öffnendes Suchfenster wieder die Synchronität hergestellt werden. Man erkennt, daß im mittleren Störfenster kurzzeitig die Synchronität verloren geht, welches die Schwellenregelung nicht wesentlich beeinflußt. Die Abb.12.63 unterscheidet sich von Abb.12.61 dadurch, daß die Störintervalle jeweils $100T_D$ lang sind. Aus ihr erkennt man, daß die kurzzeitigen Synchronisationseinbrüche vorwiegend im ersten Moment der Änderung der Störzusammensetzung auftreten.

In Abb.12.62 herrscht die gleiche Störsituation wie in Abb.12.61, jedoch der Synchronisationsalgorithmus kennt keine Absorbingfunktion. Bis zum Absorbingzeitpunkt in Abb.12.61 ist das Schwellenregelverhalten gleich. Weil jetzt das Vorzeichen von X von positiv auf negativ wechselt, muß die Suchrichtung umgedreht werden. Das Suchfenster behält jedoch seine schließende Eigenschaft bei, bis die kleinste Schrittweite erreicht ist. Die eingezeichnete Regelgröße X wurde der Übersichtlichkeit wegen auf $X_{\text{beschränkt}} := -0.12 \leq X \leq 0.12$ beschränkt. Durch X kann man öffnende und schließende Fenster leicht verifizieren. In Abb.12.64 sind die Störfenster wieder $100T_D$ lang.

Ein Vergleich von Abb.12.63 mit Abb.12.64 zeigt, daß der Synchronisationsverlust bei aktiver Absorbingfunktion bevorzugt zu Beginn einer neuen Störphase auftritt, während ohne Absorbingfunktion das Auftreten von kurzzeitigen Synchronisationsverlusten gleichverteilt auftritt. Im allgemeinen kann ohne Absorbingfunktion die neue Schwellenlage schneller eingestellt werden, mit Absorbingfunktion ist die Schwellenregelung ruhiger.

Diese Momentaufnahmen des Synchronisationsvorganges geben einen Einblick in das Regelverhalten. Von besonderem Interesse ist jedoch das Langzeitverhalten der Schwellensynchronisation, welches auf Grund der unvorhersagbaren Natur der Störung durch statistische Kennwerte erfolgt.

Ein wesentliches Leistungsmerkmal ist die mittlere Dauer des Schwellenanregelvorganges (Synchronisationszeit). Nach $t = n \cdot \tau_{ob}$ ist die höchste Auflösung $d\Delta$ erreicht. Damit ist die mittlere Synchronisationszeit $\mathbf{E}\left[T_\Delta\right]$ kleiner als dieser Wert. Es ist

---

[22]Absorptionsbedingung entspricht der Synchronisationsbedingung.

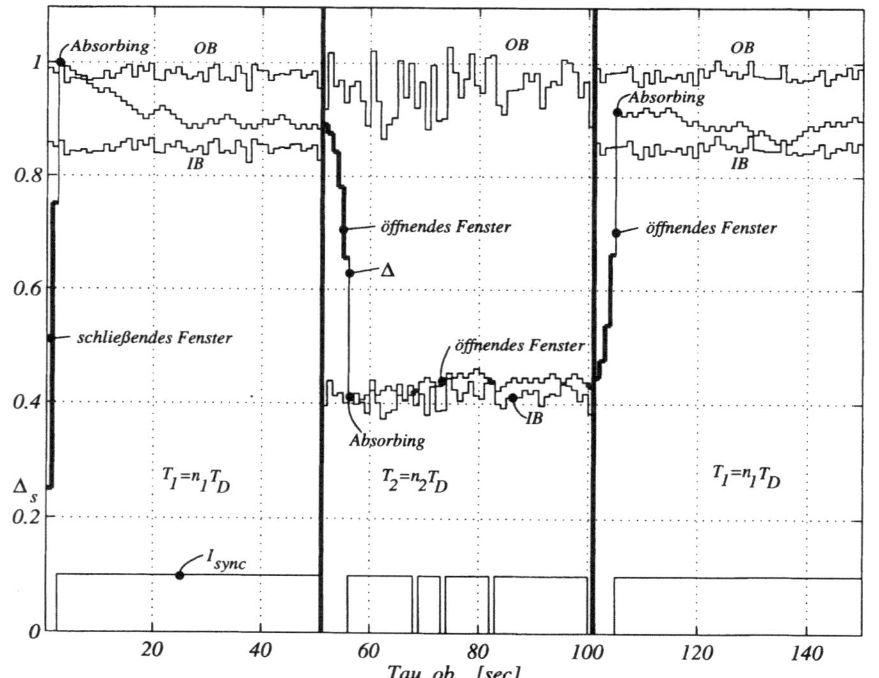

Abbildung 12.61: Synchronisationsverhalten der Schwellenregelung des AIR-Konzeptes in gepulster Störung. $n_1 = 20$, $SNR_1 = -3$dB, $SIR_1 = -20$dB, $T_{cw,1}/T_D=1$, $n_2 = 20$, $SNR_2 = -3$dB, $SIR_2 = -5$dB, $T_{cw,2}/T_D=1$, $h =[64,32,16,8,4,2,1]$, $\Delta_s = 32d\Delta$, $n_\Delta = 128$, $\epsilon_x = 0.1$, $\xi = 1$, $\tau_{ob} = 127T_c$, $k_a = 0.85$, $k_s = 0.3$, $c_1 =[7,1]$, $e_1=[1101101]$, $c_0=[7,3,2,1]$, $e_0=[1010001]$, mit Absorbing-Funktion, mit konstantem Beobachtungsfenster und aktiver AGC.

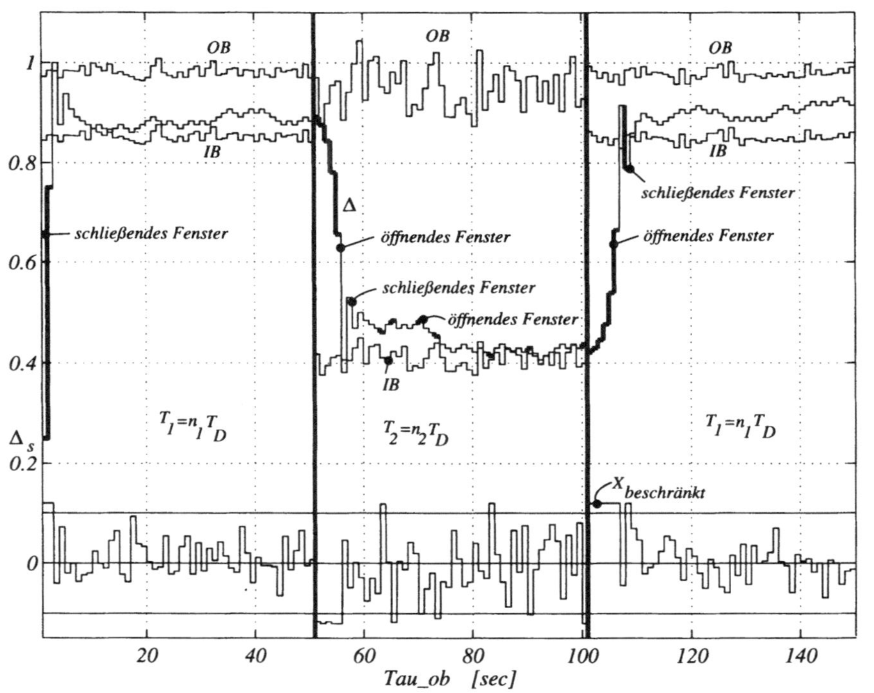

Abbildung 12.62: Synchronisationsverhalten der Schwellenregelung des **AIR**-Konzeptes in gepulster Störung. $n_1 = 20$, $SNR_1 = -3$dB, $SIR_1 = -20$dB, $T_{cw,1}/T_D{=}1$, $n_2 = 20$, $SNR_2 = -3$dB, $SIR_2 = -5$dB, $T_{cw,2}/T_D{=}1$, $h = [64,32,16,8,4,2,1]$, $\Delta_s = 32d\Delta$, $n_\Delta = 128$, $\epsilon_x = 0.1$, $\xi = 1$, $\tau_{ob} = 127T_c$, $k_a = 0.85$, $k_s = 0.3$, $c_1 = [7,1]$, $e_1 = [1101101]$, $c_0 = [7,3,2,1]$, $e_0 = [1010001]$, ohne Absorbing-Funktion, mit konstantem Beobachtungsfenster und aktiver AGC.

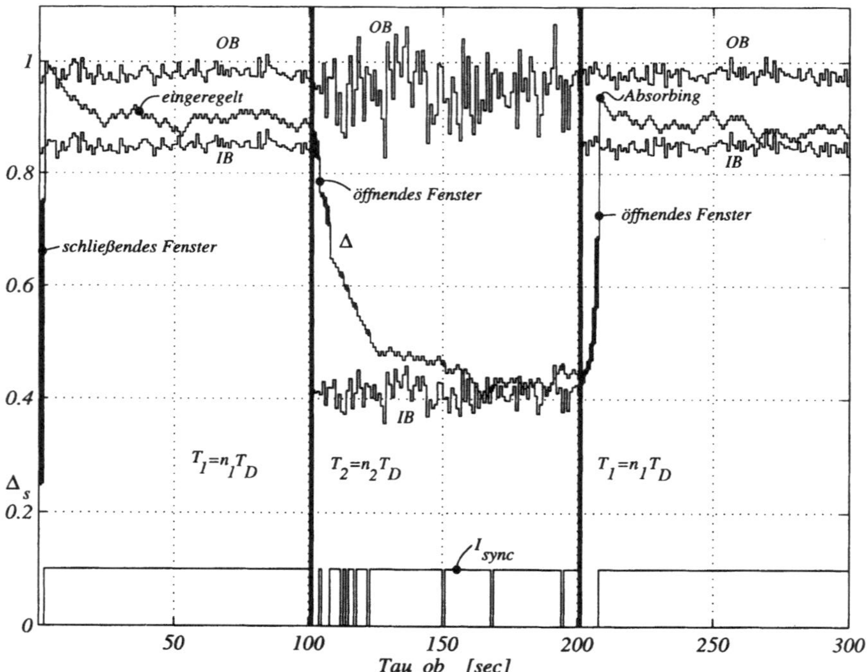

Abbildung 12.63: Synchronisationsverhalten der Schwellenregelung des AIR-Konzeptes in gepulster Störung. $n_1 = 100$, $SNR_1 = -3\text{dB}$, $SIR_1 = -20\text{dB}$, $T_{cw,1}/T_D{=}1$, $n_2 = 100$, $SNR_2 = -3\text{dB}$, $SIR_2 = -5\text{dB}$, $T_{cw,2}/T_D{=}1$, $h =[64,32,16,8,4,2,1]$, $\Delta_s = 32d\Delta$, $n_\Delta = 128$, $\epsilon_x = 0.1$, $\xi = 1$, $\tau_{ob} = 127T_c$, $k_a = 0.85$, $k_s = 0.3$, $c_1 =[7,1]$, $e_1{=}[1101101]$, $c_0{=}[7,3,2,1]$, $e_0{=}[1010001]$, mit Absorbing-Funktion aktiviert, mit konstantem Beobachtungsfenster und aktiver AGC.

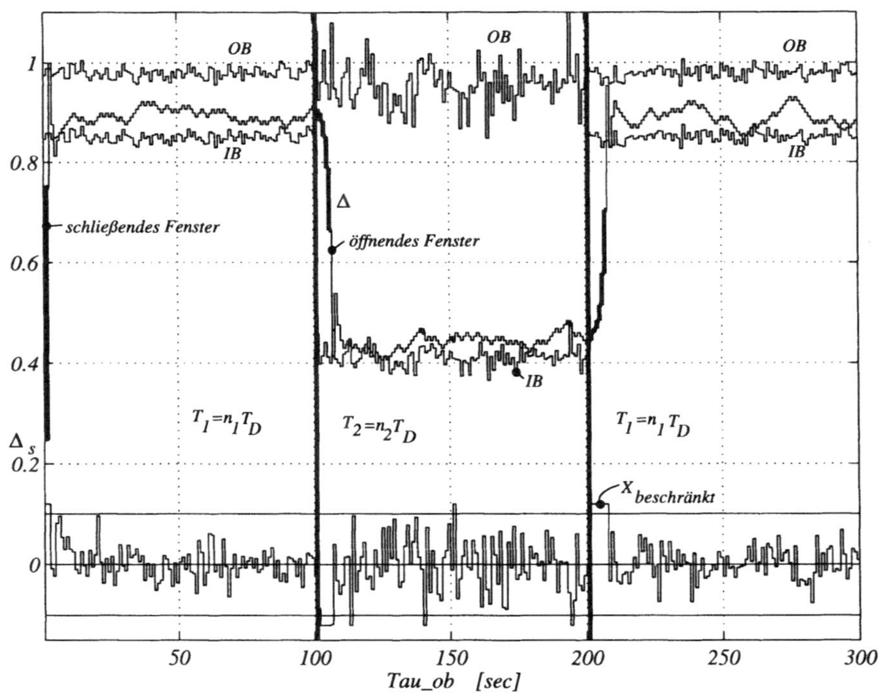

Abbildung 12.64: Synchronisationsverhalten der Schwellenregelung des AIR-Konzeptes in gepulster Störung. $n_1 = 100$, $SNR_1 = -3\text{dB}$, $SIR_1 = -20\text{dB}$, $T_{cw,1}/T_D=1$, $n_2 = 100$, $SNR_2 = -3\text{dB}$, $SIR_2 = -5\text{dB}$, $T_{cw,2}/T_D=1$, $h =[64,32,16,8,4,2,1]$, $\Delta_s = 32d\Delta$, $n_\Delta = 128$, $\epsilon_x = 0.1$, $\xi = 1$, $\tau_{ob} = 127T_c$, $k_a = 0.85$, $k_s = 0.3$, $c_1 =[7,1]$, $e_1=[1101101]$, $c_0=[7,3,2,1]$, $e_0=[1010001]$, ohne Absorbing-Funktion, mit konstantem Beobachtungsfenster und aktiver AGC.

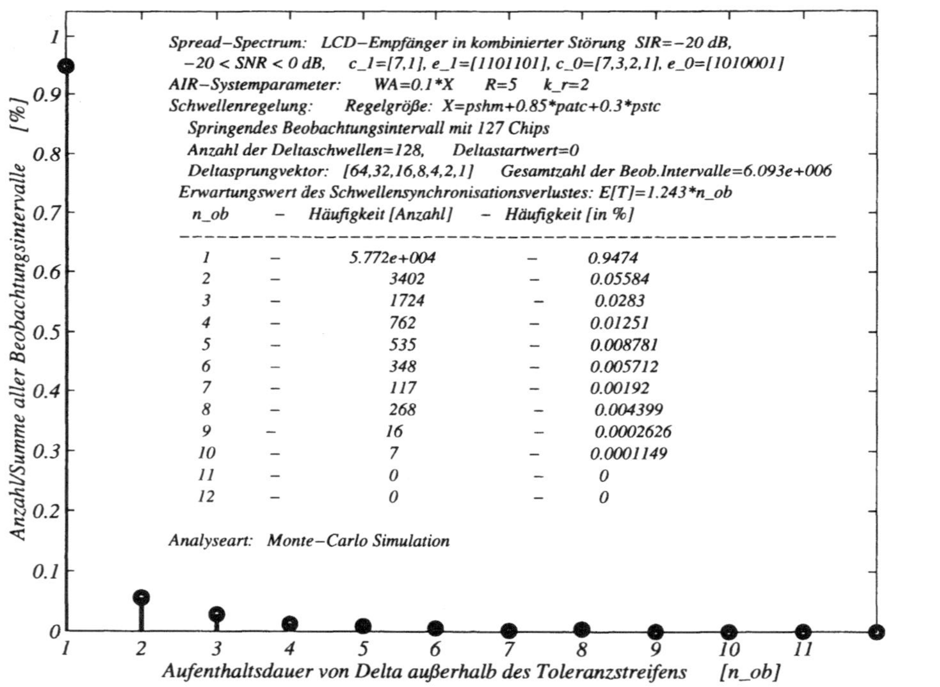

n_ob	–	Häufigkeit [Anzahl]	–	Häufigkeit [in %]
1	–	5.772e+004	–	0.9474
2	–	3402	–	0.05584
3	–	1724	–	0.0283
4	–	762	–	0.01251
5	–	535	–	0.008781
6	–	348	–	0.005712
7	–	117	–	0.00192
8	–	268	–	0.004399
9	–	16	–	0.0002626
10	–	7	–	0.0001149
11	–	0	–	0
12	–	0	–	0

Abbildung 12.65: Synchronisationsverhalten der Schwellenregelung des AIR-Konzeptes in kombinierter Störung, wenn $SNR = -20$dB konstant bleibt und das SNR von -20 dB bis 0 dB variiert wird. Parameter der Schwellenregelung $h = [64,32,16,8,4,2,1]$, $\Delta_s = 0$, $n_\Delta = 128$, $\epsilon_x = 0.1$, $\xi = 1$, $\tau_{ob} = 127T_c$, $k_a = 0.85$, $k_s = 0.3$, $c_1 = [7,1]$, $e_1 = [1101101]$, $c_0 = [7,3,2,1]$, $e_0 = [1010001]$. Der Schwellenalgorithmus arbeitet mit AbsorbingFunktion, konstantem Beobachtungsfenster und aktiver AGC.

daher ein Kompromiß zwischen mittlerer Synchronisationszeit und der notwendigen Amplitudenauflösung zu suchen.

$$\boxed{\mathbf{E}\left[T_\Delta\right] \le n \cdot \tau_{ob} \quad \text{mit} \quad d\Delta = \Delta_{max} \cdot 2^{-n}}$$

(12.56)

In die mittlere Synchronisationsdauer, geht das beim Entwurf festgelegte ϵ_x wesentlich ein. In Abb.12.65 sind die Häufigkeiten dargestellt, mit denen der Synchronisationsverlust auftritt. Daraus wird die mittlere Synchronisationszeit berechnet. Aus der Abbildung erkennt man, daß die Schwellenregelung bei permanenter, kombinierter Störung im Mittel etwa nur die 1,2-fache Dauer eines Beobachtungsintervalls die Schwelle nicht im vorgegebenen Toleranzband liegt. Diese kurzzeitigen Synchronisationsverluste sind typisch für eine schnelle Regelung.

Kommt die CW-Störung in einer anderen Form als mit konstanter Einhüllender vor, so kann eine andere Suchstrategie erfolgreicher sein.

12.3.5   Gewichtung: AIR-Empfänger

Die RIR-Gewichtung ist eine *amplitudenabhängige Gewichtung* und die AIR-Gewichtung ist eine *amplituden/zustandsabhängige Gewichtung*.

Die AIR-Gewichtung ist die Steigerungsform der Gewichtung des RIR-Empfängers. Es wird dem Umstand Rechnung getragen, ob die Schwelle optimal eingestellt ist oder nicht. In diesem Sinne handelt es sich um eine zustandsabhängige, mehrstufige Gewichtung. Da durch den Schwellensynchronisationsvorgang die Schwellenlage zeitabhängig ist, ist auch die Gewichtung zeitabhängig. Die Zustandsabhängigkeit wird vom Schwellenregelsignal X bezogen. Eine allgemeine Darstellung ist in (12.57) gegeben. Die Gewichtung hat mehrere Gesichter. In (12.58) ist sie mit Hilfe der Signale nach dem 2-Bit ADC dargestellt. In (12.59) ist sie in Abhängigkeit der Eingangsamplitude $s(i)$ mit Hilfe eines Suchbaumes dargestellt, indem der linke Block die Amplitudenabfrage und der rechte Block die Zustandsabfrage zeigt. In Abb.12.66 ist sie graphisch in einer Amplituden/Zustandstabelle dargestellt.

$$R' = R'(shm, X, \epsilon_x)$$

(12.57)

$$R' = \begin{cases} 1 & \mathbf{L_q}\left\{mag(i) \ne sig(i)\right\} \\ R & \mathbf{L_q}\left\{mag(i) = sig(i)\right\} \text{ und } |X| > \epsilon_x \\ k_r \cdot R & \mathbf{L_q}\left\{mag(i) = sig(i)\right\} \text{ und } |X| \le \epsilon_x \end{cases}$$

(12.58)

$$R' = \begin{cases} |s(i)| \geq \Delta & \begin{cases} R' = k_r \cdot R & |X| \leq \epsilon_x \\ R' = R & \text{sonst} \end{cases} \\[2ex] |s(i)| < \Delta & \begin{cases} R' = R & |X| \leq \epsilon_x \\ R' = 1 & \text{sonst} \end{cases} \end{cases} \qquad (12.59)$$

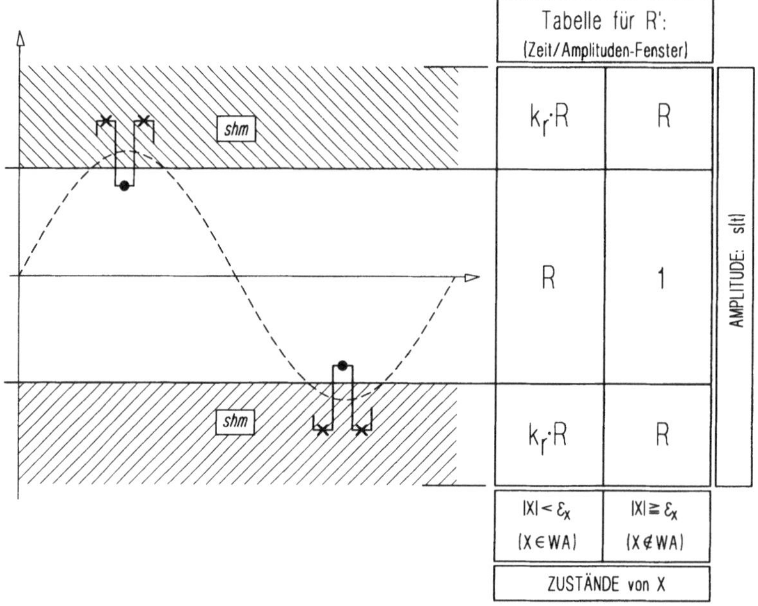

Abbildung 12.66: Graphische Darstellung und Gewichtungstabelle des Amplituden/Zustand-Fensters.

12.3.6 Spread-Spectrum Synchronisation des AIR-Empfängers

Damit die Daten wiedergewonnen werden können, muß die Spread-Spectrum Synchronisation das empfangene und durch die Nichtlinearität und Gewichtung veränderte Signal mit der lokalen Kopie des Direct-Sequence Signals zur Übereinstimmung bringen können. Die signalverarbeitenden Schritte sind von *SNR*-verbessernder Natur und zum Zwecke der besseren Datendetektion gesetzt worden. Damit ist zu erwarten, daß die Datendetektion des AIR-Empfängers wesentlich sicherer ist als für vergleichbare Empfänger. Dies drückt sich eindeutig durch eine niedrigere Bitfehlerrate aus.

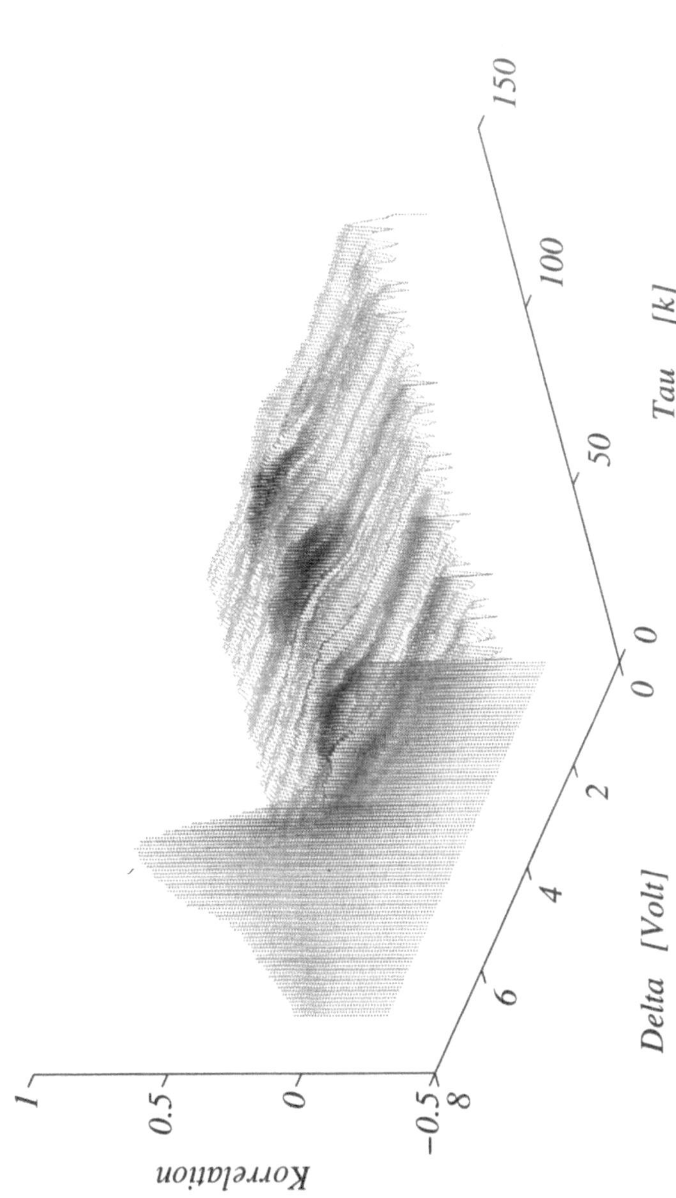

Abbildung 12.67: Stationäres Korrelationsgebirge des AIR-Empfängers für Störvariante Z mit Zeit/Amplituden-Gewichtung.

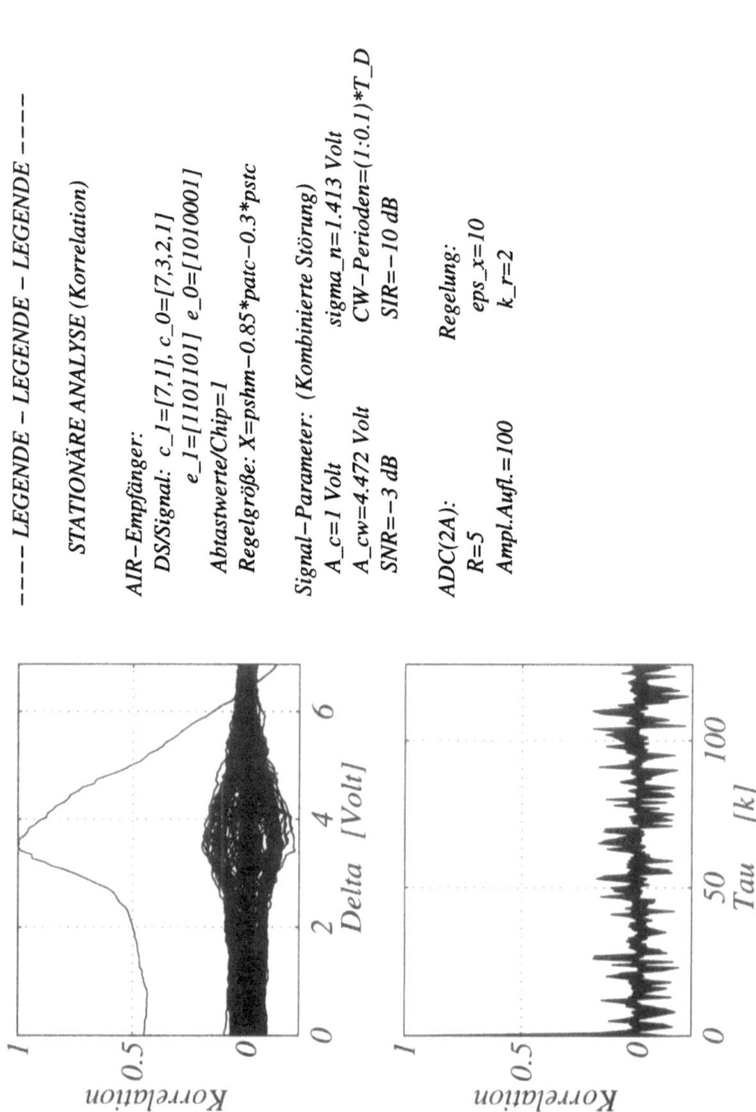

Abbildung 12.68: Stationäre Korrelation des AIR-Empfängers in Abhängigkeit der Amplitudenschwelle und Codephasenver-schiebung.

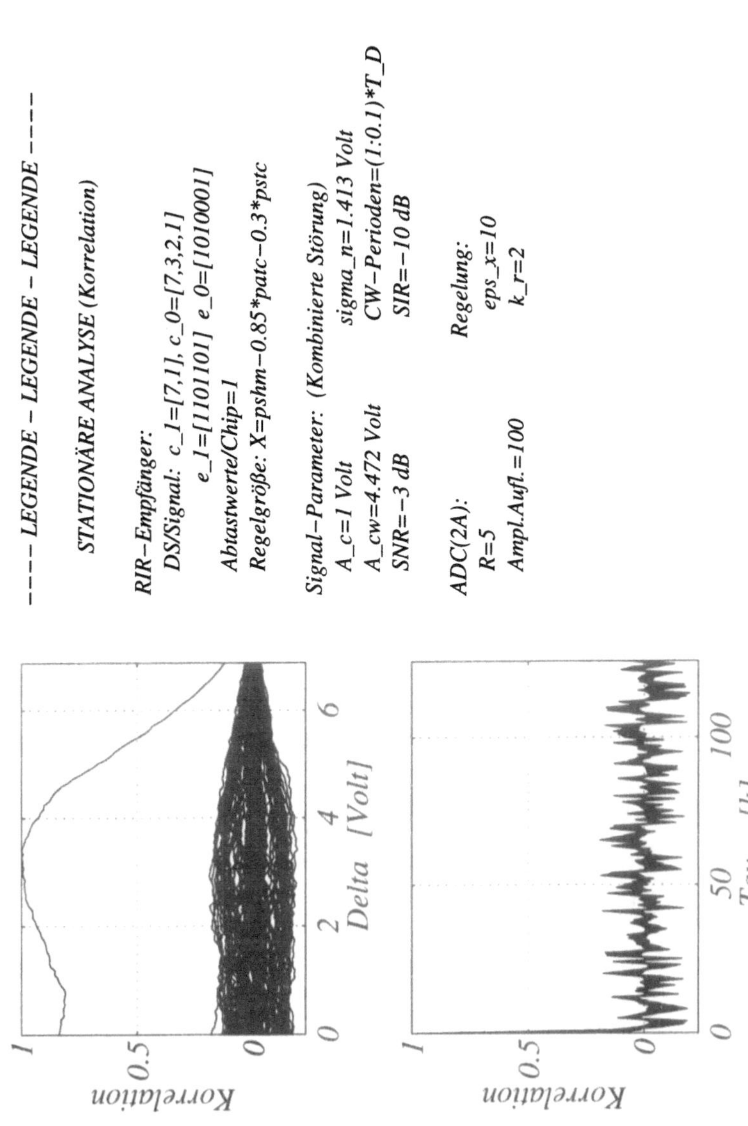

Abbildung 12.69: Stationäre Korrelation des RIR-Empfängers in Abhängigkeit der Amplitudenschwelle und Codephasenverschiebung.

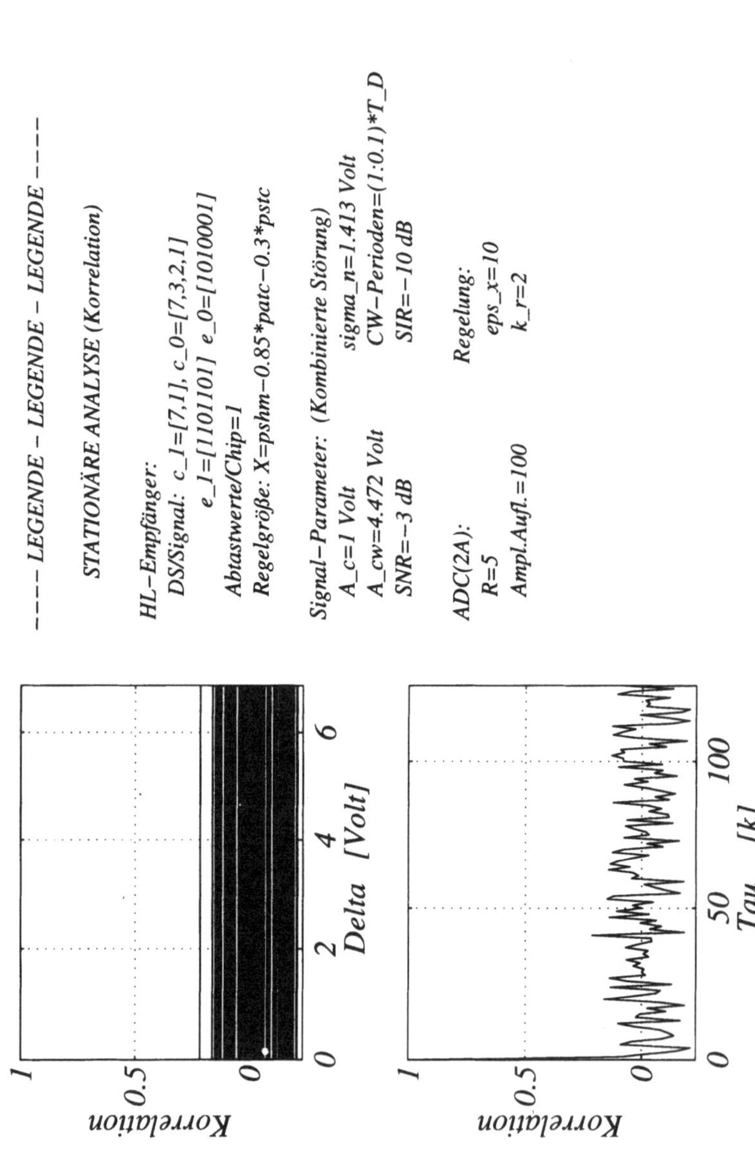

Abbildung 12.70: Stationäre Korrelation des HL-Empfängers in Abhängigkeit der Amplitudenschwelle und Codephasenverschiebung.

Der Beweis, daß der AIR-Empfänger, so wie alle anderen Spread-Spectrum Empfänger, durch Schwellwertdetektion zu synchronisieren ist, wird mit Hilfe des Korrelationsgebirges gegeben. Die Abb.12.67 zeigt sehr eindrucksvoll, das auf das Maximum normierte Korrelationsgebirge $\phi(\Delta, \tau)$ des AIR-Empfängers über alle möglichen Codephasenverschiebungen und Schwellenpositionen. In Abb.12.68 sind die Projektionen $\phi(\Delta)$ (oberes Bild) und $\phi(\tau)$ (unteres Bild) dargestellt. Der Synchronisationspfad des AIR-Empfängers im Korrelationsgebirge ist durch $\phi(\Delta_0, \tau)$ gegeben. Der Synchronisationspfad für den RIR-Empfänger ist durch $\phi(\Delta_{pshm=30}, \tau)$ gegeben. Aus den Abbildungen erkennt man, daß egal wie diese Pfade im Detail aussehen, durch einfache Schwellwertentscheidung der Synchronisationszustand festgestellt werden kann.

In den Abb.12.47 bis 12.51 ist im unteren Teilbild die Korrelation in Abhängigkeit der Schwelle für die LCD-Empfänger, unter der Annahme der perfekten Spread-Spectrum Synchronisation, angegeben.

12.4   Leistungsanalyse der LCD-Empfänger

Die Leistungsanalyse beinhaltet das Gesamtverhalten eines Empfängers. Dazu gehört das Verhalten der Spread-Spectrum Synchronisation in unterschiedlichen Störarten. Dies wurde in Abschnitt 12.3.6 erledigt. Das stationäre Verhalten der Schwellensynchronisation wurde in Abschnitt 12.3.3 behandelt und das dynamische Verhalten in Abschnitt 12.3.4.

In diesem Abschnitt wird das Gesamtverhalten der LCD-Empfänger in kombinierter Störung mit der Bitfehlerrate, auf zwei Arten, dargestellt. Die erste Art, dient zur Verifizierung der theoretischen Ergebnisse durch Simulationen und die zweite Art liefert die Bitfehlerrate in realitätsnaher Umgebung.

Die kombinierte Störung entspricht der Überlagerung von permanent vorhandener AWGN-Störung mit permanent vorhandener CW-Störung konstanter Einhüllender.

12.4.1   Vergleich zwischen Theorie und Simulation

Überprüft man die Theorie mit Simulationen, so führen die idealen Voraussetzungen der stationären Theorie mit den realitätsnahen Annahmen der Simulation zu Abweichungen. Zu den Effekten, welche zu den Abweichungen führen gehört, daß die Theorie die Schwelle beliebig genau, in beliebiger Höhe und unendlich schnell (Schwellensynchronisation unterdrückt) eingestellt werden. Dieser Vergleich ist sehr wichtig. Einserseits wird durch den Vergleich die Theorie bestätigt und andererseits werden die Ergebnisse der Simulation vertrauenswürdiger.

Die Abb.12.71 zeigt die Bitfehlerrate der kohärenten LCD-Empfänger ohne AGC Als kombinierte Störung wird eine konstante, kohärente CW-Störung mit $SIR = -20$ dB angenommen und der Rauschanteil wird über das SNR variiert. Die Abb.12.72 zeigt

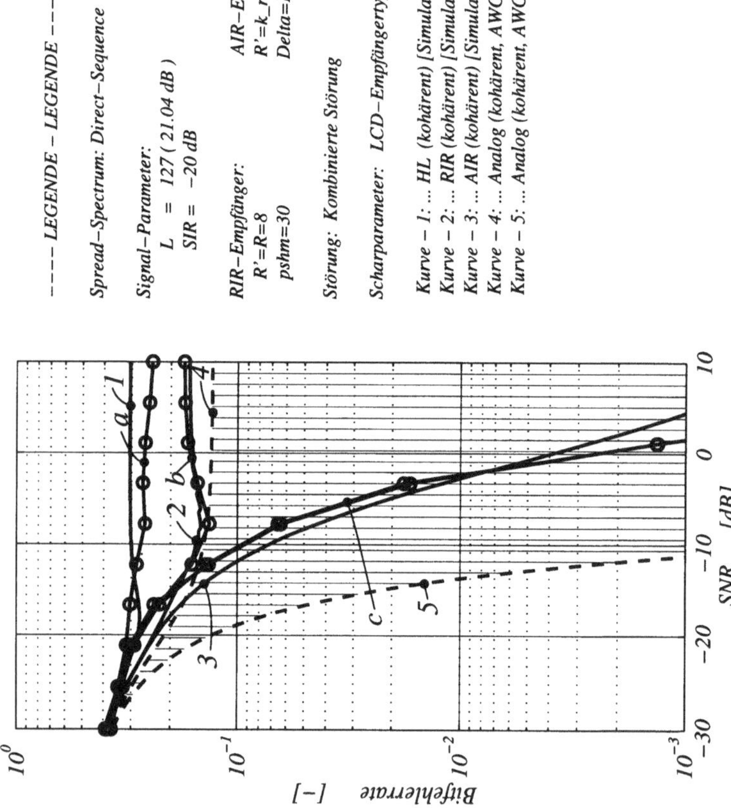

Abbildung 12.71: Vergleich der theoretische Bitfehlerrate der kohärenten LCD-Empfänger mit Simulationen. Die Bitfehlerraten sind in Abhängigkeit des *SNR* mit konstantem *SIR* dargestellt.

die Bitfehlerrate der inkohärenten LCD-Empfänger ohne AGC in gleicher Störumgebung. Da in beiden Abbildungen die Simulationen ohne AGC durchgeführt wurden, sind die simulierten Bitfehlerraten mit jenen der theoretischen Berechnungen vergleichbar. Die theoretischen Bitfehlerratenkurven und die simulierten Kurven sind in die Abbildungen eingezeichnet. Zum Vergleich sind die äquivalenten analogen Direct-Sequence Empfänger ebenfalls in die Abbildungen eingezeichnet. Die Kurve 4 zeigt die Bitfehlerrate des analogen Empfängers in kombinierter Störung und die Kurve 5 in reiner AWGN-Störung. Die Fläche, die von beide Kurven eingeschlossen wird ist schraffiert dargestellt.

Dringt die Bitfehlerrate eines Empfängers in das schraffierte Gebiet ein, so ist dies ein Maß für die störungsreduzierende Wirkung. Damit dies der Fall ist muß der LCD-Empfänger die Kurve 4 des äquivalenten analogen Empfängers, unter gleichen Störbedingungen unterbieten. Daher könnte man dieses Gebiet als *CW-Störungsreduktionsgebiet* bezeichnen. Jener LCD-Empfänger, dessen Bitfehlerratenkurve näher bei der Kurve 5 liegt, hat die CW-Störung am besten reduziert. Fällt die Bitfehlerratenkurve mit Kurve 5 zusammen, so hat er die CW-Störung vollständig unterdrückt.

Die Abb.12.71 zeigt, daß der AIR-Empfänger dem analogen Empfänger wesentlich überlegen ist. Man erkennt eindeutig, daß der AIR-Empfänger die CW-Störung am besten reduziert. Er kann jedoch die CW-Störung nicht vollständig unterdrücken, weil Störkomponenten rund um die Nullstellen der CW-Störung bestehen bleiben (Vergleiche Abb.12.31). Die Bitfehlerrate des RIR-Empfänger nähert sich der Bitfehlerrate des analogen Empfängers, übertrifft sie aber nicht. Der HL-Empfänger ist durch den Capture-Effekt unbrauchbar geworden.

Bemerkenswert ist, daß die simulierten Bitfehlerraten sehr genau mit den theoretischen Bitfehlerraten übereinstimmen. Der Schnittpunkt der simulierten und theoretischen AIR-Kurve läßt sich folgendermaßen erklären. Das theoretische Modell ist ein Gaußmodell und kann daher bei zu geringem Rauschanteil $SNR > 0$ dB die tatsächlichen Verhältnis nicht mehr genau genug wiedergeben. Es sind daher die simulierten Bitfehlerraten jene, welche die realen Verhältnisse am besten annähern.

Die Abb.12.72 zeigt die gleichen Tendenzen für die gleichen Parameter unter gleichen Störbedingungen, aber für die inkohärenten Empfänger. Der Unterschied zwischen theoretisch bestimmten Bitfehlerraten und simulierten Bitfehlerraten ist geringfügig größer geworden.

12.4.2   Realitätsnahe Simulationen

Die realitätsnahen Simulationen berücksichtigen das dynamische Verhalten der LCD-Empfänger. Sie enthalten eine AGC, welche gewährleistet, daß der Schwelleneinstellbereich nicht verlassen wird. Es sind alle notwendigen Parameter des Empfängers, im speziellen der adaptiven Schwellenregelung, vorgegeben. Mehr Details über die Schwellenregelung findet man in 12.3.4.

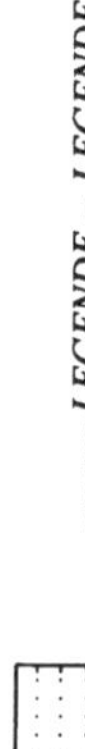

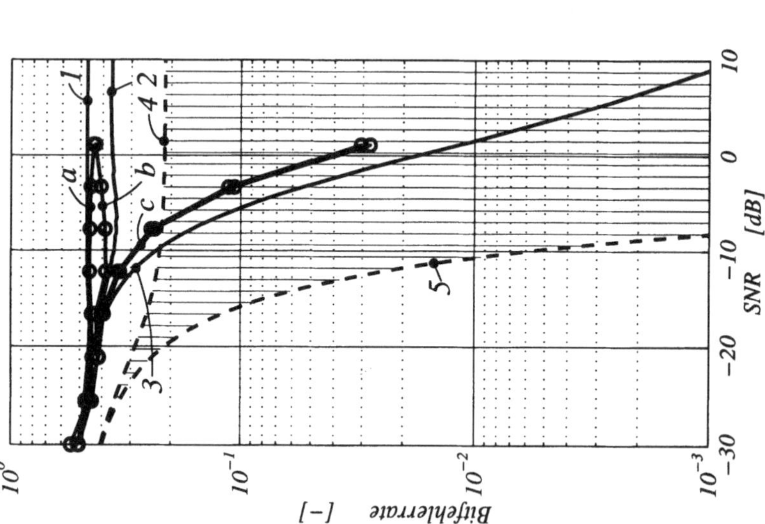

Abbildung 12.72: Vergleich der theoretischen Bitfehlerraten der inkohärenten LCD-Empfänger mit Simulationen. Die Bitfehlerraten sind in Abhängigkeit des SNR mit konstantem SIR dargestellt.

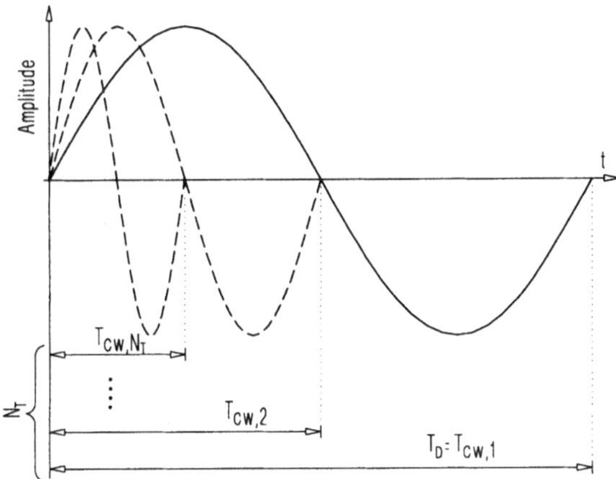

Abbildung 12.73: Variation der CW-Periode in Abhängigkeit der Datenbitdauer.

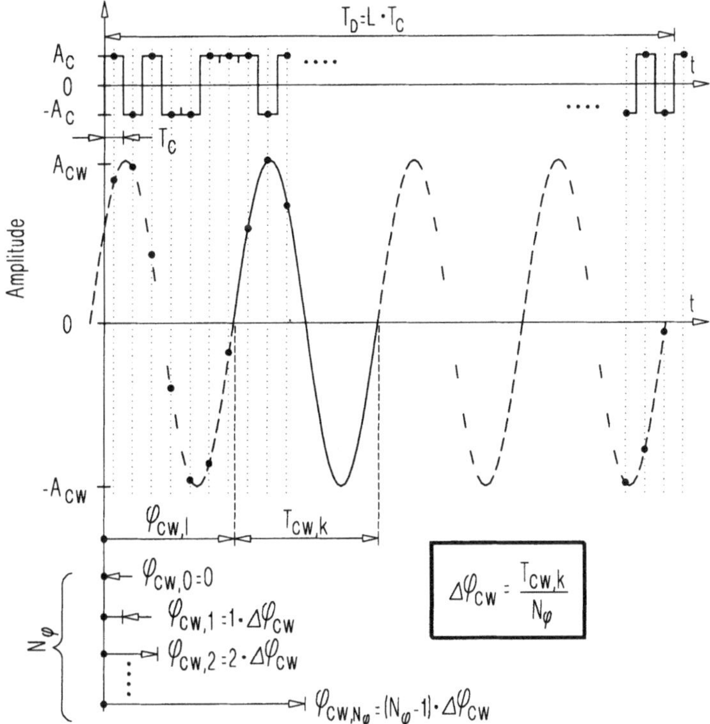

Abbildung 12.74: Variation der CW-Phase in Bezug auf die Nullphase des Direct-Sequence Signals.

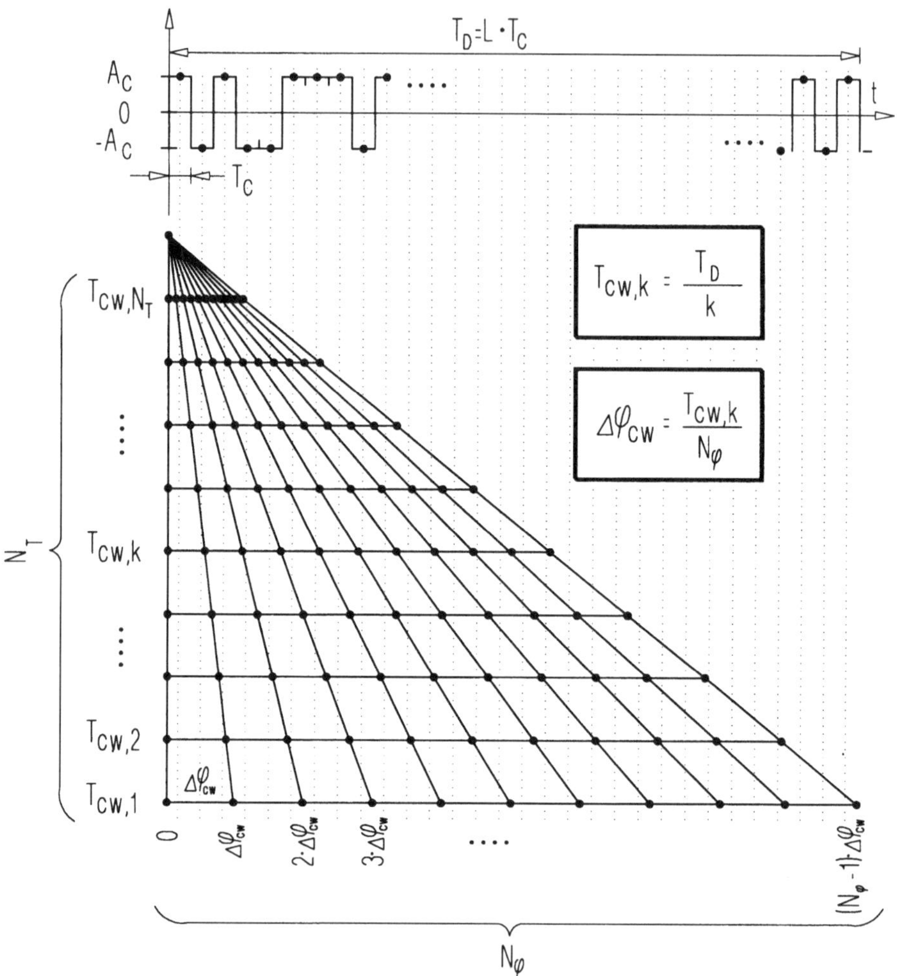

Abbildung 12.75: Lineare Variation der CW-Periode und CW-Phase über der Datenbitdauer mit eingezeichnetem Abtastraster ($\xi = 1$).

$$T_{cw,k} = \frac{T_D}{k} \qquad (12.60a)$$

$$\Delta\varphi_{cw} = \frac{T_{cw,k}}{N_\varphi} \qquad (12.60b)$$

$$\mathop{\mathrm{E}}_{\varphi_{cw},T_{cw}} [P_e] = \frac{1}{N_\varphi \cdot N_T \cdot N_B} \sum_{k=1}^{N_T} \sum_{l=0}^{N_\varphi-1} \sum_{n=1}^{N_B} \mathbf{L_q} \left\{ D_n \neq \hat{D}_n \right\} \qquad (12.61)$$

Da über die CW-Phase und Periodendauer keine Vorhersage gemacht werden kann, müssen sie als gleichverteilt angenommen werden. Wie aus Abb.12.75 und Abb.11.7 ersichtlich ist, ist die Phasenauflösung nach (12.60b) vorzugeben. Für die Variation der CW-Periodendauer gilt das in Abschnitt 11.5 gesagte. Die Abb.12.73 zeigt die Variation der CW-Periodendauer in Abhängigkeit der Datenbitdauer. Die CW-Periodendauer wird, ausgehend von der kohärenten Sinusstörung ($T_{cw,1} = T_D$) bis zu T_{cw,N_T} in gleichmäßig geteilten diskreten Schritten verkleinert.

Innerhalb jeder CW-Periodendauer wird die CW-Phase variiert. In Abb.12.74 ist die l-te CW-Phase für die k-te CW-Periode dargestellt. Die CW-Phase wird mit $\Delta\varphi_{cw}$ aufgelöst. Die CW-Phase wird in gleichverteilten diskreten Schritten, beginnend mit ($\varphi_{cw,0} = 0$) bis zu $\varphi_{cw,N_T} = (N_\varphi - 1) \cdot \Delta\varphi_{cw}$ erhöht. Die Verschiebung der CW-Phase ist notwendig, damit sich die Chipkonfiguration um das Auftreten der Extemwerte des CW-Signals ändert.

In (12.61) ist die Ermittlung der simulierten Bitfehlerrate angedeutet. Korrespondierend mit den Abb.12.73 und 12.74, kennzeichnet N_φ die Anzahl der CW-Phasen und N_T die Anzahl der CW-Perioden über die gemittelt wird. N_φ und N_T spannen eine Zustandsmatrix auf (Abb.12.75), in der für jedes Element N_B Datenbits ausgewertet werden. Die Anzahl an auszuwertenden Datenbits ist eine Funktion des *SINR*.

Die Abb.12.76 zeigt die Bitfehlerrate der kohärenten LCD-Empfänger. Zur besseren Beurteilung der Störungsreduktion ist die Bitfehlerrate des analogen Empfängers in kombinierter und reiner AWGN-Störung eingezeichnet. Die Bitfehlerraten der LCD-Empfänger sind Mittelwerte (Mittlere Bitfehlerrate). Sie sind über die CW-Periode und Phase gemittelt. Für eine bestimmte Störzusammensetzung (*SNR, SIR*=const.) wird die CW-Periode verändert. In Abb.12.76 nimmt die CW-Periode die Werte $T_{cw} = T_D$ (kohärenter Sinusstörer), $T_{cw} = T_D/3$, $T_{cw} = T_D/5$, $T_{cw} = T_D/7$ und $T_{cw} = T_D/9$ an. Die CW-Phase wurde mit 10 diskreten, über die Codeperiode gleich verteilten, Werten angenommen. In der Bitfehlerrate ist auch der Einschwingvorgang der Schwellensynchronisation enthalten. Das Eingangssignal wird von der AGC auf ±128 diskrete Schwellen verteilt. Als Schrittweitenvektor wurde $\boldsymbol{h} = [128, 64, 32, 16, 8, 4, 2, 1]$ angenommen.

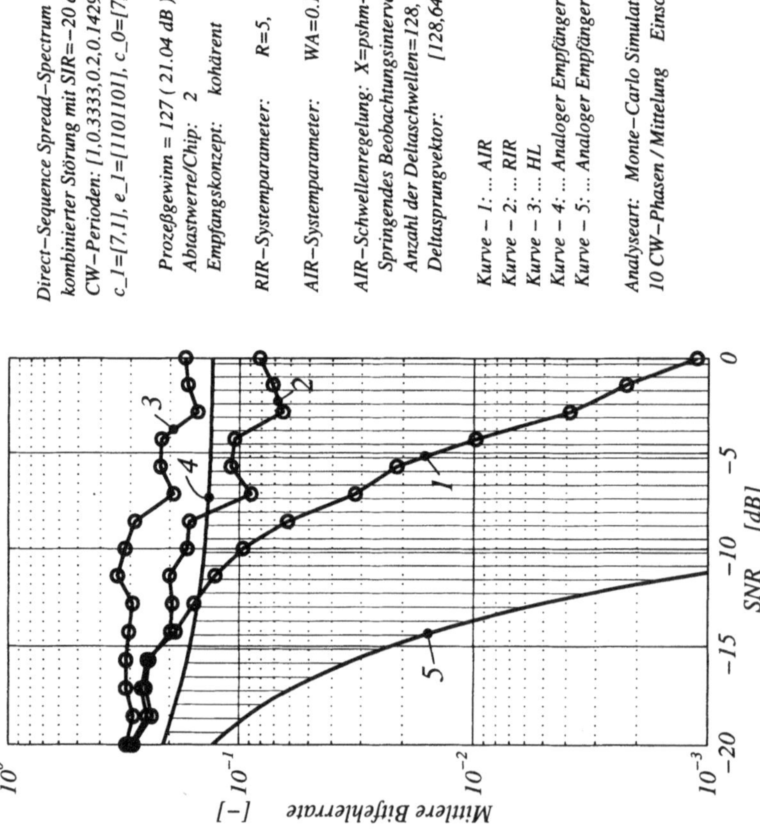

Abbildung 12.76: Simulierte Bitfehlerrate der kohärenten LCD-Empfänger mit AGC, in Abhängigkeit des SNR mit konstantem SIR und orthogonaler Signalisierung.

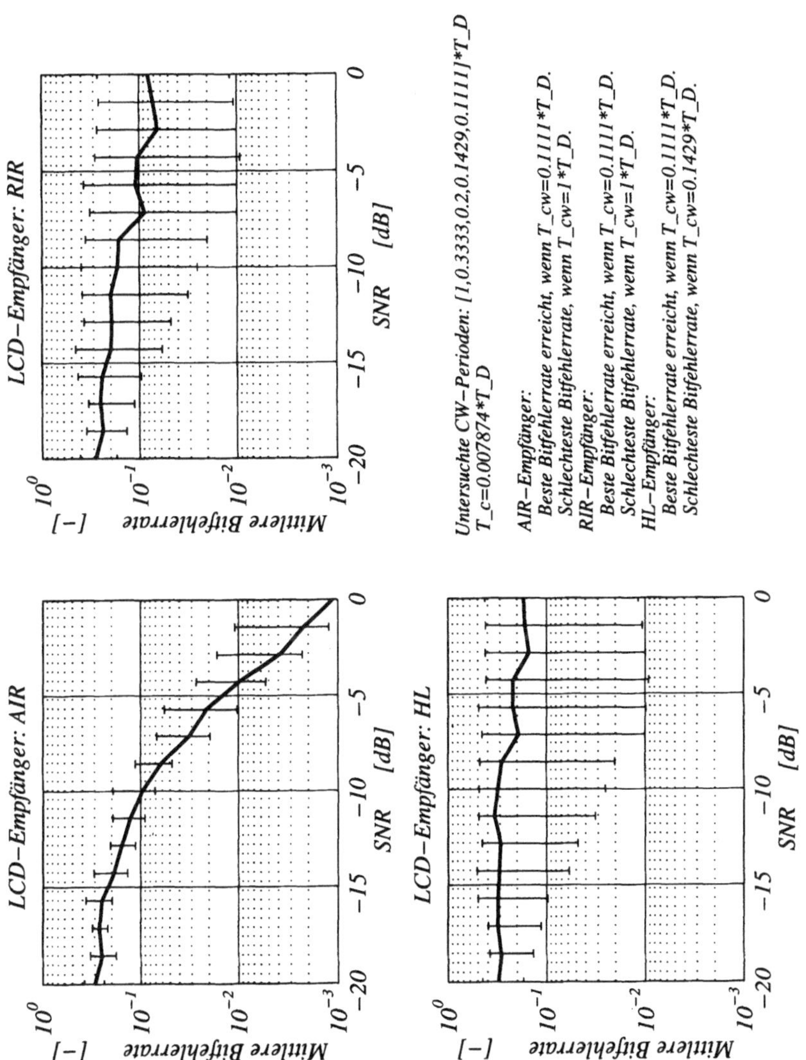

Abbildung 12.77: Simulierte Bitfehlerrate der kohärenten LCD-Empfänger mit AGC, in Abhängigkeit des *SNR* mit konstantem *SIR* und orthogonaler Signalisierung. Die CW-Störung ist inkohärent.

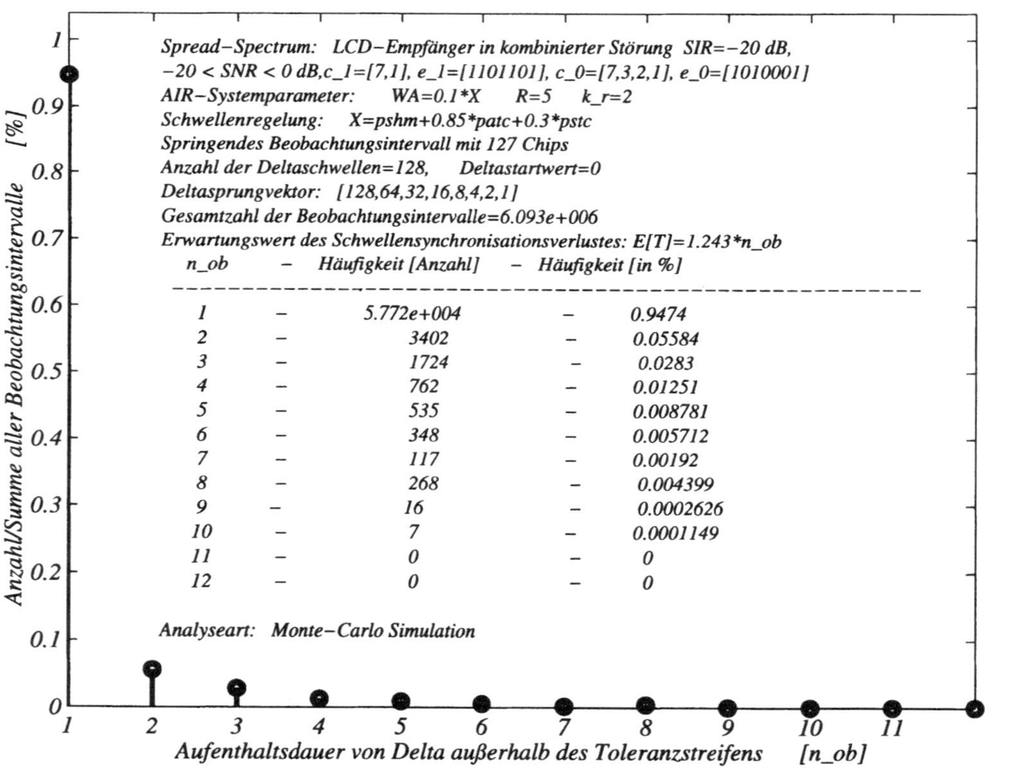

Abbildung 12.78: Synchronisationsverlust der adaptiven Schwellenregelung.

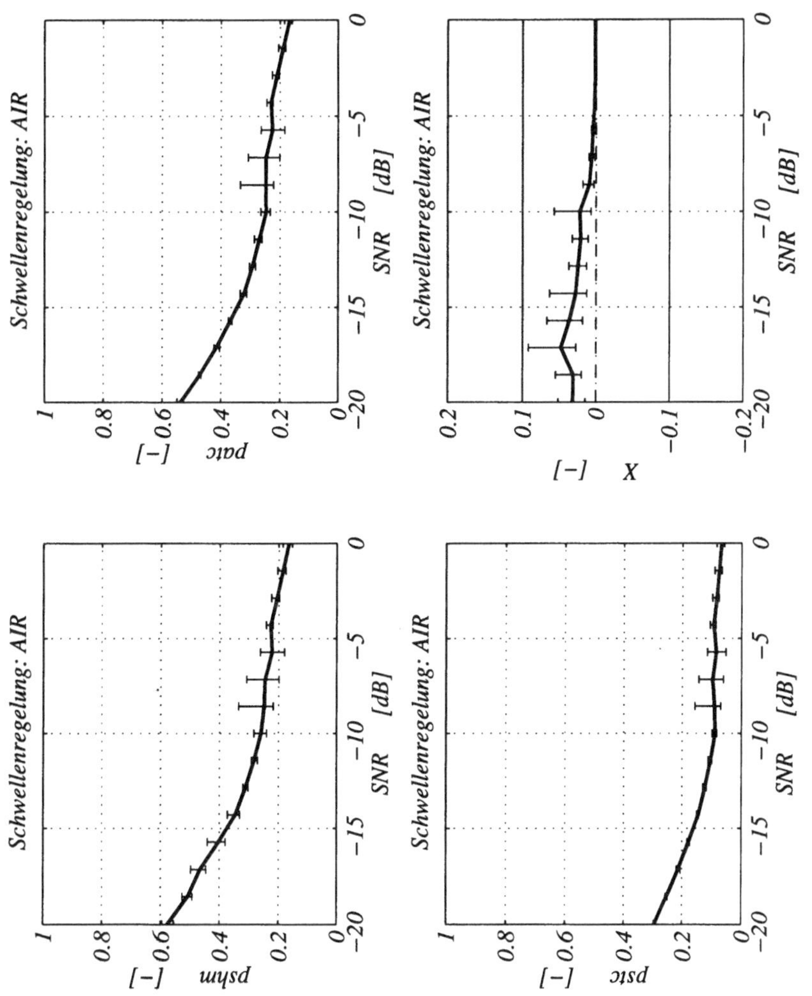

Abbildung 12.79: Größen der adaptiven Schwellenregelung.

Die Abb.12.77 zeigt die mittlere Bitfehlerrate der LCD-Empfänger mit aufgesetzten Balken. Die aufgesetzten Balken kennzeichnen den minimalen Wert und den maximalen Wert den die Bitfehlerrate an dieser Stelle (für diese Störzusammensetzung) annimmt. Die Streuung kommt durch die Variation der CW-Periode zustande. Es zeigt sich, daß der AIR-Empfänger die geringste Streuung aller LCD-Empfänger aufweist. Zusätzlich ist noch angegeben, für welche CW-Periode die minimale und die maximale Bitfehlerrate auftritt.

In Abb.12.77 ist der Schwellensynchronisationsverlust in Abhängigkeit der Aufenthaltsdauer außerhalb des Toleranzstreifens angegeben. Die Aufenthaltsdauer ist in Vielfachen der Beobachtungsdauer angegeben. Es zeigt sich, daß die Schwelle im Mittel nur $1,24 \cdot n_{ob}$ außerhalb des Toleranzstreifens liegt. Daraus erkennt man, daß wenn die Schwelle außerhalb des Toleranzstreifens liegt, sie sofort im nächsten Beobachtungsintervall in den Toleranzstreifen zurückgeführt wird. Dies erklärt den hohen Anteil bei $1 \cdot n_{ob}$.

In Abb.12.77 sind die Größen der adaptiven Schwellenregelung dargestellt. Das Teilbild in der rechten unteren Ecke zeigt die Regelgröße X. Aus ihr entnimmt man, daß sie auch bei hohem AWGN-Anteil im Toleranzstreifen bleibt. Die Streuung nimmt zu besseren SNR-Werten hin rasch ab.

12.5   Zusammenfassung

Zusammenfassend ist festzuhalten, daß störungsreduzierende Maßnahmen im Empfänger direkt in eine Verbesserung des Signal/Störabstandes abgebildet werden. Dies bewirkt eine Verkleinerung der Bitfehlerrate bei gleichbleibenden Kanalverhältnissen. Es wurde an Hand von digitalen Direct-Sequence Empfängern, welche in der Klasse der LCD-Empfänger zusammengefaßt wurden gezeigt, daß für Übertragungssysteme an die hohe Anforderungen gestellt werden störungsreduzierende Maßnahmen notwendig sind. Dies bedeutet, daß auch für störungstolerante Modulationsverfahren, wie der Spread-Spectrum Technik eine zusätzliche Störungsreduktion vorteilhaft ist. Die Nachrichtentechnik der Zukunft wird mit analogen und linearen Modulationsverfahren (Empfängerkonzepten) nicht mehr auskommen, sodaß der Schritt zu nichtlinearen Übertragungsverfahren getan werden muß.

Diese Einleitung ist unvollständig und kann ein Lehrbuch über Signaltheorie [Franks69, Lüke92/1, Papoulis85] oder mathematische Funktionen [Abramowitz72] nicht ersetzen.

A.1 Darstellung von Signalen durch orthogonale Reihen

Die geometrische Interpretation von Signalen in einem orthogonalen euklidschen Raum bringt eine Erleichterung der Beschreibung von Direct-Sequence Signalen und deren Detektion, sowie eine anschauliche Erklärung des Prozeßgewinns. In diesem Abschnitt wird die Matrix-Konvention derart verletzt, indem der Vektor Ψ durch einen Großbuchstaben symbolisiert wird[1].

Ein N-dimensionaler Signalraum $[\Psi_1(t), \Psi_2(t), \ldots, \Psi_N(t)]$

$$\int_0^T \Psi_i(t)\, \Psi_k(t)\, dt = K_i\, \delta_{ik} \quad \text{wobei:} \begin{cases} i, k \in \{1, \ldots, N\} \\ 0 \le t \le T \\ \delta_{ik} = \begin{cases} 1 & i = k \\ 0 & \text{sonst} \end{cases} \end{cases} \tag{A.1}$$

wird aufgespannt durch N Basisfunktionen $\Psi_i(t)$. Sind die Konstanten $K_i \ne 0$ so handelt es sich um einen *orthogonalen* Signalraum. Sind die $K_i = 1$, so ist der Raum *orthonormiert*. Sind die $\Psi_i(t)$ reellwertige Funktionen (Spannungen, Ströme,...), so entspricht die in der Zeit T in einem Widerstand von $1\ \Omega$ umgesetzte Energie der *normalisierten Energie*.

$$\mathcal{E}_i = \int_0^T \Psi_i^2(t)\, dt = K_i \tag{A.2}$$

Dies bedeutet, daß jede willkürlich, physikalisch realisierbare endliche Familie an Kurvenformen $\{s_1(t), \ldots, s_i(t), \ldots, s_M(t)\}$ der Dauer $0 \le t \le T$, als Linearkombination von N orthogonalen Kurvenformen $[\Psi_1(t), \ldots, \Psi_i(t), \ldots, \Psi_N(t)]$, wobei $M \le N$ ist, dargestellt werden kann.

---

[1]Die Bezeichnung der Basisfunktionen eines Signalraumes mit $\Psi(t)$ ist so gebräuchlich, daß diese Inkonsequenz in Kauf genommen wird.

$$
\begin{aligned}
s_1(t) &= S_{11} \cdot \Psi_1(t) + S_{12} \cdot \Psi_2(t) + \cdots + S_{1N} \cdot \Psi_N(t) = \sum_{i=1}^{N} S_{1i} \cdot \Psi_i(t) \\
s_2(t) &= S_{21} \cdot \Psi_1(t) + S_{22} \cdot \Psi_2(t) + \cdots + S_{2N} \cdot \Psi_N(t) = \sum_{i=1}^{N} S_{2i} \cdot \Psi_i(t) \\
\cdots &= \cdots + \cdots + \cdots + \cdots = \cdots \\
s_k(t) &= S_{k1} \cdot \Psi_1(t) + S_{k2} \cdot \Psi_2(t) + \cdots + S_{kN} \cdot \Psi_N(t) = \sum_{i=1}^{N} S_{ki} \cdot \Psi_i(t) \\
\cdots &= \cdots + \cdots + \cdots + \cdots = \cdots \\
s_M(t) &= S_{M1} \cdot \Psi_1(t) + S_{M2} \cdot \Psi_2(t) + \cdots + S_{MN} \cdot \Psi_N(t) = \sum_{i=1}^{N} S_{Mi} \cdot \Psi_i(t)
\end{aligned}
$$

Das obige Gleichungssystem hat die Gleichungsnummer (A.3). Unter Ausnützung der Orthogonalität der Basisfunktionen, kann man den Koeffizienten S_{ki} berechnen, indem man das Signal $s_k(t)$ mit der Basisfunktion $\Psi_i(t)$ multipliziert und anschließend über das Zeitintervall $0 \leq t \leq T$ integriert. Der Berechnungsvorgang zur Ermittlung des Koeffizienten S_{ki} entspricht der Korrelation des Signals $s_k(t)$ mit der Basisfunktionen $\Psi_i(t)$.

$$
\begin{aligned}
\underbrace{\int_0^T s_k(t)\,\Psi_i(t)\,dt}_{\text{Korrelation } (\tau=0)} &= S_{k1} \underbrace{\int_0^T \Psi_1(t)\,\Psi_i(t)\,dt}_{\equiv 0} + S_{k2} \underbrace{\int_0^T \Psi_2(t)\,\Psi_i(t)\,dt}_{\equiv 0} + \cdots + \\[2mm]
&+ S_{ki} \underbrace{\int_0^T \Psi_k(t)\,\Psi_i(t)\,dt}_{K_i\,\delta_{ik}} + S_{ii} \underbrace{\int_0^T \Psi_i(t)^2\,dt}_{K_i} + \cdots + \\[2mm]
&+ S_{kN} \underbrace{\int_0^T \Psi_N(t)\,\Psi_i(t)\,dt}_{\equiv 0}
\end{aligned}
\tag{A.3}
$$

$$
\longrightarrow \quad S_{ki} = \frac{1}{K_i} \int_0^T s_k(t)\,\Psi_i(t)\,dt \quad \text{wobei:} \begin{cases} k \in \{1,\ldots,M\} \\ i \in \{1,\ldots,N\} \\ 0 \leq t \leq T \end{cases}
\tag{A.4}
$$

Das k–te Zeitsignal $s_k(t)$ wird dann im Signalraum dargestellt als:

$$
\begin{aligned}
s_k(t) &= S_{k1}\,\Psi_1(t) + S_{k2}\,\Psi_2(t) + S_{k3}\,\Psi_3(t) + \cdots + S_{kN}\,\Psi_N(t) = \\
&= \sum_{i=1}^{N} S_{ki} \cdot \Psi_i(t)
\end{aligned}
\tag{A.5}
$$

Der Koeffizient S_{ki} entspricht der $\Psi_i(t)$−ten Komponente des k−ten Signals $s_k(t)$. Wenn man weiß in welch einem Raum man sich bewegt, benötigt man die Basisfunktionen nicht mehr. Die Zuordnung zu den Basisfunktionen wird eindeutig durch die einfache Vektorschreibweise

$$s_k = [S_{k1}, S_{k2}, S_{k3}, \ldots, S_{kj}, \ldots, S_{kN}] \tag{A.6}$$

vorgenommen. In A.3 ist die Koeffizientenmatrix $\underline{S}$ der Signalfamilie[2] enthalten.

$$s = S \cdot \Psi \tag{A.7}$$

Die Energie in einer Kurvenform s_k innerhalb der Dauer T ausgedrückt durch die Vektorschreibweise ist:

$$
\begin{aligned}
\mathcal{E}_k &= \int_0^T s_k^2(t)\, dt = \\
&= \int_0^T \left[\sum_{i=0}^N S_{ki}\, \Psi_i(t) \right]^2 dt = \int_0^T \sum_{i=0}^N S_{ki}\, \Psi_i(t) \sum_{m=0}^N S_{km}\, \Psi_m(t)\, dt = \quad\text{(A.8)} \\
&= \sum_{i=0}^N \sum_{m=0}^N S_{ki}\, S_{km} \int_0^T \Psi_i(t)\, \Psi_m(t)\, dt = \\
&= \sum_{i=0}^N \sum_{m=0}^N S_{ki}\, S_{km}\, K_i\, \delta_{im} = \qquad \text{für } m = i \text{ folgt:} \\
&= \sum_{i=0}^N S_{ki}^2\, K_i \qquad \text{wobei: } i = 1, \ldots, M.
\end{aligned}
$$

Die Gleichung (A.8) ist ein Spezialfall des Parsevaltheorems, indem das Integral eines Funktionsquadrats der Summe der Quadrate einer orthogonalen Funktion gleich gesetzt wird. Die normierte Energie in der Kurvenform s_k ist:

$$\frac{\mathcal{E}_k}{K_i} = \sum_{i=0}^N S_{ki}^2 \tag{A.9}$$

---

[2]Die Koeffizientenmatrix ist ein linearer Tensor (Lineare Abbildung) von Ψ_k auf s_k.

Folgerungen aus der Vektorschreibweise

Die Vektorschreibweise erlaubt ein Signal als eine Folge darzustellen.

Korrelation und Orthogonalität

Die Korrelation für $\tau = 0$ oder die Orthogonalität von Zeitsignalen wird durch das *Innprodukt* von zwei Vektoren ausgedrückt:

$$\text{Korrelation:}\quad \phi_{ki}(0) = \int_0^T s_k(t)\, s_i(t)\, dt \;\circ\!\!-\!\!\bullet\; \boldsymbol{s}_k \cdot \boldsymbol{s}_i = \sum_{m=1}^N S_{km}\, S_{im} \tag{A.10}$$

Für Signale in orthonormierten Räumen entspricht der vollständigen Korrelation $\phi_{ii}(0) = N$, die vollständige Antikorrelation $\phi_{ki}(0) = -N$ und die vollständige Orthogonalität $\phi_{ki}(0) = 0$.

A.2   Abtasten von analogen Signalen

DEFINITION A.1 (ABTASTTHEOREM) *Ein mit f_x bandbeschränktes analoges Signal $x(t)$, kann durch die in gleichen Zeitabständen entnommenen (abgetasteten) Amplitudenwerte vollständig beschrieben werden, wenn*

$$T_s \leq \frac{1}{2\, f_x}. \tag{A.11}$$

DEFINITION A.2 (NYQUISTKRITERIUM) *Das Nyquistkriterium erlaubt ein analoges Signal $x(t)$ aus seinen in gleichen Zeitabständen entnommenen Amplitudenwerten vollständig zu rekonstruieren. Die Abtastrate R_s wird als Nyquistrate bezeichnet.*

$$R_s = \frac{1}{T_s} = f_s \geq 2\, f_x \tag{A.12}$$

Beweis: Abtasttheorem Jede physikalische Kurvenform kann im Intervall $[-\infty \leq t \leq \infty]$ durch die unendliche orthogonale Reihe [3]

$$s(t) = \sum_{n=-\infty}^{\infty} a_n \frac{\sin\left[\pi f_s\left(t - \frac{n}{f_s}\right)\right]}{\pi f_s\left(t - \frac{n}{f_s}\right)} \tag{A.13}$$

---

[3]Die unendliche orthogonale Reihe in (A.13) ist auch als *Cardinalreihe* bekannt.

mit

$$a_n = f_s \int\limits_{-\infty}^{\infty} s(t) \frac{\sin\left[\pi f_s\left(t - \frac{n}{f_s}\right)\right]}{\pi f_s\left(t - \frac{n}{f_s}\right)}\, dt \qquad\qquad (A.14)$$

dargestellt werden. Ist $s(t)$ mit B bandbeschränkt und $f_s \geq 2B$ dann wird aus (A.13) mit $a_n = s(n\,T_s)$ die *Abtastfunktion*.

$$x^*(t) = x(t) \cdot comb\,(t) = \sum_{n=-\infty}^{\infty} x(t) \cdot \delta(t - n\,T_s) = \sum_{n=-\infty}^{\infty} x(n\,T_s) \cdot \delta(t - n\,T_s) \qquad (A.15)$$

$$\begin{aligned}
\mathcal{F}\{x^*(t)\} &= \mathcal{F}\{x(t)\} * \mathcal{F}\{comb\,(t)\} = G_x(f) * G_{comb}(f) = \\
&= G_x(f) * \left[\frac{1}{T_s} \cdot \sum_{n=-\infty}^{\infty} \delta(f - n\,f_s)\right] = \frac{1}{T_s} \cdot \sum_{n=-\infty}^{\infty} G_x(f - n\,f_s) \quad (A.16)
\end{aligned}$$

In (A.16) wurde von der ersten zur zweiten Zeile die Faltung im Frequenzbereich $(G_x(f) * \delta(f - n\,f_s) = G_x(f - n\,f_s))$ benutzt.

A.2.1 Sample & Hold

$$x_h^*(t) = \Pi(t) * [x(t) \cdot comb\,(t)] = \Pi(t) * \left[x(t) \cdot \sum_{n=-\infty}^{\infty} \delta(t - n\,T_s)\right] \qquad (A.17)$$

$$\begin{aligned}
\mathcal{F}\{x^*(t)\} &= G_\pi(f) \cdot \mathcal{F}\left\{x(t) \cdot \sum_{n=-\infty}^{\infty} \delta(t - n\,T_s)\right\} = \\
&= G_\pi(f) \cdot \left\{G_x(f) * \left[\frac{1}{T_s} \sum_{n=-\infty}^{\infty} \delta(f - n\,f_s)\right]\right\} = \qquad (A.18) \\
&= G_\pi(f) \cdot \frac{1}{T_s} \sum_{n=-\infty}^{\infty} \delta(f - n\,f_s)
\end{aligned}$$

$$G_\pi(f) = sinc\,(()\,f T_s) \qquad\qquad (A.19)$$

Umstieg auf $\mathcal{Z}\{(\cdot)\}$ herleiten.

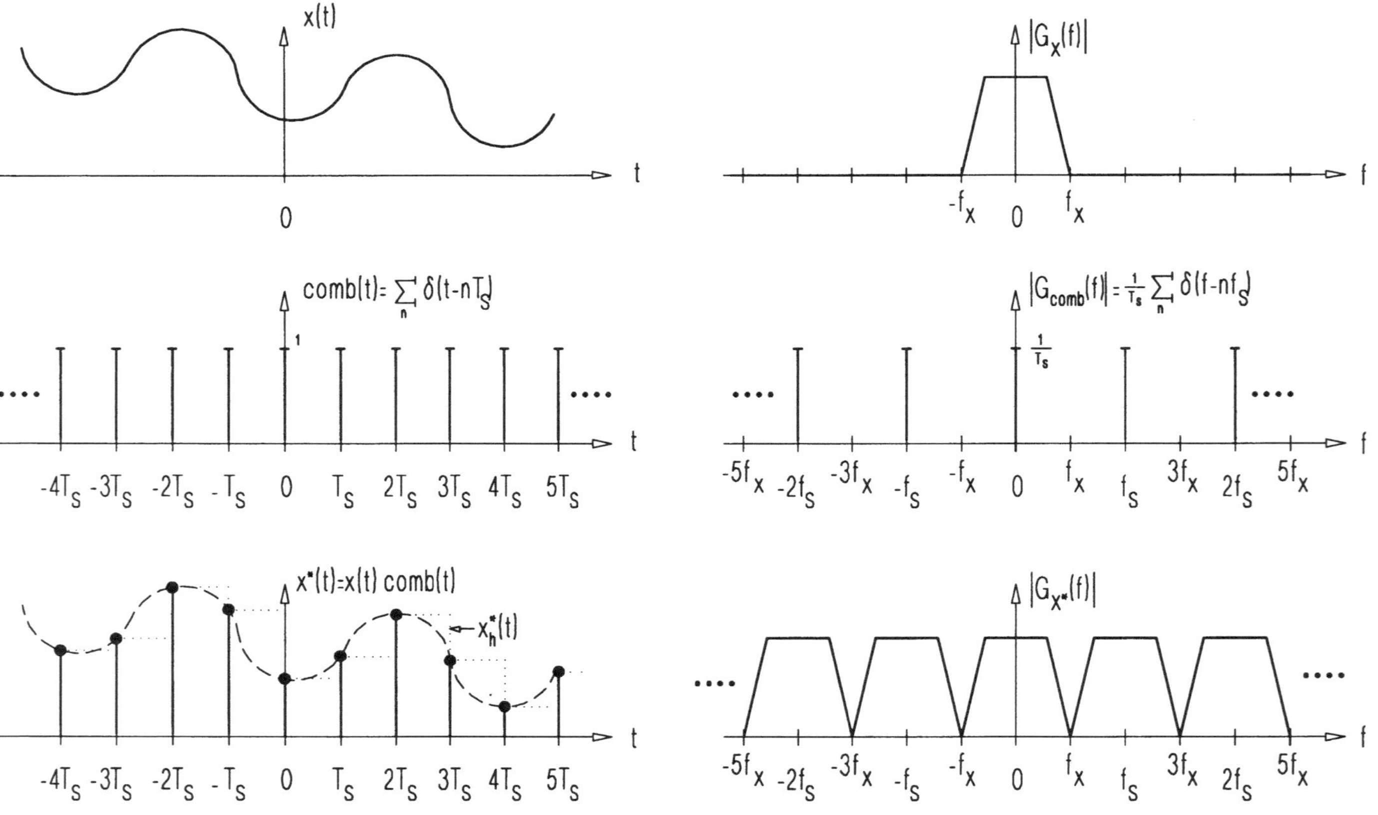

Abbildung A.1: Abtasttheorem: Impulsabtastung.

A.2.2 Verallgemeinerte Abtastung

DEFINITION A.3 (DIMENSIONSTHEOREM) *Das Dimensionstheorem ist eine Verall-gemeinerung des Abtasttheorems. Eine reelle Kurvenform ist durch*

$$N = 2BT \tag{A.20}$$

unabhängige Abtastwerte (müssen nicht äquidistant genommen werden) vollständig festgelegt. Es ist N die Dimension des Signals der Dauer T und Bandbreite B.

Beweis: Dimensionstheorem Wir stellen das reelle Signal $s(t)$ betrachtet über die Dauer T_s als Fourier-Reihe dar.

$$s(t) = \sum_{n=-\infty}^{\infty} \underline{c}_n\, e^{jn\frac{2\pi}{T_s}t} \tag{A.21}$$

Mit der bekannten Tatsache, daß $\underline{c}_n^* = \underline{c}_{-n}$ für reelle Signale ist folgt, daß wenn $s(t)$ mit B bandbeschränkt ist der Bereich für n um $s(t)$ darzustellen gleich $-B \leq nf_s = \frac{n}{T_s} \leq B$ ist.

$$s(t) = \sum_{n=-BT_s}^{BT_s} \underline{c}_n\, e^{j2\pi \frac{n}{T_s}t} \tag{A.22}$$

Der Gleichanteil c_0 überträgt keine Information. Es sind also $N = 2BT_s$ unabhängige, reelle Werte des Signals $s(t)$ notwendig. Vereinfacht ausgedrückt besagt das Dimensionstheorem, daß die Information welche eine bandbeschränkte Kurvenform innerhalb der Zeit T übertragen kann dem *Zeit/Bandbreite Produkt* proportional ist.

Das Dimensionstheorem kann man umkehren um die Bandbreite eines Signals zu schätzen. Eine digitale Datenquelle soll M unterschiedliche Nachrichten durch M verschiedene binäre Signale übertragen. Jedes Signal sei n-Bit lang. Die Kurvenform der Signale kann durch eine orthogonale Reihe

$$s(t) = \sum_{k=0}^{N} a_k \Psi_k(t) \tag{A.23}$$

dargestellt werden. Jedes Bit des Binärworts repräsentiert eine Dimension. Jedes Binärwort besteht aus N Bits und ist zugleich die Dimension des Signals.

Mathematische Funktionen und Reihen

Es werden nur jene Formeln und Reihen, welche intensiv in diesem Text verwendet werden, dargestellt.

B.1 Winkelfunktionen

$$
\begin{aligned}
\sin(\alpha) \cdot \sin(\alpha + \beta) &= \sin(\alpha) \left[sin(\alpha)\cos(\beta) + \cos(\alpha)\sin(\beta) \right] = \\
&= \sin^2(\alpha)\cos(\beta) + \sin(\alpha)\cos(\alpha)\sin(\beta) = \\
&= \frac{1}{2}\left[1 - \cos(2\alpha)\cos(\beta) + \sin(2\alpha)\sin(\beta) \right]
\end{aligned} \tag{B.1}
$$

B.2 Reihen

$$
e^x = 1 + \frac{x}{1!} + \frac{x^2}{2!} + ... = \sum_{n=0}^{\infty} \frac{x^n}{n!}
$$

$$
e^{-\frac{1}{2}\left(\frac{x}{\sigma}\right)^2} = \sum_{n=0}^{\infty} \frac{(-1)^n}{n!} \left(\frac{x}{\sqrt{2}\sigma} \right)^{2n}
$$

$$
(a \pm x)^n = a^n (1 \pm \frac{x}{a})^n
$$

$$
\cos(x) = \sum_{n=0}^{\infty} \frac{(-1)^n (x)^{2n}}{(2n)!}
$$

$$
\arcsin(x) = x + \frac{1}{2} \cdot \left(\frac{x^3}{3} \right) + \frac{1 \cdot 3}{2 \cdot 4} \cdot \left(\frac{x^5}{5} \right) + \frac{1 \cdot 3 \cdot 5}{2 \cdot 4 \cdot 6} \cdot \left(\frac{x^7}{7} \right) + \cdots
$$

$$
\cdots + \frac{1 \cdot 3 \cdot 5 \cdots (2n-1)}{2 \cdot 4 \cdot 6 \cdots (2n)} \cdot \left(\frac{x^{2n+1}}{2n+1} \right) + \cdots \quad wenn: \; |\, x \,| < 1
$$

$$
\arccos(x) = \frac{\pi}{2} - \arcsin(x)
$$

$$
\arctan(x) = x - \frac{x^3}{3} + \frac{x^5}{5} - \frac{x^7}{7} \pm \cdots wenn: \; |\, x \,| < 1
$$

$$\arcsin(x) \approx \arctan(x) \approx x$$

$$e^x = 1 + x + \frac{x^2}{2} + \frac{x^3}{3!} + \ldots = \sum_{n=0}^{\infty} \frac{x^n}{n!} \tag{B.2}$$

Damit folgt die komplexe Reihe

$$e^{jx} = \quad 1 + jx - \frac{x^2}{2} - j\frac{x^3}{3!} + \frac{x^4}{4!} + j\frac{x^5}{5!} - \frac{x^6}{6!} - j\frac{x^7}{7!} \pm \ldots \tag{B.3}$$

$$= \underbrace{1 - \frac{x^2}{2} + \frac{x^4}{4!} - \frac{x^6}{6!} \pm \ldots}_{\cos(x)} + j\underbrace{\left\{x - \frac{x^3}{3!} + \frac{x^5}{5!} - \frac{x^7}{7!} \pm \ldots\right\}}_{\sin(x)} \tag{B.4}$$

welche nach *Euler* die Reihen für $\sin(x)$ und $\cos(x)$ liefert.

$$\sin(x) = \sum_{n=0}^{\infty} \frac{(-1)^n \cdot x^{2n+1}}{(2n+1)!} \tag{B.5}$$

$$\ln(1+x) = x - \frac{x^2}{2} + \frac{x^3}{3} - \ldots \tag{B.6}$$

Spezielle mathematische Funktionen

Weil dieses Buch viel mit Nichtlinearitäten zu tun hat und diese mathematisch mit den speziellen Funktionen beschrieben werden, ist eine kleine Einführung angebracht.

C.1 Fakultät

Die Fakultät ist in (C.1) definiert und (C.2) folgt daraus.

$$n! = 1 \cdot 2 \cdot 3 \cdots (n-1) \cdot n \tag{C.1}$$

$$(n+1)! = (n+1) \cdot n! \tag{C.2}$$

Die Fakultät ist nur für positive ganze Zahlen definiert und die Null als $0! = 1$. Auf Grund der Definition kann man sich vorstellen, daß die Berechnung der Fakultät für große Werte schwierig wird. Man sucht daher brauchbare Näherungen, welche schnell berechnet werden können. Eine solche Näherung ist die *Stirlingformel*, welche sich aus der asymptotischen Entwicklung für $z!$ ergibt [Duschek61].

$$n! \doteq \sqrt{2\pi}\, n^{n+(\frac{1}{2})} e^{-n} \tag{C.3}$$

C.2 Transzendente mathematische Funktionen

Es werden in einer kurzen Übersicht die Grundzüge der verwendeten speziellen Funktionen zusammengestellt.

C.2.1 Konfluente hypergeometrische Funktion

Die hypergeometrische Funktion ist eine *analytische Funktion* und eine *Lösung der Kummerschen Differentialgleichung*. Für negative Argumente ist sie gegeben durch:

$${}_1F_1\left[\alpha\,;\,\beta\,;\,-x\right] = 1 - \frac{\alpha}{\beta}\cdot\frac{x}{1!} + \frac{\alpha(\alpha+1)}{\beta(\beta+1)}\cdot\frac{x^2}{2!} \mp \cdots = \sum_{k=0}^{\infty} \frac{(-1)^k\,(\alpha)_k}{(\beta)_k}\cdot\frac{x^k}{k!} \tag{C.4}$$

Wobei $(\alpha)_k$ (analog $(\beta)_k$) als

$$(\alpha)_k = \alpha\,(\alpha+1)\,(\alpha+2)\cdots(\alpha+k-1) = \frac{(\alpha+k-1)!}{(\alpha-1)!} \tag{C.5}$$

definiert ist und mit der Fakultät ausgedrückt wurde. Ersetzt man nun die Fakultät durch die Gammafunktion (C.11)

$$(\alpha)_k = \frac{(\alpha+k-1)!}{(\alpha-1)!} = \frac{\Gamma(\alpha+k)}{\Gamma(\alpha)}, \tag{C.6}$$

so kommt man zur Darstellung der konfluenten hypergeometrischen Funktion durch die Gammafunktion ($0! \equiv 1 \equiv \Gamma(1)$).

$$
\begin{aligned}
{}_1F_1\,[\alpha\,;\,\beta\,;\,-x] &= \sum_{k=0}^{\infty} \frac{(-1)^k \Gamma(\alpha+k)\,\Gamma(\beta)}{\Gamma(\beta+k)\,\Gamma(\alpha)} \cdot \frac{x^k}{\Gamma(k+1)} = \\
&= \frac{\Gamma(\beta)}{\Gamma(\alpha)} \sum_{k=0}^{\infty} \frac{\Gamma(\alpha+k)}{\Gamma(\beta+k)} \frac{(-x)^k}{\Gamma(k+1)}
\end{aligned} \tag{C.7}
$$

Zusammenfassung:

$$
{}_1F_1\,[\alpha\,;\,\beta\,;\,-x] = \sum_{k=0}^{\infty} \frac{(\alpha)_k}{(\beta)_k} \cdot \frac{(-x)^k}{k!} = \frac{\Gamma(\beta)}{\Gamma(\alpha)} \sum_{k=0}^{\infty} \frac{\Gamma(\alpha+k)}{\Gamma(\beta+k)} \cdot \frac{(-x)^k}{\Gamma(k+1)} \tag{C.8}
$$

C.2.2 Gammafunktion

Eine *Erweiterung* des Gültigkeitsbereichs der obigen Definition *der Fakultät* auf die positive reelle Achse ($x > 0$) führt auf die Gammafunktion[1] $\Gamma(x)$.

$$\Gamma(x) = \int_0^{\infty} u^{x-1} e^{-u}\,du \tag{C.9}$$

Bemerkung: Eine weitere Erweiterung auf die ganze reelle Achse ($-\infty < x < \infty$) wurde von Hankel gegeben[2].

---

[1] Eine ausführliche Darstellung mit Anwendungen findet man in [Buchholz53].
[2] Vergleiche [Lawrentjew67].

Durch mehrfaches partielles Integrieren des Gammaintegrals ergibt sich eine Rekursionsformel für die Gammafunktion.

$$\Gamma(x) = (x-1)\Gamma(x-1) \tag{C.10}$$

Interessant sind noch ein paar spezielle Werte ($0 < x \leq 1$) der Gammafunktion, wie sie in vielen Berechnungen für die statistische Beschreibung des 2-Bit ADC auftreten.

$$\begin{array}{rcl}
\Gamma(n+1) &=& n! \\
\Gamma(n) &=& (n-1)! \\
\Gamma\left(\frac{1}{2}\right) &=& \sqrt{\pi} \\
\Gamma\left(n+\frac{1}{2}\right) &=& \frac{1\cdot 3\cdot 5\cdot\ldots\cdot(2n-1)}{2^n}\sqrt{\pi} = \frac{(2n)!}{n!}2^{-2n}\sqrt{\pi}
\end{array} \tag{C.11}$$

Schränkt man den Integrationsbereich der Gammafunktion (C.9) in der Art ein, indem man die Integration erst bei y mit $y > 0$ beginnt, so erhält man die *unvollständige Gammafunktion*.

$$\Gamma(x,y) = \int_y^\infty u^{x-1}e^{-u}du \tag{C.12}$$

C.2.3 Betafunktion

Mit der Gammafunktion kann man viele andere Integrale definieren. Ein sehr bekanntes Integral ist das Betaintegral $B(\alpha,\beta)$ für ($\alpha,\beta > 0$) welches die Betafunktion definiert.

$$B(\alpha,\beta) = \int_0^1 u^{\alpha-1}(1-u)^{\beta-1}du = \frac{\Gamma(\alpha)\Gamma(\beta)}{\Gamma(\alpha+\beta)} \tag{C.13}$$

C.2.4 Besselfunktion

Die erzeugende Funktion der Besselfunktion $\mathcal{J}_n(z)$ wird in eine *Laurentreihe* entwickelt, in welcher die Koeffizienten den Besselfunktionen entsprechen. Dadurch ergibt sich sowohl eine *Potenzreihendarstellung* auf Grund der Entwicklung der erzeugenden Funktion der Besselfunktion in eine Reihe, als auch eine *Integraldarstellung* auf Grund der Koeffizientenformel der Laurent-Reihe.

$$e^{\frac{z}{2}(\omega-\frac{1}{\omega})} = \sum_{n=-\infty}^{\infty} \mathcal{J}_n(z)\omega^n \tag{C.14}$$

C.2.4.1 Potenzreihendarstellung

Zur Potenzreihendarstellung kommt man, indem man die *Erzeugende Funktion* selbst als Potenzreihe darstellt. Dies geschieht am einfachsten, indem man die Reihe für die Exponentialfunktion von $e^{\frac{z\omega}{2}}$ und $e^{-\frac{z}{2\omega}}$ multipliziert und für gleiche Potenzen von ω zusammenfaßt.

$$
e^{\frac{z}{2}(\omega-\frac{1}{\omega})} \;=\; e^{\frac{z\omega}{2}}e^{-\frac{z}{2\omega}} = \sum_{m=0}^{\infty} \frac{1}{m!}\left(\frac{z}{2}\right)^{m}\omega^{m}\sum_{k=0}^{\infty}\frac{(-1)^{k}}{k!}\left(\frac{z}{2}\right)^{k}\frac{1}{\omega^{k}} = \tag{C.15}
$$

$$
= \sum_{k=0}^{\infty}\frac{1}{(n+k)!}\left(\frac{z}{2}\right)^{n+k}\omega^{n+k}\sum_{k=0}^{\infty}\frac{(-1)^{k}}{k!}\left(\frac{z}{2}\right)^{k}\omega^{-k} =
$$

$$
= \left\{\sum_{k=0}^{\infty}\frac{(-1)^{k}}{(n+k)!\,k!}\left(\frac{z}{2}\right)^{n+2k}\right\}\omega^{n} \tag{C.16}
$$

Die Besselfunktion in Potenzreihendarstellung (C.16) erhält man indem man in (C.15) die Potenzen von ω durch $n = m - k$ zusammengefaßt.

$$
\mathcal{J}_{n}(z) = \sum_{k=0}^{\infty}\frac{(-1)^{k}}{(n+k)!\,k!}\cdot\left(\frac{z}{2}\right)^{n+2k} \tag{C.17}
$$

Bemerkung: Faßt man die obigen beiden Reihen einmal so wie oben dargestellt mit $n = m - k$ und ein weiteres Mal mit $n = k - m$ zusammen und vergleicht beide Zusammenfassungen, so kommt man zu der oft nützlichen Beziehung:

$$
\mathcal{J}_{-n}(z) = (-1)^{n}\,\mathcal{J}_{n}(z) \tag{C.18}
$$

C.2.4.2 Integral-Darstellung

Zur Integral-Darstellung gelangt man direkt durch Einsetzen in die *Koeffizientenformel der Laurentreihenentwicklung*[3].

$$
\mathcal{J}_{n}(z) = \frac{1}{2\pi j}\oint\frac{f(\omega)}{(\omega-a)^{n+1}}d\omega = \frac{1}{2\pi j}\oint\frac{e^{\frac{z}{2}(\omega-\frac{1}{\omega})}}{\omega^{n+1}}d\omega \tag{C.19}
$$

Aus dieser Darstellung ergibt sich das oft in der Statistik auftauchende Besselintegral, wenn man als geschlossene Integrationskurve den Einheitskreis ($|\omega| = 1$ und $\omega = e^{jt}$), um den Punkt $a = 0$ wählt.

---

[3]Vergleiche [Descovich76].

$$\mathcal{J}_n(z) \;=\; \frac{1}{2\pi j} \int\limits_{0}^{2\pi} \frac{e^{\frac{z}{2}(e^{jt} - e^{-jt})}}{e^{(n+1)jt}}\, j\, e^{jt} dt \;=\; \tag{C.20}$$

$$=\; \frac{1}{2\pi} \int\limits_{0}^{2\pi} e^{jz\sin(t)} e^{-jnt} dt \;=\; \tag{C.21}$$

$$=\; \frac{1}{2\pi} \int\limits_{0}^{2\pi} \cos\left(nt - z\sin\left(t\right)\right) dt \;-\; \frac{j}{2\pi} \int\limits_{0}^{2\pi} \sin\left(nt - z\sin\left(t\right)\right) dt \tag{C.22}$$

In obiger Gleichung wurde zweimal die Euleridentität zur Umformung angewendet.
Das zweite Integral der letzten Umformung hat den Wert Null, weil der Integrand
eine ungerade Funktion ist und über eine Periode integriert wird. Damit folgt das
sogenannte Besselintegral.

$$\mathcal{J}_n(z) = \frac{1}{2\pi} \int\limits_{0}^{2\pi} \cos\left(nt - z\sin\left(t\right)\right) dt \tag{C.23}$$

Damit soll der Besselfunktion Genüge getan sein. Für tiefere Ausführungen siehe
spezielle Literatur ([Watson22]).

C.2.5 Zusammenhang zwischen der Fehlerfunktion $\Phi(x)$ und ihren Ableitungen $\phi(x)$

Die Fehlerfunktion und komplementäre Fehlerfunktion ist in Abb.C.1 gezeichnet.

Die Fehlerfunktion ist analytisch nicht berechenbar und es bleibt nur der Ausweg,
den Integranden der Fehlerfunktion in eine Reihe zu entwickeln und gliedweise zu
integrieren. Substituiert man in der Definition der Fehlerfunktion in (C.24) $u^2 = \frac{t^2}{2}$,
so erhält man (C.25).

$$\Phi(x) = \operatorname{erf}\left(x\right) = \frac{2}{\sqrt{\pi}} \int\limits_{u=0}^{x} e^{-u^2} du \tag{C.24}$$

$$\operatorname{erf}\left(x\right) = \sqrt{\frac{2}{\pi}} \int\limits_{t=0}^{\sqrt{2}x} \underbrace{e^{-\frac{t^2}{2}}}_{\phi(t)} dt \tag{C.25}$$

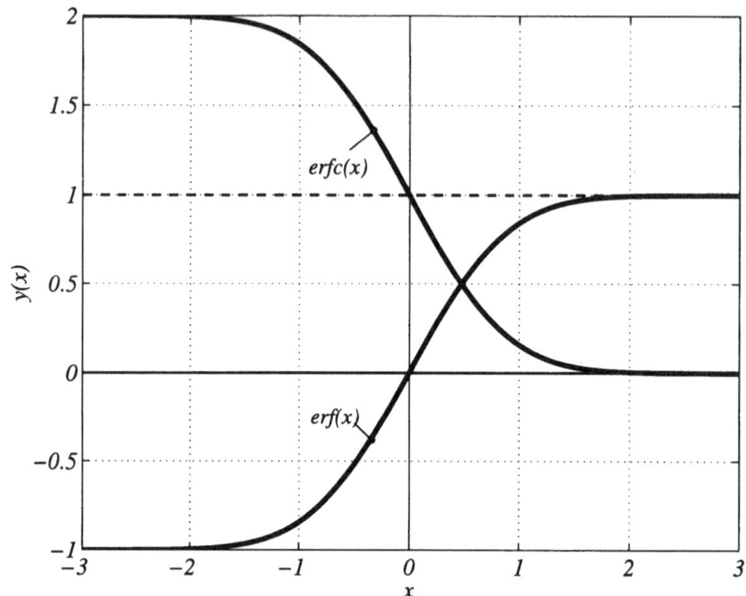

Abbildung C.1: Fehlerfunktion und komplementäre Fehlerfunktion.

In (C.26) ist die Reihe für $\phi(t)$ aus (C.25) aufgestellt.

$$\phi(t) = \sum_{n=0}^{\infty} \frac{\phi^{(n)}(0)}{n!} \cdot t^n \tag{C.26}$$

n	$\phi^{(n)}(t)$	$H_n(0)$
0	$\phi(t) \cdot [1]$	1
1	$\phi(t) \cdot [t]$	0
2	$\phi(t) \cdot [t^2 - 1]$	-1
3	$\phi(t) \cdot [t^3 - 3t]$	0
4	$\phi(t) \cdot [t^4 - 6t^2 + 3]$	3
5	$\phi(t) \cdot [t^5 - 10t^3 + 15t]$	0
6	$\phi(t) \cdot [t^6 - 15t^4 + 45t^2 - 15]$	-15

Tabelle C.1: Fehlerfunktion und Ableitungen, Hermitepolynome.

Mit Hilfe der Tab.C.1 kann man die Beziehung zwischen den Ableitungen von $\phi^{(n)}(t)$ und $\phi(t)$ selbst, aufstellen. Die in den eckigen Klammern auftretenden Polynome sind die *Hermitepolynome* $H_n(t)$. Damit folgt (C.27).

$$\phi^{(n)}(t) = (-1)^n \cdot \phi(t) \cdot H_n(t) \tag{C.27}$$

Der letzten Spalte der Tab.C.1 entnimmt man die Zahlenfolge $\{1,0,-1,0,3,0,-15,0,\dots\}$, welche sich ergibt, wenn man die Hermitepolynome $H_n(0)$ an der Stelle $t = 0$ berechnet. Gesucht ist das Bildungsgesetz dieser Zahlenfolge. Weiters erkennt man aus der Tab.C.1, daß nur die geradzahligen Hermitepolynome bei t=0 nicht verschwinden[4]. Daher ist es besser, gleich das Bildungsgesetz für die Zahlenfolge $\{1,-1,3,-15,105,\dots\}$ zu suchen, welche sich ergibt, wenn man die Hermitepolynome $H_{2n}(0)$ an der Stelle $t = 0$ berechnet.

$$H_{2n}(0) = \underbrace{(-1)^n \cdot \frac{(2n)!}{2^n \cdot n!}}_{\text{Bildungsgesetz}} = \frac{2^n}{\sqrt{\pi}} \cdot \Gamma\left(n + \frac{1}{2}\right) \tag{C.28}$$

In obiger Formel wurde eine Beziehung zwischen dem Hermitepolynom und der Gammafunktion entwickelt, welche sich über das Bildungsgesetz der Hermitepolynome[5] ergibt. Damit folgen drei verschiedene Darstellungen der Ableitungen von $\phi^{(2n)}(0)$, welche eingesetzt in (C.27), drei verschiedene Reihendarstellungen für die Fehlerfunktion liefern. Im weiteren wird die Darstellung mit dem Bildungsgesetz der Hermitepolynome weitergerechnet.

$$\phi^{(2n)}(0) = (-1)^n \cdot H_{2n}(0) = (-1)^n \cdot \frac{(2n)!}{2^n\, n!} = (-1)^n \cdot \frac{2^n}{\sqrt{\pi}} \cdot \Gamma\left(n + \frac{1}{2}\right) \tag{C.29}$$

Berücksichtigt man, daß in der Reihe für $\phi(t)$ nur die $\phi^{(2n)}$-ten Ableitungen vorkommen, so erhält man:

$$\phi(t) = \sum_{n=0}^{\infty} \frac{\phi^{(2n)}(0)}{(2n)!} t^{2n} = \sum_{n=0}^{\infty} \frac{(-1)^n}{2^n \cdot n!} \cdot t^{2n} \tag{C.30}$$

Die Integration der Reihe soll für allgemeine Grenzen durchgeführt und anschließend spezifiziert werden.

---

[4]Dies bedeutet, daß nur die geradzahligen Glieder der Reihe existieren. Dies ist leicht einzusehen, da die Amplitudendichte symmetrisch um den Mittelwert ist.

[5]Gleichung (C.11): $\Gamma\left(n + \frac{1}{2}\right) = \frac{(2n)!}{2^{2n} \cdot n!} \cdot \sqrt{\pi}$.

$$I(a, b) = \sqrt{\frac{2}{\pi}} \int_a^b \phi(t) dt = \sqrt{\frac{2}{\pi}} \sum_{n=0}^{\infty} \frac{(-1)^n}{2^n \cdot n!} \cdot \int_a^b t^{2n} dt \tag{C.31}$$

$$\sqrt{\frac{2}{\pi}} \sum_{n=0}^{\infty} \frac{(-1)^n}{2^n \cdot n! \cdot (2n+1)} \cdot [b^{2n+1} - a^{2n+1}] \tag{C.32}$$

Durch Einsetzen von $a = 0$ und $b = \sqrt{2} \cdot x$ in die Integrationsgrenzen erhält man die *Reihendarstellung des Fehlerintegrals* erf (x) :

$$\text{erf}\,(x)_B = \frac{2}{\sqrt{\pi}} \cdot \sum_{n=0}^{\infty} \frac{(-1)^n}{n!\,(2n+1)} \cdot x^{2n+1} \tag{C.33}$$

Setzt man in (C.27) nicht das Bildungsgesetz der Hermitepolynome ein, sondern die Hermitepolynome selbst, so erhält man die *Reihendarstellung des Fehlerintegrals* erf(x) *mit den Hermitepolynomen.*

$$\text{erf}\,(x)_H = \frac{2}{\sqrt{\pi}} \cdot \sum_{n=0}^{\infty} \frac{(-1)^n}{(2n+1)} \cdot H_{2n}(0) \cdot x^{2n+1} \tag{C.34}$$

Mit der Gammafunktion[6], erhält man die *Reihendarstellung des Fehlerintegrals* $\Phi(x)$ *mit der Gammafunktion:*

$$\text{erf}\,(x)_G = \frac{2}{\sqrt{\pi}} \cdot \sum_{n=0}^{\infty} \frac{(-1)^n}{(2n+1)} \cdot \Gamma\left(n + \frac{1}{2}\right) \cdot x^{2n+1} \tag{C.35}$$

C.2.6   Marcum-Q-Funktion

Die mit Abstand am häufigsten verwendete Funktion in der Nachrichtentechnik. Die Marcum-Q-Funktion ist in (C.36) definiert und deren Verbindung zur komplementären Fehlerfunktion dargestellt.

$$Q\,(x) = \frac{1}{\sqrt{2\pi}} \int_x^{\infty} e^{-\frac{\xi^2}{2}} d\xi = \frac{1}{2} \text{erfc}\left(\frac{x}{\sqrt{2}}\right) \tag{C.36}$$

---

[6]Siehe (C.11).

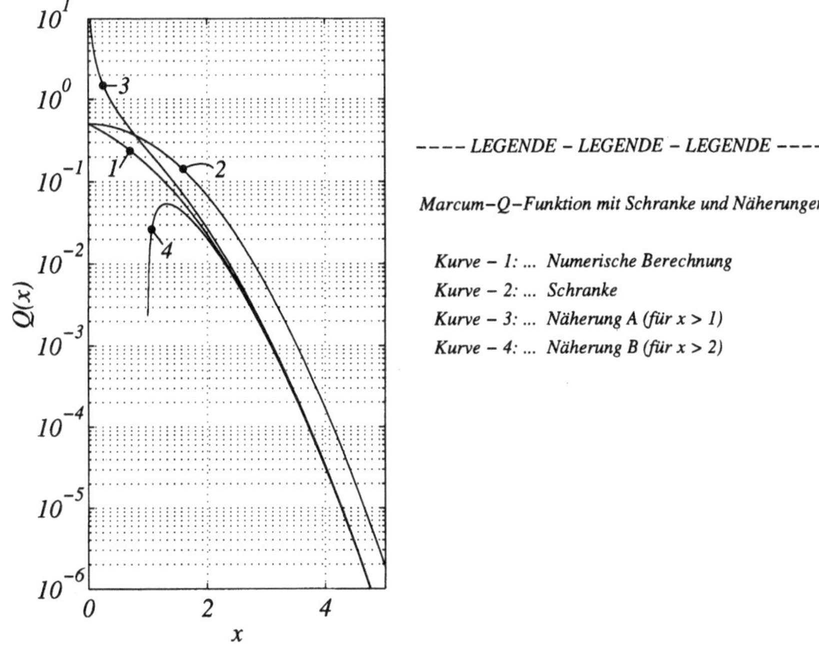

Abbildung C.2: Marcum-Q-Funktion.

Numerische Berechnung

$$Q\left(x\right) \;\approx\; \frac{e^{-\frac{x^2}{2}}}{\sqrt{2\pi}}\left(b_1 t + b_2 t^2 + b_3 t^3 + b_4 t^4 + b_5 t^5\right) \qquad \text{mit:} \quad t = \frac{1}{1+px}$$

$$\begin{aligned}
p &= 0.2316419 & b_2 &= -\,0.356563782 & b_4 &= -\,1.821255978 \\
b_1 &= 0.31981530 & b_3 &= 1.781477937 & b_5 &= 1.330274429
\end{aligned} \tag{C.37}$$

Schranke

$$Q\left(x\right) \approx \frac{1}{2}\,e^{-\frac{x^2}{2}} \geq Q\left(x\right), \qquad x \geq 0 \qquad \text{Schranke} \tag{C.38}$$

Die Schranke nach (C.38) ist eine obere Schranke. Der numerische Wert von $Q\left(x\right)$ bleibt immer kleiner als der in (C.38) angegebene.

Näherung-A

$$\text{Näherung-A:} \qquad Q(x) \approx \frac{1}{\sqrt{2\pi}\,x}\, \mathrm{e}^{-\frac{x^2}{2}} \qquad x > 2 \tag{C.39}$$

Für ein $x > 2$ paßt sich der in (C.39) angegebene Wert sehr gut an den numerische Wert von $Q(x)$ an bleibt jedoch immer größer als dieser (Obere Schranke). Man erhält diese Näherung indem man die $Q(x)$ in (C.36) partiell integriert und das zweite Integral vernachlässigt.

$$Q(x) = \frac{1}{\sqrt{2\pi}} \int\limits_{x}^{\infty} \mathrm{e}^{-\frac{\xi^2}{2}}\, d\xi = \int\limits_{x}^{\infty} u\, dv = u\,v - \int v\, du =$$

$$\text{mit:}\; u = \frac{1}{\sqrt{2\pi}\,\xi} \qquad dv = \xi\, \mathrm{e}^{-\frac{\xi^2}{2}}\, d\xi$$

$$\rightarrow Q(x) = \frac{1}{\sqrt{2\pi}\,\xi} \left(-\,\mathrm{e}^{-\frac{\xi^2}{2}} \right) \Big|_{x}^{\infty} - \underbrace{\int\limits_{x}^{\infty} (\cdot)\, d\xi}_{\text{vernachl.}} \approx \frac{1}{\sqrt{2\pi}\,x}\, \mathrm{e}^{-\frac{x^2}{2}} \tag{C.40}$$

Näherung-B

$$\text{Näherung-B:} \qquad Q(x) \approx \frac{1}{\sqrt{2\pi}\,x} \left(1 - \frac{1}{x^2} \right) \mathrm{e}^{-\frac{x^2}{2}} \qquad x > 3 \tag{C.41}$$

Für ein $x > 3$ ist die Näherung nach (C.41) besser als jene in (C.39).

C.2.7 Funktion des Exponentialintegrals

Die Funktion des Exponentialintegrals ist in (C.42) definiert und in Abb.C.3 mit der Näherung in (C.43) gezeichnet.

$$\mathfrak{E}_n(x) = \int\limits_{t=1}^{\infty} t^{-n} \cdot \mathrm{e}^{-x\,t}\, dt \qquad n \in \mathbb{N}_0 \tag{C.42}$$

$$\mathfrak{E}_n(x) \approx \frac{\mathrm{e}^{-x}}{x+n} \cdot \left[1 + \frac{n}{(x+n)^2} + \frac{n(n-2x)}{(x+n)^4} + \frac{n(6x^2 - 8nx + n^2)}{(x+n)^6} \right] \qquad x > 0 \tag{C.43}$$

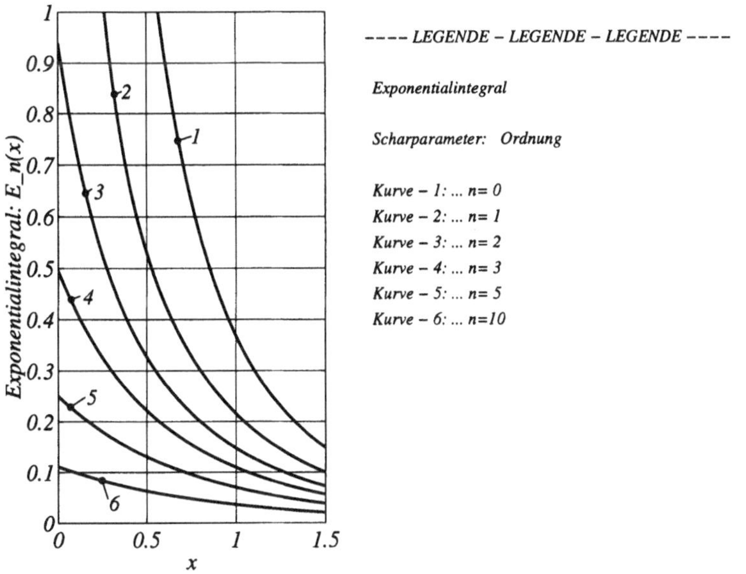

Abbildung C.3: Kurvenschar der Funktion des Exponentialintegrals.

C.3 Integrale

In Berechnungen, im Zusammenhang mit Mehrwegeschwunderscheinungen kommt das in (C.44) angegebene Integral vor.

$$\int_0^\infty x^n \, e^{-\xi x^2} \, dx = \frac{\Gamma\left(\frac{n+1}{2}\right)}{2\xi^{(n+1)/2}} \qquad \xi > 0, n > -1. \tag{C.44}$$

Ein oft vorkommendes Doppelintegral kann nach der Identität in (C.45) dargestellt werden [Urkowitz83, Gardner86].

$$I = \int_{t_1=a}^{b} \int_{t_2=a}^{b} g(t_1 - t_2) \, dt_1 \, dt_2 = (b - a) \int_{\tau=a}^{b} \underbrace{\left(1 - \frac{|\tau|}{(b-a)}\right)}_{\Lambda(\frac{\tau}{b-a})} g(\tau) \, d\tau \tag{C.45}$$

Die Funktion $g(t)$ in (C.45) ist im allgemeinen eine komplexe Funktion einer reellen Variablen t und weiters soll gelten: $b > a$. Im Folgenden wird der Beweis der Identität in (C.45) gegeben. Dazu verwendet man die Substitution: $\tau = t_1 - t_2 \rightarrow \frac{d\tau}{dt_1} = 1, \frac{d\tau}{dt_2} =$

-1. Dadurch transformieren sich die Grenzen wie folgt: $t_2 = a \rightarrow t_2 = t_1 - \tau_1 = a \Rightarrow$ $\tau_1 = t_1 - a$ und $t_2 = b \Rightarrow \tau_2 = t_1 - b$. Damit folgt (C.46).

$$I = -\int_{t_1=a}^{b} dt_1 \cdot \int_{\tau_1=t_1-a}^{\tau_2=t_1-b} g(\tau)\,d\tau = \int_{t_1=a}^{b} dt_1 \int_{\tau=t_1-b}^{t_1-a} g(\tau)\,d\tau \qquad (\text{C.46})$$

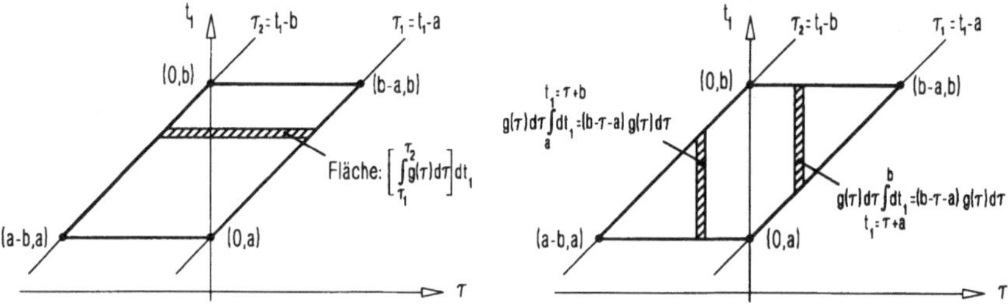

Abbildung C.4: Das Integrationsgebiet in der τ/t_1-Ebene ist ein Parallelogramm mit den Ecken [(a-b,a),(0,a),(b-a,b),(0,b)]

Mit Hilfe der Abb.C.4 wird aus (C.46) die Gleichung (C.47).

$$\begin{aligned} I &= \int_{a-b}^{0} (\tau + b - a)\, g(\tau)\,d\tau + \int_{0}^{b-a} (b - \tau - a)\, g(\tau)\,d\tau = \\ &= \int_{a-b}^{b-a} (b - a - |\tau|)\, g(\tau)\,d\tau = (b-a) \int_{a-b}^{b-a} \left(1 - \frac{|\tau|}{b-a}\right) g(\tau)\,d\tau \qquad (\text{C.47}) \end{aligned}$$

Ist $g(\tau) = g(-\tau)$ eine gerade Funktion, so vereinfacht sich (C.47) zu (C.48).

$$I = 2(b-a) \int_{0}^{b-a} \left(1 - \frac{|\tau|}{b-a}\right) g(\tau)\,d\tau \qquad (\text{C.48})$$

Statistiken

In diesem Kapitel werden, ähnlich einer Formelsammlung, die wichtigsten Zufallsvariablen mit ihren Wahrscheinlichkeitsdichten aufgelistet. Für eine ausführliche Darstellung wird auf [Weinrichter91, Papoulis84] verwiesen. Etwas ausführlicher wird auf die Exponentialverteilung, die Chernoffschranke in Bezug auf das Direct-Sequence Signal und auf die Theorie der Schwellennullstellen eingegangen.

D.1 Diskrete Zufallsvariablen

In der Auflistung der diskreten Zufallsvariablen kommt, nach der Beschreibung des Wesens der Zufallsvariablen X, der Definitionsbereich Ω_X. Der Erwartungswert wird mit $\mathbf{E}[X]$ und die Varianz mit $\mathbf{Var}[X]$ bezeichnet. Mit $\mathbf{G}_X(z) = \mathbf{E}[z^X]$ wird die wahrscheinlichkeitserzeugende Funktion bezeichnet und $p_k = \mathbf{Pr}[X = k]$.

D.1.1 Bernoulli Zufallsvariable

DEFINITION D.1 (BERNOULLI-VARIABLE) *Eine Zufallsvariable heißt Bernoulli-Variable X, wenn sie nur zwei Zustände $X \in \{0, 1\}$ annehmen kann. Der Zustand $X = 1$ wird mit der Wahrscheinlichkeit p angenommen.*

$$\Omega_X = \{0, 1\} \tag{D.1a}$$

$$p_0 = q = 1 - p, \qquad p_1 = p \qquad 0 \leq p \leq 1 \tag{D.1b}$$

$$\mathbf{E}[X] = p \tag{D.1c}$$

$$\mathbf{Var}[X] = p(1 - p) = p\,q \tag{D.1d}$$

$$\mathbf{G}_X(z) = (q + pz) \tag{D.1e}$$

D.1.2 Binomsche Zufallsvariable

DEFINITION D.2 (BINOMSCHE-VARIABLE) *Eine binomsche Variable X, kennzeichnet die Anzahl an erfolgreichen Bernoulliexperimenten, von insgesamt n durchgeführ-*

ten. Sie kann daher die Zustände $X \in \{0, 1, \ldots, n\}$ annehmen. Die Wahrscheinlichkeit, daß ein Bernoulliexperimenten erfolgreich ist, wird mit p angenommen.

$$\Omega_X = \{0, 1, \ldots, n\} \tag{D.2a}$$

$$p_k = \binom{n}{k} p^k (1-p)^{n-k} = \binom{n}{k} p^k q^{n-k} \qquad k = 0, 1, \ldots, n \tag{D.2b}$$

$$\mathbf{E}[X] = n\,p \tag{D.2c}$$

$$\mathbf{Var}[X] = np(1-p) = npq \tag{D.2d}$$

$$\mathbf{G}_X(z) = (q + pz)^n \tag{D.2e}$$

D.1.3 Negativbinomsche Zufallsvariable

DEFINITION D.3 (NEGATIVBINOMSCHE-VARIABLE) *Eine negativbinomsche Variable X, kennzeichnet die Anzahl an erforderlichen Bernoulliexperimenten, bis r erfolgreiche Bernoulliexperimente vorliegen. Sie kann daher die Zustände $X \in \{r, r+1, \ldots\}$ annehmen. Die Wahrscheinlichkeit, daß ein Bernoulliexperimenten erfolgreich ist, wird mit p angenommen.*

$$\Omega_X = \{r, r+1, \ldots\} \tag{D.3a}$$

$$p_k = \binom{k-1}{r-1} p^r (1-p)^{k-r} \qquad k = r, r+1, \ldots \tag{D.3b}$$

$$\mathbf{E}[X] = \frac{r}{p} \tag{D.3c}$$

$$\mathbf{Var}[X] = \frac{r(1-p)}{p^2} = \frac{rq}{p^2} \tag{D.3d}$$

$$\mathbf{G}_X(z) = \left[\frac{pz}{1 - qz}\right]^r \tag{D.3e}$$

D.1.4 Geometrische Zufallsvariable

DEFINITION D.4 (GEOMETRISCHE-VARIABLE) *Eine geometrische Variable X, kennzeichnet die Anzahl an Mißerfolgen in einer Folge von unabhängigen Bernoulliexperimenten, bis das erste erfolgreiche Bernoulliexperimente eintritt. Sie kann daher die Zustände $X \in \{0, 1, 2, \dots\}$ annehmen. Die Wahrscheinlichkeit, daß ein Bernoulliexperimenten erfolgreich ist, wird mit p angenommen.*

$$\Omega_X = \{0, 1, 2, \dots\} \tag{D.4a}$$

$$p_k = p(1-p)^k = pq^k \qquad k = 0, 1, 2, \dots \tag{D.4b}$$

$$\mathbf{E}[X] = \frac{1-p}{p} = \frac{q}{p} \tag{D.4c}$$

$$\mathbf{Var}[X] = \frac{1-p}{p^2} = \frac{q}{p^2} \tag{D.4d}$$

$$\mathbf{G}_X(z) = \frac{p}{1-qz} \tag{D.4e}$$

D.1.5 Poisson'sche Zufallsvariable

DEFINITION D.5 (POISSON'SCHE-VARIABLE) *Die Poissonvariable X, kennzeichnet die Anzahl an Ereignissen pro Zeiteinheit, wenn die Zeit zwischen Ereignissen exponentiell, mit Mittelwert $1/\alpha$, verteilt ist. Sie kann daher die Zustände $X \in \{0, 1, 2, \dots\}$ annehmen.*

$$\Omega_X = \{0, 1, 2, \dots\} \tag{D.5a}$$

$$p_k = \frac{\alpha^k}{k!} e^{-\alpha} \qquad k = 0, 1, 2, \dots, \qquad \alpha > 0 \tag{D.5b}$$

$$\mathbf{E}[X] = \alpha \tag{D.5c}$$

$$\mathbf{Var}[X] = \alpha \tag{D.5d}$$

$$\mathbf{G}_X(z) = e^{\alpha(z-1)} \tag{D.5e}$$

D.2 Kontinuierliche Zufallsvariablen

In der Auflistung der kontinuierlichen Zufallsvariablen kommt, nach der Beschreibung des Wesens der Zufallsvariablen X, der Definitionsbereich Ω_X. Der Erwartungswert wird mit $\mathbf{E}[X]$ und die Varianz mit $\mathbf{Var}[X]$ bezeichnet. Mit $\mathbf{C}_X(j\omega) = \mathbf{E}\left[e^{j\omega X}\right]$ wird die charakteristische Funktion bezeichnet. Die Wahrscheinlichkeitsdichte wird mit $p_X(x)$ bezeichnet.

D.2.1 Gleichverteilte Zufallsvariable

DEFINITION D.6 (GLEICHVERTEILTE VARIABLE) *Eine Zufallsvariable X, ist im abgeschlossenen Intervall $[a,b]$ gleichverteilt, wenn sie jeden Zustand $X \in [a,b]$ gleichwahrscheinlich annimmt. Dies bedeutet, daß kein Zustand ausgezeichnet ist.*

$$\Omega_X = [a,b] \tag{D.6a}$$

$$p_X(x) = \frac{1}{b-a} \qquad a \leq x \leq b \tag{D.6b}$$

$$\mathbf{E}[X] = \frac{a+b}{2} \tag{D.6c}$$

$$\mathbf{Var}[X] = \frac{(b-a)^2}{12} \tag{D.6d}$$

$$\mathbf{C}_X(j\omega) = \frac{e^{j\omega b} - e^{j\omega a}}{j\omega(b-a)} \tag{D.6e}$$

D.2.2 Gaußsche Zufallsvariable

DEFINITION D.7 (GAUSS'SCHE VARIABLE) *Die gaußverteilte Zufallsvariable X, ist im Intervall $[-\infty, \infty)$ definiert. Sie besitzt die Eigenschaft, daß sie die Verteilung einer großen Summe von kontinuierlichen Zufallsvariablen, annähern kann. Als normierte Gaußvariable bezeichnet man jene, welche Mittelwert Null und Varianz gleich Eins besitzt.*

$$\Omega_X = (-\infty, \infty) \tag{D.7a}$$

$$p_X(x) = \frac{1}{\sqrt{2\pi}\sigma}\, e^{-(x-m)^2/(2\sigma)^2} \qquad -\infty \leq x \leq \infty, \quad \sigma > 0 \tag{D.7b}$$

$$\mathbf{E}\,[\,X\,] = m \tag{D.7c}$$

$$\mathbf{Var}\,[\,X\,] = \sigma^2 \tag{D.7d}$$

$$\mathbf{C}_X\,(\,j\omega\,) = e^{jm\omega - \sigma^2\omega^2/2} \tag{D.7e}$$

D.2.3 Exponentialverteilte Zufallsvariable

DEFINITION D.8 (EXPONENTIALVERTEILTE VARIABLE) *Die exponentiell verteilte Zufallsvariable X, ist im Intervall $[0,\infty)$ definiert. Sie ist die einzige kontinuierliche Zufallsvariable, die kein Gedächtnis besitzt.*

$$\Omega_X = [0, \infty) \tag{D.8a}$$

$$p_X(x) = \lambda\, e^{-\lambda x} \qquad x \geq 0,\ \lambda > 0 \tag{D.8b}$$

$$\mathbf{E}\,[\,X\,] = \frac{1}{\lambda} \tag{D.8c}$$

$$\mathbf{Var}\,[\,X\,] = \frac{1}{\lambda^2} \tag{D.8d}$$

$$\mathbf{C}_X\,(\,j\omega\,) = \frac{\lambda}{\lambda - j\omega} \tag{D.8e}$$

D.2.4 Gammaverteilte Zufallsvariable

DEFINITION D.9 (GAMMAVERTEILTE VARIABLE) *Die gammaverteilte Zufallsvariable X, ist im Intervall $(0,\infty)$ definiert.*

$$\Omega_X = (0, \infty) \tag{D.9a}$$

$$p_X(x) = \frac{\lambda^\alpha x^{\alpha-1} e^{-\lambda x}}{\Gamma(\alpha)} \qquad x > 0, \ \alpha > 0, \ \lambda > 0 \tag{D.9b}$$

$$\mathbf{E}[X] = \frac{\alpha}{\lambda} \tag{D.9c}$$

$$\mathbf{Var}[X] = \frac{\alpha}{\lambda^2} \tag{D.9d}$$

$$\mathbf{C}_X(j\omega) = \left[\frac{1}{1 - j\frac{\omega}{\lambda}}\right]^\alpha \tag{D.9e}$$

Die Gammafunktion ist in (C.9) definiert. Aus der Gammaverteilung ergeben sich die Spezialfälle: m-Erlang Verteilung und Chi-Square Verteilung.

D.2.4.1 Erlang Zufallsvariable

DEFINITION D.10 (ERLANG VARIABLE) *Die Erlangvariable X erhält man, wenn man m unabhängige exponential verteilte Zufallsvariablen mit Parameter λ addiert. Man erhält sie auch als Spezialfall der Gammavariable für: $\alpha = m$ und a eine positive ganze Zahl.*

$$\Omega_X = (0, \infty) \tag{D.10a}$$

$$p_X(x) = \frac{\lambda^m x^{m-1} e^{-\lambda x}}{(m - 1)!} \qquad x > 0 \tag{D.10b}$$

$$\mathbf{E}[X] = \frac{m}{\lambda} \tag{D.10c}$$

$$\mathbf{Var}[X] = \frac{m}{\lambda^2} \tag{D.10d}$$

$$\mathbf{C}_X(j\omega) = \left[\frac{\lambda}{\lambda - j\omega}\right]^m \tag{D.10e}$$

D.2.4.2 Chi-Square Zufallsvariable

DEFINITION D.11 (CHI-SQUARE VARIABLE) *Die chi-square verteilte Zufallsvariable X, mit k Freiheitsgraden, erhält man aus der Summe von k unabhängigen, qua-*

drierten, normierten gaußschen Zufallsvariablen. Man erhält sie auch als Spezialfall der Gammavariable für: $\alpha = k/2$, wenn k eine positive ganze Zahl ist.

$$\Omega_X = (0, \infty) \tag{D.11a}$$

$$p_X(x) = \frac{x^{\frac{k-2}{2}}\, e^{-\frac{x}{2}}}{2^{\frac{k}{2}}\Gamma\left(\frac{k}{2}\right)} \qquad x > 0 \tag{D.11b}$$

$$\mathbf{E}\,[\,X\,] = \frac{k}{2\lambda} \tag{D.11c}$$

$$\mathbf{Var}\,[\,X\,] = \frac{k}{2\lambda^2} \tag{D.11d}$$

$$\mathbf{C}_X\,(\,j\omega\,) = \left[\frac{1}{1-j2\omega}\right]^{\frac{k}{2}} \tag{D.11e}$$

D.2.5 Rayleigh Zufallsvariable

DEFINITION D.12 (RAYLEIGH VARIABLE) *Die Rayleigh-Variable erhält man, wenn man die Wurzel aus der Summe zweier quadrierter normierter Gauß Variablen nimmt.*

$$\Omega_X = [0, \infty) \tag{D.12a}$$

$$p_X(x) = \frac{x}{\alpha^2}\, e^{-\frac{x^2}{2\alpha^2}} \qquad x \geq 0,\ \alpha > 0 \tag{D.12b}$$

$$\mathbf{E}\,[\,X\,] = \alpha\sqrt{\pi/2} \tag{D.12c}$$

$$\mathbf{Var}\,[\,X\,] = \alpha^2\left(2 - \frac{\pi}{2}\right) \tag{D.12d}$$

D.2.6   Cauchy Zufallsvariable

$$\Omega_X = (-\infty, \infty) \tag{D.13a}$$

$$p_X(x) = \frac{\alpha/\pi}{x^2 + \alpha^2} \qquad -\infty \le x \le \infty,\ \alpha > 0 \tag{D.13b}$$

$$\mathbf{E}\,[\,X\,] = \text{existiert nicht} \tag{D.13c}$$

$$\mathbf{Var}\,[\,X\,] = \text{existiert nicht} \tag{D.13d}$$

$$\mathbf{C}_X\,(j\omega) = \mathrm{e}^{-\alpha|\omega|} \tag{D.13e}$$

D.2.7   Laplace Zufallsvariable

$$\Omega_X = (-\infty, \infty) \tag{D.14a}$$

$$p_X(x) = \frac{\alpha}{2}\,\mathrm{e}^{-\alpha|x|} \qquad -\infty \le x \le \infty,\ \alpha > 0 \tag{D.14b}$$

$$\mathbf{E}\,[\,X\,] = 0 \tag{D.14c}$$

$$\mathbf{Var}\,[\,X\,] = \frac{2}{\alpha^2} \tag{D.14d}$$

$$\mathbf{C}_X\,(j\omega) = \frac{\alpha^2}{\omega^2 + \alpha^2} \tag{D.14e}$$

D.3   Exponential- und Hypoexponentialverteilung

Diese Verteilung kommt oft in Mehrwegeschwundkanälen vor. Wenn X eine exponentialverteilte Zufallsvariable ist, so ist deren Verteilung in (D.15) mit dem Parameter λ gegeben.

$$p_X(x) = \lambda \cdot \mathrm{e}^{-\lambda \cdot x} \qquad x > 0 \tag{D.15}$$

Eine sinnvolle Aufbereitung dieser Verteilung, in Hinsicht auf ein Mehrwegeprofil indem die Summe von exponentialverteilten Zufallsvariablen auftritt, erfolgt durch die

Laplace-Transformation. Diese Transformationsmethode erleichtert den Übergang auf die hypoexponential verteilte Zufallsvariable. Man wendet die Laplacetransformierte der Wahrscheinlichkeitsdichte mit Vorteil anstatt der charakteristischen Funktion an, wenn die Dichte ausschließlich für Argumente größer Null existiert.

$$\mathbf{L}_X(s) = \mathcal{L}\left\{p_X(x)\right\} = \int\limits_{x=0}^{\infty} p_X(x) \cdot e^{-sx}\, dx \qquad x \geq 0 \tag{D.16}$$

Wendet man die Laplacetransformation, welche in (D.16) gegeben ist auf die Exponentialverteilung (D.15) an, so folgt (D.17).

$$\begin{aligned}
\mathbf{L}_X(s) &= \int\limits_{0}^{\infty} \lambda \cdot e^{-\lambda \cdot x} \cdot e^{-sx}\, dx = \lambda \cdot \int\limits_{0}^{\infty} e^{-(s+\lambda)\cdot x}\, dx = \\[2mm]
&= \lambda \cdot \frac{e^{-(s+\lambda)\cdot x}}{-(s+\lambda)} \bigg|_{x=0}^{\infty} = \frac{\lambda}{s+\lambda}
\end{aligned} \tag{D.17}$$

Den Erwartungswert und die Varianz einer exponentialverteilten Zufallsvariablen berechnet man mit Hilfe der momenterzeugenden Laplacetransformation.

$$\mathbf{E}[X] = (-1) \cdot \frac{d}{ds}\left\{\mathbf{L}_X(s)\right\}\bigg|_{s=0} = (-1) \cdot \frac{-\lambda}{(s+\lambda)^2}\bigg|_{s=0} = \frac{1}{\lambda} \tag{D.18}$$

$$\mathbf{E}\left[X^2\right] = \frac{d^2}{ds^2}\left\{\mathbf{L}_X(s)\right\}\bigg|_{s=0} = \frac{2\lambda}{(s+\lambda)^3}\bigg|_{s=0} = \frac{2}{\lambda^2} \tag{D.19}$$

$$\mathbf{Var}[X] = \mathbf{E}\left[X^2\right] - \mathbf{E}^2[X] = \frac{1}{\lambda^2} \tag{D.20}$$

Bildet man eine neue Zufallsvariable Y, als Summe von zwei exponentialverteilten Zufallsvariablen X_n, so ergeben sich zwei Fälle für die resultierende Wahrscheinlichkeitsverteilung von Y. Sind die Parameter der einzelnen Exponentialverteilung $\lambda_1 = \lambda_2 = \lambda$ gleich so ergibt sich eine zweistufige *Erlangverteilung*. Sind die Parameter der Exponentialverteilung verschieden $\lambda_1 \neq \lambda_2$, so erhält man eine *Hypoexponentialverteilung*[1]. Es sei angenommen, daß die Parameter verschieden sind und berechnen

---

[1] Nicht verwechseln mit *Hyperexponentialverteilung*.

die Wahrscheinlichkeitsdichte von Y. Dazu verwendet man die Faltungseigenschaft der Laplacetransformation.

$$\mathbf{L}_{X_1}(s) = \frac{\lambda_1}{s + \lambda_1} \qquad \mathbf{L}_{X_2}(s) = \frac{\lambda_2}{s + \lambda_2} \tag{D.21}$$

$$\mathbf{L}_Y(s) = \mathbf{L}_{X_1}(s) \cdot \mathbf{L}_{X_2}(s) = \frac{\lambda_1 \cdot \lambda_2}{(s + \lambda_1)(s + \lambda_2)} = \frac{Z(s)}{N(s)}$$

Die Laplacerücktransformation mit Hilfe der Partialbruchzerlegung und Koeffizientenvergleich für die allgemein angesetzten Koeffizienten A_i liefert die gesuchte Dichte. Der Ansatz der Partialbruchzerlegung ist in (D.22) gegeben, der Koeffizientenvergleich in (D.23), die zur Rücktransformation aufbereitete Dichte in (D.24) und die gesuchte Dichte von Y ist in (D.25) gegeben.

$$\frac{Z(s)}{N(s)} = \frac{A_1 \cdot \lambda_1}{(s + \lambda_1)} + \frac{A_2 \cdot \lambda_2}{(s + \lambda_2)} \tag{D.22}$$

$$\begin{aligned}
\lambda_1 \cdot \lambda_2 &= A_1 \lambda_1 (s + \lambda_2) + A_2 \lambda_2 (s + \lambda_1) = \\
&= s \left[A_1 \lambda_1 + A_2 \lambda_2 \right] + s^0 \left[A_1 \lambda_1 \lambda_2 + A_2 \lambda_1 \lambda_2 \right]
\end{aligned} \tag{D.23}$$

Koeffizientenvergleich:

$$s^0 \quad : \quad \lambda_1 \lambda_2 = \lambda_1 \lambda_2 (A_1 + A_2) \mapsto A_1 = 1 - A_2 \mapsto A_1 = \frac{\lambda_2}{\lambda_2 - \lambda_1}$$

$$s^1 \quad : \quad 0 = A_1 \lambda_1 + A_2 \lambda_2 \mapsto A_2 = \frac{\lambda_1}{\lambda_1 - \lambda_2}$$

$$\mathbf{L}_Y(s) = \frac{\lambda_1 \lambda_2}{\lambda_2 - \lambda_1} \frac{1}{(s + \lambda_1)} + \frac{\lambda_1 \lambda_2}{\lambda_1 - \lambda_2} \frac{1}{(s + \lambda_2)} \tag{D.24}$$

$$\boxed{\; p_Y(y) = \mathcal{L}^{-1}\left\{ \mathbf{L}_Y(s) \right\} = \frac{\lambda_1 \lambda_2}{\lambda_2 - \lambda_1} \cdot e^{-\lambda_1 \cdot y} + \frac{\lambda_1 \lambda_2}{\lambda_1 - \lambda_2} \cdot e^{-\lambda_2 \cdot y} \;} \tag{D.25}$$

Verallgemeinert man die Zufallsvariable Y als die Summe von N unabhängigen exponentialverteilten Zufallsvariablen X_n mit $n = 1, 2, \ldots, N$ und $(\lambda_i \neq \lambda_j, i \neq j)$ so ist die Laplacetransformierte Wahrscheinlichkeitsdichtefunktion von Y in (D.27) gegeben, deren Partialbruchzerlegung in (D.28) und nach Laplacerücktransformation erhält man die Wahrscheinlichkeitsdichtefunktion von Y in (D.29).

$$Y = \sum_{n=1}^{N} X_n \qquad n = 1, 2, \ldots, N \quad (\lambda_i \neq \lambda_j, i \neq j) \tag{D.26}$$

$$\mathbf{L}_Y(s) = \prod_{n=1}^{N} \frac{\lambda_n}{(s + \lambda_n)} \tag{D.27}$$

$$\mathbf{L}_Y(s) = \sum_{n=1}^{N} \frac{A_n \cdot \lambda_n}{(s + \lambda_n)} \qquad \text{mit: } A_n = \prod_{\substack{n=1 \\ n \neq j}}^{N} \frac{\lambda_n}{\lambda_n + \lambda_j} \tag{D.28}$$

$$\boxed{p_Y(y) = \mathcal{L}^{-1}\left\{\mathbf{L}_Y(s)\right\} = \sum_{n=1}^{N} A_n \cdot \lambda_n \cdot e^{-\lambda_n \cdot y}} \tag{D.29}$$

Für ein Mehrbenutzersystem mit K-aktiven Teilnehmern treten $(K-1)$ als Störer auf. Unter der Annahme, daß jeder Teilnehmer das gleiche MIP besitzt, ergibt sich die neue Zufallsvariable Y nach (D.30). Mit Hilfe des Faltungstheorems der Laplacetransformation und der Bedingung: *gleiches* MIP, ändert sich (D.27) auf (D.31).

$$Y = \sum_{k=1}^{K-1} \sum_{n=1}^{N} X_n^{(k)} \qquad n = 1, 2, \ldots, N \quad (\lambda_i \neq \lambda_j, i \neq j) \tag{D.30}$$

$$\mathbf{L}_Y(s) = \prod_{n=1}^{N} \left[\frac{\lambda_n}{(s + \lambda_n)}\right]^{K-1} = \sum_{k=1}^{K-1} \sum_{n=1}^{N} \frac{\lambda_n^{K_1} \cdot A_n^{(k)}}{(s + \lambda_n)^{K-1}} = \frac{Z}{N(s)} \tag{D.31}$$

Dadurch treten mehrfache Pole des Nennerpolynoms in $\mathbf{L}_Y(s)$ auf[2]. Die Laplacerücktransformation erfolgt wieder mit Partialbruchzerlegung, aber für mehrfache Polstellen.

Der allgemeine Ansatz bei mehrfachen Polen ist in (D.32)) mit (D.33) gegeben, wobei r die verschiedenen Pole von $\mathbf{L}_Y(s)$ mit der Vielfachheit v_i sind. Der Grad des Nennerpolynoms ist: $deg\,(N(s)) = \sum_{i=1}^{r} v_i$.

$$\mathbf{L}_Y(s) = \sum_{i=1}^{r} \sum_{j=1}^{v_i} \frac{A_i^{(j)}}{(s + \lambda_i)^j} \tag{D.32}$$

$$A_i^{(j)} = \frac{1}{(v_i - j)!} \cdot \frac{d^{(v_i - j)}}{ds^{(v_i - j)}} \left\{(s + \lambda_i)^{v_i} \cdot \mathbf{L}_Y(s)\right\}\bigg|_{s = -\lambda_i} \tag{D.33}$$

---

[2]Der Grad des Nennerpolynoms ist: $deg\,(N(s)) = N \cdot (K - 1)$.

Mit der Laplace-Korrespondenz in (D.34) folgt die Wahrscheinlichkeitsdichte von Y in (D.35).

$$\frac{1}{(s+a)^n} \;\circ\!\!-\!\!\bullet\; \frac{1}{(n-1)!} \cdot x^{n-1} \cdot e^{-a\,x} \tag{D.34}$$

$$p_Y(y) = \mathcal{L}^{-1}\left\{\mathbf{L}_Y(s)\right\} = \sum_{i=1}^{r} \sum_{j=1}^{v_i} \frac{A_i^{(j)} \cdot y^{j-1}}{(j-1)!} \cdot e^{-\lambda_i y} \tag{D.35}$$

D.4   Chernoff-Schranke

Die Chernoff-Schranke ermöglicht eine Abschätzung der Bitfehlerrate, wenn die *Kurvenform des Störsignals*[3] *unbekannt ist*. Dies bedingt, daß auch die Verteilung $p(X)$ der Zufallsvariable X am Detektoreingang unbekannt ist.

In Abb.D.1 ist die *Entscheidungsfunktion* mit $u(X)$ bezeichnet. Die mit ihr verbundene Entscheidungshypothese ist:

$$\mathbf{H}: \hat{D} = u(X) = \begin{cases} 1\ldots & D_1 = 1 \\ 0\ldots & D_0 = 0 \end{cases} \tag{D.36}$$

Der Ansatz für die Aussage der *Chernoff-Schranke*[4] ist, daß für jedes $\lambda \geq 0$ folgt, daß $u(X) \leq e^{\lambda X}$ bleibt.

$$\mathbf{Pr}\left[X \geq 0\right] = \int_0^{\infty} p(X)\, dX = \int_{-\infty}^{\infty} u(X)p(X)\, dX \leq \int_{-\infty}^{\infty} e^{\lambda X} p(X)\, dX = \mathbf{E}\left[e^{\lambda X}\right] \tag{D.37}$$

$$\boxed{\;\longrightarrow\; \text{Chernoff-Schranke: } \mathbf{Pr}\left[X \geq 0\right] \leq \mathbf{E}\left[e^{\lambda X}\right]\;} \quad \ldots\; \lambda \geq 0 \tag{D.38}$$

In Direct Sequence Spread-Spectrum Empfängern besteht der fehlerverursachende Störterm aus der Summe von zwei Zufallsvariablen.

---

[3] Damit ist auch die Amplitudendichte unbekannt.

[4] Wird die Entscheidungsfunktion um die Schwelle η verschoben so wird die Chernoff-Schranke: $\mathbf{Pr}\left[X - \eta \geq 0\right] \leq \mathbf{E}\left[e^{\lambda(X-\eta)}\right]$.

$$X = \sum_{k=0}^{L-1} C_k \, I_k \qquad\qquad (D.39)$$

Von denen eine das Direct-Sequence Signal $c = [\ldots C_k \ldots$ mit bekannter Amplituden-dichte ist. Das entsprechende Modell des Dircet-Sequence Signals ist eine PN-Folge mit unabhängigen, gleichverteilten Zufallsvariablen als Folgenelemente. Dies führt auf eine Deltadichte: $p(C_k) = \mathbf{Pr}\,[\,C_k = 1\,] = \mathbf{Pr}\,[\,C_k = -1\,] = 1/2$. Unbekannt ist die Amplitudendichte der Komponenten I_k des Störsignals. Die Chernoff-Schranke für die Summe von Zufallsvariablen ist:

$$\mathbf{Pr}\left[\sum_{k=0}^{L-1} C_k \, I_k \geq 0\right] \leq \mathbf{E}\left[\, \mathrm{e}^{\lambda \sum\limits_{k=0}^{L-1} C_k \, I_k}\right] = \prod_{k=0}^{L-1} \mathbf{E}\left[\, \mathrm{e}^{\lambda C_k \, I_k}\right] \quad \ldots \; \lambda \geq 0 \qquad (D.40)$$

$$\mathbf{E}\left[\, \mathrm{e}^{\lambda C_k \, I_k}\right] = \int_{-\infty}^{\infty} \mathrm{e}^{\lambda C_k \, I_k} \cdot p(C_k)\, d(C_k) = \frac{1}{2}\left(\mathrm{e}^{-\lambda A_c \, I_k} + \mathrm{e}^{\lambda A_c I_k}\right) = \cosh(\lambda A_c I_k) \qquad (D.41)$$

Setzt man (D.41) in (D.40) ein, so folgt die Chernoffschranke für die Summe von Zufallsvariablen.

$$\boxed{\;\mathbf{Pr}\left[\sum_{k=0}^{L-1} C_k \, I_k \geq 0\right] \leq \mathbf{E}\left[\, \mathrm{e}^{\lambda \sum\limits_{k=0}^{L-1} C_k \, I_k}\right] = \prod_{k=0}^{L-1} \mathbf{E}\left[\, \mathrm{e}^{\lambda C_k \, I_k}\right] = \prod_{k=0}^{L-1} \cosh(\lambda A_c I_k)\;}$$

Die obige Gleichung hat die Nummer (D.42) und gilt für: $\lambda \geq 0$.

D.5 Maximum Likelihood und Chernoff-Schranke

Da es sich bei der Direct Sequence Spread-Spectrum Übertragung um eine binäre Datenübertragung handelt ist eine ML-Entscheidung angebracht. Es sind die Amplitudendichten $p_0(X)$ und $p_1(X)$ unbekannt, weil die Störung unbekannt ist. Im folgenden wird die Chernoffschranke auf binäre Übertragung erweitert[5].

---

[5]Sie wird für jedes übertragene Signal ausgewertet.

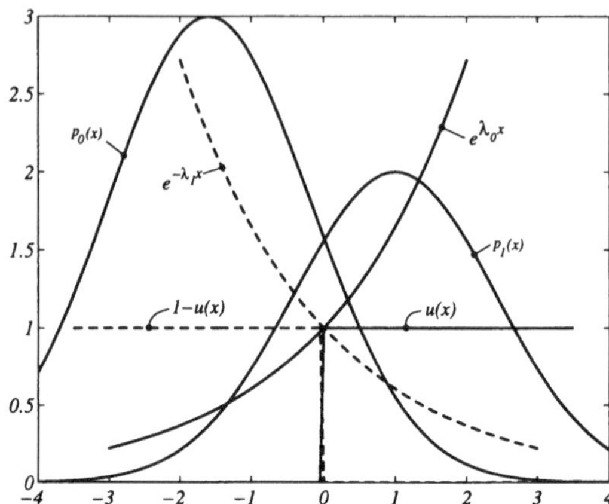

Abbildung D.1: Chernoffschranken für Datenbit D_1 und D_0.

Die allgemeine Bitfehlerrate ist:

$$P_e = p_1 \cdot P_{e,1} + p_0 \cdot P_{e,0} \tag{D.42}$$

In Abb.D.1 sind die *Entscheidungsfunktionen* mit $u(X)$ und $1 - u(X)$ bezeichnet. Die mit ihnen verbundenen Entscheidungshypothesen sind:

$$\mathbf{H} : \begin{cases} X > 0 & \longrightarrow & \mathbf{H}_1 : \hat{D} = u(X) & \longrightarrow & D_1 = 1 \\ X \leq 0 & \longrightarrow & \mathbf{H}_0 : \hat{D} = 1 - u(X) & \longrightarrow & D_0 = 0 \end{cases} \tag{D.43}$$

$$\begin{aligned} P_{e,0} &= \int_{-\infty}^{\infty} u(X) p_0(X) \, dX &\leq \mathbf{E}\left[e^{\lambda_0 X} \right] \\ P_{e,1} &= \int_{-\infty}^{\infty} [1 - u(X)] p_1(X) \, dX &\leq \mathbf{E}\left[e^{-\lambda_1 X} \right] \end{aligned} \tag{D.44}$$

Weiters gilt für jedes $\lambda_i \geq 0$ folgt, daß $u(X) \leq e^{\lambda X}$ bleibt. Damit ergibt sich die Aussage der *Chernoff-Schranke*. Konzentrieren wir uns auf die mittlere Fehlerwahrscheinlichkeit von Datenbit D_1 und berechnen wir dafür die Chernoffschranke.

$$\mathbf{E}\left[e^{-\lambda_1 X}\right] = \int_{-\infty}^{\infty} e^{-\lambda_1 X} p_1(X)\, dX \tag{D.45a}$$

$$= \int_{-\infty}^{0} e^{-\lambda_1 X} p_1(X)\, dX + \int_{0}^{\infty} e^{+\lambda_1 X} p_1(X)\, dX \tag{D.45b}$$

$$= \int_{-\infty}^{0} e^{-\lambda_1 X} p_1(X)\, dX + \int_{-\infty}^{0} e^{+\lambda_1 X} p_1(-X)\, dX \tag{D.45c}$$

$$\geq \int_{-\infty}^{0} e^{-\lambda_1 X} p_1(X)\, dX + \int_{-\infty}^{0} e^{+\lambda_1 X} p_1(X)\, dX \tag{D.45d}$$

$$= \int_{-\infty}^{0} \left(e^{-\lambda_1 X} + e^{+\lambda_1 X}\right) p_1(X)\, dX \tag{D.45e}$$

$$= 2 \int_{-\infty}^{0} \underbrace{\cosh(\lambda_1 X)}_{\geq 1}\, p_1(X)\, dX \tag{D.45f}$$

$$\geq 2 \int_{-\infty}^{0} p_1(X)\, dX = 2\, P_{e,1} \tag{D.45g}$$

In (D.45b) wurde das Integrationsintervall um die Entscheidungsschwelle $X = 0$ aufgeteilt. In der nächsten Zeile (D.45c) wurde das Integral für positive X an der Entscheidungsgrenze gespiegelt (Tauschen der Integrationsgrenze(variable)). Der nächste Schritt (D.45d) ist eine Folge der Spiegelung und wird durch die Ungleichung[6] $p_1(-X) \geq p_1(X)$ repräsentiert. Jetzt hat man die Summe von zwei Integralen über den gleichen Integrationsbereich und gleicher Amplitudendichte und kann die Exponentialfunktionen (D.45e) mit einer Hyperbelfunktion zusammenfassen (D.45f). Beschränkt man die Hyperbelfunktion so kommt man zu (D.45g). Setzt man dieses Ergebnis in (D.44), so erhält man (D.46) als die vom Chernoffparameter abhängige Schranke der mittleren Bitfehlerwahrscheinlichkeit für Datenbit D_1. Analog verfährt man mit Datenbit D_0 und erhält (D.47). Die allgemeine Schranke der Bitfehlerrate für den Spezialfall: $p_1 = p_0 = \frac{1}{2}$ ist in (D.48) gegeben.

$$P_{e,1} = \int_{-\infty}^{0} p_1(X)\, dX = \mathbf{Pr}\left[X < 0\right] \leq \frac{1}{2} \mathbf{E}\left[e^{-\lambda_1 X}\right] \quad \dots \ \lambda_1 \leq 0 \tag{D.46}$$

---

[6]Währe diese Ungleichung nicht erfüllt, so hieße dies daß die Entscheidungsschwelle falsch gelegt ist. Diese Ungleichung ist bei einer ML-Entscheidung immer erfüllt.

$$P_{e,0} = \int\limits_{0}^{\infty} p_0(X)\, dX = \mathbf{Pr}\left[\, X \ge 0 \,\right] \le \frac{1}{2}\, \mathbf{E}\left[\, e^{-\lambda_0 X} \,\right] \qquad \dots \; \lambda_0 \ge 0 \tag{D.47}$$

$$\boxed{\; P_e = \frac{1}{2}\, P_{e,1} + \frac{1}{2}\, P_{e,0} \le \frac{1}{4}\, \mathbf{E}\left[\, e^{-\lambda_1 X} \,\right] + \frac{1}{4}\, \mathbf{E}\left[\, e^{\lambda_0 X} \,\right] \;} \tag{D.48}$$

D.6 Schwellwertproblem

Das Schwellwertproblem (LCP - level crossing problem) ermöglicht die Berechnung der im Mittel pro Zeiteinheit auftretenden Nullstellen.

Der für den AIR-Empfänger in Frage kommende Prozeß ist ein kombinierter Prozeß, bestehend aus einem Gauß- (AWGN) und einem Sinusprozeß (CW-Prozeß). Vorausgesetzt wird, daß der kombinierte Prozeß ein stationärer und ergodischer Prozeß ist und daher die Berechnung der Parameter des Prozesses sowohl als Zeit- , als auch als Scharmittelwerte[7] erfolgen darf. Der Scharindex k kennzeichnet einen bestimmten Repräsentanten der Schar.

Ein ergodischer Prozeß ist jener, wenn die Verteilung[8] der Schar $u_k(t)$ über k bei fester Zeit t der Verteilung eines Repräsentanten über der Zeit entspricht. Die Ergodenhypothese gestattet es jeden Scharmittelwert durch den entsprechenden Zeitmittelwert eines einzelnen Repräsentanten zu ersetzen[9].

D.6.1 Sinus Prozeß

$$u_k(t) = i_k(t) = A_{cw,k} \cdot \sin(\omega_0 t + \varphi_k) \tag{D.49}$$

Allgemein existieren bei konstanter CW-Frequenz (ω_0=const.) die zwei Zufallsvariablen, nämlich die Amplitude $A_{cw,k}$ und die Anfangsphase φ_k. Da keine *a priori* Information über die Anfangsphase vorliegt, muß sie als gleichverteilt (keine ist ausgezeichnet) angenommen werden.

In den folgenden Entwicklungen wird oft nach den Erwartungswerten von $\sin(\omega_0 t + \varphi_k)$ und $\sin^2(\omega_0 t + \varphi_k)$ für gleichbleibende Amplitude und Frequenz, aber gleichverteilter Anfangsphasen gefragt.

---

[7]Die Schar von möglichen Realisierungen (Signalen) wird auch als Schar oder Ensemble bezeichnet und ist in der Regel eine unendliche Menge.

[8]Oder Mittelwerte

[9]Für einen streng ergodischen Prozeß, kann man alle Parameter aus nur einem einzigen Repräsentanten ableiten. Dies bedeutet, daß jede einzelne Kurve der Schar die gleichen statistischen Eigenschaften besitzt.

$$\underset{\varphi}{\mathbf{E}}\left[\,i_k(t)\,\right] \;=\; \mathbf{E}\left[\sin(\omega_0 t + \varphi_k)\,\right] = \frac{1}{2\pi}\int\limits_{\varphi=0}^{2\pi}\sin(\omega_0 t + \varphi)\cdot d\varphi = 0 \tag{D.50}$$

$$\underset{\varphi}{\mathbf{E}}\left[\,i_k^2(t)\,\right] \;=\; \mathbf{E}\left[\sin^2(\omega_0 t + \varphi_k)\,\right] = \frac{1}{4\pi}\int\limits_{\varphi=0}^{2\pi}[\,1 - \underbrace{\cos(2\omega_0 t + 2\varphi)}_{\rightarrow 0}\,\cdot d\varphi = \frac{1}{2} \tag{D.51}$$

D.6.2 Gauß Prozeß

$$u_k(t) = n_k(t) \tag{D.52}$$

Der Scharmittelwert $u(t) = \sum\limits_{k=-\infty}^{\infty} u_k(t)$ liefert die Amplitudendichte (D.53). Das zweite Zentralmoment (Varianz) ist in (D.54) und das gemischte zweite Zentralmoment (Korrelation) ist in (D.59) gegeben.

$$p(n) \;=\; \frac{1}{\sqrt{2\pi\sigma_n^2}}e^{-\frac{n^2}{2\sigma_n^2}} \tag{D.53}$$

$$\mathbf{Var}\left[\,n_k(t)\,\right] \;=\; \sigma_n^2 = \mathbf{E}\left[\,n_k^2\,\right] = \int\limits_{0}^{\infty}\Phi_n(f)\cdot df \tag{D.54}$$

$$\phi_{nn}(\tau) \;=\; \mathbf{E}\left[\,n_k(t)\cdot n_k(t+\tau)\,\right] = 2\pi\cdot\int\limits_{0}^{\infty}\Phi_n(f)\cos(2\pi f\tau)\cdot df \tag{D.55}$$

D.6.3 Kombinierter Prozeß

Hat man keine *a priori* Information über den Prozeß muß man mit Scharmittelwerten rechnen. Jeder Repräsentant hat die Gestalt nach (D.56). Für einen streng ergodischen CW-Prozeß mit konstanter Amplitude, kommt man zur Rice'schen Annahme in (D.57).

$$u_k(t) = i_k(t) + n_k(t) = A_{cw,k}\cdot\sin(\omega_0 t + \varphi_k) + n_k(t) \tag{D.56}$$

$$u(t) = A_{cw}\cdot\sin(\omega_0 t + \varphi) + n(t) \tag{D.57}$$

Die Gleichung (D.54) gilt nur für die *a priori* Information: bekannte Amplitude und Phase, während Gleichung (D.53) für keine exakte Kurve gilt und nur statistische Informationen über die Menge aller möglichen Kurvenformen gibt (Scharinformationen).

Für die allgemeine Formulierung wird nach der Verteilung der Schar gefragt und nicht, wie ist eine einzelne Realisierung über der Zeit verteilt (Rice[10]).

D.6.4 Wahrscheinlichkeitsverteilung eines verrauschten Sinus-Prozesses

Für (D.56) ist die Verteilung in (D.58) und (D.59) gegeben.

$$
\begin{aligned}
\mathbf{E}\left[u_k(t)\right] &= \mathbf{E}\left[i_k(t)\right] + \mathbf{E}\left[n_k(t)\right] = \\
&= \mathbf{E}\left[A_{cw,k}\right]\mathbf{E}\left[\sin(\omega_0 t + \varphi_k)\right] + \mathbf{E}\left[n_k(t)\right] = \\
&= \mathbf{E}\left[A_{cw,k}\right] \cdot \underbrace{\left\{\frac{1}{2\pi}\int_0^{2\pi}\sin(\omega_0 t + \varphi_k)\cdot d\varphi_k\right\}}_{=0} + \\
&\quad + \underbrace{\int_{-\infty}^{\infty} n\cdot p(n)\cdot dn}_{=0} = 0
\end{aligned}
\tag{D.58}
$$

$$
\begin{aligned}
\mathbf{E}\left[u_k^2(t)\right] &= \mathbf{E}\left[s_k^2(t) + 2i_k(t)n_k(t) + n_k^2(t)\right] = \\
&= \mathbf{E}\left[s_k^2(t)\right] + \underbrace{2\mathbf{E}\left[i_k(t)n_k(t)\right]}_{\to 0} + \mathbf{E}\left[n_k^2(t)\right] = \\
&= \mathbf{E}\left[A_{cw,k}^2\right]\mathbf{E}\left[\sin^2(\omega_0 t + \varphi_k\right] + \mathbf{E}\left[n_k^2(t)\right] = \\
&= \mathbf{E}\left[A_{cw,k}^2\right] \cdot \underbrace{\left\{\frac{1}{2\pi}\int_0^{2\pi}\sin^2(\omega_0 t + \varphi)\cdot d\varphi\right\}}_{\frac{1}{2}} + \\
&\quad + \underbrace{\int_{-\infty}^{\infty} n^2\cdot p(n)\cdot dn}_{\sigma_n^2} = \\
&= \frac{1}{2}\cdot\mathbf{E}\left[A_{cw,k}^2\right] + \sigma_n^2 = \sigma_u^2
\end{aligned}
\tag{D.60}
$$

---

[10]Die Formulierung nach Rice des LCP ist anwendbar, wenn eine determinierte (d.h. vollständig bekannte) CW-Kurvenform vorausgesetzt werden kann.

In (D.59) wurde statistische Unabhängigkeit zwischen Gauß- und CW-Prozeß angenommen. Weiters wird ein ergodischer Prozeß angenommen und es läßt sich die Korrelation nach (D.61) einführen.

$$\mathcal{P}_n = \phi_{nn}(0) = \mathbf{E}\left[n_k^2(t)\right] = 2\pi \cdot \int\limits_0^\infty \Phi_n(f)\, df \qquad \text{(D.61)}$$

Beachtenswert bis jetzt war, daß alle Ergebnisse unabhängig von der Zeit sind.

Sind die CW-Amplituden sehr viel kleiner als Eins ($A_{cw,k} \ll 1$), so darf man nach dem zentralen Grenzwertsatz[11], da es sich um die Summe ($u = s + n$) unabhängiger Zufallsvariablen handelt schließen, daß die Kurvenschar u_k mit Mittelwert $\mathbf{E}[u]$ und Varianz $\mathbf{E}[u^2]$ *normalverteilt* ist. Dies gilt für alle t. Bei festgehaltener Zeit t folgt die entsprechende Wahrscheinlichkeitsdichtefunktion in (D.62), welche unabhängig von der Zeit ist.

$$p_u(u) = \frac{1}{\sqrt{2\pi}\sigma_u} \cdot e^{-\frac{u^2}{2\sigma_u^2}} \qquad \text{(D.62)}$$

Sind die CW-Amplituden *nicht* sehr viel kleiner als Eins ($A_{cw,k} > 1$), so kann der zentrale Grenzwertsatz nicht angewendet werden. Man kommt jedoch ebenfalls auf eine Normalverteilung nach (D.62) wenn man annimmt, daß die einzelnen Verteilungen für CW und AWGN schon normalverteilt sind. Eine Normalverteilung für den CW-Prozeß erhält man wenn man annimmt, daß die CW-Amplituden in (D.63) Rayleigh verteilt sind.

$$p(A_{cw}) = \frac{A_{cw}}{\mathbf{E}[s_k^2]} \cdot e^{-\frac{A_{cw}^2}{2\cdot\mathbf{E}[s_k^2]}} = \frac{A_{cw}}{\frac{1}{2}\mathbf{E}[A_{cw}^2]} \cdot e^{-\frac{A_{cw}^2}{\mathbf{E}[A_{cw}^2]}} \qquad \text{(D.63)}$$

Mit dieser Annahme sind auch kleine N/I-Verhältnisse (AWGN zu CW Verhältnis) zulässig[12].

Beweis: Für den CW-Prozeß nach (D.49) sollen die Amplituden Rayleigh- und die Phasen gleichverteilt sein. Die Wahrscheinlichkeitsdichtefunktion ist in (D.64) angegeben. Einsetzen von (D.63) in (D.64) liefert die Dichte in (D.65), welche eindeutig $N(0, \frac{1}{2}\mathbf{E}[A_{cw}^2])$ normalverteilt ist.

$$p(s) = \int\limits_s^\infty \frac{p(A_{cw})}{\pi\sqrt{A_{cw}^2 - s^2}} \cdot dA_{cw} \qquad \text{(D.64)}$$

---

[11]Keine der Kurven u_k trägt signifikant zur Summe bei.

[12]Dies ist in einem Spread-Spectrum System immer vorausgesetzt. Z.B. schmalbandiger FM-Kanal im Spread-Spectrum Band.

$$p(s) = \int\limits_{s}^{\infty} \frac{A_{cw} \cdot e^{-\frac{A_{cw}^2}{\mathbf{E}[A_{cw}^2]}}}{\pi\frac{1}{2}\mathbf{E}[A_{cw}^2]\sqrt{A_{cw}^2 - s^2}} \cdot dA_{cw} = \frac{1}{\sqrt{\pi\mathbf{E}[A_{cw}^2]}} \cdot e^{-\frac{s^2}{\mathbf{E}[A_{cw}^2]}} \tag{D.65}$$

D.6.5 Zeitliche Ableitung eines Prozesses

Für die Bestimmung der Nullstellen einer bestimmten Schwelle benötigt man die Ergebnisse für die zeitliche Änderung eines Prozesses. Weiters benötigt man die Verbundwahrscheinlichkeitsdichte $p(u, \dot{u})$ der Zufallsvariablen $u_k(t)$ und $\dot{u}_k(t)$. Ableitung von (D.56) nach der Zeit liefert (D.66). Quadriert man (D.66) so erhält man (D.67).

$$
\begin{aligned}
\dot{u}_k(t) &= \frac{d(u_k(t))}{dt} = \frac{d(i_k(t))}{dt} + \frac{d(n_k(t))}{dt} = \dot{i}_k(t) + \dot{n}_k(t) \\
&= \omega_0 \cdot A_{cw,k} \cdot \cos(\omega_0 t + \varphi_k) + \dot{n}_k(t)
\end{aligned} \tag{D.66}
$$

$$
\begin{aligned}
(\dot{u}_k(t))^2 &= \omega_0^2 \cdot A_{cw,k}^2 \cdot \cos^2(\omega_0 t + \varphi_k) + \\
&\quad 2\omega_0 \cdot A_{cw,k} \cdot \cos(\omega_0 t + \varphi_k)\dot{n}_k(t) + \dot{n}_k^2(t)
\end{aligned} \tag{D.67}
$$

D.6.5.1 Erwartungswerte

Der Erwartungswert von (D.66) ist in (D.68) gegeben.

$$
\begin{aligned}
\mathbf{E}[\dot{u}_k(t)] &= \mathbf{E}[\dot{i}_k(t)] + \mathbf{E}[\dot{n}_k(t)] = \tag{D.68} \\
&= \omega_0\mathbf{E}[A_{cw,k}]\mathbf{E}[\cos(\omega_0 t + \varphi_k)] + \mathbf{E}[\dot{n}_k(t)] = \tag{D.69} \\
&= \frac{\omega_0}{2\pi}\mathbf{E}[A_{cw,k}]\underbrace{\left\{\int\limits_{0}^{2\pi}\cos(\omega_0 t + \varphi) \cdot d\varphi\right\}}_{\to 0} + 0 = 0 \tag{D.70}
\end{aligned}
$$

Den Erwartungswert von (D.67) zeigt (D.71).

$$
\begin{aligned}
\mathbf{E}[\dot{u}_k^2(t)] &= \mathbf{E}[\dot{s}_k^2(t)] + \underbrace{2\mathbf{E}[\dot{i}_k(t)\dot{n}(t)]}_{\to 0} + \mathbf{E}[\dot{n}_k^2(t)] = \tag{D.71} \\
&= \omega_0^2\mathbf{E}[A_{cw,k}^2]\underbrace{\mathbf{E}[\cos^2(\omega_0 t + \varphi_k)]}_{\frac{1}{2}} + 8\pi^3\int\limits_{0}^{\infty} f^2\Phi_n(f) \cdot df = \sigma_{\dot{u}}^2 \tag{D.72}
\end{aligned}
$$

In (D.71) wurde angenommen, daß die Kreuzkorrelation $(\mathbf{E}\left[\,\dot{i}_k(t)\cdot\dot{n}_k(t)\,\right]=0)$ Null ist.

Der abgeleitete Prozeß führt auf eine mittelwertfreie Normalverteilung $(N(0,\sigma_{\dot u}^2))$ mit Varianz $\sigma_{\dot u}^2$. Dies kann man entweder aus dem zentralen Grenzwertsatz für kleine Amplituden $(A_{cw,k}\ll 1)$ oder aus einer Hypothese, daß u und $\dot u$ statistisch unabhängige Normalverteilungen[13] sind schließen. So wie früher sind die Kennwerte wieder unabhängig von der Zeit. Mit dem Verständnis der Verteilungen für festes t, läßt sich eine Verbundverteilungsdichte $p(u,\dot u)$ angeben.

D.6.6   Schwellenmodell für einen stationären ergodischen Prozeß

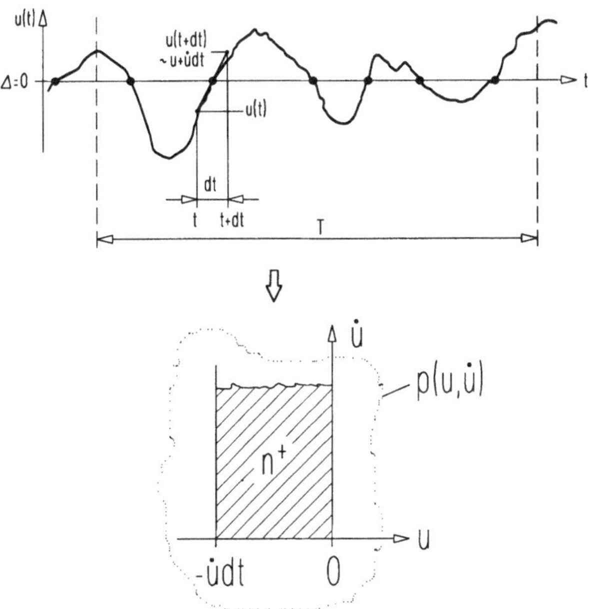

Abbildung D.2: Herleitung des Schwellenmodells über die Dichte $p(u,\dot u)$ eines stationären ergodischen Prozesses für die Musterfunktion $u(t)$.

Der Prozeß sei durch die Musterfunktion $u(t)$ aus Abb.D.2 repräsentiert. Jetzt wird die Wahrscheinlichkeit für das Auftreten einer Nullstelle mit positiver Steigung[14] im infinidesimalen Zeitintervall dt. Damit dieses Ereignis eintritt, muß $u(t)$ negativ sein und $\dot u(t)$ muß groß genug sein, damit $u(t+dt)\approx u+\dot u dt$ positiv ist. Dies bedeutet, daß $u(t)$ im Intervall $I=[-\dot u dt,0]$ liegen muß und durch die Ungleichungen (D.73) beschreibbar sein.

---

[13] Amplitudenverteilung der CW ist Rayleigh.
[14] Eine solche Nullstelle wird als positive Nullstelle bezeichnet.

$$
\boxed{\begin{array}{llr} \text{Gl. I} & -\dot{u}\, dt \leq u(t) & \leq 0 \\ \text{Gl.II} & & \dot{u} > 0 \end{array}}
\tag{D.73}
$$

Die Wahrscheinlichkeit, daß die beiden Ungleichungen (Gl.I,Gl.II) in (D.73) erfüllt sind, wird durch bestimmte Integration der Wahrscheinlichkeitsdichtefunktion $p(u,\dot{u})$ nach u innerhalb der Grenzen $[-\dot{u}dt, 0]$ und nach $\dot{u}$ innerhalb der Grenzen $[0, \infty]$ erhalten.

Wegen der Kleinheit von dt ergibt sich der $(\dot{u}dt)$-fachen Wert von $p(u,\dot{u})$ an der Stelle $u(t) = 0$. Da eine positive Nullstelle innerhalb dt nur auftritt wenn Gl.II auch erfüllt ist (positive Steigung in der Nullstelle) muß eine weitere Integration der $p(u,\dot{u})$ nach $\dot{u}$ innerhalb der Grenzen $[0, \infty]$ durchgeführt werden.

$$
n^{+} = \int\limits_{0}^{\infty} \left[\int\limits_{-\dot{u}dt}^{0} p(u,\dot{u})\, du \right] d\dot{u} \ldots \left[\frac{\text{Anzahl der positiven Nullstellen}}{\text{Zeiteinheit}} \right]
\tag{D.74}
$$

Wenn mehrere Nullstellen (n) im betrachteten Zeitintervall auftreten, dann muß auf eine positive Nullstelle gezwungenermaßen eine negative Nullstelle folgen, d.h. es muß (D.75) erfüllt sein. Die Anzahl der Nullstellen im Zeitintervall $[0, T]$ ist in (D.76) gegeben.

$$
n^{-} \approx n^{+} \longrightarrow n = n^{+} + n^{-} \approx 2n^{+} \ldots \left[\frac{\text{Anzahl der Nullstellen}}{\text{Zeiteinheit}} \right]
\tag{D.75}
$$

$$
N = \int\limits_{0}^{T} n \cdot dt \ldots [\text{Anzahl der Nullstellen}]
\tag{D.76}
$$

D.6.6.1 Schwellenmodell für den Gaußprozeß

Das Schwellenmodell für den Gaußprozeß geht von den Momenten aus.

D.6.6.1.1 Momente Man benötigt alle Momente bis zur zweiten Ordnung. Diese sind für einen mittelwertfreien Gaußprozeß in (D.77) angegeben. In (D.77) wird die RMS-Bandbreite (Root Mean Square Bandwith), welche in (D.78) definiert ist benutzt.

$$\begin{aligned}
\mathbf{E}[u] &= 0 \\
\mathbf{E}[u^2] &= \phi(0) = \sigma_u^2 \\
\mathbf{E}[\dot{u}] &= 0 \\
\mathbf{E}[\dot{u}^2] &= -\ddot{\phi}(0) = 4\pi^2 B_{rms}^2 \phi_{uu}(0) = 4\pi^2 B_{rms}^2 \sigma_u^2
\end{aligned} \tag{D.77}$$

$$B_{rms} = \sqrt{\dfrac{\int\limits_{-\infty}^{\infty} f^2 \cdot \Phi_u(f) \cdot df}{\int\limits_{-\infty}^{\infty} \Phi_u(f) \cdot df}} = \sqrt{\dfrac{\int\limits_{-\infty}^{\infty} f^2 \cdot \Phi_u(f) \cdot df}{\phi_{uu}(0)}} = \dfrac{1}{\sigma_u} \cdot \sqrt{\int\limits_{-\infty}^{\infty} f^2 \cdot \Phi_u(f) \cdot df} \tag{D.78}$$

D.6.6.1.2 Gestalt der Wahrscheinlichkeitsdichtefunktion Die Momente eingesetzt in die bivariate Gaußdichte liefert (D.79).

$$\begin{aligned}
p(u,\dot{u}) &= \dfrac{1}{2\pi \sqrt{\mathbf{E}[u^2]\,\mathbf{E}[\dot{u}^2]}} \cdot e^{-\left(\frac{u^2}{2E[u^2]} + \frac{\dot{u}^2}{2E[\dot{u}^2]}\right)} \tag{D.79} \\[2mm]
&= \dfrac{1}{4\pi^2 \sigma_u^2 B_{rms}} \cdot e^{-\left(\frac{u^2}{2\sigma_u^2} + \frac{\dot{u}^2}{2\sigma_u^2}\right)} \tag{D.80} \\[2mm]
&= K \cdot e^{-K_1 \cdot u^2} \cdot e^{-K_2 \cdot \dot{u}^2} \tag{D.81}
\end{aligned}$$

D.6.6.1.3 Nullstellen pro Zeiteinheit für eine bestimmte Schwelle Die mittlere Anzahl der Nullstellen des Signals $u(t)$ für eine feste Schwelle Δ ist in (D.82) gegeben, wobei die mittlere Anzahl der Nullstellen für die Schwelle $\Delta = 0$ in (D.83) angegeben ist.

$$\mathbf{E}[N_n(\Delta)] = \mathbf{E}[N_n(0)] \cdot e^{-\frac{\Delta^2}{2E[u_k^2]}} \tag{D.82}$$

$$\mathbf{E}[N_n(0)] = 2 \cdot \sqrt{\dfrac{\int\limits_{0}^{\infty} f^2 \Phi_u(f)\,df}{\int\limits_{0}^{\infty} \Phi_u(f)\,df}} = \dfrac{1}{\pi} \cdot \sqrt{\dfrac{\ddot{\phi}_{uu}(0)}{\phi_{uu}(0)}} \tag{D.83}$$

Für bandbeschränktes Rauschen wird mit der einseitigen Rauschleistungdichte gerechnet ($B_n = f_2 - f_1$).

$$\mathbf{E}\left[\,N_n(\Delta)\,\right] = \frac{4\pi}{3}\sqrt{f_1^2 + f_1 f_2 + f_2^2}\cdot e^{-\frac{\Delta^2}{2\sigma_n^2}} \qquad (D.84)$$

Bemerkenswerte Interpretation: Wird das Rauschen tiefpaßgefiltert, so ist $f_1 = 0$ und die mittlere Anzahl der Nullstellen kann als ein Sinussignal mit der Frequenz $f = N_0/2 \approx 0,6\cdot f_2$ aufgefaßt werden.

D.7 Zusammenhang zwischen Charakteristischer Funktion und Faltung

In diesem Abschnitt wird der Zusammenhang zwischen Charakteristischer Funktion und Faltung hergestellt. Dieser Zusammenhang ergibt sich über die Fouriertransformation, wie man leicht zeigen kann.

$$\mathbf{E}\left[\,e^{j\omega X}\,\right] = \mathbf{C}_x(\,j\omega\,) = \int\limits_{-\infty}^{+\infty} p(X)e^{j\omega X}dX \qquad (D.85)$$

und

$$\mathbf{C}_x(-j\omega) = \mathcal{F}\{p(X)\} \qquad (D.86)$$

$$\Longrightarrow p(X) = \mathcal{F}^{-1}\{\mathbf{C}_x(-j\omega)\} = \frac{1}{2\pi}\int\limits_{-\infty}^{+\infty} e^{-j\omega X}\mathbf{C}_x(\,j\omega\,)\,d\omega \qquad (D.87)$$

Für die Summe Z=X+Y von zwei Zufallsvariablen erhält man:

$$\mathbf{C}_z(\,j\omega\,) = \int\limits_{X=-\infty}^{+\infty}\int\limits_{Y=-\infty}^{+\infty} p(X,Y)e^{j\omega(X+Y)}dXdY \qquad (D.88)$$

$$= \int\limits_{-\infty}^{+\infty} p(X)e^{j\omega X}dX \int\limits_{-\infty}^{+\infty} p(Y)e^{j\omega Y}dY = \mathbf{C}_x(\,j\omega\,)\,\mathbf{C}_y(\,j\omega\,) \qquad (D.89)$$

Von (D.88) auf (D.89) wurde statistische Unabhängigkeit vorausgesetzt, wodurch $p(X,Y) = p(X)p(Y)$ wird und das Doppelintegral aufgespaltet werden kann. Daraus folgt die Wahrscheinlichkeitsdichte für $Z = X + Y$:

$$\boxed{\begin{aligned} p(Z) \;&=\; p(X+Y) = \mathcal{F}^{-1}\left\{\mathbf{C}_x\left(-j\omega\right)\mathbf{C}_y\left(-j\omega\right)\right\} = \\ &=\; \int\limits_{-\infty}^{+\infty} p(X)p(Z-X)dX \end{aligned}}$$

Für die letzte Umformung wurde das Faltungsintegral in (D.90) benutzt.

$$\mathcal{F}^{-1}\left\{F_1(j\omega)F_2(j\omega)\right\} = \int\limits_{-\infty}^{+\infty} f_1(\tau)f_2(t-\tau)d\tau \qquad (D.90)$$

Anhang E
Simulationstechniken und Nichtlinearitäten

In diesem Kapitel werden die Grundlagen, der im Text verwendeten Konzepte zur Bestimmung der Leistungsanalyse, angeführt und ein Überblick über die Behandlung von Nichtlinearitäten gegeben. Diese Darstellungen können nur in geraffter Form stattfinden. Eine ausführliche Darstellung an Simulationstechniken für nachrichtentechnische Systeme findet man in [Jeruchim92]. Über die Darstellung von stochastischen Prozessen nach einer Nichtlinearität, wenn der Prozeß in stochastischer Form am Eingang vorliegt wird auf [Blachman82, Deutsch62, Haddad75, Jones63, Middleton87, Tikhonov65] verwiesen.

E.1 Konzepte für die stationäre und dynamische Leistungsanalyse

Weil das, ein bestimmtes Datenbit repräsentierende, Signal im Kanal durch unvorhersagbare Störungen verformt wird, kann man die Datenbitentscheidung im Empfänger für ein bestimmtes gesendetes Datenbit nicht vorhersagen. Kennt man jedoch die Statistik der Störung (zeitunabhängige Beschreibung regelloser Vorgänge) so kann man eine Vorhersage über viele Datenbitentscheidungen machen. Aus diesem Grund sind das stationäre, sowie das dynamische Modell, statistische Modelle. Es wird wenn nicht anders erwähnt eine Amplitudenstatistik zweiter Ordnung angenommen. Weiters werden die Störungen als mittelwertfrei angenommen. Im Folgenden werden etliche prinzipielle Modellansätze vorgestellt damit im Text auf sie Bezug genommen werden kann.

E.1.1 Statistisches Empfänger-Modell

Im Übertragungsweg eines Datenbits, von der Quelle bis zur Senke sind n signalverarbeitende Blöcke vorhanden, deren Übertragungsverhalten durch den Transformator $\mathbf{T}_i$ beschrieben wird. Die Transformation $\mathbf{T}_i$ kann eine lineare oder nichtlineare Operation sein. Nach jedem Block hat man eine Zufallsvariable X_i, beschrieben durch deren Amplitudendichte, und ein Signal/Störverhältnis SNR_i.

Abbildung E.1: Kette an Übertragungsgliedern.

$$\mathbf{T}_i = \frac{X_{i+1}}{X_i} \longrightarrow X_{i+1} = \mathbf{T}_i \cdot X_i \qquad \text{und: } SNR_i = \frac{\mathbf{E}^2[X_i]}{\mathbf{Var}[X_i]} \tag{E.1}$$

Der letzte Block $\mathbf{T}_n$ ist der Datenbitentscheider (Vorzeichenentscheidung) und die Zufallsvariable X_n repräsentiert die Entscheidungsstatistik für das Datenbit[1]. Die Zufallsvariable X_{n+1} entspricht der Datenbitentscheidung $\hat{D}$.

$$\mathbf{Pr}[X_{n+1} = 1] = \mathbf{Pr}\left[\hat{D} = 1 \mid D_1\right] = \int_0^{\infty} p(X_n \mid \mathbf{E}[X_1 = D_1])\, dX_n \tag{E.2}$$

$$\mathbf{Pr}[X_{n+1} = -1] = \mathbf{Pr}\left[\hat{D} = -1 \mid D_0\right] = \int_{-\infty}^{0} p(X_n \mid \mathbf{E}[X_1 = D_0])\, dX_n \tag{E.3}$$

Werden die Integrale in (E.2) analytisch berechnet, so spricht man von analytischer Lösung, werden die Integrale numerisch ausgewertet so bezeichnet man sie als numerische Lösung. Es ist leicht einzusehen, daß die analytische Lösung einen besseren Einblick in das Transformationsverhalten liefert.

E.1.2 Monte-Carlo Empfänger-Modell

Die Monte-Carlo Methode ist in der Lage das dynamische Verhalten des Empfängers zu beschreiben.

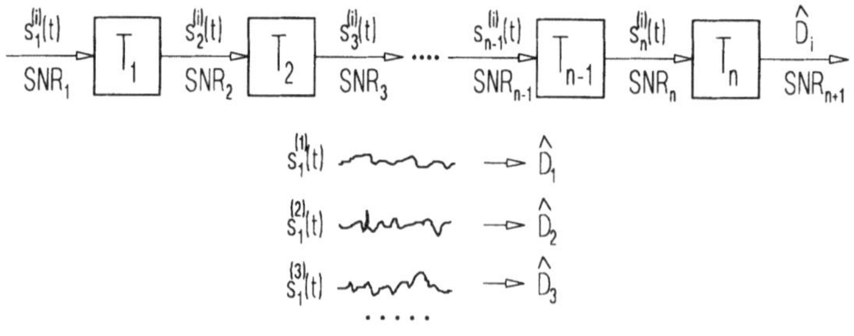

Abbildung E.2: Monte-Carlo Modell.

---

[1] Siehe Seite 20

Die Monte-Carlo Simulationstechnik bestimmt die Bitfehlerwahrscheinlichkeit derart:

1. Erzeuge Realisierungen des Prozesses $s_1(t)$, sodaß die Statistik über die Menge aller Realisierungen $p(X_1)$ entspricht. In der Nachrichtentechnik bedeutet Realisierung ein gestörtes Datenbit.

2. Unterwerfe jede Realisierung den Transformationen in Richtung des Signalwegs.

3. Triff am Ende der Transfomationskette die Datenbitentscheidung.

E.1.3 Statistisches Empfänger-Verbund-Modell

Aufbauend auf der Amplitudenstatistik eines positiven Chips vor der Analog/Digital Wandlung erhält man ein vom Autor speziell auf digitale Direct-Sequence Empfänger zugeschnittenes Modell zur Berechnung der Bitfehlerrate. Der Name bezieht sich auf die gleichzeitige Berücksichtigung von Nichtlinearität und Detektorcharakteristik (Joint Model - JM). Es ist bereits in der Chipentscheidung nach der Nichtlinearität die Detektorcharakteristik enthalten. Damit ist es möglich den digitalen Korrelator als Binomialprozeß zu beschreiben. Die konkrete Anwendung dieses Lösungsverfahrens wird in den stationärenen Modellen der LCD-Empfängertypen beschrieben.

E.2 Beschreibung von Nichtlinearitäten

Die Beschreibung von Nichtlinearitäten würde eigene Bücher füllen. Aus diesem Grund wird hier, da dieses Buch sehr oft Nichtlinearitäten vorkommen, in einer aufzählenden Art, ein kurzer Überblick über die am meisten eingesetzten Methoden, gegeben. Der interessierte Leser sei auf [Bennett40, Rice45, Deutsch62, Blachman64, Haddad75] verwiesen.

E.2.1 Direkte Methode

Eine direkte Darstellung liegt vor, wenn durch eine einfache Transformation der Wahrscheinlichkeitsdichte[2] am Eingang der Nichtlinearität die Wahrscheinlichkeitsdichte am Ausgang der Nichtlinearität erhalten wird. Die einzige Voraussetzung die erfüllt sein muß, ist die analytische Durchführbarkeit der Transformation. Dieses Verfahren kann mit Vorteil bei sprungförmigen Nichtlinearitäten angewendet werden, so wie sie der Hard-Limiter und der 2-bit ADC sind. Die Transformation ist dann eine einfache Integration. Es werden die Amplitudenbereiche so ausintegriert, wie sie von der sprungförmigen Nichtlinearität zerschnitten werden. Der Vorteil liegt in der einfa-

---

[2]Analoge Überlegungen gelten für Zeitsignale.

chen Anwendung[3] und Übersichtlichkeit dieses Verfahrens. Dies ist der Grund, warum die Amplitudendichte am Ausgang des 2-bit ADC mit dieser Methode ermittelt wird.

E.2.2 Potenzreihen

Diese Darstellung wird angewendet, wenn die Nichtlinearität eine analytische Funktion ist und in eine Taylorreihe entwickelt werden kann. Die Grenzen dieser Darstellung liegen in einer zu langsamen Konvergenz der Taylorreihe und einer vollkommenen Unbrauchbarkeit bei Unstetigkeiten, wie sie beim 2-Bit ADC auftreten.

E.2.3 Charakteristische Funktion

Die Nichtlinearität wird durch eine Integraltransformation (Fouriertransformation) dargestellt[4]. Der Vorteil dieser Darstellung ergibt sich dadurch, daß die Unstetigkeiten analytisch darstellbar sind. Der Nachteil liegt darin, daß trotzdem oft keine Lösung in geschlossener Form erhalten wird. Der Grund dafür sind Konvergenzprobleme, sodaß erst wieder auf Reihenentwicklungen zurückgegriffen werden muß.

E.2.4 Orthogonale Funktionen

Für diese Darstellung wird eine spezielle Wahrscheinlichkeitsdichte als Gewichtsfunktion genommen. Damit wird eine Menge von Funktionen konstruiert, die unter dieser Gewichtsfunktion orthogonal sind. Die Nichtlinearität wird derart in eine Reihe entwickelt, daß jedem Glied der Reihe ein Element der orthogonalen Basis entspricht. Dieses Verfahren gilt für eine große Klasse von Nichtlinearitäten.

---

[3] Die auftretenden Integrale sind in der Regel leicht anzuschreiben, aber die Schwierigkeiten treten beim lösen auf. Sie sind oft nur durch Reihendarstellung lösbar.

[4] Dieses Verfahren geht auf Steven O. Rice zurück [Rice45, Rice48, Rice68].

Literaturverzeichnis

[Aazhang92] B. Aazhang, B.P. Paris, G:C: Orsak, "Neuronal Networks for Multiuser Detection in Code-Division Multiple-Access Communications.", IEEE Transactions on Communications, COM-40, Nr.7, (1992).

[Abramowitz72] Abramowitz, Stegun, "Handbook of Mathematical Functions.", Dover Publications NY, (1972).

[Adler89] E. Adler, M.S. Patterson, "Adaptive Interference Rejection for Wide-band Systems.", Proceedings IEEE-Milcom'89, 503-507, (1989).

[Amoroso83] F. Amoroso, "Adaptive A/D Converter to Suppress CW Interference in DSPN Spread-Spectrum Communications.", IEEE Transactions on Communication, COM-31, 1117-1123, (1983).

[Amoroso86] F. Amoroso, J.L. Bricker, "Performance of the Adaptive A/D Converter in Combined CW and Gaussian Interference.", IEEE Transactions on Commununication, COM-34, 209-213, (1986).

[Amoroso93/1] F.Amoroso, J.Bricker, "Increasing the Up-Link CW Interference Immunity of Non-Coherent Direct Sequence Pseudonoise (DSPN) Reception with On-Board Processing.", International Journal of Satellite Communications, Vol.11, 107-118, (1993).

[Amoroso93/2] F.Amoroso, "Adaptive A/D converter to suppress co-channel constant envelope interference in a mobile digital link.", Telecommunication Systems, Vol.2, 109-119, (1993).

[Apostol86] T. Apostol, "Introduction to Analytical Number Theory.", Springer-Verlag, (1986).

[Arnstein91] Donald S. Arnstein, "Smart AGC: A New Anti-Jam Device for Military Satellite Systems.", Proceedings IEEE-Milcom'91, 672-677, (1991).

[Arnstein92] Donald S. Arnstein, Cameron Pike, George Estep, "On-Board AJ Enhancement Using Adaptive Nonlinear Processing: Practical Aspects of Smart AGC™ Implementation.", Proceedings IEEE-Milcom'92, 199-205, (1992).

[Alltop80] W.O. Alltop, "Complex Sequences with Low Periodic Correlations.", IEEE Transactions on Information Theory, IT-26, Nr., 350-354, (1980).

[Baier84] P.W. Baier, G. Grünberger, M. Pandit, "Störunterdrückende Funkübertragungstechnik.", Oldenburg-Verlag, München, ISBN 3-486-27721-9, (1984).

[Baier84] Alfred Baier, "A Low-Cost Digital Matched Filter for Arbitrary Constant-Envelope Spread-Spectrum Waveforms.", IEEE-Transactions on Communication, COM-32, Nr.4, 354-361, (1984).

[Baier85] Alfred Baier, "Optimum Quantization in Hard-Limiting Digital Detectors for Weak Bandpass Signals in Non-Gaussian Noise.", Proceedings IEEE-ICC'85, 18.3.1-18.3.5, (1985).

[Baier86/1] Alfred Baier, "Performance of Phase Quantizers in Noncoherent Digital Correlation Detectors.", IEEE-Transactions on Communication, COM-34, Nr.8, 752-755, (1986).

[Baier86/2] Alfred Baier, Paul W. Baier, H.J. Fischer, K.J. Friederichs, "Digitale Prozessoren für Spread-Spectrum-Signale.", Frequenz 40, 9/10, 273-277, (1986).

[Baier95] Paul Walter Baier, "Spread-Spectrum-Technik und CDMA.", telecom praxis, 5/95, 9-14, (1995).

[Baggott78] A.J. Baggot, et al., "Use of London's electricity supply system for centralised control.", Proceedings IEE, Vol.125, Nr.4, (1978).

[Balza67] C. Balza, et al., "Four-level random sequences.", Electronic Letters, Vol.3, Nr., 313-315, (1978).

[Barker53] R.H. Barker, "Group synchronizing of binary digital systems.", In: W. Jackson "Communication Theory", Butterworth, London, (1953).

[Barstow47] J.M. Barstow, "Carrier Telephones for Farms.", Bell. Lab. Rec. 25, Vol. 10, 363-366, (1947).

[Bartels84] J. Bartels, "Modem für Datenübertragung.", mc Sonderheft Nr. 87: Das Modem Sonderheft, 4., erw.Auflage, (1984).

[Baumert71] L.D.Baumert, "Cyclic Difference Sets.", Springer Verlag, Berlin, Heidelberg, (1971).

[Beauchamp75] K.G. Beauchamp, "Walsh Functions and their Applications.", Academic Press Inc., ISBN 0-12-084050-2, (1975).

[Bendat58] J.Bendat, "Principles and Applications of Random Noise Theory.", John Wiley, (1958).

[Bendat86] J.Bendat, A.Piersol, "Random Data - Analysis and Measurement Procedures.", John Wiley, (1986).

[Bennett40] W.R. Bennett, "Response of a Linear Rectifier to Signal and Noise.", Bell System Technical Jounal, Vol.19, 587-610, (1940).

[Berger95] , "Empfänger für GPS-Signale.", Diplomarbeit ausgeführt am Institut für Allgemeine Elektrotechnik und Elektronik der TU-Wien, (1995).

[Berger97] , "Bandspreizverfahren im Truppenfunk.", EMPA Truppendienst, Nr.224, (1997).

[Blachman64] Nelson M. Blachman, "Band-Pass Nonlinearities.", IEEE Transactions on Information Theory, IT-10, Nr.2, 162-164, (1964).

[Blachman71] Nelson M. Blachman, "Detectors, Bandpass Nonlinearities, and Their Optimization: Inversion of the Chebyshev Transform.", IEEE Transactions on Information Theory, IT-17, Nr.4, 398-404, (1971).

[Blachman82] Nelson M. Blachman, "Noise and its Effect on Communication.", Krieger-Publishing, Malabar, (1982).

[Blachman93] Nelson M. Blachman, "Optimum Memoryless Bandpass Nonlinearities.", Proceedings IEEE-Milcom'93, 263-267, (1993).

[Blachman96] Nelson M. Blachman, "The Shape of Low Minima of the Envelope of Narrowband Gaussian Noise.", IEEE Transactions on Information Theory, IT-42, Nr.3, 1007-1009, (1996).

[Boehmer67] A.M. Boehmer, "Binary pulse compression codes.", IEEE Transactions on Information Theory, IT-13, Nr.2, 156-167, (1967).

[Bömer89] L. Bömer, M. Antweiler, "Binary Sequences with Low Energie in Their PACF-Sidelobes up to Length 38.", Frequenz, Vol.43, 145-149, (1989).

[Bömer90] L. Bömer, M. Antweiler, "Perfect N-Phase Sequences and Arrays.", IEEE Transactions on Communications, COM-, Nr., -, (1990).

[Bömer91] L. Bömer, "Sequenzen und Arrays mit guten aperiodischen und periodischen Autokorrelationsfunktionen.", Dissertation, RWTH Aachen, VDI-Verlag, Düsseldorf, (1991).

[Bos91] A.Bos, "A High Speed 2-Bit Correlator Chip for Radio Astronomy.", IEEE Transactions on Instrumentation and Measurement, Vol.40, Nr.3, 591-595, (1991).

[Bouvier78] Maurice J. Bouvier Jr., "The Rejection of Large CW Interferers in Spread-Spectrum Systems.", IEEE-Transactions on Communication, COM-26, Nr.2, 254-256, (1978).

[Bottomly93] Gregory E. Bottomly, "Signature Sequence Selection in a CDMA System with Orthogonal Coding.", IEEE Transactions on Vehicular Technology, Vol.42, Nr.1, 62-68, (1993).

[Brennan59] D. G. Brennan, "Linear Diversity Combining Techniques.", Proceedings of the IRE, 1075-1102, (1959).

[Bricker84] J.L. Bricker, "Mathematical Methodology for Analysis of the Adaptive A/D Converter in Combined CW and Gaussian Interference.", Proceedings IEEE-Milcom'84, 545-551, (1984).

[Buchholz53] Horst Buchholz, "Die konfluente hypergeometrische Funktion.", Springer-Verlag, Berlin, (1953).

[Bunker91] T. Bunker, "Wireless LANs Cut Cabling Hassles.", Datamation, Feb. 15, (1991).

[Cahn61] Charles R. Cahn, "A Note on Signal-to-Noise Ratio in Band-Pass Limiters.", IEEE Transactions on Information Theory, IT-7, Nr.1, 39-43, (1961).

[Cahn71] Charles R. Cahn, "Performance of Digital Matched Filter Correlator With Unknown Interfernce.", IEEE Transactions on Communications, COM-19, Nr.12, 1163-1172, (1971).

[Cai84] Khiem V. Cai, "Optimization of 2-Bit A/D Adaptive Converter Performance in CW Interference.", Proceedings IEEE-Milcom'84, 552-558, (1984).

[Calderbank96] A.R. Calderbank, Gary McGuire, Bjorn Poonen, Michael Rubinstein, "On a Conjecture of Helleseth Regarding Pairs of Binary m-Sequences.", IEEE Transactions on Information Theory, IT-42, Nr.3, 988-990, (1996).

[Carter74] D.E. Carter, "On the generation of pseudonoise codes.", IEEE Transactions on Aerospace and Electronic Systems, AES-10, 898-899, (1974).

[Chan89] Morgan H. Chan, Robert W. Donalds, "Amplitude, Width, and Interarrival Distributions for Noise Impulses on Intrabuilding Power Line Communication Networks.", IEEE Transactions on Electromagnetic Compatibility, Vol.31, Nr.3, 320-323, (1989).

[Chang70] Ke-Yen Chang, Donald Moore, "Modified Digital Correlator and Its Estimation Errors.", IEEE Transactions on Information Theory, Nr.11, 699-706, (1970).

[Chang70] Ke-Yen Chang, Donald Moore, "Modified Digital Correlator and Its Estimation Errors.", IEEE Transactions on Information Theory, Nr.11, 699-706, (1970).

[Chawla94] K.K.Chawla, D.V.Sarwate, "Parallel Acquisition of PN Sequences in DS/SS Systems.", IEEE Transactions on Communications, COM-42, Nr.5, 2155-2164, (1994).

[Chertok62] A.B. Chertok, "Survey of College Radio Carrier-Current Broadcasting Facilities.", Electrical Engineering, Feb., (1962).

[Chu72] D.C. Chu, "Polyphase Codes with Good Periodic Correlation Properties.", IEEE Transactions on Information Theory, IT-18, Nr., 531-532, (1972).

[Chu89] D.C. Chu, "Phase Digitizing: A New Method for Capturing and Analyzing Spread-Spectrum Signals.", Hewlett-Packard Journal, 28-35, Februar, (1989).

[Clery90] D. Clery, "Automatic Meter Readings are Coming - Down the Mains.", New Scientist, April, (1990).

[Cobb65] S.M. Cobb, R. Manor, "The Distribution of Intervals Between Zero Crossings of Sine Wave Plus Random Noise.", IEEE Transactions on Information Theory, IT-11, Nr.4, 220-233, (1965).

[Cook60] C. Cook, "Pulse Compression - Key to More Efficient Radar Transmission.", IEEE Press, Spread-Spectrum Techniques, (Reprinted from Proc.IRE, Vol.48, March, 310-316, (1969)), 136-142, (1976).

[Cooper86] G. Cooper, C. McGillem, "Modern Communications and Spread-Spectrum.", McGraw-Hill, New York, (1986).

[Couturier86] N. Couturier, J. Wight, L. Pearce, "Experimental Results for Four-Phase Digital Matched Filtering of Spread-Spectrum Waveforms.", IEEE-Transactions on Communication, COM-34, Nr.8, 836-840, (1986).

[Daly90] P. Daly, S. Daly, I. Kitching, G. Lennen, "Spread-Spectrum signals used in global satellite navigation.", IEEE Symposium on Spread-Spectrum Techniques and Applications, King's College, London, (1990).

[Davenport53] W.Davenport Jr., "Signal-to-Noise Ratios in Band-Pass-Limiters.", Journal of Applied Physics, Vol.24, Nr.6, 720-727, (1953).

[Davenport87] W.Davenport Jr, W.Root, "An Introduction to the Theory of Random Signals and Noise.", IEEE-Press, Piscataway, (1987).

[Davidovici89] Sorin Davidovici, Emmanuel G. Kanterakis, "Narrow-Band Interference Rejection Using Real-Time Fourier Transforms.", IEEE Transactions on Communications, COM-37, Nr.7, 713-722, (1989).

[Descovich76] J. Descovich, "Höhere Mathematik für Elektrotechniker.", Skriptum zur gleichnamigen Vorlesung am Institut für Technische Mathematik der TU-Wien, (1976).

[Deutsch62] R. Deutsch, "Nonlinear Transformations of Random Processes.", Prentice-Hall, (1962).

[Dixon84] Robert C. Dixon, "Spread-Spectrum Systems with Commercial Applications.", John Wiley & Sons, Third Edition, (1994).

[Doherty96] John F. Doherty, Henry Stark, "Direct-Sequence Spread-Spectrum Narrowband Interference Rejection Using Property Restoration.", IEEE Transactions on Communications, COM-44, Nr.9, 1197-1204, (1996).

[Dostert90] Klaus M. Dostert, "Frequency-Hopping Spread-Spectrum Modulation for Digital Communications Over Electrical Power Lines.", IEEE Journal on Selected Areas in Communications, SAC-8, Nr.4, 700-710, (1990).

[Duel95] Alexandra Duel-Hallen, Jack Holtzman, Zoran Zvonar, "Multiuser Detection for CDMA Systems.", IEEE Communications Magazine, Vol.2, Nr.2, 46-58, (1995).

[Drucks91] Matthias Drucks, "A Power-Line-Carrier Modem Using Direct-Sequence Spread-Spectrum Modulation.", Diplomarbeit ausgeführt am Institut für Allgemeine Elektrotechnik und Elektronik der TU-Wien, (1991).

[Duschek61] A. Duschek, "Höhere Mathematik.", Band I-IV, Springer Verlag Wien, (1961).

[Eckl88] Eckl, Pütgens, Walter, "A/D-und DA-Wandler.", Franzis'-Verlag München, ISBN 3-7723-9811-1, (1988).

[Eichin90] K. Eichin, D. Heidner, G. Söder, "Intersymbol Interference in Direct-Sequence Spread-Spectrum Systems.", Frequenz, Vol.44, Nr.2, (1990).

[Einzenhöfer86] A.Einzenhöfer, "Anwendung der Spread-Spectrum Technik indem hybriden Mobilfunksystem MATS-D.", Frequenz, Vol.40, 255-259, (1986).

[Einzenhöfer87] A.Einzenhöfer, G.Harten "MATS-D Systemkonzept.", PKI Technische Mitteilungen, 31-38, (1987).

[Eisenwagner94] R.Eisenwagner, "Die Inverse Vertikalantenne.", UKW-Berichte, April, (1994).

[Eldon81] John Eldon, "Correlation ... A Powerful Technique for Digital Signal Processing.", TRW LSI-Products, (1981).

[Erdelyi54] A. Erdelyi, "Tables of Integral Transform.", McGraw-Hill, New York, (1954).

[Eschenbach84] R.Eschenbach, R.Helkey, "Performance/Cost Ratio Optimized for GPS Receiver Design.", MSN, November, 43-97, (1984).

[Farison65] James B. Farison, "On Calculating Moments for Some Common Probability Laws.", IEEE Transactions on Information Theory, IT-11, Nr.4, 586-589, (1965).

[Feller67] W.Feller, "An Introduction to Probability Theory and Its Applications.", Band I-II, John Wiley & Sons, New York, (1967).

[Feng89] Gui-Liang Feng, Kenneth K. Tzeng, "A Generalized Euclidean Algorithm for Multisequence Shift-Register Synthesis.", IEEE Transactions on Information Theory, Vol.35, Nr.3, 584-594, (1989).

[Filis94] K.G.Filis, C.Gupta, "Overlay of Cellular CDMA on FSM.", IEEE Transactions on Vehicular Technology, Vol.43, Nr.1, 86-98, (1994).

[Finger85] A. Finger, "Digitale Signalstrukturen in der Informationstechnik.", Oldenburg, München, (1985).

[Fischer88] H.J. Fischer, "Die Wirkung sinusförmiger Störsignale in digitalen Bandspreizempfängern.", Dissertation, Technische Universität Kaiserslautern, VDI-Verlag: Reihe 10, Nr.91, (1988).

[Frank73] R.L. Frank, "Comments on: Polyphase Codes with good Correltation Properties.", IEEE Transactions on Information Theory, IT-19, Nr.2, 244-244, (1973).

[Franks69] L.E.Franks, "Signal Theory.", Prentice Hall, (1969).

[Gallager68] R.G.Gallager, "Information Theory and Reliable Communication.", John Wiley, SBN 471 29048 3 (1968).

[Gardner86] W.A. Gardner, "Introduction to Random Processes.", MacMillan Pub., (1986).

[Gerstenbach91] G.Gerstenbach, "The Global Positioning System (GPS): State of the Art, Possibilities, Problems.", TU-Wien, Vorlesungsunterlagen, (1991).

[Gervens90] N. Gervens, "p und p^m-Phasen Sequenzen und Arrays mit guten Autokorrelationen.", Diplomarbeit IENT, RWTH Aachen, (1990).

[Gevargiz89] John Gevargiz, Pankaj Das, Laurence B. Milstein, "Adaptive Narrowband Interference Rejection in a DS Spread-Spectrum Intercept Receiver Using Transform Domain Signal Processing Techniques.", IEEE Transactions on Communications, COM-37, Nr.12, 1359-1366, (1989).

[Godfrey66] KR Godfrey, "Three-level m-sequences.", IEE Electronic Letters, Vol.2, Nr., 241-243, (1966).

[Goiser87] A. Goiser, M. Sust, M. Kowatsch, "Adaptive A/D-Wandlung in einem Spread-Spectrum Übertragungssystem mit digitalen Korrelatoren", Springer Verlag Wien, Tagungsband Mikroelektronik'87, 262-267, (1987).

[Goiser89/1] A. Goiser, M.K. Sust, "Spread-Spectrum Communications using CMOS digital Correlators.", Proceedings IEEE-Melecon'89, 391-394, (1989).

[Goiser89/2] A. Goiser, M. Sust, "Adaptive Interference Rejection in a Digital Direct Sequence Spread Spectrum Receiver.", Proceedings IEEE-Milcom'89, 514-520, (1989).

[Goiser90/1] A. Goiser, F. Seifert, "Adaptive Continuos Wave Interference-Rejection in Digital Spread-Spectrum Receivers.", A.E.Ü., Vol.44, Nr.3, 247-254, (1990).

[Goiser90/2] A. Goiser, M.K. Sust, W. Pietsch, "Adaptive Interference Rejection for Noncoherent Digital Direct Sequence Spread-Spectrum Receivers.", Proceedings IEEE-Milcom'90, 16.2.1.-16.2.6, (1990).

[Goiser90/3] A. Goiser, M.K. Sust, "Adaptive Interference Rejection for Non-Coherent Digital Direct Sequence Spread-Spectrum Receivers.", Proceedings IEEE-Globecom'90, 285-290, (1990).

[Goiser90/4] A. Goiser, "The Performance of a Coherent Digital Direct Sequence Spread-Spectrum Receiver.", Proceedings IEEE-ISITA'90, 867-870, (1990).

[Goiser90D] A. Goiser, "Ein stochastisches Verfahren zur adaptiven Unterdrückung schmalbandiger Störungen in digitalen Direct Sequence Spread-Spectrum Systemen.", Dissertation, Technische Universtität Wien, (1990).

[Goiser91] A. Goiser, "An Adaptive Scheme to Reject Narrowband Interference in Digital Direct Sequence Spread-Spectrum Receivers.", Proceedings IEEE-Melecon'91, 708-711, (1991).

[Goiser93] A. Goiser, "Spread-Spectrum Übertragung über die Netzleitung.", Springer Verlag Wien, Tagungsband Mikroelektronik'93, (1993).

[Goiser96/1] A. Goiser, G. Berger, "Synchronizing a Digital GPS-Receiver.", Proceedings IEEE-Melecon'96, 1043-1046, (1996).

[Goiser96/2] A. Goiser, "Adaptive Interference Reduction Using Manipulated Signal Statistics.", Proceedings IEEE-ISSTA'96, 277-281, (1996).

[Goiser96/3] A. Goiser, "Low Complexity Digital Direct-Sequence Spread-Spectrum Receivers with Integrated Interference Reduction.", Proceedings IEEE-Milcom'96, 303-307, (1996).

[Goiser97/1] A. Goiser, "Enhancing the Signal-to-Interference Ratio in Digital Direct-Sequence Spread-Spectrum Receivers.", Angenommen in International Journal of Wireless Information Networks, Plenum-Press, Vol.4, Nr.3, (1997).

[Goiser97/2] A. Goiser, "Theoretical Performance of the Non-Coherent AIR-Receiver.", Proceedings IEEE-Milcom'97, (1997).

[Goiser97/3] A. Goiser, "Direct-Sequence Spread-Spectrum Modem for Data Communications over Power-Lines.", Proceedings IEEE-Milcom'97, (1997).

[Goiser97/4] A. Goiser, J. Philipp, "A Simple Scheme to Evaluate Periodic Correlation Values for m-Sequences in GF(p).", Proceedings IEEE-Milcom'97, (1997).

[Goiser97/5] A. Goiser, "Threshold Synchronization of the Adaptive Interference Reduction Scheme in Low Complexity Digital Direct-Sequence Spread-Spectrum Receivers.", Proceedings IEEE-Milcom'97, (1997).

[Goiser97/6] A. Goiser, "A Heuristic Approach to Higher Order Statistical Models for a Combined Process of a Direct-Sequence Signal in Additive White Gaussian Noise and Continuous Wave Interference after an Adaptive 2-bit ADC Nonlinearity.", Proceedings IEEE-Milcom'97, (1997).

[Gold67] R. Gold, "Optimal Binary Sequences for Spread-Spectrum Multiplexing.", IEEE Transactions on Information Theory, IT-13, Nr., 619-621, (1967).

[Gold68] R. Gold, "Maximal Recursive Sequences with 3-Valued Recursive Cross-Correlationfunctions.", IEEE Transactions on Information Theory, IT-14, Nr., 154-156, (1986).

[Goldberg88] Steven H. Goldberg, Ronald A. Iltis, "PN Code Synchronization Effects on Narrow-Band Interference Rejection in a Direct-Sequence Spread-Spectrum Receiver.", IEEE Transactions on Communications, COM-36, Nr.4, 420-429, (1988).

[Golomb67] S. Golomb, "Shift Register Sequences.", Holden Day Inc., (Revides ed.: (1982) Aegean Park Press, Laguna Hills, CA), (1967).

[Golomb94] S. Golomb, "Shift Register Sequences and Spread-Spectrum Communication.", IEEE Proceedings of the Third International Symposium on Spread-Spectrum Techniques & Applications, 14-15, (1994).

[Gottesman95] Lynn D. Gottesman, Laurence B. Milstein, "On the Use of Interference Suppression to Enhance Acquistion Performance in a CDMA Overlay Scenario.", Proceedings IEEE-Milcom'95, 1219-1223, (1995).

[Gottesman96] Lynn D. Gottesman, Laurence B. Milstein, "The Coars Acquisition Performance of a CDMA Overlay System.", IEEE Journal on Selected Areas in Communications, SAC-14, Nr.8, 1627-1635, (1996).

[GPS80] Collected Papers, "Global Positioning System.", The Institute of Navigation, Vol.I-III, ION 0-936406-00-3, ISBN ION 0-936406-01-1, ISBN ION 0-936406-02-1, (1980).

[Gracht85] P.K. van der Gracht, R.W. Donaldson, "Communication Using Pseudonoise Modulation on Electric Power Distribution Circuits.", IEEE Transactions on Communications, 964-974, (1985).

[Graf90] K.P. Graf, J. Huber, K. Tröndle, "Digital Baseband-Transmission for Channels with Bandpass Characteristic.", Frequenz, Vol.44, Nr.2, (1990).

[Grath90] G. Grath, "BERKER Electronic Fibel", 7th Edition, (1990).

[Groginsky66] H. L. Groginsky, L. R. Wilson, David Middleton, "Adaptive Detection of Statistical Signals in Noise.", IEEE Transactions on Information Theory, IT-12, Nr.3, 337-348, (1966).

[Haddad75] A.H.Haddad, "Nonlinear Systems: Processing of Random Signals - Classical Analysis.", Halsted Press, (1975).

[Hasegawa90] T.Hasegawa, T.Daihoji, and Y.Hakura, "Neural Network Detection Systems for Electric Power Line Spread-Spectrum Communications.", IEEE Proceedings ISITA'90, Hawai, USA, 879-882, (1990).

[Heidari94] G.Heidari-Bateni, D.McGillem, "A Chaotic Direct-Sequence Spread-Spectrum Communication System.", IEEE Transactions on Communications, COM-42, Nr.2/3/4, 1524-1527, (1994).

[Hellman70] M.E.Hellman, J.Raviv, "Probability of error, equivocation and the Chernoff bound.", IEEE Transactions on Information Theory, IT-16, Nr.7, 368-372, (1970).

[Helstrom95] Carl W. Helstrom, "Elements of Signal Detection & Estimation.", Prentice-Hall, ISBN 0-13-808940-X, (1995).

[Hlawka79] Edmund Hlawka, J.Schoißengeier, "Zahlentheorie - Eine Einführung.", Manz-Verlag, (1979).

[Hlawka86] Edmund Hlawka, J.Schoißengeier, R.Taschner, "Geometrische und Analytische Zahlentheorie.", Manz-Verlag, (1986).

[Hoffmann71] G. Hoffmann de Visme, "Binary Sequences.", English University Press, London, (1971).

[Holden90] T.P. Holden, K. Feher, " A Spread-Spectrum Based Sychronization Technique for Digital Broadcast Systems.", IEEE Transactions on Broadcasting, Vol.36, Nr.3, Sept., (1990).

[Holtzman94] Jack M. Holtzman, David J. Goodman, "Wireless and Mobile Communications.", Kluwer Academic Publishers, (1994).

[Hopkins77] P.M. Hopkins, "A Unified Analysis of Pseudonoise Synchronisation by Envelope Correlation.", IEEE Transactions on Communications, COM-25, Nr.8, (1977).

[Iltis84] Ronald A. Ilits, Laurence B. Milstein, "Performance Analysis of Narrow-Band Interference Rejection Techniques in DS Spread-Spectrum Systems.", IEEE Transactions on Communications, COM-32, Nr.11, 1169-1177, (1984).

[Iltis85] Ronald A. Ilits, Laurence B. Milstein, "An Approximate Statistical Analysis of the Widrow LMS Algorithm with Application to Narrow-Band Interference Rejection.", IEEE Transactions on Communications, COM-33, Nr.2, 121-130, (1985).

[Iltis89] Ronald A. Ilits, "A GLRT-Based Spread-Spectrum Receiver for Joint Channel Estimation and Interference Suppression.", IEEE Transactions on Communications, COM-37, Nr.3, 277-288, (1989).

[Imae93] M.Imae, E.Kawai, M.Aida, "Long Term and Long Distance GPS Time Transfer Corrected by Measured Ionospheric Delay.", IEEE Transactions on Instrumentation and Measurement, Vol.42, Nr.2, 490-493, (1993).

[Jain72] Parvin C. Jain, "Limiting of Signals in Random Noise.", IEEE Transactions on Information Theory, IT-18, Nr.3, 332-340, (1972).

[Jain95] P. Jain, N. Blachman, P. Chapell, "Interference Suppression by Biased Nonlinearities.", IEEE Transactions on Information Theory, IT-41, Nr.2, 496-507, (1995).

[Jeruchim92] M.Jeruchim, P.Balaban, S.Shanmugan, "Simulation of Communication Systems.", Plenum-Press, ISBN 0-306-43989-1, (1992).

[Jones63] J.J. Jones, "Hard-Limiting of Two Signals in Random Noise.", IEEE Transactions on Information Theory, IT-9, Nr.1, 34-42, (1963).

[Jung94] P. Jung, J. Blanz, M. Naßhahn, P. Baier, "Simulation of the Uplink of JD-CDMA Mobile Radio Systems with Coherent Receiver Antenna Diversity.", Wireless Personal Communications, 61-89, (1994).

[Kassam77] Salem A. Kassam, "Optimum Quantization for Signal Detection.", IEEE Transactions on Communications, COM-25, Nr.5, 479-484, (1977).

[Kassam78] Salem A. Kassam, Tong L. Lim, "Coefficient and Data Quantization in Matched Filters for Detection.", IEEE Transactions on Communications, COM-26, Nr.1, 124-131, (1978).

[Kavehrad87] M. Kavehrad, P.J. McLane, "Spread-Spectrum for Indoor Digital Radio.", IEEE Communications Magazine, Vol.25, Nr.6, (1987).

[Kay93] Steven M. Kay, "Fundamentals of Statistical Signal Processing - Estimation Theory.", Prentice-Hall, ISBN 0-13-345711-7, (1993).

[Kayton90] Myron Kayton, "Navigation - Land,Sea,Air&Space.", IEEE Press, ISBN 0-87942-257-2, (1990).

[Kchao93] C.Kchao, G.Stüber, "Analysis of a Direct-Sequence Spread-Spectum Cellular Radio System.", IEEE Transactions on Communications, COM-41, Nr.10, 1507-1516, (1993).

[Kedem94] Benjamin Kedem, "Time Series Analysis by Higher Order Crosings.", IEEE Press, ISBN 0-87942-299-8, (1994).

[Klein96] Anja Klein, "Multi-user detection of CDMA signals - algoriths and their application to cellular mobile radio.", Dissertation, Technische Universität Kaiserslautern, VDI-Verlag: Reihe 10, Nr.423, (1996).

[Kohno90] Ryuji Kohno, H. Imai, M. Hatori, S. Pasupathy, "An Adaptive Canceller of Cochannel Interference for Spread-Spectrum Multiple-Access Communication Networks in a Power Line", IEEE Journal on Selected Areas in Communications, SAC-8, Nr.5, 691-699, (1990).

[Krinsky95] D. Krinsky, A. Haddad, C .Lee, "An Adaptive Direct-Sequence Spread-Spectrum Receiver for Burst Type Interference.", IEEE Selected Areas in Communications, SAC-13, Nr.1, 59-70, (1995).

[Kucar91] A.Kucar, "Mobile Radio: An Overview.", IEEE Communications Magazine, Vol.29, Nr.11, 72-85, (1991).

[Kullstam77] Per A. Kullstam, "Spread-Spectrum Performance Analysis in Arbitrary Interference.", IEEE Transactions on Communications, COM-25, Nr.8, 848-853, (1977).

[Kushiro89] N. Kushiro, et al., "The Power Line Carrier Communication Control Module.", IEEE Transactions on Consumer Electronics, Vol.35, Nr.3, (1989).

[Kuznetsov65] .Kuznetsov, R.Stratonovich, V.Tikhonov, "Non-Linear Transformations of Stochastic Processes", Pergamon-Press, Oxford, (1965)

[LaFlame79] D.T. LaFlame, "A Delay-Lock Loop Implementation Which is Insensitive to Arm Gain Imbalance.", IEEE Transactions on Communications, COM-27, Nr.10, (1979).

[Langewellpott86] U. Langewellpott, "Anwendung der Spread-Spectrum-Technik im Mobilfunk.", Frequenz 40, 9/10, 249-254, (1986).

[Last93] D. Last, "Carrier Wave Interference to Loran-C: A Statistical Evaluation.", IEEE Transactions on Aerospace and Elektronic Systems, Vol.29, Nr.4, 1260-1274, (1993).

[Laster97] J.D. Laster, J.H. Reed, "Interference Rejection in Digital Wireless Communications.", IEEE Signal Processing Magazin, Vol.14, Nr.3, 37-62, (1997).

[Lawrentjew67] M.Lawrentjew, B.Schabat, "Methoden der komplexen Funktionentheorie.", DVW Berlin, (1967).

[Lawson50] J.Lawson, G.Uhlenbeck, "Threshold Signals.", McGraw Hill-New York, (1950).

[Lee88] E.A. Lee, D.G. Messerschmitt, "Digital Communication.", Kluwer Academic Publishers, (1988).

[Lee91/1] William C.Y. Lee, "Overview of Cellular CDMA.", IEEE Transactions on Vehicular Technology, Vol.40, Nr.2, 291-302, (1991).

[Lee91/2] William C.Y. Lee, "In Cellular Telephone, Complexity Works.", IEEE Transactions on Circuits and Devices, Vol.40, Nr.2, 26-32, (1991).

[Lee93/1] William C.Y. Lee, "Mobile Communications Design Fundamentals.", Wiley Series in Telecommunications, Second Edition, ISBN 0-471-57446-5, (1993).

[Lee93/2] C.Lee, et. all., "Development of a GPS Codeless Receiver for Ionospheric Calibration and Time Transfer.", IEEE Transactions on Instrumentation and Measurement, Vol.42, Nr.2, 494-497, (1993).

[Lee94] Edward A.Lee, David G.Messerschmitt, "Digital Communication.", Second Edition, Kluwer Academic Publishers, (1994).

[Lehnert89] James S. Lehnert, "An Efficient Technique for Evaluating Direct-Sequence Spread-Spectrum Multiple-Access Communications.", IEEE Transactions on Communications, Vol.37, Nr.8, 851-858, (1989).

[Leibowitz85] L.M. Leibowitz, "Multiplexing Techniques for Digital Correlator Speed Improvement.", IEEE-Transactions on Communication, COM-33, Nr.6, 579-588, (1985).

[Leik90] A. Leik, "GPS satellite surveying.", John Wiley, ISBN 0-471-81990-5, (1990).

[Leisten92] O. Leisten, R. Hasler, "Design and performance of a miniature GPS/GLONASS receiver.", Microwave Engineering Europe, December/Janury, 33-38, (1992).

[Lempel71] A. Lempel, "Analysis and synthesis of polynomials and sequences over GF(2).", IEEE Transactions on Information Theory, IT-17, Nr.3, 297-303, (1971).

[Lempel77] A. Lempel, M. Colin, W.L. Eastman, "A Class of Balanced Binary Sequences with Optimal Autokorrelation Properties.", IEEE Transactions on Information Theory, IT-23, Nr.1, 38-42, (1977).

[Leon94] Albert Leon-Garcia, "Probability and Random Processes for Electrical Engineering.", Addison-Wesely Publishing, Second Edition, ISBN 0-201-50037-X, (1994).

[Leung82] V.C.M. Leung, R.W. Donaldson, " Confidence Estimates for Acquisition Times and Hold-In Times for PN-SSMA Sychronizer Employing Envelope Correlation.", IEEE Transactions on Communications, COM-30, Nr.1, (1982).

[Levita83] G. Levita, "The Performance of Digital Matched Filters for Multilevel Signals.", IEEE Transactions on Communications, COM-31, Nr.11, 1217-1226, (1983).

[Lidl83] Rudolf Lidl, Harald Niederreiter, "Finite Fields.", Addison Wesley, Reading MA, jetzt Cambridge University Press, (1983).

[Lidl94] Rudolf Lidl, Harald Niederreiter, "Introduction to finite fields and their applications.", Cambridge University Press, (1994).

[Lim78] T.L. Lim, "Non-Coherent Digital Matched Filters: Multibit Quantization.", IEEE Transactions on Communications, COM-26, Nr.4, 409-419, (1978).

[Lindsey72] William C. Lindsey, "Synchronization Systems in Communication and Control.", Prentice-Hall, Information and System Science Series, ISBN 0-13-879957-1, (1972).

[Lindsey73] William C. Lindsey, Marvin K. Simon, "Telecommunication Systems Engineering.", Dover Publications, ISBN 0-486-66838-X, (1973).

[Lindsey81] William C. Lindsey, "A Survey of Digital Phase-Locked-Loops.", Proceedings of the IEEE, Vol.69, Nr.4, (1981).

[Logsdon92] Tom Logsdon, "The Navstar Global Positioning System.", Van Nostrand Reinhold, ISBN 0-442-01040-0, (1992).

[Lopez93] A. R. Lopez, "GPS Autoland Considerations.", IEEE AES Systems Magazine, Nr.4, 37-40, (1993).

[Lüke92/1] H.D.Lüke, "Signalübertragung.", Springer Verlag, (1992).

[Lüke92/2] H.D.Lüke, "Korrelationssignale.", Springer Verlag, (1992).

[Lupas89] R. Lupas, S. Verdu, "Linear Multiuser Detectors for Synchronous Code-Division Multiple-Access Channels.", IEEE Transactions on Information Theory, IT-35, Nr.1, 123-136, (1989).

[Malack76] J.A. Malack, J.R. Engstrom, "RF Impedance of United States and European Power Lines.", IEEE Transactions on Electromagnetic Compatibility, Feb., (1976).

[Manteuffel70] K. Manteuffel, "Wahrscheinlichkeitsrechung in Aufgaben.", Teubner-Verlag Leipzig, Serie: Mathematik für Technische Hochschulen, (1970).

[Markey42] H.K. Markey, G. Antheil, "Secret communication system.", U.S. Patent 2 292 387, (1942).

[Masry84] Elias Masry, "Closed-Form Analytical Results for the Rejection of Narrow-Band Interference in PN Spread-Spectrum Systems - Part I: Linear Prediction Filters.", IEEE-Transactions on Communication, COM-32, Nr.8, 888-896, (1984).

[Masry85] Elias Masry, "Closed-Form Analytical Results for the Rejection of Narrow-Band Interference in PN Spread-Spectrum Systems - Part II: Linear Interpolation Filters.", IEEE-Transactions on Communication, COM-33, Nr.1, 10-19, (1985).

[Massey94] James L. Massey, "Information Theory Aspects of Spread-Spectrum Communications.", IEEE Proceedings of the Third International Symposium on Spread-Spectrum Techniques & Applications, 16-21, (1994).

[McGuffin92] Bruce F. McGuffin, "The Effect of Bandpass Limiting on A Signal in Wideband Noise.", Proceedings IEEE-Milcom'92, 206-210, (1992).

[Meyr94] Heinrich Meyr, M. Oerder, Andreas Polydoros, "On Sampling Rate, Analog Prefiltering, and Sufficient Statistics for Digital Receivers.", IEEE-Transactions on Communication, COM-42, Nr.12, 3208-3214, (1994).

[Middleton66] David Middleton, "Canonically Optimum Threshold Detection.", IEEE Transactions on Information Theory, IT-12, Nr.3, 230-243, (1966).

[Middleton87] David Middleton, "An Introduction to Statistical Communication Theory.", Peninsula-Publishing, ISBN 0-932146-15-5, (1987).

[Millet70] R. Millett, "A Matched-Filter Pulse-Compression System Using a Non-linear FM Waveform.", IEEE Press, Spread-Spectrum Techniques, 143-148, (1976), (Reprinted from IEEE Aerosp.Electron.Syst., AES-6, Nr.1, 73-78, (1970).

[Milstein82/1] L.B. Milstein et al., "The Effect of Multiple-Tone Interfering Signals on a Direct Sequence Spread-Spectrum Communication System.", IEEE-Transactions on Communications, Vol.30, Nr.3, pp. 436-446, (1982).

[Milstein82/2] L.B. Milstein, D.L. Schilling, "Performance of a Spread-Spectrum Communication System Operating Over a Frequency-Selective Fading Channel in the Presence of Tone Interference.", IEEE Transactions on Communications, COM-30, Nr.1, (1982).

[Milstein88] L.B. Milstein, "Interference Rejection Techniques in Spread Sprectrum Communications.", Proceedings of the IEEE, Vol.76, Nr.6, 657-671, (1988).

[Milstein92] L.B. Milstein et al., "On the feasibility of a CDMA overlay for personal communications network.", IEEE Journal on Selected Areas on Communications, 655-667, (1992).

[Milstein94] L.B. Milstein, J. Wang, "Interference Suppression for CDMA Overlays of Narrowband Waveforms.", IEEE Proceedings of the Third International Symposium on Spread-Spectrum Techniques & Applications, 61-68, (1994).

[National84] National Semiconductor, "LM1893 Carrier Current Transceiver.", National Semiconductor Linear Reference Supplement, (1984).

[Nauerz87] R. Nauerz, H. Bauer, "The Suitability of Modern CMOS Gate Array Circuits as Correlators and Matched Filters for Spread-Spectrum Signals.", Proceedings IEEE, 473-478, (1987).

[Nee93] R.D.J.Van Nee, "Spread-Spectrum Code and Carrier Synchronization Errors Caused by Multipath and Interference.", IEEE Transactions on Aerospace and Elektronic Systems, Vol.29, Nr.4, 1359-1365, (1993).

[Neuerburg89] G. Neuerburg, "Interative Verfahren zur Erzeugung von Codes mit guten Korrelationseigenschaften.", Diplomarbeit, Institut für elektrische Nachrichtentechnik, RWTH Aachen, VDI-Verlag, Düsseldorf, (1989).

[Nicholson73] J.R. Nicholson, J.A. Malack, "RF Impedance of Power Lines and Line Impedance Stabilization Networks in Conducted Interference Measurements.", IEEE Transactions on Electromagnetic Compatibility, Nr.5, (1973).

[Ochsner87] Heinz Ochsner, "Direct-Sequence Spread-Spectrum Reveiver for Communication on Frequency-Selective Fading Channels.", IEEE Journal on Selected Areas in Communications, SAC-5, Nr.2, 188-193, (1987).

[ONeal86] J.B. O'Neal, Jr., "The Residential Power Circuit as a Communication Medium.", IEEE Transactions on Consumer Electronics, CE-32, Nr.3, (1986).

[Onunga89] John Ogutu Onunga, Robert W. Donalds, "Personal Computer Communications on Intrabuilding Power Line LAN's Using CSMA with Priority Acknowledgments.", IEEE Journal on Selected Areas in Communications, SAC-7, Nr.2, 180-191, (1989).

[Ozluturk95] Ozluturk F., Tantaratana S. "Performance of Acquisition Schemes for CDMA Systems with Complex Signature Sequences.", International Journal of Wireless Information Networks, Plenum Publishing, Vol.2, Nr.1, (1995).

[Pahlavan90] Keveh Pahlavan, James Matthews, "Performance of Adaptive Matched Filter Receivers Over Fading Multipath Channels.", IEEE Transactions on Communications, COM-38, Nr.12, (1990).

[Pahlavan95] Kaveh Pahlavan, Allen H. Levesque, "Wireless Information Networks.", Wiley Series in Telecommunications and Signal Processing, ISBN 0-471-10607-0, (1995).

[Papoulis84] A. Papoulis, "Probability, Random Variables, and Stochastic Processes.", McGraw-Hill, New York, (1984).

[Papoulis85] A.Papoulis, "Signal Analysis.", McGraw Hill, New York, (1985).

[Parkinson96] Bradford W. Parkinson, James J. Spilker Jr., "Global Positioning System: Theory and Applications.", American Institute of Aeronautics and Astronautics, Washington DC, ISBN 1-56347-106-X, (1996).

[Parzen60] E.Parzen, "Modern Probability Theory and Its Applications.", John Wiley & Sons, New York, (1960).

[Parkinson96] Bradford W. Parkinson, James J. Spilker Jr., "Global Positioning System: Theory and Applications.", Herausgegeben von American Institute of Aeronautics and Astronautics, Washington, Band 163, (1996).

[Parzen62] E.Parzen, "Stochastic Processes.", Holden-Day Inc., London, (1962).

[Pergal87] F.J. Pergal, "Adaptive Threshold A/D Conversion Techniques for Interference Rejection in DSPN Receiver Applications.", Proceedings IEEE-Milcom'87, 4.7.1-4.7.7, (1987).

[Peterson81] W.W. Peterson, E.J. Weldon, "Error Correcting Codes.", MIT-Press, ISBN-0262160390, (1981).

[Philipp95] Johannes Philipp, "Grundlagen der Spread-Spectrum Codefolgen.", Diplomarbeit ausgeführt am Institut für Allgemeine Elektrotechnik und Elektronik der TU-Wien, (1995).

[Pickholtz82] R.L. Pickholtz, D.L. Schilling, L.B. Milstein, "Theory of Spread-Spectrum Communications - A Tutorial.", IEEE Transactions on Communications, COM-30, Nr.5, 855-884, (1982), "Revisions", IEEE Transactions on Communications, COM-32, Nr.2, (1984).

[Pietsch90] W. Pietsch, A. Goiser, "A New Receiver Operating in Multiple Access Interference Related to the Near Far Problem.", Proceedings IEEE-Milcom'90, 47.3.1.-47.3.4., (1990).

[Piety87] R.A. Piety, " Intrabuilding Data Transmission Using Power-Line Wiring.", Hewlett-Packard Journal, May, 35-40, (1987).

[Podszeck71] H.K. Podszeck, "Trägerfrequenz-Nachrichtenübertragung über Hochspannungsleitungen.", Berlin, Springer Verlag, 4-Auflage, (1971).

[Polydoros84/1] Andreas Polydoros, C.L. Weber, "A unified approach to serial search spread-spectrum code acquisition.", IEEE-Transactions on Communication, COM-32, Nr.5, 542-560, (1984).

[Polydoros84/2] Andreas Polydoros, M.K. Simon, "General serial search code acquisition: The equivalent circular state diagram approach.", IEEE-Transactions on Communication, COM-32, Nr.12, 1260-1268, (1984).

[Power79] Record of Panel Presentations, 1979 Summer Power Meeting, "Communication Alternatives for Distribution Metering and Load Management.", IEEE Transactions on Power Apparatus and Systems, PAS-99, Nr.4, (1980).

[Power80] Report by the Power System Communications Committee, "Summary of an IEEE Guide to Power-Line Applications.", IEEE Transactions on Power Apparatus and Systems, PAS-99, Nr.6, (1980).

[Proakis83] L.G. Proakis, "Digital Communications.", McGraw-Hill, (1983).

[Qual92] Qualcomm Incorporated, "An Overview of the Application of Code Division Multiple Access (CDMA) to Digital Cellular Systems and Personal Cellular Networks.", Document Number EX60-10010, (1992).

[Rappaport91] T.S.Rappaport, "The Wireless Revolution.", IEEE Communications Magazine, Vol. 29, No 11, 52-71. (1991)

[Rice45] Steven O. Rice, "Mathematical Analysis of Random Noise.", Bell System Technical Jounal, Vol.24, Nr.1, 46-157, (1945).

[Rice48] Steven O. Rice, "Statistical Properties of a Sinewave plus Random Noise.", Bell System Technical Jounal, Vol.27, (1948).

[Rice68] Steven O. Rice, "Uniform Asymptotic Expansion for Saddle Point Integrals - Application to a Probability Distribution Occurring in Noise Theory.", Bell System Technical Jounal, Vol.47, Nr.6, 1971-2013, (1968).

[Rice73/1] Steven O. Rice, "Distortion Produced by Band Limitation of an FM Wave.", Bell System Technical Jounal, Vol.52, Nr.5, 605-626, (1973).

[Rice73/2] Steven O. Rice, "Efficient Evaluation of Integrals of Analytic Functions by the Trapezoidal Rule.", Bell System Technical Jounal, Vol.52, Nr.5, 707-722, (1973).

[Rice73/3] Steven O. Rice, "Distortion of $\sum a_n/n$, a_n Randomly Equal to ± 1.", Bell System Technical Jounal, Vol.52, Nr.7, 1097-1103, (1973).

[Robertson67] George H. Robertson, "Operationg Characteristics for a Linear Detector of CW Signals in Narrow-Band Gaussian Noise.", Bell System Technical Jounal, 755-774, (1967).

[Robertson68] George H. Robertson, "Performance Degradation by Postdetector Nonlinearities.", Bell System Technical Jounal, 407-414, (1968).

[Robinson90] P.B. Robinson, "Communication over electric distribution lines.", IEEE Potentials, Nr.10, (1990).

[Robinson93] L. Robinson, "Electronics and Surveying: A Merriage that Caused a Revolution.", IEEE Instrumentation and Measurement Society - Newsletter , Nr.120, 6-8, (1993).

[Rupprecht92] J.Rupprecht, M.Rupf, F.Neeser, M.Hufschmid, "CTDMA: A Possible Candidate for a Future Indoor Cellular Communication System.", ITG-Nürnberg, (1992).

[Ruse91] H.Ruse, "Spread-Spectrum Technik zur störsicheren digitalen Datenübertragung über Stromversorgungsnetze.", Dissertation, Technische Universität Kaiserslautern, VDI-Verlag: Reihe 10, Nr.185, (1991).

[Salehi95] J. A. Salehi, E. G. Paek, "Holographic CDMA.", IEEE Transactions on Communications, Vol.43, Nr.9, 2434-2438, (1995).

[Sandberg95] Stuart D. Sandberg, "Adapted Demodulation for Spread-Spectrum Receivers which Employ Transform-Domain Interference Excision.", IEEE Transactions on Communications, Vol.43, Nr.9, 2502-2510, (1995).

[Sarwate79] D.S. Sarwate, "Bounds on Crosscorrelation and Autocorrelation of Sequences.", IEEE Transactions on Information Theory, IT-25, Nr., 720-724, (1979).

[Sarwate80] D.S. Sarwate, M.B. Pursley, "Crosscorrelation Properties of Pseudorandom and Related Sequences.", Proceedings IEE, Vol.131, Nr.F, 101-106, (1980).

[Saulnier84] Gary J. Saulnier, P. Das, Laurence B. Milstein, "Suppression of Narrow-Band Interference in a PN Spread-Spectrum Receiver Using a CTD-Based Adaptive Filter.", IEEE Transactions on Communications, COM-32, Nr.11, 1227-1232, (1984).

[Saulnier92] Gary J. Saulnier, "Suppression of Narrowband Jammers in a Spread-Spectrum Receiver Using Transform-Domain Adaptive Filtering.", IEEE Selected Areas in Communication, Vol.10, Nr.4, 742-749, (1992).

[Saund90] T. S. Saund, V. E. Comley, P. C. J. Hill, "Data Communications over Power Circuits Using Direct Sequence Spread Spectrum Modulation.", Proceedings IEEE-ISSTA'90, 25-29, (1990).

[Schafrath91] Georg Schafrath, "Digitaler Direct-Sequence Spread-Spectrum Empfänger mit adaptiver Unterdrückung einer dominierenden Sinusstörung.", Diplomarbeit ausgeführt am Institut für Allgemeine Elektrotechnik und Elektronik der TU-Wien, (1991).

[Schilling91/1] D. Schilling, L. Milstein, R. Pickholtz, M. Kullback, F. Miller, "Spread-Spectrum for Commercial Communications.", IEEE Communications Magazine, Nr.4, 66-79, (1991).

[Schilling91/2] D. Schilling, L. Milstein, R. Pickholtz, F. Bruno, E. Kanterakis, M. Kullback, V. Ereg, W. Biederman, D. Fishman, D. Salerno, "Broadband CDMA for Personal Communications Systems.", IEEE Communications Magazine, Vol.29, Nr.11, 86-93, (1991).

[Schneiderman94] Ron Schneiderman, "Wireless Personal Communications.", IEEE Press, ISBN 0-7803-1010-1, (1994).

[Scholtz78] Robert A. Scholtz, L.R. Welch, "Groupcharacters: Sequences with Good Correlation Properties.", IEEE Transactions on Information Theory, IT-24, Nr., 537-545, (1978).

[Scholtz82] Robert A. Scholtz, "The origins of spread spectrum communications.", IEEE Transactions on Communication, COM-30, Nr.5, 822-854, (1982).

[Scholtz83] Robert A. Scholtz, "Notes on Spread-Spectrum History.", IEEE Transactions on Communication, Vol.31, 82-84, (1983).

[Scholtz84] Robert A. Scholtz, L.R. Welch, "GMW sequences.", IEEE Transactions on Information Theory, IT-30, Nr., 548-533, (1984).

[Scholtz94] Robert A. Scholtz, "The Evolution of Spread-Spectrum Multiple-Access Communications.", IEEE Proceedings of the Third International Symposium on Spread-Spectrum Techniques & Applications, 4-13, (1994).

[Schröder86] M. Schröder, "Number Theory in Science and Communication.", Springer-Verlag, Berlin-Heidelberg, (1986).

[Schwartz66] M. Schwartz, W. Bennett, S. Stein, "Communication Systems and Techniques.", McGraw-Hill, Inter-University Electronic Series, 65-28510, (1989).

[Schweizer70] L. Schweizer, "Eigenschaften und Anwendungen von binären Quasi-Zufallsfolgen.", Frequenz 24, 8, 230-234, (1970).

[Seeber89] G. Seeber, "Satellitengeodäsie.", Walter de Gruyter, (1989).

[Shannon48] C.E. Shannon, "A mathematical theory of communication.", Bell System Technical Jounal, Vol.27, 379-423 und 623-656, (1948).

[Sibley81] L.A. Sibley, "Design and Installation of Limited-Area AM Broadcast Systems.", IEEE Transactions on Broadcasting, BC-27, Nr.3, Sept., (1981).

[Simon85] M. Simon, J. Omura, R. Scholtz, B. Levitt, "Spread-Spectrum Communications.", Computer Science Press, (1985).

[Simon95] Marvin Simon, Sami Hinedi, William Lindsey, "Digital Communication Techniques - Signal Design and Detection.", Prentice-Hall, ISBN 0-13-200610-3, (1995).

[Singer38] J. Singer, "A theorem in finite projective geometry and some applications to number theory.", Transactions Amer. Math. soc., Vol.43, 377-385, (1938).

[Shaft65] Paul D. Shaft, "Limiting of Several Signals and Its Effect on Communication System Performance.", IEEE Transactions on Communication Technology, COM-13, Nr.4, (1965).

[Sklar88] B. Sklar, "Digital Communications.", Prentice-Hall International, (1982).

[Sklar93] B. Sklar, "Defining, Designing, and Evaluating Digital Communication Systems.", IEEE Communications Magazin, Vol.31, Nr.11, 92-101, (1993).

[Sklar97/1] B. Sklar, "Rayleigh Fading Channels in Mobile Digital Communication Systems Part I: Characterization.", IEEE Communications Magazin, Vol.35, Nr.7, 90-100, (1997).

[Sklar97/2] B. Sklar, "Rayleigh Fading Channels in Mobile Digital Communication Systems Part I: Mitigation.", IEEE Communications Magazin, Vol.35, Nr.7, 102-109, (1997).

[Smirnow79] W. Smirnow, "Lehrgang der höheren Mathematik.", Band I-V, DVW Berlin, (1979).

[Sollfrey69] William Sollfrey, "Hard Limiting of Three and Four Sinusoidal Signals.", IEEE Transactions on Information Theory, IT-15, Nr.1, 2-7, (1969).

[Spilker77] J.J. Spilker Jr., "Digital Communications by Satellite.", Prentice-Hall, Englewood Cliffs, (1977).

[Spilker80] J. J. Spilker Jr., "GPS Signal Structure and Performance Characteristics.", Reprinted by The Institute of Navigation in Global Positioning System, Vol.I, ION 0-936406-00-3, 29-54, (1980).

[Skolnik90] M.Skolnik, "Radar Handbook.", McGraw-Hill, New York, (1990).

[Sorous92] M.Soroushnejad, E.Geraniotis, "Performance Comparison of Different Spread-Spectrum Signaling Schemes for Cellular Mobile Radio Networks.", IEEE Transactions on Communications, COM-40, Nr.5, 947-956, (1992).

[Stalder64] J.E. Stalder, C.R. Cahn, "Bounds for Correlation Peaks of Periodic Digital Sequences.", Proceedings IEEE, Vol.52, Nr., 1262-1263, (1964).

[Stüber92] G.Stüber, C.Kcao, "Analysis of a Multiple-Cell Direct-Sequence CDMA Cellular Mobile Radio System.", IEEE Selected Areas in Communication, Vol.10, Nr.4, 669-679, (1992).

[Sugai] K. Sugai, H. Takakuni, O. Noguchi, K. Omori, "SAW Programmable Notch Filters for Adaptive Interference Suppression",

[Sust89] Manfred K. Sust, A. Goiser, "A Combinatorial Model for the Analysis of Digital Matched Filter Receivers for Direct Sequence Signals.", Proceedings IEEE-Globecom'89, 1634-1640, (1989).

[Sust90] Manfred K. Sust, "Einsatz digitaler Matched-Filter geringer Komplexität in Direct-Sequence-Spread-Spectrum-Übertragungssystemen.", Dissertation, Technische Universität Wien, Mai, (1990).

[Tampermeier96] Alexander Tampermeier, "Simulation einer digitalen Direct-Sequence Spread-Spectrum Übertragung mit integrierter adaptiver Störungsreduktion.", Diplomarbeit ausgeführt am Institut für Allgemeine Elektrotechnik und Elektronik der TU-Wien, (1996).

[Taub86] H. Taub, D. Schilling, "Principles of Communication Systems.", McGraw-Hill, New York, (1986).

[Theodoridis89] S. Theodoridis, N. Kalouptisidis, J. Proakis, G. Koyas, "Interference Rejection in PN Spread-Spectrum Systems with LS Linear Phase FIR Filters.", IEEE Transactions on Communications, COM-37, Nr.9, 991-994, (1989).

[Tietze86] U. Tietze, Ch. Schenk, "Halbleiter-Schaltungstechnik.", Springer Verlag, 8th Edition, (1986).

[Tikhonov65] V.Tikhonov, P.Kuznetsov, R.Stratonovich, "Non-Linear Transformations of Stochastic Processes.", Pergamon-Press, (1965).

[Torrieri92] Don J. Torrieri, "Performance of Direct-Sequence Systems with Long Pseudonoise Sequences.", IEEE Selected Areas in Communication, Vol.10, Nr.4, 669-679, (1992).

[Tschebotaröw50] N. Tschebotaröw, H.Schwerdtfeger, "Grundzüge der Galois'schen Theorie.", P.Noordhoff N.V., (1950).

[Turin76] G.L. Turin, "An Introduction to Digital Matched Filters.", Proceedings of the IEEE, Vol.64, 1092-1112, (1976).

[Urkowitz83] Harry Urkowitz, "Signal Theory and Random Processes.", Artech House, ISBN 0-890006-121-1, (1983).

[Van Nee93] R. Van Nee, "Spread-Spectrum Code and Carrier Synchronization Errors Caused by Multipath and Interference.", IEEE Transactions on Aerospace and Electronic Systems, AES-29, Nr.4, 1359-1365, (1993).

[Varanasi90] M.K. Varanasi, B. Aazhang, "Multistage Detection in Asynchronous Code-Division Multiple-Access Communications.", IEEE-Transactions on Communication, COM-38, Nr.4, 509-519, (1990).

[Verdu86] S. Verdu, "Minimum Probability of Error for Asynchronous Gaussian Multiple-Access Channels.", IEEE Transactions on Information Theory, IT-32, Nr.1, 85-96, (1986).

[Vidmar93] M. V. Vidmar, "Selbstbau eines Empfängers für GPS-& GLONASS-Satelliten.", UKW-Berichte, 2/1993, (1993).

[Vines84] R.M. Vines, J. Trussell, L.J. Gale, J.B. O'Neil, "Noise on Residential Power Distribution Circuits.", IEEE Transactions on Electromagnetic Compatibility, EMC-26, Nr.4, (1984).

[Vines85] R.M. Vines, J. Trussell, K. Shuey, J.B. O'Neil, "Impedance of the Residential Power Distribution Circuit.", IEEE Transactions on Electromagnetic Compatibility, EMC-27, Nr.1, (1985).

[Viterbi95] A. Viterbi, "CDMA-Principles of Spread-Spectrum Communication.", Adison-Wesley Wireless Communications Series, (1995).

[Vogl91] Robert Vogl, "Direct-Sequence Spread-Spectrum Sender mit universellem Codegenerator für BPSK-, QPSK- und OQPSK-Modulation.", Diplomarbeit ausgeführt am Institut für Allgemeine Elektrotechnik und Elektronik der TU-Wien, (1991).

[Waibel83] H. Waibel, "Die Bitfehlerwahrscheinlichkeit von Spread-Spectrum Systemen mit binär-orthogonaler Modulation unter besonderer Berücksichtigung von sinusförmigen und gepulsten Störsignalen.", Dissertation, Technische Universität Kaiserslautern, (1983).

[Wang88] Yong-Cheng Wang, Laurence B. Milstein, "Rejection of Multiple Narrow-Band Interference in Both BPSK and QPSK DS Spread-Spectrum Systems.", IEEE Transactions on Communications, COM-36, Nr.2, 195-204, (1988).

[Wang96] Jiangzhou Wang, Laurence B. Milstein, "Adaptive LMS Filters for Cellular CDMA Overlay Situations.", IEEE Journal on Selected Areas in Communications, SAC-14, Nr.8, 1548-1559, (1996).

[Watson22] G. N. Watson, "A Treatise on the Theory of Bessel Functions.", Cambridge University Press, Volume I-II, (1922).

[Wei94] P. Wei, R. Zeidler, W. Ku, "Adaptive Interference Suppression for CDMA Overlay Systems.", IEEE Selected Areas in Communications, SAC-12, Nr.9, 1510-1523, (1994).

[Weinrichter91] H. Weinrichter, F. Hlawatsch, "Stochastische Grundlagen nachrichtentechnischer Signale.", Springer-Verlag, ISBN 3-211-82303-4, (1991).

[Welch74] L.R. Welch, "Lower Bounds on the Maximum Cross Correlation of Signals.", IEEE Transactions on Information Theory, IT-20, Nr., 397-399, (1974).

[Wells87] D. Wells, et. all., "Guide To GPS Positioning.", Canadian GPS Associates, Second Printing, May, (1987).

[Wepman95] J.A. Wepman, "Analog-to-Digital Converters and Their Applications in Radio Receivers.", IEEE Communications Magazine, Nr.5, 39-45, (1995).

[Whipple93] D. Whipple, "North American Cellular CDMA.", Hewlett-Packard Journal, Vol.44, Nr.6, 90-97, (1993).

[Wiggert88] D. Wiggert, "Codes for Error Control and Synchronization.", Artech House, (1988).

[Williams76] F.J. Mac Williams, N.J.A. Sloane, "Pseudo-Random Sequences and Arrays.", Proceedings IEEE, Vol.64, Nr., 1715-1729, (1976).

[Wu96] Wen-Rong Wu, Fu-Fuang Yu, "New Nonlinear Algorithms for Estsimating and Suppressing Narrowband Interference in DS Spread-Spectrum Systems.", IEEE Transactions on Communications, COM-44, Nr.4, 508-515, (1996).

[Yuen83] J. Yuen, "Deep Space Telecommunications System Engineering.", Plenum Press, (1983).

[Zhang95] Z. Zhang, F. Seifer, R. Weigel, "Time Code Division Multiple Access: A multiple access technology for indoor wireless communications.", European Symposium on Advanced Networks and Services, (1995).

[Zhuang93] W. Zhuang, "Digital Baseband Processor for the GPS Receiver Modeling and Simulations.", IEEE Transactions on Aerospace and Elektronic Systems, Vol.29, Nr.4, 1343-1349, (1993).

[Zhuang] W. Zhuang, J. Tranquilla, "Multipath Effects On The GPS Observables.",

[Ziemer85] R. Ziemer, R. Peterson, "Digital Communications and Spread-Spectrum Systems.", Macmillan Publishing Company, (1985).

[Zierler59] N. Zierler, "Linear Recurring Sequences.", Journal Soc. Ind. Appl. Math, Vol.7, 31-48, (1959).

Index

Im folgenden Stichwortverzeichnis kennzeichnen unterstrichene Seitenzahlen jene Stichworteinträge, welche mit der *Spread-Spectrum Technik* in Beziehung stehen. Die Stichworteinträge mit schräg geschriebenen Seitenzahlen kennzeichnen *Definitionen* und *Sätze*.

SpringerTechnik

A. Prechtl

Vorlesungen über die Grundlagen der Elektrotechnik, Band 1
Mit 265 Wiederholungsfragen,
225 Aufgaben und Lösungen

1994. 336 Abbildungen. XI, 433 Seiten.
Gebunden DM 79,–, öS 560,–
ISBN 3-211-82553-3

Vorlesungen über die Grundlagen der Elektrotechnik, Band 2
Mit 315 Wiederholungsfragen,
265 Aufgaben und Lösungen

1995. 397 Abbildungen. XI, 494 Seiten.
Gebunden DM 89,–, öS 620,–
ISBN 3-211-82685-8

Die beiden Bände geben eine anwendungsnahe Einführung in die grundlegenden Begriffsbildungen, Prinzipien und Rechenmethoden der Elektrotechnik für Studierende an Universitäten und Fachhochschulen im ersten Studienjahr.

H. Weinrichter, F. Hlawatsch

Stochastische Grundlagen nachrichtentechnischer Signale

1991. 61 Abbildungen. VIII, 169 Seiten.
Broschiert DM 39,–, öS 270,–
ISBN 3-211-82303-4

G. A. Reider

Photonik
Eine Einführung in die Grundlagen

Mit einem Geleitwort von Arnold J. Schmidt
1997. 209 Abbildungen. XIII, 368 Seiten.
Broschiert DM 68,–, öS 480,–
ISBN 3-211-82855-9

Photonik bezeichnet jenes immer wichtiger werdende Fachgebiet, das sich mit der kontrollierten Erzeugung, Detektion und Ausbreitung von Photonen beschäftigt. Das Buch vermittelt dem Leser ein vertiefendes Verständnis dieses modernen Wissensgebietes und bietet moderne, leistungsfähige Mittel zur Analyse photonischer Komponenten an.

B. Hofmann-Wellenhof,
H. Lichtenegger, J. Collins

Global Positioning System
Theory and Practice

Fourth, revised edition
1997. 45 figures. XXIII, 389 pages.
Soft cover DM 86,–, öS 598,–
ISBN 3-211-82839-7

Das Buch gibt eine umfassende Beschreibung des Globalen Positionierungs-Systems (GPS) und seiner Anwendungen. Die vierte Auflage wurde komplett überarbeitet.

 SpringerWienNewYork

Sachsenplatz 4-6, P.O.Box 89, A-1201 Wien, Fax +43-1-330 24 26
e-mail: order@springer.at, Internet: http://www.springer.at
New York, NY 10010, 175 Fifth Avenue • D-14197 Berlin, Heidelberger Platz 3
Tokyo 113, 3-13, Hongo 3-chome, Bunkyo-ku